Karl Heinz Holst, Ralph Holst

Brücken aus Stahlbeton und Spannbeton

Entwurf, Konstruktion und Berechnung

Karl Heinz Holst, Ralph Holst

Brücken aus Stahlbeton und Spannbeton

Entwurf, Konstruktion und Berechnung

5. Auflage

Professor i. R. Dipl.-Ing. Karl Heinz Holst
D-23627 Groß-Grönau

Baurat z. A. Dipl.-Ing. Ralph Holst
D-51465 Bergisch Gladbach

Titelbild: Kylltalbrücke bei Bitburg, Foto: Schüler, Zella-Mehlis
Entnommen aus der Schriftenreihe des Bundesministeriums für Verkehr, Bau- und Wohnungswesen: „Brücken und Tunnel der Bundesfernstraßen 2000"

Dieses Buch enthält 630 Abbildungen und 86 Tabellen

Bibliografische Information Der Deutschen Bibliothek
Die Deutschen Bibliothek verzeichnet diese Publikation in der Deutschen Nationalbibliografie; detailliert bibliografische Daten sind im Internet über <http://dnb.ddb.de> abrufbar.

ISBN 3-433-02837-0

© 2004 Ernst & Sohn Verlag für Architektur und technische Wissenschaften GmbH & Co. KG, Berlin

Alle Rechte, insbesondere die der Übersetzung in andere Sprachen, vorbehalten. Kein Teil dieses Buches darf ohne schriftliche Genehmigung des Verlages in irgendeiner Form – durch Fotokopie, Mikrofilm oder irgendein anderes Verfahren – reproduziert oder in eine von Maschinen, insbesondere von Datenverarbeitungsmaschinen, verwendbare Sprache übertragen oder übersetzt werden.

All rights reserved (including those of translation into other languages). No part of this book may be reproduced in any form – by photoprint, microfilm, or any other means – nor transmitted or translated into a machine language without written permission from the publisher.

Die Wiedergabe von Warenbezeichnungen, Handelsnamen oder sonstigen Kennzeichen in diesem Buch berechtigt nicht zu der Annahme, daß diese von jedermann frei benutzt werden dürfen. Vielmehr kann es sich auch dann um eingetragene Warenzeichen oder sonstige gesetzlich geschützte Kennzeichen handeln, wenn sie als solche nicht eigens markiert sind.

Satz: ProSatz Rolf Unger, Weinheim
Druck: betz-druck GmbH, Darmstadt
Bindung: Litges & Dopf Buchbinderei GmbH, Heppenheim

Printed in Germany

Vorwort zur fünften Auflage

Es ist geschafft! Die Anpassung der deutschen Vorschriften des Betonbrückenbaues, im Hinblick auf gewünschte nationale Regelungen, an die Erfordernisse der Vorschriftenwerke des Eurocodes, DIN V ENV 1991, Teil 3, Verkehrslasten auf Brücken, und DIN V ENV 1992, Teil 2, Betonbrücken, ist vollzogen. Es entstanden sogenannte DIN-Fachberichte in der Nomenklatur der Ursprungsdokumente. Die Bezeichnung Fachbericht stellt eine Wortschöpfung dar, die den Unterschied zum Ursprungsdokument, welches die Bezeichnung DIN-Norm erhalten hat, betonen soll. Die Vorbezeichnung DIN weist darauf hin, daß der Fachbericht den Status einer DIN-Norm im Sinne des Deutschen Institutes für Normung hat. Seit dem 1.5.2003 sind die nationalen Anwendungsdokumente (NAD) für den Betonbrückenbau, der DIN-Fachbericht 101, Einwirkungen auf Brücken, und der DIN-Fachbericht 102, Betonbrücken, eingeführt worden und für die Berechnung und Ausführungsplanung verbindlich anzuwenden.

Der DIN-Fachbericht 101 beschreibt die statischen Lasten, die aus den Einwirkungen des Straßen-, Eisenbahn- sowie Fußgänger- und Fahrradverkehrs herrühren. Darüberhinaus werden zusätzliche, für diese Verkehrswege typische, Einwirkungen beschrieben und neue Regeln für die Einwirkungen aus Wind, Temperatur sowie Änderungen der Stützungsbedingungen aufgestellt. Bei den Straßenbrücken ist das grundsätzliche, zweistreifige Lastprinzip der alten DIN 1072 mit Regelfahrzeugen (Doppelachsen) beibehalten worden, ebenso wurde für Eisenbahnbrücken das Grundprinzip des UIC 71 nach der DS 804 auch nicht verändert, dieses entspricht ja bereits einer Vereinbarung des internationalen Eisenbahnverbandes (UIC). Neu ist das Kombinationsgebot aller Einwirkungen zueinander.

Im DIN-Fachbericht 102 wird die Bemessung nach dem semiprobabilistischen Prinzip mit Teilsicherheitsbeiwerten geregelt. Inhaltliche Änderungen gegenüber dem Ursprungsdokument ergaben sich aus den nationalen Erfordernissen des Brückenbaues, sowie aus bemessungstechnischen Besonderheiten der DIN 1045–1, denn der DIN-Fachbericht wurde in seiner zweiten Fassung inhaltlich auf diese Norm abgestimmt.

Auf *eine* inhaltliche Änderung sei besonders hingewiesen!

Die zulässigen Spannkräfte einer vorgespannten Bewehrung liegen jetzt in etwa zwanzig Prozent über den Werten nach der bisherigen Vorschrift, da nach dem Sicherheitskonzept mit Teilsicherheitsbeiwerten die Materialien höher ausgenutzt werden können. Damit übersteigen sie den deutschen Erfahrungsbereich bei weitem, der verbleibende Sicherheitsbereich wird kleiner, die Gefahr der Überschreitung der Streckgrenze des Spannstahles durch Fehler oder Fehleinschätzungen bei der Ausführungsplanung wächst. Aus diesem Grunde wurde eine Höchstwertbegrenzung beim Spannvorgang eingeführt, die vom Reibungsverlust und der Bauwerkslänge abhängig ist. Damit sind neben einer großen Sorgfalt in der Ausführungsplanung auch die zuständigen Bauverwaltungen gefordert, ihre Bauüberwachung auf hohem Stand zu halten, um gemeinsam mit den ausführenden Firmen ein Höchstmaß an Qualitätssicherung zu erreichen.

Für die Abfassung des Manuskriptes war es von unschätzbarem Wert, die jeweiligen Bearbeitungszustände der neuen Vorschriften zu kennen, um daran die endgültige Fassung zu messen und sie sicher interpretieren zu können. Die Bundesanstalt für Straßenwesen und das Eisenbahn-Bundesamt haben uns hierbei unterstützt. Wir bedanken uns bei den betreffenden Mitarbeitern.

Der Fa. Philipp Holzmann AG verdanken wir noch eine Reihe von Bildern mit Darstellungen von Bauzuständen. Das hierdurch zum Ausdruck gebrachte know how war von hohem Wert für eine diesbezügliche Wiedergabe im Manuskript.

Für die Erfordernisse der Flachgründung konnte die neue, dem Eurocode angepaßte, DIN 1054 berücksichtigt werden.

Die EDV-Bearbeitung der Beispiele zur Plattenberechnung übernahm Herr Dipl.-Ing. Heiko Trumpf, Aachen.

Dem Verlag Ernst & Sohn sei für die außerordentlich sorgfältige Herstellung, Frau Dipl.-Ing. (FH) Regine Herrmann für gute Zusammenarbeit gedankt.

Groß Grönau/Bergisch-Gladbach, im Juni 2003   Die Verfasser

Aus dem Vorwort zur ersten Auflage

Der Brückenbau hat in den letzten Jahrzehnten eine starke, fast rasante, Entwicklung erfahren, die vorrangig durch die Entwicklung des modernen Straßenbaues eingeleitet worden ist und mit diesem expandierte. Der starke Kraftfahrzeugverkehr, dessen Volumen z. Z. immer noch wächst, verlangt ein weit verzweigtes und gut ausgebautes Straßennetz, das von der Autobahn bis zur Gemeindestraße reicht. Die zügigen Linienführungen dieses Straßensystems, insbesondere auch im Hinblick auf die verkehrstechnischen Belange der Städte und überregionalen Ballungsräume, schaffen den Bedarf für das Brückenbauvolumen.

Das vorliegende Buch befaßt sich zunächst nur mit den Straßenbrücken, und von diesen vorrangig mit jenen, die im Bereich normaler Anforderungen anfallen, also Längen bis zu 60 m aufweisen. Die entwurfstechnischen, konstruktiven und gestalterischen Grundlagen müssen nämlich am normalen Bauwerk, am sogenannten Regelbauwerk, erlernt werden; beherrscht man dieses, so kann man sich auch im Großbrückenbau bewegen.

Das Buch möchte ein Lehrbuch sein und den Studenten der Bauingenieurwissenschaften und jeden anderen Interessierten in die Materie des Brückenbauens einführen. Das Buch möchte aber auch ein Begleiter für den bereits „Eingeführten" sein und es ihm ermöglichen, gewisse Kenntnisse, die er nicht ständig vorhalten muß, wieder aufzufrischen.

Lübeck, im Oktober 1984   Der Verfasser

OEVERMANN

ualität aus Tradition.

Bauen in Bestform.

Ingenieurbau auf höchstem Niveau – Oevermann erstellt anspruchsvolle Brückenbauwerke mit Vorschubrüstungen oder im Taktschiebeverfahren termin- und kostentreu.

Der Tradition verpflichtet – bereits 1907 gegründet, gehört Oevermann heute zu einem der modernsten privaten Bauunternehmen. Mit einem Umsatz von rund 300 Mio. Euro und mit 1.800 eigenen Mitarbeitern bieten wir hoch qualifizierte Dienstleistungen in allen Bereichen der modernen Bauindustrie an: Hochbau, Straßen- und Tiefbau, Ingenieurbau, Schlüsselfertiges Bauen, Industrie- und Gewerbebau, Fertigteilbau, Umwelttechnik – nicht nur in Deutschland, sondern auch in Polen und den Niederlanden.

Wer die Zukunft sicher gestalten will, der baut mit uns. Oevermann – wir bauen aus Tradition auf Qualität. Wann dürfen wir Sie überzeugen?

Hauptverwaltung Münster
Oevermann GmbH & Co. KG
Hoch- und Tiefbau
Robert-Bosch-Str. 7-9
48153 Münster
Fon 02 51 / 76 01-0
Fax 02 51 / 76 01-345
Internet: www.oevermann.com
E-Mail: info@oevermann.com

Niederlassungen:
Dortmund, Düren, Osnabrück, Hamburg, Gütersloh, Braunschweig, Halberstadt, Berlin, Eisenhüttenstadt, Leipzig/Halle

Spannbeton Oevermann
Schlüsselfertiges Bauen, Fertigteilbau, Industrie- und Gewerbebau

Oevermann Polen

Oevermann Niederlande

www.oevermann.com

Beton-Kalender 2004
Schwerpunkt: Brücken und Parkhäuser

Bergmeister, K. / Wörner, J.-D. (Hrsg.)
Beton-Kalender 2004
2003. Ca. 1100 Seiten.
Gb., € 159,-* / sFr 235,-
€ 139,-* / sFr 205,-
ISBN 3-433-01668-2

Ernst & Sohn
Verlag für Architektur und
technische Wissenschaften GmbH & Co. KG

Für Bestellungen und Kundenservice:
Verlag Wiley-VCH
Boschstraße 12
69469 Weinheim
Telefon: (06201) 606-400
Telefax: (06201) 606-184
Email: service@wiley-vch.de

Ernst & Sohn
A Wiley Company
www.ernst-und-sohn.de

Schwerpunktthema 2004: Brücken und Parkhäuser. Begleitend zur Umstellung im Brückenbau auf neue Normen bringt der Beton-Kalender 2004 Grundsätzliches und Neues zum Thema Brückenbau. Namhafte Bauingenieure schreiben zu folgenden Themen:

Teil 1
- Brücken – Entwurf und Konstruktion (Jörg Schlaich)
- Konstruktions- und Gestaltungskonzepte im Brückenbau (Alfred Pauser)
- Einwirkungen auf Brücken (Günter Timm/Fritz Großmann)
- Segmentbrücken (Günter Rombach/Angelika Specker)
- Spannglieder und Vorspannsysteme (Johann Kollegger/ Roland Martinz)
- Brückenausstattung (Christian Braun/Konrad Bergmeister)
- Ermüdungsnachweise von Massivbrücken (Konrad Zilch)
- Brückeninspektion und -überwachung (Konrad Bergmeister/Ulrich Santa)

Das zweite Schwerpunktthema sind Parkhäuser. In einem grundsätzliche Beitrag werden Bauwerkstypen und Bauweisen sowie deren Ausführung als Tiefgaragen oder Hochgaragen vorgestellt. Ein besonderer Beitrag befaßt sich mit dauerhaften Betonen, die auch bei Parkhäusern eine wichtige Rolle spielen.

Teil 2
- Parkhäuser (Manfred Curbach/Lothar Schmoh/Thomas Köster/Josef Taferner/Dirk Proske)
- Dauerhafte Betone für Verkehrsbauwerke (Peter Schießl/ Christoph Gehlen/Christian Sodeikat)
- Bemessung nach DIN 1045-1 und DIN-Fachberichten (Konrad Zilch/Andreas Rogge)
- Stützenbemessung (Ulrich Quast)
- Regelwerke (Uwe Hartz)

Die Bemessungsbeiträge aus dem Beton-Kalender 2002 sind aktualisiert und durch Vorgaben aus den neuen Brückenbau-Regelwerke ergänzt. Bewährte Beiträge zu Baustoffen, Bauphysik und Grundbau finden sich weiterhin im Beton-Kalender.

Wichtig für: Ingenieure für Bauwesen, Ingenieurbüros, Baufachleute, Ingenieurstudenten.

* Der €-Preis gilt ausschließlich für Deutschland

Inhaltsverzeichnis

Vorwort		V
Einführung		1
1	**Berechnungsgrundlagen für Brückenbauwerke**	3
1.1	Bauten im Bereich öffentlicher Nutzung	3
1.1.1	Genehmigungspflicht und Zulassungsverfahren	3
1.1.2	Bauten im Bereich der Straßenbauverwaltung des Bundes und der Länder	5
1.1.3	Bauten im Bereich der Eisenbahnen des Bundes und der Länder	6
1.1.4	Grundbegriffe der Tragwerksplanung	8
1.1.4.1	Einwirkungen	8
1.1.4.2	Grenzzustände und Einwirkungskombinationen	9
1.1.5	Vorschriften und Bautechnische Regelwerke	10
1.2	Einwirkungen aus dem Straßenverkehr	13
1.2.1	Zuordnung des Straßenverkehrs	13
1.2.2	Vertikallasten, charakteristische Werte	14
1.2.2.1	Ständige Lasten	14
1.2.2.2	Verkehrsregellasten	15
1.2.3	Horizontallasten, charakteristische Werte	17
1.2.4	Einwirkungen für Ermüdungsberechnungen	18
1.2.5	Außergewöhnliche Einwirkungen	20
1.2.6	Sonstige Einwirkungen	22
1.2.7	Ermittlung von Verkehrsbelastungen für Straßenbrücken	24
1.2.8	Einwirkungskombinationen für die Grenzzustände	25
1.2.8.1	Verkehrslastmodelle und zeitlich gleiche andere Einwirkungen	25
1.2.8.2	Kombinationsfaktoren ψ für Straßenbrücken	26
1.2.8.3	Teilsicherheitsbeiwerte γ für Straßenbrücken	26
1.3	Einwirkungen aus militärischem Fahrzeugverkehr	28
1.4	Einwirkungen aus dem Eisenbahnverkehr und -betrieb	31
1.4.1	Übersicht	31
1.4.2	Vertikallasten, charakteristische Werte	31
1.4.2.1	Statische Lastanteile	31
1.4.2.2	Verteilung der Achslasten durch Schienen, Schwellen und Schotter	34
1.4.3	Dynamische Einwirkungen	35
1.4.3.1	Ursache und Wirkung	35
1.4.3.2	Dynamische Beiwerte	36
1.4.3.3	Resonanz oder übermäßige Schwingung	40
1.4.4	Horizontallasten, charakteristische Werte	43
1.4.4.1	Einwirkungen aus Zentrifugallasten	43
1.4.4.2	Einwirkungen aus Seitenstoß (Schlingerkraft)	45
1.4.4.3	Einwirkungen aus Anfahren und Bremsen	45
1.4.5	Längsgerichtete Einwirkungen	46

1.4.5.1	Leitlinien für die Untersuchung der Interaktion zwischen Brückenüberbau und Schienenoberbau	46
1.4.5.2	Berechnungswerte des Gleises	49
1.4.5.3	Vereinfachtes Nachweisverfahren für einteilige Überbauten	50
1.4.6	Druck-Sog-Einwirkungen aus Zugverkehr (Aerodynamische Einwirkungen)	53
1.4.7	Einwirkungen für Ermüdungsberechnungen	56
1.4.8	Außergewöhnliche Einwirkungen des Eisenbahnverkehrs	58
1.4.9	Sonstige Einwirkungen	61
1.4.10	Ermittlung von Verkehrsbelastungen für Eisenbahnbrücken	62
1.4.11	Einwirkungskombinationen für die Grenzzustände	65
1.4.11.1	Verkehrslastmodelle und zeitlich gleiche andere Einwirkungen	65
1.4.11.2	Kombinationsfaktoren ψ für Eisenbahnbrücken	67
1.4.11.3	Teilsicherheitsbeiwerte γ für Eisenbahnbrücken	67
1.5	Einwirkungen aus dem Fußgänger- und Radwegverkehr	68
1.5.1	Vertikale Lasten, charakteristische Werte	68
1.5.2	Horizontale Lasten, charakteristische Werte	69
1.5.3	Außergewöhnliche Einwirkungen	69
1.5.4	Sonstige Einwirkungen	70
1.5.5	Ermittlung von Verkehrsbelastungen für Fußgänger- und Radwegbrücken	70
1.5.6	Einwirkungskombinationen für die Grenzzustände	71
1.6	Einwirkungen aus Änderungen der Stützungsbedingungen	72
1.7	Einwirkungen aus Windlasten	74
1.7.1	Allgemeine Zusammenhänge	74
1.7.2	Windkräfte bei Brücken	76
1.7.2.1	Nachweisverfahren nach DIN V ENV 1991-2.4	76
1.7.2.2	Tafeln und Tabellen zur Vermittlung der Windkräfte (Auszug aus DIN V ENV 1991-2.4)	78
1.7.2.3	Vereinfachtes Nachweisverfahren nach dem DIN-Fachbericht 101	79
1.8	Temperatureinwirkungen	82
1.8.1	Begriffe und Formelzeichen	82
1.8.2	Temperatureinwirkungen auf Brückenbauwerke	83
1.8.2.1	Konstanter Temperaturanteil, charakteristische Werte	83
1.8.2.2	Linearer Temperaturunterschied, charakteristische Werte	85
1.8.2.3	Gleichzeitigkeit von Temperatureinwirkungen	88
1.8.3	Temperatureinwirkungen auf Brückenpfeiler	88
1.8.4	Kombinationen für die Grenzzustände	88
1.9	Schnittkräfte aus Einwirkungen infolge vertikaler Verkehrslast	88
1.9.1	Belastungsprinzip	88
1.9.2	Verkehrslast und Einflußlinie	89
1.9.3	Verkehrslast und Einflußfeld	91
1.10	Berechnungsbeispiele	95
1.10.1	Ermittlung einer Windkraft	95
1.10.2	Ermittlung eines Biegemomentes eines Balkentragwerkes	97
1.10.3	Ermittlung eines Biegemomentes eines Flächentragwerkes	98
1.10.4	Ermittlung der charakteristischen Werte der Einwirkungen und der Verkehrslastgruppen für eine Eisenbahnbrücke	101
1.10.4.1	System, Abmessungen und Vorwerte	102
1.10.4.2	Charakteristische Werte der Vertikallasten	104
1.10.4.3	Charakteristische Werte der Horizontallasten	108

Inhaltsverzeichnis   IX

1.10.4.4	Charakteristische Werte der außergewöhnlichen Einwirkungen	115
1.10.4.5	Maßgebende Schnittgrößen	116
1.10.4.6	Ermittlung der Verkehrslastgruppen	118
2	**Gestaltung der Brückenbauwerke**	**121**
2.1	Gestaltungsmerkmale	121
2.2	Querschnittsgestaltung	122
2.2.1	Bedeutung der Querschnittsform	122
2.2.2	Plattenquerschnitte	123
2.2.3	Plattenbalkenquerschnitte	125
2.2.4	Hohlkastenquerschnitte	128
2.3	Längsschnittgestaltung	132
2.3.1	Balkenbrücken	132
2.3.2	Rahmenbrücken	135
2.3.3	Bogenbrücken	138
2.3.4	Fachwerkbrücken	143
2.3.5	Durchlässe	143
3	**Planungsgrundlagen der Verkehrslastträger**	**149**
3.1	Planung von Straßenbrücken	149
3.1.1	Brückenlänge und Wahl der Stützweite	149
3.1.2	Wahl der Querschnittsbreiten	156
3.1.3	Bauhöhe, Konstruktionshöhe und lichte Höhe	159
3.1.3.1	Lichter Raum	159
3.1.3.2	Erforderliche Bauhöhe	160
3.1.4	Brückenende und Übergang zur Straßentrasse	166
3.2	Planung von Eisenbahnbrücken	169
3.2.1	Problemstellung des Eisenbahnbrückenbaues	169
3.2.2	Überlegungen zur Gestaltung der Bauwerke	170
3.2.3	Konstruktionsanforderungen	172
3.2.4	Lichter Raum	177
3.2.5	Konstruktionsbesonderheiten zur Abtragung längsgerichteter Kräfte	181
3.2.6	Feste Fahrbahn	184
3.2.6.1	Streckenquerschnitt	184
3.2.6.2	Feste Fahrbahnen auf Brücken	186
3.2.7	Brücken in der Hochgeschwindigkeitsstrecke Köln–Frankfurt	190
3.2.8	Brückenende und Übergang zur Eisenbahntrasse	193
3.3	Erfordernisse der Entwurfsplanung	195
3.3.1	Bedeutung eines Bauentwurfes	195
3.3.2	Einzelheiten der Entwurfsbearbeitung	196
4	**Lehrgerüste**	**201**
4.1	Aufgaben und allgemeine Anforderungen	201
4.2	Baustoffe und Bauelemente	202
4.2.1	Schalhaut und Schalung	202
4.2.2	Bauelemente aus Holz	204
4.2.3	Bauelemente aus Stahl	206
4.2.3.1	Gerüstrohre und Verbindungsmittel	206
4.2.3.2	Walzprofilträger	207

4.2.3.3	Rüstträgersysteme	208
4.2.3.4	Rahmenstützensysteme	213
4.3	Bauliche Durchbildung der Traggerüste	216
4.3.1	Einteilung der Gerüste	216
4.3.2	Konstruktive Anordnung der Verbände	218
4.3.2.1	Allgemeine Anforderungen	218
4.3.2.2	Verbände im Rüstträgergerüst	218
4.3.2.3	Verbände im Holztraggerüst	222
4.3.3	Besonderheiten für Traggerüste von Spannbetonbrücken	222
4.4	Berechnungsgrundlagen	224
4.4.1	Sicherheiten	224
4.4.2	Einwirkungen aus vertikalen und horizontalen Lasten	225
4.4.3	Nachweis der Horizontalkräfte	227
4.4.3.1	Berücksichtigung geometrischer Ungenauigkeiten	227
4.4.3.2	Schubsteifigkeit einer Verbandsscheibe	228
4.4.3.3	Berechnung des Wind- und Aussteifungsverbandes	231
4.4.3.4	Berechnung der lotrechten Verbände	234
4.4.4	Verformung der Traggerüste	236
4.4.5	Gründungen	236
4.5	Schalungs- und Obergerüst	237
4.5.1	Konstruktive Durchbildung	237
4.5.2	Schalungsdruck	241
4.6	Berechnungsbeispiele	244
4.6.1	Traggerüst als Rüstträgergerüst	244
4.6.1.1	Aufgabenstellung, System und Abmessungen	244
4.6.1.2	Tragfähigkeitsnachweis Feld 1 und Feld 3	245
4.6.1.3	Darstellung	254
4.6.2	Traggerüst als Lastturmgerüst	256
4.6.2.1	Aufgabenstellung, System und Abmessungen	256
4.6.2.2	Tragfähigkeitsnachweis	257
4.6.2.3	Darstellung	262
4.7	Traggerüstbauweisen	264
4.7.1	Entwicklung des Lehrgerüstbaues	264
4.7.2	Traggerüste von Bogenbrücken	265
4.7.3	Traggerüste von Balkenbrücken	273
4.7.3.1	Stationäre Einrüstungen	273
4.7.3.2	Bauweise durch Verfahren der Gerüste	275
4.7.3.3	Vorschubgerüstbauweise	276
4.7.3.4	Taktschiebeverfahren	282
4.7.3.5	Freivorbauweise	286
5	**Überbauten der Brückenbauwerke**	**291**
5.1	Entwicklung der Tragsysteme im Überbau	291
5.2	Berechnungsgrundlagen für Überbauten	293
5.2.1	Tragverhalten von Plattentragwerken	293
5.2.1.1	Plattensysteme	293
5.2.1.2	Rechtwinklige, zweiseitig gestützte Platten	294
5.2.1.3	Schiefwinklige, zweiseitig gestützte Platten	305
5.2.1.4	Berechnungshilfen zur Momentenermittlung	320
5.2.1.5	Beispiele zur Plattenberechnung	325

5.2.2	Tragverhalten von Balkentragwerken	346
5.2.2.1	Biegemomente in der Fahrbahnplatte	346
5.2.2.2	Lastaufteilung auf die Hauptträger	350
5.2.2.3	Beanspruchungen in den Hauptträgern	368
5.2.3	Maßgebende Schnittgrößen aus äußeren Einwirkungen	379
5.2.4	Schnittgrößen aus Vorspannung	383
5.2.4.1	Vorspannarten	383
5.2.4.2	Vorspannung mit internen Spanngliedern	385
5.2.4.3	Vorspannung mit externen Spanngliedern	394
5.2.5	Vorgespannte Tragwerke im Gebrauchszustand	403
5.2.5.1	Vorspannziele und Vorspanngrad	403
5.2.5.2	Mittelwert der Vorspannkraft	404
5.2.5.3	Erforderliche Vorspannkraft	406
5.2.5.4	Spannkraft und Spannweg	408
5.2.5.5	Spannkraftverluste aus Kriechen und Schwinden des Betons sowie Relaxation des Spannstahles	416
5.3	Bemessung der Betonbauteile	424
5.3.1	Bemessungskonzept des DIN-Fachberichtes 102	424
5.3.1.1	Charakteristische Werte der Einwirkungsseite	424
5.3.1.2	Charakteristische Werte der Widerstandsseite	426
5.3.2	Grenzzustand der Tragfähigkeit für Biegung mit Längskraft	431
5.3.2.1	Nutzungsbereiche der Stahl- und Betondehnungen	431
5.3.2.2	Dehnung in vorgespannten Querschnitten	432
5.3.2.3	Varianten der Bruchverformung	434
5.3.2.4	Bemessung für Biegung mit Längskraft	435
5.3.3	Grenzzustand der Tragfähigkeit für Querkraft	439
5.3.3.1	Problemstellung	439
5.3.3.2	Bemessungsmodell und innere Kräfte	441
5.3.3.3	Nachweisverfahren	443
5.3.4	Grenzzustand der Tragfähigkeit für Torsion	449
5.3.4.1	Grundlagen der Torsionsbeanspruchung	449
5.3.4.2	Bemessungsmodell und innere Kräfte	450
5.3.4.3	Nachweisverfahren	452
5.3.5	Grenzzustand der Tragfähigkeit für Ermüdung	455
5.3.5.1	Einzelheiten zur Nachweisführung der Ermüdungsfestigkeit	455
5.3.5.2	Zur Theorie der Ermüdungsfestigkeit von Stahl	457
5.3.5.3	Nachweisführung im Stahl	459
5.3.5.4	Zur Theorie der Ermüdungsfestigkeit von Beton	463
5.3.5.5	Nachweisführung im Beton	464
5.3.6	Grenzzustände der Gebrauchstauglichkeit	466
5.3.6.1	Anforderungsprofil des Grenzzustandes	466
5.3.6.2	Spannungsbegrenzungen und Spannungsnachweise	469
5.3.6.3	Zusammenhänge der Rißbildung	471
5.3.6.4	Beschränkung der Rißbreite	475
5.3.6.5	Verformungen von Tragwerken	486
5.3.6.6	Schwingungsbeanspruchung der Tragwerke	491
5.3.7	Grenzzustände der Verformungen und Schwingungen im Eisenbahnbrückenbau	494
5.3.8	Besondere Bemessungsprobleme	498
5.3.8.1	Einleitung der Vorspannkräfte	498

5.3.8.2	Koppelfugen	502
5.4	Grundsätze der baulichen Durchbildung	510
5.4.1	Anordnung der schlaffen Bewehrung	510
5.4.2	Anordnung der Spannbewehrung	516
5.4.2.1	Vorspannung mit Verbund	516
5.4.2.2	Vorspannung ohne Verbund	524
5.4.3	Querschnittsrandkappen	531
5.4.3.1	Kappen von Straßenbrücken	531
5.4.3.2	Kappen von Eisenbahnbrücken	534
5.5	Berechnungsbeispiele	536
5.5.1	Fußgängerbrücke, vorgespannt	536
5.5.1.1	System und Einwirkungen	536
5.5.1.2	Lastfall Vorspannung	537
5.5.1.3	Grenzzustand der Tragfähigkeit	543
5.5.1.4	Grenzzustand der Gebrauchstauglichkeit	547
5.5.2	Rechtwinklige Fahrbahnplatte, schlaff bewehrt	553
5.5.2.1	System und Abmessungen	553
5.5.2.2	Einwirkungen, Biegemomente und Querkräfte	553
5.5.2.3	Bemessung	560
5.5.3	Rechtwinklige Fahrbahnplatte, vorgespannt	565
5.5.3.1	System und Querschnittswerte	565
5.5.3.2	Einwirkungen, Biegemomente und Querkräfte	565
5.5.3.3	Lastfall Vorspannung	566
5.5.3.4	Grenzzustand der Tragfähigkeit	572
5.5.3.5	Grenzzustand der Gebrauchstauglichkeit	575
5.5.3.6	Grenzzustand der Ermüdungsfestigkeit	579
5.5.3.7	Sonstige Bewehrungserfordernisse, Spannplan und Bewehrungsskizze des Querschnittes	583
6	**Widerlager von Brückenbauwerken**	**587**
6.1	Form, Aufgabe und Zweckbestimmung der Widerlager	587
6.2	Konstruktion und Tragverhalten der Widerlager	589
6.2.1	Konstruktionsformen	589
6.2.1.1	Einfache Widerlagerstützwand	589
6.2.1.2	Kastenförmiges Widerlager	590
6.2.1.3	Einzelheiten der Konstruktion	594
6.2.2	Tragverhalten eines Widerlagers	600
6.2.2.1	Einfache Widerlagerstützwand	600
6.2.2.2	Kastenförmiges Widerlager	605
6.3	Berechnung eines Widerlagers	612
6.3.1	Einwirkungen auf das Widerlager	612
6.3.1.1	Belastungsannahmen	612
6.3.1.2	Einwirkungen aus dem Überbau	615
6.3.1.3	Einwirkungen aus dem Erddruck	617
6.3.1.4	Widerlagersystem und Belastung	622
6.3.1.5	Schrammbordstoß an der Flügelwand einer Straßenbrücke	625
6.3.2	Nachweis der Standsicherheit bei Flachgründungen	626
6.3.2.1	Grundlagen der Nachweisführung	626
6.3.2.2	Nachweise im Grenzzustand der Tragfähigkeit (GZ 1)	628
6.3.2.3	Nachweise im Grenzzustand der Gebrauchstauglichkeit (GZ 2)	631

6.3.3	Bemessung und Bewehrungsführung	632
6.3.3.1	Bemessungsgrundsätze	632
6.3.3.2	Mindestbewehrung	632
6.3.3.3	Bewehrungsführung in der Widerlagerwand	633
6.3.3.4	Bewehrungsführung in der Flügelwand	636
6.3.3.5	Bewehrungsführung im Fundament	637
6.4	Berechnungsbeispiele	639
6.4.1	Ermittlung der Standsicherheit eines schiefwinkligen Widerlagers	639
6.4.1.1	System und Abmessungen	639
6.4.1.2	Einwirkungen auf das Widerlager	641
6.4.1.3	Ermittlung der charakteristischen Werte der Einwirkungen in der Sohlfuge	642
6.4.1.4	Nachweis des Grenzzustandes der Tragfähigkeit	655
6.4.1.5	Nachweis des Grenzzustandes der Gebrauchstauglichkeit	656
6.4.2	Bemessung einer einfachen Widerlagerstützwand	659
6.4.2.1	System und Abmessungen	659
6.4.2.2	Einwirkungen auf das Widerlager	660
6.4.2.3	Biegebeanspruchung und Bemessung	663
7	**Stützen und Pfeiler**	**679**
7.1	Konstruktion und Gestaltung	679
7.1.1	Stützen	679
7.1.2	Pfeiler	683
7.2	Berechnung und Bemessung	686
7.2.1	Zum Tragverhalten von Stahlbetondruckgliedern	686
7.2.2	Nachweisverfahren	691
7.2.3	Bemessungserfordernisse	692
7.2.3.1	Stützen ohne Knickgefahr	692
7.2.3.2	Stützen mit Stabilitätsgefährdung (Knicksicherheitsnachweis)	694
7.2.3.3	Bemessungskombinationen	698
7.2.3.4	Stützen mit Anprallstoß	699
7.2.4	Stütze und Fundament	705
7.2.4.1	Nachweisverfahren zur Verhinderung des Durchstanzens	705
7.2.4.2	Kritischer Rundschnitt	705
7.2.4.3	Querkrafttragfähigkeit der Fundamentplatte	708
7.3	Berechnungsbeispiele	709
7.3.1	Ermittlung der charakteristischen Werte der Einwirkungen auf die Mittelstütze einer Zweifeldstraßenbrücke	709
7.3.2	Rechteckstütze mit Knicksicherheitsnachweis nach dem Modellstützenverfahren	716
7.3.3	Rechteckstütze mit Knicksicherheitsnachweis nach Theorie II. Ordnung	720
7.3.4	Rechteckstütze mit Fahrzeuganprall	725
7.3.5	Rechteckstütze und Fundament	727
8	**Brückenlager**	**731**
8.1	Begriffe, Einteilungen, Symbole	731
8.2	Statische und kinematische Einwirkungen am Lager	734
8.2.1	Haupt- und Nebenschnittgrößen	734
8.2.2	Einwirkungen auf die Lager	736
8.3	Konstruktion und Lagerungsplan	739
8.3.1	Bauliche Durchbildung der Lager	739

8.3.2	Auflagerbank		741
8.3.3	Lagerungsplan		742
8.4	Lagerarten		745
8.4.1	Feste Lager		745
8.4.1.1	Kipplager		745
9.4.1.2	Topflager		745
8.4.1.3	Kalottenlager		746
8.4.1.4	Horizontalkraftlager		747
8.4.1.5	Stahlbetongelenk		747
8.4.2	Bewegliche Lager		748
8.4.2.1	Rollenlager		748
8.4.2.2	Gleitlager		750
8.4.3	Elastomerverformungslager		752
9	**Fahrbahnübergänge und Brückengeländer**		759
9.1	Fahrbahnübergänge		759
9.1.1	Problemstellung und Berechnungsansätze		759
9.1.2	Einfacher Überbauabschluß für kleine Dehnwege		760
9.1.3	Fahrbahnübergänge aus Asphalt		761
9.1.4	Fahrbahnübergänge aus Stahl und Elastomer		762
9.2	Brückengeländer		765
10	**Brückenentwässerung**		769
10.1	Anforderungen		769
10.2	Anordnung der Brückenabläufe		770
10.3	Abführung des Oberflächenwassers		771

Ausklang 775

Literaturverzeichnis 779

Nachweis der verwendeten Bilder 783

Stichwortverzeichnis 785

Einführung

Der Brückenbau ist ein anwendungsbezogenes Lehrgebiet, das die konstruktiven und verkehrstechnischen Grundsätze, die für ein Brückenbauwerk erforderlich sind, aufzeigen und erläutern will, um die notwendige Übereinstimmung zwischen der Konstruktion und der Gestaltung zu erreichen. Die Kunst des Brückenbaues reicht weit bis in das Altertum zurück, wobei es heute nicht möglich ist, die Entstehungsursache, die Motivation eines ersten Brückenbaues zu beschreiben oder nachzuempfinden. Vielleicht war es ein durch ein Unwetter gefällter Baum, der sich über einen Wasserlauf gelegt und so Menschen auf den Gedanken gebracht hatte, durch geeignete Konstruktionen das Hindernis überwinden zu können. Naturbrücken, deren Nachfolger die späteren Gewölbe- und Bogenbrücken gewesen sind, mögen bei diesem Gedanken Pate gestanden haben.

Durch die Entwicklung der Baukunst des Mittelalters wurden die Grundlagen der technischen Mechanik und der Festigkeitslehre geschaffen; hier müssen Namen wie *Hooke, Euler, Leibniz, Newton* und schließlich *Navier* genannt werden, da durch ihre Forschungstätigkeiten die Bauingenieurwissenschaften entstanden sind. Vom Material Stein gelangte man über den Werkstoff Stahl, mit seinen Entwicklungsphasen ausgehend vom Stahlguß, in der Neuzeit zu einem anderen Baustoff, dem Beton, der uns zusätzlich dazu befähigte, den Ingenieurbauwerken unserer Zeit Ausdruck zu verleihen. Waren es zunächst wieder die Bogenbrücken, die durch diesen Baustoff bevorzugt geschaffen werden konnten, so gab die Entwicklung zum Spannbeton bald Raum für die Balkenbrücken. Der Franzose *Monier* erfand im Jahre 1867 den Eisenbeton, indem er Versuche unternahm, Betonkübel durch Drahteinlagen haltbarer zu machen. Der große Durchbruch dieser Bauweise vollzog sich zum Ende des 19. Jahrhunderts, nachdem es *Koenen* im Jahre 1886 gelungen war, die ersten theoretischen Voraussetzungen für eine monolithische Bauweise zu entwickeln. Die Fortschreibung dieser Erkenntnisse gelang *Mörsch*, der sie auf eine wissenschaftliche Grundlage stellte und somit zum eigentlichen Begründer des Stahlbetons wurde. Er baute die ersten großen Bogenbrücken, die Isarbrücke Grünwald (1903) und die Gmündertobelbrücke in der Schweiz (1908). Die Weiterentwicklung der Bauweise vollzog sich durch den Spannbeton. Im Jahre 1928 erkannte der Franzose *Freyssinet* den Grundgedanken hierzu. *Dischinger* entwickelte diese neue Bauweise in Deutschland, er baute 1936 die Brücke in Aue (Sachsen) als erste Spannbetonbrücke, allerdings noch ohne Verbund. Die erste vorgespannte Brücke mit Spanngliedern im Verbund wurde 1938 beim Autobahnbau bei Oelde in Westfalen erstellt. In der Weiterentwicklung der Beton- und Spannbetonbauweise sind die Namen *Finsterwalder, Rüsch* und *Leonhardt*, stellvertretend für viele andere, zu nennen; war es *Finsterwalder*, der die Freivorbaumethode durch die Spannbetonbauweise entwickelte, so verdanken wir *Rüsch* und *Leonhardt* die Weiterentwicklung des Betonbaues im allgemeinen und des Spannbetonbaues im besonderen.

Die Brücke dient dem Verkehrsweg, in dessen Zuge sie erstellt wird. Die konstruktiven Gegebenheiten haben sich nach den verkehrstechnischen Forderungen zu richten. Sie ersetzt den Verkehrsweg in der Überquerung von Tälern, Wasserläufen und Verkehrswegen. Die Brücke verbindet zwei konträr gelegene Punkte, sie ist zum Symbol der Verbindung von Gegensätzen und Überbrückung von Unwegsamkeiten geworden; ihre Zerstörung bedeutet Spaltung und Abbruch aller, auch menschlicher Beziehungen, in dieser Hinsicht ist sie ein Mahnmal der Geschichte.

Baurecht - Baubetrieb - Bauwirtschaft

M. von Bentheim / K. Meurer (Hrsg.)
Honorar-Handbuch für Architekten und Ingenieure
Texte, Materialien, Beispiele, Rechtsprechung, Honorarvorschläge
2002. VIII, 645 Seiten.
Gb., € 65,-* / sFr 96,-
ISBN 3-433-01618-6

Th. Flucher, B. Kochendörfer, U. v. Minckwitz, M. Viering (Hrsg.)
Mediation im Bauwesen
2002. XXXIII, 441 Seiten, 10 Abbildungen, 20 Tabellen.
Gb., € 99,-* / sFr 146,-
ISBN 3-433-01473-6

Das Buch enthält den HOAI-Text mit Euro-Honorartabellen, Honorarvorschläge für Projektsteuerung, Städtebaulichen Entwurf, SiGeKo, Brandschutz usw.. Ausführungen zur Rechtsprechung, Honorarklage, zu anrechenbaren Kosten, zur prüffähigen Honorarschlussrechnung sowie Honorarempfehlungen sind weitere Themen.

Mediation ist eine strukturierte und systematische Form der Konfliktregelung mit Hilfe eines professionellen Konfliktmanagers, dem Mediator. Er unterstützt die von einem Konflikt Betroffenen, zu einem einvernehmlichen, sowie fall- und problemspezifischen Ergebnis zu gelangen. Das Buch stellt die Mediation als außergerichtliche Konfliktlösung vor und zeigt ihre Anwendung anhand durchgeführter Beispielfälle der Baupraxis.

Ch. Conrad
Baumängel - Was tun?
Ansprüche, Rechte und ihre Durchsetzung
2003. 198 Seiten, 15 Abbildungen, 10 Tabellen.
Br., € 49,90* / sFr 75,-
ISBN 3-433-01477-9

B. Buschmann
Vertragsrecht für Planer und Baubetriebe
Bauvergabe, Bauvertrag, Bauplanung
2003. 353 Seiten, 76 Abbildungen.
Br., € 49,90* / sFr 75,-
ISBN 3-433-02862-1

Oft werden zum Leidwesen aller Beteiligten am Bauobjekt Mängel festgestellt. Streitigkeiten drohen. Das Werk wendet sich an den Bauherrn, aber auch an die beteiligten Praktiker. Es führt verständlich – gerade für den Nichtjuristen – in die Problematik ein und zeigt mögliche Lösungswege auf.

Das Buch vermittelt einen Überblick über die Rechtsbeziehungen zwischen den Baubeteiligten und typische Rechtsprobleme in der Baupraxis. Es richtet sich an alle Baupraktiker, die sich einen Überblick über das private Bau- und Vertragsrecht verschaffen wollen, aber auch an Juristen, die sich in das private Baurecht einarbeiten möchten. Die grundlegenden Änderungen, die das Schuldrechtsmodernisierungsgesetz seit Januar 2002 für das gesamte Vertragsrecht gebracht hat, sind durchgehend berücksichtigt.

Ernst & Sohn
Verlag für Architektur und
technische Wissenschaften GmbH & Co. KG

Für Bestellungen und Kundenservice:
Verlag Wiley-VCH
Boschstraße 12
69469 Weinheim
Telefon: (06201) 606-400
Telefax: (06201) 606-184
Email: service@wiley-vch.de

www.ernst-und-sohn.de

* Der €-Preis gilt ausschließlich für Deutschland

09332116_my   Änderungen vorbehalten.

1 Berechnungsgrundlagen für Brückenbauwerke

1.1 Bauten im Bereich öffentlicher Nutzung

1.1.1 Genehmigungspflicht und Zulassungsverfahren

Baurecht und öffentliche Sicherheit

Im allgemeinen Baurecht obliegt den Ländern die Ausgestaltung des formellen Baurechtes und des Bauordnungsrechtes in Gestalt von Baugenehmigungen; für die Betriebsanlagen der Eisenbahnen des Bundes dient es nur als Anhalt. In den einzelnen Landesbauordnungen und nachgeordneten Verordnungen sind neben den Regelungen zu den allgemeinen baulichen Anforderungen auch die Pflichten und Verantwortungen der Bauaufsichtsbehörden und der am Bau Beteiligten wie Bauherr, Entwurfsverfasser, Bauleiter und Unternehmer und die Arten der Genehmigungsverfahren beschrieben.

Über den Artikel 73 Nr. 6a GG ist für den Bund die Option für ein Bauordnungsrecht des Bundes eingeräumt. Danach wurde im Eisenbahnneuregelungsgesetz nach Artikel 5, Allgemeines Eisenbahngesetz, § 4, dem Bund, vertreten durch das Eisenbahn-Bundesamt, die Ausübung der Bauaufsicht über die Eisenbahnbetriebsanlagen übertragen. Damit ist das Eisenbahn-Bundesamt Bauaufsichtsbehörde für alle Anlagen der Eisenbahnen des Bundes.

Jeder Bauherr oder Unternehmer darf einen Bau, für den eine bauaufsichtliche Genehmigung erforderlich ist, nur nach den von der Bauaufsichtsbehörde genehmigten Bauplänen ausführen. Die Genehmigungspflicht erwächst vorrangig aus den Anforderungen, die an die Standsicherheit eines Bauwerkes zu stellen sind. Nach den Bauordnungen der Länder müssen bauliche Anlagen hinsichtlich dieser Anforderungen so angeordnet, errichtet oder instandgehalten werden, daß die öffentliche Sicherheit oder Ordnung, insbesondere Leben oder Gesundheit, nicht gefährdet werden.

Um Bauten der öffentlichen Auftraggeber durchführen zu können, muß das Baurecht geschaffen werden, dieses tun zu dürfen. Dies geschieht durch die öffentliche Auslegung der Baupläne mit anschließender Feststellung durch die zuständigen Landesbehörden und das Eisenbahn-Bundesamt.

Anerkannte Regeln der Technik

Nach den Landesbauordnungen und der Eisenbahnbau- und -betriebsordnung (EBO, § 2, Abs. 2) sind die allgemein anerkannten Regeln der Technik zu beachten. Als anerkannte Regeln der Technik sind solche Regeln anzusehen, die sich aus der Summe aller Erfahrungen der Bautechnik, insbesondere aus Normen und gesetzlichen Vorschriften, ergeben haben, sich in der Praxis bewährt haben und von deren Richtigkeit die Fachleute überzeugt sind. Es genügt nach dieser Definition nicht, daß eine Regel allein im Fachschrifttum vertreten oder von der Wissenschaft anerkannt wird; die Regel muß darüber hinaus auch von den am Bau beteiligten anerkannt und angewendet werden. Als allgemein anerkannte Regeln der Technik gelten in erster Linie die von den obersten Bauaufsichtsbehörden eingeführten Technischen Baubestimmungen. Hierzu gehören die von den Arbeitsausschüssen des Normenausschusses Bauwesen (NABau) im Deutschen Institut für Normung (DIN) erarbeiteten Vorschriften, die sogenannten DIN-Normen, mit den von den obersten Bauaufsichtsbehörden eingeführten ergänzenden Bestimmungen.

Technische Baubestimmungen sind keine Rechtsvorschriften und werden es auch nicht durch ihre bauaufsichtliche Einführung. Nach ihrer Einführung besteht jedoch die widerlegbare gesetzliche Vermutung, daß sie zu den allgemein anerkannten Regeln der Technik gehören. Das bedeutet, daß derjenige, der bauaufsichtlich eingeführte Technische Baubestimmungen beachtet, keinen Nachweis darüber zu erbringen hat, daß er nach allgemein anerkannten Regeln verfährt.

Anwendung neuer Bauprodukte

Zulassungen

Die ständig variierenden Aufgabenstellungen im Brückenbau, hervorgerufen durch kurze Bauzeiten, erfordern die Anwendung neuer Bauprodukte und Bauarten. Die Entwicklungszeiträume dieser neuen Bauprodukte sind im allgemeinen wegen des wirtschaftlichen Druckes so kurz, daß nicht gewartet werden kann, bis die neuen Erkenntnisse Eingang in die Normen oder sonstigen technischen Regelwerke gefunden haben. Es wird eine besondere Zulassung erforderlich. Neue Baustoffe, Bauteile oder Bauarten dürfen nur verwendet werden, wenn ihre Brauchbarkeit nachgewiesen werden kann durch

– eine allgemeine bauaufsichtliche Zulassung,
– ein Prüfzeichen,
– eine Zustimmung der obersten Bauaufsichtsbehörde im Einzelfall,
– eine Typzulassung.

Ein Nachweis der Brauchbarkeit ist nicht erforderlich, wenn die neuen Baustoffe, Bauteile oder Bauarten den bauaufsichtlich eingeführten Technischen Baubestimmungen entsprechen.

Allgemeine bauaufsichtliche Zulassung

Nach den Regelungen des europäischen Binnenmarktes wird durch das Bauproduktengesetz das „Inverkehrbringen" europäisch gehandelter Bauprodukte geregelt. Die Anwendung von Bauprodukten im Bauwesen regeln die Landesbauordnungen der Länder, wobei nach allgemein gültigen und eisenbahnspezifischen Produkten unterschieden werden muß. Die allgemeine bauaufsichtliche Zulassung für erstere wird einheitlich durch das Deutsche Institut für Bautechnik (DIBt) in Berlin erteilt. Die Zulassungsbescheide gelten im ganzen Bundesgebiet. Sie sind nicht auf einzelne Bauvorhaben beschränkt, werden aber unter dem Vorbehalt jederzeitigen Widerrufes nur für eine bestimmte Frist von höchstens 5 Jahren erteilt. Einem Standsicherheitsnachweis für ein Bauvorhaben, bei dem neue Baustoffe, Bauarten oder Bauteile verwendet werden sollen, sind dann die besonderen Bestimmungen des Zulassungsbescheides zugrunde zu legen, in denen die Auflagen des Institutes für Bautechnik enthalten sind.

Im Bereich der eisenbahnspezifischen Bauprodukte, wie z.B. Oberbaustoffe (Schwellen, Schienen und Befestigungsmittel) und Oberbauarten (Schotteroberbau, Feste Fahrbahn) erteilt nur das Eisenbahn-Bundesamt die erforderlichen Zulassungen, soweit es sich um den nationalen Anwendungsbereich handelt. Nach [91] werden künftig europäische Technische Zulassungen – auch für Verkehrsbauten – vom DIBt erteilt, wobei dann das Eisenbahn-Bundesamt die eisenbahnspezifischen Zulassungen vorbereitet.

Mit der Erteilung vorstehend beschriebener Zulassungen ist keine Aussage über die Dauerhaftigkeit und Bewährung des Zulassungsgegenstandes verbunden, da längere Erfahrungen noch nicht vorliegen. Hierin besteht ein wesentlicher Unterschied zwischen Bauausführungen nach allgemeinen bauaufsichtlichen Zulassungen und solchen nach eingeführten technischen Baubestimmungen. Die Verwendung von neuen zugelassenen Baustoffen, Bauarten und Bauteilen ist mit einem größeren Risiko verbunden.

Prüfzeichen

Die oberste Bauaufsichtsbehörde kann durch eine Rechtsverordnung vorschreiben, daß bestimmte neue Bauprodukte die werksmäßig hergestellt werden, eines Prüfzeichens bedürfen. Es handelt sich hierbei um Produkte, bei denen wegen ihrer Eigenart oder Zweckbestimmung die Erfüllung der bauaufsichtlichen Anforderungen von ihrer einwandfreien Beschaffenheit abhängt.

Auf dem Gebiet der Standsicherheit sind unmittelbar nur die Prüfzeichen für bestimmte Gerüstbauteile von Bedeutung. Mittelbar werden Standsicherheitsfragen noch durch Prüfzeichen für Betonzusätze berührt.

Zustimmung im Einzelfall

Wird der Nachweis der Brauchbarkeit weder durch eine allgemeine bauaufsichtliche Zulassung noch durch ein Prüfzeichen geführt, so bedarf die Anwendung neuer Bauprodukte der Zustimmung im Einzelfall durch die obersten Bauaufsichtsbehörden oder das Eisenbahn-Bundesamt. Diese Zustimmung ist für Sonderfälle insbesondere im Erprobungsstadium neuer Baustoffe, Bauarten oder Bauteile gedacht. Sie wird nach den für allgemeine bauaufsichtliche Zulassungen geltenden Grundsätzen erteilt und gilt nur für eine einzelne Baugenehmigung.

Typzulassung

Für bauliche Anlagen des Eisenbahnbaues, die in derselben Ausführung an mehreren Stellen errichtet werden sollen, erteilt das Eisenbahn-Bundesamt eine Typzulassung. Wenn diese Anlagen in unterschiedlicher Ausführung an mehreren Stellen errichtet werden sollen, im System und in den Bauteilen aber festgelegt sind, legt das Eisenbahn-Bundesamt die zulässige Veränderbarkeit fest.

1.1.2 Bauten im Bereich der Straßenbauverwaltung des Bundes und der Länder

Bauaufgaben im Zuge von Bundesfernstraßen werden nach Artikel 85 GG von den Ländern im Auftrage des Bundes ausgeführt, da der Bund keine für die Straßenbauverwaltung nachgeordnete Verwaltungsstruktur (Bundesamt) besitzt. Das Wort „Verwalten" steht hierbei für eine Vielzahl von Tätigkeiten, wie Planen, Rechtfertigen der Planung, planrechtliches Durchsetzen, Vorbereiten des Baues, Bauen, Abrechnen, Betreiben und Unterhalten. Der Bund, vertreten durch die Abteilung Straßenbau des Bundesministeriums für Verkehr, Bau und Wohnungswesen, übt die Rechts- und Fachaufsicht über seine Bauvorhaben aus, es ist zustimmungspflichtig zur Ausführungsplanung und Vergabe von größeren Bauvorhaben. Im Bund/Länder-Fachausschuß „Brücken- und Ingenieurbau" werden die baulichen Belange des BMVBW mit den Ländern abgestimmt. Dies gilt auch für die Entwicklung zusätzlicher technischer Regelwerke.

Die Straßenbauverwaltung der Länder ist in der Mehrzahl noch dreistufig aufgebaut, der Trend geht aber in Richtung Zweistufigkeit. In den Stadtstaaten ist sie nur einstufig.
- *Oberste Straßenbaubehörde:* das sind die zuständigen Landesministerien.
- *Obere und Mittlere Straßenbaubehörde:* das sind die Landesämter für Straßenbau und Straßenverkehr.

– *Untere Straßenbaubehörde:* hierzu zählen die Straßenbauämter, Ämter für Straßen- und Verkehrswesen und die Autobahnämter mit den Straßen- und Autobahnmeistereien. Sie bilden die operativen Einheiten vor Ort und führen die erforderlichen Planungs-, Bau- und Unterhaltungsaufgaben durch.

In den Bundesländern mit einer zweistufigen Verwaltung sind die beiden zuletzt genannten Dienststellen zu sogenannten Landesbetrieben zusammengefaßt. Nach § 4 Bundesfernstraßengesetz (FStrG) ist der Baulastträger Bund für seine Baumaßnahmen im Zuge von Bundesfernstraßen von bauaufsichtlichen Genehmigungen befreit. Seine Bauten dürfen jedoch nicht weniger den Anforderungen der Sicherheit und Ordnung genügen, als die Bauten, die den Bauordnungen der Länder unterliegen. Aus diesem Grunde muß die Straßenbauverwaltung für ihre Bauten ebenso wie ein Bauherr, der eine Genehmigung einzuholen hat, die für die Sicherheit und Ordnung notwendigen Vorschriften und Regeln einhalten. Dies gilt auch für die Straßenbauverwaltungen der Länder, die ebenfalls aufgrund eigener Straßengesetze von der bauaufsichtlichen Genehmigung für die Bauten in ihrem Geschäftsbereich befreit sind.

Für Brücken und andere Ingenieurbauten im Zuge von Bundesfernstraßen gelten neben den Regelwerken nach Abschnitt 1.1.1 noch spezielle Vorschriften, die vom Bundesministerium für Verkehr, Bau und Wohnungswesen in Zusammenarbeit mit den Ländern oder der Bundesanstalt für Straßenwesen ausgearbeitet wurden. Hierzu zählen u. a. die zusätzlichen Technischen Vertragsbedingungen und Richtlinien für Ingenieurbauten (ZTV-ING), die als Ergänzung der Allgemeinen Technischen Vorschriften (ATV) des Teiles C der Verdingungsordnung für Bauleistungen (VOB) anzusehen sind. Diese Vorschriften enthalten keine Regeln für die Standsicherheit, sondern zielen darauf ab, die Qualität des Bauwerks zu verbessern. Obwohl diese Vorschriften nur für Bauten im Geschäftsbereich des Bundesministeriums für Verkehr, Bau und Wohnungswesen erlassen wurden, werden sie auch bei anderen bauenden Verwaltungen angewendet.

1.1.3 Bauten im Bereich der Eisenbahnen des Bundes und der Länder

Mit der Strukturreform der deutschen Eisenbahnen vom 1.1.1994 wurden die Zuständigkeiten der ehemaligen Eisenbahnverwaltungen „Deutsche Bundesbahn" und „Deutsche Reichsbahn" für den Bau, Betrieb und Instandhaltung der Eisenbahninfrastruktur neu geregelt. Die Grundlage bildete das Eisenbahnneuordnungsgesetz (ENeuOG) vom 27.12.1993. Hierin sind u. a. enthalten:

– das Allgemeine Eisenbahngesetz (AEG),
– das Gesetz über die Eisenbahnverkehrsverwaltung des Bundes (BEVerkVwG),
– Änderungen der Eisenbahnbau und -betriebsordnung (EBO).

Mit der Reform wurde eine Trennung der Verkehrsleistungen mit dem Vorhalten der Eisenbahninfrastruktur einerseits von den hoheitlichen Aufgaben andererseits vorgenommen. Es entstanden drei Organisationseinheiten:

– Eisenbahn-Bundesamt (EBA),
– Bundeseisenbahnvermögen (BEV),
– Verkehrs- und Infrastrukturunternehmen, die in Eisenbahnen des Bundes und in nicht-bundeseigene Eisenbahnen eingeteilt werden.

Dem *Eisenbahn-Bundesamt* sind die hoheitlichen Aufgaben der ehemaligen Eisenbahnverwaltungen übertragen worden, es führt u.a. folgende Aufgaben nach § 3, BEVerkVwG durch:

- Planfeststellung für die Schienenwege der Eisenbahnen des Bundes,
- Ausübung der Eisenbahnaufsicht einschließlich der Technischen Aufsicht und der Bauaufsicht über die Betriebsanlagen der Eisenbahnen des Bundes sowie der Eisenbahninfrastrukturunternehmen mit Sitz im Ausland,
- Vorbereitung und Durchführung von Finanzierungsvorhaben.

Das Eisenbahn-Bundesamt gliedert sich neben der Zentrale in Bonn in fünfzehn Außenstellen, die am Sitz der ehemaligen Eisenbahndirektionen eingerichtet wurden. Diese Außenstellen bilden die operativen Einheiten vor Ort, erteilen die erforderlichen Genehmigungen, führen die bauaufsichtlichen Abnahmen durch und überwachen den betriebssicheren Zustand der baulichen Anlagen.

Dem *Bundeseisenbahnvermögen* obliegt die Durchführung der Personal-, Grundstücks- und Schuldenverwaltung.

Ein Verkehrs- und Infrastrukturunternehmen ist die *Deutsche Bahn AG* (DB AG). Sie wird privatwirtschaftlich geführt, ihr obliegt neben der Abwicklung der Verkehrsleistung die Herstellung und betriebssichere Instandhaltung der erforderlichen Eisenbahninfrastruktur.

Die DB AG ist eine Eisenbahn des Bundes, weitere wurden und werden gebildet.

Nichtbundeseigene Eisenbahnen mit Sitz in der Bundesrepublik Deutschland unterliegen der Aufsicht der obersten Verkehrsbehörde des zuständigen Bundeslandes. Soweit diese regionalen Verkehrsgesellschaften die Eisenbahninfrastruktur der Eisenbahnen des Bundes benutzen, bleibt die Eisenbahnaufsicht beim EBA. Verfügt eine regionale Eisenbahngesellschaft über eine eigene Eisenbahnverkehrsinfrastruktur, kann die oberste Verkehrsbehörde des zuständigen Bundeslandes die Eisenbahnaufsicht ganz oder teilweise dem EBA übertragen, welches sie dann nach den Weisungen und für Rechnung dieses Bundeslandes übernimmt (Artikel 5, AEG, § 5).

Die Eisenbahnen werden entsprechend ihrer Bedeutung nach Hauptbahnen und Nebenbahnen unterschieden. Die Entscheidung darüber, welche Strecken Haupt- und welche Nebenbahnen sind, treffen

- für die Eisenbahnen des Bundes das jeweilige Unternehmen,
- für nicht-bundeseigene Eisenbahnen die zuständige Landesbehörde.

Brückenbauwerke gehören zu den Betriebs- oder Bahnanlagen des Verkehrsinfrastrukturunternehmens. Bahnanlagen sind Grundstücke, Bauwerke und sonstige Einrichtungen einer Eisenbahn, die unter Berücksichtigung der örtlichen Verhältnisse zur Abwicklung oder Sicherung des Reise- und Güterverkehr auf der Schiene erforderlich sind. Die Brückenbauwerke werden durch das Eisenbahnunternehmen geplant, ausgeschrieben und vergeben. Das EBA genehmigt die Ausführungsplanung, übt die Bauaufsicht während der Baudurchführung aus und übernimmt die Überwachung des betriebssicheren Zustandes nach der Inbetriebnahme. Baumaßnahmen kleineren Umfangs und solche, die keine Auswirkungen auf die öffentliche Sicherheit und Ordnung haben, sind von der Pflicht der bauaufsichtlichen Genehmigung befreit.

Die einschlägigen Regelungen der EBO sind für die Planung und Herstellung der Brückenbauwerke verbindlich. Darüber hinaus sind zusätzliche Richtlinien der DB AG (Ril. 804, …) als bautechnische Regelwerke vom EBA bauaufsichtlich eingeführt worden. Weiterhin gelten zusätzliche Vorschriften des BMVBW, wie sie in Abschnitt 1.1.1 aufgeführt wurden. Es gelten die Regelwerke, die unter dem Oberbegriff der „Anerkannten Regeln der Technik" zusammengefaßt wurden. Zur Durchführung seiner hoheitlichen Aufgaben hat das EBA zusätzlich Verwaltungsvorschriften erlassen, die die Abwicklung der Bauaufsicht, der Technischen Aufsicht und der Instandhaltung der IOHM-Anlagen regeln.

1.1.4 Grundbegriffe der Tragwerksplanung

1.1.4.1 Einwirkungen

Begriffe und grundsätzliche Einteilungen

Eine Einwirkung (F) ist:
- eine Kraft (Last), die auf das Tragwerk einwirkt (direkte Einwirkung), oder
- ein Zwang (indirekte Einwirkung), z. B. durch Temperatur-Wirkungen oder Setzungen.

Einwirkungen werden eingeteilt:

a) nach ihrer zeitlichen Veränderlichkeit
   - ständige Einwirkungen (G), z. B. Eigenlast von Tragwerken, Ausrüstungen, feste Einbauten,
   - veränderliche Einwirkungen (Q), z. B. Verkehrslasten, Windlasten oder Schneelasten,
   - außergewöhnliche Einwirkungen (A), z. B. Anprall von Fahrzeugen.

b) nach ihrer räumlichen Veränderlichkeit
   - ortsfeste Einwirkungen, z. B. Eigenlast oder Vorspannung (P),
   - ortsveränderliche Einwirkungen, die sich aus unterschiedlichen Anordnungen der Einwirkungen ergeben, z. B. Verkehrslasten, Windlasten, Schneelasten.

Zwangseinwirkungen sind entweder ständige Einwirkungen G_{IND} (z. B. Auflagersetzungen) oder veränderliche Einwirkungen Q_{IND} (z. B. Temperatur) und werden entsprechend behandelt.

Charakteristische Werte der Einwirkungen

Die charakteristischen Werte der ständigen Einwirkungen ergeben sich nach DIN 1055, Teil 1. Als charakteristische Werte der veränderlichen Einwirkungen gelten grundsätzlich die Werte des DIN-Fachberichtes 101 und ggf. ergänzende Festlegungen des BMVBW oder EBA.

Repräsentative Werte der veränderlichen Einwirkungen

Repräsentative Werte werden für den Nachweis eines Grenzzustandes verwendet. Der wichtigste repräsentative Wert ist der charakteristische Wert Q_k.

Weitere repräsentative Werte werden durch den charakteristischen Wert Q_k unter Verwendung eines Beiwerts ψ_i ausgedrückt. Diese Werte werden folgendermaßen definiert:

- Kombinationswert $\quad\quad\quad \psi_0 \cdot Q_k$
- nicht-häufiger Wert: $\quad\quad \psi_1' \cdot Q_k$
- häufiger Wert: $\quad\quad\quad\quad \psi_1 \cdot Q_k$
- quasi-ständiger Wert: $\quad\; \psi_2 \cdot Q_k$

Durch die Werte ψ wird ein *gleichzeitiges* Auftreten veränderlicher Lasten berücksichtigt.

Formelzeichen und Kurzzeichen

G_{kj} Charakteristischer Wert einer ständigen Einwirkung
P_k Charakteristischer Wert einer Vorspannung
$Q_{k,1}$ Charakteristischer Wert einer vorherrschenden veränderlichen Einwirkung
$Q_{k,i}$ Charakteristischer Wert einer nicht-vorherrschenden veränderlichen Einwirkung
A_d Bemessungswert einer außergewöhnlichen Einwirkung
A_{ed} Bemessungswert einer Einwirkung infolge Erdbebens
γ_{Gj} Teilsicherheitsbeiwert der ständigen Einwirkung j

1.1 Bauten im Bereich öffentlicher Nutzung

γ_{Gaj} wie γ_{Gj}, jedoch für außergewöhnliche Bemessungssituationen
γ_{PA} wie γ_P, jedoch für außergewöhnliche Bemessungssituationen
γ_P Teilsicherheitsbeiwert für Einwirkung infolge Vorspannung
γ_{Qi} Teilsicherheitsbeiwert für die veränderliche Einwirkung i
Ψ Kombinationsbeiwert

ferner:

$G; g$	Ständige Einwirkung	$Q; q$	veränderliche Einwirkung
$N; n$	Normalkraft (normal force)	V	Querkraft (vertical force)
$M; m$	Biegemoment (bending moment)	T	Torsionsmoment (torsional moment)
P	Vorspannkraft (prestressed force)	d	statische Nutzhöhe
h	Querschnittshöhe		

1.1.4.2 Grenzzustände und Einwirkungskombinationen

Grenzzustände

Grenzzustände sind Bemessungssituationen, bei deren Überschreitung das Tragwerk die Entwurfsanforderungen nicht mehr erfüllt. Man unterscheidet:

– Grenzzustände der Tragfähigkeit,
– Grenzzustände der Gebrauchstauglichkeit.

Die Grenzzustände der Tragfähigkeit umfassen:

– Verlust des Gleichgewichts des als starren Körper betrachteten Tragwerks oder eines seiner Teile,
– Versagen durch fortschreitende Verformung, Bruch oder Verlust der Stabilität des Tragwerks oder eines seiner Teile einschließlich Unterstützung und Gründungen,
– Versagen durch Ermüdung.

Die Grenzzustände der Gebrauchstauglichkeit sind diejenigen Zustände, bei deren Überschreitung die festgelegten Bedingungen für die Gebrauchstauglichkeit nicht mehr erfüllt sind.

Die Grenzzustände der Gebrauchstauglichkeit umfassen:

– Verformungen und Durchbiegungen, welche das Erscheinungsbild oder die planmäßige Nutzung eines Tragwerks beeinträchtigen oder Schäden an Betonoberflächen oder nichttragenden Bauteilen verursachen,
– Schwingungen, die Unbehagen bei Menschen oder Schäden am Bauwerk oder seiner Einrichtung verursachen oder die seine Funktionsfähigkeit einschränken,
– Risse im Beton, die das Aussehen, die Dauerhaftigkeit oder die Wasserundurchlässigkeit beeinträchtigen können,
– Schädigung des Betons infolge übermäßiger Druckbeanspruchung, die zu einer Beeinträchtigung der Dauerhaftigkeit führen können.

Einwirkungskombinationen

Einwirkungskombinationen werden aus der Summe der gleichzeitig auftretenden charakteristischen Werte der Einwirkungen E_d gebildet. In den Grenzzuständen der Tragfähigkeit sollen sie für folgende Situationen dargestellt werden:

a) Ständige und vorübergehende Situationen:
Bemessungswerte der vorherrschenden Einwirkungen und die Kombinationswerte von weiteren Einwirkungen.

b) Außergewöhnliche Situationen:
Bemessungswerte von ständigen Einwirkungen zusammen mit dem häufigen Wert der vorherrschenden veränderlichen Einwirkung und die quasi-ständigen Werte von weiteren veränderlichen Einwirkungen und der Bemessungswert einer außergewöhnlichen Einwirkung.

c) Situation infolge Erdbeben:
Charakteristische Werte der ständigen Einwirkungen zusammen mit den quasi-ständigen Werten von weiteren veränderlichen Einwirkungen und der Bemessungswert der Einwirkung infolge Erdbebens.

In den Grenzzuständen der Gebrauchstauglichkeit werden die Einwirkungs-Kombinationen mit Hilfe der repräsentativen Werte der Einwirkungen gebildet. Diese haben folgende Bedeutungen:

- Charakteristischer Wert einer veränderlichen Einwirkung:
  Entspricht dem wichtigsten repräsentativen Wert einer Einwirkung, der auf statistischer Grundlage für eine vorgegebene Wahrscheinlichkeit so gewählt ist, daß er während des Benutzungszeitraumes nicht nach der ungünstigen Seite überschritten wird.

- Nicht häufiger Wert einer veränderlichen Einwirkung:
  Entspricht dem Wert einer Einwirkung, der so ermittelt wird, daß die Gesamtdauer, während der er in einem gewählten Zeitraum überschritten wird, einen größeren Teil dieses Zeitraumes ausmacht. Er hat eine Wiederkehrperiode von etwa einem Jahr.

- Häufiger Wert einer veränderlichen Einwirkung:
  Entspricht dem Wert einer Einwirkung, der so ermittelt wird, daß die Gesamtdauer während der er in einem gewählten Zeitraum überschritten wird, einen kleinen Teil dieses Zeitraumes ausmacht. Er hat eine Wiederkehrperiode von etwa einer Woche.

- Quasi-ständiger Wert einer veränderlichen Einwirkung:
  Entspricht dem Wert einer Einwirkung, der so ermittelt wird, daß die Gesamtdauer, während der er in einem gewählten Zeitraum überschritten wird, einen wesentlichen Teil (quasi den ganzen Teil) dieses Zeitraumes ausmacht. Er hat eine Wiederkehrperiode von einem Tag bis zu drei Tagen.

1.1.5 Vorschriften und Bautechnische Regelwerke

Europäische Vorschriften

Für den Betonbrückenbau liegen derzeit folgende europäische Vorschriften vor, die als Vornormen (ENV) verabschiedet worden sind und durch das deutsche Institut für Normung (DIN), soweit sie in einer deutschen Sprachfassung vorliegen, ebenfalls als Vornormen vorgestellt wurden.

Eurocode 1 (DIN V ENV 1991)
Grundlagen der Tragwerksplanung und Einwirkungen auf Tragwerke

Teil 1:   Grundlagen der Tragwerksplanung (12/95)
Teil 2-1: Einwirkungen auf Tragwerke; Wichten, Eigenlasten und Nutzlasten (1995)
Teil 2-3: Einwirkungen auf Tragwerke; Schneelasten (01/96)
Teil 2-4: Einwirkungen auf Tragwerke; Windlasten (12/96)
Teil 2-5: Einwirkungen auf Tragwerke; Temperatureinwirkungen (01/99)
Teil 3:   Verkehrslasten auf Brücken (08/96)

Eurocode 2 (DIN V ENV 1992)
Planung von Stahlbeton- und Spannbetontragwerken

Teil 1-1: Grundlagen und Anwendungsregeln für den Hochbau (06/92)
Teil 1-3: Allgemeine Regeln; Bauteile und Tragwerke aus Fertigteilen (12/94)
Teil 1-4: Allgemeine Regeln; Leichtbeton mit geschlossenem Gefüge (12/94)
Teil 1-5: Allgemeine Regeln; Tragwerke mit Spanngliedern ohne Verbund (12/94)
Teil 1-6: Allgemeine Regeln; Tragwerke aus unbewehrtem Beton (12/94)
Teil 2: Betonbrücken (10/97)

DIN EN 1337-1   Lager im Bauwesen, Allgemeine Regelungen (02/01)

DIN EN 1337-11 Lager im Bauwesen, Transport, Zwischenlagerung und Einbau (04/98)

Nationale Anwendungsdokumente (NAD) zu den Eurocodes 1.3, 2.1 und 2.2

DIN-Fachbericht 100: Beton (2001)
Zusammenstellung von:
– DIN EN 206-1:   Beton, Teil 1: Festlegung, Eigenschaften, Herstellung und Konformität
– DIN 1045-2:   Tragwerke aus Beton, Stahlbeton und Spannbeton, Teil 2: Festlegung, Eigenschaften, Herstellung, Konformität,

DIN-Fachbericht 101: Einwirkungen auf Brücken (03/03)

DIN-Fachbericht 102: Betonbrücken (03/03)
mit: Kap. II: Bemessung von Betonbrücken
              mit: Anhang 1   Zusätzliche Hinweise zur Ermittlung zeitabhängiger Betonverformungen
                   Anhang 2   Nichtlineare Verfahren der Schnittgrößenermittlung
                   Anhang 4   Rechnerische Ermittlung von Tragwerksverformungen
                   Anhang 106 Schädigungsäquivalente Schwingbreite für Nachweise gegen Ermüdung
                   Anhang 108 Bewehrung von Stahlbetonstützen für den Anprall von Fahrzeugen
     Kap. III: Ergänzungen für Betonbrücken mit externen Spanngliedern
     Kap. IV: Allgemeine Regeln für Bauteile und Tragwerke aus Fertigteilen
     Kap. V: Allgemeine Regeln für Bauteile aus unbewehrtem Beton

Nationale Anwendungsdokumente (NAD) zu den Eurocodes 1.1, 1.2 und 7 (Baugrund)

DIN 1055:   Einwirkungen auf Tragwerke
                Teil 1:   Wichten und Flächenlasten von Baustoffen, Bauteilen und Lagerstoffen (06/02)
                Teil 2:   Bodenkenngrößen (E 02/03)
                Teil 5:   Schnee- und Eislasten (E 04/01)
                Teil 7:   Temperatureinwirkungen (11/02)
                Teil 8:   Einwirkungen während der Bauausführung (01/03)
                Teil 9:   Außergewöhnliche Einwirkungen (01/02)
                Teil 100: Grundlagen der Tragwerksplanung; Sicherheitskonzept und Bemessungsregeln (01/02)

DIN 1045-1:   Tragwerke aus Beton, Stahlbeton und Spannbeton
                Teil 1: Bemessung und Konstruktion (07/01)

DIN 1054:   Baugrund, Sicherheitsnachweise im Erd- und Grundbau (01/03)

DIN 4084: Baugrund; Geländebruchberechnungen (E 11/02)

DIN 4085: Baugrund; Berechnung des Erddrucks (E 12/02)

DIN 4017: Baugrund; Berechnung des Grundbruchwiderstandes bei Flachgründungen (E 06/01)

Normen, die nicht durch die vorstehenden Anpassungsdokumente berührt sind

DIN 1076: Ingenieurbauwerke im Zuge von Straßen und Wegen, Überwachung und Prüfung (11/99)

DIN 4141: Lager im Bauwesen
- Teil 1: Allgemeine Regelungen (05/03)
- Teil 2: Lagerung für Ingenieurbauwerke im Zuge von Verkehrswegen (Brücken) (05/03)
- Teil 12: Gleitlager (E 11/94)
- Teil 14: Bewehrte Elastomerlager, Bauliche Durchbildung und Bemessung (09/85)
- Teil 140: Bewehrte Elastomerlager, Baustoffe, Anforderungen, Prüfung und Überwachung (01/91)

DIN 4421 Traggerüste, Berechnung, Konstruktion und Ausführung (08/82)

DIN 18218 Frischbetondruck auf lotrechte Schalungen (09/80)

Richtlinien und zusätzliche Technische Vorschriften des Bundesministeriums für Verkehr, Bau- und Wohnungswesen. Abteilung Straßenbau (Auszug)

RAB-BRÜ Aufstellen von Bauwerksentwürfen (1995)

RBA-BRÜ Bauliche Durchbildung und Ausstattung von Brücken zur Überwachung, Prüfung und Erhaltung (1997)

ZTV-ING Zusätzliche Technische Vertragsbedingungen und Richtlinien für Ingenieurbauten (03/03)

RIZ-ING Richtzeichnungen für Ingenieurbauten, Stand 01.02 (E)

STANAG 2021 Norm für militärische Fahrzeuge und Brückenbelastung (Standardisierungsvereinbarung), 3. Ausgabe (1969)

RAS-Q Richtlinie für die Anlage von Straßen, Teil Querschnitte (1996)

sowie: Merkblatt über den Einfluß der Hinterfüllung von Bauwerken, Forschungsgesellschaft für das Straßenwesen (1994)

Rechtsverordnungen und Richtlinien für den Bereich des Eisenbahnbrückenbaues

EBO Eisenbahn-Bau- und -Betriebsordnung (1993)

Ril. 804, … Eisenbahnbrücken (und sonstige Ingenieurbauwerke), planen, bauen, instandhalten (05/03)

Ril. 804.6101 Abdichtung massiver Eisenbahnbrücken

Ril. 805 Tragsicherheit bestehender Bauwerke

sowie: Richtzeichnungen für massive Eisenbahnbrücken

1.2 Einwirkungen aus dem Straßenverkehr

1.2.1 Zuordnung des Straßenverkehrs

Anwendungsbereich der Verkehrslasten

Die im Folgenden angeführten Regelungen für den Ansatz von Lastmodellen für die Verkehrslasten des Straßenverkehrs gelten für solche Brücken mit:
- Einzelstützweiten kleiner als 200 m und/oder
- Fahrbahnbreiten nicht größer als 42,0 m.

Für Brücken mit größeren Abmessungen bedürfen die anzusetzenden Lastmodelle der Zustimmung des Bauherrn.

Die nachstehend dargestellten Belastungen für Straßenbrücken entstehen aus den Einwirkungen des Straßenverkehrs durch Personenkraftwagen, Lastkraftwagen und ggf. Sonderfahrzeugen. Maßgebend für die Größe der Belastung ist die Zusammensetzung des Fahrzeugverkehrs in Form der Anteile durch LKW- und PKW-Verkehr, seine Dichte, die Verkehrsbedingungen (Stauhäufigkeit) und die Wahrscheinlichkeit des Auftretens von maximalen Fahrzeuggewichten. Die im Folgenden festgelegten Lastmodelle beschreiben daher keine tatsächlichen Lasten, sie wurden so gewählt, daß sie den Einwirkungen des tatsächlich vorhandenen Verkehrs entsprechen. Die dynamische Wirkung der Radlasten wurde durch eine Erhöhung der Regellasten berücksichtigt. Der in den Lastmodellen enthaltene Erhöhungsfaktor hängt von vielen Einflüssen ab. Er wurde für eine mittlere Unebenheit des Fahrbahnbelages und für eine normale Fahrzeugfederung ermittelt. Im ungünstigen Fall kann er 1,7 betragen.

Die Einwirkungen von Lasten aus Straßenbauarbeiten infolge von Schürfraupen, Lastwagen zum Transport von Boden, oder von Lasten für die Prüfung und Überwachung und für Versuche sind in den Lastmodellen nicht berücksichtigt. Sie müssen gesondert festgelegt werden.

Fahrbahnbereich und Fahrstreifen

Die Brückenfläche wird in die Fahrbahnfläche und in den Sicherheitsbereich eingeteilt. Dieser fällt in der Regel mit dem Schrammbordbereich zusammen, er enthält die Leiteinrichtung, einen Notgehweg und schließt seitlich mit dem Geländer ab. In besonderen Fällen kann an Stelle des Notgehweges ein besonderer Geh- und Radweg angeordnet sein. Die Kappen nehmen in der Regel keinen Fahrzeugverkehr auf, lediglich im Anprallastfall müssen Radlasten auf dem Vorbord oder hinter der Leiteinrichtung berücksichtigt werden (siehe hierzu Abschnitt 7.2.3.2).

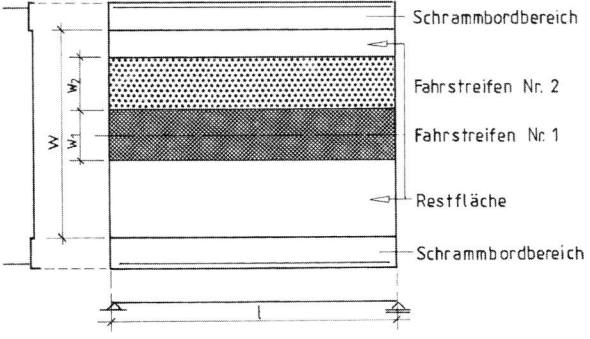

Bild 1.1 Aufteilung der Brückenfläche

Die Breite w des Fahrbahnbereiches wird zwischen den Schrammborden gemessen, wenn deren Höhe $\geq$ 70 mm beträgt. In allen anderen Fällen entspricht w der lichten Weite zwischen den Leiteinrichtungen. Falls im Einzelfall nicht anders festgelegt, umfaßt die Fahrbahnbreite weder den Abstand zwischen den auf dem Mittelstreifen angeordneten festen Schutzeinrichtungen oder Schrammborden, noch die Breite dieser Schutzeinrichtungen. Die Einzelbreite w_i und die Anzahl n dieser Spuren ergibt sich aus der Gesamtbreite w nach den folgenden Kriterien, wobei die maximale Spurenanzahl mit $n = 2$ festgelegt ist:

- $w < 5{,}40$ m
  anzusetzen ist eine Spur mit einer Breite von $w_i = 3{,}0$ m, die Restbreite ergibt sich aus der Beziehung $(w - 3{,}0$ m$)$
- $5{,}40$ m $\leq w \leq 6{,}0$ m
  anzusetzen sind zwei Spuren mit einer Breite von je $w_i = w/2$
- $6{,}0$ m $\leq w < 9{,}0$ m
  anzusetzen sind zwei Spuren mit einer Breite von je $w_i = 3{,}0$ m und einer Restbreite von $(w - 6{,}0$ m$)$

Die Fahrstreifen werden zahlenmäßig durchnumeriert, der ungünstig wirkende Streifen trägt die Nr. 1, der zweitungünstig wirkende Streifen die Nr. 2. Ihre Lage ergibt sich aus der ungünstigen Laststellung im System, die Streifen müssen nebeneinander liegen.

Besteht die Fahrbahn aus zwei getrennten Richtungsfahrbahnen auf *einem* Überbau, ist die Numerierung für die gesamte Fahrbahnbreite vorzunehmen, d. h. es gibt hier nur *einen* Streifen mit der Nr. 1, der aber alternativ auf beiden Richtungsfahrbahnen liegen kann.

Besteht der Überbau aus zwei voneinander unabhängigen Teilen, ist für jeden Teil eine eigenständige Numerierung für beide Überbauten zusammen vorzunehmen.

1.2.2 Vertikallasten, charakteristische Werte

1.2.2.1 Ständige Lasten

Eigengewicht

Für Raum- und Flächengewichte der Baustoffe, Bauteile und Lagerstoffe gelten die charakteristischen Werte der DIN 1055, T. 1.

Bei Straßenbrücken ist für den Fahrbahnbelag je cm Dicke mindestens eine Flächenlast von $0{,}24$ kN/m^2 anzusetzen.

Für Mehreinbau von Fahrbahnbelag beim Herstellen einer Ausgleichsgradiente ist zusätzlich eine gleichmäßig verteilte Last von $0{,}5$ kN/m^2 durchgehend über die gesamte Fahrbahnfläche anzunehmen.

Vorspannungen

Vorspannungen werden in der Regel durch Spannglieder erzeugt, ihre typischen Beanspruchungen können dem DIN-Fachbericht 102 entnommen werden. Vorspannungen können aber auch durch planmäßige Änderungen der Lagerungsbedingungen, durch Vorbelastungen oder ähnliche Maßnahmen erzeugt werden.

Schneelasten

Schneelasten sind nur bei überdachten Brücken, bei beweglichen Brücken oder bei Nachweisen von Bauzuständen zu berücksichtigen. Sie sind nach DIN 1055-5 anzunehmen.

1.2.2.2 Verkehrsregellasten

Lastmodell 1: Doppelachse mit Gleichlast

Dieses Lastmodell besteht aus Einzellasten und Flächenlasten, die unterschiedlich groß in den einzelnen Fahrstreifen und einer eventuellen Restfläche anzusetzen sind. Das Kernstück dieses Lastmodelles liegt mit einer Doppelachse vor, als Simulationsmodell eines beweglichen Regelfahrzeuges. Diese Doppelachse wird in zwei Fahrspuren zusätzlich zu einer durchgehenden Gleichlast angeordnet, die Fahrspur 1 erhält eine erhöhte Gleichlast. Das Belastungsprinzip beinhaltet die veränderliche Anordnung der Doppelachsen in den Fahrspuren, immer als ein zusammenhängendes Lastpaket betrachtet, sowie die seitliche Lageänderung der Fahrspuren.

Die Einzelheiten dieses Lastmodelles ergeben sich wie folgt:

Die Fahrstreifen 1 und 2 sind unmittelbar nebeneinander ohne Restflächen zwischen den Fahrstreifen anzuordnen. Der Fahrstreifen 1 liegt an ungünstiger Stelle, ihm folgt in dieser Wertung der Fahrstreifen 2, der Fahrstreifen 3 ordnet sich ein. In der Querrichtung sind die Doppelachsen als nebeneinanderstehend anzunehmen und bei der Ermittlung globaler Einwirkungen zentrisch anzuordnen. Unabhängig von der Anzahl der Felder des Tragwerkes ist jeweils immer nur eine Doppelachse in einem Fahrstreifen anzunehmen. Im Fahrstreifen 3 ist keine Doppelachse anzuordnen.

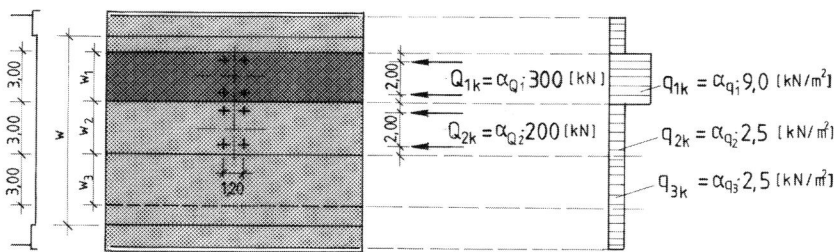

Bild 1.2
Belastungsansätze in den Fahrstreifen

Der charakteristische Wert der Achslast einer Doppelachse beträgt:

$$Q_k = \alpha_{Qi} \cdot Q_{ik} \qquad 1.2.2(1)$$

mit: i Bezeichnung der Spuren
    α_{Qi} Anpassungsfaktor für die Achslast nach Tabelle 1.1
    Q_{ik} Charakteristischer Wert der Achslast eines Fahrstreifens nach Bild 1.2 oder Tabelle 1.1

Die Doppelachse ist symmetrisch ausgebildet, so daß auf ein Rad die halbe Achslast entfällt.

Der charakteristische Wert der gleichmäßig verteilten Belastung, UDL-System, ergibt sich aus der Beziehung:

$$q_k = \alpha_{qi} \cdot q_{ik} \qquad 1.2.2(2)$$

bzw.

$$q_k = \alpha_{qr} \cdot q_{rk} \qquad 1.2.2(3)$$

Tabelle 1.1
Grundwerte und Bemessungslast

Stellung	Doppelachse			Gleichmäßig verteilte Last
	Grundwert	a_{Qi}	Angepaßter Grundwert	
	Achslast Q_{ik} in kN		Achslast $a_{Qi} \cdot Q_{ik}$ in kN	q_{ik} (oder q_{rk}) in kN/m²
Fahrstreifen 1	300	0,8	240	9,0
Fahrstreifen 2	200	0,8	160	2,5
Fahrstreifen 3	0	–	0	2,5
Andere Fahrstreifen	0	–	0	2,5
Restfläche (q_{rk})	0	–	0	2,5

mit: α_{qi} Anpassungsfaktor für die Gleichlast in einem Fahrstreifen
α_{qr} Anpassungsfaktor für die Gleichlast in einer eventuellen Restfläche oder im Schrammbordbereich
q_{ik} charakteristischer Wert der Gleichlast eines Fahrstreifens nach Bild 1.2 oder Tabelle 1.1
q_{rk} charakteristischer Wert der Gleichlast der Restfläche nach Bild 1.2 oder Tabelle 1.1

Die Anpassungsfaktoren α_{Qi}, α_{qi} und α_{qr} sollen die Relation zu den Belastungsverhältnissen, die aus der Größe und Dichte des Verkehrs herrühren, herstellen. Die Zahlenwerte können für verschiedene Straßenklassen oder für verschiedene erwartete Verkehrszusammensetzungen unterschiedlich sein. Wenn keine anderen Festlegungen getroffen sind, gilt:

$\alpha_{Qi} = 0{,}8$, für $i = 1, 2$ \hfill 1.2.2(4)

$\alpha_{qi} = 1{,}0$, für $i = 1, 2, 3$ \hfill 1.2.2(5)

$\alpha_{qr} = 1{,}0$ \hfill 1.2.2(6)

Die charakteristischen Werte der Fahrbahnlasten enthalten den dynamischen Erhöhungsfaktor, ein Schwingbeiwert braucht also nicht angesetzt zu werden.

Zur Ermittlung globaler Einwirkungen ist die Doppelachse in den Fahrstreifen zentrisch anzuordnen. Für örtliche Untersuchungen in der Fahrbahnplatte als Nebentragglied oder zur Bestimmung der Hauptmomente in der Platte als Hauptträger sind die Doppelachsen in der Querrichtung auf 0,50 m zusammenzuschieben, da dann größere Momente im Aufpunkt erzielt werden.

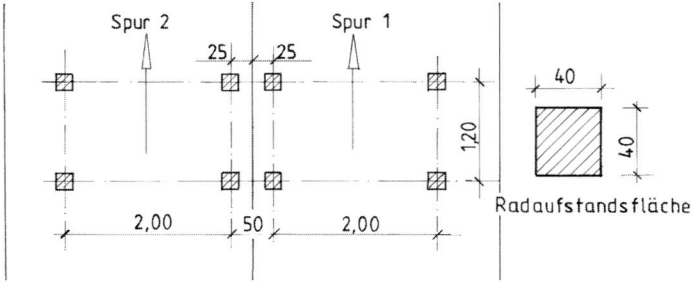

Bild 1.3
Zweispurige Doppelachse, ungünstige Laststellung

Lastmodell 2: Einzelachse

Eine Einzelachse des Lastmodelles 1 der Spur 1 soll die dynamischen Einwirkungen üblichen Verkehrs bei Bauteilen mit sehr kurzen Stützweiten berücksichtigen. Dieses Lastmodell ist für sich anzusetzen und dient nur lokalen Nachweisen. Der charakteristische Wert der Einzelachse beträgt:

$$Q_k = \beta_Q \cdot Q_{ak} \qquad\qquad 1.2.2(7)$$

mit: $\beta_Q = 0{,}8$ als dynamischer Erhöhungsfaktor $\qquad 1.2.2(8)$

$\qquad Q_{ak} = 240 \text{ kN} \qquad\qquad 1.2.2(9)$

Die Einzelachse ist an beliebiger Stelle anzuordnen, gegebenenfalls ist auch nur eine Radlast der Größe $\beta_Q \cdot 120$ [kN] anzusetzen.

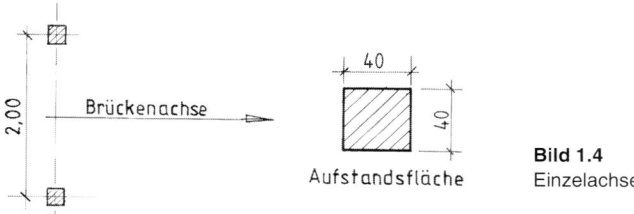

Bild 1.4 Einzelachse

Lastmodell 3: Sonderfahrzeuge

Dieses Lastmodell wurde aus dem Ursprungsdokument nicht übernommen.

Lastmodell 4: Menschengedränge

Ein Menschengedränge wird durch einen charakteristischen Wert der Einwirkung von 5 kN/m² als Nominallast dargestellt. Diese Last beinhaltet die dynamische Erhöhung und ist für eine besondere Belastungssituation gedacht, z. B. als Menschenauflauf zu einem bestimmten Anlaß. Das Lastmodell deckt eine vorübergehende Bemessungssituation ab.

1.2.3 Horizontallasten, charakteristische Werte

Lasten aus Bremsen und Anfahren

Der charakteristische Wert der Bremskraft ergibt sich aus den Vertikallasten des Fahrstreifens 1 zu:

$$Q_{br,k} = 0{,}6 \cdot \alpha_{Q1} \cdot (2\, Q_{lk}) + 0{,}10 \cdot \alpha_{q1} \cdot q_{1k} \cdot w_1 \cdot L \qquad 1.2.3(1)$$

mit: α_{Q1} Anpassungsfaktor der Achslast der Doppelachse im Fahrstreifen 1
$\qquad Q_{lk}$ charakteristischer Wert der Achslast der Doppelachse im Fahrstreifen 1 nach Tabelle 1.1
$\qquad q_{1k}$ charakteristischer Wert der Gleichlast im Fahrstreifen 1 nach Tabelle 1.1
$\qquad w_1$ Breite des Fahrstreifens 1
$\qquad L$ Länge des Überbaus oder der zu berücksichtigenden Teillänge

Die Bremslast gilt in den Grenzen:

$$360 \cdot \alpha_{Q1} \text{ kN} \leq Q_{br,k} \leq 900 \text{ kN} \qquad 1.2.3(2)$$

Die Bremskraft wirkt in der Brückenlängsrichtung in der Mittellinie der Fahrbahn in der Höhe des Fahrbahnbelages. Sie kann als Einzellast oder als gleichmäßig verteilte Last angenommen werden. Sie wirkt grundsätzlich wegen der gleichgroßen Kräfte beim Anfahren jeweils in beiden Richtungen. Wenn aber die Exzentrizität in der Querrichtung von Bedeutung ist, ist die Bremslast entlang der Mittellinie *eines* Fahrstreifens anzusetzen.

Zentrifugallast

Bei im Grundriß gekrümmten Brückenbauwerken ist eine Zentrifugallast zu berücksichtigen, wenn der Krümmungsradius ≤ 1500 m ist. Diese Kraft ist in der Höhe des fertigen Fahrbahnbelages als Einzellast radial zur Fahrbahnachse jeweils nur in den Stützungsachsen anzusetzen. Der charakteristische Wert ergibt sich wie folgt:

$r \leq 200$ m: $\qquad Q_{tk} = 0{,}20\ Q_v$ [kN] $\qquad\qquad$ 1.2.3(3)

$200\ \text{m} \leq r \leq 1500\ \text{m}: \quad Q_{tk} = \dfrac{40}{r} Q_v$ [kN] $\qquad$ 1.2.3(4)

$r > 1500$ m $\qquad Q_{tk} = 0$ $\qquad\qquad\qquad\qquad$ 1.2.3(5)

mit: r $\quad$ horizontaler Radius der Fahrbahnmittellinie
$\quad\ Q_v$ $\quad$ Gesamtlast aus den vertikalen Einzellasten der Doppelachsen des Lastmodelles 1
$\qquad\ = \sum_i \alpha_{Qi} \cdot (2\ Q_{ik})\quad$ (siehe Tabelle 1.1)

1.2.4 Einwirkungen für Ermüdungsberechnungen

Der über eine Brücke fließende Verkehr erzeugt Dauerfestigkeitsbeanspruchungen, die zur Ermüdung der Materialien Stahl und Beton führen können. Das hierbei erzeugte Spannungsspektrum hängt ab von:

– den Abmessungen der Fahrzeuge,
– den Achslasten,
– dem Abstand der Fahrzeuge,
– der Verkehrszusammensetzung und deren dynamischer Wirkung.

Zur Ermittlung der hieraus resultierenden Einwirkungen sind in der DIN V ENV 1991-3 fünf verschiedene Lastmodelle definiert worden, die Anwendung derselben wird in den entsprechenden Bemessungsnormen geregelt.

Für die Dauerfestigkeitsnachweise bei Betonbrücken ist nach dem DIN-FB. 101 das Ermüdungslastmodell (3) maßgebend. Es besteht aus zwei Doppelachsen im Abstand von 7,20 m zueinander angeordnet gemäß Bild 1.5.

Die Seitenlänge eines Rades ist ein Quadrat mit 0,40 m Breite. Die Achslasten betragen 120 kN, diese Werte sind dem typischen Schwerverkehr auf europäischen Autobahnen und Hauptstrecken angepasst, sie entsprechen der Verkehrskategorie 1 in der Tabelle 1.2.

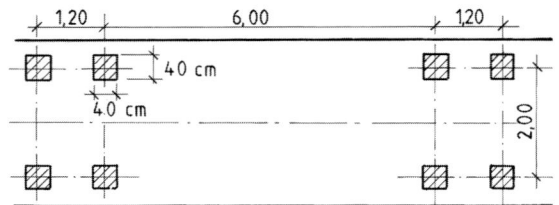

Bild 1.5
Ermüdungslastmodell (3)

1.2 Einwirkungen aus dem Straßenverkehr

Zur Ermittlung globaler Einwirkungen (z. B. für Hauptträger) soll das Modell in der Achse der rechnerischen Fahrstreifen angeordnet werden, die Anordnung muß mit den Belastungsprinzipien der Abschnitte 1.2.1 und 1.2.2 übereinstimmen. Zur Ermittlung lokaler Einwirkungen (z. B. Platten oder Fahrbahntafeln) können die rechnerischen Fahrstreifen an jeder beliebigen Stelle der Fahrbahn liegen.

Das Lastmodell (3) beinhaltet dynamische Erhöhungsfaktoren bei Annahme einer guten Belagsqualität, die für Brückenneubauten generell angenommen werden kann. In der Nähe von Fahrbahnübergängen, maximal in 6,0 m Abstand, muß ein zusätzlicher Erhöhungsfaktor $\Delta\phi_{fat}$ angenommen werden. Dieser Faktor ist für alle Lasten entsprechend dem Abstand des untersuchten Querschnittes nach Bild 1.6 anzunehmen.

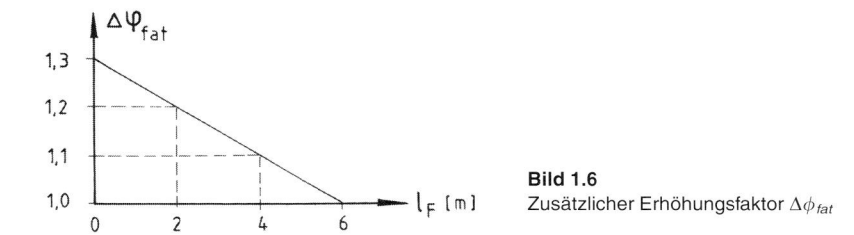

Bild 1.6 Zusätzlicher Erhöhungsfaktor $\Delta\phi_{fat}$

Für den Ermüdungsnachweis muß die Verkehrskategorie auf der Brücke festgelegt sein durch die:

– Anzahl der Streifen mit Lastkraftverkehr,
– Anzahl der Lastkraftwagen pro Jahr und Streifen mit LKW-Verkehr N_{obs} aus Verkehrszählungen und Verkehrsschätzungen.

Wenn keine eigenen Festlegungen der zuständigen Verwaltungen vorliegen, gelten für die Einteilungen der Verkehrskategorien und die Anzahl der Lastkraftwagen N_{obs} die Werte der Tabelle 1.2.

Tabelle 1.2
Anzahl erwarteter Lastkraftwagen

	Verkehrskategorie	N_{obs} pro Jahr und pro Lkw-Fahrstreifen
1	Autobahnen und Straßen mit 1 oder mehr Fahrstreifen je Fahrtrichtung mit hohem Lkw-Anteil	2×10^6
2	Autobahnen und Straßen mit mittlerem Lkw-Anteil	$0,5 \times 10^6$
3	Hauptstrecken mit geringem Lkw-Anteil	$0,125 \times 10^6$
4	Örtliche Straßen mit geringem Lkw-Anteil	$0,05 \times 10^6$

Auf jeder Überholspur sind zusätzlich 10 % von N_{obs} zu berücksichtigen.

1.2.5 Außergewöhnliche Einwirkungen

Außergewöhnliche Einwirkungen aus Straßenfahrzeugen entstehen aus folgenden Situationen:

- Fahrzeuganprall auf Stützen und Pfeiler unter der Brücke,
- Fahrzeuganprall an Überbauten,
- Fahrzeuganprall auf Kappen und Schutzeinrichtungen auf der Brücke,
- Radlasten auf Fuß- und Radwegen von Straßenbrücken.

Einwirkungen unter Brücken

Fahrzeuganprall an Stützen und stützende Bauteile

Stützen und Pfeiler, die am Rande einer Straßenfahrbahn stehen, sind für eine Ersatzlast aus Anprall von Straßenfahrzeugen zu bemessen. Die Gefährdung durch Anprall ist durch konstruktive Maßnahmen zu begrenzen (siehe hierzu Abschnitt 7.2.3.3).

Der charakteristische Wert dieser Ersatzlast beträgt:

- $F_{\dot{x}} = 1000$ kN   in Fahrtrichtung oder
- $F_y = 500$ kN   senkrecht zur Fahrtrichtung

jeweils in 1,25 m Höhe über der Geländeoberkante angreifend. Eine gleichzeitige Wirkung beider Ersatzlasten braucht nicht berücksichtigt zu werden.

Der Ansatz der Anprallasten entfällt bei:

- vollen Stahlbetonstützen und -scheiben
  - mit einer Länge in Fahrtrichtung von $l \geq 1{,}60$ m und
  - einer Breite quer zur Fahrtrichtung von $b = 1{,}6$ m $- 0{,}20\, l \geq 0{,}9$ m

- vollen runden bzw. ovalen Stahlbetonstützen von mindestens
  - $l \geq 1{,}6$ m $+ x$
  - $b \geq 1{,}6$ m $- x \geq 0{,}9$ m   mit $x < 0{,}70$ m

- Stahlbeton-Hohlpfeilern mit einer Mindestwanddicke von 0,60 m

Fahrzeuganprall an Überbauten

Die Möglichkeit eines Anpralles von Straßenfahrzeugen an die Überbauten ist bei der Überschreitung der zulässigen Ladehöhe gegeben. Die dadurch gegebene Gefährdung des Überbaues ist durch konstruktive Maßnahmen zu begrenzen.

So sollten leichte Überbauten mit geringeren Eigenlasten an den Auflagern gegen eine waagerechte Verschiebung gesichert werden. Als leichte Überbauten gelten solche, deren Auflagerlast aus ständigen Lasteinwirkungen weniger als 250 kN je Stützungsachse beträgt.

Einwirkungen auf Brücken

Ersatzlasten für den Anprall auf Hochborde

Hochborde (auch Schrammborde genannt) sind mit einer horizontalen Seitenkraft von 100 kN zu belasten, die 0,05 m unter der Oberkante des Hochbordes angreift. Die Kraft wird auf eine Breite von 0,50 m aufgelöst und unter dem Winkel von 45° in das angrenzende Bauteil bis zum Anschluß desselben verteilt. Zusätzlich ist eine vertikale Verkehrslast anzusetzen mit dem charakteristischen Wert von:

$$Q_v = 0{,}75 \cdot \alpha_{Q1} \cdot Q_{1k}$$

mit: α_{Q1} Anpassungsfaktor der Achslasten aus dem Fahrstreifen 1
$\quad\;\;\, Q_{1k}$ Charakteristischer Wert einer Achslast in Fahrstreifen 1 nach Tabelle 1.1

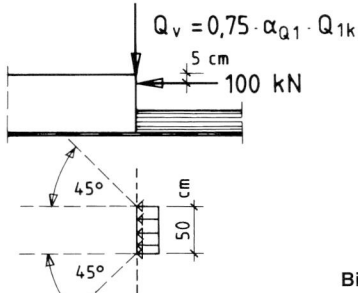

Bild 1.7
Einwirkung am Hochbord

Ersatzlasten für den Anprall auf Schutzeinrichtungen

Bei Schutzeinrichtungen ist für die Tragwerksbemessung eine auf den Überbau übertragene Last von 100 kN anzunehmen. Diese Last wirkt quer zur Fahrtrichtung, 100 mm unter Oberkante Schutzeinrichtung oder 1,0 m über der Fahrbahn oder dem Fußweg. Der kleinere Wert ist anzusetzen. Wie bei Schrammborden wirkt diese Last auf einer Länge von 0,50 m und ist unter 45° zu verteilen. Eine ggf. gleichzeitig mit der Anprallast wirkende vertikale Verkehrslast beträgt:

$$Q_v = 0{,}5\, \alpha_{Q1} \cdot Q_{1k}$$

mit: α_{Q1} Anpassungsfaktor der Achslasten aus dem Fahrstreifen 1
$\quad\;\;\, Q_{1k}$ Charakteristischer Wert einer Achslast in Fahrstreifen 1 nach Tabelle 1.1

Hierzu sind die Richtlinien für passive Schutzeinrichtungen an Straßen (RPS) einschließlich der Ergänzungen zu den Richtlinien des BMV zu beachten, derzeit RPS 1989 und Erg. BMV vom Juni 1996 [48].

Radlasten auf Fuß- und Radwegen von Straßenbrücken

Wenn eine starre Schutzeinrichtung auf der Brücke vorhanden ist, ist die Berücksichtigung einer Achslast hinter der Einrichtung nicht erforderlich. In diesem Fall sollte eine außergewöhnliche Achslast vor der Schutzeinrichtung auf der Fahrbahn in ungünstiger Stellung nach Bild 1.8 berücksichtigt werden. Diese Achslast wirkt nicht gleichzeitig mit anderen Verkehrslasten auf der Fahrbahn. Die Achslast beträgt:

$$Q_v = \alpha_{Q2} \cdot Q_{2k}$$

mit: α_{Q2} Anpassungsfaktor der Achslasten aus dem Fahrstreifen 2
$\quad\;\;\, Q_{2k}$ Charakteristischer Wert einer Achslast in Fahrstreifen 2 nach Tabelle 1.1

Wird keine starre Schutzeinrichtung vorgesehen, sind die vorstehend genannten Regelungen der Achslaststellungen bis 1,0 m hinter deformierbaren Schutzeinrichtungen oder bis zum Geländer bei ganz fehlender Schutzeinrichtung anwendbar.

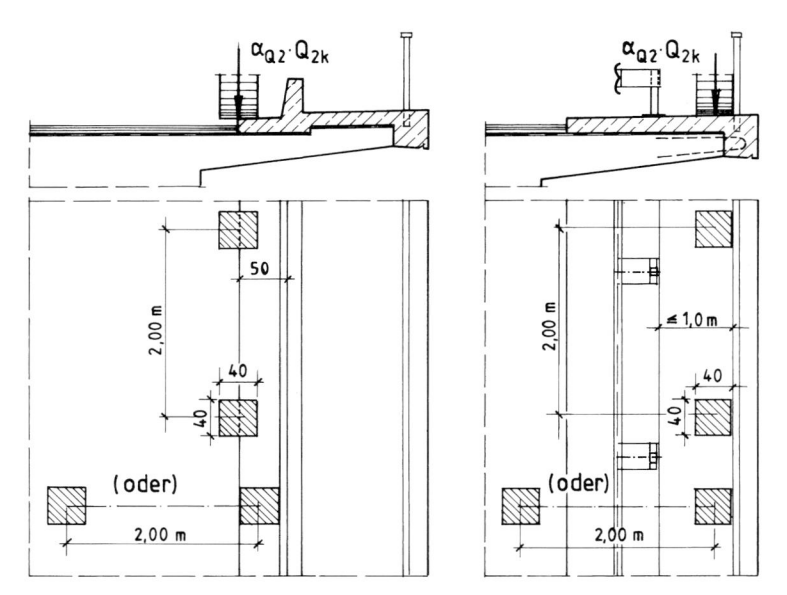

Bild 1.8
Achslasten im Bereich des Schrammbordes und Gehweges

Im Minimum ist hinter Schutzeinrichtungen eine Radlast von 40 kN bei einer Aufstandsfläche von 20/20 cm anzunehmen.

Fahrzeuganprall an tragende Bauteile oberhalb der Fahrbahn

Sofern dieses bei Betonbrücken zutrifft, ist diese Einwirkung wie beim Anprall unter der Brücke zu behandeln.

1.2.6 Sonstige Einwirkungen

Einwirkungen auf Geländer

Geländer an Brücken sollen in Holmhöhe mit einer horizontalen Linienlast von 0,80 kN/m belastet werden. Die Belastung ist nach außen und nach innen wirkend anzunehmen. Voraussetzung für die anzusetzende Belastung ist, daß die Geländer hinreichend gegen Fahrzeuganprall geschützt sind.

Zur Berechnung der Bauteile, die die Geländer tragen, sollen die horizontalen Einwirkungen gleichzeitig mit den Vertikallasten nach Abschnitt 1.5.1 angesetzt werden. Werden Geländer nicht gegen Anprallasten geschützt, so sind die sie tragenden Bauteile für die Einwirkung einer außergewöhnlichen Last zu berechnen. Diese Last entspricht dem 1,25-fachen Widerstand des Geländers. Andere Verkehrslasten sind dabei zu vernachlässigen.

Einwirkungen auf Geh- und Radwegen sowie Mittelstreifen

Geh- und Radwege auf Kappen von Straßenbrücken sowie baulich abgetrennte und erhöhte Mittelstreifen erhalten eine gleichmäßig verteilte Belastung mit dem charakteristischen Wert

1.2 Einwirkungen aus dem Straßenverkehr

$$q_{fk} = 5{,}0 \text{ kN/m}^2 \qquad 1.2.6(1)$$

wenn diese Teile als Einzeltragglied bemessen werden sollen. Dagegen kann dieser charakteristische Wert der Einwirkung auf die Größe

$$q_{fk} = 2{,}50 \text{ kN/m}^2 \qquad 1.2.6(2)$$

abgemindert werden, wenn diese als Teil des Gesamtquerschnittes berechnet werden sollen.

Lastmodelle für Hinterfüllungen von Widerlagern

Zur Berücksichtigung der Einwirkung aus den Verkehrslasten auf die Hinterfüllung von Widerlagern und der damit verbundenen Ermittlung des anteiligen Erddruckes soll die Fahrbahn hinter Widerlagerwänden, Flügelwänden, Seitenwänden oder anderen Brückenbauteilen, die im direkten Kontakt mit dem Erdkörper stehen, mit den für die Fahrbahnflächen geltenden charakteristischen Lasten der Lastmodelle nach Abschnitt 1.2.2.2, ohne Korrektur der dynamischen Effekte, belastet werden.

Zur Vereinfachung können die Lasten der Doppelachsen ($2 \cdot Q_{ik}$) durch eine gleichmäßig verteilte Belastung von $0{,}8 \cdot q_{eq}$ auf einer Belastungsfläche von 3,0 m × 5,0 m angesetzt werden, somit:

Fahrstreifen 1:

$$0{,}8\, q_{eq} = 0{,}8 \cdot 600/3{,}0 \cdot 5{,}0 = 32{,}0 \text{ kN/m}^2$$
$$\text{Gleichlast} = \underline{9{,}0 \text{ kN/m}^2}$$
$$q_{F_1,k} = 41{,}0 \text{ kN/m}^2 \qquad 1.2.6(3)$$

Fahrstreifen 2:

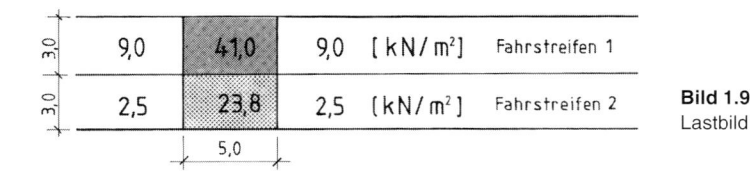

$$0{,}8\, q_{eq} = 0{,}8 \cdot 400/3{,}0 \cdot 5{,}0 = 21{,}3 \text{ kN/m}^2$$
$$\text{Gleichlast} = \underline{2{,}5 \text{ kN/m}^2}$$
$$q_{F_2,k} = 23{,}8 \text{ kN/m}^2 \qquad 1.2.6(4)$$

| 3,0 | 9,0 | 41,0 | 9,0 | [kN/m²] | Fahrstreifen 1 |
| 3,0 | 2,5 | 23,8 | 2,5 | [kN/m²] | Fahrstreifen 2 |

5,0

Bild 1.9 Lastbild

Die Lastausbreitung in die Tiefe kann unter einem Winkel von 60° gegen die Horizontale angenommen werden.

Einwirkungen auf die Kammerwand eines Widerlagers

Die Kammerwand eines Widerlagers ist für eine anteilige Bremslast, wirksam an der Oberkante der Wand, zu bemessen. Der charakteristische Wert dieser Last beträgt:

$$H_{Br}^* = 0{,}6 \cdot \alpha_{Q1} \cdot Q_{1,k} \qquad 1.2.6(5)$$

mit den Werten des Anpassungsfaktors und der Achslast des Fahrstreifens 1.

Sie wirkt gleichzeitig mit der Achslast $\alpha_{Q1} \cdot Q_{1,k}$ des Lastmodelles 1 und dem Erddruck aus der Hinterfüllung. Hierbei ist die Fahrbahn hinter der Kammerwand nicht gleichzeitig zu belasten.

1.2.7 Ermittlung von Verkehrsbelastungen für Straßenbrücken

Verkehrslastgruppen in ständigen Bemessungssituationen

Um Verkehrsbelastungen für Straßenbrücken aufstellen zu können, müssen die vorstehend erläuterten Lastmodelle zu Lastgruppen nach Tabelle 1.3 zusammengesetzt werden. Zusätzlich wird eine Lastgruppe eingeführt, die beim Lageraustausch anzusetzen ist.

Tabelle 1.3
Verkehrslastgruppen von Straßenbrücken (charakteristische Werte mehrkomponentiger Einwirkungen)

		Fahrbahn			Geh- und Radwege auf Brücken (*)
Lastart		Vertikallasten		Horizontallasten	Nur Vertikallasten
Lastmodell		Lastmodell 1	Menschengedränge	Brems- und Anfahrlasten	Zentrifugallasten	Gleichmäßig verteilte Belastung
Lastgruppe	gr 1	Charakteristischer Wert				Abgeminderter Wert (**)
	gr 2	Häufiger Wert		Charakteristischer Wert	Charakteristischer Wert	
	gr 3					Charakteristischer Wert (**)
	gr 4		Charakteristischer Wert			
	gr 6 (***)	0,5-fach charakteristischer Wert		0,5-fach charakteristischer Wert	0,5-fach charakteristischer Wert	Charakteristischer Wert (**)

☐ Dominante Komponente der Einwirkungen (zur Gruppe gehörige Komponente)

(*) Auf Kappen ist, wenn es sich nicht um öffentliche Gehwege handelt, die Verkehrslast wie auf Restflächen mit 2,50 kN/m² anzunehmen.
(**) Es sollte nur ein Gehweg belastet werden, falls dies ungünstiger ist als der Ansatz von zwei belasteten Gehwegen.
(***) Auswechseln von Lagern.

Die Tabelle berücksichtigt die mögliche Gleichzeitigkeit des Ansatzes der verschiedenen Lastmodelle. Jede dieser Lastgruppen, die sich gegenseitig ausschließen, ist bei Kombinationen mit nicht aus Verkehr herrührenden Einwirkungen als charakteristischer Wert einer mehrkomponentigen Einwirkung zu betrachten. Diese Gruppen stellen die repräsentativen Werte der Einwirkungen dar und gelten bei jeder Kombination von Verkehrslasten mit begleitenden Einwirkungen des DIN FB. 101 als *eine* Einwirkung.

In Gruppe 1 wurde bezüglich der gleichmäßig verteilten Belastung (UDL) aus dem Fuß- und Radwegverkehr berücksichtigt, daß diese Einwirkung auch Teil der restlichen Fahrbahnfläche sein kann und somit mit dem abgeminderten Wert anzusetzen ist.

1.2 Einwirkungen aus dem Straßenverkehr

Das Lastmodell 2 ist nur allein bei örtlichen Untersuchungen anzusetzen, es ist nicht mit anderen Modellen zu kombinieren.

Andere repräsentative Werte mehrkomponentiger Einwirkungen sind:

- Nicht häufige Werte mehrkomponentiger Einwirkungen

Diese Werte ergeben sich, wenn die charakteristischen Werte der Tabelle 1.3 durch die nicht häufigen Werte ersetzt werden. Die anderen Werte der Tabelle sind dabei nicht zu verändern.

- Häufiger Wert mehrkomponentiger Einwirkungen

Dieser besteht entweder aus dem häufigen Wert des LM 1 oder aus dem häufigen Wert der Einzelachse bzw. aus dem der Lasten aus Geh- und Radwegen, jeweils ohne Begleiteinwirkungen.

Verkehrslastgruppen in vorübergehenden Bemessungssituationen

Vorübergehende Bemessungssituationen können durch die Straßen- und Brückenunterhaltung entstehen. Der Verkehr ist hierbei normalerweise auf kleine Bereiche, jedoch ohne wesentliche Abminderung konzentriert. Allerdings sind lang andauernde Staus häufig.

Die charakteristischen Werte der Doppelachse ($\alpha_{Qi} \cdot Q_{ik}$) entsprechen bei Nachweisen einer vorübergehenden Bemessungssituation den nicht-häufigen Werten. Alle anderen charakteristischen, nicht-häufigen und quasi-ständigen Werte und die der Horizontalbelastungen entsprechen den für die ständige Bemessungssituation festgelegten Werten ohne Änderung, d.h. sie werden nicht proportional zum Gewicht der abgeminderten Doppelachse reduziert.

1.2.8 Einwirkungskombinationen für die Grenzzustände

1.2.8.1 Verkehrslastmodelle und zeitlich gleiche andere Einwirkungen

Modelle mit variablen Einwirkungen

Die Gleichzeitigkeit der veränderlichen Verkehrseinwirkungen ist in Tabelle 1.3 geregelt. Durch die dort aufgeführten Lastgruppen sind die möglichen Variationen der Verkehrslastmodelle unter sich geregelt.

Andere variable Einwirkungen als die der Verkehrslasten sind solche aus Wind, Temperatur und Änderungen der Stützungsbedingungen. Die charakteristischen Werte dieser Einwirkungen sind in den Abschnitten 1.6 bis 1.8 erläutert. In Bauzuständen sind auch die Einwirkungen aus Schneelasten zu berücksichtigen, sie sind mit den gleichzeitig auftretenden Einwirkungen aus der Verkehrslast zu kombinieren. Hierfür gelten neben den Kombinationsgleichungen nach Abschnitt 5.3.1.1 folgende zusätzliche Regelungen:

- Windeinwirkungen, die größer sind als $\psi_0 \cdot F_{wk}$ sollten weder mit dem Lastmodell 1 noch mit der zugehörigen Lastgruppe gr 1 kombiniert werden.
- Das Verkehrsband ist mit einer Höhe von 2,0 m anzunehmen, zusätzliche Höhen von Lärmschutzwänden sind nicht in Ansatz zu bringen.
- Schneelasten sollten mit keinem Verkehrslastmodell kombiniert werden.
- Schnee- oder Windlasten sollen nicht kombiniert werden mit:
  – Brems- und Anfahrlasten, Zentrifugallasten oder Lastgruppe 2
  – Lasten auf Geh- und Radwegen oder der zugehörigen Lastgruppe gr 3
- Wind- und Temperatureinwirkungen sollen nicht gleichzeitig berücksichtigt werden.

Modelle mit außergewöhnlichen Einwirkungen

- Außergewöhnliche Einwirkungen sollen nicht mit anderen außergewöhnlichen Einwirkungen, mit Schnee oder Wind kombiniert werden.
- Beim Anprall aus Verkehrslasten unter der Brücke sind die Einwirkungen mit denjenigen aus den häufigen Verkehrslasten auf der Brücke als Begleiteinwirkung zu kombinieren.
- Bei außergewöhnlichen Einwirkungen aus Verkehrslasten auf der Brücke sollen die quasiständigen Einwirkungen aus dem Straßenverkehr auf der Brücke als Begleiteinwirkungen berücksichtigt werden, wenn diese Auswirkungen nicht auf einen lokalen Bereich beschränkt sind.

1.2.8.2 Kombinationsfaktoren ψ für Straßenbrücken

Zur Darstellung der repräsentativen Werte der Einwirkungen für die Bemessung sind nach den Kombinationsregeln des Abschnitts 5.3.1.1 die Leit- und Begleiteinwirkungen, getrennt gewichtet, mit dem Kombinationsfaktor ψ zu vervielfachen. Dieser Faktor berücksichtigt die Wahrscheinlichkeit des gleichzeitigen Auftretens der veränderlichen Einwirkungen.

Die Faktoren sind in der Tabelle 1.4 dargestellt, bei den Verkehreinwirkungen gelten sie sowohl für die Lastgruppe, als auch für deren dominanten Komponenten. Bei der Lastgruppe $gr\ 1$ (LM 1) sind diese Komponenten immer gemeinsam anzusetzen, wenn sie ungünstig wirken.

Tabelle 1.4
Kombinationsfaktoren ψ für Straßenbrücken

Einwirkung	Bezeichnung	ψ_0	ψ_1	ψ_2	ψ_1'
Verkehrslasten	TS	0,75	0,75	0,20	0,80
$gr\ 1$ (LM 1) UDL[3]		0,40	0,40	0,20	0,80
	Einzelachse (LM 2)	0	0,75	0	0,80
	$gr\ 2$ (Horiz. Lasten)	0	0	0	0
	$gr\ 3$ (Fußg. Lasten)	0	0	0	0,80
Horizontallasten		0	0	0	0
Windlasten	F_{Wk}	0,30	0,50	0	0,60
Temperatur	T_k	0[5]	0,60	0,50	0,80

[3] Die Faktoren für die gleichmäßig verteilte Belastung beziehen sich nicht nur auf die Flächenlast des LM 1, sondern auch auf die in Tabelle 1.3 angegebene abgeminderte Last aus Fußgänger- und Radwegbrücken.
[5] Falls nachweisrelevant, sollte $\psi_0 = 0{,}8$ gesetzt werden.

1.2.8.3 Teilsicherheitsbeiwerte γ für Straßenbrücken

Für die Bemessung des Grenzzustandes der Tragfähigkeit, d.h. für Nachweise, die durch die Festigkeit des Materials der Bauteile oder durch die Baugrundeigenschaften bestimmt werden, sind die Einwirkungen mit den Teilsicherheitsbeiwerten γ anteilig zu vervielfachen, Ermüdung nicht eingeschlossen, hierfür gelten andere Werte. Diese Werte beschreiben das Sicherheitsniveau und sind Bestandteil des Bemessungshorizontes. Für die Einwirkungsgrup-

1.2 Einwirkungen aus dem Straßenverkehr

pen des Straßenverkehrs sind die Beiwerte in Tabelle 1.5 für die ständige (S) vorübergehende (V) und außergewöhnliche (A) Bemessungssituation angegeben.

Für die Bemessung im Grenzzustand der Gebrauchstauglichkeit geht es nicht um ein Querschnittsversagen, hier werden Grenzwerte des Gebrauches nachgewiesen, für die ein Teilsicherheitsbeiwert von 1,0 ausreicht.

Die Teilsicherheitsbeiwerte sind nach folgenden Kriterien zu unterscheiden (DIN V ENV 1991-1, Tab. 9.2):

Fall A: Verlust des statischen Gleichgewichtes
Fall B: Versagen des Tragwerkes
Fall C: Versagen des Baugrundes

Die Teilsicherheitsbeiwerte der Tabelle 1.5 und die nachfolgenden Anmerkungen decken die für Bauwerke in der DIN V ENV 1991-1 gestellten Anforderungen für die Fälle B und C ab. Für den Fall A gilt folgende Regelung:

Bei Nachweisen bezüglich des Verlustes des statischen Gleichgewichtes sollen die günstigen und ungünstigen Anteile der ständigen Einwirkungen als Einzeleinwirkung betrachtet werden, d. h. die Teilsicherheitsbeiwerte der ständigen Einwirkungen sind mit

$$\gamma_{G,sup} = 1{,}05 \text{ als oberer Wert bzw. } \gamma_{G,inf} = 0{,}95 \text{ als unterer Wert}$$

anzusetzen. Alle anderen Teilsicherheitsbeiwerte entsprechen denen der Tabelle 1.5.

Tabelle 1.5
Teilsicherheitsbeiwerte γ für Einwirkungen bei Straßenbrücken im Grenzzustand der Tragfähigkeit

Einwirkung	Bezeichnung	Bemessungssituation S/V	A
Ständige Einwirkungen Eigenlasten der tragenden und nichttragenden Bauteile, ständige Einwirkungen des Baugrundes, Grundwasser und Wasser ungünstig günstig	γ_{Gsup} γ_{Ginf}	1,35 1,00	1,00 1,00
Horizontaler Erddruck aus Bodeneigengewicht und Auflast ungünstig günstig	γ_{Gsup} γ_{Ginf}	1,50 1,00	– –
Vorspannung	γ_P	1,00	1,00
Setzungen	γ_{Gset}	1,00	–
Verkehr ungünstig günstig	γ_Q	1,50 0	1,00 0
Andere variable Einwirkungen ungünstig günstig	γ_Q	1,50 0	1,00 0
Außergewöhnliche Einwirkungen	γ_A	–	1,00

Fußnotenergänzung siehe Tabelle C 1 des DIN-FB. 101.

1.3 Einwirkungen aus militärischem Fahrzeugverkehr

Die Einwirkungen aus den Fahrzeuglasten aus militärischen Infrastrukturanforderungen werden durch die STANAG 2021 (Standardisation Agreement) vorgeschrieben und geregelt. Hiernach sind Brücken im Bedarfsfall:

- einzustufen, d. h. eine nachträgliche Feststellung der Tragfähigkeit für besondere Lastmodelle militärischer Infrastrukturforderungen einer nach den Regeln des DIN-Fachberichtes 101 berechneten Brücke, oder
- zu verstärken, d. h. die zusätzliche Bemessung für bestimmte Lastmodelle der militärischen Infrastrukturforderungen.

Die grundsätzlich zu erstellenden Anforderungen wurden durch den Bundesminister für Verkehr mit dem allgemeinen Rundschreiben StB 3-Ibt-3144 Vms 57 vom 22.7.57 eingeführt. Die Vorschrift selbst und alle hierzu erläuternden Anmerkungen sind in [25] enthalten.

Lastmodelle der Vertikallasten

Die zu berücksichtigenden Lastmodelle, als Regelfahrzeuge militärischer Anforderungen, sind in Brückenklassen von 4 t bis 150 t (MLC) eingeteilt, wobei nach Gleiskettenfahrzeugen und Räderfahrzeugen unterschieden wird. Insgesamt sind 16 Brückenklassen für die Lastmodelle ausgewiesen, die durch Kennzahlen, die das ungefähre Gesamtgewicht beschreiben, bezeichnet sind. Bild 1.10 gibt einen Auszug der vorstehend genannten Gesamtübersicht wieder. Die hierfür benötigten Radaufstandflächen wurden in der Tabelle 1.6 zusammengestellt.

Die Lastmodelle sind in der Fahrbahn im Einspurverkehr – wenn möglich auch im Zweispurverkehr – aufzustellen. Bei größerer Brückenlänge sind Fahrzeugkolonnen mit dem lichten Abstand der Einzelfahrzeuge von 30,5 m anzuordnen.

Für den Einspurverkehr müssen folgende Fahrbahnmindestbreiten vorhanden sein:

Klasse 4 bis 12 = 2,75 m   Klasse 40 bis 60 = 4,00 m
Klasse 16 bis 30 = 3,35 m   Klasse 70 bis 100 = 4,50 m

Für den Zweispurverkehr dagegen folgende Breiten:

Klasse 4 bis 30 = 5,50 m
Klasse 40 bis 60 = 7,30 m
Klasse 70 bis 100 = 8,20 m

Tabelle 1.6
Radaufstandsflächen einiger Räder der Regelfahrzeuge der MLC-Klassen (Auszug)

Reifengrößen		Aufstandsmaße		Aufstandsfläche
(Zoll)	(mm)	Länge cm	Breite cm	cm^2
14 × 20	356 × 508	28	20	560
14 × 24	356 × 610	30	20	600
16 × 24	406 × 610	32	24	768
18 × 24	457 × 610	36	28	1008
21 × 24	533 × 610	36	32	1152
24 × 29	610 × 737	40	36	1440

Bei den Reifenmaßen gibt die erste Zahl den Durchmesser des Reifenprofils (Reifenbreite), die zweite den Durchmesser der Radfelge an.

1.3 Einwirkungen aus militärischem Fahrzeugverkehr

Im Fahrbahnbereich sind neben den Radlasten der Lastmodelle keine zusätzlichen Belastungen in Form einer Gleichlast anzuordnen. Lediglich die Bereiche der Geh- und Radwege bzw. der Schrammborde enthalten Belastungen aus den Gleichlasten nach dem DIN-FB. 101.

Anstelle der Belastung durch die vorgegebenen Lastmodelle müssen die Einwirkungen aus der schwersten Einzelachse nachgewiesen und – sofern ungünstiger – der Bemessung zugrunde gelegt werden.

Weiterhin ist zu untersuchen, ob ein schwereres Einzelfahrzeug ggf. unter Auflagen, aber ohne jede weitere Belastung auf den Geh- und Radwegen, im Alleingang über die Brücke hinübergeführt werden kann.

Die Einwirkungen aus den Radlasten der Lastmodelle sind mit einem Schwingbeiwert zu vervielfachen. Die Größtwerte dieser Beiwerte, gültig für die Stützweite Null, sind nachstehend angegeben, sie fallen bis zur Stützweite von 50 m auf den Wert 1,0 ab.

Gleiskettenfahrzeuge $\varphi \leq 1{,}10$ und

Räderfahrzeuge $\varphi \leq 1{,}25$

Lastmodell für den Nachweis bei Widerlagern

Für den Einstufungsnachweis von Widerlagern und überschütteten Bauwerken können zugehörige Ersatzlasten angesetzt werden. Für die in Bild 1.10 getroffene Auswahl der Lastmodelle sind die Ersatzlasten in Tabelle 1.7 aufgeführt.

Tabelle 1.7
Ersatzlasten einiger Regelfahrzeuge der Lastenklassen der MLC

Lastklasse	Raupenfahrzeug				Räderfahrzeug			
	Gewicht t	Länge m	Breite m	Ersatzlast kN/m²	Gewicht t	Länge m	Breite m	Ersatzlast kN/m²
40	36,29	6,20	2,85	20,5	23,58	4,22	2,54	22,0
50	45,36	6,50	3,25	21,5	27,22	4,22	2,84	22,5
80	72,58	7,00	3,80	27,5	43,54	4,52	3,51	27,5
100	90,72	7,30	4,00	31,0	54,44	4,83	3,66	31,0
120	108,86	7,90	4,40	31,5	65,32	4,83	3,91	34,5

Einwirkungen aus Bremslasten

Eine Bremslast brauchte nicht angesetzt zu werden, wenn das Bauwerk nach DIN 1072, Ausg. 7.88 bemessen worden war. Entsprechendes müßte dann jetzt in Bezug auf den DIN-FB. 102 gelten. Wenn aber das Bauwerk nach anderen Regelwerken bemessen wurde, muß eine Bremskraft nachgewiesen werden, wie sie im derzeitigen Bezugserlaß ARS/BMV StB 3 – Ibn – 2142 Vms vom 21.9.64 vorgeschrieben war. Über die Größe dieser Last kann man sich in [25] informieren.

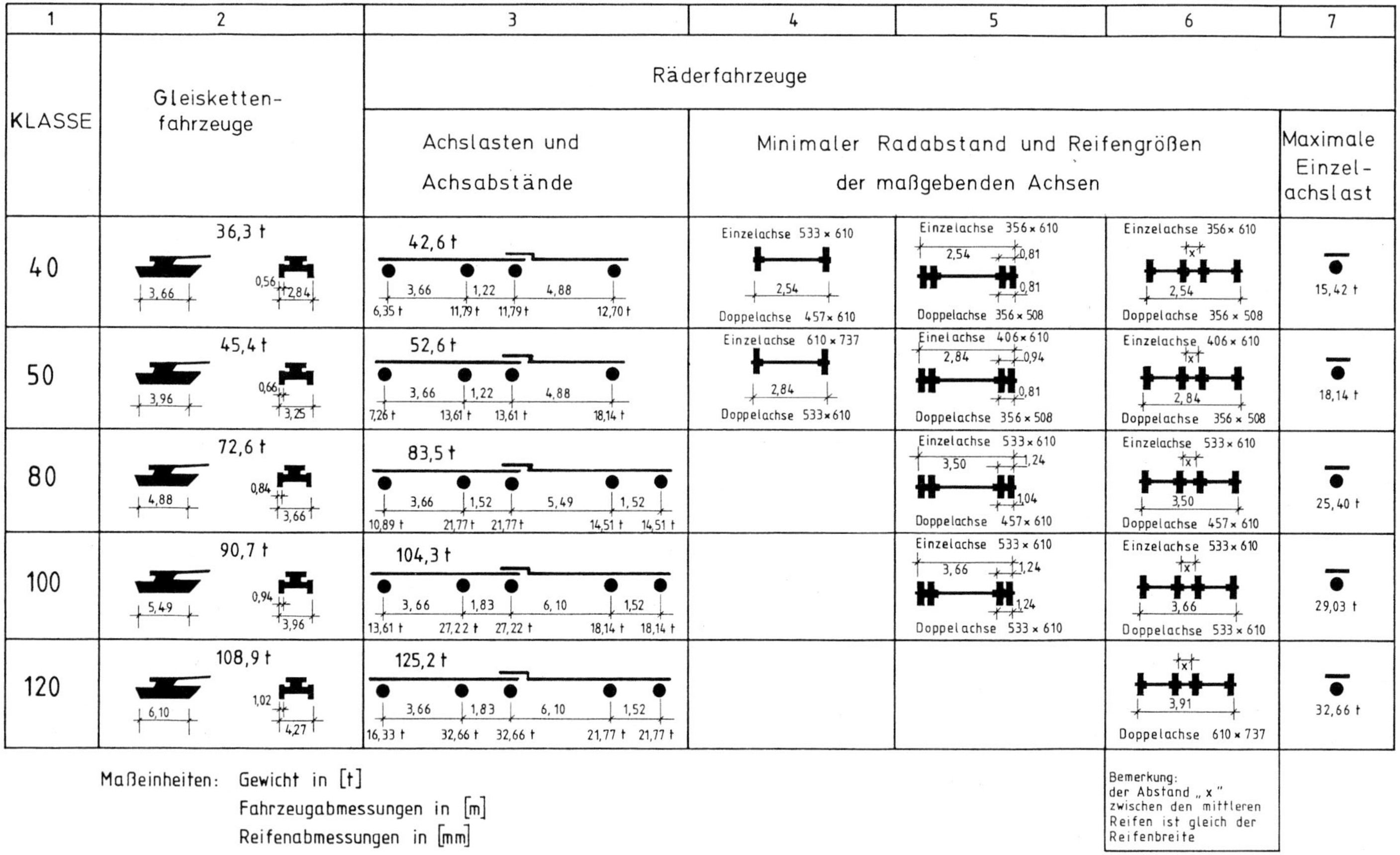

1 Berechnungsgrundlagen für Brückenbauwerke

1	2	3	4	5	6	7
KLASSE	Gleisketten-fahrzeuge	Räderfahrzeuge				
		Achslasten und Achsabstände	Minimaler Radabstand und Reifengrößen der maßgebenden Achsen			Maximale Einzel-achslast
40	36,3 t	42,6 t	Einzelachse 533 × 610; Doppelachse 457 × 610	Einzelachse 356 × 610 (2,54; 0,81); Doppelachse 356 × 508 (0,81)	Einzelachse 356 × 610 (2,54); Doppelachse 356 × 508	15,42 t
50	45,4 t	52,6 t	Einzelachse 610 × 737; Doppelachse 533 × 610	Einzelachse 406 × 610 (2,84; 0,94); Doppelachse 356 × 508 (0,81)	Einzelachse 406 × 610 (2,84); Doppelachse 356 × 508	18,14 t
80	72,6 t	83,5 t		Einzelachse 533 × 610 (3,50; 1,24); Doppelachse 457 × 610 (1,04)	Einzelachse 533 × 610 (3,50); Doppelachse 457 × 610	25,40 t
100	90,7 t	104,3 t		Einzelachse 533 × 610 (3,66; 1,24); Doppelachse 533 × 610 (1,24)	Einzelachse 533 × 610 (3,66); Doppelachse 533 × 610	29,03 t
120	108,9 t	125,2 t			Doppelachse 610 × 737 (3,91)	32,66 t

Bemerkung: der Abstand „x" zwischen den mittleren Reifen ist gleich der Reifenbreite

Maßeinheiten: Gewicht in [t]
Fahrzeugabmessungen in [m]
Reifenabmessungen in [mm]

Bild 1.10
Regelfahrzeuge der Militärlastenklassen nach STANAG 2021 (Auszug)

1.4 Einwirkungen aus dem Eisenbahnverkehr und -betrieb

1.4.1 Übersicht

Die im Folgenden dargestellten Lastmodelle stellen keine tatsächlichen Lasten, sondern Regellasten dar, die so gewählt wurden, daß sie mit den besonders zu berücksichtigenden Schwingbeiwerten die Einwirkungen des Zugverkehrs wiedergeben. Aus den Anforderungen zur Aufrechterhaltung der Verkehrssicherheit und zur Sicherung des Reisekomforts werden zulässige Werte für die Verformungen der Tragwerke formuliert (siehe Abschnitt 5.3.7).

Die dargestellten Regelungen gelten für Haupt- und Nebenbahnen entsprechend der Eisenbahn-Bau- und Betriebsordnung (EBO).

1.4.2 Vertikallasten, charakteristische Werte

1.4.2.1 Statische Lastanteile

Eigengewicht

Für Raum- und Flächengewichte der Baustoffe, Bauteile und Lagerstoffe gelten die charakteristischen Werte der DIN 1055, T. 1.

Für Fahrbahnen mit Standardquerschnitten werden die charakteristischen Werte der Fahrbahngewichte in Tabelle 1.8 angegeben.

Tabelle 1.8
Fahrbahngewichte des Eisenbahnoberbaues

Geschwindigkeit V in km/h	Fahrbahnhöhe in m	1 Gleis		2 Gleise	
		Fahrbahnbreite in m	Gewicht in kN/m	Fahrbahnbreite in m	Gewicht in kN/m
$V \leq 160$	0,70	4,40	55	8,40	105
$160 < V \leq 200$	0,75	4,40	60	8,40	115
$200 < V \leq 300$	0,80	4,40	65	8,90	130

In den angegebenen Fahrbahngewichten sind enthalten:
− Schotterbett nach Regelausführung
− Spannbetonschwellen, Schienen UIC 60 mit Kleineisenzeug
− Hebungsreserve von 10 cm

Wenn ausnahmsweise eine andere Schotterbettdicke oder kein Schotterbett zur Anwendung kommt, sind die charakteristischen Werte der Eigenlasten wie folgt zu berechnen:

Bei Abweichungen von der Regelausführung läßt sich das Fahrbahngewicht je Gleis aus folgenden Einzelgewichten bestimmen:

− zwei Schienen Form UIC 60: ohne Kleineisen   1,2 kN/m
                                    mit Kleineisen   1,7 kN/m
− Spannbetonschwellen mit Kleineisen   4,8 kN/m

- Holzschwellen mit Kleineisen   1,9 kN/m
- Zuschlag zum vollen Bettungskörper für Schwellen mit Kleineisen jeder Art   1,0 kN/m
- Schotter   20,0 kN/m³

Als Hebungsreserve ist eine zusätzliche Schotterhöhe von 10 cm einzurechnen.

Wenn keine Bettung vorhanden ist gilt:

- Schienen Form UIC 60 mit Kleineisen   1,7 kN/m
- wie vor mit Brückenbalken und Führungen   3,4 kN/m

Bei fester Fahrbahn sind die Eigenlasten mit den Raumgewichten nach ENV 1991-2-1 je nach ihrer Bauart zu ermitteln. Dabei ist auch das Mehrgewicht der mit der Randkappe verbundenen Tragplatte gegenüber dem Schutzbeton beim Schotteroberbau zu berücksichtigen.

Vorspannungen

Vorspannungen werden in der Regel durch Spannglieder erzeugt, ihre typischen Beanspruchungen können dem DIN-FB.102 entnommen werden. Vorspannungen können aber auch durch eine planmäßige Änderung der Lagerungsbedingungen, durch Vorbelastungen oder ähnliche Maßnahmen erzeugt werden.

Schneelasten

Schneelasten sind nur bei überdachten Brücken, bei beweglichen Brücken oder bei Nachweisen von Bauzuständen zu berücksichtigen. Sie sind nach DIN 1055-5 anzunehmen.

Verkehrsregellasten (Lastmodelle)

Die Einwirkungen aus dem Eisenbahnverkehr werden durch folgende Lastmodelle beschrieben:

- Lastmodell 71 und Lastmodell SW/0 für den Regelverkehr,
- Lastmodell SW/2 für den Schwerlastverkehr,
- Lastmodell „unbeladener Zug" für bestimmte globale Auswirkungen.

Der nach Art, Umfang und maximaler Achslast unterschiedliche Eisenbahnverkehr sowie der unterschiedliche Zustand der Gleise können durch eine Variation der festgelegten Lastmodelle berücksichtigt werden. Die seitliche Exzentrizität der Vertikallasten des LM 71 ist durch ein Verhältnis der beiden Radlasten einer Achse von 1,25 : 1,00 zu berücksichtigen. Die resultierende Exzentrizität e ergibt sich dann gemäß Bild 1.11.

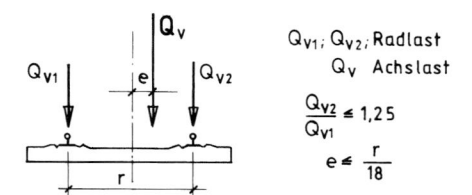

$Q_{V1}; Q_{V2}$: Radlast
Q_V Achslast

$$\frac{Q_{V2}}{Q_{V1}} \leq 1,25$$

$$e \leq \frac{r}{18}$$

Bild 1.11 Exzentrizität der Vertikallasten

Lastmodell 71

Für den Eisenbahnbetrieb infolge Normalverkehrs auf Hauptstrecken ist das Lastmodell 71 (UIC 71) anzusetzen. Es stellt den statischen Anteil der Einwirkungen dar, seine Anordnung und die charakteristischen Werte der Einwirkungen sind dem Bild 1.12 zu entnehmen.

1.4 Einwirkungen aus dem Eisenbahnverkehr und -betrieb

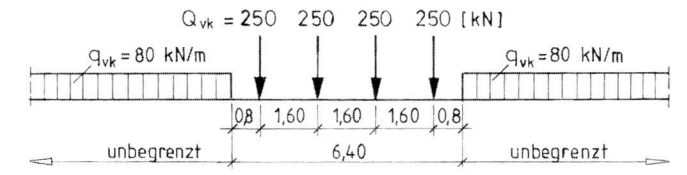

Bild 1.12
Lastmodell 71, charakteristische Werte der Vertikallasten für ein Gleis

Die charakteristischen Werte der Lasten gemäß Bild 1.12 sind auf Strecken mit einem gegenüber dem normalen Verkehr schwereren oder leichteren Verkehr mit einem Beiwert α zu multiplizieren. Der Beiwert α kann die folgenden Werte haben:

0,75; 0,83; 0,91; 1,00; 1,10; 1,21; 1,33; ...

d. h. er ist in Stufen von ca. 11 % vom Wert 1,0 nach oben und unten veränderlich. Wird ein Beiwert festgelegt, sind auch alle nachstehend aufgeführten Einwirkungen mit dem Beiwert α zu vervielfachen:

– Lastmodell SW/0 für Brücken als Durchlaufträger gemäß nachstehendem Absatz,
– Zentrifugallasten entsprechend Abschnitt 1.4.4.1,
– Anfahr- und Bremslasten entsprechend Abschnitt 1.4.4.3,
– Außergewöhnliche Einwirkungen entsprechend Abschnitt 1.4.8.

Wenn vom Eisenbahn-Bundesamt keine anderen Festlegungen getroffen werden, gilt $\alpha = 1{,}0$.

Lastmodell SW

Das Lastmodell SW stellt den statischen Anteil des Schwerverkehrs dar. Die Lastanordnung ist entsprechend Bild 1.13 mit den charakteristischen Werten der Vertikallasten aus Tabelle 1.9 zu entnehmen.

Ein Lastbild SW/1 ist nicht vorhanden.

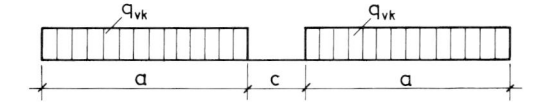

Bild 1.13
Lastmodell SW

Tabelle 1.9
Charakteristische Werte der Vertikallasten der Lastmodelle SW für ein Gleis

Lastklasse	q_{vk} in kN/m	a in m	c in m
SW/0	133	15,0	5,3
SW/2	150	25,0	7,0

Lastmodell „unbeladener Zug"

Für einige spezielle Nachweise bei gleichzeitiger Wirkung von Wind und Verkehr wird ein gesondertes Lastmodell, der „unbeladene Zug", verwendet. Es handelt sich dabei um eine vertikale, gleichmäßig verteilte Belastung mit einem Nennwert von 12,5 kN/m.

1.4.2.2 Verteilung der Achslasten durch Schienen, Schwellen und Schotter

Lastverteilung der Radlast durch die Schiene

Eine Radlast der Lastmodelle 71 und SW darf in der Längsrichtung über drei Schienenstützpunkte gemäß Bild 1.14 verteilt werden.

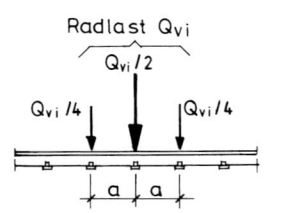

Bild 1.14
Lastverteilung durch die Schiene in Längsrichtung

Lastverteilung durch Schwellen und Schotter

In Längsrichtung

Die Achslasten des Lastmodells 71 dürfen in Längsrichtung als gleichmäßig verteilte Streckenlast angenommen werden. Für die Berechnung von Fahrbahnplatten ist die Längsverteilung der Achslasten unter den Schwellen bis zur Oberkante der Fahrbahnplatte gemäß Bild 1.15 anzunehmen.

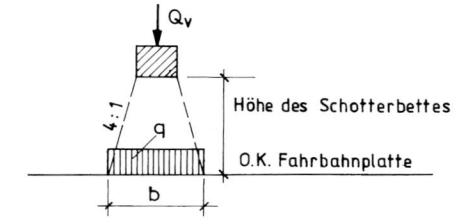

Bild 1.15
Lastverteilung durch Schwellen und Schotterbett in Längsrichtung

In Querrichtung

Bei Brücken mit Schotterbett ohne Gleisüberhöhung können die charakteristischen Werte der Einwirkungen in der Querrichtung nach Bild 1.16 a) angenommen werden. Wenn der Schotter unter den Schwellen nur im Bereich der Schienen verdichtet ist, oder wenn Zweiblockschwel-

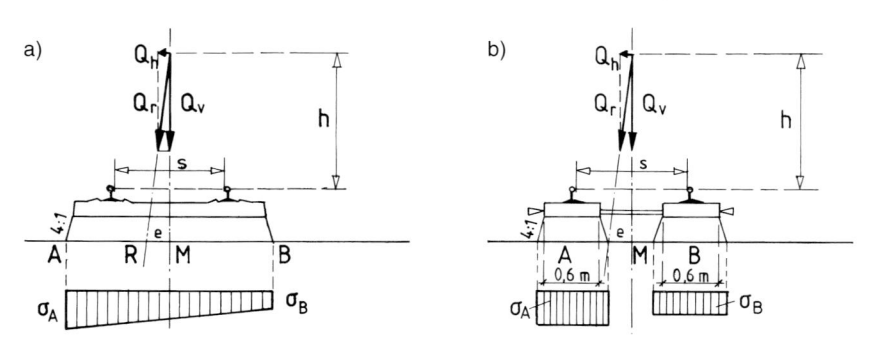

Bild 1.16 a, b
Lastverteilung durch Schwellen und Schotterbett in Querrichtung bei Gleisen ohne Überhöhung

1.4 Einwirkungen aus dem Eisenbahnverkehr und -betrieb

len verwendet werden, ist die Lastverteilung durch Schwellen und Schotter in Querrichtung nach Bild 1.16b) anzunehmen.

Bei Brücken mit Schotterbett und Gleisüberhöhung können die charakteristischen Werte der Einwirkungen in der Querrichtung nach Bild 1.16c verteilt und die Lastverteilung unter den Schienen ähnlich der Verteilung nach Bild 1.16a angenommen werden.

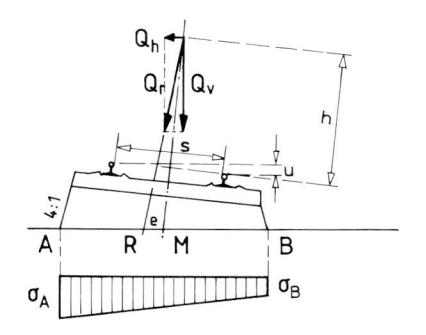

Für die Bilder 1.16a–c

für $Q_h = Q_t$: $h = 1{,}80$ m

für $Q_h = F_w^{**}$: $h = 2{,}00$ m

Bild 1.16c
Lastverteilung durch Schwellen und Schotterbett in Querrichtung bei Gleisen mit Überhöhung

1.4.3 Dynamische Einwirkungen

1.4.3.1 Ursache und Wirkung

Die durch statische Belastungen in einer Brücke erzeugten Spannungen und Verformungen werden bei Einwirkungen infolge Eisenbahnverkehrs vergrößert oder vermindert durch die folgenden Einflüsse:

– Schnelle Belastungswechsel infolge der Geschwindigkeit der das Tragwerk befahrenden Züge und die Massenträgheit des Tragwerkes, die in statischen Nachweisen nicht berücksichtigt werden.
– Änderung der Radlasten aus Gleis- und Radunebenheiten.
– Resonanzerscheinungen, die durch die Überfahrt aufeinanderfolgender Lasten mit annähernd gleichem Abstand unter gewissen Bedingungen entstehen können. Wenn die Erregerfrequenz und die Eigenfrequenz des Tragwerkes übereinstimmen, können die aufeinanderfolgenden Achsen bei der Überfahrt übermäßig große Schwingungen erzeugen.

Diese dynamischen Eigenschaften werden durch die Eigenfrequenz des Tragwerkes, die Art des Verkehrs und durch die Masse des Tragwerkes, d. h. seine Dämpfungseigenschaften, im wesentlichen bestimmt. Weiterhin spielt die Einflußlänge des belasteten und zu bemessenden Bauteiles und die Gesamtgeschwindigkeit des Verkehrs eine Rolle. Als geometrische Einflußfaktoren sind die Abstände der rollenden Achsen in Verbindung mit den regelmäßig angeordneten Auflagerpunkten in Form von Schwellen zu nennen. Schließlich vergrößern die Einflüsse aus Radabflachungen und vertikalen Unebenheiten der Räder den Stoßeffekt.

Im Regelfall werden die aus den vorstehend genannten Einflußfaktoren herrührenden dynamischen Reaktionen des Tragwerkes in der Bemessung durch quasi-statische Ersatzlasten abgedeckt, die durch Multiplikation mit einem dynamischen Beiwert berechnet werden. Als Regelfall wird der Geschwindigkeitsbereich ≤ 220 km/h angesehen, mit der Einschränkung, daß bereits bei Geschwindigkeiten um 200 km/h Resonanzerscheinungen auftreten können.

Resonanzgefahr besteht bei Eisenbahnbrücken, wenn bei der Überfahrt aufeinanderfolgender Züge die erzeugte Erregerfrequenz mit der Eigenfrequenz des Überbaues oder einem Vielfachen von ihr übereinstimmt. Hierbei kann es zum Verlust des Rad-Schiene-Kontaktes und zur Destabilisierung des Schotteroberbaues kommen.

1.4.3.2 Dynamische Beiwerte

Die durch die vorstehend geschilderten Einwirkungen verursachten Erhöhungen der Spannungen und Verformungen im Tragwerk werden durch dynamische Beiwerte Φ und $(1 + \varphi_{(v)})$ berücksichtigt. Diese Werte decken nur die Erhöhungen aus der Wirkung der statischen Lasten ab, nicht aber die der Resonanzerscheinungen und Schwingungen des Überbaues.

Beiwert Φ (Φ_2, Φ_3)

Durch die Beiwerte Φ werden dynamische Erhöhungen infolge von Biegeschwingungen berücksichtigt. Beim Auftreten von Torsionsschwingungen sind genauere Untersuchungen erforderlich.

Der dynamische Beiwert Φ ist nur bei Geschwindigkeiten ≤220 km/h innerhalb der in Bild 1.17 angegebenen Grenzen der Eigenfrequenzen anzuwenden; seine Größe beträgt:

- Für sorgfältig unterhaltene Gleise (Regelfall):

$$\Phi_2 = \frac{1{,}44}{\sqrt{L_\Phi} - 0{,}2} + 0{,}82 \quad \text{mit: } 1{,}00 \leq \Phi_2 \leq 1{,}67 \qquad 1.4.3(1)$$

- Für Gleise mit normaler Unterhaltung (Ausnahme):

$$\Phi_3 = \frac{2{,}16}{\sqrt{L_\Phi} - 0{,}2} + 0{,}73 \quad \text{mit: } 1{,}00 \leq \Phi_3 \leq 2{,}0 \qquad 1.4.3(2)$$

mit: L_Φ zu Φ gehörende Länge als maßgebende Länge in [m], gemäß den Tabellen 1.10 und 1.11.

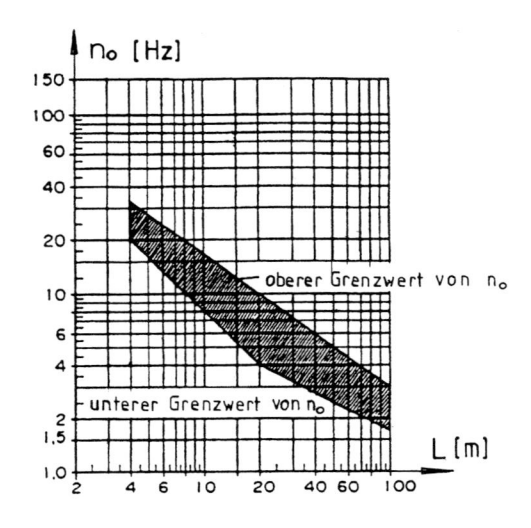

Oberer Grenzwert:

$$n_0 = 94{,}76 \cdot L^{-0{,}748} \qquad 1.4.3(3)$$

Unterer Grenzwert:

$$n_0 = \frac{80}{L} \qquad 1.4.3(4)$$

bei 4 m ≤ L ≤ 20 m

$$n_0 = 23{,}58 \cdot L^{-0{,}592} \qquad 1.4.3(5)$$

bei 20 m < L ≤ 100 m

Bild 1.17
Grenzen der Eigenfrequenz n_0 (Hz)

1.4 Einwirkungen aus dem Eisenbahnverkehr und -betrieb

Tabelle 1.10
Maßgebende Länge L_ϕ für Fahrbahnplatten von Betonbrücken (Tabelle 6.2.4, DIN-FB. 101)

Fall		Bauteil	Maßgebende Länge L_ϕ
\multicolumn{4}{l}{**Fahrbahnplatte aus Beton**}
\multicolumn{4}{l}{**Deckbrücke mit Schotterbett**}
\multicolumn{4}{l}{**(für Lokal- und Querbeanspruchung)**}
4	4.1	Fahrbahnplatte von Hohlkästen	
		- Tragwirkung rechtwinklig zu den Hauptträgern	3fache Plattenstützweite
		- Tragwirkung in Längsrichtung	3fache Plattenstützweite bzw. die maßgebende Länge des Hauptträgers; der kleinere Wert ist maßgebend
		- Kragarme in Brückenquerrichtung	$e \leq 0{,}5$ m: 3facher Abstand der Hauptträgerstege
			$e > 0{,}5$ m siehe (*)
	4.2	Fahrbahnplatte durchlaufend über Querträger (in Hauptrichtung)	2facher Querträgerabstand
	4.3	Fahrbahnplatte bei Trogbrücken und Plattenbalken	
		- Tragwirkung rechtwinklig zu den Hauptträgern	2fache Plattenstützweite
		- Tragwirkung in Brückenlängswirkung	2fache Plattenstützweite bzw. maßgebende Länge des Hauptträgers; der kleinere Wert ist maßgebend
	4.4	Fahrbahnplatten mit Tragwirkung rechtwinklig zu einbetonierten Stahlträgern	einfache Plattenstützweite zwischen den Stahlträgern
	4.5	Kragarme in Brückenlängsrichtung	$e \leq 0{,}5$ m: $\Phi_2 = 1{,}67$
			$e > 0{,}5$ m: siehe (*)

(*) Im allgemeinen bedürfen alle durch Bahnlasten beanspruchte Kragarme von mehr als 0,5 m Länge einer gesonderten dynarnischen Untersuchung.

Tabelle 1.11
Maßgebende Länge L_ϕ für Hauptträger und Stützen von Betonbrücken (Tabelle 6.2.5 und 6, DIN-FB. 101)

Fall	Bauteil		Maßgebende Länge L_ϕ				
Hauptträger							
5	5.1	Einfeldträger und Platten (einschließlich einbetonierter Stahlträger)	Stützweite in Hauptträgerrichtung				
	5.2	Durchlaufende Träger und Platten über n Felder mit $$L_m = \frac{1}{n}(L_1 + L_2 + ... + L_n)$$	$L_\phi = k \cdot L_m$ jedoch mindestens max L_i ($i = 1, .., n$)				
			n	2	3	4	≥ 5
			k	1,2	1,3	1,4	1,5
	5.3	Rahmen					
		- zweistielig	Das System wird als Dreifeldträger angesehen (verwende 5.2 mit den Längen der Stiele und des Riegels)				
		- mehrstielig	Das System wird als Mehrfeldträger angesehen (verwende 5.2 mit den Längen der Endstiele und der Riegel)				
	5.4	Fahrbahnplatte und andere Trägelemente ein- und mehrgleisiger geschlossener Rahmen (Fußgängerunterführungen: lichte Höhe $\leq$ 3 m; lichte Weite $\leq$ 6 m)	$\Phi_2 = 1{,}10$; $\Phi_3 = 1{,}15$				
	5.5	Bogen, Versteifungsträger von Stabbogenbrücken	halbe Stützweite				
	5.6	Gewölbe, Gewölbereihe mit Hinterfüllung	2fache lichte Weite jedes Einzelgewölbes				
	5.7	Hänger (in Verbindung mit Versteifungsträger)	4facher Hängerabstand in Längsrichtung				
	5.8	Tragwerke mit mehr als einem Gleis	Wenn zu berücksichtigen, darf das dynamische Inkrement reduziert werden. *Anmerkung: Das reduzierte dynamische Inkrement ist vom Eisenbahn-Bundesamt zu genehmigen.*				
Stützkonstruktion							
6	Pfeiler, Stützrahmen, Lager, Gelenke, Zuganker sowie Pressungen unter Lagern		Maßgebende Länge der gelagerten Tragelemente				

1.4 Einwirkungen aus dem Eisenbahnverkehr und -betrieb

Der dynamische Beiwert Φ ist bei den Lastmodellen 71 und SW anzunehmen, in der Regel ist Φ_2 anzuwenden.

Die Eigenfrequenzen eines Bauteiles werden bei Brücken aus der Biegelinie unter ständiger Einwirkung berechnet. Für einen auf Biegung beanspruchten Einfeldträger kann die Eigenfrequenz nach folgendem Ansatz ermittelt werden:

Durchbiegung in der Feldmitte infolge konstanter Massenbelegung (m · g) (Eigengewicht)

$$\delta_0 = \frac{5}{384} \frac{(m \cdot g) \cdot l^4}{E \cdot I}$$

mit: $m = \int_A \rho \cdot dA$, als Masse des Querschnittes bei unterschiedlichen Querschnittsanteilen

$g = 9{,}81$ m/sek^2

ρ = Dichte des Baustoffes des Überbaues

l = Stützweite des Überbaues

Daraus folgt:

$$\frac{E \cdot I}{m \cdot l^4} = \frac{5 g}{\delta_0 \cdot 384}$$

Für die Eigenfrequenz eines zugehörigen kreisförmigen Schwingungsvorganges gilt:

$$\omega_0 = \pi^2 \sqrt{\frac{E \cdot I}{m \cdot l^4}} = \pi^2 \sqrt{\frac{5 g}{\delta_0 \cdot 384}}$$

Somit ergibt sich die erste Eigenfrequenz n_0 allgemein zu:

$$n_0 = \frac{\omega_0}{2\pi} = \frac{\pi}{2} \sqrt{\frac{5 g}{\delta_0 \cdot 384}}$$

mit δ_0 [mm]; g [m/sek^2] gilt:

$$n_0 = \frac{\pi}{2} \sqrt{\frac{5 \cdot 9{,}81}{\delta_0 \cdot 384}} \left[\frac{m}{10^{-4} \cdot m \cdot \text{sek}^2}\right]$$

$$= \frac{\pi}{2} \sqrt{\frac{5 \cdot 9{,}81 \cdot 10^4}{384}} \cdot \frac{1}{\sqrt{\delta_0}} \left[\frac{1}{\text{sek}}\right] \triangleq [\text{Hz}]$$

$$n_0 = \frac{17{,}75}{\sqrt{\delta_0}} \; [\text{Hz}] \qquad\qquad 1.4.3(6)$$

mit: δ_0 Durchbiegung in der Mitte der Stützweite unter ständigen Einwirkungen in [mm].

Reduzierte dynamische Einwirkungen

Bei Gewölben und Betonbrücken mit einer Überschüttungshöhe von mehr als 1,0 m kann der dynamische Beiwert Φ_2 und Φ_3 wie folgt verringert werden:

$$\text{red}\,\Phi_{2,3} = \Phi_{2,3} - \frac{h - 1{,}00}{10} \geq 1{,}0 \qquad\qquad 1.4.3(7)$$

mit: h = Überschüttungshöhe einschließlich Schotterbett bei Schwellenoberkante in [m] (bei Gewölben bis zum Gewölbescheitelpunkt)

Pfeiler mit einem Schlankheitsgrad (kritische Länge/Trägheitsradius) < 30, Widerlager, Gründungen, Stützwände und Bodenpressungen dürfen ohne dynamischen Beiwert berechnet werden.

Beiwerte (1 + $\varphi_{(v)}$)

Zur Berücksichtigung der dynamischen Effekte aus Betriebslastzügen, z. B. für Verformungs- und Schwingungsberechnungen sind die Kräfte und Momente, die aus den statischen Lasten ermittelt wurden, mit dem Faktor $(1 + \varphi)$ zu multiplizieren. Dieser Faktor ist von der Geschwindigkeit v abhängig, er muß sich auf die höchstmögliche Zuggeschwindigkeit beziehen. Dieser Beiwert ergibt sich wie folgt:

entweder $\quad 1 + \varphi = 1 + \varphi' + \varphi''$ $\hfill$ 1.4.3(8)

oder $\quad\quad 1 + \varphi = 1 + \varphi' + 0{,}5\,\varphi''$ $\hfill$ 1.4.3(9)

Falls nicht anderes festgelegt ist, ist die Gleichung 1.4.3(9) anzuwenden.

Die Anteile φ' und φ'' ergeben sich wie folgt:

$$\varphi' = \frac{K}{1 - K + K^4} \quad\quad 1.4.3(10)$$

mit: $\quad K = \dfrac{v}{2\,L_\Phi \cdot n_0}$

und

$$\varphi'' = \frac{\alpha}{100}\left[56\,e^{-\left(\frac{L_\Phi}{10}\right)^2} + 50\left(\frac{L_\Phi \cdot n_0}{80} - 1\right) e^{-\left(\frac{L_\Phi}{20}\right)^2}\right] \quad\quad 1.4.3(11)$$

mit: $\quad \alpha = \dfrac{v}{22} \quad\quad$ bei $v \leq 22$ m/s

$\quad\quad\;\, \alpha = 1 \quad\quad\quad\;\;$ bei $v > 22$ m/s

Dabei ist:
$v\quad$ Geschwindigkeit in m/s
$n_0\quad$ Eigenfrequenz der unbelasteten Brücke in Hz
$L_\Phi\quad$ maßgebende Länge in m
$\alpha\quad$ Beiwert für die Geschwindigkeit

Die Nachweise sind für die oberen und unteren Grenzwerte der Biegefrequenz n_o durchzuführen, falls sie nicht Brücken mit bekannter Eigenfrequenz betreffen. Die Grenzwerte ergeben sich nach den Gleichungen 1.4.3(3), (4) und (5).

1.4.3.3 Resonanz oder übermäßige Schwingung

Die Gefahr einer Resonanzerscheinung oder einer damit verbundenen übermäßigen Schwingung des Überbaues des Brückenbauwerkes kann bei Zuggeschwindigkeiten > 220 km/h und bei Stahl- und Verbundüberbauten aus den Einflüssen des Eisenbahnverkehrs und anderen, für Eisenbahnbrücken typischen, Einwirkungen auftreten.

Wie schon ausgeführt, treten Resonanzerscheinungen auf, wenn die Frequenz des durch die Einwirkung aus dem Zugverkehr angeregten Schwingungsvorganges (Erregerfrequenz) die Eigenfrequenz des Überbaues, oder ein Vielfaches von ihr, erreicht. Die hiermit verbundenen Auswirkungen sind nicht durch das Regelverfahren mit den dynamischen Beiwerten abgedeckt, es müssen jetzt gesonderte Berechnungen durchgeführt werden, mit dem Ziel, die zugehörigen höheren Beanspruchungen oder Verformungen zu ermitteln.

Die Berechnung ist sowohl für die Maximalgeschwindigkeit, als auch für eine Geschwindigkeit der nachstehenden Beziehung durchzuführen:

$$v_i = n_0 \cdot \lambda_i \quad\quad 1.4.3(12)$$

mit: 40 m/s $\leq v_i \leq$ 1,2 × maximale Streckengeschwindigkeit

Dabei ist:
n_0 Eigenfrequenz des unbelasteten Tragwerkes
λ_i Hauptwellenlänge der Erregerfrequenz, zur Vereinfachung gesetzt gleich
= d/i
   mit: d Regelabstand der Achsen
       i = 1, 2, 3 oder 4

Über die Entscheidungskriterien, die zur Feststellung der Resonanzgefahr führen, berichten *Freystein* und *Köppel* in [94].

Für das zu untersuchende Brückenbauwerk ist über die Kriterien:

– Streckengeschwindigkeit,
– Art der Konstruktion,
– Überbaulänge und
– Torsionsempfindlichkeit

zu entscheiden, ob eine dynamische Berechnung durchzuführen ist, oder ob eine Berechnung nach dem vereinfachten Verfahren mit dynamischen Beiwerten noch möglich ist. Diese Entscheidung kann nach dem Ablaufdiagramm in Bild 1.18 vorgenommen werden.

Zu den Kriterien im einzelnen:

- Streckengeschwindigkeit
  Eine Resonanzgefahr besteht bei Fahrtgeschwindigkeiten größer als 200 km/h; ist sie kleiner, kann eine Resonanzgefahr durch die Wahl eines normal steifen, nicht zu schlanken Überbaus ausgeschlossen werden.

- Länge des Überbaus
  Die Resonanzgefahr nimmt mit wachsender Stützweite ab. Die im Ablaufdiagramm festgelegte Grenze von 40 m für die Stützweite entspricht der Bedingung:

  $$L \geq L_{üp} = 1{,}5 \cdot 26{,}4 = 40 \text{ m}$$

  mit $L_{üp}$ „Länge über Puffer" bei üblichen Reisezugwagen.

- Steifigkeit des Überbaus
  Wenn die Eigenfrequenz des Überbaues innerhalb der Grenzen des Bildes 1.18 liegt, kann bei Einfeldträgern, Rahmen und bestimmten Durchlaufträgersystemen eine Resonanzgefahr ausgeschlossen werden.

- Torsionssteifigkeit, Geschwindigkeit und Eigenfrequenz
  Bei Überbauten kleinerer Stützweite spielt die Größe der Eigenfrequenz n_{To} aus Torsion zur Eigenfrequenz n_0 aus Biegung eine Rolle. Wenn

  $$n_{To} \geq 1{,}2\, n_0$$

  ist, kann bei bestimmten Verhältnissen von Grenzgeschwindigkeit zu Biegeeigenfrequenz ebenfalls eine Resonanzgefahr ausgeschlossen werden.

Freystein und *Köppel* führen hierzu weiterhin aus (Zitat aus [94]):

„*Einwirkungen*
Die dynamische Berechnung ist für die verkehrenden Betriebszüge zu führen; Betriebszüge sind die Lastbilder von ICE 1 bis 3, Thalys, Talgo etc., wobei mit den wirklichen Achslasten und Abständen der Achsen gerechnet werden muß, ohne diese in Längsrichtung gleichmäßig zu verteilen. Die Berechnung kann mit bewegten Einzellasten erfolgen oder mit einem dem mechanischen Modell des Zuges entsprechenden Schwingungssystem (Modellierung des

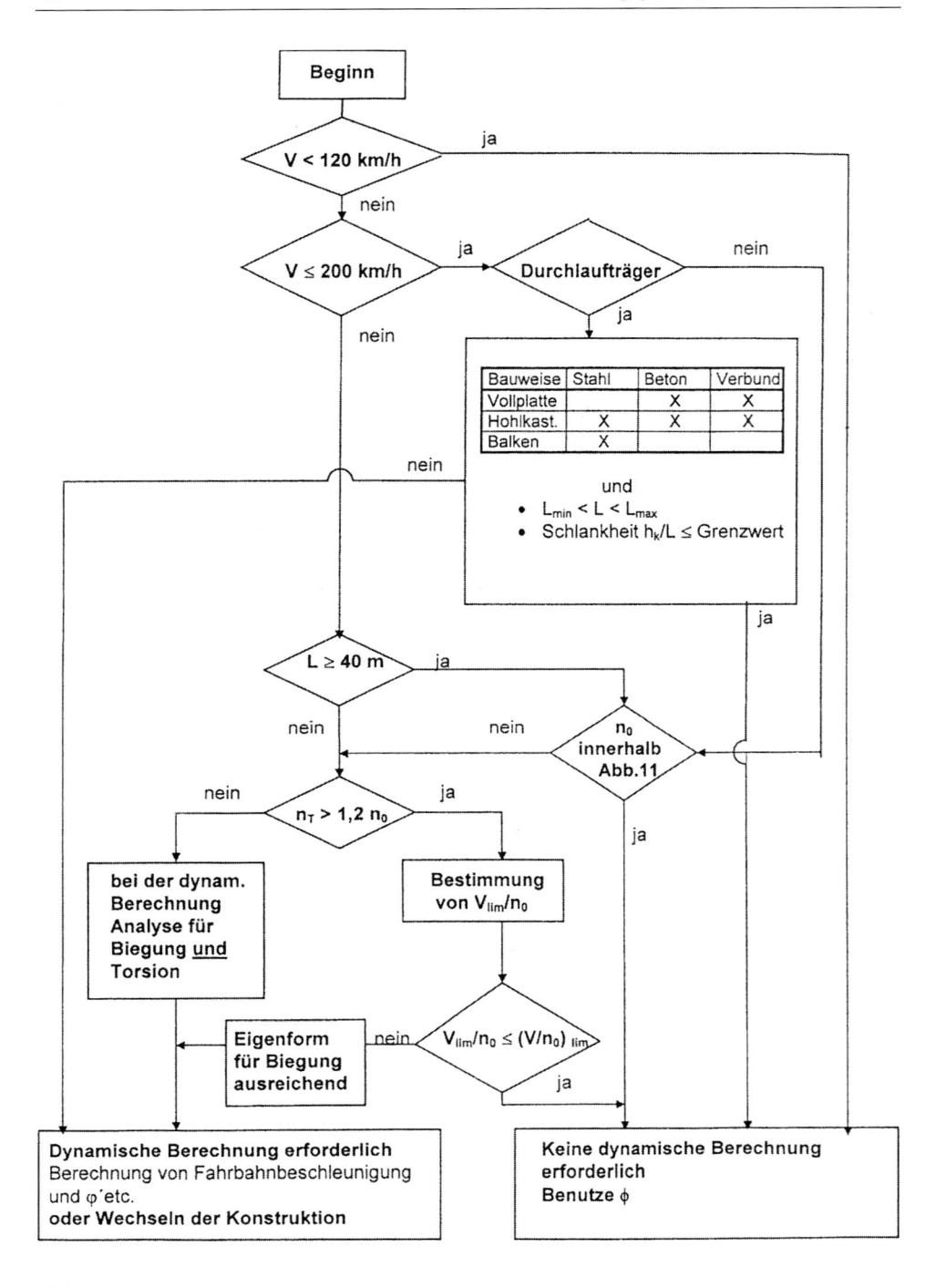

Bild 1.18
Entscheidungsschema für eine dynamische Berechnung

1.4 Einwirkungen aus dem Eisenbahnverkehr und -betrieb

Wagenkastens als Schwingungssystem mit mehreren Freiheitsgraden und Berücksichtigung der zugehörigen Masse, Trägheit, Federung und Dämpfung). Bei der Berechnung mit bewegten Einzellasten darf die günstige lastverteilende Wirkung der Schienen, Schwellen und Schotter berücksichtigt werden.

Der unwahrscheinliche Fall einer Überfahrt mit der Resonanzgeschwindigkeit auf beiden Gleisen bei zweigleisigen Überbauten wird nicht gefordert. Da eine Zugbegegnung jedoch nicht ausgeschlossen werden kann, ist daher auf dem zweiten Gleis – sofern ungünstig wirkend – die Φ-fache statische Bemessungslast anzusetzen.

Frequenzbereich
Zur Ermittlung der Systemantwort sind die Eigenfrequenzen n_j (und die zugehörigen Eigenformen) bis zur Grenze n_{max} zu berücksichtigen:

$$n_{max} = \max\{30\text{ Hz}, 2\,n_0, n_2\} \quad n_2 = 3.\text{ Eigenfrequenz der Biegeschwingung}$$

Für Balkenträger ist die Betrachtung der Biegeschwingungen ausreichend, wenn Torsionsschwingungen nicht durch Verkehrslasten angeregt werden, oder wenn die Bedingung $n_{To} \geq 1,2\,n_0$ erfüllt ist. Andernfalls müssen auch Torsionsschwingungen berücksichtigt werden. Der höhere Wert für n_{max} aus den angegebenen Bedingungen ist maßgebend.

Geschwindigkeitsbereich
Für die zu untersuchenden Betriebszüge ist die dynamische Berechnung für einen Geschwindigkeitsbereich von 40 m/s bis $1,2\,v_{max}$ zu führen. Für die Berechnung wird eine Schrittweite von ca. 10 km/h außerhalb des Resonanzbereichs empfohlen; in der Nähe der Resonanzgeschwindigkeit sind kleinere Schritte zu wählen.

Dämpfung
Bei aus Versuchen und theoretischen Untersuchungen ermittelten Beziehungen sind in Abhängigkeit der Bauart der Brücke (Stahl, Verbund, Stahlbeton, Spannbeton) Dämpfungseigenschaften rechnerisch zu berücksichtigen; die Dämpfung bewegt sich im Mittel zwischen 0,5 und 1,5 %.

Nachweise
Auch wenn eine dynamische Berechnung erforderlich ist, kann die Φ-fache statische Bemessungslast aus dem „vereinfachten Verfahren" maßgebend sein. Daher müssen die Ergebnisse der dynamischen Berechnung mit denen der Φ-fachen statischen Bemessungslast verglichen werden; die jeweils ungünstigeren Werte sind für die Bemessung maßgebend. Es sind, falls die dynamische Berechnung maßgebend wird, alle üblichen Gebrauchstauglichkeits- und Tragsicherheitsnachweise zu überprüfen.

Die maximale vertikale Beschleunigung des Überbaus ist zu begrenzen auf:

3,5 m/s^2 beim Schotteroberbau zur Vermeidung einer Destabilisierung des Schotters und 5,0 m/s^2 bei der Festen Fahrbahn."

1.4.4 Horizontallasten, charakteristische Werte

1.4.4.1 Einwirkungen aus Zentrifugallasten

Bei Brücken, die ganz oder teilweise in einer Gleiskrümmung liegen, sind die Zentrifugallasten (Fliehkräfte) zu berücksichtigen. Diese sind 1,80 m über Schienenoberkante horizontal nach außen wirkend anzunehmen (Bild 1.20). Der Berechnung ist die durch die Linienführung der Strecke gegebene Höchstgeschwindigkeit zugrunde zu legen, im Falle des Lastmodelles SW beträgt sie 80 km/h.

Die charakteristischen Werte der Zentrifugallasten sind mit den nachstehenden Gleichungen zu ermitteln:

$$Q_{tk} = \frac{v^2}{g \cdot r} (f \cdot Q_{vk}) = \frac{V^2}{127\,r} (f \cdot Q_{vk}) \quad [\text{kN}] \qquad 1.4.4(1\,\text{a})$$

$$q_{tk} = \frac{v^2}{g \cdot r} (f \cdot q_{vk}) = \frac{V^2}{127\,r} (f \cdot q_{vk}) \quad [\text{kN/m}] \qquad 1.4.4(1\,\text{b})$$

mit: Q_{tk}, q_{tk} charakteristische Werte der Zentrifugallasten in [kN], [kN/m]
      Q_{vk}, q_{vk} charakteristische Werte der in Abschnitt 1.4.2 angegebenen Vertikallasten
      f Abminderungsfaktor nach Gleichung 1.4.4(2)
      v Höchstgeschwindigkeit in [m/s]
      V Höchstgeschwindigkeit in [km/h]
      g Erdbeschleunigung [9,81 m/s^2]
      r Radius des Gleisbogens in [m]

Bei veränderlicher Gleiskrümmung können für den Radius r geeignete Mittelwerte eingesetzt werden.

Die Zentrifugallasten sind nach Gleichung 1.4.4(1) unter Verwendung der klassifizierten Vertikallasten zu berechnen mit:

- $\alpha < 1$: α-fache Lastmodelle 71 und SW/0
- $\alpha \geq 1$: 1,0-fache Lastmodelle 71 und SW/0

Bei gekrümmten Gleisen ist außerdem die Belastung aus dem LM 71 und, sofern zutreffend, auch aus dem LM SW/0 ohne Zentrifugallast, also mit $V = 0$, zu berücksichtigen.

Beim Lastmodell 71 und bei Entwurfsgeschwindigkeiten von mehr als 120 km/h sind zwei Fälle der Größe der Zentrifugallast zu berücksichtigen:

- Lastmodell 71 mit dynamischem Beiwert und die Zentrifugallast für $V = 120$ km/h entsprechend der Gleichung 1.4.4(1) mit $f = 1,0$.
- Ein abgemindertes Lastmodell 71 ($f \cdot Q_{vk}$, $f \cdot q_{vk}$) mit dem dynamischen Beiwert und der Zentrifugallast entsprechend der Gleichung 1.4.4(1) für die Höchstgeschwindigkeit. Der Abminderungsfaktor f ist dabei gegeben zu:

$$f = 1 - \frac{V-120}{1000} \cdot \left\{ \frac{814}{V} + 1,75 \right\} \cdot \left\{ 1 - \sqrt{\frac{2,88}{L_f}} \right\} \qquad 1.4.4(2)$$

mit: L_f Einflußlänge in [m] des belasteten Teiles der Gleiskrümmung auf der Brücke, die am ungünstigsten für die Bemessung des jeweils betrachteten Bauteils ist
     V maximal festgelegte Geschwindigkeit [km/h]
     $f = 1$ bei $V \leq 120$ km/h oder $L_f \leq 2,88$ m
     $f < 1$ bei 120 km/h $< V \leq 300$ km/h und $L_f > 2,88$ m (Bild 1.19)
     $f(V) = f(300)$ bei $V > 300$ km/h und $L_f > 2,88$ m

Die Zentrifugallast ist immer mit der Verkehrslast zu kombinieren, sie ist nicht mit dem dynamischen Beiwert zu vervielfachen.

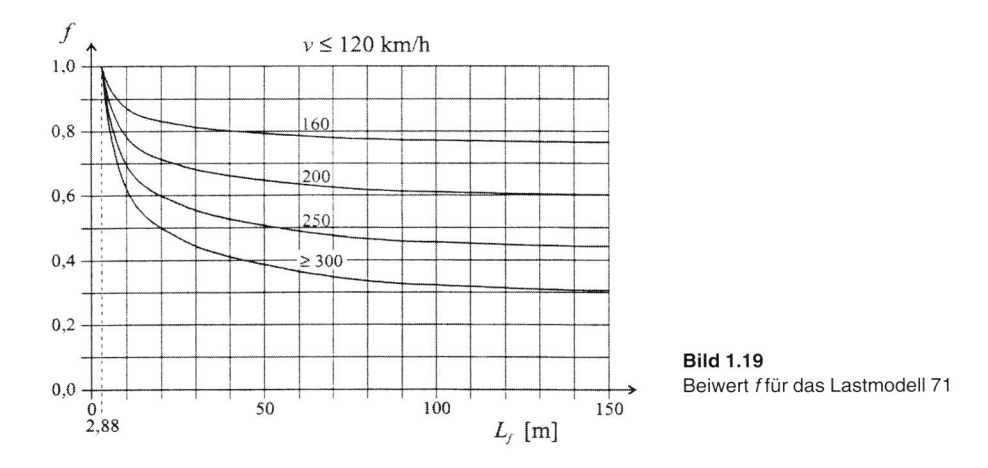

1.4 Einwirkungen aus dem Eisenbahnverkehr und -betrieb

Bild 1.19 Beiwert f für das Lastmodell 71

1.4.4.2 Einwirkungen aus Seitenstoß (Schlingerkraft)

Der Seitenstoß ist als horizontal in Oberkante Schiene angreifende Einzellast rechtwinklig zur Gleismittellinie anzunehmen (Bild 1.20). Er ist sowohl bei geraden als auch bei gekrümmten Gleisen anzusetzen. Der charakteristische Wert der Einwirkung beträgt:

$$Q_{sk} = 100 \text{ kN}$$

Der Seitenstoß ist weder mit dem Klassifizierungsfaktor noch mit dem Abminderungsfaktor f zu vervielfachen. Er ist immer mit der Vertikallast zu kombinieren.

1.4.4.3 Einwirkungen aus Anfahren und Bremsen

Brems- und Anfahrkräfte wirken in Oberkante Schiene in Längsrichtung des Gleises. Sie sind als gleichmäßig verteilte Streckenlast über die Einflußlänge L_f der Einwirkung für das jeweilige Bauteil anzunehmen.

Die charakteristischen Werte sind wie folgt anzunehmen:

Anfahrkraft:

$$Q_{lak} = 33 \cdot L \leq 1000 \text{ kN} \quad \text{bei LM 71 und den Modellen SW} \qquad 1.4.4(3)$$

Bremskraft:

$$Q_{lbk} = 20 \cdot L \leq 6000 \text{ kN} \quad \text{bei den Lastmodellen 71 und SW/0} \qquad 1.4.4(4)$$

$$Q_{lbk} = 35 \cdot L \quad \text{bei dem Lastmodell SW/2} \qquad 1.4.4(5)$$

mit L in [m] und Q_{lak}, Q_{lbk} in [kN]

Die charakteristischen Werte können bei allen Oberbauarten, d. h. durchgehend geschweißte Schienen oder gelaschte Schienen, mit oder ohne Schienenauszügen, angewendet werden. Bei den Lastmodellen SW/0 und SW/2 sind nur die belasteten Teile des Tragwerks zu berücksichtigen.

Für Strecken mit artreinem Verkehr (z. B. nur Hochgeschwindigkeits-Personenverkehr) dürfen die Brems- und Anfahrlasten zu 25 % der Summe der Achslasten der Betriebslastenzüge, die auf der Einflußlänge der Einwirkungen für das zu betrachtende Bauteil wirken, angenommen werden. Die Maximalwerte sind dabei 1000 kN für Q_{lak} und 6000 kN für Q_{lbk}.

Wenn das Gleis an einem oder beiden Überbauenden durchläuft, wird nur ein gewisser Teil der Brems- und Anfahrkräfte vom Überbau auf die Lager übertragen. Der verbleibende Lastanteil wird vom Gleis übertragen und hinter den Widerlagern aufgenommen. Der durch den Überbau auf die Lager übertragene Lastanteil wird im Abschnitt 1.4.5 angegeben.

Die Anfahr- und Bremskräfte sind mit den zugehörigen Vertikallasten zu kombinieren.

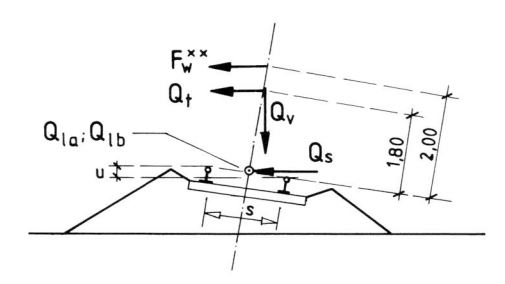

Bild 1.20
Horizontalkräfte für Eisenbahnbrücken

1.4.5 Längsgerichtete Einwirkungen

1.4.5.1 Leitlinien für die Untersuchung der Interaktion zwischen Brückenüberbau und Schienenoberbau

Problemstellung

Wenn Schienen über Fugen zwischen dem Brückenüberbau und dem Damm durchlaufen, wirken der Überbau und der Unterbau des Brückentragwerkes einerseits und der Oberbau des Fahrweges mit seinem Schotter/Schwelle/Schiene-Aufbau andererseits bei der Abtragung der Längskräfte aus Anfahren und Bremsen zusammen. Bei neueren Trassen kann der Oberbau auch aus einer Festen Fahrbahn mit Schienen bestehen. Die Längskräfte werden teilweise über die Schienen zum Erdbauwerk hinter dem Widerlager und teilweise über die Brückenlager und die Unterbauten in die Gründung weitergeleitet. Da lückenlos durchlaufende Schienen die freie Bewegung des Brückenüberbaues behindern, entstehen außerdem aus Verformungen des Überbaues infolge von Temperaturänderungen, Durchbiegungen aus vertikaler Belastung und Kriechen und Schwinden des Überbaubetons zusätzliche Längskräfte in den Schienen und in den festen Brückenlagern. Die Verschiebungen in horizontaler und vertikaler Richtung, die diese Längskräfte verursachen, oder umgekehrt, durch die die Längskräfte aktiviert werden, führen zu Auflockerungen im Oberbau und zu zusätzlichen Spannungen in der Schiene.

Einflußgrößen des Zusammenwirkens von Brückentragwerk und Schienenoberbau

Das Zusammenwirken des Brückentragwerks mit dem Oberbau wird durch viele Parameter beeinflußt, im einzelnen wie folgt:

- Statisches System des Überbaues mit den Komponenten Tragsystem (Einfeld-, Durchlaufträger, Trägerkette), Überbaulänge bzw. Stützweite, Lage des festen Lagers und des thermischen Festpunktes.

- Abstand zwischen neutraler Achse des Überbaues und der Schienenlängsachse einerseits sowie zwischen neutraler Achse und dem Drehpol des festen Lagers andererseits.

- Vertikale Steifigkeit des Überbaues.
- Längssteifigkeit der Unterbauten; diese ist definiert als Gesamtwiderstand der von den Unterbauten an den festen Lagern und evtl. Verformungslagern gegenüber den Einwirkungen in Brückenlängsrichtung aktiviert werden kann.
  Bei der Bestimmung der Längssteifigkeit sind die Biegeverformungen und die Verschiebungen der Unterbauten unterhalb der Brückenlager und die Verdrehung der Gründung zu berücksichtigen.
- Gleislage, Schienenauszüge, Querschnittsfläche der Schienen.
- Widerstand des Gleises und der Schienen gegen eine Verschiebung in Längsrichtung.

Bei der rechnerischen Verfolgung dieser Einflüsse muß nachgewiesen werden, welche Anteile der Einwirkungen über die Lager in den Unterbau eingetragen und welche Anteile vom Oberbau aufgenommen und durch die Schienen weitergeleitet werden.

Zu berücksichtigende Einwirkungen

Für die rechnerischen Untersuchungen sind die Einwirkungen aus folgenden Einflüssen zu ermitteln:

- Anfahr- und Bremskräfte:
  Diese werden nach Abschnitt 1.4.4.3 ermittelt. Bei Brücken mit zwei oder mehreren Gleisen sind Bremskräfte auf einem Gleis und Anfahrkräfte auf einem anderen Gleis anzusetzen.
  Bei der Untersuchung des Zusammenwirkens von Brückentragwerk und Oberbau bei der Abtragung der Längskräfte brauchen keine Anfahr- und Bremskräfte auf die Hinterfüllung von Brückenwiderlagern angesetzt zu werden.
- Temperaturänderungen im Überbau und zwischen Gleis und Überbau:
  Für die Temperaturänderungen gelten die Werte ΔT_0 nach Abschnitt 1.8.
- Verformung des Tragwerkes infolge vertikaler Lasten:
  Infolge der Verdrehung der Überbauenden unter vertikaler Verkehrslast verschieben sich die oberen Kanten der Überbauenden in Brückenlängsrichtung und verursachen in durchgehend verschweißten Schienen und in den festen Lagern zusätzliche Kräfte.
  Weitere Einwirkungen bezüglich der Verschiebung und Verdrehung können aus Kriechen, Schwinden und Temperaturunterschied entstehen. Sie sind bei der Bestimmung der Schienen- und Lagerlängskräfte zu berücksichtigen.

Für die Untersuchungen im einzelnen werden die Tragwerke in folgende Tragwerksklassen eingeteilt (siehe Bild 3.35):

(A) Ein- oder Mehrfeldträger mit einem festen Lager auf einem Widerlager.
(B) Mehrfeldträger, bei denen sich das feste Lager nicht auf einem der Widerlager befindet.
(C) Einfeldträgerreihe, mit festen Lagern an einem Ende eines jeden Einfeldträgers.

Die Dehnlänge L_T bei Temperatureinwirkungen ist der Abstand zwischen dem thermischen Festpunkt und dem gegenüberliegenden Überbauende. Für Balkensysteme mit einem Schienenauszug ist sie im allgemeinen gleich der zugehörigen Systemlänge. Bei durchlaufenden Gleisen ist die Dehnlänge, wie nachfolgend angegeben, zu begrenzen:

$\leq$ 60 m bei Stahltragwerken mit Schotterbett
$\leq$ 90 m bei Beton- oder Stahlverbundtragwerken mit Schotterbett

Grenzwerte für die Verformungsnachweise

Infolge Anfahren und Bremsen darf

– bei durchgehend verschweißten Schienen ohne Schienenauszüge oder mit einem Schienenauszug an einem Überbauende die Relativverschiebung der Schienen gegenüber dem Brückendeck oder dem Planum im Dammbereich nicht größer sein als 4 mm,

– bei Schienenauszügen an beiden Überbauenden soll die Absolutverschiebung des Überbauendes nicht größer sein als 30 mm.

Unter Vertikallasten, beim Φ-fachen Lastmodell 71 auf bis zu zwei Gleisen, darf die Längsverschiebung der oberen Kante des Überbauendes in Längsrichtung nicht größer sein als 10 mm.

Höhendifferenzen zwischen der oberen Kante eines Überbauendes und der benachbarten Konstruktion eines Widerlagers oder eines weiteren Überbaus müssen begrenzt werden. Die für die Ermittlung anzusetzenden Einwirkungen und Grenzwerte sind vom Eisenbahn-Infrastrukturunternehmen in Abstimmung mit dem Eisenbahn-Bundesamt festzulegen.

Berechnungsmodell

Für die Ermittlung der Schnittgrößen in der Tragkonstruktion und in den Schienen kann das Berechnungsmodell gemäß Bild 1.21 gewählt werden.

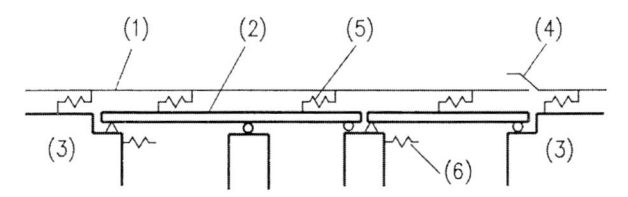

(1) Gleis
(2) Überbau (hier: ein einzelner Überbau über zwei Felder)
(3) Widerlager und Damm
(4) Schienenauszug (falls vorhanden)
(5) Federn zwischen Überbau und Schienen für den Längsverschiebewiderstand
   des Gleises oder für den Durchschubwiderstand der Schienen
(6) Federn in Brückenlängsrichtung für die Längssteifigkeit des Brückentragwerks

Bild 1.21
Beispiel für ein Tragkonstruktionsmodell

Für die Berechnung sind die Einwirkungen unter Berücksichtigung des Längsverschiebewiderstandes des Gleises und der Steifigkeit des Überbaues zu ermitteln. Die Steifigkeit des Tragwerkes bestimmt den Gesamtwiderstand gegen die Längsverschiebung des Überbaues. Die daraus resultierenden Kräfte werden von den Lagern auf die Unterbauten übertragen. Dabei müssen die Formänderungen der Unterbauten und der Gründung in Form von Verschiebungen und Verdrehungen berücksichtigt werden.

In der Regel sind nichtlineare Berechnungen durchzuführen, da sich infolge der einzelnen Einwirkungen größere Relativverschiebungen der Gleise ergeben als beim Längsverschiebewiderstand oder beim Durchschubwiderstand. Das heißt, es müssen jeweils die aus mehreren Einwirkungen (Lastfallkombination) resultierenden Schienen- und Lagerlängskräfte nichtlinear ermittelt und überlagert werden. Die lineare Addition der Ergebnisse nichtlinearer Be-

1.4 Einwirkungen aus dem Eisenbahnverkehr und -betrieb

rechnungen der Schienen- und Lagerlängskräfte ist erlaubt, wenn in der Summe die zulässigen zusätzlichen Schienenspannungen eingehalten werden.

Bei mehrgleisigen Überbauten sind die Schienen- und Lagerlängskräfte immer auch für den Fall zu ermitteln, daß zeitweise nur ein Gleis zur Ableitung der Einwirkungen aus Anfahren und Bremsen vorhanden ist.

1.4.5.2 Berechnungswerte des Gleises

Verschiebewiderstand des Gleises

Der Verschiebewiderstand eines Gleises ist definiert als die einer Längsverschiebung entgegenwirkende Kraft je Längeneinheit eines Gleises [kN/m Gleis] als Funktion der Relativverschiebung in [mm] zwischen dem Gleis und der Bezugsebene. Er wird unterteilt in:

– *Längsverschiebewiderstand:* Widerstand [kN/m Gleis] gegen Längsverschiebung des Gleises mit Schienen und Schwellen im Schotterbett gegenüber der Fahrbahntafel als Bezugsebene (Schotterauflagefläche).
– *Durchschubwiderstand:* Widerstand [kN/m Gleis] gegen Längsverschiebung der Schienen gegenüber den Schienenstützpunkten (Schwellen), z. B. bei gefrorener Bettung oder fester Fahrbahn.

Für den Verschiebewiderstand eines Gleises dürfen die Angaben des Bildes 1.22 angesetzt werden.

Bei Fester Fahrbahn ist der Durchschubwiderstand anzusetzen. Um den Durchschubwiderstand auf die in Bild 1.22 angegebenen Werte zu begrenzen, sind auf der gesamten Brückenlänge sowie auf dem Erdkörper hinter Überbauenden ohne Schienenauszug auf einer Länge D

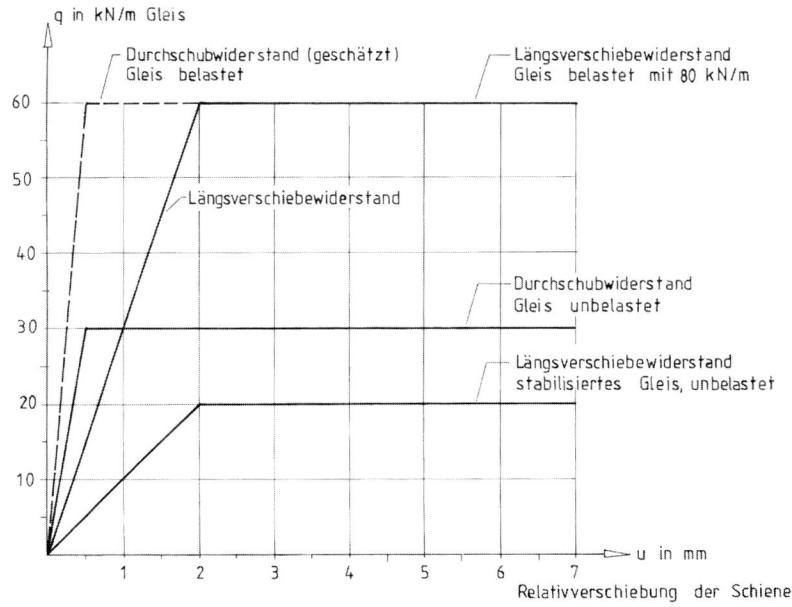

Bild 1.22
Verschiebegesetz der Schiene für ein Gleis mit Schienen UIC 60 und Schwellen B 70 W

Schienenbefestigungen mit einem reduzierten Durchschubwiderstand von etwa 9 kN pro Stützpunkt einzubauen, wobei die im Berechnungsmodell auf dem Dammbereich zu berücksichtigende Gleislänge bestimmt werden darf aus:

$$L_D = 0{,}5 \cdot L_T + 40 \text{ m}, \quad \text{jedoch } L_D \leq 90 \text{ m} \qquad 1.4.5(1)$$

mit L_T Ausgleichslänge des an das Widerlager angrenzenden Überbauendes

Die in Bild 1.22 dargestellten vereinfachten Widerstandgesetze gelten prinzipiell. Die Zahlenwerte sind gültig für Schienen UIC 60, für Schotterfahrbahnen (Längsverschiebewiderstand, Durchschubwiderstand) mit mindestens 30 cm Schotterbettdicke unter den Schwellen B 70 W und für feste Fahrbahnen (Durchschubwiderstand). Sie sind ggf. der verwendeten Fahrbahnkonstruktion durch Versuche anzupassen. Ein Gleis gilt als stabilisiert, wenn sich das Schotterbett durch häufige Zugüberfahrten so verdichtet hat, daß der nach der Durcharbeitung vorübergehend verringerte Querverschiebwiderstand des Gleises sich wieder auf einen stabilen Wert erhöht hat. Die Angaben für das belastete Gleis beziehen sich auf das Lastmodell 71.

Zulässige zusätzliche Schienenspannungen

Beim Nachweis der Beanspruchungen der Schienen auf Brücken und im Bereich der Widerlager sind als zulässige zusätzliche Schienenspannungen folgende Werte einzuhalten:

- für Druckspannungen:
  - bei Schotterbettgleis: 72 N/mm²
  - bei Fester Fahrbahn: 92 N/mm² 1.4.5(2)
- für Zugspannungen: 92 N/mm²

Die Grenzwerte für die Schienenspannungen, insbesondere die für die zulässigen zusätzlichen Druckbeanspruchungen, setzen eine stabile Gleislage voraus, die durch folgende konstruktive Bedingungen für die Fahrbahn erreicht werden kann:

– Schienen UIC 60 mit Zugfestigkeiten von mindestens 900 N/mm²,
– gerades Gleis oder Gleisradien $r \geq 1\,500$ m.

Bei Schotterfahrbahn mit zusätzlicher Sicherung der Gleislage z. B. durch zusätzliche Sicherungskappen und bei Fester Fahrbahn kann der Grenzwert für die Gleisradien reduziert werden:

– bei Schotterfahrbahn Betonschwellen B 70 W im Abstand von höchstens 65 cm oder ähnliche Schwellentypen mit mindestens gleichem Gewicht,
– bei Schotterfahrbahn mindestens 30 cm verdichtetem Schotter unter den Schwellen.

1.4.5.3 Vereinfachtes Nachweisverfahren für einteilige Überbauten

Anwendungsbereich

Das vereinfachte Verfahren darf nur angewendet werden, wenn die Voraussetzungen einer stabilen Gleislage gegeben sind (siehe vorstehende Ausführungen).

Bei Schotterfahrbahnen sind Schienenauszüge nicht erforderlich, wenn die Dehnlänge L_T folgende Werte einnimmt:

$L_T \leq 60$ m bei Stahlüberbauten und
$L_T \leq 90$ m bei Beton- und Verbundüberbauten

Sind größere Dehnlängen vorhanden und soll das vereinfachte Verfahren dennoch angewendet werden, sind Schienenauszüge vorzusehen.

Erforderliche Längssteifigkeiten

Für einteilige Überbauten brauchen die Schienenspannungen nicht nachgewiesen werden, wenn:

- unter Verkehrslasten (Φ-faches Lastmodell 71 auf bis zu 2 Gleisen) die Längsverschiebung der oberen Kante eines Überbauendes in Brückenlängsrichtung nicht größer ist als 10 mm (hierbei braucht das Zusammenwirken zwischen Brückentragwerk und Oberbau nicht berücksichtigt zu werden) und
- die Unterbauten so steif ausgebildet sind, daß die Verschiebung des Überbaus in Längsrichtung unter den Lagerlängskräften infolge *Anfahren und Bremsen* gemäß Abschnitt 1.4.3.3 nicht mehr als 5 mm beträgt. Bei der Berechnung der Verschiebung sind alle möglichen Einflüsse zu berücksichtigen.

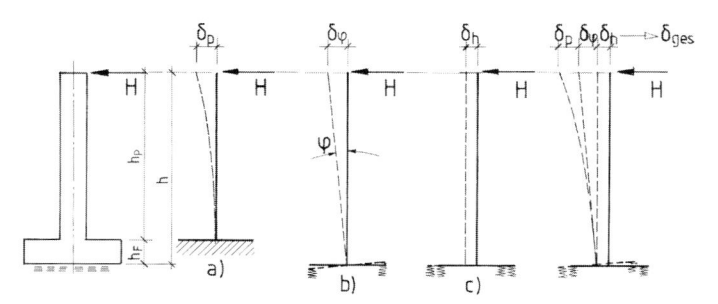

Anteile der Pfeilerkopfverschiebung
a) infolge Biegung des Pfeilerschaftes
b) infolge Verdrehung des Fundamentes
c) infolge Verschiebung des Fundamentes

Bild 1.23
Anteile der Pfeilerkopfverschiebung

Die Steifigkeiten k der Unterbauten gegen Horizontalverschiebung in Brückenlängsrichtung entsprechend Bild 1.23 sind zu berechnen nach der Beziehung

$$k = \frac{H}{\sum \delta_i} \quad \left[\frac{kN}{cm}\right] \qquad 1.4.5(3)$$

$$\sum \delta_i = \delta_p + \delta_\varphi + \delta_h$$

mit: δ_p Verschiebung des Pfeilerkopfes aus Verbiegung des Pfeilerschaftes
δ_φ Verschiebung des Pfeilerkopfes aus Verkantung des Fundamentes bei Flach- oder Pfahlgründungen
δ_h Verschiebung des Pfeilers infolge horizontaler Verschiebung der Fundamentkante

Die Verschiebungsanteile δ_i sind in Höhe der festen Lager gemäß Bild 1.23 zu ermitteln. Die für die Ermittlung der Gründungssteifigkeit notwendigen Bodenkenngrößen sind auf der Grundlage von Baugrunduntersuchungen abzuleiten.

Bei Schienenauszügen an beiden Überbauenden sind die mindestens erforderlichen Längssteifigkeiten zu ermitteln aus:

$k = \text{tot } L \cdot 20/3$ in kN/cm für ein Gleis $\qquad 1.4.5(4)$

$k = \text{tot } L \cdot 20/3 + 330$ in kN/cm für zwei Gleise $\qquad 1.4.5(5)$

mit tot L in [m]

Lagerlängskräfte infolge Anfahren und Bremsen

Der auf die festen Lager übertragene Anteil der Anfahr- und Bremskräfte nach Abschnitt 1.4.4.3 stellt den Wert der charakteristischen Lagerlängskräfte aus Bremsen und Anfahren dar. Man erhält sie, indem man die auf der Brückenlänge in OK Schiene wirkenden Brems- und Anfahrkräfte mit dem Reduktionsfaktor ξ nach Tabelle 1.12 multipliziert.

Tabelle 1.12
Reduktionsfaktoren ξ für die Ermittlung der Längskräfte in den festen Lagern infolge Anfahren und Bremsen

Gesamtlänge der Überbauten in m	Reduktionsfaktoren ξ	
	Durchgehendes Gleis ein oder zwei Gleise	Schienenauszug an einem Überbauende ein oder zwei Gleise
$\leq$ 30	0,50	–
60	0,50	0,60
90	0,60	0,65
120	0,70	0,70
150	0,75	0,75
180	–	0,80
210	–	0,85
240	–	0,90
270	–	0,90
300	–	0,90

Bei Schienenauszügen an beiden Enden ist $\xi = 1$.

Lagerlängskräfte infolge Temperaturänderungen

Die charakteristischen Werte der Lagerlängskräfte erhält man aus einer Temperaturschwankung des Überbaues von

$$T_0 = \pm 30 \text{ K} \qquad 1.4.5(6)$$

Die von festen Lagern zu übertragenden, charakteristischen Lagerlängskräfte F_{Tk} für ein Gleis infolge dieser Temperaturschwankung können wie folgt ermittelt werden:

- für Brücken mit durchgehenden, verschweißten Schienen über beide Überbauenden und festen Lagern an einem Überbauende:

$$F_{Tk} = \pm 8\, L_T \quad \text{(in kN); Klasse (A) und (B)} \qquad 1.4.5(7)$$

  mit L_T Dehnlänge zwischen dem thermischen Festpunkt und dem Überbauende (in m)

- für Brücken mit durchgehenden, verschweißten Schienen über beide Überbauenden und festen Lagern in einem Abstand L_1 von einem Überbauende und L_2 vom anderen Ende:

$$F_{Tk} = \pm 8\, (L_2 - L_1) \quad \text{(in kN); Klasse (B)} \qquad 1.4.5(8)$$

  mit L_1 und L_2 Stützweiten des Systems, $L_2 > L_1$

- für Brücken mit durchgehenden, verschweißten Schienen über dem Überbauende mit festen Lagern und Schienenauszügen am beweglichen Überbauende:

$$F_{Tk} = \pm (400 + 5\, L_T), \quad \text{jedoch } F_{Tk} \leq 1100 \text{ kN} \qquad 1.4.5(9)$$

  mit L_T Dehnlänge zwischen dem thermischen Festpunkt und dem Überbauende (in m)

- für alle Überbauten mit Schienenauszügen an beiden Enden

$$F_{Tk} = 0 \qquad 1.4.5(10)$$

1.4.6 Druck-Sog-Einwirkungen aus Zugverkehr (Aerodynamische Einwirkungen)

Lastmodell

Bei der Vorbeifahrt von Zügen wirkt auf alle Bauwerke in Gleisnähe eine wandernde Druck-Sog-Welle. Die Lasten aus dem Staudruck bzw. Sog dieser Welle sind senkrecht zur getroffenen Fläche anzusetzen. Sie bestehen aus einer anschwellenden Druckbeanspruchung vor dem Zug, die am Zuganfang in eine abschwellende Soglast umschlägt. Als Ersatzlast wird eine Flächenlast von $+q$ bzw. $-q$ auf eine Länge von jeweils 5,0 m angesetzt. Zu unterscheiden ist zwischen der horizontal auf lotrechte Flächen wirkenden Flächenlast q_1 und der lotrecht auf horizontale Flächen wirkenden Flächenlast q_2. Die Flächenlast q_1 ist bis zu einer Höhe von 5,0 m über S.O. wirkend anzunehmen. Die Größe der Einwirkungen hängt hauptsächlich ab von:

- dem Quadrat der Zuggeschwindigkeit,
- der aerodynamischen Form des Zuges,
- der Form des Bauwerkes,
- der Lage, insbesondere dem Abstand des Bauwerkes vom Gleis.

Diese Ersatzlasten sollen als charakteristische Werte der Einwirkungen angesehen werden. Sie sind im Grenzzustand der Tragfähigkeit und bei Ermüdung anzuwenden.

Einfache vertikale Oberflächen parallel zum Gleis

Der charakteristische Wert der Einwirkung $\pm q_{1k}$ ist der graphischen Darstellung in Bild 1.24 zu entnehmen. Diese Werte beziehen sich auf Züge mit ungünstiger aerodynamischer Form und können abgemindert werden durch:

- einen Beiwert $k_1 = 0{,}85$ bei gut profilierten Zügen,
- einen Beiwert $k_1 = 0{,}60$ für stromlinienförmige Züge (ICE, TGV, ETR, ...). 1.4.6(1)

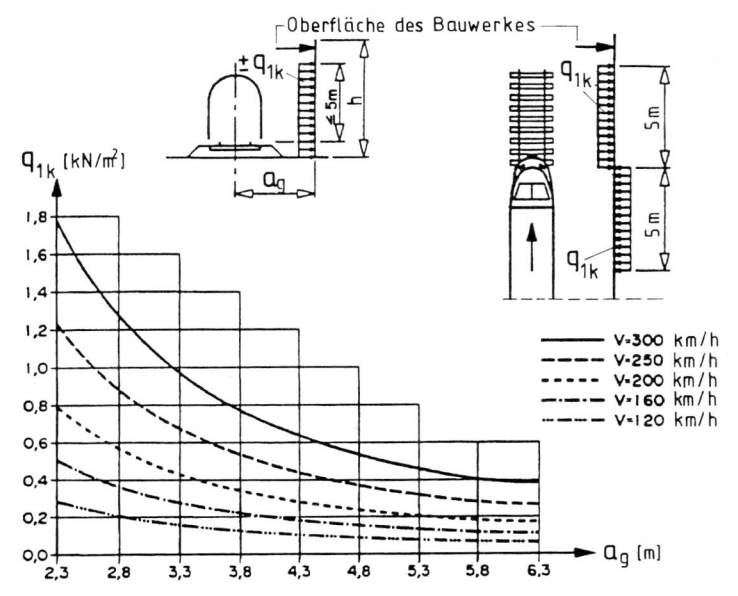

Bild 1.24
Charakteristische Werte der Einwirkung q_{1k} für vertikale Oberflächen parallel zum Gleis

Wenn die Höhe des betrachteten Bauteiles (oder seines Einflußbereiches) $\leq 1,0$ m oder wenn dessen Breite $\leq 2,50$ m ist, sind die Einwirkungen durch den Beiwert $k_2 = 1,3$ zu vergrößern.

Einfache horizontale Oberflächen über den Gleisen

Die charakteristischen Werte der Einwirkungen $\pm q_{2k}$ sind der graphischen Darstellung in Bild 1.25 zu entnehmen. Die Belastungsbreite des betrachteten tragenden Bauteiles erstreckt sich bis zu 10 m zu jeder Seite von der Gleismitte. Bei Zugbegegnungen sind die Einwirkungen zu addieren, es brauchen jedoch nur zwei Gleise berücksichtigt zu werden. Die Einwirkungen q_{2k} dürfen mit dem Beiwert k_1 entsprechend Gleichung 1.4.6(1) abgemindert werden. Die Einwirkungen q_{2k} auf die quer zum Gleis liegenden Randstreifen dürfen auf eine Breite bis zu 1,50 m mit dem Faktor 0,75 abgemindert werden.

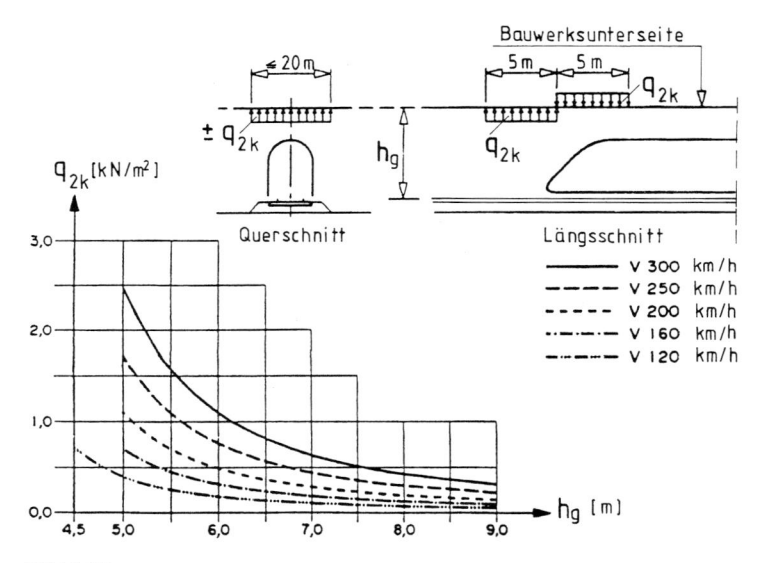

Bild 1.25
Charakteristische Werte der Einwirkung q_{2k} für horizontale Oberflächen oberhalb des Gleises

Einfache horizontale Oberflächen in Gleisnähe

Die charakteristischen Werte der Einwirkungen $\pm q_{3k}$ sind der graphischen Darstellung in Bild 1.25 zu entnehmen. Sie gelten unabhängig von der aerodynamischen Form des Zuges.

An jedem Punkt der betrachteten Oberfläche ist q_{3k} in Abhängigkeit vom Abstand a_g zur nächsten Gleisachse zu bestimmen. Die Einwirkungen sind zu überlagern, wenn beiderseits des betrachteten Bauteiles Gleise vorhanden sind.

Für Höhen $h_g > 3,80$ m dürfen die Einwirkungen q_{3k} mit dem Faktor k_3 abgemindert werden.

$$k_3 = \frac{(7,5 - h_g)}{3,7} \quad \text{bei } 3,8 \text{ m} < h_g < 7,5 \text{ m} \qquad 1.4.6(2)$$

$$k_3 = 0 \quad \text{bei } h_g \geq 7,5 \text{ m} \qquad 1.4.6(3)$$

mit: h_g Abstand zwischen Schienenoberkante und Unterkante Bauteil

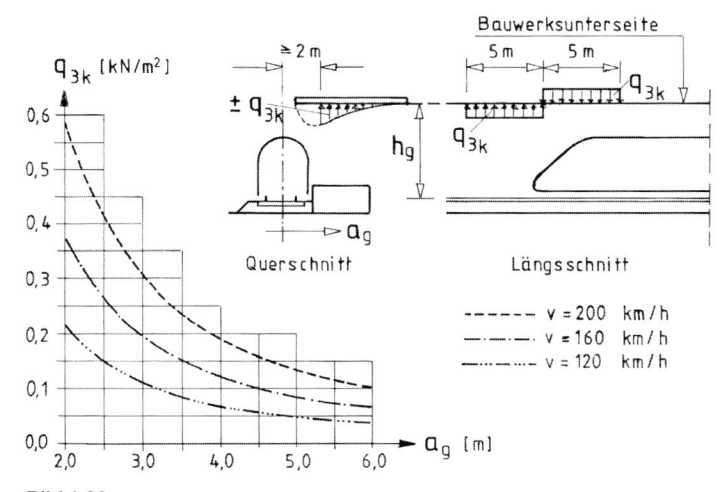

1.4 Einwirkungen aus dem Eisenbahnverkehr und -betrieb

Bild 1.26
Charakteristische Werte der Einwirkung q_{3k} für horizontale Oberflächen nahe dem Gleis

Kombinierte vertikale und horizontale oder geneigte Oberflächen in Gleisnähe

Die charakteristischen Werte der Einwirkungen $\pm q_{4k}$ sind, wie in Bild 1.27 angegeben, normal zur betroffenen Oberfläche anzunehmen. Die Einwirkungen sind der graphischen Darstellung in Bild 1.24 unter der Annahme eines fiktiven Gleisabstandes von

$$a'_g = 0{,}6 \min a_g + 0{,}4 \max a_g \leqq 6{,}0 \text{ m} \qquad 1.4.6(4)$$

zu entnehmen. Die Abstände min a_g und max a_g sind in Bild 1.27 erläutert. Ist max a_g größer als 6,0 m, ist hierfür der Wert 6,0 m einzusetzen. Die Faktoren k_1 und k_2 sind entsprechend Gleichung 1.4.6(2) anzusetzen.

Oberflächen, die das Lichtraumprofil auf begrenzter Länge (15–20 m) umschließen (horizontale Flächen über den Gleisen und mindestens eine vertikale Wand, z. B. Gerüste, Baubehelfe)

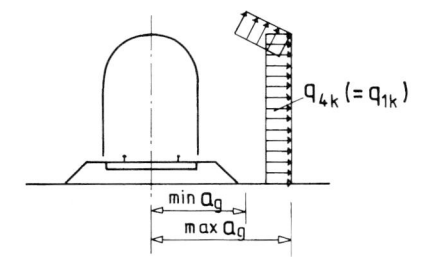

Bild 1.27
Abstände min a_g und max a_g von der Gleismitte

Alle Einwirkungen sind ohne Berücksichtigung der aerodynamischen Form der Züge wie folgt anzusetzen:

- auf vertikalen Oberflächen über die ganze Höhe:

$$= \pm k_4 \cdot q_{1k} \qquad 1.4.6(5)$$

mit: q_{1k} entsprechend Bild 1.24; $k_4 = 2$

- auf horizontalen Oberflächen:

$$= \pm k_5 \cdot q_{2k} \qquad 1.4.6(6)$$

mit: q_{2k} entsprechend Bild 1.25
k_5 = 2,5 bei einem überbauten Gleis
= 3,5 bei zwei überbauten Gleisen

1.4.7 Einwirkungen für Ermüdungsberechnungen

Für alle tragenden Bauteile eines Brückenbauwerkes, bei denen Spannungsschwankungen auftreten, ist der Nachweis der Sicherheit gegen Ermüdung des Materiales zu führen. Für den Regelverkehr, für den die charakteristischen Werte des Lastmodelles 71, einschließlich des dynamischen Beiwertes Φ, zugrunde gelegt waren, ist der Nachweis der Ermüdungssicherheit auf der Grundlage der Verkehrszusammensetzung

- Regelverkehr mit Achslasten $\leq$ 225 kN und
- Schwerverkehr mit Achslasten = 250 kN

zu führen, je nachdem ob das Tragwerk durch Mischverkehr oder vorwiegend durch schweren Güterverkehr beansprucht wird. Die betriebsabhängigen Einflußfaktoren:

- Verkehrsmischung,
- jährliches Verkehrsaufkommen und
- Nutzungsdauer

sind vom zuständigen Verkehrsinfrastrukturunternehmen anzugeben. Sind keine solchen Angaben vorhanden, sind sie den nachfolgend dargestellten Tabellen zu entnehmen. Jede Verkehrszusammensetzung bezieht sich auf eine jährliche Tonnage von $25 \cdot 10^6$ t, die auf jedem Gleis über die Brücke fahren.

Für die Ermüdungsnachweise ist die Nutzungsdauer mit 100 Jahren anzunehmen.

Die rechnerischen Untersuchungen sind mit Betriebslastenzügen durchzuführen. Die beim statischen Lastmodell 71 zu berücksichtigenden dynamischen Beiwerte Φ_2 und Φ_3 stellen von allen extremen Lastfällen die ungünstigste Variante dar. Diese Beiwerte wären für die Untersuchung der mittleren Einwirkung über die angenommene Lebensdauer des Tragwerkes von einhundert Jahren zu groß. Für die Berechnung der Ermüdungssicherheit wird daher die dynamische Erhöhung für jeden Zug reduziert auf:

$$\varphi_{fat} = 1 + \frac{1}{2}\left[\varphi' + \frac{1}{2}\varphi''\right] \qquad 1.4.7(1)$$

mit φ' und φ'' wie nachstehend angegeben. Diese Gleichungen sind Vereinfachungen der ursprünglichen Ansätze nach den Gleichungen 1.4.3(10) und 1.4.3(11). Diese Vereinfachung ist für den Ermüdungsnachweis ausreichend:

$$\varphi' = \frac{K}{1 - K + K^4} \qquad 1.4.7(2)$$

mit $K = \dfrac{v}{160}$ bei $L \leq 20$ m

$K = \dfrac{v}{47{,}16 \cdot L^{0{,}408}}$ bei $L > 20$ m

1.4 Einwirkungen aus dem Eisenbahnverkehr und -betrieb

und
$$\varphi'' = 0{,}56 \cdot e^{-\frac{L^2}{100}} \qquad 1.4.7(3)$$

Dabei ist:
v Geschwindigkeit in m/s
L maßgebende Länge L_ϕ nach Tabelle 1.10

Bei Tragwerken mit mehreren Gleisen ist die Belastung für die Ermüdungsberechnung maximal für zwei Gleise in ungünstiger Stellung anzunehmen.

Die einzelnen Typen der Betriebslastenzüge sind im Anhang F des DIN-Fachberichtes 101 in Abhängigkeit von der möglichen Verkehrszusammensetzung angegeben. Es sind 10 Typen für den Regelverkehr und zwei Typen für den Schwerverkehr dargestellt. Bild 1.28 zeigt als Beispiel den Typ 1 des Regelverkehrs als lokgezogener Reisezug.

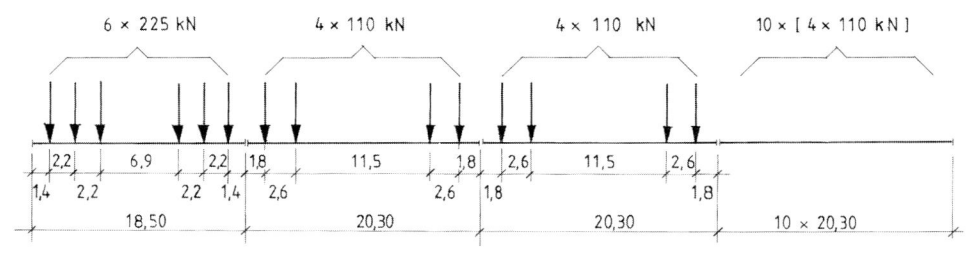

$\Sigma Q = 6630$ kN; $v = 200$ km/h; $L = 262{,}10$ m; $q = 25{,}3$ kN/m

Bild 1.28
Ermüdungslastmodell Typ 1, Regelverkehr

Tabelle 1.13
Standardmischverkehr mit Achslasten $\leq$ 22,5 t (225 kN)

Zugtyp	Anzahl Züge/Tag	Gewicht je Zug [t]	Verkehrsaufkommen [10^6 t/Jahr]
1	12	663	2,90
2	12	530	2,32
3	5	940	1,72
4	5	510	0,93
5	7	2160	5,52
6	12	1431	6,27
7	8	1035	3,02
8	6	1035	2,27
	67		24,95

Tabelle 1.14
Zusammensetzung des Schwerverkehrs mit 25 t (250 kN)-Achsen

Zugtyp	Anzahl Züge/Tag	Gewicht je Zug [t]	Verkehrsaufkommen [10^6 t/Jahr]
5	6	2160	4,73
6	13	1431	6,79
11	16	1135	6,63
12	16	1135	6,63
	51		24,78

1.4.8 Außergewöhnliche Einwirkungen des Eisenbahnverkehrs

Die außergewöhnlichen Einwirkungen des Eisenbahnverkehrs sind als solche an Eisenbahnbetriebsanlagen definiert und in allen Einzelheiten in der DIN 1055, T. 9, festgelegt. Diese Regelungen gelten für den Neubau, Umbau oder Erneuerung, Baubehelfe sowie temporäre Überbauungen. Sie enthalten Angaben über:

- Anordnung, konstruktive Ausbildung und zusätzliche Bemessungserfordernisse der Stützkonstruktionen,
- Ersatzlasten für Entgleisung und Fahrzeuganprall,
- Trümmerersatzlasten.

Bei den Überbauungen werden solche mit und ohne Aufbauten unterschieden. Brücken gehören zu den Überbauungen von Bahnanlagen ohne Aufbauten.

An Bahnanlagen ohne Aufbauten (Brücken) entstehen außergewöhnliche Einwirkungen durch:

- Entgleisungen von Eisenbahnfahrzeugen auf der Brücke,
- Entgleisungen von Eisenbahnfahrzeugen unter der Brücke mit möglichem Fahrzeuganprall aus dem Zugverkehr,
- Fahrleitungsbruch.

Ferner ist der Fahrzeuganprall aus dem Straßenverkehr unter der Brücke für Stützen von Eisenbahnbrücken, die über eine Straße führen, zu berücksichtigen.

Entgleisung auf Brücken

Tragwerke für Eisenbahnen sind so zu bemessen, daß im Falle einer Entgleisung die Schädigung der Brücke auf ein Minimum reduziert wird. Insbesondere ist ein Umfallen oder ein Versagen des Tragwerkes als Ganzes zu verhindern.

Zwei Bemessungssituationen sind zu berücksichtigen:

Bemessungssituation I: Entgleisung von Eisenbahnfahrzeugen, bei denen die entgleisten Fahrzeuge im Gleisbereich auf der Brücke bleiben.

Bemessungssituation II: Entgleisung von Eisenbahnfahrzeugen, bei denen die entgleisten Fahrzeuge im Gleisbereich auf ihrer Kante liegen bleiben.

Bemessungssituation I

Durch Nachweise für die Bemessungssituation I soll das Versagen der Haupttragteile verhindert werden. Örtliches Versagen wird jedoch toleriert. Die betreffenden Teile des Tragwerkes sind für die folgenden Ersatzlasten im Grenzzustand der Tragfähigkeit zu bemessen.

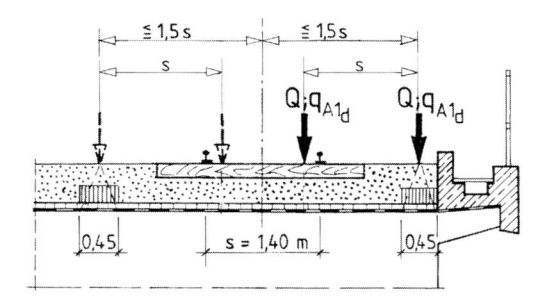

Bild 1.29
Bemessungssituation I, Ersatzlast q_{A1d}

Zwei vertikale Einzel- und Linienlasten (Q_{A1d}, q_{A1d}) mit einem Bemessungswert von:

$$Q_{A1d} \text{ bzw. } q_{A1d} = 1{,}45 \cdot 0{,}5 \cdot \text{LM 71 [kN] bzw. [kN/m]}$$

parallel zum Gleis in der ungünstigsten Stellung innerhalb eines Bereiches mit einer Breite der 1,5-fachen Spurweite zu jeder Seite der Gleisachse.

Bemessungssituation II

Durch Nachweise für die Bemessungssituation II soll die Lagesicherheit nachgewiesen werden.

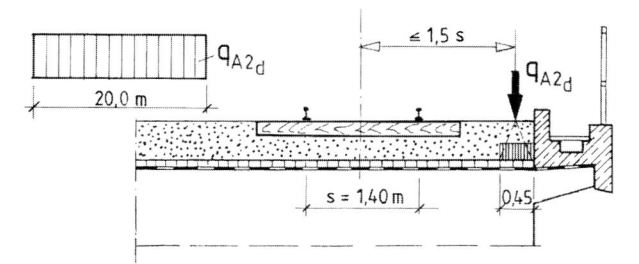

Bild 1.30
Bemessungssituation II, Ersatzlast q_{A2d}

Es ist eine Ersatzlast als vertikale Linienlast mit dem Bemessungswert von:

$$q_{A2d} = 1{,}45 \cdot 80 \text{ [kN/m]}$$

anzunehmen. Die Belastung ist auf einer Gesamtlänge von 20,00 m mit einem maximalen Abstand der 1,5-fachen Spurweite von der Gleisachse oder am Rand des zu bemessenden Tragwerkes anzunehmen. (Die angegebene Spurweite beträgt nach EBO 1435 mm, vereinfachend wird jedoch mit s = 1,40 m gerechnet.)

Bei Brücken, die entgleiste Fahrzeuge nicht vor dem Absturz schützen können, sind Führungen – in der Regel mit 180 mm Abstand zur Fahrschiene und auf eine Länge von 30 m über die Überbauenden hinaus – und zugehörige Fangvorrichtungen vorzusehen. Es wird aber in

DIN 1055–9 darauf hingewiesen, daß dieser Schutz bei Deckbrücken mit einer Regelausführung der Fahrbahn gegeben ist, wenn diese für die Ersatzlasten bei Entgleisung bemessen wurden. Damit ist im Regelfall bei Betonbrücken kein Fangschutz anzuordnen.

Entgleisung unter Brücken

Bei der Entgleisung eines Zuges unter einer Brücke besteht die Gefahr der Kollision eines entgleisten Zugteiles mit Stützen, Pfeilern oder Wänden, neben den Gleisen. Die Anforderungen, die deshalb an die Stützkonstruktionen zu stellen sind, hängen verstärkt mit der Berührung öffentlicher Sicherheitsinteressen zusammen. Hierbei wird nach üblichen und erhöhten Sicherheitsanforderungen unterschieden, wobei die Lage der Unterstützung und die Fahrgeschwindigkeit ebenfalls eine wesentliche Rolle spielen. Bezüglich der Sicherheitsanforderungen gilt in Bezug auf die Lage der Unterstützung:

- an Bahnsteigen:
  $V \leq 120$ km/h übliche ⎫ Sicherheitsanforderungen
  $V > 120$ km/h erhöhte ⎭
- im Bahnhofsbereich:
  $V \leq 160$ km/h übliche ⎫ Sicherheitsanforderungen
  $V > 160$ km/h erhöhte ⎭
- in der freien Strecke:
  übliche Sicherheitsanforderungen mit $V \leq 300$ km/h

Die Stützkonstruktionen sind für Ersatzlasten für den Anprall von Eisenbahnfahrzeugen zu bemessen und durch besondere konstruktive Maßnahmen zusätzlich zu sichern. Die Ersatzlasten sind in 1,80 m Höhe, bei Anprallböcken in 1,50 m Höhe, über Schienenoberkante wirkend anzunehmen. Für den rechnerischen Nachweis sind die Einwirkungen aus ständigen Lasten und Verkehrslasten gleichzeitig mit *einer* der Ersatzlasten F_x oder F_y auf den vollen Querschnitt anzusetzen und bis in die Fundamente zu verfolgen.

Die Ersatzlasten werden in den Tabellen 3 und 4 der DIN 1055–9 angegeben in der Unterscheidung Brücken der freien Strecke (3) und Brücken im Bahnhofsbereich (4). Die Tabellen sind aufgestellt in Abhängigkeit von:

- dem Abstand der Stützkonstruktion von der Gleisachse,
- der Art und Lage der Stützkonstruktion,
- den Sicherheitsanforderungen im Bereich der Überbauungen.

Diese Abhängigkeiten gestalten die Tabellen sehr umfangreich, sie werden daher hier nicht wiedergegeben, letztlich können sie auch nur im Zusammenhang mit den konstruktiven Maßnahmen verstanden werden.

Die besonderen konstruktiven Maßnahmen zur Herabsetzung des Gefahrenrisikos beim Anprall werden ausführlich im Abschnitt 7.2.3.2 beschrieben.

Der Nachweis der Anprallasten muß nicht geführt werden, wenn

- die Stützkonstruktion als Stahlbetonscheibe mit einer Länge $L \geq 6,0$ m und der Breite $B \geq 1,2$ m und mit Zerschellschicht ausgeführt wird (siehe Abschnitt 7.2.3.2),
- bei Brücken außerhalb des Bahnhofsbereiches der lichte Abstand a der Unterstützungen von der Gleisachse größer oder gleich 3,0 m ist, bei Weichen entsprechend 5,0 m.

Bei Lehrgerüststützen und temporären Fußgänger- und Radwegbrücken siehe DIN 1055-9, Abschnitt 6.4.1.3(7).

Außergewöhnliche Einwirkungen infolge Fahrleitungsbruches

Die auf das Tragwerk einwirkende Belastung als Folge eines Fahrleitungsbruchs ist als statische Belastung in Form einer einseitigen Zugkraft in Richtung des intakten Teiles der Fahrleitung zu berücksichtigen. Hierfür ist ein Bemessungswert von 20 kN anzusetzen. Es ist anzunehmen, daß für:

- 1 Gleis   1 Fahrleitung und Fahrdraht
- 2–6 Gleise   2 Fahrleitungen und Fahrdrähte
- mehr als 6 Gleise   3 Fahrleitungen und Fahrdrähte

gleichzeitig gerissen sein können. Weiterhin ist anzunehmen, daß diejenigen Fahrdrähte reißen, die die ungünstige Einwirkung erzeugen.

Außergewöhnliche Einwirkungen aus Straßenverkehr

Die Einwirkungen aus dem Anprallstoß eines Straßenfahrzeuges auf die Stütze einer Eisenbahnbrücke sind nach dem Abschnitt 1.2.5 zu behandeln.

1.4.9 Sonstige Einwirkungen

Belastungen der Geh- und Radwege

Dienstgehwege

Dienstgehwege werden nur durch befugte Personen benutzt. Lasten aus dem Fußgänger- und Radwegverkehr sind durch eine gleichmäßig verteilte Belastung mit einem charakteristischen Wert von 5,0 kN/m² zu berücksichtigen.

Öffentliche Geh- und Radwege

Die Belastung öffentlicher Geh- und Radwege im Bereich von Eisenbahntragwerken ist entsprechend den Erfordernissen des Abschnittes 1.5 anzunehmen.

Einwirkungen an den Befestigungsstellen für Oberleitungs- und Signalmaste

Für die Oberleitungsmaste können die Kraftwirkungen dem nachstehenden Bild entnommen werden. Die zugehörigen Werte der Tabelle 1.15 entsprechen den charakteristischen Werten der Einwirkung.

An den Befestigungsstellen der Signalmaste auf der Brücke sind folgende Kräfte anzunehmen:
- vertikal 6 KN
- horizontal 5,5 kN in Längs- oder Querrichtung mit dem zugehörigen Biegemoment von 25 kNm (der Wert des Biegemomentes enthält Eigengewichts- und Windanteile).

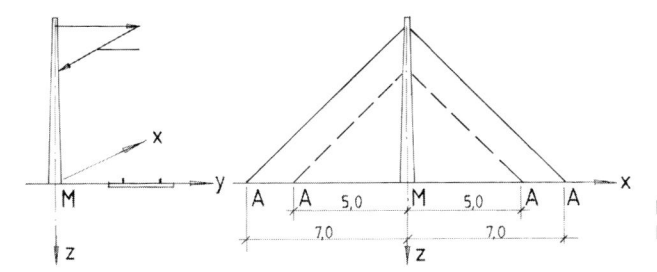

Bild 1.31 Einwirkungen an Oberleitungsmaste

Tabelle 1.15
Krafteinwirkungen

	$F_{x,M}$	$F_{y,M}$	$F_{z,M}$ [2)]	$M_{x,M}$	$M_{y,M}$	$F_{x,A}$ [3)]	$F_{z,A}$ [3)]
$\max S_L$ [1)]	+5,0	+22,0	+86	+190	+29	+50(−50) +40(−40)	−85 −50
$\min S_L$ [1)]	−5,0	−22,0	+20	+150	−29	+50(−50) +40(−40)	−85 −50

[1)] Windlasten sind für Standorte mit OK Mast ≦ 65 m über Gelände berücksichtigt.
[2)] Die Eigenlasten der Regelmasten mit 20 kN sind enthalten.
[3)] Die obere Zeile gilt für die Fahrleitung Re 330, die untere für Re 250.

Lastmodell für die Hinterfüllung von Widerlagern

Zur Berücksichtigung der Einwirkungen aus den Verkehrslasten auf die Hinterfüllung von Widerlagern und der damit verbundenen Ermittlung des anteiligen Erddruckes soll auf der Fläche hinter Widerlagerwänden, Flügelwänden, Seitenwänden oder anderen Brückenbauteilen die in direktem Kontakt mit dem belasteten Erdkörper stehen, je Gleis eine gleichmäßig verteilte Ersatzlast von

$$q_{ik} = 80,0 \text{ kN/m}$$

angesetzt werden, die in 0,70 m Tiefe unter Schienenoberkante auf einer Breite von 3,00 m anfällt. Ein dynamischer Beiwert braucht nicht in Ansatz gebracht zu werden.

Falls keine anderen Regelungen getroffen werden, darf die Lastausbreitung unter einem Winkel von 30° zur Vertikalen angenommen werden.

1.4.10 Ermittlung von Verkehrsbelastungen für Eisenbahnbrücken

Optimierung der Einwirkung aus den einzelnen Lastgruppen

Um Verkehrsbelastungen für Eisenbahnbrücken aufstellen zu können, müssen zunächst die vorstehend erläuterten Lastmodelle LM 71 mit SW/0 einerseits und SW/2 sowie der unbelastete Zug andererseits in ihrer Belastbarkeit im Hinblick auf die Anzahl der Gleise optimiert werden. Jedes Tragwerk ist hierbei für die größte mögliche Anzahl von Gleisen, die geometrisch und tragwerksbedingt möglich sind, zu berechnen. Die Gleise sind dabei in ungünstiger Lage, unabhängig von der projektierten Lage, anzuordnen. Dafür ist der Regellichtraum und der Mindestgleisabstand von 4,0 m zugrunde zu legen (vgl. EBO).

Alle Einwirkungen sind mit Lasten und Kräften in ungünstiger Stellung zu ermitteln. Einwirkungen, die günstig wirken, sind außer acht zu lassen, ausgenommen beim Lastmodell SW, bei dem günstige Einwirkungen berücksichtigt werden dürfen. Alle Durchlaufträger, die für das Lastmodell LM 71 bemessen werden, sind zusätzlich für das LM SW/0 zu berechnen. Der Klassifizierungsfaktor α ist bei diesen beiden Lastmodellen zu berücksichtigen.

Bei Brücken mit zwei und mehr Gleisen ist die Anzahl der belasteten Gleise in Abhängigkeit für den Nachweis der zulässigen Verformung, dem Nachweis der Verwindung, dem Nachweis der Längskräfte und für dynamische Untersuchungen gemäß Tabelle 1.16 anzunehmen.

1.4 Einwirkungen aus dem Eisenbahnverkehr und -betrieb

Tabelle 1.16
Nachweise in Abhängigkeit von der Anzahl belasteter Gleise

Nachweis	Anzahl der belasteten Gleise
Verformungen	1 Gleis
Verwindung	1, 2 und 3 Gleise; die ungünstige Belastung ist maßgebend
Abtragung der Längskräfte	2 Gleise
dynamische Untersuchungen	1 Gleis

Wenn ein Verformungs- oder Schwingungsnachweis zu führen ist, soll die Vertikalbelastung wie folgt berücksichtigt werden:
- LM 71, erhöht um den dynamischen Beiwert Φ, bei der Ermittlung von Verformungen,
- Betriebslastenzüge, erhöht um den entsprechenden dynamischen Beiwert, bei der Ermittlung des dynamischen Verhaltens im Falle von Resonanz oder übermäßigen Schwingungen des Überbaues.

Verkehrslastgruppen in ständigen Bemessungssituationen

Wenn die Entscheidung hinsichtlich der Gleisanzahl getroffen worden ist, sind die direkten Einwirkungen aus der Verkehrslast des Eisenbahnbetriebes zu Lastgruppen nach Tabelle 1.17 zusammenzusetzen. Hierzu zählen die vertikalen Lastmodelle, die Zentrifugal-, Brems- und Anfahrkräfte sowie der Seitenstoß. Alle anderen Einwirkungen gelten als Begleiteinwirkungen, die für den Eisenbahnverkehr typisch sind.

Die zu ermittelnden Lastgruppen gelten als charakteristischer Wert einer mehrkomponentigen Einwirkung, sie stellen den repräsentativen Wert der Einwirkung dar und gelten bei jeder Kombination von Verkehrslasten und Begleiteinwirkungen nach dem DIN-Fachbericht 101 als *eine* Einwirkung.

Die Lastgruppen werden nach dominanten und zugehörigen Einflüssen unterschieden. Die Dominanz bezieht sich dabei auf die hauptsächliche Wirkung dieser Lastgruppe.

Andere repräsentative Werte mehrkomponentiger Einwirkungen sind:

- Nicht-häufige Werte mehrkomponentiger Einwirkungen:
  Diese Werte ergeben sich aus den charakteristischen Werten der Tabelle 1.17, wenn diese durch die in jeder Gruppe zu berücksichtigenden nicht-häufigen Werte ersetzt werden.
- Häufige Werte mehrkomponentiger Einwirkungen:
  Diese Werte erhält man, wenn die nicht-häufigen Werte durch die häufigen Werte ersetzt werden.

Verkehrslastgruppen in vorübergehenden Bemessungssituationen

Vorübergehende Bemessungssituationen entstehen durch die Gleis- und Brückenunterhaltung. Der Verkehr ist hierbei auf kleine Bereiche, aber meist ohne Abminderung beschränkt. Hier sollen die charakteristischen Werte des LM 71 als nicht-häufige Werte nach Tabelle 1.18 angesetzt werden. Alle anderen charakteristischen, Nicht-häufigen, häufigen und quasi-ständigen Werte der Folgeeinwirkungen sind dieselben, wie in der ständigen Bemessungssituation.

Tabelle 1.17
Verkehrslastgruppen von Eisenbahnbrücken (charakteristische Werte mehrkomponentiger Einwirkungen)

Gleise		Lastgruppen			Vertikallasten			Horizontallasten			Kommentar
1	2	≥3	Last-gruppe	belast. Gleis	LM 71 [1] SW/0 [1],[2]	SW/2 [1],[3]	unbel. Zug	Anfahren und Bremsen [1]	Zentri-fugalkräfte [1]	Seitenstoß	
			11	Gl. 1	1			1 [5]	0,5 [5]	0,5 [5]	Maximal vertikal 1
			12	Gl. 1	1			0,5 [5]	1 [5]	1 [5]	Maximal vertikal 2
			13	Gl. 1	1 [4]			1	0,5 [5]	0,5 [5]	Max. in Längsrichtung
			14	Gl. 1	1 [4]			0,5 [5]	1	1	Max. in Querrichtung
			15	Gl. 1			1				Querstabilität
			16	Gl. 1		1		1 [5]	0,5 [5]	0,5 [5]	SW/2
			17	Gl. 1		1		0,5 [5]	1 [5]	1 [5]	SW/2
			21	Gl. 1 Gl. 2	1 1			1 [5] 1 [5]	0,5 [5] 0,5 [5]	0,5 [5] 0,5 [5]	Maximal vertikal 1
			22	Gl. 1 Gl. 2	1 1			0,5 [5] 0,5 [5]	1 [5] 1 [5]	1 [5] 1 [5]	Maximal vertikal 2
			23	Gl. 1 Gl. 2				1 1	0,5 [5] 0,5 [5]	0,5 [5] 0,5 [5]	Max. in Längsrichtung
			24	Gl. 1 Gl. 2	1 [4] 1 [4]			0,5 [5] 0,5 [5]	1 1	1 [4] 1 [4]	Max. in Querrichtung
			26	Gl. 1 Gl. 2	1	1		1 [5] 1 [5]	0,5 [5] 0,5 [5]	0,5 [5] 0,5 [5]	SW/2
			27	Gl. 1 Gl. 2	1	1		0,5 [5] 0,5 [5]	1 [5] 1 [5]	1 [5] 1 [5]	SW/2
			31	Gl. i	0,75			0,75 [5]	0,75 [5]	0,75 [5]	Zusätzlicher Lastfall

◀ ☐ Dominante Einwirkung

☐ Für die Bemessung einer eingleisigen Brücke

☐ Für die Bemessung einer zweigleisigen Brücke; d. h. alle Lastgruppen von 11 bis 27. Jedes Gleis muß entweder als Gl. 1 oder Gl. 2 angenommen werden.

■ Für die Bemessung einer Brücke mit drei oder mehr Gleisen; d. h. alle Lastgruppen von 11 bis 31. Jedes einzelne Gleis muß als Gleis 1, ein zweites als Gleis 2 oder alle Gleise als Gleis i gemäß Lastgruppe 31 zu belasten.

(1) Alle relevanten Faktoren (α, ϕ, f etc.) müssen berücksichtigt werden.
(2) SW/0 ist nur bei Durchlaufträgern zu berücksichtigen.
(3) SW/2 braucht nur berücksichtigt zu werden, wenn die Brücke hierfür vorgesehen ist.
(4) Der Faktor darf auf 0,5 heruntergesetzt werden, wenn günstig wirkend; er ist $\neq 0$.
(5) In günstigen Fällen müssen diese nicht-dominanten Werte zu Null gesetzt werden.

1.4.11 Einwirkungskombinationen für die Grenzzustände

1.4.11.1 Verkehrslastmodelle und zeitlich gleiche andere Einwirkungen

Die Gleichzeitigkeit von veränderlichen Verkehrseinwirkungen ist in Tabelle 1.17 geregelt. Da die dort aufgeführten Lastgruppen als *eine* veränderliche Einwirkung gelten, ist jede mögliche Variation der Verkehrslastmodelle unter sich berücksichtigt.

Modelle mit anderen variablen Einwirkungen

Andere variable Einwirkungen als die der Verkehrslasten sind solche aus Wind, Temperatur und Änderungen der Stützungsbedingungen als Einwirkungen aus anderen Teilen des DIN-FB. 101 (siehe die Abschnitte 1.6–1.8). Weiterhin sind die längsgerichteten Einwirkungen und die Druck-Sog-Einwirkungen als andere, für den Eisenbahnverkehr typische Einwirkungen zu nennen. In Bauzuständen sind auch Einwirkungen aus Schneelasten zu berücksichtigen. Sofern ein Kombinationsgebot besteht, müssen diese Einwirkungen mit den gleichzeitig auftretenden Verkehrslasten kombiniert werden. Hierfür gelten neben den Kombinationsgleichungen nach Abschnitt 5.3.1.1 folgende zusätzliche Regelungen:

- Windeinwirkungen, die größer sind als der jeweilige kleinere Wert von F_w^{**} und $\psi_0 \cdot F_{wk}$, brauchen nicht mit Verkehrseinwirkungen kombiniert zu werden. Hierbei ist F_w^{**} gleich derjenigen Windkraft, die mit dem Eisenbahnverkehr verträglich (kompatibel) ist, zu ihr gehört die Windgeschwindigkeit in Schienenoberkante.

- Dabei ist das Verkehrsband als ein unendlich langer Zug von 4,0 m Höhe anzunehmen ohne Hinzufügung zusätzlicher Höhen infolge von Lärmschutzwänden.

- Bei gleichzeitiger Wirkung von Wind und Verkehr sind folgende Kombinationen zu berücksichtigen:
  – Vertikale Eisenbahnlasten einschließlich des dynamischen Faktors mit Windlasten. Beide Einwirkungen können je für sich dominant sein.
  – Die gleichmäßig verteilte Vertikallast des unbeladenen Zuges von 12,5 kN/m ohne dynamischen Beiwert zum Nachweis der Gesamtstabilität zusammen mit Windlasten.

- Die Windeinwirkungen sollen nicht berücksichtigt werden bei den Lastgruppen: 13, 16, 17, 23, 26, 27 und 31.

- Schneelasten sind nach der Fertigstellung der Brücke in keiner Kombination zu berücksichtigen, ausgenommen sind überdachte Bauwerke.

- Druck- und Sogeinwirkungen aus dem Zugverkehr sind mit Windeinwirkungen zu kombinieren, hierbei kann jede dieser Einwirkungen eine Leiteinwirkung sein, die andere dann eine Folgeeinwirkung. Wenn das tragende Bauteil nicht direkt durch Wind belastet wird, ist die Einwirkung q_{ik} infolge Druck- und Sogwirkung aus Zugverkehr für eine Zuggeschwindigkeit zu bestimmen, die um die Windgeschwindigkeit zu erhöhen ist.

Modelle mit außergewöhnlichen Einwirkungen

Außergewöhnliche Einwirkungen sollen nicht mit anderen außergewöhnlichen Einwirkungen, Schnee oder Wind kombiniert werden.

Bei einem Anprall durch Verkehrslasten unter der Brücke ist die Einwirkung mit den häufigen Lasten aus dem Verkehr auf der Brücke als vorherrschende Einwirkung zu kombinieren. Bei mehrgleisigen Brücken braucht nur ein Gleis berücksichtigt zu werden.

Tabelle 1.18
Kombinationsfaktoren ψ für Eisenbahnbrücken

	Einwirkung	ψ_0	ψ_1	ψ_2	ψ_1'
Einzelne Verkehrseinwirkung	LM 71	0,80	[1]	0 [4]	1,00
	SW/0	0,80	0,80	0	1,00
	SW/2	0	0,80	0	1,00
	Unbeladener Zug	1,00	–	–	–
	Anfahren und Bremsen, Zentrifugallasten, Lasten aus Wechselwirkung infolge Durchbiegung unter vertikalen Verkehrslasten	Gleiche Werte wie die Reduktionsfaktoren ψ für die zugehörigen Vertikallasten			
	Seitenstoß	1,00	0,80	0	1,00
	Lasten auf nicht öffentlichen Gehwegen	0,80	0,50	0	0,80
	Lasten auf Hinterfüllung	0,80	[1]	0	1,00
	Aerodynamische Einwirkung	0,80	0,50	0	1,00
Lastgruppen	$gr\ 11 - gr\ 17$ (1 Gleis)	0,80	0,80	0	1,00
	$gr\ 21 - gr\ 27$ (2 Gleise)	0,80	0,70	0	1,00
	$gr\ 31$ (3 Gleise und mehr)	0,80	0,60	0	1,00
Windeinwirkung	F_{Wk}	0,60	0,50	0	0,60
Temperatureinwirkung	T_k [3]	0 [5]	0,60	0,50	0,80

[1] 0,80 bei einem belasteten Gleis
    0,70 bei zwei belasteten Gleisen
    0,60 bei drei oder mehr gleichzeitig belasteten Gleisen
[5] Falls nachweisrelevant, sollte $\psi_0 = 0{,}8$ gesetzt werden.
Weitere Fußnotenergänzungen siehe Tabelle G2 des DIN-FB. 101.

1.4.11.2 Kombinationsfaktoren ψ für Eisenbahnbrücken

Zur Darstellung der repräsentativen Werte der Einwirkungen für die Bemessung sind nach den Kombinationsregeln des Abschnitts 5.3.1.1 die dominanten und nachgeordneten Einwirkungen, getrennt gewichtet, mit dem Kombinationsfaktor ψ zu vervielfachen. Dieser Faktor berücksichtigt die Wahrscheinlichkeit des gleichzeitigen Auftretens der anderen veränderlichen Einwirkungen.

Die Faktoren sind in der Tabelle 1.18 dargestellt, bei den Verkehrseinwirkungen gelten sie sowohl für die Lastgruppe, als auch für die einzelnen Komponenten.

1.4.11.3 Teilsicherheitsbeiwerte γ für Eisenbahnbrücken

Für die Bemessung des Grenzzustandes der Tragfähigkeit, d. h. für Nachweise, die durch die Festigkeit des Materials der Bauteile oder durch die Baugrundeigenschaften bestimmt werden, sind die Einwirkungen mit den Teilsicherheitsbeiwerten γ anteilig zu vervielfachen. Diese Werte beschreiben das Sicherheitsniveau und sind Bestandteil des Bemessungshorizontes. Für die Einwirkungsgruppen des Eisenbahnverkehrs sind die Beiwerte in Tabelle 1.19 für

Tabelle 1.19
Teilsicherheitsbeiwerte γ für Einwirkungen bei Eisenbahnbrücken im Grenzzustand der Tragfähigkeit

Einwirkung	Bezeichnung	Bemessungssituation S/V	Bemessungssituation A
Ständige Einwirkungen Eigengewicht der tragenden und nicht tragenden Bauteile, dauernde Einwirkungen von Baugrund, Grundwasser und fließendem Wasser ungünstig günstig	γ_{Gsup} γ_{Ginf}	1,35 1,00	1,00 1,00
Horizontaler Erddruck aus Bodeneigengewicht und Auflast: ungünstig günstig	γ_{Gsup} γ_{Ginf}	1,50 1,00	
Vorspannung	γ_P	1,00	1,00
Setzungen	γ_{Gset}	1,50	–
Verkehr ungünstig günstig	γ_Q	1,45[7] 0	1,00 0
Andere variable Einwirkungen ungünstig günstig	γ_Q	1,50 0	1,00 0
Außergewöhnliche Einwirkungen	γ_A	–	1,00

[7] 1,20 bei Lastmodell SW/2.
Weitere Fußnotenergänzungen siehe Tabelle G 1 des DIN-FB. 101.

die ständige (S), vorübergehende (V) und außergewöhnliche (A) Bemessungssituation angegeben.

Für die Bemessung im Grenzzustand der Gebrauchstauglichkeit geht es nicht um ein Querschnittsversagen, hier werden Grenzwerte des Gebrauches nachgewiesen, für die ein Teilsicherheitsbeiwert von 1,0 ausreicht (einfache Sicherheit).

Die Teilsicherheitsbeiwerte sind nach folgenden Kriterien zu unterscheiden
(DIN V ENV 1991-1, Tab. 9.2):

Fall A: Verlust des statischen Gleichgewichtes
Fall B: Versagen des Tragwerkes
Fall C: Versagen des Baugrundes

Die Teilsicherheitsbeiwerte der Tabelle 1.19 und die nachfolgenden Anmerkungen decken die für Bauwerke in der DIN V ENV 1991-1 gestellten Anforderungen für die Fälle B und C ab. Für den Fall A gilt wieder die Regelung, daß die Teilsicherheitsbeiwerte der ständigen Einwirkungen mit

$$\gamma_{G,\text{sup}} = 1,05 \text{ als oberer Wert} \quad \text{bzw.} \quad \gamma_{G,\text{inf}} = 0,95 \text{ als unterer Wert}$$

anzusetzen sind.

Bei ständigen Lasten, z. B. Schotterlasten, bei denen größere Schwankungen möglich sind, erhalten die Teilsicherheitsbeiwerte folgende abweichende Größe:

$$\gamma_{G,\text{sup}} = 1,35 \cdot 1,1 = 1,45$$
$$\gamma_{G,\text{inf}} = 1,00 \cdot 0,9 = 0,90$$

1.5 Einwirkungen aus dem Fußgänger- und Radwegverkehr

1.5.1 Vertikale Lasten, charakteristische Werte

Ständige Lasten

Für Raum- und Flächengewichte – Baustoffe, Bauteile und Lagerstoffe – gelten die charakteristischen Werte der DIN 1055, T. 1 mit der Maßgabe, daß der Möglichkeit von nachträglichen Abweichungen bei der Instandsetzung oder durch weitere Ausrüstung nach Fertigstellung Rechnung getragen wird.

Sofern ein bituminöser Belag aufgebracht wird, ist dieser mindestens mit einer Flächenlast von 0,24 kN/m² je cm Dicke zu berücksichtigen.

Vorspannungen

Ansatz wie bei Straßen- und Eisenbahnbrücken.

Schneelasten

Schneelasten sind nur bei überdachten Brücken, bei beweglichen Brücken oder bei Nachweisen von Bauzuständen zu berücksichtigen. Sie sind nach DIN 1055-5 anzunehmen.

Verkehrslasten

Die festgelegten Lastmodelle beschreiben keine tatsächlichen Lasten. Sie wurden so gewählt, daß sie den Einwirkungen des tatsächlichen Fuß- und Radwegverkehrs entsprechen. Dabei ist

die dynamische Erhöhung der Lasten jeweils eingeschlossen. Sie sollen angewendet werden:
bei Brücken dieses Abschnittes,
- in Bereichen von Straßenbrücken, die durch Geländer abgetrennt und damit nicht Bestandteil der Fahrbahn sind,
- auf Dienstwegen von Eisenbahnbrücken.

Drei voneinander unabhängige Lastmodelle beschreiben die Belastungserfordernisse einer Fußgänger- und Radwegbrücke, diese sind:

- Eine gleichmäßig verteilte Last mit dem charakteristischen Wert der Einwirkung von

    $q_{fk} = 5{,}0 \text{ kN/m}^2$

    Diese kann bei Stützweiten von mehr als 10,0 m in den folgenden Grenzen abgemindert werden:

    $$2{,}5 \leqq q_{fk} = 2{,}0 + \frac{120}{L_{sj} + 30} \leqq 5{,}0 \; [\text{kN/m}^2]$$

    mit: L_{sj} Einzelstützweite in m

- Eine Einzellast mit dem charakteristischen Wert der Einwirkung von

    $Q_{fwk} = 10{,}0 \text{ kN}$

    mit einer quadratischen Aufstandsfläche von 0,10 m Seitenlänge. Dieses Modell wird nur zu örtlichen Einzeluntersuchungen herangezogen, wenn diese von globalen Untersuchungen getrennt betrachtet werden sollen.

- Ein Dienstfahrzeug für Wartung, Notfälle oder sonstige dienstlichen Belange. Die näheren geometrischen Eigenschaften sind vom Bauherrn festzulegen; der Einsatz dieses Fahrzeuges erfolgt auf sein Verlangen.

1.5.2 Horizontale Lasten, charakteristische Werte

Zur Stabilisierung des Bauwerkes in der Längsrichtung ist eine Horizontalkraft anzunehmen. Sie wirkt an der Oberkante des Belages, ihr charakteristischer Wert der Einwirkung Q_{flk} ist gleich dem größeren Wert der nachfolgend dargestellten Lastannahmen:

- 10 % der sich aus der gleichmäßig verteilten Belastung ergebenden Gesamtlast oder
- 60 % des Fahrzeuggewichtes des Dienstfahrzeuges, wenn es zu berücksichtigen ist.

Die Horizontallast Q_{flk} wirkt gleichzeitig mit der zugehörigen Verkehrslast.

1.5.3 Außergewöhnliche Einwirkungen

Diese Einwirkungen entstehen aus:
- Fahrzeuganprall auf Stützen unter der Brücke,
- Fahrzeuganprall am Überbau,
- einer außergewöhnlichen Anwesenheit eines Lastkraftwagens auf der Brücke.

Für den Anprall auf Stützen unter der Brücke gelten die gleichen Regelungen wie bei Straßenbrücken, sie sind für Ersatzlasten für den Anprall zu bemessen (siehe Abschnitt 1.2.5). Zusätzlich soll die Gefährdung durch konstruktive Maßnahmen begrenzt werden (siehe hierzu auch Abschnitt 7.2.3.2).

Der Anprall von Fahrzeugen an den Überbau gefährdet seine Lagesicherung. Zur Minderung dieses Risikos sind die Überbauten an den Auflagern gegen eine waagerechte Verschiebung zu sichern (siehe auch Straßenbrücken).

Ein außergewöhnlicher Aufenthalt eines Lastkraftwagens auf der Brücke kann dann möglich werden, wenn diese keine dauernden Absperrvorrichtungen besitzt. In solchen Fällen ist das nachstehend skizzierte Lastmodell zu berücksichtigen. Die zugehörige Bremslast beträgt 60 % der Vertikallast.

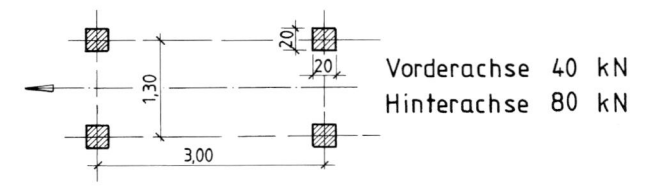

Bild 1.32
Regelfahrzeug für außergewöhnliche Belastung

1.5.4 Sonstige Einwirkungen

Lastmodelle für dynamische Einwirkungen

Fußgänger- und Radwegbrücken haben in der Regel ein leichtes Konstruktionsgefüge und ein geringes Eigengewicht, sie können daher durch die Benutzer zu Schwingungen angeregt werden. Hierfür sollen angemessene Modelle gewählt werden, die die Situation durch wandernde, laufende oder springende Fußgänger im Hinblick auf eine Schwingungsanregung beschreiben (siehe Abschnitt 5.3.6.6).

Lastmodelle auf Hinterfüllungen von Widerlagern

Die Fläche hinter Widerlager- und Flügelwänden, die mit dem Erdreich in direktem Kontakt steht, ist mit einer gleichmäßig verteilten Ersatzlast von

$$q_{fk} = 5,0 \text{ kN/m}^2$$

zu belasten. Diese Belastung deckt möglicherweise nicht die Einwirkungen aus Baufahrzeugen ab, die für die Herstellung der Hinterfüllung eingesetzt werden.

1.5.5 Ermittlung von Verkehrsbelastungen für Fußgänger- und Radwegbrücken

Die vorstehend erläuterten Lastmodelle über Gleichlast, Dienstfahrzeug und Horizontalkraft sind zu Lastgruppen nach Tabelle 1.20 zusammenzusetzen. Diese Gruppen stellen die repräsentativen Werte der Einwirkungen dar und gelten als *eine* Lastgruppe bei jeder Kombination mit begleitenden Einwirkungen.

Das Lastmodell der Einzellast Q_{fwk} dient örtlichen Untersuchungen, es ist mit keinem anderen Lastmodell zu kombinieren.

Tabelle 1.20
Verkehrslastgruppen von Fußgänger- und Radwegbrücken

Belastungsart	Vertikallast		Horizontallast
Lastsystem	Gleichmäßig verteilte Last	Dienstfahrzeug	
Lastgruppe gr 1	F_k	0	F_k
gr 2	0	F_k	F_k

1.5.6 Einwirkungskombinationen für die Grenzzustände

Die Gleichzeitigkeit der veränderlichen Einwirkungen ist in Tabelle 1.20 geregelt.

Modelle mit anderen variablen Einwirkungen

Hierzu wird auf die Ausführungen bei Straßenbrücken verwiesen (siehe Abschnitt 1.2.8.2). Bezüglich der Modelle mit Windeinwirkungen gelten jedoch die folgenden Ausführungen:

Der charakteristische Wert F_{wk} der Windeinwirkung ist im Abschnitt 1.7 angegeben. Für seine Kombination mit der Verkehrslast werden zwei Typen definiert:

– solche, bei denen die Benutzer der Brücke nicht oder nicht gänzlich gegen jede Art von schlechtem Wetter geschützt sind, und
– solche, bei denen der Benutzer vollständig geschützt ist.

Bei Fußgänger- und Radwegbrücken des ersten Types kann der Verkehr nicht gleichzeitig mit dem maßgebenden Wind (oder Schnee) wirksam angesetzt werden, d.h. Wind und Verkehr sind nicht zu kombinieren. Bei den Brücken des zweiten Types sollen die entsprechenden Kombinationen, wie bei Hochbauten, angesetzt werden. Dabei sind die Nutzlasten durch die entsprechende Lastgruppe zu ersetzen, die Teilsicherheitsbeiwerte und die Kombinationsfaktoren sind nach dem DIN-FB 101 anzusetzen, d.h. nach den Ausführungen dieses Abschnittes.

Wind- und Temperatureinwirkungen sind nicht gleichzeitig zu berücksichtigen.

Modelle mit außergewöhnlichen Einwirkungen

Außergewöhnliche Einwirkungen sind nicht mit anderen außergewöhnlichen Einwirkungen, nicht mit Wind- oder Schnee-Einwirkungen zu kombinieren.

Für den gleichzeitigen Ansatz von außergewöhnlichen Einwirkungen mit Verkehrslasten gelten folgende Regelungen:

– Bei außergewöhnlichen Einwirkungen auf der Brücke durch Ansatz des Regelfahrzeuges nach Bild 1.32 bei Fußgänger- und Radwegteilen von Straßenbrücken sollen alle Begleiteinwirkungen aus dem Straßenverkehr vernachlässigt werden.
– Bei Anprall aus Verkehr unter der Brücke ist die Einwirkung mit den häufigen Lasten aus Verkehr auf der Brücke zu kombinieren.

Kombinationsfaktoren ψ für Fußgänger- und Radwegbrücken

Die Kombinationsfaktoren ψ für Fußgänger- und Radwegbrücken sind in der Tabelle 1.21 angegeben. Ansonsten gelten die gleichen Anmerkungen wie bei den Straßenbrücken.

Tabelle 1.21
Kombinationsfaktoren ψ für Fußgänger- und Radwegbrücken

Einwirkung	Bezeichnung	ψ_0	ψ_1	ψ_2	ψ_1'
Verkehrslasten	$gr\,1$	0,40	0,40	0,20	0,80
	Q_{fwk}	0	0	0	0
	$gr\,2$	0	0	0	1,00
Windlasten	F_{Wk}	0 [2]	0,50	0	0,60
Temperatur	T_k	0 [3]	0,60	0,50	0,80

[2] Falls eine andere Haupteinwirkung als Verkehr oder Temperatur berücksichtigt werden soll, kann dieser Wert durch 0,30 ersetzt werden.

[3] Falls nachweisrelevant, sollte $\psi_0 = 0,80$ gesetzt werden.

Teilsicherheitsbeiwerte γ für Fußgänger- und Radwegbrücken

Für Fußgänger- und Radwegbrücken gelten die Teilsicherheitsbeiwerte der Straßenbrücken (siehe Abschnitt 1.2.8.3).

1.6 Einwirkungen aus Änderungen der Stützungsbedingungen

Änderungen der Stützungsbedingungen entstehen aus Verschiebungen und/oder Verdrehungen der Lagerungspunkte des Tragwerkes aus den folgenden Einwirkungen:

– Vorspannung, Kriechen und Schwinden sowie Temperatur,
– Bewegungen im Baugrund, festgestellt durch ein geotechnisches Gutachten,
– Resultierende Kräfte aus unterschiedlichen Lagerwiderständen,
– Austausch von Lagern oder Lagerteilen.

Diese Verformungen bzw. Kräfte erzeugen zusätzliche Schnittgrößen in solchen Systemen, in denen sie sich nicht ungehindert einstellen können bzw. nicht im Gleichgewicht stehen, also in statisch unbestimmten Systemen. In Durchlaufträgersystemen ergänzen sich hierbei die Auswirkungen der Senkungs- und Hebevorgänge von Stützen. Wie Bild 1.33 zeigt, entspricht der Verlauf des Zwangsmomentes infolge Hebung der Stütze C qualitativ dem Verlauf, der durch die Senkung der Stütze B entsteht.

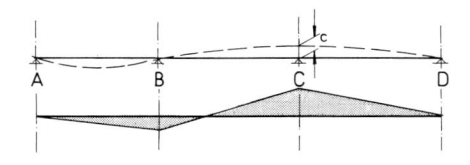

Bild 1.33
Zwangsmoment infolge Änderung der Stützungsbedingungen im Punkt C

Da die Hebevorgänge, einzeln je Stütze, immer vorgesehen werden müssen, kann man durch sie vorbeugend einen Sicherheitshorizont in der Größe des Anhebemaßes schaffen, in dem etwaige Stützensenkungen aufgefangen werden können.

Stützensenkungen sind nur nachzuweisen, wenn sie zu erwarten sind. Diese, aus geotechnischen Untersuchungen prognostizierten Baugrundvorgänge, unterliegen Unsicherheiten in ihrer Auftretenswahrscheinlichkeit. Daher werden zwei Arten unterschieden:

1.6 Einwirkungen aus Änderungen der Stützungsbedingungen

- Mögliche Baugrundbewegungen:
  Als mögliche Baugrundbewegung gelten die Grenzwerte der Verschiebungen bzw. Verdrehungen, die eine Stützung im Rahmen der Unsicherheiten, die mit der Vorhersage von Baugrundbewegungen verbunden sind, erleiden kann.

- Wahrscheinliche Baugrundbewegungen:
  Als wahrscheinliche Baugrundbewegungen gelten Verschiebungen bzw. Verdrehungen, die eine Stützung unter dem Einfluß dauernd wirkender Lasten bei den vorliegenden Baugrundverhältnissen voraussichtlich erleiden wird.

Im Grenzzustand der Tragfähigkeit sind die zu erwartenden Verschiebungen und Verdrehungen von Stützungen infolge möglicher Baugrundbewegungen zu berücksichtigen. Dabei dürfen, sofern kein genauerer Nachweis erfolgt, zur Berücksichtigung der Steifigkeitsverhältnisse beim Übergang in den Zustand II die 0,4-fachen Werte der Steifigkeiten des Zustandes I angesetzt werden.

Im Grenzzustand der Gebrauchstauglichkeit sind die zu erwartenden Verschiebungen und Verdrehungen von Stützungen infolge wahrscheinlich auftretender Baugrundverformungen zu berücksichtigen.

Verdrehungen und Verschiebungen eines Stützungspunktes sollen auf der Grundlage von Mittelwerten der Baustoffeigenschaften unter Berücksichtigung eines gerissenen Zustandes, wenn vorhanden, berechnet werden. Sie gelten als ständige Einwirkungen G_{IND}.

Die Verdrehungen und Verschiebungen werden extern ermittelt, sie erzeugen Längenänderungen der Tragwerke und Verdrehungen der Stützen, die ihrerseits durch Schnittgrößen auf das Tragwerk einwirken, wenn diese Formänderungen sich nicht frei entfalten können.

Diese Einwirkungen sind durch folgende Kombinationen nachzuweisen:

- Nachweis der maximalen und minimalen Überbauverschiebungen (Bewegungskapazität):
  (Grenzzustand der Gebrauchstauglichkeit)

  $t = 0$; maximale Verkürzung

  $$\sum_{i>1} G_{ki} + P_k + (-\Delta T_{Nk}) + \delta_{csk} + \delta_{cck} \qquad 1.6(1)$$

  $t = \infty$, maximale Längung

  $$\sum_{i>1} G_{ki} + P_k + \Delta T_{Mk} + \Delta T_{Nk} + Q_{k1} + \sum_{i>1} (\psi_{0i} \cdot Q_{ki}) + \delta_{csk} + \delta_{cck} \qquad 1.6(2)$$

  mit: γ_F = 1,0 für Einwirkungen
  δ_{csk} Kriechverformung mit $\varphi_k = 1{,}35\ \varphi_m$
  δ_{cck} Schwindverformung mit $\varepsilon_{sk} = 1{,}6\ \varepsilon_{sm}$

  Nachzuweisen sind Längenänderungen Δ_{max}, Δ_{min}, ggf. zugehörige Schnittgrößen.

- Einwirkungen aus möglichen Baugrundbewegungen:
  (Grenzzustand der Tragfähigkeit)

  $$\sum_{i>1} \gamma_G \cdot G_{ki} + \gamma_P \cdot P_k + \gamma_Q \cdot Q_{k1} + \sum_{i>1} (\gamma_{Qi} \cdot \psi_{0i} \cdot Q_{ki}) + \gamma_\delta (\delta_{cm} + \beta_{cm}) \qquad 1.6(3)$$

  mit: δ_{cm} Stützenverschiebung $\Big\}$ aus möglichen Baugrundbewegungen
  β_{cm} Stützenverdrehung
  γ_G; γ_P; γ_Q ... wie bekannt
  $\gamma_\delta = 1{,}35$

  Nachzuweisen sind Schnittgrößen M, N, V.

- Einwirkungen aus wahrscheinlichen Baugrundbewegungen:
  (Grenzzustand der Gebrauchstauglichkeit)

$$\sum_{i>1} G_{ki} + P_k + \Delta T_{Mk} + \Delta T_{Nk} + Q_{k1} + \sum_{i>1} (\psi_{0i} \cdot Q_{ki}) + \delta_{cw} + \beta_{cw} \qquad 1.6(4)$$

mit: δ_{cw} Stützenverschiebung $\Big\}$ aus wahrscheinlichen Baugrundbewegungen
β_{cw} Stützenverdrehung
$\gamma_F = 1{,}0$ für alle Einwirkungen

Nachzuweisen sind Schnittgrößen M, N, V.

Beim Auswechseln von Lagern oder Lagerteilen muß das Anheben des gelagerten Bauteiles in den einzelnen Auflagerlinien je für sich durchgeführt werden. Das Anhebemaß beträgt 1,0 cm sofern nicht die gewählte Lagerbauart einen größeren Wert erfordert (siehe hierzu die Lagernormen der Reihen DIN 4141 bzw. EN 1337).

Der Lagerwechsel gilt als vorübergehende Bemessungssituation, hierfür ist die Berechnung nach der Lastgruppe gr 6 nach Tabelle 1.3 durchzuführen, im Grenzzustand der Gebrauchstauglichkeit also für:

$$\sum_{i>1} G_{ki} + P_k + 0{,}5\, Q_{k1} + \sum_{i>1} \psi_{0i} (0{,}5\, Q_{ki} + 1{,}0\, Q_{kg}) + \delta_{ca} \qquad 1.6(5)$$

mit: Q_{kg} charakteristischer Wert der Gehwegbelastung
δ_{ca} Bemessungswert des Anhebemaßes
= 1,0 cm

1.7 Einwirkungen aus Windlasten

1.7.1 Allgemeine Zusammenhänge

Windlasten sind zeitabhängige Einwirkungsgrößen, sie wirken unmittelbar auf die direkt angeströmten (luvseitigen) Außenflächen des Bauwerkes als Winddruck und auf bestimmte leeseitige Flächen als Windsog, der aus quergerichteten Verwirbelungen einer turbulenten Anströmung entstehen kann. Der Druck, der auf die Fläche wirkt, ruft Kräfte hervor, die senkrecht zu ihr wirken. An einem Bauwerk entlangstreichende Windwirkungen können an diesem auch Reibungskräfte verursachen. Die Windlast wird als eine Kombination quasi statischer Drücke und Kräfte angesehen, deren Auswirkung der eines extrem möglichen Windes entspricht.

Die allgemeinen Zusammenhänge sind Bestandteil der DIN V ENV 1991-2.4, im folgenden kurz Norm genannt, sie werden nachstehend erläutert.

Die Windkraft wird mit der nachstehend dargestellten Beziehung beschrieben:

$$F_w = q_{\text{ref}} \cdot c_e(z) \cdot c_d \cdot c_f \; [\text{kN/m}^2] \qquad 1.7(1)$$

Hierin bedeuten:
q_{ref} Staudruck (Geschwindigkeitsdruck) des Windes in [kN/m²]
$c_e(z)$ Standortbeiwert in Abhängigkeit von der Geländekategorie, der Topographie und der Bauwerkshöhe über dem Gelände
c_d Dynamischer Beiwert in Abhängigkeit von der Stützweite und der Bauwerkshöhe über dem Gelände zur Berücksichtigung nicht statisch wirkender Windlasten
c_f Aerodynamischer Beiwert in Abhängigkeit von der Form des Tragwerkes

1.7 Einwirkungen aus Windlasten

Die Faktoren werden nachstehend weitergehend untersucht und erläutert:

1) $q_{ref} = \dfrac{1}{2} \cdot \rho \cdot v_{ref}^2$ [kN/m²] \hfill 1.7(2)

mit: $\rho = 1{,}25$ kg/m³ als Luftdichte
v_{ref} Windgeschwindigkeit [m/s]

$\qquad = v_{ref,0} \cdot c_{dir} \cdot c_{tem} \cdot c_{alt}$ \hfill 1.7(3)

Diese Faktoren sind im Anhang A der Norm weitergehend erläutert:

$v_{ref,0}$ Grundwert der Windgeschwindigkeit in [m/s] in Abhängigkeit von der Windzone in Deutschland nach Anhang A 6 der Norm (Bild A 2)
c_{dir} Richtungsfaktor des Windes (= 1,0)
c_{tem} Jahreszeitbeiwert (= 1,0); < 1,0 bei vorübergehend stehenden Bauwerken nach der Norm A 6 (6)
c_{alt} geodätischer Höhenbeiwert in Abhängigkeit von der Windzone und Höhenlage a_s in [m]

$\qquad = 0{,}65 + \dfrac{a_s}{2270}$ in Zone 1

$\qquad = 1{,}0$ in allen anderen Zonen

Bezüglich der Dimension gilt:

Im SI-Einheitensystem ist die Kraft [N] eine von der Masse [kg] abgeleitete Größe, es gilt die Definition:

$1 \, [N] \triangleq 1 \left[\dfrac{kg \cdot m}{s^2} \right]$ \hfill 1.7(4)

daraus ergibt sich: $1 \left[\dfrac{kg}{m^3} \right] \triangleq \left[10^{-3} \cdot \dfrac{kN \cdot s^2}{m^4} \right]$

somit wird:

$q_{ref} = \dfrac{1}{2} \cdot \rho \cdot v_{ref}^2 \left[10^{-3} \cdot \dfrac{kN \cdot s^2}{m^4} \cdot \dfrac{m^2}{s^2} \right] = 5 \cdot 10^{-4} \cdot \rho \cdot v_{ref}^2$ [kN/m²] \hfill 1.7(5)

2) $c_e(z) = c_r^2(z) \cdot c_t^2(z) \left[1 + \dfrac{7 k_T}{c_r(z) \cdot c_t(z)} \right]$ \hfill 1.7(6)

mit: $c_r(z)$ Rauhigkeitsbeiwert in Abhängigkeit von der Geländekategorie, der Topographie und der Bauwerkshöhe über Gelände

$\qquad = c_r(z_{min})$ \quad für $z < z_{min}$

$\qquad = k_T \cdot \ln\left(\dfrac{z}{z_0}\right)$ \quad für $z_{min} \leq z \leq 200$ m

mit: k_T Geländefaktor nach der Norm Tab. 8.1
z Bauwerkshöhe über dem Gelände
z_0 Rauhigkeitslänge in Abhängigkeit von der Geländekategorie (Norm, Tab. 8.1)
z_{min} Minimale Bauwerkshöhe über dem Gelände in Abhängigkeit von der Geländekategorie (Norm, Tab. 8.1)

$c_t(z)$ Topographiebeiwert in Abhängigkeit von der Geländeneigung

$c_t(z) = 1$ \quad für $z < z_{min}$

$c_t(z) = 1 + 2s\phi$ für $\phi < 0{,}05$

$c_t(z) = 1 + 0{,}6s$ für $0{,}05 \leqq \phi \leqq 0{,}3$

mit: $\phi = \dfrac{H}{L}$; luvseitige Böschungsneigung, wenn vorhanden

s Faktor zur Ermittlung des Topographiebeiwertes nach der Norm (Bilder 8.1 und 8.2).

3) c_d Dynamischer Beiwert in Abhängigkeit von der Stützweite zur Berücksichtigung nicht statisch wirkender Windlasten nach der Norm (Bild 9.4).

4) $c_f = c_{fx}$ oder c_{fz} Aerodynamischer Kraftbeiwert in Abhängigkeit von der Form und Lage des Tragwerkes bei Windanströmung in x- bzw. z-Richtung.

1.7.2 Windkräfte bei Brücken

Für Brückenbauwerke können die charakteristischen Werte der Windkraft für die drei Richtungen im Raum ermittelt werden:

– senkrecht zur Brückenlängsrichtung   (x-Richtung)
– senkrecht zur Grundrißfläche   (z-Richtung)
– in Brückenlängsrichtung   (y-Richtung)

1.7.2.1 Nachweisverfahren nach DIN V ENV 1991-2.4

Windkraft senkrecht zur Brückenlängsrichtung

Der Nennwert der Windkraft ergibt sich zu:

$$F_{wN} = 6{,}0 \cdot A_{\text{ref},x} \;[\text{kN}] \qquad 1.7(7)$$

mit: $A_{\text{ref},x}$ wirksame Windangriffsfläche für die Anströmung in x-Richtung

Diese Vereinfachung wird damit gerechtfertigt, daß die wesentlichen Wind- und Verkehrseinwirkungen in der Regel nicht gleichzeitig auftreten. Entlastend wirkende Ansätze müssen hierbei aber außer acht gelassen werden.

Der charakteristische Wert der Windkraft ergibt sich zu:

$$F_{wk} = q_{\text{ref}} \cdot c_{e(z)} \cdot c_d \cdot c_{f,x} \cdot A_{\text{ref},x} \;[\text{kN}] \qquad 1.7(8)$$

mit den einzelnen Bezeichnungen des vorangegangenen Abschnittes und der nachstehend definierten Windangriffsfläche in x-Richtung.

Für die Ermittlung des aerodynamischen Kraftbeiwertes gelten folgende Regelungen:

$$c_{fx} = c_{fx,0} \cdot \psi_{\lambda,x} \qquad 1.7(9)$$

mit: $c_{fx,0}$ Grundkraftbeiwert bei unendlicher Schlankheit λ des Überbaues (Länge l/Überbauhöhe b) bei belasteter oder unbelasteter Brücke nach Bild 10.11.2 der Windnorm,

$\psi_{\lambda,x}$ Abminderungsbeiwert in Abhängigkeit von der effektiven Schlankheit des Überbaues $\lambda = l/b$ nach Tab. 10.14.1 und dem Völligkeitsgrad φ nach Bild 10.14.1 der Norm.

Der Völligkeitsgrad ist wie folgt definiert:

$$\varphi = \dfrac{A}{A_c} \qquad \text{mit } A \text{ wirksame Windangriffsfläche}$$
$$A_c \text{ Umrißfläche des Windbandes}$$

1.7 Einwirkungen aus Windlasten

Alle für die Ermittlung der Faktoren q, c und ψ zu benutzenden Tabellen und Bilder der DIN V ENV 1991-2.4 sind unter Punkt 1.7.2.2 zusammengestellt.

Windangriffsfläche $A_{ref,x}$

Die Windangriffsfläche ergibt sich aus der vertikalen Projektion des Überbaubandes zuzüglich der wirksamen Fläche der Aufbauten auf der Brücke oder eines Verkehrsbandes. Die Aufbauten werden durch Geländer, Leiteinrichtungen und Lärmschutzwände gebildet, die mit voller Umrißfläche oder bei offener Ausbildung mit einer wirksamen Ersatzfläche wirken. Die Höhe der Ersatzfläche wird bei dem Geländer und der Leiteinrichtung mit je 0,30 m festgelegt.

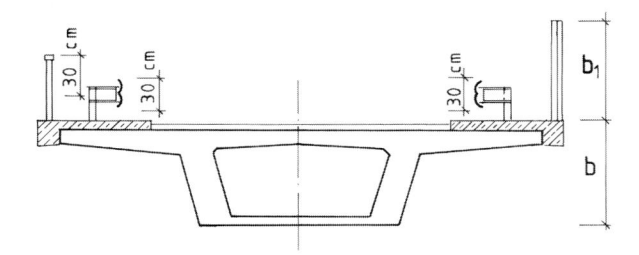

Bild 1.34
Wirksame Windangriffsfläche

Für den in Bild 1.34 dargestellten Querschnitt ergibt sich somit eine Windangriffsfläche bei
– beidseitiger Anordnung von Geländern und Leiteinrichtungen von:

$$A_{ref,x} = b + 2\,(0{,}30 + 0{,}30)\ [m^2/m] \qquad 1.7(10)$$

– beidseitiger Anordnung von Lärmschutzwänden und Leiteinrichtungen von:

$$A_{ref,x} = b + 2 \cdot 0{,}30 + 2\,b_l\ [m^2/m] \qquad 1.7(11)$$

Windkraft senkrecht zur Grundrißfläche

Diese, auch als Auftrieb zu bezeichnende, Einwirkung wird bei großen Talbrücken wirksam. Der Kraftbeiwert $c_{f,z}$ wird mit ähnlichem Ansatz wie bei dem Kraftbeiwert $c_{fx,o}$ über den Parameter d/b nach Bild 10.11.5 der Norm ermittelt. Ein Schlankheitsfaktor ist nicht anzusetzen. Die Windangriffsfläche $A_{ref,z}$ ergibt sich aus der Grundrißfläche des Bauwerkes.

Windkraft in Brückenlängsrichtung

Für eine evtl. in der Längsrichtung der Brücke anzusetzende Windeinwirkung wird einfacher verfahren. Bei Betonbrücken mit Vollwandträgern sind 25% der Windkräfte aus x-Richtung in Längsrichtung anzusetzen, aber nicht in Kombination mit einer Windwirkung in x- oder z-Richtung.

1.7.2.2 Tafeln und Tabellen zur Ermittlung der Windkräfte (Auszug aus DIN V ENV-1991-2.4)

Die Bezeichnungen der Tabellen und der Bilder entsprechen denen der Norm

1. Windzonen in Deutschland (Bild A2)

Zone	$v_{ref,0}$ m/s
1	24,3
2	27,6
3	32,0

Zone 1: Bayern, Baden-Württemberg, Rheinland Pfalz, Saarland, Hessen, Ostwestfalen, Südspitze Niedersachsen, Thüringen Südsachsen
Zone 2: restliche Bundesländer und deren Teilbereiche
Zone 3: Küstenregionen

2. Tabelle 8.1: (Auszug) Geländekategorien und darauf bezogene Werte

	Geländekategorie	k_T	z_0 [m]	z_{min} [m]
I	Offene See; Seen mit mindestens 5 km freier Fläche in Windrichtung; glattes, flaches Land ohne Hindernisse	0,17	0,01	2
II	Landwirtschaftlich genutztes Gelände mit Begrenzungshecken, einzelnen Gehöften, Häusern oder Bäumen	0,19	0,05	4
III	Vororte von Städten oder Industrie- und Gewerbeflächen; Wälder	0,22	0,30	8
IV	Stadtgebiete, bei denen mindestens 15% der Fläche mit Gebäuden bebaut ist, deren mittlere Höhe 15 m überschreitet	0,24	1,00	16

3. Bild 9.4: c_d-Werte für Straßen-, Eisenbahn- und Fußgängerbrücken

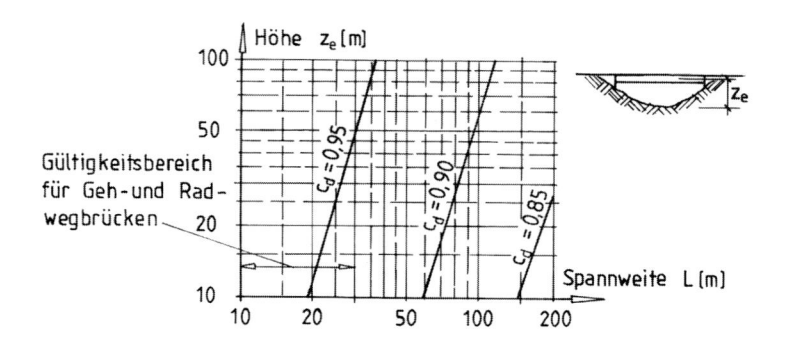

1.7 Einwirkungen aus Windlasten

4. Bild 10.11.2: Grundkraftbeiwerte $c_{fx,0}$ für Brücken (Auszug)

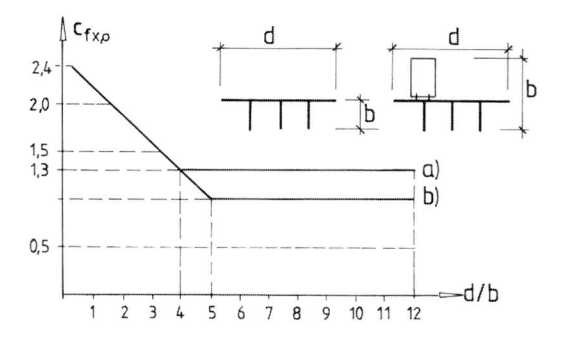

5. Tabelle 10.14.1: Effektive Schlankheit für λ für Brückenüberbauten (Auszug)

Nr.	Lage des Baukörpers	Effektive Schlankheit λ
1	für $l \geq b$	$\dfrac{l}{b}$
2	für $b \leq l$	$\dfrac{l}{b} \leq 70$

6. Bild 10.14.1: Abminderungsfaktor ψ in Abhängigkeit der effektiven Schlankheit λ

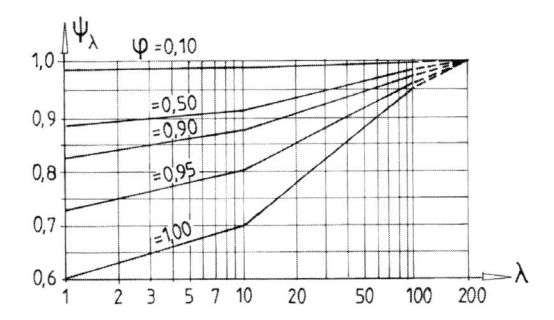

1.7.2.3 Vereinfachtes Nachweisverfahren nach dem DIN-Fachbericht 101

Dieses Verfahren gilt für die Ermittlung der Windkräfte senkrecht zur Brückenachse. Es basiert auf den vorstehend erläuterten Grundlagen der DIN V ENV 1991-2.4 unter Einbeziehung einiger Vereinfachungen. Im Folgenden wird dieses Verfahren erläutert:

Der charakteristische Wert der Windkraft nach Gleichung 1.7(8) lautet:

$$F_{wk} = q_{\text{ref}} \cdot c_e(z) \cdot c_d \cdot c_f \cdot A_{\text{ref},x} \ [\text{kN}]$$

Bezüglich der Beiwerte wurden folgende Annahmen getroffen:

- Windzonenkarte für Deutschland, Windzone 3, $v_{\text{ref},0} = 32{,}0$ m/s
  Staudruck: $q_{\text{ref}} = 5 \cdot 10^{-4} \cdot 1{,}25 \cdot 32{,}0^2 = 0{,}64$ kN/m²
- Standortbeiwert nach Geländekategorie II: $C_e(z_e) = c_e^{II}(z_e)$ gemäß Tabelle 1.22:

Tabelle 1.22
Standortbeiwert $c_e(z_e)$

z_e in m	$c_e^{II}(z_e)$
20	2,8
50	3,4
100	4,0

- Dynamischer Beiwert: für alle Spannweiten $c_d = 0{,}95$
- Aerodynamischer Beiwert $c_f = c_{fx,0} \cdot \psi_\lambda$

Der Beiwert $c_{fx,0}$ ist abhängig vom Parameter b/h und der Verkehrsbelastung, er ergibt sich nach Tabelle 1.23.

Tabelle 1.23
Aerodynamischer Grundkraftbeiwert $c_{fx,0}$

d/b	ohne Verkehr und ohne Lsw	mit Verkehr oder mit Lsw
$\leq 0{,}5$	2,4	2,4
4	1,3	1,3
≥ 5	1,3	1,0

Abminderungsbeiwert ψ_λ:

Annahme für Überbau ohne Verkehr und ohne Lärmschutzwand:

$$l/h \leq 70 \;\rightarrow\; \lambda = 40 \;\rightarrow\; \psi_\lambda = 0{,}85\,; \quad \text{somit } c_{fx} = 0{,}85 \cdot c_{fx,0} \qquad 1.7(12)$$

Annahme für Überbau mit Verkehr oder mit Lärmschutzwand:

$$l/h \leq 70 \;\rightarrow\; \lambda = 10 \;\rightarrow\; \psi_\lambda = 0{,}70\,; \quad \text{somit } c_{fx} = 0{,}70 \cdot c_{fx,0} \qquad 1.7(13)$$

Damit ergeben sich folgende Ansätze des charakteristischen Wertes der Windkraft als bezogene Flächenlast in kN/m²:

Überbau ohne Verkehr und ohne Lärmschutzwand:

$$\begin{aligned} F_{wk} &= 0{,}64 \cdot c_e^{II}(z_e) \cdot 0{,}95 \cdot 0{,}85 \cdot c_{fx,0} \\ &= 0{,}52 \cdot c_e^{II}(z_e) \cdot c_{fx,0} \end{aligned} \qquad 1.7(14)$$

1.7 Einwirkungen aus Windlasten

Überbau mit Verkehrsband ohne Lärmschutzwand:

$$F_{wk} = 0{,}64 \cdot c_e^{II}(z_e) \cdot 0{,}95 \cdot 0{,}70 \cdot c_{fx,0}$$
$$= 0{,}43 \cdot c_e^{II}(z_e) \cdot c_{fx,0} \qquad 1.7(15)$$

Die Beiwerte sind den Tabellen 1.22 und 1.23 zu entnehmen.

Bringt man jetzt die Höhe z_e der Windresultierenden als Bereich mit der Obergrenze nach Tabelle 1.22 in die Tabelle 1.23 ein und wertet die Gleichungen 1.7(14) und 1.7(15) für die offenen funktionalen Zusammenhänge aus, erhält man eine neue Tabelle (1.24), aus der die Windkräfte direkt abgelesen werden können. Diese Werte stellen die charakteristischen Werte der Windeinwirkungen dar.

Tabelle 1.24
Windeinwirkungen F_{wk} für Brücken [kN/m²]

1	2	3	4	5	6	7
	\multicolumn{3}{c}{ohne Verkehr und ohne Lärmschutzwand}		mit Verkehr[1]) oder mit Lärmschutzwand		
	auf Überbauten					
$b/d^{2)}$	$z_e \leq 20$ m	20 m $< z_e \leq$ 50 m	50 m $< z_e \leq$ 100 m	$z_e \leq 20$ m	20 m $< z_e \leq$ 50 m	50 m $< z_e \leq$ 100 m
$\leq 0{,}5$	3,50	4,30	5,00	2,90	3,55	4,10
4	1,90	2,30	2,70	1,55	1,90	2,25
≥ 5	1,90	2,30	2,70	1,20	1,50	1,70
	auf Stützen und Pfeilern[3])					
$\leq 0{,}5$	2,90	3,60	4,00	2,10	2,60	3,00
≥ 5	1,20	1,50	1,70	0,90	1,10	1,20

[1]) Es gilt der Kombinationsfaktor $\psi_0 = 0{,}3$ (für Straßenbrücken siehe Tabelle C.2; für Fußgänger- und Radwegbrücken siehe Tabelle D.2). Für Eisenbahnbrücken gilt der Kombinationsfaktor $\psi_0 = 0{,}6$ (siehe Tabelle G.2).
[2]) Bei Zwischenwerten kann geradlinig interpoliert werden.
[3]) Bei quadratischen Stützen- oder Pfeilerquerschnitten mit abgerundeten Ecken, bei denen das Verhältnis $r/d \geq 0{,}20$ beträgt, können die Windeinwirkungen auf Pfeiler und Stützen um 50 % reduziert werden.

In dieser Tabelle bedeuten:

Für den Überbau

b Gesamtbreite der Deckbrücke
d Höhen der Windangriffsfläche

– Bei Brücken ohne Verkehr und ohne Lärmschutzwand:
  Höhe von Oberkante Kappe einschließlich vorhandener Brüstung bis Unterkante Tragkonstruktion. Bei Eisenbahnbrücken, wenn ungünstiger, von Schienenoberkante bis Unterkante Tragkonstruktion.

– Bei Brücken mit Verkehrsband oder mit Lärmschutzwand:
  Höhe von Oberkante Verkehrsband bzw. Lärmschutzwand bis Unterkante Tragkonstruktion.

(*Anmerkung:* Die Bezeichnungen b und d sind zu den Bezeichnungen der DIN V ENV 1991-2.4 vertauscht)

z_e größte Höhe der Windresultierenden über der Geländeoberkante oder über dem mittleren Wasserstand.

Für die Stützen:

b Querschnittshöhe in Windrichtung
d Querschnittsbreite senkrecht zur Windrichtung

Die Angaben der vorstehenden Tabelle gelten für nicht schwingungsanfällige Deckbrücken sowie nicht schwingungsanfällige Bauteile (siehe Tabelle 9.1 der DIN V ENV 1991-2.4).

Angaben zu Windkräften von zeitlich begrenzten Bauzuständen siehe den DIN-Fachbericht 101 unter N. 2 (4).

1.8 Temperatureinwirkungen

1.8.1 Begriffe und Formelzeichen

Die nachstehend aufgeführten Regelungen sind Bestandteil der DIN V ENV 1991-2.5, die in angepaßter Form auch im DIN-Fachbericht 101 aufgeführt sind (§ 6) (siehe auch DIN 1055 T 7). Temperatureinwirkungen auf Tragwerke und Bauteile sind definiert als Bereiche von Temperaturfeldern innerhalb eines spezifischen Zeitintervalles. Die in diesem Abschnitt aufgeführten Regeln gelten somit für solche Brückenbauwerke, die täglichen und jahreszeitlichen Schwankungen klimatischer Einwirkungen ausgesetzt sind.

Verwendete Bezeichnungen und deren Erläuterung:

T_{max}, T_{min} jährlicher Maximalwert (Minimalwert) der Außenluft mit einer Wiederkehrperiode von 50 Jahren

R Wiederkehrperiode der maximalen (minimalen) jährlichen Außenlufttemperatur

$T_{max,R}$, $T_{min,R}$ Jährlicher Maximalwert (Minimalwert) der Außenlufttemperatur mit einer Wiederkehrperiode R

$T_{e,max}$, $T_{e,min}$ Maximaler (minimaler) Wert des konstanten Temperaturanteiles

T_0 Aufstelltemperatur, d. h. diejenige Temperatur, die bei Aufstellung der Lager im Bauwerk vorherrscht

k_{sur} Faktor zur Berücksichtigung unterschiedlicher Belagsdicken bei der Bestimmung des linearen Temperaturunterschiedes

$\Delta T_{N,pos}$, $\Delta T_{N,neg}$ Maximale Schwankung des positiv (negativ) konstanten Temperaturanteiles

$\Delta T_{M,pos}$ Positiver linearer Temperaturunterschied

$\Delta T_{M,neg}$ Negativer linearer Temperaturunterschied

Temperatureinwirkungen sind veränderliche Einwirkungen Q_{IND}, sie setzen sich aus den folgenden Komponenten zusammen:

- Konstanter Temperaturanteil (Temperaturschwankung) ΔT_N; eine gleichmäßige Änderung der Schwerpunktstemperatur aller Bauteile (a).
- Linearer Temperaturunterschied ΔT_{My} bzw. ΔT_{Mz}; ein zwischen den gegenüberliegenden Rändern des Querschnittes verlaufendes Temperaturgefälle (b).

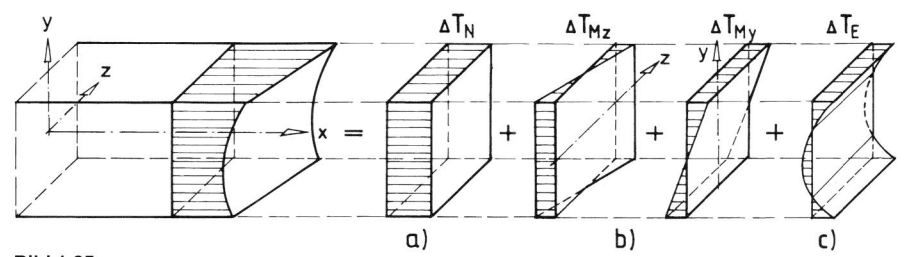

Bild 1.35
Komponenten der Temperaturbeanspruchung

– Temperatureigenspannung ΔT_E; ein nichtlineares Temperaturgefälle zwischen den Querschnittsrändern (c).

Die Einflüsse aus dem nichtlinearen Temperaturgefälle werden in ihrer Auswirkung durch die Mindestbewehrung im Querschnitt erfaßt und sind konstruktiv abgedeckt. Für die beiden anderen Einflüsse sind die nachstehend aufgeführten Regeln anzuwenden, wobei in der Regel nur die Temperaturschwankung und der vertikale lineare Temperaturunterschied mit ihren entsprechenden repräsentativen Werten berücksichtigt werden.

Bei Brückenüberbauten werden die nachstehend aufgeführten Überbaugruppen unterschieden:

Gruppe 1: Stahlüberbau aus Hohlkästen, Fachwerk oder Vollwandträger.
Gruppe 2: Verbundüberbau; Betonplatte auf einem Hohlkasten, Fachwerk oder Vollwandträger.
Gruppe 3: Fahrbahnplatten oder Überbauten aus Beton auf Betonbalken oder Hohlkästen.

1.8.2 Temperatureinwirkungen auf Brückenbauwerke

1.8.2.1 Konstanter Temperaturanteil, charakteristische Werte

Die Differenz zwischen dem minimalen und maximalen Niveau eines konstanten Temperaturanteiles verursacht in Tragwerken ohne eine Verformungsbehinderung eine Längenänderung, bei behinderter Verformung treten Normalspannungen auf. Die hieraus resultierenden Einflüsse, wie

– Ausdehnung und Verkürzung der Tragwerke,
– Lagerreibung bzw. Lagerverschiebung,
– zusätzliche Horizontalkräfte bei Eisenbahnbrücken durch die Interaktion von Überbau und Schienenoberbau

müssen hinsichtlich ihrer Auswirkung berücksichtigt werden.

Die maximalen und minimalen Werte des konstanten Temperaturanteiles müssen aus den entsprechenden Werten der Außenluft abgeleitet werden, hierfür steht Bild 1.36 zur Verfügung.

Schwankung des konstanten Temperaturanteiles

Die charakteristischen Werte der minimalen und maximalen Außenlufttemperatur können für die geographische Lage des Bauwerkes extern bestimmt werden. Wird keine genaue Bestimmung der Temperatur vorgenommen, gelten nach dem DIN-Fachbericht 101 folgende Werte:

$$T_{\max} = +37\,°C, \ T_{\min} = -24\,°C \qquad 1.8(1)$$

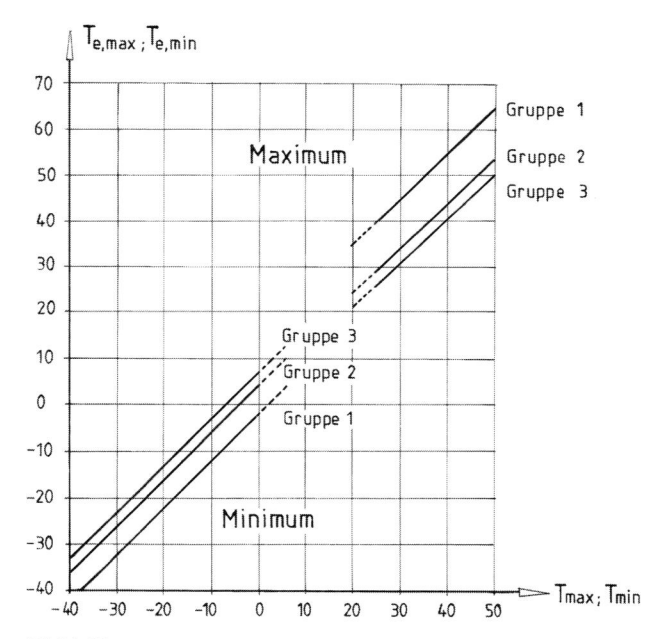

Bild 1.36
Korrelation zwischen minimaler/maximaler Außenlufttemperatur
(T_{min}/T_{max} und minimalem/maximalem konstanten Temperaturanteil ($T_{e,min}/T_{e,max}$))

Diese Werte entsprechen den Temperaturen mit einer Wiederkehrperiode von 50 Jahren. Die effektiven Grenzwerte der Temperaturwerte für Deutschland ergeben sich für ein Brückenbauwerk der Gruppe 3 nach Bild 1.36:

$$T_{e,\max} = +37\,°C; \quad T_{e,\min} = -17\,°C \qquad 1.8(2)$$

Die Aufstelltemperatur T_0, d. h. diejenige Bauwerkstemperatur, die zum Beginn der Lagerbewegungen vorhanden ist, ist der Bezugswert für die Berechnung der Längenänderungen infolge Temperatur, die sich wie folgt ergeben:

$$\Delta T_{N,\text{neg}} = T_{e,\min} - T_0 \qquad 1.8(3)$$

$$\Delta T_{N,\text{pos}} = T_{e,\max} - T_0 \qquad 1.8(4)$$

oder die Gesamtschwankung:

$$\Delta T_N = \Delta T_{N,\text{pos}} - \Delta T_{N,\text{neg}} = T_{e,\max} - T_{e,\min} \qquad 1.8(5)$$

Diese Schwankung ist von der Aufstelltemperatur unabhängig und für den Brückentyp konstant.

Der Schwankungsbereich ist der Berechnung der Lager und Fahrbahnübergänge zugrunde zu legen. Sofern keine anderen Werte vorliegen, sind die Temperaturanteile ΔT_N nach oben und unten um jeweils 20 K zu vergrößern. Ist die mittlere Bauwerkstemperatur beim Herstellen der endgültigen Verbindungen mit den Lagern durch Messung bekannt, kann der Wert von 20 K auf 10 K reduziert werden (siehe auch Abschnitt 8.2.1).

Wird während des Bauvorhabens der Festpunkt geändert, entstehen Unsicherheiten bezüglich der Temperaturgrenzwerte, es sollen dann diese Werte nach oben und unten um jeweils 10 K vergrößert werden.

1.8 Temperatureinwirkungen

Der Temperaturschwankungsbereich für die Ermittlung der Längenänderungen im Überbau ergibt sich zu (z. B. $T_0 = +10\,°C$):

$$\left.\begin{array}{l}\Delta T_{N,\text{pos}} = +37 - 10 = +27\,°C \\ \Delta T_{N,\text{neg}} = -17 - 10 = -27\,°C\end{array}\right\} \Delta T_N = 54\,°C \qquad 1.8(6)$$

Der Temperaturschwankungsbereich für die Lagerbemessung ergibt sich zu:

$$\left.\begin{array}{l}\min \Delta T_N = -27° - 20° = -47\,°C \\ \max \Delta T_N = +27° + 20° = +47\,°C\end{array}\right\} \Delta T_N = 94\,°C \qquad 1.8(7)$$

Durch die Einwirkungen des konstanten Temperaturunterschiedes werden primär Längenänderungen und sekundär Biegemomente erzeugt, wenn Systeme mit Beweglichkeitseinschränkungen vorliegen.

1.8.2.2 Linearer Temperaturunterschied, charakteristische Werte

Komponente in vertikaler Richtung

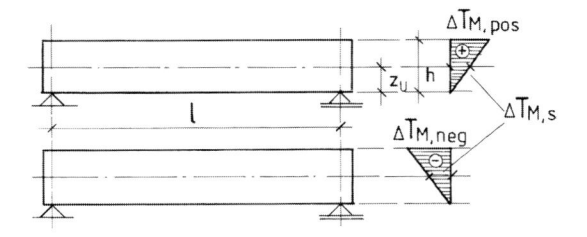

Bild 1.37
Verlauf des Temperaturunterschiedes

Der Einfluß eines linearen Temperaturunterschiedes wird näherungsweise durch eine äquivalente positive oder negative Temperaturdifferenz über die Querschnittshöhe erfaßt. Die charakteristischen Werte dieser Differenz um die y-Achse ergeben sich nach folgenden Ansätzen:

$$\Delta T_{M,\text{pos}} = \Delta T_{M,\text{pos}(50)} \cdot k_{sur} \qquad 1.8(8)$$

$$\Delta T_{M,\text{neg}} = \Delta T_{M,\text{neg}(50)} \cdot k_{sur} \qquad 1.8(9)$$

Hierin bedeuten:
$\Delta T_{M,\text{pos}}$ positiver linearer Temperaturunterschied (Oberseite wärmer als Unterseite) nach Tabelle 1.25
$\Delta T_{M,\text{neg}}$ negativer linearer Temperaturunterschied (Unterseite wärmer als Oberseite) nach Tabelle 1.25
Index (50) Bezugsbelagsdicke entspricht 50 mm
k_{sur} Korrekturfaktor für eine Belagsdicke, die von 50 mm abweicht, bzw. für das Schotterbett nach Tabelle 1.26

Der lineare Temperaturunterschied erzeugt primär Biegemomente und sekundär Längenänderungen, Biegemomente aber nur dann, wenn die Voraussetzungen einer Dehnungsbehinderung gegeben sind, also in Durchlauf- und Rahmensystemen.

In frei verformbaren Systemen verbleibt eine über die Querschnittshöhe linear verlaufende Längenänderung, von der der Wert im Schwerpunkt des Querschnittes zu ermitteln und dem Wert der konstanten Temperaturschwankung hinzuzufügen ist:

$$\Delta T_{M,s} = \Delta T_{M,\text{pos(neg)}} \cdot \frac{z_u}{h}$$

Tabelle 1.25
Charakteristische Werte der linearen Temperaturunterschiede für die
Überbauarten einer Betonbrücke

Überbauart	Straßenbrücken		Eisenbahnbrücken	
[K]	$T_{M,\text{pos}}$	$T_{M,\text{neg}}$	$T_{M,\text{pos}}$	$T_{M,\text{neg}}$
Hohlkasten	+10	−5	+10	−5
Plattenbalken	+15	−8	+15	−8
Platte	+15	−8	+15	−8

Tabelle 1.26
Faktoren k_{sur} zur Berücksichtigung verschiedener Belagdicken

	Straßenbrücken						Eisenbahnbrücken
Belagdicke in mm	0	50	80	100	150	300	Schotterbett (60 cm)
Oberseite wärmer	1,5	1,0	0,82	0,7	0,5	0,3	0,6
Unterseite wärmer	1,0	1,0	1,0	1,0	1,0	1,0	1,0

In Durchlauf- oder Rahmenkonstruktionen ergeben sich die folgenden Momentenwerte an den Stellen der Dehnungsbehinderung für den Einspanngrad 1,0:

- Bei einseitiger Einspannung:

$$\bar{M}_t = -1,5 \cdot E_{cm} \cdot I_c \cdot \alpha_t \frac{\Delta T_{M,\text{pos,neg}}}{h}$$

- Bei beidseitiger Einspannung:

$$\bar{M}_t = -1,0 \cdot E_{cm} \cdot I_c \cdot \alpha_t \frac{\Delta T_{M,\text{pos,neg}}}{h}$$

mit $\alpha_t = 10 \cdot 10^{-6} \left[\frac{1}{K}\right]$; h = Querschnittshöhe

Das resultierende Vorzeichen gibt den Biegesinn des Momentes an.

Für ein Betontragwerk (Gruppe 3) ergeben sich in einem Balkensystem die Temperaturwerte ΔT_M wie folgt:

- Straßenbrücke mit einer Belagdicke von 80 mm:

    $\Delta T_{M,\text{pos}} = +15 \cdot 0,82 = +12,3$ K
    $\Delta T_{M,\text{neg}} = -8 \cdot 1,00 = -8,0$ K

- Eisenbahnbrücke mit Schotterbett:

    $\Delta T_{M,\text{pos}} = +15 \cdot 0,6 = +9,0$ K
    $\Delta T_{M,\text{neg}} = -8 \cdot 1,0 = -8,0$ K

Komponente in horizontaler Richtung

Im allgemeinen braucht der lineare Temperaturunterschied in horizontaler Richtung nicht untersucht zu werden.

Für den Ausnahmefall jedoch ist ein Temperaturunterschied von 5 K anzusetzen, wenn keine Hinweise auf höhere Werte vorliegen.

Bauzustände

Für Bauzustände sind kürzere Wiederkehrperioden als 50 Jahre anzusetzen, da die Wahrscheinlichkeit des Eintretens der in Tabelle 1.26 enthaltenen charakteristischen Werte der Temperatur geringer ist. Der mögliche Temperaturunterschied T_M errechnet sich aus den Werten für die Wiederkehrperiode von 50 Jahren unter Ansatz eines Umrechnungsfaktors:

$$\Delta T_{M,\text{pos}} = \Delta T_{M,\text{pos}(50)} \cdot k_{sur} \cdot \frac{T_{\text{max},R}}{T_{\text{max}}} \qquad 1.8(10)$$

$$\Delta T_{M,\text{neg}} = \Delta T_{M,\text{neg}(50)} \cdot k_{sur} \cdot \frac{T_{\text{min},R}}{T_{\text{min}}} \qquad 1.8(11)$$

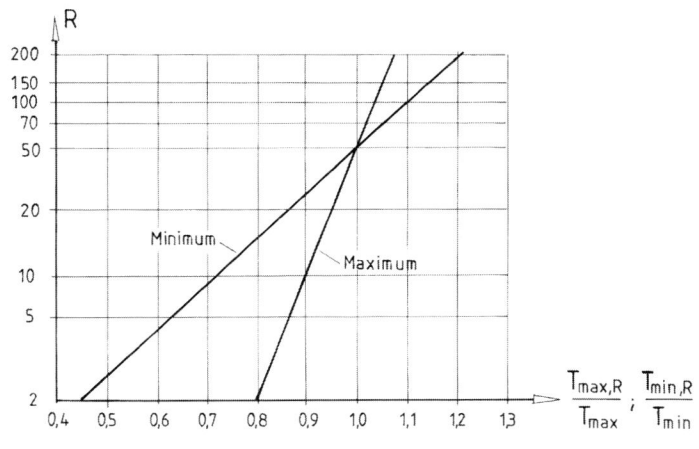

mit: $\frac{T_R}{T}$ Umrechnungsfaktor für kleinere Wiederkehrperioden als 50 Jahre nach Bild 1.38
T (max, min) Lufttemperatur für eine Wiederkehrperiode von 50 Jahren
T_R (max, min) Lufttemperatur für eine Wiederkehrperiode von R Jahren

Bild 1.38
Umrechnungsfaktor für kleinere Wiederkehrperioden als 50 Jahre

Für die kleinste angegebene Wiederkehrperiode von $R = 2$ Jahren ergibt sich somit nach Bild 1.38:

$$\frac{T_{\text{max},R}}{T_{\text{max}}} = 0{,}8 \; ; \quad \frac{T_{\text{min},R}}{T_{\text{min}}} = 0{,}45$$

Somit ergibt sich für ein Betonbalkentragwerk im Bauzustand vor dem Aufbringen der Abdichtung und des Belages

$$\Delta T_{M,\text{pos}} = 15 \cdot 1{,}5 \cdot 0{,}8 = +18 \text{ K}$$
$$\Delta T_{M,\text{neg}} = -8 \cdot 1{,}0 \cdot 0{,}45 = -3{,}6 \text{ K}$$

1.8.2.3 Gleichzeitigkeit von Temperatureinwirkungen

Kombination von Temperatureinwirkungen

Wenn in einem Tragwerk sowohl der konstante Temperaturanteil ΔT_N als auch der lineare Temperaturunterschied ΔT_M gleichzeitig wirkt, können an Stelle der einzelnen Einwirkungen die nachstehenden Kombinationen betrachtet werden:

Fall 1: Temperaturschwankung dominant

$$\Delta T_N + \omega_M \cdot \Delta T_M \quad \text{mit } \omega_M = 0{,}75 \qquad\qquad 1.8(12)$$

Fall 2: Linearer Temperaturunterschied dominant

$$\Delta T_M + \omega_N \cdot \Delta T_N \quad \text{mit } \omega_N = 0{,}35 \qquad\qquad 1.8(13)$$

1.8.3 Temperatureinwirkungen auf Brückenpfeiler

Lineare Temperaturunterschiede, die zwischen den Außenflächen von Pfeilern mit Hohl- oder Vollquerschnitt auftreten, sind bei der Bemessung der Pfeiler zu berücksichtigen. Die insgesamt möglichen Temperaturbeanspruchungen der Pfeiler sind in die Nachweise derselben miteinzubeziehen, wenn diese zu Zwangskräften oder zu Bewegungen in benachbarten Bauteilen, z. B. dem Überbau, führen.

Die charakteristischen Werte der linearen Temperaturunterschiede zwischen den gegenüberliegenden Außenflächen der Pfeiler, mit Hohl- oder Vollquerschnitt, sollen zu 5 K angenommen werden, wenn keine genaueren Werte existieren. Für die charakteristischen Werte der linearen Temperaturunterschiede zwischen Innen- und Außenflächen einer Wand sollen der Betrag von 15 K gewählt werden.

1.8.4 Kombination für die Grenzzustände

Die aus den Temperatureinwirkungen herrührenden Verformungen und Spannungen müssen sowohl für ständige als auch für vorübergehende Bemessungssituationen, wie bei Bauzuständen oder Reparaturmaßnahmen, berücksichtigt werden. In besonderen Fällen sollen außergewöhnliche Bemessungssituationen angesetzt werden.

Temperatureinwirkungen sind mit keiner anderen veränderlichen Einwirkung zu kombinieren, sondern nur allein für sich, allerdings in Verbindung mit den ständigen Lasten anzusetzen. Im übrigen sind die Kombinationsregeln der Abschnitte 1.2.8 für Straßenbrücken, 1.4.11 für Eisenbahnbrücken und 1.5.6 für Fuß- und Radwegbrücken zu beachten.

1.9 Schnittkräfte aus Einwirkungen infolge vertikaler Verkehrslast

1.9.1 Belastungsprinzip

Die Verkehrslasteinflüsse aus den vertikalen Achslasten der simulierten Regelfahrzeuge ergeben sich aus zeitweilig vorhandenen Lasteinwirkungen, die *dort* rechnerisch zu verfolgen sind, wo sie das System ungünstig, d. h. im Sinne wachsender Beanspruchungsgrößen, belasten. Lastansätze aus den Radlasten der Doppelachsen erfolgen nach dem Prinzip der wandernden Einzellast bzw. der wandernden Lastgruppe. Die größte Beanspruchung ergibt sich

1.9 Schnittkräfte aus Einwirkungen infolge vertikaler Verkehrslast

aus den Einwirkungen der ungünstigen Laststellung der Achslasten und der zugehörigen Gleichlast, weitere Beanspruchungsgrößen können durch andere Laststellungen, die beim Hinüberwandern der Lastgruppe über das System entstehen, berechnet werden. Bei der Berechnung eines Brückenbauwerkes ergibt sich somit niemals nur *ein* statischer Beanspruchungszustand, sondern beliebig viele, die zur Festschreibung der maßgebenden Einwirkungsgrößen über die Tragwerkslänge erforderlich werden können.

Zur Festlegung der ungünstigen Laststellung kann man sich des Verfahrens der Einflußlinie bei Stabtragwerken bzw. des Einflußfeldes bei Flächentragwerken bedienen. Eine Einflußlinie bzw. ein Einflußfeld gibt an, wie das Tragwerk belastet werden muß, damit die zugehörige statische Größe zum maximalen oder minimalen Wert geführt werden kann.

1.9.2 Verkehrslast und Einflußlinie

Für die Berechnung von Stabtragwerken, wie Balken-, Rahmen- und Bogenkonstruktionen, müssen zunächst für die zu suchenden statischen Größen an den Bemessungspunkten die Einflußlinien aufgestellt werden. Nach Gesetzmäßigkeiten der Stabstatik ergeben sich diese als Biegelinien des zugehörigen (n–1)fach statisch unbestimmten Systems, wenn dieses durch die einfache negative Größe der betreffenden statischen Größe belastet wird. Das zugehörige System ist dasjenige System, welches durch den Fortfall der zu suchenden statischen Größe entstanden ist. Hiernach ergeben sich bei statisch bestimmt gelagerten Systemen geradlinige Begrenzungen der Einflußflächen, bei statisch unbestimmt gelagerten Systemen werden es aber immer gekrümmte Linienzüge sein müssen. Hier entstehen auch Einflußflächen verschiedenen Vorzeichens, d. h. bei Durchlaufträgern gibt es in den Bemessungspunkten – mit Ausnahme der Stützungspunkte – immer positive und negative Schnittgrößen aus der Verkehrslast. Die nachstehend dargestellten Bilder veranschaulichen diese Zusammenhänge.

Die Ordinaten der Einflußlinien können bei statisch bestimmten Systemen nach dem Hebelgesetz errechnet werden. Für statisch unbestimmte Systeme stehen für Regelabmessungen Tabellenwerke zur Verfügung [14], ansonsten müssen die Ordinaten über die Biegelinie des Ersatzsystems in den 1/10-Punkten des Feldes errechnet werden. Darüber hinaus sei auf die Möglichkeiten der FE-DV-Programme hingewiesen, die heute schon zur Standardausrüstung einer Berechnung gehören.

Die Auswertung der Einflußlinien erfolgt durch Zuordnung der jeweiligen Laststellung. Bei Anordnung der ungünstigen Laststellung muß man darauf achten, daß die Einzellasten der Achsen in der Summe jeweils die größten Ordinaten erfassen. Bild 1.41 zeigt verschiedene Möglichkeiten der Zuordnung der Einzellasten der Doppelachsen für die ungünstigen Last-

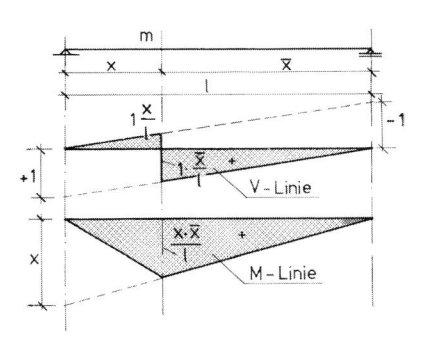

Bild 1.39
Einflußlinien des Balkens auf zwei Stützen für Querkraft und Moment

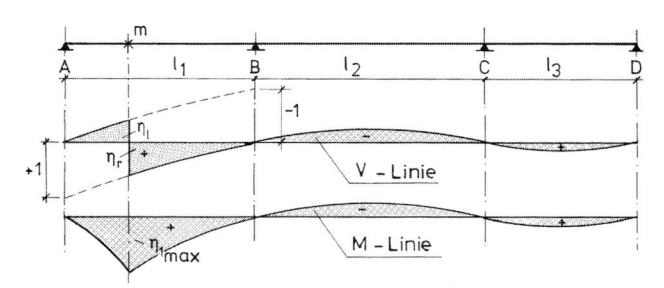

Bild 1.40
Einflußlinien des Dreifeldträgers für Querkraft und Biegemoment im Punkt $0{,}4 \cdot l$

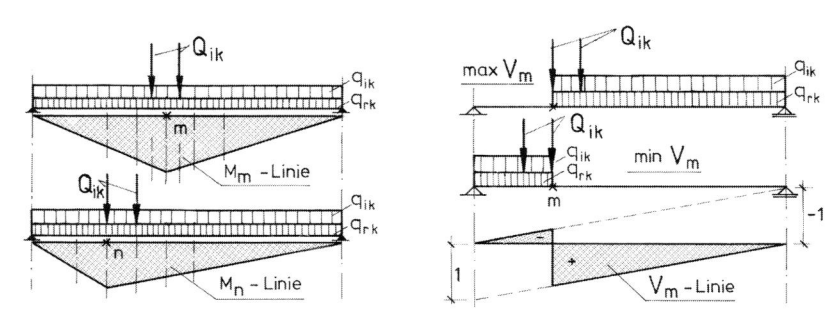

Bild 1.41
Ungünstige Laststellung für max M und max V

stellungen einmal beim Biegemoment und einmal bei der Querkraft. Beim Biegemoment muß nicht immer die Lastgruppe symmetrisch zur Spitze der E-Linie angeordnet werden. Bei der Auswertung einer Querkrafteinflußlinie beachte man, daß es infolge der antisymmetrischen Wirkung dieser Schnittgröße im Bemessungspunkt immer positive und negative Bemessungsschnittgrößen geben wird, deren Ermittlung die entsprechenden Laststellungen erfordern. Bei einem Durchlaufträger schließlich muß man beachten, daß Einflußflächen gleichen Vorzeichens zusammenhängend belastet werden müssen. Bild 1.42 zeigt die zugehörigen Laststellungen zur Ermittlung des größten positiven und größten negativen Biegemomentes im Bemessungspunkt m eines Dreifeldträgers für die Einwirkungen aus den Belastungen nach dem DIN-Fachbericht 101.

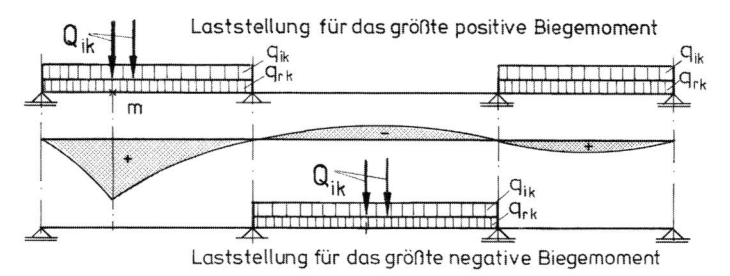

Bild 1.42
Ungünstige Laststellung für max/min M am Dreifeldträger

1.9 Schnittkräfte aus Einwirkungen infolge vertikaler Verkehrslast

Die charakteristischen Werte der Schnittgrößen ergeben sich wie folgt:

a) Anteil aus den Einzellasten:

$$S_Q = \sum_n (F_k \cdot \eta_n); \quad \text{mit } n = 1, 2 \text{ (ggf. 4 beim LM 71)}$$

mit: n Belastungspunkt der Achslast
       η_n Einflußlinienordinate an der Stelle n
       F_k Achslast

b) Anteil aus den gleichmäßig verteilten Lasten:

$$S_q = \sum_k q_k \cdot (\eta_k \cdot \Delta l) = \sum_k (q_k \cdot A_k); \quad k = 1, 2, 3, \ldots$$

mit: k Belastungsabschnitt der Gleichlast
       η_k maßgebende Einflußlinienordinate im Abschnitt k
       A_k zum Belastungsabschnitt zugehörige Fläche der E-Linie
       q_k Belastungsgröße im Abschnitt k

Bezüglich der Dimension eines solchermaßen ermittelten Biegemomentes sei darauf hingewiesen, daß die Ordinate der E-Linie eines Biegemomentes mit der Einheit [m] dimensionsgebunden ist.

1.9.3 Verkehrslast und Einflußfeld

Für die Berechnung von Flächentragwerken müssen, analog zum Einflußlinienverfahren bei Stabwerken, die Einflußfelder für die zu suchenden statischen Größen bekannt sein, um die ungünstige Laststellung der Regelfahrzeuge festlegen und die Größenbestimmung der Schnittkräfte vornehmen zu können. *Olsen* und *Reinitzhuber* [8] haben für zweiseitig gelagerte Platten Einflußfelder mit Hilfe von Reihenentwicklungen berechnet. Die allgemeine und weitgehendste Lösung dieses Problems wurde von *Pucher* [6] für Rechteckplatten mit Hilfe der Plattentheorie entwickelt, seine Ergebnisse liegen in Form von Höhenschichtlinienplänen vor. Für schiefwinklige Platten haben *Rüsch* und *Hergenröder* solche Höhenschichtlinienpläne mit Hilfe von Modellversuchen aufgestellt [7].

Diese räumlich zu deutenden Einflußbereiche zeigen für die Biegemomente und Querkräfte im Feld einer Platte im Aufpunkt einen mit wachsender Höhe immer enger werdenden schlauchartigen Zuwachs der Einflußordinaten mit einer Unendlichkeitsstelle im Zentrum des

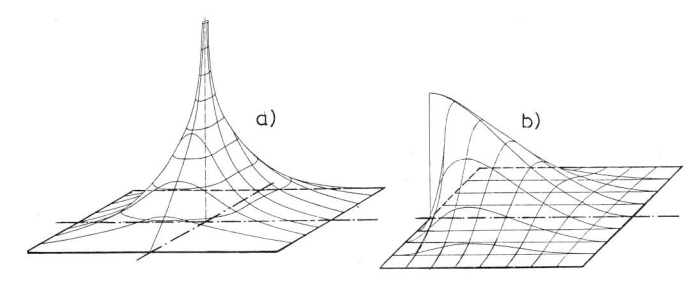

Bild 1.43
Räumliche Darstellung der Einflußfelder in der Feldmitte (a) und am Einspannrand einer vierseitig gelagerten Platte

Schlauches. Bei den Biegemomenten ergibt sich eine symmetrische Unstetigkeitsstelle, bei den Querkräften eine solche mit Vorzeichenwechsel. Hierbei handelt es sich um singuläre Bereiche der Lasteintragung, in denen die Querkräfte und damit auch die Momente bei kleiner werdenden kreisförmigen Lasteintragungsbereichen immer größer werden müssen [27]. Bei den Biegemomenten an Einspannrändern und den Drillmomenten wachsen die Einflußbereiche dagegen nur im endlichen Bereich zu.

Pucher leitete seine Lösungsansätze über das Einflußfeld einer Durchbiegung ein, das er über die Biegefläche der Platte, hervorgerufen durch eine Einzellast, mit Hilfe des Arbeitssatzes aus der Plattengleichung errechnet hat (siehe *Girkmann* [95]). Die Lösungsfunktion wurde in einen singulären Anteil und eine im ganzen Plattenbereich gültige reguläre Funktion aufgespalten. Über die Beziehung:

$$m_x = -K \frac{\delta^2 w}{\delta x^2}; \qquad q_x = \frac{\delta m_x}{\delta x}$$

ergaben sich dann die Lösungsansätze für die Einflußfunktion der Schnittkräfte, deren Ergebnis die in bestimmten Abständen von der Mittelfläche dargestellten kurvenförmigen Schichtenpläne sind. Zur weiteren Verdeutlichung der Ergebnisse im Bereich der Singularitäten bedarf es einer Interpretation des singulären Lösungsanteiles. Hier hat *Pucher* nachgewiesen, daß der ins Unendliche wachsende Schlauch im Aufpunkt ein endliches Volumen besitzt, somit gibt es keine unendlichen Werte für die Schnittgrößen. Wenn man weiter berücksichtigt, daß es die idealisierende Punktlast in der Statik nicht gibt, sondern daß alle Einzellasten immer über eine Aufstandsfläche eingetragen werden, kann man die für die Ermittlung der größten Feldmomente und Querkräfte erforderliche Volumensbestimmung unter der Lasteintragungsfläche einfacher durchführen. Man belastet den Einflußschlauch in der Höhe der größten ausgewiesenen Schichtlinie mit der Einflußfeldordinate κ_0 und bestimmt das unter der Lastfläche liegende Volumen. Der darüber liegende Volumensanteil kann vernachlässigt werden, da *Pucher* die Größe von κ_o so gewählt hat, daß das Restvolumen minimal klein wird. Aus dem singulären Lösungsanteil hat er das Restvolumen ΔV ermittelt, es beträgt:

- Bei Feldmomenten:

$$V = 0{,}02146 \; r_0^2 \; \mathrm{e}^{-8\pi\kappa_o}$$

- Bei Querkräften:

$$V = 0{,}01989 \cdot \frac{1}{\kappa_0}$$

mit: κ_0 größte Ordinate des Einflußvolumens nach *Pucher*
r_0 mittlerer Radius der höchsten Einflußschichtlinie

Die in den Schichtlinienplänen ausgewiesenen Einflußordinaten sind ganzzahlig ausgefallen. Hier hat man im Interesse einer eindeutigen Zuordnung einen Faktor $1/8\,\pi$, der sich aus der Lösungsfunktion der Differentialgleichung für die Durchbiegung der Kreisplatte ergibt, bewußt außer Acht gelassen. Die Kreisplatte ergab sich aus der Vorstellung der näherungsweisen kreisförmigen Lasteintragung im Aufpunkt. Bei der Auswertung der Einflußfelder nach *Pucher* sind daher alle errechneten Werte durch den Faktor $8\,\pi$ zu dividieren.

Die Untersuchungen wurden von *Pucher* zunächst an vierseitig gelagerten Platten durchgeführt, später dann auf die im Brückenbau häufigeren zweiseitig gestützten Platten übertragen. Bild 1.45 zeigt die Einflußfelder für die Biegemomente in x- und y-Richtung in der Feldmitte einer zweiseitig gelagerten Platte.

Die Auswertung der Einflußfelder erfolgt wieder durch Zuordnung der ungünstigen Laststellung. Diese wird durch die Lage der Doppelachsen und Fahrspuren im Grundriß vorgegeben.

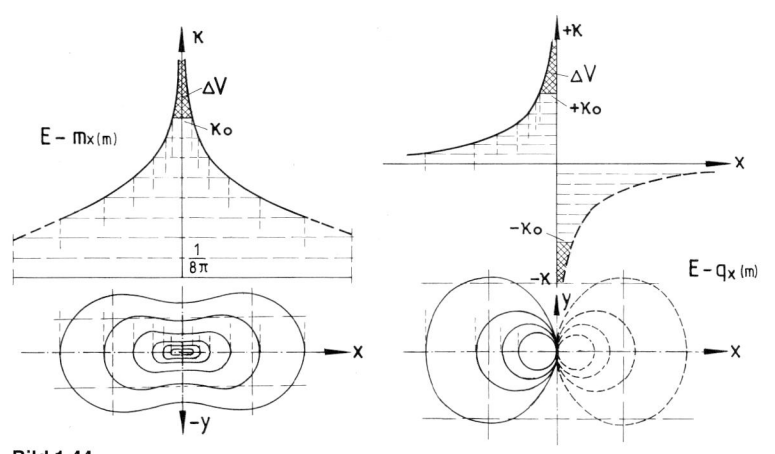

1.9 Schnittkräfte aus Einwirkungen infolge vertikaler Verkehrslast   93

Bild 1.44
Singularitätsbereiche m_x und q_x

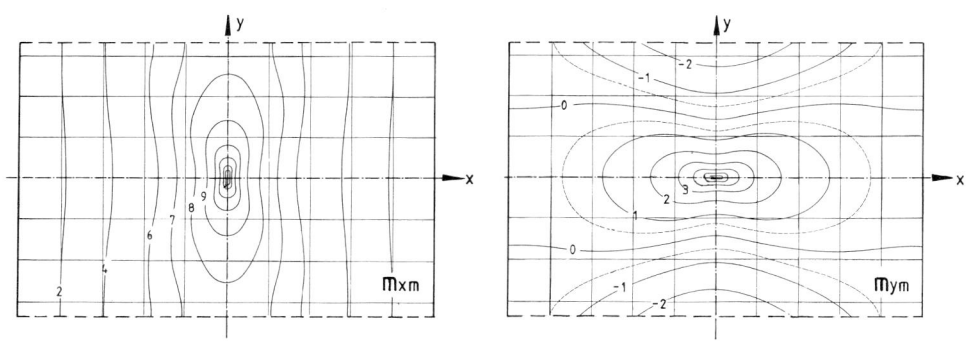

Bild 1.45
Einflußfelder für die Biegemomente in x- und y-Richtung in der Feldmitte einer zweiseitig gelagerten Platte

Den Radlasten der Doppelachsen sind die zugehörigen Einflußordinaten des Feldes zuzuordnen, den Flächenlasten das zugehörige Volumen eines Feldabschnittes. Wegen der Singularität im Aufpunkt wird dort die Einzellast durch die auf die Lasteintragungsfläche bezogene Flächenlast ersetzt. Wird die Ermittlung der Volumina unübersichtlich, bediene man sich des Verfahrens mit Hilfe der Simpsonschen Regel.

Pucher hat seine Untersuchungen für die Querdehnzahl $\mu = 0$ durchgeführt. Sollen andere Querdehnzahlen Berücksichtigung finden, wie es nach dem DIN-Fachbericht 102 gestattet ist, kann man den Momenten den Querdehnungsanteil der orthogonalen Richtung hinzufügen. Für den Fall gleich großer Momente gilt:

$$m_{xm}^* = m_{xm} + \mu \, m_{ym}$$

Bei den zweiseitig gelagerten Platten sind die Momente aber voneinander verschieden, umso mehr, je schmaler die Platte wird. Hier kann die obige Beziehung nur für das größere Moment Gültigkeit haben. Für das kleinere Moment kann man nach *Rüsch* [2], bei Platten mit einem Seitenverhältnis von $l_y/l_x = 2{,}0$ an, den Querkontraktionsanteil aus einem parabolischen Abfall der Differenz der Feldmomente m_x und m_y bestimmen. Für den Grad der parabolischen Abhängigkeit ergab sich nach Untersuchungen des Verfassers eine Mischform aus einer quadratischen und biquadratischen Funktion, um den Sollergebnissen nach der FE-Methode am nächsten zu kommen. Somit kann man das kleinere Biegemoment wie folgt angeben:

$$m_{ym}^* = m_{ym} + \alpha\mu \, (m_{xm} - m_{ym})$$

mit: α Korrekturfaktor nach Bild 1.46, entnommen dem schraffierten Bereich.

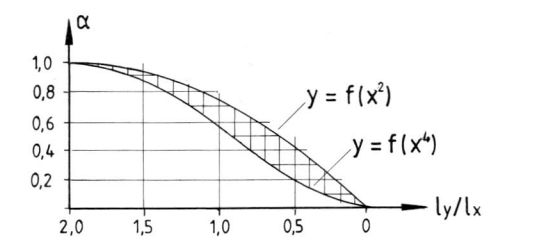

Bild 1.46 Korrekturfaktor α

Die charakteristischen Werte der Schnittgrößen ergeben sich wie folgt:

a) Anteil aus den Radlasten:

- im Aufpunkt:

$$S_{QA} = q_0 \sum_{t_x} \sum_{t_y} (\kappa_0 \cdot \Delta x \cdot \Delta y) = q_0 \cdot V_k$$

mit: t_x, t_y Abmessungen des Lasteintragungsbereiches
κ_0 Ordinate des Einflußfeldes im Aufpunkt
V_k Volumen des Einflußbereiches unter dem Lasteintragungsbereich

- übrige Radlasten:

$$S_{QR} = \sum_n (F_k \cdot \kappa_n); \quad n = 2, 3, \ldots, 7$$

mit: n Belastungspunkt der Radlast
κ_n Einflußordinate im Punkt n
F_k Radlast

b) Anteil aus den gleichmäßig verteilten Flächenlasten:

$$S_q = \sum_{k_x} \sum_{k_y} q_k \, (\kappa_k \cdot \Delta x \cdot \Delta y) = \sum_k (q_k \cdot V_k), \quad k = 1, 2, 3, \ldots$$

mit: k_x, k_y Belastungsabschnitte der Gleichlast in beiden Achsrichtungen
κ_k maßgebende Einflußfeldordinate im Abschnitt k
V_k zum Belastungsabschnitt zugehöriges Volumen des Einflußfeldes
q_k Belastungsgröße im Abschnitt k

Bezüglich der Dimension sei wieder darauf hingewiesen, daß die Ordinate des Einflußfeldes eines Biegemomentes mit der Einheit [m] dimensionsgebunden ist.

Sofern Einzellasten im Singularitätspunkt zu untersuchen sind, ist die Radaufstandsfläche auf die Plattenmittelfläche zu verteilen und die Untersuchung mit dieser Verteilungsfläche durchzuführen.

Wie bei den Einflußlinien kann auch beim Einflußfeld der gesamte Rechenaufwand mit Hilfe von FE-DV-Programmen durchgeführt werden. Die Laststellungen werden dabei von Hand in

1.10 Berechnungsbeispiele

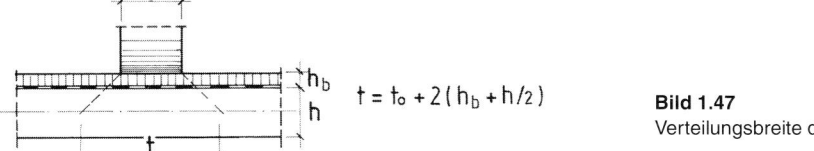

Bild 1.47
Verteilungsbreite der Radlast

$t = t_o + 2(h_b + h/2)$

das Programm eingegeben. Diese Programme arbeiten aber nicht nach dem Prinzip des Einflußfeldes, die Schnittgrößen werden durch Aufsummierung der Teilergebnisse aus den belastungsorientierten finiten Elementen erhalten.

1.10 Berechnungsbeispiele

1.10.1 Ermittlung einer Windkraft

Für die nachstehend skizzierte Straßenbrücke soll die Windkraft horizontal zur Brückenachse ermittelt werden. Das Bauwerk steht im norddeutschen Flachland, es ist die Windzone 2 mit der Geländekategorie II anzusetzen.

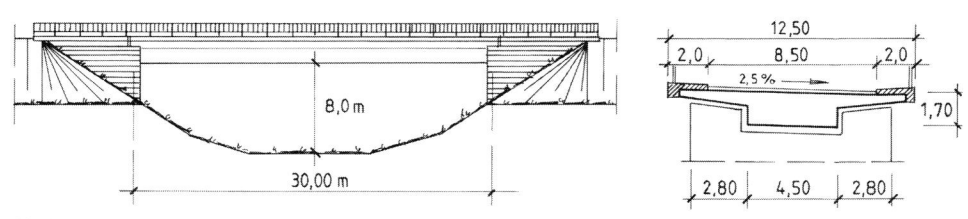

Bild 1.48
Querschnitt und System

a) Berechnung nach den Ansätzen der DIN V ENV 1991-2-4

Der charakteristische Wert der Windkraft in x-Richtung ergibt sich wie folgt:

$$F_{w,k} = q_{ref} \cdot c_e(z) \cdot c_d \cdot c_f \quad \text{kN/m}^2$$

- Staudruck mit $\rho = 1{,}25$ kg/m³

    $v_{ref} \to v_{ref,0} = 27{,}6$ m/s   nach ENV 1991–2.4, Bild A 2, Windzone 2

    $c_{dir} = 1{,}0; \; c_{tem} = 1{,}0; \; c_{alt} = 1{,}0$

    somit: $v_{ref} = 27{,}6$ m/s

    damit wird $q_{ref} = 5 \cdot 10^{-4} \cdot 1{,}25 \cdot 27{,}6^2 = 0{,}48$ kN/m²

- Standortbeiwert $c_e(z)$
    - Rauhigkeitsbeiwert $c_r(z)$ mit $z = 8{,}0 + 1{,}70/2 = 8{,}85$ m

    Tab. 8.1, ENV 1991-2.4, Geländekategorie II:

    $z_{min} = 4$ m; $z_0 = 0{,}05$ m; $k_T = 0{,}19$; $z_{min} < z < 200$ m

somit: $c_r(z) = 0{,}19 \cdot \ln\left(\dfrac{8{,}85}{0{,}05}\right) = 0{,}98$

– Topographiebeiwert $c_t(z) = 1{,}0$, ebenes Gelände

damit wird: $c_e(z) = 0{,}98^2 \cdot 1{,}0^2 \left[1 + \dfrac{7 \cdot 0{,}19}{0{,}98 \cdot 1{,}0}\right] = 2{,}26$

- Dynamischer Beiwert c_d nach ENV 1991-2.4, Bild 9.4:
  $l = 30{,}0$ m; $z = 8{,}85$ m; damit wird $c_d = 0{,}93$

- Aerodynamischer Beiwert c_f nach ENV 1991, Bild 10.11.2:
  – unbelastete Brücke: $d/b = 12{,}50/1{,}70 = 7{,}4$; $c_{fx,0} = 1{,}3$
  – belastete Brücke: $d/b = 12{,}50/3{,}70 = 3{,}4$; $c_{fx,0} = 1{,}5$
  Abminderungsbeiwert $\psi_{\lambda,x}$
  $\lambda = 30/1{,}7 = 17{,}6 < 70$ als Fall Nr. 2 nach Tab. 10.14.1, ENV 1991-2.4
  Völligkeitsgrad $\varphi = 1{,}0$, da Vollwandträger
  somit: $\psi_{\lambda,x} = 0{,}75$ nach Bild 10.14.1, ENV 1991-2.4
  damit wird: $c_f = 1{,}3 \cdot 0{,}75 = 0{,}975$ für die unbelastete Brücke
  $c_f = 1{,}5 \cdot 0{,}75 = 1{,}125$ für die belastete Brücke

- Charakteristischer Wert der Windkraft als bezogene Flächenlast
  – unbelastete Brücke: $F_{wk} = 0{,}48 \cdot 2{,}26 \cdot 0{,}93 \cdot 0{,}975 = 0{,}98$ kN/m^2
  – belastete Brücke: $F_{wk} = 0{,}48 \cdot 2{,}26 \cdot 0{,}93 \cdot 1{,}125 = 1{,}13$ kN/m^2

b) Berechnung nach dem Näherungsverfahren des DIN-Fachberichtes 101, Einwirkungen auf Brücken

- Vorwerte:
  Gesamtbreite des Bauwerkes: $b = 12{,}50$ m
  Maßgebende Höhen der Windresultierenden:
  – unbelastete Brücke:
  $d = 1{,}70 + 4{,}25 \cdot 0{,}025 = 1{,}81$ m; $z_e = 8{,}0 + \dfrac{1{,}81}{2} \approx 9{,}0$ m
  – belastete Brücke
  $d = 1{,}81 + 2{,}00 = 3{,}81$ m; $z_e = 8{,}0 + \dfrac{3{,}81}{2} \approx 10{,}0$ m

- Charakteristischer Wert der Windkraft nach Tabelle 1.25:
  – unbelastete Brücke:
  $b/d = 12{,}5/1{,}81 \approx 7$; $z_e \leq 20$ m; $F_{wk} = 1{,}90$ kN/m^2
  – belastete Brücke:
  $b/d = 12{,}5/3{,}81 = 3{,}5$; $z_e \leq 20$ m; $F_{wk} = 1{,}74$ kN/m^2

- Windangriffsfläche $A_{\text{ref},x}$
  - unbelastete Brücke:
    $= 1{,}70 + 0{,}08 + 0{,}15 + 0{,}025 \cdot 4{,}25 + 2 \cdot 0{,}30 + 2 \cdot 0{,}30 = 3{,}24 \text{ m}^2/\text{m}$
  - belastete Brücke:
    $= 1{,}70 + 0{,}08 + 2{,}00 + 0{,}025 \cdot 4{,}50/2 = 3{,}83 \text{ m}^2/\text{m}$

- Charakteristischer Wert der Windkraft als Streckenlast
  - unbelastete Brücke: $F_{wk} = 1{,}90 \cdot 3{,}24 = 6{,}16 \text{ kN/m}$
  - belastete Brücke: $F_{wk} = 1{,}74 \cdot 3{,}83 = 6{,}66 \text{ kN/m}$

1.10.2 Ermittlung eines Biegemomentes eines Balkentragwerkes

Für eine einstegige Balkenbrücke der Stützweite 16,25 m mit dem nachstehend skizzierten Querschnitt ist das Verkehrslastmoment für die Einwirkungen nach dem DIN-FB. 101 an der Stelle $x = 0{,}4\,l$ zu ermitteln. Die Anpassungsfaktoren betragen $\alpha_{Qi} = 0{,}8$; $\alpha_{qi} = 1{,}0$.

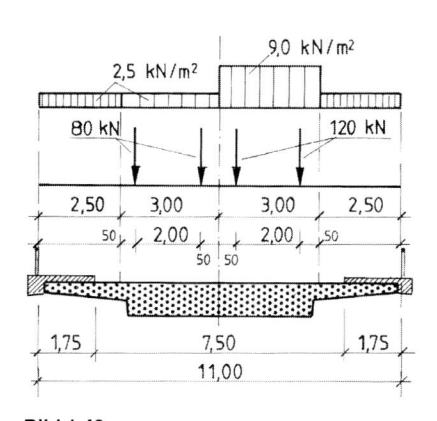

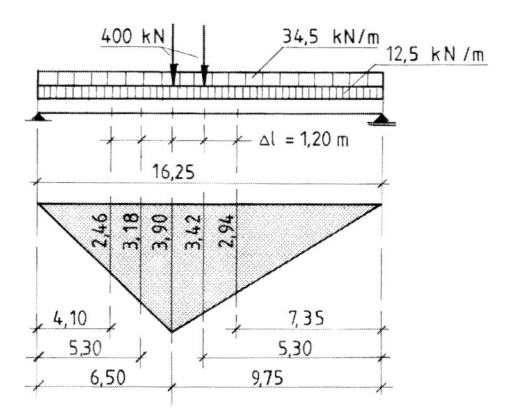

Bild 1.49
Lastbild und Einflußlinie

Ordinate der Einflußlinie: $\max \eta_{0,4} = 0{,}4 \cdot 0{,}6 \cdot 16{,}25 = 3{,}90$ [m].

Belastung:

Fahrstreifen 1: $\alpha_{Q1} \cdot Q_{1k} = 0{,}8 \cdot 300 = 240 \text{ kN/Achse}$
$\alpha_{q1} \cdot q_{1k} = 1{,}0 \cdot 9{,}0 = 9{,}0 \text{ kN/m}^2$

Fahrstreifen 2: $\alpha_{Q2} \cdot Q_{2k} = 0{,}8 \cdot 200 = 160 \text{ kN/Achse}$
$\alpha_{q2} \cdot q_{2k} = 1{,}0 \cdot 2{,}5 = 2{,}5 \text{ kN/m}^2$

Restfläche: $\alpha_{qr} \cdot q_{rk} = 1{,}0 \cdot 2{,}5 = 2{,}5 \text{ kN/m}^2$

Lastanteile in Brückenlängsrichtung:

Achse: $Q_{(1+2)} = 240 + 160 = 400 \text{ kN}$

Gleichlast auf den Fahrstreifen: $q_{(1+2)} = (9{,}0 + 2{,}5)\,3{,}0 = 34{,}5$ kN/m

Gleichlast auf der Restfläche: $q_r = 2{,}5\,(2{,}5 + 2{,}5) = 12{,}5$ kN/m

Biegemoment:

$$\begin{aligned}
M_{Q;0,4} = 400\,(3{,}90 + 3{,}42) &= 2928 \text{ kNm}\\
+\, 34{,}5 \cdot 16{,}25 \cdot 3{,}90/2 &= 1093 \text{ kNm}\\
+\, 12{,}5 \cdot 16{,}25 \cdot 3{,}90/2 &= 396 \text{ kNm}\\
M_{Q;0,4} &= 4417 \text{ kNm}
\end{aligned}$$

1.10.3 Ermittlung eines Biegemomentes eines Flächentragwerkes

Für eine Fahrbahnplatte der Breite 10,0 m, der Länge 15,0 m und der Dicke von 0,70 m soll ein Biegemoment in der Plattenmitte infolge Verkehrslast nach dem DIN-Fachbericht 101 für eine Straßenbrücke ermittelt werden. Die Anpassungsfaktoren betragen $\alpha_{Qi} = 0{,}8$ und $\alpha_{qi} = 1{,}0$.

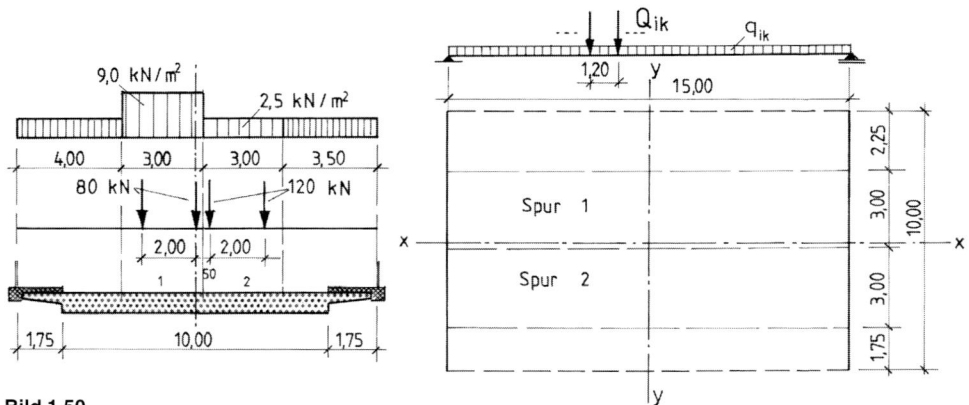

Bild 1.50
Querschnitt und System

a) Einwirkungen

- Achslasten der Doppelachsen:

    Fahrstreifen 1: $\alpha_{Q1} \cdot Q_{1k} = 0{,}8 \cdot 300 = 240$ kN
    Fahrstreifen 2: $\alpha_{Q2} \cdot Q_{2k} = 0{,}8 \cdot 200 = 160$ kN

- Flächenlasten:

    Fahrstreifen 1: $\alpha_{q1} \cdot q_{1k} = 1{,}0 \cdot 9{,}0 = 9{,}0$ kN/m²
    Fahrstreifen 2: $\alpha_{q2} \cdot q_{2k} = 1{,}0 \cdot 2{,}5 = 2{,}5$ kN/m²
    Restfläche: $\alpha_{qr} \cdot q_{rk} = 1{,}0 \cdot 2{,}5 = 2{,}5$ kN/m²

Die Ermittlung wird beispielhaft für das Biegemoment m_{xm} nach den Einflußtafeln von *Pucher* gezeigt [6].

Dimensionslose Vorwerte für die Benutzung der Tafeln:

Länge des Plattenfeldes: $l = 15{,}0/15{,}0 = 1{,}0$

1.10 Berechnungsbeispiele

Breite des Plattenfeldes: $\quad b = 10{,}0/15{,}0 = 0{,}667$
Breite der Fahrspur: $\quad w = 3{,}0/15{,}0 = 0{,}20$
Doppelachse: Achsabstand: $\quad 1{,}20/15{,}0 = 0{,}080$
  Radstand: $\quad 2{,}00/15{,}0 = 0{,}133\ldots$
  gegenseitiger Abstand: $\quad 0{,}50/15{,}0 = 0{,}033\ldots$

b) Ungünstige Laststellung der Doppelachse

Zur Feststellung der ungünstigen Laststellung der Doppelachsen wird eine Voruntersuchung für zwei verschiedene Laststellungen geführt:

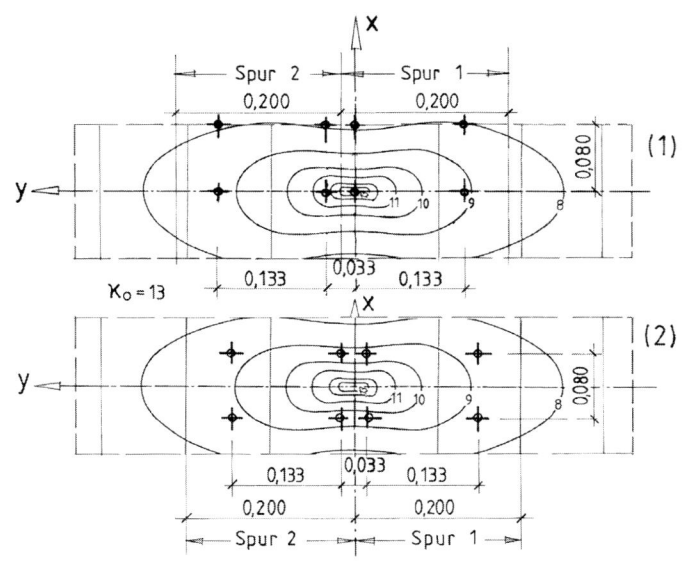

Bild 1.51
Varianten der Lage der Fahrstreifen und der Radlasten der Doppelachsen

Stellung 1: Die Fahrspuren werden so angeordnet, daß eine Doppelachse mit einer Radlast im Plattenmittelpunkt steht.

Stellung 2: Beide Doppelachsen werden symmetrisch zur Mittelachse der Platte angeordnet.

Die Auswertung erfolgt bei der Stellung 1 im Unstetigkeitspunkt nach der Simpsonschen Regel über die bezogene Verteilungsfläche der Radaufstandsfläche (vergl. 4. Aufl.), ansonsten durch direkten Vergleich der Ordinaten des Einflußfeldes. Das Ergebnis ist eine Gleichwertigkeit der Momentenwerte. Damit ist der nicht-aufpunktbezogenen Stellung der Doppelachsen wegen des geringeren Rechenaufwandes der Vorzug zu geben:

c) Ermittlung des Biegemomentes m_{xm}

Momentenanteil der Radlasten nach Stellung 2

$$\Delta m_{x1} = \frac{1}{8\pi} 120\,(2 \cdot 9{,}5 + 2 \cdot 8{,}7) = 173{,}8 \text{ kN/m}$$

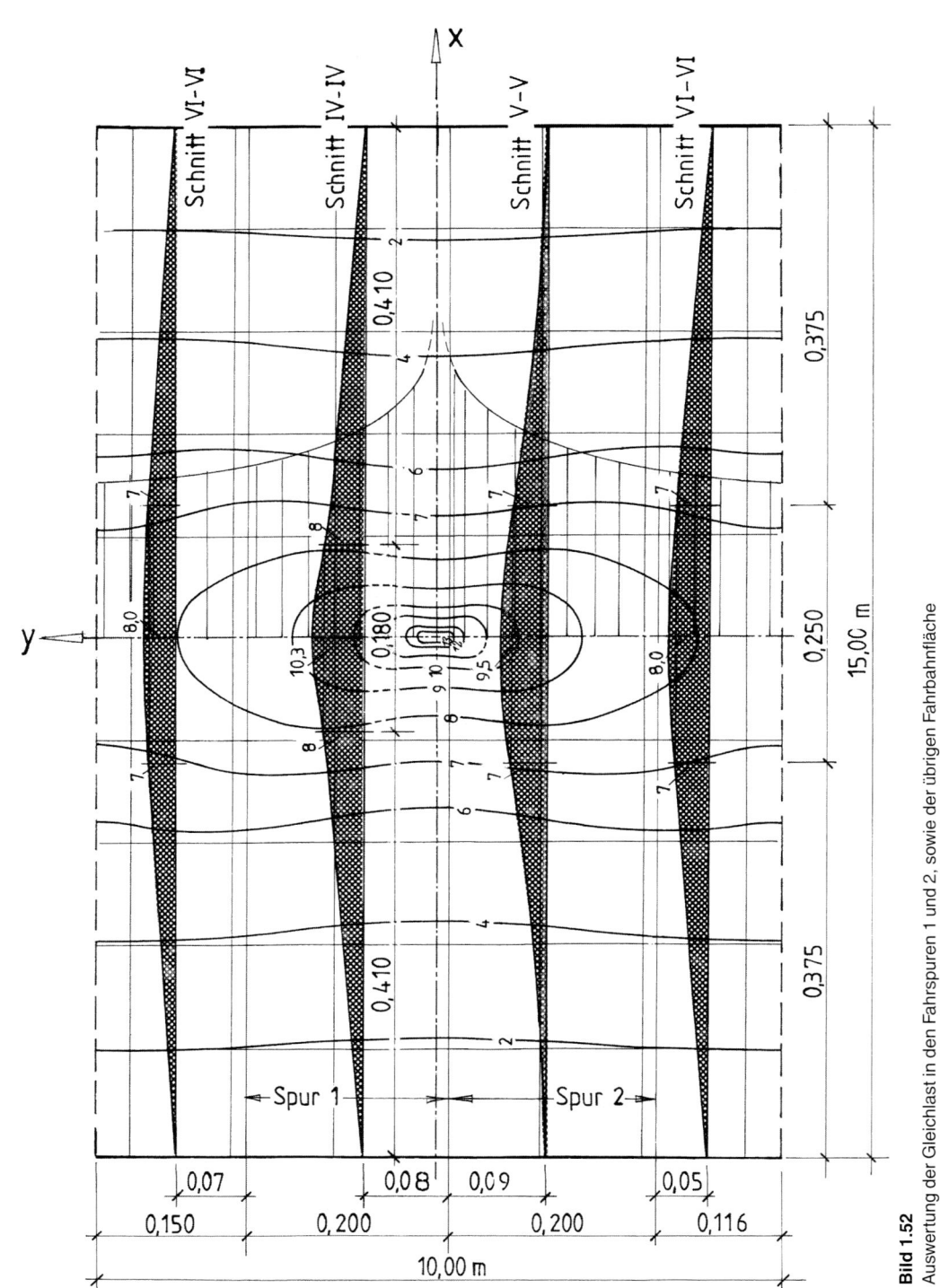

Bild 1.52 Auswertung der Gleichlast in den Fahrspuren 1 und 2, sowie der übrigen Fahrbahnfläche

1.10 Berechnungsbeispiele

$$\Delta m_{x2} = \frac{1}{8\pi} \; 80\,(2 \cdot 9{,}5 + 2 \cdot 8{,}7) = 115{,}9 \text{ kN/m}$$
$$\Sigma m_x = 289{,}7 \text{ kN/m}$$

Momentenanteil aus der Gleichlast

Die Ermittlung der Volumina erfolgt durch Multiplikation der Belastungsbreite mit der Fläche des Einflußfeldes in Längsrichtung im Schwerpunkt der Verteilungsfläche der jeweiligen Spur. Die Verteilungsfläche ist im jeweiligen Bild senkrecht schraffiert dargestellt, ihr Schwerpunkt wurde gesondert ermittelt.

- Fahrspur 1 (Schnitt IV–IV):

$$A = 2 \cdot \frac{1}{2} \cdot 0{,}41 \cdot 8{,}0 + 0{,}18 \cdot 8{,}0 + \frac{2}{3} \cdot 0{,}18\,(10{,}3 - 8{,}0) = 5{,}0$$
$$8\pi \text{ „}V\text{"} = 5{,}0 \cdot 0{,}2 = 1{,}0 \text{ [m]}$$
$$\Delta m_{x1} = \frac{1}{8\pi} \cdot 1{,}0 \cdot 9{,}0 \cdot 15{,}0^2 = 80{,}6 \text{ kNm/m}$$

- Fahrspur 2 (Schnitt V–V):

$$A = 2 \cdot \frac{1}{2} \cdot 0{,}375 \cdot 7{,}0 + 0{,}25 \cdot 7{,}0 + \frac{2}{3} \cdot 0{,}25\,(9{,}5 - 7{,}0) = 4{,}8$$
$$8\pi \text{ „}V\text{"} = 4{,}8 \cdot 0{,}20 = 0{,}96 \text{ [m]}$$
$$\Delta m_{x2} = \frac{1}{8\pi} \cdot 0{,}96 \cdot 2{,}5 \cdot 15{,}0^2 = 21{,}5 \text{ kNm/m}$$

- Restliche Fahrbahnfläche (Schnitt VI–VI):

$$A = 2 \cdot \frac{1}{2} \cdot 0{,}375 \cdot 7{,}0 + 0{,}25 \cdot 7{,}0 + \frac{2}{3} \cdot 0{,}25\,(8{,}0 - 7{,}0) = 4{,}5$$
$$8\pi \text{ „}V\text{"} = 4{,}5\,(0{,}150 + 0{,}116) = 1{,}20 \text{ [m]]}$$
$$\Delta m_{x3} = \frac{1}{8\pi} \cdot 1{,}2 \cdot 2{,}5 \cdot 15{,}0^2 = 26{,}9 \text{ kNm/m}$$

Insgesamt

Das Biegemoment m_{xm} beträgt ohne den Einfluß der Querdehnung:
$$m_{xm} = 289{,}7 + 80{,}6 + 21{,}5 + 26{,}9 = 418{,}7 \text{ kNm/m}$$

1.10.4 Ermittlung der charakteristischen Werte der Einwirkungen und der Verkehrslastgruppen für eine Eisenbahnbrücke

Aufgabenstellung

Für eine rechtwinklige, einspurige Eisenbahnbrücke mit Randkappen nach der Richtzeichnung DB-MBR 1604 sind die charakteristischen Werte der Einwirkungen zu ermitteln. Die Brücke hat eine Stützweite von 18,00 m, die Gleisachse liegt in einem Bogen von R = 3200 m. Die Entwurfsgeschwindigkeit beträgt 160 km/h.
(Siehe Abschnitt 3.2 zu den konstruktiven Zusammenhängen einer Eisenbahnbrücke)

1.10.4.1 System, Abmessungen und Vorwerte

(1) System

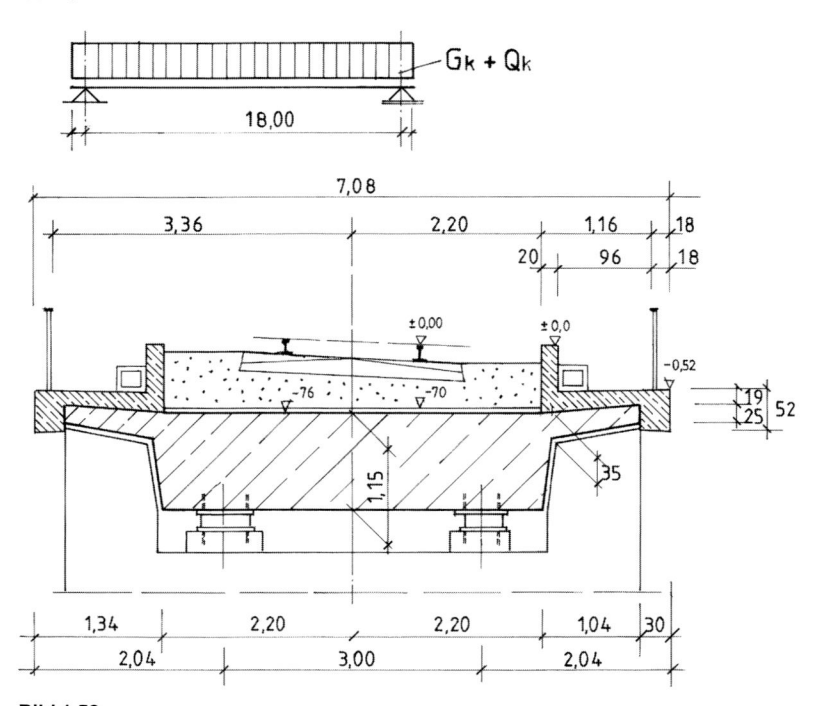

Bild 1.53
Querschnitt und System

Beton: C 35/45; E_{cm} = 33300 N/mm^2

Querschnittswerte:

A_c = 5,79 m^2; z_u = 0,62 m; z_o = 0,53 m; I_{cz} = 0,670 m^4

(2) Vorgaben zur Konstruktion

Konstruktionshöhe: Überbau vorgespannt

erf h = $l/16$ = 18,0/16 = 1,125 m gewählt 1,15 m

Randkappe: MBR 1604 mit $A_c \approx$ 0,5 m^2

Gleise: UIC 60 mit A = 76,8 cm^2; durchgehend geschweißt

Höhe über Gelände: Unterkante Überbau bei +5,0 m N.N.

Brückenlager: Festes Lager: Punktkipplager

  Bewegliches Lager: Punktkippgleitlager, einseitig beweglich

1.10 Berechnungsbeispiele

(3) Eisenbahntechnische Voruntersuchungen

Fahrbahnverbreiterung

Gleisbogen: $R = 3200$ m

Zentriwinkel: $\alpha = \dfrac{18{,}0}{3200} \cdot \dfrac{180}{\pi} = 0{,}32°$

Abrückung in Brückenmitte:

$$f = \frac{1}{2} \cdot 18{,}0 \cdot \frac{0{,}32}{4} \cdot \frac{\pi}{180} = 0{,}013 \text{ m} \triangleq 1{,}3 \text{ cm}$$

Der Wert ist gering, es wird keine Fahrbahnverbreiterung vorgesehen

Querneigung

Regelüberhöhung für Personen- und Güterverkehr mit 120 km/h $< V \leq$ 160 km/h

$$\text{reg ü} = 6{,}5 \, \frac{160^2}{3200} = 52 \text{ mm; gewählt } 5{,}0 \text{ cm}$$

Querneigungswinkel der Gleisanlage:

$$\tan \alpha = 0{,}05/1{,}50 = 0{,}0333; \; \alpha = 1{,}9°$$

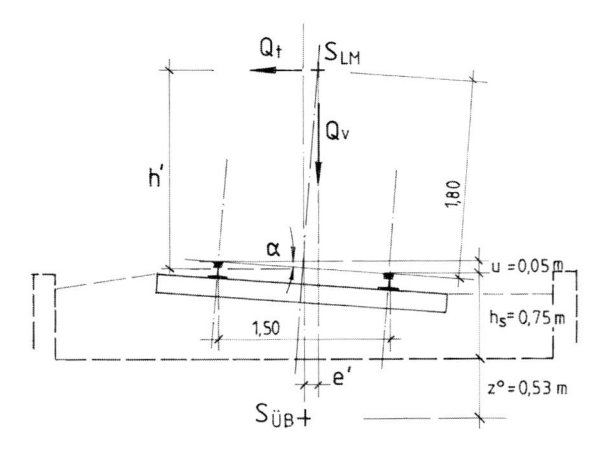

Bild 1.54 Geometrie der Querneigung

Exzentrizität der Vertikallasten infolge Querneigung:

$$e' = 1{,}80 \sin 1{,}9° = 0{,}060 \text{ m}$$

Hebelarm der Zentrifugalkräfte zum Schwerpunkt des Überbaues:

$$h_T = h' + \frac{u}{2} + h_s + z_0$$
$$= 1{,}8 \cos 1{,}9° + 0{,}025 + 0{,}75 + 0{,}53 = 3{,}10 \text{ m}$$

Hebelarm der Windkräfte zum Schwerpunkt des Überbaues:

$$h_{ws} = \frac{4{,}00}{2} + 0{,}025 + 0{,}75 + 0{,}53 = 3{,}31 \text{ m}$$

1.10.4.2 Charakteristische Werte der Vertikallasten

(1) Ständige Lasten

Überbau:	$1{,}15 \cdot 2\,(2{,}20 + 0{,}06)$	$= 5{,}20\ \text{m}^2$
	$2\,\dfrac{0{,}35 + 0{,}25}{2}\,(1{,}04 - 0{,}06)$	$= 0{,}59\ \text{m}^2$
Kappen:	$2 \cdot 0{,}50$	$= 1{,}00\ \text{m}^2$
		$= 6{,}79 \cdot 25 = 169{,}8\ \text{kN/m}$
Fahrbahn:	Höhe 70 cm, nach Tabelle 1.8	$= 55{,}0\ \text{kN/m}$
	(Schotterbett, Schwellen, Schienen, Hebungsreserve)	

Schutzbeton und Abdichtung: $0{,}06 \cdot 25 \cdot 4{,}40$ $\qquad\qquad = 6{,}6\ \text{kN/m}$
Geländer: $2 \cdot 0{,}44$ $\qquad\qquad = 0{,}9\ \text{kN/m}$
Kabelkanäle: $2 \cdot 0{,}068 \cdot 25$ $\qquad\qquad = 3{,}4\ \text{kN/m}$

$\qquad\qquad\qquad\qquad\qquad\qquad\qquad\qquad\qquad = 235{,}7\ \text{kN/m}$

zur Abrundung $\qquad\qquad\qquad\qquad\qquad\qquad\qquad\quad 1{,}3\ \text{kN/m}$

$\qquad\qquad\qquad\qquad\qquad\qquad\qquad\qquad G_k = 237{,}0\ \text{kN/m}$

(2) Verkehrslasten

Im folgenden werden für alle relevanten Lastmodelle die Lastbilder getrennt ermittelt. Bei Kombinationen mit anderen Lastmodellen der Verkehrslast nach Tabelle 1.18 müssen alle Einflüsse einzeln zusammengesetzt werden. Das gleiche gilt für die Verkehrslastkombinationen mit anderen für den Eisenbahnverkehr typischen Einflüssen bei der Bemessung.

a) Lastmodell 71

Außermittigkeiten der Vertikallasten

Die seitliche Exzentrizität der Vertikallasten setzt sich aus folgenden Einflüssen zusammen:

– Resultierende Ausmitte des LM 71:

$\qquad e = \pm 1{,}5/1{,}8 = \pm 0{,}083\ \text{m}$

– Geometrische Ausmitte infolge Querneigung des Gleises nach Punkt 1.10.4.1:

$\qquad e' = 0{,}060\ \text{m}$

– Ausmitte durch mögliche Gleisverschiebung:
  entfällt, da Fahrbahnbreite gleich Regellichtraum

– Ausmitte infolge Bogenkrümmung nach Punkt 1.10.4.1:
  $f = 0{,}013\ \text{m}$; wird vernachlässigt

Diese Außermittigkeiten werden in der Weise berücksichtigt, daß jeweils die größten positiven oder negativen Torsionsmomente entstehen. Es gilt folgende Vorzeichenregel für die Einwirkungen aus der Querbiegung:

– $\max e = e' + e = 0{,}060 + 0{,}083 = +0{,}143\ \text{m}$

  Es entstehen die größten positiven Torsionsmomente, wenn keine Einwirkung aus der Fliehkraft vorliegt, also maßgebender Lastfall:

  $\qquad G_k + 1{,}0\ \text{LM 71}$ $\qquad\qquad\qquad\qquad\qquad\qquad\qquad\qquad$ (LM 71 ruht)

– $\min e = e' - e = +0{,}060 - 0{,}083 = -0{,}023\ \text{m}$

1.10 Berechnungsbeispiele

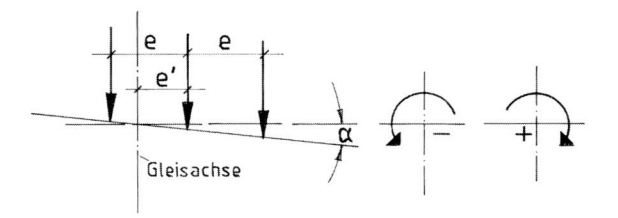

Bild 1.55
Exzentrizitäten, Vorzeichendefinition

Es entstehen die größten negativen Torsionsmomente wenn die Fliehkraft und die Seitenkraft berücksichtigt wird, also maßgebender Lastfall:

$G_k + \Phi$ LM 71 (LM 71 fährt)

– Bei den Lastmodellen SW und Unbeladener Zug entfällt die Exzentrizität e, es verbleibt die geometrische Ausmitte e'.

Einwirkungen

Der Ansatz des Lastmodelles 71 erfolgt nach Bild 1.12. Die Achslasten werden in Längsrichtung gleichmäßig verteilt angenommen, somit:
– Bereich der Achslasten: $q_{ik} = 4 \times 250/6{,}40 = 156{,}35$ kN/m
– übriger Bereich: $q_{ik} = 80{,}0$ kN/m

Es liegt ein normaler Streckenverkehr vor, der Klassifizierungsfaktor beträgt:

$\alpha = 1{,}0$

Somit ergeben sich die charakteristischen Werte der Einwirkungen für das ruhende LM 71:

– durchgehender Lastanteil: $q_{1k} = 1{,}0 \cdot 80{,}0 = 80{,}0$ kN/m
– Überlast (beweglich): $q_{2k} = 1{,}0 \cdot 76{,}25 = 76{,}25$ kN/m

Außermittigkeit $e = +0{,}143$ m

mit den Einwirkungen aus Querbiegung:
– $m_{T1,k} = +80{,}0 \cdot 0{,}143 = +11{,}4$ kN/m
– $m_{T2,k} = +76{,}25 \cdot 0{,}143 = +10{,}9$ kN/m

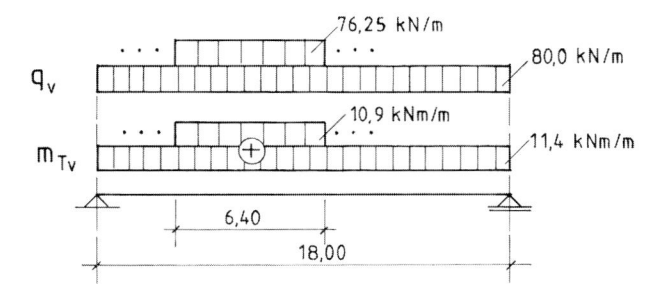

Bild 1.56
Lastbild $1{,}0 \times$ LM 71

Dynamische Wirkungen

Die Ausbaugeschwindigkeit beträgt 160 km/h. Für diese Geschwindigkeit besteht keine Resonanzgefahr, es sind die dynamischen Beiwerte Φ anzuwenden, wenn die zulässigen Grenzen der Eigenfrequenz unter ständigen Lasten eingehalten sind.

$$n_0 = \frac{17{,}74}{\sqrt{\delta_0}}$$

mit: δ_0 Durchbiegung in Feldmitte unter ständigen Lasten in [mm]

$$\delta_0 = \frac{5}{384} \cdot \frac{237 \cdot 10^{-3} \cdot 18{,}0^4}{33300 \cdot 0{,}67} = 0{,}015 \text{ m} \triangleq 15 \text{ mm}, \quad \text{vorh } n_0 = \frac{17{,}74}{\sqrt{15}} = 4{,}58 \text{ Hz}$$

Oberer Grenzwert der Eigenfrequenz:

$$n_0 = 94{,}76 \cdot 18{,}0^{-0{,}748} = 10{,}9 \text{ Hz}$$

Unterer Grenzwert der Eigenfrequenz:

$$n_0 = 80/18{,}0 = 4{,}44 \text{ Hz}$$

4,44 Hz < 4,58 < 10,9   Bedingung erfüllt

Somit dynamischer Beiwert:

$$\Phi_2 = \frac{1{,}44}{\sqrt{18{,}0 - 0{,}2}} + 0{,}82 = 1{,}18$$

Somit ergeben sich die charakteristischen Werte der Einwirkungen für das fahrende LM 71:

- $q_{1,k} = 1{,}18 \cdot 80{,}0 = 94{,}4$ kN/m
- $q_{2,k} = 1{,}18 \cdot 76{,}25 = 90{,}0$ kN/m

Außermittigkeit $e = -0{,}023$ m

mit den Einwirkungen aus Querbiegung:

- $m_{T1,k} = -94{,}4 \cdot 0{,}023 = -2{,}2$ kNm/m
- $m_{T2,k} = -90{,}0 \cdot 0{,}023 = -2{,}1$ kNm/m

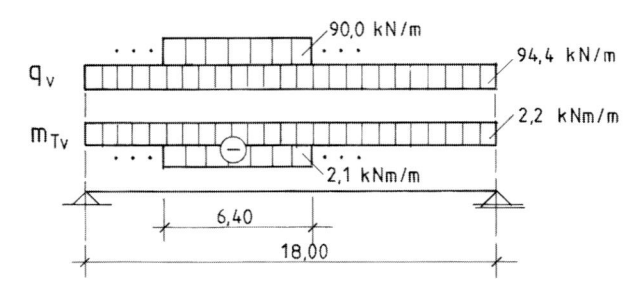

Bild 1.57 Lastbild $\Phi \times$ LM 71

b) Lastmodell SW

Das Lastmodell SW/0 ist nur bei Durchlaufträgern zu berücksichtigen, das Modell SW/2 nur dann, wenn die Strecke dafür vorgesehen ist. Dieses sei der Fall, also:

Charakteristischer Wert der Einwirkungen des Schwerlastverkehrs:

- $q_{3,k} = 1{,}18 \cdot 150 = 177$ kN/m

Außermittigkeit $e = +0{,}060$ m

mit den Einwirkungen aus Querbiegung:

- $m_{T3,k} = +177 \cdot 0{,}060 = +10{,}6$ kNm/m

$l = 18{,}8$ m $< l_{max} = 25{,}0$ m; das System ist voll belastet.

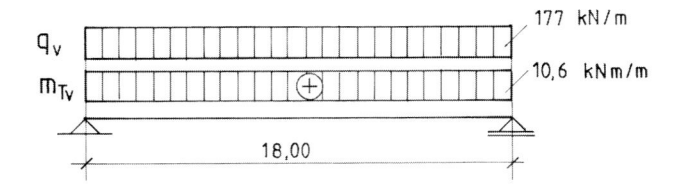

Bild 1.58 Lastbild SW/2

c) Lastmodell Unbeladener Zug

$q_{4,k} = 12{,}5$ kN/m; $e = +0{,}060$ m

$m_{T4,k} = +12{,}5 \cdot 0{,}060 = +0{,}8$ kNm/m

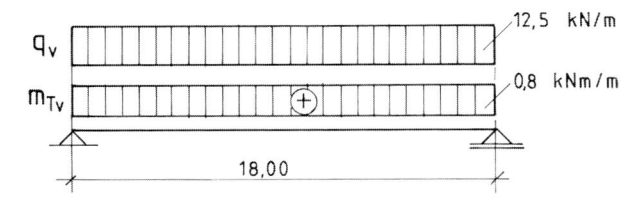

Bild 1.59 Lastbild Unbeladener Zug

d) Verkehrslast in vorübergehenden Bemessungssituationen

Eine vorübergehende Bemessungssituation liegt bei der Gleis- oder Brückenunterhaltung vor. Hierfür sind die Werte des LM 71 entsprechend den Nicht-häufigen Werten anzusetzen.

Nach Tabelle 1.19 (G.2) ist: $\psi_1' = 1{,}00$ der charakteristische Wert der Einwirkung beträgt:

– $q_{v1,k} = 1{,}0 \cdot 80{,}0\ = 80{,}0$ kN/m
– $q_{v2,k} = 1{,}0 \cdot 76{,}25 = 76{,}25$ kN/m

mit der Ausmitte $e = +0{,}143$ m

Das Lastbild entspricht dem des Bildes 1.56.

e) Ermüdungslastmodell

Für den in diesem Beispiel angenommenen Normalverkehr (LM 71 mit φ) wird die Ermüdungssicherheit für die Verkehrszusammensetzung „gewöhnlicher Verkehr" durchgeführt. Angenommen wird der Betriebslastenzug Typ 1, lokgezogener Reisezug, nach Bild 1.28 mit der Achslast F = 225 kN

Der dynamische Erhöhungsfaktor ergibt sich nach Abschnitt 1.4.7 zu:

$$\varphi_{fat} = 1 + 0{,}5\,(\varphi' + 0{,}5\,\varphi'')$$

mit: $\varphi' = \dfrac{k}{1 - k + k^4}$; $k = \dfrac{\frac{160}{3{,}6}}{160} = 0{,}28$; $\varphi' = 0{,}39$

$$\varphi'' = 0{,}56\,e^{-a}; \quad a = \dfrac{180^2}{100} = 3{,}24; \quad \varphi'' = 0{,}022$$

$$\varphi_{fat} = 1 + 0{,}5\,(0{,}39 + 0{,}5 \cdot 0{,}022) = 1{,}20$$

Somit ergibt sich der charakteristische Wert der Einwirkungen:

$$\varphi_{fat} \cdot F_{E,k} = 1{,}20 \cdot 225 = 270\ \text{kN}$$

vorh $l = 18{,}0$ m $< 18{,}50$ m = Feldlänge des Typs 1

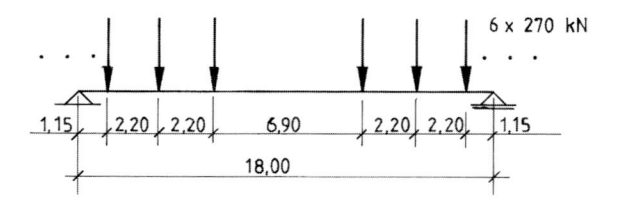

108   1 Berechnungsgrundlagen für Brückenbauwerke

Bild 1.60 Lastbild Ermüdung

Die Achslasten sind für die Schnittgrößenermittlung in jeweils ungünstiger Stellung anzuordnen.

f) Verkehrslast auf Dienstgehwegen

Ansatz: $q_{ik} = 5{,}0$ kN/m²

Vorhanden ist eine beidseitige Breite von je 0,96 m

$$q_{D,k} = 2 \cdot 0{,}96 \cdot 5{,}0 = 9{,}6 \text{ kN/m}$$

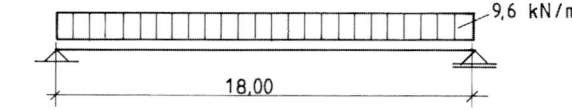

Bild 1.61 Lastbild q_{ik}

1.10.4.3 Charakteristische Werte der Horizontallasten

(1) Einwirkungen quer zur Brückenachse

a) Zentrifugallasten

Die Ermittlung erfolgt nach Gleichung 1.4.4(1)b:

$$q_{z,k} = \frac{V^2}{127\,R} f \cdot q_{v,k}$$

Es liegt das Lastmodell 71 mit einer Entwurfsgeschwindigkeit von 160 km/h vor. Die Geschwindigkeit ist größer als der Richtwert von 120 km/h, somit sind zwei Kombinationsmodelle zu berücksichtigen.

- $f \cdot \Phi \cdot$ LM 71; $f = 1{,}0$; $V = 120$ km/h

$$q_{z1,k} = \frac{120^2}{127 \cdot 3200} \, 1{,}0 \cdot 80{,}0 = 2{,}8 \text{ kN/m}$$

$$q_{z2,k} = \frac{120^2}{127 \cdot 3200} \, 1{,}0 \cdot 76{,}25 = 2{,}7 \text{ kN/m}$$

mit den Einwirkungen aus Querbiegung:

Hebelarm zum Überbauschwerpunkt nach Punkt 1.10.4.1(3): $h_T = 3{,}10$ m

$m_{Tz,k} = -2{,}8 \cdot 3{,}10 = -8{,}7$ kNm/m

$m_{Tz,k} = -2{,}7 \cdot 3{,}10 = -8{,}4$ kNm/m

zu kombinieren mit dem Lastbild Φ LM 71, gemäß Bild 1.57

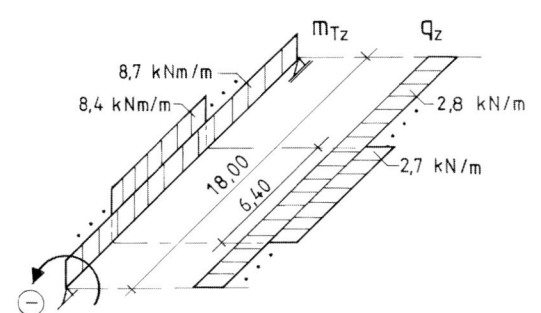

Bild 1.62
Lastbild Fliehkraft für $V = 120$ km/h

- $f \cdot \Phi \cdot$ LM 71; $f < 1$; $V = 160$ km/h

  der Abminderungsbeiwert f wird nach Gleichung 1.4.4(2) ermittelt:

  $$f = 1 - \frac{160 \cdot 120}{1000} \left[\frac{814}{160} + 1,75 \right] \left[1 - \sqrt{\frac{2,88}{L_f}} \right]$$

  durchgehender Lastanteil: $L_f = 18,0$ m, $f = 0,836$

  Überlastanteil: $L_f = 6,40$ m; $f = 0,910$

  somit:

  $$q_{z1,k} = \frac{160^2}{127 \cdot 3200} \, 0,836 \cdot 80,0 = 4,2 \text{ kN/m}$$

  $$q_{z2,k} = \frac{160^2}{127 \cdot 3200} \, 0,910 \cdot 76,25 = 4,4 \text{ kN/m}$$

  mit den Einwirkungen aus Querbiegung:

  Hebelarm zum Überbauschwerpunkt: $h_T = 3,10$ m

  $m_{Tz1,k} = -4,2 \cdot 3,10 = -13,0$ kNm/m

  $m_{Tz2,k} = -4,4 \cdot 3,10 = -13,6$ kNm/m

  zu kombinieren mit dem abgeminderten Lastbild $0,836 \, (0,910) \cdot \Phi \cdot$ LM 71

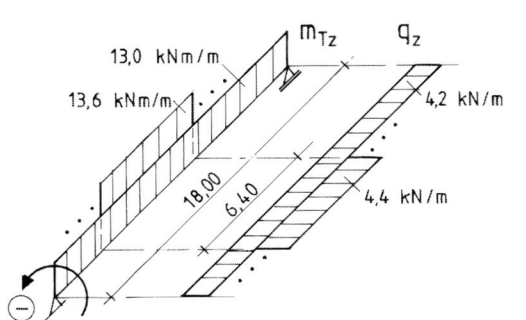

Bild 1.63
Lastbild Fliehkraft für $V = 160$ km/h

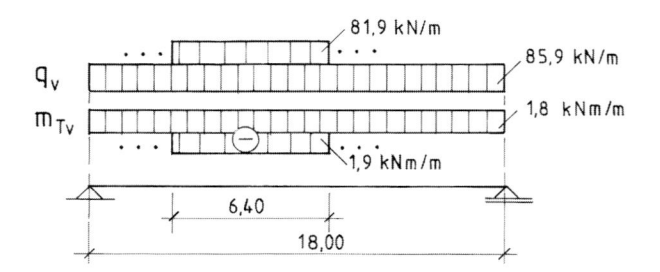

Bild 1.64
Lastbild $\Phi \cdot f \cdot$ LM 71 (abgemindert)

b) Seitenstoß

$$Q_{s,k} = \pm 100 \text{ kN}$$

Der Angriffspunkt liegt im Schnittpunkt der Gleisachse mit der Schienenoberkante. Der Hebelarm zum Schwerpunkt des Überbaues beträgt:

$$h_s = 0{,}025 + 0{,}75 + 0{,}53 = 1{,}31 \text{ m}$$

Mit der Einwirkung aus Querbiegung:

$$m_{Ts,k} = \pm 100 \cdot 1{,}31 = 131 \text{ kNm}$$

Die Lage der Seitenkraft ist über die Systemlänge variabel.

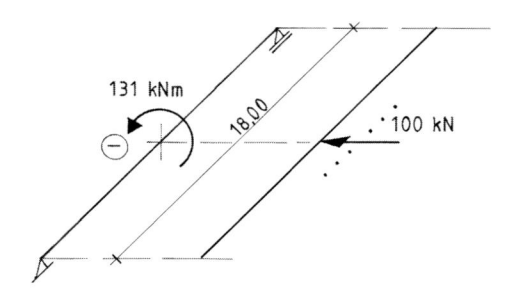

Bild 1.65
Lastbild Seitenstoß

c) Einwirkungen aus Wind

Die Ermittlung erfolgt nach Anhang N des FB 101 (siehe Abschnitt 1.7).

Vorwerte:

Gesamtbreite des Bauwerkes: $b = 7{,}08$ m

Höhe der Windresultierenden:

- unbelastete Brücke:

    $d = 1{,}15 + 0{,}75 + 0{,}05 = 1{,}95$ m; $z_e = 5{,}0 + 1{,}95/2 \approx 6{,}0$ m

- belastete Brücke (Windangriffspunkt 2,0 m über S.O.)

    $d = 1{,}95 + 4{,}00 = 5{,}95$ m; $z_e = 5{,}0 + 1{,}95 + 4{,}0/2 \approx 9{,}0$ m

Charakteristischer Wert der Windkraft nach Tabelle 1.25

- unbelastete Brücke:

    $b/d = 7{,}08/1{,}95 = 3{,}6$; $z_e = 20$ m; $F_{wk} = 2{,}08$ kN/m^2

1.10 Berechnungsbeispiele

- belastete Brücke:

  $b/d = 7{,}08/5{,}95 = 1{,}20; \quad z_e = 20 \text{ m}; \quad F_{wk} = 3{,}63 \text{ kN/m}^2$

Für Kombinationen mit der Verkehrslast ist die Windkraft mit der Windgeschwindigkeit in Schienenoberkante zu ermitteln. Da hierfür keine Angaben vorliegen, wird ersatzweise die Windkraft in Schienenoberkante ermittelt. Hierfür wird angenommen, daß die Schienenoberkante 7,0 m über Gelände liegt. Mit den Ansätzen zum Beispiel 1.10.1 ergibt sich diese Windkraft zu:

$$F_w^{**} = 0{,}48 \cdot 2{,}13 \cdot 0{,}96 \cdot 1{,}39 = 1{,}36 \text{ kN/m}^2$$

Windangriffsfläche:

- unbelastete Brücke:

  $A_{\text{ref},x} = 1{,}15 + 0{,}75 + 0{,}05 = 1{,}95 \text{ m}^2/\text{m}$

- belastete Brücke:

  $A_{rsf,x} = 1{,}95 + 4{,}00 = 5{,}95 \text{ m}^2/\text{m}$

Auf die Längeneinheit des Systems bezogene Windkräfte:

- unbelastete Brücke:

  $f_{wk} = 2{,}08 \cdot 1{,}95 = 4{,}06 \text{ kN/m}$

- belastete Brücke:

  $F_{wk} = 2{,}64 \cdot 5{,}95 = 15{,}6 \text{ kN/m}$

- für Kombinationen mit der Verkehrslast:

  $F_w^{**} = 1{,}36 \cdot 5{,}95 = 8{,}09 \text{ kN/m}$ (maßgebend)

  $\psi_0 \cdot F_{wk} = 0{,}60 \cdot 15{,}6 = 9{,}36 \text{ kN/m}$

Einwirkungen aus Querbiegung:

Hebelarm der Windkraft zum Überbauschwerpunkt nach Punkt 1.10.4.1(3): $h_{ws} = 3{,}31$ m

- unbelastete Brücke:

  $m_{Tw,k} = \pm 4{,}06 \cdot 3{,}31 = \pm 13{,}4 \text{ kNm/m}$

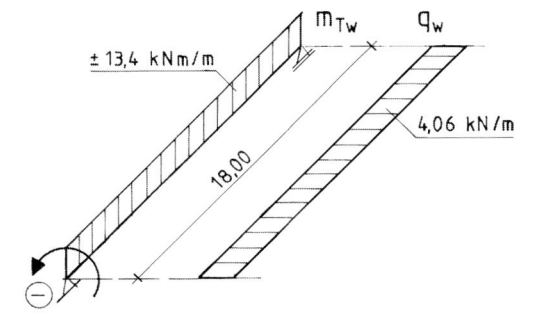

Bild 1.66
Lastbild Wind, unbelastete Brücke

- belastete Brücke:

  $m_{Tw,k} = \pm 15,6 \cdot 3,31 = \pm 51,6$ kNm/m

  für Kombinationen mit der Verkehrslast:

  $m_{Tw,k} = \pm 8,09 \cdot 3,31 = \pm 26,8$ kNm/m

  Die Klammerwerte gelten für die Kombinationen mit der Verkehrslast.

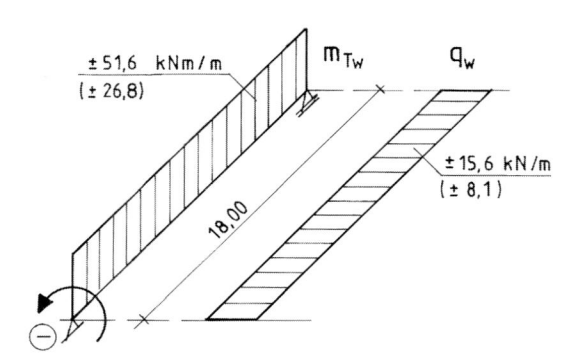

Bild 1.67 Lastbild Wind, belastete Brücke

d) Druck- und Sogeinwirkungen aus dem Zugverkehr

Diese Einwirkungen werden bei der Vorbeifahrt von Zügen auf Bauwerke bzw. Bauteile erzeugt, die nahe dem Gleis stehen. Sie erzeugen auf das Brückenbauwerk selbst keine Einwirkungen.

(2) Einwirkungen in Richtung der Brückenachse

a) Brems- und Anfahrkräfte

- Anfahrkraft:

  maßgebende Länge $L = 18,0 + 2 \cdot 0,50 = 19,0$ m

  $Q_{la,k} = 33 \cdot 19,0 = 627$ kN < 1000 kN   für LM 71 und LM SW

- Bremskraft:

  $Q_{lb,k} = 20 \cdot 19,0 = 380$ kN < 6000 kN   für LM 71 und LM SW/0

  $Q_{lb,k} = 35 \cdot 19,0 = 665$ kN   für LM SW/2

b) Temperatureinwirkungen

- Konstanter Temperaturanteil (Längenänderung)

  mit: $\alpha_T = 10 \cdot 10^{-6} \left[\dfrac{1}{K}\right]$;   max $\Delta T_N = -$ min $\Delta T_N = 47$ °C

- Linearer Temperaturunterschied

  Die Temperaturdifferenz über die Querschnittshöhe beträgt nach Abschnitt 1.8.2.2:

  $\Delta T_{M,\text{pos}} = +9,0$ °C

  $\Delta T_{M,\text{neg}} = -8,0$ °C

1.10 Berechnungsbeispiele

Linearer Temperaturanteil im Schwerpunkt des Querschnittes:

$\Delta T_{Ms,pos} = +9{,}0° \cdot 0{,}62/1{,}15 = +4{,}9\ °C$

$\Delta T_{Ms,neg} = -8{,}0° \cdot 0{,}62/1{,}15 = -4{,}3\ °C$

Daraus resultierende Längenänderungen:

max $\Delta l_2 = +8{,}5 \cdot 4{,}9/47 = +0{,}9$ mm

min $\Delta l_2 = -8{,}5 \cdot 4{,}3/47 = -0{,}8$ mm

Kombination beider gleichwertiger Einflüsse $\Delta T_N + \Delta T_M$ es ist die Temperaturschwankung dominant:

max $\Delta l = +8{,}5 + 0{,}75 \cdot 0{,}9\ \ = +9{,}2$ mm

min $\Delta l = -8{,}5 + 0{,}75(-0{,}8) = -9{,}1$ mm

Diese Werte sind bei der Lagerbemessung zu berücksichtigen. Man beachte, daß die Lagerreibungskraft $\mu \cdot \Sigma V$ des beweglichen Lagers als Gleichgewichtskraft im festen Lager anzusetzen ist.

c) Zusammenwirkung von Schienenoberbau und Brückenüberbau

Der Nachweis der Längskraftanteile in beiden Bauteilen erfolgt nach dem Näherungsverfahren für einteilige Überbauten.

Die Voraussetzungen des Abschnitts 1.4.5.3 für die Anwendung des Näherungsverfahrens seien erfüllt (FB 101, Abschnitt K 24, 1 (P)).

- Aufteilung der Horizontalkräfte
  - Lagerlängskräfte am festen Lager aus Bremsen und Anfahren nach Tabelle 1.12:

    Anfahren: $Q_{la,k} = 0{,}50 \cdot 627 = 314$ kN

    Bremsen $\ \ \ Q_{lb,k} = 0{,}50 \cdot 380 = 190$ kN (LM 71)

    $\phantom{Bremsen\ \ \ Q_{lb,k} = }$ bzw. $0{,}50 \cdot 665 = 333$ kN (LM SW/2) maßgebend

  - Lagerlängskräfte aus Temperatur:

    Tragwerksklasse A, $\Delta T_0 = \pm 30\ °C$

    $F_{Tk} = \pm 8 \cdot 18{,}0 = \pm 144$ kN

    Festes Lager insgesamt: max $\Sigma H = 144 + 333 = 477$ kN

- Vorhandene Längssteifigkeiten der Unterbauten

  $k = \dfrac{\Sigma H}{\Sigma \delta_i}\ \ $ mit $\ \ \delta_i = \delta_p + \delta_\phi + \delta_h$

  Vorhanden sind zwei Widerlager mit EI = ∞, somit $\delta_p = 0$. Nach dem Baugrundgutachten werden keine Setzungen oder Verdrehungen der Fundamente prognostiziert, somit δ_ϕ und $\delta_h = 0$.

  Damit wird:

  $k = \infty$

- Nachweis der zusätzlichen Schienenspannungen
  - Längsverschiebung der oberen Kante des Überbauendes unter $\Phi \cdot$ LM 71:

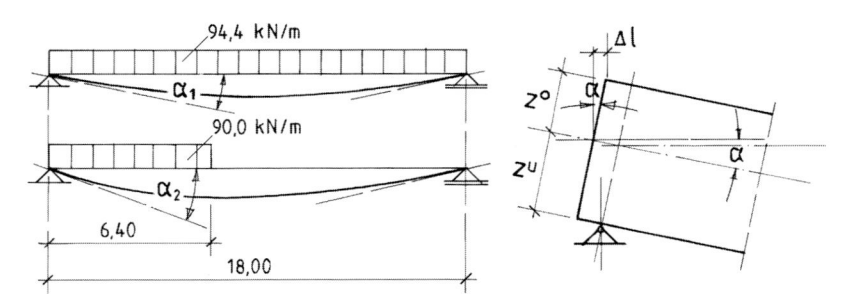

Bild 1.68
Endtangentenwinkel unter $\phi \cdot$ LM 71

$$\text{mit: } \alpha_1 = \frac{94{,}4 \cdot 18{,}0^3}{24 \cdot 33300 \cdot 10^3 \cdot 0{,}67} = 0{,}00103$$

$$\alpha_2 = \frac{90{,}0 \cdot 18{,}0^3}{24 \cdot 33300 \cdot 10^3 \cdot 0{,}67} \cdot 0{,}342 = 0{,}00034$$

$$\Sigma\alpha = 0{,}00137$$

$\Delta l = z^0 \cdot 0{,}00137 = 0{,}53 \cdot 0{,}00137 = 0{,}00073 \text{ m} \triangleq 0{,}7 \text{ mm} < 10 \text{ mm}$

– Überbauverschiebung unter den Lagerlängskräften infolge Anfahren und Bremsen:

Infolge $\Sigma \delta_i = 0$ wird $\Delta l = 0 < 5$ mm

Die zusätzlichen Schienenspannungen brauchen nicht nachgewiesen zu werden, der Nachweis soll aber aus Anschauungsgründen geführt werden.

- Maximale Schienenlängskräfte

Es ist ein durchgehend geschweißtes Gleis mit Schienen UIC 60, A = 76,8 cm², vorhanden. Es wurden 50 % der Anfahr- und Bremskräfte auf die Lager übertragen, somit verbleiben ebenfalls 50 % in den Schienen.

– Anfahren: 314 kN/Gleis
– Bremsen: 333 kN/Gleis (maximal)
– Temperatur: $\Delta T_0 = \pm 30\,°C$

$F_t = \pm A \cdot E_{cm} \cdot \alpha_T \cdot \Delta T_0$
$= \pm 76{,}8 \cdot 2{,}1 \cdot 10^4 \cdot 10^{-5} \cdot 30 = \pm 483$ kN

davon auf Lager übertragen = ± 144 kN

verbleibt = ± 339 kN/Schiene

Maximale zusätzliche Druckspannung

$\Delta D = -339 - 333/2 = -506$ kN

$\Delta\sigma = -\dfrac{506}{76{,}8} = -6{,}6 \text{ kN/cm}^2 \triangleq 66 \text{ N/mm}^2 < 72 \text{ N/mm}^2$

Maximale zusätzliche Zugspannung

$\Delta Z = +339 + 314/2 = +496$ kN

$\Delta\sigma = +\dfrac{496}{76{,}8} = +6{,}5 \text{ kN/cm}^2 \triangleq 65 \text{ N/mm}^2 < 92 \text{ N/mm}^2$

1.10.4.4 Charakteristische Werte der außergewöhnlichen Einwirkungen

Einwirkungen infolge Entgleisung

Bemessungssituation I; die entgleisten Fahrzeuge bleiben im Gleisbereich liegen

$$q_{A1,k} = \pm 1{,}45 \cdot 0{,}5 \cdot 80{,}0 \cdot 2 = \pm 116{,}0 \text{ kN/m}$$

$$q_{A1,k} = \pm 1{,}45 \cdot 0{,}5 \cdot 76{,}25 \cdot 2 = \pm 110{,}6 \text{ kN/m}$$

Einwirkungen aus Querbiegung:

Exzentrizität $e = 2{,}10 - 1{,}4/2 = 1{,}40$ m, Spurbreite $s = 1{,}4$ m

$$m_{TA1,k} = \pm 116{,}0 \cdot 1{,}4 = \pm 162{,}4 \text{ kNm/m}$$

$$m_{TA1,k} = \pm 110{,}6 \cdot 1{,}4 = \pm 154{,}8 \text{ kNm/m}$$

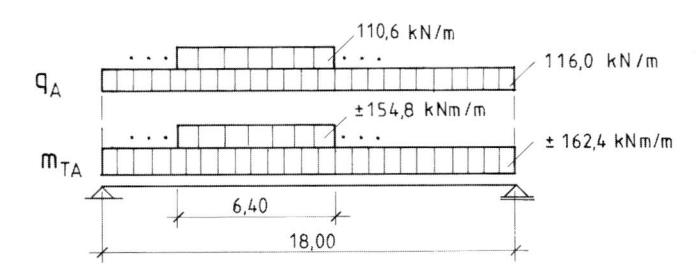

Bild 1.69 Lastbild Bemessungssituation I

Bemessungssituation II; die Fahrzeuge bleiben auf der Brückenkante liegen.

$$q_{A2,k} = 1{,}45 \cdot 80{,}0 = 116{,}0 \text{ kN/m}$$

Einwirkung aus Querbiegung:

Exzentrizität $e = 2{,}10$ m, vorh $l = 18{,}0$ m $<$ zul $l = 20$ m

$$m_{TA2,k} = \pm 116{,}0 \cdot 2{,}10 = \pm 243{,}6 \text{ kNm/m}$$

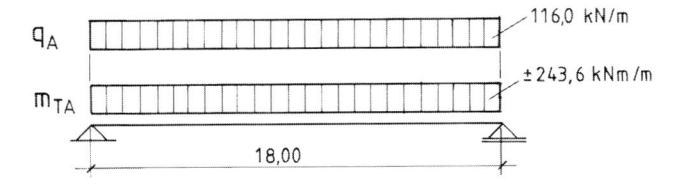

Bild 1.70 Lastbild Bemessungssituation II

Einwirkungen aus dem Bruch der Fahrleitung

Es wird angenommen, daß sich ein Mast auf der Brücke befindet. Dieser wird seitlich über eine Konsole, die nicht mit der Kappe verbunden ist, in den Kragarm des statischen Querschnittes eingeleitet. Siehe hierzu die Richtzeichnung DB-MBR 1610.

Annahme: Ein Fahrdraht gerissen, Einleitung des Drahtes am Mast 6,80 m über dem Fußpunkt.

$$F_{s,k} = \pm 20 \text{ kN}$$

$$M_{s,k} = \pm 20 \cdot 6{,}80 = \pm 136 \text{ kNm}$$

Diese Einwirkungen sind beim Konsolanschluß bei der Bemessung in Brückenlängsrichtung zu berücksichtigen.

1.10.4.5 Maßgebende Schnittgrößen

Die maßgebenden Bemessungsschnittgrößen werden in der Feldmitte (M) und am Auflager (V, T) ermittelt, für das Biegemoment und die Querkraft jeweils in den zugehörigen Ebenen y-y und z-z. Für die Belastungsebene z-z befindet sich die Biegezugzone an dem höher liegenden Querschnittsrand. Für das Vorzeichen des Torsionsmomentes gilt die angenommene Regelung der vorangegangenen Abschnitte.

Für eine sichere Abschätzung der Bewehrung müßte aber noch eine dritte Stelle untersucht werden, z. B. der Viertelspunkt des Systems.

(1) Biegemoment aus den Einwirkungen der Vertikallasten

Ständige Lasten

$$V_{yG,k} = 237{,}0 \cdot 18{,}0/2 = \pm 2133{,}0 \text{ kN}$$
$$M_{yG,k} = 237{,}0 \cdot 18{,}0^2/8 = +9599{,}0 \text{ kNm}$$

Verkehrslast

- $1{,}0 \cdot$ LM 71 (Bild 1.56):

$$\max V_{yG,k} = 80 \cdot 18{,}0/2 + 76{,}25 \cdot 6{,}4 \frac{18{,}0 - 3{,}2}{18{,}0} = +1121{,}2 \text{ kN}$$

$$\max M_{yQ,k} = 80 \cdot 18{,}0^2/8 + \frac{76{,}25 \cdot 6{,}4}{4}(18{,}0 - 3{,}2) = +5045{,}6 \text{ kNm}$$

$$\max T_{QA,k} = +11{,}4 \cdot 18{,}0/2 + 10{,}9 \cdot 6{,}4 \frac{14{,}8}{18{,}0} = +160{,}0 \text{ kNm}$$

$$\text{zug } T_{QB,k} = -11{,}4 \cdot 18{,}0/2 - 10{,}9 \cdot 6{,}4 \frac{3{,}2}{18{,}0} = -115{,}0 \text{ kNm}$$

$$T_{Q,k}(x = 6{,}40) = +160 - (11{,}4 + 10{,}9) \cdot 6{,}4 = +17{,}2 \text{ kNm}$$
$$T_{Q,k}(x = 9{,}00) = -115 + 11{,}4 \cdot 18{,}0/2 = -12{,}4 \text{ kNm}$$

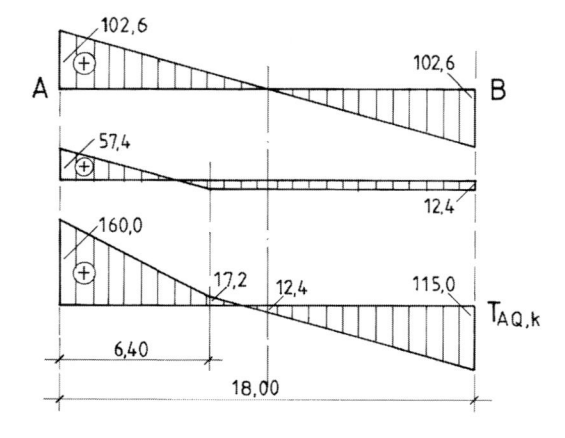

Bild 1.71
Torsionsmoment zur Laststellung max T_A infolge $1{,}0 \cdot$ LM 71

1.10 Berechnungsbeispiele

- $\Phi \cdot$ LM 71 (Bild 1.57):

$$\max V_{yQ,k} = +94{,}4 \cdot 18{,}0/2 + 90 \cdot 6{,}4 \frac{14{,}8}{18{,}0} \qquad = +1322{,}8 \text{ kN}$$

$$\max M_{yQ,k} = +94{,}4 \cdot 18{,}0^2/8 + \frac{90 \cdot 6{,}4}{4}(14{,}8) \qquad = +5954{,}4 \text{ kNm}$$

$$\max T_{QA,k} = -2{,}2 \cdot 18{,}0/2 - 2{,}1 \cdot 6{,}4 \frac{14{,}8}{18{,}0} \qquad = -30{,}9 \text{ kNm}$$

- $f \cdot \Phi \cdot$ LM 71 (Bild 1.64):

$$\max V_{yQ,k} = +85{,}9 \cdot 18{,}0/2 + 81{,}9 \cdot 6{,}4 \frac{14{,}8}{18{,}0} \qquad = +1204{,}1 \text{ kN}$$

$$\max M_{yQ,k} = +85{,}9 \cdot 18{,}0^2/8 + \frac{81{,}9 \cdot 6{,}4}{4} 14{,}8 \qquad = +5418{,}3 \text{ kNm}$$

$$\max T_{QA,k} = -1{,}8 \cdot 18{,}0/2 - 1{,}9 \cdot 6{,}4 \frac{14{,}8}{18{,}0} \qquad = -26{,}2 \text{ kNm}$$

- LM SW/2 (Bild 1.58):

$$\max V_{yQ,k} = +177 \cdot 18{,}0/2 \quad = +1593{,}0 \text{ kN}$$

$$\max M_{yQ,k} = +177 \cdot 18{,}0^2/8 \quad = +7168{,}5 \text{ kNm}$$

$$\max T_{QA,k} = +10{,}6 \cdot 18{,}0/2 \quad = +95{,}4 \text{ kNm}$$

- LM Unbeladener Zug (Bild 1.59):

$$\max V_{yQ,k} = +12{,}5 \cdot 18{,}0/2 \quad = +112{,}5 \text{ kN}$$

$$\max M_{yQ,k} = +12{,}5 \cdot 18{,}0^2/8 \quad = +506{,}3 \text{ kNm}$$

$$\max T_{QA,k} = +0{,}8 \cdot 18{,}0/2 \quad = +7{,}2 \text{ kNm}$$

- Dienstgehwege (Bild 1.61):

$$\max V_{yQ,k} = +9{,}6 \cdot 18{,}0/2 \quad = +86{,}4 \text{ kN}$$

$$\max M_{yQ,k} = +9{,}6 \cdot 18{,}0^2/8 \quad = +389{,}0 \text{ kNm}$$

(2) Biegemomente aus den Einwirkungen der horizontalen Verkehrslasten

Zentrifugallasten

- Kombination I: $\Phi \cdot$ LM 71; $V = 120$ km/h (Bild 1.62):

$$\max V_{zZ,k} = +2{,}8 \cdot 18{,}0/2 + 2{,}7 \cdot 6{,}4 \frac{14{,}8}{18{,}0} \quad = +39{,}4 \text{ kN}$$

$$\max M_{zZ,k} = +2{,}8 \cdot 18{,}0^2/8 + \frac{2{,}7 \cdot 6{,}4}{4} 14{,}8 \quad = +177{,}3 \text{ kNm}$$

$$\max T_{QA,k} = -8{,}7 \cdot 18{,}0/2 - 8{,}4 \cdot 6{,}4 \frac{14{,}8}{18{,}0} \quad = -122{,}5 \text{ kNm}$$

- Kombination II: $f \cdot \Phi \cdot$ LM 71; $V = 160$ km/h (Bild 1.63):

$$\max V_{zZ,k} = +4{,}2 \cdot 18{,}0/2 + 4{,}4 \cdot 6{,}4 \frac{14{,}8}{18{,}0} = +61{,}0 \text{ kN}$$

$$\max M_{zZ,k} = +4{,}2 \cdot 18{,}0^2/8 + \frac{4{,}4 \cdot 6{,}4}{4} 14{,}8 = +274{,}3 \text{ kNm}$$

$$\max T_{QA,k} = -13{,}0 \cdot 18{,}0/2 - 13{,}6 \cdot 6{,}4 \frac{14{,}8}{18{,}0} = -188{,}6 \text{ kNm}$$

Seitenstoß

$\max V_{zS,k} = \pm 100$ kN

$\max M_{zS,k} = \pm 100 \cdot 18{,}0/4 = \pm 450$ kNm

$\max T_{SA,k} = \pm 131$ kNm

Bremsen/Anfahren

(mit Hebelarm $h_s = 1{,}31$ m, siehe Seitenstoß)

- Anfahren: $Q_{la,k} = \pm 33$ kN/m, $M_{yQ,k} = \pm 33 \cdot 1{,}31 = \pm 43$ kNm/m
- Bremsen: LM 71: $Q_{lb,k} = \pm 20$ kN/m, $M_{yQ,k} = \pm 20 \cdot 1{,}31 = \pm 26$ kNm/m
  SW/2: $Q_{lb,k} = \pm 35$ kN/m, $M_{yQ,k} = \pm 35 \cdot 1{,}31 = \pm 46$ kNm/m

1.10.4.6 Ermittlung der Verkehrslastgruppen

Die charakteristischen Werte der mehrkomponentigen Einwirkungen aus der Verkehrslast werden durch Zusammenfassung der Lastgruppen nach Tabelle 1.17 für ein Gleis gebildet. Diese Werte gelten später für die Bemessung als *ein* charakteristischer Wert der Schnittgrößen aus der Verkehrslast.

Lastgruppe 11

(maximale Werte der Schnittgrößen vertikal, LM 71, Fall 1)

Kombination I:
$M_{yQ,k} = +5954{,}4 + 1{,}0 \cdot 43 \qquad = +5997$ kNm
$T_{QA,k} = -30{,}9 - 0{,}5 \cdot 122{,}5 - 0{,}5 \cdot 131 = -158$ kNm
$V_{yQ,k} = +1322{,}8 + 0 \qquad = +1323$ kN

Kombination II:
$M_{yQ,k} = +5418{,}3 + 1{,}0 \cdot 43 \qquad = +5461$ kNm
$T_{QA,k} = -26{,}2 - 0{,}5 \cdot 188{,}6 - 0{,}5 \cdot 131 = -186$ kNm
$V_{yQ,k} = +1204{,}1 + 0 \qquad = +1204$ kN

Lastgruppe 12

(maximale Werte der Schnittgrößen vertikal, LM 71, Fall 2)

Kombination I:
$M_{yQ,k} = +5954{,}4 + 0{,}5 \cdot 43 \qquad = +5976$ kNm
$T_{QA,k} = -30{,}9 - 1{,}0 \cdot 122{,}5 - 1{,}0 \cdot 131 = -284$ kNm
$V_{yQ,k} = +1322{,}8 + 0 \qquad = +1322$ kN

1.10 Berechnungsbeispiele

Kombination II:
$M_{yQ,k} = +5418{,}3 + 0{,}5 \cdot 43 \qquad = +5440$ kNm
$T_{QA,k} = -26{,}2 - 1{,}0 \cdot 188{,}6 - 1{,}0 \cdot 131 = -349$ kNm
$V_{yQ,k} = +1204{,}1 + 0 \qquad = +1204$ kN

Lastgruppe 13

(Brems- und Anfahrkraft dominant, sonst wie Gruppe 11)
Biege- und Torsionsmomente in Gruppe 11 enthalten, Nachweis der Längsabtragung der H-Kräfte siehe Abschnitt 1.10.4.3(2, c).

Lastgruppe 14

(maximale Werte der Schnittkräfte in Querrichtung)

Kombination I:
$M_{zQ,k} = +1{,}0 \cdot 177{,}3 + 1{,}0 \cdot 450 \qquad = +627$ kNm
$T_{QA,k} = -30{,}9 - 1{,}0 \cdot 122{,}5 - 1{,}0 \cdot 131 = -284$ kNm
$V_{zQ,k} = +1{,}0 \cdot 39{,}4 + 1{,}0 \cdot 100 \qquad = +139$ kN

Kombination II:
$M_{zQ,k} = +1{,}0 \cdot 274{,}3 + 1{,}0 \cdot 450 \qquad = +724$ kNm
$T_{QA,k} = -26{,}2 - 1{,}0 \cdot 188{,}6 - 1{,}0 \cdot 131 = -346$ kNm
$V_{zQ,k} = +1{,}0 \cdot 61{,}0 + 1{,}0 \cdot 100 \qquad = +161$ kN

Lastgruppe 15

(Querstabilität)

nur für den Nachweis der minimalen Lagerkräfte

$M_{yQ,k} = +506{,}3 + 0{,}5 \cdot 43 \qquad = +528$ kNm
$T_{QA,k} = +7{,}2 - 1{,}0 \cdot 188{,}6 - 1{,}0 \cdot 131 = -312$ kNm
$V_{yQ,k} = +112{,}5 \qquad = +113$ kN
$M_{zQ,k} =$ wie Lastgruppe 14 $\qquad = +724$ kNm
$V_{zQ,k} = \qquad = +161$ kN

Lastgruppe 16

(maximale Werte der Schnittgrößen vertikal, SW/2, Fall 1)

$M_{yQ,k} = +7168{,}5 + 1{,}0 \cdot 46 \qquad = +7215$ kNm
$T_{QA,k} = +95{,}4 - 0{,}5 \cdot 188{,}6 - 0{,}5 \cdot 131 = -65$ kNm
$V_{yQ,k} = +1593{,}0 \qquad = +1593$ kN

Lastgruppe 17

(maximale Werte der Schnittgrößen vertikal, SW/2, Fall 2)

$M_{yQ,k} = +7168{,}5 + 0{,}5 \cdot 46 \qquad = +7192$ kNm
$T_{QA,k} = +95{,}4 - 1{,}0 \cdot 188{,}6 - 1{,}0 \cdot 131 = -224$ kNm
$V_{yQ,k} = +1593{,}0 \qquad = +1593$ kN

Alle bisher nicht berücksichtigten Einwirkungen aus:

- Wind,
- Ermüdung,
- Ersatzlast auf Dienstgehwegen,
- Druck- und Sogkräfte aus dem Zugverkehr,
- Bauzustände (vorübergehende Bemessungssituationen),
- Außergewöhnliche Belastungen,

gehören nicht zu den direkten Verkehrslasteinflüssen, sondern sind andere für Eisenbahnbrücken typische Einwirkungen. Sie sind daher nicht bei den Verkehrslastgruppen anzusetzen, sondern finden ihre Berücksichtigung in den einzelnen Bemessungskombinationen der Grenzzustände der Tragfähigkeit, Gebrauchstauglichkeit und Ermüdung nach den dafür geltenden Kombinationsregeln.

SUSPA DSI

Vorspanntechnik

Geotechnik

Bewehrungstechnik

Gerätetechnik

Kath. Korrosionsschutz

SUSPA-DSI GmbH
Zentrale + Bereich West
Max-Planck-Ring 1
40764 Langenfeld
Tel. 02173-7902-0
Fax 02173-7902-20

Bereich Nord/Ost
Schützenstraße 45a
14641 Nauen
Tel. 03321-4418-0
Fax 03321-4418-18

Bereich Süd
Germanenstraße 8
86343 Königsbrunn
Tel. 08231-9607-0
Fax 08231-9607-43

E-Mail: info@suspa-dsi.de · Internet: www.suspa-dsi.de

Erfahrung statt Routine im Stahlbrückenbau

Wolfram Schleicher
Modellierung und Berechnung von Stahlbrücken
Reihe: Bauingenieur-Praxis
2003. 209 Seiten.
Broschur.
€ 55,–* / sFr 81,-
ISBN 3-433-02846-X

* Der €-Preis gilt ausschließlich für Deutschland

Ernst & Sohn
Verlag für Architektur und
technische Wissenschaften GmbH & Co. KG

Für Bestellungen und Kundenservice:
Verlag Wiley-VCH
Boschstraße 12
69469 Weinheim
Telefon: (06201) 606-400
Telefax: (06201) 606-184
Email: service@wiley-vch.de

Ernst & Sohn
A Wiley Company
www.ernst-und-sohn.de

Der Alltag des Bauingenieurs ist durch die ständige Anwendung von Rechenprogrammen geprägt. Insbesondere für solche ausgedehnten und komplexen Tragwerke wie Brücken liegen der Vorteil der Zeitersparnis und der Nachteil der vielfältigen Fehlerquellen dicht beieinander.

Das Buch gibt allgemeine Hinweise für die Datenbearbeitung zur effizienten Eingabegenerierung und Ergebnisauswertung sowie zur Modellierung der realen Konstruktion und Lasteinleitung unter Montage- und Betriebsbedingungen. Dabei wird die Spezifika der Stahl- und Stahlverbundbrücken anhand zahlreicher beispielhafter Anwendungen und Sonderkonstruktionen, statischer und dynamischer Belastungen verdeutlicht.

Über den Autor:

Dr.-Ing. Wolfram Schleicher studierte und promovierte an der TU Dresden. Er war bei der Ingenieurgesellschaft Krebs und Kiefer mehrere Jahre für die Prüfung und Ausführungsplanung von Stahlbrücken zuständig, jetzt betreibt er ein eigenes Büro. Der „schnelle Nachweis" der Tragfähigkeit für unvorhergesehene Einflüsse und der Fingerzeig auf häufige Fehlerquellen sind die Stärke des Autors.

Die Leitfäden zu den DIN-Fachberichten im Brückenbau gibt's bei uns!

Novak, B. / Gabler, M.
Leitfaden zum DIN-Fachbericht 101 Einwirkungen auf Brücken
Ausgabe März 2003
2003. 96 Seiten, ca. 136 Abbildungen, ca. 20 Tabellen. Broschur.
ca. € 25,-* / sFr 38,-
ISBN 3-433-01687-9

König, G. / Maurer, R. / Kliver, J. / Bornmann, M.
Leitfaden zum DIN-Fachbericht 102 Betonbrücken
Ausgabe März 2003
2003. 240 Seiten, ca. 240 Abbildungen, ca. 50 Tabellen. Broschur.
ca. € 49,-* / sFr 73,-
ISBN 3-433-01688-7

Sedlacek, G. / Eisel, H. / Hensen, W. / Kühn, B. / Paschen, M.
Leitfaden zum DIN-Fachbericht 103 Stahlbrücken
Ausgabe März 2003
2003. 448 Seiten, ca. 480 Abbildungen, ca. 80 Tabellen. Broschur.
ca. € 85,-* / sFr 125,-
ISBN 3-433-01689-5

Hanswille, G. / Stranghöner, N.
Leitfaden zum DIN-Fachbericht 104 Verbundbrücken
Ausgabe März 2003
2003. 240 Seiten, ca. 240 Abbildungen. Broschur.
ca. € 49,-* / sFr 73,-
ISBN 3-433-01690-9

Bestellen Sie alle vier Leitfäden im Paket und sparen Sie ca. € 39,-!*

Ernst & Sohn
Verlag für Architektur und
technische Wissenschaften GmbH & Co. KG

Für Bestellungen und Kundenservice:
Verlag Wiley-VCH
Boschstraße 12
69469 Weinheim
Telefon: (06201) 606-400
Telefax: (06201) 606-184
Email: service@wiley-vch.de

Ernst & Sohn
A Wiley Company

www.ernst-und-sohn.de

Die DIN-Fachberichte im Brückenbau 101, 102, 103 und 104 wurden nach einer knapp zweijährigen Probeanwendung Mitte März 2003 im Beuth-Verlag, Berlin, publiziert. Seit dem 1. Mai 2003 muß sich jeder Bauingenieur nach diesen neuen Vorgaben richten, wenn er ein Bauvorhaben oder eine Entwurfsbearbeitung beginnt oder mit der Bearbeitung der Ausschreibungsunterlagen noch nicht begonnen hat.

Da es sich bei den veröffentlichten DIN-Fachberichten um sehr komplexe Zusammenhänge handelt, wurden im Auftrag der Bundesanstalt für Straßenwesen (bast) und des Bundesministeriums für Verkehr, Bau und Wohnungswesen (BMVBM) **Erläuterungen mit Beispielen für die vier DIN-Fachberichte** erstellt. In diesen sog. Leitfäden werden anhand von Beispielen die DIN-Fachberichte kommentiert und erläutert.

Die Leitfäden sind als Hilfestellung für die Anwender gedacht und verfolgen die nachstehenden Ziele:
- Leithilfe zur Erleichterung der Anwendung der Regelungen des entsprechenden Fachberichtes durch textliche Erläuterungen und Zahlenbeispiele.
- Hintergrundinformationen zum Verständnis der Regelungen des entsprechenden Fachberichtes; beim DIN-FB 103 vor allem im Hinblick auf die bei ersten Pilotanwendungen gestellten Fragen.
- Ergänzung zum DIN-FB 103 durch Hinweise auf Weiterentwicklungen bei der Überführung in die EN-Normen.

* Der €-Preis gilt ausschließlich für Deutschland

2 Gestaltung der Brückenbauwerke

2.1 Gestaltungsmerkmale

Die Gestaltung der Brückenbauwerke ist in erster Linie eine Aufgabe des Bauingenieurs, der dem Bauwerk, orientiert an dessen funktionellen Anforderungen, eine ansprechende Form geben soll. Die Anforderungen beinhalten nicht nur die Erfordernisse der Tragfähigkeit, sondern orientieren sich auch an anderen Merkmalen, wie z. B. Begrenzung der Formänderungen, Forderungen Dritter und Einpassung in die umgebende Natur. Bei dem letzten Merkmal spielt der Maßstab des Bauwerkes im Verhältnis zur umgebenden Natur eine große Rolle, d. h. hohe Pylone vertragen sich nicht mit einer umgebenden flachen Landschaft. Die Berücksichtigung der statisch konstruktiven Merkmale soll eine klare Form zur Folge haben, die das Gefühl der Stabilität vermittelt. Die Ausgewogenheit der Proportionen der Baukörper spielt eine wesentliche Rolle; nicht die der geometrischen Abmessungen, sondern die der zu verbauenden Massen. So möchte z. B. die sichtbare Fläche der Widerlager zur Höhe des Konstruktionsbandes des Überbaues im richtigen Verhältnis stehen, um den kontinuierlichen Übergang der Kräfte in die Gründungskörper zu veranschaulichen. Die Baustoffe und die Oberflächengestaltung spielen eine nicht unwesentliche Rolle. Mauerwerk und Holz bedingen andere Brückenformen als Beton und Stahl. Eine Fläche aus Natur- oder Werksteinen wirkt immer lebendiger als eine graue Betonfläche, die möglicherweise auch noch einen schlechten Sichtbeton aufzeigt.

Ein Brückenbauwerk möchte harmonisch gestaltet sein und den normalen ästhetischen Anforderungen genügen. Harmonie entsteht oft schon durch die Wiederholung gleicher Bauabschnitte, Ästhetik jedoch läßt sich nicht normen, sie wird individuell empfunden und unterliegt auch dem Zeitgeist. *Leonhardt* gibt in seinem Bildband „Brücken, Ästhetik und Gestaltung" [86] hierzu Anleitungen, die für die Gestaltung von grundlegender Bedeutung sind.

Wie vollzieht sich nun der Prozeß der Gestaltung? Hierzu macht *F. Standfuß* in einem Aufsatz über die Gestaltung von Brücken grundlegende Ausführungen, folgen wir diesen Gedanken [87]:

- Die ingenieurmäßige Gestaltung eines Brückenbauwerks beginnt im ersten Schritt mit der überschlägigen Bestimmung seiner Gesamtlänge, der Anzahl der Felder und der Stützweiten in Abhängigkeit von den Baugrundverhältnissen, der Geländeform und der Lage der Fahrbahn über Gelände selbst. Es folgt dann die Wahl der Bauweise der Überbauten (Balken, Bogen, Fachwerk, Rahmen, seilverspanntes Tragwerk o. ä.), der Bauart der Überbauten (Stahlbeton, Spannbeton, Stahlverbund, Stahl), der überschlägigen Bestimmung der Konstruktionshöhe der Überbauten sowie der Bestimmung der Grundformen und Abmessungen der Unterbauten.

  Da es meist für die gestellte Aufgabe mehrere Lösungen gibt, ist die Untersuchung verschiedener Varianten Voraussetzung für die Entscheidung, welche Lösung unter Abwägung aller Vor- und Nachteile die beste ist und weiter ausgearbeitet werden soll.

- Liegt die ausgewählte Lösung fest, erfolgt im zweiten Schritt bei der weiteren Bearbeitung die Festlegung der Abmessungen der wesentlichen Bauwerksteile aufgrund einer statischen Vorberechnung und Bemessung.

- Im dritten Schritt ist dann zu entscheiden, welche äußere Form und Gliederung im Detail die einzelnen Bauwerksteile (Überbau, Pfeiler, Widerlager, Gesimse, Geländer) in Abhängigkeit vom Typ und der Größe des Bauwerks und der jeweiligen örtlichen Situation erhalten sollen und mit welchem Baustoff (Beton, Kunst- oder Naturstein), mit welchen Strukturen der Oberfläche (Schalungsarten und Schalungsformen) und Farben (Verkleidungsmaterial für die Unterbauten, Geländer, Brüstungen) das Gestaltungsziel zu erreichen ist.

2.2 Querschnittsgestaltung

2.2.1 Bedeutung der Querschnittsform

Der Querschnittsgestaltung kommt beim Entwurf einer Brückenkonstruktion eine große Bedeutung zu. Mit ihr werden die wesentlichen konstruktiven Daten festgelegt, sie ist entscheidend für die Art der Unterstützung und sie bestimmt den Charakter der Brücke in der Untersicht, ein Gestaltungsmerkmal, auf das im Stadthochstraßenbau besonders Wert zu legen ist. Der Querschnitt dokumentiert gewissermaßen das Herzstück der Brücke, seine Wirtschaftlichkeit entscheidet über die des gesamten Bauwerkes, wenn man baugrundbedingte Einflüsse einmal ausnimmt.

Im Bereich des Großbrückenbaues hängen die Fertigungsmöglichkeiten, die heute im erheblichen Maße den Preis bestimmen, weitgehend von der Querschnittsform ab. Die Querschnittsauswahl und die betriebliche Fertigung müssen dabei immer im Zusammenhang gesehen werden. Im Bereich des Brückenbaues normaler Anforderung, also in demjenigen, der im Kreuzungsbereich zweier Verkehrswege auftritt, wird man vorzugsweise auf bewährte Querschnittsformen zurückgreifen. Diese sollen nachstehend im einzelnen beschrieben werden. Es ist aber durchaus möglich, daß durch wirtschaftliche, betriebliche und gestalterische Zwänge hiervon abweichende Formen entstehen können, wobei dann meist Neuentwicklungen entstehen, wie dies häufig im Stadthochstraßenbau der Fall ist. Als herausragendes Beispiel sei auch hier noch einmal die Hochstraße über den Jan-Wellem-Platz in Düsseldorf erwähnt. Hier wurden Funktion und Gestaltung zu einer Einheit, und es gelang eine nahtlose Einpassung der Brücke in den innerstädtischen Bereich. Sicherlich gibt es weitere erwähnenswerte Beispiele anderer Städte; es existiert jedoch keines, welches mit diesem Bauwerk im Hinblick auf die Synthese von Querschnitt, Linie und Raum vergleichbar wäre.

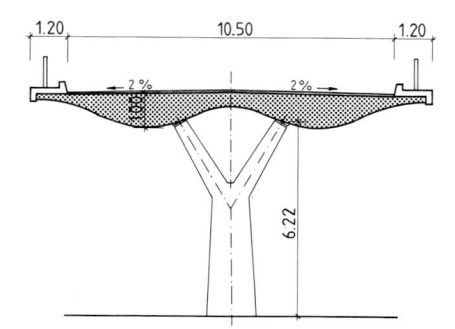

Bild 2.1
Hochstraße Jan-Wellem-Platz Düsseldorf, Querschnitt

2.2.2 Plattenquerschnitte

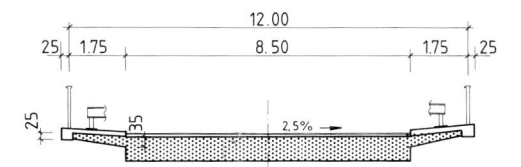

Bild 2.2 Plattenquerschnitt

Die Platte ist das bevorzugte Konstruktionselement für Querschnitte von Brücken kleiner Stützweiten, da sie den Vorzug einfacher Herstellung und einer geschlossenen Untersicht besitzt. Daneben wird sie gern als gestalterisches Element im Stadthochstraßenbau verwendet. Bild 2.3 zeigt zwei verschiedene Anwendungsmöglichkeiten der Plattenkonstruktion, einmal in auskragender Hauptträgerform, zum anderen als durchlaufendes Konstruktionsband (Hochstraße „Fischerstraße", Hannover) mit geringer Konstruktionshöhe. Querschnittsgestaltung und Stützenform stehen hier in einem engen Zusammenhang zueinander und sollten nur gemeinsam beurteilt werden.

Die Platte kommt als Vollplatte zur Ausführung, Hohlkörper zur Gewichtsersparnis sind wegen der Unterbringungsproblematik nicht mehr zugelassen. Die Kalkulationswerte der Platte liegen bei einem Schalungsanteil von 1,5 bis 2,0 m²/m³ Beton und einem Bewehrungsanteil von ca. 150 kg/m³ Beton.

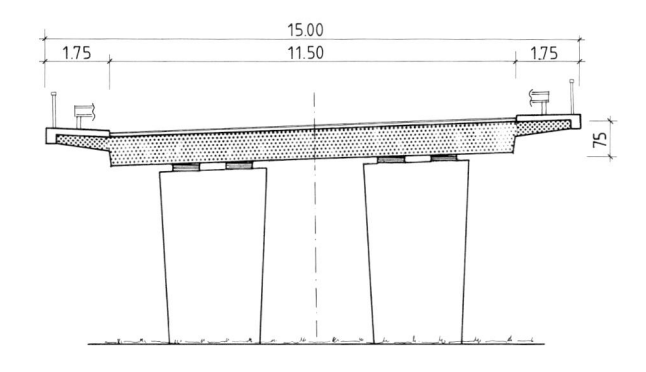

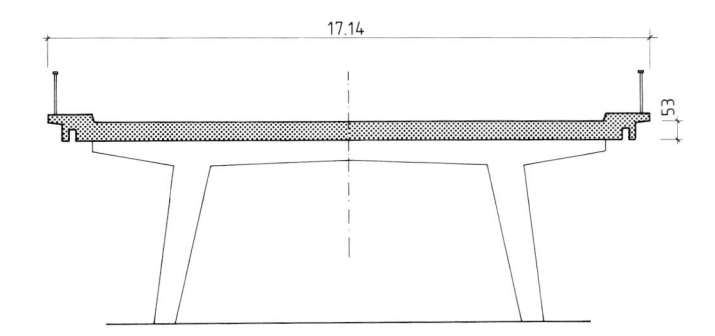

Bild 2.3 Gestaltungsformen der Plattenquerschnitte

Platten sind Flächentragwerke, die senkrecht zu ihrer Mittelfläche belastet werden. Sie tragen die Belastungen in zwei in der Regel senkrecht zueinander stehenden Richtungen ab. Hierbei verteilen sich die Beanspruchungen aus Einzel- und Teilflächenlasten in jeder Tragrichtung entsprechend dem Biegetragverhalten der Platte auf eine zugehörige mitwirkende Breite. Dadurch werden kleinere Bemessungsgrößen als bei vergleichbaren einachsig gespannten Tragwerken erreicht.

Die Breite eines Flächentragwerkes muß so groß sein, daß die Durchbiegungen, die aus den querverteilten Lastanteilen entstehen, in der Fläche wieder auf Null auslaufen können. Die Mindestbreite eines Flächentragwerkes liegt bei der halben Länge der Haupttragrichtung ($l_y/l_x = 0{,}5$), darunter ist keine sinnvolle Querverteilung mehr möglich, die Platte geht dann in ein Balkentragwerk über. Eine Platte ist nicht für beliebig große Stützweiten konstruierbar, da das Eigengewicht die Grenzen setzt. Bei einer frei drehbar gelagerten und vorgespannten Platte liegt die Grenzstützweite bei ca. 18,0 m bis 20,0 m, die zugehörige Querschnittshöhe dann bei 0,90 m bis 0,95 m. Die Einwirkungen aus dem Eigengewicht, das jetzt ca. 23 kN/m^2 ($\triangleq 2{,}3$ t/m^2) beträgt, füllen den Querschnitt in der Bemessung nahezu aus und lassen der Aufnahme der Einwirkungen aus der Verkehrslast nur einen geringen Spielraum. Bei größer werdender Nutzhöhe wird der mögliche Vorteil in der Bemessung durch die Eigengewichtszunahme wieder aufgezehrt, so daß keine Möglichkeit mehr gegeben ist, höhere Verkehrslastmomente mit wirtschaftlich vertretbarem Aufwand aufzunehmen. Bei einer Durchlaufplatte ändern sich diese Verhältnisse nur unwesentlich, da die Stützmomente maßgebend werden und diese sich vorwiegend in einer Größe einstellen, die denen der Einfeldplatte vergleichbar sind. Eine Platte sollte daher niemals die Dicke von einem Meter überschreiten, am besten gar nicht erreichen, auch aus dem Grunde, da die Beanspruchungen der dritten Richtung, z. B. die Schubspannungen, dann nicht mehr vernachlässigbar sind.

Für die vergleichbaren Querschnitte des Eisenbahnbrückenbaues gelten die gleichen Überlegungen, aber mit dem Unterschied, daß sich durch das Gewicht des Schotterbettes (55,0 kN/m je Gleis) der Eigengewichtseinfluß sehr stark erhöht und die Grenztragfähigkeit einer diesbezüglichen Platte früher erreicht wird. Die Grenzstützweite liegt bei ca. 16,0 m bis 17,0 m. Innerhalb dieses, für Platten möglichen, Stützweitenbereiches kann man bei einem zweispurigen Eisenbahnquerschnitt immer von einer Platte ausgehen, bei einem einspurigen Querschnitt dagegen nur bis zu einer Stützweite von ca. 9,0 m. Bei größeren Stützweiten wäre das System wieder als Balken zu werten.

Der zugehörige Querschnitt für eine eingleisige Eisenbahnbrücke im Bereich der Deutschen Bahn AG in Strecken mit Normalbetrieb ist in Bild 2.4 dargestellt. Bild 2.5 zeigt die Variante

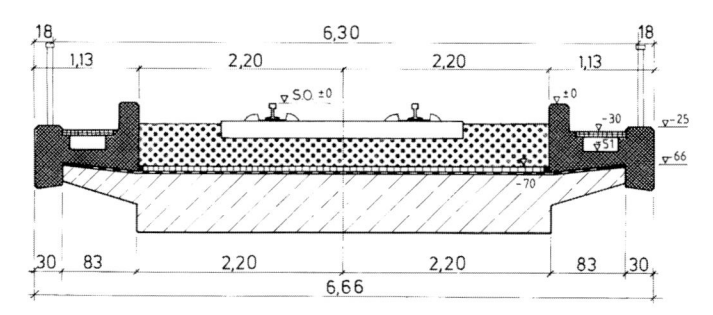

Bild 2.4
Regelquerschnitt einer Eisenbahnbrücke der Deutschen Bahn AG in Strecken mit Normalbetrieb

2.2 Querschnittsgestaltung 125

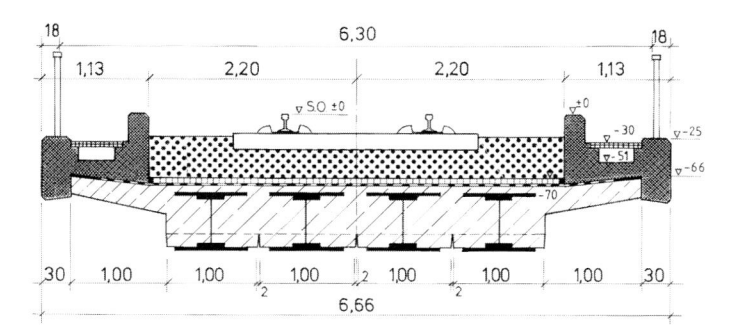

Bild 2.5
Regelquerschnitt einer Eisenbahnbrücke der Deutschen Bahn AG, Bauweise „Walzträger in Beton"

„Walzträger in Beton", im Grunde genommen also schon ein Balkenquerschnitt, bei dem aus Gründen des Korrosionsschutzes die Träger im Beton eingebettet sind.

2.2.3 Plattenbalkenquerschnitte

Der Plattenbalkenquerschnitt stellt den idealen Querschnittstyp des Betonbaues dar, da er für den Bereich positiver Biegemomente – also im Feldbereich – im Biegedruckbereich die durchgehende Querschnittsfläche bietet, sich im Bereich der Biegezugzone dagegen auf die Breiten der Balkenstege beschränkt. Hierdurch lassen sich die Eigengewichtseinflüsse günstig beeinflussen. Im Bereich negativer Feldmomente dagegen treten bei dieser Form Probleme im Hinblick auf die Beanspruchung der Biegedruckzone auf, die jetzt nur in Stegbreite vorliegt. Bei Querschnittstypen mit kleinen Stegbreiten müssen daher in diesen Bereichen zusätzlich untere Druckplatten angeordnet werden, um die örtliche Biegedruckbeanspruchung aufnehmen zu können. Gelegentlich können auch seitliche Vouten des Hauptträgers hilfreich sein.

Der Plattenbalkenquerschnitt gliedert sich in die Hauptträger, die Fahrbahnplatte mit den Kragarmen und ggf. eine untere Druckplatte, seine Kalkulationswerte variieren stark. Für die einfacheren Querschnitte, etwa nach Bild 2.6 beträgt der Schalungsanteil 3,0 m²/m³ Beton und der Bewehrungsanteil ca. 250–300 kg/m³ Beton. Bei stark höhenbetonten und in der Querrichtung weit gespannten Plattenbalkenformen können durchaus Werte von 5,0 m²/m³ Beton für den Schalungsanteil und 400–500 kg/m³ Beton für den Bewehrungsanteil erreicht werden.

Das Tragverhalten des Plattenbalkenquerschnittes ist durch dasjenige der Balken selbst gekennzeichnet, die in diesem Querschnitt die Funktion der Hauptträger übernehmen. Die Platte – in ihrer Wirkung wieder als Flächentragwerk zu verstehen – übernimmt die örtliche Beanspruchung aus den Fahrbahnlasten und leitet diese an die Hauptträger weiter. Sie ist im Querschnitt das Nebentragglied und demzufolge für das Tragverhalten des gesamten Querschnittes von untergeordneter Bedeutung. Die Größe und Art ihrer Beanspruchung hängt von ihrer Lagerung auf den Hauptträgern ab. Diese wird wiederum durch das Verformungsverhalten der Hauptträger bestimmt.

Die gebräuchlichste Form ist der zweistegige Plattenbalken. Dieser gestattet durch den statisch bestimmten Kraftfluß in der Fahrbahntafel eine eindeutige und einfache Lastabtragung auf die Hauptträger. Bei Querschnittsbreiten, die über ca. 12,0 m hinausgehen, kann man einen dritten Hauptträger vorsehen, um eine zu große Querstützweite zu vermeiden. Beim

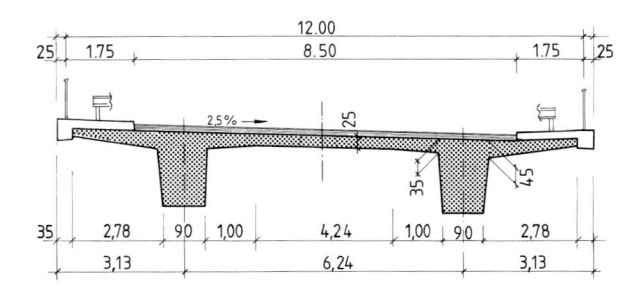

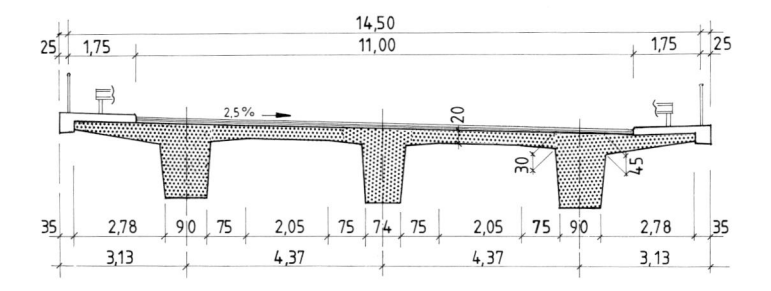

Bild 2.6 Plattenbalkenquerschnitte

dreistegigen Plattenbalken ist der Kraftfluß in der Fahrbahnplatte aber statisch unbestimmt aufzufassen, die zugehörige Lastabtragung auf die Hauptträger hängt von der Zwängung der statischen Unbestimmten der Quertragrichtung ab. Dies führt u.a. dazu, daß der mittlere Hauptträger weniger beansprucht wird als die äußeren Träger, seine Abmessungen können somit auch kleiner gewählt werden. Vierstegige Plattenbalkenquerschnitte sind heute kaum noch üblich. Bei diesen Breiten wird man versuchen, den Querschnitt in zwei Hälften aufzulösen. Wenn das nicht möglich ist, ist es oftmals besser, ein anderes Quertragsystem zu wählen.

Die Hauptträger können in der Höhe und in der Breite besonders hervorgehoben sein. Die höhenbetonten Querschnitte werden dort gewählt, wo aus Gestaltungsgründen ein breites Überbauband erwünscht ist. Diese Querschnitte bringen Herstellungsschwierigkeiten mit sich, die Spannbewehrung muß mehrlagig angeordnet und der Beton ohne Fehlstellen bis nach unten eingebracht werden, was nicht immer gelingt. Betont schlank und filigran sollte man daher im Betonbrückenbau nicht konstruieren, die Herstellungsschwierigkeiten sind enorm und die Gefahr der Sekundärrißbildung aus Temperatureinflüssen wächst. Bei den breitenbetonten Querschnitten hat man mit diesen Erschwernissen wenig zu tun, ein besonderer Vorteil liegt darin, daß die Spannbewehrung meist in einer Lage eingebaut werden kann. Bild 2.7 zeigt einen Brückenquerschnitt mit breitenbetonten Hauptträgern und einer großen Querstützweite. Zur Entlastung der Fahrbahntafel wurden Querträger angeordnet, die Fahrbahnlasten werden indirekt auf die Hauptträger übertragen. Dieses Konstruktionsprinzip ist nicht typisch für den Betonbrückenbau, es ist dem Stahlbrückenbau entliehen worden. Ohne Zweifel ergeben sich dadurch aber elegante Konstruktionen.

Muß man bei der Anlage des Brückenentwurfes die Belange des Lärmschutzes berücksichtigen, sollte man die erforderlichen konstruktiven Maßnahmen entweder in die Querschnittskonstruktion integrieren oder bewußt vom Querschnitt abheben – etwa durch eine Farbgebung oder eine betont andere Art der Konstruktion – sonst läuft man Gefahr, daß die baulichen Maßnahmen der Lärmschutzwände jedwede Gestaltung des Bauwerkes in Längs- und Quer-

2.2 Querschnittsgestaltung

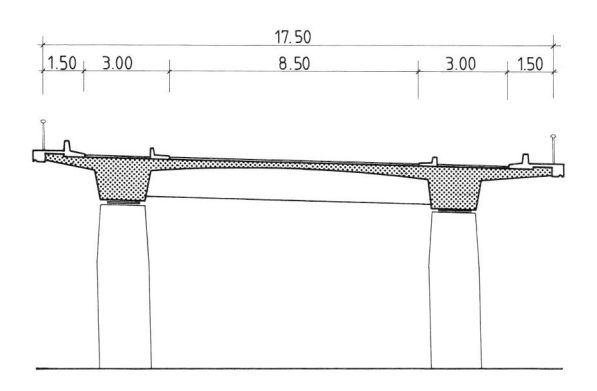

Bild 2.7
Querschnitt Hochstraße
Gottorfstraße Schleswig

richtung erschlagen. Ein gutes Beispiel eines integrierten Schallschutzes zeigt Bild 2.8. Dieser Querschnittstyp wird auch durch einen zweistegigen Plattenbalken gebildet, ist aber eine Neuentwicklung, denn der Trogbrückenquerschnitt ist bisher nicht typisch für den Betonbrückenbau. Diese Querschnittsform ist aber zukunftsträchtig, da die Belange des Lärmschutzes mit den steigenden Erfordernissen des Umweltschutzes zunehmen werden.

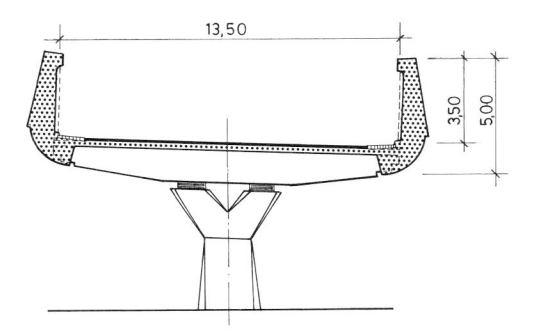

Bild 2.8
Querschnitt Hochstraße
Düsseldorf–Benrath

Neben den beschriebenen Querschnittsformen kann man auch den einstegigen Plattenbalkenquerschnitt wählen, wenn schmale Verkehrsbreiten vorliegen oder einspurige Auf- und Abfahrten zu Hochstraßensystemen durch eine Brücke dargestellt werden sollen. Für Fußgängerbrücken eignet sich dieser Querschnittstyp ebenfalls gut. Die Eignung bezieht sich sowohl auf die nutzbare Breite als auch auf die mögliche Herstellung, denn der einstegige Plattenbalken, mit oder ohne unterer Druckplatte, wird auch häufig in der Fertigteilbauweise verwendet.

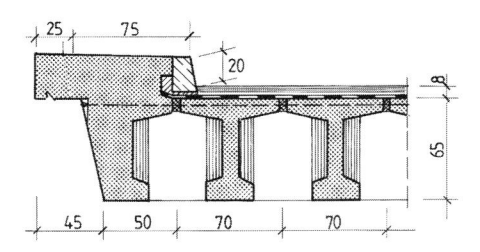

Bild 2.9
Beispiel eines Querschnittes
aus einstegigen Fertigteilen

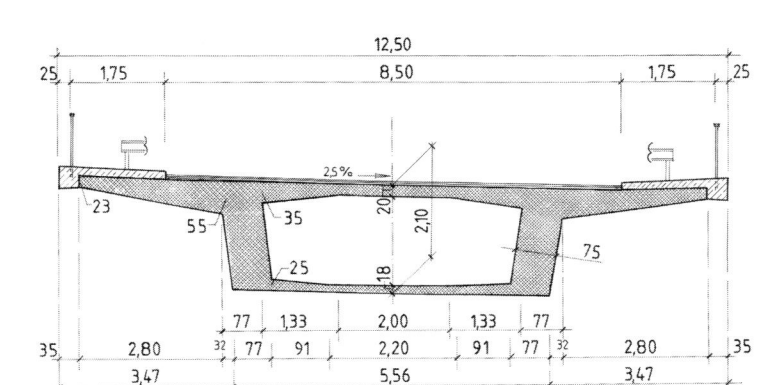

2.2.4 Hohlkastenquerschnitte

Bild 2.10
Hohlkastenquerschnitt

Der Hohlkastenquerschnitt hat sich ursprünglich aus dem Plattenbalkenquerschnitt entwickelt. Die untere Druckplatte, die aus statischen Gründen im Stützbereich des Durchlaufträgers erforderlich ist, bringt Nachteile in konstruktiver, gestalterischer und kostenmäßiger Hinsicht mit sich. Ihre Länge richtet sich nach den Momentennullpunkten im Feld, die verbleibende freie Restlänge liegt dann meist bei ca. 0,5 l. Hier liegt es dann nahe, aus Gründen einer ruhigen und geschlossenen Untersicht, die untere Druckplatte über das Feld durchzuziehen. Dadurch entsteht aber eine Querschnittsform, die ein anderes Tragverhalten zeigt und sich so ihren eigenständigen Platz unter den Querschnittstypen erobert hat.

Das Kernstück dieses Querschnittes ist die torsionssteife Zelle, die es ermöglicht, außermittige Beanspruchungen nahezu gleichmäßig auf die Hauptträger aufzuteilen. Diese Eigenschaft eines hohen Torsionstragvermögens ließen diesen Querschnitt zunächst dort zur Anwendung kommen, wo große Torsionsbeanspruchungen anfielen. Das waren die im Grundriß gekrümmten Systeme mit einer zusätzlichen Systemtorsionsbeanspruchung und im weiteren Verlauf die Bauwerke der Hochstraßensysteme. Bei den oftmals eingeschränkten Platzverhältnissen im Stadtbereich kommt es häufig darauf an, eine platzsparende Stützungsart zu wählen, die in Form einer Einpunktstützung beim Hohlkasten möglich ist. Dieses Konstruktionsprinzip hat wiederum weite Kragarmausladungen zur Folge, die zusätzlich eine große Lasttorsion ins System eintragen können. Somit muß zusätzlich zu einer möglichen Systemtorsion auch die Lasttorsion aufgenommen werden, dies ist durch die günstigen statischen Eigenschaften dieses Querschnittes möglich.

Der Hohlkastenquerschnitt ist wirtschaftlich, wenn er im Stützweitenbereich von 40 m bis 80 m eingebaut wird. Geht man über diese Grenzwerte hinaus oder unterschreitet sie, so fallen die Kalkulationswerte in unwirtschaftliche Bereiche ab und der Querschnitt wird in seiner Herstellung teurer. Normal muß man etwa mit einem Schalungsanteil von 4 bis 5 m^2/m^3 Beton und einem Bewehrungsanteil von 450 bis 500 kg/m^3 rechnen. Diese Werte liegen von allen möglichen Querschnittsformen an der oberen Grenze. Die Herstellung des Querschnittes vollzieht man entweder im Eingußverfahren (gesamter Querschnitt in einem Zuge) oder durch das Zweiwegeverfahren mit zwei Betonierabschnitten, die zeitlich verschoben auszuführen sind.

Die Konstruktionshöhe sollte so eingerichtet sein, daß der verbleibende Lichtraum im Hohlkasten groß genug ist, um das Schalungsmaterial wieder ausbauen zu können. Darüber hinaus ist dieser Lichtraum bei Anwendung der Bauweise der verbundlosen Vorspannung in seiner Höhe allen erforderlichen Arbeitsgängen zum Einbau dieser Bewehrung anzupassen.

2.2 Querschnittsgestaltung

Der Hohlkastenquerschnitt eignet sich nur dann zur Aufnahme großer Straßenbreiten, wenn er mehrzellig ist oder in Einzelzellen aufgelöst wird. In Bild 2.11 ist die mögliche Zuordnung zu den derzeit gültigen Straßenquerschnitten dargestellt. Für den zweistreifigen Landstraßenquerschnitt bis 12,0 m Bauwerksbreite reicht der einzellige Querschnitt aus. Bei größeren Querschnittsbreiten muß man den Hohlkastenquerschnitt nach der Anzahl der einzelnen Zellen variieren. Es gibt die Möglichkeit eines zusammenhängenden zweizelligen Querschnittes, hierbei ist der Nachteil der statisch unbestimmten Kraftwirkung in Querrichtung in Kauf zu nehmen. Werden die Querschnittsbreiten größer als 18,0 m, muß man den Querschnitt auflösen, da sonst die Kragarme zu groß werden. Entweder löst man den Querschnitt in zwei einzellige, getrennte Einheiten auf, die über der Stütze durch einen Querträger miteinander verbunden sind, oder man gliedert den Gesamtquerschnitt in zwei eigenständige Teile.

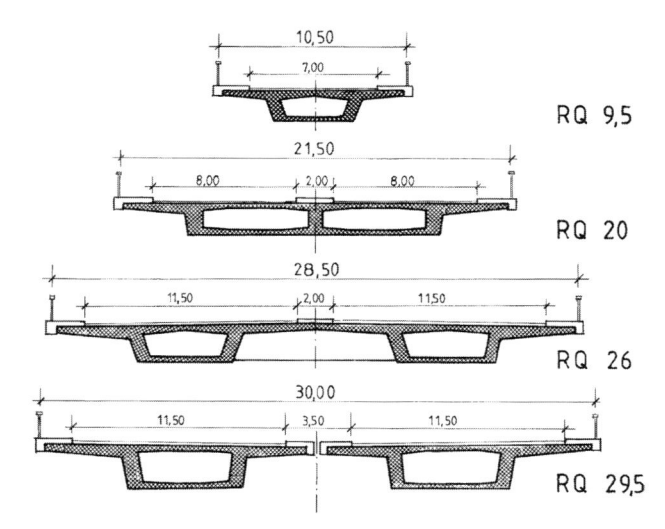

Bild 2.11 Zusammengesetzte Hohlkastenquerschnittssysteme

In seiner weiteren Entwicklung hat sich der Hohlkastenquerschnitt von seinen ursprünglichen Zwängen befreit und verselbständigt. Er hat sich zum bevorzugten Querschnittstyp der Spannbetonbrücke, insbesondere im Großbrückenbau, entwickelt. Dies ergab sich aus der Weiterentwicklung der Herstellungsverfahren in Form beweglicher Rüstung, die den Hohlkastenquerschnitt wegen seiner günstigen statischen Eigenschaften in ihren Mittelpunkt gestellt haben.

Beim Freivorbau und der daraus entwickelten Variante des Taktschiebens (siehe Kapitel 4) sind Querschnittsformen vorteilhaft, bei denen die unterschiedlichen Beanspruchungen im Bau- und im Endzustand ohne verlorene Bewehrungsanteile verkraftet werden können. Beim Hohlkasten lassen sich die Bewehrungserfordernisse des Bauzustandes weitgehendst durch zentrische Vorspannungen abdecken, die dann für den Endzustand auch genutzt werden können. Bei der Herstellung des Bauwerkes im Freivorbau oder im Vorschubvorgang wird der konstruktive Vorteil der geschlossenen Hohlkastenzelle in der Weise genutzt, daß diese vorangeschoben wird, die Kragarme dann in einem späteren Nachlaufrüstvorgang nachgezogen werden (siehe Abschnitt 4.7).

Im Straßenbrückenbau wurde in jüngster Zeit die verbundlose Vorspannung in Verbindung mit dem Hohlkastenquerschnitt ausgeführt. Bei dieser Bauweise werden die Spannglieder extern zu den Hauptträgern aber intern zum Gesamtquerschnitt im Innern des Hohlkastens angeordnet. Sie sind damit dem sichtbaren Auge entzogen. Die Spannglieder liegen korrosionsgeschützt in den Gleitkanälen und sind nur an den End- oder Umlenkpunkten mit dem Bauwerk verbunden. Die Spannglieder werden geradlinig oder linear geführt, an den Verbindungspunkten werden die Umlenkkräfte in das Bauwerk eingetragen. Die Spannkraft ist jetzt nachträglich veränderbar. Hierfür muß an den Spannstellen im Hohlkasteninnern ausreichend Platz vorhanden sein, um die Spannpressen anzusetzen.

Im Eisenbahnbrückenbau hat der einzellige Hohlkasten als Brückenquerschnitt einer zweigleisigen Hochgeschwindigkeitsstrecke bevorzugt Anwendung gefunden, weil die für die geringeren zulässigen Durchbiegungen der Überbauten erforderlichen Steifigkeiten sich besser mit diesem Betonquerschnitt realisieren lassen, als mit einem Stahlquerschnitt. Der Querschnitt ist in allen bisher gebauten Strecken zu finden; Bild 2.12 zeigt einen solchen aus der Strecke Hannover–Würzburg.

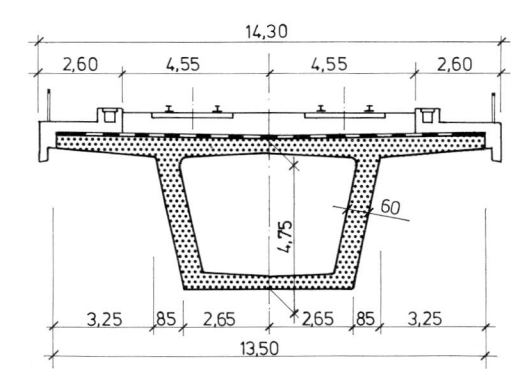

Bild 2.12
Bevorzugter Querschnitt der Brücken in der ICE-Hochgeschwindigkeitsstrecke Hannover–Würzburg der Deutschen Bahn AG

Die Darstellung eines Ausführungsbeispieles möchte diesen Abschnitt abschließen und abrunden. Bild 2.13 zeigt den Querschnitt der Vorlandbrücken zur Brücke über die Peeneniederung bei Jarmen im Zuge der A 20. Diese Brücke mußte unter hohen ökologischen Auflagen gebaut werden.

Der gesamte Talverlauf, über den das Bauwerk errichtet wurde (Peenetal), ist auf 70 km Länge als Schutzgebiet nach der EU-Vogelschutz- und FFH (Flora-Fauna-Habitate)-Richtlinie ausgewiesen. Gleichzeitig ist das Peenetal Bestandteil des ökologischen Netzes „Natura 2000", also ein besonders zu schützender Raum des europäischen Naturschutzes.

Das Bauwerk ist 1110 m lang und hat einen Stahlverbundmittelteil mit zwei anschließenden Vorlandbrücken als Spannbetonüberbauten. Die Stützweiten betragen ca. 40 m unter den Vorlandbrücken und 52 bzw. 95 m im Bereich des Mittelteiles. Die Regelstütze ist in zwei Rundstützen mit Durchmesser 1,20 m aufgelöst, die durch einen U-förmigen Quersteg, als Besichtigungs- und Wartungseinrichtung für die Lager, verbunden sind. Alle Stützen sind durch Bohrpfähle mit einer Länge von 18 m tief gegründet.

Der Spannbetonüberbau besteht aus zwei getrennten Hohlkästen, die auf ganzer Länge begehbar ausgebildet sind. Dadurch sind die Brückenlager für Wartungsarbeiten von innen erreichbar. Bewegungsfugen liegen am Übergang der Vorlandbrücke Nord zum Mittelteil und an den Überbauenden.

Der Überbau wurde lehrgerüstfrei im Taktschiebeverfahren hergestellt.

2.2 Querschnittsgestaltung 131

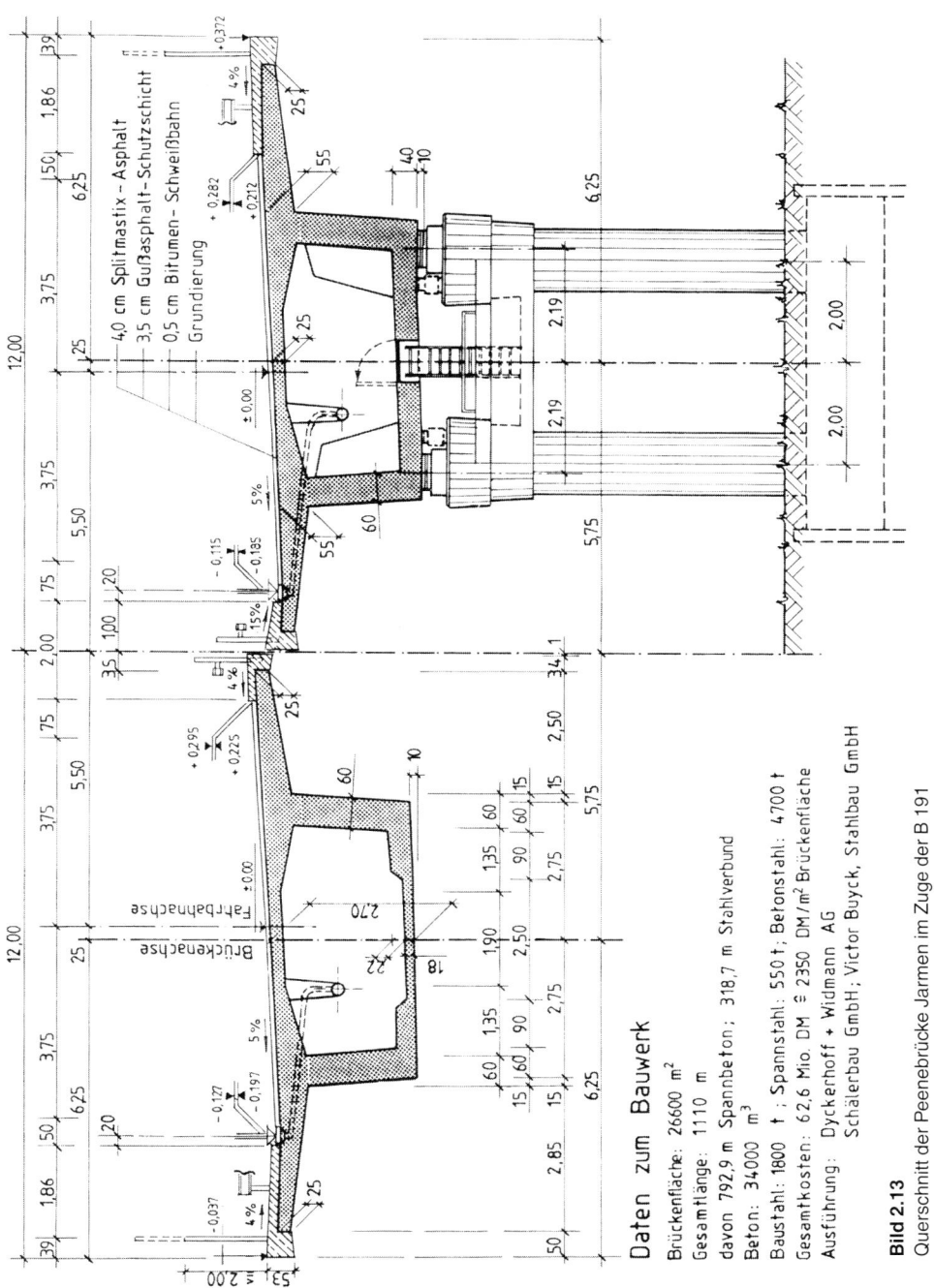

Daten zum Bauwerk

Brückenfläche: 26600 m²
Gesamtlänge: 1110 m
davon 792,9 m Spannbeton; 318,7 m Stahlverbund
Beton: 34000 m³
Baustahl: 1800 t; Spannstahl: 550 t; Betonstahl: 4700 t
Gesamtkosten: 62,6 Mio. DM ≙ 2350 DM/m² Brückenfläche
Ausführung: Dyckerhoff + Widmann AG
Schälerbau GmbH; Victor Buyck, Stahlbau GmbH

Bild 2.13
Querschnitt der Peenebrücke Jarmen im Zuge der B 191

2.3 Längsschnittgestaltung

2.3.1 Balkenbrücken

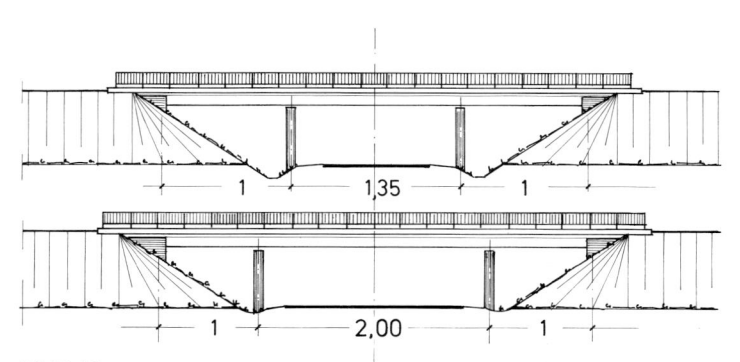

Bild 2.14
Systemskizzen der Balkenbrücken

Eine Balkenbrücke liegt vor, wenn der Querschnitt der Brücke äußerlich nach der Form des Balkens eingebaut und gelagert wird. Dabei ist es unerheblich, welche Querschnittsform vorliegt. Das äußere Kennzeichen der Balkenbrücken liegt in der sichtbaren Trennung des Überbaues vom Unterbau durch die Lagerebene. Diese Lager übertragen die Überbaulasten auf den Unterbau und geben dem Balkenträger die erforderliche Bewegungsmöglichkeit. Die erforderlichen Freiheitsgrade liegen in der Längsbeweglichkeit des Überbaues, ausgehend von einem festen Punkt, und den Dreh- und Kippbewegungen um die Lager. Hierdurch werden die aus der Beanspruchung herrührenden Formänderungen ermöglicht. Diese sind:

– Längenänderung des Überbaues aus Vorspannungen, Temperatur- und Biegeeinflüssen,
– Durchbiegungen mit den erforderlichen Lagerverdrehungen.

Das feste Lager stellt den Bewegungsruhepunkt des Bauwerkes dar. Um die auftretenden Längenänderungen möglichst klein zu halten, empfiehlt es sich, das feste Lager bei Durchlaufkonstruktionen in die Mitte oder die Nähe der Mitte zu legen. Dieses Lager nimmt alle horizontalen Einwirkungen in Brückenlängsrichtung auf und leitet sie in den sie tragenden Unterbau ab. Die beweglichen Lager sollen die Längsbeweglichkeit ermöglichen, insofern besitzen sie Freiheitsgrade in der Aufnahme von Kräften. Allerdings gibt es keine reibungsfreien Bewegungsmechanismen, so daß auch diese Lager Horizontalkräfte aus Reibung an ihren Unterbau abgeben. Eine Sonderstellung nehmen die Verformungslager ein. Hier handelt es sich um Lagerkörper, die über ihre Verformung die Beweglichkeit herstellen. Es gibt kein festes Lager im klassischen Sinne mehr, der Bewegungsruhepunkt muß aus der Summe der Verschiebungssteifigkeiten ermittelt werden. Er liegt bei symmetrischer Lagerung zwangsläufig in der Mitte der Brücke.

Die Stützenstellung beeinflußt beim Durchlaufträger den Momentenverlauf und damit die Beanspruchungsgrößen. Im Großbrückenbau findet man daher vorwiegend eine gleichmäßige Feldereinteilung (man betrachte Bild 2.15), die aber auch im Hinblick auf einen wirtschaftlichen Einsatz der Vorschub- oder Vorfahrrüstung erforderlich wird. Bei der Dreifeldbrücke, die bei einer normalen Kreuzung eines Verkehrsweges anfällt, wird man dagegen die Stützenstellung zweckmäßigerweise so einrichten, daß das Stützmoment und das mittlere Feldmoment gleich groß werden. Dies ist bei einem Stützweitenverhältnis von 1:1,35:1 der Fall. Die

2.3 Längsschnittgestaltung

Bild 2.15
Elbebrücke Dömitz, Durchlaufträger im Zuge der B 191 von Uelzen nach Ludwigslust

Bild 2.16
Fuldatalbrücke Solms, Einfeldträgerkette im Zuge der ICE-Trasse Hannover–Würzburg

Geometrie der Straße erzwingt hier oftmals ungünstigere Verhältnisse, die dann kein ausgewogenes Momentenbild mehr zur Folge haben. Möglich ist eine Verschiebung bis zum Grenzfall von 1:2:1, größer sollte man das Mittelfeld nicht gestalten, da dann für Eigengewicht negative Auflagerkräfte an den Endlagern entstehen.

Die Balkenbrücken werden meist mit konstanter Konstruktionshöhe erstellt, man sagt, sie sind „parallelgurtig". Diese Eigenschaft ist eine wesentliche Voraussetzung für die Wahl, also für die Gestaltung und für die Wirtschaftlichkeit der Bauweise. Alle Herstellungsverfahren, die nicht vom stationären Gerüst ausgehen, haben den Fertigteilbau, Vorschub oder den freien Vorbau zum Inhalt. Letztere Vorbauweisen orientieren sich an der Betonzelle mit konstanter Bauhöhe, wenn man zusätzliche Arbeitsgänge zur Richtungs- und Schalungskorrektur vermeiden will. Unter diesen Betrachtungen sind daher Balkenkonstruktionen mit gleichbleibender Konstruktionshöhe zu bevorzugen. Indessen kann ein Balken aber auch durch eine Formgebung der Unterkante eine veränderliche Trägerhöhe haben. Solche Vouten können kontinuierlich über die ganze Feldlänge hinüberführen, oder aber auch nur den Auflagerbereich verstärken. Wesentlich ist, daß es schlanke Anvoutungen bleiben, da die Beanspruchungsgrößen des Balkens nur geringfügig auf diese Querschnittsverstärkungen reagieren, d. h. die Umlagerung der Biegemomente vollzieht sich nur in bestimmten Grenzen. In Fällen, in denen aus gestalterischen Gründen eine stärkere Anvoutung vorgenommen wurde, ist diese statische Abstimmung nicht erzielbar, d. h. über der Stütze läßt sich der Querschnitt dann statisch nicht ausnutzen. Balkensysteme mit veränderlicher Unterkante findet man immer dann, wenn im

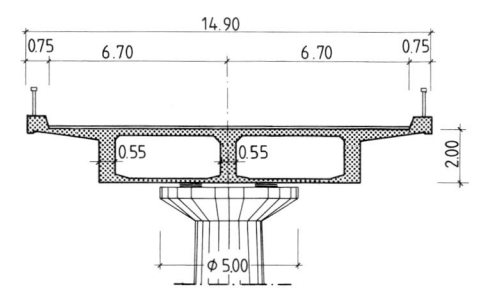

Bild 2.17
Hochstraße „Unkelstein" am Rhein

Brückenbauwerk eine große Mittelöffnung vorhanden ist, z. B. bei einer Flußquerung. Hier gibt es aber auch schon Übergänge zu rahmenartigen Verbindungen von Überbau und Unterbau, d. h. solche Systeme sind oftmals keine reinen Balkensysteme mehr.

In Deutschland werden Durchlaufkonstruktionen als echte Kontinua ausgebildet, um die unterhaltungsanfällige Fuge überhaupt, und über der Stütze insbesondere, zu vermeiden. Durch den Bau der Brücken im Zuge der Hochgeschwindigkeitsstrecken der Deutschen Bahn AG ergab sich mit der Einfeldträgerkette eine Aufweichung dieser Position. Die Entscheidungskriterien für die Wahl eines solchen Systems lagen in der Möglichkeit einer Austauschbarkeit eventuell schadhafter Bauteile sowie in der Einhaltung der zulässigen Schienenspannung beim durchgehend geschweißten Gleis. Bild 2.16 zeigt diese Konstruktion.

Im Hochstraßenbau läßt sich die Aufgabenstellung auch am besten durch die Balkenkonstruktion lösen. Die Problemstellung sieht die Entflechtung der Verkehrswege in verschiedenen Ebenen vor. Hierfür eignen sich Konstruktionen mit einer regelmäßigen Stützenteilung, da hierdurch wieder eine wirtschaftliche Herstellung durch die herkömmlichen Vorbaumethoden erreicht wird. Solche Konstruktionen sind Balkensysteme mit gleichbleibender Konstruktionshöhe. Da der Grund und Boden im innerstädtischen Bereich meist nur beschränkt verfügbar ist, wirken sich platzsparende Stützenstellungen günstig aus, sehr zu bevorzugen ist hier immer die Einpunktstützung. An dieser Stelle sei noch einmal auf die Anfänge des für die Bewältigung der Verkehrsprobleme der Städte so wichtigen Konstruktionselementes hingewiesen. Der Straßenviadukt in Unkelstein am Rhein aus dem Jahre 1957 entstand als erste Hochstraße aus einer Verkehrsnotsituation heraus. Die Überschwemmungen der Rheinuferstraße sowie der höhengleiche Schienenübergang brachten den Verkehr auf der Straße zum Erliegen. Die für die damalige Zeit neue und ungewöhnliche Einpunktstützung gaben diesem Bauwerk seine besondere Note (Bild 2.17).

2.3.2 Rahmenbrücken

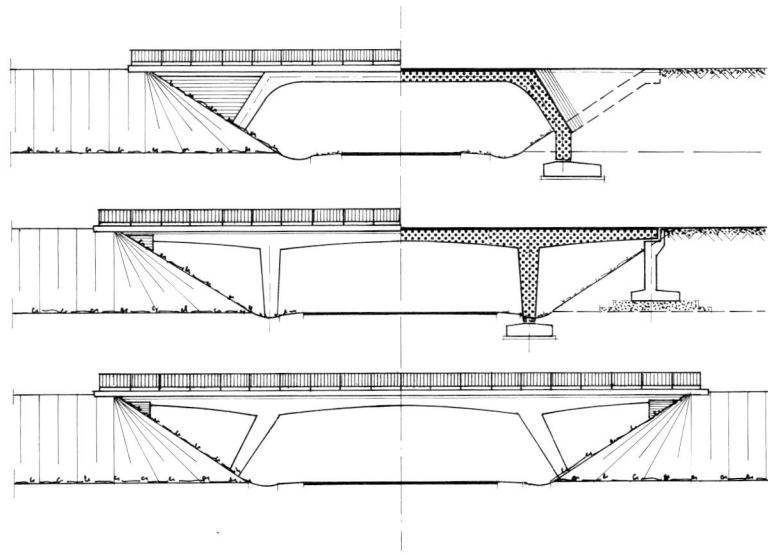

Bild 2.18
Systemskizzen der Rahmenbrücken

Ist der Überbau mit dem Unterbau biegesteif verbunden, also keine sichtbare Trennung vorhanden, so liegt eine Rahmenkonstruktion vor. Der Rahmen hat gegenüber dem Balken den Vorteil, daß die biegesteifen Ecken das Feld im Hinblick auf die Momentbeanspruchung entlasten, wodurch in den Feldern geringere Konstruktionshöhen erforderlich werden. Der Überbau erfordert daher wechselnde Konstruktionshöhen; dieser Tatsache kann bei der Gestaltung des Bauwerkes durch eine ansprechende Formgebung Rechnung getragen werden. Durch den biegesteifen Anschluß der Stiele an den Überbau werden Momente in diese eingeleitet, die ihrerseits einen Horizontalschub im Auflagerpunkt erzeugen. Diese zweifellos nachteilige Wirkung muß durch eine entsprechende Gründung aufgefangen werden. Bei einem unsicheren Baugrund wäre diese Belastungskomponente zusätzlich zu berücksichtigen, es wäre gut, dort eine Rahmenkonstruktion zu vermeiden.

Rahmenbrücken kommen als Einfeld- und als Mehrfeldkonstruktionen zur Ausführung. Bei den Einfeldlösungen hat sich diejenige mit geknickten Stielen als wirtschaftlich und zweckmäßig erwiesen. Einerseits gestalten sich die Sichtverhältnisse in der Unterführung günstig, zum anderen werden nur kleine Flügelwände erforderlich, die als Kragarme angeordnet, das System im Hinblick auf die Feldmomentenentwicklung positiv beeinflusssen. Bei den Mehrfeldlösungen kommt es zu unterschiedlicher Gestaltung. Im Autobahnbau hat sich eine Zweifeldlösung durchgesetzt, ihre klare Formgebung sowie die Freizügigkeit der Widerlagerstellung sprechen für sich.

Das statische System einer Rahmenkonstruktion ist durch den Zweigelenkrahmen gegeben, welcher bei Mehrfeldkonstruktionen natürlich entsprechend zu erweitern ist. Dieses System hat eine gelenkige Stielfußausbildung. Hierdurch entsteht einerseits der Vorteil, daß das System nicht zu hochgradig statisch unbestimmt wird, was seine Empfindlichkeit gegen ungewollte Änderungen der Stützbedingungen senkt, zum anderen zeigt es aber den Nachteil einer im Erdreich liegenden Gelenkausbildung, die besonders gegen korrosionsfördernde Einflüsse zu schützen ist. Die alternative Lösung durch Volleinspannung bringt keine Verbesserung, sondern nur eine Verlagerung der Problematik, da das System hochgradiger statisch unbestimmt wird.

Legt man dagegen der Konstruktion die statisch bestimmte Grundform des Dreigelenkrahmens zugrunde, hat man keine Probleme mit dem Grad der Unbestimmtheit, muß sich aber mit den konstruktiven Problemen der Ausbildung eines Scheitelgelenkes auseinandersetzen, das zudem gestalterisch hemmend wirkt. So ein Scheitelgelenk kann grundsätzlich nur unter Zuhilfenahme von Stahlteilen ausgebildet werden, die ihrerseits unterhaltungsintensiv sind und damit einen negativen Einfluß auf die Dauerhaftigkeit des Betonbauwerkes ausüben. Es ist daher nützlich und sinnvoll, diese Ausbildung zu vermeiden, zumindestens im Bereich des hier geschilderten Normalbrückenbaues.

Die Rahmenwirkungen, die in einem System zur Entlastung der Feldmomente führen, lassen sich auch durch eine Auflösung der Rahmenecke in ein Zug- und ein Druckglied erzielen, die Momentenwirkung wird dann durch diejenige eines entsprechenden Kräftepaares simuliert.

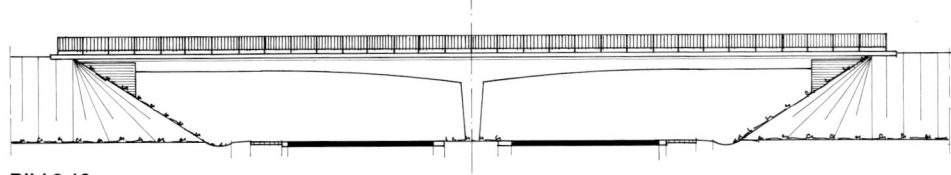

Bild 2.19
Rahmenbrückensystem auf Autobahntrasse

Bild 2.20
Mainbrücke „Gmünden" im Zuge der ICE-Trasse Hannover–Würzburg

Konstruktiv entsteht dieses Kräftepaar bei Auflösung des Rahmenstieles in zwei Teile, deren Einzelachsen gegen die Stabachse geneigt und im Fußpunkt miteinander verbunden sind. Bei einer Einfeldkonstruktion wird der überwiegend auf Zug beanspruchte Teil der Stütze innerhalb der Böschung in Richtung der Böschungsneigung verlegt und somit dem sichtbaren Auge entzogen. Hierdurch wird eine günstige Konstruktion erzielt, man hat aber mit dem Nachteil zu tun, daß Risse in der Fahrbahn am Brückenende auftreten, da infolge der Zugbanddehnung das Brückenende nicht ruhig liegen bleibt und somit Bewegungen in der Fahrbahn zwischen Brücke und Damm entstehen können. Diese Bewegungen können Risse im Deckenmaterial zur Folge haben.

Man muß indessen das Zugband nicht verstecken, man kann es sichtbar lassen und trotzdem zu guten gestalterischen Lösungen kommen, wie es nachstehend geschildert wird.

In den Baumaßnahmen der Deutschen Bahn AG für die Hochgeschwindigkeitsstrecke Hannover–Würzburg ist das Konstruktionselement Rahmen in Beispielen vorhanden, grundsätzlich immer dann, wenn der Brückenzug eine größere Mittelöffnung benötigt, so z.B. auch bei der Überführung der Trasse über den Main bei Gmünden. Bild 2.20 zeigt dieses Bauwerk, welches im Mittelteil eine dreifeldrige Rahmenkonstruktion mit den Stützweiten 82 m–135 m–82 m darstellt, bei der die Rahmenstiele V-förmig aufgelöst gestaltet wurden. Hierdurch konnte neben einem bestimmten Gestaltungseffekt die Stützweite der Mittelöffnung wirksam auf 108 m verkürzt werden, so daß in der Feldmitte eine Konstruktionshöhe von 4,50 m, das sind $l/30$, ausreichen konnte. Damit wurde eine für Eisenbahnbrücken dieser Spannweite ungewöhnliche Schlankheit erreicht.

2.3.3 Bogenbrücken

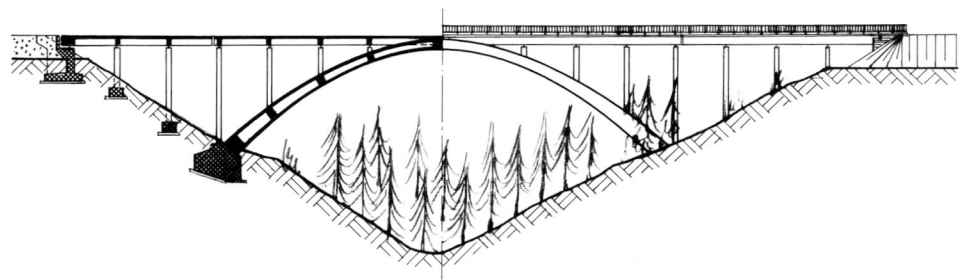

Bild 2.21
Systemskizze einer Bogenbrücke mit aufgeständerter Fahrbahn

Mit der Bogenbrücke liegt die klassische Konstruktionsform der Stahlbetonbrücke vor. Der Hauptträger wird durch das Druckglied Bogen gebildet, die Fahrbahn wird aufgeständert, die dadurch in den Bogen eingeleiteten Biegemomente sind gegenüber der Druckbeanspruchung von sekundärer Bedeutung. Mit Hilfe dieser Konstruktionsform konnte man erstmalig die Problemstellung einer Talüberquerung lösen. Der Bogen wurde über das gesamte Tal hinweg gespannt, wobei allerdings die Verwendung eines aufwendigen Lehrgerüstes unerläßlich war. Der Bogen erzeugt einen großen Bogenschub an den Lagerpunkten, die auch Kämpferpunkte genannt werden, sein statisches System ist der Zweigelenkbogen, oder der 3fach-statisch unbestimmte eingespannte Bogen. Die Aufnahme des Bogenschubes erfordert einen guten Baugrund, die Erzielung einer Bogeneinspannung ist letztlich nur im Felsmaterial möglich, daher finden wir diese Brückenform häufiger in gebirgigen Gegenden. Der Grund liegt auf der Hand! Mit dem Konstruktionselement eines Bogens können Talüberquerungen in einem Zuge vollzogen werden. Vergleichbare Balkenkonstruktionen würden Zwischenunterstützungen benötigen, die wiederum bei großen Talhöhen wirtschaftlich zu Buche schlagen.

Im Folgenden werden zwei Bauwerke vorgestellt:

Ein Zeitdokument ist die in den Jahren 1936–1939 erbaute Teufelstalbrücke im Zuge der Autobahn A 4 von Dresden nach Eisenach in Nähe des Hermsdorfer Kreuzes (A 4/A 9) in Thüringen. Bild 2.22 zeigt dieses für seine Zeit ungewöhnlich weit gespannte Bauwerk, seine Bogenspannweite beträgt 138 m, die Bogenpfeilhöhe 26,0 m bei einer Scheitelhöhe über der Talsohle von 53,0 m. Die Brückenlänge zwischen den Widerlagern beträgt insgesamt 260 m. Das Bauwerk wurde im Jahre 1993 unter Denkmalschutz gestellt, es wird als Richtungsfahrbahn Dresden–Eisenach genutzt. Die Richtungsfahrbahn Eisenach–Dresden wurde über eine neue Brücke realisiert. Diese entstand in einem lichten Abstand von 5,0 m südlich der vorhandenen Brücke, ebenfalls als Bogenbrücke mit aufgeständerter Fahrbahn. Die Bogengeometrie ist der der alten Brücke angepaßt worden, wobei die Abstände der Aufständerungen und der Hangstützen mit 22,0 m doppelt so groß sind wie bei der alten Brücke.

In Bild 2.23 ist die in den Jahren 1957–1959 erbaute Bogenbrücke über die A 1 im Abschnitt Kamen–Remscheid in der Höhe des Blombachtales dargestellt. Die Bogenspannweite beträgt 150 m bei einer Höhe des Bogenscheitels über der Talsohle von 50 m.

Weitere Beispiele von Bogenbrücken, die in den sechziger und siebziger Jahren vorwiegend in den Alpenländern gebaut worden sind, zeigen, daß derartige Tragwerke in einer Zeit der expandierenden Spannbetonbauweise bei der Überbrückung großer und tief eingeschnittener

2.3 Längsschnittgestaltung 139

Bild 2.22
Alte Teufelstalbrücke, nahe dem Hermsdorfer Kreuz in Thüringen

Bild 2.23
Blombachtalbrücke über die A 1 bei Wuppertal

Täler immer noch eine Lösung darstellen können. In Österreich entstand mit der im Jahre 1967 fertiggestellten Bogenbrücke in Lingenau im Vorarlberg das Bauwerk mit der größten Bogenstützweite in diesem Land, sie beträgt 210 m. Die größte Bogenstützweite überhaupt in der Region finden wir bei dem zweiteiligen Bogentragwerk St. Marko in Jugoslawien, welches die Inseln St. Marko und Krk mit dem Festland verbindet. Es wurde im Jahre 1980 fertiggestellt und zeigt Bogenspannweiten von 244 m und 390 m [11].

Die baulichen Möglichkeiten der Bogenbauweise gehen eng zusammen mit dem wirtschaftlichen Einsatz einer Tragrüstung. Die stationäre Einrüstung des Bogens geschieht nur in sol-

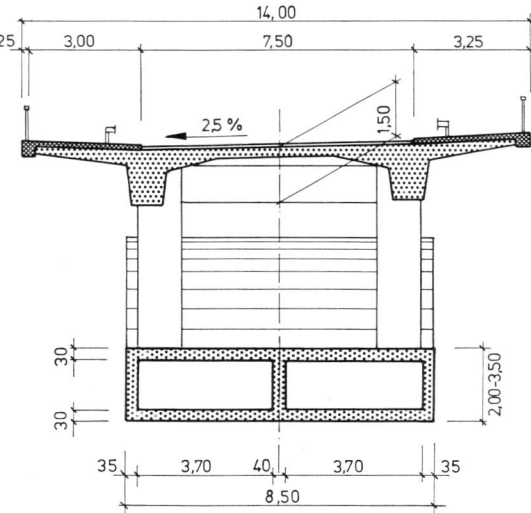

Bild 2.24
Argentobelbrücke im Allgäu/Bayern

chen Fällen, in denen ein Gerüst mit ingenieurmäßig vertretbarem und wettbewerbsfähigem wirtschaftlichem Aufwand möglich ist, also bei Bauwerken in leicht bis mittel bewegtem Gelände. Darüber hinaus haben sich freitragende Rüstungen bewährt. Beim Bau der im Jahre 1986 fertiggestellten Argentobelbrücke im Allgäu wurde erstmalig kein Lehrgerüst mehr verwendet.

2.3 Längsschnittgestaltung

Eine Variante der klassischen Bogenform stellt die Gewölbereihe dar. Bei dieser Brückenform wird die tragende Konstruktion durch eine Reihe einzelner kleinerer Gewölbe gebildet, die kontinuierlich aneinandergereiht sind und ihre Beanspruchungen auf Zwischenpfeiler abgeben. Die Fahrbahn wird über den Gewölbescheitel hinübergeführt, die verbleibenden Zwickel werden tragend ausgefüllt. Wir finden diese Brückenform im leicht bis mittel bewegten Gelände, wo mit Hilfe heimischen Materiales außerordentlich ansprechende Bauwerke entstanden sind, die sich gut in die Landschaft einpassen.

Bild 2.25
Saalebrücke Rudolphstein

Von bemerkenswerter Schönheit und Gestaltungsvielfalt zeugt diese Brückenform durch die in den Jahren 1845 bis 1851 erbaute Göltzschtalbrücke im sächsischen Vogtland (Bild 2.26, [24]). Hier wird die Gewölbereihe über einen mehrstöckigen Unterbau aus Steinbogenbrücken in Ziegelbauweise, die das Talbecken ausfüllen, hinübergeführt. Durch den Bau einer Eisenbahnlinie von Leipzig nach Nürnberg mußte die Problematik der Überquerung hoher Täler gelöst werden. Hierfür ergab sich wegen der starreren Trassierungselemente der Eisenbahn nur die Lösung durch eine, den ganzen Talquerschnitt ausfüllende, Brücke. Mit den Möglichkeiten und Erfahrungen der damaligen Zeit kam es nach den Vorschlägen von Prof. *Schubert* von der TH Dresden zur Ausführung eines solchen Projektes mit einer Länge von 577 m und einer Höhe über der Talsohle von 78,0 m. Es sind 81 Brückenbögen in ihr enthalten, der Größte in der Mittelöffnung hat eine Kämpferstützweite von 31,0 m. Es handelt sich um das größte Ziegelbrückenbauwerk der Welt, in das ca. 26 Mill. Ziegelsteine verbaut worden sind. Solche Bauwerke schreiben Brückenbaugeschichte, sie gehören zu den Meisterwerken dieser Baukunst.

Indessen hat der moderne Brückenbau nicht alle Bogenbrücken verdrängt, sondern auch neue Formen entstehen lassen, die insbesondere durch die schlanke Konstruktionstechnik des Spannbetons ansprechend und formschön gestaltet werden können. Hier sollen Beispiele aus dem Bereich der Fuß- und Radwegüberführungen angeführt werden, bei denen durch das Ele-

Bild 2.26
Göltzschtalbrücke im Vogtland/Sachsen

ment des Bogens der Eindruck der Leichtigkeit der Konstruktion und Straffheit der äußeren Form vermittelt wird. In Bild 2.27 ist der Typ dieser Konstruktion dargestellt. Das statische System stellt einen Zweigelenkbogen dar, bei dem Rampen angeschleppt werden und auf dem Bogen frei aufliegen. Der Bogenschub kann durch ein Zugband, das unter der Fahrbahn liegt, aufgenommen werden, kann aber auch in entsprechend gestaltete Fundamente einfließen. Der statisch unbestimmten Form des Zweigelenkbogens ist der Vorzug zu geben, da eine Scheitelgelenkausbildung immer problematisch ist. Die Rampenneigungen sind auf die Benutzung von Rollstuhl- und Kinderwagenfahrern auszulegen.

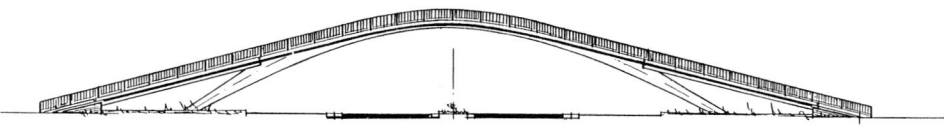

Bild 2.27
Zweigelenkbogenbrücke als Fußwegüberführung

2.3.4 Fachwerkbrücken

Fachwerkbrücken sind nicht typisch für den Betonbrückenbau. Die filigrane Konstruktionstechnik der Druck- und Zugstreben erfordert einen zu hohen Schalungs- und Bewehrungsaufwand, als daß diese Form im ständigen Wettbewerb konkurrenzfähig wäre. Der Spannbeton hat hier aber einige grundsätzliche Änderungen gebracht. Durch ihn wurde es überhaupt erst möglich, Zugglieder im Betonbau zu erstellen. Durch den Bau der Mangfallbrücke im Zuge der Autobahn München–Salzburg ist der Beweis erbracht worden, daß es nicht unmöglich ist, im Betonbau Fachwerkkonstruktionen zu erstellen. Bild 2.28 zeigt dieses Bauwerk, die Fachwerkansicht belebt die gelegentlich etwas monoton wirkende Ansichtsfläche einer vergleichbaren Balkenbrücke.

Bild 2.28
Mangfallbrücke im Zuge der Autobahn München–Salzburg

2.3.5 Durchlässe

Durchlässe sind kleine Brückenbauwerke mit einer lichten Weite von bis zu 2,0 m. Sie dienen der Durchführung von Fußwegen oder kleinen Wasserläufen durch den Straßen- bzw. Eisenbahndamm. Die Thematik des Durchlaßbaues ist in Bild 2.29 dargestellt.

Der Damm durchschneidet die bestehende Fußweg-, Wirtschaftsweg- oder Vorflutsituation, für die zur Aufrechterhaltung ihrer Funktion ein Durchlaßbauwerk erstellt werden muß. Das Bauwerk ist durch die Böschungsfluchten des Dammes begrenzt und verschneidet sich mit diesem entweder über parallel verlaufende Flügelwände oder über Schrägflügelwände, die in

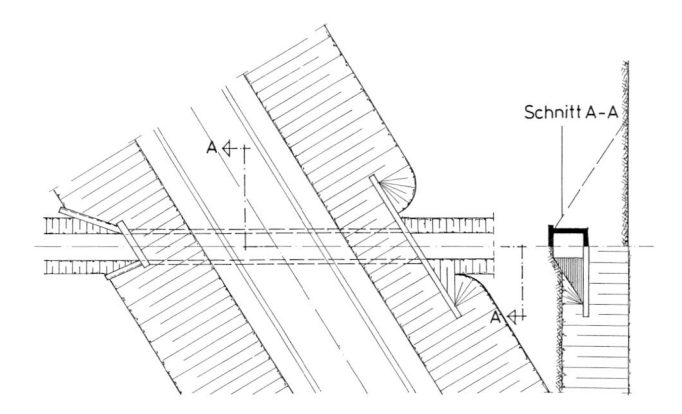

Bild 2.29
Lageplan einer Durchlaßkonstruktion

den Verschneidungslinien der Teilböschungen liegen. Das Bauwerk besteht somit aus dem Durchlaßteil und entsprechenden Kopfbauwerken. Während die Schrägflügelwände für sich getrennt als Winkelstützwände ausgebildet werden, die vom Durchlaßteil durch eine Fugenausbildung getrennt sind, werden die Parallelflügelwände meist als auskragende Wandbauteile ausgebildet. Bei großen Durchlaßhöhen müssen für die Flügelwände kurze Fundamente vom Durchlaßteil mit herausgezogen werden, um zu große Kraglängen zu vermeiden. Als Querschnittsformen finden Rahmenkonstruktionen und Rohre Anwendung, der veraltete Plattendurchlaß wird kaum noch im Bereich der Neubauten zu finden sein.

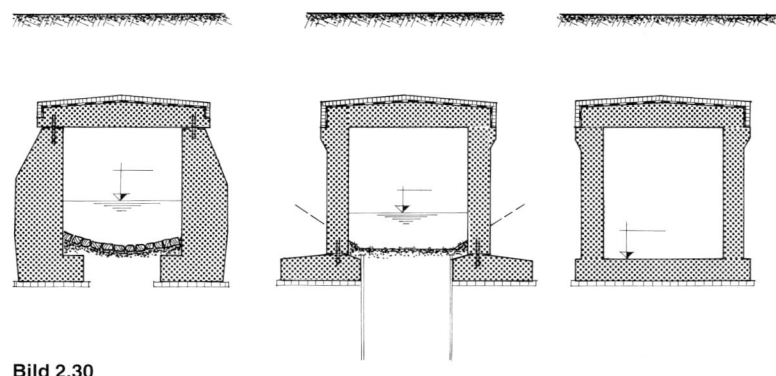

Bild 2.30
Querschnittsformen von Stahlbetondurchlässen

Bei den Rahmenkonstruktionen werden der Vollrahmen und der Zweigelenkrahmen unterschieden. Der Zweigelenkrahmen, also die unten offene Konstruktion, wird bei der Durchführung von Wasserläufen bevorzugt verwendet, da bei dieser Konstruktion eine mögliche Sohlvertiefung des Wasserlaufes bei entsprechender Anordnung der Fundamente möglich ist. Etwas problematisch ist hierbei die in der Erde liegende, dem Feuchtigkeitseinfluß ausgesetzte, Gelenkausbildung. Man sollte sie mindestens – wie im Behälterbau üblich – durch ein Fugenblech schützen. An den Fundamenten muß eine Sicherung des Sohlbereiches gegen Sickerströme durch Spundwände vorgenommen werden. In der Fundamentsohle können Kantenpressungen entstehen, die den Baugrund ungleichmäßig beanspruchen. Da die Belastung im

2.3 Längsschnittgestaltung

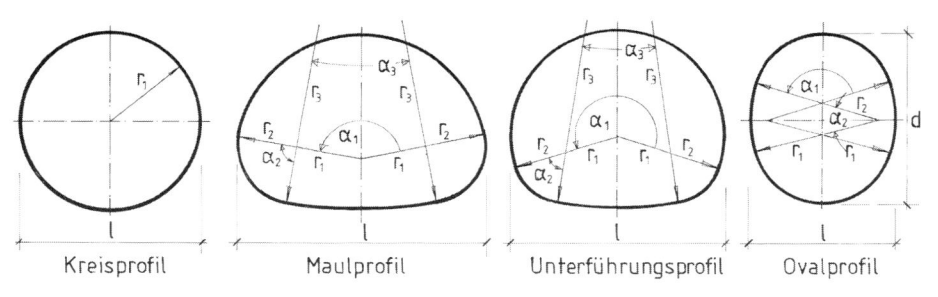

Bild 2.31
Querschnittsformen von Wellstahldurchlässen

wesentlichen aus ständig wirkenden Einflüssen besteht, sollte man die Anordnung der Fundamente so wählen, daß überwiegend gleichmäßige Pressungen in der Sohlfuge entstehen. An Fußgängerunterführungen werden im allgemeinen keine Forderungen eines späteren Ausbaues erhoben, hier kann man sich der statisch günstigeren Form eines Vollrahmenquerschnittes bedienen. Bei dieser Konstruktion entstehen durch die große Sohlplatte kleine Bodenspannungen, die bei der üblichen Annahme der starren Fundamentplatte konstant verteilt sind, Spannungsspitzen treten somit nicht auf. Die Bauwerke erhalten eine Abdichtung aus bituminösen Glasfasergeweben, die durch eine mindestens 5 cm starke Schutzbetonschicht gegen mechanische Beschädigungen geschützt sein muß.

Neben den Rahmendurchlässen finden die Rohrdurchlässe bevorzugt Anwendung bei der Kreuzung kleiner und einfacher Wasserläufe und -gräben. Zur Ausführung gelangen Stahlbetonrohre nach DIN 4035, die durch einen erdfeuchten Frischbeton, dessen Wasserzementfaktor unter 0,4 liegt, im Walzverfahren hergestellt werden. Die verwendeten Nennweiten liegen in den Grenzen von 0,5 m bis 3,0 m. Die Rohre sind im Kiesbett, ggf. auf Unterbeton, zu verlegen und mit Kopfbauteilen oder Böschungsauslaufbauteilen in Ortbeton oder in Fertigteilbauweise zu versehen, Bild 2.32 zeigt ein solches Bauwerk.

Bild 2.32
Kopfbauwerk bei Rohrdurchlässen

Eine Variante stellen die Durchlässe aus Wellstahlrohren dar, die eigentlich in das Gebiet des Stahlbaues gehören, hier aber der Vollständigkeit halber mit aufgeführt werden sollen. Bei der mit dieser Durchlaßform verbundenen Bauweise werden vorgeformte, gewellte Stahlelemente auf der Baustelle zu einzelnen Schüssen kraftschlüssig verschraubt und in Bauwerkslängsrichtung durch Wellenüberdeckung und Heftschraubung zu verschiedenen Querschnittsformen verbunden. Durch die Hinterfüllung und Überschüttung des montierten Rohres mit verdichtungsfähigem Boden entsteht ein in radialer Richtung steifes und in Längsrichtung setzungsweiches Bauwerk. Der Rohrbaukörper ist in einem Kiesplanum zu verlegen und seitlich so zu verfüllen, daß beim Einbau keine Veränderung der Querschnittsform entsteht. Sein besonderes Kennzeichen liegt darin, daß er sich unter Belastung durch das Erdreich, den Verkehr und die durch die Verformung entstehenden Rückstellkräfte in der Weise verformt, bis sich am Rohrumfang angenähert eine in der Rohrwandung verlaufende Stützlinie ausgebildet hat.

Die Rohrbaukörper werden ohne besondere Kopfbauwerke eingebaut, als Regelabschluß wird der Böschungsschrägschnitt angesehen, wobei der Austritt der Rohre durch eine seitlich anschließende Pflasterung aus Natursteinen gesichert wird (Bild 2.33). Bei diesen Regelabschlüssen wird vorausgesetzt, daß eine Böschungsneigung von 1:1,5, ein Kreuzungswinkel $\geq 85°$ sowie eine lichte Weite des Rohres $\leq 5,0$ m vorhanden ist.

Bild 2.33
Dammabschluß der Wellstahldurchlässe

Die besonderen Anforderungen an diese Bauweise werden in den „Bedingungen für die Anwendung von Wellstahlrohren" [50] geregelt, im einzelnen wie folgt:

- Querschnittsform:

Die zu verwendenden Querschnitte sind in Bild 2.31 dargestellt, für die lichte Weite gilt:
$$1,5 \leq l \leq 8,0 \text{ m}$$

- Überdeckung im Scheitel:

Mindestüberdeckungshöhe: $\quad \min d = \dfrac{l}{6} \geq 0,60$ m

maximale Überdeckungshöhe: $\quad \max d = 15,0$ m

In den abschließenden Bildern ist ein Stahlbetondurchlaß im Quer- und Längsschnitt dargestellt.

2.3 Längsschnittgestaltung

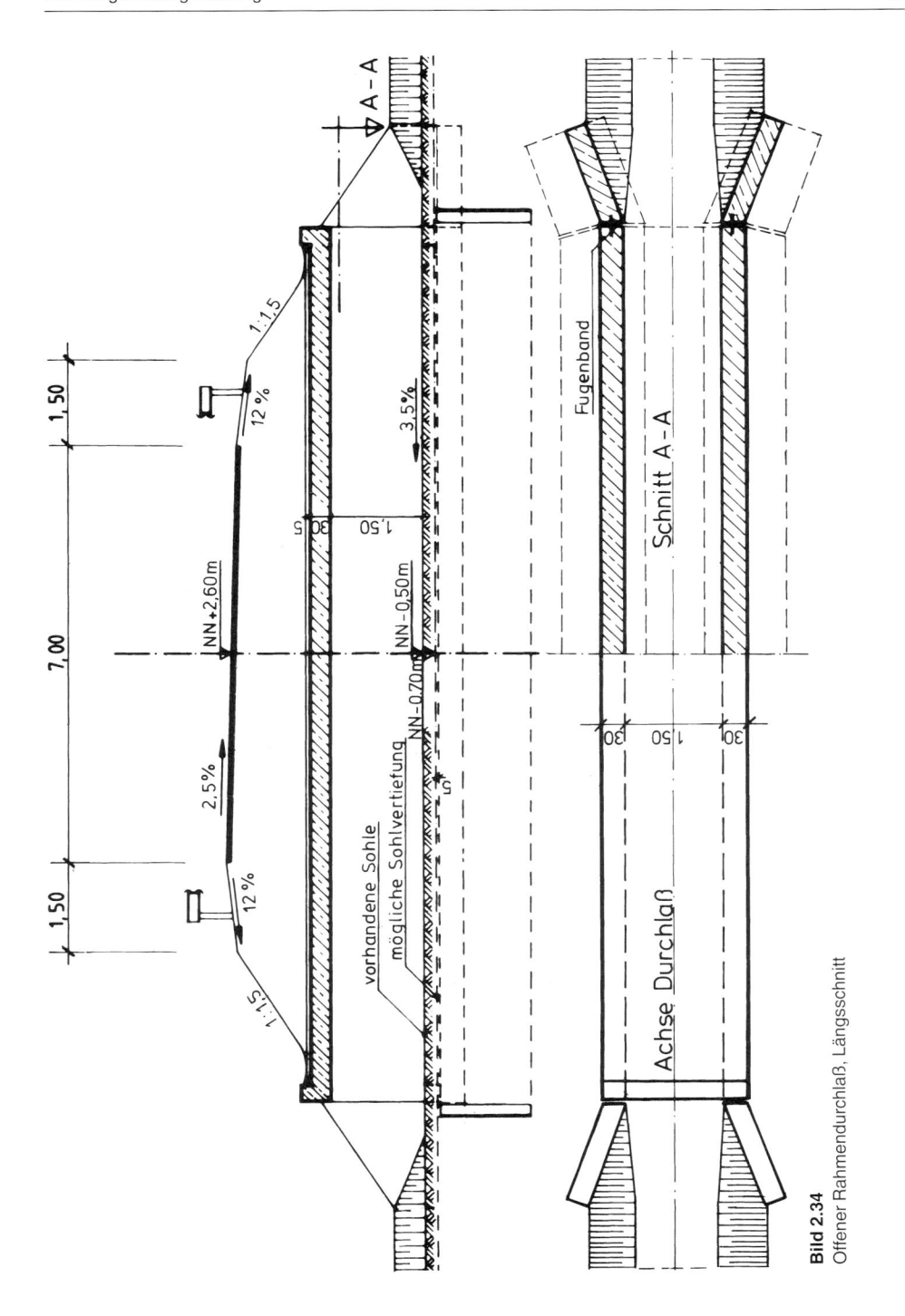

Bild 2.34 Offener Rahmendurchlaß, Längsschnitt

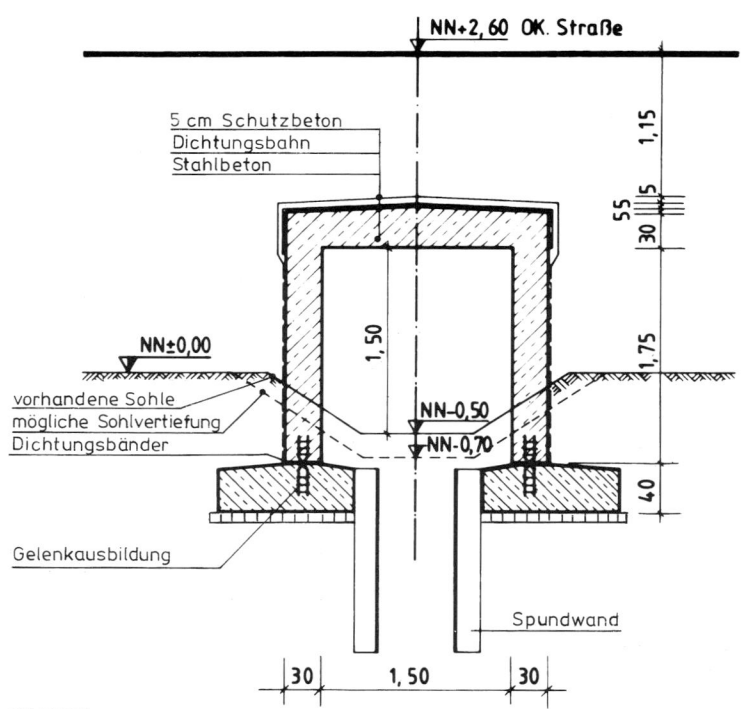

Bild 2.35
Offener Rahmendurchlaß, Querschnitt

3 Planungsgrundlagen der Verkehrslastträger

3.1 Planung von Straßenbrücken

3.1.1 Brückenlänge und Wahl der Stützweite

Brücke und Böschungssituation

Die Brückensituation ist durch die Kreuzungssituation der beiden Verkehrswege gekennzeichnet. Es gibt recht-, schief- und spitzwinklige Kreuzungen. Die schiefwinklige Kreuzung stellt heute den Normalfall dar, da die Trassierungselemente des Straßenbaues, die einen zügigen Verkehrsfluß ermöglichen sollen, die Kreuzung in jedem Winkel verlangen und eine Änderung des Verkehrsweges zugunsten einer einfacheren rechtwinkligen Kreuzung nicht mehr zulassen. Besondere Trassierungen können dabei spitzwinklige Überschneidungen der Verkehrswege zur Folge haben. Hier wird man versuchen, wie Bild 3.1 verdeutlicht, die Schiefe von der Konstruktion zu trennen, um die konstruktiven Schwierigkeiten in Grenzen zu halten. Die rechtwinklige Kreuzung bleibt den untergeordneten Verkehrswegen vorbehalten, an die keine großen Anforderungen in der Trassierung gestellt werden, und solchen, die hinsichtlich der Trassierung einen rechten Kreuzungswinkel aufweisen. Dieses dürfte in bestimmtem Maße auch für den innerstädtischen Brückenbau zutreffen, wenn man einmal vom Hochstraßenbau absieht.

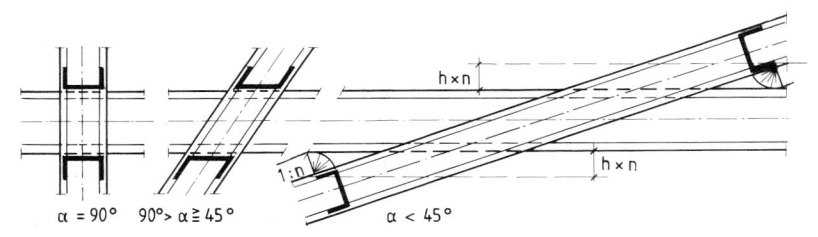

Bild 3.1
Kreuzungsmöglichkeiten

Mit der Kreuzungssituation ist die Böschungssituation eng verbunden, da sie die zusätzlichen geometrischen Verhältnisse für die Brückenkonstruktion liefert.

Die Böschungsverhältnisse werden grundsätzlich durch die RAS-Q für den Fern- und Stadtstraßenbau geregelt (Bild 3.2). Als Regelböschungsneigung ist diejenige von 1:1,5 für Böschungshöhen $\geq 2{,}0$ m vorgeschrieben. Als Böschungshöhe gilt die Höhendifferenz zwischen der Kronenkante und dem Schnittpunkt der nicht ausgerundeten Böschung mit dem Gelände. Bei Böschungs- oder Einschnitthöhen $<2{,}00$ m soll eine konstante Böschungsbreite unabhängig von der Höhe eingehalten werden, die gleich dem zweifachen Wert des Böschungsgrundmaßes ist, also bei 1:1,5 gleich 3,0 m. Hierbei wird die Böschungsneigung mit abnehmender Höhe flacher. Der Übergang zwischen Böschung und Gelände wird ausgerundet, Entwässe-

Böschungshöhe h	h ≧ 2,0 m	h < 2,0 m
Damm		
Einschnitt		
Regelböschung	1 : 1,5	b = 3,0 m
Allgemeine Böschung	1 : n	b = 2n
Tangentenlänge T	3,0 m	1,5 h

Bild 3.2
Böschungsausbildung nach RAS-Q

rungsmulden sind bei Dämmen und Einschnitten am Böschungsfuß in gewachsenem Boden vorzusehen.

Eine andere Böschungsneigung als die Regelneigung kann vorgesehen werden:
– aus erdstatischen Gründen,
– zur Einpassung der Straße in das umgebende Gelände,
– aus Gründen des Immissionsschutzes,
– zur Vermeidung von Schneeverwehungen.

Sind solche in den Entwürfen der freien Strecke vorgesehen, so sind sie auch im Brückenbereich anzuordnen, jedoch mit der Einschränkung, daß die Neigung nicht flacher als 1:2 werden soll.

Die Breite des Brückenquerschnittes ergibt sich aus dem Straßenquerschnitt, zuzüglich erforderlicher Aufweitungen nach der RAS-Q, und zwar:
– im Fahrbahnbereich zur Verbesserung der Längsentwässerung eine Aufweitung von $2 \times 0{,}25$ m. Ausnahmen hierzu sind im einzelnen dem Folgeabschnitt zu entnehmen,
– im Bankettbereich zur Ausbildung der Kappe eine Aufweitung von $2 \times 0{,}50$ m.

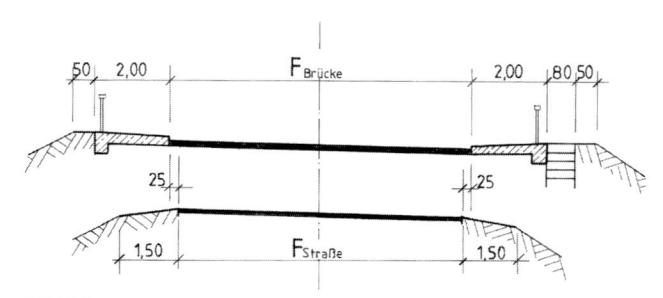

Bild 3.3
Zuordnung des Brückenquerschnittes zum Straßenquerschnitt

3.1 Planung von Straßenbrücken

Die Zuordnung der Böschung zur Straßensituation ist in Bild 3.4 dargestellt. Hierzu wird die Grundkonstruktion erläutert, bei der die Böschungskegel tangential an die Flucht des unten liegenden Verkehrsweges anschließen. Diese Konstruktion zeigt den direkten Zusammenhang auf, der bei der geometrischen Durchdringung der Böschungsebenen mit der unteren und oberen Geländeebene entsteht. Hierbei spielt es keine Rolle, ob eine volle Dammsituation oder eine teilweise Einschnitt/Dammsituation vorhanden ist. Die Lage des Böschungskegels hängt nur von der Höhe der Gradiente ab. Die Regelböschungsneigung ist mit 1:1,5 festgelegt, derart, daß sie senkrecht zu den Fluchten der Verkehrswege abzutragen ist. In Richtung der Gradiente ergibt sich dann ein verzerrtes Böschungsmaß von $1 : n/\sin \alpha$.

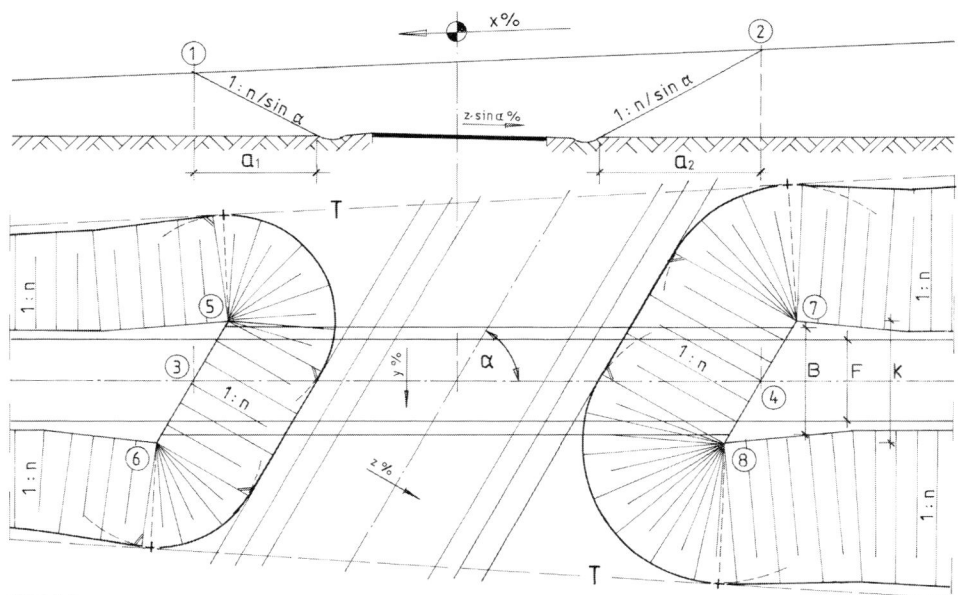

Bild 3.4
Grundkonstruktion zur Böschungssituation

Zur Konstruktion:

Im Gradientenschnitt wird an der Außenkante der Mulde die verzerrte Böschungsneigung $1 : n/\sin \alpha$ angetragen. Man erhält die Spurpunkte ① und ②. Die zugehörigen Grundmaße a_1 und a_2 werden in den Grundriß übertragen, es entstehen die Punkte ③ und ④. Durch diese Punkte wird eine Parallele zur Flucht des unteren Verkehrsweges gezogen. Die Schnittpunkte mit den Fluchtlinien der Kronenkanten K hinter dem Bauwerk ergeben die Böschungskegelpunkte ⑤, ⑥, ⑦ und ⑧. Nunmehr werden die Böschungskegel mit dem geforderten Böschungsverhältnis $1 : n$ abgetragen, an die Grundkreise jeweils die gemeinsame Tangente gelegt und in den Berührungspunkten die auf der Böschungsfußlinie senkrecht stehende Fallinie zum Böschungspunkt gezogen. Die Böschungsschraffur vervollständigt die Darstellung.

Die Kronenkante K ergibt sich aus der Brückenbreite B zuzüglich eines beidseitigen Sicherheitsabstandes von 0,50 m. Ist eine Besichtigungstreppe anzuordnen, erhöht sich die Kronenbreite um das Maß von 0,80 m. Diese Querschnittsaufweitungen sind hinter dem Brückenbauwerk in einem Verziehungsbereich wieder auf den Regelquerschnitt zurückzuführen.

Die in Bild 3.4 durch die Konstruktion der Böschungskegel erhaltene Länge zwischen den Fluchtlinien ⑤–⑥ und ⑦–⑧ stellt die theoretische Brückenlänge dar. Die tatsächliche Brückenlänge erhält man, wenn man diese durch die Widerlager eingrenzt. Hierfür ergeben sich zwei Grenzlagen. Einmal kann das Widerlager an den Dammfuß herangesetzt werden, es entsteht das kastenförmige Widerlager mit großen Flügelwänden, aber kleiner Überbaulänge. Zum anderen kann das Widerlager in die Böschung zurückgesetzt werden, so daß die Auflagerbank noch an der Böschung sicher herausragt. Es entsteht dann die kleinste Widerlagerform überhaupt, allerdings auch eine sehr große Überbaulänge, die möglicherweise auch eine Stützanordnung erfordert und so einen Durchlaufträger entstehen läßt.

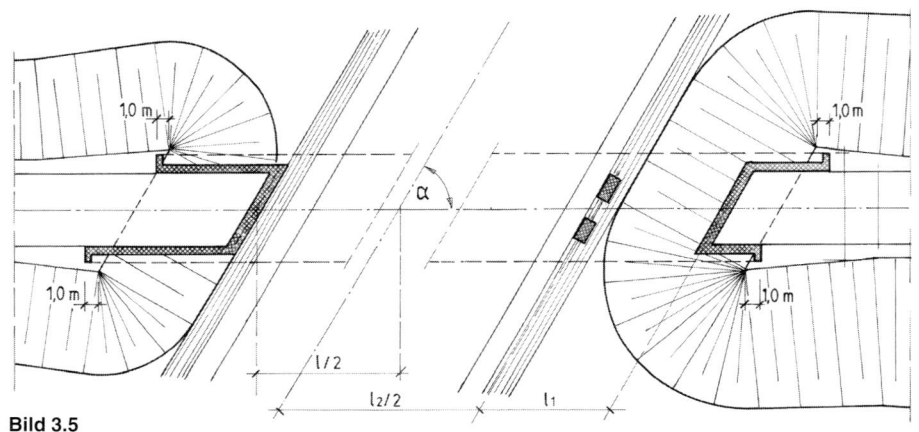

Bild 3.5
Grenzmöglichkeiten der Widerlageranordnung

Zwischen diesen Grenzlagen ist jede Zwischenstellung des Widerlagers möglich. Die Widerlager werden seitlich durch Flügelwände begrenzt, die die Hinterfüllung im Böschungsbereich seitlich abschirmen. Die Lage der Flügelwände ist insoweit festgeschrieben, als durch sie nicht die Hinterfüllung im Fahrbahnbereich berührt werden soll. So ergibt sich, daß die Flügelwand mit der Innenkante am Fahrbahnrand liegt und mit ihrer Konstruktionsstärke nach außen springt. Die lichte Weite zwischen den Flügelwänden entspricht somit der Fahrbahnbreite b. Die Flügelwände werden bis zu einem Sicherheitsabstand von 1,0 m über den Böschungsmittelpunkt hinübergeführt und dort rechtwinklig durch eine Abschlußschürze abgeschlossen. Dadurch entstehen bei schiefwinkligen Widerlagerkonstruktionen unterschiedlich lange Flügelwände. Das Unterscheidungsmaß hängt vom Winkel α ab. Nähere Einzelheiten dieser Widerlagergeometrie entnehme man dem Kapitel 5 über die Widerlager. Die unter der Brückentafel liegende Böschungsfläche wird durch Betonplatten befestigt, diese Befestigung setzt sich bis zur Kronenkante fort und faßt die Kontrollgangtreppe, wenn vorhanden, mit ein. Nähere Einzelheiten entnehme man den Folgeabschnitten dieses Kapitels.

Liegt eine Kreuzung unter einem Winkel $< 90°$ vor, ist also eine Brückenschiefe vorhanden, sind die durch die Ebenen der Flügelwände angeschnittenen Böschungsneigungen unterschiedlich groß. An der stumpfen Ecke beträgt die Neigung $1 : n/\sin \alpha$, an der spitzen Ecke entspricht sie der Normalneigung $1 : n_\perp$, wobei der Böschungsbereich nicht die ganze Flügelwandlänge abdeckt. Dieses Fehlmaß wird um so größer, je kleiner der Kreuzungswinkel wird. Hierdurch kann der Eindruck entstehen, daß die Flügelwand für die vorhandene Böschungssi-

3.1 Planung von Straßenbrücken

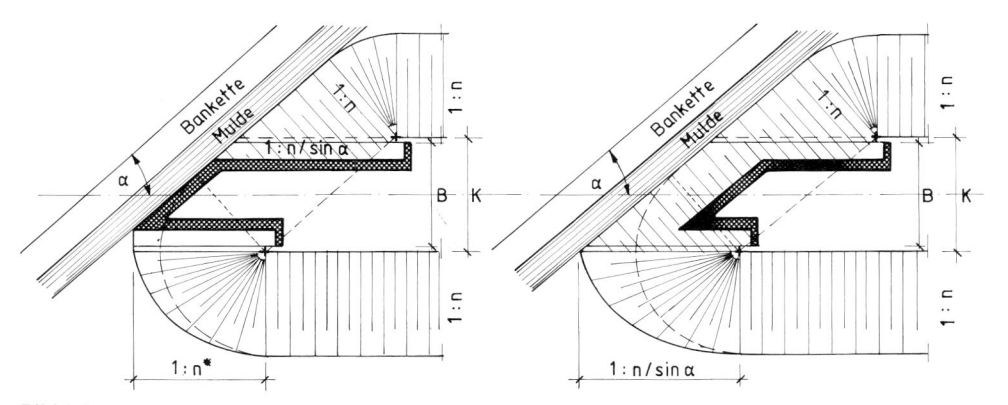

Bild 3.6
Varianten der Böschungskegelausbildung an der spitzen Ecke

tuation zu groß geraten ist. Will man diese optische Fehleinschätzung beseitigen, so ergeben sich sinnvolle Lösungen nach den im Bild 3.6 dargestellten Möglichkeiten.

Einmal kann man die Böschung auf den Fußpunkt der Wand ausrichten, man erzielt damit an der Flügelwand eine Neigung von $1:n^*$, die zwischen der Normalneigung $1:n$ und der Grenzneigung $1:n/\sin \alpha$ liegt. Dieser Vorschlag wäre sinnvoll für die lange Flügelwand, also für das kastenförmige Widerlager. Bei dem zurückgesetzten Widerlager kommt es auch darauf an, daß eine einheitlich ebene Fläche unter der Brücke für die Böschungsbefestigung entsteht. Daher wäre es hier sinnvoll, den Böschungsfußpunkt in die Böschungsflucht des unten liegenden Verkehrsweges zu legen. Hierdurch erreicht man die Grenzneigung $1:n/\sin a$ und man erzielt die ebene Böschungsfläche unter der Brücke. In beiden Fällen entstehen Böschungskegel mit elliptischem Grundriß.

Für die lichten Weiten zwischen den Widerlagern im Bereich von Bauwerken über Bundesfernstraßen hat das BMVBW folgende Regelungen mit dem Rundschreiben ARS 12/91 vom 22.4.1991 getroffen:

- Aus wirtschaftlichen und gestalterischen Gründen sind Widerlager möglichst in die Böschungen zurückgesetzt anzuordnen, um große Flächen für Flügelwände und Widerlager zu vermeiden.
- Seitliche Entwässerungsgräben sind stets offen, unversetzt und mit unverändertem Querschnitt im Bauwerksbereich durchzuführen.
- Um die Anprallgefährdung durch Fahrzeuge für Insassen, Fahrzeuge und die Standsicherheit des Bauwerkes zu senken, dürfen Pfeiler und Stützen im Bereich zwischen der Kronenkante und seitlichen Entwässerungsgräben nicht errichtet werden.
- Für Brücken über zweibahnige Bundesfernstraßen sind in der Regel Zweifeldbauwerke zu bevorzugen.

Für den Bereich der Landstraßen, die der Bauhoheit der Länder unterliegen, sind regional unterschiedliche Zusatzregelungen möglich. Bevorzugte Regelungen sind

- der Böschungsfußpunkt liegt an der Außenkante der Entwässerungsmulde,
- die Entwässerungsmulde darf durch eine Widerlager- oder Stützkonstruktion maximal nur bis zur Restmuldenbreite von 1,0 m eingeengt werden. Sind breite Stützenabmessungen vorhanden, ist eine breitere Mulde zu wählen.

Für den Bereich untergeordneter Verkehrswege darf die Entwässerungsmulde durch die Böschung und Widerlagerkonstruktion verbaut werden. Der Ansatzpunkt des Böschungsfußpunktes liegt dann an der Begrenzung des lichten Raumes. Eine vorhandene Entwässerungsleitung kann durch das Bankett geführt werden. Das Bankett ist im Brückenbereich mit einer Pflasterung zu versehen.

Wirtschaftliche und gestalterische Überlegungen

Die Frage der Stützweite einer Brücke ist aber nicht nur durch die konstruktiven Belange der Böschungssituation zu beantworten, sie ist vielschichtig und hängt von weiteren Einflüssen ab, wie Verkehrssicherheit auf der unten liegenden Straße, den wirtschaftlichen Erfordernissen und der Gestaltung der Brücke selbst.

Die Verkehrssicherheit auf der unten liegenden Straße verlangt gute Sichtverhältnisse, die bei Brücken durch die Konstruktion eingeschränkt sein kann. Es ist daher außerordentlich wichtig, daß die Belange der Gestaltung der Brücke und die der Straße Hand in Hand gehen und das Bauwerk selbst nicht zur optischen Sperre in der Straße wird. In Kurven und Anschlußsituationen werden erhöhte Anforderungen an die Sichtverhältnisse gestellt, man sollte daher an diesen Stellen einer Mehrfeldlösung, bei der die Widerlager in den Damm zurückgesetzt sind, den Vorzug geben. Hierbei ergeben sich zusätzliche Sichtdurchblicke in den Nebenöffnungen, während hohe Widerlager, die an das Lichtraumprofil der Straße herangesetzt sind, dieses nicht zulassen. Leider zeigen viele ausgeführte Beispiele solcher Art, daß diesen Gedanken nicht immer Rechnung getragen worden ist. Bild 3.7 zeigt die gute

Bild 3.7
Unterschiedliche Stützungsarten

und die schlechte Lösung. Die Einfeldlösung in der Kurve versperrt die weiträumige Sicht, dagegen läßt die Dreifeldbrücke erheblich mehr Sichtmöglichkeiten zu, außerdem paßt sich die Konstruktion unauffälliger in die Landschaft ein, da keine großflächigen Flügelwandbauteile, die oftmals auch noch eine schlecht ausgeführte Schalungsstruktur aufweisen, vorhanden sind. Überhaupt sollte man der Auswahl und Verarbeitung der Schalhaut in diesen Bauteilen mehr Aufmerksamkeit schenken, da ihre Sichtbetonflächen sehr stark in den Eindruck, den die Gestaltung vermitteln soll, eingreifen. Brettschalungen, vielleicht auch mal so, daß die rauhe Seite gegen den Beton gelegt wird, um ein intensiveres Schalungsnegativ zu erzeugen, sind großflächigen Schalungsplatten vorzuziehen, da die Fläche lebendiger wirkt. Schließlich erreicht man den besten Gestaltungseffekt bei den Flügelwänden durch eine Werkstein- oder Natursteinverblendung der Sichtflächen. Dieses Gestaltungselement ist aber aus Kostengründen nahezu aus dem Bereich des normalen Brückenbaues verschwunden. Leider!

Bei der Frage nach der Preiswürdigkeit und Wirtschaftlichkeit des Bauwerkes spielen die Herstellungskosten wohl die größte, wenn nicht heute sogar die alleinige Rolle, wobei man bei allem Preisdruck nicht vergessen sollte, daß im allgemeinen das preiswerteste Angebot nicht das preiswürdigste ist. Die Kosten werden durch die zwei Faktoren Überbau und Widerlager bestimmt. Die Überbaukosten steigen mit wachsender Länge des Überbaues, die Widerlagerkosten dagegen sind von dessen Länge unabhängig. Die Brückenbreite erhöht die Überbaukosten direkt, d.h. diese sind der Brückenbreite direkt proportional, die Widerlagerkosten werden indirekt durch die Breite beeinflußt, hier besteht eine umgekehrte Proportionalität. Unabhängig von der Breite einer Brücke sind immer zwei Flügelwände erforderlich, ihr Kosteneinfluß auf das gesamte Bauwerk wird um so kleiner, je breiter es ist. Hieraus folgt, daß eine wirtschaftliche Konstruktion gewählt wird, wenn bei Brückenbauten mit geringer Breite eine Mehrfeldlösung mit kleinen Widerlagern, bei großen Brückenbreiten eine Einfeldlösung mit hohen Widerlagern entsteht. Hierfür zeigt sich in der Praxis eine relativ gute Übereinstimmung. Wird der niederrangige Verkehrsweg über den höherrangigen überführt, so entsteht meist eine Brücke als Mehrfeldlösung, umgekehrt dagegen wird bei einer Unterführung eines Wirtschaftsweges unter einer Bundesstraße die Brücke im Zuge dieses höherrangigen Verkehrsweges ein Einfeldbauwerk mit hohen Widerlagern sein.

Die Gestaltung schließlich schreibt ihre eigenen Regeln vor. Vor allem sollte man die Konstruktionsteile in abgewogenen Abmessungen einander zuordnen. Schmale Überbaubänder erfordern geringere Sichtflächen der Widerlager. Umgekehrt wiederum muß das Überbauband

Bild 3.8
Dreifeldkonstruktion

einer Brücke mit hohen Widerlagern stärker sein, um nicht den Eindruck zu erwecken, daß ein zu schwacher Überbau gewählt wurde. Hier ergeben sich gestalterische Zwänge, die dann zugunsten einer Einfeld- oder Mehrfeldkonstruktion sprechen. Bild 3.8 zeigt eine in dieser Hinsicht ausgewogene Konstruktion.

3.1.2 Wahl der Querschnittsbreiten

Die Sicherheit des Verkehrsablaufs hängt von vielen Einflußgrößen ab. Eine große Bedeutung hat die Gestaltung des Straßenquerschnittes. Da sich bei abnehmender Fahrbahnbreite die Bewegungsspielräume verringern, wächst das Risiko einer Kollision. Dagegen bewirken Standstreifen eine deutlich höhere Verkehrssicherheit. Eine bauliche Richtungstrennung ist von größter Bedeutung für die Verkehrssicherheit. Alle Einflüsse sind gegeneinander abzuwägen.

Um bei Entwurf, Bau und Betrieb von Straßen Einheitlichkeit zu erreichen, sind im Straßenbau Regelquerschnitte angegeben, von denen nicht ohne Grund abgewichen werden sollte. Diese Querschnitte sind aus einzelnen Bestandteilen zusammengesetzt und, nach Regeltypen geordnet, in der Tabelle 2 der RAS-Q aufgeführt. Es werden unterschieden:

– für Autobahnen die Querschnitte RQ 35,5/RQ 29,5/RQ 33/RQ 26
– für Kraftfahrstraßen die Querschnitte RQ 20/RQ 15,5
– für zweistreifige Fahrbahnen RQ 10,5/RQ 9,5/RQ 7,5

Die Regelquerschnitte sind in Bild 3.9 dargestellt.

Die erforderliche Breite des Brückenquerschnittes richtet sich nach dem straßenseitigen Querschnitt mit der Maßgabe, daß konstruktive Besonderheiten der Bauwerke die Breite des Verkehrsraumes nicht einschränken dürfen. Aus diesem Grunde werden die Fahrbahnverkehrsräume in voller Breite übergeführt, die Sicherheitsverkehrsräume, also im wesentlichen der Schrammbordbereich, sind um die Maße der Sicherheitsvorrichtungen zu verbreitern. Borde und Schutzplanken der anschließenden Straßenabschnitte sind im Bauwerksbereich mit dem gleichen Abstand zum Verkehrsraum weiterzuführen.

Der Querschnitt auf der Brücke wird gegenüber dem Straßenquerschnitt aufgeweitet und zwar:

– Im Fahrbahnbereich zur Verbesserung der Längsentwässerung, im einzelnen wie folgt:
  RQ 7,5: $2 \times 0{,}20$ m
  RQ 9,5/RQ 10,5: $2 \times 0{,}25$ m
  RQ 15,5: $2 \times 0{,}25$ m + 0,75 m einseitig
  RQ 20/RQ 26/RQ 33: $2 \times 0{,}50$ m
  RQ 29,5/RQ 35,5:   keine Aufweitung

– Im Bankettbereich zur Ausbildung der Kappe:
  Die Aufweitung beträgt je Seite 0,50 m für die Regelkappe.

Im Brückenbereich werden die Sicherheitsverkehrsräume von den Fahrbahnverkehrsräumen durch Vorborde getrennt. Sind keine Schutzplanken vorhanden, gilt für diese ein Höhenregelmaß von 0,15 m, das Höchstmaß liegt bei 0,20 m. Dieses Höchstmaß ist anzuwenden, wenn auf der angrenzenden Kappe Geh- und Radwege angeordnet sind. Sind Schutzplanken vorhanden, ist die Bordhöhe auf 0,07 m zu begrenzen, um zu erreichen, daß das Rad eines abirrenden Fahrzeuges auf den Vorbord aufsteigt, um dann von der Leitplanke abgelenkt zu werden.

Die Zuordnung des Brückenquerschnittes zum Straßenquerschnitt zeigt Bild 3.10 in Beispielen.

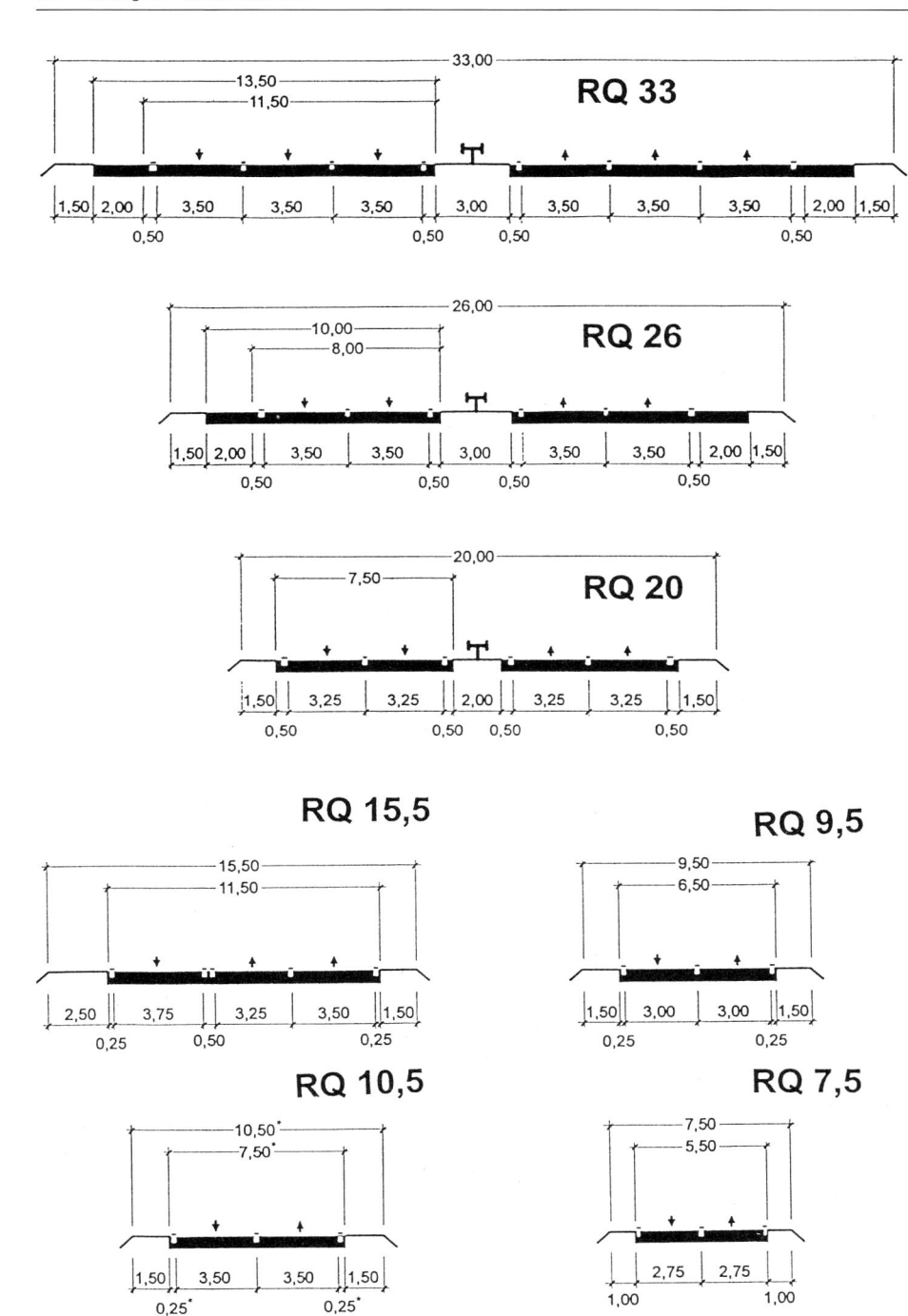

Bild 3.9
Regelquerschnitte ein- und zweibahniger Straßen

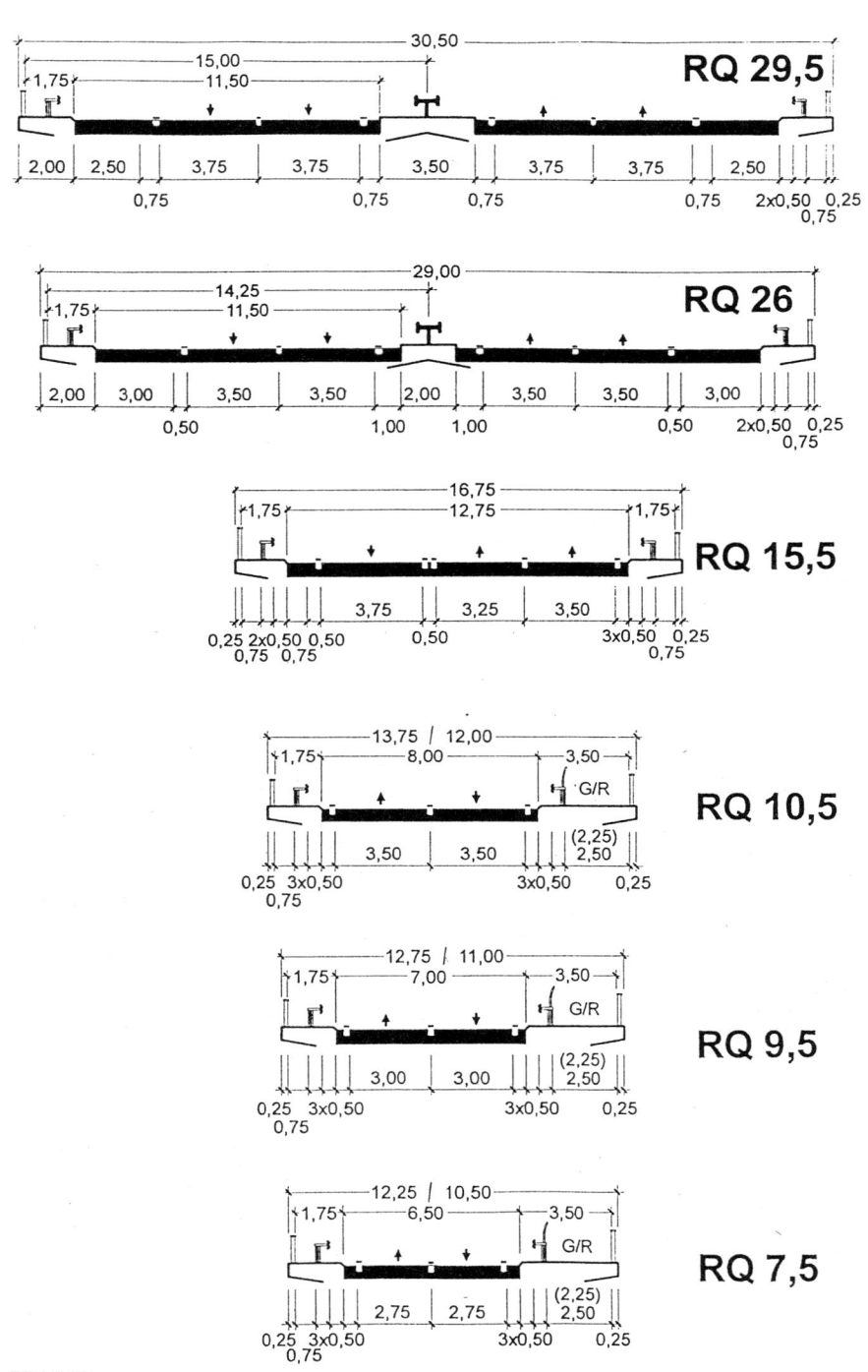

Bild 3.10
Beispiele für die Ausbildung der Regelquerschnitte auf Brücken

Querschnittsbreiten von Wirtschaftswegen

Die Querschnitte für Brücken im Zuge von Wirtschaftswegen, bzw. ihre Unterführungen sind im ARS 12/91 geregelt. Danach wird nach ein- und zweistreifigen Querschnitten unterschieden, wobei in der Unterführung auch die unsymmetrische Form zu Gunsten eines breiteren Fußweges gewählt werden kann. Die Querschnitte sind in Bild 3.11 dargestellt, die Ausbildung der Kappen entnehme man Abschnitt 5.4.3.

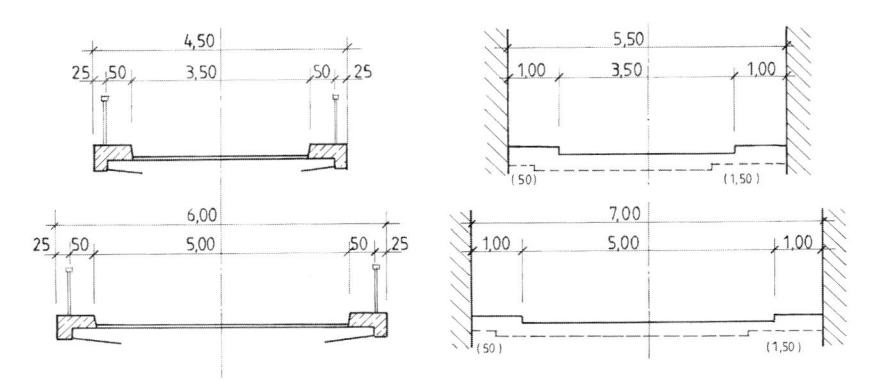

Bild 3.11
Regelquerschnitte von Wirtschaftswegbrücken

3.1.3 Bauhöhe, Konstruktionshöhe und lichte Höhe

3.1.3.1 Lichter Raum

Die generellen Belange des Lichtraumprofiles, einschließlich der Geh- und Radwegräume werden in der RAS-Q geregelt. Der lichte Raum ist der Bereich des Straßenquerschnittes, der von festen Hindernissen freizuhalten ist. Er setzt sich aus den Verkehrsräumen und den oberen und seitlichen Sicherheitsräumen zusammen.

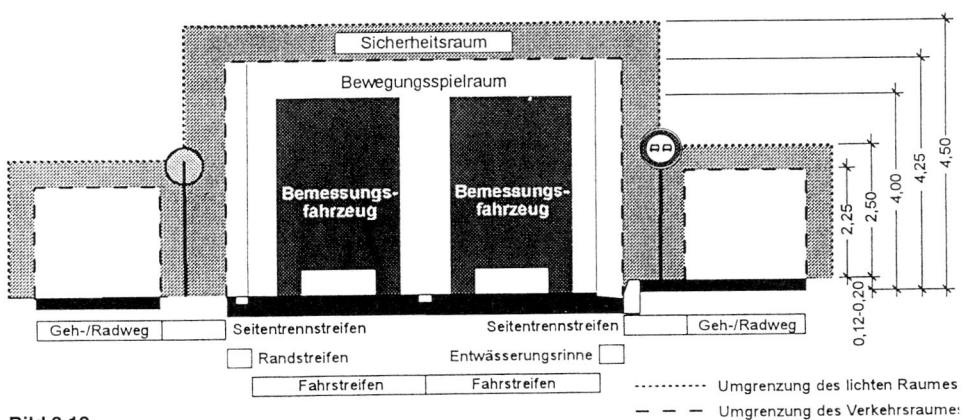

Bild 3.12
Lichtraumprofil nach RAS-Q

Die Breite des *seitlichen Sicherheitsraumes* ist von der zulässigen Höchstgeschwindigkeit zul V abhängig. Sie beträgt für Straßen mit

$$\begin{aligned}
\text{zul } V &> 70 \text{ km/h} & &\geq 1{,}25 \text{ m} \\
50 \text{ km/h} < \text{zul } V &\leq 70 \text{ km/h} & &\geq 1{,}00 \text{ m} \\
\text{zul } V &\leq 50 \text{ km/h} & &\geq 0{,}75 \text{ m}
\end{aligned}$$

Diese Maße dürfen neben Standstreifen, am Mittelstreifen und neben Hochborden um 0,25 m unterschritten werden.

Schutzeinrichtungen und leicht verformbare Teile von Verkehrseinrichtungen dürfen bis zu 0,50 m an den Verkehrsraum heranreichen. Hierbei sind die Richtlinien für passive Schutzeinrichtungen [48] zu beachten. Bei zweibahnigen Straßen kann der Abstand zur passiven Schutzeinrichtung auf 0,25 m verringert werden, wenn man wegen beengter Verhältnisse eine bauliche Richtungstrennung vornehmen will.

Für den *Radwegverkehr* beträgt die Breite des seitlichen Sicherheitsraumes 0,25 m. Für den *Fußgängerverkehr* wird kein eigener seitlicher Sicherheitsraum in Ansatz gebracht. Gehwege, die unmittelbar an Verkehrsräume angrenzen, setzen sich aus dem Verkehrsraum für den Fußgänger (Gehraum) und dem Sicherheitsraum des angrenzenden Verkehrsraumes zusammen. Fahrstreifen des Kfz-Verkehrs grenzen ohne seitlichen Sicherheitsraum unmittelbar aneinander.

Die Höhe des *oberen Sicherheitsraumes* beträgt für den Kfz-Verkehr 0,25 m. Die erforderliche lichte Höhe beträgt – lotgerecht gemessen – 4,50 m.

Diese Höhe darf bei Bedarf auf 4,70 m angehoben werden. In Fahrtunneln ist wegen der Fahrstreifensignale eine lichte Höhe von 4,50 m + 0,30 m = 4,80 m vorzusehen (RABT). Für die Geh- und Radwege beträgt die Höhe des Verkehrsraumes 2,25 m, zuzüglich eines oberen Sicherheitsabstandes von ebenfalls 0,25 m ergibt sich das lichte Höhenmaß von 2,50 m.

3.1.3.2 Erforderliche Bauhöhe

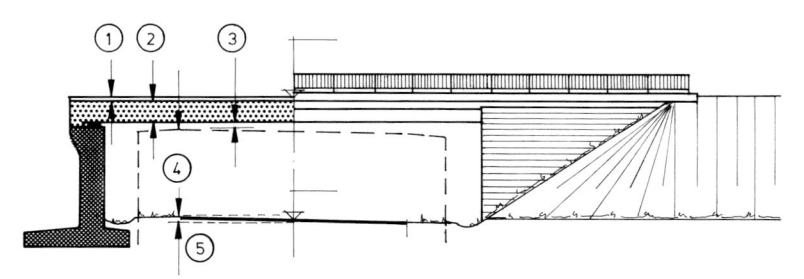

Bild 3.13
Einflüsse auf die Bauhöhe

Die erforderliche Höhe des gesamten Bauwerkes ergibt sich aus der Summe der nachstehend aufgeführten Einflüsse:

① Dicke des Fahrbahnbelages
② Konstruktionshöhe des Überbaues
③ Quer- und Längsneigungseinflüsse des oben liegenden Verkehrsweges
④ Lichte Durchfahrtshöhe
⑤ Quer- und Längsneigungseinflüsse des zu unterführenden Verkehrsweges

3.1 Planung von Straßenbrücken

Diese Einflüsse werden im folgenden einzeln abgehandelt:

Fahrbahnbelag

Der Überbau von Betonbrücken muß gegen das Eindringen von Oberflächenwasser geschützt werden. Diese Aufgabe obliegt einer Dichtungsschicht, die vor mechanischen Angriffen aus der Verkehrsbelastung und vor Witterungseinflüssen durch eine Schutzschicht gesichert wird. Auf diese Schutzschicht wird für die unmittelbare Abtragung der Fahrbahnlasten eine Deckschicht aufgebracht. Ein Fahrbahnbelag hat somit einen dreilagigen Aufbau, eine jeweils ca. 3,5 cm starke Deck- und Schutzschicht und eine ca. 1,0 cm starke Dichtungsschicht, insgesamt somit eine Stärke von ca. 8,0 cm. Die Deckschicht wird aus Asphaltbeton, die Schutzschicht aus Gußasphalt oder Asphaltbeton hergestellt. Für die Ausbildung der Dichtungsschicht gelten die nachstehend erläuterten Bauweisen.

Ein bituminöser Brückenbelag soll die gleichen Eigenschaften der Standfestigkeit, Griffigkeit, Helligkeit und Ebenheit wie die Deckschicht der anschließenden Straßenfläche besitzen. Die Schutz- und Deckschichten müssen so standfest sein, daß sie unter Verkehr, insbesondere im Sommer unter hohen Temperaturen, nicht verformt werden. Darüber hinaus müssen sie so zusammengesetzt sein, daß sie bei auftretenden Schwingungen und bei den im Winter zu erwartenden tiefen Temperaturen nicht reißen. Die einzelnen Schichten sind ohne trennende Zwischenschichten einzubauen, so daß sie fest miteinander verbunden sind. Die Betonoberfläche muß eine ausreichende Querneigung von mindestens 2,5% zur Wasserabführung haben.

Für die Ausbildung der Fahrbahnbeläge kann unter folgenden Bauweisen gewählt werden:

– Brückenbelag mit einer Dichtungsschicht aus einer Bitumenschweißbahn und einer Schutzschicht aus Gußasphalt,

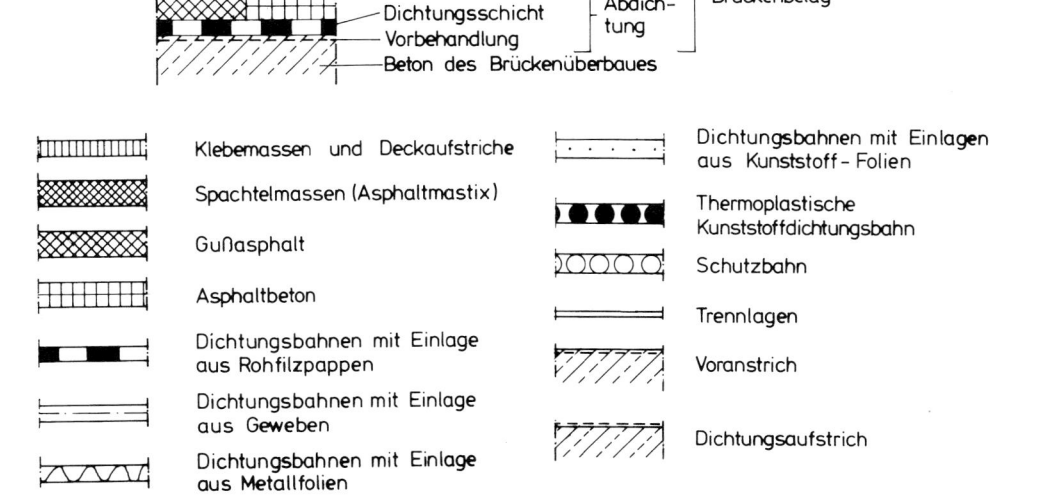

Bild 3.14
Grundsätzlicher Aufbau des Fahrbahnbelages

– Brückenbelag mit einer Dichtungsschicht aus zweilagig aufgebrachten Bitumendichtungsbahnen und einer Schutzschicht aus Asphaltbeton,
– Brückenbelag mit einer Dichtungsschicht aus Flüssigkunststoff und einer Schutzschicht aus Gußasphalt.

Für den Entwurf und die Anwendung der damit verbundenen Bauweisen gelten im Bereich der Straßenbauverwaltung zusätzliche Technische Vorschriften, die den Einbau in seinen Einzelheiten regeln. Sie sind in der ZTV-Ing zusammengefaßt.

Bei den Ausführungen gemäß Bild 3.15 sind die Dichtungsbahnen auf eine vorbereitete Betonoberfläche aufzubringen. Diese muß grundiert oder versiegelt oder durch eine Kratzspachtelung vorbereitet sein. Die Grundierung aus Epoxidharz dient der Verfüllung der Poren der Betonoberfläche, die Versiegelung besteht aus der Grundierung und einem geschlossenen porenfreien Film aus Epoxidharz. Die Kratzspachtelung wird durch Epoxidharz mit einer Sandfüllung ausgeführt, sie dient dem Ausgleich großer Rauhtiefen. Auf diese vorbehandelten Flächen werden die Dichtungsbahnen vollflächig verklebt, darauf folgt die Schutzschicht aus Gußasphalt oder Asphaltbeton.

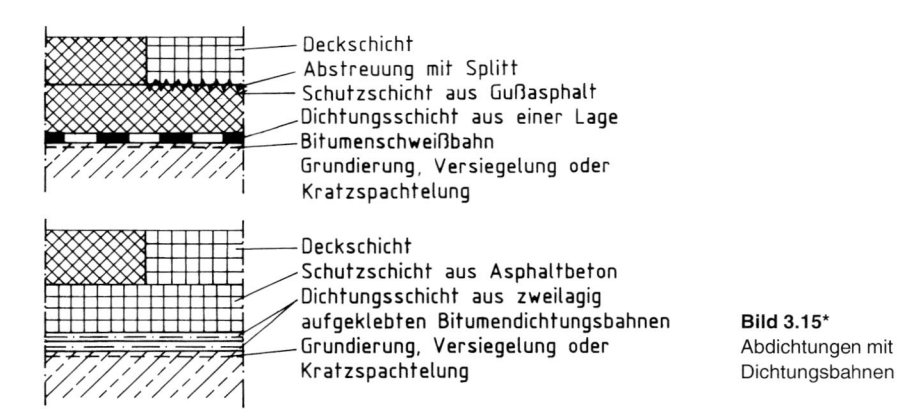

Deckschicht
Abstreuung mit Splitt
Schutzschicht aus Gußasphalt
Dichtungsschicht aus einer Lage
Bitumenschweißbahn
Grundierung, Versiegelung oder
Kratzspachtelung

Deckschicht
Schutzschicht aus Asphaltbeton
Dichtungsschicht aus zweilagig
aufgeklebten Bitumendichtungsbahnen
Grundierung, Versiegelung oder
Kratzspachtelung

Bild 3.15*
Abdichtungen mit Dichtungsbahnen

Im Bereich der Kappen erfolgt der Aufbau der Dichtungsschicht grundsätzlich wie im Fahrbahnbereich, jedoch ohne besondere Schutzschicht. Bei der einlagigen Dichtungsschicht wird aber zum Schutze gegen mechanische Beschädigungen beim Betoniervorgang die Schutzlage einer vollflächig verklebten Glasvlies-Bitumendachbahn erforderlich. Im Bereich des Überganges von der Kappe zur Fahrbahn sind zum Zwecke des Ausgleiches unterschiedlicher Verformungen Randfugen in der Schutz- und Deckschicht von 2 cm Breite anzuordnen und mit Fugenvergußmasse zu füllen. Bei der einlagigen Dichtungsschicht ist in einem Übergangsbereich von 30 cm eine Edelstahlkaschierung auf der Dichtungsbahn vorzusehen, oder, wenn solches nicht möglich ist, ein vollflächig verklebtes Edelstahlband anzuordnen. Bei der zweilagigen Dichtungsschicht können zusätzlich Bitumendichtungsbänder in der Schutz- und Deckschicht angeordnet werden. Die Bilder 3.16 und 3.17 zeigen die Ausführung.

Bei der Ausführung der Dichtungsschicht mit Flüssigkunststoff werden Reaktionsharze als hitze-, alterungsbeständige, bitumenverträgliche und elastomerartige Polyurethane verwendet. Sie bestehen aus mehreren Komponenten. Auf der Baustelle gemischt und im flüssigen Zustand verarbeitet, entsteht nach einer entsprechenden Härtungszeit ein fester Kunststoff. Als Hilfsstoffe finden Haftbrücken und Trennmittel Anwendung. Der Untergrund ist wieder, wie bei den Dichtungsbahnen, entsprechend vorzubereiten (siehe Bild 3.18).

3.1 Planung von Straßenbrücken

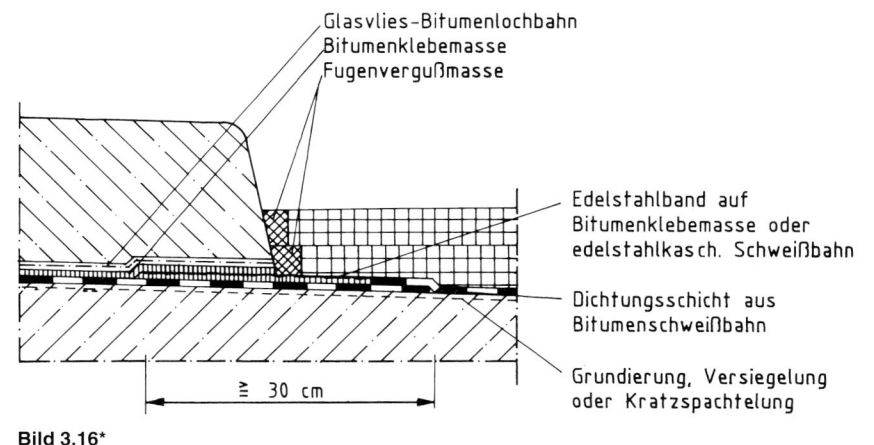

Bild 3.16*
Einlagige Abdichtung mit Dichtungsbahnen im Übergang der Kappe zur Fahrbahn

Beschriftung:
- Glasvlies-Bitumenlochbahn
- Bitumenklebemasse
- Fugenvergußmasse
- Edelstahlband auf Bitumenklebemasse oder edelstahlkasch. Schweißbahn
- Dichtungsschicht aus Bitumenschweißbahn
- Grundierung, Versiegelung oder Kratzspachtelung
- ≧ 30 cm

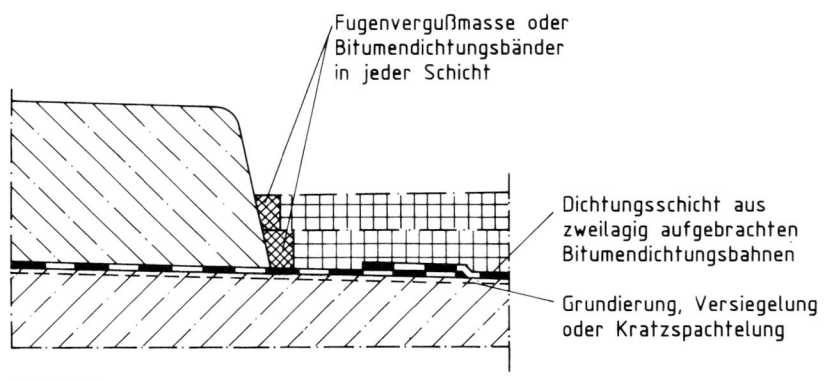

Bild 3.17*
Zweilagige Abdichtung mit Dichtungsbahnen im Übergang der Kappe zur Fahrbahn

Beschriftung:
- Fugenvergußmasse oder Bitumendichtungsbänder in jeder Schicht
- Dichtungsschicht aus zweilagig aufgebrachten Bitumendichtungsbahnen
- Grundierung, Versiegelung oder Kratzspachtelung

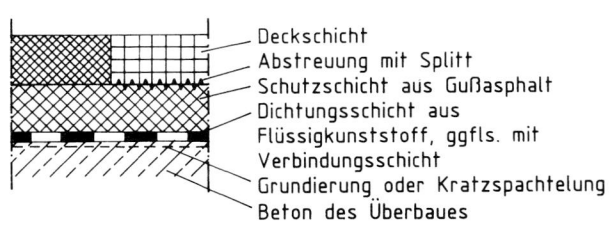

Bild 3.18*
Abdichtung mit Flüssigkunststoff

Beschriftung:
- Deckschicht
- Abstreuung mit Splitt
- Schutzschicht aus Gußasphalt
- Dichtungsschicht aus Flüssigkunststoff, ggfls. mit Verbindungsschicht
- Grundierung oder Kratzspachtelung
- Beton des Überbaues

Die Ausbildung und der Anschluß der Dichtungsschicht im Bereich der Kappen erfolgt nach den gleichen Gesichtspunkten wie bei den anderen Bauweisen. Der Stoß vom Kappen- zum Fahrbahnbereich liegt unmittelbar am Schrammbord und ist durch eine 20 cm breite Überlappung der Dichtungsschichten sicherzustellen. Bild 3.19 zeigt die Ausführung.

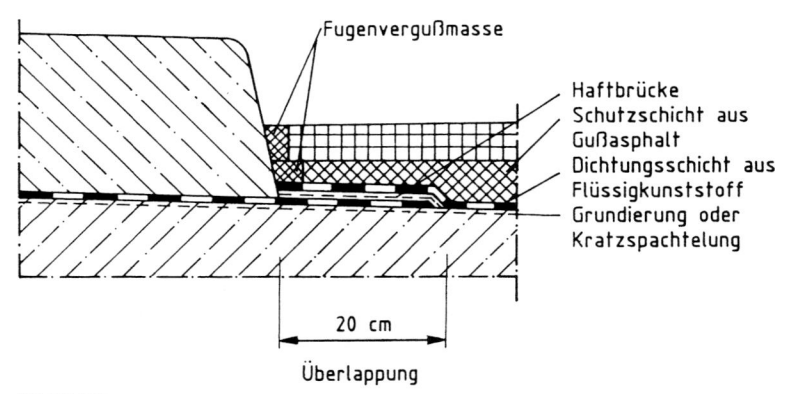

Bild 3.19*
Abdichtung mit Flüssigkunststoff im Übergang der Kappe zur Fahrbahn

Konstruktionshöhe

Hierunter ist die statisch erforderliche Höhe des Überbaues zu verstehen, diese ist von der Querschnittsform, der Stützweite und der Belastung abhängig. Ein wirtschaftlicher Stahlverbrauch wird nur bei einer ausreichenden statischen Nutzhöhe erzielt, es ist daher notwendig, diese im Entwurf vorzusehen.

Die nachstehend aufgeführten Überschlagsformeln für die Konstruktionshöhe geben den mindestens notwendigen Wert an. Sie gelten für Spannbeton. Soll der Überbau in schlaffer Bewehrung erstellt werden, sind diese Werte um 25% zu erhöhen.

Platten: statisch bestimmt: $l/22$
statisch unbestimmt: $l/25$
Balken: statisch bestimmt: $l/18$
statisch unbestimmt: $l/20$
Hohlkasten: statisch bestimmt: $l/20$
statisch unbestimmt: $l/26$

mit $l = l_{max}$

Für Rahmenkonstruktionen, gleich welchen Querschnitts, liegt die Mindestkonstruktionshöhe bei $l/35$.

Bei den Platten sollte man bedenken, daß sie statisch nur dann möglich sind, solange die Voraussetzungen der Theorie erfüllt bleiben, d.h. ihre Dickenabmessungen klein bleiben. Die Plattendicken sollten daher auf ca. 0,90 m bis 0,95 m begrenzt sein, da sonst das Eigengewicht eine zu große Rolle spielt. Hieraus ergeben sich Grenzstützweiten von ca. 18 bis 20 m, darüber hinaus sind keine wirksamen Flächenkonstruktionen mehr möglich.

Zusätzliche Höhen aus Quer- und Längsneigungen des Überbaues

Die Konstruktion des Überbauquerschnittes ist so zu gestalten, daß die vorhandenen Querneigungen der Verkehrswege auch in der Unterkante der Konstruktion mitlaufen. Jede andere Lösung führt auf keilförmige Ausgleichsschichten, die vom Gewicht her abzulehnen sind. Hierdurch senkt sich eine Hälfte des Querschnittes in das Lichtraumprofil hinein, da die Höhenmaße in der Achse der Kreuzung festgelegt werden. Soll das erforderliche Lichtraumprofil an der ungünstigen Stelle garantiert sein, müssen diese aus der Querneigung herrührenden Zusatzmaße ermittelt und der Bauhöhe zugeschlagen werden. Diese Überlegung gilt auch für die entsprechenden Versatzmaße aus den Längsneigungen.

Durchfahrtshöhe

Diese beträgt 4,50 m, auf Autobahnen 4,70 m.

Zusätzliche Höhen aus Längs- und Querneigungen des unteren Verkehrsweges

Die aus diesen Einflüssen herrührenden Versatzmaße verkleinern die Durchfahrtshöhe, sie müssen dieser zugegeben werden, um das Lichtraumprofil zu garantieren. Im einzelnen sind zu berücksichtigen:

- Für die Bauhöhe des Überbaues ergibt sich an ungünstiger Stelle:

  $B = h_{\ddot{U}} + h_B + \Delta H_2 + \Delta H_3$

- Für die lichte Höhe ergibt sich an ungünstiger Stelle:

  $L = l_H + \Delta H_1 + \Delta H_4$

mit: $h_{\ddot{U}}$ Konstruktionshöhe
     h_B Dicke des Belages
     $\Delta H_2, \Delta H_3$ Höhendifferenzen aus Quer- und Längsneigungen des oben liegenden Verkehrsweges
     $\Delta H_1, \Delta H_4$ Höhendifferenzen aus Quer- und Längsneigungen des unten liegenden Verkehrsweges
     l_H Durchfahrtshöhe

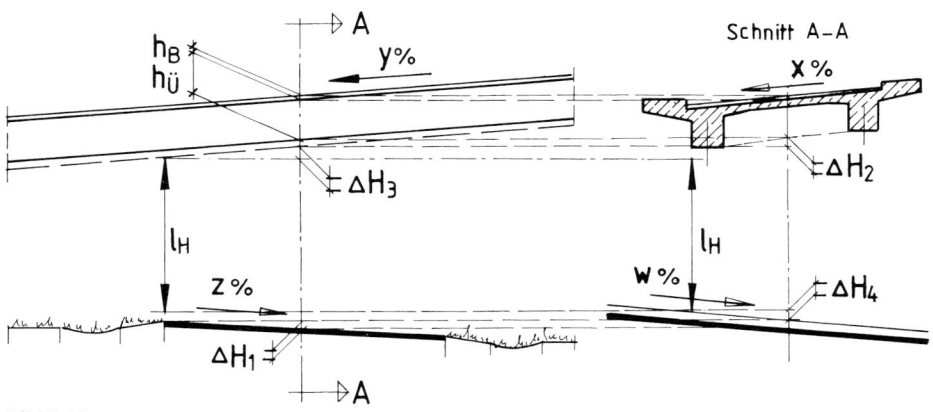

Bild 3.20
Zusatzhöhen zur lichten Höhe aus Quer- und Längsneigungen

3.1.4 Brückenende und Übergang zur Straßentrasse

Am Ende eines Brückenbauwerkes besteht eine Divergenz zwischen den Querschnittsbreiten auf der Brücke und denen der freien Strecke einerseits und den Querneigungen im Bankett- und Schrammbordbereich andererseits. Der Schrammbordbereich auf der Brücke ist gegenüber dem Bankett der freien Strecke wegen der Unterbringung der Schutzeinrichtungen aufgeweitet, zusätzlich erhält er eine gegenläufige Querneigung, da das anfallende Regenwasser nicht über das Gesimsband abfließen darf. So besteht die Notwendigkeit, am Brückenende in einem Übergangsbereich den Brückenquerschnitt auf den Regelquerschnitt der freien Strecke zurückzuführen. In diesem Bereich verwinden sich die Bankette von der Querneigung +4% auf −12% bei zurücklaufender Kronenbreite. Die Höhendifferenz der Außenkante des Bankettes läuft von +15 cm auf −18 cm.

Zusätzlich muß in diesem Übergangsbereich das anfallende Regenwasser aufgenommen werden. Das anteilig auf die Bauwerksteile Brücke und Straße entfallende Regenwasser muß je in beiden Teilen gesondert abgeführt werden. Es sind zwei Fälle zu unterscheiden:

- Das Längsgefälle der Strecke läuft zur Brücke:
  Das anfallende Regenwasser der Strecke wird vor der Brücke durch einen Straßenablauf aufgenommen,

- Das Längsgefälle der Brücke läuft zur Strecke:
  Das anfallende Regenwasser auf der Brücke wird gesondert durch einen Brückenablauf aufgenommen, der kurz vor dem Widerlager angeordnet wird. Eventuell überschießendes Wasser aus der Brücke und das Restwasser aus dem Flügelwandbereich werden durch einen zusätzlichen Straßenablauf im Übergangsbereich aufgenommen. Dieser liegt im Randstreifenbereich oder in einer zusätzlich angeordneten Ablaufnische. In besonderen Fällen kann das Wasser auch über eine in der Böschung liegende Kaskade abgeführt werden.

Zugehörige Details der Ausbindung entnehme man dem Bild 3.23.

Im Böschungsbereich unter der Brückentafel läßt sich keine wirksame Grasansaat erzielen, die Befestigung der Böschung muß daher konstruktiv erfolgen. Es kommen in der Regel Betonplatten, auf Unterbeton verlegt, zur Ausführung.

Im Zuge der Unterhaltung des Brückenbauwerkes müssen die Lager zugänglich sein. Es ist daher bei Widerlagern, die anderweitig nicht zugängig sind, oder bei solchen, bei denen der Zugang von der unteren Straße her nicht erwünscht ist, eine Böschungstreppe anzuordnen. Die Lage richtet sich nach der Art des Widerlagers, beim vollen Kastenwiderlager liegt sie an einer Seite der Brücke, beim zurückgesetzten Widerlager ist sie unterteilt.

Details der Ausführung entnehme man den Bildern 3.21 und 3.22.

3.1 Planung von Straßenbrücken

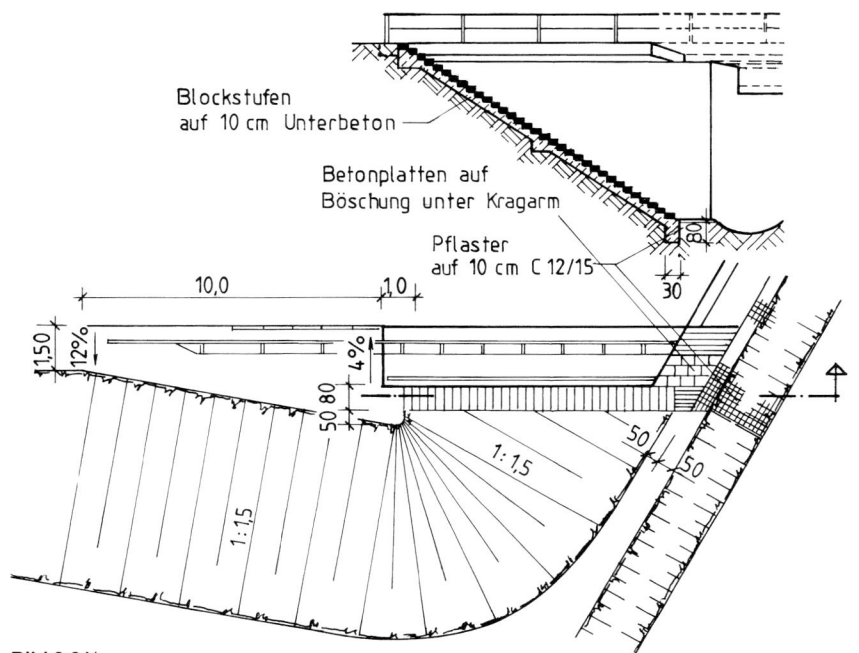

Bild 3.21*
Böschungstreppe an Widerlagern

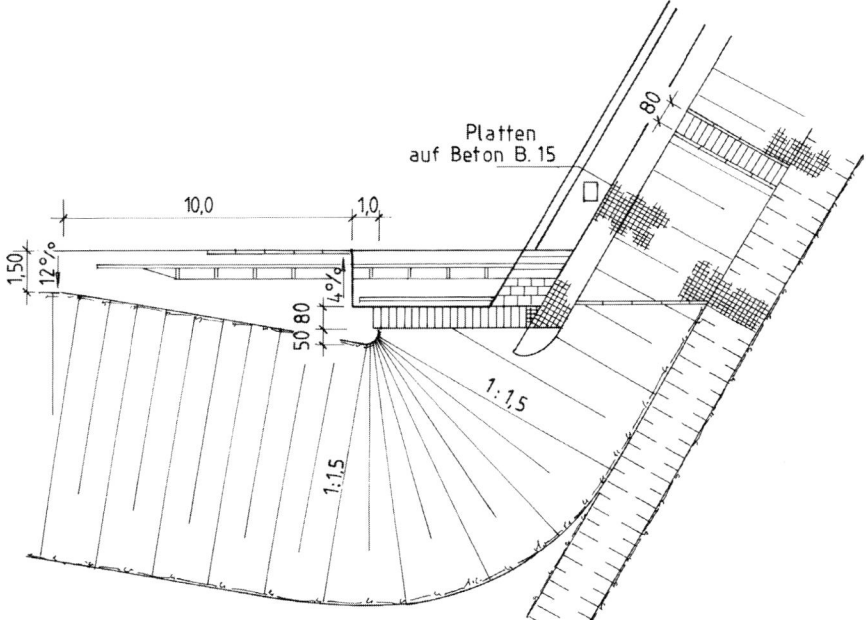

Bild 3.22*
Böschungstreppe an Widerlagern mit Berme

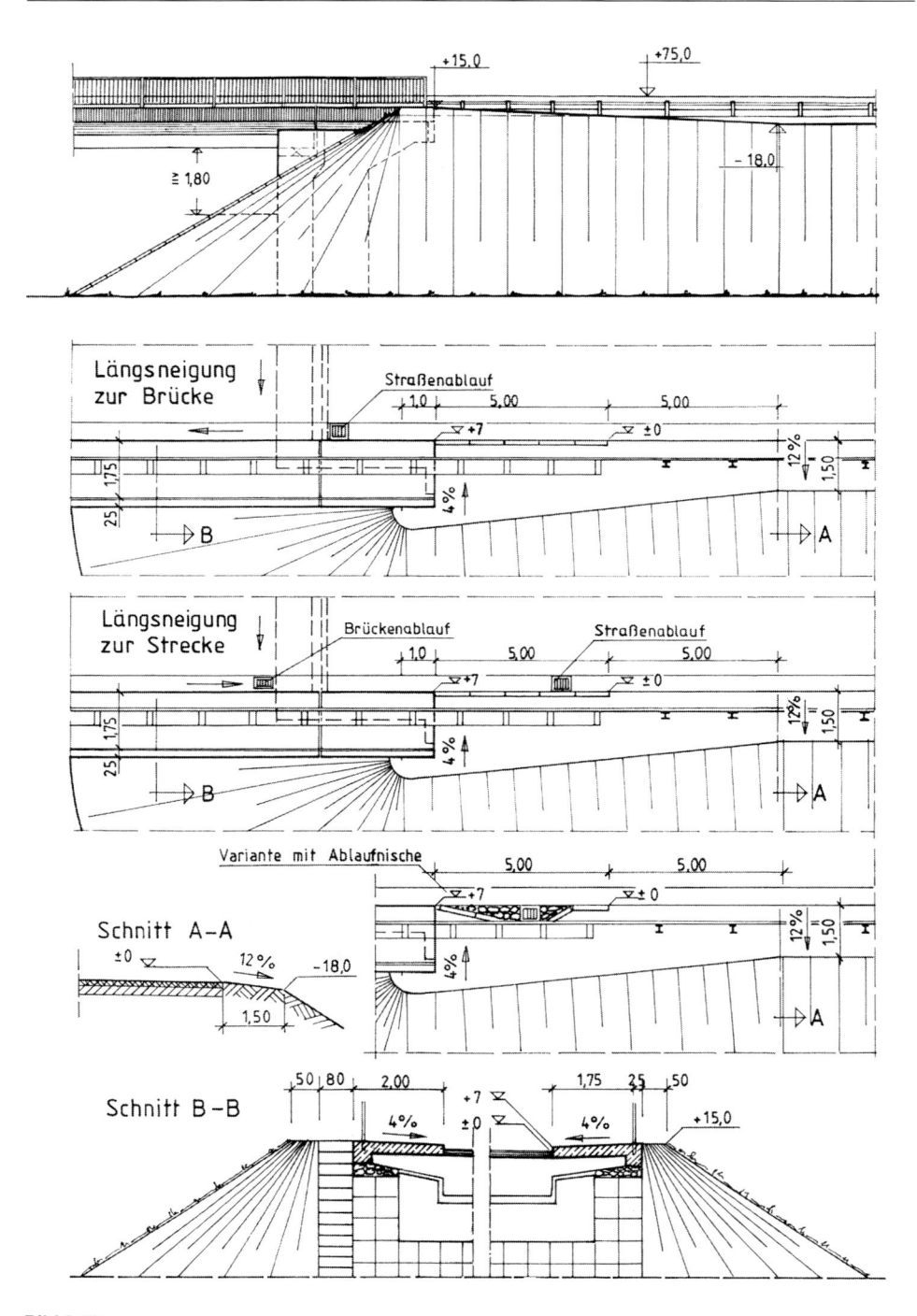

Bild 3.23
Brückenende und Übergang zur Straße

3.2 Planung von Eisenbahnbrücken

3.2.1 Problemstellung des Eisenbahnbrückenbaues

Der Brückenbau im Bereich der Eisenbahninfrastrukturunternehmen ist besonderen Bedingungen unterworfen, da durch ihn die betrieblichen Erfordernisse der Strecke berührt werden und wesentlich größere Achslasten und eine höhere dynamische Wirkung der rollenden Räder zu berücksichtigen sind. Eine enge zeitliche Folge der Achslasten erzwingt eine große Betriebshäufigkeit der Belastung, die ihrerseits die Dauerschwingbeanspruchung im Tragwerk erhöht. Diese vom Betrieb abhängige Belastung führt zu einer zeitlich veränderlichen Festigkeit im Tragwerk, entsprechend den für Dauerschwingbeanspruchungen gültigen Abhängigkeiten nach Wöhler, der sogenannten Betriebsfestigkeit. Diese ist *eine* Komponente der zu beurteilenden Tragsicherheitsfaktoren, deren wesentliche die Sicherheitsfaktoren selbst sind. Die Wahl von System und Material sind den betrieblichen Erfordernissen der Strecke zu unterwerfen, da bei allen Baumaßnahmen des schienengebundenen Verkehrs die Aufrechterhaltung des Betriebes Vorrang hat. Im Bereich der Eisenbahninfrastrukturunternehmen wird der Brückenbau nach den folgenden Gesichtspunkten betrieben:

– Erneuerung oder Umbau abgängiger Überbauten oder ganzer Bauwerke infolge Änderung der betrieblichen Erfordernisse der Strecke oder Absinken der Betriebsfestigkeit unter die festgelegte Sicherheitszahl,
– Neubau zur Beseitigung höhengleicher Bahnübergänge,
– Neubau auf Veranlassung Dritter,
– Neubau im Zuge neu geschaffener eigener Verkehrsstraßen.

Der letzte Punkt hat durch die Baumaßnahmen im Zuge des ICE-Verkehrsnetzes an Bedeutung zugenommen. Der Aufgabenbereich, der im ersten Punkt beschrieben wurde, erhält durch die Einbindung des Nahverkehrs in die Bahnhofsbereiche der Ballungsräume einen zusätzlichen Schwerpunkt. Für die Durchführung der Baumaßnahmen unter Betriebserfordernissen werden folgende Baustellen eingerichtet:

– Aufrechterhaltung des vollen Betriebes mit Einschränkungen der Geschwindigkeit (Langsamfahrstelle),
– Geschwindigkeitsbeschränkungen mit kurzfristiger Sperrung des Gleises,
– längere Sperrung des Baugleises mit Betriebsersatzlösungen (z. B. Bahnbus).

Für die Erstellung der Unterbauten ist der Einsatz von Hilfsbrücken erforderlich. Diese sind so beschaffen, daß mit Hilfe geeigneter Konstruktionselemente eine Tragkonstruktion mit minimaler Bauhöhe entsteht, die in der Regel in der Bauhöhe des Schotterbettes untergebracht werden kann, so daß unter ihnen ein frei bleibender Arbeitsraum entsteht. Der Überbau wird in der Regel neben dem Baugleis erstellt und in einer Sperrpause seitlich in die Betriebsstellung verschoben. Hierfür stehen vorrangig die betriebsarmen Nachtstunden zur Verfügung.

Diese aufgezeigten betrieblichen Zwänge haben auch gezielte Auswirkungen auf die Materialauswahl und Querschnittsform. Wenn es vom betrieblichen Ablauf her nicht möglich ist, ein Lehrgerüst zur Formgebung einer Betonbrücke zu stellen, so kann nur der Baustoff Stahl mit seinen Möglichkeiten der Werksfertigung und Vormontage die idealere Materialform darstellen. Für die Belange des Eisenbahnbrückenbaues sind auch oft die Trogbrückenquerschnitte günstiger, da die tragende Konstruktion neben dem Verkehrsraum liegt und die effektiven Bauhöhen hierdurch geringer gehalten werden können. Auch lassen sich die Rampenhöhen bei der Anfahrt zur Brücke niedrig halten. Oftmals ist der Trogquerschnitt bei den beschränkten Bauhöhen im Eisenbahnbereich, die durch höhenmäßig festliegende Gleisanlagen vorhanden sind, die einzig mögliche Konstruktionsform. Hierdurch ist dann die Materialform vorbestimmt, denn Trogquerschnitte liefert wiederum nur der Stahlbau, wenn man einmal von gewissen, noch nicht gefestigten, Neuentwicklungen im Betonbau absieht.

Indessen hat der Betonbau durch die Entwicklung günstiger Querschnittsformen und neuer Herstellungs- und Fertigungsmethoden einiges in diesem Bedarfsfeld aufgeholt, so daß es heute durchaus möglich geworden ist, auch mit Betonbrücken der aufgezeigten Problematik gerecht zu werden. Bei den Brückenbauwerken der ICE-Neubaustrecken sind den Verformungen der Überbaukonstruktion wegen der für Geschwindigkeiten ≥ 250 km/h ausgelegten Trasse enge Grenzen zu setzen. Es zeigte sich, daß der Spannbetonquerschnitt diese Bedingungen besser und wirtschaftlicher erfüllen konnte als der vergleichbare Stahlquerschnitt, weil er das größere Trägheitsmoment besitzt. Weiterhin denke man an ein durch Taktschieben unter vollem Betrieb hergestelltes Brückenbauwerk zur Einfädelung des überregionalen S-Bahnverkehrs in das Stadtbahnnetz der Stadt Düsseldorf im Bereich des Hauptbahnhofes [53]. So wird man auch in der Zukunft im Eisenbahnbereich mit Betonbrücken rechnen dürfen, ohne Zweifel auf dem Neubausektor, grundsätzlich aber immer dann, wenn sich das Problem der betriebsabhängigen Erneuerung lösen läßt.

3.2.2 Überlegungen zur Gestaltung der Bauwerke

Für Eisenbahnbrücken gelten im Prinzip gleiche Gestaltungsgrundsätze, wie sie bei den Straßenbrücken aufgezeigt worden sind, nur daß sie wegen der höheren Belastung in ihren Konstruktionsabmessungen steifer und schwerer sind als vergleichbare Bauwerke der Straße. Sichterfordernisse der Strecke werden in der Regel durch die Signaltechnik gelöst, besondere Gestaltungsmaßnahmen an Brücken, die über die Strecke hinüberführen, sind daher aus diesen Gründen nicht erforderlich. Brückenbauwerke, die im Zuge der Strecke verlaufen – also echte Eisenbahnbrücken darstellen – sollten aber zur besseren Einpassung in die umgebende Landschaft Gestaltungsmaßnahmen unterworfen werden. Die Gestaltungselemente sind der Überbau mit der Querschnittsgestaltung, die Widerlagerform, die Stützenabmessungen und die Stützenstellung.

Für die zweigleisige Strecke der ICE-Hochgeschwindigkeitsstrecke Hannover–Würzburg hat sich der einzellige Hohlkasten mit geneigten Stegen als ideale Querschnittsform hinsichtlich der Verformungsbedingungen für die höhere Geschwindigkeit erwiesen (Bild 2.12), da er in Schlankheiten von $l/12$ bis $l/14$ herstellbar ist. Stahlquerschnitte mit orthotroper Platte erfüllen die Verformungsbedingungen nur mit Schlankheiten von $l/8$ bis $l/9$ [54]. Mit Stegbreiten von 60 cm, Fahrbahnplatten- bzw. Druckplattendicken von 30 bis 35 cm liegt eine Querschnittsform vor, bei der die Dicken der einzelnen Konstruktionsteile unwesentlich voneinander abweichen. Dieses ist *eine* Voraussetzung für eine günstige Rißbreitenentwicklung der Bauteile, da sich bei stark unterschiedlich dicken Querschnittsteilen Kraftfluß und Rißbildung stets zu Ungunsten der dünnen Querschnittsteile auswirken.

Bei einer Einfeldkonstruktion sollte man die sichtbare Fläche des Konstruktionsbandes des Überbaues zu den sichtbaren Flächenteilen des Widerlagers ins Verhältnis setzen, um den Eindruck zu vermeiden, der Überbau wachse ohne besondere Abschlußkonstruktion aus dem Gelände oder dem Damm heraus. Bei Durchlaufkonstruktionen tritt der Einfluß des Widerlagers gegenüber der Gesamtkonstruktion zurück, es überwiegt der Linieneindruck des Überbaues, der durch die Stützenstellung unterbrochen wird. Im Streckenabschnitt der Rhön der ICE-Trasse hat die Deutsche Bahn AG ästhetisch gute Lösungen dadurch erreicht, daß für den Verhältniswert Stützweite zu Pfeilerhöhe die Proportion $2:1$ gewählt wurde (Bild 3.24). Die Stützweiten bleiben wegen der für die Ausbaugeschwindigkeit von 250 km/h erforderlichen Durchbiegungsbeschränkungen bei bzw. unter 60 m. Problematisch stellt sich für die Erzielung guter Gestaltungseffekte die Wahl der Pfeilerbreiten dar. Die Ableitung

3.2 Planung von Eisenbahnbrücken   171

Bild 3.24
Eisenbahnbrücke als Einfeldträgerkette

Bild 3.25
Vergleich erzielbarer Pfeilerbreiten

hoher Bremskräfte verlangt eine bestimmte Pfeilerbreite, darüber hinaus müssen bei dem System der Einfeldträgerkette je zwei Lager am Pfeilerkopf für die beiden anfallenden Überbauten untergebracht werden. Hierdurch ergeben sich für die Systeme solcher Konstruktion größere Breiten der Pfeiler, als sie für die Systeme mit einer durchlaufenden Überbaukonstruktion erforderlich werden. Diese größeren Breiten wirken sich aber nur dann günstig auf den Gesamteindruck aus, wenn die Pfeilerlänge hinreichend groß ist (Bild 3.25). Die aus Einfeldträgern bestehende Durchlaufträgerkette hat aber einen wesentlichen funktionellen Vorteil. Für den Fall der betriebsabhängigen Erneuerung eines Überbaues soll ein neuer Überbau seitlich neben der bestehenden Brücke auf einem Gerüst erstellt und nach Fertigstellung seitlich eingeschoben werden. Im gleichen Arbeitsgang muß der abgängige Überbau zur anderen Seite herausgeschoben und auf ein Gerüst abgesetzt werden. Dieses Verfahren dürfte bei einem Durchlaufträger gegenüber dem Einfeldträger mit größeren Schwierigkeiten verbunden sein.

In die Gestaltungsüberlegungen sind die Maßnahmen zur Errichtung von Lärmschutzeinrichtungen mit einzubeziehen, denn jede noch so sorgfältig geplante Gestaltungsmaßnahme wird zunichte gemacht, wenn nachträglich eine Lärmschutzwand dem Querschnitt hinzugefügt wird. Hier muß man durch eine bewußt gegliederte Konstruktion, möglicherweise unter gezieltem Einsatz von Material und Farbe, deutlich machen, daß die Konstruktion dieser Einrichtung mit der Tragkonstruktion nichts zu tun hat, sonst erschlägt die bauliche Einrichtung der Lärmschutzmaßnahme die gesamte und gewollte Gestaltung des Bauwerkes.

3.2.3 Konstruktionsanforderungen

Belastbarkeit des Oberbaues und der Bauwerke nach EBO

Der Oberbau und die Überbaukonstruktion einer Eisenbahnbrücke müssen Eisenbahnfahrzeuge mit der jeweils zugelassenen Radsatzlast und Fahrzeuggewicht je Längeneinheit bei der zugelassenen Geschwindigkeit aufnehmen können. Die Mindestanforderungen liegen bei einer Radsatzlast von 18 t und einem Fahrzeuggewicht von 5,6 t/m bei Hauptbahnen, bei 16 t und einem Fahrzeuggewicht von 4,5 t/m bei Nebenbahnen. Bei einem Neubau oder einer umfassenden Erneuerung müssen folgende Mindestwerte eingehalten sein:

- Oberbau:
  Hauptbahnen: 20 t Radsatzlast
  Nebenbahnen: 18 t Radsatzlast

- Überbau:
  Radsatzlast: 25 t
  Fahrzeuggewicht: 8 t/m

Trassierungselemente nach EBO

- Die *Spurweite* ist der kleinste Abstand der Innenflächen der Schienenköpfe im Bereich von 0 bis 14 mm unter Schienenoberkante. Das Grundmaß der Spurweite beträgt:
    $s = 1435$ mm
  mit den Grenzwerten bei Hauptbahnen von:
    max $s = 1465$ mm
    min $s = 1430$ mm

- In durchgehenden Hauptgleisen bei Hauptbahnen darf bei Neubauten der *Bogenradius* nicht kleiner sein, als
    min $R = 300$ m

3.2 Planung von Eisenbahnbrücken

- In den Bögen durchgehender Hauptgleise muß in der Regel die äußere Schiene höher liegen, als die innere (Überhöhung). Die *Überhöhung* soll das Maß von 180 mm, in Strecken mit Hochgeschwindigkeitsbetrieb 160 mm, nicht überschreiten. Jede Änderung der Überhöhung ist durch eine Überhöhungsrampe zu vermitteln. Die Neigung ist begrenzt mit:
  1 : 400 bei Hauptbahnen
  1 : 300 bei Nebenbahnen

- Die *Gleisneigung* soll auf freier Strecke das Maß von 12,5 ‰ bei Hauptbahnen nicht überschreiten (EBO § 5).

- Der *Gleisabstand* auf der freien Strecke muß bei Neubauten und umfassenden Umbauten mindestens 4,0 m betragen. In Bahnhöfen gilt, außer bei Überladegleisen, das gleiche Maß mit der Einschränkung, daß er bei Neubauten auf 4,50 m erweitert werden soll (EBO § 5).

Querschnittsgeometrie

Die Wahl der eisenbahnseitigen Querschnittsbreite einer Brücke richtet sich nach den Erfordernissen der Strecke, die durch die Regelquerschnitte in den Bildern 3.26 und 3.27 dargestellt sind. Ein- und zweigleisige Brückenquerschnitte bilden den Regelfall, darüber hinausgehende mehrgleisige Querschnitte beschränken sich auf den Bahnhofsbereich.

Die Querschnitte einer Eisenbahnbrücke teilen sich in den Fahrbahnbereich und den Kappenbereich auf. Die Fahrbahn wird durch die Fahrschienen, die Schwellen und die Schotterbettung gebildet. Folgende Abmessungen sind für die Fahrbahn vorzusehen:

- Als Höhe von OK Schiene bis OK Fahrbahnkonstruktion
  - in Strecken mit $v \leq 200$ km/h
    0,70 m für Hauptgleise
    0,60 m für Nebengleise in Bahnhöfen und in Gleisanschlüssen
  - in Strecken mit $v > 200$ km/h
    0,80 m für Hauptgleise

Wenn ein Einbau von Unterschottermatten vorgesehen ist, darf in Strecken mit $V > 200$ km/h die Höhe des Schotterbettes um die Dicke der Matte verringert werden.

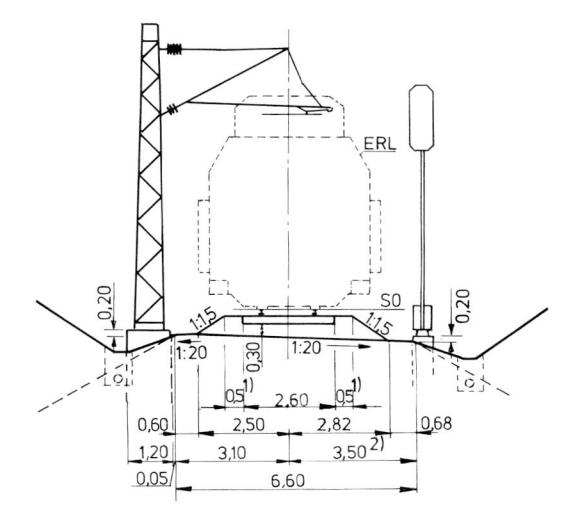

Bild 3.26
Eingleisiger Streckenquerschnitt der Deutschen Bahn AG ($v \leq 200$ km/h)

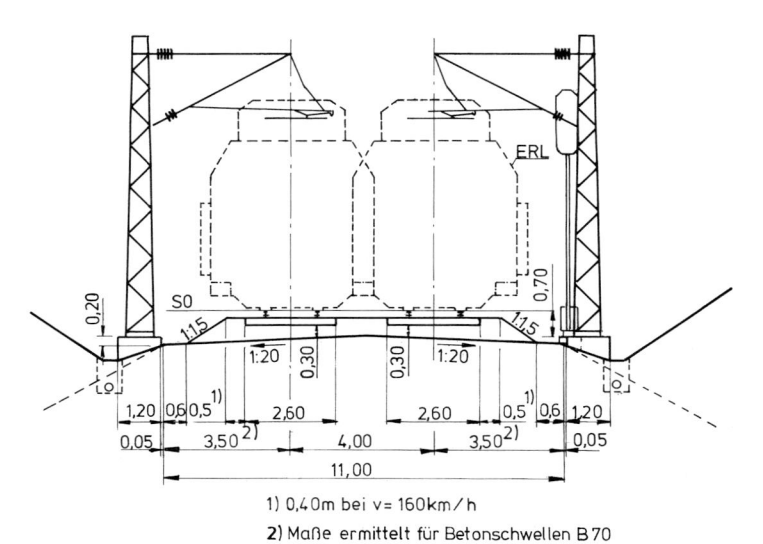

1) 0,40m bei v = 160km/h
2) Maße ermittelt für Betonschwellen B 70

Bild 3.27
Zweigleisiger Streckenquerschnitt der Deutschen Bahn AG ($v \leq 200$ km/h)

- Als Regelbreite 2,20 m, gemessen von der Gleismitte bis zur seitlichen Begrenzung. Die Breite zwischen den Gleisen wird durch den Gleisabstand vorgeschrieben. Innerhalb dieser Regelabmessungen dürfen keine Bauteile in die Fahrbahn hineinragen.

Die Bilder 3.28 und 3.29 zeigen die Regelformen der eisenbahnseitigen Querschnitte des Normalverkehrs ($V \leq 200$ km/h), sowie in einer Trasse mit Hochgeschwindigkeitsbetrieb ($V > 200$ km/h).

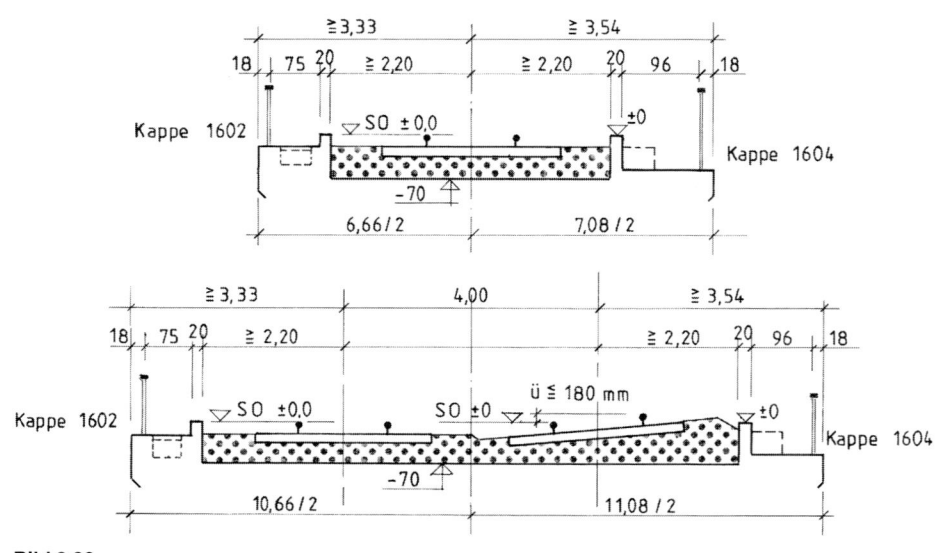

Bild 3.28
Fahrbahnseitiger Querschnitt auf Eisenbahnbrücken in Strecken mit Normalbetrieb ($v \leq 200$ km/h)

3.2 Planung von Eisenbahnbrücken

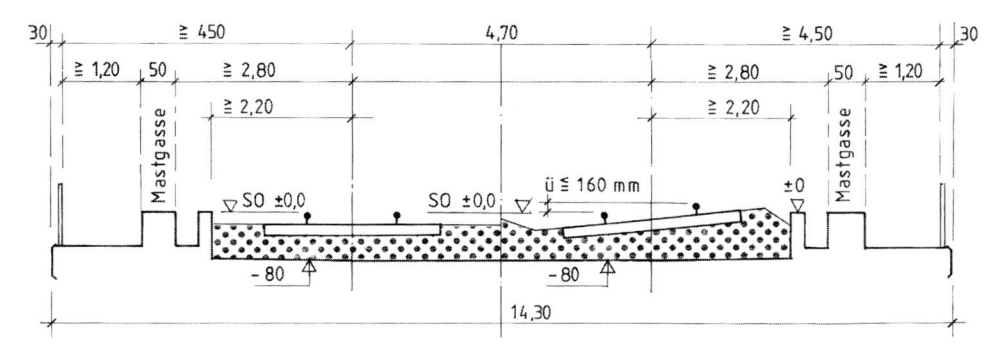

Bild 3.29
Fahrbahnseitiger Querschnitt auf Eisenbahnbrücken in Strecken mit Hochgeschwindigkeitsbetrieb ($v \geq 200$ km/h)

Die Kappen schließen den Querschnitt seitlich ab und stützen das Schotterbett. Für den Bereich des Normalbetriebes werden zwei Ausführungsarten unterschieden, die in Richtzeichnungen für massive Brücken festgelegt sind:

- MBR 1602 Randkappe mit versenktem Kabeltrog
- MBR 1604 Randkappe mit aufgesetztem Kabelkanal

Für die Brücken im Bereich der Trassen mit Hochgeschwindigkeitsbetrieb sind Sonderkonstruktionen entworfen worden, in der Strecke Hannover-Würzburg zeigt die Kappe eine Ausführung, in der der Kabelkanal und der seitliche Abschlußbalken zu einem Ausrüstungsbalken integriert wurden. Dieser Balken dient gleichzeitig der Befestigung der Oberleitungsmaste, Signale, Schaltschränke und Telefonkästen. Auf einem anschließenden Randweg werden die Unterhaltungsmaschinen aufgestellt, weiterhin wird er als Laufweg für den Brückenbesichtigungswagen genutzt.

Die Kappen sind im Abschnitt 5.4.3 dargestellt und erläutert.

Abdichtung

Die Fahrbahn ist von der Konstruktion der Fahrbahntafel durch eine Abdichtung getrennt. Die Ausbildung dieser Abdichtung ist durch die Richtlinie 804.6101 (Abdichtung massiver Eisenbahnbrücken) festgelegt. Hiernach ist die Regelausführung durch eine doppelte Lage Dichtungsbahnen mit Gewebe- oder Metallbandeinlagen auszubilden.

Die Abdichtung wird unverändert auch unter den Kragarmen durchgezogen und dort am Ende des Kragarmes durch ein Spezialfugenprofil gemäß Bild 3.31 abgeschlossen. In der Brücken-

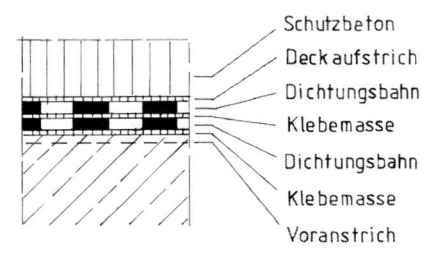

Bild 3.30
Ausbildung der Abdichtung auf Eisenbahnbrücken nach AIB

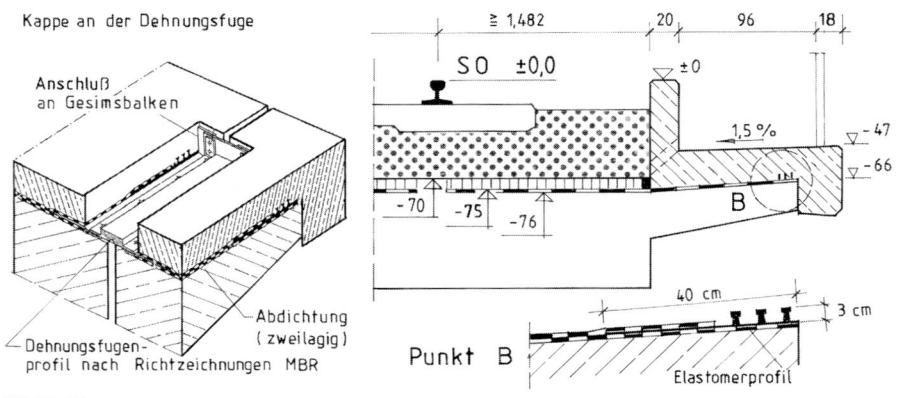

Bild 3.31
Ausbildung der Abdichtung im Kragarmbereich

Längsrichtung endet die Abdichtung im Fahrbahnbereich am beweglichen Lager in der Querfugenübergangskonstruktion und am festen Lager, sofern dieses am Brückenende auf dem Widerlager liegt, in einem T-förmigen Abschlußwinkel.

Im Kragarmbereich dagegen läuft die Abdichtung über den Widerlagerfugen durch, d. h. sie muß dort beiderseits der Übergangskonstruktion eingebunden werden. Am beweglichen Brückenende wird eine Öffnung beiderseits der Fuge in der Breite der Übergangskonstruktion ausgespart, um diese voll zur Wirkung kommen zu lassen. Der offene Raum wird später bis zur OK der Fugenkonstruktion mit Bitumen vergossen, der verbleibende Hohlraum in der Kappe einschließlich der Schotterstützwand wird durch angepaßte Bleche abgedeckt (siehe auch Abschnitt 6.2.1.3).

Für die Ausführung der Abdichtung sind folgende Arbeitsgänge zu tätigen:

- Aufbringen der 1. Abdichtungslage und Einbau eines Elastomerdichtungsbandes, welches unter die Übergangskonstruktion faßt, die 1. Abdichtungslage 25 cm überlappt und gegen den Gesimsbalken hochgeklappt wird (1).
- Einbau und Befestigung der Übergangskonstruktion und des Kragarmabschlußprofils (2). An das Übergangsprofil wird eine Abschlußklappe anvulkanisiert, die ebenfalls rechtwinklig steht.
- Einbau der 2. Abdichtungslage. Diese überlappt das Dichtungsband und das Abschlußprofil, aber nicht im Bereich der Noppen (3).
- Anschluß der abgewinkelten Flansche der Abschlußklappe an den Gesimsbalken.

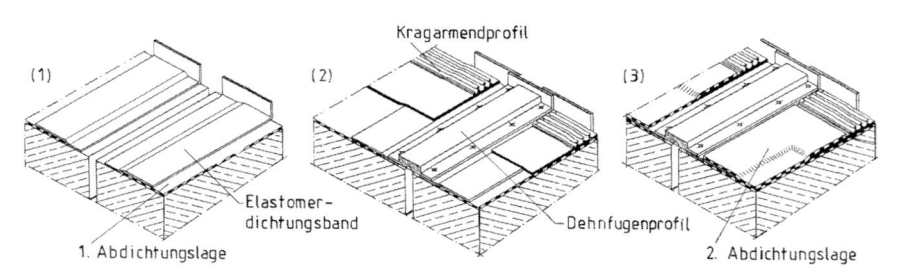

Bild 3.32
Arbeitsgänge zur Herstellung der Abdichtung

Die Abdichtung wird im Fahrbahnbereich durch eine Schutzbetonschicht gegen mechanische Beschädigungen aus der Bettung geschützt. Die Stärke der Schutzbetonschicht beträgt:
5 cm bei Bauwerken des Normalbetriebes,
8 cm bei Bauwerken des Hochgeschwindigkeitsbetriebes.

Die Fahrbahn ist an der OK der Fahrbahntafel zu entwässern. Soweit ein ausreichendes Längsgefälle vorhanden ist, reicht eine Längsentwässerung aus, sonst ist eine Querentwässerung vorzusehen, für die eine Querneigung von 2% ausreichend ist. Für die Abführung des Oberflächenwassers in Längsrichtung müssen Abflußrohre $\varnothing$ 150 mm angeordnet werden, weitere Einzelheiten entnehme man dem Kapitel 10.

Konstruktionshöhe

Die Konstruktionshöhen der Eisenbahnbrückenquerschnitte sind naturgemäß wegen der höheren Verkehrslast und ihrer größeren dynamischen Wirkung größer als die vergleichbarer Straßenbrücken. Für Brückenquerschnitte in Spannbeton in statisch bestimmter Lagerung in Strecken mit Normalbetrieb können folgende Überschlagsformeln angewendet werden:

Plattenquerschnitte: $l/18$
Balkenquerschnitte: $l/15$
Hohlkastenquerschnitte: $l/16$

Schlaff bewehrte Eisenbahnbrücken sind seltener, da sie in sinnvollen Abmessungen für die Lasten der Eisenbahnen nicht erzielbar sind. Im Bereich kleiner Stützweiten indessen, also im Plattenbereich oder im unteren Balkenbereich, sind sie zu finden, hier sollten dann die vorstehend genannten Werte um ca. 25% erhöht werden. Der Durchlaufträger in Spannbetonausführung hat erst im Zuge des Neubaues der ICE-Hochgeschwindigkeitsstrecken Eingang und verstärkt Anwendung gefunden, da sich die geforderten Durchbiegungsbeschränkungen wirtschaftlicher mit Betonquerschnitten erzielen lassen. Hier gilt:

Hohlkastenquerschnitte:
– statisch bestimmt: $l/12$
– statisch unbestimmt: $l/14 - l/11$

Bei der Rahmenkonstruktion der Mainbrücke Gmünden, deren Querschnitt durch eine Hohlkastenkonstruktion gebildet wird, konnten Konstruktionshöhen von $l/30$ in der Feldmitte und $l/20$ über der Stütze erzielt werden.

3.2.4 Lichter Raum

Die Lichtraumverhältnisse unter Brücken, die über eine Eisenbahntrasse hinüberführen und auf Eisenbahnbrücken selbst richten sich nach dem Regellichtraum in der Geraden und in Bögen mit $r \geq 250$ m (EBO, Anlage 1). Der Regellichtraum gehört zu jedem Gleis, er setzt sich zusammen aus dem von der jeweiligen Grenzlinie umschlossenen Raum und zusätzlichen Räumen für bauliche und betriebliche Zwecke.

Die Grenzlinie umschließt den Raum, den ein Fahrzeug unter Berücksichtigung der horizontalen und vertikalen Bewegungen sowie der Gleistoleranzen und der Mindestabstände von der Oberleitung benötigt (kinematischer Regellichtraum).

Bild 3.33 zeigt das Regellichtraumprofil für den Betrieb der DB AG in Strecken mit Normalbetrieb in der Geraden und in Bögen ≥ 200 m, für die seitlich freizuhaltenden Räume gilt:

Linie C-D: Grenzlinie an Bahnhofsgleisen für sämtliche Gegenstände, an Hauptgleisen der freien Strecke für Kunstbauten, d. h. Kreuzungsbauwerke, Tunnel, etc.

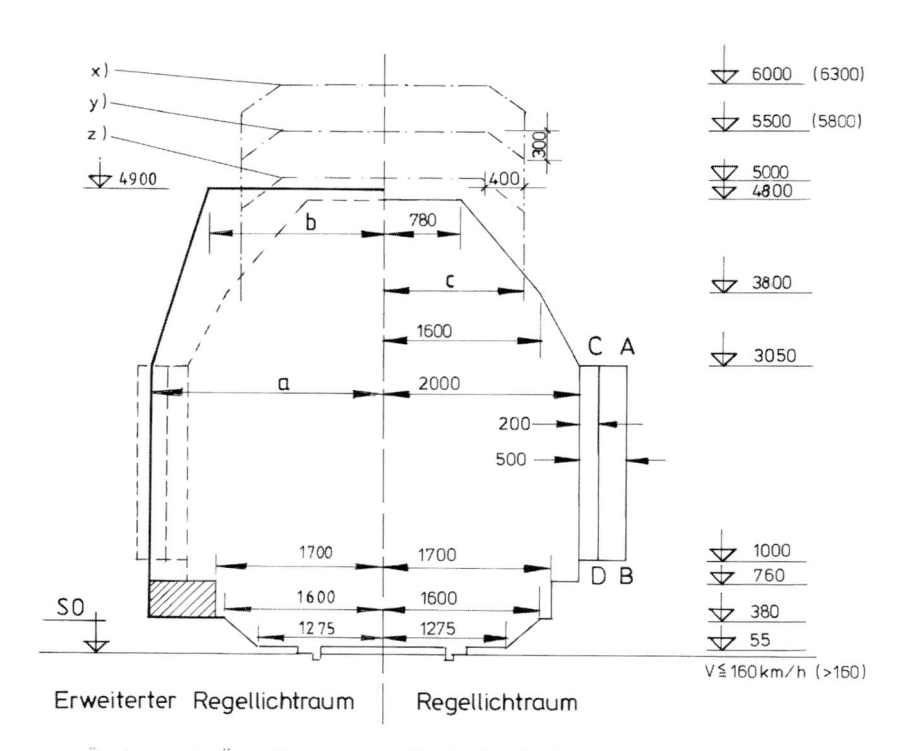

Bild 3.33
Regellichtraumprofil und erweiterter Lichtraum für den Normalbetrieb bei der DB AG in der Geraden und in Bögen mit $r \geq 250$ m ($v \leq 200$ km/h)

x : Überbauten in Bahnhöfen und freier Strecke bei Nachspannungen
y : neue schwere Überbauten auf freier Strecke im Normalbereich
z : neue schwere Überbauten auf freier Strecke mit Lademaßüberschreitungen
CD : Mindestabstand für feste Gegenstände an Hauptgleisen

Linie A-B: Grenzlinie an Hauptgleisen der freien Strecke für sämtliche übrigen Gegenstände.

Für Bögen < 200 m ist die Lichtraumbreite zu vergrößern. Tabelle 3.1 gibt die erforderliche Vergrößerung der halben Lichtraumbreite an.

Die halbe Breite c des Raumes für den Durchgang des Stromabnehmers beträgt 1430 mm für den Radius $r = 250$ m. Für kleinere Radien muß die Breite nach Tabelle 3.2 erhöht werden.

Bei allen Neubauten und umfassenden Umbauten an durchgehenden Hauptgleisen, Streckengleisen und Gleisen für Lademaßüberschreitungen muß der erweiterte Regellichtraum freigehalten werden (Bild 3.33, linke Seite). Für den erweiterten Regellichtraum sind veränderliche Breiten in Abhängigkeit vom Bogenradius nach Tabelle 3.3 anzuordnen.

Alle erforderlichen lichten Höhen müssen bei Berücksichtigung der größten rechnerischen Verformungen der Tragwerke eingehalten sein. Hierzu gehören auch die aus wahrscheinlichen Baugrundbewegungen auftretenden Setzungen, Verschiebungen und Verkantungen von Stützen.

3.2 Planung von Eisenbahnbrücken

Tabelle 3.1
Erforderliche Vergrößerung der halben Lichtraumbreite in Bögen mit $r < 200$ m

r [m]	250	225	200	180	150	120	100
Bogeninnenseite [mm]	–	25	50	80	135	335	530
Bogenaußenseite [mm]	–	30	65	100	170	365	570

Tabelle 3.2
Halbe Mindestbreite c für den Stromabnehmerraum [mm]

r [m]	250	200	180	150
$h \leq 5500$ mm	1430	1450	1460	1480
$h > 5500$ mm	1470	1490	1500	1520

Tabelle 3.3
Veränderliche Breiten des erweiterten Regellichtraumes nach DS 800 01

H Bogenhalbmesser [m]	a [mm]	b [mm]
∞	2 200	1 700
20 000	2 200	1 700
10 000	2 200	1 720
5 000	2 280	1 780
4 000	2 300	1 800
3 000	2 320	1 820
1 000	2 320	1 820
600	2 330	1 830
500	2 340	1 840
300	2 350	1 850
250	2 360	1 860
200	2 370	1 870
175	2 380	1 880
150	2 390	1 890

Zwischenwerte sind gradlinig einzuschalten und auf volle cm aufzurunden.

Bei der Festlegung der lichten Höhe unter der Brücke über eine Eisenbahntrasse ist eine Hebung um 10 cm der maschinellen Gleisdurcharbeitung und evtl. Änderung der Oberbaukonstruktion zu berücksichtigen. Desgleichen sind Versatzmaße, die durch Querneigungen entstehen können, wie bei Straßenbrücken aufgezeigt, zu berücksichtigen.

Die lichte Höhe beträgt somit:
a) bei nicht elektrifizierten Strecken = 4,80 + 0,10 = 4,90 m über S.O.
b) bei Strecken mit lademaßüberschreitendem Verkehr: = 5,10 m über S.O.

c) bei elektrifizierten und zur Elektrifizierung vorgesehenen Strecken
   - auf freier Strecke im Normalbereich der Kettenwerke, bei

$V \leqq 160$ km/h $= 5{,}50 + 0{,}10 = 5{,}60$ m über S.O.

160 km/h $< V \leqq 200$ km/h $= 5{,}80 + 0{,}10 = 5{,}90$ m über S.O.

$V > 200$ km/h $= 7{,}30 + 0{,}10 = 7{,}40$ m über S.O.

   - auf freier Strecke im Bereich von Nachspannungen und in Bahnhöfen, bei

$V \leqq 160$ km/h $= 6{,}00 + 0{,}10 = 6{,}10$ m über S.O.

160 km/h $< V \leqq 200$ km/h $= 6{,}30 + 0{,}10 = 6{,}40$ m über S.O.

Für den Bereich der Neubaustrecken im Bereich des Betriebes für Hochgeschwindigkeitszüge $V > 200$ km/h) ist das Lichtraumprofil der freien Strecke in Bild 3.34 dargestellt.

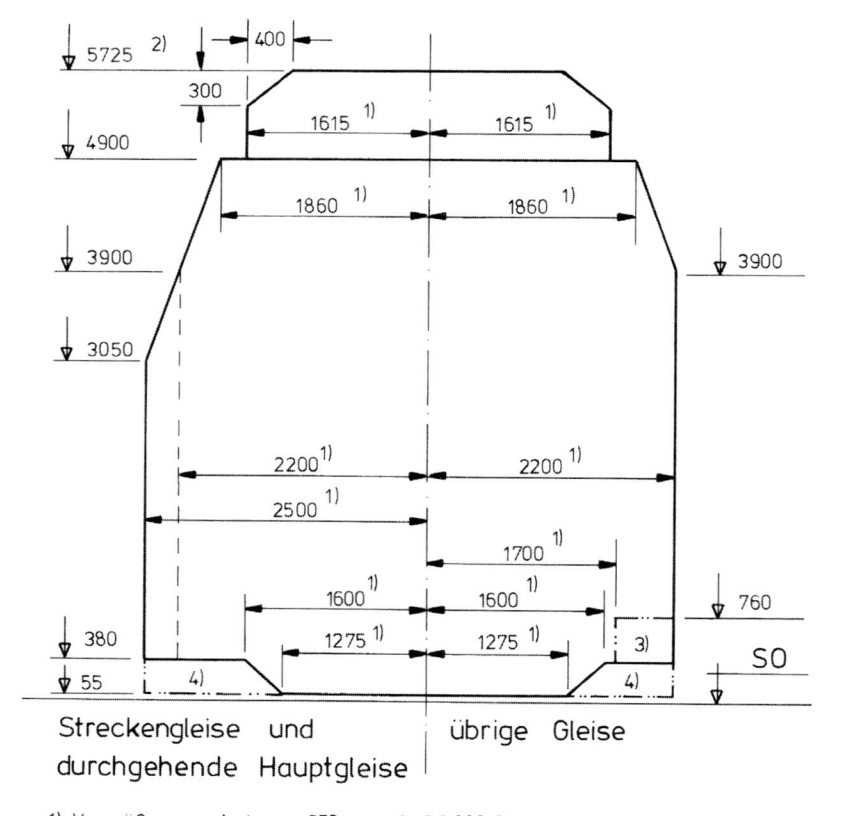

Streckengleise und durchgehende Hauptgleise | übrige Gleise

1) Vergrößerung bei r > 250 m, vgl. DS 800 01
2) Fahrdrahthöhe 5300+425 = 5725 mm (bezogen auf SO)
3) Raum für Bahnsteige und Teile der signaltechnischen Anlagen
4) Raum für bauliche Anlagen soweit der Bahnbetrieb dies erfordert

Bild 3.34
Regellichtraum für Neubaustrecken (NBS) mit Hochgeschwindigkeitsbetrieb ($v \geqq 200$ km/h)

3.2.5 Konstruktionsbesonderheiten zur Abtragung längsgerichteter Kräfte

Die Aufnahme der längsgerichteten Kräfte spielt im Eisenbahnbrückenbau eine größere Rolle als bei vergleichbaren anderen Brücken, da sie die Spannungen in den Schienen berühren und somit die Frage der Möglichkeit eines durchgehend geschweißten Gleises mitbestimmen. Hierdurch wird die Systemwahl des Überbaues berührt, daher ist, von Sonderkonstruktionen über große Stützweiten abgesehen, im Regelfall das einteilige Tragwerk als Einfeldträger und das mehrteilige Tragwerk als Einfeldträgerkette auszubilden. Darüber hinaus können aber einteilige Überbauten auch Mehrfeldträger sein.

Wie schon im Abschnitt 1.4.5.2 ausgeführt, werden folgende Tragwerksklassen unterschieden:

Klasse A: Einteilige Überbauten mit einem festen Lager auf einem Widerlager.

Klasse B: Einteilige Überbauten mit einem festen Lager auf einer Mittelstütze.

Klasse C: Mehrteilige Überbauten mit der festen Lagerung auf der jeweils gleichen Tragwerksseite.

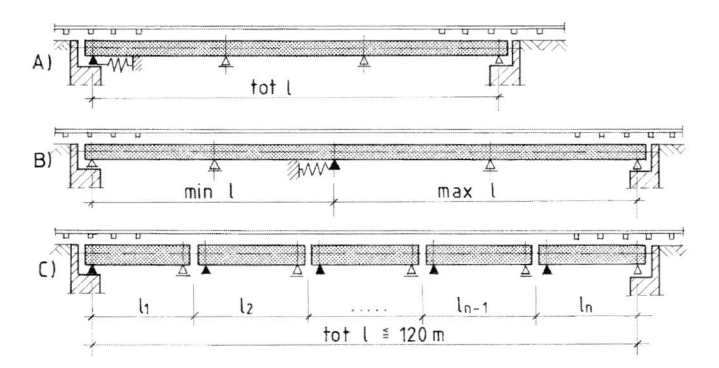

Bild 3.35
Tragwerksklassen von Eisenbahnbrücken

Bei den einteiligen Tragwerken kann das Gleis mit Schienenauszügen oder durchgehend geschweißt angeordnet werden, bei den mehrteiligen Tragwerken ist je Überbau immer von einem durchgehend geschweißten Gleis auszugehen. Bei Brücken in Strecken mit $V > 200$ km/h sind in der Regel immer durchgehend geschweißte Schienen anzuordnen. Diese sind ausführbar, solange die zulässigen Schienenspannungen nicht überschritten werden. Werden diese überschritten, sind Schienenauszüge zu verwenden, für die nachzuweisen ist, daß die maximal auftretenden Schienenbewegungen $\Sigma \Delta l_i$ kleiner als die zulässigen Auszugslängen bleiben. Dieser Nachweis ist für folgende Beanspruchungen zu führen:

- Längenänderungen infolge von Temperaturschwankungen und vertikaler Verkehrslast,
- Verschiebung infolge von Anfahr- und Bremslasten,
- Verschiebung infolge Auslenkung der Stützenköpfe,
- Längenänderung infolge von Kriechen und Schwinden.

Der Verlauf der Längskräfte in den Schienen ist von der Anordnung der Schienenauszüge abhängig. Bild 3.36 zeigt den Verlauf bei einer Anordnung von zwei bzw. einem Schienenauszug (SA). Beim durchgehend geschweißten Gleis ist der Verlauf konstant.

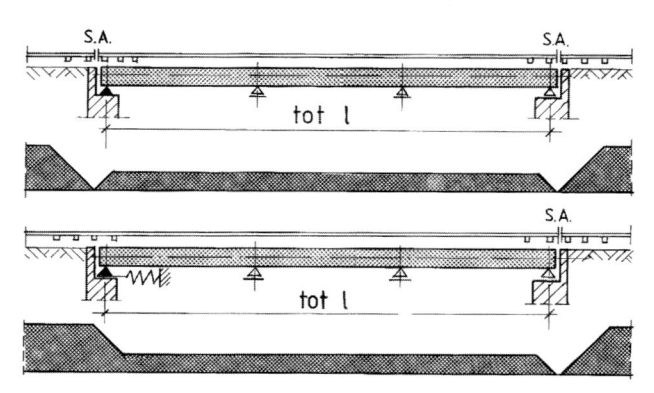

Bild 3.36
Längskraftverlauf in der Schiene

Einteilige Tragwerke sind hinsichtlich der Längskraftabtragung wie ein starrer Körper mit nicht unterbrochenem Kraftfluß der Längskräfte anzusehen. Um bei mehrteiligen Tragwerken die Gleichwertigkeit dieser Eigenschaft zu erreichen, wenn die Abtragung der Horizontalkräfte am Einzeltragwerk nicht mehr möglich ist, sind Sonderkonstruktionen zur Abtragung der Längskräfte vorzusehen (Zustimmung im Einzelfall). Solche sind:

– RSB-Stäbe (Ruhrberg-Siebke-Bahnstäbe),
– Kriechkopplungen,
– Längskraftkopplungen.

Hierzu im einzelnen:

RSB-Stäbe

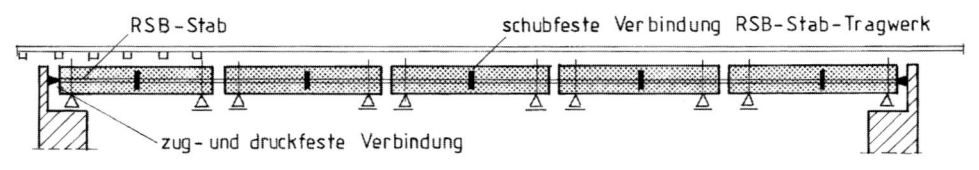

Bild 3.37
Tragwerk mit RSB-Stäben

Die Wirkungsweise der RSB-Stäbe besteht darin, die in Brückenlängsrichtung wirkenden Anfahr- und Bremslasten in Stahlstäben, die zwischen den Widerlagern durchlaufen, aufzunehmen, wobei sämtliche Einzeltragwerke mit den Stäben an geeigneten Punkten schubfest miteinander verbunden und die Tragwerke selbst beweglich gelagert sind. Die Verbindungsstellen sind so gewählt, daß Kräfte aus Temperaturänderungen der Tragwerke im RSB-Stab gering gehalten werden. Wegen der Längssteifigkeit des Gleises im Schotterbett übernehmen die RSB-Stäbe nur einen Teil der durch Anfahren und Bremsen entstehenden Längskräfte, der Rest verbleibt in den Schienen. Zur Vermeidung von Verschiebungen in Brückenlängsrichtung und zusätzlichen Verformungen durch das Spiel der Anschlüsse ist eine hinreichend große Steifigkeit der Widerlager erforderlich. In jedem Tragwerk sind mindestens zwei RSB-Stäbe anzuordnen. Werden diese Stäbe in besonderen Fällen auch in einteiligen Tragwerken angeordnet, ist eine Grenzlänge von 120 m einzuhalten.

Kriechkopplungen

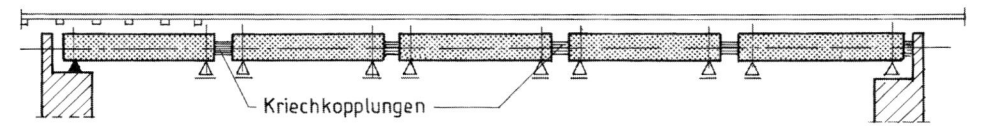

Bild 3.38
Tragwerk mit Kriechkopplungen

Kriechkopplungen sind Horizontallager, die zwischen einzelnen Tragwerken oder zwischen Tragwerk und Widerlager angeordnet werden. Sie sollen Temperaturdehnungen der Tragwerke möglichst ohne Entstehen von Längskräften ausgleichen und gleichzeitig auftretende Anfahr- und Bremskräfte durch die Tragwerke selbst direkt in die Widerlager abtragen.

Die Kriechkopplungen werden während des gesamtem Anfahr- und Bremsvorganges belastet und erfahren hierbei elastische und plastische Längenänderungen. Die plastischen Längenänderungen sind von der auf die Kraft bezogene Längenänderung in der Zeiteinheit, der sogenannten Kriechrate, abhängig.

$$\text{Kriechrate} = \frac{\Delta l}{F \cdot t} \quad \left[\frac{\text{m}}{\text{kN} \cdot \text{sek}}\right]$$

Kriechkopplungen können zug- und druckfest oder auch nur druckfest ausgebildet sein. Man unterscheidet:
- hydraulische Kriechkopplungen,
- Kriechkopplungen mit speziellem Elastomerlager.

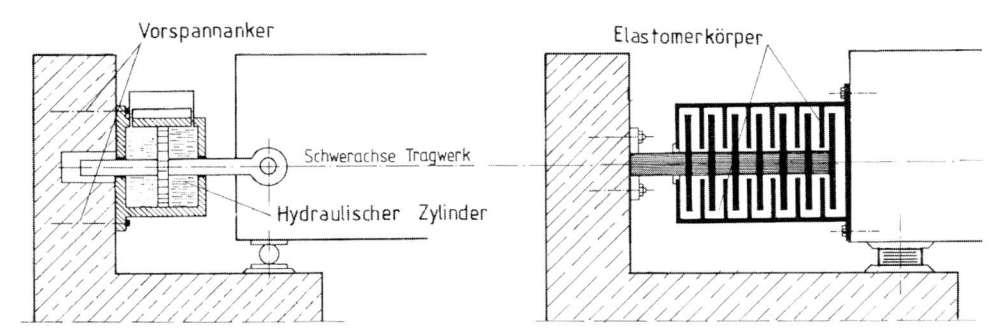

Bild 3.39
Ausführung mit Kriechkopplungen

Die Grenzlänge des Tragwerkes mit solchen Kriechkopplungen wird durch die zulässige Schienenspannung vorgegeben. Die Konstruktion bringt keine horizontalen Lagerkräfte infolge Temperaturänderung des Tragwerkes auf die Widerlager. Die horizontale Beanspruchung der Unterbauten aus dem Tragwerk ergibt sich damit nur aus Anfahren und Bremsen der Züge.

Die Steifigkeit der Tragwerksunterstützung gegen eine Verschiebung in Brückenlängsrichtung setzt sich zusammen aus der Steifigkeit der Unterbauten und der Verformbarkeit der Kriechkopplungen, wobei das zeitabhängige Verhalten dieser mit zu berücksichtigen ist.

Längskraftkopplung

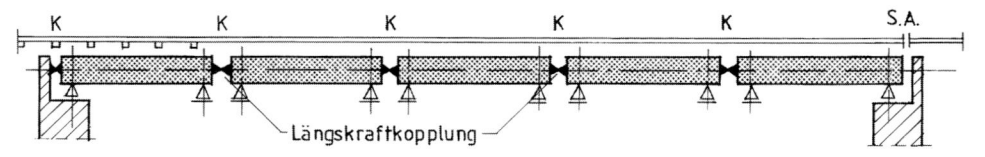

Bild 3.40
Tragwerk mit Längskraftkopplungen

Die Längskraftkopplung ist eine biegeweiche, in Längsrichtung elastische bis starre Kopplung mehrteiliger Tragwerke. Als Konstruktionselemente werden Spannglieder und Elastomerlager verwendet. Durch die Anordnung dieser Kopplungen verhalten sich die Einfeldträgerketten bezüglich der Abtragung der Längskräfte und der Längenänderungen wie ein Durchlaufträger.

Die Längskraftkopplungen sind im Bereich der Schwerachse der Tragwerke anzuordnen, sie dürfen nur bei zweigleisigen Tragwerken angewendet werden. Das nachfolgende Bild zeigt eine solche Kopplung für einen Hohlkastenquerschnitt.

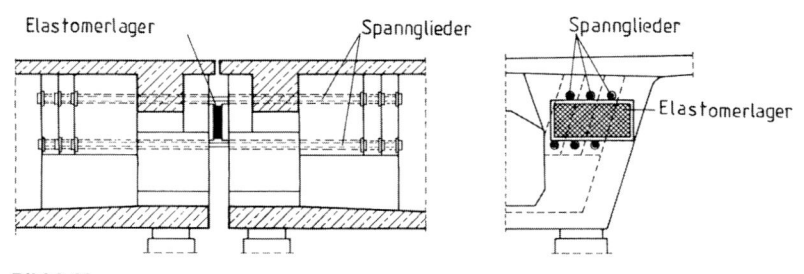

Bild 3.41
Beispiel einer Längskraftkopplung

3.2.6 Feste Fahrbahnen

3.2.6.1 Streckenquerschnitt

Vorbetrachtung

Für den Hochgeschwindigkeitsverkehr der Eisenbahn hat die Beschaffenheit des Oberbaues einen entscheidenden Einfluß auf die technischen Möglichkeiten und den wirtschaftlichen Betrieb dieser Verkehrsinfrastruktur. Die Bestrebungen der Steigerung der Reisegeschwindigkeit stoßen aber mit dem Schotteroberbau an Grenzen. Es kommt wegen der hohen Elastizität des Schotterbettes bei höherer Geschwindigkeit zu Schwingungserscheinungen in den Zügen, die den Lauf derselben unruhiger gestalten und damit den Fahrkomfort beeinträchtigen. Aus diesem Grunde hat die Deutsche Bahn ihren Kenntnisstand um den Bau Fester Fahrbahnen aktiviert und fortgeschrieben. Mit dieser Bauweise wird das Gleisbett schotterfrei nur aus Beton gebaut, die Gleisschwellen werden in einem Bett aus Beton oder Asphalt verlegt. Feste Fahrbahnen gibt es seit 1972 in Deutschland, als im Bahnhof Rheda im Zuge der Strecke Bielefeld–Hamm eine solche auf einer durchgehend bewehrten Betondecke zum ersten Mal im größeren Umfang auf einem Erdbauwerk gebaut wurde. Diese Bauweise wurde mit Verbesserungen zur Grundlage der Oberbauausführung in einigen Trassen des Hochgeschwindigkeitsbetriebes, so z. B. Köln–Frankfurt. Neben dem ruhigeren Lauf der Züge bietet diese Bauweise den Vorteil des Einsatzes der Wirbelstrombremsen, da die Gleisanlage stabiler ist als beim Schotterbett.

Bauweise System *Rheda*

Bei der nach dem Bahnhof Rheda benannten Bauweise wurde auf einer hydraulisch gebundenen Tragschicht (HGT) eine in Längs- und Querrichtung bewehrte Betontragschicht mit einem Bewehrungsprozentsatz von 0,8 % bis 0,9 % hergestellt. Auf diese Betontragschicht wurde dann ein Gleisrost in Längs- und Querrichtung und in der Höhenlage ausgerichtet, fixiert und anschließend in Füllbeton einbetoniert.

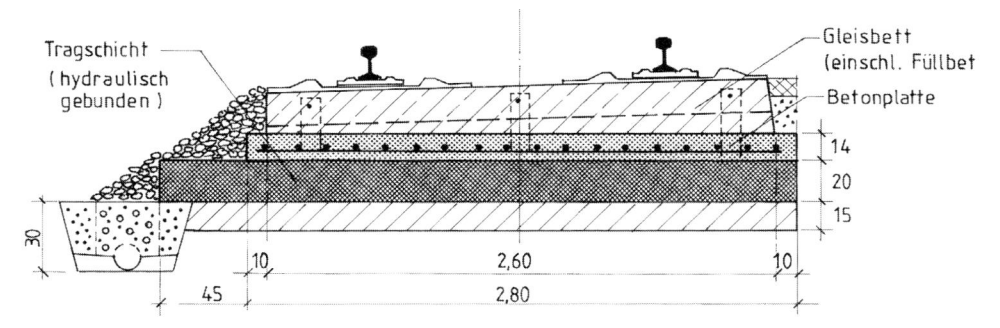

Bild 3.42
Feste Fahrbahn, System Rheda, Streckenquerschnitt

Bei der Bewehrung der Betontragschicht handelt es sich nicht um ein statisches Erfordernis im Sinne des Grenzzustandes der Tragfähigkeit. Die Bewehrung hat vielmehr die Aufgabe, den Grenzzustand der Gebrauchstauglichkeit zu erfüllen, d. h. die Rißbildung klein zu halten und eine gleichmäßige Verteilung derselben zu erzielen. Die Betontragschicht wirkt somit wie eine Straßendecke oder eine Flugzeugbetriebsfläche. In diesem Zusammenhang sind für die Konstruktion und für die Bauausführung vor allem die Technischen Regelwerke des Straßenbaues zu beachten.

Varianten zur Bauweise

Die Bauindustrie hat weitere Feste Fahrbahnsysteme für den Hochgeschwindigkeitsbetrieb entwickelt, mit dem Ziel, die Wirtschaftlichkeit der Bauweise zu steigern. Es handelt sich hier nach [108] um Bauweisen, bei denen

- der Gleisrost direkt auf eine Betontragschicht aufgedübelt wird. Man nennt es das BTD-System (Betontragschicht mit direkt aufgelagertem Gleisrost), welches auf der Hochgeschwindigkeitsstrecke Hannover–Berlin zur Ausführung kam, oder
- eine Tragplatte hergestellt wird, auf der die Schienen über Einzelstützpunkte direkt befestigt werden. Dieses sogenannte BES-System (Betontragschicht mit Einzelstützpunkten) befindet sich auf der Betriebserprobungsstrecke der Deutschen Bahn AG.

Wirtschaftliche Gesichtspunkte zur Bauweise

Der durch die Bauweise *Feste Fahrbahn* entstandene Oberbau einer Hochgeschwindigkeitsstrasse ist über die gesamte Lebensdauer instandhaltungsarm und gewährleistet eine hohe Verfügbarkeit bei optimalem Fahrkomfort. Während bei Schotterstrecken nach fünf bis sechs Jahren der Schotter durchgearbeitet und nach zwanzig Jahren das gesamte Bett erneuert werden muß, wodurch Kosten entstehen und der Betriebsablauf negativ beeinträchtigt wird, wird eine Strecke mit Fester Fahrbahn davon verschont bleiben. Doch die Betontrassen sind teurer in der Herstellung. Die hohen Kosten entstehen dadurch, daß für den später nicht mehr veränderbaren Beton aufwendige Untergrunduntersuchungen und bei ungünstiger Untergrundstruktur sogar ein Bodenaustausch erforderlich werden. Von den 40 000 Streckenkilometern der DB AG sind bisher nur 60 Kilometer mit einer Festen Fahrbahn versehen. Langfristig will die Bahn 2000 Kilometer Feste Fahrbahn bauen. Ein Kilometer Schotteroberbau kostet ca. 375 000 EUR, für den Unterhalt sind noch einmal ca. 7 500 EUR zu veranschlagen, dagegen kostet ein Kilometer Feste Fahrbahn zu bauen ca. 750 000 EUR und der Unterhalt ca. 5000 EUR. Nach der Einschätzung der Bahn AG lohne sich aber die Mehrinvestition auf so einer hoch beanspruchten Strecke, sie wird durch Einsparungen von Wartungs- und Instandhaltungskosten wieder ausgeglichen (Daten aus dem Internet).

Ein Nachteil der Bauweise einer Festen Fahrbahn liegt in der Lautstärke. Die Betonfahrbahn ist 3 Dezibel lauter als der Schotteroberbau, er muß erst durch eine entsprechende Oberflächengestaltung auf das normale Lautstärkenniveau gesenkt werden.

3.2.6.2 Feste Fahrbahnen auf Brücken

Von der Oberbaukonstruktion der Festen Fahrbahn des Systems *Rheda* wird auf Brücken der Gleisrost und die bewehrte Betontragschicht übernommen, die jetzt als Trog ausgebildet wird. An Stelle der hydraulisch gebundenen Tragschicht der freien Strecke wird eine Betonkonstruktion eingerichtet, die Längs- und quergerichtete Kräfte in den Überbau übertragen kann. Hinsichtlich der konstruktiven Durchbildung wird bei der Deutschen Bahn nach kurzen und langen Brücken unterschieden. Bis zu einer Stützweite von maximal 25 m liegt eine kurze Brücke vor.

Oberbauausbildung auf kurzen Brücken

Bei kurzen Brücken liegt der Gleisrost in einer bewehrten trogförmigen Oberbauplatte und wird durch Füllbeton eingedeckt. In den Bereichen zwischen den Schwellen sind vier Bügel $\varnothing$ 10 mm aus der Oberbauplatte herausgelegt, um den Verbund des Füllbetons mit dieser zu

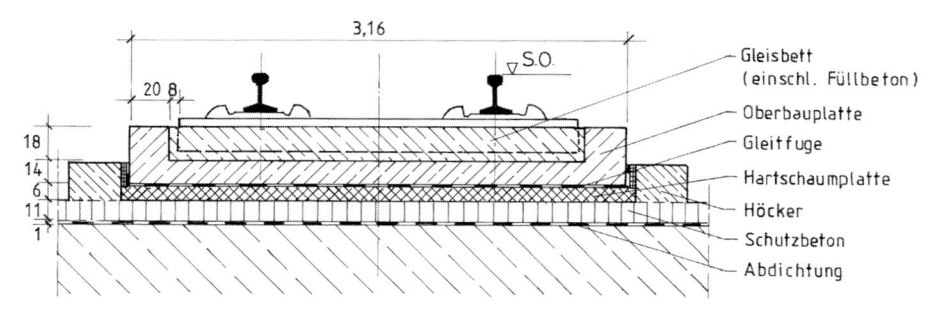

Bild 3.43
Feste Fahrbahn, System Rheda, Querschnitt auf kurzen Brücken

sichern. Der Boden der Oberbauplatte ist 14 cm stark, die Wandung 20 cm breit, bei einer Höhe von 32 cm. Im Falle einer Querneigung muß diese Oberbauplatte entsprechend ausgebildet werden. Die Trogplatte lagert auf einer 5 cm starken Hartschaumplatte auf, die auf den Schutzbeton der Abdichtung aufgeklebt ist. Dieser hat, entgegen sonstiger Konstruktionspraxis, eine Stärke von ≥ 10 cm, damit er seiner Scheibenfunktion beim Einleiten der Horizontalkräfte entsprechen kann.

Zwischen der Trog- und der Hartschaumplatte liegt eine Gleitfläche (nach [109]), z.B. bestehend aus:
- zwei Lagen bituminösem Papier (150 g/m^2) und
- zwei Lagen Polyester-Folie (je 0,2 mm stark).

Zur Aufnahme der quergerichteten Horizontalkräfte werden seitlich neben der Trogwandung Höcker in Verbindung mit dem Schutzbeton betoniert, deren Anschlußbewehrung bemessen sein muß. Längsgerichtete Horizontalkräfte werden entweder durch die Schienen fortgeleitet oder am Brückenende durch eine entsprechende Konstruktion aufgenommen und auf die Lager übertragen.

Für die Unterbringung der Konstruktion steht als Oberbauhöhe auf der Brücke im Regelfall 75 cm, im Hochgeschwindigkeitsbetrieb 85 cm zur Verfügung.

Oberbauausbildung auf langen Brücken

Die Bauteile der Festen Fahrbahn des Systems *Rheda* sind:
- Höckerplatte,
- Oberbauplatte,
- Gleisrost einschl. Füllbeton.

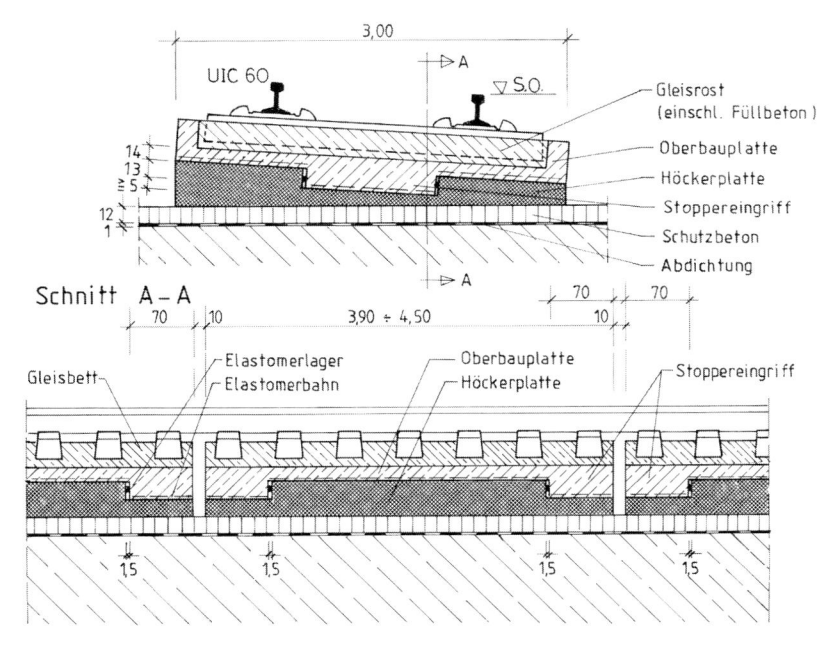

Bild 3.44
Feste Fahrbahn, System Rheda, Querschnitt auf langen Brücken

Diese Konstruktionsteile werden in der zur Verfügung stehenden Bauhöhe zwischen OK Fahrschiene und OK Schutzbeton, im Regelfall 80 cm bei Querschnitten des Hochgeschwindigkeitsbetriebes, eingebaut. In der Höckerplatte wird, wenn erforderlich, die Querneigung ausgebildet.

Zu den Bauteilen im einzelnen:

a) Höckerplatte

Auf die Schutzbetonlage wird die bewehrte Höckerplatte als Unterkonstruktion für die Lagerung der Oberbauplatte aufgelegt. Die Platte liegt entweder zwischen Randkappen und ist damit in der Querrichtung fest mit dem Überbau verbunden, oder gleisbezogen in einer Breite von ca. 3 m im Bereich der Fahrschienen. Im letzten Fall muß sie mit der Schutzbetonplatte, die wieder eine Mindestdicke von 10 cm haben muß, durch Anschlußbügel fest verbunden sein. In der Längsrichtung ist die Höckerplatte durch Querfugen von 10 cm Breite in Abständen von 3,90 m bis 4,50 m (etwa 6- bis 7-facher Schwellenabstand) unterbrochen. Durch diese Fugen wird die Längsbewegung zwischen dem Überbau der Brücke und dem Oberbau klein gehalten, zusätzlich kann das anfallende Regenwasser durch sie nach innen oder außen abfließen.

Zu beiden Seiten der Querfugen werden in ihre Mitte Ausnehmungen angeordnet, die etwa folgende Abmessungen haben:

Länge: 0,70 m, Breite: 1,00 m, Tiefe: 0,13 m

In diese Ausnehmungen, sie werden auch *Stoppereingriffe* genannt, greifen Vertiefungen der Oberbauplatte, auch *Höcker* genannt. An den Kontaktkanten beider Konstruktionsteile werden die aus Verkehrslasten eingetragenen Längs- und quergerichteten Kräfte aufgenommen. An den Seitenflächen der Stoppereingriffe befinden sich Elastomerlager. Zwischen der Höckerplatte und der Oberbauplatte liegt eine 1,2 mm dicke Elastomerbahn, einerseits um eine gleichmäßige Auflagerung zu ermöglichen, andererseits, um bei einer Beschädigung der Konstruktion im Falle einer Entgleisung die Auswechslung des Oberbaues zu ermöglichen.

Offensichtlich gibt es eine Variante zur vorher geschilderten Ausführung, die firmenspezifisch oder ausführungstechnisch begründet ist. In den Brückenbeschreibungen der Fa. *Ph. Holzmann* findet man eine gerade, nicht quergeneigte Platte, die der Träger der Höcker ist, die Querneigung wurde in der Oberbauplatte ausgebildet.

b) Oberbauplatte

Die Oberbauplatte erhält einen Trogquerschnitt und hat in der Originalbauweise an ihrer Unterseite die Höcker, die in die Höckerplatte eingreifen. Diese Höcker tragen auch die Bezeichnung *Stopper*. Der Trogboden ist 10 cm stark, die Trogwandungen etwa 15 cm breit. Sie stehen so weit über den Trogboden hinaus, daß sie später mit dem Füllbeton des Gleisbettes in einer Höhe abschließen. Die Querfugen der Höckerplatte werden übernommen. In der vorher geschilderten *Holzmannvariante* übernimmt die Oberbauplatte die Querneigung.

c) Gleisrost

In den Trog der Oberbauplatte wird der Gleisrost hineingelegt, in Lage und Höhe ausgerichtet und mit Spindeln fixiert. Anschließend wird der Füllbeton eingebracht, der sich über die Anschlußbügel mit dem Trog verbindet.

Im Bild 3.45 ist die Zuordnung der Festen Fahrbahn zum Brückenquerschnitt auf Brücken der Hochgeschwindigkeitsstraße Köln-Frankfurt dargestellt.

3.2 Planung von Eisenbahnbrücken 189

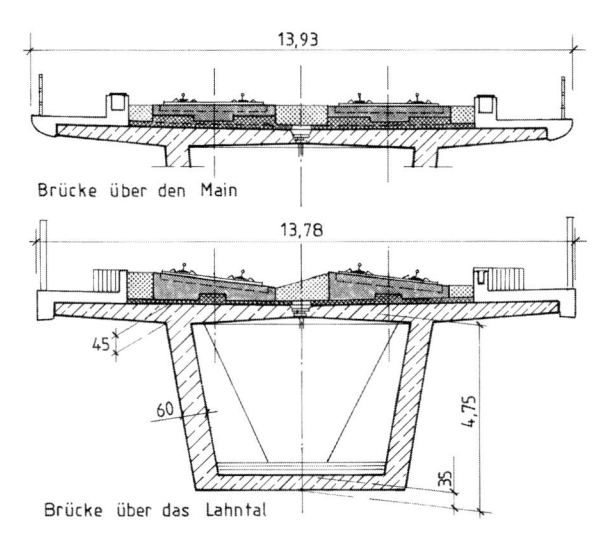

Bild 3.45
Anordnung der Festen Fahrbahn auf Brücken der Hochgeschwindigkeitsstrecke Köln–Frankfurt

Ausbildung am Brückenende

Bei der Festen Fahrbahn, System *Rheda*, liegt eine kraftschlüssige Verbindung der Schienen mit der Oberbauplatte vor. Dadurch wird an den Enden eines Überbaues durch die Verdrehung des Überbauendes infolge Durchbiegung des Überbaues selbst eine Beanspruchung der Schienenbefestigung auf Zug und Druck verursacht. Weiterhin wird das Gleis auf Durchschieben beansprucht. Ein solches Überbauende liegt beim Übergang zum Widerlager, oder, bei Einfeldträgerketten, über jeder Stütze vor. Die Prinzipskizze im Bild 3.46 veranschaulicht dieses Problem.

Grundsätzlich sind zur Vermeidung einer schädlichen Auswirkung dieser Problematik in den Vorschriften zur Erfüllung des Grenzzustandes der Gebrauchstauglichkeit die Endtangentenwinkel beschränkt worden, ferner sind die Durchschubwiderstände bei der Schienenbemessung nachzuweisen. Damit wird aber die Problematik nicht abgeschafft, sondern nur begrenzt. Auf die Dauer führt insbesondere die Zugbeanspruchung doch zur Lockerung der Schienenbefestigung, so daß nach Ersatzlösungen gesucht werden muß.

Wie in der vorstehenden Prinzipskizze zum Ausdruck kommt, läßt sich die Zugbeanspruchung in der ersten, oder den ersten, Schienenbefestigung(en) auf dem anderen Bauteil ver-

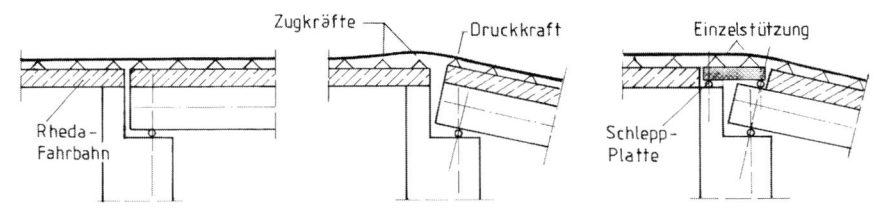

Bild 3.46
Brückenende, Beanspruchung der Schienenbefestigung, Prinzipskizze

meiden, wenn das Überbauende tiefer gelegt wird. Die entstehende Fehlhöhe durch die Vertiefung wird durch eine, frei drehbar gelagerte, Platte abgedeckt. In der Literatur findet man leider den Ausdruck *Schlepp-Platte*, diese Platte schleppt nicht, sondern sie überbrückt, da sie beidseitig gelagert ist, so wäre es zweckdienlicher, sie Überbrückungsplatte zu nennen. Wenn man die frei drehbare Lagerung dieser Platte direkt über dem Auflager des Überbaues anordnet, erreicht man, daß sich das Ende der Übergangsplatte nicht nach oben verschiebt (Gelenkkette). Damit werden schädliche Anhebungen des Überbauendes vermieden. Aber es muß sichergestellt sein, daß die freie Drehbarkeit des Lagers auch funktioniert, insbesondere muß eine Lagerhöhe vorhanden sein.

Im System *Rheda* werden die Höcker- und die Oberbauplatte zur Überbrückungsplatte zusammengefaßt. Die Schienen werden dann auf dieser Platte ohne Schwellen durch spezielle Einzelstützpunkte befestigt.

Bild 3.47 zeigt eine Bauausführung an der Mainbrücke Kelsterbach durch *Ph. Holzmann*.

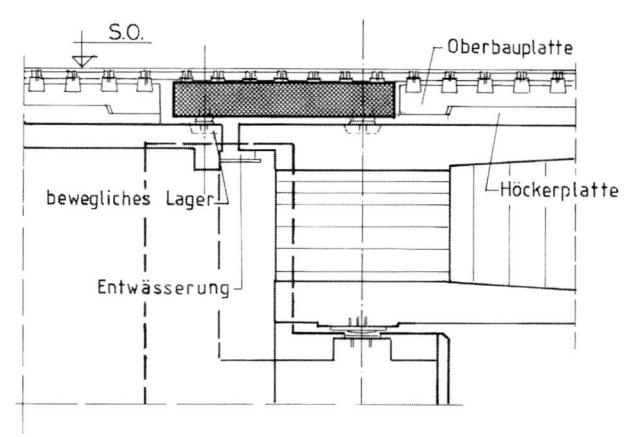

Bild 3.47
Brückenende, Anordnung einer Schlepp-Platte im Festen Fahrbahnsystem Rheda

3.2.7 Brücken in der Hochgeschwindigkeitsstrecke Köln–Frankfurt

Die Hochgeschwindigkeitsstrecke Köln-Frankfurt erhielt einen Oberbau nach dem Prinzip der Festen Fahrbahn, System *Rheda*. Sie wurde für eine Entwurfsgeschwindigkeit von 300 km/h gebaut, ihre Gesamtlänge beträgt 177 km, einschließlich der Strecke zum Flughafen Köln-Bonn und der Abzweigung nach Wiesbaden 219 km. Die Durchquerung der Mittelgebirge des Westerwaldes, des Siebengebirges und des Taunus erforderte zahlreiche Brücken und Tunnel. So sind 30 Tunnel mit einem Streckenanteil von 21,5 %, 18 Talbrücken mit einem Streckenanteil von 3 % und etliche kleinere Brückenbauwerke ausgeführt worden.

Die längste Brücke ist die Hallerbachtalbrücke mit einer Gesamtlänge von 992 m. Hohe Talbrücken mit einer maximalen Höhe über Grund um 50 m sind die Wiedtalbrücke, die Lahntalbrücke und die Theißtalbrücke. Von den Großbrücken werden zwei vorgestellt, im Bild 3.48 sind die Lahntalbrücke bei Limburg und die Mainbrücke bei Kelsterbach dargestellt. Letztere weist eine für Eisenbahnbrücken beachtliche Mittelöffnung von 130 m auf. Sie ist damit die Brücke mit der größten Spannweite in dieser Strecke.

3.2 Planung von Eisenbahnbrücken

Für die Querschnittsgestaltung wurde überwiegend der einzellige Hohlkastenquerschnitt gewählt, weil sich mit ihm die für die Durchbiegungsbeschränkungen erforderlichen Steifigkeiten der Überbauten gut erzielen lassen. Die Konstruktionshöhen der Überbauten weisen meist eine Schlankheit von $l/11$ auf. Diese großen Werte werden erforderlich, um den Grenzzustand der Gebrauchstauglichkeit zu erfüllen, der reine Grenzzustand der Tragfähigkeit würde geringere Schlankheiten zulassen.

Im Bereich der kleineren Bauwerke kam auch der Plattenbalkenquerschnitt zur Ausführung. Bei der Brücke über die A 66 wurde eine Überbauschlankheit $l/17$, bei der Talbrücke Kutscheid eine von $l/15$ erreicht.

Es kam sogar die Bauweise *Walzträger in Beton* bei einigen kleinen Brücken zur Ausführung. Mit Walzträgern bis zu 1,0 m Bauhöhe konnten die Überbauten mit einer Konstruktionshöhe von 1,10 m erstellt werden.

Schon bei der Planung der Hochgeschwindigkeitsstrecke Hannover-Würzburg wurden Studien über das Verhältnis von Pfeilerbreiten zu Überbauhöhen und Stützweiten angefertigt. So auch hier! Die Pfeiler verjüngen sich mit einem Anzug von 70:1 nach oben. Diese Maßnahme und eine starke Abschrägung der Pfeilerkanten und die Profilierung der Seitenflächen lassen insgesamt den Eindruck entstehen, daß es sich um schlanke Pfeiler handelt. Damit liegt für die Brücken dieser Strecke, insbesondere für die hohen Talbrücken eine gestalterisch ansprechende Ausführungsplanung vor. Die Daten dieses Absatzes wurden dem Aufsatz [113] entnommen.

Bild 3.48
Eisenbahnbrücke über die Lahn bei Limburg, Restarbeiten zur Fertigstellung der Brückenfahrbahn für den Einbau der Festen Fahrbahn

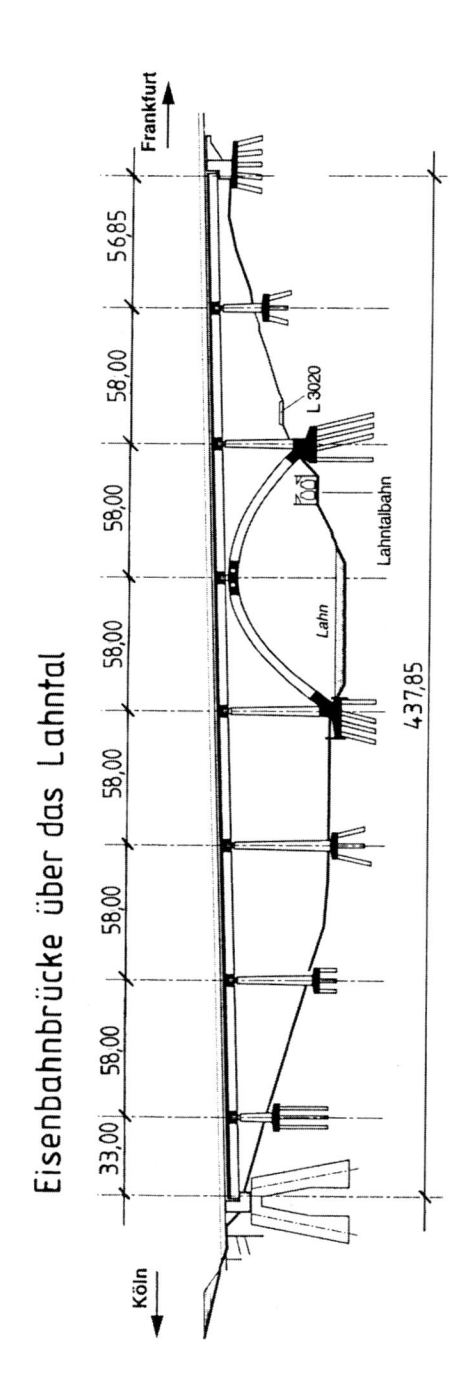

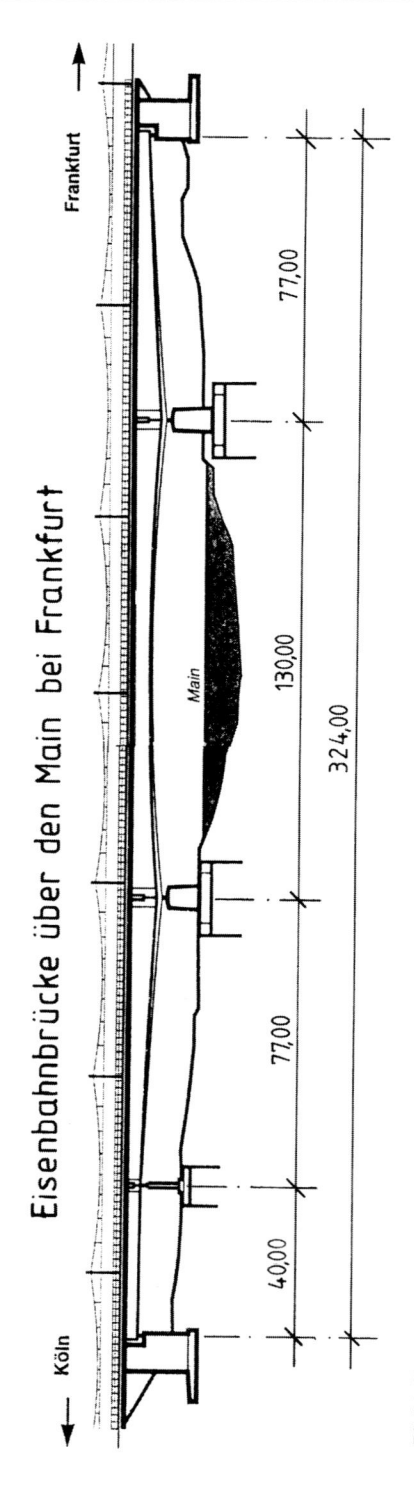

Bild 3.49
Hochgeschwindigkeitsstrecke Köln–Frankfurt, Brückenbeispiele

3.2.8 Brückenende und Übergang zur Eisenbahntrasse

Am Ende des Brückenbauwerkes muß der Brückenquerschnitt wieder auf den Streckenquerschnitt zurückgeführt werden. Die Höhen- und Breitenunterschiede des Planums des Erdkörpers hinter dem Bauwerk führen zu einer Dammverbreiterung, die auf einer Länge von 10 m durchgeführt wird. Danach wird der erweiterte Dammquerschnitt ebenfalls in einem Bereich von 10 m auf den Regelquerschnitt der Strecke zurückgeführt. Hierzu im einzelnen:

- Anpassung in der Höhe:

Das Planum des Erdkörpers an der Böschungskante, welches am Brückenende 70 cm unter SO liegt, muß bis zum Regelquerschnitt der freien Strecke auf 94 cm unter SO abgesenkt werden. Die daraus resultierende Differenz von 24 cm ergibt eine Dammfußverbreiterung gegenüber dem Regelquerschnitt von:

$$b_1 = 24{,}0 \cdot 1{,}5 = 36{,}0 \text{ cm}$$

- Anpassung in der Breite:

Die Dammkrone hat am Brückenende eine Breite, die der Brückenbreite, zuzüglich einer beidseitigen Verbreiterung von jeweils 0,50 m, entspricht. Hierdurch ergibt sich gegenüber dem Regelquerschnitt der freien Strecke für den Randabstand der Gleisachse ein überschießendes Maß von:

Kappe 1602: $b_2 = 3{,}82 - 3{,}80 = 0{,}02$ m
Kappe 1604: $b_2 = 4{,}06 - 3{,}80 = 0{,}26$ m

Insgesamt ergibt sich dann eine Dammfußverbreiterung von $b_o = b_1 + b_2$, also:

Kappe 1602: $b_o = 36{,}0 + 2{,}0 = 38{,}0$ cm
Kappe 1604: $b_o = 36{,}0 + 26{,}0 = 62{,}0$ cm

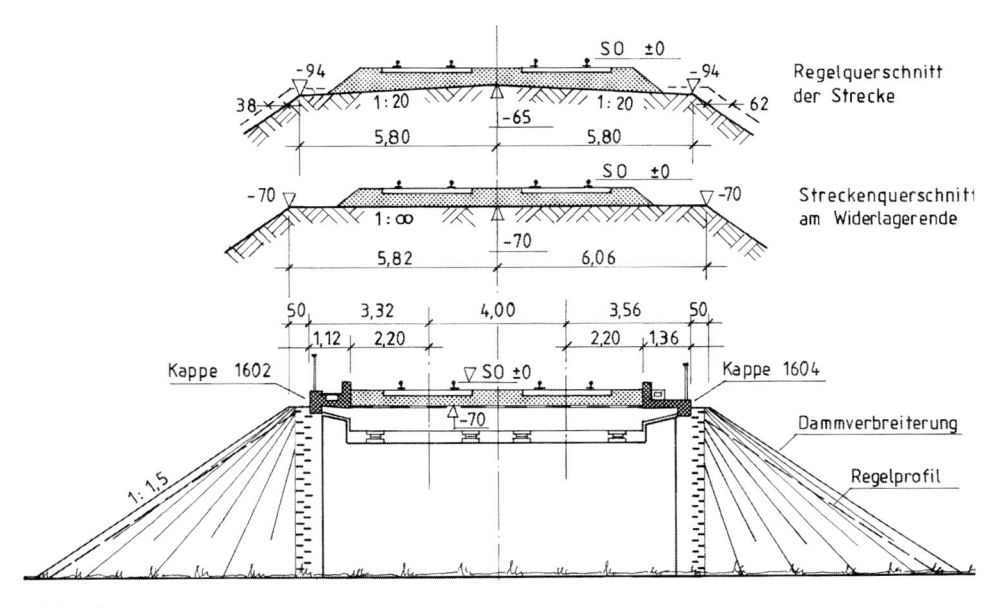

Bild 3.50
Querschnitt des Dammkopfes am Brückenende

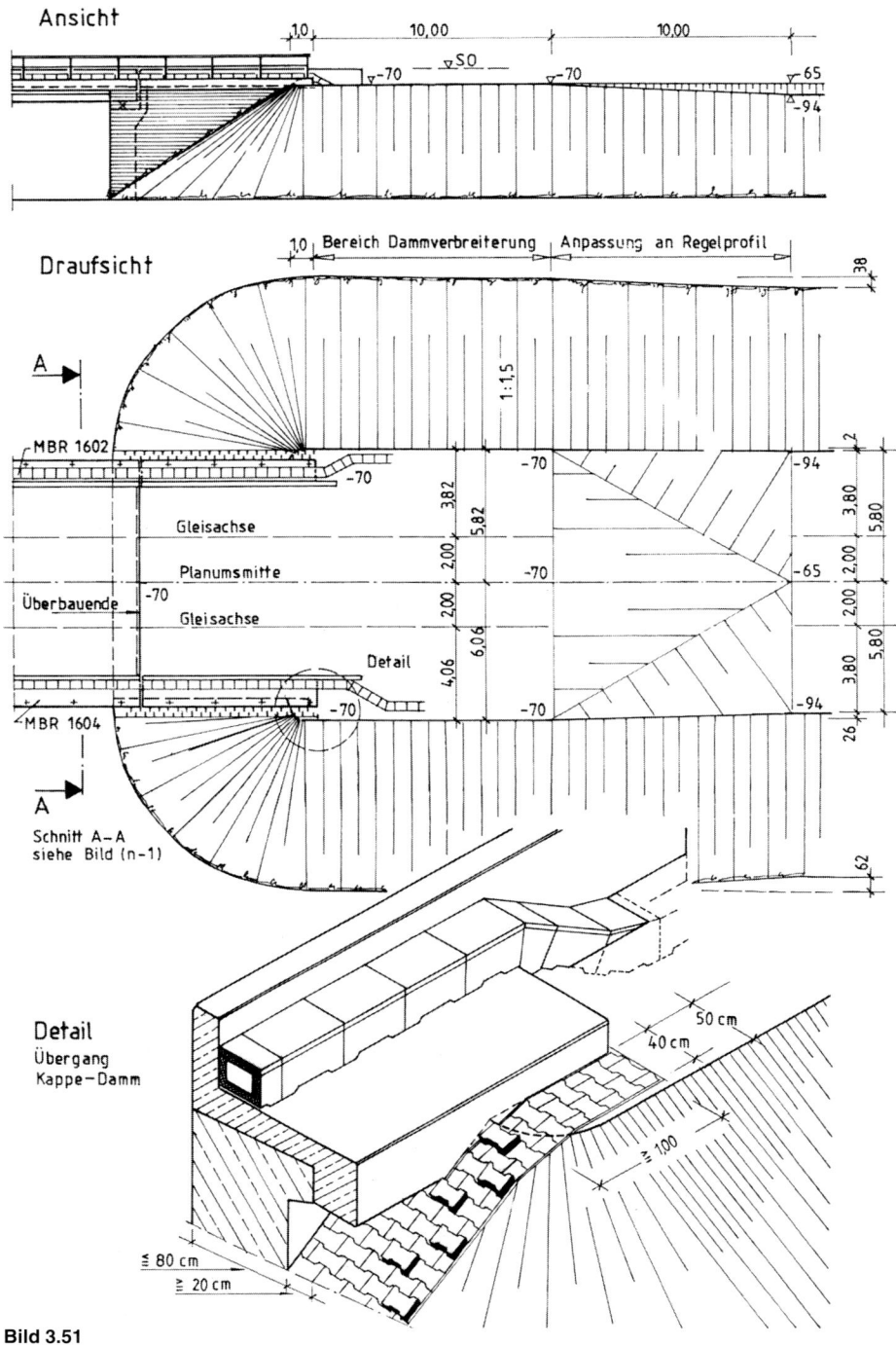

Bild 3.51
Brückenende und Übergang zur Strecke

Der Kabelkanal wird am Brückenende von der Kappe ins Erdreich geführt. In diesem Übergangsbereich bleibt die seitliche Sicherung der Kappenwand erhalten.

Die seitliche Dammfläche neben dem Widerlager wird mit Verbundsteinen, z. B. H-Form bzw. Doppel T-Form, $B/L/H$ = 16,5/29/10 cm befestigt. Ein besonderer Treppenaufgang ist im Regelfall nicht vorgesehen, dafür sollen gezielt einzelne Steine ca. 5,0 cm hervorstehen, die als Trittsteine benutzt werden sollen.

3.3 Erfordernisse der Entwurfsplanung

3.3.1 Bedeutung eines Bauentwurfes

Die Aufstellung eines Entwurfes dient dem Zweck, die Konstruktion und sonstigen Rahmenbedingungen für die Ausschreibung und die Bauausführung festzulegen und die Baukosten zu ermitteln. Die so ermittelten Kosten müssen innerhalb der im Haushaltsplan angemeldeten finanziellen Mittel gedeckt sein. Der Bauwerksentwurf ist somit die Grundlage für die Beurteilung der geplanten Baumaßnahme in technischer, wirtschaftlicher und gestalterischer Hinsicht. Weiterhin wird an ihm die vorgesehene Baudurchführung beurteilt.

In der Entwurfsplanung wird bei Brücken grundsätzlich zwischen der Bauwerksskizze im Rahmen der Vorentwurfsplanung und dem Bauwerksentwurf im Rahmen der Ausführungsplanung des Verkehrsweges unterschieden. Die gesamte Verkehrsbaumaßnahme wird durch den Bauentwurf beschrieben. Brücken sind Bestandteile der gesamten Maßnahme, somit sind die Bauwerksskizze oder der Bauwerksentwurf Bestandteile des Bauentwurfes. Mit dem Vorentwurf werden die Kosten der Baumaßnahme in den Haushaltsplan eingebracht. Der Bauwerksentwurf ist für die Baudurchführung bestimmt, er muß alle bautechnischen Einzelheiten zweifelsfrei beschreiben, so daß eine eindeutige Ausarbeitung der Ausführungszeichnungen möglich ist.

Die Erstellung einer Bauwerksskizze im Rahmen der Vorentwurfsplanung wird erforderlich, wenn sich das Bauwerk durch seine Größe, Konstruktion oder besondere gestalterische Anforderungen heraushebt. Diese Bauwerksskizze soll in vereinfachter Form als besonderer Plan Aufschluß über Ansicht, Grundriß und Querschnitt, sowie Auskunft über die Höhen und Begrenzungen der kreuzenden Trassen geben (Richtlinien für die einheitliche Entwurfsgestaltung im Straßenbau, RE). Für die Erstellung eines Bauwerkentwurfes bilden die Richtlinien für das Aufstellen von Bauwerkentwürfen (RAB BRÜ, letzte Fassung 95) die Grundlage der Bearbeitung.

Die grundsätzliche Genehmigung des Vorentwurfes erfolgt mit der Verabschiedung des Haushaltsplanes. Der Bauwerksentwurf ist der obersten Straßenbaubehörde (BMVBW) zur Genehmigung vorzulegen (Einholung des Sichtvermerkes), wenn bei Neubaumaßnahmen folgende Voraussetzungen vorliegen:

– die ermittelten Gesamtkosten betragen $\geq$ 2,5 Mio EUR,
– die Gesamtstützweite liegt bei $\geq$ 75,0 m.

Bauwerksentwürfe unterhalb dieser Grenzen werden von der unteren Straßenbaubehörde genehmigt.

Für Unterhaltungsmaßnahmen mit umfassenden Umbauten sind Entwürfe aufzustellen, wenn die zu erwartenden Bausummen den Betrag von 50.000,– EUR übersteigen. Die Vorlagegrenze liegt bei 0,5 Mio EUR bei der mittleren Straßenbaubehörde. Hierbei ist auch die Mitwirkung der obersten Straßenbaubehörde als Zustimmung im Einzelfall möglich, wenn neue Bauprodukte oder Bauverfahren zur Anwendung kommen sollen.

Die Planungs- und Entwurfsbearbeitung für Eisenbahnbrücken im Bereich der bundeseigenen Eisenbahngesellschaften richten sich nach der Richtlinie 809 der DB AG. Zusätzliche Regelungen für die Konstruktion vom Entwurf bis zur Bauausführung enthält die Richtlinie 804. Sie gilt für den Neubau, die Erneuerung und den wesentlichen Umbau von Eisenbahnbrücken und berücksichtigt die unternehmerischen Belange des Eisenbahnbrückenbaues. Mit dem Vorentwurf wird die Planung einer Bauaufgabe eingeleitet; dieser muß durch das Eisenbahn-Bundesamt genehmigt werden, das danach den Planungsauftrag an die Eisenbahngesellschaft erteilt. Mit der Aufnahme in eine Dringlichkeitsliste wird die Rangfolge der Entwurfsbearbeitung und damit die der Ausführungsplanung festgelegt. Alle Bauentwürfe sind vom Eisenbahn-Bundesamt zu genehmigen.

Bei der Berührung der Interessen von Bahn und Straße, d. h. bei der Kreuzung ihrer Verkehrswege, müssen Vereinbarungen nach dem Eisenbahnkreuzungsgesetz (EKrG) über die Verantwortlichkeit der Entwurfsbearbeitung und die Kostenteilung geschlossen werden. Verkehrsinfrastrukturen der Bahn werden durch bundeseigene (z. B. DB AG) und nichtbundeseigene (z. B. Regionalbahn SH) Eisenbahngesellschaften (EibaG) gebildet. Für diese Vereinbarungen gelten folgende Leitlinien:

- Oben Straße (StBV), unten bundeseigene Eisenbahngesellschaft:
  Die Zuständigkeit für Entwurf, Vereinbarung und Baudurchführung liegt bei der unteren Straßenbaubehörde unter Abstimmung mit der EibaG zur Wahrung der eisenbahntechnischen Belange
- Oben bundeseigene Eisenbahngesellschaft, unten Straße (StBV):
  Die Zuständigkeit für Entwurf, Vereinbarung und Baudurchführung liegt bei der Eisenbahngesellschaft. Die Straßenbauverwaltung bescheinigt die straßenbautechnische Richtigkeit.

Bei allen anderen möglichen Kombinationen von Kreis- und Gemeindestraßen mit Trassen von bundeseigenen oder nichtbundeseigenen Eisenbahngesellschaften hat der Baulastträger die Pflicht der Entwurfsaufstellung. Sofern die Verkehrswege in der Unterhaltspflicht der Straßenbauverwaltung oder Deutschen Bahn AG liegen, geht diese Pflicht auf diese über.

3.3.2 Einzelheiten der Entwurfsbearbeitung

Bauwerksskizze oder Vorentwurf

Wenn sich Ingenieurbauwerke durch ihre Größe, Konstruktion oder besondere gestalterische Anforderungen herausheben, wird die Erstellung einer Bauwerksskizze im Rahmen der Vorentwurfsplanung erforderlich. Hierbei wird die Ansicht, der Grundriß und der Normalquerschnitt des Bauwerkes in vereinfachter Form dargestellt. Die Ansicht orientiert sich am Höhenplan des Verkehrsweges, in dessen Verlauf die Brücke liegt. Dieser zeigt die Baumaßnahme im Aufriß und stellt den Verlauf der Gradiente und den des Geländes dar.

Der Grundriß wird aus dem Lageplan der Kreuzungssituation entwickelt. Hier wird die Geometrie des Verkehrsweges sowie die des Geländes in Form von Böschungen oder Einschnitten dargestellt. Der Lageplan muß einen Nordpfeil enthalten.

Für die Konstruktion der Brücke wird eine Vergrößerung des Höhen- und Lageplanes des Hauptentwurfes erstellt, diese muß die maßgebenden Höhen und seitlichen Begrenzungen der kreuzenden Trassen enthalten.

Im Bild 3.52 sind die Mindestanforderungen einer Bauwerksskizze dargestellt.

3.3 Erfordernisse der Entwurfsplanung

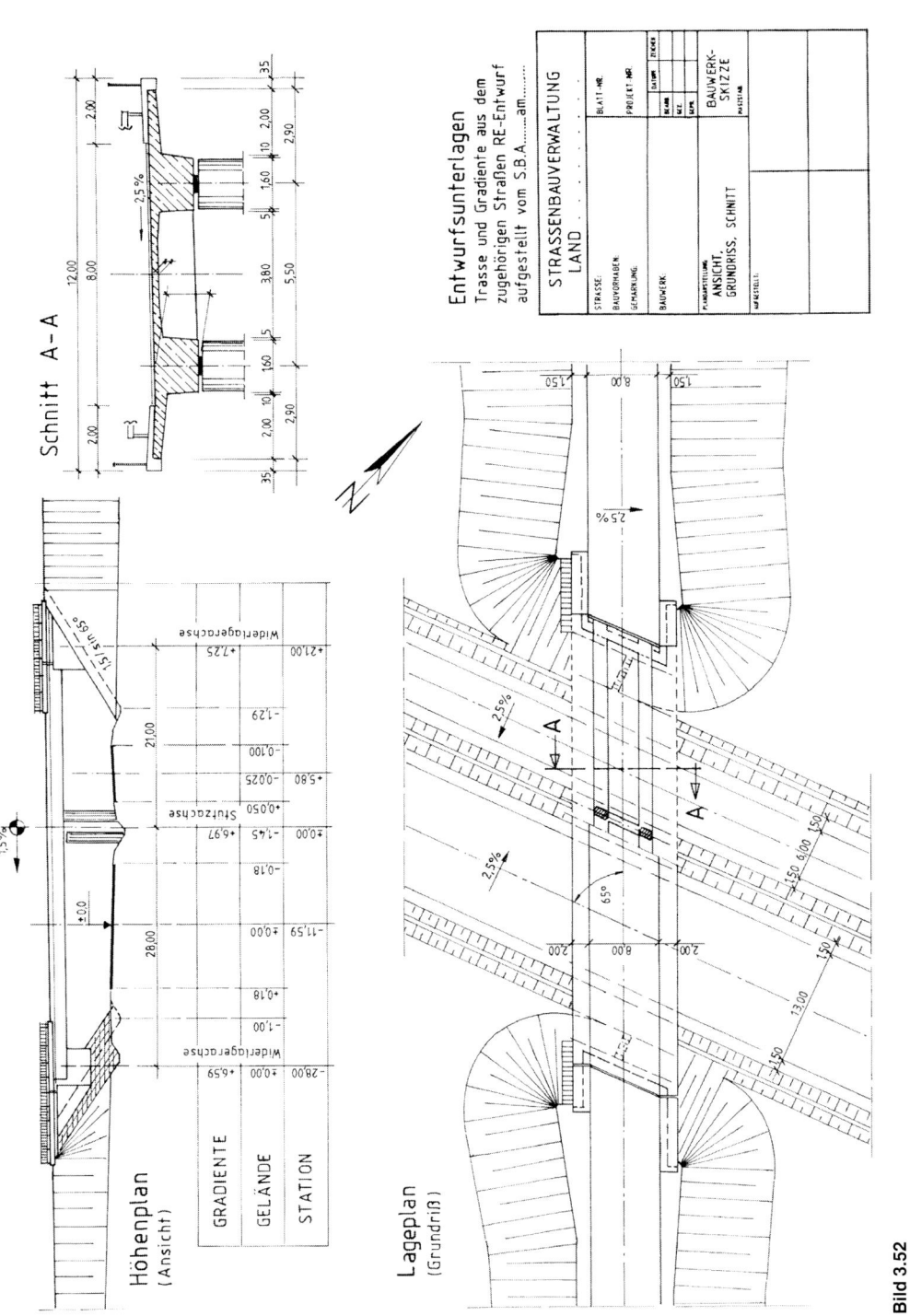

Bild 3.52
Bauwerksskizze

Bauwerksentwurf

Die Mindestanforderungen der Bestandteile eines Brückenentwurfes sind folgende:

1. Erläuterungsbericht.

    Der Erläuterungsbericht soll folgende Inhaltsangaben enthalten:
    - Allgemeine Angaben über die Veranlassung der Maßnahme, den Baulastträger und den Planungsstand sind dem Bericht voranzustellen. Es folgt eine Beschreibung eventuell vorhandener Brückensubstanz mit Angabe der straßen-, eisenbahn- oder wasserbautechnischen Daten und die Angabe, ob öffentliche Versorgungsleitungen berührt werden.
    - Darstellung der Bodenverhältnisse und der gewählten Gründung,
    - Beschreibung des gewählten Systems, der Baustoffgüten und der konstruktiven Durchbildung der Unterbauten,
    - Beschreibung der Tragkonstruktion, der Querschnittswahl und der Art der Vorspannung, Angabe über die Wahl der Verschleißteile, wie Lager, Gelenke, Übergangskonstruktion und Belag, ferner Hinweis auf den Schutz gegen Tausalze.
    - Beschreibung der Entwässerung,
    - Beschreibung der Absturzsicherung und der Schutzeinrichtungen,
    - Hinweis auf die Zuständigkeit der Konstruktionsteile,
    - Aussagen zur Herstellung (Lehrgerüst etc.) und zur Bauzeit,
    - Angabe der Kosten (evtl. Kostenverteilung Dritter),
    - Angaben zur Ausschreibung und Baudurchführung.

2. Übersichtskarte zur Baumaßnahme.

3. Kostenberechnung.

4. Baugrundgutachten, geotechnische Untersuchungen.

5. Entwurfszeichnungen.

    Der Zeichnungsbestandteil des Bauwerksentwurfes ist der Bauwerksplan. Er zeigt in einem geeignetem Maßstab eine genaue Darstellung der Ansicht, des Längsschnittes, des Grundrisses und der Querschnitte.

6. Entwurfsstatik.

    Planunterlagen für Baubehelfe (Traggerüste) müssen zu folgenden Punkten erläutert werden:
    - Montagevorgang zum Auf- und Abbau des Gerüstes im Bereich Straße/Gleis,
    - Gewicht der über die Rüstungen einzubauenden Bauteile, z. B. Fertigteile,
    - benötigte Sperr- und Abschaltpausen elektrischer Anlagen,
    - Schutzmaßnahmen gegen Gefahren aus dem elektrischen Bahnbetrieb,
    - Art der Betonförderung,
    - Schwenkbereich der Baukräne,
    - beabsichtigte Maßnahmen bei Stromausfall oder Maschinenschäden.

Die Bilder 3.53 und 3.54 zeigen einen Bauwerksplan einer Zweifeldbrücke. Da die Darstellung auf einer Buchseite nur sehr klein ausfallen kann, wurden zur Wahrung der Übersichtlichkeit einige Eintragungen weggelassen.

3.3 Erfordernisse der Entwurfsplanung

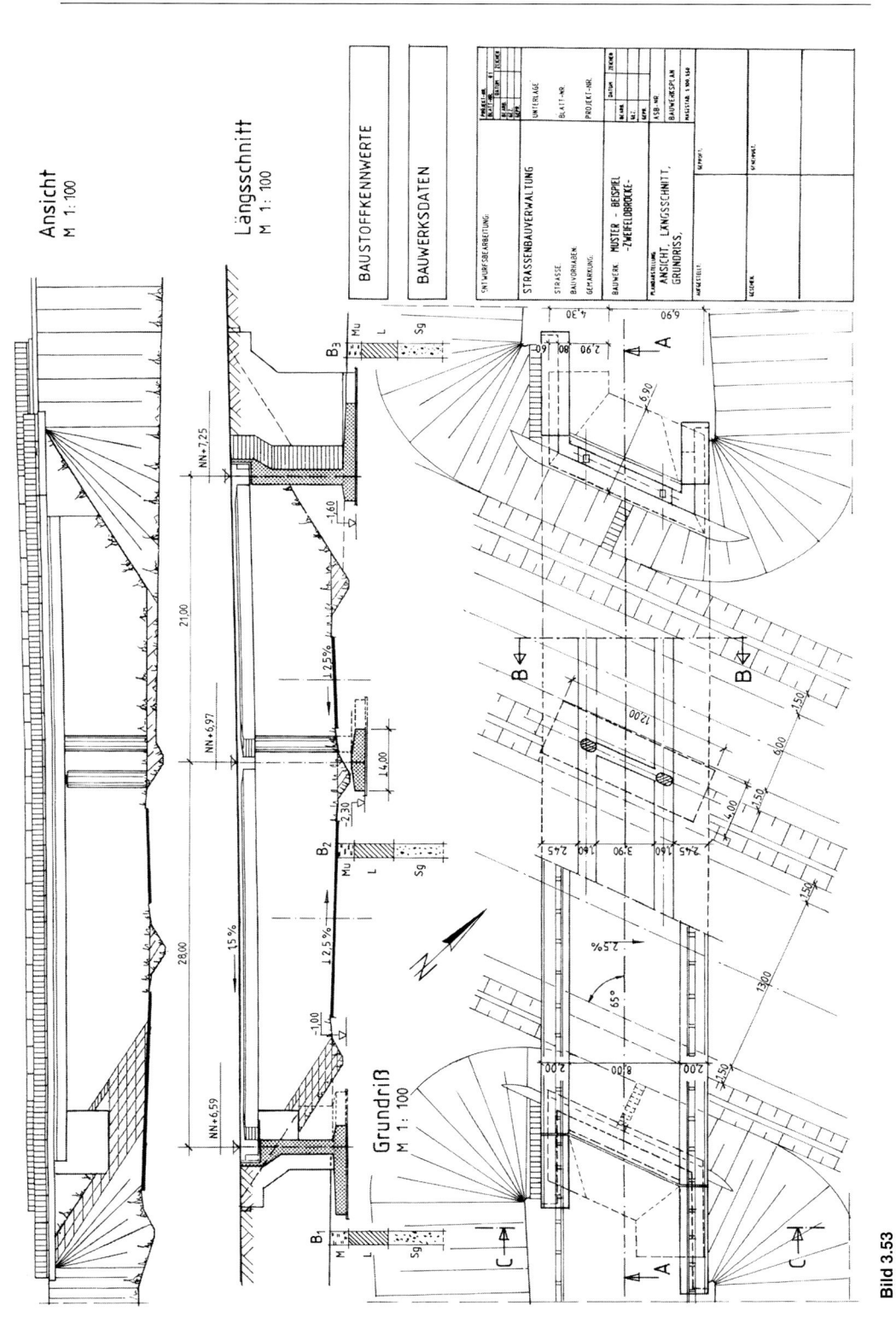

Bild 3.53
Bauwerksentwurf, Blatt 1

Bild 3.54
Bauwerksentwurf, Blatt 2

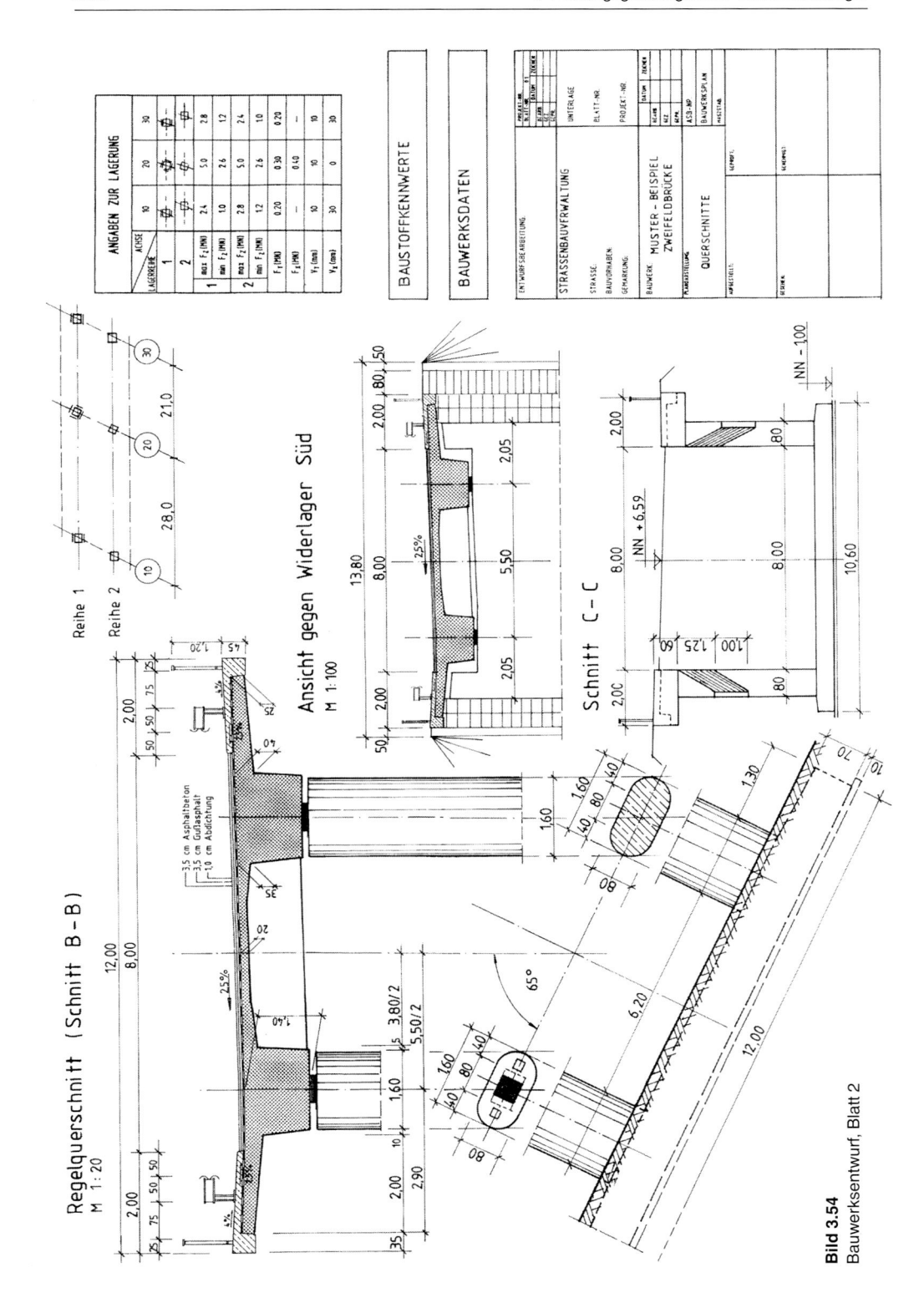

4 Lehrgerüste

4.1 Aufgaben und allgemeine Anforderungen

Lehrgerüste sind Hilfsgerüste, die der Unterstützung eines frisch betonierten Tragwerkes dienen, bis dieses zur einwandfreien Erhärtung gelangt und selbst in der Lage ist, die tragende Funktion zu übernehmen. Die Lehrgerüste gehören zu den Baubehelfen, d.h. zu solchen Hilfskonstruktionen, die für eine bestimmte Zeitspanne die alleinige tragende Funktion einer Konstruktion übernehmen müssen. Sie bestehen aus zwei Teilen, dem Ober- oder Schalungsgerüst und der eigentlichen tragenden Konstruktion, dem Traggerüst. Dieses dient nach DIN 4421 in der Regel

– der Stützung von Massiv-Tragwerken, bis diese eine ausreichende Tragfähigkeit erreicht haben,
– der Aufnahme der beim Herstellen von baulichen Anlagen auftretenden Lasten von Bauteilen, Geräten und Transportmitteln und
– der vorübergehenden Lagerung von Baustoffen, Bauteilen und Geräten.

Die Lehrgerüste sind Baukonstruktionen, die an der Verwendungsstelle aus Einzelteilen zusammengesetzt und wieder auseinandergenommen werden können. Sie unterliegen während ihrer Benutzungszeit den Erfordernissen der Standsicherheit und Betriebssicherheit.

Zur Errichtung eines Traggerüstes ist eine Baugenehmigung erforderlich; diese verlangt die Vorlage einer geprüften statischen Berechnung und der erforderlichen Zeichnungen. Lediglich für Traggerüste der sog. Gruppe I, also geringerer Anforderung, kann die Bauvorlage unter bestimmten Voraussetzungen entfallen.

Zur Erlangung einer ausreichenden Betriebssicherheit ist die ständige Überwachung erforderlich, diese erstreckt sich nach den einschlägigen Vorschriften, z.B. der Bauberufsgenossenschaft, im wesentlichen auf

- **Auf- und Abrüstvorgänge**
  Während dieser Vorgänge müssen andere Beschäftigungen auf der Baustelle ruhen, wenn nicht besondere Sicherheitsvorkehrungen getroffen werden. Die Stützlasten sind sachgemäß auf den Baugrund zu verteilen und müssen eine unverrückbare Unterlage erhalten. Besondere Sicherheitsmaßnahmen in der Nähe elektrischer Leitungen sind erforderlich.

- **Gerüst und öffentlicher Verkehr**
  Die Probleme, die durch die Belange des fließenden Verkehrs im Baustellenbereich auftreten können, müssen einwandfrei gelöst werden. Dies erfordert im wesentlichen das Aufstellen von Warn- und Verkehrszeichen, die Anbringung eines akustisch gesicherten Lichtraumtores und eine ordnungsgemäße Beleuchtung. Das Traggerüst muß gegen Anfahren durch Fahrzeuge gesichert sein.

- **Benutzungsvorschriften**
  Die Belastbarkeit der Gerüstteile und die Beschaffenheit und Sicherung der Zugänge muß kontrolliert werden, um unnötigen Schaden zu vermeiden. Zusätzliche Auflagen über eine

Arbeitseinschränkung bei höherer Windbelastung oder Arbeiten im Winter sind eindeutig festzulegen und zu beachten. Nach einer längeren Arbeitsunterbrechung, nach jedem Sturm, starkem Regen, Frost und anderen Naturereignissen sind die Traggerüste neu zu überprüfen, vor allem ihr Unterbau sowie ihre Verbindungen und Verankerungen. In den über den Verkehrswegen liegenden Bereichen ist zum Schutz gegen herabfallende Materialien ein Seitenschutz in den Arbeitsbereichen des Traggerüstes anzuordnen.

Zusätzlich zu diesen vorstehend geschilderten Aufgaben soll das Lehrgerüst drei wesentliche Forderungen erfüllen:

- möglichst geringe Verformung der tragenden Teile,
- Schaffung und Sicherheit der planmäßig gewünschten Querschnittsform,
- langsame Einleitung der Kräfte, d. h. es muß ein Absenkvorgang möglich sein.

Die Forderung einer möglichst geringen Verformung des Gerüstes führt zu Gerüstarten, welche die Lasten des Tragwerkes auf möglichst direktem Wege auf feste Punkte ableiten, so daß auf Biegung beanspruchte Konstruktionsteile möglichst klein gehalten werden können. Hieraus ergibt sich der normale Fall des unterstützten Lehrgerüstes.

Die Schaffung und Sicherung der planmäßigen Form erfordert ein Schalungsgerüst, welches gemäß der Querschnittsform der Brücke konstruiert wird und die Lasten auf dem kürzesten Wege an das Traggerüst ableitet.

Zusätzlich muß beachtet werden, daß zur Erzielung der planmäßigen Form des Bauwerkes für die Biegeträger Überhöhungen erforderlich werden, die sich aus den Durchbiegungseinflüssen und sonstigen Überlegungen ergeben. Bei Holzlehrgerüsten z. B. ergeben sich Überhöhungen aus sonstigen Überlegungen aus zwei Einflüssen:

- die Pressung senkrecht zur Faser führt zu Eindrückungen, die je gedrückte Fuge bis zu 5 mm ausmachen können,
- beim Austrocknen des Holzes führt das Schwinden tangential zu den Faserringen mit rd. 10% zu Verkürzungen der Stützen, wodurch Setzungen im Gerüst verursacht werden können.

Die Ermöglichung des Absenkungsvorganges erfolgt in der Regel durch entsprechende Vorrichtungen am Stützenfuß. Die Möglichkeit, das Obergerüst durch Keilverbindung für den Abbauvorgang einzurichten, ist nicht so vorteilhaft, da die elastischen Rückstellkräfte der Biegeträger nicht ausgeglichen werden können.

Neben der Form des unterstützten Gerüstes gibt es die des freitragenden Traggerüstes, welches bevorzugt über tiefe Täler oder dort, wo hohe Zwischenunterstützungen sehr kostspielig werden, zur Anwendung gelangt. Die Weiterentwicklung dieser Traggerüstform zeigt sich in der Vorschub- und Freivorbaurüstung.

4.2 Baustoffe und Bauelemente

4.2.1 Schalhaut und Schalung

Die allgemeinen Anforderungen an eine Betonfläche, die durch eine Schalungshaut geprägt wird, sind durch die DIN 18217 neu geregelt worden. Hiernach ist eine sichtbar bleibende Betonfläche, für die eine eindeutige und praktisch ausführbare Beschreibung vorliegen muß, eine Betonfläche mit Anforderungen an das Aussehen. Die erforderliche eindeutige Beschreibung ist die Forderung eines Sichtbetons, ein Begriff, der häufig mit unterschiedlichem

Schwerpunkt interpretiert wird, der aber eindeutig festzulegen ist. In den Ausführungen zu [18] wird gesagt:

„Sichtbeton ist ein Beton, dessen Oberfläche durch eine besondere Auswahl der Schalung und durch eine sorgfältige Betonherstellung und -verarbeitung eine geplante Struktur bekommt und nicht mehr besonders bearbeitet werden muß."

Ein Sichtbeton ist somit kein „bearbeiteter Beton", bei dem nachträglich durch eine gezielte mechanische Behandlung oder durch Verwendung von Anstrichstoffen ein bestimmtes Aussehen erzielt wird. Eine derartige Nachbehandlung kann allenfalls bei schadhaften Ansichtsflächen zugelassen werden.

Die zu erzielenden Eigenschaften eines Sichtbetons sind:
– fluchtgerechte, einheitliche, weitgehend geschlossene Oberfläche des Betons,
– weitgehend gleiche Farbtönung innerhalb zusammenhängender Flächen,
– Maßgenauigkeit im Rahmen festgelegter Toleranzen,
– unauffällige und einwandfreie Arbeitsfugen.

Die Schalung bestimmt als Spiegelbild der Oberfläche ihre Form und Struktur, sie muß den auftretenden Schalungsdruck des frischen Betons aufnehmen und sie darf sich nicht augenscheinlich verformen. Je glatter eine Oberfläche sein soll und je mehr das Auge Gelegenheit hat, die Ebenheit einer Fläche zu kontrollieren, desto geringer sind die zulässigen Verformungen. Die geplante Struktur der Oberfläche wird durch die Schalungsart vorgeschrieben. Im folgenden werden die Möglichkeiten der Ausbildung der Schalhaut beschrieben. Hierbei werden einzelne Ausführungen nach [18] übernommen.

Ebene Brettschalung

Wegen seiner Matrialeigenschaften ist Holz ein besonders gut geeignetes Schalungsmaterial. Es ist in der Lage, Wasser aufzunehmen, eine Eigenschaft, die sich günstig bei der Wasserabgabe des Betons auswirkt. Verwendet werden im Normalfall 2,4 cm (1 Zoll) starke, dreiseitig gehobelte, gleichbreite Bretter, wobei meistens die glatte Seite gegen den Beton gelegt wird. Die Hobelung der Stirnseiten wird erforderlich, damit die Bretter stumpf ohne Fuge aneinandergelegt werden können, die Hobelung einer Breitseite erfolgt, um gleich dicke Schalungsbretter zu erhalten. Hierdurch werden Vorsprünge im Betonnegativ vermieden. Will man eine intensivere Holzmaserstruktur im Beton erzeugen, so kann man auch die rauhe Brettseite gegen den Beton legen. Die Struktur, die mit einer Brettschalung erzielt werden soll, hängt weitgehend von der Abzeichnung der Brettfugen ab. Werden diese zu breit, werden die Betongrate zu stark, das Bindemittel kann heraustreten und der Beton wächst leicht an diesen Stellen aus. Die Holzmaserstruktur indessen hinterläßt den idealen Abdruck im Beton, eine lebhaft gemusterte, nicht monoton wirkende Fläche. Die Schalung muß vor dem Betonieren nur gründlich gewässert werden, damit sich die Fugen zusammenziehen. Schalung, die mit Nut und Feder versehen ist, hat einen sehr geringen Wiederverwendungswert. Außerdem versperrt die Feder die Sicht auf die rückwärtige Fuge. Wenn sich diese infolge Verunreinigung nicht schließen kann, läuft das Bindemittel in sie hinein und verklebt die Schalung, wodurch Nut und Feder im Ausschalungsvorgang abreißen.

Schalungsplatten

Diese Art der Ausbildung der Schalungshaut eignet sich für große Flächen, vorwiegend für hohe Widerlager. Zur Anwendung kommen oberflächenversiegelte, mehrschichtig wasserfest verleimte Furnier- oder Sperrholzplatten in Dicken von 4 bis 10 mm. Sie werden als Vorsatzschalung verwendet, d. h. sie werden zusätzlich auf die Holzschalung aufgebracht. Als Vorteile lassen sich schnelle Verarbeitung, leichte Reinigung, häufige Wiederverwendung und glatte Betonoberfläche aufzählen, der letzte Punkt ist aber nur ein relativer Vorteil. Diesen stehen Nachteile in der Betonstruktur gegenüber. Die geschlossene Oberfläche der Platten läßt keinen Austausch des überschüssigen Wassers im Beton zu. Dieses, meist noch durch die Rüttelenergie an die Schalung gedrückt, bleibt an der Schalhaut haften, bildet große Poren und Wasserschlieren. Auch lassen sich bei dieser Schalart erhebliche Farbunterschiede im Beton beobachten.

Dünnwandige Sperrholzplatten oder Holzfaserhaftplatten mit Oberflächenversiegelung durch Ölhärtung oder Kunstharzbeschichtung werden als Schalhaut verwendet, wenn gekrümmte Flächen herzustellen sind. Sie sind sehr feuchtigkeitsempfindlich und müssen gut befestigt, gelegentlich auch gut durchfeuchtet werden.

Selbsttragende Schalungsplatten als Tischler- oder Spanplatten mit Oberflächenvergütung in Brettdicke finden in den jüngsten Schalungssystemen der Vorbaurüstungen Anwendung. Sie haben bei sachgemäßem Kantenschutz einen nahezu unbeschränkten Wiederverwendungswert.

Metallschalungen

Diese Schalungsart findet in beschränktem Umfang im Brückenbau Anwendung, vorzugsweise im Stützen- und Pfeilerbau in Gleitschalungssystemen. Zum Einsatz kommen 3 bis 6 mm starke Stahlbleche in fabrikmäßig hergestellten Paßformen. Der größte Vorteil liegt in der unbegrenzten Wiederverwendung des Materials, die Nachteile liegen im gleichen Bereich, wie bei den versiegelten Plattenschalungen. Zu den Metallschalungen zählen auch profilierte Bleche, die einen bestimmten Negativabdruck erzeugen sollen.

Sonderschalungen

Hierzu zählen die glasfaserverstärkten Kunststoffschalungen und die profilierten und gegliederten Schalungen. Sie finden im Brückenbau leider nur selten Anwendung, meistens sind wirtschaftliche Gesichtspunkte dafür verantwortlich, denen sich oft gestalterische Notwendigkeiten unterordnen müssen. Glasfaserverstärkte Kunststoffschalungen, als Negativform hergestellt, finden gelegentlich bei der Herstellung der Stützen Anwendung, sie sind sogar wirtschaftlich, wenn man mit einer Form alle Stützen herstellen kann, also nicht unter Zeitdruck steht. Profilierte und gegliederte Schalungen sollen eine große Betonfläche beleben. Sie wären vorstellbar bei der Herstellung der großen Wiederlagerflächen, bei denen so manche einfallslose graue Betonwand entstanden ist. Leider gibt es hier nur ganz wenige Beispiele, bei denen die Form der Schalhaut zur Gestaltung mit herangezogen wurde. Die Beseitigung der Monotonie großer Betonflächen kann man erreichen durch:

– zusätzliches Aufbringen von Leisten (Fugenversteck),
– schachbrettartiges Anordnen von Schaltafeln,
– Betonung der Brettfugen,
– Anbringen von Brettern unterschiedlicher Stärke, ggf. durch Aufdoppeln von Schalbrettern.

Die Kontrastschalung kann nach strengen geometrischen Gesichtspunkten angeordnet werden oder aber auch unregelmäßig gestaltet sein.

4.2.2 Bauelemente aus Holz

Abweichend von DIN 1052 Teil 1 und Teil 2 müssen Holzbauteile mindestens der Güteklasse II nach DIN 4074 Teil 1 entsprechen. Als Längsträger (Biegeträger) finden Anwendung:

1. Balken mit Rechteckprofilen; ideales Seitenverhältnis $1:\sqrt{3}$, z. B. 10/18; 12/20; 14/24; 16/28 und 18/30.

4.2 Baustoffe und Bauelemente

2. Industriell hergestellte und zulassungspflichtige Schalungsträger [19]. Gegenüber den Kanthölzern ergeben sich folgende Vorteile:
   – geringes Gewicht, bezogen auf die erzielbare Tragfähigkeit,
   – große Biegesteifigkeit,
   – lange Lebensdauer.

Die zulässigen Schnittgrößen werden auf der Grundlage von Traglastversuchen festgelegt. Eine Beurteilung nach den technischen Baubestimmungen allein genügt wegen der besonderen Verbindungen nicht. Zur Ausführung gelangen:
– Fachwerk- oder Gitterträger, bei denen die Füllstäbe in den Gurten kleinflächig verleimt sind,
– Vollwandträger, bei denen die Stege durch Keilzinkung in die Vollholzgurte eingreifen.

Stellvertretend für alle auf dem Markt befindlichen Formen und Arten wird der Schalungsträger der DOKA-Schalungstechnik GmbH vorgestellt:

DOKA-Schalungsträger sind geleimte, vollwandige I-Träger, die aus Vollholzgurten und besonders ausgebildeten Stegen zusammengesetzt sind. Bild 4.1 zeigt die ältere Form mit dem Dreischichtsteg. Dieser ist für Längen von 1,25 m bis 4,0 m (H 20 N) bzw. 6,0 m (H 30/36) zugelassen. Hierbei müssen die nachstehend aufgeführten Widerstände eingehalten sein:

	H 20 N	H 30	H 36
zul M:	5,0 kNm	13,5 kNm	17,0 kNm
zul Q:	11,0 kN	15,0 kN	17,0 kN

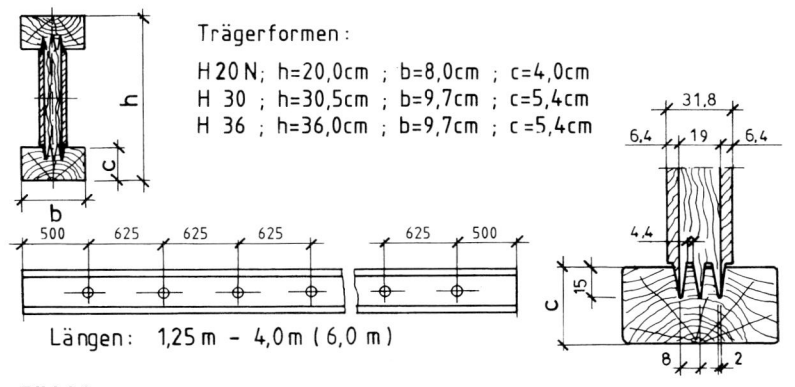

Trägerformen:
H 20 N; h=20,0 cm ; b=8,0 cm ; c=4,0 cm
H 30 ; h=30,5 cm ; b=9,7 cm ; c=5,4 cm
H 36 ; h=36,0 cm ; b=9,7 cm ; c=5,4 cm

Längen: 1,25 m – 4,0 m (6,0 m)

Bild 4.1
DOKA-Schalungsträger, alte Trägerform

Die Form H 20 N gibt es auch mit einer Endverstärkung. Bild 4.2 zeigt die neuere Trägerform, den kostengünstigeren, etwas schwereren, Träger mit einem Flachpreßplattensteg. Dieser liegt im steigenden Benutzungstrend. Er ist für Längen von 1,0 m bis 4,0 m zugelassen, wobei wieder die nachstehend aufgeführten Widerstände einzuhalten sind:

	H 16 P	H 20 P
zul M:	2,7 kNm	5,0 kNm
zul Q:	8,5 kN	11,0 kNm

Trägerformen:

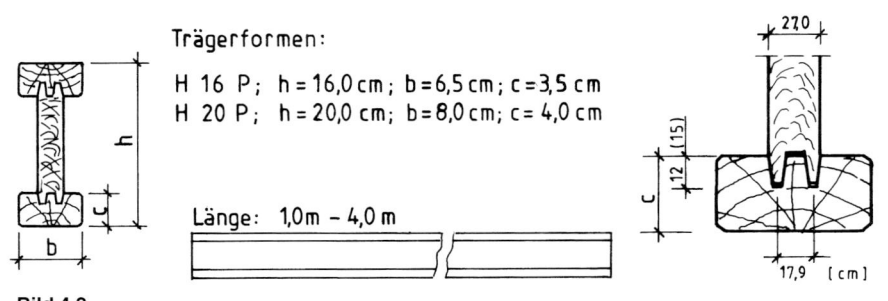

H 16 P; h = 16,0 cm; b = 6,5 cm; c = 3,5 cm
H 20 P; h = 20,0 cm; b = 8,0 cm; c = 4,0 cm

Länge: 1,0 m – 4,0 m

Bild 4.2
DOKA-Schalungsträger, neue Trägerform

An Stelle des H 20 P wird neuerdings ein H 20 P 2 hergestellt, der ein geringeres Gewicht (minus 0,7 kg/m) besitzt, ansonsten aber die gleichen statischen Eigenschaften wie der H 20 P aufweist.

4.2.3 Bauelemente aus Stahl

4.2.3.1 Gerüstrohre und ihre Verbindungsmittel

Bei Traggerüsten aus dem Baustoff Stahl werden die Konstruktionselemente für die Verbände durch die Gerüstrohre gebildet. Das sind nahtlos gezogene Stahlrohre der Güte St 37 und St 52 nach DIN 2441, innen und außen feuerverzinkt, mit einem Außendurchmesser von 48,3 mm und einer Wandungsdicke von 4,05 mm. Sie haben folgende Querschnittswerte:

Außendurchmesser	48,30 mm	Widerstandsmoment	5,75 cm^3
Wanddicke	4,05 mm	Trägheitsmoment	13,90 cm^4
Querschnitt	5,63 cm^2	Trägheitsradius	1,57 cm

Die Mindestdicke dieser Rohre liegt bei 3,25 mm, festgelegt in:

– DIN EN 74 (12/88), eine europäische Norm, die Anforderungen für Werkstoffe und Konstruktion, sowie Prüfverfahren und -methoden für Prototypen von Kupplungen zur Verbindung der Stahlrohre festlegt.

– Prüf- und Zulassungsbescheiden der Kupplungen.

Kupplungen sind die Verbindungsmittel der Gerüstrohre; hierbei handelt es sich um ein Bauteil, bei dem die Aufnahme der Kräfte durch Reibschluß erfolgt. Sie werden nach der Art der Verwendung unterschieden:

– *Normalkupplung* (RA) zur Verbindung von zwei sich rechtwinklig kreuzenden Rohren. Zul R = 6,0 kN (A); 9,0 kN (B).

– *Drehkupplung* (SW) zur Verbindung von zwei sich unter einem beliebigen Winkel kreuzenden Rohren. Zul R = 6,0 kN. Sonderfall: Halbkupplung.

– *Stoßkupplung* (SF oder SS) zur Verbindung von zwei koaxial gestoßenen Rohrenden, ausgebildet als Zug- oder Druckstoß. Zul R = 3,0 kN (A); 6,0 kN (B).

– *Parallelkupplung* (PA) zur Verbindung von zwei parallelen Rohren. Zul R = 3,0 kN.

4.2 Baustoffe und Bauelemente

Normalkupplung 48/48 **Drehkupplung 48/48** **Halbkupplung 48** **Stoßkupplung**

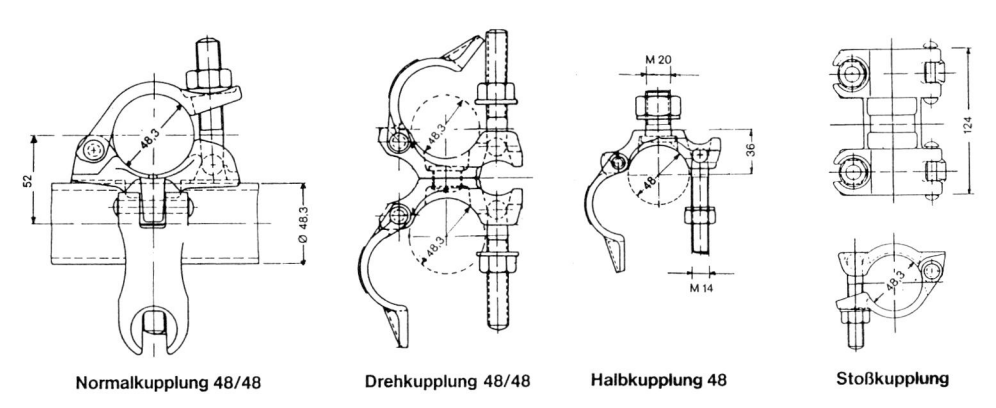

Bild 4.3
Gerüstkupplungen

Die zulässigen Kräfte sind in DIN 4421 festgelegt. Die Unterteilung in die Klassen A und B erfolgt unter dem Gesichtspunkt, daß für die Klasse B eine höhere Anforderung an die Tragkraft und Zugfestigkeit sowie eine Mindestanforderung an die Drehwinkelsteifigkeit und Biegesteifigkeit gestellt wird.

4.2.3.2 Walzprofilträger

Die vielseitigen und statisch günstigen Verwendungsmöglichkeiten der Walzprofile, insbesondere der Breitflanschprofile, ließen den Walzprofilträger im Traggerüstbau zu einem beliebten Konstruktionselement werden. Dieses gilt in verstärktem Maße bei Bauwerken mit kleinen Stützweiten, bei denen der Einsatz von speziellem Rüstgerät aufwendig und damit unwirtschaftlich wäre. Der Vorzug der Walzprofile, bei geringer Querschnittshöhe eine hohe Lastaufnahme zu gewährleisten, bringt im Traggerüstbau aber nicht immer Vorteile, da die Verformungen beachtet werden müssen. Man muß daher bei größeren Längen die Verwendung solcher Konstruktionsglieder mit Rücksicht auf die tatsächlichen Verformungen beschränken, um den

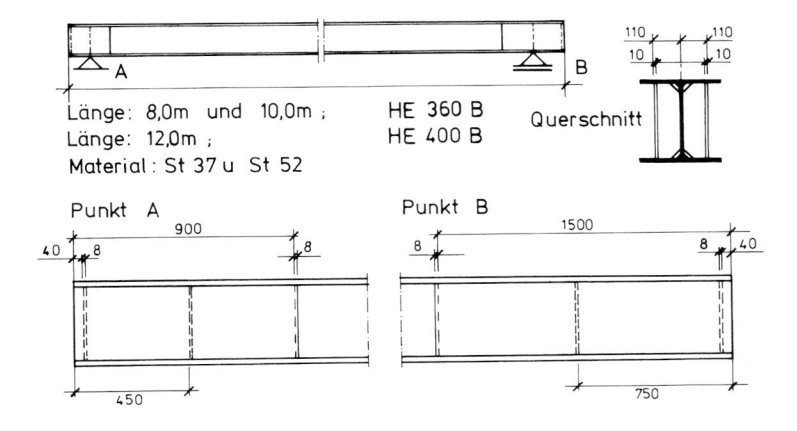

Bild 4.4
Röro Profilträger

Rückfederungseffekt der hochelastischen Träger beim Ausrüstvorgang gering zu halten. Dieser Effekt vergrößert sich noch durch die einzutragenden Überhöhungen. Aus diesem Grund sind Träger mit festen Längen auf dem Markt, bei denen die Auflagerbereiche durch seitliche Längsschottaussteifungen so ausgebildet sind, daß die Träger durch variable Längen in bestimmten Grenzen genutzt werden können. Bild 4.4 zeigt einen solchen Träger des Rüstsystems Röro Profilträger, bei dem die Variationsmöglichkeit bis zu 2 m reicht. Weitere Systeme dieser Trägerart entnehme man dem Produktinformationsheft der Röro Gerüstbau GmbH [23].

4.2.3.3 Rüstträgersysteme

Bei diesen Rüstsystemen werden Längsträger aus dem Konstruktionselement des Fachwerkes gebildet, die aus einzelnen Grundelementen in abgestuften Längen zu Trägerlängen mit festgelegten Grenzbereichen zusammengestellt werden können. Der Sinn und der Zweck dieser Typisierung liegt darin, mit Hilfe einfacher Arbeitsgänge jede gewünschte Länge herstellen zu können. Der Träger wird aus Mittelstücken mit festen Längen und je zwei Endstücken, ggf. mit variablen Längenbereichen, zusammengestellt. Im Untergurt sind die einzelnen Elemente durch Spannschlösser miteinander verbunden, hiermit können die erforderlichen Überhöhungen eingestellt werden. Zu einem Rüstträger gehört die passende Stütze, deren Tragkraft auf die möglichen Auflagerkräfte des Rüstträgers abgestimmt ist. Die Rüststütze besteht auch aus Mittelstücken mit festen Längen und höhenverstellbaren Kopf- und Fußelementen. Grundsätzlich muß man zwischen kleinem Rüstgerät für die Anforderungen des sog. Normalbrückenbaues und dem schweren Rüstgerät für den Großbrückenbau unterscheiden, mit dem auch der Einstieg in die freitragende Vorschubrüstung möglich wurde. Die außerordentlich großen Zwänge zur Wirtschaftlichkeit in der Bauindustrie haben immer wieder Rationalisierungsvorgänge zur Folge gehabt mit dem Ziel, bestimmte Produkte vom Markt zu nehmen. Dieser Trend zeichnet sich auch für das kleine Rüstgerät ab und es wird, wo auch immer es geht, dem schweren Rüstgerät der Vorzug gegeben. Für die Entwicklung der Bauweise und für das Verständnis von Konstruktion und Berechnung ist dieses kleine Gerät aber von großer Bedeutung gewesen, so daß es hier auch weiter behandelt werden soll. Es gibt darüber hinaus auch immer Fälle, die genau auf Kleingerät zugeschnitten sind und dann auch zweckmäßigerweise damit versorgt werden.

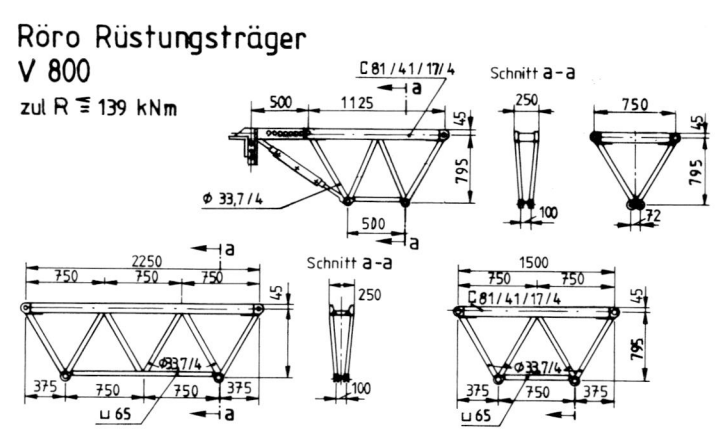

Röro Rüstungsträger
V 800
zul R ≦ 139 kNm

Einsatzlängen l = 3,0 m – 9,0 m; Windangriffsfläche = 0,23 m²/m

Bild 4.5
Röro Rüstungsträger V 800

4.2 Baustoffe und Bauelemente

Röro Dreigurtstütze H 20; zul R ≦ 205 kN

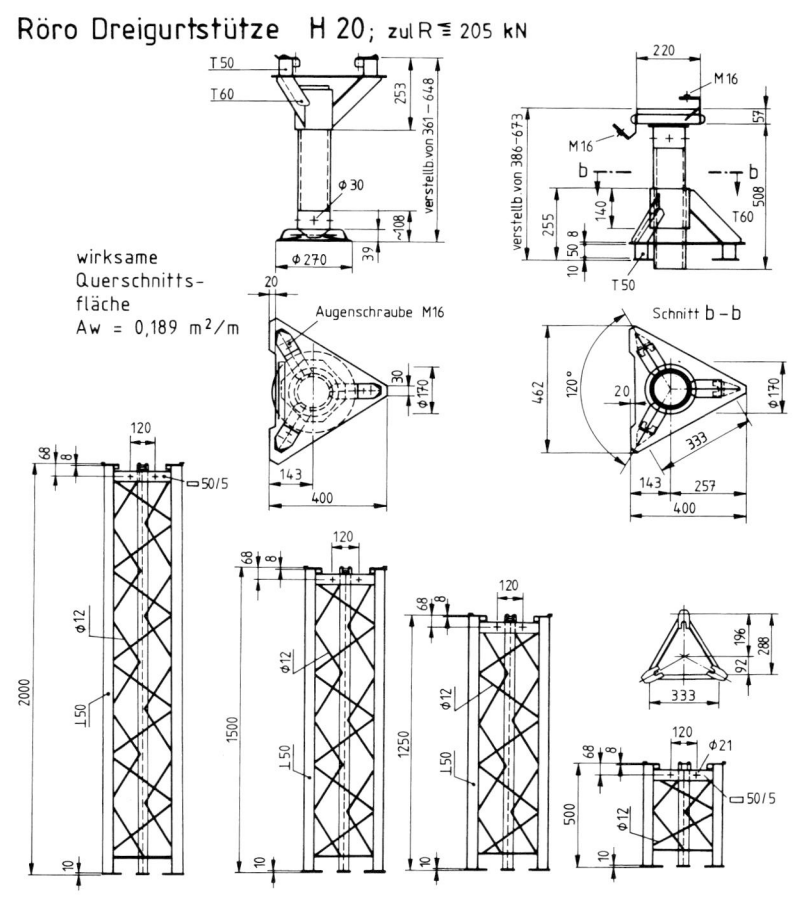

wirksame
Querschnitts-
fläche
$A_w = 0{,}189 \text{ m}^2/\text{m}$

Bild 4.6
Kleine Rüststütze, Rüstsystem Röro

Aus der Vielfalt der in der Praxis vorkommenden Rüstsysteme werden einige Beispiele vorgestellt:

a) Die Bilder 4.5 und 4.6 zeigen Normalrüstgerät des Systems Röro, den Rüstungsträger V 800 (ehemals Peine AG) und die Dreigurtstütze H 20 (ehemals Hünnebeck).

b) Die Bilder 4.7 und 4.8 zeigen schweres Rüstgerät des Systems Röro, den Rüstbinder H 33 und die Rüststütze H 45 (beide ehemals Hünnebeck). Die zulässigen Widerstände für die Belastung des Rüstbinders H 33 entnehme man der Tabelle 4.1 in Abhängigkeit von möglichen festen Baulängen.

Die Tragfähigkeit der Rüststützen H 20 und H 45 in Abhängigkeit von der Stützenlänge ist den Diagrammen in Bild 4.9 zu entnehmen, die die Traglasten der beiden Stützenformen enthalten. Für die Rüststütze H 20 ergibt sich der obere Bemessungswert der Stützenkraft, der bis zur Stützenhöhe von 3,70 m gilt, zu:

$$\text{zul } R = 351{,}6/1{,}71 = 205{,}6 \text{ kN} = \max N$$

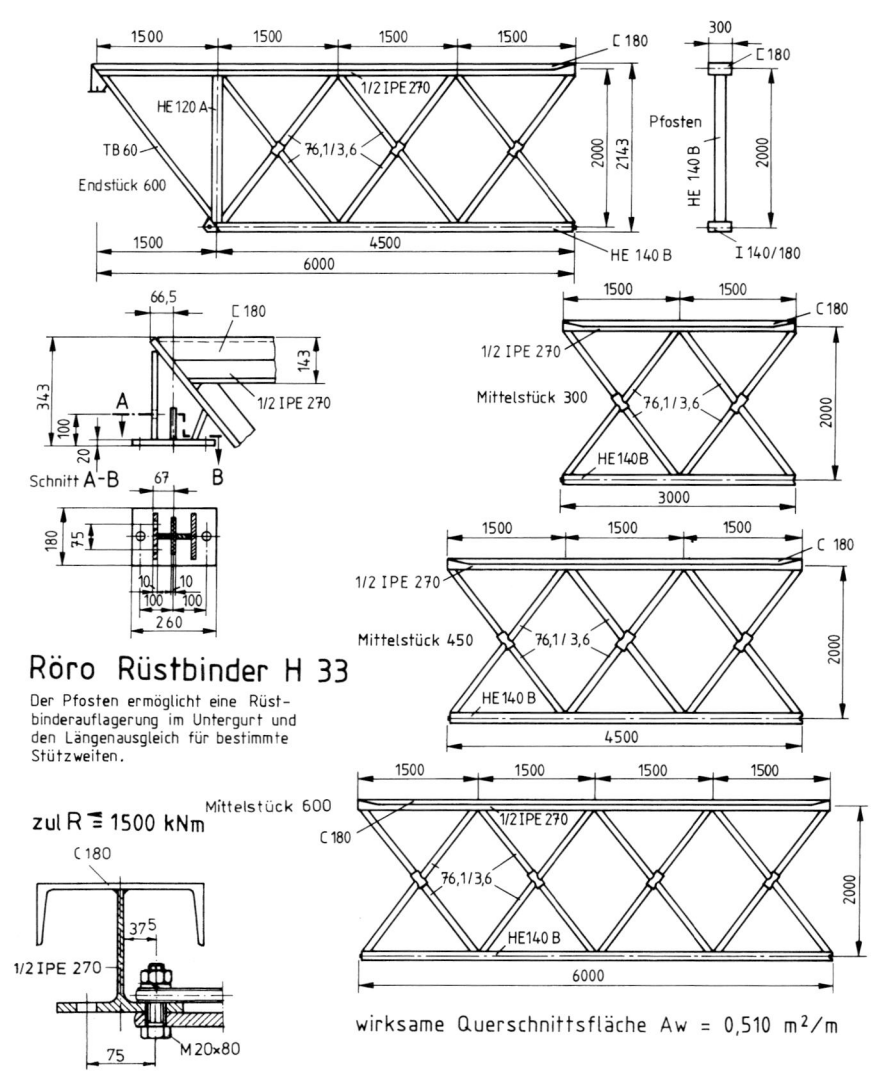

Bild 4.7
Schwerer Rüstträger, Rüstsystem Röro

Danach fällt der Bemessungswert entsprechend dem Kurvenverlauf ab. Für die Rüststütze H 45 gilt entsprechendes, der maximale Bemessungswert ergibt sich bis zur Stützenhöhe von 4,70 m zu:

$$\text{zul } R = 627 / 1{,}71 = 367 \text{ kN} = \max N$$

Für die Ausbildung der Horizontalverbände bei den Rüstträgern und den Vertikalverbänden bei den Rüststützen werden Bauelemente benötigt, die es ermöglichen, eine Fachwerkscheibe herzustellen. Bei dem kleinen Rüstgerät geschieht dies durch Gerüstrohre, bei dem schweren Rüstgerät sind im Rüstsystem Röro spezielle Aussteifungselemente vorgesehen, die jeweils

4.2 Baustoffe und Bauelemente

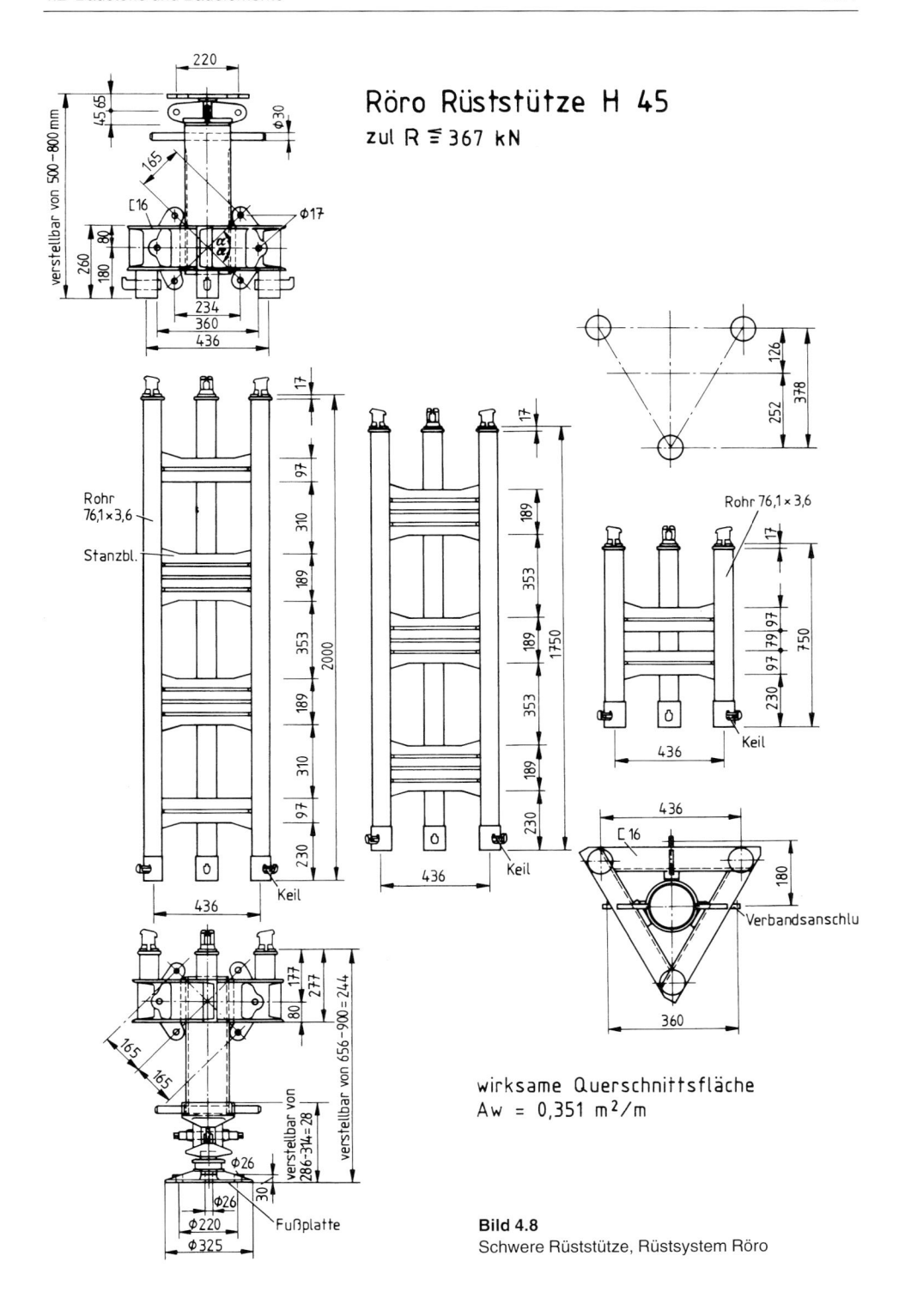

Röro Rüststütze H 45
zul $R \leqq 367$ kN

wirksame Querschnittsfläche
$A_w = 0{,}351$ m²/m

Bild 4.8
Schwere Rüststütze, Rüstsystem Röro

Tabelle 4.1
Zulässige Widerstände für den Röro Rüstbinder H 33

Stützweite	Zulässige Widerstände zul R bei gleichmäßig verteilter Belastung		Überhöhung im Scheitel für $q = 10$ kN/m	Gewicht
	zul R	vorh N		
m	kN/m	kN	cm	kg
12,00	53,6	482,4	0,4	1192,9
15,00	41,9	589,2	0,7	1519,0
16,50	37,0	629,6	1,0	1668,6
18,00	32,6	660,2	1,3	1845,1
19,50	29,2	694,0	1,5	1994,7
21,00	26,2	722,1	1,9	2144,3
22,50	23,6	746,7	2,5	2295,4
24,00	20,8	748,8	3,1	2446,5
25,50	18,4	747,9	3,9	2580,0
27,00	16,4	747,2	4,7	2771,1
28,50	14,7	746,3	5,8	2922,2
30,00	13,3	748,1	6,9	3073,3

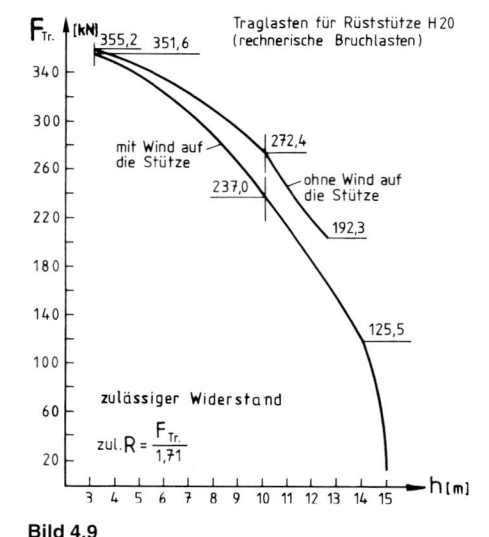

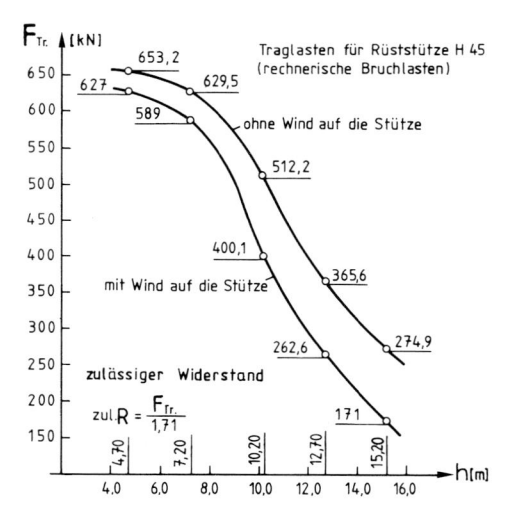

Bild 4.9
Tragfähigkeit von Rüststützen, Rüstsystem Röro

einem speziellen Rüstträger oder einer Stützenform zugeordnet sind. Bild 4.10 zeigt diese Elemente für den Rüstbinder H 33 und die Rüststütze H 45. Der zulässige Widerstand (Zug- und Druckkraft) liegt bei etwa 38,0 kN. Für den Anschluß des Teleskopstabes 310 sind am unteren Flansch des Obergurtes des H 33 Löcher für einen Schraubenanschluß der Größe M 20 (ggf. Halbkupplung 48/M 20) vorgesehen. Das erste bzw. letzte Loch ist jeweils 25 cm vom Anfang oder Ende des Obergurtes angeordnet.

Soweit die Erläuterungen zu den dargestellten Beispielen der Rüstsysteme.

4.2 Baustoffe und Bauelemente 213

Teleskopstab 310
Zur Aussteifung des Rüstbinderobergurtes H 33
l max = 3,10 m; l min = 2,00 m; min A = 5,61 cm²

zul R = 38 kN

Zug- und Druckstäbe 335, 160, 84
Zur Aussteifung der Rüststützen H 45

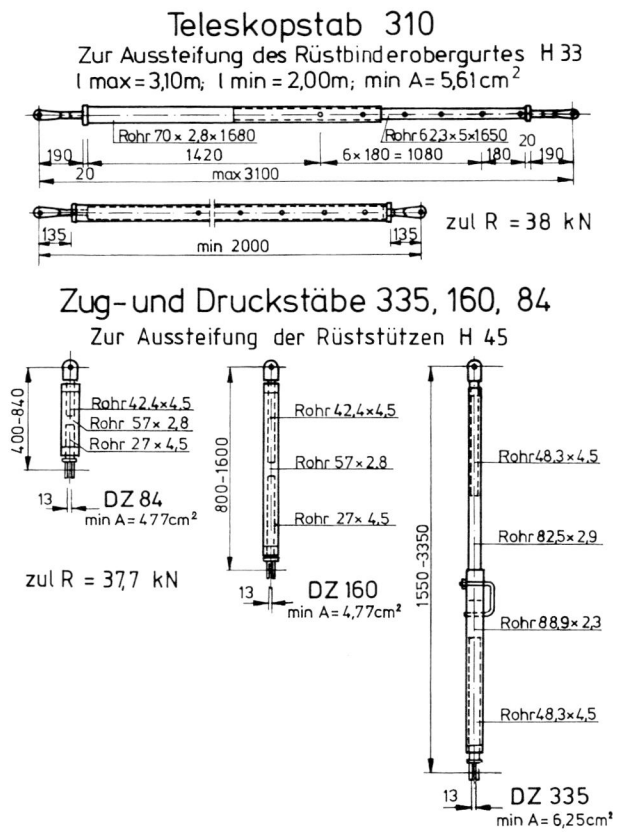

zul R = 37,7 kN

Bild 4.10
Aussteifungselemente des Rüstbinders H 33 und der Rüststütze H 45

Darüber hinaus gibt es weitere Rüstsysteme ehemals bekannter Hersteller, die heute weitgehendst unter dem Dach der Röro Gerüstbau GmbH zusammengefaßt sind. Über Einzelheiten informiere man sich wieder im Produktinformationsheft dieser Firma [23]. Hier findet man weiteres schweres Rüstgerät für Stützweiten von 16,0 bis 30,0 m, sowie Vorfahrrüstungsträger für Stützweiten von 20,0 bis 35,0 m bzw. 48,0 m.

4.2.3.4 Rahmenstützensysteme

Mit dem Konstruktionselement der Rahmenstütze wird eine prinzipiell andere Lehrgerüstform praktiziert. Eine Rahmenstütze ist eine Lastturmstütze, die aus einzelnen, rahmenförmig verbundenen, Bauelementen zusammengesetzt wird. Diese Elemente werden vertikal und horizontal eingebaut und geben so der Stütze eine räumliche Steifigkeit, deren Wirkung insgesamt mit einer unten eingespannten Stütze vergleichbar ist. Aus diesem Grunde brauchen Lasttürme auch untereinander nicht ausgesteift zu werden. Die Einrüstung erfolgt unter der gesamten Brückenfläche, sie setzt eine in etwa horizontale Geländeoberfläche voraus. Man nennt diese Rüstart daher auch die Flächeneinrüstung, sie eignet sich am besten für eine Vollplatte, da die Stützeneinteilung dann gleichmäßig über die Fläche verteilt erfolgen kann. Bei diesem Rüstsystem entfallen besondere Längsträger. Die Abstände zwischen den Lasttürmen werden durch kurze Querträger überbrückt.

Bild 4.11 zeigt die Hünnebeck Rahmenstütze ID 15 im Rüstsystem Röro. Die nutzbaren Widerstände, d. h. die aufnehmbaren Vertikal- und Horizontalkräfte/Stiel entnehme man den Tragfähigkeitsdiagrammen (Bild 4.62) des jeweils gültigen Zulassungsbescheides. Für eine freistehende Stütze mit einer Höhe von 6,75 m ergibt sich z. B. die aufnehmbare Vertikallast/Stiel zu 40,84 kN, wenn keine Horizontalkraft wirkt. Die größte aufnehmbare Horizontalkraft liegt bei 0,7 kN/Stiel bei einer aufnehmbaren Vertikallast von ca. 18,0 kN. Im Traggerüstbau werden freistehende Stützen verwendet, diese sind bei der Rahmenstütze ID 15 bis zu Höhen von 9,0 m statisch nachgewiesen und typengeprüft. Die nutzbaren Widerstände, d. h. die zu-

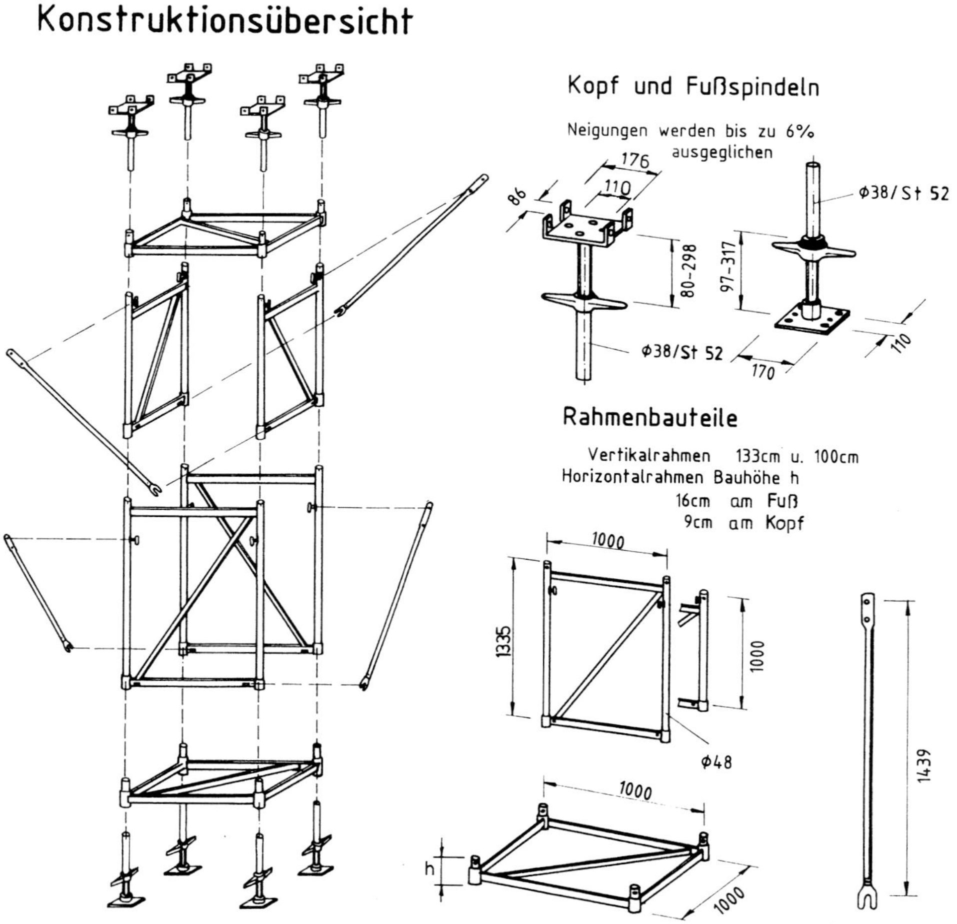

Konstruktionsübersicht

Bild 4.11
Hünnebeck Rahmenstütze ID 15, Rüstsystem Röro

lässigen Auflasten, wurden nach Theorie II. Ordnung am verformten System mit der Sicherheitszahl $v = 1{,}71$ gegen die Fließgrenze des Stahles ermittelt. Die Windlast wurde bei dieser Typenberechnung durch die Ansätze der DIN 1055, T. 4, berücksichtigt, angesetzt sind:

$$w = 2{,}8\ q \text{ bei einer Windangriffsfläche von } A_w = 0{,}19\ \text{m}^2/\text{m}$$

Die Schub- und Biegesteifigkeit wurde experimentell und rechnerisch mit den Werten:

$$S_{id} = 1000 \div 1300\ \text{kN/Stütze} \quad \text{und} \quad EI = 65\,000\ \text{kNm}^2$$

nachgewiesen. Weitere Formen von Rahmenstützen dieses Programmes entnehme man [23].

In Bild 4.12 ist die Rahmenstütze der Fa. DOKA-Schalungstechnik GmbH dargestellt, sie trägt den Namen „Traggerüst Staxo" und wurde für eine Höhe von 6,00 m statisch nachgewiesen. Diese Stütze setzt sich auch aus einzelnen Konstruktionselementen zusammen:

– Kopf- und Fußspindel (bzw. Lastspindel),
– Rahmenbauteile mit $h = 0{,}90$ m, 1,20 m, 1,80 m,
– Diagonalkreuze zur horizontalen und vertikalen Aussteifung.

Die Rahmenbauteile werden an je zwei gegenüberliegenden Seiten, die vertikalen Aussteifungen an den anderen Flächen angeordnet, so daß jeweils Rahmenebenen und Strebenebenen entstehen. Die Abstände der Rahmenebenen liegen zwischen 1,50 und 2,50 m.

Die nutzbaren Widerstände wurden nach der Elastizitätstheorie II. Ordnung unter Ansatz der Teilsicherheitsbeiwerte von $\gamma_F = 1{,}5$ auf der Lastseite und $\gamma_M = 1{,}1$ auf der Widerstandsseite ermittelt. Sie sind den jeweils gültigen Tragfähigkeitsdiagrammen zu entnehmen. Die maximale Stiellast liegt bei ca. 63,5 kN, wenn keine Horizontalkraft wirkt. Die größte aufnehmbare Horizontalkraft liegt bei ca. 1,5 kN/Stiel, die Vertikallast sinkt dann auf ca. 34,0 kN/Stiel ab.

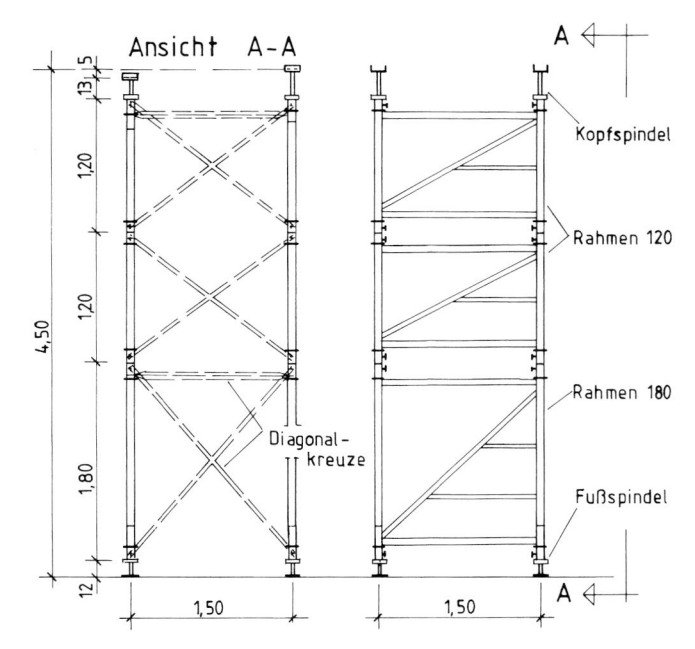

Bild 4.12
DOKA-Traggerüst Staxo, Beispiel für die Stützenhöhe 4,50 m

Die Windlast wurde nach DIN 1055, T. 1, berücksichtigt, angesetzt sind:

$w = 1{,}85\ q$, mit einer Windangriffsfläche A_w von 0,40/0,38 m²/m

auf der Rahmenseite und 0,27/0,23 m²/m auf der Strebenseite, jeweils bei Verwendung von Rahmen 1,20 m und 1,80 m.

Die Rahmenstützen entsprechen als Einzeltragglied den Anforderungen der Traggerüstgruppe III nach DIN 4421 (siehe Abschn. 4.3.1). Bei Verwendung der Stützen als Bestandteil einer gemischten Traggerüstkonstruktion richtet sich die Einstufung nach der Gerüstgruppe der Gesamtkonstruktion.

4.3 Bauliche Durchbildung der Traggerüste

4.3.1 Einteilung der Gerüste

Traggerüstgruppen

Es werden drei Traggerüstgruppen unterschieden, an die unterschiedliche Sicherheitsanforderungen zu stellen sind.

a) Traggerüste der Gruppe I
   Hierzu zählen Traggerüste mit Einbauhöhen bis zu 5,0 m und Stützweiten bis zu 6,0 m, bei denen die
   – gleichmäßig verteilten Lasten 8,0 kN/m² und
   – Streckenlasten von Balken 15,0 kN/m
   nicht überschreiten.

   Zeichnungen und der Nachweis der Standsicherheit sind nur erforderlich, wenn die fachliche Erfahrung und Beurteilung nicht ausreicht.

b) Traggerüste der Gruppe II
   Hierzu zählen alle üblichen Lehrgerüste für Brücken. Es ist der Nachweis der Tragfähigkeit der Bauglieder sowie der Nachweis der Standsicherheit zu führen, die vereinfachende Berechnung der DIN 4421 Abs. 6.4.2 ist gestattet. Eine Baugenehmigung ist einzuholen.

c) Traggerüste der Gruppe III
   Dies sind Traggerüste mit hohen Anforderungen an die rechnerische Erfassung des tatsächlichen Tragverhaltens. Hierzu gehören die Gerüste des Großbrückenbaues in Stahl nach DIN 18 800, Teil 1 oder in Ingenieurholzbauausführung nach DIN 1052, Teil 1, sowie die Verschub- und Freivorbaurüstung.

Unbeschadet der Einleitung können in einem Gerüst auch Abschnitte verschiedener Gruppen enthalten sein, wenn diese eindeutig voneinander getrennt sind und die auf diese Teile wirkende Belastung unabhängig von den übrigen Abschnitten wirkt.

Traggerüstgrundformen

In den Bildern 4.13 und 4.14 sind die üblichen Traggerüstformen gegenübergestellt. Die Lasten aus dem Überbaugewicht werden über das Biegetragverhalten der Längsträger an die Stützungspunkte abgeleitet. Die Stabilität in Längs- und Querrichtung wird durch entsprechende Verbände hergestellt.

Beim Lastturmgerüst dagegen kann wegen der Rahmenstützen auf die Anordnung zusätzlicher Verbände verzichtet werden. Der Standsicherheitsnachweis dieses Traggerüstes beschränkt sich

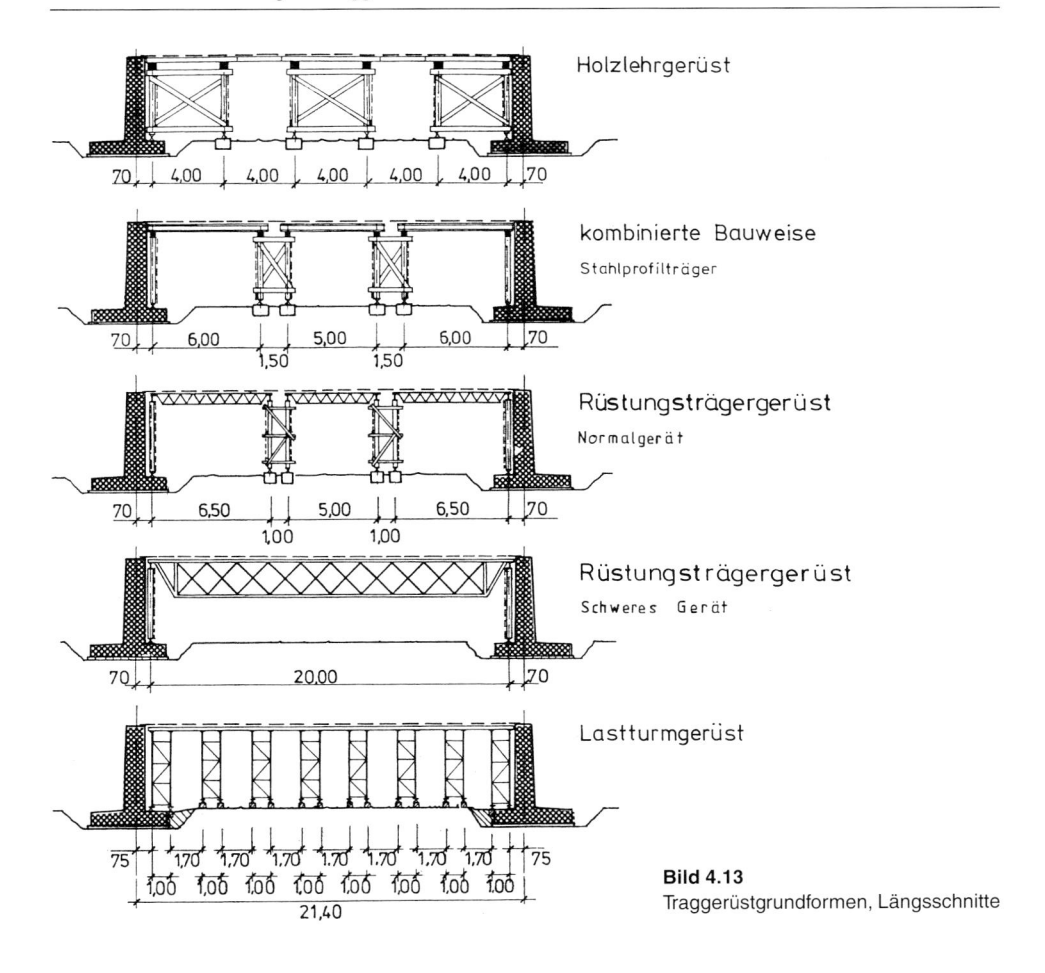

4.3 Bauliche Durchbildung der Traggerüste

Bild 4.13
Traggerüstgrundformen, Längsschnitte

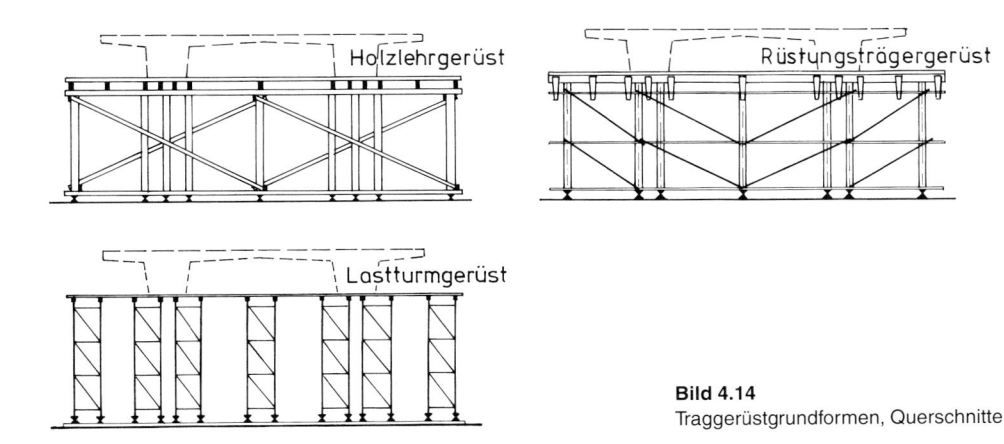

Bild 4.14
Traggerüstgrundformen, Querschnitte

daher auf den Nachweis der lastverteilenden Querträgerlasten mit der Ermittlung der Stützkräfte als Belastung für die Stiele der Rüsttürme. Die Bemessung der Rahmenstützen selbst erfolgt durch Vergleich der vorhandenen Stiellasten mit den zulässigen Werten. Etwas aufwendiger wird dagegen bei einer Gerüstart die Gründung, die infolge der flächenhaft angeordneten Stützung auch über die ganze Fläche in Form von Einzelfundamenten verteilt sein muß.

In der Querrichtung müssen die unterstützenden Bauteile so angeordnet sein, wie die Lasten anfallen, d. h. sie konzentrieren sich unter den Hauptträgern. Die an die Widerlager anliegende Jochreihe muß mit diesem zur Erzielung einer ausreichenden Längssteifigkeit druck- und zugfest verbunden sein. Diese Maßnahme setzt einen ausreichend erhärteten Beton voraus.

4.3.2 Konstruktive Anordnung der Verbände

4.3.2.1 Allgemeine Anforderungen

Traggerüste müssen konstruktiv so gestaltet sein, daß alle einwirkenden Kräfte sicher in den Baugrund oder eine tragfähige Unterkonstruktion geleitet werden. Diese Forderung bedingt, daß die einzelnen Tragelemente durch geeignete Konstruktionselemente dreieckförmig miteinander verbunden werden, um so fachwerkähnliche Tragscheiben zu erzielen, die ihrerseits alle anfallenden Horizontalkräfte aufnehmen können, sie bis in die Fundamente ableiten und somit die Kippsicherheit des Traggerüstes herstellen.

Bei Traggerüsten der Gruppe I dürfen diese Verbände entfallen, wenn aus anderen Gründen sichergestellt ist, daß sie am Kopf und Fuß unverschieblich gelagert sind, ferner in Stützfeldern ausgesteifte Nachbarfelder oder andere standfeste Bauteile die Unverschieblichkeit des Joches herstellen. Bei Traggerüsten der Gruppen II und III werden immer Verbände erforderlich und zwar

a) bei Rüstträgergerüsten:
   – Wind- oder Horizontalverband
   – Aussteifungsverband zwischen den Rüstträgern
   – Stehende- und Vertikalverbände

b) bei Holzlehrgerüsten:
   – Jochaussteifung oder Stehender Verband
   – Kippaussteifung der Balkenlage
   Auf einen gesonderten Windverband kann infolge der relativ kurzen Stützweite von ca. 4,0 m im allgemeinen verzichtet werden.

c) bei Lastturmgerüsten:
   Die Rahmenstützen sind in der Lage, auch horizontale Kräfte aufzunehmen, gesonderte Verbände werden daher nicht erforderlich, die flächenhafte Einrüstung garantiert, daß die Windlasten jederzeit aufgenommen werden können.

4.3.2.2 Verbände im Rüstträgergerüst

Windverband oder Horizontalverband

Dieser Verband bewirkt die horizontale Aussteifung der Trägerlage und eine gleichmäßige Verteilung der Wind- und Seitenkräfte auf die Joche.

4.3 Bauliche Durchbildung der Traggerüste

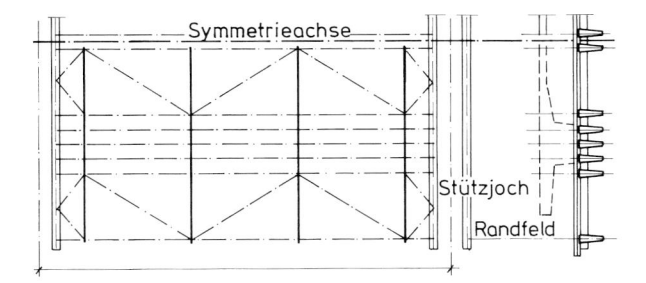

Bild 4.15 Windverband

Bei Systemen mit Rohrkupplungsverbänden erfolgt die Einteilung der Verbandsfelder durch die querverlaufenden Rohre in der Weise, daß sie einem Vielfachen der Grundeinheit der Feldeinheit eines Rüstträgers entsprechen. Dieses erklärt sich aus den Anschlußmöglichkeiten der Rohre, die nicht beliebig am Obergurt angeschlossen werden können. Der Anschluß erfolgt über eine Kupplung an den Diagonalstäben des Binders. Da der Obergurt auszusteifen ist, liegen diese Anschlüsse also in den oberen Knotenpunkten. Bei der Einteilung muß darauf geachtet werden, daß die freie Knicklänge der Rohre nicht größer als 4 m wird. Bei den Rüstträgersystemen mit stahlbaumäßigem Anschluß der Verbände sind an den Obergurten Anschlußmöglichkeiten für einen Windverband vorgesehen. Hier kommen aber keine Rohrkupplungsverbände zur Ausführung, sondern spezielle, hierfür entwickelte, Aussteifungselemente (z. B. Zug- und Druckstäbe nach Bild 4.10). Die Anzahl der Verbände, die nebeneinander anzuordnen sind, ergibt sich aus der tatsächlichen Belastung, wobei nachzuweisen ist, daß keine Diagonalstabkraft die zulässige Beanspruchung überschreitet. Bei Rohrkupplungsverbänden liegt die Grenze bei der Zulässigen Anschlußkraft einer Kupplung, i.d. Regel bei 6,0 kN, bei stahlbaumäßigen Verbänden ist die zulässige Gebrauchslast der Aussteifungselemente maßgebend.

Aussteifungsverband der Rüstträger

Dieser Verband bewirkt die Knicksicherung der Druckgurte der Rüstträger und die Ableitung quer zur Tragebene gerichteter Kräfte.

Aus Gründen der Stabilität der Konstruktion sind
- bei Endauflagerung der Untergurte der Rüstträger immer Endquerverbände (Fall A) anzuordnen,
- bei Endauflagerung der Obergurte der Rüstträger Endquerverbände nach Fall B oder C vorzusehen, oder vergleichbare Maßnahmen zu treffen, falls kein genauerer Nachweis erbracht wird.

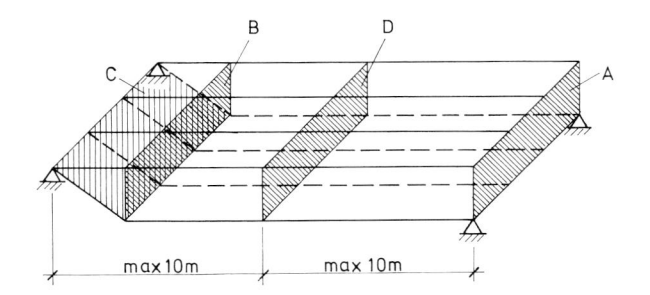

Bild 4.16 Lage des Aussteifungsverbandes nach DIN 4421

Bei Stützweiten der Rüstträger von mehr als 10 m ist mindestens ein zusätzlicher Querverband (Fall D) im mittleren Bereich anzuordnen.

Die konstruktive Ausbildung dieses Verbandes erfolgt in der Weise, daß zwischen den Fachwerkscheiben der Rüstträger queraussteifende Konstruktionsglieder nach der Art eines parallelgurtigen Fachwerkes eingezogen werden. In diesem Verband bilden die angeschlossenen Rüstträger die Vertikalstäbe, die Gurte und die Diagonalstäbe werden zusätzlich angeordnet. Bei dem kleinen Rüstgerät benutzt man Gerüstrohre und stellt die Scheibe als Rohrkupplungsverband her (Bild 4.17). Da diese Träger die Länge von 10 m nicht überschreiten, brauchen nur zwei Verbände, jeweils am ersten Diagonalstab am Auflager, angeordnet zu werden. Bei dem schweren Rüstgerät fehlt ein entsprechendes Stabelement für die Gurte, man verwendet daher gleichschenklige Winkelprofile. Für die Diagonalstäbe kommen Spezialstäbe, die auf das Rüstsystem abgestimmt sind, zur Ausführung, wie es in Bild 4.18 für den Rüstbinder H 33 gezeigt wird. Alle Anschlüsse müssen nach den Anforderungen des Stahlbaues ausgeführt sein. Die Anschlußexzentrizitäten sind so gering wie möglich zu halten und müssen den Anforderungen des Bildes 3 der DIN 4421 entsprechen. Sie brauchen rechnerisch nicht in Ansatz gebracht zu werden, wenn sie die dort dargestellten Werte nicht überschreiten.

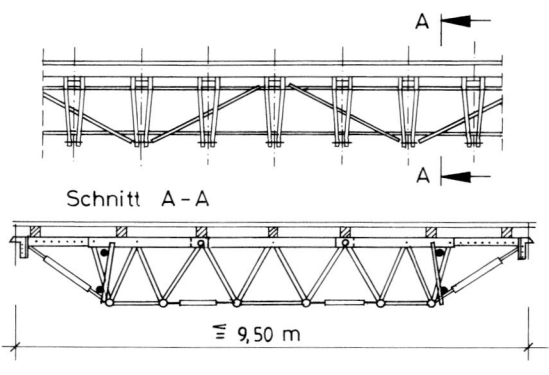

Bild 4.17
Aussteifungsverband beim kleinen Rüstträger

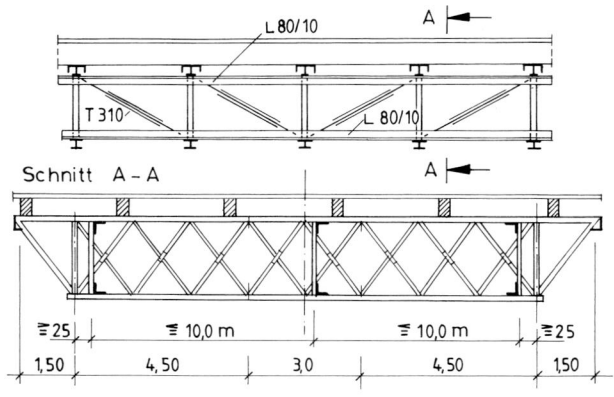

Bild 4.18
Aussteifungsverband beim schweren Rüstbinder

4.3 Bauliche Durchbildung der Traggerüste

Stehender Verband oder Jochaussteifung

Dieser Verband bewirkt die Aussteifung der Jochscheiben und ermöglicht die Ableitung der Horizontalkräfte auf die Fundamente.

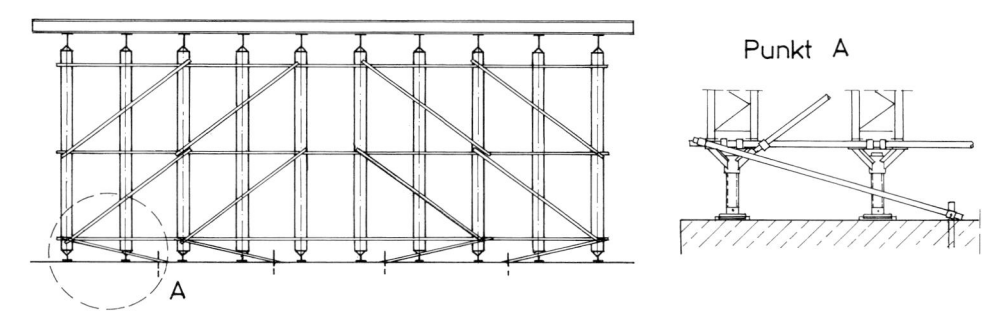

Bild 4.19
Jochverband im kleinen Rüstträgergerüst

Die Anzahl und die Aufteilung der Diagonalen im betreffenden Stockwerk der Jochscheibe erfolgt wieder mit der Maßgabe, daß die Diagonalstabkräfte die zulässigen Beanspruchungen nicht überschreiten dürfen. Diese entsprechen wieder der Anschlußkraft einer Kupplung bei Rohrkupplungsverbänden oder der zulässigen Gebrauchslast der Aussteifungselemente für den stahlbaumäßigen Anschluß. Bei den Rohrkupplungsverbänden dürfen nebeneinanderliegende, um eine Kupplungsbreite versetzte, Diagonalrohre ohne Nachweis der Außermittigkeit angeordnet werden, wenn diese höchstens 16 cm beträgt (DIN 4421, Bild 2). Bei allen anderen Konstruktionsarten muß entweder ein zentrischer Anschluß erfolgen, oder der Einfluß aus der Exzentrizität nachgewiesen werden.

In der Längsrichtung werden die beiden Jochscheiben durch entsprechende Längs- und Diagonalverstrebungen konstruktiv zu einem Bock verbunden, wodurch eine Längsaussteifung des Gerüstes erreicht wird. Freistehende Wandscheiben als Pendelwände sind nicht gestattet, da sie keinen Anteil an der Längsaussteifung des Gerüstes haben. Endjoche an der Widerlagerwand sind mit dieser zug- und druckfest zu verbinden.

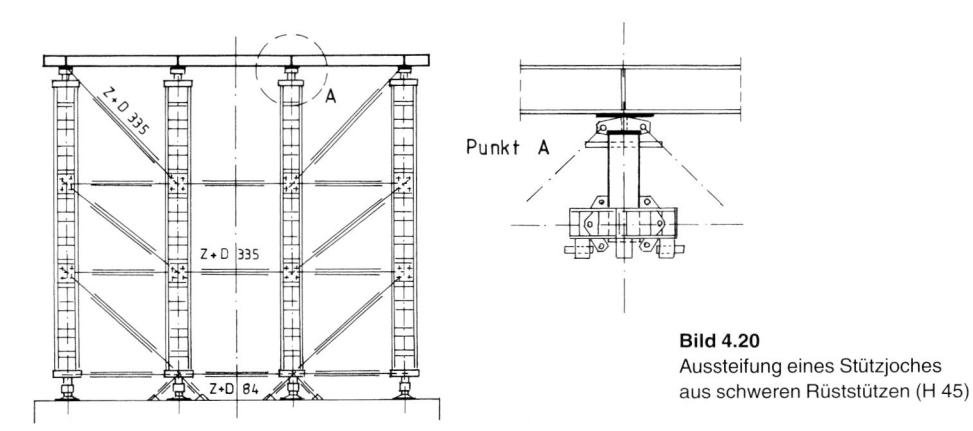

Bild 4.20
Aussteifung eines Stützjoches aus schweren Rüststützen (H 45)

4.3.2.3 Verbände im Holztraggerüst

Die Anordnung der Verbände beim Holzgerüst unterscheidet sich grundsätzlich von der im Rüstträgergerüst, da diese immer paarweise in der Form der Andreaskreuzaussteifung angeordnet werden. Diese bewirkt, durch die gleichzeitige Wirkung einer Druck- und Zugkraft in den Diagonalen, daß der Mittelpunkt des Aussteifungsfeldes senkrecht zur Ebene gehalten ist. Dadurch wird die halbe Systemlänge der Diagonalen zur Knicklänge. Die anzustrebende Diagonalneigung liegt bei 45°. Um ein Kippen der Balkenlage zu verhindern, werden die beiden äußeren Randbalken gegenseitig durch eine Paßbohle oder durch Flacheisen ausgesteift. In der Längsrichtung muß mindestens jedes zweite Feld nach der Form der Andreaskreuzverstrebung ausgesteift werden, um die Längsstabilität zu gewährleisten. Die Anzahl der Längsverbände ist nach konstruktiven Gesichtspunkten zu wählen. Bild 4.21 zeigt den Querverband und die Zuordnung des Längsverbandes.

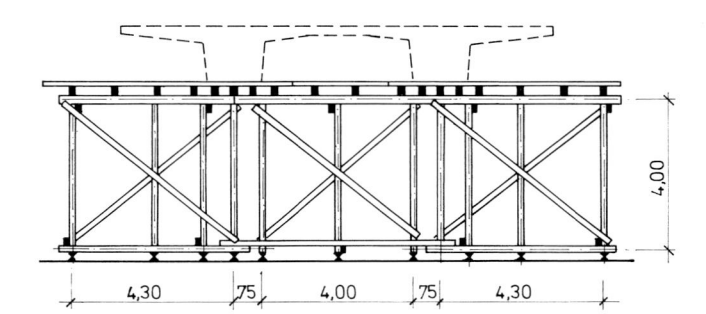

Bild 4.21
Jochverband im Holztraggerüst

4.3.3 Besonderheiten für Traggerüste von Spannbetonbrücken

Problemstellung

Gegenüber Traggerüsten von schlaff bewehrten Brücken treten bei solchen mit vorgespannten Konstruktionen Besonderheiten auf, die mit Rücksicht auf eine einwandfreie Einleitung der Vorspannkräfte berücksichtigt werden müssen. Die in das Bauwerk einzuleitenden Kräfte erfordern, daß dieses die notwendigen Längenänderungen erfahren kann, wodurch dann am Bauwerk negative oder positive Durchbiegungen wirksam werden. Diese Verformungen müssen einwandfrei gewährleistet sein. Weiterhin können bei hochelastischen Traggerüstträgern beim Aufbiegen des Überbaues elastische Rückstellkräfte frei werden, die eine Rückfederung derselben bewirken und dadurch den Überbau von unten hochdrücken, wodurch unerwünschte Risse entstehen können.

Nachstehend sind diese Einflüsse näher erläutert [20].

Rückfederung elastischer Traggerüstlängsträger

Mit der Einleitung der Vorspannkräfte in den Überbau muß die Konstruktion in der Lage sein, Eigengewichtsmomente wirksam werden zu lassen, deren Spannungen diejenigen aus der eingetragenen Vorspannung z.T. abbauen sollen. Dieses wird im allgemeinen durch das Abheben der Konstruktion von der Rüstung bewirkt. Hierdurch wird der Belastungsdruck von den Längsträgern weggenommen, diese, im Zustand der Verformung befindlichen Träger, wollen

4.3 Bauliche Durchbildung der Traggerüste

sich infolge ihrer Elastizität in ihre Nullage zurückverformen. Diesen Vorgang bezeichnet man als das Freiwerden der sogenannten elastischen Rückstellkräfte, die Wirkung tritt meist schlagartig ein und kann zu unerwünschten Aufbiegungen des Überbaus führen.

Wenn die elastischen Zusammendrückungen der Längsträger infolge Betonierlast größer sind als das Maß der Aufbiegungen infolge Vorspannung, wird das Eigengewichtsmoment des Überbaues infolge der Federkraft der Längsträger nicht voll wirksam. Dadurch wird ein schrittweises Ablassen der Stützen im Traggerüst im Zusammenhang mit dem Spannvorgang erforderlich.

Längsverschieblichkeit des Überbaues

Damit die Spannungen aus dem Lastfall Vorspannung im Überbau wirksam werden können, muß dieser die erforderlichen Verkürzungswege ausführen können.

Dies wird behindert durch:
- die Reibung der Betonaußenflächen an der Schalung,
- die Spreizung aller in Längsrichtung vorhandenen Verbände.

Zur Erzielung einer größtmöglichen Längsbeweglichkeit während des Spannvorganges werden daher folgende Maßnahmen erforderlich:

- Ausbau des Obergerüstes oder zumindest Lösen aller Schalungsanker und Entfernen der Diagonalen in Längsrichtung,
- Lösen aller sonstigen Diagonalverbände, insbesondere Ausbau der Dübelverbindungen,
- Lösen der Verbindungen zu festen Pfeilern des Unterbaus.

Bei Systemen mit Kragarmen oder solchen mit stark unterschiedlichen Stützweiten tritt im kleinen Feld oder im Kragarm eine umgekehrt gerichtete Durchbiegung aus Vorspannung auf. Hierbei kommt es zur Verklemmung der Schalung und damit zur Dehnungsbehinderung des Überbaues. Um dieses zu vermeiden, muß in diesen Feldern ein schrittweises Vorspannen und Absenken des Gerüstes vorgenommen werden.

Als nicht immer realisierbarer Idealfall ergibt sich das im Bild 4.22 dargestellte System.

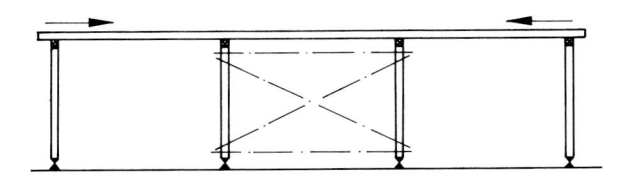

Bild 4.22
Ideales Traggerüstsystem

Beispiel

Das Traggerüst einer Betonbrücke mit einem zweistegigen Plattenbalkenquerschnitt in Beton C35/45 mit einer Stützweite von 16 m soll mit Stahlprofilträgern IPE als Längsträger hergestellt werden. Für verschiedene Stützweiten dieser Längsträger sollen nachstehend die Rückfederungswirkungen untersucht werden. Die Längsträger sind im Querschnitt so angeordnet, daß sie eine Belastung von 6,5 kN/m aufnehmen.

Vorwerte für den halben Querschnitt:
- Ständige Last 1: $G_{1,k}$ = 86,0 kN/m
- Trägheitsmoment: I_y = 0,315 m^4

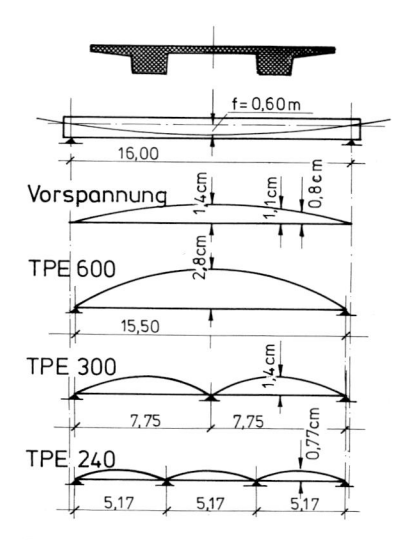

Bild 4.23
Überhöhungen

Vorspannkraft:

$P_{eff} = 14200$ kN

Aufbiegung infolge Vorspannung:

$$q_{u,k} = \frac{8 \cdot 0,6}{16,0^2} \, 14\,200 = 266 \text{ kN/m}$$

$q_{u,k-G_{k1}} = 266 - 86 = 180$ kN/m

$$f = \frac{5}{384} \, \frac{180 \cdot 16,0^4}{0,333 \cdot 10^8 \cdot 0,315} = 0,014 \text{ m}$$

a) IPE 600 (freitragend)

$M = 6,5 \cdot 15,5^2/8 = 195$ kNm

$\sigma = 19\,500/3070 = 6,36$ kN/cm^2

$f = 2,8$ cm $> 1,4$ cm

Absenkung erforderlich

b) IPE 330 (einfach unterstützt)

$M = 6,5 \cdot 7,75^2/8 = 48,8$ kNm

$\sigma = 4880/713 \quad = 6,84$ kN/cm^2

$f = 1,4$ cm $> 1,1$ cm

Absenkung erforderlich

c) IPE 240 (zweifach unterstützt)

$M = 6,5 \cdot 5,17^2/8 = 21,7$ kNm

$\sigma = 2170/324 \quad = 6,7$ kN/cm^2

$f = 0,77$ cm $< 0,8$ cm

keine Absenkung erforderlich

4.4 Berechnungsgrundlagen

4.4.1 Sicherheiten

Um ein ausreichendes Sicherheitsniveau bei Traggerüsten sicherzustellen, ist zwischen Belastung und den rechnerischen Widerständen ein größerer Sicherheitsabstand erforderlich als es sonst bei Baukonstruktionen üblich ist. Im Traggerüstbau sind daher bei der Bemessung den nutzbaren Widerständen zul R die γ_T-fachen Einwirkungen P gegenüberzustellen:

$$\gamma_T \cdot P \leqq \text{zul } R$$

Tabelle 4.2
Gruppenfaktor für Traggerüste nach Tab. 2/DIN 4421

Traggerüstgruppe	I	II	III
γ_T	1,25	1,15	1,00

4.4 Berechnungsgrundlagen

Nutzbare Widerstände zul R sind Traglasten, Schnittgrößen, oder Spannungen, ermittelt nach den einschlägigen technischen Baubestimmungen, vermindert um den Sicherheitsbeiwert.

Einwirkungen P sind Lasten, Schnittgrößen oder Spannungen. Sie sind gegebenenfalls nach Theorie II. Ordnung zu ermitteln.

Die Nachweisgleichung besagt, daß nicht die Einwirkungen, sondern die Beanspruchungen mit dem Gruppenfaktor zu vervielfachen sind.

4.4.2 Einwirkungen aus vertikalen und horizontalen Lasten

Ständige Einwirkungen

Eigenlast

Die Eigenlast des Frischbetons ist mit 26,0 kN/m³ anzusetzen. Für die Eigenlast der Schalungs- und Rüstelemente werden folgende Richtwerte angegeben:

Platte: 50 kg/m²
Plattenbalken: 100 kg/m²
Hohlkasten: 120 bis 150 kg/m²

Horizontale Ersatzlast

Zur Berücksichtigung nicht planmäßiger horizontaler Beanspruchungen, wie Seilzug, Schub aus Schrägstützen und Auflagerkräfte von Hebezeugen sowie Horizontalkräfte aus unvermeidlichen Schrägstellungen der Stützen, ist eine horizontale Ersatzlast in Höhe der Schalungsunterkante von der Größe 1/100 der örtlich wirkenden lotrechten Belastung aus ständiger Last anzusetzen.

Setzungen

Setzungseinflüsse sind bei Traggerüsten der Gruppe II oder III dann zu berücksichtigen, wenn eine ausreichende Verformungsfähigkeit nicht sichergestellt ist. Darüber hinaus muß man berücksichtigen, daß die Setzungen im Schalungsnegativ ungewollte Verformungen erzeugen können, die dann nicht mehr die planmäßige Form des Überbaues zulassen.

Einwirkungen von begrenzter Dauer

Ersatzlasten aus dem Arbeitsbetrieb

Zusätzlich zu den ständigen Lasteinwirkungen ist im Bereich der Betonierfläche eine lotrechte Ersatzlast aus dem Arbeitsbetrieb zu berücksichtigen. Auf einer Teilfläche von 3,0 m auf 3,0 m sind 20% der aufzubringenden Frischbetoneigenlast, jedoch nicht weniger als 1,5 kN/m² und nicht mehr als 5,0 kN/m² anzusetzen. Bei gegliederten Querschnitten ergibt sich die Betonierhöhe aus der mittleren Dicke des Querschnittes. Auf der restlichen Betonierfläche sind 0,75 kN/m² anzusetzen.

Diese Teilflächenlast ist jeweils an der ungünstigen Stelle anzuordnen, d.h. sie ist eine Wechsellast. Für die Bemessung der Lehrgerüstlängsträger werden meist fertige Tabellen benutzt, in denen die Tragfähigkeit in Abhängigkeit von einer über den ganzen Träger durchgehenden Belastung dargestellt ist. Wenn jetzt Teilflächenbereiche belastungsäquivalent sind, müssen diese in eine adäquate, über den ganzen Träger durchgehende Gleichlast umgerechnet werden.

Diese Umrechnung ergibt die folgenden Rechenbeziehungen:

- im Hinblick auf gleiche Momentenwerte:

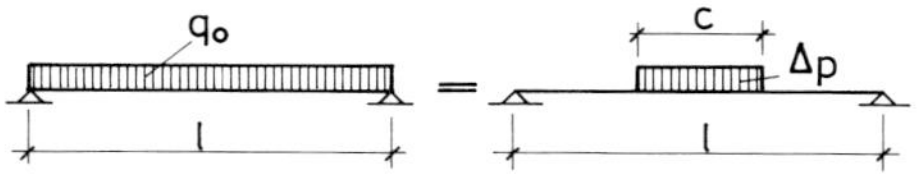

Bild 4.24
Belastungsäquivalenz zu max M

$$\frac{q_0 \cdot l^2}{8} = \frac{\Delta p \cdot c}{8} (2\,l - c) \quad \text{mit} \quad q_0 = \frac{2\,c}{l^2} \Delta p \left(l - \frac{c}{2}\right) \qquad 4.4(1)$$

- im Hinblick auf gleiche Auflagerkräfte:

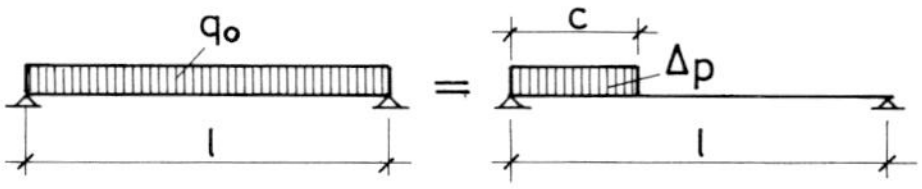

Bild 4.25
Belastungsäquivalenz zu max(min) V

$$\frac{q_0 \cdot l}{2} = \Delta p \cdot c \, \frac{l - \frac{c}{2}}{l} \quad \text{mit} \quad q_0 = \frac{2\,c}{l^2} \Delta p \left(l - \frac{c}{2}\right) \qquad 4.4(2)$$

Windlasten*

Die Windlasten sind nach DIN 1055, T. 4, zu berücksichtigen. Hiernach gilt:

$$w = c_f \cdot q \cdot A \qquad 4.4(3)$$

mit: c_f aerodynamischer Kraftbeiwert
 q Staudruck des Windes
 A wirksame Windangriffsfläche

Die Größe des aerodynamischen Kraftbeiwertes c_f ist von der Form und der Lage des Baukörpers abhängig. Bei Baukörpern, die von ebenen Flächen begrenzt und ab Geländeoberfläche allseitig geschlossen sind, gilt:

$$c_f = 1{,}3 \qquad 4.4(4)$$

Bei Baukörpern mit definierter Querschnittsform, die bis zur Geländeoberfläche nicht geschlossen sind und somit eine Unterströmung erfolgen kann, gilt:

$$c_f = c_{fo} \cdot \psi \qquad 4.4(5)$$

mit: c_{fo} Grundkraftbeiwert
 ψ Abminderungsbeiwert

Die Größe des Grundkraftbeiwertes ergibt sich in Abhängigkeit von der Querschnittsform. Diese wird bei Brückenquerschnitten durch das umschriebene Rechteck ersetzt. Es liefert zu geringe Beiwerte, daher wird empfohlen, bei Plattenbalkenquerschnitten mit großer Steghöhe den Winddruck mit $c_f = 1{,}3$ anzusetzen.

---

* DIN 1055, T.4 wird neu gefaßt, z.Zt. liegt ein Entwurf (03/01) vor. Da die Bearbeitung noch nicht abgeschlossen ist, wird noch die alte, gültige Regelung herangezogen.

4.4 Berechnungsgrundlagen

Bei Fachwerkflächen hängt die Größe des Grundkraftbeiwertes zusätzlich noch vom Völligkeitsgrad der Windangriffsfläche ab:

$$\varphi = \frac{A}{A_u} \qquad 4.4(6)$$

mit: A wirksame Fläche

A_u Umrißfläche

Die Größe des Abminderungsbeiwertes ψ ergibt sich aus der effektiven Streckung λ des vom Wind getroffenen Bauteiles. Diese bestimmt man aus dem Verhältnis der Länge und Breite des Belastungsbandes.

Liegen mehrere Tragscheiben hintereinander, ist die resultierende Windangriffsfläche unter Berücksichtigung einer gegenseitigen Abschattungswirkung zu bestimmen. Hierfür gilt:

$$A_{\text{res}} = [1 + \eta + (n-2) \cdot \eta^2] \cdot A \qquad 4.4(7)$$

mit: n Anzahl der Tragscheiben

η Abschattungsfaktor in Abhängigkeit vom Völligkeitsgrad und den auf die Trägerhöhe bezogenen Abstand a

Zusammenwirken beider Einwirkungen

Die ständigen und zeitlich begrenzten Lasteinwirkungen sind nach folgender Beziehung ungünstig zu überlagern:

$$F_K = \Sigma F_{g,i} + 0{,}9 \, \Sigma F_{q,i} \qquad 4.4(8)$$

4.4.3 Nachweis der Horizontalkräfte

4.4.3.1 Berücksichtigung geometrischer Ungenauigkeiten

Unvermeidbare Ungenauigkeiten in der Geometrie des Traggerüstes können die Beanspruchung der Gerüstbauteile nennenswert beeinflussen. Sie sind daher mit folgenden Werten beim Ansatz der erforderlichen Berechnungen zu berücksichtigen:

a) Für Stützen und Biegeträger:

$$f = l/500 \qquad 4.4(9)$$

bei zunehmender Anzahl n

$$f = \frac{l}{500 \sqrt{n}} \qquad 4.4(10)$$

b) Für Stützen einer Schiefstellung:

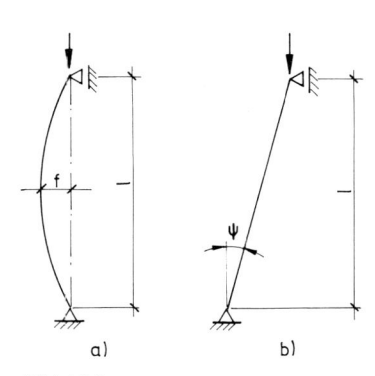

$$\tan \psi = 0{,}01 \quad \text{für } l \leq 10 \text{ m} \qquad 4.4(11)$$

$$\tan \psi = \frac{0{,}1}{l} \quad \text{für } l > 10 \text{ m} \qquad 4.4(12)$$

Bild 4.26
Unvermeidbare Imperfektionen
nach DIN 4421

4.4.3.2 Schubsteifigkeit einer Verbandsscheibe

Die Schubsteifigkeit einer Verbandsscheibe, die zwischen Druckgurten liegt, in der vorliegenden Problemstellung zwischen Stützen und Druckgurten von Fachwerkträgern, hängt von der aussteifenden Wirkung der Diagonalen, ihrer Anschlußmittel und ihrer Anschlußexzentrizitäten ab. Von den beiden Möglichkeiten der Ausbildung solcher Verbände, den stahlbaumäßigen Anschlüssen und solchen mit Rohrkupplungsverbindungen, zeigt die erste die größere Steifigkeit, da die Anschlußexzentrizitäten und der Einfluß aus dem Lochspiel klein gehalten werden können (i. a. $\Delta l_c = \pm 0{,}5$ mm je Anschluß). Die Schubsteifigkeit ist definiert als diejenige Querkraft, die am System die Schubverformung ein rad erzeugt. Sie ermittelt sich wie folgt:

Der Zusammenhang zwischen der quergerichteten Kraft V und der aussteifenden Diagonalstabkraft ist durch folgende Beziehung gegeben:

$$V = D \sin \alpha$$

mit: $D = A \cdot \sigma$ und $\sigma = \varepsilon \cdot E = \dfrac{\Delta d}{d} \cdot E$ wird:

$$V = A \cdot E \cdot \frac{\Delta d}{d} \cdot \sin \alpha$$

Im Bereich kleiner Verformungen gilt $\Delta d = \Delta f \sin \alpha$ und $\dfrac{\Delta f}{l} = \beta$, folglich wird mit $d = l \cos \alpha$:

$$V = A \cdot E \cdot \sin^2 \alpha \cdot \cos \alpha \, \frac{\Delta f}{l} \qquad 4.4(13)$$

Oder die auf die Schubverformung bezogene Querkraft:

$$\frac{V}{\beta} = A \cdot E \sin^2 \alpha \cdot \cos \alpha \quad [\text{kN/rad}]$$

Gemäß Definition ist $\beta = 1$, somit wird:

$$V = S_d = A \cdot E \cdot \sin^2 \alpha \cdot \cos \alpha \quad [\text{kN}] \qquad 4.4(14)$$

als Schubsteifigkeit eines unter dem Winkel α geneigten Diagonalstabes. Mit $\alpha = 0°$ und $90°$ wird dieser Wert gleich Null, d. h. es ist nur eine Steifigkeit gegen einen quergerichteten Krafteinfluß vorhanden, wenn diese Grenzwerte nicht erreicht werden (Dreiecksverbandswirkung).

Bei Verbänden mit stahlbaumäßigem Anschluß, bei denen die theoretisch möglichen Vorverformungen aus dem Nennspiel der Schraubverbindungen zwischen Diagonalstäben und Ober-

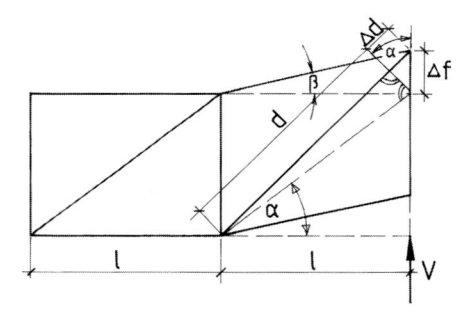

Bild 4.27
Querkraft und Verformung

4.4 Berechnungsgrundlagen

gurten durch die nach DIN 4421 vorgeschriebene Auslenkung $f = l/500$ abgedeckt sind, ergibt sich die Schubsteifigkeit in den jeweiligen Feldern aus der Summe der einzelnen Schubsteifigkeiten der in Kraftrichtung hintereinander liegenden Diagonalen. Bei n Verbandsscheiben also

$$S = n \cdot S_{di}$$

Liegen Verbandsscheiben mit unterschiedlichen Neigungswinkeln der Diagonalen hintereinander, so gilt:

$$S = \Sigma \, (k \cdot S_{di})$$

mit: k Anzahl der Felder mit gleichen Neigungswinkeln

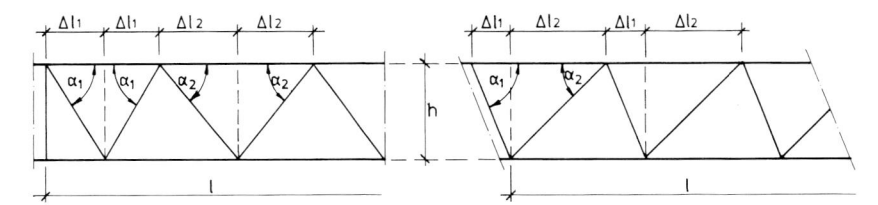

Bild 4.28
Windscheibe mit ungleichen Basiswinkeln

Ergeben sich in einer Aussteifungsscheibe infolge vorgegebener Anschlußmöglichkeiten an den Obergurten unterschiedlich geneigte Diagonalrichtungen, muß eine wirksame Schubsteifigkeit ermittelt werden. Diese ergibt sich aus einer Verformungsberechnung, bei der die Verformung der einzelnen Felder zur Gesamtverformung ins Verhältnis gesetzt wird. Für Aussteifungsscheiben eines schiefwinkligen Gerüstes gilt Gleiches, da immer mindestens zwei verschiedene Diagonalrichtungen vorhanden sind. *Eine* Richtung ergibt sich aus der Brückenschiefe, die andere aus den örtlichen Anschlußmöglichkeiten, eine Übereinstimmung ergäbe sich nur zufällig. Im Feld mit der Länge Δl_i gilt im Bereich kleiner Verformungen nach Gleichung 4.4(13):

$$\frac{\Delta f_i}{\Delta l_i} = \frac{V}{S_{d_i}}$$

mit: Δf anteilige Verschiebung aus Querkraftwirkung
$\quad\;\;\;\Delta l$ Länge des Aussteifungsfeldes
$\quad\;\;\;S_{d_i}$ Schubsteifigkeit im Feld i
$\quad\;\;\;V$ äußere Querlast, für die folgende Betrachtung gleich 1 gesetzt

$$\Delta f_i = \frac{\Delta l_i}{S_{d_i}}$$

Die Gesamtverformung des Systems über n Felder ergibt sich dann zu:

$$\Sigma \Delta f_i = f = \sum_1^n \frac{\Delta l_i}{S_{d_i}}$$

Die Schubsteifigkeit im Feld i beträgt:

$$S_{d_i} = \frac{\Delta l_i}{\Delta f_i}$$

Die wirksame Schubsteifigkeit eines Feldes wird über die Summenbildung der Einzelverformungen über die Feldanzahl n erhalten:

$$S_w = \sum_1^n S_{d_i} = \sum_1^n \frac{\Delta l_i}{\Delta f_i} = \frac{l}{\sum_1^n \frac{\Delta l_i}{S\, d_i}} \qquad 4.4(15)$$

als wirksame Schubsteifigkeit eines Feldes eines Aussteifungsverbandes mit unterschiedlich geneigten Richtungen der Diagonalstäbe.

Bei Rohrkupplungsverbänden, bei denen der Verformungseinfluß der Verbindungsmittel aus Anschlußexzentrizitäten, Schlupf und Nachgiebigkeit der Kupplungen nicht durch die nach DIN 4421 vorgeschriebenen Werte abgedeckt ist, darf die Schubsteifigkeit näherungsweise am idealisierten Stabsystem mit zentrischen Anschlüssen errechnet und als ideelle Schubsteifigkeit dargestellt werden. Diese erhält man, indem die Stabdehnsteifigkeiten durch Division mit einem Winkel β global abgemindert werden. Für ein Joch mit k Feldern und n_k Diagonalen in den Feldern ergibt sich:

$$S_i = \frac{1}{\beta} \sum_k n_k \cdot E \cdot A_k \cdot \sin^2 \alpha_k \cdot \cos \alpha_k \qquad 4.4(16)$$

mit: E Elastizitätsmodul der Diagonalrohre
A_k Querschnittsfläche jedes Diagonalrohres im Feld k
α_k Neigungswinkel aller Diagonalen im Feld k nach Bild 4.29 (Bild 6/DIN 4421)
n_k Anzahl der Diagonalen im jeweiligen Horizontalschnitt des Feldes k

Dabei gilt der Wert $\beta = 35$ für eine Dreh- und Normalkupplung. In Verbandsfeldern mit mehreren Diagonalen ist $\beta = \dfrac{35(1+m)}{2 \cdot m}$ mit $m = \sum_k n_k$

Bei Holzgerüsten, deren Verbände mit Bolzen, Stabdübeln, Einlaßdübeln oder Einpreßdübeln angeschlossen sind, ist die ideelle Schubsteifigkeit S_i nach folgender Beziehung zu ermitteln:

(a) System (b) Ersatzsystem

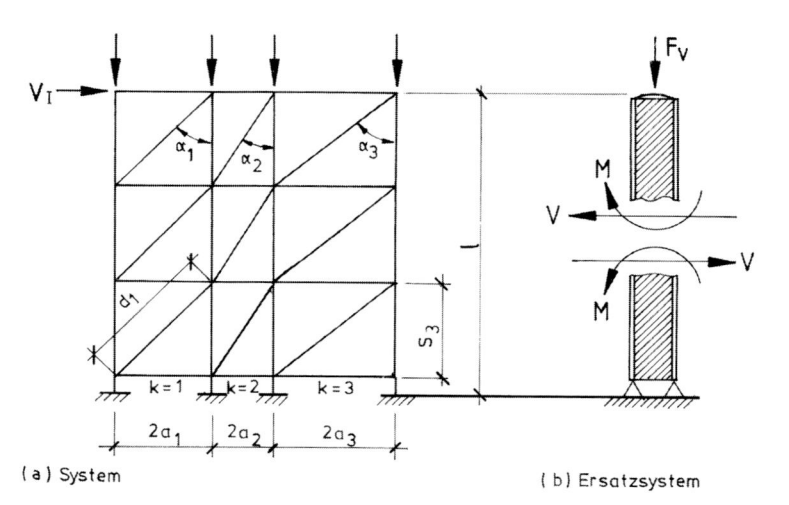

Bild 4.29
Ersatzsystem nach DIN 4421

4.4 Berechnungsgrundlagen

$$S_i = \sum_k \frac{\alpha_k \cdot \sin \alpha_k \cdot \cos \alpha_k}{\dfrac{1}{n_{D,k} \cdot C_{VD}} + \dfrac{\sin^2 \alpha_k}{n_{P,k} \cdot C_{VP}}} \qquad 4.4(17)$$

mit: α_k Neigungswinkel der Diagonalstäbe nach Bild 4.29
       $2 \cdot \alpha_k$ Abstand der Stiele nach Bild 4.29
       $n_{D,k}, n_{p,k}$ Anzahl der Verbindungsmittel im Diagonalenanschluß im jeweigen Horizontalschnitt des Feldes k
       C_{VD}, C_{VP} Verschiebungsmodul nach DIN 1052 Tl. 1
                  Für Bolzen oder Stabdübel gilt

                    C_V = zul $N/1{,}5$ in N/mm

                    Bolzen sind dabei wie Stabdübel gleichen Durchmessers zu behandeln.
      zul N Zulässige Belastung des Verbindungsmittels nach DIN 1052 Teil 1 in Newton

4.4.3.3 Berechnung des Wind- und Aussteifungsverbandes

Näherungsberechnung nach DIN 4421

Alle Verbände eines Traggerüstes, welches mindestens der Traggerüstgruppe II nach DIN 4421 angehört, sind unter Ansatz der unvermeidbaren Verformungen nach der Theorie II. Ordnung zu berechnen, wobei dem System die nach Abschnitt 4.4.3.1 aufgeführten geometrischen Ungenauigkeiten als Vorverformung eingegeben werden. Der Verformungseinfluß, der durch die Anschlüsse des aussteifenden Systems hervorgerufen wird, ist durch die Schubsteifigkeit desselben unter Berücksichtigung der Gurtverformung zu berücksichtigen. Die Querkraft am verformten System ergibt sich näherungsweise gemäß nachstehender Beziehung,

- wenn die Knicksicherheiten aller Druckstäbe mit dem jeweiligen Knotenabstand als Knicklänge nachgewiesen werden, und
- wenn die Summe der Schubsteifigkeiten aller Querverbände des Types B, C bzw. D mindestens $\Sigma S_i = 0{,}4\, P_v$ beträgt. P_v ist die Summe aller Vertikallasten des Bindersystems, somit

$$V^{II} = \frac{V^I + 5 N \dfrac{f}{l}}{1 - \gamma \dfrac{N}{P_{ki}}} \qquad 4.4(18)$$

mit: V^I Querkraft aus der äußeren Querlast einschließlich horizontaler Ersatzlasten am unverformten System
       f unvermeidbare Verformung nach Abschnitt 4.4.3.1
       N Summe der maximalen Druckkräfte in den Obergurten

$$P_{Ki} = \frac{1}{\dfrac{1}{S_i} + \dfrac{1}{P_E}} \qquad 4.4(19)$$

Schubsteifigkeit unter Berücksichtigung der Gurtverformung.

Bei Systemen mit Rohrkupplungsverbänden und bei Systemen, in denen $P_E \gg S_i$ ist, kann im allgemeinen mit $P_{Ki} = S_i$ gerechnet werden.

$$P_E = \frac{\pi^2 E I_s}{l^2} \qquad 4.4(20)$$

*Euler*knicklast des Obergurtsystems

mit: $I_s = \Sigma A_i \cdot y_{si}^2$ (Trägheitsmoment des Obergurtsystems)

$\gamma = 1{,}7$ für Stahl

Die in die Trägerlage eingezogenen Verbände wirken mit den Obergurten der Rüstträger als horizontale Parallelbinder. Die Berechnung eines solchen Systems beschränkt sich darauf, nachzuweisen, daß die größte Diagonalstabkraft die zulässigen Beanspruchungen nicht überschreitet. Läßt man den Auflagerversatzbereich, der sich aus konstruktiven Gründen immer ergibt, unberücksichtigt, so ergibt sich die größte Beanspruchung im 1. Aussteifungsfeld gemäß Darstellung nach Bild 4.30.

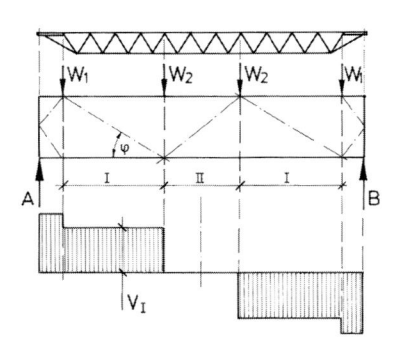

$$V^I = A - W_1 \to V^{II}$$

$$\max D = \frac{V^{II}}{\sin \varphi}$$

Bild 4.30
System und Belastung beim Windverband

bei n im Verbandsfeld hintereinanderliegenden Diagonalen somit

$$D = \frac{V^{II}}{n \cdot \sin \varphi} \leq \text{zul } D$$

Als zulässige Tragkraft ergibt sich bei Systemen mit Rohrkupplungsverbänden die Anschlußkraft von 6,0 kN und bei Systemen mit stahlbaumäßigen Anschlüssen die zum Tragglied gehörende zulässige Druck- oder Zugkraft. Die Anzahl der Verbände ergibt sich aus der Größe von D. Beim Rüstträgergerüst mit Rohrkupplungsverbänden genügt es, nur den Aussteifungsverband für die Querkraft am verformten System nachzuweisen, bei Gerüsten aus schwerem Rüstgerät dagegen müssen der Wind- und Aussteifungsverband immer nach Theorie II. Ordnung berechnet werden, da hier weitaus schwierigere Stabilitätsverhältnisse vorliegen. Aussteifungsverbände des Types A gemäß Bild 4.16 sind wie stehende Verbände zu behandeln.

Berechnungsbeispiel

Ein Traggerüstfeld mit einer Stützweite von 15,00 m hat im halben Brückenquerschnitt 8 Rüstträger H 33 des Rüstsystems Röro aufzunehmen. Als Windverband sind zwei Diagonalstrebenverbände in den Randfeldern angeordnet. Die Querkraft nach Theorie II. Ordnung infolge äußerer Querlast soll im folgenden nachgewiesen werden.

4.4 Berechnungsgrundlagen

Bild 4.31 Aussteifungssystem

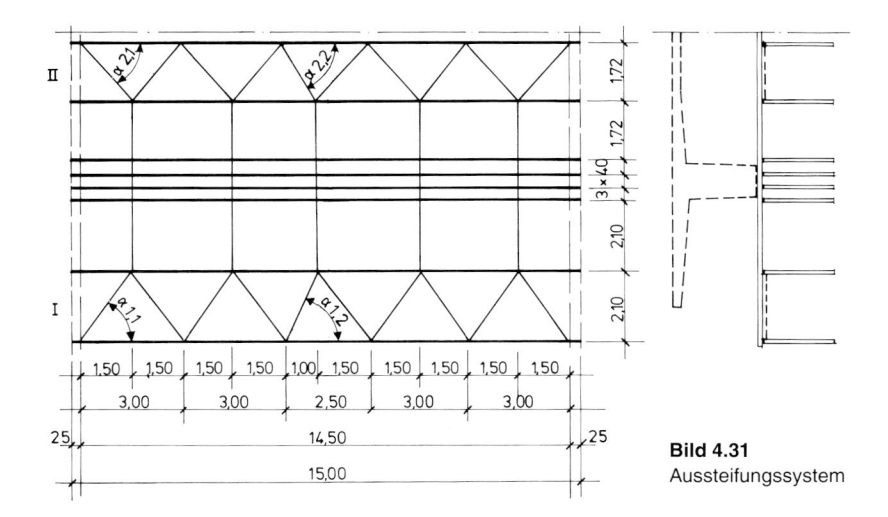

Einwirkungen

Aus Wind und Seitenkraft: $\gamma_T (w + s) = 1{,}15 \cdot 5{,}49 = 6{,}31$ kN/m

Aus vertikaler Auflast aller Rüstträger:

$$\gamma_T \cdot \Sigma q_v = 165 \text{ kN/m}$$
$$M = 165 \cdot 15{,}0^2/8 = 4641 \text{ kNm}$$
$$\Sigma N = 4641/2{,}00 = 2320 \text{ kN}$$

Neigungswinkel:

Scheibe I: $\alpha_{1,1} = 54{,}5°$; $\alpha_{1,2} = 64{,}5°$
Scheibe II: $\alpha_{2,1} = 49{,}0°$; $\alpha_{2,2} = 59{,}8°$

Schubsteifigkeit des Aussteifungssystems

Die Diagonalen werden durch Stahlrohre mit einer Fläche von 5,7 cm² und stahlbaumäßigem Anschluß gebildet, folglich

$$S_{d_i} = A \cdot E \cdot \sin^2 \alpha \cdot \cos \alpha$$

Scheibe I: $S_{d1} = 5{,}7 \cdot 2{,}1 \cdot 10^4 \cdot \sin^2 54{,}5° \cdot \cos 54{,}5° = 46\,070$ kN
$\phantom{\text{Scheibe I:}\ \ }S_{d2} = 5{,}7 \cdot 2{,}1 \cdot 10^4 \cdot \sin^2 64{,}5° \cdot \cos 64{,}5° = 41\,981$ kN

Scheibe II: $S_{d1} = 5{,}7 \cdot 2{,}1 \cdot 10^4 \cdot \sin^2 49{,}0° \cdot \cos 49{,}0° = 44\,730$ kN
$\phantom{\text{Scheibe II:}\ \ }S_{d2} = 5{,}7 \cdot 2{,}1 \cdot 10^4 \cdot \sin^2 59{,}8° \cdot \cos 59{,}8° = 44\,976$ kN

Steifigkeit eines Feldes des Aussteifungssystems:

$$\left. \begin{aligned} S_{w_I} &= \frac{14{,}50}{\dfrac{9 \cdot 1{,}5}{46\,070} + \dfrac{1 \cdot 1{,}0}{41\,981}} = 45\,763 \text{ kN} \\[1em] S_{w_{II}} &= \frac{14{,}50}{\dfrac{9 \cdot 1{,}5}{44\,730} + \dfrac{1 \cdot 1{,}0}{44\,976}} = 44\,747 \text{ kN} \end{aligned} \right\} \Sigma S_W = 90\,510 \text{ kN}$$

Querkraft am verformten System

Aus einer gesonderten Berechnung folgt, daß die *Euler*knicklast sehr viel größer als die Schubsteifigkeit des Verbandssystems ist, folglich wird die Schubsteifigkeit unter Berücksichtigung der Gurtverformung gleich der gesamten wirksamen Schubsteifigkeit gesetzt, somit $P_{Ki} = \Sigma S_w$

Querkraft am unverformten System: $V^I = 6,31 \cdot 15,0/2 = 47,3$ kN

Querkraft am verformten System: $V^{II} = \dfrac{47,3 + 5 \cdot 2320 \, \dfrac{1}{500\sqrt{8}}}{1 - 1,71 \, \dfrac{2320}{90510}} = 58,1$ kN

4.4.3.4 Berechnung der lotrechten Verbände

Stützjoche, abgespannte Joche und vergleichbare Konstruktionen müssen am verformten System bemessen werden. Nach DIN 4421 dürfen sie näherungsweise mit Hilfe der Querkraft V^{II} eines idealisierten Ersatzstabes gemäß Bild 4.29 bemessen werden, wenn außerdem alle Druckstäbe als Knickstäbe mit der Knicklänge s_k bzw. d_k nachgewiesen werden.

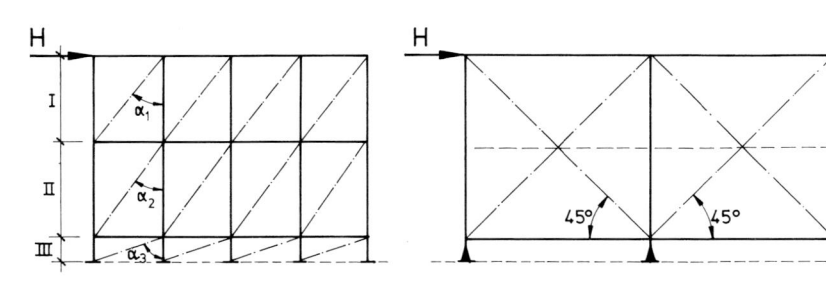

Bild 4.32
Systeme der Jochverbände

Die Querkraft am verformten System ergibt sich zu:

$$V^{II} = \dfrac{1}{1 - \gamma \, \dfrac{P_v}{P_{Ki}}} (V^I + P_v \cdot \psi) \qquad 4.4(22)$$

mit: V^I Querkraft aus der äußeren Querlast einschließlich horizontaler Ersatzlasten nach Theorie I. Ordnung
$P_v = \Sigma P_{vi}$ Summe der auf den Ersatzstab einwirkenden Normalkräfte
ψ unvermeidbare Schiefstellung nach Abschnitt 4.3.3.1
P_{Ki} Schubsteifigkeit unter Berücksichtigung der Gurtverformung
     = Ideeller Schubsteifigkeit S_i bei Systemen mit Rohrkupplungsverbänden und in den Fällen, in denen die zugehörige *Euler*last $P_E \gg S_i$ ist
     = $\dfrac{1}{\dfrac{1}{S_i} + \dfrac{1}{P_E}}$ in allen anderen Fällen

4.4 Berechnungsgrundlagen

hierbei ist:

$P_E = \dfrac{\pi^2 E I_s}{(2l)^2}$ und $I_s = \Sigma A_i \cdot y_s^2$

γ = 1,7 für Stahl
γ = 2,0 für Holz

Bei der Ermittlung der Querkraft aus der äußeren Querlast ist der Kreuzungswinkel der Brückenkonstruktion zu beachten. Bei Aufteilung der Windkräfte auf zwei Verbände gemäß Bild 4.33 in einer Windscheibe ergeben sich die nachstehend aufgeführten Verhältnisse:

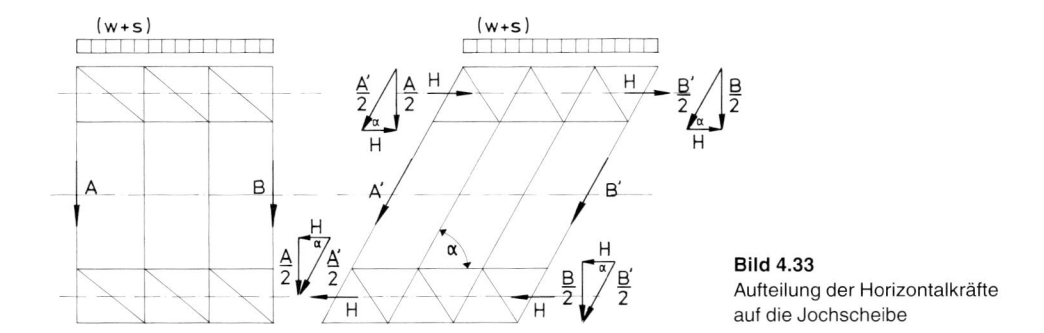

Bild 4.33 Aufteilung der Horizontalkräfte auf die Jochscheibe

Bei der rechtwinkligen Windscheibe beträgt die das Joch beanspruchende Horizontalkraft:

$$A = B = \dfrac{\Sigma(w+s)}{2}$$

Bei der schiefwinkligen Windscheibe erfolgt eine Kraftumlenkung in der Weise, daß die das Joch beanspruchende Horizontalkraft die Resultierende darstellt, somit wird:

$$A' = B' = \dfrac{A}{\sin \alpha} = \dfrac{B}{\sin \alpha} = \dfrac{\Sigma(w+s)}{2 \cdot \sin \alpha}$$

Hierdurch entsteht eine zusätzliche Horizontalkraft in Brückenlängsrichtung, die in bezug auf beide Verbände als Kräftepaar auftritt, da an der windabgekehrten Verbandsseite infolge der schiefwinkligen Krafteintragung die Umlenkung in der umgekehrten Reihenfolge erfolgen muß. Es ist:

$$H = \dfrac{A}{2 \cdot \tan \alpha} = \dfrac{B}{2 \cdot \tan \alpha}$$

Hierdurch ist auch die Gleichgewichtsbedingung $\Sigma H = 0$ erfüllt. Die Kraft selbst ist durch die Aussteifungskonstruktion in der Längsrichtung des Gerüstes aufzunehmen.

Die Kräfte in den Diagonalstäben des Jochverbandes im jeweiligen Horizontalschnitt eines Stockwerkes ergeben sich bei n Diagonalen zu:

$$D = \dfrac{V^{II}}{n \cdot \sin \cdot \alpha} \leq \text{zul } D$$

In einem Holzlehrgerüst stehen die Diagonalen unter 45° oder nahezu unter diesem Winkel, dann wird:

$$D = V^{II} \frac{\sqrt{2}}{n} \leqq \text{zul Dübelkraft}$$

4.4.4 Verformung der Traggerüste

Das Brückenbauwerk soll nach seiner Herstellung nach dem Ausschalen die planmäßige Form haben. Hierunter wird im allgemeinen die horizontale Unterkante infolge Eigengewicht verstanden. Ein zusätzlicher optischer Stich, jeweils in der Feldmitte, wirkt sich günstig aus. Um diese Form zu erhalten, müssen die Biegeträger des Traggerüstes gegen die einzelnen durchbiegenden Einflüsse überhöht werden.

Bild 4.34 zeigt die einzelnen Einflüsse und die endgültige Überhöhungskurve. Der Einfluß d) ist bei hohen Beanspruchungen im Holzgerüst zu berücksichtigen, je senkrecht zur Faser gedrückte Fuge können Stauchungen bis zu 3 mm auftreten. Man wird hier daher auf den Beanspruchungsgrad achten müssen, um ein sinnvolles Überhöhungsmaß abzuleiten. Der Einfluß c) sollte nicht ohne den Rat des Baugrundsachverständigen angesetzt werden.

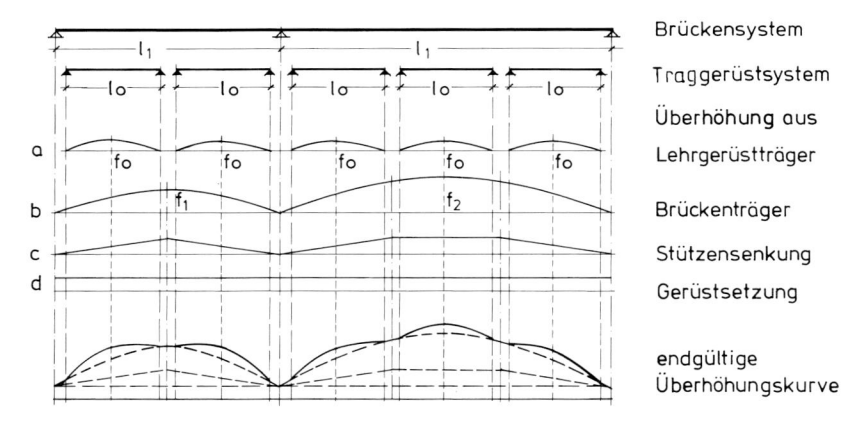

Bild 4.34
Überhöhungseinflüsse und Gesamtüberhöhung

4.4.5 Gründungen

Die Gründung eines Lehrgerüstes ist mindestens mit der gleichen Sorgfalt auszubilden, wie die der Brücke selbst. Grundsätzlich ist zu unterscheiden, ob das Gerüst im Zuge einer Neubaumaßnahme, also einer Bautrasse, oder über einen bestehenden, unter Verkehr befindlichen, Verkehrsweg zu erstellen ist. Im ersten Fall ist die Ausbildung der Fundamente unproblematisch, weil sie nach der Benutzung wieder entfernt werden können. Im zweiten Fall wird es kein Straßenbauamt zulassen, daß die Fahrbahndecke durch die Einbindung eines Fundaments zerstört wird. Das Fundament muß auf die Decke gestellt werden, gegen Anfahren gesichert und nach den einschlägigen Bestimmungen standsicher ausgebildet sein. Zur Ausführung kommen Betoneinzelfundamente und Bohlen- oder Kantholzlagen. Die Betonfundamente müssen in ihrem Gewicht so begrenzt sein, daß sie nach der Benutzung durch bewegliche Hebezeuge entfernt werden können. Kantholz- oder Bohlenunterlagen müssen aus gesundem Holz bestehen und sind kreuzweise auszuführen. Bei mehr als zwei übereinanderliegenden Kanthölzern und bei Kreuzstapeln mit mehr als 40 cm Höhe ist die Standsicherheit nachzuweisen. Von der sonst vorgeschriebenen Notwendigkeit einer Einbindetiefe für Gründungskörper entbindet die DIN 4421 grundsätzlich dann, wenn:

- während der Standzeit der Gerüste ein Ausspülen des umgebenden Bodens und Unterspülen des Fundaments durch Oberflächen- oder Schichtwasser verhindert wird (z. B. durch Drainagen, Entwässerungsgräben, Oberflächenbefestigungen mit Zementmilch, Geländeabgleich),
- bei bindigen Böden die Sohlfläche vor Herstellung der Fundamente durch eine mindestens 10 cm dicke eingerüttelte Schicht aus Sand oder einem anderen wasserdurchlässigen Material verbessert wird und in die Nutzungszeit des Gerüstes keine Frostperiode fällt,
- bei nichtbindigen Böden der Grundwasserspiegel nicht höher als 1 m unter der Gründungssohle ansteht oder in die Nutzungszeit keine Frostperiode fällt,
- die Neigung der Geländeoberfläche – ausgenommen bei Fels – weniger als 8 % beträgt.

4.5 Schalungs- und Obergerüst

4.5.1 Konstruktive Durchbildung

Das Schalungsgerüst – auch Obergerüst genannt – wird durch die Schalhaut und die sie tragende Gurtholzlage, die ihrerseits durch Stiele oder Kranzhölzer gestützt ist, gebildet. Zur Aufnahme der auftretenden Horizontalkräfte muß es in Längs- und Querrichtung ausgesteift sein. Das Schalungsgerüst dient der Formgebung des Brückenquerschnittes. In dieser Funktion übernimmt es einmal statische Aufgaben bei der Abtragung der Lasten und Aufnahme des Seitendruckes aus dem Frischbeton. Darüber hinaus hat es funktionelle Vorgänge zu ermöglichen, die mit der Lastabtragung im Zusammenhang stehen. Im einzelnen sind folgende Anforderungen zu nennen:

- Abtragung der vertikalen Lasteinflüsse aus Frischbetoneigengewicht und Betonierersatzlast auf die Längsträger des Traggerüstes,
- Aufnahme und Ableitung von Horizontalkräften aus Wind, Schalungsdruck und Seitenschüben aus dem Betoniervorgang,
- geringes Durchbiegungsverhalten aller auf Biegung beanspruchten Bauteile,
- formgebende Unterstützung für das Schalungsnegativ des Überbaues mit der Maßgabe zwängungsfreier Ausschalvorgänge, insbesondere bei vorgespannten Überbauten,
- Einbeziehung von seitlichen Arbeitsbühnen und Laufstegen sowie deren Absturzsicherung,
- systemgerechte Anordnung der Schalungselemente und -träger mit dem Ziel optimalen wirtschaftlichen Nutzens bei der Wiederverwendung.

Für die Lösung dieser durch vorstehende Aufgabenstellung beschriebenen Bauaufgabe kann man sich für eine konventionelle Schalmethode oder für eine mit typisierten und vorgefertigten Schalungselementen entscheiden. Bei der konventionellen Bauweise werden vorzugsweise Holzstärken von 10/10 cm und eine Brettschalung von 2,4 cm Dicke verwendet. Hierfür ergibt sich dann bei normalen Überbauhöhen unter den Hauptträgern eines Plattenbalkens ein minimaler Belagholzabstand um 35 cm. Eine zweckmäßige Konstruktion liegt dann vor, wenn es

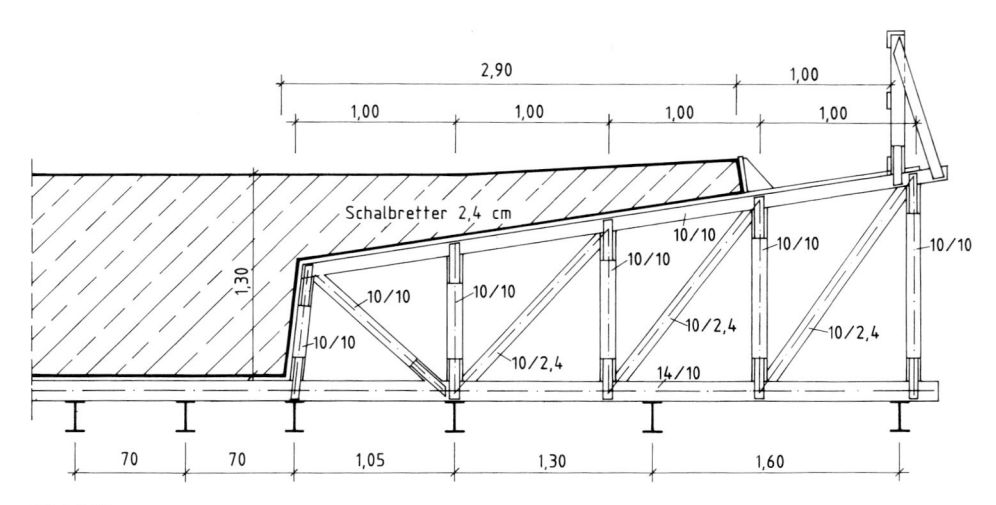

Bild 4.35
Schalungsgerüst in konventioneller Bauweise

gelingt, den Belagholzabstand unter dem Hauptträger und dem Kragarm im Verhältnis 2 : 1 anzuordnen, da damit eine wirtschaftliche Ausnutzung von Schalung und Belaghölzern möglich wird. Bei Anordnung von schwerem Rüstgerät mit großem gegenseitigem Abstand müssen für die untere, lastübertragende, Belagholzlage größere Holzstärken verwendet werden, da der Biegewiderstand eines Kantholzes 10/10 jetzt nicht mehr den Anforderungen genügen wird.

Bei der Aufnahme des Schalungsdruckes bestehen Unterschiede zwischen Platten- und Plattenbalkenquerschnitten. Während dieser beim Plattenbalken durch die Schalungsanker in sich aufgenommen wird, muß er bei der Platte durch die Schalungskonstruktion des Kragarmes selbst aufgenommen werden.

Bei der Schalmethode mit typisierten und vorgefertigten Schalungselementen, sind die funktionellen Anforderungen, die an ein Schalungsgerüst zu stellen sind, von weitaus größerer Bedeutung. Es muß so eingerichtet sein, daß es nach dem Erhärten des Betons vor dem Aufbringen der Spannkräfte problemlos ausgebaut bzw. vom Beton gelöst werden kann, um zu gewährleisten, daß die erforderlichen Formänderungen des Betons nicht behindert werden. So werden aus Gründen leichter und schneller Montage und Demontage die unterstützenden und aussteifenden Hölzer zu Fachwerkbindern, bzw. zusammen mit der Schalhaut zu räumlichen Schalungsblöcken zusammengefaßt. Hierbei erweist sich der Einsatz von typisierten und individuell angefertigten Holz- oder Stahlblockkonstruktionen wegen ihres höheren Wiederverwendungswertes als vorteilhaft. Bild 4.36 zeigt die Einschalung eines Kragarmes, die vorher in konventioneller Bauweise dargestellt wurde, mit vorgefertigten Schalungselementen, etwa nach dem System der Fa. DOKA. Ein echtes Schalungsgerüst der Fa. DOKA-Schalungstechnik ist in Bild 4.37 zu sehen, in dem der Bauvorgang eines zweistegigen Plattenbalkens gezeigt wird.

Bei den bodenfreien beweglichen Rüstvorgängen kann das Schalungsgerüst beim Umsetzen von einem Betonierabschnitt in den nächsten nur mit den auf der Baustelle möglichen Hebegeräten bewegt werden. Die Größe der Schalungsblöcke ist auf die Kapazität dieser Fördergeräte abzustimmen.

4.5 Schalungs- und Obergerüst

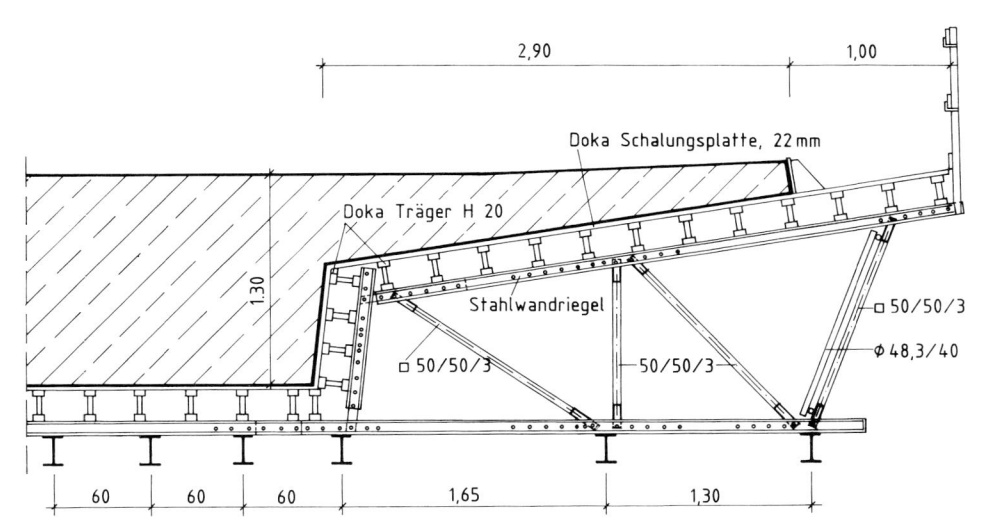

Bild 4.36
Schalungsgerüst mit vorgefertigten Elementen in Anlehnung an das Schalungssystem DOKA

Bild 4.37
Saalebrücke Dehlitz, Schalungsgerüst eines zweistegigen Plattenbalkens mit DOKA-Trägerschalung Top 50

Eine besondere Betrachtung sei dem Schalungsgerüst des Hohlkastens gewidmet, da dieser sich nicht problemlos herstellen läßt. Die Problematik liegt in der Herstellung des geschlossenen Kastens in den Arbeitsvorgängen im Innern des Kastens, da die Seitenschalungen der Stege auf die zu betonierende untere Gurtplatte aufgeständert werden müssen und der Arbeitsraum eingeschränkt ist und oftmals keine ausreichende „Kopfhöhe" aufweist. Ursprünglich vollzog sich die Herstellung in zwei Bauabschnitten. Dieses sogenannte Zweiwegeverfahren kann wie folgt durchgeführt werden:

- Herstellen der unteren Bodenplatte, danach zeitversetzt Anordnung der Innenschalung und Herstellung des restlichen Plattenbalkens,
- Herstellen des unteren Troges, danach zeitversetzt Umbau der Innenschalung und Herstellung der gesamten Platte.

Bei der ersten Herstellungsart läßt sich die Innenschalung am einfachsten setzen, allerdings ist die Betonierfuge an der äußeren Betonfläche sichtbar. Sie liegt zudem an einer statisch empfindlichen Querschnittstelle. Bei der zweiten Lösung wird die Innenschalung schwieriger anzuordnen sein, da sie aufgeständert werden muß. Vorteilhaft wirkt es sich aus, daß der Arbeitsraum nach oben nicht begrenzt ist. Die Betonierfuge liegt in der Ecke zwischen Kragarm und Hauptträger, sie ist dadurch nicht sichtbar, mögliche Farbunterschiede der einzelnen Betonierabschnitte in der Betonoberfläche fallen nicht ins Auge. Diese Lösung ist am häufigsten angewendet worden, sie bringt auch statische Vorteile gegenüber der ersten Lösung, da der größere Teil der Hauptträger bereits frühzeitig hergestellt ist und der Beton beim Aufbringen der Vorspannkraft schon älter ist. Bild 4.38 zeigt eine mögliche Ausbildung der Innenschalung des Hohlkastens für die Herstellung nach der zweiten Variante. Das Kernstück ist eine stählerne Schalbockkonstruktion, die in beiden Bauphasen benötigt wird. Für einen gleitenden Vorschub könnte diese Bockkonstruktion auch fahrbar ausgebildet sein. Die Aufständerung der Schalungskonstruktion durch die Bodenplatte erfolgt über Betonklötze, die zwischen die Bewehrung gestellt werden. Andere Möglichkeiten der Aufständerung, etwa durch Stahlböcke, wären auch denkbar.

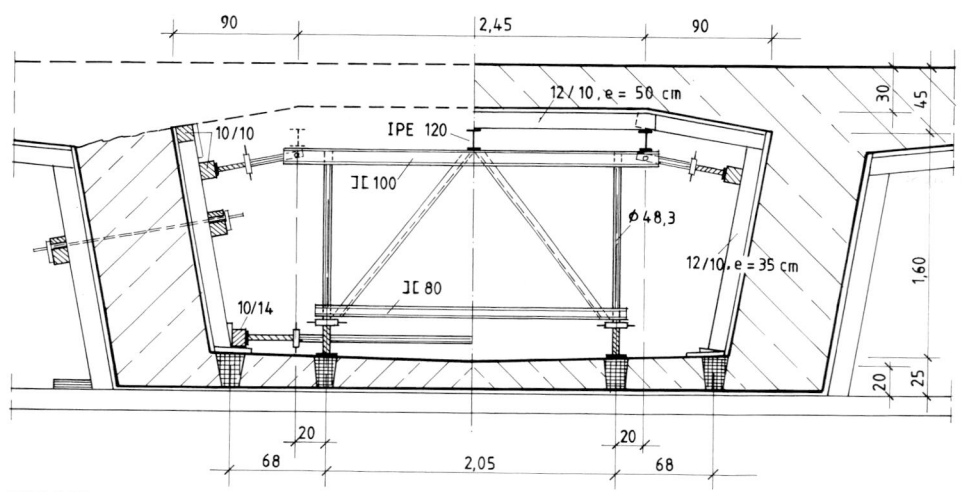

Bild 4.38
Schalungsgerüst eines Hohlkastens für die Herstellung im Zweiwegeverfahren

4.5 Schalungs- und Obergerüst

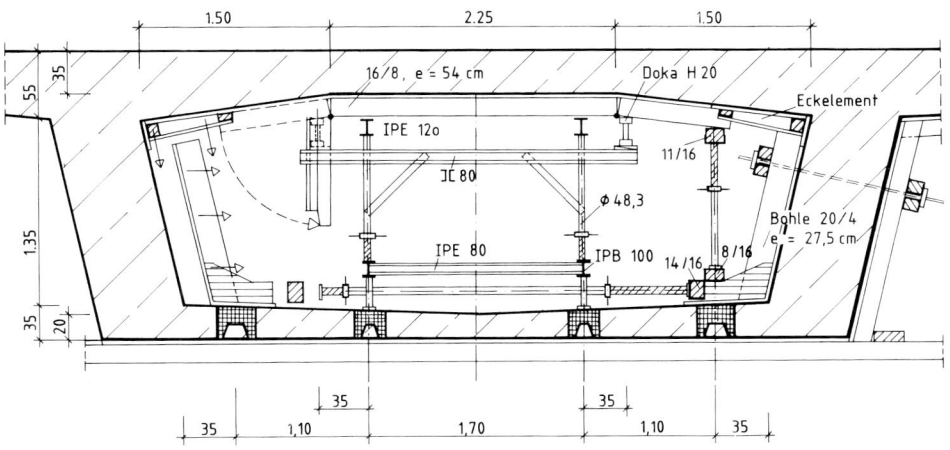

Bild 4.39
Schalungsgerüst eines Hohlkastens für die Herstellung im Einwegverfahren

Der Zwang zur Rationalisierung und Bauzeitverkürzung ließ den Gedanken zur Reife bringen, beide Bauphasen zu einer zu verschmelzen und das Einwegverfahren zu entwickeln. Hinzu kommt, daß die öffentlichen Auftraggeber heute aus Gründen der Qualitätssicherung das Einwegeverfahren für die Herstellung von Hohlkästen immer öfter vorschreiben. Das Ergebnis dieser Entwicklung ist firmenspezifisch unterschiedlich ausgefallen. Bild 4.39 zeigt eine solche Schalungskonstruktion, die die Firma Holzmann/Hannover für den Bau der Elbebrücke Dömitz entwickelt und angewendet hat. Die Aufständerung der Schalungskonstruktion erfolgt wieder über Betonklötze mit Aussparungen für die Bewehrung. Die rechte Seite des Bildes zeigt die Betonierstellung, die linke Seite den Ausschalvorgang.

4.5.2 Schalungsdruck

Vorbemerkungen

Die Ermittlung des horizontalen Druckes, den frischer Beton auf eine Wand ausübt, beinhaltet eine Problematik, die von vielen Einflüssen abhängt. Der Druck auf die Schalung, oder der Schalungsdruck, wie er auch genannt wird, ist im weitesten Sinn ein Flüssigkeitsdruck, d. h. er übt nach allen Richtungen den gleichen Druck aus und nimmt in die Tiefe hin zu. Im Unterschied zum Wasserdruck aber hört die Wirkung des Schalungsdruckes dann auf, wenn der Beton abgebunden ist, bzw. seine Wirkung läßt langsam mit dem Erstarren des Zementleimes nach. Die Größe des Schalungsdruckes ist im wesentlichen von folgenden Einflüssen abhängig:

- Steiggeschwindigkeit V_b des Betons (m/h),
- Betonkonsistenz C0, C1, C2, C3 (Verdichtungsmaßklassen),
- Betonrohwichte (ϱ_B),
- Art der Verdichtung,
- Temperatur des Frischbetons,
- Erstarrungsverhalten des Zementes.

Über die praktische Ermittlung des Schalungsdruckes hat es viele Ansätze gegeben. Die bekanntesten sind von *Ertinghausen* [81] und *Specht* (82) und das DMR-Diagramm (Department of Main Roads). In jüngster Zeit werden die Ansätze nach DIN 18218 „Frischbetondruck auf lotrechte Schalungen" geregelt. Diese Berechnung baut auf den Ansätzen von *Specht* auf, erweitert sie aber durch weitere Einflüsse. Hiernach nimmt der Schalungsdruck in die Tiefe hin an Größe linear zu und bleibt nach dem Überschreiten der hydrostatischen Druckhöhe konstant.

Die Größe des Schalungsdruckes wird einem Diagramm in Abhängigkeit von der Konsistenz und der Steiggeschwindigkeit entnommen. Das Diagramm gilt für eine Frischbetonrohwichte von 25 kN/m^3 und einer Temperatur des Frischbetons von +15°C. Bei höheren Temperaturen darf der Frischbetondruck verringert werden, bei niedrigeren Temperaturen entsprechend umgekehrt. Zu interpretieren ist der Begriff der Steiggeschwindigkeit des Betons. Hierzu werden folgende Werte empfohlen:

0,5 bis 1,0 m/h für einen Plattenquerschnitt
1,0 bis 1,5 m/h für einen Balkenquerschnitt

In einer Tiefe, die der fünffachen Steiggeschwindigkeit einer Stunde entspricht, hört die Beanspruchung auf. Wenn die Schalungshöhe kleiner als die der fünffachen Steiggeschwindigkeit entsprechenden Ersatzhöhe ist, entfällt ein Teil der Belastung, im umgekehrten Fall ist der Schalungsdruck als Wechsellast anzusetzen.

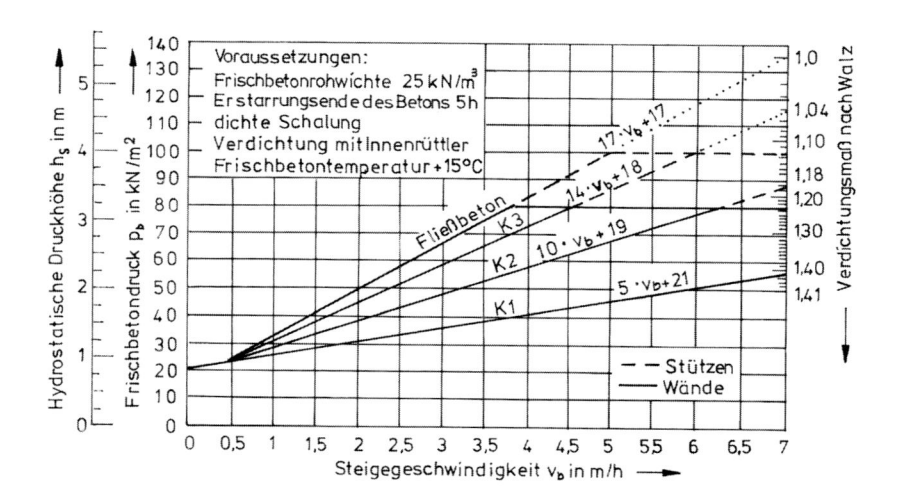

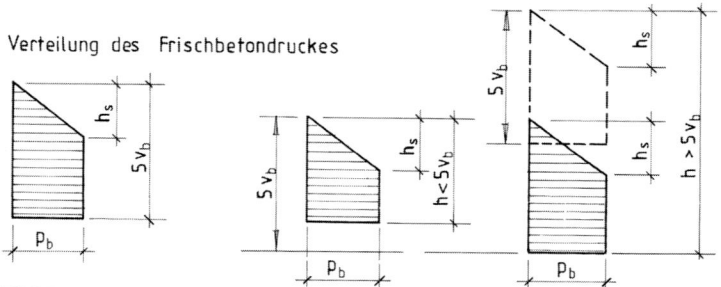

Bild 4.40
Schalungsdruck nach DIN 18218, Verteilung und Einflußgrößen

4.5 Schalungs- und Obergerüst

Berechnungsansätze

a) Horizontaler Seitendruck auf lotrechte Wände

Nach vorstehendem Diagramm des Bildes 4.40 ergibt sich:

$$p_s = \frac{\text{vorh}\,\gamma_B^*}{25} \cdot f(K_n\,;\,v_b)$$

mit: γ_B^* Frischbetoneigengewicht

Die Belastungsfigur ist ein Dreieck, wenn $h_s \geqq h_{geom}$, ansonsten besteht sie aus einem Dreieck und einem Rechteck.

b) Normaldruck auf geneigte Wände

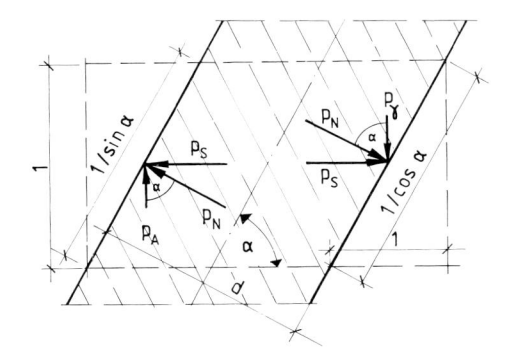

Bild 4.41
Krafteinwirkungen auf die geneigte Schalungsfläche

mit: $p_\gamma = \gamma_B^* \cdot h_s$ Frischbetoneigengewicht
$\quad\;\;\; p_s$ Schalungsdruck auf die lotrechte Wand
$\quad\;\;\; p_A$ Auftrieb des frischen Betons

ergibt sich für die Schalungsfläche unter dem Beton:

$$p_N = p_s \cdot \sin\alpha + \gamma_B \cdot h_s \cdot \cos\alpha \quad [\text{kN}]$$

bezogen auf 1 m² Wandfläche

$$p_N = p_s \cdot \sin^2\alpha + \gamma_B \cdot h_s \cdot \cos^2\alpha \quad [\text{kN/m}^2]$$

Liegt die Schalungsfläche über dem Beton, wirkt an Stelle des Eigengewichtes der Auftrieb des Frischbetons. Zur Bestimmung seiner Größe geht man von folgenden Grenzbetrachtungen aus:

$$\alpha = 90°;\quad p_A = 0$$
$$\alpha = 0°;\quad p_A = p_s$$

Diese Randbedingungen werden bei Ansatz einer sinusförmigen funktionalen Abhängigkeit durch die cos-Funktion erfüllt. Somit ergibt sich:

$$p_A = p_s \cdot \cos^2\alpha \quad [\text{kN/m}^2]$$

Der Normaldruck bezogen auf 1 m² Wandfläche ergibt sich dann zu:

$$p_N = p_s \cdot \sin^2\alpha + p_A \cdot \cos^2\alpha \quad [\text{kN/m}^2]$$

c) Ablesebeispiel nach Bild 4.40

- Breiter gedrungener Steg:

    $h = 1{,}25$ m, Betonsteife KP ($\triangleq$ C2), $v_b = 1{,}5$ m/h
    ergibt $p_{max} = 33{,}0 \cdot 26/25 = 34{,}3$ kN/m² bei $h_s = 1{,}30$ m

    Die Belastungsfigur ist ein volles Dreieck.

- Hoher schlanker Steg:

    $h = 2{,}00$ m, Betonsteife KP (C2), $v_b = 2{,}0$ m/h
    ergibt $p_{max} = 39{,}0 \cdot 26/25 = 40{,}6$ kN/m² bei $h_s = 1{,}50$ m

    Die Belastungsfigur wächst bis zur Tiefe von 1,50 m linear an und bleibt danach konstant.

4.6 Berechnungsbeispiele

4.6.1 Traggerüst als Rüstträgergerüst

4.6.1.1 Aufgabenstellung, System und Abmessungen

Für die nachstehend skizzierte, 75° schiefwinklige, Brückenkonstruktion ist ein Traggerüst als Rüstträgergerüst zu entwerfen und rechnerisch nachzuweisen. Aus wirtschaftlichen Gründen soll Rüstträgergroßgerät zur Anwendung gelangen. Für die Lasteintragung ist ein konventionell hergestelltes Schalungsgerüst aus Kanthölzern der Abmessungen 10/10 für die Gurt- und Belaghölzer sowie Stiele vorgegeben. Wegen der großen Abstände der Rüstträger muß die untere Belagholzlage jedoch eine Profilstärke von 16/20 haben. Der Binderabstand und damit der Abstand der Belaghölzer beträgt 0,60 m.

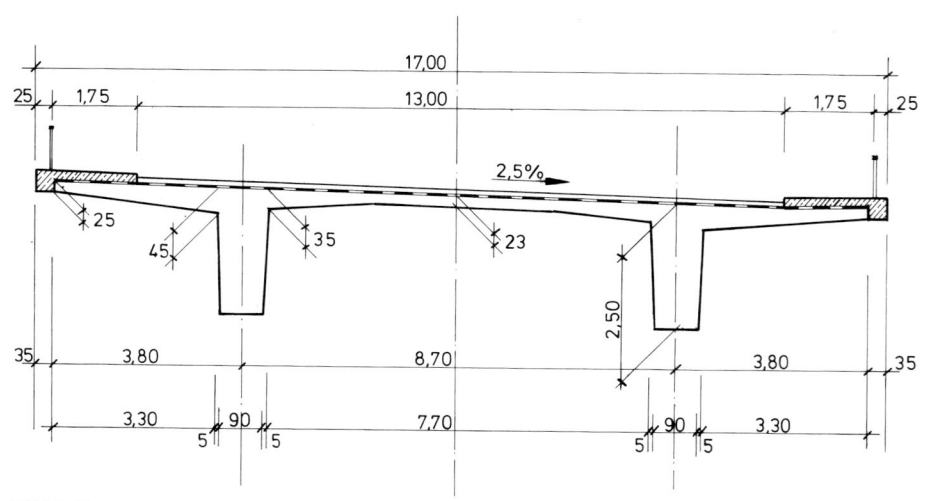

Bild 4.42
Brückenquerschnitt

4.6 Berechnungsbeispiele

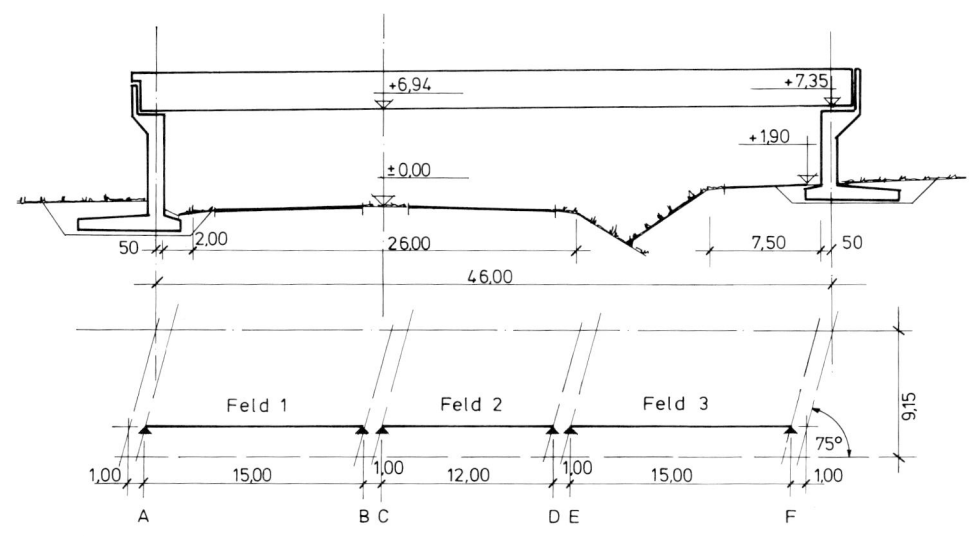

Bild 4.43
Brückensystem und Traggerüsteinteilung

Es liegt ein Traggerüst der Gruppe II vor; es ist $\gamma_T = 1{,}15$.

Gewählte Konstruktionselemente:

a) Rüstträger, System Röro, Rüstbinder H 33
   Feld 1 und 3: $l = 15{,}00$ m, $q_{zul} = 41{,}9$ kN/m
   Feld 2: $l = 12{,}00$ m, $q_{zul} = 53{,}6$ kN/m

b) Stützen, System Röro, Rüststütze H 45 mit zul N aus Bild 4.9

c) Aussteifungselemente:
   Windverband: Teleskopstab 310, min $A = 5{,}7$ cm^2, zul $N = 38$ kN (Bild 4.10)
   mit $l_{min} = 2{,}0$ m und $l_{max} = 3{,}10$ m
   Jochverband: Zug- und Druckstab 335, min $A = 6{,}25$ cm^2 (Bild 4.10)
   mit $l_{min} = 1{,}55$ m und $l_{max} = 3{,}35$ m,
   zul $N = 38{,}0$ kN bei $l \leq 2{,}95$ m und
   zul $N = 30{,}0$ kN bei $l = 3{,}35$ m

4.6.1.2 Tragfähigkeitsnachweis Feld 1 und Feld 3

Nachweis der Rüstträgerbeanspruchung

Einwirkungen

Eigenlast des Überbaues einschließlich des Obergerüstes:

$g_1 = 0{,}25 \cdot 26 + 1{,}5 = 8{,}0$ kN/m^2
$g_2 = 0{,}45 \cdot 26 + 1{,}5 = 13{,}2$ kN/m^2
$g_3 = 2{,}50 \cdot 26 + 1{,}5 = 66{,}5$ kN/m^2
$g_4 = 0{,}35 \cdot 26 + 1{,}5 = 10{,}6$ kN/m^2
$g_5 = 0{,}23 \cdot 26 + 1{,}5 = 7{,}5$ kN/m^2

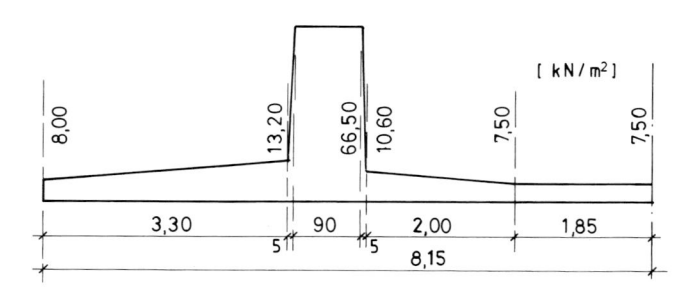

Bild 4.44 Belastungsbild g

Nutzlast aus dem Arbeitsbetrieb:

Fläche des Überbaues (halber Querschnitt)

$$A = \frac{0{,}25 + 0{,}45}{2} \cdot 3{,}3 + 0{,}95 \cdot 2{,}5 + \frac{0{,}35 + 0{,}23}{2} \cdot 2{,}05 + 0{,}23 \cdot 1{,}85 = 4{,}55 \text{ m}^2$$

mittlere Überbaustärke somit $4{,}55/8{,}15 = 0{,}56$ m

Verkehrslast mit 20% der aufzubringenden Frischbetoneigenlast:

$$q = 0{,}20 \cdot 0{,}56 \cdot 26{,}0 = 2{,}91 \text{ kN/m}^2 > 1{,}5 \text{ kN/m}^2 < 5{,}0 \text{ kN/m}^2$$

im Wechselbereich 3,00/3,00 m; übrige Belastungsfläche = 0,75 kN/m²

somit reine Wechsellast: $\Delta q = 2{,}91 - 0{,}75 = 2{,}16$ kN/m²

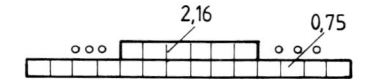

Bild 4.45 Veränderlicher Lastbereich

Umrechnung der Wechsellast in eine momentenadäquate Gleichlast über die Trägerlänge:

für Trägerlänge 15,00 m:

$$q_0 = \frac{2 \cdot 3{,}0}{15{,}0^2} \cdot 2{,}16 \left(15{,}0 - \frac{3{,}0}{2}\right) = 0{,}78 \text{ kN/m}^2$$

für Trägerlänge 12,0 m:

$$q_0 = \frac{2 \cdot 3{,}0}{12{,}0^2} \cdot 2{,}16 \left(12{,}0 - \frac{3{,}0}{2}\right) = 0{,}95 \text{ kN/m}^2$$

es wird der größere Wert für alle Felder angesetzt, somit die gleichmäßig verteilte Nutzlast:

$$q^* = 0{,}95 + 0{,}75 = 1{,}70 \text{ kN/m}^2$$

Zusammenfassung beider Einwirkungen $(g+q)$:

$$F = F_g + 0{,}9\, F_q = F_g + 1{,}53$$

$(g+q)_1 = 9{,}53$ kN/m² $(g+q)_4 = 12{,}13$ kN/m²

$(g+q)_2 = 14{,}73$ kN/m² $(g+q)_5 = 9{,}03$ kN/m²

$(g+q)_3 = 68{,}03$ kN/m²   Laufsteg $= 0{,}75$ kN/m²

4.6 Berechnungsbeispiele

Lastaufteilung auf die Rüstträger

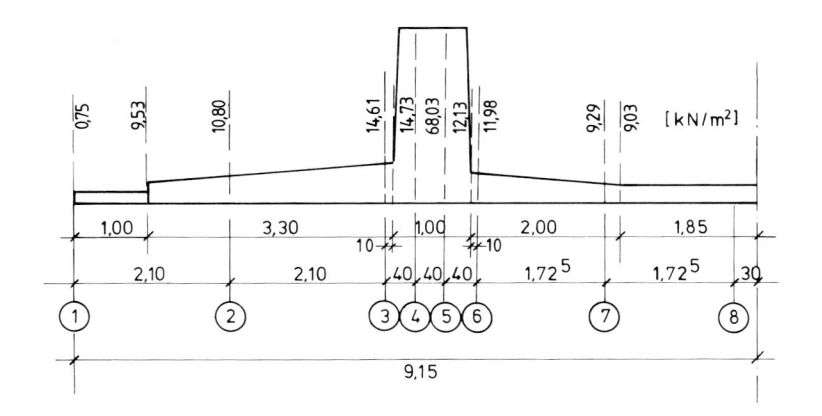

Werte [kN/m²]: 0,75 | 9,53 | 10,80 | 14,61 | 14,73 | 68,03 | 12,13 | 11,98 | 9,29 | 9,03

Abmessungen: 1,00 | 3,30 | 10 | 1,00 | 10 | 2,00 | 1,85
2,10 | 2,10 | 40, 40, 40 | 1,72⁵ | 1,72⁵ | 30

Träger ①②③④⑤⑥⑦⑧, Gesamtlänge 9,15

Bild 4.46 Belastungsbild $g+q$

Träger 1:

$$= \frac{0{,}75 \cdot 1{,}0 \cdot 1{,}60}{2{,}10} + \frac{9{,}53 \cdot 1{,}10 \cdot 0{,}55}{2{,}10} + \frac{(10{,}80 - 9{,}53) \cdot 0{,}55 \cdot 0{,}36}{2{,}10} = 3{,}4 \text{ kN/m}$$

Träger 2:

$$= \frac{0{,}75 \cdot 1{,}0 \cdot 0{,}50}{2{,}10} + \frac{9{,}53 \cdot 1{,}10 \cdot 1{,}55}{2{,}10} + \frac{(10{,}80 - 9{,}53) \cdot 0{,}55 \cdot 1{,}73}{2{,}10} +$$
$$+ (2 \cdot 10{,}80 + 14{,}61) \cdot \frac{2{,}10}{6} = 21{,}2 \text{ kN/m}$$

Träger 3:

$$= (2 \cdot 14{,}61 + 10{,}80) \cdot \frac{2{,}10}{6} + \frac{14{,}73 \cdot 0{,}10 \cdot 0{,}35}{0{,}40} + \frac{68{,}03 \cdot 0{,}275 \cdot 0{,}1375}{0{,}40} = 21{,}7 \text{ kN/m}$$

Träger 4:

$$= \frac{14{,}73 \cdot 0{,}10 \cdot 0{,}05}{0{,}40} + \frac{68{,}03 \cdot 0{,}275 \cdot 0{,}2625}{0{,}40} + 68{,}03 \cdot \frac{0{,}40}{2} = 26{,}0 \text{ kN/m}$$

entsprechend ergibt sich:

Träger 5: = 26,0 kN/m
Träger 6: = 17,1 kN/m
Träger 7: = 16,6 kN/m
Träger 8: = 10,5 kN/m

Die Summe aller vertikalen Beanspruchungen beträgt: Σq_v = 142,5 kN/m

Nachweis der Vertikaleinwirkungen (Träger 4 und 5):

$$\gamma_T (\max q) = 1{,}15 \cdot 26{,}0 = 29{,}9 \text{ kN/m} < q_{zul} = 41{,}9 \text{ kN/m}$$

Auflagerkräfte
(gültig für Feld 1 oder 3 mit einer Trägerlänge von 15,0 m)

Eigengewicht des Schalungsträgers 1,519 t ≙ 15,19 kN

Träger 1: 3,4 · 7,5 + 15,19/2 = 33,1 kN	Träger 5: 26,0 · 7,5 + 15,19/2 = 202,6 kN
Träger 2: 21,2 · 7,5 + 15,19/2 = 166,6 kN	Träger 6: 17,1 · 7,5 + 15,19/2 = 135,9 kN
Träger 3: 21,7 · 7,5 + 15,19/2 = 170,4 kN	Träger 7: 16,6 · 7,5 + 15,19/2 = 132,1 kN
Träger 4: 26,0 · 7,5 + 15,19/2 = 202,6 kN	Träger 8: 10,5 · 7,5 + 15,19/2 = 86,4 kN
572,7 kN	ΣP_v = 1130,0 kN

Beanspruchung der Rüststützen (dargestellt in Jochreihe E)

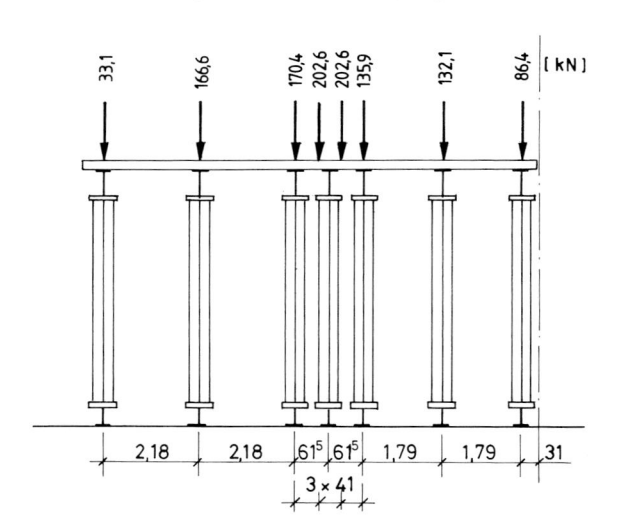

Bild 4.47
Anordnung der Stützen

Stützenlasten:

I: = 33,1 kN

II: = 166,6 kN

III: 170,4 + 202,6 · 0,205/0,615 = 237,9 kN

IV: 2 · 202,6 · 0,41/0,615   = 270,1 kN

V: 135,9 + 202,6 · 0,205/0,615 = 203,4 kN

VI: = 132,1 kN

VII: = 86,4 kN

mit: zul N nach dem Diagramm in Bild 4.9 für die größte Stützenlänge von 8,06 m:

$$\text{zul } N = 560/1{,}71 = 327 \text{ kN}$$

$$\gamma_T \cdot (\text{max vorh } N) = 1{,}15 \cdot 270{,}1 = 310{,}6 \text{ kN} < \text{zul } N$$

4.6 Berechnungsbeispiele

Nachweis der Horizontalkräfte

Windverband

Einwirkungen

Die Unterkante des Überbaues liegt auf +7,35 m über NN. Der Überbau liegt damit vorwiegend im Staudruckbereich >8,0 m, für das Schalungsband wird daher der Staudruck 0,8 kN/m² angesetzt.

- Wind auf den Überbau:

Höhe des Schalungsbandes: $h = 2,50 + 0,20 + 0,024 + 0,31 = 3,03$ m
DIN 1055, T. 4, Tab. 7, Zeile 3

$$\frac{b}{d} = \frac{16,30}{3,03} = 5,4 \text{ (umschriebenes Rechteck)} \rightarrow c_{fo} = 1,0$$

DIN 1055, T. 4, Tab. 16, Zeile 2 und Bild 14

$l = 46,0$ m; $\lambda = 1,45 \cdot \dfrac{46,0}{3,03} = 22 \qquad \rightarrow \psi = 0,79$

somit: $w = 1,0 \cdot 0,8 \cdot 0,79 \cdot 3,03 = 1,91$ kN/m

angesetzt wird: $w = 1,3 \cdot 0,8 \cdot 3,03$ $\hfill = 3,15$ kN/m

- Wind auf die Rüstträger:

DIN 1055, T. 4, Tab. 8, Zeile 1, Bild 5

$$\varphi = \frac{A}{A_u} = \frac{0,51}{2,14} = 0,24 \qquad \rightarrow c_{fo} = 1,6$$

DIN 1055, Tab. 16, Zeile 2 und Bild 14

$l = 15,0$ m, $\lambda = 2 \cdot \dfrac{15,0}{2,14} = 14 \qquad \rightarrow \psi = 0,95$

Windangriffsfläche aller Träger unter Berücksichtigung der Abschattung nach Tab. 9 und Bild 10, Anzahl der Träger für die halbe Brücke: $n = 8$

$$\varphi = 0,24 \,;\; \frac{a}{d} = \frac{2,1}{2,14} = 0,98\,;\; \eta = 0,68$$

$A_{res} = [1 + 0,68 + (8 - 2)\, 0,68^2] \cdot 0,51 = 2,27$ m²

somit $w = 1,6 \cdot 0,95 \cdot 0,50 \cdot 2,27$ $\hfill = 1,73$ kN/m

$\hfill w_{ges} = 4,88$ kN/m

Seitenkraft: $V_g/100$; $s = (0,56 \cdot 26 + 1,0) \cdot 8,15/100$ $\hfill = 1,27$ kN/m

$F = F_g + 0,9\, F_q$

$\Sigma\, (w + s) = 1,27 + 0,9 \cdot 4,88$ $\hfill = 5,66$ kN/m

Für den Windverband werden zwei Verbandsscheiben angeordnet. Anschlußmöglichkeiten im Obergurt für die aussteifenden Diagonalverbände sind jeweils in Abständen von 0,25 m vom Auflager möglich.

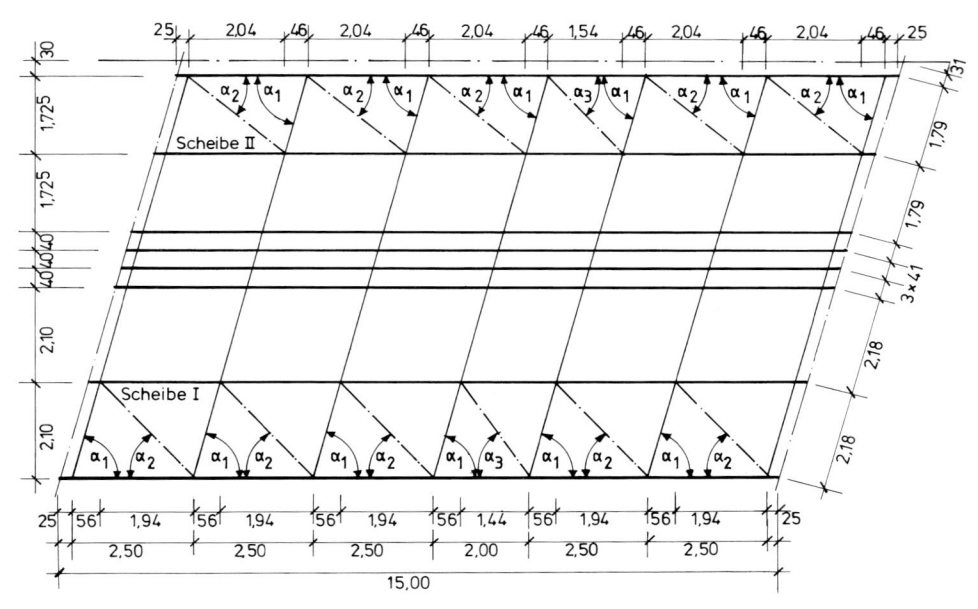

Bild 4.48
System des Windverbandes

Ermittlung der Schubsteifigkeit unter Berücksichtigung der Gurtverformung (P_{ki})

Tabelle 4.3
Schubsteifigkeiten der Diagonalen der einzelnen Verbandscheiben

	h	Δl	a	$\sin^2 a \cos a$	min A	E	S_{id_i}
	cm	cm	(°)		cm²	kN/cm²	kN
I	210	56	75,1	0,240	5,7	21 000	28 728
	210	194	47,3	0,366			43 810
	210	144	55,6	0,385			46 085
II	172	46	75,1	0,240	5,7	21 000	28 728
	172	204	40,2	0,318			38 065
	172	154	48,2	0,370			44 289

Schubsteifigkeit in den Feldern der einzelnen Verbandsscheiben:

Scheibe I:
$$S_w = \frac{14,50}{\frac{6 \cdot 0,56}{28728} + \frac{5 \cdot 1,94}{43810} + \frac{1 \cdot 1,44}{46085}} = 39230 \text{ kN} \triangleq 51,6\%$$

Scheibe II:
$$S_w = \frac{14,50}{\frac{6 \cdot 0,46}{28728} + \frac{5 \cdot 2,04}{38065} + \frac{1 \cdot 1,54}{44289}} = 36358 \text{ kN} \triangleq 48,1\%$$

$$\Sigma S_w = 75588 \text{ kN}$$

4.6 Berechnungsbeispiele

Querkraft am verformten System

Trägheitsmoment des Obergurtsystems:

Schwerpunktabstand vom äußeren Träger:

$e = 1/8 \cdot (2,10 + 4,20 + 4,60 + 5,00 + 5,40 + 7,125 + 8,85) = 4,66$ m

Fläche eines Obergurtes = 54,9 cm²

$I_s = \Sigma (A \cdot y_i^2) = 54,9 \, (466^2 + 256^2 + 46^2 + 6^2 + 34^2 + 206,5^2 + 379^2) = 25,9 \cdot 10^6$ cm⁴

Eulerknicklast: $P_E = \dfrac{\pi^2 \cdot 2,1 \cdot 10^4 \cdot 25,9 \cdot 10^6}{1500^2} = 2\,390\,000$ kN $\gg 75\,588$ kN $= \Sigma S_w$

somit ist: $P_{ki} = \Sigma S_w$

Nachweis der Diagonalstäbe:

Summe der maximalen Obergurtdruckkräfte:

$$M_{qv} = 142,5 \cdot 15,0^2/8 = 4008 \text{ kNm}; \quad \Sigma N = 4008/2,0 = 2004 \text{ kN}$$

Querkraft am unverformten System: $V^I = 5,66 \cdot 15,0/2 - 5,66 \, (0,25 + 2,50/2) = 34,0$ kN

Querkraft am verformten System: $V^{II} = \dfrac{34,0 + 5 \cdot 2004 \, \dfrac{1}{500 \sqrt{8}}}{1 - 1,71 \, \dfrac{2004}{75\,588}} = 43,0$ kN

Aufteilung auf die Verbandscheiben:

Scheibe I: $D_1 = 43,0 \cdot 0,519/\sin 75,0° = 23,1$ kN $\quad D_2 = 43,0 \cdot 0,519/\sin 47,3° = 30,4$ kN

Scheibe II: $D_1 = 43,0 \cdot 0,481/\sin 75,0° = 21,4$ kN $\quad D_2 = 43,0 \cdot 0,481/\sin 40,2° = 32,0$ kN

$\gamma_T \cdot (\max D) = 1,15 \cdot 30,4 = 35,0$ kN $<$ zul $D = 38,0$ kN

Aussteifungsverband

Konstruktionselemente: Diagonalen DZ 310, Gurte L 120/80/8, Pfosten L 80/8

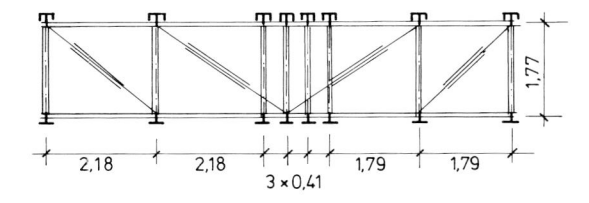

Bild 4.49
Aussteifungsverband der Rüstträger

$\tan \alpha_1 = 2,18/1,77$; $\quad \alpha_1 = 50,9°$; $\quad \sin^2 \alpha \cos \alpha = 0,380$
$\tan \alpha_2 = 2,59/1,77$; $\quad \alpha_2 = 55,7°$; $\quad \sin^2 \alpha \cos \alpha = 0,385$
$\tan \alpha_3 = 2,61/1,77$; $\quad \alpha_3 = 55,8°$; $\quad \sin^2 \alpha \cos \alpha = 0,385$
$\tan \alpha_4 = 1,79/1,77$; $\quad \alpha_4 = \dfrac{45,3°}{50,9°}$; $\quad \sin^2 \alpha \cos \alpha = \dfrac{0,355}{1,505}$

$\Sigma S_{id} = 2,1 \cdot 10^4 \cdot 5,7 \cdot 1,505 = 180\,149$ kN

Binderlänge 15,0 m > 10,0 m, erforderlich werden 3 Verbände, Typ B,
Anteilige Querlast: $V^I = 5{,}66 \cdot 15{,}0/3 \cdot \sin 75° = 29{,}3$ kN

$$V^{II} = \frac{29{,}3 + 5 \cdot 2004 \, \dfrac{1}{500 \sqrt{8}}}{1 - 1{,}71 \, \dfrac{2004}{180\,149}} = 37{,}1 \text{ kN}$$

$\gamma_T \cdot D = 1{,}15 \cdot 37{,}1/4 \cdot \sin 50{,}9° = 13{,}8$ kN $<$ zul $D = 38{,}0$ kN

Stehender Verband (dargestellt in der Jochreihe E)

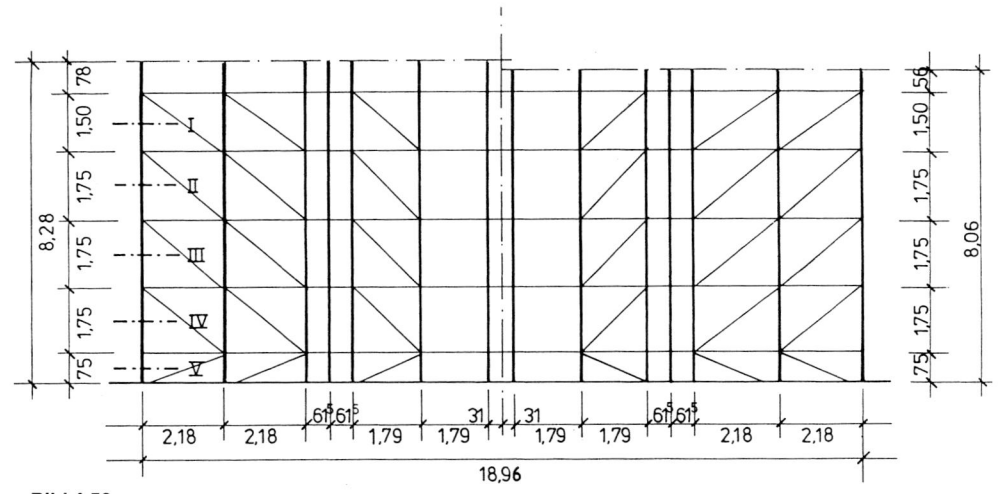

Bild 4.50
Jochverband in Achse E

Einwirkungen

Wind auf das Schalungsband: $= 3{,}15$ kN/m

Wind auf die gesamte Trägerlage:

$$w = 1 + 0{,}68 + (16 - 2)\,0{,}68^2 \cdot 0{,}51 \cdot 1{,}6 \cdot 0{,}95 \cdot 0{,}50 = 3{,}16 \text{ kN/m}$$

$w_{ges} = 6{,}31$ kN/m

Seitenkraft für das gesamte System: $s = 2 \cdot 1{,}27$ $= 2{,}54$ kN/m

$w + s = 2{,}54 + 0{,}9 \cdot 6{,}31 = 8{,}22$ kN/m

Wind auf die Stützen:

DIN 1055,4, Tab. 8, $\varphi = \dfrac{0{,}351}{0{,}512} = 0{,}69$ $\rightarrow c_{fo} = 1{,}5$

DIN 1055,4, Tab. 16, $l < 15{,}0$ m, $\lambda = 2 \, \dfrac{8{,}28}{0{,}436} = 38 \rightarrow \psi = 0{,}95$

4.6 Berechnungsbeispiele

Anzahl der Stützen $n = 14$

$$\varphi = 0{,}69\,;\quad \frac{a}{d} = \frac{2{,}10}{0{,}512} = 4{,}1\,;\quad \eta = 0{,}30$$

$w_{ges} = [1 + 0{,}30 + (14 - 2)\,0{,}30^2] \cdot 0{,}351 \cdot 1{,}5 \cdot 0{,}95 \cdot 0{,}50 = 0{,}595$ kN/m

$F = F_g + 0{,}9\,F_q$

$w = 0{,}9 \cdot 0{,}595 = 0{,}536$ kN/m

Ermittlung der Schubsteifigkeit unter Berücksichtigung der Gurtverformung

Tabelle 4.4
Schubsteifigkeit der Diagonalen im Außenfeld eines jeweiligen Horizontalschnittes des Jochverbandes

	h	a	α	$\sin^2 \alpha \cos \alpha$	min A	E	S_{iD}	ΣS_{iD}
	cm	cm	(°)		cm²	kN/cm²	kN	kN
I	150 150	218 179	55,5 50,0	0,385 0,377	6,25	21 000	50 531 49 481	301 086
II, III, IV	175 175	218 179	51,2 45,6	0,381 0,357	6,25	21 000	50 006 46 856	293 736
V	75 75	218 179	71,0 67,3	0,291 0,328	6,25	21 000	38 194 43 050	238 876

Querkraft am verformten System

Trägheitsmoment des Stützensystems:

Fläche einer Rüststütze H 45 = 24,6 cm²

$I_s = 2 \cdot 24{,}6\,(31^2 + 210^2 + 389^2 + 450{,}5^2 + 512^2 + 730^2 + 948^2) = 1{,}03 \cdot 10^8$ cm⁴

Eulerknicklast: $P_E = \dfrac{\pi^2 \cdot 2{,}1 \cdot 10^4 \cdot 1{,}03 \cdot 10^8}{(2 \cdot 828)^2} = 7{,}78 \cdot 10^6$ kN $\gg \Sigma S_{id}$

somit: $P_{ki} = \Sigma S_{iD}$

Nachweis der Diagonalstabkräfte:

Schnitt I–I: $V^I = 8{,}22\,(15{,}0 + 1{,}0)/2 \cdot \sin 75° + 0{,}536\,(0{,}78 + 1{,}50/2) = 68{,}9$ kN

$$V^{II} = \frac{68{,}9 + 2 \cdot 1130 \cdot 0{,}01}{1 - 1{,}7\,\dfrac{2 \cdot 1130}{301\,086}} = 92{,}6 \text{ kN}$$

Aufteilung auf die einzelnen Verbandsfelder:

$\Delta V_1 = 92{,}6 \cdot 50\,531/301\,086 = 15{,}5$ kN; $\qquad \Delta V_2 = 92{,}6 \cdot 49\,481/301\,086 = 15{,}2$ kN

$\gamma_T \cdot D_1 = 1{,}15 \cdot 15{,}5/\sin 55{,}5° = 21{,}8$ kN $<$ zul $D = 38{,}0$ kN

$\gamma_T \cdot D_2 = 1{,}15 \cdot 15{,}2/\sin 50{,}0° = 22{,}8$ kN $<$ zul $D = 38{,}0$ kN

Schnitt IV–IV: $\quad V^{\mathrm{I}} = 68{,}9 + 0{,}536 \left(2 \cdot 1{,}75 + \dfrac{1{,}5 + 1{,}75}{2}\right) = 71{,}6$ kN

$$V^{\mathrm{II}} = \dfrac{71{,}6 + 2 \cdot 1130 \cdot 0{,}01}{1 - 1{,}7\,\dfrac{2 \cdot 1130}{293\,736}} = 95{,}4 \text{ kN}$$

$\Delta V_1 = 95{,}4 \cdot 50\,006/293\,736 = 16{,}2$ kN; $\qquad \Delta V_2 = 95{,}4 \cdot 46\,856/293\,736 = 15{,}2$ kN

$\gamma_T \cdot D_1 = 1{,}15 \cdot 16{,}2/\sin 51{,}2° = 24{,}0$ kN $<$ zul $D = 38{,}0$ kN

$\gamma_T \cdot D_2 = 1{,}15 \cdot 15{,}2/\sin 45{,}6° = 24{,}5$ kN $<$ zul $D = 38{,}0$ kN

Schnitt V–V:

Entsprechend ergibt sich:

$\gamma_T \cdot D_1 = 1{,}15 \cdot 15{,}4/\sin 71{,}0° = 18{,}7$ kN $<$ zul $D = 38{,}0$ kN

$\gamma_T \cdot D_2 = 1{,}15 \cdot 17{,}3/\sin 67{,}3° = 21{,}5$ kN $<$ zul $D = 38{,}0$ kN

4.6.1.3 Darstellung

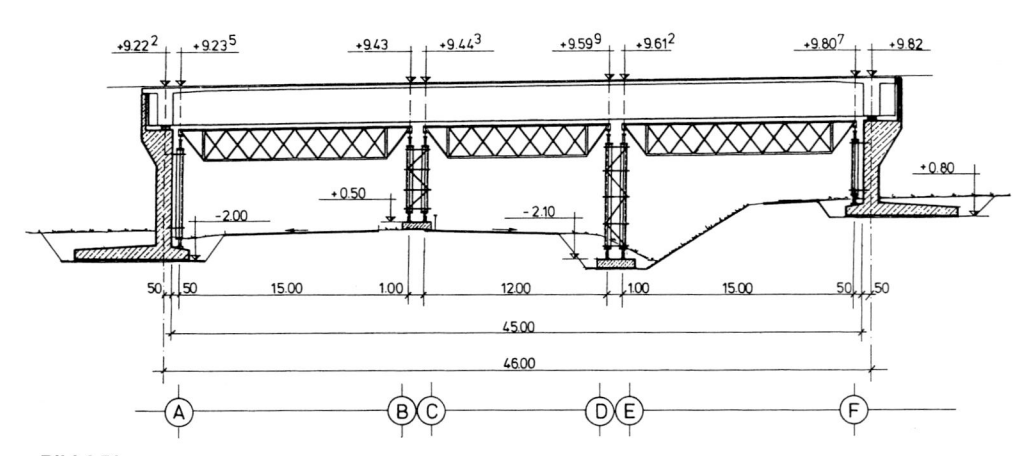

Bild 4.51
Längsschnitt des Traggerüstes

4.6 Berechnungsbeispiele

Bild 4.52 Querschnitt des Traggerüstes in der Achse E

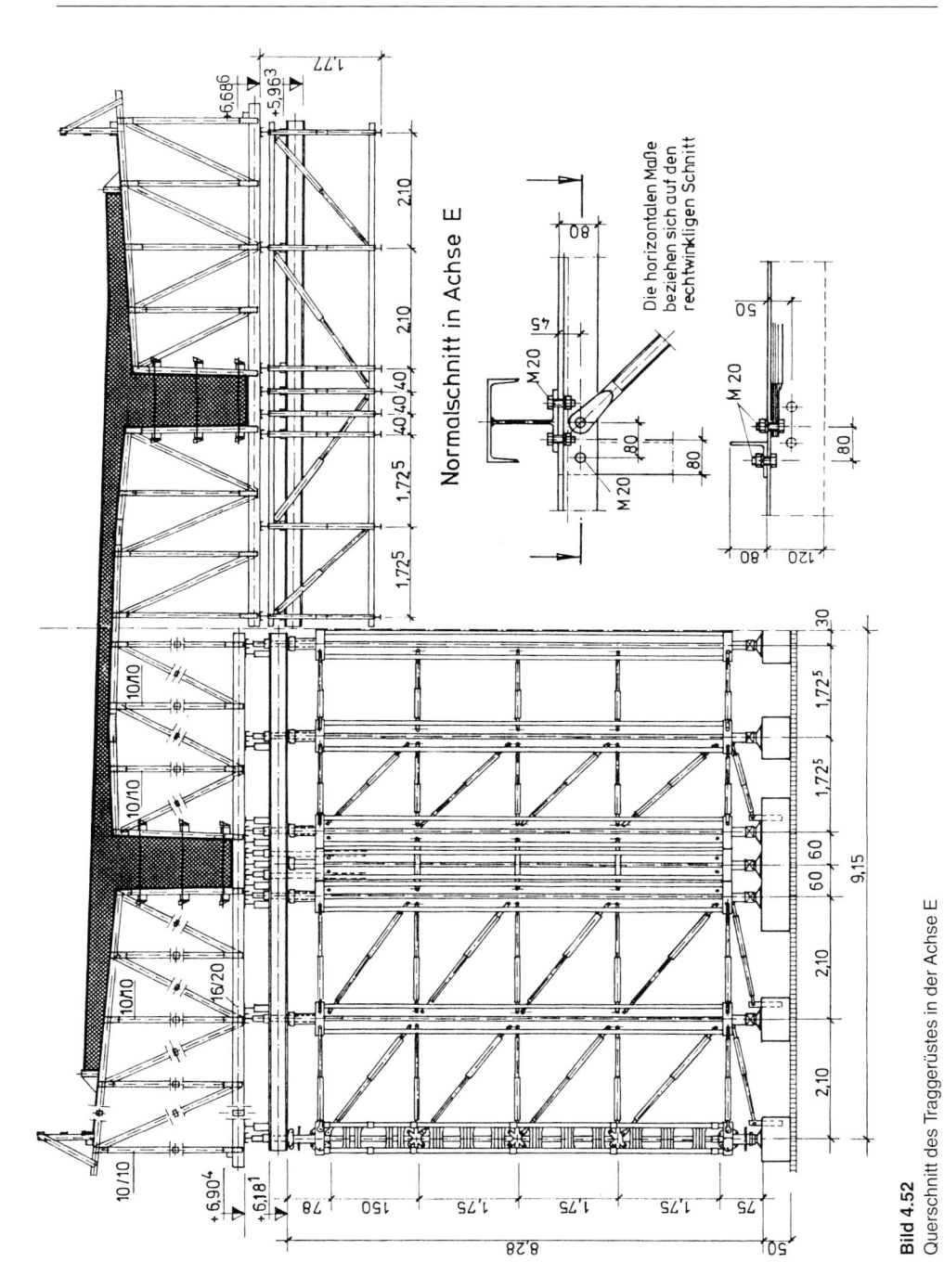

4.6.2 Traggerüst als Lastturmgerüst

4.6.2.1 Aufgabenstellung, System und Abmessungen

Für die nachstehend skizzierte Hochstraße soll ein Traggerüst als Lastturmgerüst für einen Betonierabschnitt entworfen werden. Die angegebene lichte Durchfahrtshöhe bezieht sich auf den tiefer liegenden Hauptträger. Eine Durchfahrtsöffnung ist nicht vorzusehen.

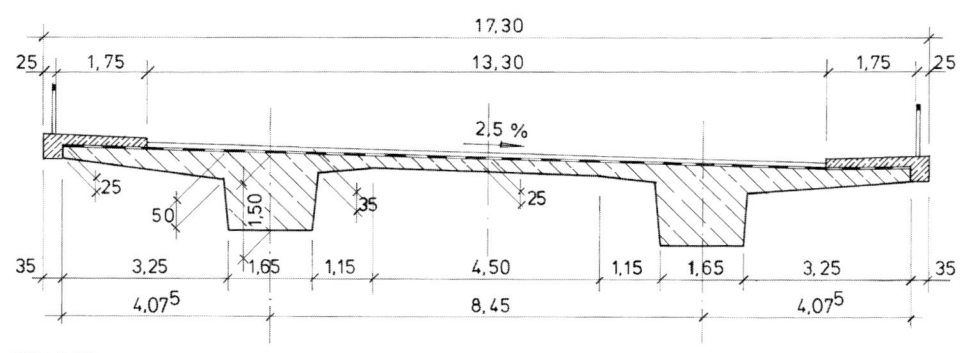

Bild 4.53
Brückenquerschnitt

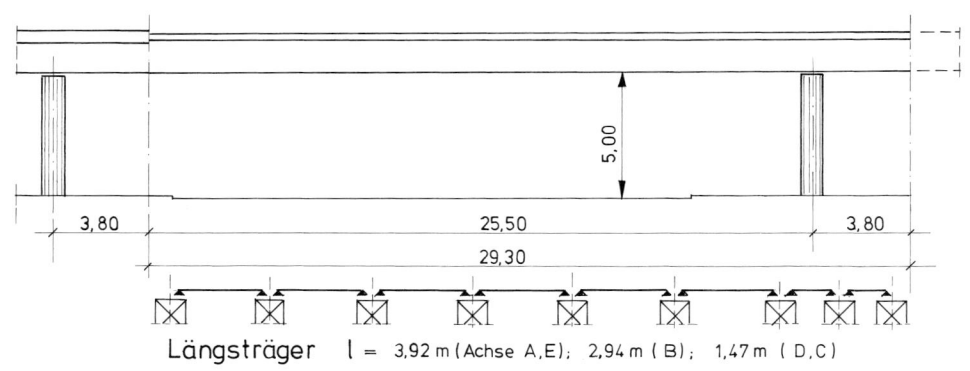

Bild 4.54
Brückensystem und Traggerüsteinteilung

Gewählt: Hünnebeck Rahmenstütze ID15, Rüstsystem Röro

Bestandteile: Vertikalrahmen: $2 \times 1{,}0$ m; $1 \times 1{,}335$ m
Horizontalrahmen: Kopf- und Fußrahmen

Obergerüst: Stiele 10/10 cm, Obere Belaghölzer 10/10 cm
unteres Belagholz 10/14 cm, Abstand 0,40 m

Fundamente: 1,20/1,200/50 m als Fertigfundamente

Es liegt ein Lehrgerüst der Gruppe II vor, $\gamma_T = 1{,}15$.

4.6.2.2 Tragfähigkeitsnachweis

a) Einwirkungen aus dem Schalungsgerüst

Eigenlast des Überbaues einschließlich des Obergerüstes

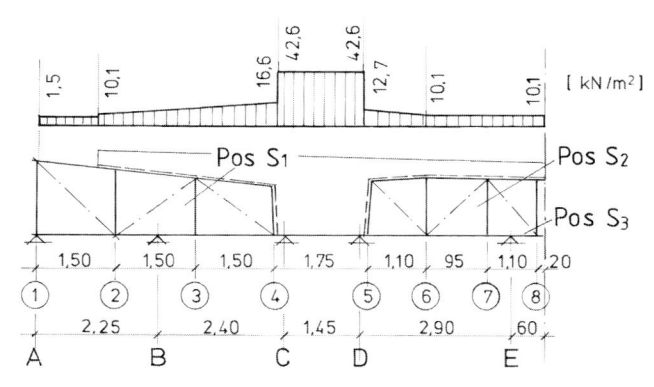

Bild 4.55 Lastabtragung im Schalungsgerüst

$g_1 = 0{,}25 \cdot 26 + 1{,}0 = 7{,}5$ kN/m² $\quad g_4 = 0{,}35 \cdot 26 + 1{,}0 = 10{,}1$ kN/m²

$g_2 = 0{,}50 \cdot 26 + 1{,}0 = 14{,}0$ kN/m² $\quad g_5 = 0{,}25 \cdot 26 + 1{,}0 = 7{,}5$ kN/m²

$g_3 = 1{,}50 \cdot 26 + 1{,}0 = 40{,}0$ kN/m²

Nutzlast aus dem Arbeitsbetrieb

Fläche des Überbaues:

$$A = \frac{0{,}25 + 0{,}50}{2} \cdot 3{,}25 + 1{,}65 \cdot 1{,}5 + \frac{0{,}35 + 0{,}25}{2} \cdot 1{,}15 + 0{,}25 \cdot 2{,}25 = 4{,}60 \text{ m}^2$$

$h_m = 4{,}60/8{,}30 = 0{,}56$ m

$\Delta q = 0{,}20 \cdot 0{,}56 \cdot 26 = 2{,}91$ kN/m² im Wechsellastbereich

übrige Fläche: $q = 1{,}50$ kN/m²

Zusammenwirken beider Lasteinflüsse

$(g + q)_1 = 7{,}5 + 0{,}9 \cdot 2{,}91 = 10{,}1$ kN/m², $\quad (g + q)_4 = 10{,}1 + 0{,}9 \cdot 2{,}91 = 12{,}7$ kN/m²

$(g + q)_2 = 14{,}0 + 0{,}9 \cdot 2{,}91 = 16{,}6$ kN/m², $\quad (g + q)_5 = 7{,}5 + 0{,}9 \cdot 2{,}91 = 10{,}1$ kN/m²

$(g + q)_3 = 40{,}0 + 0{,}9 \cdot 2{,}91 = 42{,}6$ kN/m², $\quad$ Laufsteg: $q = 1{,}5$ kN/m²

Das Schalungsgerüst gibt die Lasten über die Stiele, im Bereich der Hauptträger direkt, an das untere Belagholz ab. Dieses wird in den Achsen A bis E durch Längsträger gestützt.

Der Wechsellastbereich $3{,}0 \times 3{,}0$ m deckt in den Positionen S_1 und S_2 den vorhandenen Belastungsbereich voll ab, in der Pos. S_3 dagegen nur einen anteiligen Bereich. Zum Nachweis dieser Position wäre daher die Berechnung mit unterschiedlicher Stellung der Nutzlast erforderlich. Da es sich aber hier um die Ermittlung der größten Stützendrücke handelt, werden die Pos. S_1 und S_2 jeweils mit Vollast angesetzt und mit *einem* Lastfall nachgewiesen.

Die Ermittlung der Stiellasten, sowie die Bemessung des unteren Belagholzes erfolgt über ein DV-Programm:

Ermittlung der Stiellasten

Pos. S_1: Riegel unter dem Außenkragarm

aus einer Programmrechnung ergibt sich:

Stütze 1: $F_1 = 1{,}2$ kN/m

Stütze 2: $F_2 = 11{,}2$ kN/m

Stütze 3: $F_3 = 23{,}8$ kN/m

Stütze 4: $F_4 = 9{,}1$ kN/m

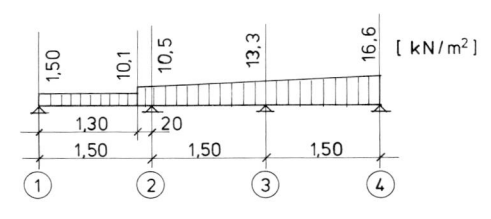

Bild 4.56
System und Belastung

Pos. S_2: Riegel unter der Fahrbahnplatte

aus einer Programmrechnung ergibt sich:

Stütze 5: $F_5 = 6{,}5$ kN/m

Stütze 6: $F_6 = 9{,}4$ kN/m

Stütze 7: $F_7 = 13{,}0$ kN/m

Stütze 8: $F_8 = 6{,}4$ kN/m

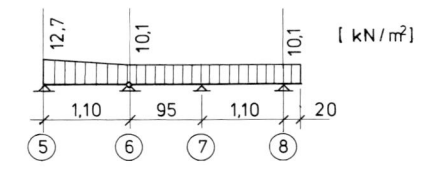

Bild 4.57
System und Belastung

Pos. S_3: Unteres Belagholz

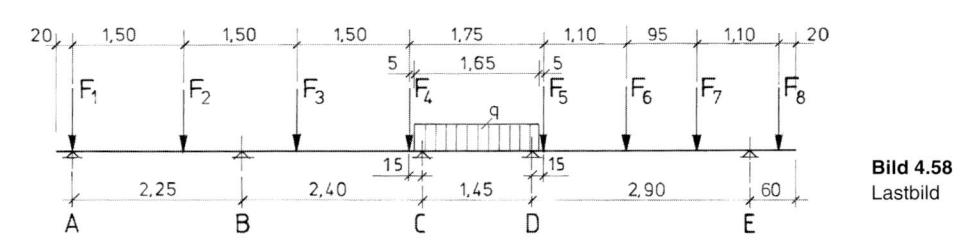

Bild 4.58
Lastbild

```
Programmdaten:                                          min Ms  | max A
BEMESSUNG Nadelholz der Güteklasse II                  (kNm/m) | (kN/m)
gewählt: b/d = 10/16 cm im Abstand e = 40 cm  Stütze A   0.00  |  0.92
                                              Stütze B  -6.33  | 27.23
                                              Stütze C  -6.48  | 49.45
                                              Stütze D  -8.88  | 53.55
                                              Stütze E  -2.56  | 18.54
```

Der durchlaufend gewählte Riegel in einer Länge von 9,60 m ist möglicherweise nicht besonders wirtschaftlich. Es ist daher auch die Teilung dieses Riegels möglich, in der Weise, daß die Belaghölzer unter dem Hauptträger aneinander vorbeischießen und somit von Hauptträger zu Feld im Verhältnis 1 : 2 angeordnet werden können. In diesem Fall ergeben sich aber andere statische Systeme.

4.6 Berechnungsbeispiele

b) Nachweis der Trägerlage

Die Belastung auf die Traggerüstlängsträger ergibt sich aus den Programmdaten zur Pos. S 3. Für die Belastung der Achse A ist die Stiellast F_1 noch zu berücksichtigen.

Längsträger

Achse A und E: $l = 3{,}92$ m, max $q = q_E = 18{,}54$ kN/m
$$q = 18{,}54 + 0{,}50 = 19{,}04 \text{ kN/m}$$
$$A = 19{,}04 \cdot 3{,}92/2 = 37{,}3 \text{ kN}$$
$$M = 19{,}04 \cdot 3{,}92^2/8 = 36{,}5 \text{ kNm}$$

Achse B: $l = 2{,}94$ m, max $q = 27{,}23$ kN/m
$$q = 27{,}23 + 0{,}50 = 27{,}73 \text{ kN/m}$$
$$A = 27{,}73 \cdot 2{,}94/2 = 40{,}8 \text{ kN}$$
$$M = 27{,}73 \cdot 2{,}94^2/8 = 30{,}0 \text{ kNm}$$

Achse C und D: $l = 1{,}47$ m, max $q = q_D = 53{,}55$ kN/m
$$q = 53{,}55 + 0{,}50 = 54{,}05 \text{ kN/m}$$
$$A = 54{,}05 \cdot 1{,}47/2 = 39{,}7 \text{ kN}$$
$$M = 54{,}05 \cdot 1{,}47^2/8 = 14{,}6 \text{ kNm}$$

Gewählt: HEB 160 mit $W_y = 311$ cm^3 und $I_y = 2490$ cm^4

$\gamma_T \cdot (\text{max vorh } \sigma) = 1{,}15 \cdot 3650/311 = 13{,}5$ kN/cm^2 < $14{,}0$ kN/cm^2 = zul σ

Durchbiegung: zul $f = l/300$

$\gamma_T \cdot (\text{erf } I) = 1{,}15 \cdot 14{,}9 \cdot 36{,}5 \cdot 3{,}92 = 2452$ cm^4 < 2490 cm^4 = vorh I

Damit jede Einzelstütze der Rahmenstütze die gleiche Last erhält, wird am Stützenkopf ein Zentrierträger angeordnet, der mittig auf den beiden Auflagerträgern liegt, die je zwei Einzelstützen am Kopf miteinander verbinden.

Zentrierträger

Maximale Belastung in der Achse B; je Balken ergibt sich von beiden Seiten:
$$\text{vorh } F = 2 \cdot 40{,}8 = 81{,}6 \text{ kN}$$
$$A = 81{,}6/2 = 40{,}8 \text{ kN}$$
$$\text{max } M = 81{,}6 \cdot 1{,}0/4 = 20{,}4 \text{ kNm}$$

Gewählt: HEB 140 mit $W_y = 216$ cm^3

$\gamma_T \cdot \text{max } \sigma = 1{,}15 \cdot 2350/216 = 10{,}9$ kN/cm^2 < $14{,}0$ kN/cm^2 = zul σ

Auflagerträger

Maximale Belastung in der Achse B, je Balken ergibt sich $F = 40{,}8$ kN

$$A = 40{,}8/2 \cdot 20{,}4 \text{ kN} \triangleq \text{der maximalen Belastung der Einzelstütze}$$

$$\max F = 40{,}8 \cdot 1{,}0/4 = 10{,}2 \text{ kNm}$$

Gewählt: HEB 100 mit $W_y = 89{,}9 \text{ cm}^3$

$\gamma_T (\max \sigma) = 1{,}15 \cdot 1020/89{,}9 = 13{,}0 \text{ kN/cm}^2 < 14{,}0 \text{ kN/cm}^2 = \text{zul } \sigma$

Sonderlänge in Achse C und D

Im Bereich der Brückenstütze muß der Längsträger als Sonderlänge eingepaßt werden. Damit das Profil HEB 160 ausreicht, wird eine Unterstützung erforderlich.

c) Nachweis der Horizontalkräfte

Einwirkungen

Wind auf den Überbau

Höhe des Schalungsbandes: $h = 1{,}50 + 0{,}024 + 0{,}16 + 0{,}31 = 1{,}99 \text{ m}$

DIN 1055, T. 4, Tab. 7, Zeile 3

$$\frac{b}{d} = \frac{16{,}60}{1{,}99} = 8{,}3 \text{ (umschriebenes Rechteck)} \rightarrow c_{fo} = 1{,}0$$

DIN 1055, T. 4, Tab. 16, Zeile 2 und Bild 14

$$l = 29{,}30 \text{ m}; \; \lambda = 1{,}75 \; \frac{29{,}3}{1{,}99} = 25{,}8 \qquad \rightarrow \psi = 0{,}80$$

somit: $\qquad\qquad\qquad\qquad\qquad\qquad w = 1{,}0 \cdot 0{,}80 \cdot 0{,}50 \cdot 1{,}99 = 0{,}80 \text{ kN/m}$

Wind auf die Trägerlage (gesamte Brücke)

DIN 1055, T. 4, Tab. 6, Zeile 11

$$\frac{b}{d} = \frac{160}{160} = 1; \; \beta = 0°; \qquad\qquad \rightarrow c_{fo} = 1{,}7$$

DIN 1055, T. 4, Tab. 16, Zeile 2 und Bild 14

$$l = 29{,}3 \text{ m}, \; \lambda = 1{,}4 + (2{,}0 - 1{,}4) \left[\frac{50 - 29{,}3}{50 - 15}\right] \cdot \left[\frac{29{,}3}{0{,}16}\right]$$

$$= 1{,}75 \cdot 183 = 320 \qquad \rightarrow \psi = 1{,}0$$

Anzahl der Träger $n = 10$, Abschätzung nach Tab. 9 und Bild 10

$$\varphi = \frac{A}{A_u} = 1{,}0, \; \frac{a}{d} = \frac{2{,}9}{0{,}16} = 18, \; \eta = 0{,}85$$

Windangriffsfläche:

$A_{res} = [1 + 0{,}85 + (10 - 2) \, 0{,}85^2] \, 0{,}16 = 1{,}22 \text{ m}^2/\text{m}$

somit $w = 1{,}7 \cdot 1{,}0 \cdot 0{,}50 \cdot 1{,}22 \qquad\qquad\qquad\qquad\qquad = 1{,}04 \text{ kN/m}$

$$\Sigma w = 1{,}84 \text{ kN/m}$$

Seitenkraft nach DIN 4421 für die gesamte Brücke

$$s = V_g/100 = (0{,}56 \cdot 26 + 1{,}0) \cdot 16{,}6/100 = 2{,}58 \text{ kN/m}$$

Zusammenwirken beider Lasteinflüsse: $\quad F = F_g + 0{,}9 \, F_q$

$$\Sigma (s + w) = 2{,}58 + 0{,}9 \cdot 1{,}84 = 4{,}24 \text{ kN/m}$$

4.6 Berechnungsbeispiele

Aufteilung der Horizontalkräfte auf die Stiele der Rahmenstützen

Die Windbelastung auf die Rahmenstütze selbst ist nach dem Zulassungsbescheid im Bemessungsdiagramm berücksichtigt.

Anzahl der Stiele im Feldbereich je m Brückenlänge:

$$n = 2 \cdot \left[2\,\frac{4}{1{,}47} + 2\,\frac{4}{3{,}92} + \frac{4}{2{,}94} \right] = 17{,}7 \text{ Stiele/m}$$

max vorh $H = 4{,}24/17{,}7 = 0{,}24$ kN/Stiel

Anzahl der Stiele im Kragarmbereich je m Brückenlänge:

$n = 2 \cdot (4 \cdot 10)/3{,}80 = 21{,}1$ Stiele/m

vorh $H = 4{,}24/21{,}1 = 0{,}20$ kN/Stiel

d) Nachweis der Rahmenstütze ID 15

Die zulässige Belastung des Einzelstieles ergibt sich aus dem Tragfähigkeitsdiagramm der Rahmenstütze ID 15, das nachstehend im Rahmen der Gültigkeit des Prüfbescheides Nr. P 31 – 140/83 in Bild 4.59 wiedergegeben ist. Unter der Berücksichtigung der vorhandenen Horizontalkraft ergibt sich:

$$\gamma_T \cdot H = 1{,}15 \cdot 0{,}24 = 0{,}28 \text{ kN/Stiel} \rightarrow \text{zul } \gamma_T \cdot H = 32{,}0 \text{ kN}$$

Nachweis der Vertikalbelastung:

$$\gamma_T \cdot (\max V) = 1{,}15 \cdot 20{,}4 = 23{,}5 \text{ kN/Stiel} < \text{zul } V = 31 \text{ kN/Stiel}$$

Mit dem Nachweis der zulässigen Auslastung der Rahmenstütze soll dieser Tragfähigkeitsnachweis abgeschlossen sein.

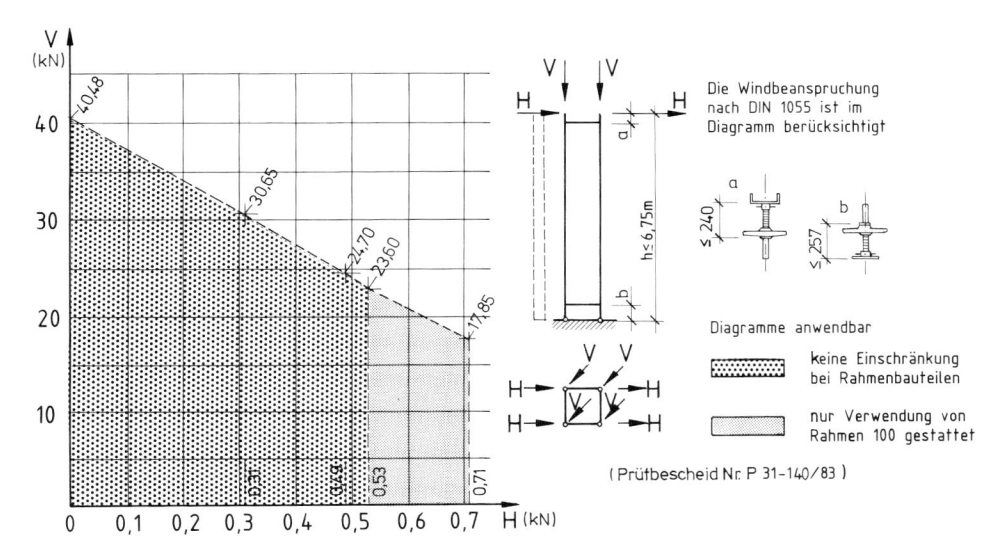

Bild 4.59
Hünnebeck Rahmenstütze ID 15, Rüstsystem Röro, Tragfähigkeitsdiagramm

4.6.2.3 Darstellung

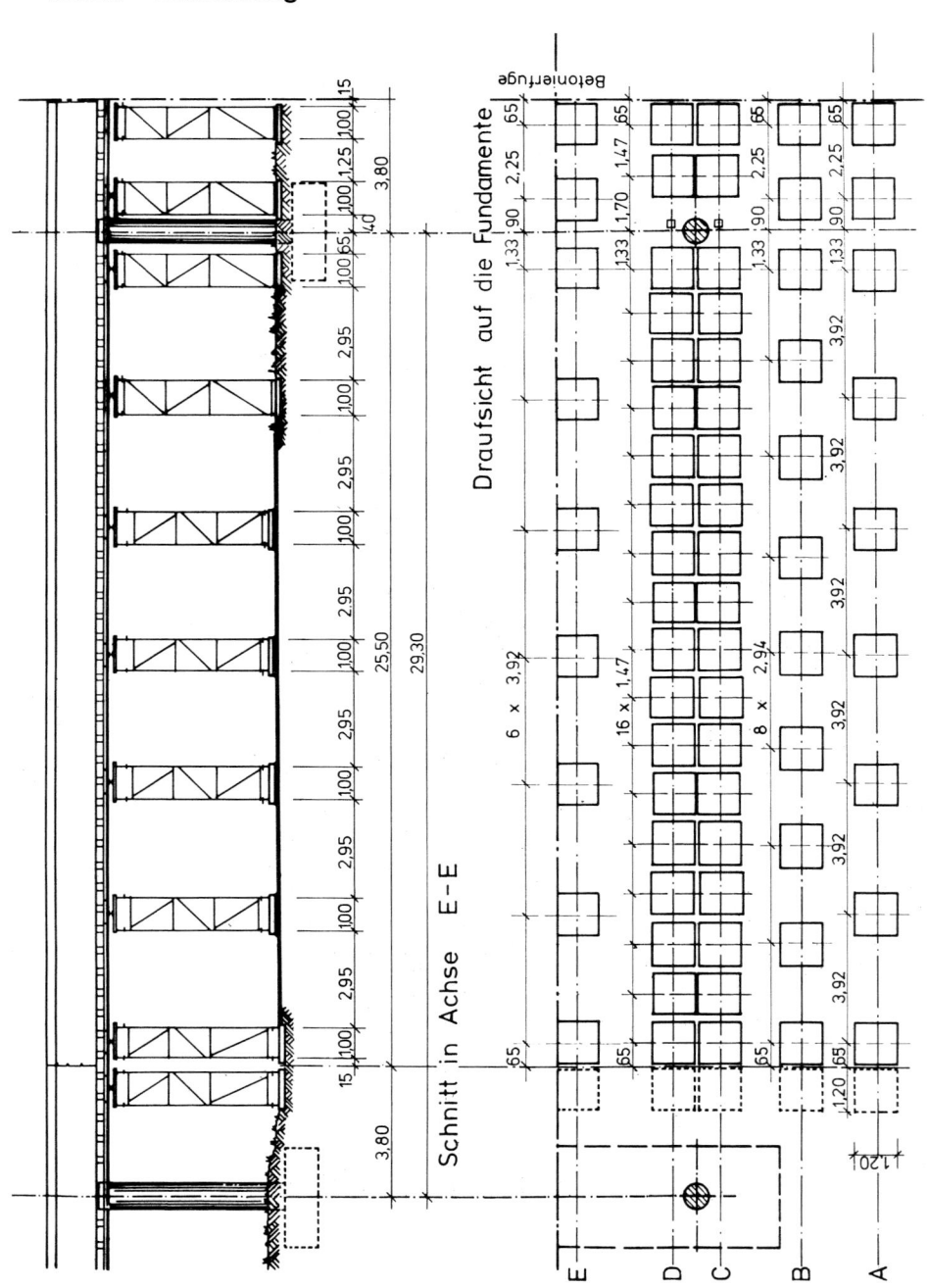

Bild 4.60 Langsschnitt und Draufsicht des Traggerüstes

4.6 Berechnungsbeispiele

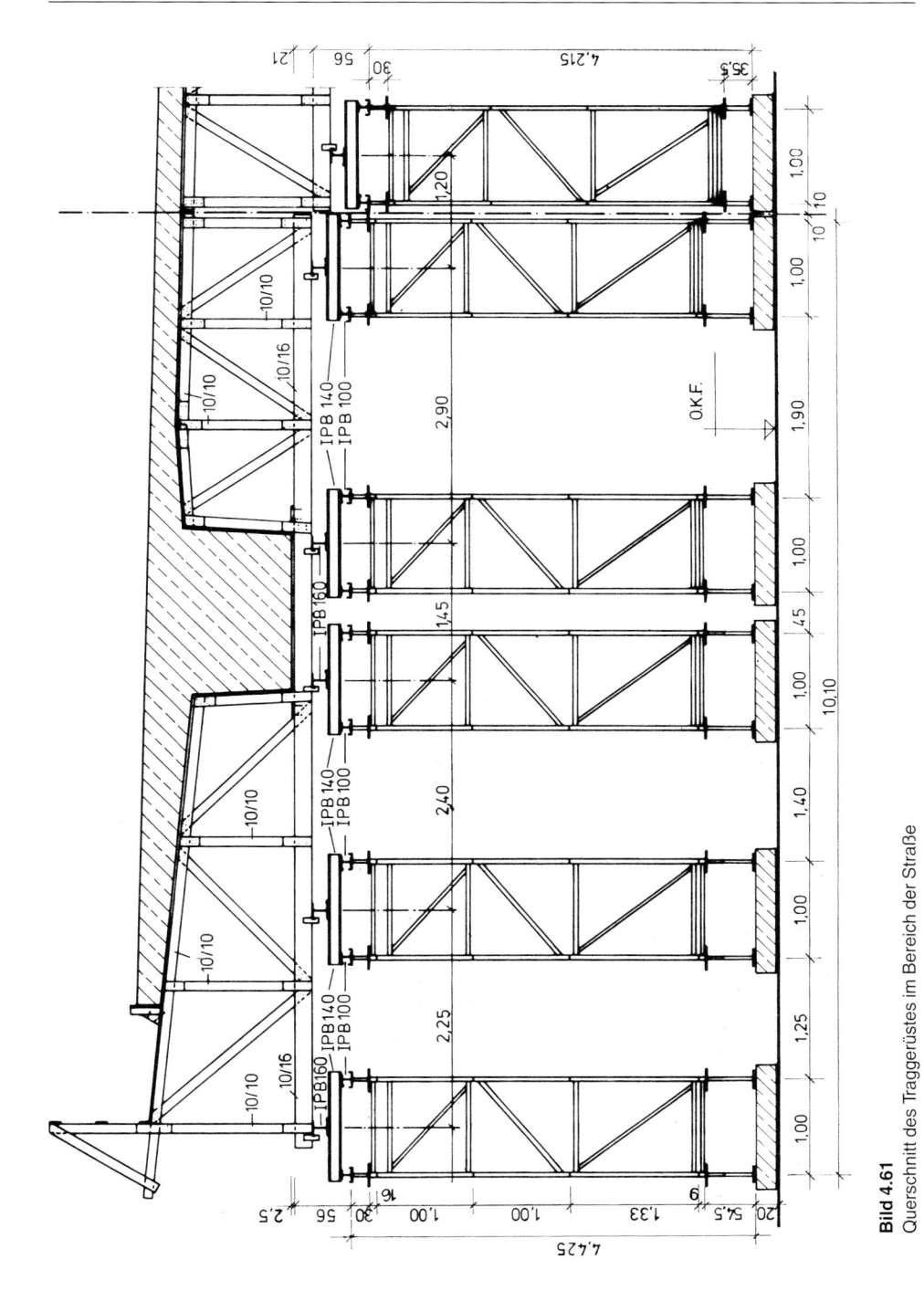

Bild 4.61 Querschnitt des Traggerüstes im Bereich der Straße

4.7 Traggerüstbauweisen

4.7.1 Entwicklung des Lehrgerüstbaues

Die Lehrgerüste haben sich aus *den* Notwendigkeiten des Betonbrückenbaues entwickelt, die zur Formgebung des Baustoffes und der Systeme erforderlich wurden. Am Anfang stand das Bogengerüst, eine Konstruktionsform besonderer Art, die oft den gleichen Konstruktions- und Kostenaufwand erforderte, wie das eigentliche Bauwerk selbst. Wahre Meisterwerke der Ingenieurbaukunst sind von den Baumeistern der damaligen Zeit aus dem Baustoff Holz geschaffen worden. Hierüber wird in [17] ausführlicher berichtet, ein Beispiel sei herausgegriffen, das Traggerüst der Fürstenlandbrücke in St. Gallen (Bild 4.62). Die Weiterentwicklung solcher Gerüstformen vollzog sich weniger aus den Vorstellungen, die konstruktiven Gegebenheiten zu verbessern, als mehr aus den Zwängen, Lohn- und Materialkosten einzusparen. Es entstanden freitragende Bogengerüste, deren Einsatz noch bis in die jüngste Zeit beobachtet werden konnte.

Mit der Einführung der Balkenbrücken haben sich die Brückenkonstruktionen – und damit auch die Gerüstformen – versachlicht. Die Folge sind konstruktiv einfachere Gerüstkonstruktionen, im wesentlichen aus Stahlfachwerktragwerken, den sogenannten Rüstträgern. Es wurden aufeinander abgestimmte Trag- und Stützsysteme entwickelt, mit dem Ziel vom handwerklich hergestellten Gerüst wegzukommen und die stark expandierenden Lohn- und Materialkosten zu senken. Heute sind die Kosten für die Herstellung und Vorhaltung der Gerüste, oder der Gerüstbauweisen, entscheidend für die Herstellungskosten des gesamten Bauwerkes

Bild 4.62
Fürstenlandbrücke St. Gallen/Schweiz, Traggerüst aus dem Jahr 1941

geworden. Aus diesem Grunde hat die Bau-Industrie zum Zwecke einer wirtschaftlicheren Herstellung der Bauwerke Einrüstverfahren entwickelt, die sich vom konventionellen Gerüst wegbewegen und sich in Richtung einer Vorschub- und Freivorbaurüstung entwickelt haben. Als Folge dieser Entwicklung hat sich gezeigt, daß die Kosten für die nutzbare Brückenfläche erheblich geringer gestiegen sind, als die Löhne und die Materialkosten.

Für den in diesem Buch beschriebenen Normalbrückenbau wird es auch weiterhin das stationäre Lehrgerüst geben müssen, da hierfür der Einsatz einer beweglichen Rüstung nicht wirtschaftlich wäre. So wird es auch weiterhin das alte Holzlehrgerüst geben, das wegen seiner großen Anpassungsfähigkeit aus diesem Baugeschehen nicht wegzudenken ist. Bei der Frage nach der Wirtschaftlichkeit der Rüstsysteme, d. h. der Möglichkeit nach schneller und kostensparender Montage, zeichnen sich bei den stationären Gerüsten Tendenzen ab, die dem schweren Rüstgerät den Vorzug geben, da hierbei die Montagekosten niedriger gehalten werden können als beim einfachen Rüstgerät. Bei kleineren Bauwerken, bei denen ein Einsatz von Großgerät konstruktiv und wirtschaftlich nicht sinnvoll wäre, werden die Rüstbinder durch Walzprofile ersetzt werden. Auch wird man den Flächeneinrüstungen mit Rahmenstützen mehr Anwendungsmöglichkeiten einräumen, wenn die Vorbedingung eines in etwa horizontalen Geländes erfüllt ist, da hier die Montagekosten wesentlich geringer sind, als bei den herkömmlichen Rüstsystemen.

Im Bereich des Großbrückenbaues oder des Hochstraßenbaues wird heute mit der beweglichen Vorschubrüstung eine wirtschaftliche Bauweise praktiziert. Haben diese Brücken stark unterschiedliche Stützweiten, wie es häufig bei Strombrücken der Fall ist, bilden die Montagemöglichkeiten des freien Vorbaues eine wirtschaftliche Alternative. Alle diese Bauverfahren und Montagesysteme sollen im folgenden beschrieben und im Prinzip erläutert werden.

4.7.2 Traggerüste von Bogenbrücken

Die Ausbildung eines Traggerüstes für bogenförmige Tragwerke erfolgte nach Konstruktionsprinzipien, die einerseits durch den Baustoff Holz, zum anderen durch handwerkliche Gesichtspunkte geprägt waren, die aus dem Geist der Zeit, in dem die Gerüste entstanden, zu beurteilen sind. Die klassische Form des Bogengerüstes zeigt zwei Teile, der obere Teil, der die Krümmung ausfüllt, sowie das untere Standgerüst. Beide Teile sind durch die Ausrüstevorrichtungen getrennt, so daß der obere Teil absenkbar ist. Die Betonierlasten werden über die Schalung (meist Schalbohlen) auf Kranzhölzer durch Biegung übertragen und danach in ein entsprechendes Pfostensystem der oberen Teile eingeleitet. Dieses überträgt die Beanspruchungen durch Normalkräfte auf das Standgerüst. Der Binderabstand liegt zwischen 1,0 bis 2,0 m, je nach Betonierlast und Tragfähigkeit der Ausrüstevorrichtungen. Zur Erzielung einer ausreichenden Seitensteifigkeit sind entsprechende Jochscheiben in der Querrichtung auszubilden, die in der Lage sind, die Horizontalkräfte abzuleiten. In der Regel liegen die Querverbände an den lotrechten Pfosten, beim reinen Pfostensystem reicht es aus, jedes dritte oder vierte Gebinde auszusteifen. Bild 4.63 zeigt zwei Grundsysteme. Das Trapezpfostensystem wird zum Dreieckspfostensystem, wenn die Kranzhölzer nur in der Mitte gestützt werden. Das Vertikalpfostensystem leitet die Betonierlasten auf dem kürzesten Wege ab. Dieses System finden wir auch noch in jüngster Zeit. Bild 4.64 zeigt eine Bauphase des Traggerüstes der neuen Teufelstalbrücke im Zuge der A 4, Eisenach–Dresden, welches in dieser Konstruktion ausgeführt wurde.

Dem Ausrüstvorgang kommt eine entscheidende Bedeutung im Hinblick auf das Einleiten der Bogendruckkräfte zu. Dieses geschieht über die entsprechenden Formen der Drehspindeln.

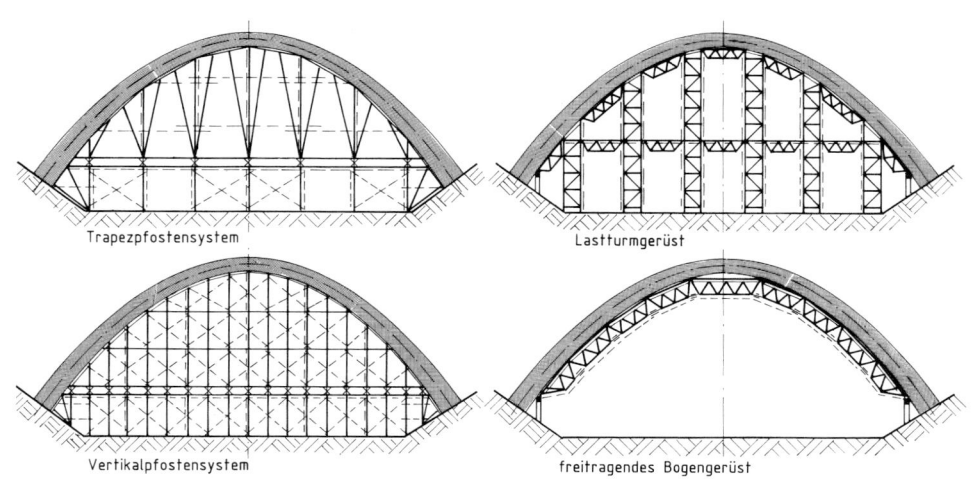

Bild 4.63
Grundformen von Bogentraggerüsten

(Trapezpfostensystem — Lastturmgerüst — Vertikalpfostensystem — freitragendes Bogengerüst)

Diese müssen so bedient oder geschaltet werden, daß sie den Bogen gleichmäßig freisetzen. Die Vorläufer dieser Absenkvorrichtungen waren die Sandtöpfe, eine ebenso einfache wie wirkungsvolle Einrichtung. Der gleichmäßige Ausfluß des trocken zu haltenden Sandes garantierte eine kontinuierliche Absenkbewegung des Gerüstes. Nähere Einzelheiten entnehme man den Ausführungen hierzu in [17].

Der sich verändernde Zeitgeist und die Auswirkungen der Zwänge, die sich aus den Bestrebungen nach größerer Wirtschaftlichkeit der Bauweise ergaben, schufen in jüngster Zeit grundsätzlich andere Traggerüstformen. So finden wir im Bereich der Bogengerüste auch Lastturmgerüste, die einerseits durch voll abgebundene Holzgerüste gebildet sind, andererseits aber auch schon mit dem modernen Rüstmaterial der Rüstträgerbauweise erstellt wurden. Das Lastabtragungsprinzip ähnelt dem der späteren Gerüste für die Balkenbrücken, teilweise übernehmen schon Biegeträger die Lasten aus der Kranzholzlage und geben sie an die Lasttürme ab. Bild 4.65 zeigt ein hölzernes Lastturmgerüst.

Die Weiterentwicklung zu den freitragenden Bogengerüsten vollzog sich über die handwerklich geprägten Dreiecks- oder Trapezsprengwerke bis hin zu den freitragenden Bogenformen aus Fachwerkträgern. Für große Spannweiten ist hier die Gerüstform von *Cruziani* zu nennen, eine hölzerne Bogenfachwerkkonstruktion, deren Auflagerung an den Kämpferpunkten so gestaltet ist, daß sie wie eine Einspannung wirkt. Diese in Österreich häufiger angewendete Bauweise (etwa ab 1966) wurde in Deutschland erstmalig beim Bau der Rohrbachtobelbrücke (1979–1982) angewendet [10]. Bei kleinen Bogenstützweiten stehen mit den Bauelementen der Rüstträgerbauweise wirtschaftliche Verfahren zur Verfügung. Die Anwendungsmöglichkeiten dieser Bauweise hängen in starkem Maße von den Montagevorgängen ab. Bei kleinen Bogenspannweiten – z. B. Gewölbereihen – kann eine Verwendung von Kränen und sonstigen Bauhilfsgeräten noch sinnvoll sein, bei großen Spannweiten dagegen müssen eigenständige Montagevorgänge geschaffen werden, da die Bauhöhen zu groß werden. In Bild 4.66 sind zwei solcher Möglichkeiten dargestellt worden, einmal die Montage mit Hilfe eines Kabelkranes, zum anderen die Halbsegmentbauweise, bei der die Gerüstsegmente in lotrechter Stellung montiert und danach zum tragenden Bogen abgesenkt werden.

4.7 Traggerüstbauweisen   267

Bild 4.64
Neue Teufelstalbrücke/Thüringen, Traggerüst im Baujahr 1996

Bild 4.65
Alte Teufelstalbrücke/Thüringen, Traggerüst aus dem Jahr 1938

Montage durch Kabelkran

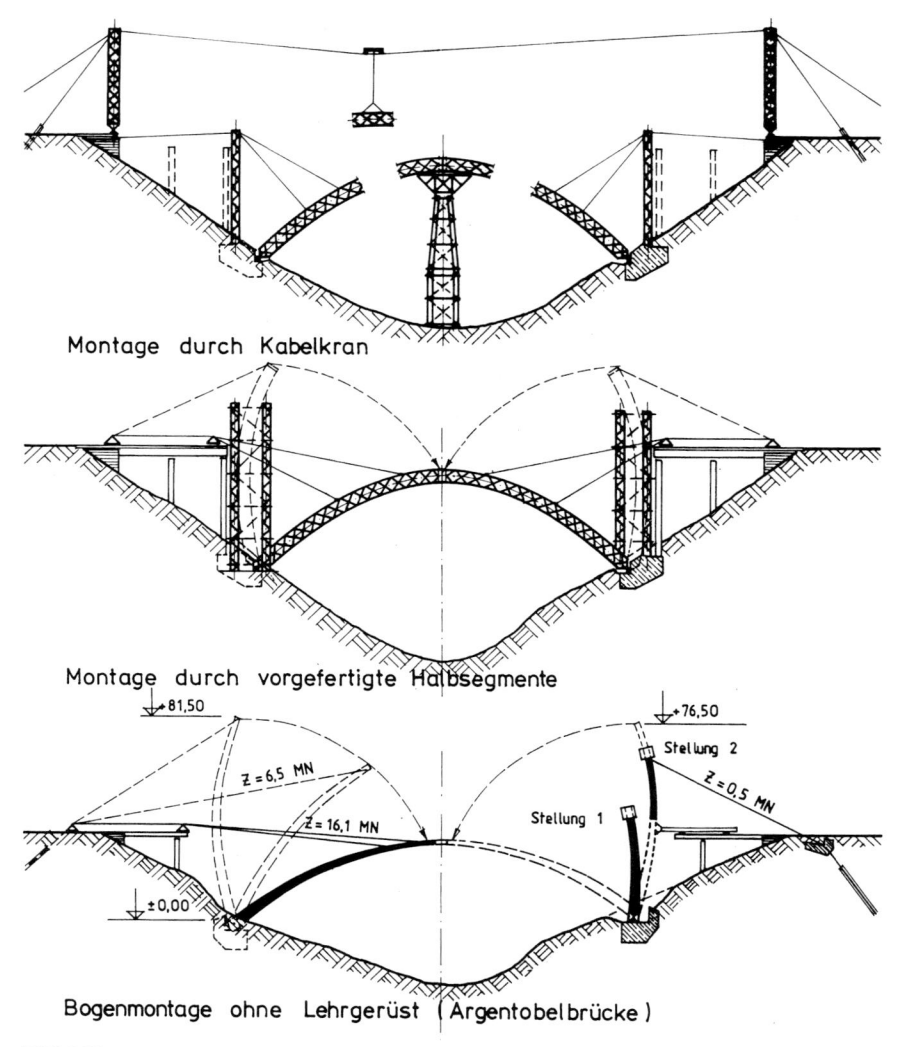

Montage durch vorgefertigte Halbsegmente

Bogenmontage ohne Lehrgerüst (Argentobelbrücke)

Bild 4.66
Montagemöglichkeiten bei Bogengerüsten

Die Entwicklung ging aber noch weiter. Der nächste Schritt, der zu beschreiben war, lag darin, gänzlich auf ein Gerüst zu verzichten. Die Anfänge einer solchen Bauweise zeigen sich bei der Erstellung der Bögen der Brücken St. Marko–Krk in den Jahren 1976–1980, die mit Hilfe eines abgespannten Freivorbauverfahrens unter Verwendung von Fertigteilen errichtet wurden. In Deutschland wurde etwa zeitgleich (1975–1978) die Brücke Rottweil–Neckarburg nach einem Abspannungsverfahren der Fa. Ed. Züblin AG, allerdings in Ortbeton, errichtet [12]. Die Vollendung der traggerüstlosen Bauweise gelang beim Bau der Argentobelbrücke im Zuge der Staatsstraße 1318 zwischen Isny und Oberstaufen nach dem neu entwickelten Bogenklappverfahren BUNG. Beide Bogenhälften wurden aufrecht stehend mittels Kletter-

Bild 4.67
Argentobelbrücke/Allgäu, Montagezustände des Bogens

schalung hergestellt und anschließend in ihre endgültige Lage abgeklappt. Hierbei drehten sich die Bogenhälften je um zwei temporäre Stahlgelenklager, die für eine maximale Last von 14,5 kN ausgelegt waren und anschließend wieder ausgebaut wurden. Beim Ablaßvorgang wurden die Bogenhälften über 8 Spannbündel (Litzenspannstahl St. 1570/1770), die im Scheitelbereich der Bogenhälften verankert und in einem Ankerblock hinter dem Widerlager gehalten wurden, und hydraulischen Hohlkolbenpressen in ihre endgültige Lage abgesenkt (Zeitdauer 8 Tage). Nach dem Ablassen hatten die Scheitelspitzen einen Abstand von 1,50 m zueinander, dieser wurde unter der Haltewirkung der Spannkabel ausbetoniert. Weitergehende Informationen zu diesem Bauverfahren entnehme man [15].

Ein klassisches Beispiel zur Anwendung der Bogenlehrgerüstbauweise stellt die Einrüstung der Bögen beim Bau der Oderbrücke bei Frankfurt/Oder dar.

Diese Brücke überführt die A 12 von Berlin nach Warschau. Sie wurde im Jahre 1953 als einteilige Brücke mit sieben Bogenhauptträgern für beide Richtungsfahrbahnen gebaut. Eine die-

Bild 4.68
Bogengerüst für die Flußöffnung

ser Bogenöffnungen überspannte das Flußbett mit einer Kämpferstützweite von 83,20 m, die anderen Öffnungen führten durch das Überflutungsgebiet des Odervorlandes. Sie haben Kämpferstützweiten von 53,40 bis 68,00 m.

Nach dem Zusammenschluß der damaligen beiden deutschen Staaten wurde das Verkehrsaufkommen auf der A 12 so groß, daß der Neubau der zweiten Fahrbahn erforderlich wurde. Die Voruntersuchungen ergaben als wirtschaftlichste Lösung den Teilabbruch der bestehenden Brücke bis auf die Bögen, deren Oberflächensanierung mit dem Neubau der Aufständerung und des Überbaues. An der Nordseite der bestehenden Brücke wurde die zweite Richtungsfahrbahn durch eine neue Brückenkonstruktion, die der alten in gleicher Form angepasst ist, erstellt.

Für die Bogennebenöffnungen dieser Nordbrücke wurde das Lehrgerüst durch unterstützte Rüstträger E 2000 als Lastturmgerüst gebildet, wobei die Gerüsttürme auf einer Stahlbetonplatte standen, die ihrerseits auf Pfähle gegründet war. Für die Flußöffnung wurde ein freitragendes Bogengerüst verwendet, bestehend aus fünf nebeneinander liegenden räumlichen Stahlfachwerken U 1800, die durch entsprechende Verbandsscheiben ausgesteift wurden.

Die Lagerung des Gerüstes an den Kämpfern erfolgte über Stahlbetonauflager, die später wieder entfernt wurden. An diesen Auflagern waren hydraulische Pressen tangential und radial zur Bogenachse hinter den Gurten der Träger angeordnet, die die Rüstträger in der Endstellung fixieren und weiterhin durch gezielt gesteuerte Bewegungsvorgänge eine Einspannung des Gerüstes an den Kämpferpunkten verhindern sollten.

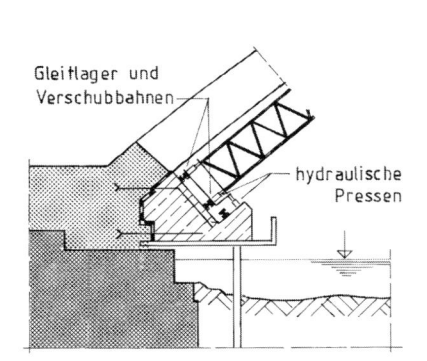

Bild 4.69
Auflagerung am Bogenkämpfer

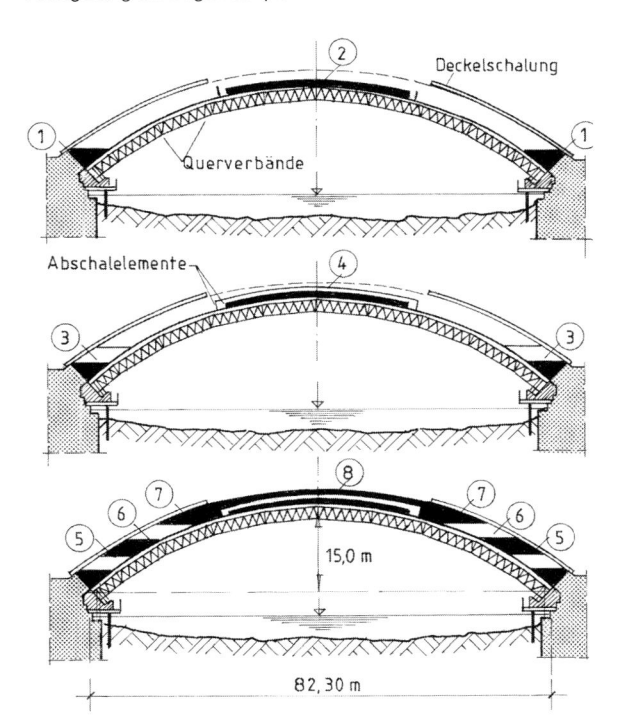

Bild 4.70
Betonierphasen des Bogens

Die Gerüstfachwerke wurden als Halbbögen vormontiert, danach über die bestehende Südbrücke vor Ort gebracht und über Autokrane (600 t), die an den Ufern aufgestellt waren, in die Einbauposition eingeschwenkt und gegeneinander befestigt. Nach der Erhärtung des Bogenbetons wurde das Gerüst abgesenkt und seitlich unter dem Bogen herausgefahren.

Ein freitragendes Bogengerüst reagiert empfindlich hinsichtlich seiner Verformung auf die aufzubringende Betonierlast des Bogenbetons. Betoniert man den Bogen von den Kämpfern her, drückt sich der Bogenscheitel nach oben weg. Beginnt man den Betoniervorgang vom Scheitel aus, wandern die Viertelspunkte des Bogens aus der Sollinie heraus. Um diese Nebeneffekte zu vermeiden, muß man die Betonierlast gezielt in wechselnden Bereichen des Bogens, symmetrisch im Wechsel zwischen Kämpfer und Scheitel, aufbringen und dabei die Verformungslinie immer verfolgen.

Die Frischbetongewichte des Betoniervorganges verursachten temporäre Lehrgerüstverformungen von mehreren Zentimetern. Um eine Rißbildung hierdurch im jungen Beton auszuschalten, wurde diesem ein Abbindeverzögerer von 19 Stunden beigegeben. Hierdurch wurde der Abbindeprozeß des Betons solange verzögert, bis die Lehrgerüstverformungen abgeklungen waren. Diese Maßnahme hatte aber zur Folge, daß der beim Betonieren entstehende Schalungsdruck rechnerisch nicht erfaßt werden konnte, da der Abbindeverzögerer einen Einfluß auf die Plastizität des Betons ausübt. Aus diesem Grund wurde der Schalungsdruck bei der Herstellung des ersten Vorlandbogens gemessen und mit den angenommenen Werten verglichen. Die hieraus gewonnenen Erkenntnisse wurden auf die restlichen sechs Bögen übertragen.

Bild 4.71
Draufsicht auf die Bögen, das Bogengerüst der Flußöffnung wird ausgefahren

4.7.3 Traggerüste von Balkenbrücken

4.7.3.1 Stationäre Einrüstungen

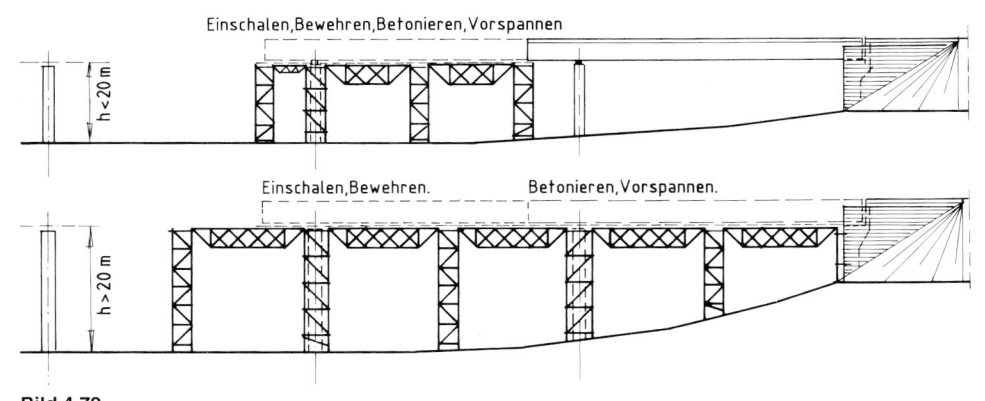

Bild 4.72
Vorhalteabschnitte stationärer Traggerüste

Für Brückenbauwerke mit weniger als 7 Brückenfeldern sind stationäre Lehrgerüste, die entweder für die gesamte Brückenlänge vorgehalten oder in die einzelnen Brückenfelder umgebaut werden, die wirtschaftlichste Lösung. Je nach Brückenfeldlängen und -höhen variiert die Anordnung des Traggerüstes. Bei geringeren Brückenhöhen, die Grenze liegt etwa bei 20 m, und guten Gründungsverhältnissen ist es günstiger, die Stützweiten des Rüstbinders zu Lasten weiterer Unterstützungen zu verkleinern. Der vorzuhaltende Einrüstungsabschnitt deckt dann in der Regel einen Betonierabschnitt ab, die Arbeitsgänge des Einschalens, Bewehrens und Betonierens erfolgen nacheinander, danach wird das Traggerüst umgesetzt. Werden die Brückenhöhen größer als 20 m, wird es wirtschaftlicher, auf Unterstützungen zu verzichten und die Einrüstungsabschnitte großräumiger auszubilden. Hierbei ist der Einsatz von schwerem Rüstgerät zu bevorzugen, welches wiederum in Stützweiten von 30 bis 60 m möglich und wirtschaftlich ist. Die Abschnitte des Traggerüstes müssen sich an den Koppelfugen der Betonierabschnitte orientieren, entweder auf sie abgestellt sein, oder sie weiträumig im Rastermaß der Längeneinteilung einfassen (Bild 4.72). Da die Montage zeitaufwendiger ist, als bei kleinen Brückenhöhen, wird es kostengünstiger, das Gerüst in zwei Betonierabschnitten vorzuhalten, sodaß die Arbeitsgänge des Einschalens und Bewehrens einerseits und des Betonierens und Vorspannens andererseits parallel verlaufen können. Hierdurch werden die Vorhaltezeiten kleiner, die Materialkosten indessen größer.

Diese Entscheidungen hinsichtlich der Einteilung der Lehrgerüstabschnitte sind jedoch individuell von noch weiteren Einflüssen abhängig. So wird die Topographie des Geländes und des Umfeldes eine Rolle spielen. Die Lage von Wasserläufen und Straßenzügen bringt Entscheidungszwänge. Von entscheidender Bedeutung ist jedoch die Terminplanung des Gesamtbauwerkes, ohne die kein Teil desselben in die Arbeitsvorbereitung geht. Die große Anpassungsfähigkeit des konventionellen Gerüstes in solchen Zwangssituationen zeigt Bild 4.73. Zu sehen ist der Teil des Lehrgerüstes der Brücke über die Elbe bei Dömitz im Hochwassereinzugsgebiet, das aus Termingründen parallel zum Vorschubbetrieb als konventionelles Gerüst ausgeführt wurde. Man beachte die Bockunterbauten der Stützentürme, die zur Aufrechterhaltung der Standsicherheit der Stützen gegen die Einflüsse des anströmenden Hochwassers für erforderlich erachtet wurden.

Bild 4.73
Elbebrücke Dömitz, stationärer Lehrgerüstteil

Neben der Lösung dieser großen Fragen der Traggerüsteinteilung bedarf es immer wieder der Abstimmung der Detailprobleme zwischen Baustelle und technischer Bearbeitung. Es sind die Schnittstellen zwischen Lehrgerüst, Schalung und Oberbau, die einer sorgfältigen konstruktiven Bearbeitung bedürfen. Hierzu die folgenden Gedanken:

Das Quer- und Längsgefälle des Überbaues muß in das Lehrgerüst eingetragen werden. Daher müssen Angaben zum Ausgleich des Quer- und Längsgefäles zwischen der oberen Lage der Traggerüstlängsträger und der Unterkante der Schalung gemacht werden. Ferner ist der Ausgleich der Durchbiegungen im Betonierzustand durch längslaufende Kanthölzer auf den Traggerüstlängsträgern zu fixieren.

Der Festpunkt des Lehrgerüstes für den Bauzustand muß beschrieben sein, evtl. muß die Möglichkeit eingeräumt werden, diesen Festpunkt im Zuge des Baufortschrittes mitnehmen zu können, wenn die Verschiebewege zu groß werden und vom Gerüst nicht mehr aufgenommen werden können. Die Weiterleitung von Betonierlängskräften an Koppelfugen zu den Festpunkten oder Rückverankerungen sollte nachgewiesen sein.

Für das Schalungsgerüst muß eine Überprüfung der Schalungsdrücke, die der Berechnung zugrunde gelegt wurden, mit dem Betonierprogramm vorgenommen werden, im Hinblick auf die Standsicherheit der Schalung, da diese auch bei einem unsymmetrischen Betonierfortschritt gewährleistet sein muß.

Schließlich muß eine Anweisung erarbeitet werden, die voneinander abhängige Schritte von Spannen und Lehrgerüstabsenkung beinhaltet.

4.7.3.2 Bauweise durch Verfahren der Gerüste

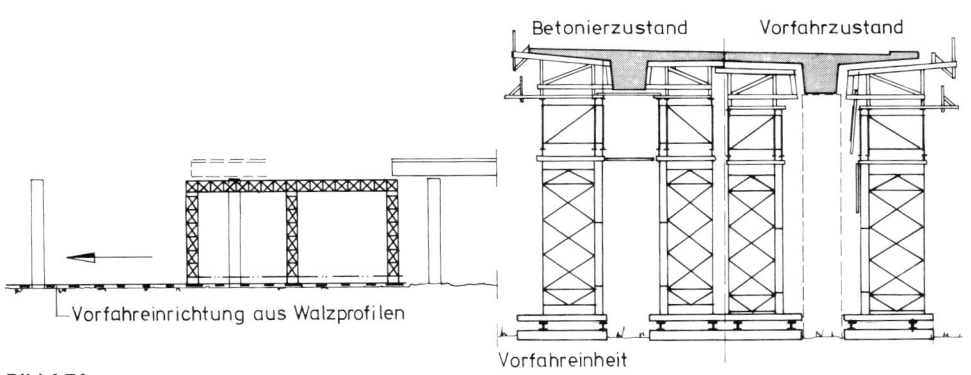

Bild 4.74
Prinzip einer in Längsrichtung verfahrbaren Rüstung

Ein erster Versuch, Kosten eines stationären Gerüstes zu senken, lag in der Ausbildung einer Rüstung, die quer oder längs verfahren werden konnte, wodurch die Vorhaltung des Gerüstes für nur einen Bauabschnitt erforderlich wurde. Bei einem Querverschub mußte das Schalungsgerüst zunächst ausgebaut werden, dann wurde das eigentliche Gerüst durch hydraulische Hebevorgänge auf verfahrbare Bauteile, die Verfahreinrichtungen, gestellt. Im Brückenbereich selbst mußte eine in etwa horizontale Geländeoberkante ohne Neigungswechsel vorhanden sein, damit in der Verschieberichtung eine Verfahrbahn erstellt werden konnte. Diese bestand meistens aus Profilträgern, auf die eine Fahrschiene aufgelegt war. Gelegentlich wurden auch starke Holzbohlen verwendet, die durch ein Gleitmittel voneinander getrennt waren und somit

Gleitvorgänge ausführen konnten, ähnlich denen eines Stapellaufes eines Schiffes auf der Helling. Die Bauweise ist mehrfach angewendet worden, auch schon frühzeitig bei hölzernen Bogengerüsten, im Prinzip immer dann, wenn ein zweiteiliger Überbauquerschnitt vorlag.

Bei einem Verfahren in Längsrichtung treten größere Zwänge auf, da viele Hilfsarbeiten erforderlich sind, diesen Bewegungsvorgang zu ermöglichen. Folgende Arbeitsgänge sind zu tätigen (Bild 4.74):

– Absenken des Lehrgerüstes,
– Abklappen der Schalungseinheiten unter den Hauptträgern,
– seitliches Verfahren der Verschubeinheiten bis das Lehrgerüstprofil aus der Konstruktion austritt,
– Verfahrvorgang in Längsrichtung,
– seitliches Zurückfahren der Verschubeinheiten,
– Hochfahren und Einstellen des Gerüstes in der neuen Betonierstellung,
– Ausrichten des Schalungsgerüstes.

Vorteilhaft sind hierbei querträgerlose Überbauten, da dann das gesamte Obergerüst mit verfahren werden kann. Im anderen Fall muß der innere Teil des Obergerüstes über Kranhilfe umgesetzt werden. Hierdurch gehen aber wieder wesentliche Vorteile aus der Einsparung an Montagekosten verloren.

Insgesamt haben sich die angestrebten Vorteile

– einmaliger Aufbau des Lehrgerüstes und der Schalung, damit Senkung der Montagekosten,
– Vorhaltung von Lehrgerüst und Schalung für nur einen Bauabschnitt, dadurch Senkung der Materialkosten

wirtschaftlich nicht durchgesetzt, so daß sich diese Bauweise nicht eingeführt hat. Insbesondere haben die sehr aufwendigen Arbeitsgänge beim Verfahren in der Längsrichtung die wirtschaftlichen Erwartungen nicht erfüllt. Der Quervorschub wurde dagegen öfter praktiziert. Hinzu kam, daß die notwendigen Vorbedingungen eines in etwa horizontalen Geländes auch nur selten zutrafen, so daß von daher keine Verfahrungsmöglichkeiten gegeben waren. Die Bauweise wurde aber zum Wegbereiter der Vorschubrüstung, die im nächsten Abschnitt beschrieben und erläutert wird.

4.7.3.3 Vorschubgerüstbauweise

Unter einem Vorschubgerüst versteht man ein Traggerüst auf einer meist bodenfreien und somit geländeunabhängigen Unterkonstruktion, das ein ganzes Brückenfeld unterstützungsfrei überspannen kann und so eingerichtet ist, daß es jeweils über geeignete Vorrichtungen feldweise in die entsprechende Arbeitsstellung des nächsten Feldes vorgeschoben werden kann. Es ist – im weitesten Sinn betrachtet – eine Fabrikationshalle, die auf die Baustelle versetzt wurde, die den Vorteil der Serienherstellung der Fertigteilbauweise mit den größeren Formgebungsmöglichkeiten der Ortbetonbauweise verbindet. Die Hauptträger des Gerüstes ruhen hierbei auf Unterstützungspunkten, die entweder durch Lasttürme von der Geländeoberkante aus gebildet, oder durch Aufhängungen an den Pfeilerköpfen und am Überbau geschaffen werden. An diesen Lagerpunkten wird die Längsbeweglichkeit der Träger durch eine entsprechende Verschiebe- und Bewegungsmechanik angerichtet. Alle entwickelten Formen der Vorschubgerüste sind vom jeweiligen Brückenquerschnitt abhängig, da sie auf ihn abgestellt wurden. Es gibt daher keine allgemein gültige Gerüstform, die für jeden Brückenquerschnitt verwendet werden kann. Die gängigen Vorschubgerüste weichen in der Konstruktion voneinander

4.7 Trägerüstbauweisen

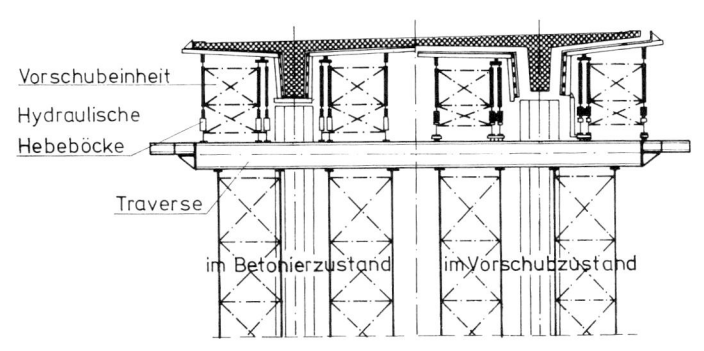

Bild 4.75
Prinzip eines einfachen Vorschubgerüstets aus Rüstträgern

ab, weniger im Prinzip, mehr im Detail. Ein Vorschubgerüst zeigt folgende Konstruktionseinheiten:

- die eigentliche Rüstkonstruktion in Form von Rüstträgern oder Vollwandträgern,
- der Vorbau- oder Ablaufschnabel,
- die Stützkonstruktion in Form einer Konsole, Rahmenstütze, Querträger oder Lastturm.

Die Wirtschaftlichkeit dieser Bauweise geht eng zusammen mit ihrer Wiederverwendbarkeit. Durch die hohen Investitionskosten ist ein erstmaliger Einsatz des Gerätes erst ab Brückenlängen von 300 m bei Feldlängen von 35 bis 50 m wirtschaftlich.

Aus der Entwicklung heraus lassen sich bestimmte Typen beschreiben, die im folgenden skizziert werden.

Das Vorschubgerüst hat sich aus dem Rüstträgergroßgerät heraus entwickelt. Dieses wurde, um es für größere Spannweiten benutzungsfähig zu machen, paarweise oder in mehrfacher Anordnung zusammengefügt. Es entstanden kastenförmige Fachwerkgebilde, die in sich so stabil wurden, daß sie vorschubfähig waren. Gelegentlich waren die erzielbaren Stützweiten noch nicht für eine Feldlänge möglich, so daß in der Feldmitte auch Unterstützungstürme erforderlich werden konnten, diese natürlich nur dann, wenn die Brückenhöhen sie mit wirtschaftlich vertretbarem Aufwand zuließen. Bild 4.75 zeigt den Querschnitt eines solchen Gerüstes im Prinzip, der für einen querträgerlosen, zweistegigen Plattenbalken ausgelegt wurde. Das Gerüst ist in vier Verschiebeeinheiten eingeteilt, die jeweils beidseitig vom Hauptträger angeordnet und einzeln verschoben werden. Für den Vorschubvorgang waren folgende Bewegungsvorgänge erforderlich:

- Querverschub zum Lösen der Schalungen vom Hauptträger, ggf. zum Umfahren der Brückenpfeiler und zur Anpassung an eine eventuelle Krümmung,
- der eigentliche Längsvorschub.

Die Anwendungsmöglichkeiten einer solchermaßen konstruierten Rüstung waren zu eng, da sie letztlich auch nur für einen bestimmten Brückenquerschnittstyp galten. In der Weiterentwicklung wurden eigene Tragkonstruktionen für die Vorschubträger geschaffen, teils noch als Fachwerk, teils aber auch schon als Vollwandträger. Diese konnten über oder unter dem zu betonierenden Überbau angeordnet sein. Liegen die Vorschubeinheiten über dem Überbau, wird das Schalungsgerüst an diese angehängt und mit ihnen vorgeschoben. Der Vorschub der Rüstung erfolgt über den hergestellten Überbau nach dem Prinzip des Balkens auf zwei Stützen mit Kragarm, der sich auf dem jeweilig nächsten Pfeiler absetzt.

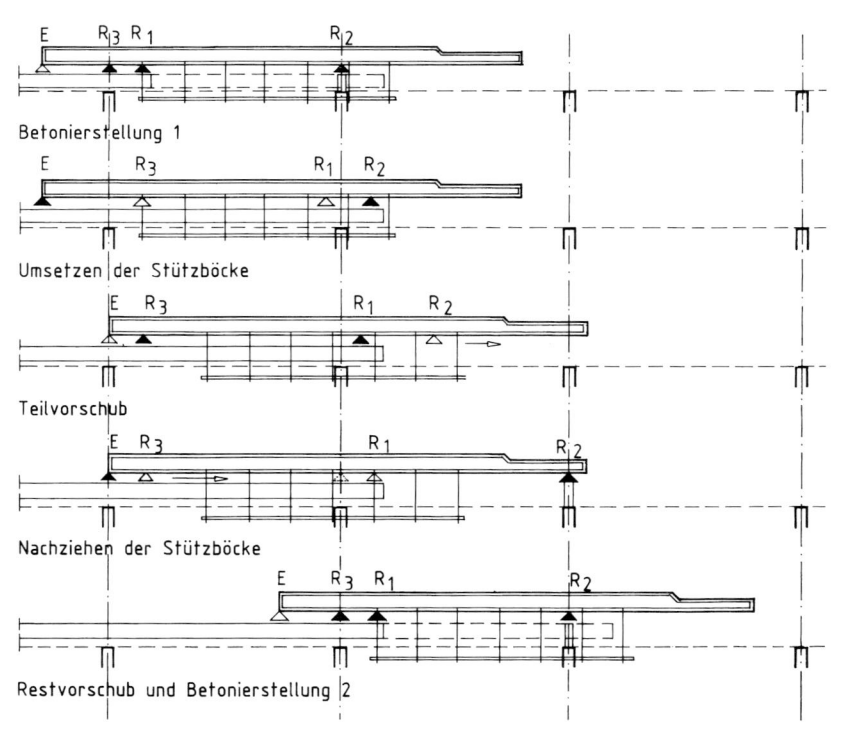

Bild 4.76
Vorschubgerüst mit oben liegender Rüstung, Arbeitsabläufe

Bild 4.76 zeigt die prinzipielle Durchführung der einzelnen Ablaufphasen dieses Vorschubvorganges, im einzelnen wie folgt:

- Betonierstellung 1
  Das Vorschubgerät steht auf den Stützböcken ($R_1 + R_3$) und R_2, der Endbock E ist lastfrei.

- Umsetzen der Stützböcke
  R_1 wird entlastet, in eine neue Position gebracht und übernimmt Last; danach wird R_2 zum Kragarmende vorgefahren. Das Gerät wird auf R_2 und E abgesetzt, R_3 in eine neue Position gebracht.

- Teilvorschub des Gerätes
  R_1 wird an R_2 herangefahren, das Gerät wird auf R_1 und R_3 abgesetzt und bis zum nächsten Pfeiler vorgefahren.

- Nachziehen der Stützböcke
  R_2 wird bis zum nächsten Pfeiler vorgefahren, das Gerät dann auf R_2 und E abgesetzt, R_3 wird bis zum Altpfeiler nachgezogen.

- Restvorschub und Betonierstellung 2
  Das Gerät wird auf die Stützböcke ($R_1 + R_3$) und R_2 abgesetzt, E wird lastfrei, danach wird es in die neue Betonierstellung vorgeschoben.

4.7 Traggerüstbauweisen

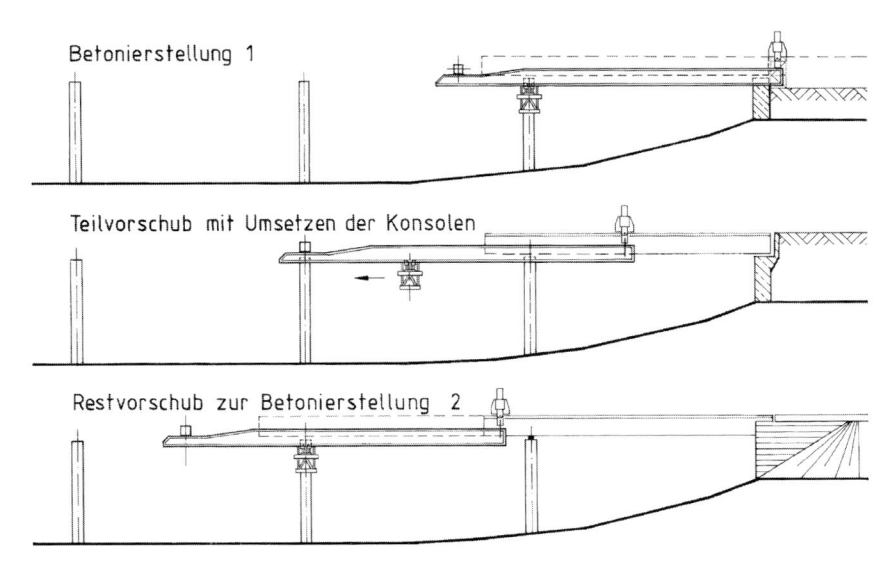

Bild 4.77
Vorschubgerüst mit unten liegender Rüstung aus Stahlhohlkästen, Arbeitsabläufe

Bei der Bauweise mit untenliegender Rüstung werden die Verschubeinheiten vorn auf Konsolen aufgelagert, die am jeweiligen vorderen Pfeilerkopf angebracht werden. Hinten erfolgt eine Aufhängung an eine fahrbare Wagenkonstruktion, die auf dem Überbau läuft. Das Umsetzen der Konsolen erfolgt nach dem ersten Teilvorschub von oben, d. h. von der Rüstung aus, insofern hat sich dieses Gerüst völlig vom Gelände gelöst. Die Arbeitstakte zeigt das Bild 4.77.

Als Beispiel wird ein Gerüst gezeigt, das aus zwei Stahlblechhohlkästen besteht, die vorn am Schnabel durch einen Querträger verbunden sind. Der Oberwagen wird durch eine tragende Kastenkonstruktion gebildet, er nimmt die anteiligen Betonierlasten auf und bildet die hintere Aufhängung im Vorfahrzustand. Die Konsolen werden beidseitig am Pfeilerkopf vertikal und horizontal an vier Stützpunkten gelagert. Auf den Konsolen liegen die Gleitstühle, in denen die Hauptträger über Hebeböcke lagern und gleiten. In Längsrichtung stellt das Gerüst einen Balken auf zwei Stützen mit Kragarm dar, die Konsolanordnung und den Querschnitt zeigt Bild 4.78, die Oberwagenaufhängung Bild 4.79. Nach Beendigung der Betonier- und Vorspann-

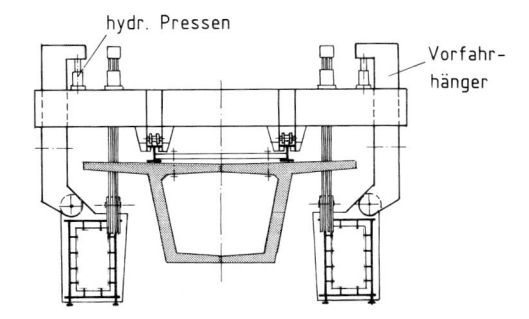

Bild 4.78
Oberwagenaufhängung des Vorschubgerüstes

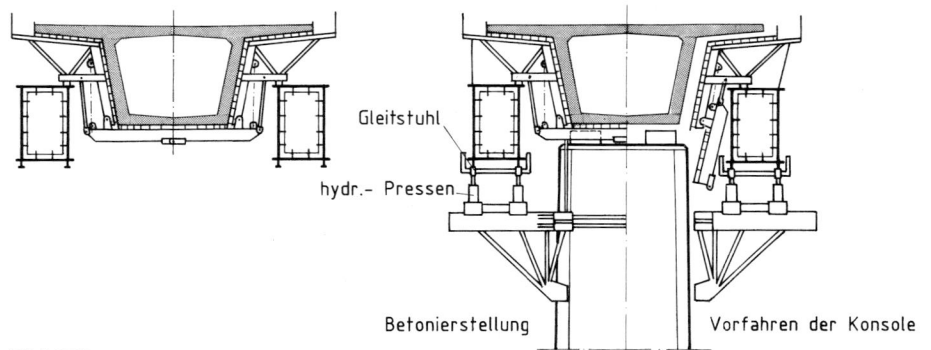

Bild 4.79
Querschnitt eines Vorschubgerüstes aus Stahlhohlkästen mit Ausbildung der Konsolen

arbeiten des laufenden Abschnittes wird die Schalung über hydraulische Pressen abgelassen und die Bodenschalung abgeklappt. Nunmehr wird das Gerüst über Teflon-Gleitlager auf den Konsolen verschoben, bis der vordere Querträger den nächsten Pfeiler erreicht. Durch Ablassen des Gerüstes setzt sich der Querträger auf den Pfeiler ab. Danach werden die Konsolen gelöst und über eine Rollenaufhängung hydraulisch zum nächsten Pfeiler verschoben und befestigt. Nunmehr kann das Gerüst in die nächste Betonierstellung verschoben werden. Nach dem Einfahren und Ausrichten der Schalung ist das Gerüst für den nächsten Arbeitsgang fertig.

Die nachfolgenden Bilder zeigen das Gerüst in der Arbeitsstellung. Bild 4.80 zeigt einen Bauzustand bei der Herstellung der Eisenbahnbrücke Morschen, die Bilder 4.81 und 4.82 zeigen das Gerüst unter einem anderen Blickwinkel beim Bau der Eisenbahnbrücke „Nördliche Fliedeltalbrücke", beide im Zuge der Hochgeschwindigkeitsstrecke Hannover–Würzburg. Insbesondere das letzte Bild gibt einen guten Einblick in seine beachtliche Konstruktion.

Bild 4.80
Talbrücke Morschen, Bauzustand

4.7 Traggerüstbauweisen 281

Bild 4.81
Nördliche Fliedeltalbrücke,
Vorschubgerüst,
Längsschnitt

Bild 4.82
Nördliche Fliedeltalbrücke,
Vorschubgerüst,
Querschnitt

4.7.3.4 Taktschiebeverfahren

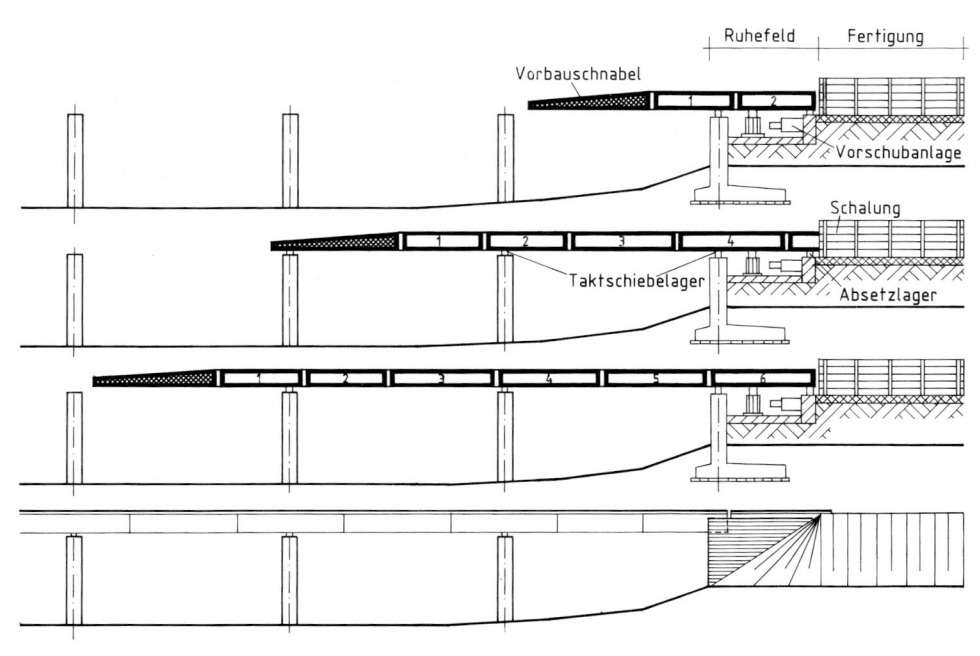

Bild 4.83
Taktschiebebauweise, Ablaufphasen

Brückenbau im Taktschiebeverfahren ist eine jüngere Entwicklung auf dem Gebiet der Bauverfahren von Betonbrücken und im weitesten Sinne eine Variante der Vorschubbauweise, nur daß jetzt keine Gerüsteinheit mehr geschoben wird, sondern der fertiggestellte Überbau selbst. Dieser wird abschnittweise in einer ortsfesten Fertigungsstelle, der Taktstation, die in der Regel im Bereich eines Widerlagers liegt, hergestellt und mit hydraulischen Verschiebeeinrichtungen über die Länge eines Herstellungsabschnittes vorgeschoben. Hier tritt somit anstelle der Herstellung von Brückenabschnitten auf stationären- oder Vorschubgerüsten eine fabrikmäßige Fertigung in sich wiederholenden Abschnitten ein. Die Kennzeichen dieser Fertigungsmethode sind:

- die Taktstation,
- der Vorbauschnabel,
- die Verschiebe- oder Führungslager.

Die einzelnen Teilstücke werden unmittelbar aneinander betoniert und durch Vorspannung miteinander verbunden. Beim Verschiebevorgang entstehen für die Beanspruchung aus Eigengewicht durch den wechselnden Momentenverlauf Bewehrungserfordernisse, die durch eine Primärvorspannung in Form von zentrischen Spanngliedern abgedeckt werden. Für die endgültige Beanspruchung wird zusätzlich eine Sekundärvorspannung vorgesehen, die über die Trägerhöhe geführt wird, diese wird später in die leeren Hüllrohre eingefädelt. Jeweils für den Bereich eines Taktabschnittes werden die Hüllrohre durch Matrizenrohre gesichert. Dadurch wird erreicht, daß sich die Hüllrohre kontinuierlich an die des Vorabschnittes anschließen und Beschädigungen beim Bewehren und Betonieren weitgehend vermieden werden. Für die

4.7 Traggerüstbauweisen

Senkundärvorspannung stehen heute auch die Methoden der externen Vorspannung zur Verfügung.

Die erzielbaren Längen der Betonierabschnitte sind von den möglichen Hub- und Schubkräften der Antriebsanlage abhängig. Bei geradlinigen Trassen sind Abschnittslängen von 15 bis 30 m erzielt worden, bei gekrümmten Schubfluchten sind sie wegen der notwendigen Korrekturvorgänge geringer. Eine zu geringe Länge vergrößert die Herstellungszeit, eine zu große Länge die Material- und Vorhaltekosten der Schalung. Man wählt zweckmäßigerweise eine Taktlänge von 50 % der Feldlänge, diese kann konstant gehalten werden, wenn das Endfeld 75 % der Feldlänge beträgt, da die Stöße im endgültigen Bauwerk zweckmäßigerweise in den Viertelspunkten der Felder liegen sollten. Sind die Endfelder gleich lang den Zwischenfeldern, sind am Anfang und am Ende des Bauwerkes je zwei gleich lange Ausgleichstakte erforderlich. Die mögliche Herstellungslänge des gesamten Bauwerkes von einer Fertigungsstelle aus beträgt 500 m, darüber hinaus schiebt man von zwei Seiten. Bei Gefälle- oder Steigungsstrecken verändert sich diese mögliche Länge umgekehrt proportional zur Prozentzahl der Neigung. Für das Verfahren spielt die Produktionszeit eine Rolle. Die Anlage arbeitet wirtschaftlich am effektivsten, wenn ein Wochentakt eingehalten wird, d. h. das arbeitsfreie Wochenende zum Erhärten des Betons herangezogen wird.

Das Verfahren ist wegen seiner geringen Transportwege, kleinen Geräteparks, guter Schalungs- und Rüstungsausnutzung und wiederkehrender Arbeitsvorgänge sehr wirtschaftlich und leistungsfähig, wenn die Trassierung und die Bauwerksabmessung darauf abgestimmt sind. Hierfür müssen die Brückenzüge im Längsschnitt und im Grundriß gerade oder gleichmäßig gekrümmt sein, d. h. die Verschubbahn muß auf einer räumlichen Kurve mit konstanter Krümmung liegen. Dieses erreicht man durch geringfügiges Korrigieren der Schalung und damit der Hauptträger. Weiterhin wird der Vorbauschnabel so angesetzt, daß er auf einer Sekante zum Grundrißbogen fährt und dabei beim Vorschub seitlich auf den Gleitlagern wandert. In [53] wird hierüber genauer berichtet.

Unter Berücksichtigung dieser vorstehend geschilderten Besonderheiten ergibt sich eine besondere Eignung des Hohlkastenquerschnittes für dieses Verfahren. Durch seine zusammenhängende untere Druckplatte ist er besser geeignet als der Plattenbalken, die Biegemomente wechselnden Vorzeichens aufzunehmen. Der Plattenbalken kann aber durchaus bis zu Stützweiten von 30 bis 35 m Anwendung finden.

Zu den Bestandteilen im einzelnen:

Die *Taktstation* liegt hinter dem Widerlager und ist das Kernstück dieser Bauweise. Sie besteht aus:

- einer ortsfesten Außenschalung für die Bodenplatte, Stege und auskragenden Teile der Fahrbahnplatte, sowie einem fahrbaren inneren Schalwagen,
- dem Steuerstand,
- der Verschubanlage.

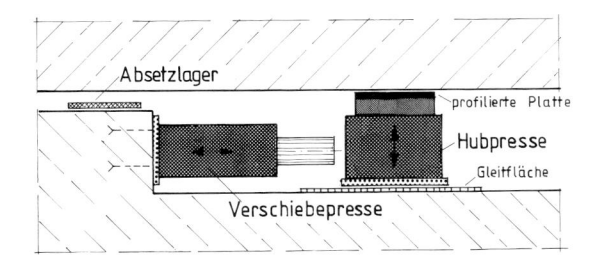

Bild 4.84
Verschubanlage, prinzipielle Darstellung

Die Außenschalung ist absenkbar, es wird der gesamte Schalungstrog für den Hohlkasten gemeinsam abgesenkt. Die Gründung besteht aus Einzelfundamenten, geschoben wird über zwei Punkte. Zum Einjustieren der Boden- und Seitenschalung wird der Trog mit Pressen angehoben.

Die Verschubanlage setzt sich aus der Verschiebepresse, der Hubpresse und dem Absetzlager zusammen. Der Hubzylinder wird gegen die anteilige Überbaulast in einer Größe vorgedrückt, daß Reibungskräfte in Schubkraftgröße wirksam werden können. Der Verschub erfolgt über den Schubkolben der Verschiebepresse, die Hubpresse gleitet unten weg und nimmt oben den Betonierabschnitt auf Reibung mit. Vor dem Rücklauf des Schubkolbens senkt die Hubpresse ab, dadurch setzt sich der Überbau auf dem Absetzlager ab, der Schubkolben und die Hubpresse laufen zurück, der Vorgang beginnt von vorn. Bild 4.84 zeigt eine schematische Darstellung der Anlage.

Ein *Vorbauschnabel* an der Spitze des Taktzuges soll bewirken, daß die auftretenden Kragmomente in statisch aufnehmbaren Grenzen gehalten werden, indem er sich rechtzeitig auf dem nächsten Pfeiler abstützt und so die Kraglänge verkürzt. Er ist in der Regel aus Gewichtsgründen aus Stahl und hat eine Länge von ca. 60% der Feldweite. Sind die Feldweiten in bezug auf die Kragmomentaufnahme zu groß, müssen Hilfspfeiler angeordnet werden. Man nennt mögliche Stützweiten ohne Hilfspfeiler etwa bis 70 m, mit solchen etwa das Doppelte der vorgenannten Zahl. Hilfspfeiler können aber auch grundsätzlich zur Verkleinerung der Stützweiten angeordnet werden. Die Mehrkosten dieser Pfeiler werden durch eine geringere zentrische Montagevorspannung aufgewogen.

Für den Vorschubvorgang werden auf den Stützen spezielle *Verschiebelager* angeordnet, die später durch normale Brückenlager ausgetauscht werden. Bei allen Lagern vollzieht sich der Bewegungsvorgang über das Zusammenwirken der Gleitpartner Chromstahl–Teflon. Zwischen dem Überbau und dem Lagerkörper werden Teflongleitplatten eingebaut, der Lagerkörper selbst erhält eine Auflage aus Chromstahlblechen. Bei den Lagern selbst kann es sich um einen einfachen Stahlbetonkörper handeln, der dann später durch das endgültige Lager ersetzt wird oder um das endgültige Lager selbst, bei dem dann nur der Gleitaufsatz zu entfernen wäre.

Eine Besonderheit stellen die *elastischen* Schiebelager dar, ihre Anwendung hat den folgenden Hintergrund:

Beim Verschubvorgang können wechselnde Zwangsschnittkräfte in das Tragwerk eingeleitet werden, die aus Ungenauigkeiten der Oberflächenform des zu schiebenden Überbauabschnittes herrühren. Diese Kräfte wachsen mit zunehmender Steifigkeit des Feldes, d.h. sie sind groß bei kleinen Stützweiten. Verwendet man jetzt Lager, die in vertikaler Richtung eine elastische Wirkung haben, baut sich eine große Feldsteifigkeit wieder ab und die Problematik tritt nicht mehr auf. Weiterhin besteht bei elastischer Lagerung die Möglichkeit des Ausgleiches eventueller Gründungssetzungen und der Vorteil, daß auch eine Hilfsstütze aus diesen Ungenauigkeiten nicht überlastet werden kann. Dies hat dann zur Folge, daß bei Verwendung elastischer Lager auch Hilfsjoche auf setzungsempfindlichen Böden gegründet werden können. Über den konstruktiven Aufbau solcher Lager informiere man sich bei [78].

Als Beispiel zu dieser Bauweise sind Bauphasen des Vortriebs des Überbaues zum Bau der Brücke über die Peeneniederung im Zuge der A 20 dargestellt. Die Peene durchfließt ein Durchströmungsmoor; der gesamte Talverlauf ist auf 70 km Länge als Schutzgebiet ausgewiesen, in dem die erforderlichen Gründungsbauwerke und alle sonstigen Tätigkeiten des Baustellenverkehrs auf ein Minimum zu beschränken waren. Der Bau der Brücke erfolgte daher unter großen ökologischen Auflagen, deren eine eine bodenunabhängige Überbauher-

4.7 Traggerüstbauweisen

stellung war. Das Bauwerk ist 1110 m lang, hat einen Stahlverbundmittelteil mit zwei anschließenden Vorlandbrücken als Spannbetonüberbauten mit Stützweiten um 40 m. Diese wurde im Taktschiebeverfahren mit Taktlängen um 20 m hergestellt, eine Feldlänge wurde somit mit zwei Taktschritten erreicht. Bild 4.85 zeigt zwei hintereinanderliegende Taktphasen beim Vortrieb über die B 96. Man erkennt den Vorbauschnabel und die Länge des Taktabschnittes.

Bild 4.85
Peenebrücke Jarmen, Taktschiebezustände

4.7.3.5 Freivorbauweise

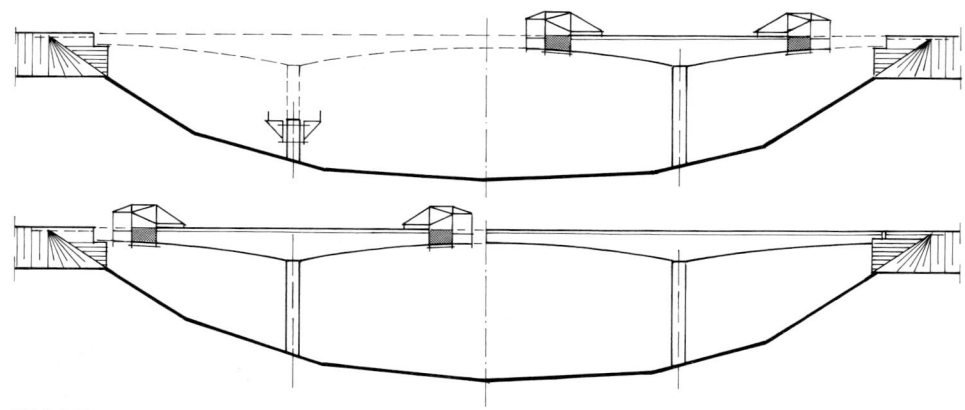

Bild 4.86
Freier Vorbau in klassischer Bauweise

Mit der Bauweise des sogenannten „Freien Vorbaues" wird ein Brückenüberbau an sich selbst vorgebaut, indem am freien auskragenden Ende der jeweils folgende Betonierabschnitt über eine anhängende Rüstung angefügt wird. Je nach Art und Weise der Wirkung der Rüstung werden verschiedene Methoden unterschieden. Der Ursprung dieser Bauweise liegt in der von der Fa. Dyckerhoff und Widmann entwickelten Form des sogenannten „klassischen Freien Vorbaues", bei der der Überbau in Form eines Kragarmpaares von einem monolithisch vorhandenen Pfeiler aus zu beiden Seiten gleichzeitig vorgestreckt wird. *Eine* Voraussetzung für eine solche Bauweise ist ein Hauptträger mit stark veränderlicher Bauhöhe; dieser eignet sich gut für das statische System bei dieser Bauweise, da die Biegemomente des Bauzustandes über den Pfeilern wesentlich größer sein können, als diejenigen des Gebrauchszustandes. Weiterhin ist das von der Fa. Dyckerhoff und Widmann entwickelte Vorspannverfahren mit Einzelstäben gut für diese Bauweise geeignet, da hierdurch die Spanngliedführung durch Auffächerung zweckmäßig an den Trajektorienverlauf angepaßt werden kann. Die Stöße der Bewehrung an den Enden der Betonierabschnitte sind einfach unterzubringen, Koppelfugen mit aufwendigen Muffenstößen treten hierbei nicht auf. Die Überbauten werden in Abschnitten zwischen 3,50 m bis 7,00 m Länge hergestellt, sie wirken im Montagezustand als Kragarme in einer Größe maximal bis zur halben Länge eines Brückenfeldes. Mit dem Einsetzen des Schlußstückes werden beide Teile monolithisch miteinander verbunden. Die entstehende Bewehrungsproblematik der beiden prinzipiell unterschiedlichen Beanspruchungszustände des Montage- und Gebrauchszustandes läßt sich beherrschen durch eine:

– zweckmäßige Auffächerung der Einzelspannglieder in den Montageabschnitten,
– evtl. Zulage einer Biegespannbewehrung, die später gespannt wird,
– günstige statische Wirkung der großen Vouten über den Stützen auf das ganze System.

Die Problematik des Freivorbaues liegt in der Versorgung der beweglichen Teilbaustellen, die mit Hilfe von Hub- und Fördergeräten vom jeweiligen Pfeiler aus zu bewerkstelligen ist.

Der Vorbau- und Betoniervorgang vor Ort erfolgt über Vorbauwagen, die im statischen System eines Balkens auf zwei Stützen mit Kragarm wirken. Sie rollen auf Fahrschienen, sind in der Querrichtung durch entsprechende Verbände ausgesteift und übernehmen die Schalungs-

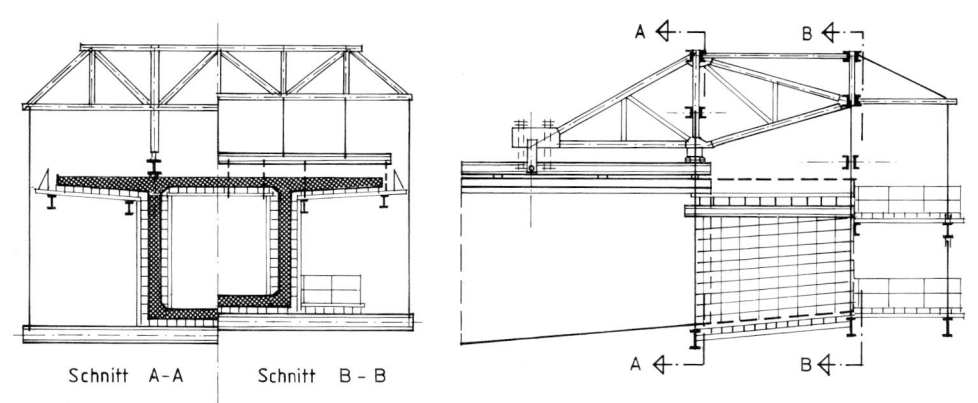

Bild 4.87
Vorbauwagen

und Betonierlasten über geeignete Hängekonstruktionen. Sind die Betonierlasten groß, müssen entsprechende rückwärtige Zugverankerungen vorgesehen werden. Bild 4.87 zeigt die prinzipielle Ausbildung eines solchen Vorbauwagens; diese werden jeweils dem Brückentyp und -querschnitt angepaßt, d. h. es gibt keine universelle Konstruktionsform.

Diese Arbeitsweise hat Nachteile, die bei Talbrücken mit einer größeren Zahl von Öffnungen und hohen, oftmals auch schwer zugängigen, Pfeilern erschwerend ins Gewicht fallen, weil

- an jedem Pfeilerstandort durch die Materialanlieferung hohe Einrichtungs- und Materialumschlagskosten entstehen,
- die Zufahrtswege tragfähig ausgebaut sein müssen, damit sie auch stärkerem Verkehr standhalten können,
- nach der Fertigstellung eines Vorbauabschnittes mit dem Verlegen der Baustelle auch der Vorbauwagen abgebaut oder abgelassen werden muß, im Tal gelegentlich auch über unwegsames Gelände zur Einsatzstelle am nächsten Pfeiler transportiert und dort wieder hochgezogen werden muß.

Unter Berücksichtigung dieser Überlegungen ist eine wirtschaftliche Nutzung des klassischen Freivorbaues nur bei Überbrückungen mit einer großen Mittelöffnung gegeben, also bei Verhältnissen, wie man sie bei großen Flußbrücken antrifft.

Zur Vermeidung der Nachteile des klassischen Freivorbaues haben sich Varianten entwickelt. Beim *Freien Vorbau mit Hilfsträgern* wird vom bereits fertig gestellten Überbau aus zusätzlich eine oben laufende Hilfsrüstung eingesetzt, die bis zum nächsten Pfeiler vorgefahren wird. Die Vorteile sind hierbei folgende:

- Menschen- und Materialtransport über die fertigen Abschnitte der Brücke und die Hilfsbrücke zum Freivorbaupfeiler,
- einfaches Umsetzen der Vorbauwagen zum nächsten Pfeiler ohne deren Demontage nach der Fertigstellung eines Kragarmpaares.

Darüber hinaus kann der stählerne Hilfsträger während des freien Vorbaues an den Überbau konstruktiv angebunden werden, um den Waagebalken zu stabilisieren und Hilfsunterstützungen unter der Brücke einzusparen.

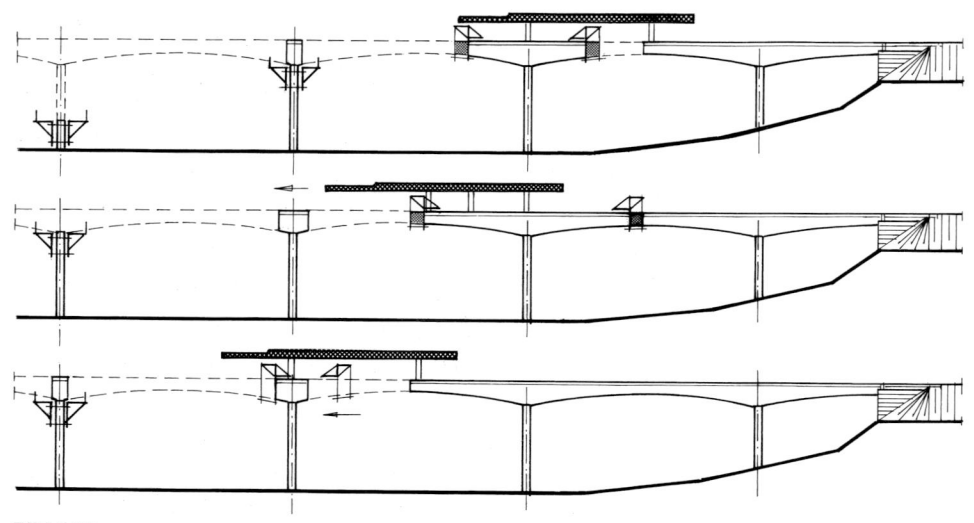

Bild 4.88
Freier Vorbau mit Hilfsträgermontage

Die Bauweise, insbesondere die Variante mit *Nachläuferwagen*, wurde an Hand zweier Ausführungsbeispiele ausführlich in der 4. Auflage beschrieben. Man informiere sich dort.

Eine andere Möglichkeit, den freien Vorbau zu unterstützen, ist durch eine *Montageabspannung* gegeben. Hierbei wird jeder Betonierabschnitt zusätzlich durch ein Zugseil gehalten, das über einen Hilfspylon gespannt wird, der auf dem jeweils zurückliegenden Pfeiler aufgestellt wird. Die Seile nehmen an Stelle von inneren Spanngliedern das Kragmoment auf.

Die folgenden Bilder sollen die vorangegangenen Ausführungen zum Freivorbau anschaulich begleiten. Bild 4.89 zeigt einen Bauzustand beim Bau der Talbrücke Zschopau im Zuge der B 174 von Chemnitz nach Marienberg. Es zeigt das Vorbaugerüst von der Seite, man kann den Konstruktionsaufbau in der Längsrichtung erkennen. Bild 4.90 zeigt einen Bauzustand des Freivorbaues beim Bau der Eisenbahnbrücke Kelsterbach. Man sieht das Vorbaugerüst in der Querrichtung, die Quertragkonstruktion und die einzelnen Arbeitsbühnen.

In Bild 4.91 schließlich wird ein Bauzustand des Freivorbaues mit Abspannung gezeigt. Es handelt sich um den Bau der Eisenbahnbrücke über das Lahntal im Zuge der Hochgeschwindigkeitsstrecke Köln–Frankfurt. Beide Bogenhälften wurden so hergestellt; die einzelnen Betoniertakte wurden über einen Pylon, der auf dem Pfeiler am Kämpferpunkt aufgesetzt war, abgespannt. Die Abspannung wurde so konzipiert, daß die Beanspruchungen im Bauzustand keine größeren Betonrandspannungen als 2,5 MN/m^2 erzeugten. Damit blieb der Bogen während der Bauphase im Zustand I, und es waren sichere Verformungsberechnungen möglich. Für die Abspannung kamen vierlitzige Spannglieder des Holzmann-Litzenspannverfahrens zur Ausführung. Sie wurden für eine Kraft von 500 kN ausgelegt und erhielten weiße Hüllrohre, um den Temperatureinfluß zu begrenzen. Die Abspannung einer Bogenseite erfolgte mit acht Spannsträngen über die Felder am Bogenkämpfer in die benachbarten Fundamente.

4.7 Traggerüstbauweisen

Bild 4.89
Talbrücke Zschopau, Überbauherstellung im Freivorbau

Bild 4.90
Eisenbahnbrücke über den Main bei Kelsterbach

Bild 4.91
Lahntalbrücke Limburg, Freivorbau mit Abspannung

5 Überbauten der Brückenbauwerke

5.1 Entwicklung der Tragsysteme im Überbau

Die einfachste Form der Überbauausbildung ist durch die Aneinanderreihung von Balken gegeben. Hierbei wird die Fahrbahntafel durch die im Betonbau übliche Druckgurtverbreiterung geschaffen. An die hierdurch entstehende Konstruktion sollten, besonders im Hinblick auf die Ausbildung und Haltbarkeit des Fahrbahnbelages, keine zu großen Anforderungen gestellt werden. Für eine einfache Überquerung ist sie jedoch möglich. Die Abtragung der Fahrbahnlasten erfolgt direkt, der jeweils betroffene Balken gibt seine Beanspruchungen direkt auf die Lager ab. Querverteilungen der Fahrbahnlasten entstehen nicht, d. h. es werden keine benachbarten Träger zum Mittragen der direkten Fahrbahnlasten herangezogen.

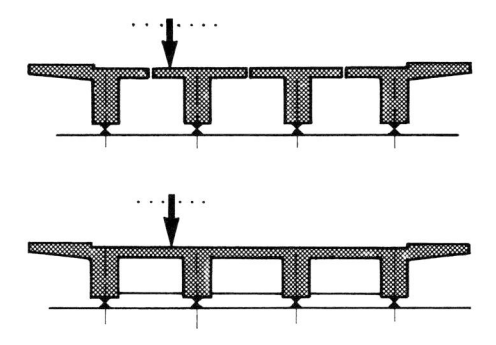

Bild 5.1
Querschnittausbildung durch Aneinanderreihung von Fertigteilträgern

Bild 5.2
Querschnittausbildung durch monolithisch verbundene Balkensysteme

Bildet man dagegen die Fahrbahnplatte als durchgehende Konstruktion in einem Zuge mit den Balken aus, so entsteht auch in der Querrichtung ein biegesteifes System, welches Lasten übertragen kann. Die Verkehrslasten aus der Fahrbahn werden indirekt über die Fahrbahnplatte in die Hauptträger abgeleitet, die sie ihrerseits durch dieselbe auf die benachbarten Träger mit übertragen können. Ihrer statischen Funktion nach ist die Platte das Nebentragglied, die Balken selbst bleiben Hauptträger.

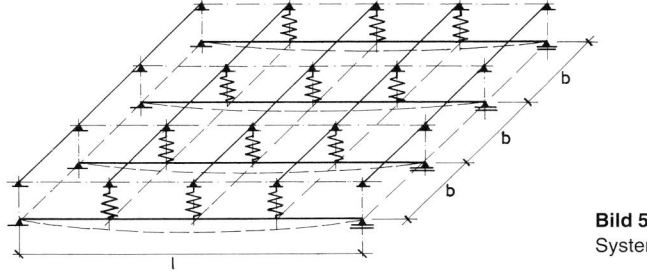

Bild 5.3
System eines Trägerrostes

Zur Aussteifung des Trägersystems und zur Erzielung einer optimalen Querverteilung der Fahrbahnlasten werden Querträger im Feld angeordnet. Hieraus entwickelte sich der Trägerrost, bei dem das Haupttragsystem durch eine Schar sich rechtwinklig kreuzender Längs- und Querträger gebildet wird. Weiterhin konnte durch diese Bauweise die kleinstmögliche Bauhöhe erzielt und das Eigengewicht gering gehalten werden.

In dieser Konstruktionsform lagen die Anfänge der Stahlbetonbalkenbrücke, durch sie war es überhaupt erst möglich geworden, das Problem einer beweglich wirkenden Belastung in einer Fläche konstruktiv durch Balkenkonstruktionen aufzunehmen. Der durch die gegenseitige Beeinflussung der Balken entstehende nicht unproblematische Kraftfluß, der damit verbundene hohe Rechenaufwand und die großen Schalungskosten gaben dieser Konstruktion jedoch keine Überlebenschance. Die Weiterentwicklung des Trägerrostes ging in zwei Richtungen.

Bild 5.4
Vollplatte

Einerseits gelang die völlige Synthese, d. h. die totale Durchdringung der Längs- und Querträger, und es entwickelten sich die Plattentragwerke als Haupttragsystem selbst. Hier sind infolge der nach allen Seiten möglichen Lastabtragung ideale Querverteilungsverhältnisse vorhanden. Diese Systeme haben im Vergleich zu anderen Tragkonstruktionen gleicher Stützweite die geringsten statischen Nutzhöhen.

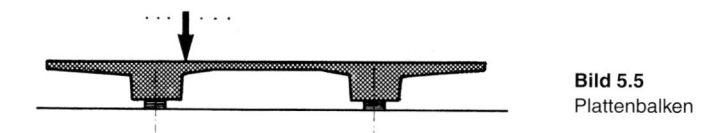

Bild 5.5
Plattenbalken

Andererseits vollzog sich bei den Balkensystemen die Entwicklung zugunsten klarer und übersichtlicher Tragsysteme. Unter Verzicht auf viele Längsträger und die sie aussteifenden Querträger wird heute, soweit es von der Fahrbahnbreite her möglich ist, der zweistegigen Querschnittsform der Vorzug gegeben. Die Querverteilung der Fahrbahnlasten auf die Hauptträger erfolgt hierbei nur über das Nebentragglied Fahrbahnplatte. Diese kann, bedingt durch die Kenntnisse der Plattentheorie, besser denn je in ihrer Tragfähigkeit ausgenutzt und in kleinen Konstruktionsdicken erstellt werden. Bei großen Fahrbahnbreiten sind zur Vermeidung unwirtschaftlicher Konstruktionsabmessungen auch dreistegige Balkenquerschnitte üblich. Die Querverteilung der Fahrbahnlasten erfolgt hierbei über ein statisch unbestimmtes Nebentragsystem, in dem auch negative Belastungseinflüsse eintreten können. Querträger werden im Feld nicht mehr angeordnet, an Zwischenunterstützungen sind sie jedoch wünschenswert, am Brückenende aus statischen und konstruktiven Gründen unverzichtbar. Die querträgerlose Anordnung gestattet es zudem, den Einfluß einer Brückenschiefe im wesentlichen aus dem Feld herauszuhalten und ihn auf das Brückenende zu beschränken. Eine Weiterentwicklung des Plattenbalkens wiederum führte zum System des Hohlkastens. Diese Konstruktionsform der Balkenbrücke steht heute im Mittelpunkt fast aller üblichen beweglichen Rüstvorgänge und ist zum Querschnittstyp der Spannbetonbrücke schlechthin geworden.

innovative Produkte für den Bau

Modernstes Gerät
für Brückenbau und Spezialtiefbau

- Zubehör
- Schalungen
- Montage- und Arbeitsbühnen

QUICK
Spitzenleistungen in
Schalung & Bewehrung

Quick Bauprodukte GmbH · Westendamm 3 · D-58239 Schwerte · Tel. 0 23 04/9 81 430 · **www.quick-bauprodukte.de**

Umfassende Werke über Spannbeton

Wolfgang Rossner /
Carl-Alexander Graubner
Spannbetonbauwerke
Teil 3
2002. Ca. 750 Seiten,
ca. 180 Abbildungen.
Gb., ca. € 209,–* / sFr 309,–
ISBN 3-433-02831-1

Das vorliegende Werk stellt den 3. Teil des Handbuchs Spannbetonbauwerke dar. Wie schon die ersten beiden Teile umfasst es eine Beispielsammlung zur Bemessung von Spannbetonbauwerken. Die behandelten Beispiele stammen aus den Bereichen des Straßen- und Eisenbahnbrückenbaus sowie des Hoch- und Industriebaus und decken hinsichtlich Vorspanngrad und Verbundart das gesamte Gebiet des Spannbetons ab.
Das Werk basiert auf Grundlage der neuen DIN 1045, Teile 1 bis 4 und berücksichtigt weiterhin sämtliche bisher erschienen nationalen Anwendungsdokumente.

Günter Rombach
Spannbetonbau
2003. Ca. 500 Seiten,
ca. 350 Abbildungen.
Gb., € 119,–* / sFr 176,–
ISBN 3-433-02535-5

Bei der Bemessung und Konstruktion von Spannbetonbauwerken wurde in den letzten Jahren einiges verändert: mit der DIN 1045-1 wurden einheitliche Bemessungsverfahren für Stahl- und Spannbetonkonstruktionen beliebiger Vorspanngrade eingeführt. Die externe und verbundlose Vorspannung hat in manchen Bereichen die klassische Verbundvorspannung verdrängt. Die Vorspannung wird neben dem Brückenbau zunehmend im Hochbau eingesetzt. Diese Neuerungen wurden zum Anlass genommen, den Spannbeton in diesem Werk umfassend darzustellen. Ausgehend von den zeitlosen Grundlagen werden die Hintergründe der neuen Bemessungsverfahren erläutert. Weiterhin wird auf Probleme bei der Konstruktion und Ausführung von Spannbetonkonstruktionen eingegangen.

Ernst & Sohn
Verlag für Architektur und
technische Wissenschaften GmbH & Co. KG

Für Bestellungen und Kundenservice:
Verlag Wiley-VCH
Boschstraße 12
69469 Weinheim
Telefon: (06201) 606-400
Telefax: (06201) 606-184
Email: service@wiley-vch.de

Ernst & Sohn
A Wiley Company
www.ernst-und-sohn.de

* Der €-Preis gilt ausschließlich für Deutschland

5.2 Berechnungsgrundlagen für Überbauten

5.2.1 Tragverhalten von Plattentragwerken

5.2.1.1 Plattensysteme

Zur Einteilung der Plattensysteme muß zunächst festgestellt werden, welche Tragfunktion die Platte im System zu übernehmen hat.

Platte als Hauptträger

Hier gibt es die zweiseitig gestützten Platten mit frei drehbar gelagerten oder ein- oder beidseitig eingespannten Rändern, die entsprechend ihrer Lagerungsverhältnisse als Einfeldsystem oder Teile eines Durchlaufsystems Anwendung finden.

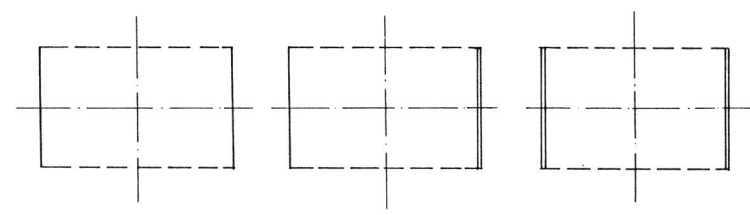

Bild 5.6
Zweiseitig gestützte Platten

Platte als Nebentragglied

Hier finden die Platten als Fahrbahnplatten als verbindendes Konstruktionselement in Balkentragwerken entweder als vierseitig gelagerte Platte bei Vorhandensein von Querträgern oder als unendlicher Plattenstreifen beim Fehlen von Querträgern Anwendung.

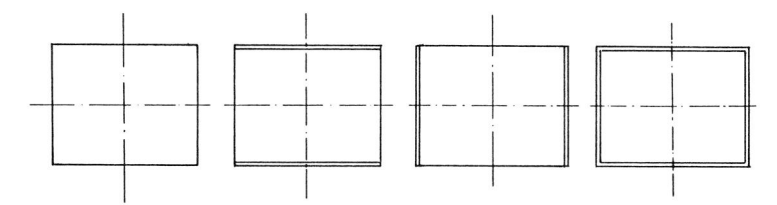

Bild 5.7
Vierseitig gestützte Platten

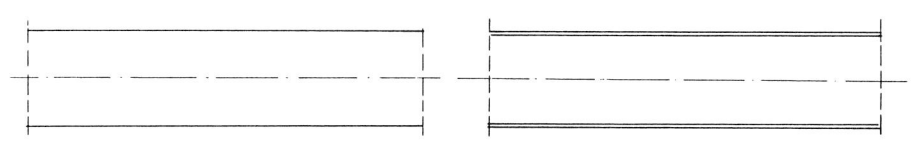

Bild 5.8
Unendlicher Plattenstreifen

5.2.1.2 Rechtwinklige, zweiseitig gestützte Platten

Berechnungstheoretische Zusammenhänge

Platten sind Flächentragwerke, sie werden senkrecht zu ihrer Mittelfläche belastet, für ihre Berechnung gelten nach der Plattentheorie folgende Voraussetzungen (*Kirchhoff*):

– Die Dicke h der Platte ist klein im Vergleich zu ihrer Länge und Breite.
  Hieraus folgt, daß Punkte einer Normalen zur Mittelfläche auch nach der Verformung auf einer Geraden verbleiben, die normal zur verformten Mittelfläche steht.
– Die Durchbiegungen der Platte sind klein gegenüber ihrer Dicke.
  Hieraus folgt, daß die Elemente in der Mittelfläche unverzerrt bleiben.
– Der Werkstoff ist isotrop und rein elastisch.

Weiterhin gelten die Vereinfachungen, daß die Normalspannungen in z-Richtung und die Verzerrungen aus den Querschubspannungen über die Plattendicke vernachlässigt werden können.

Die erste Forderung ist erfüllt, wenn die Dicken der Fahrbahnplatten bei $l/22$ bis $l/25$ liegen. Die dritte Forderung muß unter Zuhilfenahme der im Stahlbeton üblichen Annahmen verstanden werden. Der Werkstoff Stahlbeton ist im Grunde weder isotrop noch elastisch. Im Grenzzustand der Gebrauchstauglichkeit sind aber die Abweichungen des elastischen Verhaltens und der Isotropie vom Idealwert so gering, daß der Werkstoff in diesem Beanspruchungsbereich als ideal elastisch angesehen wird. Im Grenzzustand der Tragfähigkeit dagegen liegt ein nicht elastisches Verhalten des Werkstoffes Beton vor. Die hieraus entstehenden Abweichungen werden durch Teilsicherheitsbeiwerte auf der Last- und Widerstandsseite überdeckt, so daß ein ausreichender Sicherheitsabstand zwischen den für den Gebrauchszustand errechneten Schnittgrößen ($\gamma = 1$) und den zum Versagen führenden Schnittgrößen ($\gamma > 1$) vorhanden ist, wenn sichergestellt ist, daß lokale Schwachstellen des Querschnittes die Größe und Verteilung der Schnittkräfte nicht entscheidend verändern. Hierfür stehen die Teilsicherheitsbeiwerte γ_c und γ_s auf der Widerstandsseite. Unter diesen Voraussetzungen kann die Linearität der Dehnungen näherungsweise vertreten werden.

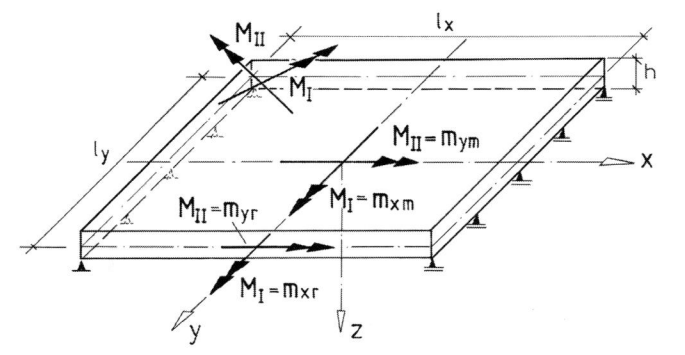

Bild 5.9
Plattensystem

Für die Berechnung einer Platte sind die Hauptbiegemomente maßgebend. Diese sind die Extremwerte derjenigen Biegemomente, die durch Transformation aus den Biegemomenten in achsenparallelen Schnitten in beliebigen, senkrecht zur Plattenmittelfläche geführten Schnitten entstehen können.

5.2 Berechnungsgrundlagen für Überbauten

$$M_{I,II} = \frac{m_{xx} + m_{yy}}{2} \pm \sqrt{\left(\frac{m_{xx} - m_{yy}}{2}\right)^2 + m_{xy}^2} \qquad 5.2.1(1)$$

Die Maximalwerte treten, analog den Zusammenhängen bei den Hauptspannungen, unter dem Winkel auf

$$\tan 2\varphi = \frac{2\, m_{xy}}{m_{xx} - m_{yy}} \qquad 5.2.1(2)$$

Hierin bedeuten m_{xx} und m_{yy} die Biegemomente in den Achsen und m_{xy} das ihnen zugeordnete Drillmoment. Bei rechtwinkligen Platten fallen die Richtungen der Plattenhauptmomente in den maßgebenden Bemessungspunkten mit den Richtungen des orthogonalen Achsenpaares x,y zusammen. In der Mitte des Feldes und des Randes der Platte ist daher den Achsenbiegemomenten definitionsgemäß das Drillmoment mit dem Wert Null zugeordnet. Somit ergeben sich hier die Hauptmomente als Achsenbiegemomente

$$M_I = m_{xm} \quad \text{und} \quad M_{II} = m_{ym}, \quad \text{bzw.} \quad M_I = m_{xr} \quad \text{und} \quad M_{II} = m_{yr}$$

In der Plattenecke dagegen fällt die Richtung der Hauptmomente nicht mehr mit derjenigen des orthogonalen Achsenpaares zusammen, sie treten etwa unter einem Winkel von 45° auf. Da die zugehörigen Achsenbiegemomente klein sind und nahezu vernachlässigt werden können, reduziert sich die Wirkung der Hauptmomente auf die der Drillmomente m_{xy}.

Ein Flächentragwerk liegt dann vor, wenn das Verhältnis der Breitenabmessung zur Längenabmessung so groß wird, daß sich eine Quertragwirkung durch Abfluß von Kraftanteilen in dieser Richtung einstellen kann. Die untere Grenze eines solchen Flächentragwerkes liegt bei einem Seitenverhältnis von $l_y/l_x = 0{,}50$, bei einem Verhältnis von 0,25 liegen in der Regel schon Balkenverhältnisse vor. Nach oben wird ab dem Seitenverhältnis von $l_y/l_x = 2{,}0$ der unendlich breite Plattenstreifen maßgebend.

Der große Vorteil der Platten liegt in ihren geringen statisch erforderlichen Konstruktionshöhen. Alle Lasteinflüsse, die nicht gleichmäßig auf der Grundfläche anfallen, also Teilflächeneinwirkungen und Einzellasten, verteilen sich auf eine mitwirkende Breite und strahlen zu den Lagerungsrändern hin aus. Dadurch wird ein größeres Trägheitsmoment aktiviert und es entstehen in der Bemessungseinheit geringere Beanspruchungen. Die Folge sind geringere Konstruktionsstärken im Vergleich zum Balken gleicher Stützweite.

Diese Zusammenhänge veranschaulicht Bild 5.10. Dargestellt ist die Größe des Biegemomentes in einer frei drehbar gelagerten Platte, hervorgerufen durch eine Einzellast $F_k = 1$, bei wachsender Breite und Stützweite, also:

$$\Delta m = \kappa \cdot 1{,}0$$

Die Einflußzahlen κ wurden Heft 106 DAfStb entnommen, sie gelten demnach für ein dreiachsiges Regelfahrzeug. Für den Grenzfall des Balkens auf zwei Stützen gilt:

$$\kappa = \frac{1{,}0 \cdot l}{4} = 0{,}25 \cdot l$$

Die Darstellung zeigt zweierlei. Die Größe des Biegemomentes m_x aus Einzel- und Teilflächenlasten fällt mit wachsender Breite der Platte ab, umso stärker, je größer die Stützweite ist. Ab einem Stützweitenverhältnis von $l_y/l_x = 2{,}0$ bleibt das Biegemoment m_x praktisch konstant. Da diese Einwirkungen im Gesamtlastbild dominieren, kann man diese Beobachtungen auf das gesamte Verkehrslastmoment übertragen.

Für die Berechnung einer Platte kommt es darauf an, an die theoretischen Voraussetzungen möglichst genau heranzukommen, d. h. mit der Dicke der Platte an der unteren Grenze zu

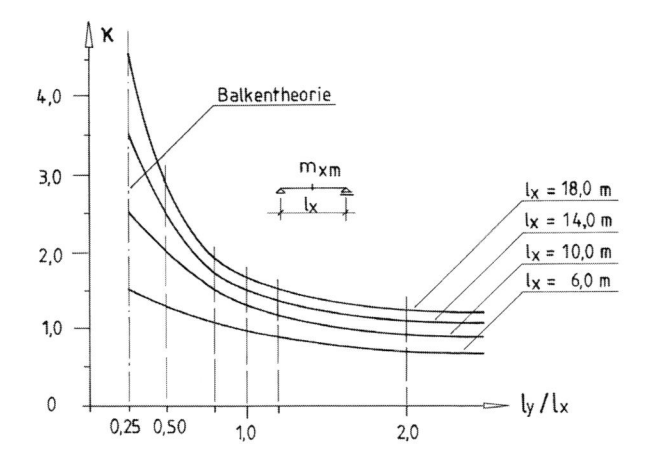

Bild 5.10 Einfluß einer Einzellast auf das Biegemoment m_x einer Platte

bleiben. Die obere Grenze einer Plattendicke ergibt sich aus der Beanspruchbarkeit der Platte selbst. Bei den üblichen Plattendicken um 0,70 m beträgt das Eigengewichtsmoment in der Plattenmitte etwa das 1,6- bis 1,8-fache des zugehörigen Verkehrslastmomentes. Jede weitere Steigerung der Querschnittshöhe bringt eine unproportionale Erhöhung des Eigengewichtsmomentes. Ab einer Dicke von 1 m ist der Querschnitt nahezu nur durch das Eigengewichtsmoment ausgeschöpft. Hinzu kommt, daß bei dieser Dicke die Beanspruchungen der z-Richtung nicht mehr vernachlässigt werden können, also *Kirchhoff* nicht mehr gilt. Platten sollten daher solche Dickenabmessungen erst gar nicht erreichen. Aus dieser Überlegung läßt sich auch die Grenzstützweite für Platten festlegen, sie liegt absolut bei 20 m, besser wäre es aber, wenn solche Längen nicht angestrebt werden würden.

Die Querdehnzahl μ hat bei Platten einen Einfluß auf die Größe und Verteilung der Biegemomente. Ihre Vernachlässigung führt dazu, daß positive Biegemomente zu klein und die Drillmomente zu groß berechnet werden. Da die Aufnahme der Zugkräfte aus den Drillmomenten in der Plattenecke ohnehin problematisch ist, ist es besser, die Feldmomente zu verstärken und damit die Drillmomente kleiner zu halten. Es ist daher wichtig, den Einfluß der Querdehnung auf die Momentengröße und -verteilung zu berücksichtigen.

Die Berechnung einer Platte unter den Verkehrslasten des DIN-Fachberichtes wird nach FE-DV-Programmen erfolgen, da Heft 106 DAfStb hierfür nicht mehr benutzt werden kann. Für alle Fälle einfeldriger, frei drehbar gestützter Platten, wie sie in der Praxis sehr häufig vorkommen, wurde von den Verfassern ein Verfahren mit Hilfe von Einflußfaktoren entwickelt, das es gestattet die Biegemomente auf einfache Weise zu ermitteln. Das Verfahren basiert auf den Puchertafeln und wird später erläutert.

Zweiseitig, frei drehbar gestützte Einfeldplatten

a) Biegemomente infolge Belastung des Plattenfeldes

Das Plattenfeld wird durch die ständige Last in Form einer gleichmäßig verteilten Flächenlast, durch Randbelastungen und durch die Verkehrslast in folgender Aufteilung belastet:

- durchgehende Flächenlast von 2,5 kN/m²,
- Überlast in Fahrspur 1 von 9,0 – 2,5 = 6,5 kN/m²,

5.2 Berechnungsgrundlagen für Überbauten

- acht Einzellasten in zwei Fahrspuren aus den beiden Doppelachsen in ungünstiger Stellung mit der Einschränkung, daß für die Biegemomente m_{ym} und m_{xy} nach positiven und negativen Einflußflächen zu trennen ist.

Die ständige Last wird durch eine gleichmäßig verteilte Flächenlast gebildet, hierfür ergeben sich die Biegemomente nach der Balkentheorie wie folgt:

$$m_G = k \cdot G_k \cdot l_x^2 \qquad 5.2.1(3)$$

mit: k Einflußfaktor nach Tabelle 5.1 (siehe Abschnitt 5.2.1.4)
G_k charakteristischer Wert der ständigen Last in [kN/m^2]

Für die teilweisen Flächenlasten und die Einzellasten aus den Doppelachsen ergeben sich die Biegemomente nach der Plattentheorie. Der Verlauf und die Verteilung über die Plattenfläche wird durch Momentengrenzlinien dargestellt, deren Leitwerte die punktuell ermittelten Momentenwerte sind. Für die ständigen Lasten ist die Grenzlinie die tatsächliche Momentenlinie selbst, für die veränderlichen Verkehrslasten wird sie durch einen einfachen Tangentenlinienzug gebildet, der alle möglichen Momentenwerte einhüllt. Hierdurch entstehen dreieck- und trapezförmige Flächen. In Heft 106 DAfStb sind die möglichen Grenzlinien in Abhängigkeit von den Lagerungsfällen der Plattensysteme dargestellt. In den nachfolgenden Darstellungen der Grenzlinien bedeuten die Flächen mit enger Schraffur den Verlauf des jeweiligen Biegemomentes, die mit weiter Schraffur dagegen die Verteilung des Momentes in der Querrichtung.

Die Verteilung der Momente in der Querrichtung ergibt sich aus dem Tragverhalten der Platte selbst. Da die ständigen Lasten gleichmäßig anfallen, verteilen sich die hieraus resultierenden Biegemomente konstant. Die Verkehrslasten fallen im wesentlichen punktförmig an, die Größe der Momentenwerte hängt von der mitwirkenden Breite der Platte ab. Diese ist am Rand zwangsläufig kleiner als in der Plattenmitte, die Folge ist ein Momentenzuwachs zum Rand hin.

Die Berechnung der Leitwerte der Biegemomente erfolgt nach DV-Programmen oder nach Einflußtafeln, deren Anwendung in den Abschnitten d) und e) erläutert wird.

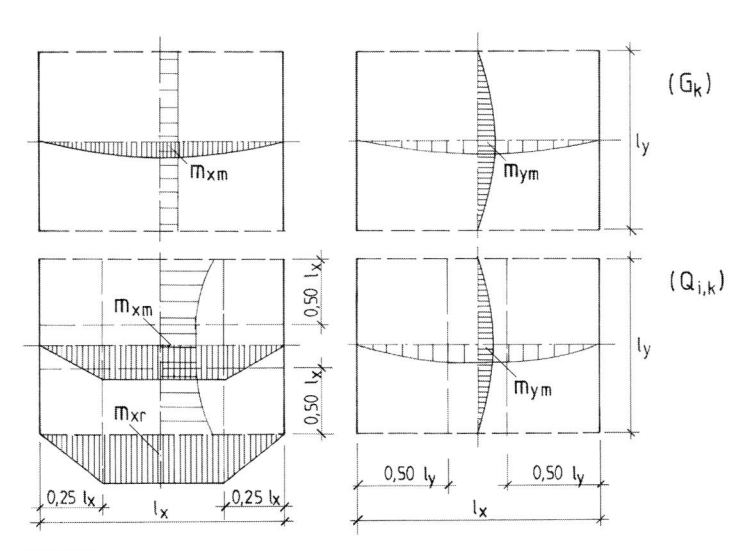

Bild 5.11
Momentengrenzlinien für Einwirkungen auf das Plattenfeld

b) Biegemomente infolge Kragarmbelastung

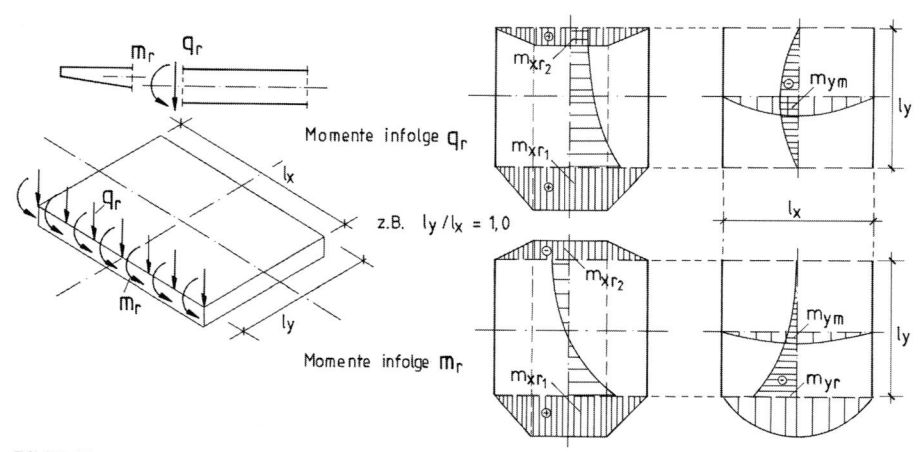

Bild 5.12
Momentengrenzlinien für Einwirkungen aus dem Kragarm

Die Einwirkungen aus dem Kragarm sind Belastungen des freien Randes der Platte, die ihrerseits in ihr Längs- und Quermomente erzeugen. Die Randquerkraft erzeugt positive Längsmomente, am belasteten Rand größer als am unbelasteten Rand, und negative Quermomente. Das Randmoment verursacht Längsmomente wechselnden Vorzeichens, am belasteten Rand positiv, am unbelasteten Rand negativ, und ein negatives Quermoment, das zum unbelasteten Rand hin abklingt.

Aus einer einseitig wirkenden Randquerkraft q_r ergeben sich die Momente zu:

$$m_{xm}, m_{ym}, m_{xr} = k \cdot q_r \cdot l_x \qquad 5.2.1(4)$$

Aus einem einseitig wirkenden Randmoment m_r ergeben sich die Momente zu:

$$m_{xm}, m_{ym}, m_{xr} = k \cdot m_r \qquad 5.2.1(5)$$

Die Beiwerte k sind wieder vom Seitenverhältnis l_y/l_x der Platte abhängig, sie sind Tabelle 5.2 zu entnehmen (siehe Abschnitt 5.2.1.4).

c) Drillmomente

Drillmomente verursachen ein Verwinden eines Plattenbereiches durch eine entgegengesetzt gerichtete Biegung in zwei zueinander orthogonalen Richtungen an den Plattenaußenseiten. Sie treten dort auf, wo die Richtungen der Hauptmomente nicht mehr mit der Richtung der Hauptachsen x, y des Systems zusammenfallen. Dies ist besonders in den Ecken einer frei aufliegenden Platte der Fall. Nach der Plattentheorie (*Kirchhoff*) steht der Wirkungssinn der Drillmomente in vierseitig frei drehbar gelagerten Plattensystemen im Zusammenhang mit einer in der Ecke wirkenden Zugkraft. Diese Zugkraft entsteht aus der Berechnungsanalogie, nach der die Drillmomente am Rand durch Scherkraftkräftepaare ersetzt werden [27, 95]. Da ein Abheben der Plattenecke nicht erwünscht ist, entstehen hier die Drillmomente infolge einer behinderten Verformung.

Bei den zweiseitig frei drehbar gestützten Platten liegen die Verhältnisse anders. Einmal liegt ein anderes statisches System vor, zum anderen rufen die im Brückenbau üblichen hohen Ein-

5.2 Berechnungsgrundlagen für Überbauten

zellasten am freien Rand entsprechende Verformungen hervor, die andere Verwindungen der Plattenfläche in der Ecke zur Folge haben. Hier entstehen Spitzendruckkräfte in der Plattenecke bei der Auflagerung, die zugehörigen Drillmomente wirken anders herum, als bei vierseitig gestützten Platten, sie entstehen aus direkter Verformung. Das in Richtung der Eckdiagonalen wirkende Hauptmoment ist positiv, d. h. es erzeugt an der Plattenunterseite Biegezug. Entsprechend gilt das negative Vorzeichen für das Komplementärmoment. Hieraus ist die in Bild 5.13 angedeutete Lage und Richtung der Bewehrung abzuleiten.

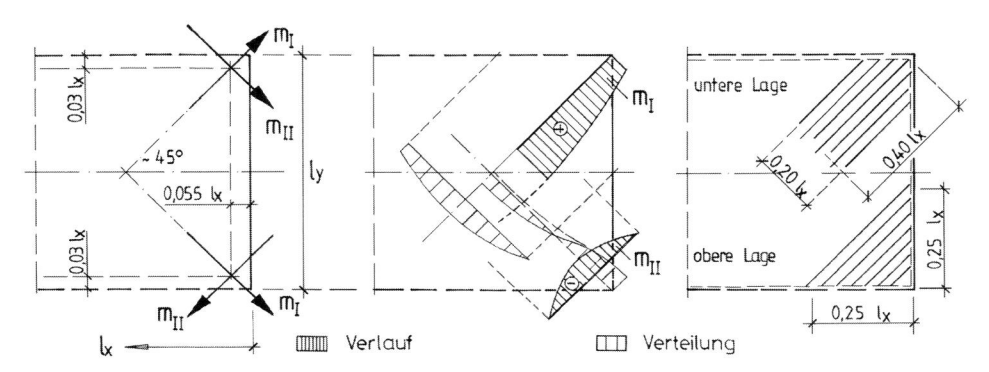

Bild 5.13
Drillmomente: Richtung, Verlauf, Bewehrung

Werden die Drillmomente durch Bewehrung aufgenommen, gilt das System als drillsteif. Die Lasten werden in den Richtungen der Hauptachsen und der Diagonalen abgetragen. Die Hauptmomente ergeben sich nach Gleichung 5.2.1(1) zu:

$$M_{\mathrm{I,II}} = \frac{m_{xx} + m_{yy}}{2} \pm \sqrt{\left(\frac{m_{xx} - m_{yy}}{2}\right)^2 + m_{xy}^2}$$

Fehlt eine Drillbewehrung, geht das Tragvermögen über die Drillsteifigkeit des Systems verloren. Alle Lasten werden jetzt in Richtung der Hauptachsen x, y abgetragen, die Hauptmomente betragen jetzt:

$$M_{\mathrm{I}} = m_{xx} \quad \text{und} \quad M_{\mathrm{II}} = m_{yy}$$

d. h. die Achsenbiegemomente sind bei drillweicher Annahme des Plattensystems größer als bei drillsteifer Wirkung. Tatsächlich wird es aber kein reines drillweiches System geben, sodaß höchstens eine verminderte Drillsteifigkeit wirksam werden kann.

Für die praktischen Bemessungsfälle ergeben sich sehr kleine Größen der Achsenbiegemomente m_{xx} und m_{yy}. Daher wird meistens bei schlaffer Bewehrung eine zusätzliche, in dritter Lage liegende, schräg verlaufende Bewehrung als Drillbewehrung ausgewiesen, die nur für das reine Drillmoment m_{xy} bemessen wurde. Bei vorgespannten Platten sollte das sich in Richtung der Spannbewehrung ergebende Transformationsmoment im Bemessungspunkt mit in der Bemessung einbezogen werden. Da die Drillmomente nicht besonders groß im Vergleich zu den Feldmomenten ausfallen, wird es in der Regel gelingen, diese innerhalb der normalen Spanngliedführung aufzunehmen. Über den Begriff „Transformationsmoment" informiere man sich im Abschnitt 5.2.1.3.

d) Momentenermittlung mit Hilfe der *Puchertafeln*

Für die frei drehbar gelagerten Einfeldplatten läßt sich wegen der Zentralsymmetrie in Plattenmitte bzw. Achsensymmetrie am Plattenrand der Einflußfelder nach *Pucher* ein einfacher Lösungsansatz darstellen.

Die Fahrspuren 1 und 2 werden symmetrisch zum Plattenmittelpunkt bzw. vom Rand her angeordnet. Danach werden die Doppelachsen in den Spuren wiederum symmetrisch zum Plattenmittelpunkt bzw. Aufpunkt am Rand mit minimalem gegenseitigem Abstand aufgestellt (siehe Abschnitt 1.2.2.2). In der Plattenmitte beträgt der geringste gegenseitige Abstand 0,50 m, am Rand zur Plattenbegrenzung bzw. anderen Spur 0,20 m. Mit diesen Laststellungen wird das ungünstige Biegemoment aus den Achslasten erhalten, wie es auch im Abschnitt 1.9.3 und im Beispiel 1.10.3 dargelegt worden ist. Für die Überlast im Fahrstreifen 1 wird das dimensionslose Volumen „V" nach den Ausführungen des Abschnittes 1.9.3 ermittelt. Das Verkehrslastmoment wird dann aus folgenden Teilen erhalten:

- Radlasten der Doppelachsen

$$\Delta m_{Q,3} = \frac{1}{8\pi} \left[\left(\frac{1}{2} Q_{1,k} \cdot \sum \eta_1 \right) + \left(\frac{1}{2} Q_{2,k} \cdot \sum \eta_2 \right) \right] \qquad 5.2.1(6)$$

mit: $\frac{1}{2} Q_{1,k}$ Radlast im Fahrstreifen 1
$\frac{1}{2} Q_{2,k}$ Radlast im Fahrstreifen 2
η_1, η_2 Ordinaten des Einflußfeldes unter den Radlasten in den Fahrstreifen

- Überlast im Fahrstreifen 1:

$$\Delta m_{Q,2} = \frac{1}{8\pi} \cdot 6{,}5 \cdot \text{„}V\text{"} \cdot l_x^2 \qquad 5.2.1(7)$$

mit: „V" dimensionsloses Volumen des Fahrstreifens 1

- Durchgehender Lastanteil $q_{ik} = 2{,}5$ kN/m^2

$$\Delta m_{Q,1} = k \cdot 2{,}5 \cdot l_x^2 \qquad 5.2.1(8)$$

mit: k nach Tabelle 5.1

Der Querdehnungseinfluß ist noch zu berücksichtigen, die Ermittlung nach Abschnitt 1.9.3 wird empfohlen.

- Drillmomente

Für die Ermittlung der Drillmomente fehlen *Puchertafeln*. Es wird daher folgender Näherungsansatz für das Bemessungsmoment vorgeschlagen:

$$m_{xy}^* = 0{,}25 \, (m_{G,k} + m_{Q,k}) \qquad 5.2.1(9)$$

mit: $m_{G,k}, m_{Q,k}$ charakteristische Werte der Biegemomente aus ständiger Last und Verkehrslast im Randbereich

e) Modifizierte Momentenermittlung mit Hilfe von Einflußzahlen

Zur Vereinfachung des Berechnungsvorganges der Biegemomentenermittlung wurden die abhängigen Größen und die Konstante des Einflußfeldes zu Einflußfaktoren zusammengefaßt und für die meistens vorkommenden Stützweiten von 4 bis 18 m und Stützweitenverhältnissen l_y/l_x von 0,50 bis ∞ ausgewertet.

5.2 Berechnungsgrundlagen für Überbauten

Die Einflußzahlen ergeben sich wie folgt:

$$\left.\begin{array}{l} \kappa_1 = \sum\left(\eta_1 \dfrac{1}{8\pi}\right) \\ \kappa_2 = \sum\left(\eta_2 \dfrac{1}{8\pi}\right) \end{array}\right\} \text{ mit } \eta_1, \eta_2 \text{ Ordinaten des Einflußfeldes unter den Radlasten der Doppelachsen}$$

$$\kappa_3 = \dfrac{\text{„}V_1\text{"}}{8\pi} \quad \longrightarrow \quad \text{mit „}V_1\text{" dimensionsloses Volumen des Einflußfeldes im Fahrstreifen 1}$$

$$\kappa_4 = \dfrac{\text{„}V\text{"}}{8\pi} \quad \longrightarrow \quad \text{mit „}V\text{" dimensionsloses Volumen des gesamten positiven oder negativen Einflußfeldes}$$

Das Verkehrslastmoment ermittelt sich dann wie folgt:

$$m_{Q,k} = \frac{1}{2} Q_{1,k} \cdot \kappa_1 + \frac{1}{2} Q_{2,k} \cdot \kappa_2 + \Delta q_{1,k} \cdot \kappa_3 \cdot l_x^2 + q_{r,k} \cdot \kappa_4 \cdot l_x^2 \qquad 5.2.1(10)$$

Hierin bedeuten:

$\frac{1}{2} Q_{1,k}$ charakteristischer Wert einer Radlast der Doppelachse im Fahrstreifen 1

$\frac{1}{2} Q_{2,k}$ charakteristischer Wert einer Radlast der Doppelachse im Fahrstreifen 2

$\Delta q_{1,k}$ charakteristischer Wert der Überlast der gleichmäßig verteilten Belastung (UDL) im Fahrstreifen 1

$q_{r,k}$ charakteristischer Wert des UDL-Systems der Verkehrslast

Die Tafeln der Einflußfaktoren stehen im Abschnitt 5.2.1.4.

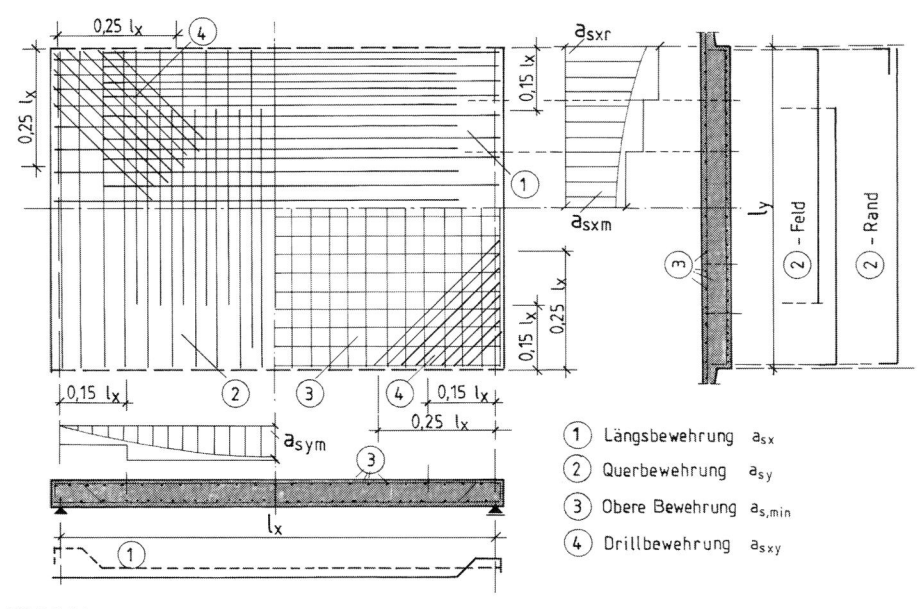

Bild 5.14
Bewehrungsanordnung

f) Bewehrungsanordnung

Die Anordnung der schlaffen Bewehrung für die frei drehbar gelagerte Platte zeigt Bild 5.14. Die Hauptbewehrung wurde entsprechend der Momentenverteilung gestaffelt angeordnet, in ihrer Längsrichtung mit einer Aufbiegung versehen und wechselseitig verschwenkt verlegt. Die Querbewehrung, ebenfalls gestaffelt, liegt über der Hauptbewehrung und wird auch in der Schwenkform angeordnet. Die Drillbewehrung schließlich wird in dritter Lage in Richtung der jeweiligen Zugkräfte (ca. 45°) unten diagonal und oben über Eck verlegt.

Zweiseitig gestützte Mehrfeldplatten

a) Grundsysteme

Über Stützen durchlaufende Plattensysteme setzen sich aus zwei Grundsystemen zusammen:

- je Seite frei drehbar und eingespannt gelagerte Platte,
- beidseitig eingespannte Platte.

Die Biegemomente in der Längsrichtung des Durchlaufsystems werden durch diese Grundsysteme beeinflußt, so daß es notwendig erscheint, sich erst mit diesen zu beschäftigen.

Bild 5.15 zeigt die Momentengrenzlinien für die Eigengewichts- und Verkehrslastmomente der unsymmetrisch gelagerten Einfeldplatte, also des Endfeldes eines Durchlaufsystems bei Annahme einer festen Einspannung über der Stütze. Für die symmetrisch gelagerte Platte, als Grundsystem der Mittelfelder, gilt entsprechendes (siehe hierzu Bild 5.18).

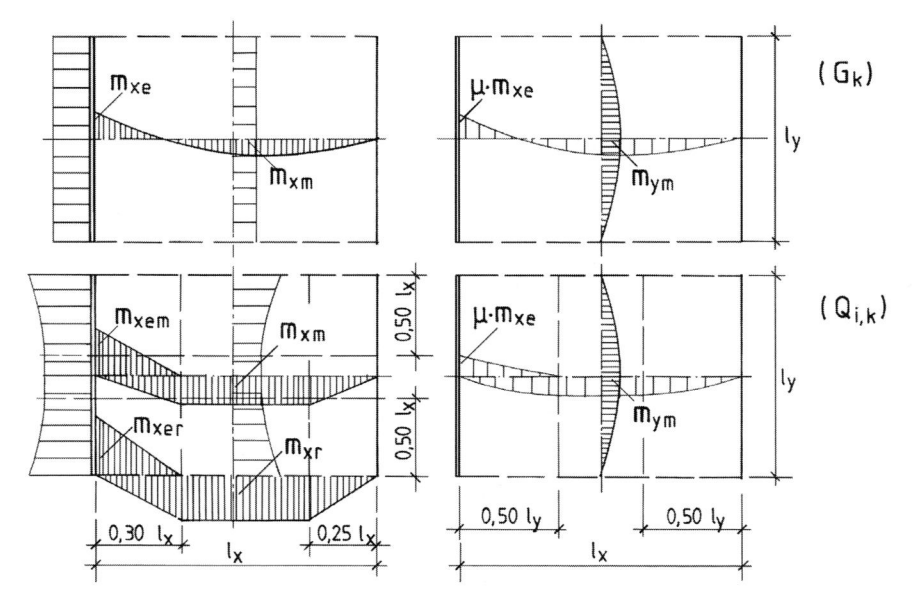

Bild 5.15
Momentengrenzlinien für Einwirkungen auf das Plattenfeld

5.2 Berechnungsgrundlagen für Überbauten

Die Eigengewichtsmomente folgen wieder der Beziehung:

$$m_g = k \cdot G_k \cdot l_x^2$$

mit: k Einflußfaktor nach Tabelle 5.1
       G_k charakteristischer Wert der Ständigen Last in [kN/m²]

Die Verkehrslastmomente sind nach der Plattentheorie zu ermitteln. Die Zuordnung dieser Momente in Plattenlängsrichtung zum entsprechenden Moment der frei drehbar gelagerten Platte zeigt Bild 5.16. Dargestellt ist wieder der Einfluß einer Einzellast nach den Einflußzahlen des Heftes 106 DAfStb für eine festgelegte Stützweite. Der Verlauf der Feldmomente erfolgt affin zu dem der frei drehbaren Platte, die Momentenkonstanz schiebt sich nach vorn und liegt etwa bei dem Seitenverhältnis $l_y/l_x = 1{,}0$. Die Stützmomente erreichen etwa den 1,5-fachen Wert der Feldmomente, ihr Anstieg bei kleiner werdender Plattenbreite verläuft flacher.

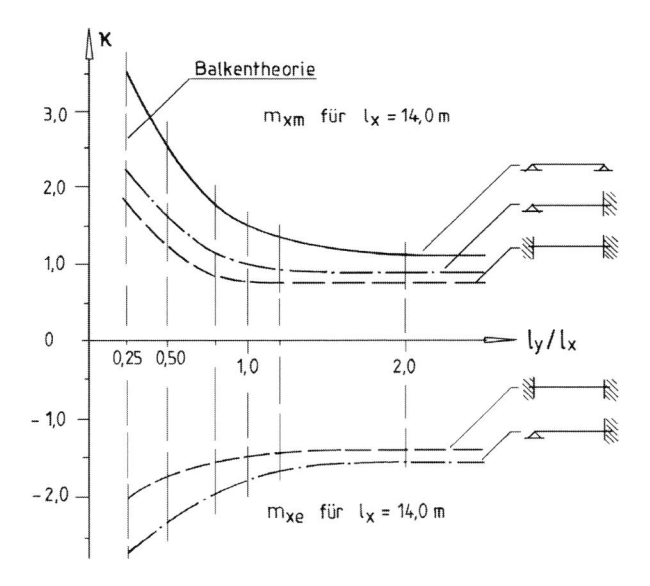

Bild 5.16
Einfluß einer Einzellast auf die Biegemomente m_x einer Platte

Zur Veranschaulichung der Kragarmbeanspruchung werden in Bild 5.17 der Einfluß einer Randquerkraft q_r auf die Biegemomente m_x einer Platte für alle Lagerungsfälle gegenübergestellt. Dargestellt ist:

$$m_x = \kappa \cdot q_r \cdot l_x \quad \text{mit} \quad q_r = 1 \quad \text{und} \quad l_x = 1$$

d. h. es sind die Einflußzahlen κ zu vergleichen.

In den freien Ecken der Endfelder sind wieder die Drillmomente zu berücksichtigen und nach den Angaben für die frei drehbare Platte bewehrungstechnisch zu verlegen.

b) Durchlaufwirkung

Im Hinblick auf die elastischen Einspannverhältnisse über der (den) Stütze(n) können kontinuierlich durchlaufende Flächentragwerke nicht direkt mit der Balkentheorie verglichen werden. Einmal zeigt das Einflußfeld, daß der Wirkung einer Einzellast durch die Lastausstrah-

Bild 5.17
Einfluß einer Randquerkraft auf die Biegemomente m_x einer Platte

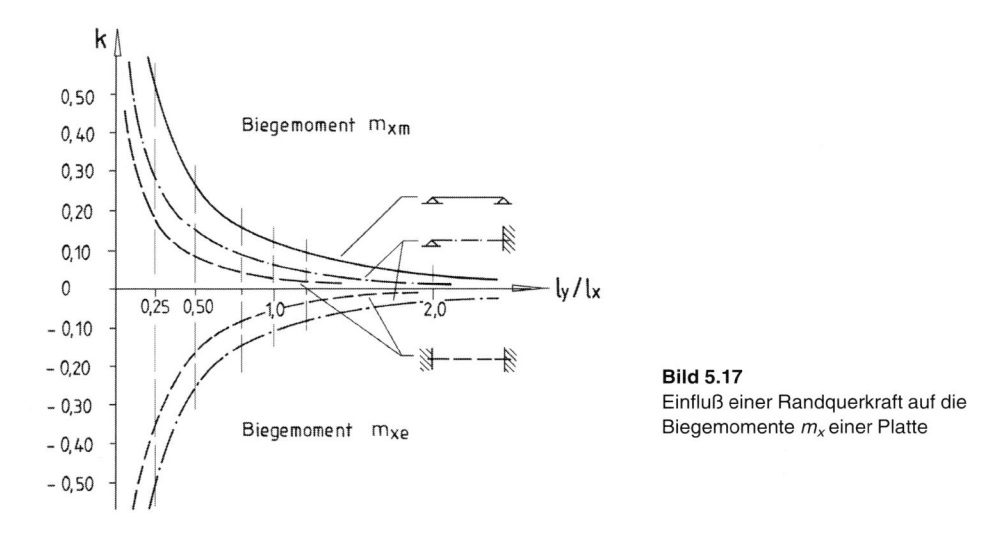

lung bis zur Lagerung eine wachsende mitwirkende Breite und damit ein größeres Trägheitsmoment zufällt. Die Berechnung eines Plattenstreifens mit konstanter Breite wird daher der zu bewältigenden Problematik nicht gerecht.

Zum anderen tritt durch die Quertragwirkung eine Abschirmung der Kontinuitätsverhältnisse ein, wodurch wiederum Einspannmomente entstehen, die überwiegend durch die Festeinspannung geprägt sind. Bei schmalen Platten, bei denen die Quertragwirkung gering ist, passen sich die Kontinuitätsverhältnisse weitestgehend der Balkentheorie an, bei breiten Platten dagegen verschwindet die Durchlaufwirkung, die Biegemomente stellen sich mit wachsender Breite auf die Werte der Festeinspannung ein.

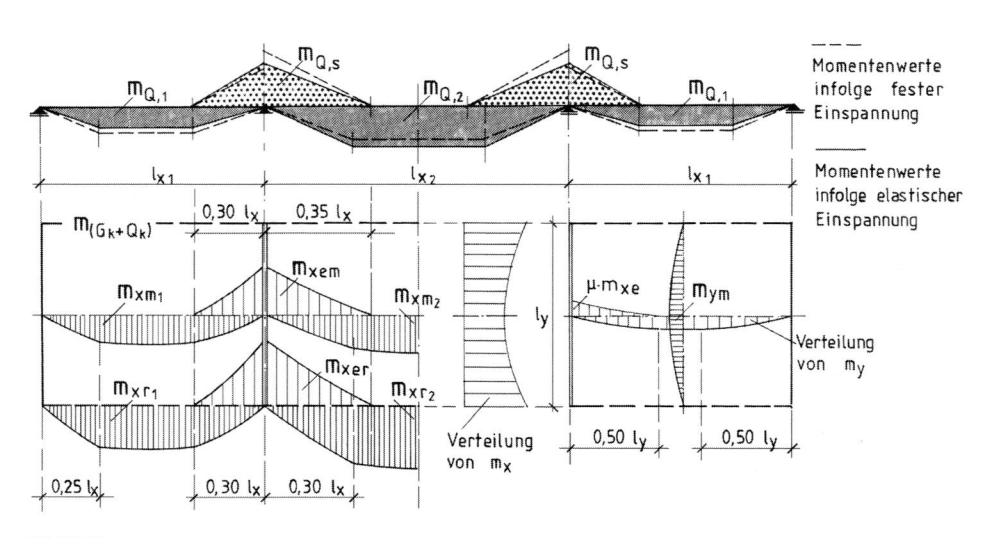

Bild 5.18
Durchlaufplatte 1 : n : 1, Momentengrenzlinien $m_{(G_k+Q_k)}$ und zugeordneter Momentenverlauf m_{Q_k}

Die Größe der Feld- und Stützmomente orientieren sich an der des Stützmomentes aus der elastischen Einspannung der Fahrbahnplatten. Dieses ist vom gegenseitigen Einspanngrad der Platten abhängig.

Im Bild 5.18 ist die Platte des Außenfeldes voll in die größere Mittelplatte eingespannt, der Einspanngrad beträgt $\alpha > 1$. Umgekehrt ist die große Mittelplatte in diejenige des Außenfeldes nur teilweise eingespannt, der Einspanngrad beträgt $\alpha < 1$. Das endgültige Stützmoment steigt daher über den Wert des Stützmomentes der festen Einspannung in der Außenplatte an, entsprechend sinkt es unter den Festeinspannungswert der Mittelplatte ab. Die Feldmomente ziehen nach, in der Außenplatte ist das endgültige Moment kleiner, in der Mittelplatte größer, als der zugehörige Wert der Festeinspannung.

Die Berechnung der Mehrfeldplattensysteme erfolgt nach FE-DV-Programmen. Die ungünstigen Laststellungen der veränderlichen Doppelachsen liegen für die Feldmomente wieder in der Plattenmitte. Für die Stützmomente muß der ungünstige Punkt gesucht werden. Man gehe zunächst mit dem Wert der Einflußlinie eines vergleichbaren Durchlaufträgers hinein (siehe [14]) und schiebe dann die Doppelachse etwas in Richtung Stütze, mit großer Wahrscheinlichkeit ergibt sich dort ein größerer Wert des Stützmomentes.

Angesichts der umfangreichen Verarbeitung von Daten erscheint es nicht mehr sinnvoll zu sein, noch Lösungsansätze für eine Handrechnung zu diskutieren. Für die Benutzung der EDV-Programme muß aber sichergestellt sein, daß die Wirkung der Querdehnzahl μ in diesen enthalten ist.

5.2.1.3 Schiefwinklige, zweiseitig gestützte Platten

Einfeldplatten

a) Biegemomente und Hauptmomente

Die Tragwirkung schiefwinkliger Einfeldplatten unterscheidet sich von derjenigen der rechtwinkligen Plattensysteme wesentlich, da die Abtragung der Lasten nicht mehr in Richtung des orthogonalen Achsenpaares x, y erfolgt, sondern sich Tragrichtungen einstellen, die in einzelnen Punkten des Tragwerkes unterschiedlich große und verschieden gerichtete Hauptmomente verursachen. Zur Beurteilung des Tragverhaltens der Platte sind die im folgenden aufgeführten Einflüsse maßgebend:

- Der Winkel der Schiefe, möglich sind solche von $30° < \alpha < 75°$. Für Winkel $\geqq 75°$ kann der Einfluß der Schiefwinkligkeit vernachlässigt werden.
- Das Seitenverhältnis b/l_x der Platte in der Unterscheidung:
  – schmale Platte: $0{,}5 < b/l_x < 1{,}0$
  – breite Platte: $\phantom{0{,}5 <\,}b/l_x \geqq 1{,}0$
- Die Art der Lagerung. Man unterscheidet die starre Linienlagerung und die nachgiebige Auflagerung durch Elastomer- oder sonstige Lager. Im zweiten Fall werden die Spitzenwerte der Biegemomente, insbesondere in der stumpfen Ecke, abgebaut.

Die Berechnung erfolgt durch eine punktuelle Ermittlung der Hauptmomente. Zwischen den Bemessungspunkten werden die Momente nach Größe und Richtung kontinuierlich eingepaßt. Die maßgebenden Bemessungspunkte sind:

Punkt A: Mitte des freien Randes
Punkt B: Plattenmitte

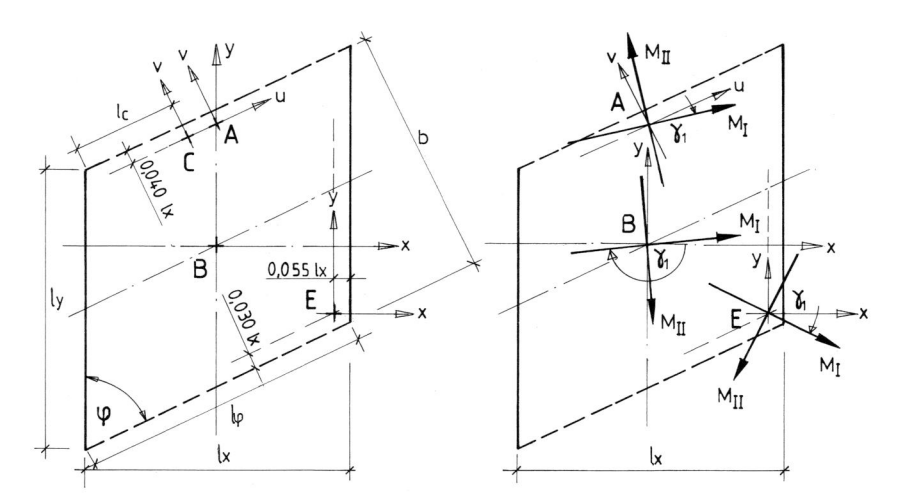

Bild 5.19
System, Bemessungspunkte und Hauptmomentenrichtungen

Punkt C: Freier Rand, zwischen Mitte und stumpfer Ecke; in diesem Punkt ergeben sich die größten Hauptmomente am Rand infolge Eigengewichtes
Punkt E: Stumpfe Ecke, mit der in vorstehendem Bild angegebenen Lage

Ein Hauptmoment wird im allgemeinen Fall durch drei Komponenten beschrieben, Biegemomente in zwei orthogonalen Richtungen und ein Drillmoment; es ergibt sich wie folgt:

Punkt B und E

$$M_{I,II} = \frac{m_x + m_y}{2} \pm \sqrt{\left(\frac{m_x - m_y}{2}\right)^2 + m_{xy^2}} \qquad \text{mit: } \tan 2\gamma_1 = \frac{2 m_{xy}}{m_x - m_y}$$

Punkt A und C

$$M_{I,II} = \frac{m_u + m_v}{2} \pm \sqrt{\left(\frac{m_u - m_v}{2}\right)^2 + m_{uv^2}} \qquad \text{mit: } \tan 2\gamma_1 = \frac{2 m_{uv}}{m_u - m_v}$$

Da das Achsenbiegemoment m_v bestimmungsgemäß sehr klein ist, kann es vernachlässigt werden.

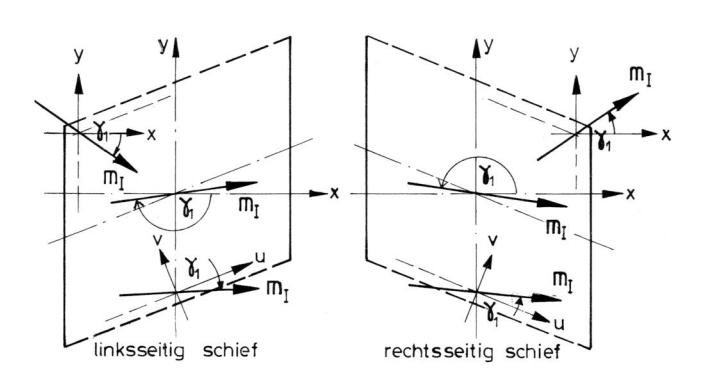

Bild 5.20
Hauptmomentenrichtung, positiver Drehsinn

Der Richtungswinkel γ_1 zählt bei Annahme eines rechtshändigen Koordinatensystems (x-Achse nach rechts, y-Achse nach oben) positiv, wenn bei einem linksschiefen System die Winkeldrehung im Uhrzeigersinn und bei einem rechtsschiefen System entgegen dem Uhrzeigersinn verläuft.

Die Größe und Richtung der Hauptmomente hängt von der wechselnden Laststellung der Regelfahrzeuge im Einflußfeld und dem Seitenverhältnis b/l_x des Plattensystems ab. Der Verlauf und die Verteilung über die Platte sollten nach ähnlichen Gesichtspunkten der Momentengrenzlinien wie bei den rechtwinkligen Platten vorgenommen werden. Einen Anhalt hierzu gab *Rüsch* im Heft 166 DAfStb [3].

Bild 5.21 zeigt das Richtungsfeld der Hauptmomente einer 60°-schiefen Platte unter Eigengewicht, jeweils für kleine und große Breiten. Die durchgezogenen Linien stellen die Richtungen des Hauptmomentes M_I dar. Bei der breiten Platte verlaufen die Hauptmomente M_I in der Plattenmitte nahezu senkrecht zu den Lagerungsrändern, danach schwenken sie in die stumpfe Ecke etwa in Richtung der Winkelhalbierenden ein und streichen am freien Rand unter einem flachen Winkel aus. Bei der schmalen Platte dagegen wird dieser Verlauf durch die geringere Breite beeinflußt, die Linien drehen etwas in die schiefe Richtung und schneiden in der Plattenmitte unter einem kleinen Winkel gegen die Lagersenkrechte ein und verlaufen in der stumpfen Ecke flacher zur Winkelhalbierenden. Dieser Trend ist auch bei Platten mit anderen Schiefen zu beobachten.

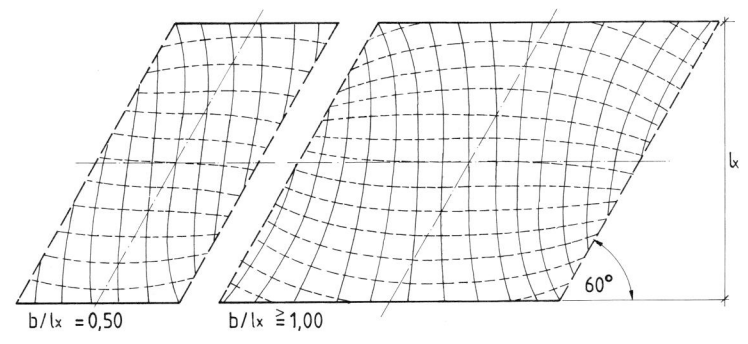

Bild 5.21
Trajektorien der Hauptmomente unter Gleichlast

Der Verlauf der Hauptmomententrajektorien zeigt ferner die besondere Bedeutung der stumpfen Ecke auf, in die die Plattenfläche ihre Beanspruchung konzentriert hineinträgt. Hier entstehen große Hauptmomente, die nahezu bis an den Lagerungsrand heran wirken (rechnerischer Abstand $0{,}055 \cdot l_x$ nach *Rüsch*). Wie bei der rechteckigen Platte, dort nannten wir sie „Drillmomente", erzeugen sie etwa in Richtung der Eckdiagonalen an der Plattenunterseite Biegezug bzw. senkrecht dazu an der Plattenoberseite. Diese Momente leiten eine entsprechende Verwindung der Plattenecke ein, die durch eine kontinuierliche und starre Linienlagerung am Plattenrand einen Zwang in der Weise erfahren kann, daß sich die Wirkung der Momente vor dem Lagerungsrand umdreht. Diese statische Wirkung, die in der Literatur oft als Einspannung bezeichnet wird, ist keine solche im klassischen Sinn. Sie ergibt sich aus einer behinderten Verwindung der stumpfen Plattenecke in Verbindung mit der Lagerung und würde eine Bewehrung in Richtung der Diagonalen oben, entsprechend senkrecht dazu unten, erfordern. Da es keine Möglichkeit gibt, hierfür Bemessungswerte zu bestimmen, kann man nur eine sinnvolle konstruktive Bewehrung vorsehen. Sieht man dagegen eine weichere Lagerung vor, z. B. Stahllager mit vertikaler Federwirkung oder Verformungslager, baut sich diese Zwängung ab. Ob sie gänzlich verschwinden kann, ist derzeit noch nicht geklärt. Fest steht, daß am Lagerungsrand in der stumpfen Ecke eine hohe Druckkraft als Lagerkraft auftritt, die wesentlich an dieser Zwängungserscheinung beteiligt ist.

Die rechnerische Ermittlung der Achsenbiegemomente erfolgt auch hier nach DV-Programmen der FE-Methode. Hierbei muß aber die ungünstige Laststellung, insbesondere bei Einflußflächen wechselnden Vorzeichens, vorher ermittelt und über den Bildschirm eingegeben werden. Der Fortfall einzelner Rad- und Achslasten im entsprechenden Einflußfeld kann im Programm nicht berücksichtigt werden, da er von der nicht bekannten Momentennullinie abhängt.

Die Berechnung erfolgt unter der Voraussetzung, daß die Fahrtrichtung parallel zum freien Rand der Platte verläuft. Diese Berechnungen sind aber Näherungslösungen, da es das Einflußfeld der veränderlichen Einzellasten für das nach Richtung und Größe zu suchende Hauptmoment nicht geben kann. Wenn man dem Vorschlag des Heftes 166 DAfStb folgt, die Berechnungen so zu ordnen, daß folgende Momente erhalten werden

max M_I : größtes Moment für die Bewehrung in Längsrichtung unten
max M_II : größtes Moment für die Bewehrung in Querrichtung unten
min M_II : größtes Moment für die Bewehrung in Querrichtung oben

kann man näherungsweise wie folgt vorgehen:

- In der Plattenmitte (B) ermittelt man das Hauptmoment max M_I aus der ungünstigen Laststellung im Einflußfeld für das Biegemoment m_{xm}. Man erhält:

$$\max m_{xm}\,;\quad \mathrm{zug}\ m_{ym}\,;\quad \mathrm{zug}\ m_{xym} \longrightarrow \max M_\mathrm{I}$$

entsprechend gilt für max M_II im Einflußfeld für das Biegemoment m_{ym}

$$\mathrm{zug}\ m_{xm}\,;\quad \max m_{ym}\,;\quad \mathrm{zug}\ m_{xym} \longrightarrow \max M_\mathrm{II}$$

min M_II wird durch den konjugierten Lastfall im gleichen Einflußfeld ermittelt

- Am Plattenrand (A) bzw. (C) gilt:

$$\max m_{ur}\,;\quad \mathrm{zug}\ m_{uvr} \longrightarrow \max M_\mathrm{I}$$

- In der stumpfen Ecke (E) wird man in den drei Einflußfeldern durch die vorgegebene ungünstige Laststellung im m_x- bzw. m_y-Feld die nachstehend aufgeführten Momentenkombinationen errechnen:

$$\max m_{xE}\,;\quad \mathrm{zug}\ m_{yE}\,;\quad \mathrm{zug}\ m_{xyE} \longrightarrow \max M_\mathrm{I}$$

$$\mathrm{zug}\ m_{xE}\,;\quad \min m_{yE}\,;\quad \mathrm{zug}\ m_{xyE} \longrightarrow \min M_\mathrm{II}$$

Die Eigengewichtsmomente und die Momente aus Kragarmeinflüssen werden über die entsprechenden Rechenbeziehungen, wie bei den Rechteckplatten, erhalten, d. h.

Eigengewicht: $m = k \cdot g \cdot l_x^2$

Kragarm: $m = k \cdot q_r \cdot l_x$ bzw. $m = k \cdot m_r$

Die vom Seitenverhältnis l_y/l_φ abhängigen Einflußfaktoren k sind in das Programm eingearbeitet.

5.2 Berechnungsgrundlagen für Überbauten

b) Bewehrungsführung

Untere Bewehrungslage

Für eine zweckmäßige Anordnung der Bewehrung einer schiefwinkligen Platte gilt der Grundsatz, daß diejenige Bewehrungsrichtung, die die geringste Abweichung von der Hauptmomentenrichtung aufweist, die geringsten Rißweiten erwarten läßt und am wirtschaftlichsten ist. Diese Forderung läßt sich im Bezug auf alle Bemessungspunkte nur schwer realisieren. So muß man Annahmen treffen, die einerseits einer für die Baustelle einfachen Handhabung den Vorzug geben, andererseits aber die Problematik im Bezug auf die mögliche Rißbildung, ihre Auswirkung auf Größe und Tiefe der Risse, minimieren. Hier gibt es zwei, im Prinzip voneinander abweichende Vorstellungen, die nachstehend für die Erfordernisse der unteren Bewehrungslage dargestellt werden.

Leonhardt empfiehlt nach [38] die Anordnung verlegetechnisch einfach handhabbarer Bewehrungsnetze, in denen die Stahleinlagen kantenparallel oder in Richtung des Koordinatensystems x, y verlegt werden. Danach sollte bei kleinen Schiefen bis 60° das schiefwinklige, zweibahnige Bewehrungsnetz bevorzugt werden, bei größeren Schiefen dagegen, insbesondere bei breiten Platten, eignet sich das rechtwinklige Bewehrungsnetz besser. Die am freien Rand auslaufende Bewehrung wird durch einen Randbalken in Plattenstärke eingefaßt.

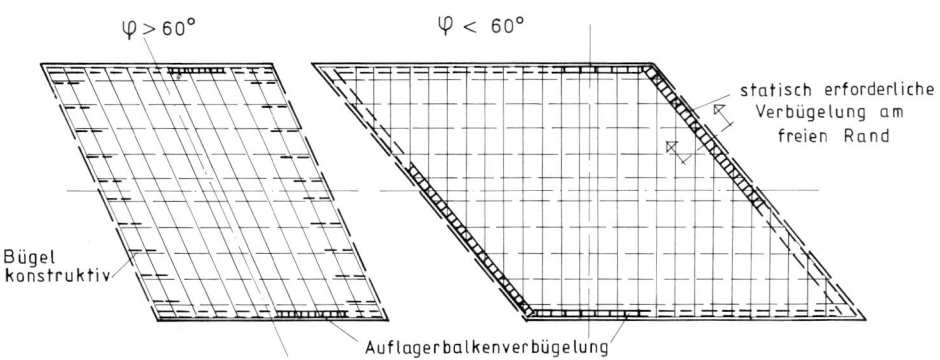

Bild 5.22
Bewehrungsrichtungen nach Vorschlag *Leonhardt*

Den vorstehend dargelegten Bewehrungsempfehlungen stehen ebensolche von *Czerny* gegenüber, die er in Heft 220 „Straßenforschung" der österreichischen Bundesstraßenverwaltung [41] niedergelegt hat. Hiernach sollte die Bewehrung weitgehend den Hauptmomentenrichtungen angepaßt werden. Dieses erreicht man durch ein zentralsymmetrisches und kontinuierlich verzogenes Bewehrungsnetz. Diese Bewehrungsanordnung wird der Problematik im Hinblick auf die Minimierung der Formänderungsarbeit am ehesten gerecht, allerdings unter Inkaufnahme einer etwas schwierigeren Baustellenhandhabung.

Czerny empfiehlt für den Bereich kleiner Schiefen (Normalfall), die Längsbewehrung den Hauptmomentenrichtungen in den Bemessungspunkten durch eine entsprechende Auffächerung anzupassen. Bei größeren Schiefen und bei breiten Platten sollte ein mittlerer Feldbereich mit parallel laufenden Bewehrungsstäben vorgesehen werden, deren Richtung sich gleichermaßen an den Hauptmomentenrichtungen der Punkte B, C und E orientiert. Hierdurch soll erreicht werden, daß die Abweichungen der Hauptmomentenrichtungen in allen Punkten möglichst klein werden. An diesen Mittelbereich schließen sich Seitenbereiche an, in denen

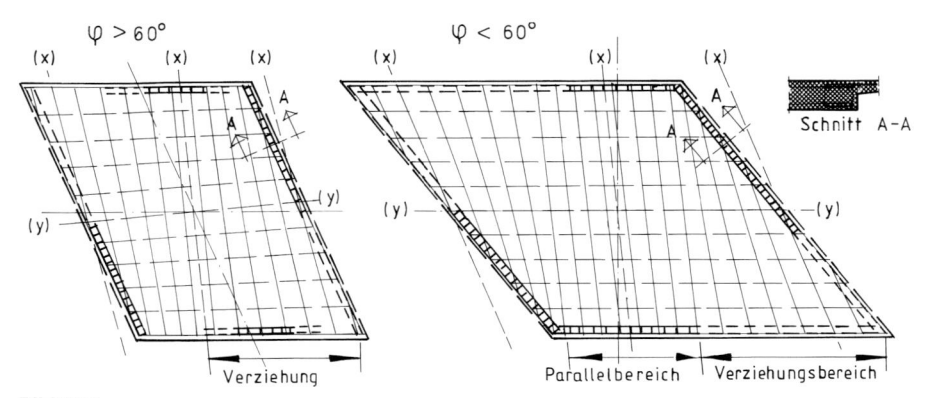

Bild 5.23
Bewehrungsrichtungen nach Vorschlag *Czerny*

die Bewehrungsrichtungen allmählich in die Hauptmomentenrichtungen der Punkte A und C überführt werden. Die Querbewehrung ist zunächst parallel zum Lagerungsrand anzuordnen. Wird hierbei bei einer großen Systemschiefe der Winkel zwischen beiden Bewehrungsrichtungen zu spitz, so sollte man die Querbewehrung soweit verziehen, daß dieser Winkel nicht kleiner als 60° wird. Die am freien Plattenrand auslaufende Bewehrung muß wieder durch einen besonders bewehrten Randbalken gefaßt werden.

Obere Bewehrungslage

Die obere Netzbewehrung sollte grundsätzlich die gleiche Richtung haben, wie an der Plattenunterseite. Die Richtung der Hauptbewehrung entspricht aber jetzt der Richtung der Querbewehrung an der Unterseite. Sofern sich hierfür ein Bemessungswert ergibt (min M_{II}), der eine Bewehrung erfordert, die über die Mindestbewehrung nach Abschnitt 5.4.1 hinausgeht, ist das Bemessungsmoment durch Transformation zu bestimmen. Ist das nicht der Fall, genügt es, in beiden Richtungen die erforderliche Mindestbewehrung einzulegen. Beide Bewehrungsrichtungen sollten wiederum keinen kleineren Winkel als 60° miteinander einschließen.

Besondere Bewehrungspunkte

Bewehrung des freien Plattenrandes

Wie schon erwähnt, muß die am freien Rand unter beliebigem Winkel austretende Haupt- und Nebenbewehrung konstruktiv durch einen Randbalken gefaßt und in diesen eingebunden werden. Hier folgen wir wieder den Empfehlungen von *Czerny* [41], die wir sinngemäß anwenden wollen. Am freien Plattenrand ist ein Randstreifen mit einer Breite von 1,0- bis 1,5-facher Plattendicke als verstärkter Plattenrand auszubilden, randparallel zu bewehren und zu verbügeln. Die unteren Längsstäbe sind für das randparallele Transformationsmoment zu bemessen, sie liegen in der 2. Lage von unten, da die Verbügelung den Platz in der ersten Lage benötigt. Die Längs- und Querbewehrung aus dem Feld, dort jeweils in 1. und 2. Lage von unten liegend, schiebt sich auf die Längsbewehrung des Randbalkens auf und liegt dann jeweils in der 3. und 4. Lage am Plattenrand. Die durch die Aufschiebung entstehenden Übergangszwickel sollten durch eine konstruktive Mindestbewehrung ausgefüllt werden, um Risse zwischen Balken und Feld zu vermeiden. Die Bügel, die sämtliche Längsstäbe umschließen müssen, können nach dem transformierten Quermoment im Feldbereich bemessen werden. Sie sollten geschlossen oder als Steckbügel mit ausreichender Haftlänge ausgebildet sein. Die Bügel sind

5.2 Berechnungsgrundlagen für Überbauten

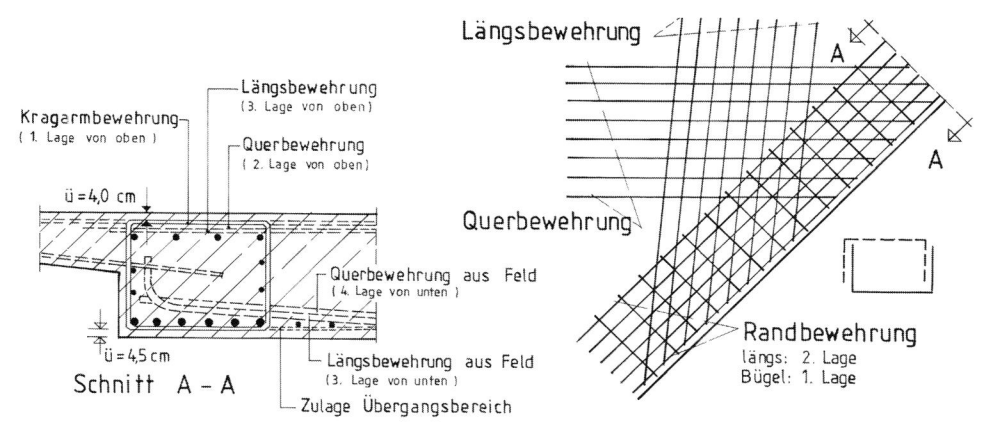

Bild 5.24
Bewehrung des freien Plattenrandes nach *Czerny*

in den Ecken an dieselben der Auflagerbalken anzuschließen. An der Oberseite des Randbalkens ist eine konstruktiv zu wählende Längsbewehrung anzuordnen, die unter der Quer- und Längsbewehrung aus dem Feld und dem Kragarm zu verlegen ist.

Bewehrung in der stumpfen Ecke

Wenn die vorstehend dargelegten Bewehrungsgrundsätze des freien Randes konsequent bis in die Ecke verfolgt werden, ergeben sich dort die gleichen Verhältnisse. Die Längs- und Querbewehrung aus der 1. und 2. Lage im Feld gehen über in die 3. und 4. Lage in der Ecke. An der Plattenoberseite ergeben sich die gleichen Verhältnisse, lediglich in der Unterscheidung, daß die Querbewehrung an die oberste Stelle rückt. Der Winkel zwischen der Haupt- und Querbewehrung liegt zwischen 60° bis 90°, je nach Wahl des Bewehrungsnetzes.

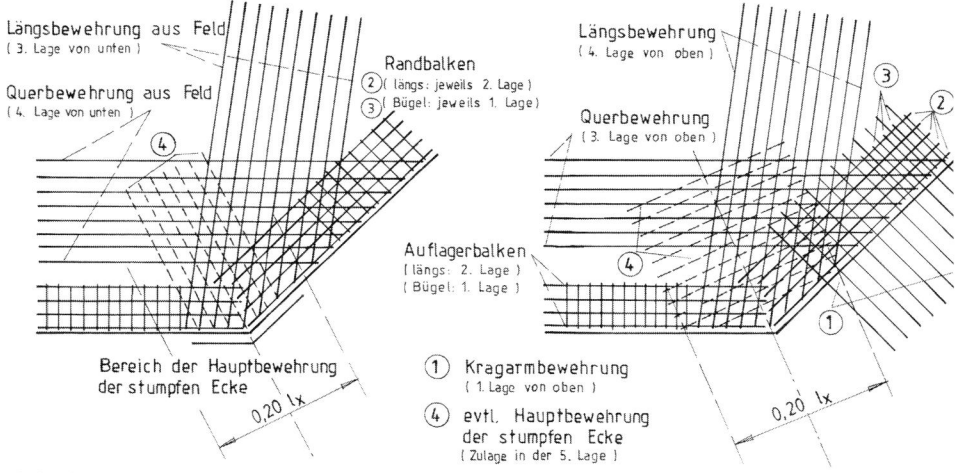

Bild 5.25
Bewehrungsführung in der stumpfen Ecke in Anlehnung an *Czerny*

Indessen kann sich in der Ecke gegenüber den Verhältnissen am Rand eine zusätzliche Konstruktionsnotwendigkeit ergeben. Für den Fall, daß die Richtung der Hauptbewehrung im Punkt E mehr als 15° bis 20° von der Hauptmomentenrichtung in diesem Punkt abweicht, ist es sinnvoller, die Bewehrung in diesem Punkt direkt in Richtung der Hauptmomente auszuweisen, da das transformierte Moment eine zu unwirtschaftliche Bewehrungswahl ergeben würde. Für diese Bewehrung steht dann die 5. Lage zur Verfügung. Die Richtung der Hauptbewehrung im Feld braucht sich dann nur an den Punkten B und C zu orientieren.

In der stumpfen Ecke tritt ein sehr großer Auflagerdruck auf, demzufolge sind auch hohe Querkräfte zu erwarten. *Czerny* empfiehlt daher, aus der Hauptbewehrung und aus der verstärkten Randstreifenbewehrung heraus einige Stäbe aufzubiegen, oder aber gesonderte Schubzulagen vorzusehen. Einen Überblick über die Größe der Querkraft ergibt die folgende Abschätzung.

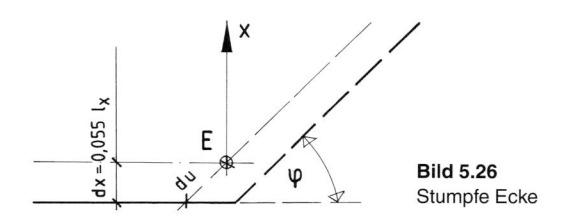

in Richtung $x - x$:
$$V_x = \frac{m_x}{dx} \; ; \; m_x \approx M_I$$

in Richtung $u - u$:
$$V_u = \frac{m_u}{du} \; ; \; du = dx/\sin \varphi$$

Bild 5.26 Stumpfe Ecke

c) Momententransformation

In den vorstehend dargestellten Bewehrungsvorschlägen weichen die Richtungen der zu verlegenden Bewehrungen von den Richtungen der Hauptmomente ab. Es müssen daher die Hauptmomente in die gewählten Bewehrungsrichtungen transformiert werden, um Bemessungsmomente für diese Richtungen zu erhalten. Bei der Abweichung der Bewehrungsrichtung von der (Haupt)Momentenrichtung muß man wissen, daß man sich vom Prinzip des Minimums der Formänderungsarbeit bei der Aufnahme des inneren Momentes im Bemessungsquerschnitt entfernt. Die erzwungene Umlagerung der inneren Kräfte initiiert eine Rißbildung in der ursprünglichen Momentenrichtung. Der damit verbundene Verformungszuwachs muß im Vergleich zur Gesamtverformung klein gehalten werden, d. h. man muß sich bemühen, keine sichtbaren Risse wirksam werden zu lassen. Dieses erreicht man durch die

– Einhaltung des Grenzzustandes der Gebrauchstauglichkeit,
– Beschränkung der Richtungsabweichung auf $\alpha \leq 45°$.

Die Transformationsmomente sind also theoretische Werte, die einen größeren Bewehrungsquerschnitt erfordern, als eine in Richtung der Hauptmomente zu verlegende Bewehrung. Ihre Verträglichkeit mit dem System ist umgekehrt proportional zur Abweichung von der Momentenrichtung. Für die Transformationen stehen die Untersuchungen von *Kuyt* [40] und *Baumann* [42] zur Verfügung, die zur Beschreibung des inneren Kräftezustandes eines Flächentragwerkes fachwerkähnliche Zug- und Druckkräfte zugrunde gelegt haben. Bei einem zweibahnigen Bewehrungsnetz ist neben den Zugkräften der beiden Bewehrungsscharen eine das Netz aussteifende Betondruckkraft zur Einstellung des Gleichgewichtes am Element erforderlich. Während *Baumann* die Richtung der Druckkraft als statische Unbestimmte einführt und sie nach dem Prinzip vom Minimum der Formänderungsarbeit ermittelt, läßt *Kuyt* sie in der Richtung der Winkelhalbierenden wirken. Die an Scheiben angestellten Untersuchungen sind auf Platten übertragbar, wegen der Beziehung:

5.2 Berechnungsgrundlagen für Überbauten

$$N = \frac{M}{z}$$

mit: $N = N_\mathrm{I}$, N_II als anteilige Längskraft der Biegezug- oder -druckzone
    z innerer Hebelarm
    M Hauptbiegemomente M_I; M_II; mit $M_\mathrm{II} = k \cdot M_\mathrm{I} \leqq M_\mathrm{I}$

Für das zweibahnige Bewehrungsnetz einer schiefwinkligen Platte gilt ferner:

$$0 < M_\mathrm{I} > |M_\mathrm{II}|$$

und

    $-1 \leqq k \leqq +1$ in Platten bis 60° Schiefe

    $-1 \leqq k \leqq 0$ in Platten ab 60° Schiefe

Hauptmomente positiven Vorzeichens erzeugen an der Plattenunterseite Biegezug. Haben die Hauptmomente M_I und M_II unterschiedliche Vorzeichen, ist also k negativ, ist die Bemessung getrennt nach der Unterseite bzw. Oberseite der Platte durchzuführen. Hierbei sollte dann jeder Lage eine Querbewehrung zugewiesen werden, die aus dem 0,2-fachen Moment der Hauptrichtung errechnet wird. Die Richtung dieser Bewehrung wäre senkrecht zur Hauptbewehrung in der Lage anzunehmen. Sie kann aber, einem Vorschlag von *Czerny* [41] folgend, in Richtung der zweiten Bewehrungsschar der Platte angenommen werden, solange der spitze Winkel beider Bewehrungsrichtungen $\geqq 60°$ bleibt.

Für die Momententransformation nach *Kuyt* ergibt sich:

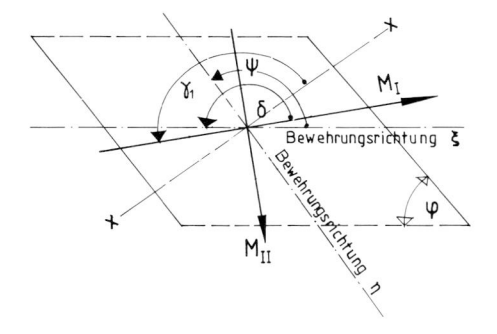

Bild 5.27
Winkelbeziehungen für die Momententransformation nach *Kuyt*

mit: ξ, η Bewehrungsrichtungen
    γ_1 Richtungswinkel der Hauptmomentenrichtung M_I
    δ Winkel zwischen der Hauptmomentenrichtung M_I und der Bewehrungsrichtung ξ, er wird positiv gezählt, wenn er entgegengesetzt dem Uhrzeigersinn dreht
    ψ Winkel zwischen den beiden Bewehrungsrichtungen, er wird positiv gezählt, wenn er von der Richtung ξ entgegengesetzt dem Uhrzeigersinn dreht

Die Transformationsmomente ergeben sich zu:

- Schiefes Bewehrungsnetz

$$M_\eta = \frac{1}{\sin^2 \psi} \left\{ M_\mathrm{I} \sin^2 \delta + M_\mathrm{II} \cos^2 \delta \right.$$
$$\left. + \frac{1}{K} |M_\mathrm{I} \sin \delta \cdot \sin (\psi + \delta) + M_\mathrm{II} \cos \delta \cdot \cos (\psi + \delta)| \right\} \qquad 5.2.1(11\,\mathrm{a})$$

$$M_\xi = \frac{1}{\sin^2\psi} \{M_I \sin^2(\psi+\delta) + M_{II} \cos^2(\psi+\delta)$$
$$+ K \,|\, M_I \sin(\psi+\delta)\sin\delta + M_{II}\cos(\psi+\delta)\cos\delta\,|\} \qquad 5.2.1(12\,\text{a})$$

- Rechtwinkliges Bewehrungsnetz

 mit $\psi = 90°$ wird

$$M_\eta = M_I \sin^2\delta + M_{II}\cos^2\delta + \frac{1}{K}\,|\,(M_I - M_{II})\sin\delta\cdot\cos\delta\,| \qquad 5.2.1(11\,\text{b})$$

$$M_\xi = M_I \cos^2\delta + M_{II}\sin^2\delta + K\,|\,(M_I - M_{II})\sin\delta\cdot\cos\delta\,| \qquad 5.2.1(12\,\text{b})$$

Der Faktor K bestimmt die Richtung der das Bewehrungsnetz aussteifenden Druckstrebe, für die Richtung in der Winkelhalbierenden hat er den Wert 1.

Für die Momententransformation nach *Baumann* ergibt sich:

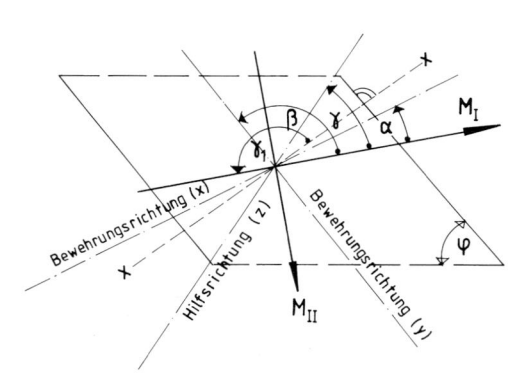

Bild 5.28
Winkelbeziehungen für die Momententransformation nach *Baumann*

mit: $(x), (y)$ Bewehrungsrichtungen
γ_1 Richtungswinkel der Hauptmomentenrichtung M_I
α Winkel zur Bewehrungsrichtung (x) von der Hauptmomentenrichtung M_I, er wird positiv gezählt im Drehsinn des spitzen Winkels von M_I zur Richtung (x)
β, γ Winkel zur Bewehrungsrichtung (y) bzw. der Druckdiagonalen (Hilfsrichtung z), positiv im gleichen Drehsinn wie der Winkel α

Die Transformationsmomente ergeben sich zu:

$$M_{(x)} = \frac{M_I \cdot \sin\beta \cdot \sin\gamma + M_{II} \cdot \cos\beta \cdot \cos\gamma}{\sin(\beta-\alpha)\cdot\sin(\gamma-\alpha)} \qquad 5.2.1(13)$$

$$M_{(y)} = \frac{M_I \cdot \sin\alpha \cdot \sin\gamma + M_{II} \cdot \cos\alpha \cdot \cos\gamma}{\sin(\beta-\alpha)\cdot\sin(\beta-\gamma)} \qquad 5.2.1(14)$$

Die Summe dieser, durch Bewehrung aufzunehmenden, Momente $M_{(x)}$ und $M_{(y)}$ wird zu einem Minimum für die Richtung γ der aussteifenden Druckkraft

$$\gamma = \frac{\alpha+\beta}{2}$$

Dieser Zusammenhang gilt für bestimmte Grenzen der zweiten Bewehrungsrichtung, also des Winkels β. Lassen sich diese Grenzen nicht einhalten, kann man das Minimum der Momentensumme nur dadurch erreichen, daß ein Momentenwert, in der Regel $M_{(y)}$, gleich Null gesetzt wird, indem der Winkel β zu Null angenommen wird. Die Richtung der Druckdiagonalen ändert sich dann von γ auf γ_{0y}, im einzelnen ergeben sich folgende Zusammenhänge:

$$M_{(y)} = 0 = \frac{M_\mathrm{I} \cdot \sin\alpha \cdot \sin\gamma_{0y} + M_\mathrm{II} \cdot \cos\alpha \cdot \cos\gamma_{0y}}{\sin(-\alpha) \cdot \sin(-\gamma_{0y})}$$

$$= M_\mathrm{I} + M_\mathrm{II} \cdot \cot\alpha \cdot \cot\gamma_{0y}$$

daraus folgt:

$$\tan\gamma_{0y} = -k \cot\alpha$$

Der zugehörige Momentenwert $M_{(x)}$ verändert sich auf:

$$M_{(x)} = \frac{M_\mathrm{II}}{\sin^2\alpha + k\cos^2\alpha} \qquad 5.2.1(15)$$

In diesem Fall ist also nur eine Einbahnbewehrung mit konstruktiver Querbewehrung möglich. Die Grenzen für den Winkel β legt *Baumann* für die Zweibahnbewehrung wie folgt fest:

$$0 < k < +1 \qquad \alpha + \frac{\pi}{2} < \beta < \gamma_{0y} \qquad 5.2.1(16)$$

$$-\tan^2\alpha \leqq k \leqq 0 \qquad \alpha + \frac{\pi}{2} < \beta < \pi - \alpha \qquad 5.2.1(17)$$

$$k < -\tan^2\alpha \qquad \alpha + \frac{\pi}{2} < \beta < \pi - \alpha \quad \text{und} \quad \beta > 2\cdot\gamma_{0y} - \alpha \qquad 5.2.1(18)$$

d) Schiefwinklige Platten unter Vorspannung

Steht das Plattentragwerk unter dem Einfluß einer Vorspannung, wird dem Biegespannungszustand aus der äußeren Belastung ein Längs- und Biegespannungszustand aus der Vorspannung hinzugefügt. Es entsteht ein kombinierter Scheiben- und Plattenbeanspruchungszustand, dessen exakte statische Lösung nur im zweiachsigen Spannungszustand möglich ist. Die Lösung dieses Problems ist nicht von einfacher Art, die auftretenden Schwierigkeiten werden nachstehend aufgezeigt:

- Die Lage der Spannbewehrung im Grundriß ist von einer sinnvoll zu wählenden Transformationsrichtung der Momente aus der äußeren Belastung abhängig, in die auch die Vorspannmomente mit einzubeziehen sind. Die Transformationsrichtungen sind in jedem Bemessungspunkt verschieden; ausgehend von einer möglichst geringen Abweichung von den Hauptmomenten in der Feldmitte, nimmt man sie in den anderen Bemessungspunkten über eine stetige und kontinuierliche Verziehung an.

- Der Kraftfluß in der stumpfen Ecke ist in Verbindung mit der angrenzenden Lagerung als statisch unbestimmt zu betrachten, dadurch wird die Momentenermittlung infolge der Umlenkkräfte aus Vorspannung erschwert. Diese können nicht mehr als Produkt aus Vorspannkraft und Hebelarm bestimmt, sondern müssen am Plattensystem insgesamt ermittelt werden, indem man die Umlenkkräfte als negativ belastende Linienlasten entlang der Spanngliedachse ansetzt (Programmrechnung). Diese Berechnungsmethode setzt die Spanngliedlage als bekannt voraus, sie muß aber erst durch Näherungsberechnungen festgelegt werden. Hierbei zeigt sich, daß die Abweichungen vom statisch bestimmten Vergleichswert in der Feldmitte gering (Punkt *A* und *B*), in der stumpfen Ecke dagegen aber groß sind (Punkt *E*). Hier können die Vorspannmomente schon mal so groß werden, daß sie gegenüber den Momenten aus der äußeren Belastung überwiegen, so daß in der Summe negative Werte verbleiben. Dieses liegt an der starken Konzentration der Spannbewehrung, die sich aus der Verziehung und Anpassung an die Momententransformation ergibt. Solchermaßen resultierende Momente sollten vermieden werden, da nicht der Sinn der Vorspannung darin liegt, die eigenen Momente zu überspannen. Die Konzentration der Spannbewehrung in der stumpfen Ecke wäre daher so einzurichten, daß zumindest ein resultierender Momentenwert von Null entsteht.

- Die gewählten Transformationsrichtungen werden im allgemeinen nicht mit den Richtungen der größten Hauptspannungen im Gebrauchszustand übereinstimmen. Für den Spannungsnachweis sind daher auch andere Richtungen zu untersuchen, um festzustellen, wo die größten (Haupt)Spannungen auftreten.

Der zweiachsige Spannungszustand wird selbstverständlich nur dort maßgebend werden, wo auch wesentliche Beanspruchungen aus Biegung ($G_k + Q_k$) und Biegung mit Längskraft (P) in beiden Richtungen vorhanden sind. Dies ist nur in der stumpfen Ecke der Fall. In den anderen Bemessungspunkten, die in der Feldmitte liegen, ergeben sich große Biegemomente in der Haupttragrichtung, entsprechend kleine Werte in der Nebentragrichtung. Weiterhin sind nur kleine Werte der Querkraft aus unsymmetrischen Verkehrslaststellungen zu erwarten, somit auch nur kleine Werte der Schubspannungen. Da es für die praktisch zu lösenden Fälle darauf ankommen wird, den Rechenaufwand klein zu halten, kann man sich darauf beschränken, nur in der stumpfen Ecke, d.h. im Bemessungspunkt E, den Nachweis im zweiachsigen Spannungszustand zu führen.

Für die Bewehrungsführung gilt der Transformationsgrundsatz einer möglichst geringen Abweichung von den Hauptmomentenrichtungen, in der Haupttragrichtung kleiner oder gleich 45°. In der Nebentragrichtung sollte möglichst eine lagerparallele Anordnung angestrebt werden, diese ist möglich, solange der spitze Winkel, den beide Bewehrungsrichtungen miteinander einschließen, $\geq 60°$ bleibt [41].

Für die Bewehrungsmöglichkeiten gibt es in der Haupttragrichtung in den einzelnen Bemessungspunkten nur eine, sich stetig verändernde Bewehrungsrichtung, es sind keine Zusatzbewehrungen anderer Richtungen möglich, wie z. B. bei der Anordnung schlaffer Bewehrung. Man beginnt in der Feldmitte, im sogenannten Parallelbereich, mit einer Richtung, die entweder senkrecht zu den Lagerungsrändern verläuft, oder der Hauptmomentenrichtung M_I folgt. Danach

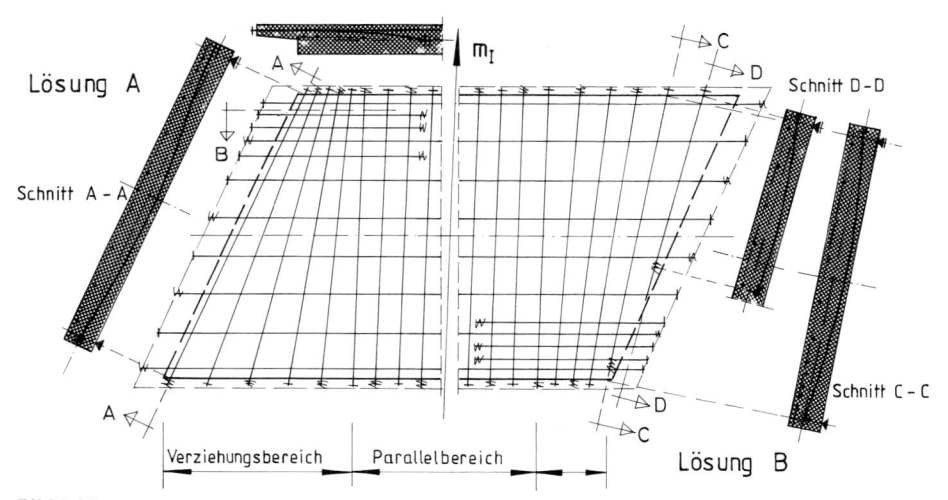

Bild 5.29
Bewehrungsrichtungen für eine vorgespannte Platte

5.2 Berechnungsgrundlagen für Überbauten

schwenkt man stetig auf die Richtung des Randes ein, hierbei konzentriert sich die Spannbewehrung in der stumpfen Ecke. Zwei voneinander abweichende Möglichkeiten seien herausgestellt:

- Lösung A nach Bild 5.29
  Das äußerste Spannglied des Verziehungsbereiches verläuft parallel zum Rand.

Diese, auch in der Literatur beschriebene, Lösung ist nur bei geringen Schiefen möglich, da sonst sehr große Transformationswinkel entstehen, bzw. die Grenzen in den Bemessungspunkten überschritten werden. Durch die starke Konzentration der Spannbewehrung in der stumpfen Ecke tritt dort ein resultierendes negatives Biegemoment auf. Dieses erfordert den Einbau der Spannbewehrung mit einer Gegenkrümmung, wodurch sich wiederum die Größen der Umlenkkräfte verändern. Beide Belange sind aufeinander abzustimmen.

- Lösung B nach Bild 5.29
  Die äußeren Spannglieder des Verziehungsbereiches streichen am Rand unter flachen Winkeln aus.

Bei dieser Lösung entstehen kleinere Transformationswinkel als vorher und eine geringere Spannkraftkonzentration in der stumpfen Ecke. Dadurch wird das Moment im Punkt E günstig beeinflußt, man kann den negativen Wert vermeiden. Aber es tritt eine zusätzliche Randbelastung auf, da die Verankerungskräfte der am freien Rand austretenden Spannglieder nicht mehr durch zugehörige Auflagerkraftkomponenten der Umlenkkraft aufgenommen werden können. Hier handelt es sich um eine

- Vertikalkomponente der Verankerungskraft P' mit:

  $q_V = P'_V = P' \cdot \sin \alpha_V$

- Horizontalkraftkomponente der Verankerungskraft P' mit:

  $q_H = P'_H = P' \cdot \sin \alpha_H$

  mit: α_V Endtangentenwinkel am Spannglied durch den Punkt E in vertikaler Ebene
  α_H Transformationswinkel im Punkt E bezogen auf die Randrichtung in horizontaler Ebene

Die Spannglieder des Verziehungsbereiches müssen das gleiche Krümmungsverhalten aufweisen, wie die Glieder des Parallelbereiches. Hierdurch ergibt sich am Rand eine zur Mitte

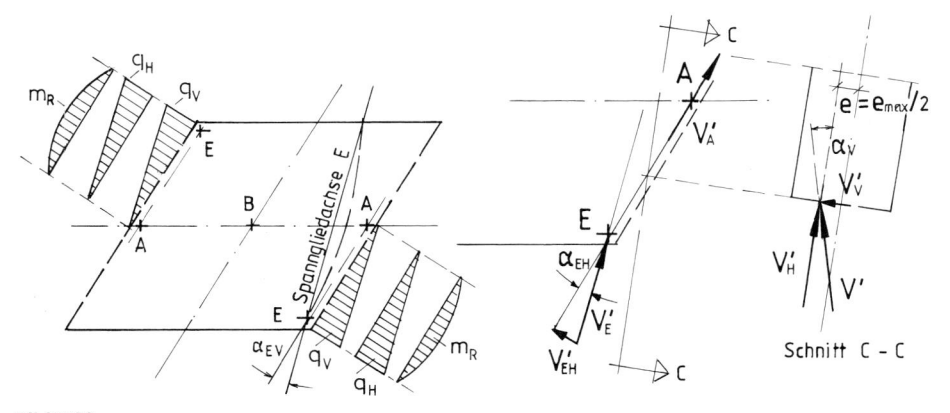

Bild 5.30
Zusatzbeanspruchungen am freien Rand

hin ansteigende Exzentrizität der austretenden Spannkräfte, die ein Randmoment zur Folge hat. Dieses Randmoment hat am Anfang und am Ende des belasteten Bereiches den Wert null, in der Mitte den Maximalwert:

$$m_R = P'_H \cdot e \approx P' \cdot e_{\max}/2$$

Dazwischen wird der Verlauf näherungsweise parabelförmig angenommen.

Randquerkraft und -moment beanspruchen das Plattensystem, die Randhorizontalkraft das Scheibensystem.

Die Bewehrungserfordernisse der Querrichtung sollten zunächst so eingerichtet werden, daß man mit einer geradlinigen Anordnung der Spannbewehrung zurecht kommt, da eine Führung der Spannglieder die Ränder belasten wird. Die Bewehrung liegt in der Regel am oberen Querschnittsrand, die Spannköpfe können am Kragarmende von den Randkappen überdeckt werden. Wenn das hierdurch eingeleitete Biegemoment in der Feldmitte aber zu groß wird, muß eine leichte Führung der Bewehrung in Kauf genommen, oder die gesamte erforderliche Bewehrung in eine untere und obere Lage aufgeteilt werden (untere Spannköpfe außen sichtbar!). In der stumpfen Ecke wird man einige kurze Spannglieder zulegen müssen, diese können bis zur Schwerachse heruntergeführt und dort blind verankert werden.

Für den Spannungszustand in der Querrichtung kann bei der Wahl der Lösung B in der Längsvorspannung der Einfluß der Horizontalkraft q_H am freien Rand auf das Scheibensystem hinzugezählt werden, d. h. die sich hieraus ergebende Scheibenkraft kann von der zu ermittelnden Größe der Spannkraft abgezogen werden.

Unter Berücksichtigung dieser aufgezeigten Schwerpunkte ist eine Berechnung individuell aufzufassen und durchzuführen. Da es noch keine verwertbaren Berechnungsansätze mit Hilfe des zweiachsigen Spannungszustandes gibt, wird man einer einachsigen Untersuchung den Vorzug geben müssen. Bei allen Berechnungsansätzen, die vorgenommen werden, sollte man aber am Schluß die sich aus den Umlenkkräften in Längs- und Querrichtung ergebenden Vorspannmomente am Plattensystem ermitteln und sie endgültig der Berechnung zugrunde legen.

e) Auflagerkraft und Lageranordnung

Die Auflagerkräfte schiefwinkliger Einfeldplatten verhalten sich in Größe und Verteilung grundsätzlich anders, als diejenigen von rechtwinkligen Einfeldplatten. Im Bereich der stumpfen Ecke treten große und konzentrierte Querkräfte auf, die die Werte einer gleichmäßig verteilten Lagerung um ein Vielfaches überschreiten. Wie *Leonhardt* in [1] ausführt ist die Erklärung darin zu sehen, daß sich bei steigender Schiefe in der stumpfen Ecke eine teilweise Einspannung aufbaut, die nahezu eine starre Lagerung bewirkt. Diese hohe Quer- oder Auflagerkraft fällt rasch ab und sie kann sogar in einem Bereich neben der Ecke ins Negative umschlagen: danach pendelt sie sich auf einen Mittelwert ein. Der Verlauf der Auflagerkraft ist von verschiedenen Einflüssen abhängig, vom Winkel der Schiefe, von der Anzahl der Lager und vor allem vom Grad der Federwirkung der Lager selbst. Jede Lagerausführung besitzt eine elastische Nachgiebigkeit, die als Federnachgiebigkeit bezeichnet wird. Insbesondere die Verformungslager (Neoprene oder Elastomere) zeichnen sich durch eine federnde Nachgiebigkeit aus, die aus der Kompressibilität entsteht.

Mehmel und *Weise* [43] haben schon im Jahre 1964 den günstigen Einfluß solcher Lager auf die Größe und Verteilung der Auflagerkräfte erkannt und festgestellt, daß sich die Auflagerkraftspitze schnell bei Wirkung einer Lagernachgiebigkeit abbaut. Sie haben ein Berechnungsverfahren unter Berücksichtigung der Lagernachgiebigkeit entwickelt, welches in

Heft 161 DAfStb niedergelegt worden ist. Hiernach ist bei Ansatz von 3, 5 oder 9 Lagern die jeweilige Lagerkraft für gleichmäßig verteilte Belastung und die Lagernachgiebigkeit

$$N = c \cdot \frac{E_b \cdot d^3}{b_\varphi^2}$$

zu berechnen. Einzellasten aus den Verkehrslasten sind dabei in eine adäquate, gleichmäßig verteilte Flächenlast umzurechnen. In der obigen Rechenbeziehung bedeuten:

c Federzahl des Lagers in mm/N (siehe auch [41])
b_φ schiefe Plattenbreite
d Plattendicke

Für die üblichen Elastomerlager liegt diese Nachgiebigkeit bei ca. 0,20. Bild 5.31 zeigt die Lageranordnung nach Empfehlungen von *Leonhardt* für Schiefen kleiner 70°, sowie den Verlauf der Auflagerkraft für starre und nachgiebige Lagerung unter Gleichlast, jeweils für eine Anzahl von 5 Lagern. Die große Auflagerkraftspitze baut sich merklich ab, bei Ansatz einer nicht allzu extremen Schiefen kann man in der stumpfen Ecke mit der doppelten Lageranzahl auskommen. Die Lagerabstände sollten nicht zu groß gewählt werden, da sonst die Biegemomente entlang der Lagerlinie einen ungünstigen Einfluß auf die Feldmomente ausüben können. Ein Abstand um 2,0 m, im Grenzfall um 2,50 m erscheint angemessen. Die Größe der Querkräfte für die Bemessung des Auflagerquerträgers ergeben sich aus den Auflagerkräften selbst. Hierbei können die Schubspannungen im Abstand von $d/2$ vom Lagerrand als Kriterium herangezogen werden. Aus konstruktiven Gründen sollte aber immer eine Verbügelung des Lagerrandes vorgenommen werden.

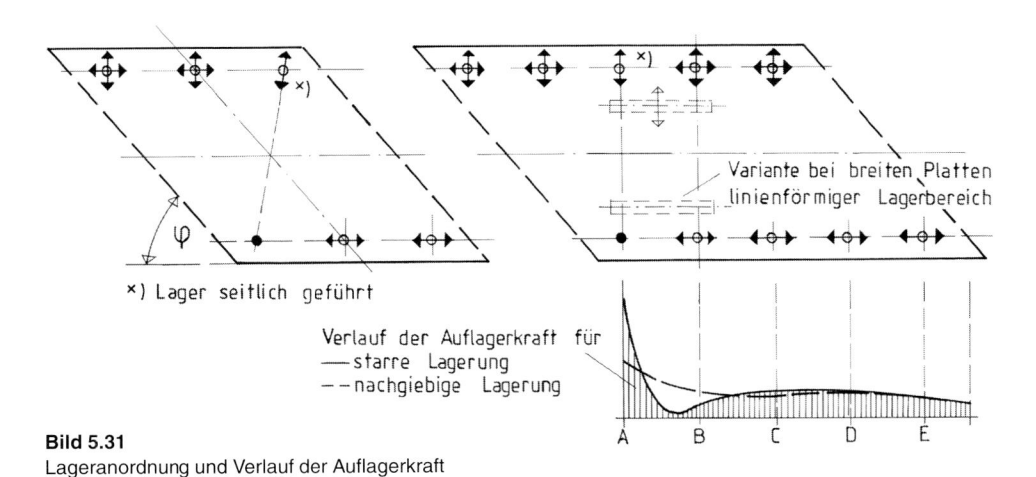

Bild 5.31
Lageranordnung und Verlauf der Auflagerkraft

Mehrfeldplattensysteme

Die Berechnung schiefwinkliger Mehrfeldplattenkonstruktionen gehört mit zu den schwierigeren Problemstellungen im Brückenbau. Es müssen Berechnungsverfahren angewendet werden, die es ermöglichen, den sich aus der Schiefe ergebenden Einfluß auf die Größe und Richtung der Hauptmomente in Bezug auf die Durchlaufwirkung des Systems zu erarbeiten. Für solche Systeme wurden mit Hilfe der Modellstatik Durchbiegungen ermittelt, über die dann

Rückschlüsse auf die Biegemomente vollzogen wurden. Soweit heute hierzu programmgesteuerte Rechenverfahren vorliegen, bedarf die Anwendung solcher Flächenstatikprogramme der genauen Kenntnis der verwendeten Berechnungstheorie und ihrer Eingaben, um Fehleinschätzungen dieser Programme erkennen zu können. Vorstellbar sind auch teilweise programmgesteuerte Lösungen, die dann mit modellstatischen Untersuchungen zusammen zu einer gesamten Näherungslösung führen können. In diesem Zusammenhang sei auf Arbeiten von *Molin* [59, 60] hingewiesen, die über Schnittgrößen in schiefwinkligen Durchlaufsystemen auf der Basis des Differenzenverfahrens berichten.

5.2.1.4 Berechnungshilfen zur Momentenermittlung

Vorbemerkungen

Die nachstehend aufgeführten Tabellen 5.1 bis 5.6 enthalten Einflußfaktoren zur Berechnung der Biegemomente in einfeldrigen Plattentragwerken.

In Tabelle 5.1 sind die Einflußfaktoren zur Ermittlung der Eigengewichtsmomente für alle drei Lagerungsarten angegeben. Tabelle 5.2 gibt die Einflußfaktoren infolge einer einseitigen Kragarmeinwirkung in Form einer Randquerkraft und eines Randmomentes an. Der Punkt 1 liegt an der Lastseite, entsprechend Punkt 2 an der lastfernen Seite.

Beide Tabellen wurden dem Heft 106 DAfStb entnommen.

Die weiteren Tabellen 5.3 bis 5.6 enthalten die Einflußfaktoren zur Berechnung der Verkehrslastmomente. Diese wurden durch die Auswertung der Einwirkungen nach dem Lastbild des DIN Fachberichtes „Einwirkungen auf Brücken" im entsprechenden Einflußfeld nach *Pucher* gewonnen.

In den Tabellen sind Trennlinien vorhanden, die den Übergang zu Minderbreiten der Fahrspuren infolge fehlender geometrischer Breite der Platte anzeigen. Die unterbrochene Trennlinie signalisiert den Übergang zu Einflußwerten, die aus einer eingeschränkten Fahrspurbreite herrühren. Unter der Vollstrichtrennlinie stehen Einflußwerte, die nur durch Auswertung *einer* Fahrspur (Fahrspur 1) entstanden sind, d. h. hier ist der Einflußwert der zweiten Spur gleich Null.

Die Unstetigkeiten des zugehörigen Kurvenzuges einer waagerechten Zeile an diesen Trennstellen erklären sich daher aus der geringer werdenden Breite der entsprechenden Fahrspur oder durch den Fortfall einzelner Radlasten. Da aber dieser Übergangsbereich nur durch einen stetigen Kurvenzug überbrückt werden kann, ist eine lineare Interpolation auch an diesen Stellen möglich.

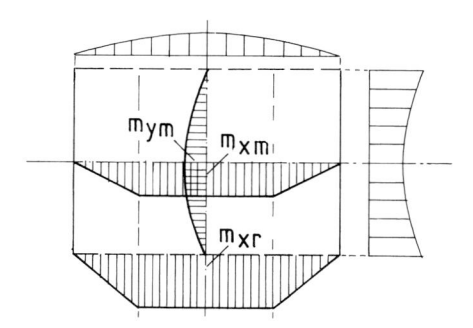

Zuordnung der Verkehrslastmomente

5.2 Berechnungsgrundlagen für Überbauten

Tabellen der Einflußzahlen

Für die Ermittlung der Biegemomente einer rechtwinkligen, frei drehbar gelagerten Einfeldplatte von Straßenbrücken gelten die Gleichungen 5.21(3) bis (8) in Verbindung mit den Tabellen 5.1 bis 5.6.

Tabelle 5.1
Beiwert k für Einwirkungen aus ständigen Lasten

	m_{xm}	m_{xr}	m_{ym}	m_{xe}
◁────▷	0,1250	0,1250	0,0208	–
◁────▨	0,0625	0,0625	0,0104	−0,1250
▨────▨	0,0417	0,0417	0,0069	−0,0833

Tabelle 5.3
Einflußzahlen für die Ermittlung des Verkehrslastmomentes m_{xm} [$\mu = 0$]

l_y/l_x	Stützweite l_x [m]								m_{xm}
	4,0	6,0	8,0	10,0	12,0	14,0	16,0	18,0	
	$\kappa_1 = \kappa_2$								
∞	0,374	0,533	0,629	0,692	0,764	0,817	0,851	0,867	
1,20	0,533	0,684	0,764	0,836	0,891	0,923	0,971	0,995	
1,00	0,732	0,803	0,891	0,955	1,027	1,066	1,114	1,139	
0,833	0,859	0,947	1,042	1,122	1,188	1,218	1,265	1,270	
0,667	1,066	1,209	1,225	1,321	1,365	1,424	1,456	1,471	
0,50	1,353	1,592	1,730	1,719	1,790	1,846	1,902	1,934	
	κ_3								κ_4
∞	0,0531	0,0428	0,0339	0,0276	0,0230	0,0203	0,0181	0,0166	0,1250
1,20	0,0655	0,0563	0,0440	0,0364	0,0308	0,0273	0,0245	0,0221	0,1250
1,00	0,0937	0,0620	0,0507	0,0426	0,0358	0,0313	0,0278	0,0255	0,1250
0,833	0,1077	0,0638	0,0582	0,0477	0,0408	0,0358	0,0319	0,0285	0,1250
0,667	0,1238	0,0900	0,0611	0,0553	0,0474	0,0407	0,0358	0,0319	0,1250
0,50	0,1238	0,1238	0,0900	0,0677	0,0618	0,0530	0,0467	0,0416	0,1250

Anmerkung: im grau angelegten Tabellenteil ist κ_2 gleich Null.

Tabelle 5.2
Beiwert k für Einwirkungen aus der Kragarmbeanspruchung

l_y/l_x		m_{xr1}	m_{xm}	m_{xr2}	m_{ym}
∞	q_r	+0,20	0	0	0
	m_r	+0,33	0	0	0
2,00	q_r	+0,20	+0,03	0	−0,02
	m_r	+0,33	−0,04	−0,01	−0,01
1,20	q_r	+0,20	+0,09	+0,03	−0,03
	m_r	+0,33	−0,06	−0,05	−0,10
1,00	q_r	+0,23	+0,11	+0,05	−0,04
	m_r	+0,33	−0,06	−0,08	−0,15
0,80	q_r	+0,26	+0,15	+0,08	−0,04
	m_r	+0,32	−0,05	−0,12	−0,22
0,50	q_r	+0,32	+0,24	+0,19	−0,04
	m_r	+0,29	−0,03	−0,20	−0,39

Tabelle 5.4
Einflußzahlen für die Ermittlung des Verkehrslastmomentes max m_{ym} [$\mu = 0$]

l_y/l_x	Stützweite l_x [m]								$+m_{ym}$
	4,0	6,0	8,0	10,0	12,0	14,0	16,0	18,0	
	$\kappa_1 = \kappa_2$								
∞	0,220	0,252	0,310	0,358	0,400	0,450	0,495	0,540	
1,20	0,205	0,255	0,294	0,342	0,390	0,438	0,485	0,533	
1,00	0,175	0,239	0,278	0,318	0,366	0,414	0,462	0,510	
0,833	0,151	0,213	0,226	0,286	0,310	0,342	0,390	0,465	
0,667	0,135	0,181	0,225	0,260	0,286	0,310	0,325	0,358	
0,50	0,103	0,155	0,195	0,225	0,251	0,276	0,300	0,315	
	κ_3								κ_4
∞	0,0180	0,0180	0,0180	0,0175	0,0155	0,0138	0,0124	0,0115	0,0360
1,20	0,0146	0,0146	0,0146	0,0146	0,0140	0,0126	0,0117	0,0109	0,0292
1,00	0,0128	0,0128	0,0128	0,0128	0,0128	0,0117	0,0108	0,0103	0,0256
0,833	0,0110	0,0110	0,0110	0,0110	0,0110	0,0110	0,0102	0,0096	0,0220
0,667	0,0088	0,0088	0,0088	0,0088	0,0088	0,0088	0,0088	0,0176	0,0176
0,50	0,0060	0,0060	0,0060	0,0060	0,0060	0,0060	0,0060	0,0060	0,0120

Tabelle 5.5
Einflußzahlen für die Ermittlung des Verkehrslastmomentes min m_{ym} [$\mu = 0$]

l_y/l_x	\multicolumn{8}{c	}{Stützweite l_x [m]}	$-m_{ym}$
	4,0	6,0	8,0	10,0	12,0	14,0	16,0	18,0	
\multicolumn{10}{c	}{κ_1}
∞	0,060	0,069	0,074	0,076	0,080	0,080	0,080	0,080	
1,20	0,074	0,120	0,154	0,178	0,191	0,200	0,207	0,211	
1,00	0,092	0,134	0,168	0,196	0,220	0,242	0,261	0,278	
0,833	0,116	0,156	0,186	0,214	0,239	0,261	0,282	0,300	
0,667	0,095	0,138	0,172	0,202	0,228	0,251	0,272	0,292	
0,50	0,088	0,128	0,162	0,184	0,200	0,212	0,220	0,228	
\multicolumn{10}{c	}{κ_2}
∞	0,041	0,041	0,053	0,066	0,077	0,084	0,091	0,094	
1,20	–	–	–	0,024	0,056	0,072	0,088	0,092	
1,00	–	–	–	–	0,020	0,040	0,064	0,080	
0,833	–	–	–	–	–	0,012	0,040	0,064	
0,667	–	–	–	–	–	–	–	0,024	
0,50	–	–	–	–	–	–	–	–	
\multicolumn{9}{c	}{κ_3}	κ_4
∞	0,0075	0,0050	0,0037	0,0030	0,0025	0,0021	0,0019	0,0017	0,0208
1,20	0,0094	0,0094	0,0094	0,0081	0,0069	0,0060	0,0053	0,0049	0,0188
1,00	0,0088	0,0088	0,0088	0,0088	0,0077	0,0068	0,0060	0,0056	0,0176
0,833	0,0080	0,0080	0,0080	0,0080	0,0080	0,0074	0,0065	0,0061	0,0160
0,667	0,0070	0,0070	0,0070	0,0070	0,0070	0,0070	0,0070	0,0065	0,0140
0,50	0,0052	0,0052	0,0052	0,0052	0,0052	0,0052	0,0052	0,0052	0,0104

Tabelle 5.6
Einflußzahlen für die Ermittlung des Verkehrslastmomentes m_{xr} [$\mu = 0$]

l_y/l_x	Stützweite l_x [m]								m_{xr}
	4,0	6,0	8,0	10,0	12,0	14,0	16,0	18,0	
	κ_1								
∞	0,867	1,202	1,432	1,615	1,790	1,886	1,973	2,013	
1,20	0,907	1,225	1,448	1,647	1,814	1,910	2,021	2,069	
1,00	0,939	1,257	1,520	1,703	1,845	1,950	2,077	2,141	
0,833	0,971	1,289	1,575	1,743	1,886	2,029	2,125	2,212	
0,667	1,066	1,385	1,647	1,838	1,974	2,108	2,212	2,290	
0,50	0,812	1,679	1,909	2,108	2,260	2,392	2,491	2,586	
	κ_2								
∞	0,183	0,430	0,621	0,804	0,955	1,074	1,194	1,297	
1,20	0,159	0,462	0,676	0,851	0,987	1,106	1,225	1,313	
1,00	0,183	0,493	0,724	0,889	1,018	1,138	1,273	1,361	
0,833	0,199	0,374	0,796	0,947	1,098	1,218	1,313	1,408	
0,667	–	0,413	0,875	1,035	1,178	1,299	1,408	1,512	
0,50	–	–	0,668	0,748	1,496	1,592	1,703	1,790	
	κ_3								κ_4
∞	0,1182	0,0883	0,0706	0,0606	0,0530	0,0460	0,0412	0,0364	0,1250
1,20	0,1247	0,0903	0,0721	0,0613	0,0521	0,0465	0,0418	0,0369	0,1250
1,00	0,1286	0,0943	0,0742	0,0630	0,0550	0,0487	0,0434	0,0379	0,1250
0,833	0,1337	0,0991	0,0770	0,0660	0,0580	0,0502	0,0448	0,0390	0,1250
0,667	0,1324	0,1062	0,0810	0,0690	0,0613	0,0526	0,0464	0,0403	0,1250
0,50	0,1247	0,1247	0,0992	0,0807	0,0697	0,0592	0,0533	0,0470	0,1250

5.2.1.5 Beispiele zur Plattenberechnung

(1) Ermittlung der Biegemomente in einer rechtwinkligen, frei drehbar gelagerten Einfeldplatte einer Straßenbrücke

Für die nachstehend skizzierte Einfeldplatte sollen die Biegemomente für die Einwirkungen aus ständiger Last und Verkehrslast nach dem DIN-Fachbericht 101, Gr 1, mit $\alpha_{Qi} = 0,8$, ermittelt werden. Die vorhandene Brückenschiefe ist zu vernachlässigen.

System und Abmessungen

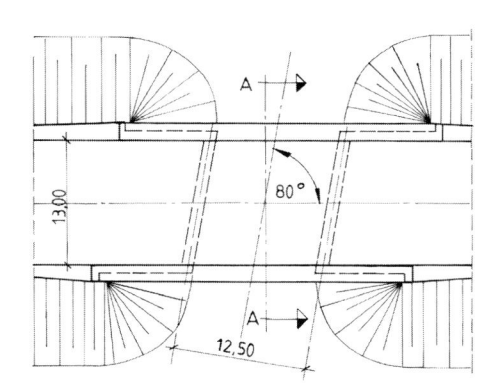

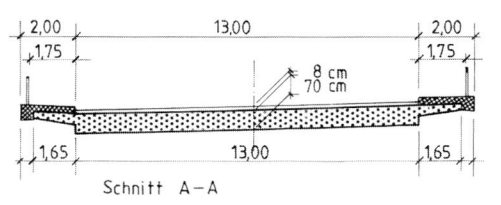

Bild 5.32
Querschnitt und System

Einwirkungen aus ständiger Last

- Platte:

Hauptträger:	$0,70 \cdot 25,0$	$= 17,4$ kN/m²
Belag:	$0,08 \cdot 25,0$	$= 1,9$ kN/m²
Ausgleichsgradiente:		$= 0,5$ kN/m²
	G_k	$= 19,8$ kN/m²

- Kragarm:

  Die Ermittlung des Eigengewichtes eines Kragarmes erfolgt zweckmäßigerweise tabellarisch. Sie wird daher der Tabelle 5.37 des Beispieles 5.5.2 entnommen:

  aus Randquerkraft: $V_{G,k} = 24,0$ kN/m
  aus Randmoment: $M_{G,k} = 23,0$ kN/m

Einwirkungen aus Verkehrslast

- Verkehrslast auf Platte:

  Lastmodell 1 mit Anpassungsfaktor $\alpha_{Qi} = 0,80$, $\alpha_{qi} = 1,0$, $\alpha_{qr} = 1,0$

  Fahrstreifen 1: Achslast: $Q_1 = 300$ kN, $Q_{1,k} = 0,8 \cdot 300 = 240$ kN
  Überlast: $\Delta q_{1,k} = 1,0 \, (9,0 - 2,5) = 6,5$ kN/m²
  Fahrstreifen 2: Achslast: $Q_2 = 200$ kN, $Q_{2,k} = 0,8 \cdot 200 = 160$ kN
  Durchgehender Lastanteil: $q_{r,k} = 1,0 \cdot 2,5 = 2,5$ kN/m²

- Verkehrslast auf Kragarm:

$V_{Q,k} = 2{,}5 \cdot 1{,}75 \quad = 4{,}38$ kN/m
$m_{Q,k} = 2{,}5 \cdot 1{,}75^2/2 = 3{,}83$ kNm/m

Biegemomente

a) Infolge ständiger Last:

$\boxed{m_{xm}}$ $\quad m_{G,k} = 0{,}125 \cdot 19{,}8 \cdot 12{,}5^2 \quad\quad = +386{,}7$ kNm/m
$\quad\quad\quad\quad 2 \cdot 0{,}11 \cdot 24{,}0 \cdot 12{,}5 \quad\quad\;\; = \;\;+66{,}0$ kNm/m
$\quad\quad\quad\quad -2 \cdot 0{,}06 \cdot 23{,}0 \quad\quad\quad\quad = \;\;\;\;-2{,}7$ kNm/m
$\quad\quad\quad\quad\quad\quad\quad\quad\quad\quad\quad\quad\quad m_{G,k} = +450{,}0$ kNm/m

$\boxed{m_{ym}}$ $\quad m_{G,k} = 0{,}0208 \cdot 19{,}8 \cdot 12{,}5^2 \quad = +64{,}4$ kNm/m
$\quad\quad\quad\quad -0{,}04 \cdot 2 \cdot 24{,}0 \cdot 12{,}5 \quad\;\; = -24{,}0$ kNm/m
$\quad\quad\quad\quad -0{,}15 \cdot 2 \cdot 23{,}0 \quad\quad\quad\;\; = \;\;-6{,}9$ kNm/m
$\quad\quad\quad\quad\quad\quad\quad\quad\quad\quad\quad \Sigma\, m_{G,k} = +33{,}5$ kNm/m

$\boxed{m_{xr}}$ $\quad m_{G,k} = 0{,}125 \cdot 19{,}8 \cdot 12{,}5^2 \quad\quad = +386{,}7$ kNm/m
$\quad\quad\quad\quad +(0{,}23+0{,}05) \cdot 24{,}0 \cdot 12{,}5 = \;\;+84{,}0$ kNm/m
$\quad\quad\quad\quad +(0{,}33-0{,}08) \cdot 23{,}0 \quad\quad = \;\;\;\;+5{,}8$ kNm/m
$\quad\quad\quad\quad\quad\quad\quad\quad\quad\quad\quad \Sigma\, m_{G,k} = +476{,}5$ kNm/m

b) Infolge Verkehrslast:

$l_x = 12{,}5$ m, $l_y/l_x = 1{,}04 \approx 1{,}00$

$\boxed{m_{xm}}$ $\quad$ aus Platte nach Tabelle 5.3:

$\kappa_1 = \kappa_2 = 1{,}037,\;\; \kappa_3 = 0{,}0347,\;\; \kappa_4 = 0{,}125$
$m_{Q,k} = 120 \cdot 1{,}037 + 80 \cdot 1{,}037 + 6{,}5 \cdot 0{,}0347 \cdot 12{,}5^2 + 2{,}5 \cdot 0{,}125 \cdot 12{,}5^2$
$\quad\quad\; = 291{,}4$ kNm/m

aus Kragarm nach Tabelle 5.2:

$m_{Q,k} = 2 \cdot 0{,}11 \cdot 4{,}38 \cdot 12{,}5 = +12{,}0$ kNm/m
$\quad\quad\;\; -2 \cdot 0{,}06 \cdot 3{,}83 \quad\quad = \;\;-0{,}5$ kNm/m
$\quad\quad\quad\quad\quad\quad \Sigma\, m_{Krag} = +11{,}5$ kNm/m

$\boxed{m_{ym}}$ $\quad$ max m_{ym} aus Platte nach Tabelle 5.4:

$\kappa_1 = \kappa_2 = 0{,}378,\;\; \kappa_3 = 0{,}0125,\;\; \kappa_4 = 0{,}0256$
$m_{Q,k} = 120 \cdot 0{,}378 + 80 \cdot 0{,}378 + 6{,}5 \cdot 0{,}0125 \cdot 12{,}5^2 + 2{,}5 \cdot 0{,}0256 \cdot 12{,}5^2$
$\quad\quad\; = +98{,}3$ kNm/m

min m_{ym} aus Platte nach Tabelle 5.5:

$\kappa_1 = -0{,}226,\;\; \kappa_2 = -0{,}025,\;\; \kappa_3 = -0{,}0075,\;\; \kappa_4 = -0{,}0176$
$m_{Q,k} = -120 \cdot 0{,}226 - 80 \cdot 0{,}025 - 6{,}5 \cdot 0{,}0075 \cdot 12{,}5^2 - 2{,}5 \cdot 0{,}0176 \cdot 12{,}5^2$
$\quad\quad\; = -43{,}6$ kNm/m

aus Kragarm nach Tabelle 5.2:

$m_{Q,k} = -0{,}04 \cdot 2 \cdot 4{,}38 \cdot 12{,}5 = -4{,}4$ kNm/m
$\quad\quad\;\; -0{,}15 \cdot 2 \cdot 3{,}83 \quad\quad = -1{,}1$ kNm/m
$\quad\quad\quad\quad\quad\quad \Sigma\, m_{Krag} = -5{,}5$ kNm/m

| m_{xr} | aus Platte nach Tabelle 5.6:
| | $\kappa_1 = 1{,}871,\ \kappa_2 = 1{,}048,\ \kappa_3 = 0{,}0534,\ \kappa_4 = 0{,}125$
| | $m_{Q,k} = 120 \cdot 1{,}871 + 80 \cdot 1{,}048 + 6{,}5 \cdot 0{,}0534 \cdot 12{,}5^2 + 2{,}5 \cdot 0{,}125 \cdot 12{,}5^2$
| | $\qquad\quad = 411{,}3\ \text{kNm/m}$

aus Kragarm nach Tabelle 5.2:

$$m_{Q,k} = +(0{,}23 + 0{,}05) \cdot 4{,}38 \cdot 12{,}5 = +15{,}3\ \text{kNm/m}$$
$$\phantom{m_{Q,k} = } +(0{,}33 - 0{,}08) \cdot 3{,}83 \phantom{\cdot 12{,}5} = +1{,}0\ \text{kNm/m}$$
$$\Sigma\ m_{Krag} = +16{,}3\ \text{kNm/m}$$

| m_{xy} | Drillmomente:
| | ständige Last: $m_{xyG,k} = 0{,}25 \cdot 476{,}5 = \pm 119\ \text{kNm/m}$
| | Verkehrslast: $m_{xyQ,k} = 0{,}25 \cdot 411{,}3 = \pm 103\ \text{kNm/m}$

Endgültige Biegemomente

- Ständige Last:

$m_{xmG,k} = +450\ \text{kNm/m}$
$m_{ymG,k} = +34\ \text{kNm/m}$
$m_{xrG,k} = +477\ \text{kNm/m}$

- Verkehrslast (Zeiger * gibt die Berücksichtigung der Querdehnung an):

$\max m^*_{xmQ,k} = 291{,}4 + 0{,}2 \cdot 98{,}3 + 11{,}5 \qquad = +322{,}6\ \text{kNm/m}$
$\max m^*_{ymQ,k} = 98{,}3 + 0{,}65 \cdot 0{,}2\ (291{,}4 - 98{,}3) = +123{,}4\ \text{kNm/m}$
$\min m_{ymQ,k} = -43{,}6 - 5{,}5 \qquad\qquad\qquad = -49{,}1\ \text{kNm/m}$
$\max m_{xrQ,k} = 411{,}3 + 16{,}3 \qquad\qquad\qquad = +427{,}6\ \text{kNm/m}$

(2) Ermittlung der Bemessungsmomente in einer schiefwinkligen Einfeldplatte einer Straßenbrücke

Für die Platte des vorangegangenen Beispiels (1) sollen für eine Schiefwinkligkeit von 60° bei gleichen Grundabmessungen von $l_x\ (\alpha) = 12{,}50\ \text{m}$ und $l_y = 13{,}0\ \text{m}$ die Hauptmomente in den maßgebenden Bemessungspunkten für die Einwirkungen aus ständiger Last und Verkehr nach dem DIN-Fachbericht 101, Gr 1 mit $\alpha_{Qi} = 0{,}8$, ermittelt werden. Aus den Hauptmomenten sind danach die Bemessungsmomente als Transformationsmomente zu ermitteln.

a) System und Einwirkungen

Die maßgebenden Bemessungspunkte sind die Plattenpunkte A, B, E. Die Berechnung erfolgt nach dem DV-Programm Infograph. Das Koordinatensystem x, y des Programmes korrespondiert in den Punkten B und E nicht mit dem des Systems, es wird daher dort das Ersatzsystem x' und y' eingeführt.

Einwirkungsgrößen:

Ständige Last der Platte: $\quad G_k = 19{,}8\ \text{kN/m}^2$
Ständige Last des Kragarmes: $\quad V_{G,k} = 24{,}0\ \text{kN/m}\ ,\ M_{G,k} = 23{,}0\ \text{kNm/m}$
Verkehrslast: $\quad \alpha_{Qi} = 0{,}80\ ,\ \alpha_{qi} = 1{,}0\ ,\ \alpha_{qr} = 1{,}0$
Fahrstreifen 1: Radlast: $\quad \tfrac{1}{2}\ Q_{1,k} = 120\ \text{kN}$
$\qquad\qquad$ Überlast: $\quad \Delta q_{1,k} = 9{,}0 - 2{,}5 = 6{,}5\ \text{kN/m}^2$

Fahrstreifen 2: Radlast: $\frac{1}{2} Q_{2,k} = 80$ kN
Durchgehender Lastanteil: $q_{r,k} = 2,5$ kN/m^2
Verkehrslast auf dem Kragarm: $V_{Q,k} = 4,38$ kN/m, $M_{Q,k} = 3,83$ kNm/m
Platte: $l_y/l_x = 13,0/12,5 \approx 1,0$

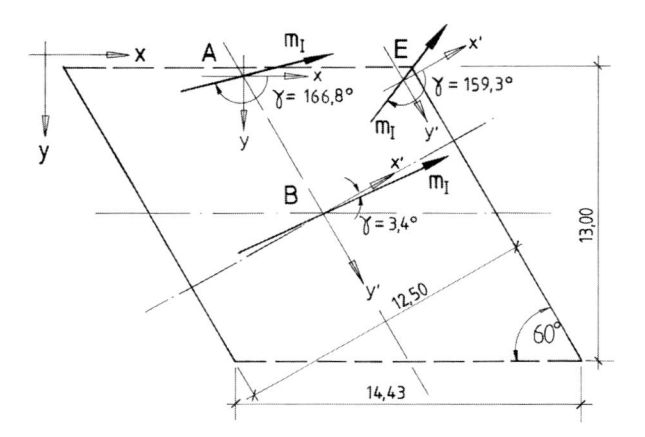

Bild 5.33
System und Hauptmomentenrichtungen

b) Biegemomente und Hauptmomente

Im folgenden werden die erforderlichen Achsenbiegemomente, nach Lastfällen geordnet, der Programmrechnung entnommen und tabellarisch zusammengefaßt. Die maßgebenden Laststellungen werden jeweils durch ein Bild im Einflußfeld belegt. Soweit im folgenden Angaben zu Koordinaten gemacht werden, beziehen sich diese auf den Ursprung des globalen Koordinatensystems in der linken oberen Ecke der Platte.

Punkt A:

Tabelle 5.7
Punkt A, Achsenbiegemomente, Ergebnis Programmrechnung (kNm/m)

	LF		m_{xr}	m_{yr}	m_{xyr}
	61	Eigengewicht	+446	0	−140
	71	Q_k-Kragarm 1	+16	0	−5
	72	Q_k-Kragarm 2	+1	0	−1
	31	Q_k-Fahrbahn max m_{xr}	+408	0	−71

Koordinaten des Punktes A: $x = 7,215$ m, $y = 0,54$ m [1].

[1] Die Angaben zu den Koordinaten beziehen sich auf den Ursprung des globalen Koordinatensystems in der linken oberen Ecke der schiefwinkligen Platte.

5.2 Berechnungsgrundlagen für Überbauten

Bemessungskombination max M_I

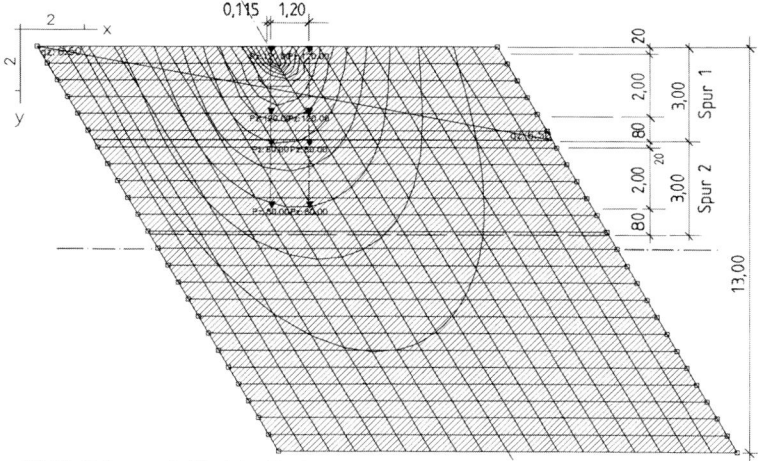

LF 31: Belastung, Q-Verkehr, Punkt A, max mxr, für max M1

Bild 5.34
Punkt A, E-Feld m_{ur}; maßgebende Laststellung

Die maßgebende Laststellung ergibt sich nach Bild 5.34, die Achsenbiegemomente ergeben sich aus der Programmrechnung nach Tabelle 5.7, die Hauptmomente wie folgt:

$$m_{I,II} = +\frac{871}{2} \pm \sqrt{\left(\frac{871}{2}\right)^2 + 217^2}, \quad m_I = +923 \text{ kNm/m}, \quad m_{II} = -52 \text{ kNm/m}$$

$$\tan 2\gamma = -\frac{2 \cdot 217}{871} = -0{,}498, \quad \gamma_0 = 13{,}2°, \quad \gamma = 180° - 13{,}2° = 166{,}8°$$

Punkt B:

Tabelle 5.8
Punkt B, Achsenbiegemomente, Ergebnis Programmrechnung (kNm/m)

	LF		$mx'\ m$	$my'\ m$	$mx'y'\ m$
	61	Eigengewicht	+452	+5	+23
	71	Q_k-Kragarm 1	+5	−3	+1
	72	Q_k-Kragarm 2	+5	−3	+1
	51	Q_k-Fahrbahn max $mx'\ m$	+298	+138	+12
	52	Q_k-Fahrbahn min $my'\ m$	+139	−35	+6
	53	Q_k-Fahrbahn max $my'\ m$	+279	+143	+10

Koordinaten des Punktes B: $x = 10{,}967$ m, $y = 6{,}5$ m [1].

Bemessungskombination max M_I

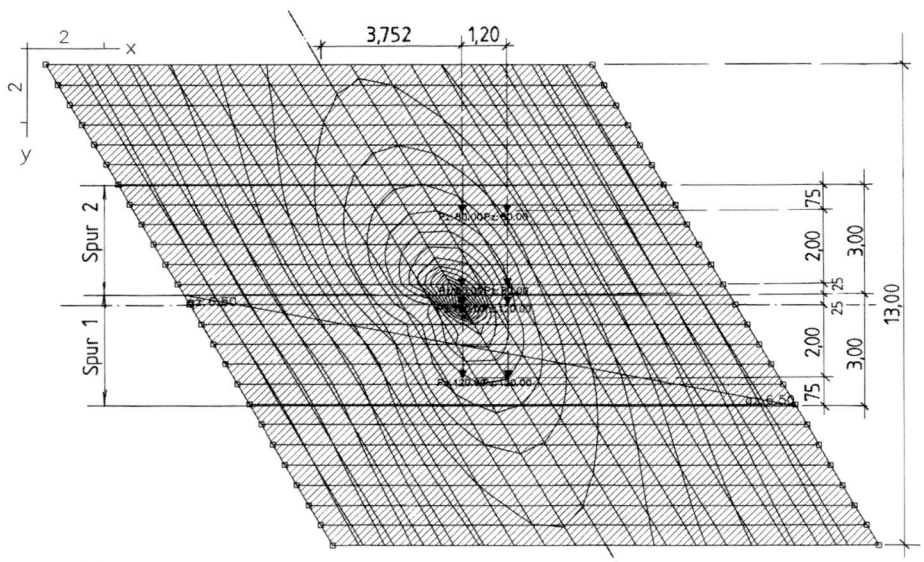

LF 51: Belastung, Q-Verkehr, Punkt B, max mx'm, für max M1

Bild 5.35 a
Punkt B, E-Feld m_{xm}; maßgebende Laststellung

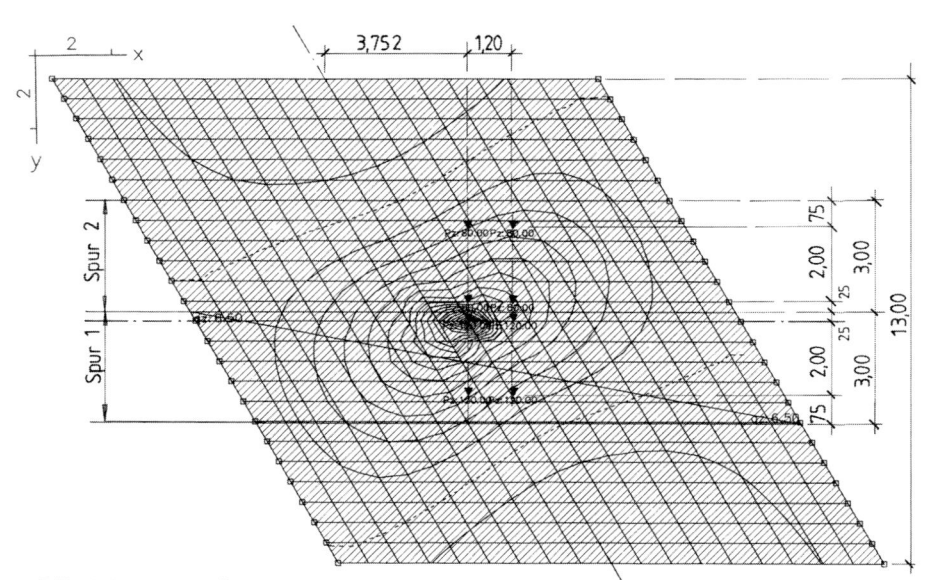

LF 51: Belastung, Q-Verkehr, Punkt B, zug. my'm, für max M1

Bild 5.35 b
Punkt B, E-Feld m_{ym}; zugehörige Laststellung

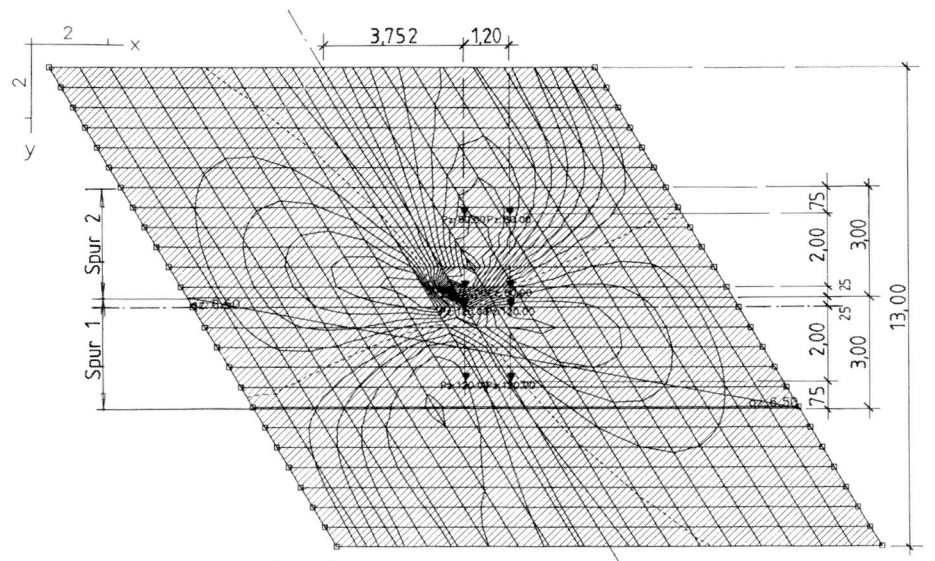

5.2 Berechnungsgrundlagen für Überbauten

LF 51: Belastung, Q-Verkehr, Punkt B, zug. mx'y'm, für max M1

Bild 5.35 c
Punkt B, E-Feld m_{xym}; zugehörige Laststellung

Die maßgebende Laststellung ergibt sich nach Bild 5.35a im E-Feld für m_{xm}. Aus Anschauungsgründen werden auch die Einflußfelder der zugehörigen Biegemomente m_{ym} und m_{xy} mit der maßgebenden Laststellung gezeigt (Bilder 5.35b und c), um die Zusammensetzung des Hauptmomentes darzulegen. Die Achsenbiegemomente wurden durch die Programmrechnung aus den Lastfällen 61, 71, 72 und 51 ermittelt und ergeben sich nach Tabelle 5.8. Die Hauptmomente ergeben sich wie folgt:

$$m_{I,II} = +\frac{760+139}{2} \pm \sqrt{\left(\frac{760-139}{2}\right)^2 + 37^2}, \quad m_I = +762 \text{ kNm/m}, \quad m_{II} = +137 \text{ kNm/m}$$

$$\tan 2\gamma = +\frac{2 \cdot 37}{760-139} = 0{,}119, \quad \gamma_0 = 3{,}4°, \quad \gamma = \gamma_0 = 3{,}4°$$

Bemessungskombination min M_{II}

Die maßgebende Laststellung ergibt sich nach Bild 5.36 im E-Feld für m_{ym}. Die Achsenbiegemomente aus der Programmrechnung ergeben sich nach Tabelle 5.8 aus den Lastfällen 61, 71, 72 und 52. Die Hauptmomente ergeben sich wie folgt:

$$m_{I,II} = \frac{601-36}{2} \pm \sqrt{\left(\frac{601+36}{2}\right)^2 + 31^2}, \quad m_I = +602{,}5 \text{ kNm/m}, \quad m_{II} = -38 \text{ kNm/m}$$

$$\tan 2\gamma = +\frac{2 \cdot 31}{601+36} = 0{,}097, \quad \gamma_0 = 2{,}8°, \quad \gamma = \gamma_0 = 2{,}8°$$

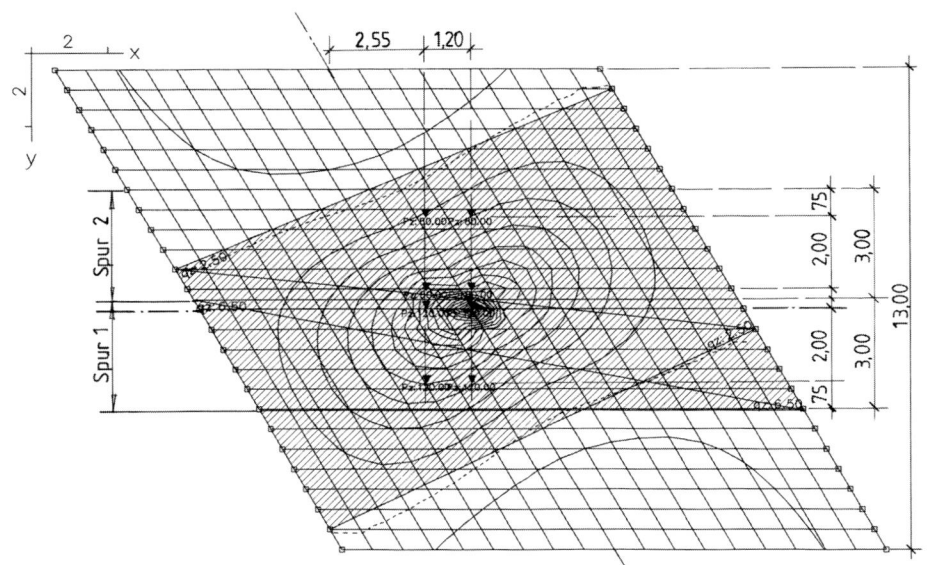

LF 52: Belastung, Q-Verkehr, Punkt B, min my'm, für min M2

Bild 5.36
Punkt B, E-Feld m_{ym}; maßgebende Laststellung für max M

Bemessungskombination max M_{II}

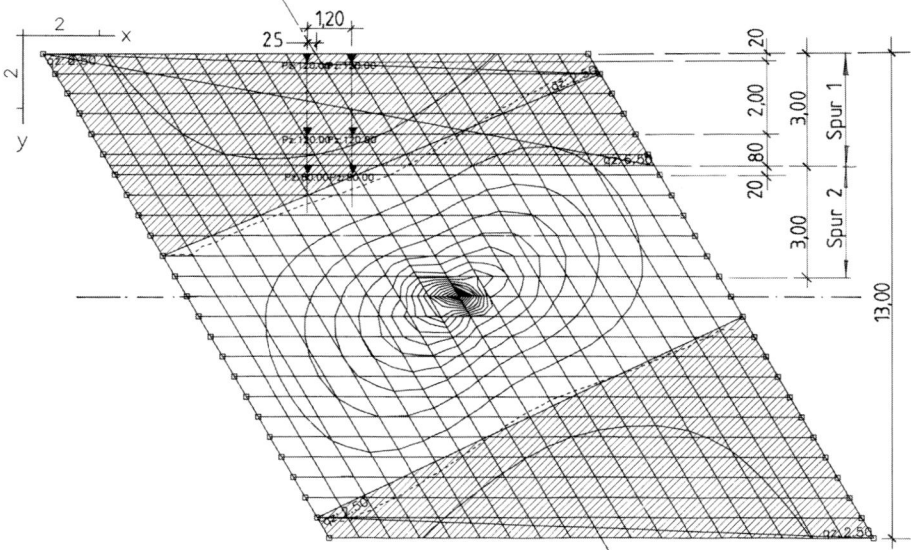

LF 53: Belastung, Q-Verkehr, Punkt B, max my'm, für max M2

Bild 5.37
Punkt B, E-Feld m_{ym}; maßgebende Laststellung für min M

5.2 Berechnungsgrundlagen für Überbauten

Die maßgebende Laststellung ergibt sich nach Bild 5.37 im E-Feld für m_{ym}. Die Achsenbiegemomente aus der Programmrechnung ergeben sich nach Tabelle 5.8 aus den Lastfällen 61 und 53. Die Hauptmomente ergeben sich wie folgt:

$$m_{\mathrm{I,II}} = \frac{731+148}{2} \pm \sqrt{\left(\frac{731-148}{2}\right)^2 + 33^2}, \quad m_{\mathrm{I}} = +733\,\mathrm{kNm/m}, \quad m_{\mathrm{II}} = +146\,\mathrm{kNm/m}$$

$$\tan 2\gamma = +\frac{2\cdot 33}{731-148} = 0{,}113, \quad \gamma_0 = 3{,}2°, \quad \gamma = \gamma_0 = 3{,}2°$$

Punkt E:

Tabelle 5.9
Punkt E, Achsenbiegemomente, Ergebnis Programmrechnung (kNm/m)

LF		mx' E	my' E	$mx'y'$ E
61	Eigengewicht	+195	−209	−185
71	Q_k-Kragarm 1	+6	−16	−15
72	Q_k-Kragarm 2	+1	≈ 0	+2
41	Q_k-Fahrbahn max mx' E	+157	−91	−101
42	Q_k-Fahrbahn min my' E	+112	−152	−179

Koordinaten des Punktes E: $x = 13{,}942$ m, $y = 0{,}54$ m [1].

Bemessungskombination max M_{I}

Die maßgebende Laststellung ergibt sich nach Bild 5.38 im E-Feld für m_{xE}. Die Achsenbiegemomente wurden nach der Programmrechnung ermittelt und sind in Tabelle 5.9 zusammengestellt. Zu betrachten sind die Lastfälle 61, 71, 72 und 41. Die Hauptmomente ergeben sich wie folgt:

$$m_{\mathrm{I,II}} = \frac{358-322}{2} \pm \sqrt{\left(\frac{358+322}{2}\right)^2 + 299^2}, \quad m_{\mathrm{I}} = +471\,\mathrm{kNm/m}, \quad m_{\mathrm{II}} = -435\,\mathrm{kNm/m}$$

$$\tan 2\gamma = -\frac{2\cdot 299}{358+322} = 0{,}879, \quad \gamma_0 = 20{,}7°, \quad \gamma = 20{,}7° = 159{,}3°$$

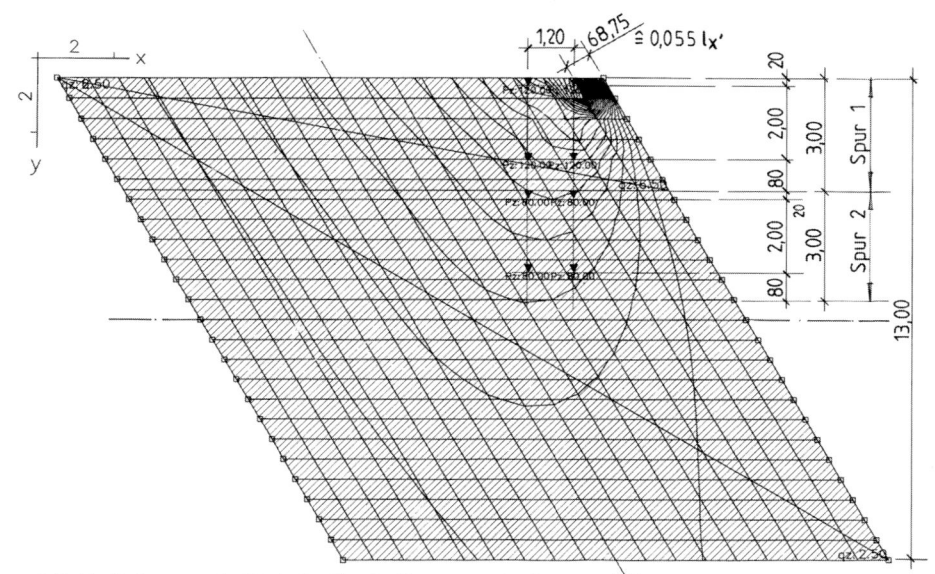

LF 41: Belastung, Q-Verkehr, Punkt E, max mx', für max M1

Bild 5.38
Punkt E, E-Feld m_x; maßgebende Laststellung

Bemessungskombination min M_{II}

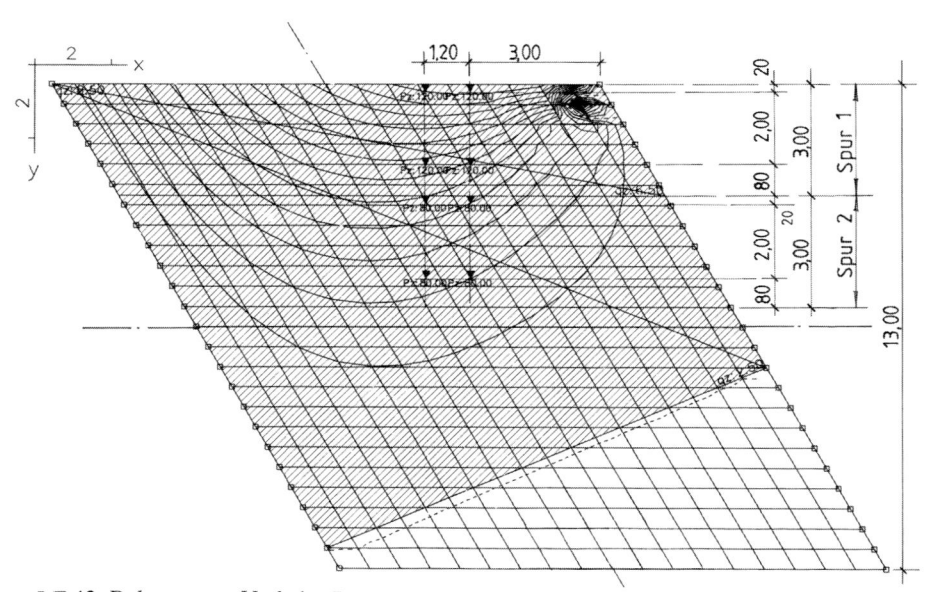

LF 42: Belastung, Q-Verkehr, Punkt E, min my', für min M2

Bild 5.39
Punkt E, E-Feld m_y; maßgebende Laststellung

5.2 Berechnungsgrundlagen für Überbauten

Die maßgebende Laststellung ergibt sich nach Bild 5.39 im E-Feld für m_{yE}. Die Achsenbiegemomente sind als Ergebnisse der Programmrechnung in Tabelle 5.9 zusammengestellt, zu betrachten sind die Lastfälle 61, 71 und 42. Die Hauptmomente ergeben sich wie folgt:

$$m_{\mathrm{I,II}} = \frac{313 - 377}{2} \pm \sqrt{\left(\frac{313 + 377}{2}\right)^2 + 379^2}, \quad m_\mathrm{I} = +449\,\mathrm{kNm/m}, \quad m_\mathrm{II} = -577\,\mathrm{kNm/m}$$

$$\tan 2\gamma = -\frac{2 \cdot 379}{313 + 377} = -1{,}099, \quad \gamma_0 = 23{,}9°, \quad \gamma = 180° - 23{,}9° = 156{,}1°$$

Zusammenstellung der Hauptmomente

Die errechneten Hauptmomente werden nach den Einwirkungen G_k, Q_k auf Platte und Q_k auf Kragarm aufgeschlüsselt und in der nachfolgenden Tabelle zusammengestellt.

Tabelle 5.10
Hauptmomente, schiefwinklige Platte (kNm/m)

Punkt		G_k	Q_{1k} Platte	Q_{1k} Kragarm	max M	min M
A	max m_I	+473	+432	+18	+923	–
B	max m_I	+453	+299	+10	+762	–
	max m_II	+5	+141	–	+146	–
	min m_II	+5	–37	–6	–	–38
C	max m_II	+266	+193	+12 [1]	+471	–
	min m_II	–280	–242	–55 [1]	–	–577

[1] Nur anliegender Kragarm.

c) Transformation der Hauptmomente als Bemessungsmomente

Vorbemerkungen

Die Anordnung der Spannbewehrung soll nach der Lösung B erfolgen. In der Feldmitte (Punkt B) wird mit der lagersenkrechten Richtung begonnen, die Transformationsrichtungen der anderen Bemessungspunkte A und E werden aus einer kontinuierlichen Verziehung ermittelt und wie folgt festgelegt:

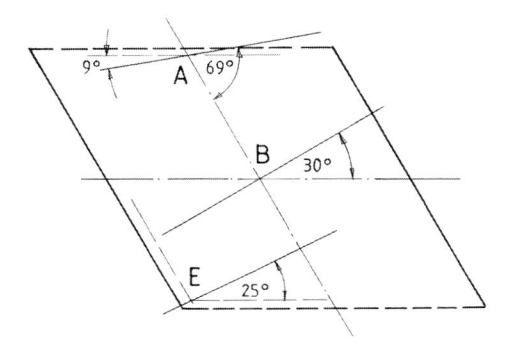

Bild 5.40
Bewehrungsrichtungen

Vorzeichendefinition der Winkel:

Verfahren *Kuyt*: δ, ψ positiv im Gegenuhrzeigersinn im Drehsinn von m_1 zur Bewehrungsrichtung

Verfahren *Baumann*: α positiv als spitzer Winkel in Drehrichtung von m_1 zur Bewehrungsrichtung, β, γ positiv im gleichen Drehsinn wie α

Bei der Ermittlung der Transformationsmomente in der oberen Lage sind die Vorzeichen und Reihenfolge der Hauptmomente zu vertauschen.

Bemessungspunkt A

Biegezugzone Plattenunterseite (Verfahren Kuyt)

Lastfall max m_1: $m_1 = +923$ kNm/m, $m_2 = -52$ kNm/m

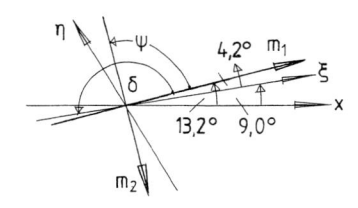

$\delta = 180° - 4,2° = 175,8°$

$\psi = 120° - 9,0° = 111,0°$

$\delta + \psi = 286,8°$

$k = -\dfrac{52}{923} = -0,06 < 0$

nur Einbahnbewehrung in Richtung ξ

$$m_\xi = \frac{1}{\sin^2 111°} [+923 \sin^2 286,8° - 52 \cos^2 286,8° +$$

$|923 \sin 286,8° \sin 175,8° - 52 \cos 286,8° \cos 175,8°|] = +1058$ kNm/m

Quermoment $\geq 0,2 \cdot 1051 = 212$ kNm/m, in Richtung η angenommen, da $\psi_{spitz} = 180° - 111° = 69° > 60°$

Biegezugzone Plattenoberseite (Verfahren Kuyt)

Lastfall max m_1: $m_2 = +52$ kNm/m, $m_1 = -923$ kNm/m

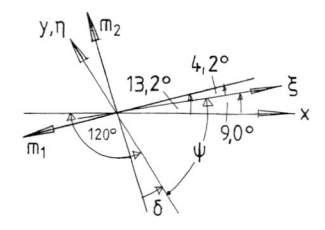

$\delta = 120° - 90° - 13,2° = 16,8°$

$\psi = 60° + 9,0° = 69,0°$

$\delta + \psi = 85,8°$

$k = -\dfrac{923}{52} = -17,6 < 0$

nur Einbahnbewehrung in Richtung η

$$m_\eta = \frac{1}{\sin^2 69°} [+52 \sin^2 85,8° - 923 \cos^2 85,8° +$$

$|52 \sin 85,8° \sin 16,8° - 923 \cos 85,8° \cos 16,8°|] = +112$ kNm/m

Quermoment $\geq 0,2 \cdot 122 = 22$ kNm/m

5.2 Berechnungsgrundlagen für Überbauten

Bemessungspunkt B

Biegezugzone Plattenunterseite (Verfahren Baumann)

Lastfall max m_1: $m_1 = +762$ kNm/m, $m_2 = +137$ kNm/m

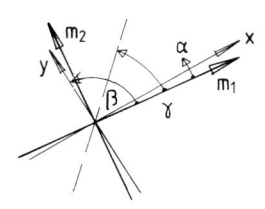

$$k = \frac{+137}{+762} = +0,18 > 0$$

$\alpha = 3,4°$

$\beta = 90° + 3,4° = 93,4°$

$\gamma = (3,4° + 93,4°)/2 = 48,4°$

Grenzwert für Winkel β:

$$\frac{\pi}{2} + \alpha \leqq \beta < \gamma_{oy}$$

mit $\tan \gamma_{0y} = -0,18/\tan 3,4° = -3,0$, $\gamma_{0y} = 180° - 71,5° = 108,5°$

ist das Kriterium erfüllt, eine Zweibahntransformation ist möglich

$$m_{(x)} = \frac{762 \sin 93,4° \sin 48,4° + 137 \cos 93,4° \cos 48,4°}{\sin(93,4° - 3,4°) \sin(48,4° - 3,4°)} = 798 \text{ kNm/m}$$

Lastfall max m_2: $m_1 = +733$ kNm/m, $m_2 = +146$ kNm/m

$$k = \frac{+146}{+733} = 0,20 > 0; \quad \alpha = 3,4°, \quad \beta = 93,4°, \quad \gamma = 48,4°$$

$\tan \gamma_{0y} = -0,176/\tan 3,4° = -3,0$, $\gamma_{0y} = 180° - 71,5° = 108,5°$

Das Kriterium ist erfüllt, eine Zweibahntransformation ist möglich

$$m_{(y)} = \frac{733 \sin 3,4° \sin 48,4° + 146 \cos 3,4° \cos 48,4°}{\sin(93,4° - 3,4°) \sin(93,4° - 48,4°)} = 183 \text{ kNm/m}$$

$> 0,2 \cdot \max m_{(x)} = 0,2 \cdot 798 = 160$ kNm/m

Biegezugzone Plattenoberseite (Verfahren Kuyt)

Lastfall min m_2: $m_2 = +38$ kNm/m; $m_1 = -603$ kNm/m

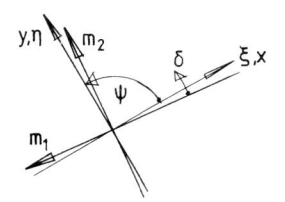

$\delta = 2,8° : \psi = 90°$

$$k = -\frac{603}{38} = -15,9 < 0$$

Nur Einbahnbewehrung in Richtung η

$$m_\eta = 38 \cos^2 2,8° - 603 \sin^2 2,8° + |(38 + 603) \sin 2,8° \cos 2,8°| = +67,8 \text{ kNm/m}$$

m_ξ nicht maßgebend, jedoch $\geqq 0,2 \cdot 67,8 = 13,6$ kNm/m

Bemessungspunkt E

Biegezugzone Plattenunterseite (Verfahren Baumann)

Lastfall max m_1: $m_1 = +471$ kNm/m, $m_2 = -435$ kNm/m

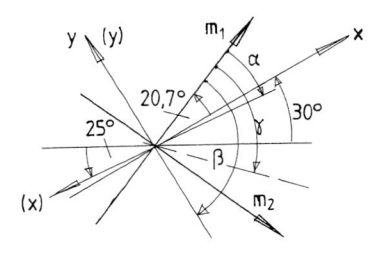

$k = -\dfrac{435}{471} = -0{,}924 < 0 < -\tan^2 \alpha = -0{,}23$

$\alpha = 20{,}7° + 5{,}0° = 25{,}7°$

$\beta = 90° + 20{,}7° = 110{,}7°$

$\gamma = (25{,}7° + 110{,}7°)/2 = 68{,}2°$

β – Kriterium: $\dfrac{\pi}{2} - \alpha < \beta < \pi - \alpha$

Das Kriterium ist nicht erfüllt, d.h. es ist nur eine Einbahnbewehrung mit $\beta = 0$ möglich. Das Zusatzkriterium braucht in diesem Fall nicht mehr untersucht zu werden.

$$m_{(x)} = \dfrac{-435}{\sin^2 25{,}7° - 0{,}919 \cos^2 25{,}7°} = +818 \text{ kNm/m}$$

Quermoment $= 0{,}2 \cdot 818 = 164$ kNm/m

in Richtung (y) angenommen, da der spitze Winkel beider Bewehrungslagen $\beta - \alpha = 110{,}7° - 25{,}7° = 85° > 60°$ beträgt.

Biegezugzone Plattenoberseite (Verfahren Baumann)

Lastfall min m_2: $m_2 = +577$ kNm/m, $m_1 = -449$ kNm/m

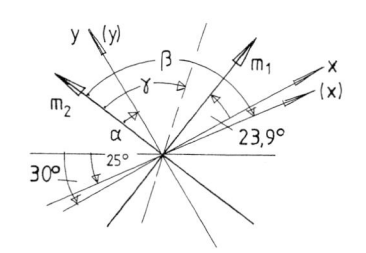

$k = -\dfrac{449}{577} = -0{,}778 < 0 < -\tan^2 \alpha = -0{,}196$

$\alpha = 23{,}9°$

$\beta = 90° + 23{,}9° + 5° = 118{,}9°$

$\gamma = (23{,}9° + 118{,}9°)/2 = 71{,}4°$

β – Kriterium:

1) $\dfrac{\pi}{2} - \alpha < \beta < \pi - \alpha$, erfüllt

2) $\beta > 2\gamma_{0y} - \alpha$

mit: $\tan \gamma_{0y} = \dfrac{0{,}788}{\tan 23{,}9°} = 1{,}76$; $\gamma_{0y} = 60{,}3°$

Zusatzkriterium auch erfüllt, d.h. es ist eine Zweibahnbewehrung in dieser Richtung möglich.

$$m_{(y)} = \dfrac{577 \sin 118{,}9° \sin 71{,}4° - 449 \cos 118{,}9° \cos 71{,}4°}{\sin(118{,}9° - 23{,}9°) \sin(71{,}4° - 23{,}9°)} = 749 \text{ kNm/m}$$

Quermoment $\geqq 0{,}2 \cdot 749 = 150$ kNm/m, in Richtung (y) angenommen, da der spitze Winkel beider Bewehrungsrichtungen $85°$, also $> 60°$, ist.

Zusammenstellung der Bemessungsmomente

(Darstellung auf die jeweilige Zugzone bezogen)

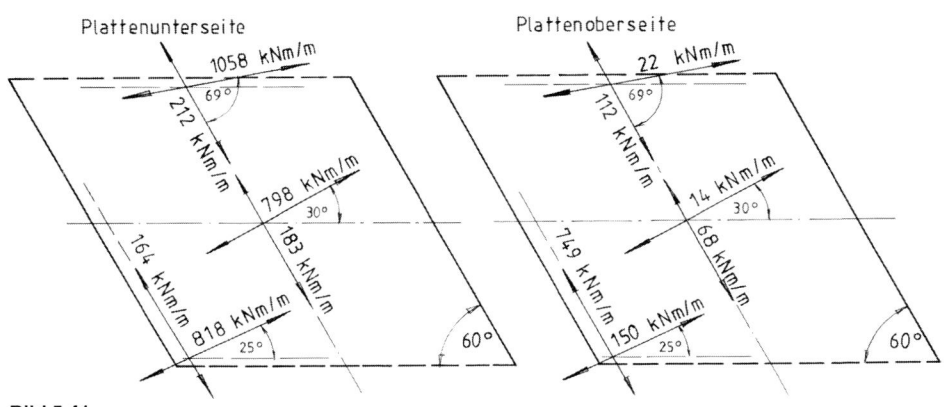

Plattenunterseite: 1058 kNm/m (69°), 212 kNm/m, 798 kNm/m (30°), 164 kNm/m, 183 kNm/m, 818 kNm/m (25°), 60°

Plattenoberseite: 22 kNm/m (69°), 112 kNm/m, 14 kNm/m (30°), 749 kNm/m, 68 kNm/m, 150 kNm/m (25°), 60°

Bild 5.41 Bemessungsmomente

(3) Ermittlung der Biegemomente in einer rechtwinkligen Zweifeldplatte (Straßenbrücke)

Für ein rechtwinkliges Zweifeldplattensystem einer Straßenbrücke sollen die maßgebenden Biegemomente für die Einwirkungen aus ständiger Last und Verkehr nach dem DIN-Fachbericht 101 ermittelt werden. Zur Darstellung der Auswirkung unterschiedlicher Belastungsmodalitäten sollen zwei unterschiedliche Werte der Anpassungsfaktoren für die Achslasten der Doppelachse angesetzt werden, und zwar für $\alpha_{Qi} = 0{,}8$ und $\alpha_{Qi} = 1{,}0$. Die vorhandene Brückenschiefe von 5° ist zu vernachlässigen.

System und Abmessungen

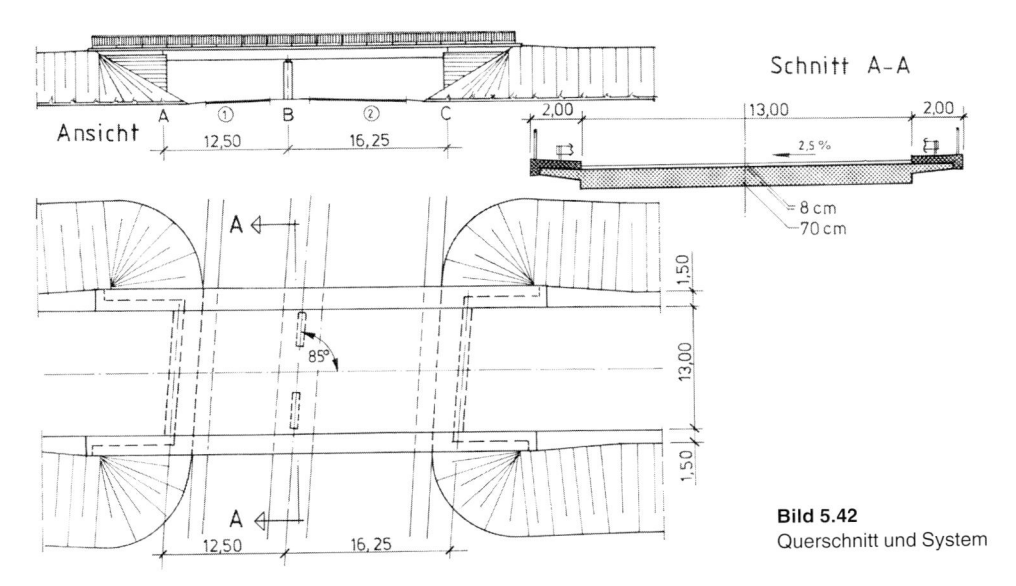

Ansicht: A ① B ② C; 12,50; 16,25

Schnitt A-A: 2,00; 13,00; 2,00; 2,5 %; ≈ 8 cm; 70 cm

1,50; 85°; 13,00; 1,50; 12,50; 16,25

Bild 5.42 Querschnitt und System

Einwirkungen aus den Vertikallasten

Ständige Last

Wie Beispiel (1): Platte: $G_k = 19{,}8$ kN/m²
Kragarm: $V_{G,k} = 24{,}0$ kN/m
$m_{G,k} = 23{,}0$ kNm/m

Verkehrslast nach dem DIN-Fachbericht 101

- LM 1 mit Anpassungsfaktor $\alpha_{Qi} = 0{,}8$, $\alpha_{qi} = 1{,}0$, $\alpha_{qr} = 1{,}0$
  Fahrstreifen 1: Achslast: $Q_1 = 300$ kN, $Q_{1,k} = 0{,}8 \cdot 300 = 240$ kN
  Überlast: $\Delta q_{1,k} = 1{,}0\,(9{,}0 - 2{,}5) = 6{,}5$ kN/m²
  Fahrstreifen 2: Achslast: $Q_2 = 200$ kN, $Q_{2,k} = 0{,}8 \cdot 200 = 160$ kN
  Gleichlast beide Fahrstreifen: $q_{2,k} = 1{,}0 \cdot 2{,}5 = 2{,}5$ kN/m²
  Restfläche: $q_{r,k} = 1{,}0 \cdot 2{,}5 = 2{,}5$ kN/m²

- LM 1 mit Anpassungsfaktor $\alpha_{Q_i} = 1{,}0$, $\alpha_{q_i} = 1{,}0$, $\alpha_{q_r} = 1{,}0$
  Fahrstreifen 1: Achslast: $Q_1 = 300$ kN, $Q_{1,k} = 1{,}0 \cdot 300 = 300$ kN
  Überlast: $q_{1,k} = 1{,}0\,(9{,}0 - 2{,}5) = 6{,}5$ kN/m²
  Fahrstreifen 2: Achslast: $Q_2 = 200$ kn, $Q_{2,k} = 1{,}0 \cdot 200 = 200$ kN
  Gleichlast beide Fahrstreifen: $q_{2,k} = 1{,}0 \cdot 2{,}5 = 2{,}5$ kN/m²
  Restfläche: $q_{r,k} = 1{,}0 \cdot 2{,}5 = 2{,}5$ kN/m²

- Verkehrslast auf Kragarm: $V_{Q,k} = 2{,}5 \cdot 1{,}75 = 4{,}38$ kN/m
  $m_{Q,k} = 2{,}5 \cdot 1{,}75^2/2 = 3{,}83$ kNm/m

Biegemomente

Ungünstige Laststellungen der Doppelachse und Anordnung der Fahrstreifen

Die für die Momentenermittlung maßgebenden Aufpunkte, in denen die Laststellungen der variablen Achsen erfolgen muß, werden nachstehend angegeben. Diesen Aufpunkten werden die Fahrspuren wie folgt zugeordnet:

- in der Plattenmitte: symmetrisch
- am Plattenrand: einseitig

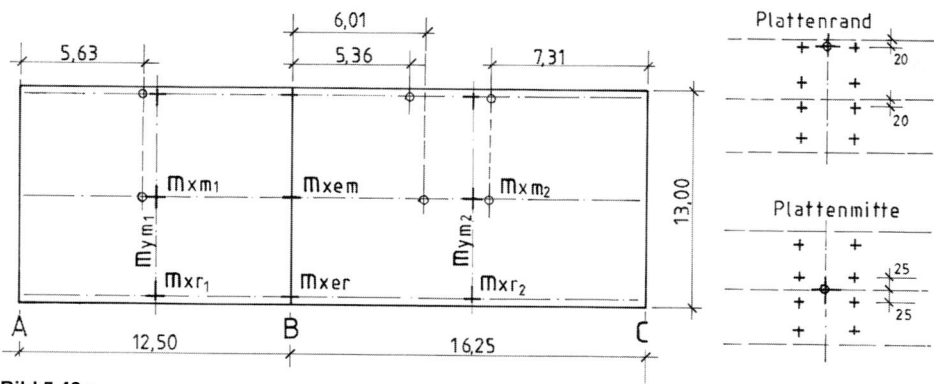

Bild 5.43 a
Aufpunkte für die Laststellung der Doppelachse

5.2 Berechnungsgrundlagen für Überbauten

In den Fahrspuren werden die Doppelachsen jeweils symmetrisch zum Aufpunkt angeordnet und seitlich verschoben:
- in der Plattenmitte mit einem Randabstand von 0,25 m
- am Plattenrand mit einem Randabstand von 0,20 m

Lage der Aufpunkte:

- Feld 1: für max m_x Laststellung in $x = 0{,}45 \cdot l_{x1} = 5{,}63$ m von A
  für max m_y Laststellung in Plattenmitte
- Feld 2: für max m_x Laststellung in $x = 0{,}45 \cdot l_{x2} = 7{,}31$ m von C
  für max m_y Laststellung in Plattenmitte
- Stütze B:
  Die minimalen Stützmomente werden durch eine entsprechende Laststellung in Feld 2 erhalten und zwar:
  für min $m_{xe,m}$ Laststellung in $x = 0{,}37 \cdot l_{x2} = 6{,}01$ m von B
  für min $m_{xe,r}$ Laststellung in $x = 0{,}33 \cdot l_{x2} = 5{,}36$ m von B

(Anm.: Die ungünstigen Laststellungen wurden durch eine Abschätzung ermittelt).

Ermittlung der Momentenwerte

Die Ermittlung der Biegemomente erfolgt über das FE-Programm Infograph. Die zugehörigen Laststellungen der Doppelachse und der Fahrstreifen wurden über den Bildschirm eingegeben.

Die Bilder 5.44 und 5.45 zeigen das Einflußfeld und die zugehörige Laststellung für die Momentenwerte des größten negativen Stützmomentes in der Plattenmitte min $m_{xe,m}$ und des größten negativen Stützmomentes am Plattenrand min $m_{xe,r}$.

Die Ergebnisse der Programmrechnung wurden graphisch abgefragt, sie sind in den nachfolgenden Bildern sowie den Tabellen zusammengestellt, und zwar

- Bild 5.46 und Tabelle 5.11 für $\alpha_{Q_i} = 0{,}8$ und
- Bild 5.47 und Tabelle 5.12 für $\alpha_{Q_i} = 1{,}0$.

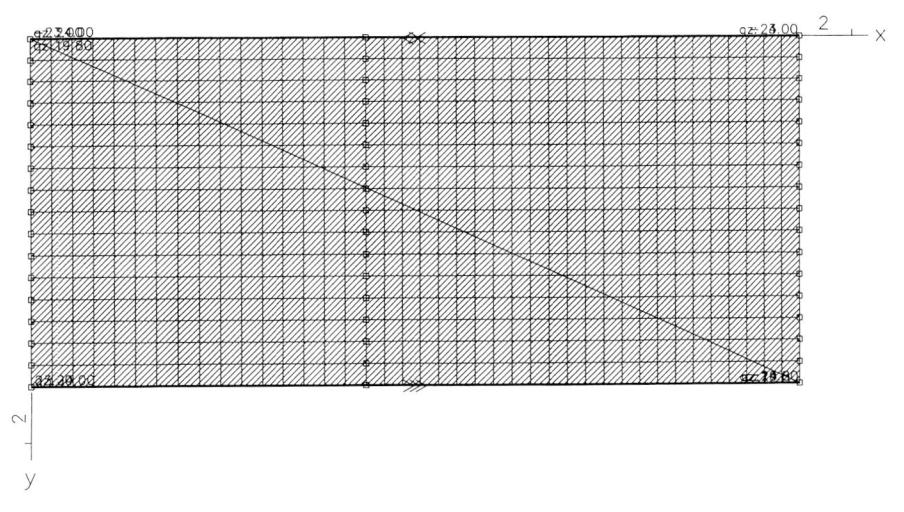

Bild 5.43 b
Systemeingabe

342   5 Überbauten der Brückenbauwerke

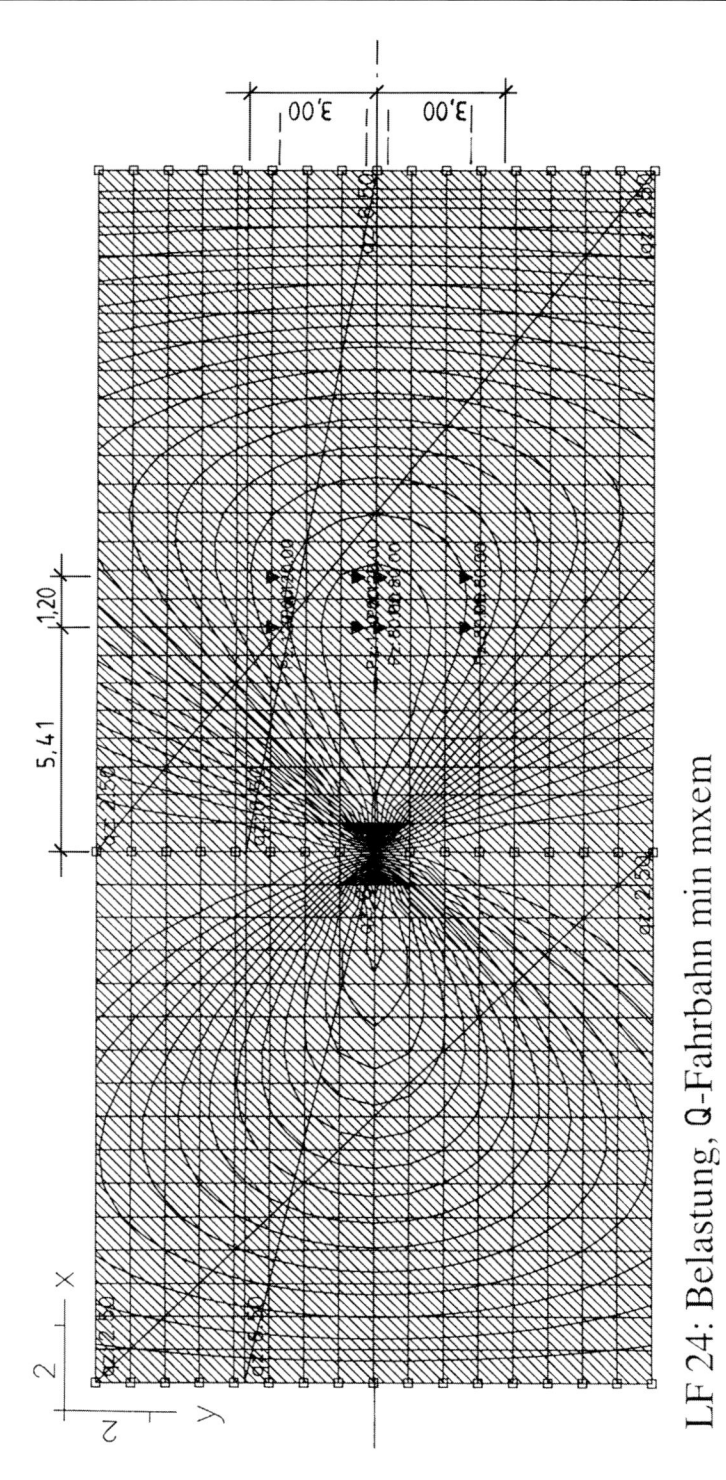

LF 24: Belastung, Q.-Fahrbahn min mxem

Bild 5.44
Einflußfeld und zugehörige Laststellung für min $m_{xe,m}$

5.2 Berechnungsgrundlagen für Überbauten

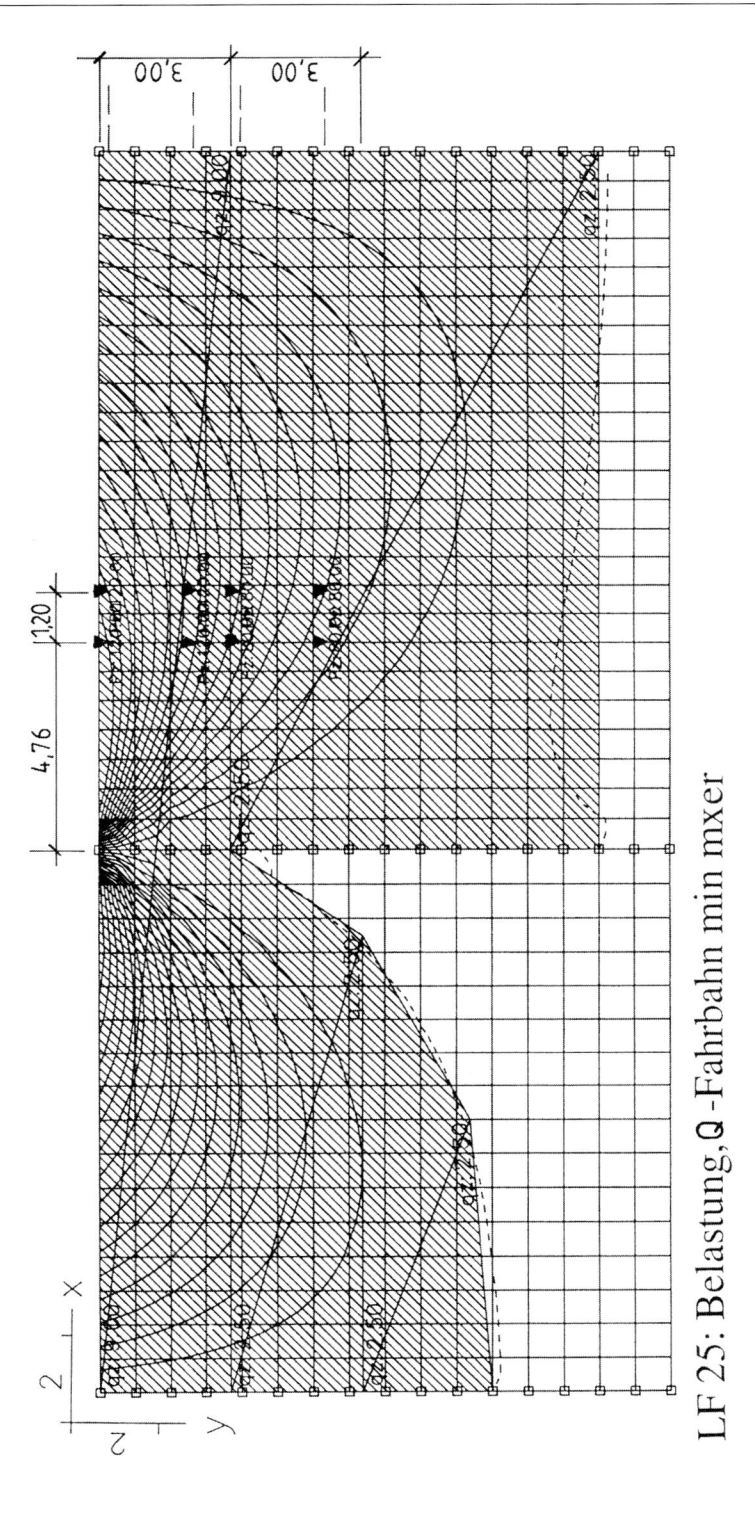

Bild 5.45
Einflußfeld und zugehörige Laststellung für min $m_{xe,r}$

LF 25: Belastung, Q -Fahrbahn min mxer

Tabelle 5.11
Biegemomente nach DV-Programm für $\alpha_Q = 0{,}8$ (kNm/m)

	G_k-Ständige Last	Q_k-Kragarm 1 Feld 1	Q_k-Kragarm 2 Feld 1	Q_k-Kragarm 1 Feld 2	Q_k-Kragarm 2 Feld 2	Q_k-Fahrbahn max mxm_1	Q_k-Fahrbahn max mym_1	Q_k-Fahrbahn max mxr_1	Q_k-Fahrbahn min $mxem$	Q_k-Fahrbahn min $mxer$	Q_k-Fahrbahn max mxm_2	Q_k-Fahrbahn max mym_2	Q_k-Fahrbahn max mxr_2	max M	min M
mxm_1	+120	−3	−3	−3	−3	+258	+246	+180	−25	−42	−86	−88	−87	+378	+20
mym_1	−5	−3	−3	0	0	+114	+115	0	+2	−9	−14	−15	−11	+110	−26
mxr_1	+173	+14	+2	−5	−3	+179	+180	+392	−30	−28	−93	−95	−106	+581	+59
$mxem$	−579	−1	−1	−4	−4	−111	−116	−80	−242	−177	−188	−195	−164	−	−831
$mxer$	−727	−22	+1	−30	+1	−53	−52	−199	−141	−375	−121	−122	−279	−	−1154
mxm_2	+432	−2	−2	+7	+7	−45	−47	−47	+219	+180	+313	+310	+247	+759	+381
mym_2	+14	0	0	−3	−3	−6	−7	−4	+85	+2	+125	+127	0	+141	+1
mxr_2	+495	−2	−1	+18	+2	−48	−50	−55	+211	+281	+253	+254	+452	+967	+437

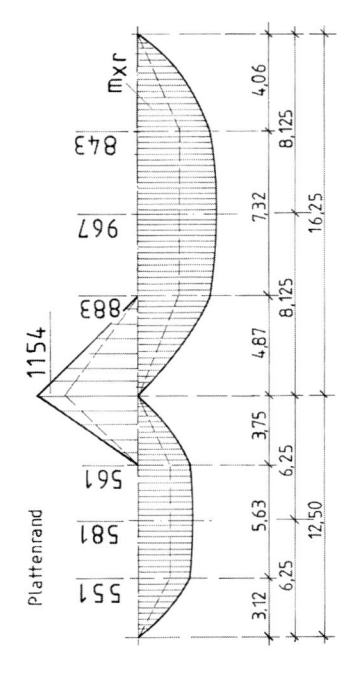

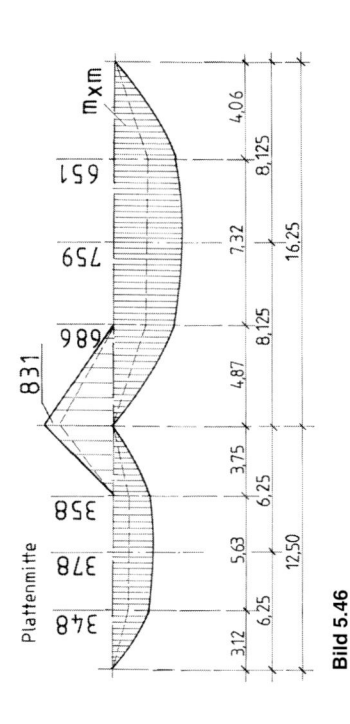

Bild 5.46
Momentenverlauf für $(G_k + Q_k)$ nach Grenzlinie mit $\alpha_{Qi} = 0{,}8$

Tabelle 5.12
Biegemomente nach DV-Programm $\alpha_Q = 1,0$ (kNm/m)

	G_k-Ständige Last	Q_k-Kragarm 1 Feld 1	Q_k-Kragarm 2 Feld 1	Q_k-Kragarm 1 Feld 2	Q_k-Kragarm 2 Feld 2	max mxm_1 Q_k-Fahrbahn	max mym_1 Q_k-Fahrbahn	max mxr_1 Q_k-Fahrbahn	min $mxem$ Q_k-Fahrbahn	min $mxer$ Q_k-Fahrbahn	max mxm_2 Q_k-Fahrbahn	max mym_2 Q_k-Fahrbahn	max mxr_2 Q_k-Fahrbahn	max M	min M
mxm_1	+120	−3	−3	−3	−3	+307	+292	+211	−38	−55	−98	−101	−100	+427	+7
mym_1	−5	−3	−3	0	0	+138	+139	0	0	−10	−16	−17	−13	+134	−28
mxr_1	+173	+14	+2	−5	−3	+208	+208	+468	−44	−44	−106	−109	−122	+657	+56
$mxem$	−579	−1	−1	−4	−4	−129	−136	−92	−273	−200	−215	−223	−188	—	−862
$mxer$	−727	−22	+1	−30	+1	−60	−59	−234	−155	−427	−136	−137	−323	—	−1206
mxm_2	+432	−2	−2	+7	+7	−52	−54	−54	+254	+207	+367	+364	+286	+810	+374
mym_2	+14	0	0	−3	−3	−7	−8	−5	+101	+2	+151	+153	0	+167	0
mxr_2	+495	−2	−1	+18	+2	−56	−58	−64	+243	+325	+291	+293	+533	+1048	+428

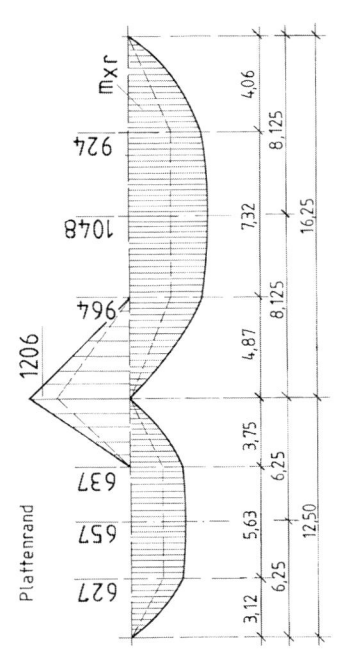

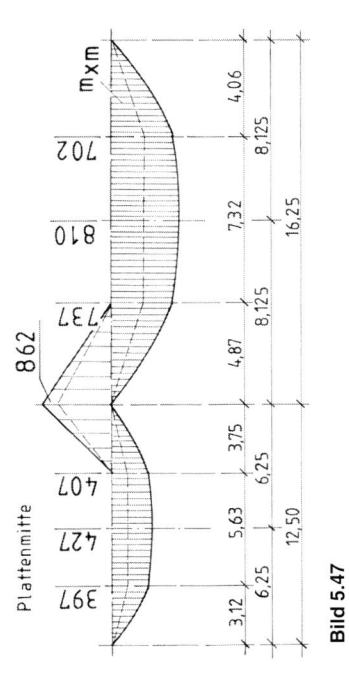

Bild 5.47
Momentenverlauf für $(G_k + Q_k)$ nach Grenzlinie mit $\alpha_{Q} = 1,0$

5.2.2 Tragverhalten von Balkentragwerken

5.2.2.1 Biegemomente in der Fahrbahnplatte

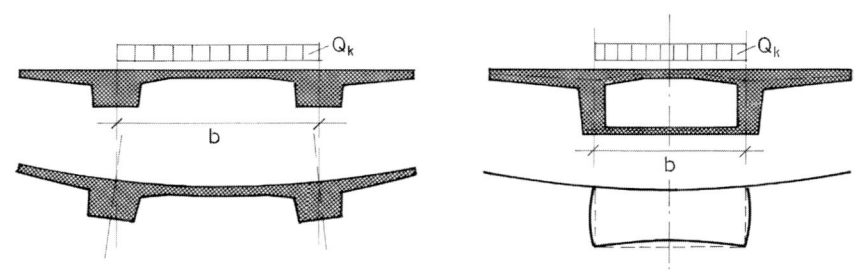

Bild 5.48
System und Verformung

Die Fahrbahnplatte ist das Nebentragglied im Querschnitt, sie dient der Lastaufnahme der Fahrbahnlasten und Weitergabe an die Hauptträger. Hierbei verformt sie sich entsprechend ihrem Biegetragverhalten, welches durch die Biegesteifigkeit und die Lagerungsbedingungen der Platte geprägt ist. Die Biegemomente stellen sich in ihrer Größe nach der elastischen Ver-

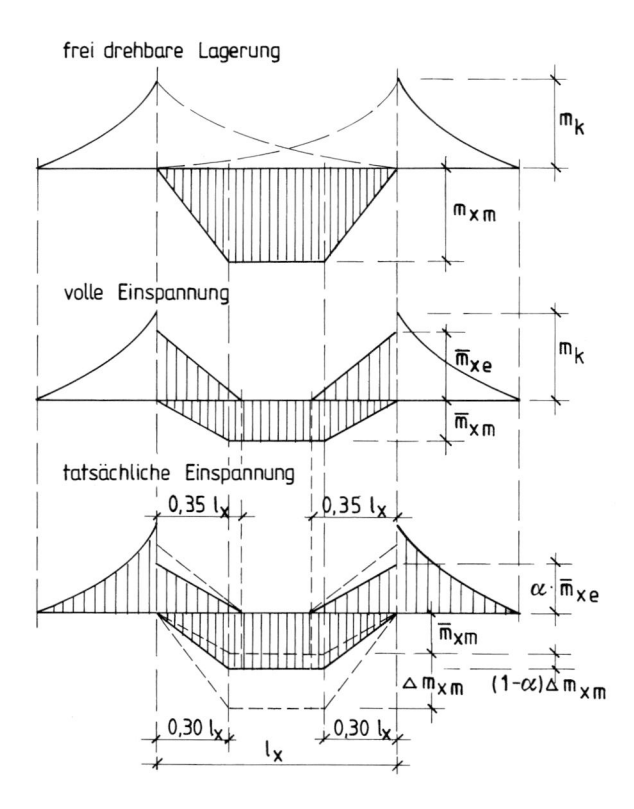

Bild 5.49
Momentengrenzlinie infolge Verkehrslast in der Fahrbahnplatte

5.2 Berechnungsgrundlagen für Überbauten

formung des Quertragsystems ein, d.h. sie liegen zwischen den Grenzfällen einer frei drehbaren Lagerung und einer vollen Einspannung der Platte. Diese elastische Verformung wird durch die Biegesteifigkeit der Fahrbahnplatte und die Torsionssteifigkeit der Hauptträger beeinflußt.

An den Lagerpunkten des Brückensystems verhindert der Endquerträger die Verdrehung der Hauptträger, d. h. dort ist die Fahrbahnplatte voll in die Hauptträger eingespannt. Bei einem Plattenbalkensystem sinkt im Feldbereich der Einspanngrad auf einen minderen Wert α ab, weil sich in der Platte durch die Verdrehung der Hauptträger eine Verformung einstellt, die zur Neigung der Tangentenrichtung im Lagerpunkt führt. Das Stützmoment verändert sich proportional auf den Wert

$$m_{xe_{el}} = \alpha \cdot \bar{m}_{xe} \qquad\qquad 5.2.2(1)$$

das Feldmoment erhöht sich auf den Wert

$$m_{xm_{el}} = \bar{m}_{xm} + (1-\alpha)\,\Delta m_{xm}, \quad \text{mit} \quad \Delta m_{xm} = m_{xm} - \bar{m}_{xm} \qquad\qquad 5.2.2(2)$$

Der Einspanngrad ist definiert zu:

$$\alpha = \frac{\text{tatsächliches Einspannmoment}}{\text{Volleinspannmoment}} \qquad\qquad 5.2.2(3)$$

Für das offene Querschnittssystem eines zweistegigen Plattenbalkens gilt für den Einspanngrad α:

$$\alpha = \frac{1}{1 + \dfrac{k \cdot l^2}{b} \cdot \dfrac{I_{pl}}{I_T}} \qquad\qquad 5.2.2.(4)$$

Hierin bedeuten:

I_{pl} Trägheitsmoment je m Fahrbahnplatte in der Querrichtung
I_T Torsionsträgheitsmoment des Hauptträgers
b Abstand der Achsen der Hauptträger
l Stützweite der Hauptträger zwischen den Achsen der Querträger
k Rechenwert, der das Maß der Verdrehung beider Hauptträger an der untersuchten Stelle beschreibt

Tabelle 5.13
Rechenwert k

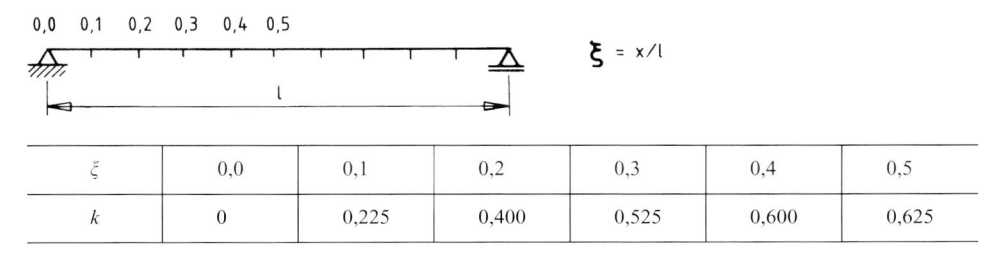

ξ	0,0	0,1	0,2	0,3	0,4	0,5
k	0	0,225	0,400	0,525	0,600	0,625

Die Größe des Kragmomentes verändert sich durch das Formänderungsverhalten des Quertragsystems nicht, da er sich frei verformen kann. Es werden aber am Einspannrand Momentenwerte unterschiedlicher Größe aus Feld und Kragarm zusammentreffen. Die Bemessung sollte dann für den größeren Wert vorgenommen werden, wobei durchaus der Wert am Balkenanschnitt gewählt werden kann. Bei Vorspannung sollte sich der Bemessungswert der Vorspannkraft an einem Stützmoment orientieren, das in Hauptträgermitte durch eine kontinuierliche Ausrundung der beiden Momentenwerte an den Anschnitten entsteht.

Die Ermittlung des Einspanngrades wird nach dem Kraftgrößenverfahren vorgenommen. Der Plattenbalken wird am Schnitt Platte/Steg durchtrennt. Als statische Unbestimmte wird das Einspannmoment der Platte eingeführt, welches gleichzeitig als Torsionsmoment auf den Hauptträger wirkt. Die Unbestimmte wird als symmetrische Lastgruppe angesetzt, der antisymmetrische Lastanteil ergibt sich zu null, d. h. der nachzuweisende Belastungsfall ist einfach statisch unbestimmt.

Für die Ermittlung des Anteiles der Formänderungsarbeit aus der Torsion gilt folgende Überlegung:

Die Hauptträger sind durch die Endquerträger gegenseitig eingespannt, die Torsionsbeanspruchung aus der Wirkung der statischen Unbestimmten fließt somit in ein statisch unbestimmtes Hauptsystem ein. In diesem System ergeben sich die Momentenflächen infolge der Symmetrie von System und Belastung auf einfache Weise. Die Formänderungsarbeit selbst wird nach dem Reduktionssatz ermittelt, indem die andere Momentenfläche am statisch bestimmten Hauptsystem der einfachen, nicht mehr miteinander verbundenen, Balken durch das Momentenpaar in der Feldmitte gewonnen wird.

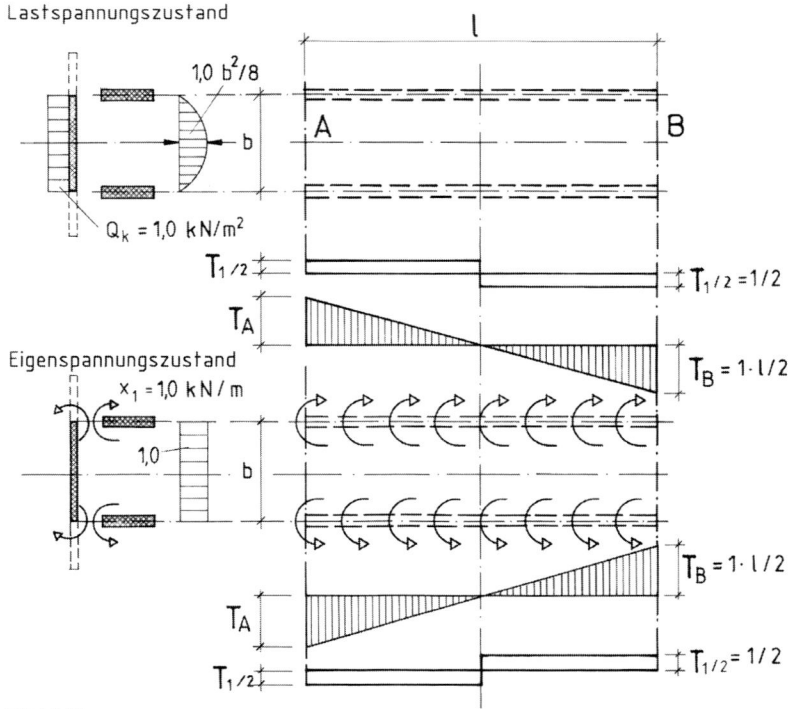

Bild 5.50
Schnittgrößen des Last- und Eigenspannungszustandes infolge des symmetrischen Momentenpaares $M_B = 1$

5.2 Berechnungsgrundlagen für Überbauten

Darstellung des Last- und Eigenspannungszustandes

Für die statisch Unbestimmte gilt die Verschiebungsgleichung:

$$X_1 \cdot \delta_{11} + \delta_{10} = 0, \text{ mit } \delta_{ik} = \int_0^b \frac{M_i \cdot M_k}{E \cdot I_{pl}} \, ds + \int_0^l \frac{T_i \cdot T_k}{G \cdot I_T} \, ds$$

$$E \cdot I_{pl} \cdot \delta_{ik} = \int_0^b M_i \cdot M_k \, ds + \frac{E \cdot I_{pl}}{G \cdot I_T} \int_0^l T_i \cdot T_k \, ds,$$

mit: $G = 0{,}4 \cdot E$

$$= \int_0^b M_i \cdot M_k \, ds + 2{,}5 \frac{I_{pl}}{I_T} \int_0^l T_i \cdot T_k \, ds$$

$$E \cdot I_{pl} \cdot \delta_{ik} = \delta^*_{ik\,\text{Platte}} + 2{,}5 \frac{I_{pl}}{I_T} \cdot \delta^*_{ik\,\text{Balken}}.$$

Ermittlung der δ^*-Zahlen

$$\delta^*_{10} = 2/3 \cdot \frac{b^2}{8} \cdot 1 \cdot b = \frac{b^3}{12}$$

$$\delta^*_{11} = 1 \cdot 1 \cdot b + 2{,}5 \frac{I_{pl}}{I_T} \delta^*_{ik\,\text{Balken}}$$

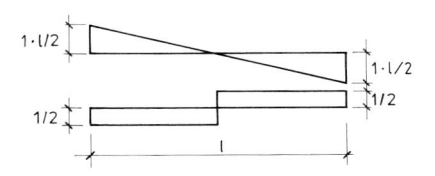

Bild 5.51
Eigenspannungszustand $T = 1$ in der Feldmitte

mit: $\delta^*_{ik\,\text{Balken}} = 2 \cdot l/2 \cdot 1 \cdot l/2 \cdot 1/2 \cdot 1/2 \cdot 2 = 0{,}25 \cdot l^2$

$$\delta^*_{11} = 1 \cdot 1 \cdot b + 2{,}5 \frac{I_{pl}}{I_T} \cdot 0{,}25 \cdot l^2 = b + 0{,}625 \cdot l^2 \cdot \frac{I_{pl}}{I_T}$$

$$= b \left(1 + \frac{0{,}625 \cdot l^2}{b} \cdot \frac{I_{pl}}{I_T} \right)$$

Mithin ergibt sich für das Einspannmoment

$$X_1 = -\frac{b^3}{12} \cdot \frac{1}{b \left(1 + \frac{0{,}625 \cdot l^2}{b} \cdot \frac{I_{pl}}{I_T} \right)} = -\frac{b^2}{12 \left(1 + \frac{0{,}625 \cdot l^2}{b} \cdot \frac{I_{pl}}{I_T} \right)}$$

Damit wird dann der Einspanngrad:

$$\alpha = \frac{X_1}{X_1{}^0} = \frac{\text{vorhandenes Einspannmoment}}{\text{Volleinspannmoment}} = \frac{\dfrac{b^2}{12 \left(1 + \dfrac{0{,}625 \cdot l^2}{b} \cdot \dfrac{I_{pl}}{I_T} \right)}}{\dfrac{b^2}{12}}$$

$$\alpha = \frac{1}{1 + \dfrac{0{,}625 \cdot l^2}{b} \cdot \dfrac{I_{pl}}{I_T}}$$

5.2.2.2 Lastaufteilung auf die Hauptträger

Betrachtungen zur Theorie

Die Verteilung von Einwirkungen aus Einzellasten auf bestimmte Punkte oder Linien in einer Fläche ist letztlich nur in einem zweidimensionalen Flächentragwerk möglich. Für die Gesamtheit eines Balkenüberbaues kann ein zweidimensionales Tragverhalten nur durch die Ausbildung einer Flächenkonstruktion als orthotrope Platte erreicht werden. Diese wird durch ein Trägergerippe mit engem Rippenabstand und einer schubfest mit diesen verbundenen Fahrbahnplatte gebildet. Im Betonbau führt diese Trägerrostkonstruktion mit ihrer Durchdringung der vielen Haupt- und Nebenträger zwangsläufig zur konstruktiven Anisotropie, d. h. das isotrope zweidimensionale Flächentragwerk aus Balkenelementen ist im Betonbau nur schwer realisierbar, es ist aber vor allem nicht wirtschaftlich. Im Massivbrückenbau hat sich daher eine Konstruktionspraxis entwickelt, die Querschnittssystemen mit geringer Hauptträgeranzahl und großem Abstand untereinander den Vorzug einräumt. Die Quertragsysteme werden hierbei nur durch die Fahrbahnplatte oder durch dieselbe in Kombination mit wenigen Querträgern gebildet. Die Erfassung der tatsächlichen Spannungszustände in diesen Tragwerken ist weitaus schwieriger, als es je durch gängige Berechnungsmethoden dokumentiert werden kann. Es sind Überlagerungen aus den einzelnen Tragwirkungen zu berücksichtigen, wie

– Beanspruchung der Hauptträger mit zugehöriger Platte in Längsrichtung,
– Beanspruchung der Plattenbalken durch Querträger und Platte in Querrichtung,
– Beanspruchung örtlich in der Platte aus den Einzellasten der Fahrzeuge.

Die Ermittlung der Lastverteilung bei Berücksichtigung der mittragenden Wirkung einer kontinuierlich vorhandenen Platte und der an einzelnen Punkten angeschlossenen Querträger bleibt deswegen ein schwieriges Problem, weil kontinuierliche und diskontinuierliche Belastungszustände miteinander behandelt werden müssen. Dieses gilt um so mehr für den Fall, als die Berechnung mit den Methoden der Stabstatik erfaßt werden soll. Indessen ist es einfacher, die Problematik bei nur *einer* Art von Quertraggliedern, z. B. einer Platte, zu lösen. Aber auch hier wird man sich Näherungslösungen zuwenden müssen, um einerseits den erforderlichen Rechenaufwand beschränken, andererseits den wirklichen Spannungszustand hinreichend genau beschreiben zu können.

Diese Gedanken mögen in die nachfolgenden Ausführungen hineinführen, in denen die Lastverteilung in Fahrbahnplatten bei Balkensystemen ohne Querträger erörtert werden.

Grundgedanke der Lastaufteilung

In einem Balkenquerschnitt mit zwei Hauptträgern verteilen sich die Fahrbahnlasten, die im Plattenbereich zwischen den Hauptträgern angreifen, nach dem Hebelgesetz auf diese, wenn sie in vertikaler Richtung unverschieblich gelagert sind. Dieses ist im Auflagerbereich, exakt an den Auflagerpunkten der Balken, der Fall. Der direkt belastete Träger erhält die volle Auflast, der nicht belastete Träger geht leer aus. Im Feld zwischen den Hauptträgern besteht eine linear veränderliche Abhängigkeit. Das Lastabtragungsprinzip folgt somit dem Prinzip der Einflußlinie, man nennt die zugehörige Kurve daher die Quereinflußlinie oder die Querverteilungslinie. Betrachtet man jetzt dieses Querverteilungsprinzip in der Feldmitte des Tragsystems, muß man berücksichtigen, daß die Hauptträger hier federnd gelagert sind. Das Maß der Federwirkung wird durch das Durchbiegungsvermögen der Hauptträger und das Verdrehungsvermögen des gesamten Querschnittssystems bestimmt. Der direkt belastete Hauptträger entzieht sich entsprechend seinem Verformungsverhalten einem Teil der Lastaufnahme. Diese, zunächst nicht aufnehmbare, Tragreserve wird über die Biege- und Torsionssteifigkeit des Querschnittsystems auf den anderen Hauptträger übertragen.

5.2 Berechnungsgrundlagen für Überbauten

Man sagt, „die Fahrbahnlasten werden in der Querrichtung verteilt". Die Größe dieser Querverteilung hängt vom Biege- und Torsionstragvermögen des Querschnittes ab. Bei Querschnittssystemen mit hoher Torsionssteifigkeit, wie es z. B. bei einem Hohlkasten der Fall ist, kann eine Querverteilung von nahezu 50 % erreicht werden. Bild 5.52 zeigt den typischen Verlauf der Querverteilungslinien in der Unterscheidung:

(a) für starre Lagerung im Auflagerbereich,
(b) für elastische Lagerung in Feldmitte bei hohen, schlanken Hauptträgerformen,
(c) für elastische Lagerung in Feldmitte bei breitenbetonten Plattenbalken oder Hohlkästen.

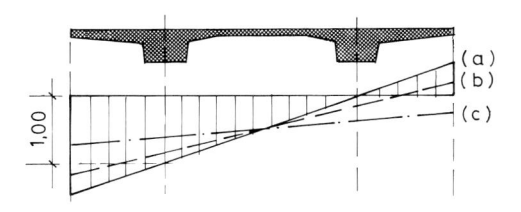

Bild 5.52
Querverteilungslinien des zweistegigen Plattenbalkens bei starrer Lagerung der Hauptträger

Der Verlauf dieser Querverteilungskurven kann linear angesetzt werden.

Besteht jetzt das Querschnittssystem aus mehr als zwei Hauptträgern, ist der Kraftfluß in der Fahrbahnplatte in der Querrichtung statisch unbestimmt, d.h. man muß zur Fixierung der Querverteilungslinie nach zusätzlichen Verformungsbedingungen suchen. Für den Auflagerbereich, d.h. im Bereich vertikal starrer Lagerung der Hauptträger, hat sie den Verlauf der Einflußlinie der betreffenden Auflagerkraft des vergleichbaren Durchlaufträgers. Für die Feldmitte des Tragsystems gelten wieder die gleichen Gedanken, wie sie vorstehend für die statisch bestimmte Lastabtragung dargestellt wurden. Die erforderlichen Verformungsbedingungen können nur am gesamten System gefunden werden, dieses ist jetzt kein einachsiges ebenes Balkensystem mehr, sondern muß im Zusammenhang aller Hauptträger in der horizontalen Fläche betrachtet werden. Ein Lösungsweg zur Darstellung der Querverteilungslinie wird später gezeigt, den weitestgehenden Lösungsansatz entnimmt man dem Tabellenwerk von *Trost* [77]. Bild 5.53 zeigt die Querverteilungslinien für einen dreistegigen Plattenbalken, wieder in der angegebenen Unterscheidung:

(a) für starre Lagerung im Auflagerbereich,
(b) für elastische Lagerung in Feldmitte bei hohen, schlanken Hauptträgerformen,
(c) für elastische Lagerung in Feldmitte bei breitenbetonten Hauptträgerformen.

Der Kurvenverlauf ist jetzt infolge der Wirkung der statischen Unbestimmten nicht mehr linear.

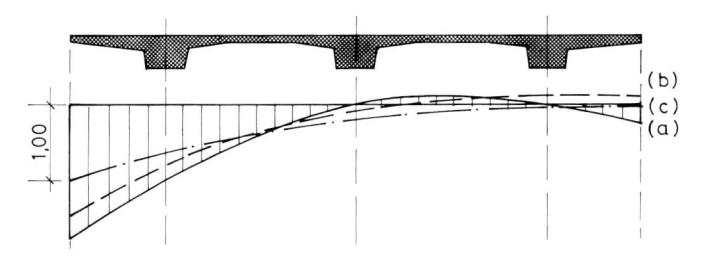

Bild 5.53
Querverteilungslinien des dreistegigen Plattenbalkens bei starrer Lagerung der Hauptträger

Querträger

Die Querträger dienen, wie die Fahrbahnplatte, der Lastabtragung und der Verteilung der Fahrbahnlasten auf die Hauptträger, sie haben aber auch eine Bedeutung im konstruktiven Bereich, da sie das Querschnittssystem aussteifen. Je nach Lage werden Feldquerträger (FQ), Stützenquerträger (SQ) und Endquerträger (EQ) unterschieden. Bei den Feldquerträgern gibt es zwei verschiedene Ausführungsformen, einmal sind sie mit den Hauptträgern und der Fahrbahnplatte biegesteif verbunden, zum anderen sind sie sichtbar von der Fahrbahnplatte getrennt und steifen nur die Hauptträger aus. Die erste Form findet man im Trägerrost, man nennt ihn daher auch Rostquerträger. Bei den überwiegend zweistegigen Querschnittsformen des neuzeitlichen Brückenbaues kann man auch ohne Feldquerträger auskommen und die Fahrbahnplatte zur Erzielung der Quersteifigkeit mit heranziehen.

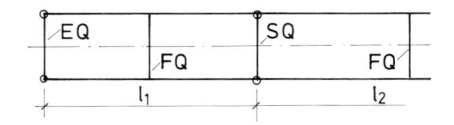

Bild 5.54 Querträgerarten

Stützenquerträger sollten eigentlich immer angeordnet werden, da sie die Steifigkeitsverhältnisse des Quertragsystems im Kraftableitungsbereich der Stütze verbessern und die notwendige Seitensteifigkeit für die Überbaulagerung herstellen. Bei schiefwinkligen Balkensystemen tragen sie Zwängungen in die Fahrbahnplatte hinein, diese können wirksam ausgeschaltet werden, wenn die Querträger sichtbar von der Platte getrennt werden und nur noch als Zug- und Druckglied zwischen den Hauptträgern wirken. Für die Baudurchführung ist ein Stützenquerträger auch schon mal ein Hindernis, da er den Fertigungsvorgang beim Einsatz beweglicher Schalwagen stört, was wiederum ein aufwendiges Umsetzen der Schalelemente zur Folge hat. Sollte aus solchen Gründen auf den Einbau eines Querträgers verzichtet werden müssen, ist es hilfreich, Stützen oder Querträger als offene Halbrahmen auszubilden. Weiterhin hilft hier die moderne Lagertechnik, mit der durch Einsatz allseits beweglicher Lager eine zwängungsfreie Lagerung möglich wird.

Endquerträger müssen immer angeordnet werden; sie haben statische und konstruktive Aufgaben zu übernehmen. Die Ableitung der Auflager- und Torsionskräfte, insbesondere bei indirekter Hauptträgerlagerung, sowie die Herstellung der Kippaussteifung der Hauptträger unterliegen statischen Gesichtspunkten. Bei vorgespannten Hauptträgern muß eine ausreichende Einleitungslänge für die Spannkräfte vorhanden sein. Alle hiermit verbundenen Fragen und Detaillösungen werden durch den Endquerträger konstruktiv ermöglicht.

Bild 5.55 zeigt seine Zuordnung im System. Bei Hohlkastenüberbauten sollten die Endquerträger Personendurchstiege haben, um den Ausbau der Innenschalung und eine Begehung zu ermöglichen. Eine offene Halbrahmenausbildung ist die bessere konstruktive Lösung.

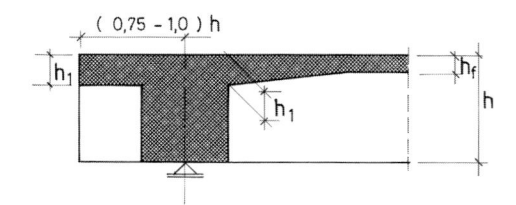

Bild 5.55 Endquerträger

Querschnittssysteme mit zwei Hauptträgern

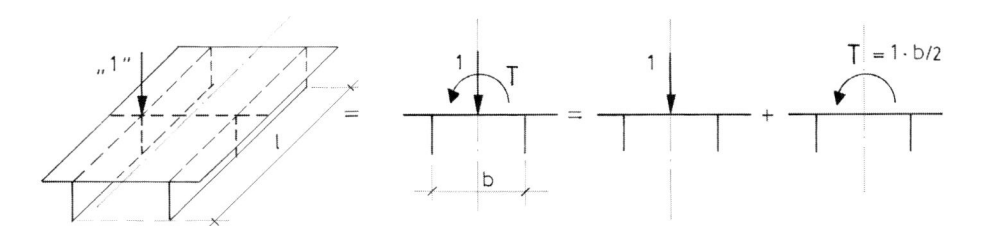

Bild 5.56
System und Belastung

Zur Untersuchung der Frage, welcher Lastanteil vom Hauptträger A in einem zweigliedrigen Tragsystem aufgenommen werden kann und welcher Anteil auf den nichtbelasteten Träger weitergeleitet wird, wird ein solches Tragwerk, dessen Hauptträger im Abstand l verdrehungssteif gelagert sind und zueinander den Abstand b haben, in seiner Feldmitte durch die exzentrisch gestellte Last $F=1$ belastet. Dieser Belastungseinfluß wird auf die Systemachse bezogen, d. h. im Querschnittssystem wirkt ein Belastungsanteil auf Biegung und ein Anteil auf Torsion. Eine Torsionsbeanspruchung setzt sich im allgemeinen Fall aus einem reinen Torsionsanteil (St. Venant) und einem Zwängungsanteil (Wölbkraft) zusammen, da der Stab entlang seiner Länge durch angreifende Drillmomente belastet wird. Das Torsionsmoment T läßt sich somit zerlegen in einen Anteil T^v, der durch reine Torsion übertragen und einen Restanteil T^w, der durch Zwängungstorsion weitergeleitet wird. Aus der Zwängungstorsion resultiert eine vertikale Translation der Hauptträger. Es gilt:

$$T = T^v + T^w$$
$$= w \cdot T + v \cdot T \qquad \qquad 5.2.2(5)$$

hierbei entsprechen w und v den prozentualen Anteilen beider einzelner Tragvermögen am Gesamttragvermögen.

Die weitere Betrachtung wird zunächst unter der Annahme einer starren Fahrbahnplatte durchgeführt ($EI_{pl} = \infty$), hierfür lassen sich die nachstehend aufgeführten Lastanteile anschreiben:

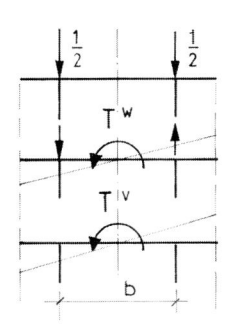

aus Biegung:
gleichmäßige Aufteilung des Vertikalkraftanteiles

aus Wölbkrafttorsion:
$$\frac{T^w}{b} w = \frac{1 \cdot b}{2 \cdot b} w = \frac{w}{2}$$

aus reiner Torsion:
$$T^v \cdot v = 1 \cdot \frac{b}{2}$$

Bild 5.57
Aufteilung der Belastungseinflüsse

Daraus ergibt sich die Querverteilung für den nicht belasteten Hauptträger:

$$\varkappa = \frac{1}{2} - \frac{w}{2} \qquad 5.2.2(6)$$

Für die Ermittlung der Torsionsanteile w und v wird das Elastizitätsgesetz für ein Drehmoment angeschrieben:

$$M = c \cdot \varphi \qquad 5.2.2(7)$$

mit: c Federkonstante, somit gilt auch:

$$T^w = c_w \cdot \varphi \quad \text{und} \quad T^v = c_v \cdot \varphi$$

Die beiden Torsionsanteile bilden zusammen 100%, oder 1, somit:

$$1 = T^w + T^v$$
$$= c_w \cdot \varphi + c_v \cdot \varphi \longrightarrow \varphi = \frac{1}{c_w + c_v}$$

eingesetzt in (7)

$$T^w = c_w \cdot \varphi = \frac{c_w}{c_w + c_v} \triangleq w \qquad 5.2.2(8)$$

$$T^v = c_v \cdot \varphi = \frac{c_v}{c_w + c_v} \triangleq v \qquad 5.2.2(9)$$

Ermittlung der Federkonstanten c_w und c_v:

$$M = c \cdot \varphi \rightarrow c = \frac{M}{\varphi}; \quad \text{mit } M = 1 \text{ wird } c = \frac{1}{\varphi}$$

Annahme: nur Biegebeanspruchung möglich, Hauptträger torsionsweich, $G \cdot T_T = 0$

$$F = \frac{T^w}{b} = \frac{1}{b}$$

$$\varphi_w = \frac{f}{b/2} = \frac{2 \cdot 1 \cdot l^3}{b \cdot b \cdot 48 \cdot E \cdot I_y}$$

$$= \frac{l^3}{b^2 \cdot 24 \cdot E \cdot I_y}$$

$$c_w = \frac{1}{\varphi_w} = \frac{b^2 \cdot 24 \cdot E \cdot I_y}{l^3}$$

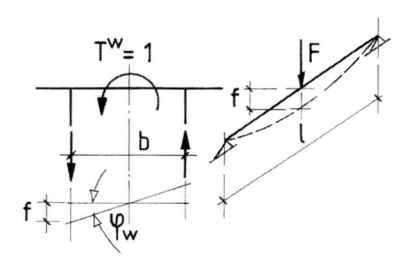

Bild 5.58
Wölbkrafttorsionsanteil

mit: I_y Trägheitsmoment eines Hauptträgers

5.2 Berechnungsgrundlagen für Überbauten

Annahme: Nur Torsionsbeanspruchung möglich, Hauptträger biegeweich, $E \cdot I = 0$

$$\varphi_v = \frac{\frac{1}{2} \cdot \frac{l}{2}}{G \cdot I_T}$$

mit: $G = 0{,}4 \cdot E$

$$\varphi_v = \frac{1 \cdot l}{1{,}6 E \cdot I_T}$$

$$c_v = \frac{1}{\varphi_v} = \frac{1{,}6 \cdot E \cdot I_T}{l}$$

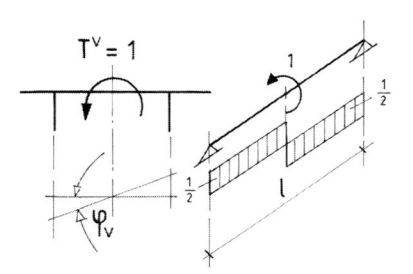

Bild 5.59
Reiner Torsionsanteil

mit: I_T Torsionsträgheitsmoment des ganzen Querschnittes

Die Annahme einer starren Fahrbahnplatte ($E \cdot I_{pl} = \infty$) trifft aber nur zu, wenn die Hauptträger gegenseitig durch Querträger ausgesteift sind. Es reicht schon aus, wenn nur ein Querträger in der Feldmitte oder zwei in den Drittelspunkten angeordnet sind [1]. Liegt aber nun ein Querschnittssystem ohne Querträger vor, beteiligt sich nur die Fahrbahnplatte an der Querverteilung der Fahrbahnlasten. Diese wird durch einen antisymmetrischen Belastungsanteil auf Biegung beansprucht, was wiederum eine Relativverschiebung der Hauptträger von f_1 gemäß Bild 5.60 zur Folge hätte. Damit diese nicht wirksam wird, müssen im System die Schnittgrößen desjenigen Belastungsfalles aktiviert werden, der diese Verschiebung zu Null machen würde. Er sei der konjugierte Belastungsfall genannt. Damit zieht aber der direkt belastete Hauptträger noch weitere Lastanteile an sich heran.

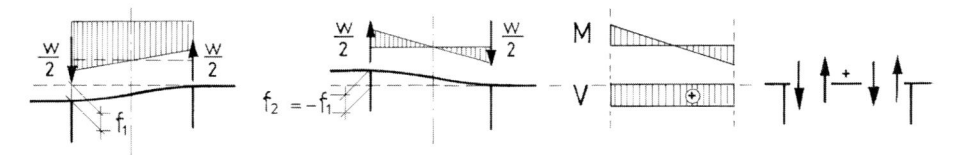

Bild 5.60
Querkraftumlagerung in der Fahrbahnplatte

Das zu betrachtende System ist bei reiner vertikaler Belastung dreifach statisch unbestimmt. Da die Drillsteifigkeit der Platte vernachlässigbar klein ist, senkt sich der Grad der Unbestimmtheit auf zwei. Dieser kann bei Ausnutzung der Symmetrie- und Antisymmetrieeigenschaften von System und Belastung abermals um eins gesenkt werden, so daß eine einfache statische Unbestimmtheit verbleibt. Hierfür wird die Querkraft in der Platte als statische Unbestimmte eingeführt und nach dem Kraftgrößenverfahren ermittelt. Hierbei muß man wieder bedenken, daß die Torsionsbeanspruchung auf ein statisch unbestimmtes Hauptsystem wirkt, die hieraus resultierende Formänderungsarbeit nach dem Reduktionssatz ermittelt wird (siehe Abschn. 5.2.2.1). Unter Berücksichtigung der Biegesteifigkeit $E \cdot I_{pl}$ der Fahrbahnplatte, der Biegesteifigkeit $E \cdot I_B$ und der Torsionssteifigkeit $G \cdot I_T$ ($G = 0{,}4 \cdot E$) der Hauptträger gilt nach Bild 5.61:

$$E \cdot I_{pl} \cdot \delta_{10} + X_1 \cdot E \cdot I_{pl} \cdot \delta_{11} = 0 \qquad 5.2.2(10)$$

$$V = X_1 = -\frac{E \cdot I_{pl} \cdot \delta_{10}}{E \cdot I_{pl} \cdot \delta_{11}} \quad [\text{kN}]$$

da $V = V_0 + X_1 \cdot V_1$ und $V_0 = 0$ und $V_1 = 1$ gesetzt wird.

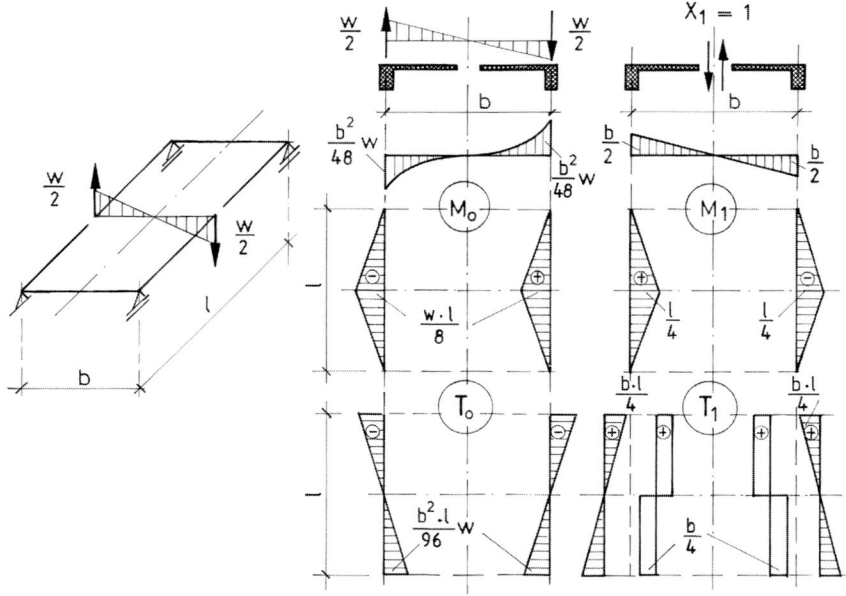

Bild 5.61
Schnittgrößen des Last- und Eigenspannungszustandes aus antisymmetrischer Hauptträgerbiegung

mit:

$$E \cdot I_{pl} \cdot \delta_{10} = -2 \cdot \frac{1}{4} \cdot \frac{b}{2} \cdot \frac{b}{2} \cdot \frac{b^2}{48} \cdot w - 2 \cdot \frac{1}{3} \cdot l \cdot \frac{l}{4} \cdot \frac{l}{8} \cdot w \cdot \frac{I_{pl}}{I_B}$$

$$-4 \cdot \frac{1}{2} \cdot \frac{l}{2} \cdot \frac{b}{4} \cdot \frac{b^2}{96} \cdot l \cdot w \cdot \frac{I_{pl}}{0{,}4 \cdot I_T}$$

$$= -\frac{b^3}{384}\left(b + 8\left[\frac{l}{b}\right]^3 \frac{I_{pl}}{I_B} + 2{,}5 \cdot l^2 \frac{I_{pl}}{I_T}\right) w \quad [\text{m}]$$

$$E \cdot I_{pl} \cdot \delta_{11} = +2 \cdot \frac{1}{3} \cdot \frac{b}{2} \cdot \frac{b}{2} \cdot \frac{b}{2} + 2 \cdot \frac{1}{3} \cdot l \cdot \frac{l^2}{16} \cdot \frac{I_{pl}}{I_B}$$

$$+4 \cdot \frac{1}{2} \cdot \frac{l}{2} \cdot \frac{b}{4} \cdot \frac{b \cdot l}{4} \cdot \frac{I_{pl}}{0{,}4 \cdot I_T}$$

$$= +\frac{b^3}{24}\left(2 + \left[\frac{l}{b}\right]^3 \frac{I_{pl}}{I_B} + 3{,}75 \frac{l^2}{b} \frac{I_{pl}}{I_T}\right) \quad [\text{m}]$$

wird:

$$V = -\frac{-\left(b + 8\left[\frac{l}{b}\right]^3 \frac{I_{pl}}{I_B} + 2{,}5 \cdot l^2 \cdot \frac{I_{pl}}{I_B}\right)}{16\left(2 + \left[\frac{l}{b}\right]^3 \frac{I_{pl}}{I_B} + 3{,}75 \frac{l^2}{b} \cdot \frac{I_{pl}}{I_B}\right)} w \quad [\text{kN}]$$

5.2 Berechnungsgrundlagen für Überbauten

$$V = \beta^* \cdot w$$

mit:

$$\beta^* = \frac{b + 8\left(\dfrac{l}{b}\right)^3 \dfrac{I_{pl}}{I_B} + 2{,}50 \cdot l^2 \cdot \dfrac{I_{pl}}{I_T}}{16\left(2 + \left[\dfrac{l}{b}\right]^3 \dfrac{I_{pl}}{I_B} + 3{,}75 \cdot \dfrac{l^2}{b} \cdot \dfrac{I_{pl}}{I_T}\right)} \qquad 5.2.2(11)$$

als dimensionslose Verformungskennziffer des Systems.

Die geänderte Querverteilung ergibt sich somit wie folgt:

$$\varkappa = \frac{1}{2} \pm (0{,}5 + \beta^*)\, w \qquad 5.2.2(12)$$

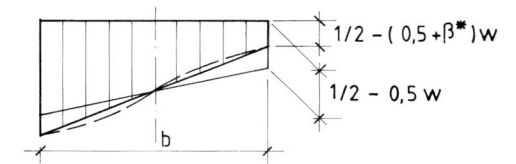

Bild 5.62
Querverteilungslinie des zweistegigen Plattenbalkens bei biegeweicher Fahrbahnplatte

Eine Einflußlinie ist auch immer eine Biegelinie des zugehörigen $(n-1)$-fachen statisch unbestimmten Systems. Hieraus erkennt man, daß sich die Querverteilungslinie bei biegeweicher Fahrbahnplatte eigentlich entsprechend der Verformungslinie der Fahrbahnplatte einstellen müßte. Für die praktische Berechnung ist diese Krümmung jedoch so gering, daß es genau genug bleibt, mit einer linearen Verteilung zu rechnen.

Querschnittssysteme mit mehr als zwei Hauptträgern

Querschnittsysteme mit drei und mehr Hauptträgern kommen im Betonbrückenbau nicht mehr so häufig vor; bei der konstruktiven Ausgestaltung fahrbahnseitig breiter Fahrbahntafeln indessen wird man den dreistegigen Balkenquerschnitt finden, wenn es um eine Balkenbrücke geht. Der vierstegige Balkenquerschnitt ist Bestandteil eines mehrzelligen oder zweimal einzelligen Hohlkastenquerschnittes. Zur Betrachtung der Querverteilungsverhältnisse in der Fahrbahnplatte soll wieder von der starren Fahrbahnplatte ausgegangen werden. Allgemein gilt:

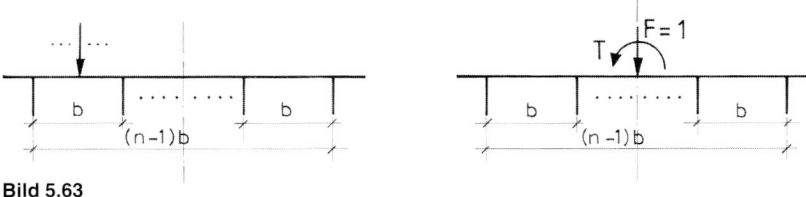

Bild 5.63
System und Belastung

mit: n Anzahl der Hauptträger

$n-1$ Anzahl der Hauptträgerabstände b

$$T = 1\frac{(n-1)}{2} \cdot b \quad \text{als Lasttorsionsmoment für den Randträger}$$

$$T = 1\frac{(n-3)}{2} \cdot b \quad \text{als Lasttorsionsmoment für den ersten Innenträger}$$

Für den Belastungseinfluß auf die Hauptträger ergibt sich dann analog zu den Ausführungen bei Querschnittssystemen mit zwei Hauptträgern:

- aus Vertikallast $\frac{1}{n}$ je Hauptträger

- aus Wölbkrafttorsion

    – für den Randträger: $T^w \cdot w_a = \dfrac{1\dfrac{(n-1)\cdot b}{2}}{(n-1)\cdot b} w_a = \dfrac{w_a}{2}$

    – für den 1. Innenträger: $T^w \cdot w_i = \dfrac{1\dfrac{(n-3)\cdot b}{2}}{(n-3)\cdot b} w_i = \dfrac{w_i}{2}$

d. h. der Querverteilungseinfluß bleibt mit der Hälfte des Lastanteiles aus der Wölbkrafttorsion erhalten, somit gilt wieder:

$$\varkappa = \frac{1}{n} \pm \frac{w_{a,i}}{2} \qquad 5.2.2(13)$$

Für die Ermittlung des Lastanteiles aus der Wölbkrafttorsion sind wieder die Federkonstanten für die Torsionsverformungen zu bestimmen. Hierfür gilt nach den Ausführungen im vorangegangenen Abschnitt:

$$w = \frac{c_w}{c_w + c_v}$$

Für den St. Venantschen Torsionsanteil gilt unverändert:

$$c_v = \frac{1}{\varphi_v} = \frac{1{,}6 \cdot E \cdot I_T}{l}$$

mit: I_T Torsionsträgheitsmoment des gesamten Querschnittssystems

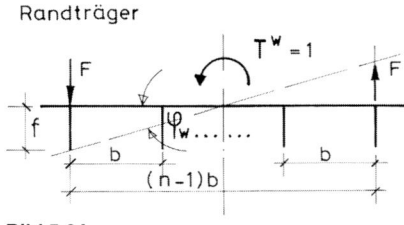

Bild 5.64
Belastung aus dem Wölbkrafttorsionsanteil

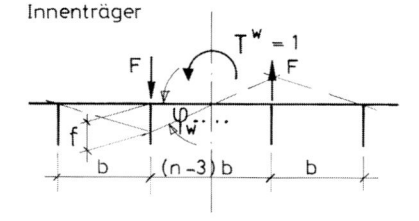

5.2 Berechnungsgrundlagen für Überbauten

Für den Wölbkrafttorsionsanteil gilt allgemein:

$$c_w = \frac{1}{\varphi_w}$$

Für den Randhauptträger eines Querschnittssystems mit der Stützweite l gilt:

$$F = \frac{1}{(n-1) \cdot b} \; ; \quad f = \frac{F \cdot l^3}{48 \cdot E \cdot I_y}$$

$$\varphi_w = \frac{2 \cdot f}{(n-1) \cdot b} = \frac{2 \cdot l^3}{(n-1) \cdot b \cdot (n-1) \cdot b \cdot 48 \cdot E \cdot I_y}$$

$$c_w = \frac{[(n-1)b]^2 \cdot 24 \cdot E \cdot I_y}{l^3}$$

Für den Innenhauptträger eines Querschnittssystems mit der Stützweite l gilt entsprechend:

$$F = \frac{1}{(n-3) \cdot b} \; ; \quad \varphi_w = \frac{2 \cdot f}{(n-3) \cdot b} \; ; \quad c_w = \frac{[(n-3)b]^2 \cdot 24 \cdot E \cdot I_y}{l^3}$$

mit: I_y Biegeträgheitsmoment des betreffenden Hauptträgers

Die hierbei möglichen Querverteilungslinien sind in Bild 5.65 zusammengestellt. Für den Randhauptträger entsteht eine Gerade, bei der auch negative Belastungsflächen möglich sind, wenn die Lastscheide in den Querschnittsbereich hineinfällt (a). Bei den inneren Hauptträgern besteht nur eine schwache, dafür aber wechselnde Veränderlichkeit, da das auf sie entfallende Torsionsmoment klein bleibt (b). Bei einer ungeraden Trägeranzahl ist dem in der Symmetrieachse liegenden Hauptträger eine konstante Querverteilungsfläche zugeordnet, da kein Torsionsmoment auf ihn entfällt (c).

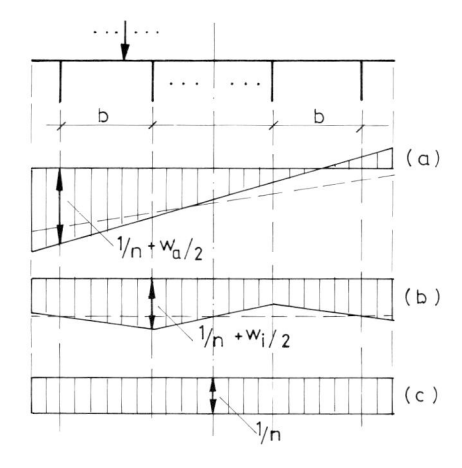

Bild 5.65
Querverteilungslinie bei starrer Fahrbahnplatte

Soll jetzt die Querverteilung bei biegeweicher Fahrbahnplatte ohne Querträger untersucht werden, muß man berücksichtigen, daß der Kraftfluß in der Fahrbahnplatte in der Querrichtung statisch unbestimmt wird. Für die Berechnung soll das gleiche Verfahren angewendet werden, wie es bereits bei dem System mit zwei Hauptträgern erörtert wurde. Die unter der Annahme der Wirkung einer starren Fahrbahnplatte entstehende Querverteilungsfläche wird als Belastung in der Feldmittenquerlinie auf das Trägersystem angesetzt. Diese Fläche besteht aus einem symmetrischen und antisymmetrischen Anteil. Beide Anteile zusammen verursachen jetzt eine Biegewirkung in der Platte, der antisymmetrische Anteil direkt über die entgegengesetzt gerichtete Balkenbiegung der Randhauptträger, der symmetrische Anteil durch die statischen Unbestimmten des Quertragsystems. Folgt man wieder dem Gedanken, daß die hierdurch initiierte Verformung im System nicht wirksam werden soll, müssen die Schnittgrößen des konjugierten Belastungsfalles im Quertragsystem aktiviert werden. Die aus dieser Belastung resultierende Querkraft in den Plattenfeldern wirkt auf die Auflager und verändert die Belastungsanteile aus der starren Querverteilung. Hierdurch entsteht die Querverteilungslinie bei biegeweicher Fahrbahnplatte, ein Kurvenzug, der zwischen den Lagerpunkten nicht mehr geradlinig verläuft. In Bild 5.66 sind diese Zusammenhänge für den Randhauptträger eines Trägersystems mit drei Hauptträgern dargestellt. Die aus der Belastung der starren Querverteilungslinie initiierte Verformung des symmetrischen (a) und des antisymmetrischen Belastungsanteiles (b) würde eine Relativverschiebung der Auflagerpunkte A, B und C verursachen. Die Verformung der hierzu konjugierten Belastung (c) läßt diese nicht wirksam werden, trägt aber entsprechende Schnittgrößen in das System hinein. Aus der Differenz der Stützmomente M_A zu M_{Bl} und M_{Br} zu M_C entsteht in den Feldern eine Querkraft, die die Lastanteile auf die Hauptträger verändert.

Die Ermittlung dieser Querkraft kann wieder nach dem Kraftgrößenverfahren vorgenommen werden. Man wählt das Hauptsystem so, daß die gesuchte Querkraft als eine der zu bestimmenden statischen Unbestimmten gewählt wird. Aus Symmetriegründen wählt man den Mittelpunkt der Felder. Der Grad der statischen Unbestimmtheit beträgt für jedes Feld zwischen zwei Hauptträgern drei, bei Vernachlässigung der Drillsteifigkeit in der Platte zwei, d. h. das vorstehend betrachtete System ist vierfach statisch unbestimmt. Ordnet man die Eigenspannungszustände so, daß die Symmetrie- und Antisymmetrieeigenschaften des Systems ausgenutzt werden können, kann die Matrix des Gleichungssystems in einen symmetrischen und einen antisymmetrischen Anteil aufgespalten werden und so die Lösung der Aufgabe auf einfache Weise vollzogen werden. Bei der Ermittlung der Formänderungsarbeit aus der Torsion ist wieder darauf zu achten, daß diese auf ein statisch unbestimmtes Hauptsystem wirkt und die Ermittlung dieses Anteiles nach dem Reduktionssatz vorgenommen wird.

Weiterhin kann man dem Teil (a) des Bildes 5.66 die Zusammenhänge zur Bestimmung der Querverteilungslinie des mittleren Hauptträgers entnehmen. Dieser Träger liegt in der Symmetrieachse des Systems, auf ihn entfällt kein Lasttorsionsanteil, es wirkt nur der Vertikalanteil der Belastung. Hierdurch treten keine unterschiedlichen Durchbiegungen der Hauptträgerstützpunkte auf, das Quertragsystem Platte wirkt wie ein normaler durchlaufender Träger, das Stützmoment zieht Lastanteile an seine Stütze heran. Um diesen Effekt zu erzielen, muß man das Quertragsystem direkt belasten. Man erhält somit die Querverteilungslinie des mittleren Hauptträgers, wenn man das System in der Feldmittenquerlinie durch den konstanten Anteil der starren Querverteilungsfläche belastet, die Querkräfte aus der Differenz der Stützmomente in den Feldern bestimmt und diese den Lagerpunkten zuordnet. Wenn der formale Rechengang in der vorher beschriebenen Weise durchgeführt wird, kann man die gesuchte Querkraft sofort aus der symmetrischen Teilmatrix gewinnen (siehe Berechnungsbeispiel).

Gleiche Überlegungen lassen sich für das System mit vier Hauptträgern anstellen. Hier ist bei Vernachlässigung der Drillsteifigkeit der Platte ein sechsfach statisch unbestimmtes Problem zu lösen. Bei entsprechender Wahl der Eigenspannungszustände in Form von symmetrischen und antisymmetrischen Lastgruppen gelingt die Lösung wieder durch Aufspaltung der sechsgliedrigen Matrix des Gleichungssystems in zwei dreigliedrige Untermatrizen auf einfachere Weise. Da hier kein Hauptträger in der Symmetrieachse liegt, ist jeweils für den Rand- und Innenträger die konjugierte Belastung anzusetzen.

5.2 Berechnungsgrundlagen für Überbauten

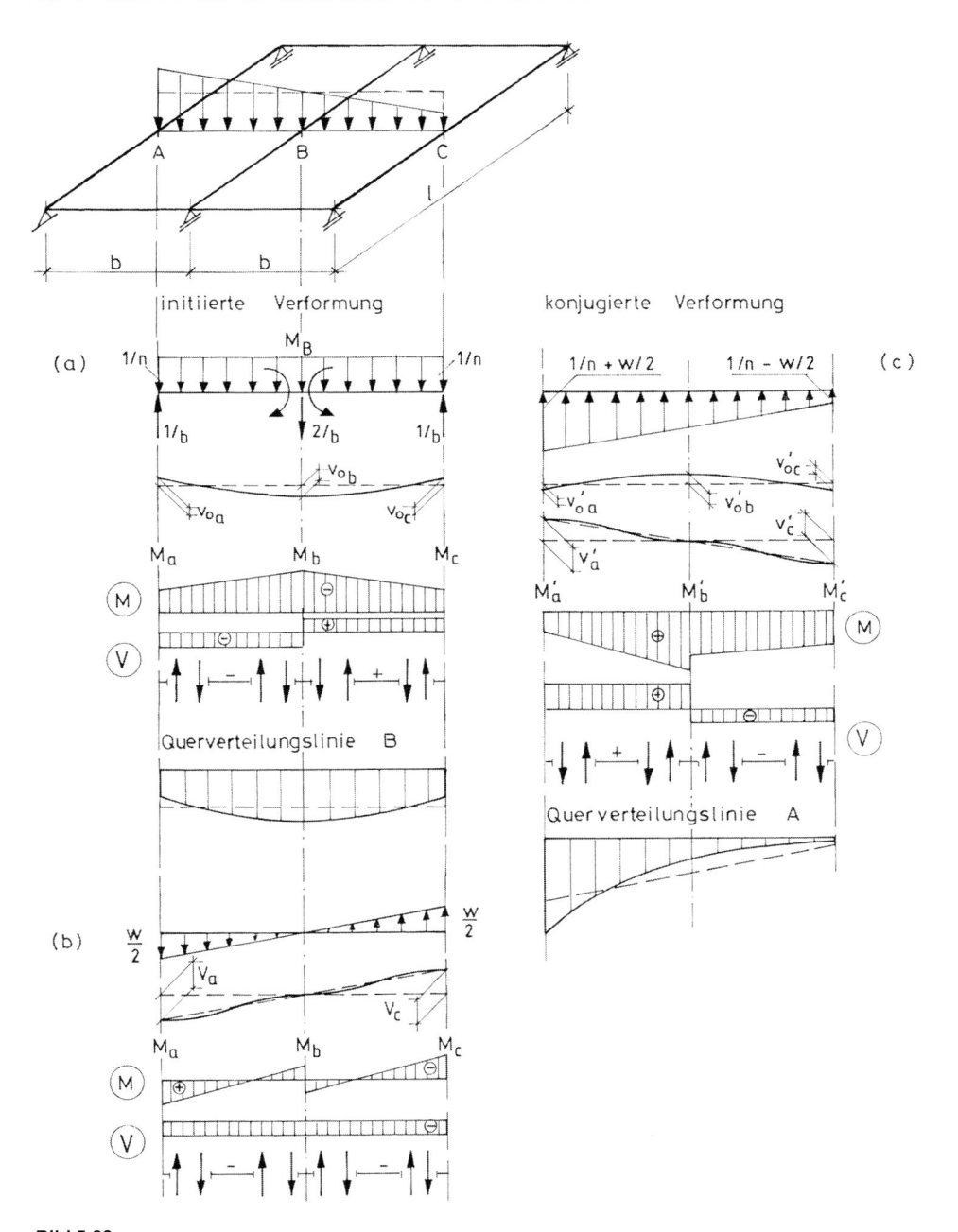

Bild 5.66
Zusammenhang zwischen den symmetrischen und antisymmetrischen Belastungsanteilen und der Querverteilungslinie beim statisch unbestimmten System

Berechnungsbeispiele

Querverteilungslinie für einen zweistegigen Plattenbalken

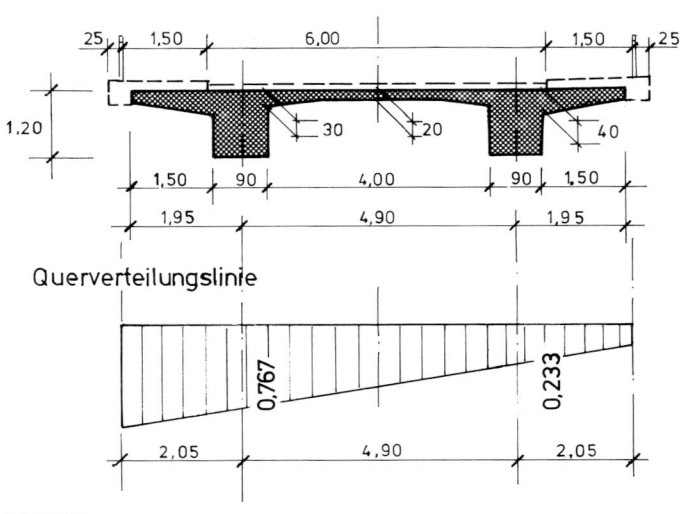

Bild 5.67
System und Querverteilungslinie

Vorwerte:

Platte zwischen den Hauptträgern:	$d_m = 0{,}225$ m
Trägheitsmoment eines Hauptträgers:	$I_y = 0{,}273$ m^4
Betongüte und elastische Werte:	C35/45; $E_{cm} = 33300$ N/mm^2; $G = 0{,}4 \cdot E$
Hauptträgerabstand:	$b = 4{,}90$ m
Stützweite des Überbaues:	$l = 22{,}0$ m

Torsionträgheitsmoment:

$$I_T = 2 \cdot 0{,}179 \cdot 0{,}90^3 \cdot 1{,}2 + \frac{1}{3} \cdot 0{,}225^3 \cdot 4{,}0 = 0{,}328 \text{ m}^4$$

Starre Fahrbahnplatte ($E \cdot I_{pl} = \infty$)

$$c_w = \frac{4{,}9^3 \cdot 24 \cdot 0{,}333 \cdot 10^5 \cdot 0{,}275}{22{,}0^3} = 0{,}492 \cdot 10^3$$

$$c_v = \frac{1{,}6 \cdot 0{,}333 \cdot 10^5 \cdot 0{,}328}{22{,}0} = 0{,}794 \cdot 10^3$$

$$w = \frac{0{,}492}{0{,}492 + 0{,}794} = 0{,}382$$

$\varkappa_{\text{starr}} = 0{,}50 \pm 0{,}382/2$

$\varkappa_{HT_1} = 0{,}50 + 0{,}191 = 0{,}691$

$\varkappa_{HT_2} = 0{,}50 - 0{,}191 = 0{,}309$

5.2 Berechnungsgrundlagen für Überbauten

Biegeweiche Fahrbahnplatte

$$I_{pl} = 0{,}225^3 \cdot 1{,}0/12 = 0{,}95 \cdot 10^{-3} \text{ m}^4/\text{m}$$

$$I_T = 0{,}328/2 = 0{,}164 \text{ m}^4 \text{ (je Hauptträger)}$$

$$\beta^* = \frac{4{,}9 + 8\left(\frac{22{,}0}{4{,}9}\right)^3 \cdot \frac{0{,}95}{0{,}273} \cdot 10^{-3} + 5{,}0 \cdot 22{,}0 \cdot \frac{0{,}95}{0{,}165} \cdot 10^{-3}}{16\left[2 + \left(\frac{22{,}0}{4{,}9}\right)^3 \cdot \frac{0{,}95}{0{,}273} \cdot 10^{-3} + 7{,}5 \left(\frac{22{,}0}{4{,}9}\right) \cdot \frac{0{,}95}{0{,}165} \cdot 10^{-3}\right]} = 0{,}201$$

somit:

$$\varkappa^* = 0{,}50 \pm (0{,}50 + 0{,}201) \cdot 0{,}382$$
$$\varkappa_1^* = 0{,}50 + 0{,}701 \cdot 0{,}382 = 0{,}767$$
$$\varkappa_2^* = 0{,}50 - 0{,}701 \cdot 0{,}382 = 0{,}233$$

Querverteilungslinie für die Hauptträger eines dreistegigen Plattenbalkens

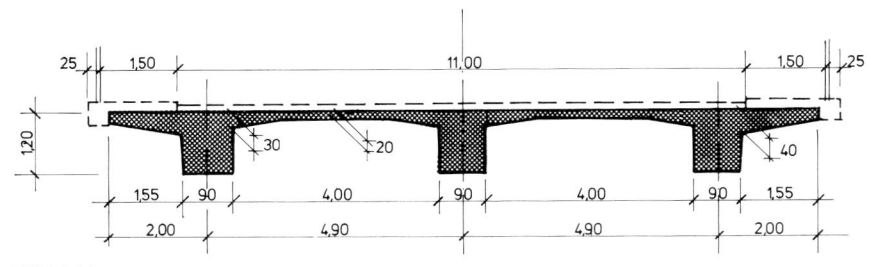

Bild 5.68
Querschnittssystem

Vorwerte:

Platte zwischen den Hauptträgern:	$d_m = 0{,}225$ m
Trägheitsmoment des Randträgers:	$I_{ya} = 0{,}273$ m^4
Trägheitsmoment des Innenträgers:	$I_{yi} = 0{,}275$ m^4
Verhältnis der Trägheitsmomente:	$I_{ya}/I_{yi} = 1{,}0$
Betongüte und elastische Werte:	C35/45; $E_{cm} = 33300$ N/mm^2; $G = 0{,}4 \cdot E$
Hauptträgerabstand:	$b = 4{,}90$ m
Stützweite des Überbaues:	$l = 22{,}0$ m

Torsionträgheitsmoment:

$$I_T = 3 \cdot 0{,}179 \cdot 0{,}90^3 \cdot 1{,}2 + 2 \cdot \frac{1}{3} \cdot 0{,}225^3 \cdot 4{,}0 = 0{,}500 \text{ m}^4$$

Starre Fahrbahnplatte ($E \cdot I_{pl} = \infty$)

Randhauptträger:

$$c_w = \frac{(2 \cdot 4{,}90)^2 \cdot 24 \cdot 0{,}34 \cdot 10^5 \cdot 0{,}273}{22{,}0^3} = 2{,}01 \cdot 10^3$$

$$c_v = \frac{1{,}6 \cdot 0{,}34 \cdot 10^5 \cdot 0{,}500}{22{,}0} = 1{,}23 \cdot 10^3$$

$$w = \frac{2{,}01}{2{,}01 + 1{,}23} = 0{,}619$$

$\varkappa_{\text{starr}} = 0{,}333 \pm 0{,}619/2$

$\varkappa_{\text{HT}_1} = 0{,}333 + 0{,}310 = 0{,}643$

$\varkappa_{\text{HT}_2} = 0{,}333 \pm 0 = 0{,}333$

$\varkappa_{\text{HT}_3} = 0{,}333 - 0{,}310 = 0{,}023$

Innenhauptträger:

Der Wölbkrafttorsionsanteil ist gleich null, somit:

$\varkappa_{\text{starr}} = 0{,}333$

Biegeweiche Fahrbahnplatte

Vorwerte:

$$I_{pl} = 0{,}225^3 \cdot 1{,}0/12 = 0{,}95 \cdot 10^{-3} \text{ m}^4/\text{m}$$

$$I_T = 0{,}179 \cdot 0{,}9^3 \cdot 1{,}2 + \frac{1}{3} \cdot 0{,}225^3 \cdot 4{,}0 = 0{,}174 \text{ m}^4$$

$$I_{ya} = I_{yi} = 0{,}273 \text{ m}^3$$

Konstante:

$$\frac{I_{pl}}{I_B} = \frac{0{,}95 \cdot 10^{-3}}{0{,}273} = 3{,}48 \cdot 10^{-3}$$

$$\frac{I_{pl}}{0{,}4 \cdot I_T} = \frac{0{,}95 \cdot 10^{-3}}{0{,}4 \cdot 0{,}173} = 13{,}7 \cdot 10^{-3}$$

Berechnungsansatz

Zur Berechnung wird das Trägersystem nach Bild 5.69 angenommen und mit der Querverteilungslinie für die starre Fahrbahnplatte belastet,

- für den Randträger in der angegebenen Belastungsrichtung,
- für den Mittelträger nur der symmetrische Anteil in der entgegengesetzten Belastungsrichtung.

Das System ist vierfach statisch unbestimmt, als Unbestimmte werden die Querkraft und das Biegemoment in den Feldmitten jeweils in symmetrischer und antisymmetrischer Anordnung angesetzt. Bild 5.69 zeigt die zugehörigen Last- und Eigenspannungszustände.

Ermittlung der Formänderungsarbeit

Im folgenden werden die $E \cdot I_{pl}$-fachen Elastizitätszahlen ermittelt, folgende Zahlen haben den Wert Null:

$\delta^*_{1,3}$, $\delta^*_{1,4}$, $\delta^*_{2,3}$, $\delta^*_{2,4}$, sowie deren konjugierte Partner.

$$\delta^*_{11} = 2 \cdot 2 \cdot \frac{1}{3} \cdot 2{,}45 \cdot 2{,}45^2 + (2 \cdot \frac{1}{3} \cdot 22{,}0 \cdot 5{,}5^2 + \frac{1}{3} \cdot 22{,}0 \cdot 11{,}0^2) \cdot 3{,}48 \cdot 10^{-3}$$

$$+ 4 \cdot \frac{1}{2} \cdot 11{,}0 \cdot 26{,}95 \cdot 1{,}23 \cdot 13{,}7 \cdot 10^{-3} \qquad = +34{,}20 \text{ m}$$

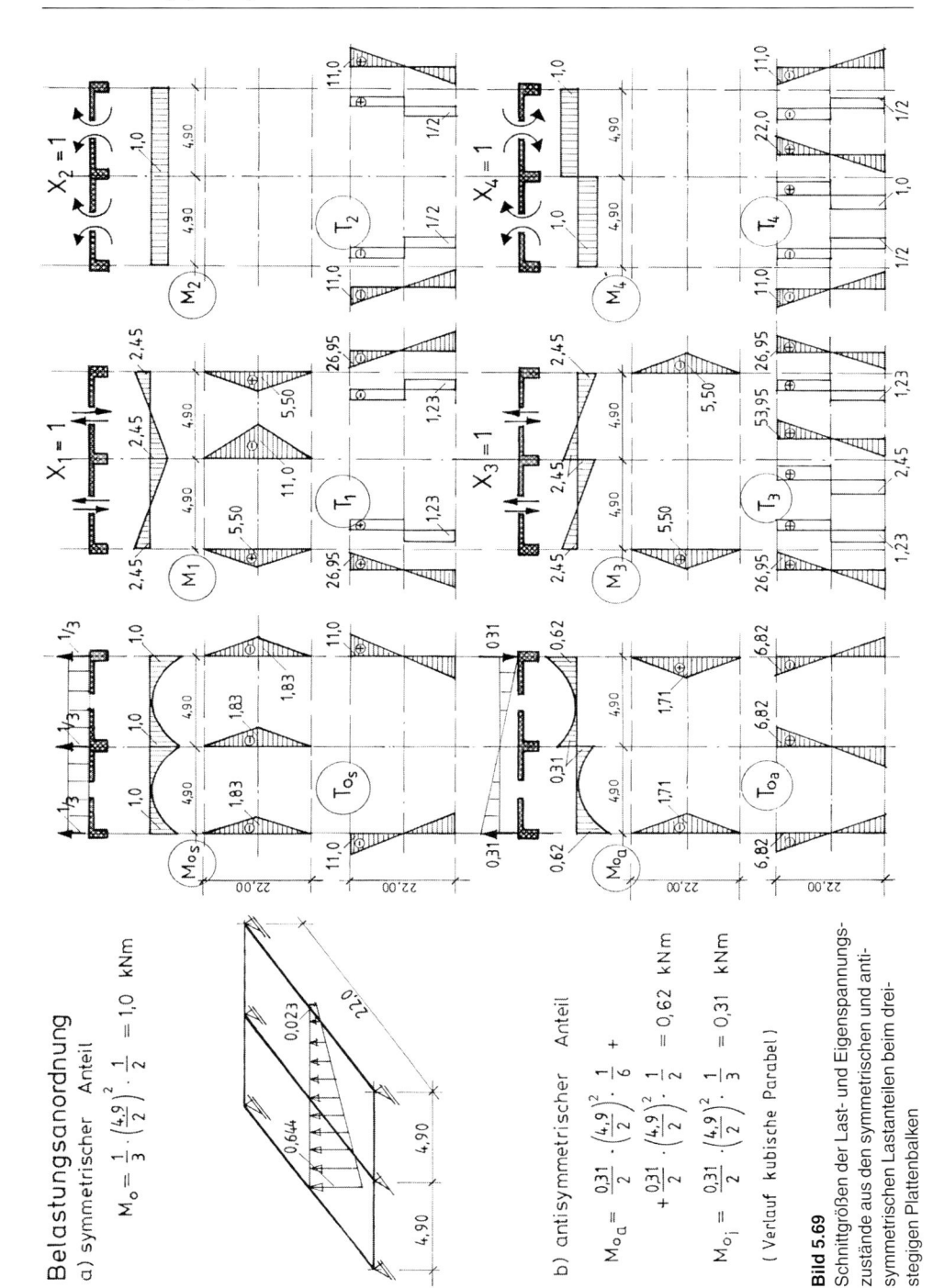

Belastungsanordnung

a) symmetrischer Anteil

$$M_o = \frac{1}{3} \cdot \left(\frac{4{,}9}{2}\right)^2 \cdot \frac{1}{2} = 1{,}0 \text{ kNm}$$

b) antisymmetrischer Anteil

$$M_{o_a} = \frac{0{,}31}{2} \cdot \left(\frac{4{,}9}{2}\right)^2 \cdot \frac{1}{6} +$$
$$+ \frac{0{,}31}{2} \cdot \left(\frac{4{,}9}{2}\right)^2 \cdot \frac{1}{2} = 0{,}62 \text{ kNm}$$

$$M_{o_i} = \frac{0{,}31}{2} \cdot \left(\frac{4{,}9}{2}\right)^2 \cdot \frac{1}{3} = 0{,}31 \text{ kNm}$$

(Verlauf kubische Parabel)

Bild 5.69
Schnittgrößen der Last- und Eigenspannungszustände aus den symmetrischen und antisymmetrischen Lastanteilen beim dreistegigen Plattenbalken

$$\delta^*_{12} = -4 \cdot \frac{1}{2} \cdot 11{,}0 \cdot \frac{1}{2} \cdot 26{,}95 \cdot 13{,}7 \cdot 10^{-3} \qquad\qquad = -4{,}10 \text{ m}$$

$$\delta^*_{22} = 4{,}9 \cdot 2 \cdot 1^2 + 4 \cdot \frac{1}{2} \cdot 11{,}0 \cdot \frac{1}{2} \cdot 11{,}0 \cdot 13{,}7 \cdot 10^{-3} \qquad = +11{,}50 \text{ m}$$

$$\delta^*_{33} = 2 \cdot 2 \cdot \frac{1}{3} \cdot 2{,}45 \cdot 2{,}45^2 + 2 \cdot \frac{1}{3} \cdot 22{,}0 \cdot 5{,}5^2 \cdot 3{,}48 \cdot 10^{-3}$$
$$+ \left(4 \cdot \frac{1}{2} \cdot 11{,}0 \cdot 26{,}95 \cdot 1{,}23 + 2 \cdot \frac{1}{2} \cdot 11{,}0 \cdot 53{,}9 \cdot 2{,}45\right) \cdot 13{,}7 \cdot 10^{-3} = +39{,}20 \text{ m}$$

$$\delta^*_{34} = \left(-4 \cdot \frac{1}{2} \cdot 11{,}0 \cdot 26{,}95 \cdot \frac{1}{2} + 2 \cdot \frac{1}{2} \cdot 11{,}0 \cdot 53{,}9 \cdot 1{,}0\right) \cdot 13{,}7 \cdot 10^{-3} = +4{,}07 \text{ m}$$

$$\delta^*_{44} = 2 \cdot 1 \cdot 4{,}9 \cdot 1^2 +$$
$$\left(4 \cdot \frac{1}{2} \cdot 11{,}0 \cdot 11{,}0 \cdot \frac{1}{2} + 2 \cdot \frac{1}{2} \cdot 11{,}0 \cdot 22{,}0 \cdot 1{,}0\right) \cdot 13{,}7 \cdot 10^{-3} \qquad = +14{,}70 \text{ m}$$

$$\delta^*_{10} = -4 \cdot \frac{1}{2} \cdot 11{,}0 \cdot 1{,}23 \cdot 11{,}0 \cdot 13{,}7 \cdot 10^{-3} \qquad\qquad = -4{,}08 \text{ m}$$

$$\delta^*_{20} = +4 \cdot \frac{1}{3} \cdot 2{,}45 \cdot 1{,}0 \cdot 1{,}0 + 4 \cdot \frac{1}{2} \cdot 11{,}0 \cdot \frac{1}{2} \cdot 11{,}0 \cdot 13{,}7 \cdot 10^{-3} \qquad = +4{,}93 \text{ m}$$

$$\delta^*_{30} = -2 \cdot \frac{1}{5} \cdot 2{,}45 \cdot 2{,}45 \cdot 0{,}62 + 2 \cdot \frac{1}{5} \cdot 2{,}45 \cdot 2{,}45 \cdot 0{,}31$$
$$-2 \cdot \frac{1}{3} \cdot 22{,}0 \cdot 5{,}5 \cdot 1{,}71 \cdot 3{,}48 \cdot 10^{-3}$$
$$\left(-4 \cdot \frac{1}{2} \cdot 11{,}0 \cdot 1{,}23 \cdot 6{,}82 + 2 \cdot \frac{1}{2} \cdot 11{,}0 \cdot 2{,}45 \cdot 6{,}82\right) \cdot 13{,}7 \cdot 10^{-3} = -1{,}23 \text{ m}$$

$$\delta^*_{40} = +2 \cdot \frac{1}{4} \cdot 2{,}45 \cdot 1{,}0 \cdot (0{,}62 + 0{,}31) +$$
$$\left(4 \cdot \frac{1}{2} \cdot 11{,}0 \cdot \frac{1}{2} \cdot 6{,}82 + 2 \cdot \frac{1}{2} \cdot 11{,}0 \cdot 1{,}0 \cdot 6{,}82\right) \cdot 13{,}7 \cdot 10^{-3} = +3{,}20 \text{ m}$$

Die Lösungen aus den Gleichungssystemen

- Randhauptträger

Aus der symmetrischen Teilmatrix folgt für die Unbestimmte X_1:

$$X_1 = V_{\text{symmetrisch}} = +0{,}071 \text{ kN}$$

Aus der antisymmetrischen Teilmatrix folgt für die Unbestimmte X_3:

$$X_3 = V_{\text{antisymmetrisch}} = +0{,}055 \text{ kN}$$

5.2 Berechnungsgrundlagen für Überbauten

Daraus ergibt sich die nachstehende Querverteilungslinie:

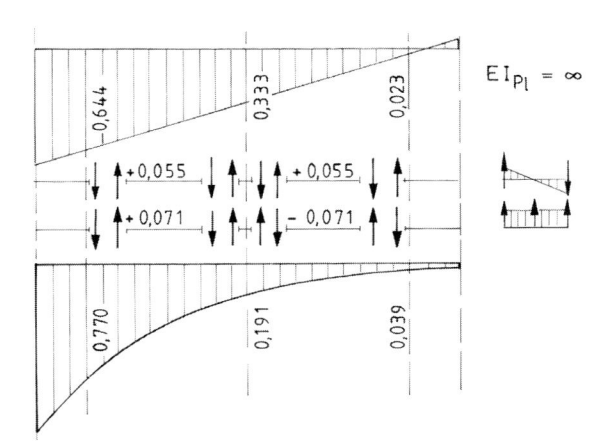

Bild 5.70
Querverteilungslinie für den Randträger

- Mittelhauptträger

Aus der symmetrischen Teilmatrix folgt:

$$\bar{X}_1 = -X_1 = -0{,}071 \text{ kN}$$

Daraus ergibt sich die nachstehende Querverteilungslinie:

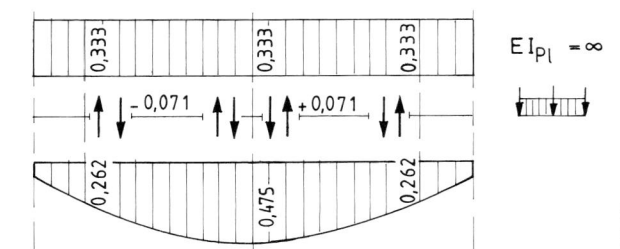

Bild 5.71
Querverteilungslinie für den Mittelträger

Querverteilungslinie für die Hauptträger eines vierstegigen Plattenbalkens

Für ein Balkensystem mit vier Hauptträgern, wie er sich durch eine sinnvolle Ergänzung der Beispiele 1 und 2 ergeben würde, werden die Querverteilungslinien in Bild 5.72 angegeben. Auf eine Wiedergabe der rechnerischen Ermittlung wird verzichtet. Es sind die Ergebnisse in der Reihenfolge der Berechnung dargestellt, die Querverteilungslinie für die starre Fahrbahnplatte (a), die Querkräfte aus den Stützmomenten der konjugierten Belastung in den Feldern (b) sowie die endgültigen Querverteilungslinien der Hauptträger für eine biegeweiche Fahrbahnplatte.

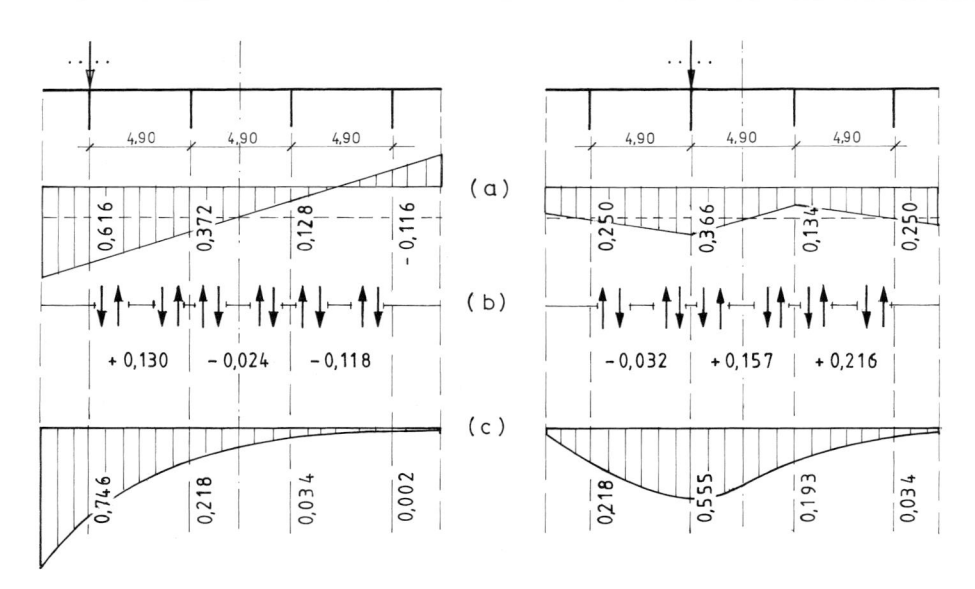

Bild 5.72
Querverteilungslinien für einen vierstegigen Plattenbalken

5.2.2.3 Beanspruchungen in den Hauptträgern

Mitwirkende Plattenbreite

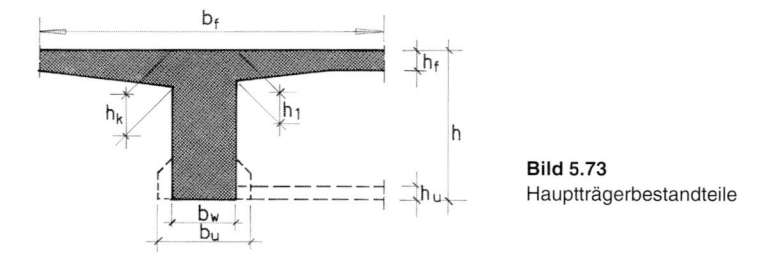

Bild 5.73
Hauptträgerbestandteile

Die Bestandteile des Hauptträgers einer Balkenbrücke sind:

- Die *obere Gurtplatte*, die durch die Fahrbahnplatte gebildet wird. Sie hat entweder eine konstante Dicke und schließt über Vouten an die Hauptträger an oder verändert ihre Dicke stetig bis zur Querschnittsmitte. Für die Berechnung ist ihre mitwirkende Breite b_{eff} nach dem DIN FB. 102 zu berücksichtigen.

- Der *Steg*, der eine konstante oder linear veränderliche Breite hat. Er ist im Regelfall vertikal im Querschnitt angeordnet, kann aber auch bei Kastenquerschnitten mit einer Neigung versehen sein.

- Der *Untergurt*, der durch eine einseitige oder beidseitig seitlich angeordnete Stegverbreiterung ausgebildet sein kann. Er wird zur Aufnahme der Biegezugkräfte aus der Hauptträger-

5.2 Berechnungsgrundlagen für Überbauten

biegung benötigt, wenn die Stegbreite zu schmal gewählt wurde. Bei Kastenquerschnitten wird der Untergurt durch eine *Gurtplatte* gebildet. Diese kann auch bei Balkenbrücken im Stützbereich von Durchlaufträgern erforderlich werden.

In Plattenbalken hängt die mitwirkende Breite der Gurtplatte von den Abmessungen im Querschnitt (Gurtplatten- und Stegdicke), von der Art der Belastung, der Stützweite, den Auflagerbedingungen und der Querbewehrung ab. Bei der Schnittgrößenermittlung darf in der Regel über die gesamte Stützweite eine konstante mitwirkende Plattenbreite angenommen werden.

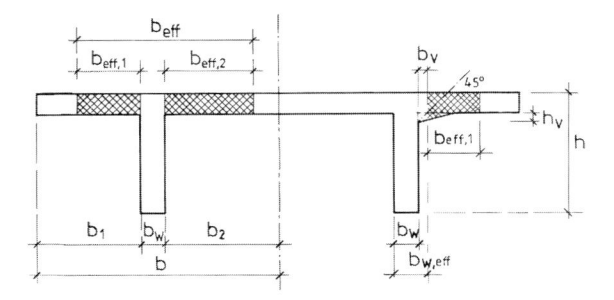

Bild 5.74 Mitwirkende Plattenbreite

Für die statisch mitwirkende Breite der Gurtplatten gelten die folgenden Ansätze:

Für die Schnittgrößenermittlung, den Nachweis des Grenzzustandes der Tragfähigkeit, den Nachweis des Grenzzustandes der Schwingung und die Berechnung der Durchbiegungen im Grenzzustand der Gebrauchstauglichkeit darf die tatsächlich vorhandene Gurtbreite angesetzt werden, d. h. es ist:

$$b_{\text{eff}} = b \qquad \qquad 5.2.2(14)$$

Für den Nachweis von Spannungen und Rißbreiten im Grenzzustand der Gebrauchstauglichkeit und den Ermüdungsnachweis muß eine mitwirkende Plattenbreite wie folgt angenommen werden:

$$b_{\text{eff}} = \Sigma b_{\text{eff},i} + b_w \qquad \qquad 5.2.2(15)$$

mit: $b_{\text{eff},i} = 0{,}2 \cdot b_i + 0{,}1 \cdot l_0 \quad \leq 0{,}2 \cdot l_0$
$\qquad \qquad \qquad \qquad \qquad \leq b_i$

Dabei ist:

l_0 wirksame Stützweite
b_i vorhandene anteilige Gurtbreite
b_w Stegbreite

Die wirksame Stützweite l_o ist für typische Fälle mit etwa gleichen Steifigkeitsverhältnissen durch die nachstehenden Werte näherungsweise gegeben:

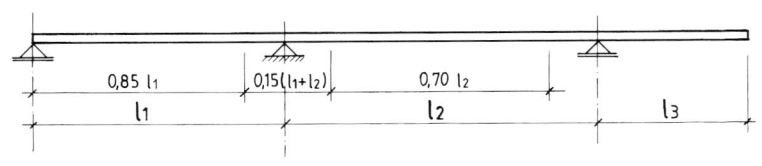

Bild 5.75
Wirksame Stützweite zur Berechnung der Plattenbreite

- Balken auf zwei Stützen: $l_0 = l$

- Durchlaufträger
  Außenfeld: $l_0 = 0{,}85 \cdot l_1$
  Innenfeld: $l_0 = 0{,}70 \cdot l_2$
  Stützbereich: $l_0 = 0{,}15 \cdot (l_1 + l_2)$

- Kragarm: $l_0 = 1{,}5 \cdot l_3$

Folgende Bedingungen sollen erfüllt sein:

- Die Länge des Kragarmes sollte kleiner als die halbe Länge des benachbarten Feldes sein.
- Das Verhältnis der Stützweiten benachbarter Felder sollte zwischen 1 und 1,5 liegen.

Bei Gurtplatten mit veränderlicher Dicke oder Vouten kann die Stegbreite um ein Maß b_v vergrößert werden, gleichzeitig verkleinert sich $b_{\text{eff},i}$ um dieses Maß. Die Größe des Maßes b_v ergibt sich aus der Differenz h_v der Voutenhöhe am Anschnitt zur Platte. Dann gilt:

$$b_{w,\text{eff}} = b_w + b_v \qquad \qquad 5.2.2(16)$$

Berechnungsmodelle

Gurtplatten

Die *obere Gurtplatte* wird als Bestandteil der Fahrbahnplatte zweiachsig auf Biegung beansprucht. In Hauptträgerlängsrichtung dient sie der Aufnahme der Biegedruckkraft und erhält aus dieser Beanspruchung im Bereich positiver Biegemomente Längsdruckspannungen. Zusätzliche Längsdruckspannungen können noch aus der Wirkung einer Längsvorspannung hinzukommen. Im Wirkungsbereich negativer Biegemomente, also im Stützbereich von Durchlaufträgern, wird die Gurtplatte aus der Hauptträgerwirkung auf Biegezug beansprucht.

In der Querrrichtung erhält die Gurtplatte aus der Verformung durch die Fahrbahnlasten im Bereich über den Hauptträgern ebenfalls Biegezugbeanspruchungen.

Aus der Hauptträgerwirkung entsteht bei gleichzeitiger Wirkung der Hauptträgerbiegemomente und -querkräfte ein Schubfluß in der Gurtplatte, in Verfolgung dieser Beanspruchung besser Gurtscheibe genannt. Hierfür muß sie an den Steg schubfest angeschlossen werden, um zu erreichen, daß sie im Biegevorgang die gleiche Längsdehnung erfährt, wie der Steg. Dies ist erreicht, wenn die Hauptzugkräfte durch Bewehrung angeschlossen sind. Bild 5.76 veranschaulicht den Verlauf der Trajektorien in der Gurtscheibe. Im Auflagerbereich neigen sich die Richtungen der Hauptdruck- und Hauptzugspannungen gegen die Balkenachse, im anschließenden Feldbereich verlaufen die Druckspannungen parallel, die Zugspannungen senkrecht zur Balkenachse. Die auf die Längeneinheit bezogene Hauptzugkraft ergibt sich zu:

$$Z' = \sigma_I \cdot h_f$$

mit: $\sigma_I = -\dfrac{\sigma_x}{2} + \sqrt{\left(\dfrac{\sigma_x}{2}\right)^2 + \tau_{yx}^2}$ \qquad 5.2.2(17)

Am Tragwerksende entsteht durch die über die Auflagerlinie hinausgehende rückwärtige Verlängerung der Hauptträger auch ein Einleitungsbereich in der Gurtplatte. In diesem dürfen die Schnittgrößen, die aus Längskräften resultieren, nach der Scheibentheorie abgeschätzt werden. Hierbei darf von einer Kraftausbreitung von 1:2 ausgegangen werden. In Bild 5.77 bedeutet q_k die an der Auflagerlinie gleichmäßig verteilte Spannung infolge der Längsdruckkraft. Aus der Scheibenzugkraft Z ist eine entsprechende Zusatzbewehrung nach Zustand *I* zu ermitteln und in eine untere und obere Lage aufzuteilen.

5.2 Berechnungsgrundlagen für Überbauten

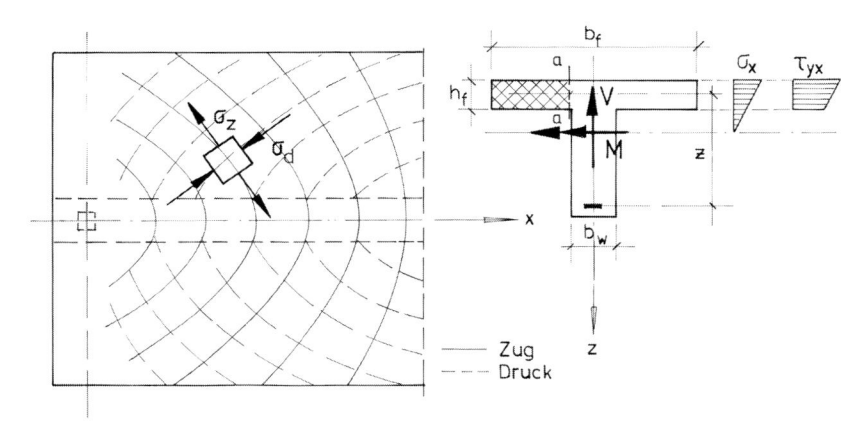

Bild 5.76
Trajektorienverlauf im Auflagerbereich der Fahrbahnplatte

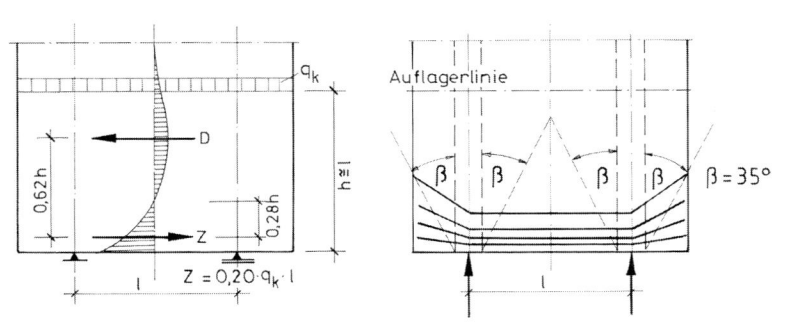

Bild 5.77
Spannungsverlauf und Zusatzbewehrung im Endbereich der Fahrbahnplatte

Eine *untere Gurtplatte* kann bei Plattenbalkenbrücken im Stützbereich eines Durchlaufträgers erforderlich werden, beim Hohlkastenquerschnitt ist sie grundsätzlich vorhanden. Im Plattenbalkenquerschnitt hat sie die gleiche Funktion, wie die obere Gurtplatte im Feld, da sich der Biegesinn des Stützmomentes zum Feldmoment umkehrt. Bei einem Hohlkastenquerschnitt ergeben sich folgende Beanspruchungen in der unteren Platte:

- Aus der Hauptträgerbiegung ergibt sich über die Querkraft ein Schubfluß, deren Größe vom Neigungswinkel der zugehörigen Spannungstrajektorien zum Steg abhängt.
- Aus der Torsion der Hauptträger entsteht weiterhin ein Schubfluß, der sich aus den zugehörigen, unter 45° verlaufenden, Spannungstrajektorien ergibt.
- Aus Eigengewicht und eventueller Nutzlast ($q_k = 10$ kN/m^2) entstehen Biegebeanspruchungen in der Querrichtung.

Die Beanspruchungen werden in der Regel in der Längsrichtung durch Vorspannung aufgenommen, eine Quervorspannung wird nur bei großen Torsionseinflüssen erforderlich. Die Dicke der unteren Gurtplatte ist variabel, im Feldbereich wird sie aus Eigengewichtsgründen so dünn wie möglich gewählt ($h_u \geq 18$ cm), im Stützbereich richtet sich die Dicke nach der Druckgurtkraft im Grenzzustand. Hier werden gelegentlich Dicken bis zu 0,80 m bis 1,0 m erreicht. Im Bereich kleiner Dicken sind die Gurtplatten stark rißgefährdet, da die rechnerisch nicht erfaßbaren Einflüsse aus Temperatur, Schwinden und Kriechen im Übergang vom dünnen zum dicken Bauteil durchschlagen. Hier muß man die Gurtplatte fließend über Vouten anschließen und die Gesichtspunkte der Rißbreitenbeschränkung berücksichtigen.

Hauptträgerstege

Im Steg wirkt zunächst der Schubfluß zwischen den Gurten aus der Biegewirkung des Hauptträgers. Die Biegemomente und Querkräfte verursachen schiefe Hauptzug- und Hauptdruckspannungen, die über die Trägerhöhe wirken und in der Schwerachse eine Neigung von 45° bzw. 135° haben. Die Richtungen dieser Spannungen folgen dem bekannten Trajektorienverlauf. Die Größe dieser Spannungen ergibt sich zu:

$$\sigma_{I,II} = \frac{\sigma_x + \sigma_z}{2} \pm \sqrt{\left(\frac{\sigma_x - \sigma_z}{2}\right)^2 + \tau_{xz}^2} \qquad 5.2.2(18)$$

Hierbei sind die Spannungskomponenten σ_x, σ_z, τ_{xz} achsenbezogene Rechenhilfswerte. Die σ_z-Spannungen werden meist vernachlässigt. Eine erforderlich werdende Bügelbewehrung wird in diesem Bemessungszustand I aus der schiefen Hauptzugkraft errechnet.

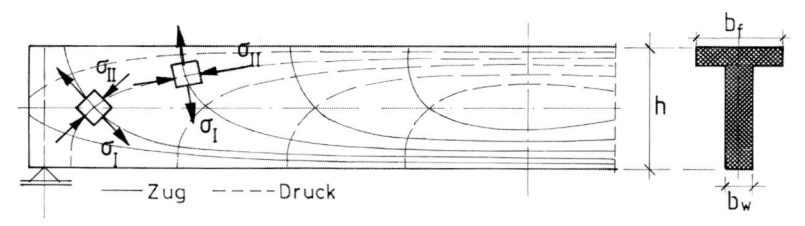

Bild 5.78
Hauptträger im Bemessungszustand I

Überschreitet die Hauptzugspannung σ_I die Biegezugfestigkeit β_z des Betons, treten Schubrisse auf. Diese verlaufen senkrecht zur Richtung der Hauptzugspannungen, d.h. im wesentlichen in Richtung der Druckkräfte. Diese können ungehindert aufgenommen werden, wenn die Zugkraft durch Bewehrung gedeckt ist, weil dadurch verhindert werden kann, daß sich die Schubrisse öffnen. Diese von *Mörsch* aufgestellten Zusammenhänge sind uns als *klassische Fachwerkanalogie* bekannt. Hiernach werden die Stegzug- und -druckkräfte durch ein System von geneigten Diagonalen zwischen parallelen Gurten aufgenommen. Die Richtung der Druckkraft wurde mit 45° festgeschrieben, die Richtung der Zugkräfte ist beliebig, meist aber unter 45° oder 90° (Bügel) festgelegt.

Mit den Bezeichnungen des Bildes 5.79 gilt für die auf den horizontalen Stababstand bezogene Stegzugkraft:

$$Z'_s = \frac{Z_s}{a_s} = \frac{V}{\sin \alpha} \frac{1}{z(1 + \cot \alpha)}$$

Für die zugehörige, unter 45° geneigte Stegdruckkraft gilt:

$$D' = V\sqrt{2} \frac{\sqrt{2}}{z(1+\cot\alpha)} = 2V \frac{1}{z(1+\cot\alpha)}$$

5.2 Berechnungsgrundlagen für Überbauten

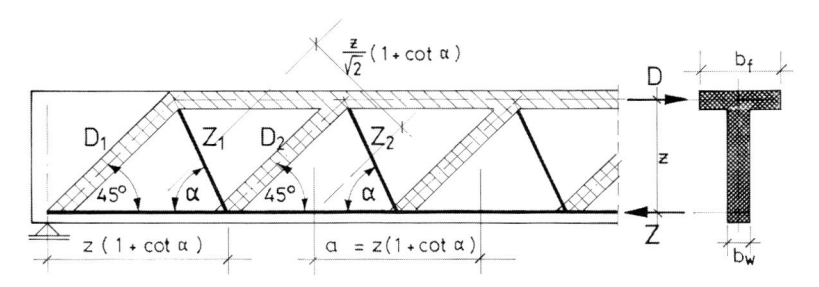

Bild 5.79
Hauptträger im Bemessungszustand II, Analogie von *Mörsch*

Bei Bewehrungswahl durch Bügel ($\alpha = 90°$) ergibt sich:

$$Z'_s = \frac{V}{z} \text{ [kN/cm]} \quad \text{mit: } \sigma_{s_{Bü}} = \frac{V}{z} \frac{s_{Bü}}{A_{s_{Bü}}} \text{ [kN/cm}^2\text{]} \quad \quad 5.2.2(19)$$

$$D' = \frac{2V}{z} \text{ [kN/cm]} \quad \text{mit: } \sigma_{D45°} = 2\frac{V}{b_w \cdot z} \text{ [kN/cm}^2\text{]} \quad \quad 5.2.2(20)$$

Diese Zusammenhänge werden durch die *erweiterte Fachwerkanalogie* nach *Leonhardt* ergänzt, die aus den Schubversuchen am Stuttgarter Institut für Massivbau abgeleitet wurden [73]. Hiernach kann man das Schubtragverhalten besser erfassen, wenn man Netzfachwerke mit geneigtem Obergurt und Druckstreben mit einer flacheren Neigung als 45° betrachtet. Nach dieser Vorstellung vermindern sich die Stegzugkräfte weil:

- der geneigte Druckgurt einen Teil der Querkraft übernimmt,
- die Druckstreben flacher als 45° wirken, dadurch können höhere Querkraftanteile in ihnen aufgenommen werden.

Die hieraus resultierenden entlastenden Wirkungen werden durch einen Abzugswert von der Querkraft berücksichtigt:

$$V_{steg} = V_{wd} - V_{cd} \quad \quad 5.2.2(21)$$

mit: $\quad V_{wd} = \gamma_G \cdot V_{G,k} + \gamma_Q \cdot V_{Q,k}$, im Grenzzustand der Tragfähigkeit $\quad \quad 5.2.2(22)$

$$V_{cd} \simeq \tau_{Rd} \cdot b_w \cdot d \quad \quad 5.2.2(23)$$

Der Wert τ_{Rd} stellt den Grundwert für die Schubbeanspruchbarkeit dar, seine Größe bestimmen die Vorschriften. Bei vorgespannten Trägern vermindern sich die Hauptzugspannungen in Abhängigkeit vom Vorspanngrad, die zugehörigen Druckkräfte verlaufen flacher, so daß der Abzugswert hier größer ist als bei Stahlbetonträgern (siehe Abschnitt 5.3.3.4).

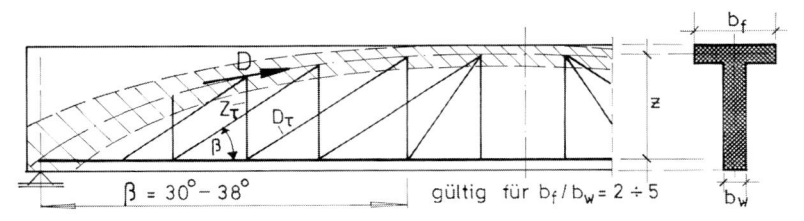

Bild 5.80
Hauptträger im Bemessungszustand II, Erweiterte Analogie nach *Leonhardt*

Neben der Schubbeanspruchung wirken auf den Steg die Einspannmomente aus der Fahrbahnplatte, die diese aufnehmen und weiterleiten muß. Sofern sie von beiden Seiten in gleicher Größe auftreten, sind nur die hieraus resultierenden Querkräfte im Steg zu verfolgen. Bei unterschiedlichen Systemlängen im Quertragsystem und unsymmetrischer Anordnung der Verkehrslast treffen aber Einspannmomente unterschiedlicher Größe in der Balkenachse aufeinander. Hieraus resultieren Momentendifferenzen, die eine *Querbiegung* im Steg bewirken. Können sich die Hauptträger nicht verdrehen, wie es beim Hohlkasten der Fall ist, wirken diese Querbiegemomente auf ein Rahmensystem und pflanzen sich in diesem entsprechend seinen Steifigkeitsverhältnissen fort. Beim Plattenbalken können sich die Hauptträger aber verdrehen, lediglich an den Stellen, an denen Querträger angeordnet sind, wird diese Verdrehung verhindert. Zwischen diesen drehsteifen Aufhängungen der Balken pflanzen sich die Querbiegemomente über eine *Torsionsbeanspruchung* fort. Die hieraus resultierenden Endtorsionsmomente T werden an den Querträgern über Biegung aufgenommen. An den Endquerträgern lösen sich diese Torsionsendmomente durch Kräftepaare im Lagerabstand auf.

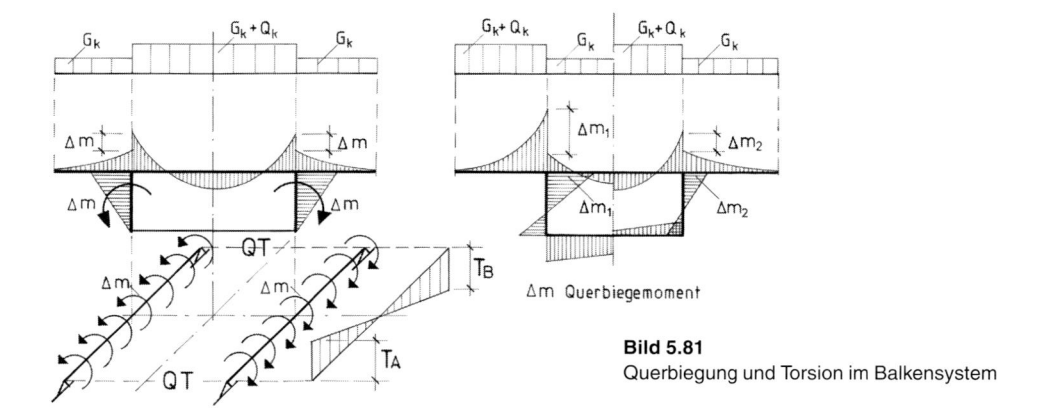

Bild 5.81
Querbiegung und Torsion im Balkensystem

Diese Kraftableitung der Querbiegemomente aus unsymmetrischen Lasteinflüssen der Verkehrslast, auch Lasttorsion genannt, führt insbesondere beim einstegigen Plattenbalkenquerschnitt zu Primärbeanspruchungen, da dieser zur Aufnahme der Auflagertorsionsmomente eine Gabellagerung erhalten muß. Konstruktiv wird dies durch einen Endquerträger vollzogen, der seitlich aus der Stegfläche austritt.

Für das statisch bestimmt gelagerte Torsionssystem gilt für die Auflagerwerte:

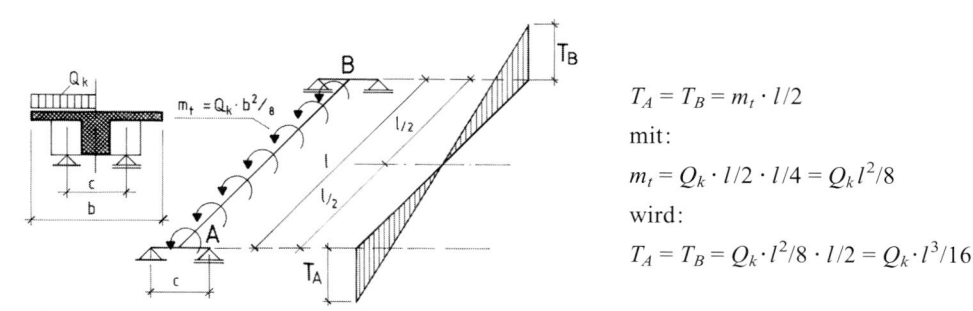

$T_A = T_B = m_t \cdot l/2$

mit:

$m_t = Q_k \cdot l/2 \cdot l/4 = Q_k l^2/8$

wird:

$T_A = T_B = Q_k \cdot l^2/8 \cdot l/2 = Q_k \cdot l^3/16$

Bild 5.82
Querbiegung und Torsion im einstegigen Einfeldträger

5.2 Berechnungsgrundlagen für Überbauten

Beim statisch unbestimmt gelagerten Torsionssystem können die Auflagertorsionswerte mit Hilfe des Kraftgrößenverfahrens bestimmt werden, für das nachstehend dargestellte einfach unbestimmte System gilt:

$$X_1 \cdot \varphi_{T_{11}} + \varphi_{T_{10}} = 0; \qquad T_B = X_1 = -\frac{-\varphi_{T_{10}}}{\varphi_{T_{11}}}$$

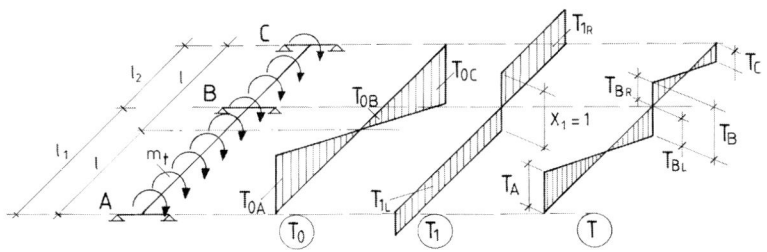

Bild 5.83
Querbiegung und Torsion im einstegigen Mehrfeldträger

mit:
$$G \cdot I_T \cdot \varphi_{T_{10}} = \int T_0 \cdot T_1 \cdot ds$$
$$G \cdot I_T \cdot \varphi_{T_{11}} = \int T_1 \cdot T_1 \cdot ds$$

und
$$T_{1l} = 1{,}0 \frac{l_2}{2 \cdot l}; \qquad T_{1r} = 1{,}0 \frac{l_1}{2 \cdot l}$$
$$T_{0A} = T_{0C} = m_t \cdot l/2; \qquad T_{0B} = \frac{l - l_2}{l} T_{0C}$$

ergibt sich:
$$T_A = T_{0A} - X_1 \cdot T_{1l}; \qquad T_C = -T_{0C} + X_1 \cdot T_{1r}$$
$$T_{Bl} = -T_{0B} - X_1 \cdot T_{1l}; \qquad T_{Br} = -T_{0B} + X_1 \cdot T_{1r}$$

Bei den mehrstegigen Plattenbalkenquerschnitten verursacht die Lasttorsion keine Lagesicherheitsprobleme. Sie wirkt lokal in Teilen des Tragsystems, z. B. in den Hauptträgern zur Fortleitung der an ihm angreifenden Querbiegemomente. In diesem Fall zählt die Torsionsbeanspruchung zur Sekundärbeanspruchung, d. h. einer im System zur Fortleitung der Biegebeanspruchung erzwungenen Folgebeanspruchung. Die Auflagertorsionsmomente an den Innenstützen durchlaufender Systeme, die für die Stützenbemessung benötigt werden, können ebenfalls in der vorher beschriebenen Weise berechnet werden. Weitere Ausführungen zum Thema der Balkenbrücken findet man in [38, 74].

Der Hohlkastenquerschnitt ist ein idealer Torsionsquerschnitt, da durch den kontinuierlich möglichen Schubfluß in Querrichtung exzentrisch angreifende Lasten nahezu gleichmäßig auf die Hauptträger verteilt werden können. Streng theoretisch betrachtet hat ein Hohlkasten gleiche Wandungsstärken und stellt eine Sonderform eines Faltwerkes dar, das bei exzentrischer Belastung infolge des Wölbtorsionseinflusses der Verdrehung eine Profilverwindung aufzeigt. Bei den üblichen Querschnitten des Betonbrückenbaues sind aber die Wandungsstärken nicht gleich, die Stege, also die kurzen Seiten des Kastens, haben eine weitaus größere Dicke. Bei diesen dickstegigen Spannbetonquerschnitten kann man annehmen, daß sich der Querschnitt nicht spürbar verwindet. Durch den Abschluß mit Endquerträgern oder Endschotten wird das Hohlkastensystem zur torsionssteifen Röhre. Die Behinderung der Längsdehnungen durch die Querträger aktiviert Spannungen aus den Wölbkrafttorsionseinflüssen. Diese Zusatzspannungen dürfen nach den Ausführungen von *Steinle* [75] vernachlässigt werden.

Nach *Schlaich* und *Scheef* [84] liegt die besondere Problematik der rechnerischen Erfassung des Tragverhaltens eines Hohlkastens bei den in der Querrichtung auftretenden unsymmetrischen Laststellungen, da die Beanspruchungen in Längs- und Querrichtung miteinander verknüpft sind. Sie haben ein Berechnungsverfahren entwickelt, das die Verknüpfung, von ihnen als Faltwerkwirkung bezeichnet, durch das Herstellen der Verträglichkeit zwischen der getrennt berechneten Längs- und Querrichtung berücksichtigt. Dieses Verfahren wird um so mehr anzuwenden sein, je stärker sich die Hohlkastenformen jenen mit gleichen Wandungsstärken annähern. Bei den jüngeren Querschnittsentwicklungen ist ein solcher Trend schon vorhanden.

Für die dickstegigen Spannbetonquerschnitte kann man näherungsweise davon ausgehen, daß sich die Rahmeneckpunkte in der Querrichtung infolge der antisymmetrischen Belastung nicht verschieben und nur eine Querbiegung auftritt. Die Berechnung solcher Systeme kann daher wie folgt durchgeführt werden:

- Berechnung der Längsrichtung als Balken mit der tatsächlichen Querverteilung der Fahrbahnlasten.
- Berechnung der Fahrbahntafel als Plattentragwerk.
- Berechnung des Rahmens in der Querrichtung für die Lastfälle:
  - symmetrische Lasten aus Eigengewicht bzw. Vollast,
  - unsymmetrische Lasten aus Lasttorsion infolge Verkehrslast. Diese werden in einen symmetrischen und einen antisymmetrischen Anteil aufgespalten.

Die Untersuchungen in der Querrichtung werden am herausgeschnittenen Element der Länge $dx = 1$ durchgeführt. Dieses Element wird von den Schubkraftdifferenzen dT' aus der Längstragwirkung im Gleichgewicht gehalten. Für die Schubkraft gilt:

$$T' = \tau \cdot t = \frac{V \cdot S_y}{I_y} \qquad 5.2.2(24)$$

mit: T' Schubkraft (thrust)
S_y statisches Moment des abgetrennt betrachteten Querschnittsteiles einer Balkenhälfte
I_y Trägheitsmoment des Gesamtquerschnittes

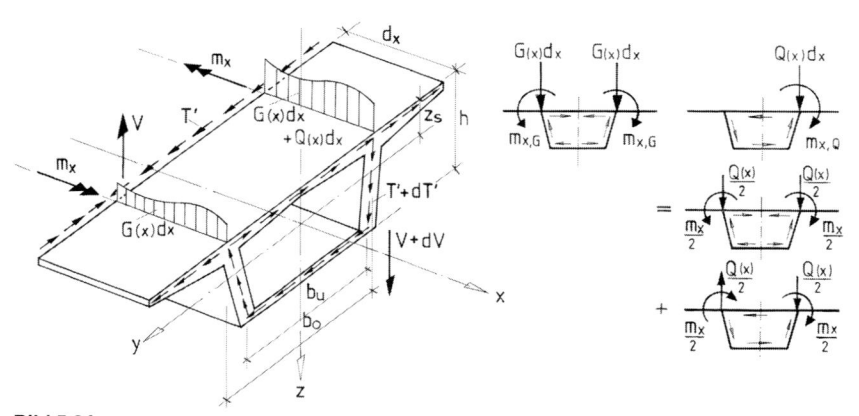

Bild 5.84
Einzelliger Hohlkasten, Schnittmodell und Lastaufteilung

5.2 Berechnungsgrundlagen für Überbauten

Im symmetrischen Lastbild gilt:

$$\frac{dT'}{dx} = \frac{S_y}{I_y} \cdot \frac{dV}{dx} = \frac{S_y}{I_y} G(x) \, dx \quad \text{bzw.} \quad = \frac{S_y}{I_y} \frac{1}{2} Q(x) \, dx$$

Mit $dx = 1$ wird:

$$dT' = \frac{S_y}{I_y} G(x) \quad \text{bzw.} \quad = \frac{S_y}{I_y} \frac{1}{2} Q(x) \qquad 5.2.2(25)$$

Im antisymmetrischen Lastbild gilt:

$$dT' = d(\tau \cdot t) = \frac{dT}{2 A_m} \quad \text{mit} \quad dT = \frac{1}{2} Q(x) \cdot b + 2 \frac{m_x}{2}$$

$$= \frac{Q(x) \cdot b + 2 m_x}{4 A_m} \qquad 5.2.2(26)$$

Die Schnittkräfte des Querrahmens werden nach [84] für die gleichzeitige Einwirkung der äußeren Lasten und der Schubkraftdifferenz dT' berechnet. Sie sind in der Tabelle 5.14 zusammengestellt. Diese enthält zusätzlich die Schnittkräfte aus Zwangsbeanspruchungen durch eine Längenänderung des oberen Rahmenriegels. Diese entstehen

– als Verkürzung infolge Vorspannung der Fahrbahnplatte mit:

$$\Delta l_c = \frac{\sigma_p}{E_p} l_c = \frac{P_m \cdot b_0}{A_p \cdot E_p}$$

– als Verlängerung infolge Temperaturunterschiedes zwischen der Ober- und Unterseite des Rahmens mit:

$$\Delta l_t = \Delta T_N \cdot \alpha_t \cdot b_0$$

mit: ΔT_N Temperaturschwankung gemäß Abschnitt 1.8

Für die neueren Querschnittssysteme von Hohlkastenbrücken mit schmalen Stegbreiten reicht der vorstehend geschilderte Näherungsansatz nicht aus, da die Knotenverschiebungen infolge des anti-

Tabelle 5.14
Schnittgrößen M und N des Querrahmens

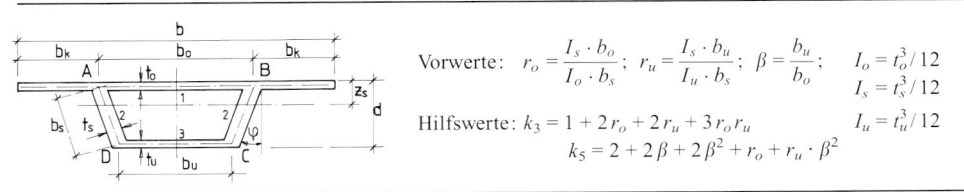

Vorwerte: $r_o = \dfrac{I_s \cdot b_o}{I_o \cdot b_s}$; $r_u = \dfrac{I_s \cdot b_u}{I_u \cdot b_s}$; $\beta = \dfrac{b_u}{b_o}$; $I_o = t_o^3/12$
$I_s = t_s^3/12$
$I_u = t_u^3/12$

Hilfswerte: $k_3 = 1 + 2 r_o + 2 r_u + 3 r_o r_u$
$k_5 = 2 + 2\beta + 2\beta^2 + r_o + r_u \cdot \beta^2$

Lastfall	Biegemomente	Normalkräfte
1.	alle Momente gleich Null	$N_{AB} = q \cdot \tan\varphi$; $N_{AD} = -\dfrac{q}{\cos\varphi}$ $N_1 = +N_{AB} - \dfrac{q}{4 I_y} \cdot t_o \cdot b_o^2 \cdot z_s$ $N_3 = +\dfrac{q}{4 I_y} \cdot t_u \cdot b_u^2 \cdot (d - z_s)$

Tabelle 5.14
Fortsetzung

Lastfall	Biegemomente	Normalkräfte
2.	$M_{AB} = -\dfrac{1 + 2 r_u}{k_3} m_q$ $M_{AD} = +M_{AB} + m_q$ $M_D = -\dfrac{r_o}{k_3} m_q$	$N_1 = \dfrac{3 r_o (1 + r_u)}{k_3} \cdot h \cdot m_q$ $N_2 = N_3 \sin \varphi$ $N_3 = -N_1$
3.	$M_A = \dfrac{\beta (1 + 2\beta + r_u \beta)}{2 (1 + \beta) \cdot k_5} \cdot b_u \cdot q$ $M_D = \dfrac{\beta (2 + \beta + r_o)}{2 (1 + \beta) \cdot k_5} \cdot b_u \cdot q$	$N_1 = \dfrac{1}{2(1 + \beta) \mathrm{d}} b_o \cdot q \; ; \; N_3 = -\beta \cdot N_1$ $N_{DA} = 2 \dfrac{M_D}{b_u} \cos \varphi + N_3 \cdot \sin \varphi$ $N_{AD} = N_{DA} - \dfrac{b_s \cdot q}{(1 + \beta) \cdot h}$
4.	$M_{AB} = -\dfrac{m_q}{(1 + \beta)} + \dfrac{M_D}{\beta}$ $M_{AD} = +M_{AB} + m_q$ $M_D = \dfrac{\beta [r_o - \beta (2 + \beta)]}{(1 + \beta) \cdot k_5} m_q$	$N_1 = \dfrac{1}{(1 + \beta) h} m_q \; ; \; N_3 = -\beta \cdot N_1$ $N_{DA} = 2 \dfrac{M_D}{b_u} \cos \varphi + N_3 \sin \varphi$ $N_{AD} = N_{DA} - \dfrac{b_s \cdot 2 \cdot m_q}{(b_o + b_u) h}$
5.	$M_A = -\dfrac{3 (1 + r_u)}{k_3} \cdot \dfrac{E_c \cdot I_s}{h \, b_s} \cdot \Delta l$ $M_D = +\dfrac{3 (1 + r_o)}{k_3} \cdot \dfrac{E_c \cdot I_s}{h \, b_s} \cdot \Delta l$	$N_1 = -N_3 \; ; \; N_2 = N_3 \sin \varphi$ $N_3 = \dfrac{3 (2 + r_o + r_u)}{k_3} \cdot \dfrac{E_c \cdot I_s}{h^2 \, b_s} \cdot \Delta l$

symmetrischen Lastanteiles nicht mehr vernachlässigt werden können. Der Hohlkasten nähert sich der Idealform mit gleichen Wandungsstärken, er unterliegt in der Längstragwirkung zusätzlich einer Verwindungsbeanspruchung. *Schlaich* und *Scheef* [84] haben auch hierzu weitergehende Berechnungsansätze und einen Lösungsweg entwickelt, aber angesichts des großen Berechnungsaufwandes wird heute der Einsatz von DV-Programmen auf der FE-Basis wirtschaftlicher und beanspruchungsgerechter. Um diese aber anwenden zu können, muß man sich in die Problematik einarbeiten, dieser Einarbeitung sollen die vorstehenden Ausführungen und auch die Quellen dienen.

5.2.3 Maßgebende Schnittgrößen aus äußeren Einwirkungen

Grundlagen

Jedes Berechnungsverfahren muß im angegebenen Anwendungsbereich das geforderte Zuverlässigkeitsniveau der Vorschriften und den Gleichgewichtszustand sicherstellen.

Der Gleichgewichtszustand wird in der Regel auf der Grundlage des nichtverformten Tragwerkes nachgewiesen (Theorie I. Ordnung). Untersuchungen nach Theorie II. Ordnung werden erst dann erforderlich, wenn die Stabauslenkungen zu einem wesentlichen Anstieg der Schnittkräfte führen.

Werden die Verträglichkeitsbedingungen nicht unmittelbar für den jeweiligen Grenzzustand nachgewiesen, muß sichergestellt sein, daß das Tragwerk im Grenzzustand der Tragfähigkeit unter Nutzungsbedingungen ausreichend verformungsfähig ist.

Bei Platten überwiegt das Biegetragverhalten gegenüber den Quer- und Längsbeanspruchungen, man ermittelt daher die Momentengrenzlinien in Richtung der Hauptachsen als Bemessungsgrundlage. Die Einwirkungen aus der Querkraft können zu einer Schubbewehrung führen, und zwar aus Biegeeinflüssen und aus Durchstanzwirkung bei Einzellasten auf Fundamentplatten.

Bei Balken- und Rahmentragwerken sind für die Bemessungsschnittgrößen die gleichzeitig wirkenden Werte anderer Schnittgrößen aufzusuchen und gemeinsam der Bemessung zuzuführen. Alle Werte werden an den Schnittgrößensummenlinien ermittelt, da diese die Größtwerte aller möglichen Laststellungen der Verkehrslast enthält. Man ermittelt:

- für die Biegebemessung: max M, zug N (ggf. max N, zug M)
- für die Querkraftbemessung: max V, zug (M, N, T)
- für die Torsionsbemessung: max T, zug (M, N, V)

In beiden Fällen sind die Einwirkungen aus Vorspannung als getrennter Lastfall hinzuzufügen.

Bei Durchlaufkonstruktionen bei Platten und Balken, deren Auflager als frei drehbar angesehen werden können, kann das Stützmoment um einen Betrag ΔM_s reduziert werden, wenn bei der Berechnung als Stützweite der Abstand der Auflagermitten angenommen wurde. Für den Bemessungswert gilt:

$$\Delta M_{Ed} = F_{Ed,sup} \cdot b_{sup}/8$$

mit: $F_{Ed,sup}$ Bemessungswert des größten Auflagerdruckes
      b_{sup} größte Auflagerbreite

Die Summenlinien der Schnittgrößen werden punktuell durch die entsprechende Laststellung der Verkehrslast ermittelt. Die Lastanteile, die dabei auf die Hauptträger entfallen, ergeben sich aus der Quereinflußlinie (siehe Abschnitt 5.2.2.2). Da der Verlauf der Torsionsmomente aus der Lasttorsion dem Verlauf der Querkräfte aus der vertikalen Belastung proportional ist, werden die Torsionssummenwerte auch an der Einflußlinie der Querkraft ermittelt.

Man erhält die Schnittkraftsummenlinie, indem man über die Summe aller einzelnen Werte des Trägers eine einhüllende Kurve legt. In den folgenden Bildern sind Summenlinien für mögliche Balkensysteme dargestellt.

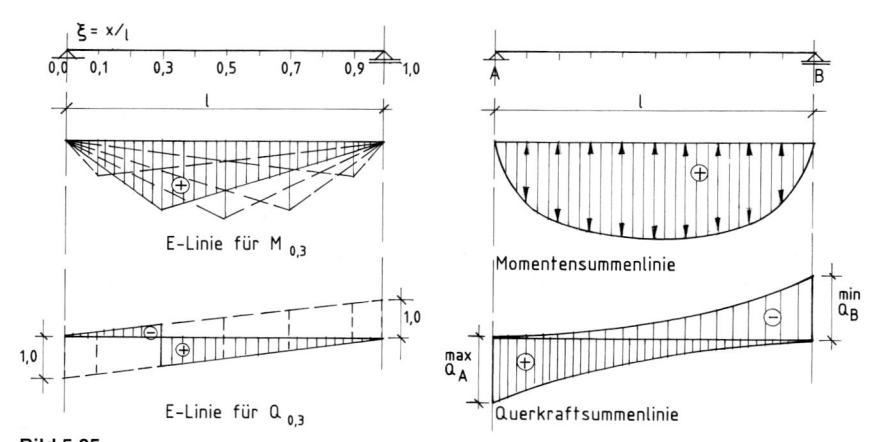

Bild 5.85
Einfluß- und Summenlinien der Biegemomente und Querkräfte am statisch bestimmten Balkensystem

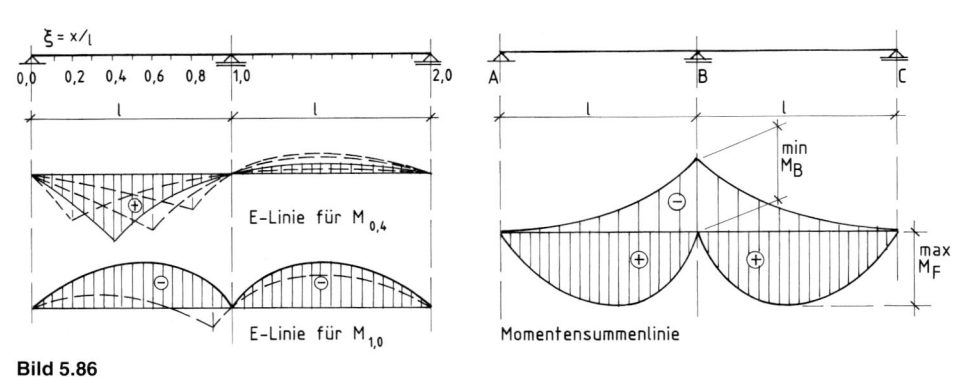

Bild 5.86
Einfluß- und Summenlinie der Biegemomente am statisch unbestimmten Balkensystem

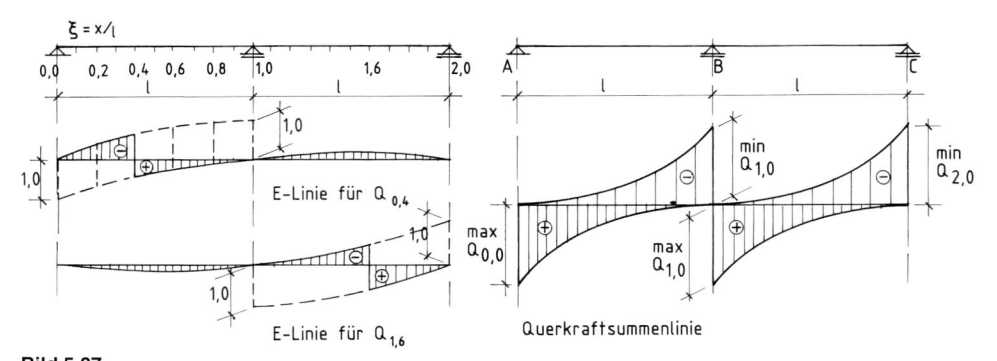

Bild 5.87
Einfluß- und Summenlinie der Querkräfte am statisch unbestimmten Balkensystem

Schnittgrößen des Grenzzustandes der Gebrauchstauglichkeit

Für die Nachweise im Grenzzustand der Gebrauchstauglichkeit können die maßgebenden Schnittgrößen in der Regel auf der Grundlage der linearen Elastizitätslehre ermittelt werden. Das Verformungsverhalten des Verbundbaustoffes Stahl- oder Spannbeton kann im Bereich der Gebrauchslastbeanspruchungen als ideal elastisch angesehen werden.

In diesen Fällen reicht es aus, die Steifigkeitswerte des ungerissenen Querschnittes (Zustand I) mit dem Elastizitätsmodul als Sekantenmodul E_{cm} anzusetzen.

Das linear-elastische Verfahren verwendet eine lineare Schnittgrößen-Verformungsbeziehung. Die Anwendung derselben erfordert keine besonderen Maßnahmen zur Sicherstellung einer angemessenen Verformungsfähigkeit, wenn Bewehrungskonzentrationen vermieden und die Grundsätze der Mindestbewehrung eingehalten werden.

Schnittgrößen des Grenzzustandes der Tragfähigkeit

a) Einteilung der Verfahren

Für die Nachweise im Grenzzustand der Tragfähigkeit können die maßgebenden Schnittgrößen in Platten-, Balken- und Rahmentragwerken nach folgenden Methoden ermittelt werden:
- Elastizitätstheorie mit der Annahme eines linearen Formänderungsverhaltens des Baustoffes,
- lineare Elastizitätstheorie mit anschließender begrenzter Umlagerung der Biegemomente,
- Verfahren, die das nichtlineare Formänderungsverhalten des Baustoffes berücksichtigen,
- Plastizitätstheorie.

Bei dem ersten Verfahren werden die Unverträglichkeiten, die sich aus dem nichtlinearen Formänderungsverhalten des Baustoffes Beton im Beanspruchungsbereich oberhalb der Gebrauchslasten ergeben, durch einen Sicherheitshorizont überdeckt, so daß eine Linearität in Näherung vertreten werden kann. Dieser Horizont wird so gewählt, daß auf der Last- und Widerstandsseite die Einwirkungs- und Baustoffgrößen gezielt nach ihrer Wertigkeit in ihrer Auftretenswahrscheinlichkeit durch Teilsicherheitsbeiwerte vervielfacht werden. Durch diesen (minimalen) Horizont werden die Abweichungen aus der Nichtlinearität im elastischen Verhalten des Baustoffes Beton überdeckt. Damit wird die Einhaltung des linear-elastischen Verhaltens des Betons durch Ausschaltung der Negativ-Effekte aus der plastischen Krümmung sichergestellt.

Die Verwendung von Teilsicherheitsbeiwerten bietet wirtschaftliche Vorteile gegenüber den Verfahren mit einem globalen Sicherheitsbeiwert, da jene nach sicher und unsicher zu erfassenden Einwirkungen unterschiedlich gewertet werden und somit hohe, nicht nutzbare, Sicherheitsräume vermieden werden können.

Den drei zuletzt genannten Methoden ist gemeinsam, daß sie das nichtlineare Verformungsverhalten des Baustoffes Beton berücksichtigen. Da die hierfür erforderlichen Berechnungsansätze immer von einer Momentenumlagerung ausgehen, kommt es in bestimmten Bereichen des Tragwerkes zu Verformungen (Krümmungen), die das elastische Verhalten des Materials überfordern und somit plastischer Natur sind. Diese plastischen Verformungen, auch Rotationen genannt, müssen mit der Verformungsfähigkeit (Rotationsfähigkeit) des Systems übereinstimmen. *Eine* Voraussetzung für diese Rotationsfähigkeit des Verbundbaustoffes Stahl- oder Spannbeton ist das plastische Verformungsverhalten (Duktilität) des Stahles. Die Verfahren unterscheiden sich im Ausnutzungsgrad des nichtlinearen Formänderungsverhaltens. Der Zweck ihrer Anwendung liegt einmal in der besseren Ausnutzung des Materials, bis hin zu gleichen Bewehrungsmengen in der Zug- und Druckzone (Grundgedanke des Traglastverfahrens), zum anderen sollen dadurch einseitig große Bewehrungskonzentrationen vermieden werden, die immer problematisch bei der Ermittlung der Steifigkeiten nach Zustand II sind. Weiterhin ergibt sich, daß mit den drei zuletzt genannten Verfahren ein Berechnungsmodus angestrebt wird, der bei Betonbauwerken verformungskonformer ist als bei der linearen Berechnungsweise. Allerdings erhöht sich der Rechenaufwand erheblich, dieser müßte aber heute mit Hilfe programmgesteuerter Rechenmethoden wirtschaftlich realisierbar sein.

b) Für den Brückenbau ohne Einschränkung zugelassene Berechnungsverfahren

Linear-elastische Berechnung

Die Grundlage einer linear-elastischen Berechnung bilden die Steifigkeiten des ungerissenen Querschnittes (Zustand I). Übliche Berechnungsmethoden für Plattenschnittgrößen mit Ansatz gleicher Steifigkeiten in beiden Richtungen gelten nur, wenn der Abstand der Längsbewehrung zur zugehörigen Querbewehrung in der Höhe den Betrag von 50 mm oder $d/10$ nicht überschreitet.

Zur Sicherstellung einer für dieses Verfahren ausreichenden Verformungsfähigkeit des Tragwerkes ist für Durchlaufträger mit einem Stützweitenverhältnis benachbarter Felder von

$$0{,}5 \leq l_{1,\text{eff}}/l_{2,\text{eff}} \leq 2{,}0$$

und in Rahmenriegeln und sonstigen auf Biegung beanspruchten Bauteilen das Verhältnis der Druckzonenhöhe x zur statischen Nutzhöhe d wie folgt zu begrenzen:

$$x/d \leq 0{,}45 \text{ für Beton bis zur Festigkeitsklasse C 50/60}$$

Wenn diese Beschränkung nicht erzielbar ist, müssen Maßnahmen zur Gewährleistung einer ausreichenden Duktilität in Form einer Umschnürung der Druckzone getroffen werden. Der Nachweis der Rotation braucht dann nicht geführt zu werden.

Linear-elastische Berechnung mit Umlagerung

Die Biegemomente eines Systems, die unter Verwendung eines linear-elastischen Berechnungsverfahrens ermittelt wurden, dürfen für die Nachweise im Grenzzustand der Tragfähigkeit umgelagert werden, wobei die umgelagerten Schnittgrößen mit den einwirkenden Lasten im Gleichgewicht stehen müssen. Die Auswirkungen dieser Momentenumlagerung müssen durchgängig für die Biege- und Querkraftbemessung, sowie für die Regeln der Verankerung und Abstufung der Bewehrung berücksichtigt werden.

Für Durchlaufträger mit einem Stützweitenverhältnis benachbarter Felder von

$$0{,}5 \leq l_{1,\text{eff}}/l_{2,\text{eff}} \leq 2{,}0$$

und in sonstigen auf Biegung beanspruchten Bauteilen, mit Ausnahme verschieblicher Rahmen, dürfen die ermittelten Stützmomente durch einen Faktor δ abgemindert und die Feldmomente erhöht werden.

Mit: $\quad \delta \quad$ Umlagerungsgrad $= \dfrac{\text{Moment nach der Umlagerung}}{\text{Moment vor der Umlagerung}}$

ergibt sich für das Stützmoment:

$$M_{s,um} = \delta \cdot M_{s,el}$$

Für den Faktor δ gelten folgende Grenzen:

- Hochduktiler Stahl (H):

$$\delta \geq 0{,}64 + 0{,}8 \, x_d/d \geq 0{,}7$$

5.2 Berechnungsgrundlagen für Überbauten

- Normalduktiler Stahl (N): (im Brückenbau nicht vorgesehen)
  $$\delta \geq 0{,}64 + 0{,}8\ x_d/d \geq 0{,}85$$

Dabei ist x_d/d die bezogene Druckzonenhöhe im Grenzzustand der Tragfähigkeit, berechnet mit den Bemessungswerten der Einwirkungen und der Baustofffestigkeiten.

Ein Berechnungsverfahren zur Umlagerung findet man in [66].

c) Für den Brückenbau mit Einschränkung zugelassene Berechnungsverfahren

Bei Platten-, Balken- und Rahmenkonstruktionen unter ausschließlicher Lasteinwirkung sind nicht-lineare Berechnungsverfahren und Verfahren nach der Plastizitätstheorie nicht zugelassen. Allenfalls dürfen bei der Ermittlung von Zwangsschnittgrößen aus indirekten Einwirkungen (Temperatur, Baugrundbewegungen) die Steifigkeiten nach Zustand II mit nichtlinearen Verfahren abgeschätzt werden.

Nichtlineare Verfahren unter Einschluß der Theorie II. Ordnung sind bei Druckgliedern zugelassen.

Bei Scheiben, für die die Annahme einer linearen Dehnungsverteilung nicht zutrifft, dürfen Verfahren auf der Grundlage nicht-linearen Materialverhaltens und der Plastizitätstheorie angewendet werden, letzteres aber nur für Stabwerksmodelle.

Konsolen und Bereiche mit konzentrierter Krafteinleitung sind Sonderbereiche, die im wesentlichen durch Stabwerkmodelle unter Beachtung folgender Gesichtspunkte zu berechnen sind:

– Gleichgewicht aller Kräfte,
– Querzugeinflüsse, sowohl für den Einzelstab, als auch für den gesamten Bereich,
– Druckstreben,
– örtliche Auflagerpressungen.

Wenn die Abmessungen der Krafteinleitungsflächen klein sind gegenüber dem Querschnitt in der Verankerungszone, sollen dreidimensionale Modelle angewendet werden.

5.2.4 Schnittgrößen aus Vorspannung

5.2.4.1 Vorspannarten

Für die Erfüllung der in der Praxis zu bewältigenden Vorspannaufgaben stehen drei Arten der Ausführung der Vorspannung zur Verfügung:

– die Vorspannung mit gleichzeitigem Verbund, nur geeignet für im Spannbett hergestellte Fertigteile,
– die Vorspannung mit nachträglichem Verbund, intern im Bauteil angeordnet,
– die Vorspannung ohne Verbund, intern und extern im Bauteil angeordnet.

Die ersten beiden Möglichkeiten zählen zu den klassischen Arten der Vorspannung, die Bewehrung liegt im Innern des Bauteiles, in Form von einzelnen Drähten oder Litzen bei gleichzeitigem Verbund, in Form von Spannbündeln bei nachträglichem Verbund. Bei letzterer Art liegt der Spannstahl in Hüllrohren, er wird gegen den erhärteten Beton gespannt und am Balkenende verankert. Zur Herstellung des Verbundes wird der verbleibende Hohlraum in den Hüllrohren nachträglich durch einen Zementmörtel vorgeschriebener Güte ausgepresst.

Die Vorspannung ohne Verbund hat sich in jüngster Zeit entwickelt oder wiederbelebt, da sie gegenüber dem nachträglichen Verbund den Vorteil besitzt, die Spannkraft nachträglich verändern oder Spannbündel auswechseln zu können. Diese Vorspannart wird bei Hohlkästen angewendet. Die Bewehrung wird in Form von Spannbündeln im Innern des Hohlkastens, extern zu den Hauptträgern, angeordnet. In der Fahrbahnplatte soll die Spannbewehrung, sofern die Querstützweite es erfordert, auch ohne Verbund angeordnet werden. Die Spannbewehrung liegt ebenfalls in Hüllrohren, diese haben jetzt aber eine bessere Materialgüte (HDPE-Schutzrohr), sie werden nach dem Verankern der Spannkraft durch eine Rostschutzmasse (Fettemulsion, Zementmörtel) ausgepresst.

Mit Hilfe der Vorspannung ohne Verbund kann man ferner abgängige Hohlkastenbauwerke nachträglich konsolidieren, indem man geradlinig geführte Spannbündel einzieht. Nach dem gleichen Prinzip läßt sich bei der Herstellung des Bauwerkes mit der Verschiebebauweise die für den Endzustand benötigte Biegebewehrung nachträglich einbauen.

Der Unterschied in der statischen Wirkungsweise beider Verfahren sei im folgenden skizziert:

Bei der Vorspannung mit (nachträglichem) Verbund ist die Einwirkung der Vorspannung eine Querschnittsgröße, die dem Querschnitt über die Verformungsgrößen mitgeteilt wird. Stahl und Beton werden im Biegevorgang im gleichen Maße verformt. Für die Dehnung im Bemessungszustand (Grenzzustand der Tragfähigkeit, ULS) gilt:

$$\varepsilon_{p,u} = \varepsilon_p^{(0)} + \Delta\varepsilon_{p,u} \qquad 5.2.4(1)$$

mit: $\varepsilon_p^{(0)}$ Vordehnung

$\Delta\varepsilon_{p,u} = \varepsilon_{cp,u}$ Zusatzdehnung des Spannstahles beim Erreichen der Traglast

Diese Zusatzdehnung ist gleich der Betondehnung in Höhe der Bewehrung, sie wird aus den querschnittsbezogenen Bemessungsgrößen ermittelt. Der hieraus resultierende Spannungszuwachs $\Delta\sigma_{p,u}$ ergibt zusammen mit der Spannung aus der Vordehnung $\sigma_p^{(0)}$ die Bemessungsspannung $\sigma_{p,u}$:

$$\sigma_{p,u} = \sigma_p^{(0)} + \Delta\sigma_{p,u} \qquad 5.2.4(2)$$

Bei der Vorspannung ohne Verbund ist die Vorspannung eine äußere Einwirkungsgröße. Die Spannbewehrung kann sich gegenüber ihrer Umgebung verschieben, nur an den Endverankerungen oder Umlenkstellen ist eine feste Verbindung mit dem Beton vorhanden. Die Dehnungeinflüsse sind nun nicht mehr querschnittsbezogen, sie betreffen das ganze freie System zwischen den Verbindungspunkten. Die zusätzliche Spannstahldehnung $\Delta\varepsilon_{p,u}$ im ULS muß jetzt aus der Summe der Dehnungen der einzelnen Betonquerschnitte entlang der freien Länge L gewonnen werden. Es gilt:

$$\Delta\varepsilon_{p,u} = \frac{1}{L}\int_L \varepsilon_{cp,u}\, dl$$

Dieser Wert ist entlang des Spanngliedes konstant, wenn man von Reibungseinflüssen absieht. Die Lösung dieses Integrales ist nicht von einfacher Art, da sie die genaue Kenntnis der Formänderungen aller Querschnitte in Abhängigkeit von ihrer elastischen und plastischen Eigenschaften und der Rißbildung erfordert. Etliche Veröffentlichungen verschiedener Hochschulinstitute beschreiben den derzeitigen Wissensstand hierzu. In [99] wird von *Eibl/Iványi* u. a. die grundsätzliche Problematik dargestellt. Danach beträgt der Spannungszuwachs im Spannstahl zwischen den Zuständen der Gebrauchstauglichkeit (SLS) und Tragfähigkeit (ULS) in der Regel bis zu 20% der Initialspannung, bei Durchlaufkonstruktionen kann er auf 5%–10% derselben absinken. In [100] beschreiben *Eibl* und andere die Erstellung eines EDV-Programmes zur Ermittlung des Spannungszuwachses. Schließlich bringen *Zerna* und *Köpper* in [101] ein Berechnungsverfahren als Handrechnung. Bei ihnen wird der Spannungszuwachs $\Delta\sigma_{p,u}$:

- größer bei steigender Betonfestigkeit,
- kleiner bei steigender Stahlgüte und höherem Stahlquerschnitt,
- kleiner bei Durchlaufträgern gegenüber Einfeldträgern.

Damit nun die Anwendung der Bauweise nicht nur von Spezialwissen der Hochschulinstitute abhängt, lassen die Vorschriften den Weg der „sicheren Seite" zu, indem auf die Ermittlung des Spannungszuwachses verzichtet werden darf und als Spannung nur der Betrag aus der Vordehnung Berücksichtigung finden soll. Hiermit wird der Bemessung eine geringere Stahlspannung zugrunde gelegt, die Folge ist ein größerer Stahlquerschnitt. Mit dieser Festlegung wird ein Teil der zur Verfügung stehenden Stahlfestigkeit nicht ausgenutzt. Dieser Fehlbetrag wird umso geringer, je höher die Initialspannung gewählt werden kann. Den geringsten Betrag erreicht man mit den höheren Stahlfestigkeiten nach dem Eurocode. Nach *Eibl* [99] liegt der Spannungsrest dann bei 10%–20% der Initialspannung und würde dem Spannungszuwachs $\Delta \sigma_{p,u}$ im ULS entsprechen. Damit wäre dann die Stahlfestigkeit ausgenutzt.

Mit der Variante der externen Anordnung der Spannglieder lassen sich die folgenden Vorteile gegenüber dem nachträglichen Verbund erzielen:

- Die Spannglieder sind jederzeit prüfbar und können nachgespannt werden.
- Die Spannglieder sind austauschbar, ggf. auch gegen solche mit einer höheren Tragkraft.
- Die Spannglieder haben auf der ganzen Länge einen hochwertigeren und wirksameren Korrosionsschutz.
- Die Dauerschwingbeanspruchung ist geringer.
- Die Stege sind frei von Spanngliedern, der dadurch vorhandene höhere Betonstahlgehalt kann den Rißbreitenzustand des Tragwerkes verbessern.
- Bei Durchlaufkonstruktionen entfallen die Entlüftungsschläuche in der Fahrbahnplatte, dadurch wird ihre profilgerechte Herstellung verbessert.

Als Nachteile lassen sich anführen:

- Die Spannkräfte werden nur an den Verankerungsstellen eingeleitet, die Verbundreserve fehlt.
- Es entstehen Zusatzbeanspruchungen als Querbiegemoment und Torsionsmoment infolge der exzentrischen Wirkungen der Spannkräfte.
- Die Umlenkstellen sind teuer in Herstellung und Einbau.
- Die Krafteinleitung wird komplizierter, die wirksame Spannkraft muß über Eck eingeleitet werden. Mit großer Wahrscheinlichkeit ist die Spannkraft an der Auflagerlinie noch nicht wirksam eingeleitet. Hierdurch können besondere Bemessungsmaßnahmen erforderlich werden.
- Der Hebelarm der Vorspannkräfte wird geringer, dadurch wird ein Mehrbedarf an Spannstahl erforderlich.

5.2.4.2 Vorspannung mit internen Spanngliedern

Zur Erzielung eines inneren Spannungszustandes aus Vorspannung kann man die statischen Erfordernisse nach den Möglichkeiten der *zentrischen*, der *exzentrisch geradlinigen* und der *exzentrisch geführten* Spannkabelführung ausrichten. Mit der Spannkabelführung hat man die Möglichkeit, die Beanspruchungen aus Vorspannung und äußerer Belastung aufeinander abzustimmen, indem man den Stellen der größten Biegemomente aus äußerer Belastung die größten Exzentrizitäten der Spannlinie zuordnet. Die Spanngliedführung wird, analog zum überwiegend parabelförmigen Verlauf des Biegemomentes, durch einen ebenso gekrümmten Linienzug nach der Form der Parabel dargestellt. Die gebräuchlichste Art der internen Vorspannung liegt im nachträglichen Verbund.

a) Statisch bestimmt gelagerte Tragwerke

Bei den statisch bestimmt gelagerten Tragwerken können sich die eingetragenen Formänderungen frei entfalten. Die Schnittgrößen werden mit Hilfe der drei Gleichgewichtsbedingungen ermittelt. Die Belastung aus der Vorspannung entsteht durch das Bestreben des gekrümmten Spanngliedes, sich strecken zu wollen. Dadurch wird eine von unten nach oben gerichtete Streckenlast wirksam, die den Balken aufbiegen will. Diese Belastung – sie wird die Umlenkkraft genannt – wirkt in Richtung des Krümmungsradius' und wird näherungsweise vertikal angesetzt, da die Krümmung eines Spanngliedes im allgemeinen klein ist. Das wesentliche Kennzeichen der statisch bestimmten Vorspannung liegt darin, daß durch die Belastung der Umlenkkraft nur die inneren Kräfte abgebaut werden, die äußeren Kräfte und die Auflagerkräfte unberührt bleiben. Dieses erklärt sich daraus, daß im Auflagerpunkt die Endordinate der Querkraft aus der Umlenkkraft mit der vertikalen Komponente der Verankerungskraft im Gleichgewicht steht. In jedem Punkt des Trägers gilt:

$$N_p = P \cdot \cos\alpha_x = P, \quad M_p = (P \cdot \cos\alpha_x) \cdot e = P \cdot e, \quad V_p = P \cdot \sin\alpha_x$$

Bild 5.88
Schnittgrößen der statisch bestimmten Vorspannung

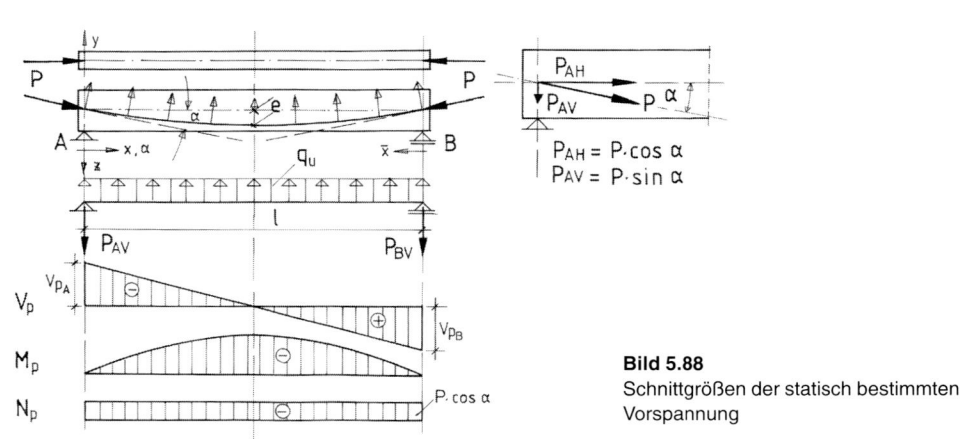

Für eine Spanngliedführung nach der Form der Normalparabel ergibt sich:

$\boxed{\Sigma M = 0}$ In der Feldmitte gilt:

$$(P \cdot \cos\alpha)\, e = \frac{q_u \cdot l^2}{8}; \quad q_u = \frac{8 \cdot e}{l^2} \cdot P \cdot \cos\alpha$$

Die Gleichung der Momentenlinie lautet:

$$M''_{(x)} = -(-q_u) = +q_u$$

$$M_{(x)} = \frac{1}{2} q_u \cdot x^2 + c_1 x + c_2$$

Randbedingungen: $x = 0$, $M_{(x)} = 0$, $c_2 = 0$

$$x = l, \quad M_{(x)} = o, \quad c_1 = -V_{PB} = -\frac{q_u \cdot l}{2}$$

$$M_{(x)} = \frac{1}{2} q_u \cdot x^2 - \frac{1}{2} q \cdot l \cdot x = \frac{1}{2} q_u (x^2 - l \cdot x)$$

$$M_{(x)} = \frac{4 \cdot e}{l^2} \cos\alpha\, (x^2 - l \cdot x) \quad \text{oder} \quad -4 \cdot e \cdot P \cdot \cos\alpha \cdot \omega_R$$

5.2 Berechnungsgrundlagen für Überbauten

$\boxed{\Sigma V = 0}$ Im Auflagerpunkt gilt:

$$V_{PA} = \frac{q_u \cdot l}{2} = \frac{8 \cdot e}{l^2} \cdot P \cdot \cos\alpha \cdot \frac{l}{2} = \frac{2 \cdot e}{l/2} \cdot P \cdot \cos\alpha$$

$$V_{PA} = \tan\alpha \cdot P \cdot \cos\alpha = P \cdot \sin\alpha$$

$$P_{AV} = P \cdot \sin\alpha ; \quad \text{somit } V_{PA} = P_{AV}$$

Mit der dritten Gleichgewichtsbedingung (ΣN bzw. $\Sigma H = 0$) schließlich werden die Formänderungen in Balkenlängsachse und ihre Auswirkungen auf den Kräftezustand nach Einleitung der Spannkraft beschrieben. Gleichgewicht zwischen Stahl und Beton tritt ein, wenn die Stahlzugkraft auf den Beton übertragen und eingeleitet ist. Hierbei erfährt der Beton die elastische Verkürzung Δl_c. Der Stahl macht diesen Verkürzungsvorgang mit, damit fällt die Initialspannung σ_{ps} um einen Betrag $\Delta\sigma_{ps}$ ab. Nach der Verbundbeziehung des Stahlbetons gilt:

$$\Delta\varepsilon_p = \varepsilon_c \qquad 5.2.4(3)$$

$$\frac{\Delta\sigma_{ps}}{E_p} = \frac{\sigma_c}{E_c} \quad \text{oder:} \quad \Delta\sigma_{ps} = \frac{E_p}{E_c} \cdot \sigma_c = \alpha \cdot \sigma_c$$

d. h. im Verbundzustand läßt sich jede Spannungsänderung im Spannstahl aus der α-fachen, in Höhe der Spannbewehrung wirkenden, Betonspannung errechnen. Dies gilt

– bei sofortigem Verbund für alle Lastfälle,
– bei nachträglichem Verbund für alle Lastfälle nach Herstellung des Verbundes, d. h. nach dem Verpressen der Spannkanäle.

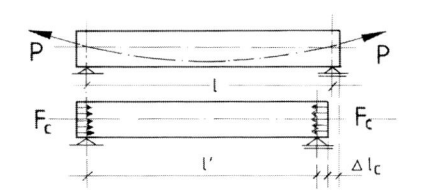

Bild 5.89 Gleichgewicht der Längskräfte

Erfolgt die Übertragung der Spannkraft im Verbundzustand, läßt sich der Spannungsabfall $\Delta\sigma_{ps}$ aus der Initialspannung σ_{ps} mit Hilfe der ideellen Querschnittsfläche $A_{c,i}$ ermitteln:

$\boxed{\Sigma H = 0}$ $P = F_c, \quad A_{c,i} = A_c + (\alpha - 1) \cdot A_p$

$$(\sigma_{ps} - \Delta\sigma_{ps}) \cdot A_p = \sigma_c \cdot A_{c,i}$$

$$\sigma_{ps} \cdot A_p = \frac{\Delta\sigma_{ps}}{\alpha} \cdot A_{c,i} + \Delta\sigma_{ps} \cdot A_p = \frac{\Delta\sigma_{ps}}{\alpha}(A_{c,i} + \alpha A_p)$$

$$\sigma_{ps} = \Delta\sigma_{ps} \frac{A_{c,i} + \alpha \cdot A_p}{\alpha A_p}$$

oder:

$$\Delta\sigma_{ps} = \sigma_{ps} \frac{\alpha \cdot A_p}{A_{c,i} + \alpha \cdot A_p} \qquad 5.2.4(4)$$

Erfolgt die Übertragung der Spannkraft im verbundlosen Zustand, läßt sich der Spannungsabfall $\Delta\sigma_{ps}$ aus der Initialspannung σ_{ps} mit Hilfe der Nettoquerschnittsfläche wie folgt ermitteln:

$\boxed{\Sigma H = 0}$ $\quad P = F_c, \quad A_{c,N} = A_c - A_G$

$$(\sigma_{ps} - \Delta\sigma_{ps}) \cdot A_p = \sigma_c \cdot A_{c,N}$$

$$\sigma_c = \frac{\Delta l_c}{l} E_c; \quad \Delta l_c = \Delta l_p; \quad \frac{\Delta l_p}{l} = \Delta\varepsilon_p = \frac{\Delta\sigma_{ps}}{E_p}; \quad \sigma_c = \Delta\sigma_{ps} \frac{E_c}{E_p}$$

$$\sigma_{ps} \cdot A_p - \Delta\sigma_{ps} \cdot A_p = \Delta\sigma_{ps} \cdot \frac{E_c}{E_p} \cdot A_{c,N}$$

$$\sigma_{ps} \cdot A_p = \Delta\sigma_{ps} \left(\frac{A_{c,N}}{\alpha} + A_p \right) = \frac{\Delta\sigma_{ps}}{\alpha} (A_{c,N} + \alpha \cdot A_p)$$

$$\sigma_{ps} = \Delta\sigma_{ps} \frac{A_{c,N} + \alpha \cdot A_p}{\alpha A_p}$$

oder:

$$\Delta\sigma_{ps} = \sigma_{ps} \frac{\alpha \cdot A_p}{A_{c,N} + \alpha \cdot A_p} \qquad 5.2.4(5)$$

Statisch unbestimmt gelagerte Tragwerke

a) Spanngliedführung und Umlenkkräfte

Bei der statisch unbestimmten Vorspannung ist die Lage des Spanngliedes im System, d.h. seine Krümmung, sein Durchgang durch die Nullinie und die Lage eines eventuellen Wendepunktes von Bedeutung, weil hierdurch die Größe und die Richtung der Umlenkkräfte festgeschrieben wird. Diese wirken als Belastung auf das statisch unbestimmte System und erzeugen zusätzlich zur statisch bestimmten Vorspannung eine systemgebundene Zwangsbeanspruchung. Die Größe dieser Zwangskräfte wird durch die Spanngliedführung beeinflußt, je nach der Größe der Anteile positiver und negativer Momentenflächen aus statisch bestimmter Vorspannung. So können im besonderen Fall diese Zwangskräfte auch zu Null werden. In diesem Fall ist die Vorspannung zwängungsfrei, man spricht dann von der „formtreuen" oder „konkordanten" Spanngliedführung. Diese theoretisch bedeutsame Spanngliedlage ist aber für die praktischen Fälle wenig geeignet, da sie nur durch das Absenken der Außermittigkeiten in Feld und Stütze erzielbar ist und damit die Möglichkeiten der Systemgeometrie und des Materiales nicht ausschöpft. Bei der statisch unbestimmten Vorspannung ist die am statisch bestimmten System beobachtete Besonderheit, daß die Belastung aus den Umlenkkräften die äußeren Kräfte nicht berührt, nicht mehr erfüllt. Es entstehen Auflagerkräfte aus der Wirkung der statischen Unbestimmten, die hieraus resultierenden Querkräfte und Biegemomente sind zu ermitteln.

In jedem Punkt des Trägers gilt:

$$M_p = M_p^0 + M_p'$$
$$V_p = V_p^0 + V_p'$$
$$N_p = N_p^0, \text{ da die Beanspruchungen nur im Bereich der Theorie 1. Ordnung}$$
$$\quad \text{verfolgt werden}$$

mit: Zeiger 0 Schnittgrößen aus zugehöriger statisch bestimmter Vorspannung
     Zeiger ′ Schnittgrößen aus der Wirkung der statisch Unbestimmten

Für die praktische Durchführung des Problems kann man sich für eine *parabolische* oder *allgemeine* Spanngliedführung entscheiden.

5.2 Berechnungsgrundlagen für Überbauten

Bei der ersten wird das Spannkabel exakt in einsinniger Krümmung bis zur Stütze hochgeführt, an der dann theoretisch ein Spanngliedknick entsteht. Hierdurch entsteht eine einheitliche, von unten nach oben gerichtete Belastung aus der Umlenkkraft, die, infolge unterschiedlicher Krümmung, feldweise eine unterschiedliche Größe haben kann. Der Knickbereich wird, so klein wie möglich, durch einen entsprechenden Kreisbogen ausgerundet, der aber nicht kleiner als der für das Spannverfahren zulässige Krümmungsradius sein darf. Die Ausrundung wird bei der Ermittlung des statisch bestimmten Biegemomentenanteiles berücksichtigt, bei der Ermittlung des statisch unbestimmten Anteiles aber vernachlässigt.

Bei der allgemeinen Spanngliedführung kann sich der Spannstrang aus verschiedenen, unterschiedlich gekrümmten Parabelabschnitten mit tangentialem Übergang zusammensetzen, es ist aber auch jede andere, stetig veränderliche, Linienführung möglich. Beim Hinaufführen des Spannstranges vom Feld zur Stütze wird ein Wendepunkt durchlaufen, in dem die Krümmung ihre Richtung ändert. Durch diesen Krümmungswechsel in der Spannlinie entsteht in der Umlenkkraft ein Richtungswechsel, dergestalt, daß diese den Träger im Stützbereich zusätzlich belastet.

b) Vorspannung mit parabolischer Spanngliedführung

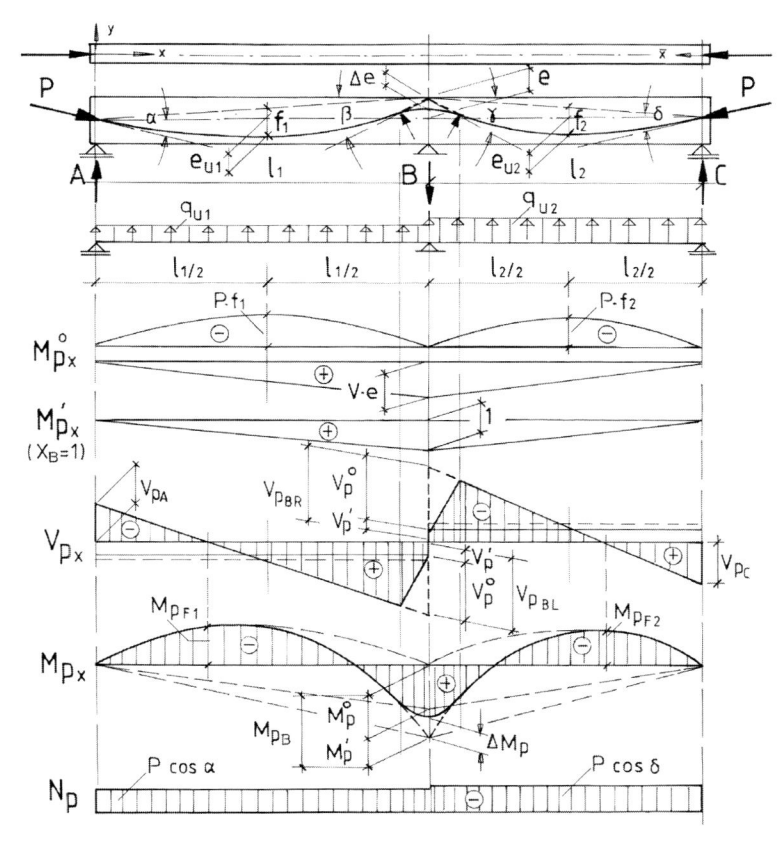

Bild 5.90
Schnittgrößen infolge Vorspannung mit parabolischer Spanngliedführung

Für die Ermittlung der statischen Unbestimmten liefert die Anwendung des Kraftgrößenverfahrens:

$$E \cdot I \cdot \varphi_{11} = \frac{1}{3}(l_1 + l_2)$$

$$E \cdot I \cdot \varphi_{10} = \frac{1}{3} \cdot P \cdot e \cdot (l_1 + l_2) - \frac{1}{3} P \cdot (f_1 \cdot l_1 + f_2 \cdot l_2)$$

$$= \frac{P}{3}\left(e \cdot (l_1 + l_2) - (f_1 \cdot l_1 + f_2 \cdot l_2)\right)$$

$$E \cdot I \cdot \varphi_{10} + X_B \cdot E \cdot I \cdot \varphi_{11} = 0$$

$$X_B = -\frac{P \cdot [e(l_1 + l_2) - (f_1 \cdot l_1 + f_2 \cdot l_2)]}{(l_1 + l_2)} \triangleq M'_{Bp}, \text{ da } X_B = 1 \text{ gesetzt war}$$

Somit gilt:

$$M'_{Bp} = P\left[\frac{l_1 \cdot f_1 + l_2 \cdot f_2}{l_1 + l_2} - e\right] \qquad 5.2.4(6)$$

Hierin sind P und e positiv einzusetzen, wie es vom Vorzeichenansatz der Schnittgrößen vorausgesetzt wurde. Unter Berücksichtigung der Krümmung der statisch bestimmten Grundparabel lautet die Gleichung der Momentenlinie wieder, wenn das gleiche Koordinatensystem des Balkens auf zwei Stützen angewendet wird:

$$M''_{p(x)} = +q_u$$

$$M_{p(x)} = \frac{1}{2} q_u \cdot x^2 + c_1 \cdot x + c_2$$

Mit den Randbedingungen:

$$x = 0, \quad M_{p(x)} = 0 \quad \text{wird} \quad c_2 = 0$$

$$x = l_1 \text{ bzw. } l_2; \, M_{p(x)} = M°_{Bp} + M'_{Bp}$$

erhält c_1 einen entsprechenden Wert.

$M°_{Bp}$ statisch bestimmter Momentenwert über der Stütze
M'_{Bp} statisch unbestimmter Momentenwert für eine Vorspannkraft von 1 [kN] über der Stütze

Somit wird:

$$M_{p(x)} = \frac{1}{2} q_u \cdot x^2 + c_1 \cdot x$$

$$V_{p(x)} = q_u \cdot x + c_1 \quad \text{mit} \quad x_N = c_1/q_u$$

Auflagerkräfte entstehen nur aus dem statisch unbestimmten Momentenanteil. Da die Querkraftordinaten aus dem statisch bestimmten Momentenanteil durch entsprechende Komponenten der Verankerungskräfte – über der Stütze ergeben sich diese aus dem theoretischen Knick – im Gleichgewicht sind, erfolgt hier, wie bei der statisch bestimmten Vorspannung, nur ein Abbau der inneren Kräfte. Für das dargestellte System nach Bild 5.91 ergibt sich:

$$P_{Av} = V_{p0A} = P \cdot \sin\alpha \qquad P_{Blv} = V_{p0Bl} = P \cdot \sin\beta$$

$$P_{Brv} = V_{p0Br} = P \cdot \sin\gamma \qquad P_{Cv} = V_{p0C} = P \cdot \sin\delta$$

5.2 Berechnungsgrundlagen für Überbauten

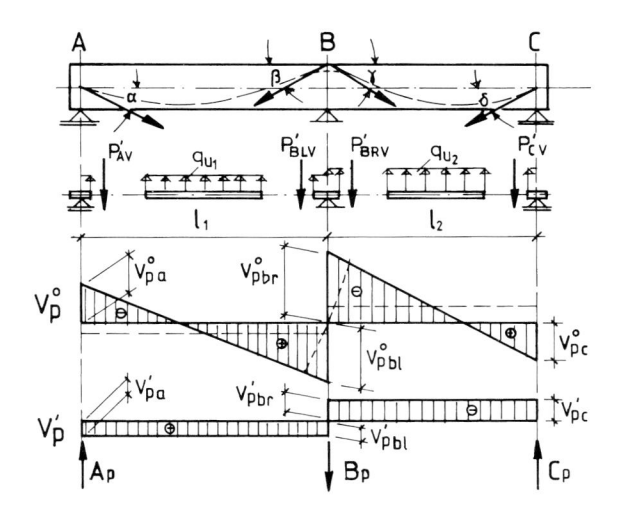

Bild 5.91
Auflagerkräfte infolge Vorspannung mit parabolischer Spanngliedführung

Als Bemessungswert der Querkraft über der (den) Stütze(n) ist der Wert am Beginn bzw. Ende der Ausrundung zu wählen. Die Auflagerkräfte ergeben sich in der eingetragenen Richtung zu:

$$A = M'_{BP}/l_1; \quad B = M'_{BP}/l_1 + M'_{BP}/l_2; \quad C = M'_{BP}/l_2$$

c) Vorspannung mit allgemeiner Spanngliedführung

Die Ermittlung der statischen Unbestimmten erfolgt zweckmäßigerweise wieder nach dem Kraftgrößenverfahren:

$$E \cdot I \cdot \varphi_{10} + X_B \cdot E \cdot I \cdot \varphi_{11} = 0$$

$$E \cdot I \cdot \varphi_{11} = \frac{1}{3}(l_1 + l_2)$$

$$E \cdot I \cdot \varphi_{10} = \int M_p^\circ \cdot \bar{M}'_p \cdot ds$$

hierin ist $\bar{M}'_p$ das Biegemoment infolge der statischen Unbestimmten $X_B = 1$. Die tatsächliche Größe der Unbestimmten ergibt sich dann zu:

$$X_B = -\frac{E \cdot I \cdot \varphi_{10}}{E \cdot I \cdot \varphi_{11}} \triangleq M'_{Bp}, \text{ da } X_B = 1 \text{ gesetzt war}$$

Hat man ein System mit einem höheren Grad statischer Unbestimmtheit, führen die Lösungsansätze auf ein lineares Gleichungssystem mehrerer Unbekannter.

Die Querkraft ergibt sich aus dem Steigungsverhältnis des Spannstranges, die Größe der einzelnen Anteile erhält man aus einer numerischen Differentiation:

$$V = \frac{M_{n+1} - M_n}{\Delta l}$$

Die Umlenkkraft ergibt sich aus dem Krümmungsverhalten des Spannstranges. Im Bereich der Gegenkrümmung über der Stütze ändert sie ihre Richtung und wirkt zusätzlich belastend im Sinne von $(G + Q)$ auf das System. Dadurch erfolgt ein entsprechender Abbau der Querkraft in diesem Bereich. Dieser Abbau ändert wiederum nur den inneren Kräftezustand, d.h. Auflagerkräfte entstehen aus dem statisch bestimmten Lastanteil der Vorspannung nicht. An

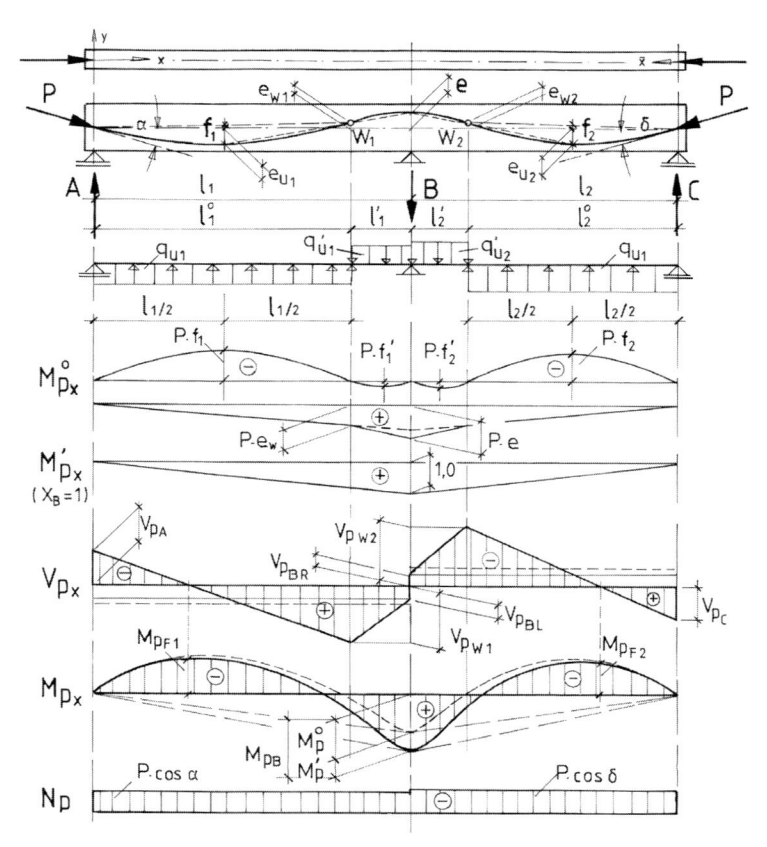

Bild 5.92
Schnittgrößen infolge Vorspannung mit allgemeiner Spanngliedführung

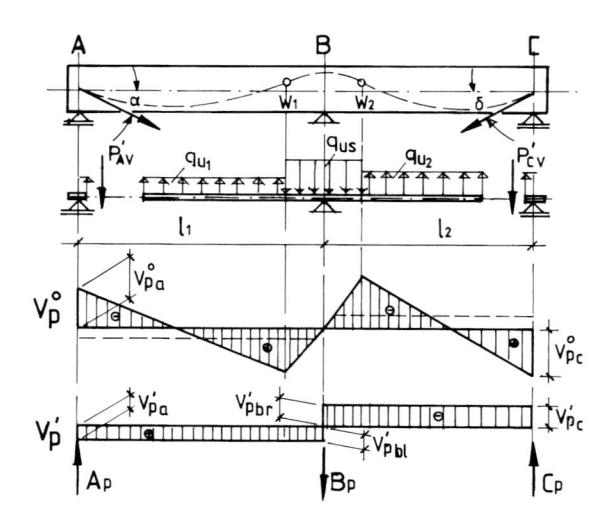

Bild 5.93
Auflagerkräfte infolge Vorspannung mit allgemeiner Spanngliedführung

5.2 Berechnungsgrundlagen für Überbauten

den Endpunkten des Trägers steht der entsprechende Querkraftanteil V_p^0 wieder mit der lotrechten Komponente der Verankerungskraft P_p im Gleichgewicht, es gilt:

$$P_{Av} = V_{p0A} = P \cdot \sin\alpha; \quad P_{Cv} = V_{p0C} = P \cdot \sin\delta$$

An der (oder den) Mittelstütze(n) ist die Steigung der Spannlinie gleich Null, folglich geht die Querkraft des statisch bestimmten Momentenanteiles dort durch Null. Auflagerkräfte entstehen ebenfalls nur aus dem statisch unbestimmten Momentenanteil. Es ergeben sich, wie bei der parabolischen Führung, die Auflagerkräfte in der eingetragenen Richtung zu (Bild 5.93):

$$A = M'_{BP}/l_1; \quad B = M'_{BP}/l_1 + M'_{BP}/l_2; \quad C = M'_{BP}/l_2$$

Tabelle 5.15
Zwängungsmomente in Balkensystemen mit exakter prabolischer Führung der Spannglieder für nachträglichen Verbund

System	Statische Unbestimmte (P, e positiv einsetzen)
(Einfeldträger mit f, e_B)	$M'_P = P(f - e)$
(Einfeldträger mit e_A, f, Δl, e_B)	$M'_P = P\left[\dfrac{2}{3}f - \left(e_a - \Delta l \cdot \dfrac{x}{l}\right)\right]$
(Zweifeldträger l_1, l_2, f_1, f_2, e)	$M'_{BP} = P\left[\dfrac{l_1 \cdot f_1 + l_2 \cdot f_2}{l_1 + l_2} - e\right]$
$l_1 = l_2 = l;\ f_1 = f_2 = f$	$M'_{BP} = P(f - e)$
(Dreifeldträger l_1, l_2, l_1)	$M'_{BP} = P\left[\dfrac{l_1 \cdot f_1 + l_2 \cdot f_2}{l_1 + \dfrac{3}{2} \cdot l_2} - e\right]$
$l_1 = l_2 = l$	$M'_{BP} = P\left[\dfrac{2}{5}(f_1 + f_2) - e\right]$
(Vierfeldträger l_1, l_2, l_2, l_1)	$M'_{BP} = P\left[\dfrac{2\,l_1 \cdot f_1 + l_2 \cdot f_2}{2\,l_1 + \dfrac{3}{2} \cdot l_2} - e_1\right]$
	$M'_{CP} = P\left[\dfrac{l_1 \cdot f_1 + \dfrac{1}{2} l_2 \cdot f_2}{2\,l_1 + \dfrac{3}{2} l_2} - (f_2 - e_2)\right]$

5.2.4.3 Vorspannung mit externen Spanngliedern

a) Vorbetrachtungen

Der Bedarf und das Interesse an einer Vorspannart, die nachträglich veränderbar ist, entstand aus negativen Erfahrungen, die bei der Erhaltung der Brücken mit nachträglichem Verbund gemacht wurden. Wenn auch diese Bauart durch technische Verbesserungen beherrschbar und vielfach erfolgreich angewendet wurde, wurde dennoch nach einer Alternative zum nachträglichen Verbund gesucht, mit dem Ziel, die Qualität der Spannbetonbrücken im Hinblick auf die Dauerhaftigkeit zu verbessern. Die Spannglieder einer externen Führung werden für eine Funktionskontrolle zugänglich und es wird möglich, sie erforderlichenfalls auszuwechseln oder durch Nachspannen an veränderte Nutzungsbedingungen der Brücke anzupassen. Hierdurch ergeben sich für den Baulastträger Vorteile bei der späteren Brückenunterhaltung.

Die externe Vorspannung ist die gebräuchlichste Variante der verbundlosen Vorspannung. Wie durch die Bezeichnung bereits zum Ausdruck gebracht wird, liegt die Spannbewehrung außerhalb des Querschnittes, seitlich neben dem Balken und ist mit diesem über Querträger, Traversen oder Konsolen (Lisenen) verbunden, durch die die Spann- und Umlenkkräfte übertragen werden. Die Anwendung dieser Art der Vorspannung beschränkt sich vorrangig auf den Hohlkastenquerschnitt, bei dem im Innern Raum und Platz vorhanden ist, die Bewehrung nach außen nicht sichtbar unterzubringen. Sie wird seitlich dem jeweiligen Hauptträger zugeordnet, liegt aber insgesamt im Innern des Gesamtquerschnittes.

Für die Durchführung des Verfahrens kann man sich wieder, ähnlich dem nachträglichem Verbund, für die Möglichkeiten der *zentrischen*, *exzentrisch geradlinigen* und der *exzentrisch geführten* Anordnung entscheiden. Die Führung der Spannglieder erfolgt aber jetzt konstant oder linear, an den Knickstellen wirken Umlenkkräfte in Form von Einzellasten als innere Kräfte.

Die im folgenden dargestellten Lastfälle beziehen sich auf die Grundfälle des Balkens mit exzentrischer Anordnung der Spannbewehrung. Unabhängig von der späteren Wirkung im Gesamtsystem, treten hierbei aus der exzentrischen Einleitung der Spann-, Quer- und Umlenkkräfte Zusatzbeanspruchungen in Form eines Querbiegemomentes und eines Torsionsmomentes auf. Das Querbiegemoment resultiert aus den horizontalen Spannkräften an den Einleitungsstellen, das Torsionsmoment wird durch die Vertikalkräfte der polygonal geführten Spannbewehrung verursacht. Das Torsionsmoment ermöglicht den inneren Kraftfluß zwischen der Stelle der Krafteinleitung und der, an der die Umlenkkraft wirkt, es wirkt daher auch am Gesamtsystem. Das Querbiegemoment kann am Gesamtsystem durch eine entsprechende Anordnung von Querträgern ausgeschaltet werden, in diesem Fall werden die Spannkräfte nicht am einzelnen Hauptträger, sondern am gesamten Querschnittssystem eingetragen.

b) Statisch bestimmt gelagerte Tragwerke

Wie schon bei den Lastfällen der internen Vorspannung angesprochen, entstehen hierbei keine Auflagerkräfte, da entweder keine Vertikalkomponenten als innere Kräfte vorhanden sind (Parallelführung) oder die Querkraft aus der Spanngliedführung mit der Vertikalkomponente der Spannkraft an der Einleitungsstelle im Gleichgewicht steht (Polygonalführung). Bei unsymmetrischer Anordnung der Umlenkstellen im Feld weisen die Kabelstränge eine unterschiedliche Neigung auf, für den Nachweis der vorstehend angesprochenen Verträglichkeit $\Sigma V_i = 0$ muß dann die Neigung der Umlenkkräfte mit berücksichtigt werden.

Spannkabel geradlinig exzentrisch geführt

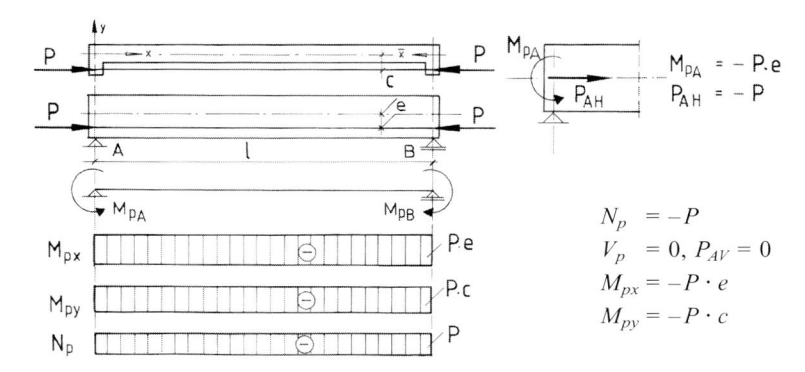

$$N_p = -P$$
$$V_p = 0, \; P_{AV} = 0$$
$$M_{px} = -P \cdot e$$
$$M_{py} = -P \cdot c$$

$$M_{pA} = -P \cdot e$$
$$P_{AH} = -P$$

Bild 5.94
Schnittgrößen infolge geradliniger Spanngliedführung

Spannkabel linear geführt, eine Umlenkstelle symmetrisch

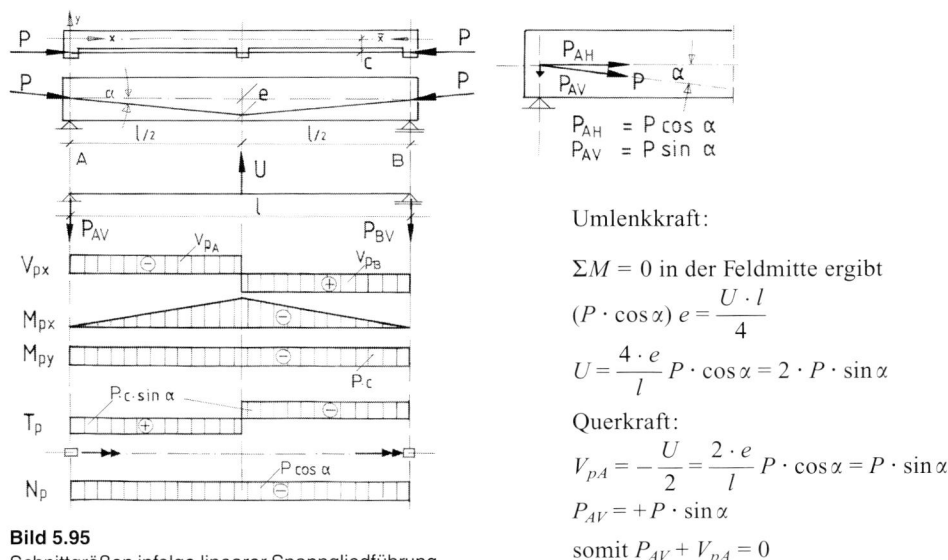

$$P_{AH} = P \cos \alpha$$
$$P_{AV} = P \sin \alpha$$

Umlenkkraft:

$\Sigma M = 0$ in der Feldmitte ergibt

$$(P \cdot \cos \alpha) \, e = \frac{U \cdot l}{4}$$

$$U = \frac{4 \cdot e}{l} P \cdot \cos \alpha = 2 \cdot P \cdot \sin \alpha$$

Querkraft:

$$V_{pA} = -\frac{U}{2} = \frac{2 \cdot e}{l} P \cdot \cos \alpha = P \cdot \sin \alpha$$
$$P_{AV} = +P \cdot \sin \alpha$$
somit $P_{AV} + V_{pA} = 0$

Bild 5.95
Schnittgrößen infolge linearer Spanngliedführung,
eine Umlenkung symmetrisch

- Biegemomente:

Ebene x-x: $\;0 < x < \dfrac{l}{2}: \; M_{px} = -\dfrac{U}{2} x = -(P \cdot \sin \alpha) \cdot x$

$\qquad\qquad \dfrac{l}{2} < x < l: \; M_{px} = -\dfrac{U}{2} x + U \left(x - \dfrac{l}{2} \right) = P \cdot \sin \alpha \cdot (x - l)$

Ebene y-y: $\;0 < x < l: \; M_{py} = -P \cdot c$

- Torsionsmomente:

$$0 < x < \frac{l}{2}: \quad T_p = +A_p \cdot c = +P \cdot c \sin\alpha$$

$$\frac{l}{2} < x < l: \quad T_p = B_p \cdot c = -P \cdot c \sin\alpha$$

Spannkabel linear geführt, zwei Umlenkstellen symmetrisch

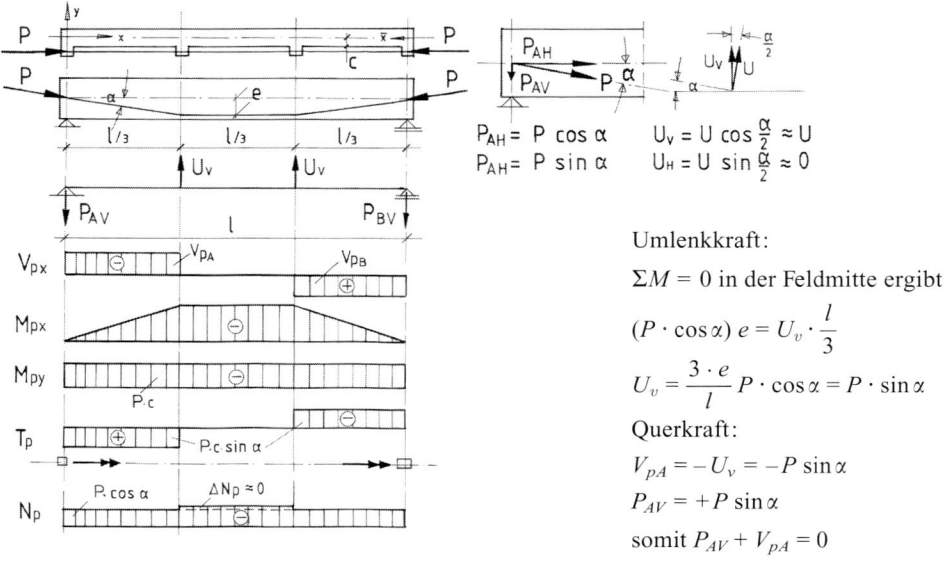

$P_{AH} = P \cos\alpha$
$P_{AH} = P \sin\alpha$

$U_v = U \cos\frac{\alpha}{2} \approx U$
$U_H = U \sin\frac{\alpha}{2} \approx 0$

Umlenkkraft:
$\Sigma M = 0$ in der Feldmitte ergibt

$$(P \cdot \cos\alpha)\, e = U_v \cdot \frac{l}{3}$$

$$U_v = \frac{3 \cdot e}{l} P \cdot \cos\alpha = P \cdot \sin\alpha$$

Querkraft:
$V_{pA} = -U_v = -P \sin\alpha$
$P_{AV} = +P \sin\alpha$
somit $P_{AV} + V_{pA} = 0$

Bild 5.96
Schnittgrößen infolge linearer Spanngliedführung, zwei Umlenkungen symmetrisch

- Biegemomente:

Ebene x-x: $0 < x < \frac{l}{3}$: $M_{px} = -U_v \cdot x = -(P \cdot \sin\alpha) \cdot x$

$\frac{l}{3} < x < \frac{2}{3}l$: $M_{px} = -U_v \cdot x + U_v \left(x - \frac{l}{3}\right) = -\frac{P \cdot l}{3}\sin\alpha$

$\frac{2}{3}l < x < l$: $M_{px} = -U_v \cdot x + U_v \left(x - \frac{l}{3}\right) + U_v \left(x - \frac{2}{3}l\right)$

$\qquad\qquad = U_v (x - l) = P \cdot \sin\alpha \cdot (x - l)$

Ebene y-y: $0 < x < l$: $M_{py} = -P \cdot c$

- Torsionsmomente:

$0 < x < \frac{l}{3}$: $T_p = +A \cdot c = +P \cdot c \cdot \sin\alpha$

$\frac{l}{3} < x < \frac{2}{3}l$: $T_p = 0$

5.2 Berechnungsgrundlagen für Überbauten

$$\frac{2}{3}l < x < l : \quad T_p = -B \cdot c = -P \cdot c \cdot \sin\alpha$$

- Normalkräfte:

$$0 < x < \frac{l}{3} \quad \text{und} \quad \frac{2}{3}l < x < l : \quad N_p = -P \cdot \cos\alpha$$

$$\frac{l}{3} < x < \frac{2}{3}l : \qquad N_p = -P \cdot \cos\alpha - U \cdot \sin\frac{\alpha}{2}$$

$$= -P \cdot \cos\alpha - \Delta N_p \approx P \cdot \cos\alpha, \text{ mit } \Delta N_p \approx 0$$

Spannkabel linear geführt, eine Umlenkstelle unsymmetrisch

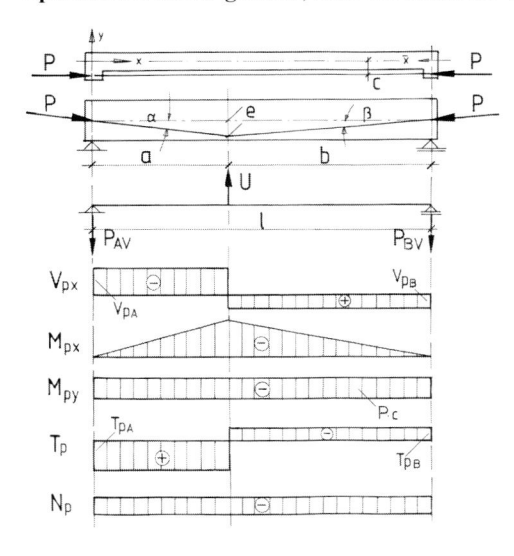

Bild 5.97
Schnittgrößen infolge linearer Spanngliedführung, eine Umlenkung unsymmetrisch

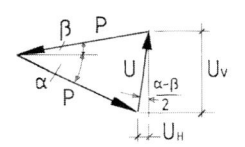

Strenge Lösung:

Neigungswinkel der Umlenkkraft gegen die Vertikale

$$= \frac{\alpha - \beta}{2}$$

Umlenkkraft:

$$U^2 = 2 \cdot P^2 \cdot (1 - \cos(\alpha + \beta))$$

$$U_v = U \cdot \cos\frac{\alpha - \beta}{2}$$

$$U_H = U \cdot \sin\frac{\alpha - \beta}{2}$$

Für die Berechnung jedoch mit einfacheren Ansätzen:

Umlenkkraft: $\quad U_v = P \cdot (\sin\alpha + \cos\beta)$

Querkraft: $\quad V_{pA} = -\dfrac{P \cdot b}{l}(\sin\alpha + \cos\beta), \quad V_{pB} = +\dfrac{P \cdot a}{l}(\sin\alpha + \cos\beta)$

Biegemomente: $\quad M_{px} = -P\dfrac{a \cdot b}{l}(\sin\alpha + \cos\beta)$

$\quad M_{py} = -P \cdot c$

Torsionsmomente: $\quad T_{pA} = -P\dfrac{b \cdot c}{l}(\sin\alpha + \cos\beta)$

$$T_{pB} = -P\frac{a \cdot c}{l}(\sin\alpha + \cos\beta)$$

Normalkraft: $\quad N_{pA} = N_{pB} - P \cdot \cos\left(\dfrac{\alpha+\beta}{2}\right)$

Kontrolle am Auflager:

mit: $\alpha = \beta$, $a = b = \dfrac{l}{2}$ wird $V_{pA} = P\dfrac{l}{2 \cdot l} 2 \cdot \sin\alpha = P \cdot \sin\alpha$

c) Statisch unbestimmt gelagerte Tragwerke

Spanngliedführung

Bei der statisch unbestimmten Vorspannung geht es darum, die von der Spanngliedführung abhängige statisch Unbestimmte zu ermitteln. Mit der Wahl und Zuordnung der positiven und negativen Momentenflächen des zugehörigen statisch bestimmtem Grundsystems nimmt man Einfluß auf ihre Größe. Die Art der Spanngliedführung bestimmt den Verlauf der Grundmomente.

Bei der geradlinigen Anordnung der Spannglieder wird die Spannbewehrung abschnittsweise angeordnet, in den Feldern unten und über der Stütze oben. Der Wechselpunkt liegt im Momentennullpunkt. Hierdurch wird der Bereich der statisch bestimmten Grundmomente festgelegt, ihre Größe bestimmt die Exzentrizität. Auf das System wirken innere Einzelmomente.

Bei der linear geführten Anordnung der Spannglieder wird die Spannbewehrung über der (den) Stütze(n) hochgeführt, um dort die statisch erforderlichen Grundmomente zu erzeugen. Die Größe und der Bereich dieses Momentes wird durch die geometrisch mögliche Außermittigkeit und die Neigungen der anliegenden Spannstränge festgelegt, die ihrerseits wieder von der Lage der Umlenkpunkte im Feld abhängen. Über der Stütze entsteht eine zusätzliche Umlenkkraft aus der Größe der anliegenden Querkräfte.

Auflagerkräfte entstehen wiederum nur aus der Wirkung der statischen Unbestimmten, das statisch bestimmte Grundsystem ist in sich geschlossen. In jedem Punkt des Trägers gilt wieder:

$$M_p = M_p^0 + M_p'$$
$$V_p = V_p^0 + V_p'$$
$$N_p = N_p^0$$

Spannkabel geradlinig exzentrisch geführt

Annahme: Der Momentennullpunkt liegt in $0{,}2\ l$:

Die statische Unbestimmte wird nach dem Kraftgrößenverfahren ermittelt:

$$E \cdot I \cdot \varphi_{11} = \frac{1}{3}(l_1 + l_2)$$

$$E \cdot I \cdot \varphi_{10} = -\frac{1}{2} \cdot 0{,}80 \cdot P_1 \cdot e_{u_1} \cdot 0{,}80 \cdot l_1 - \frac{1}{2} 0{,}80 \cdot P_2 \cdot e_{u_2} \cdot 0{,}80 \cdot l_2$$

$$+ \frac{1}{2} P_3 \cdot e_o \,(0{,}80 + 1{,}0)(l_1 + l_2) \cdot 0{,}2$$

mit: $\quad e_{u_1} = e_{u_2} = e_u$

wird: $\quad E \cdot I \cdot \varphi_{10} = -0{,}32 \cdot e_u \cdot (P_1 \cdot l_1 + P_2 \cdot l_2) + 0{,}18 \cdot P_3 \cdot e_o \cdot (l_1 + l_2)$

$\qquad\quad E \cdot I \cdot \varphi_{10} + E \cdot I \cdot \varphi_{11} = 0$

5.2 Berechnungsgrundlagen für Überbauten

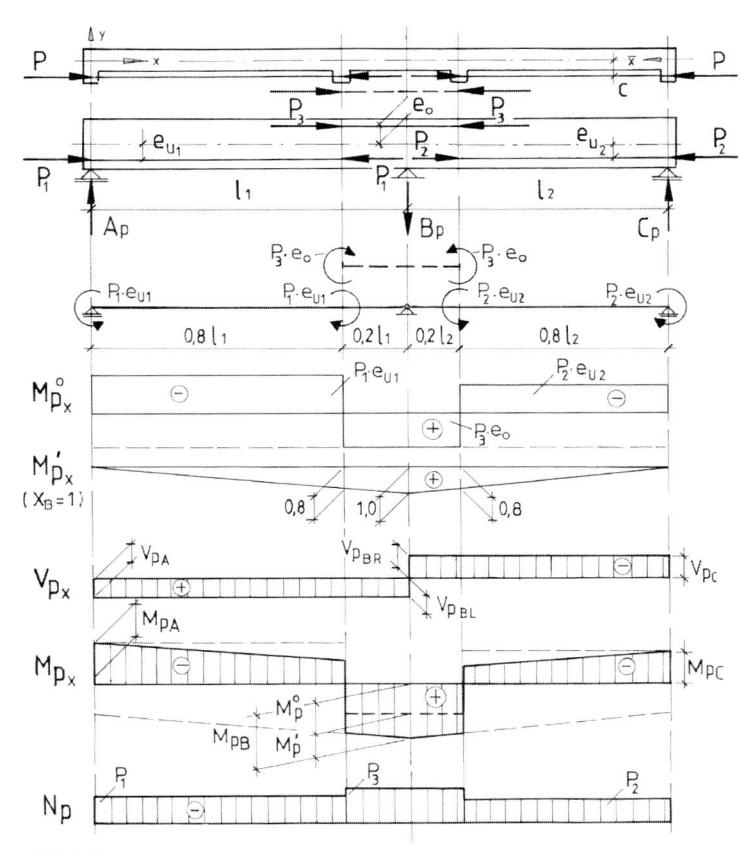

Bild 5.98
Schnittgrößen infolge abgesetzter geradliniger Spanngliedführung

$$X_1 = M'_{pB} = -\frac{-0{,}32 \cdot e_u (P_1 \cdot l_1 + P_2 \cdot l_2) + 0{,}18 \cdot e_o (l_1 + l_2)}{\frac{1}{3}(l_1 + l_2)}$$

$$M'_{pB} = 0{,}96 \cdot e_u \frac{P_1 \cdot l_1 + P_2 \cdot l_2}{l_1 + l_2} - 0{,}54 \cdot P_3 \cdot e_o \qquad 5.2.4(8)$$

Wählt man die Lage der Momentennullpunkte zu $0{,}184\,l$, so ergibt sich

$$M'_{pB} \approx 1{,}0 \cdot e_u \frac{P_1 \cdot l_1 + P_2 \cdot l_2}{l_1 + l_2} - 0{,}50 \cdot P_3 \cdot e_o \qquad 5.2.4(9)$$

Mit $P_1 = P_2 = P_u$ und $P_3 = P_o$ ergibt sich dann weiter:

$$M'_{pB} \approx 1{,}0 \cdot P_u \cdot e_u - 0{,}5 \cdot P_o \cdot e_o \qquad 5.2.4(10)$$

Quer- und Auflagerkräfte

$$V_p = V_p^0 + V'_p \rightarrow V_p^0 = 0, \quad \text{somit} \quad V_p = V'_p = \frac{M'_{pB}}{l}$$

Damit ergeben sich die Auflagerkräfte

$$A_p = +\frac{M'_{pB}}{l_1}, \quad B_p = +\frac{M'_{pB}}{l_1} + \left|-\frac{M'_{pB}}{l_2}\right|, \quad C_p = \left|-\frac{M'_{pB}}{l_2}\right|$$

Biegemomente

Ebene x-x: $0 < x < 0{,}8 \cdot l$: $\quad M_{px} = -P_u \cdot e_{u_1} + M'_{pB}\dfrac{x}{l_1}$

$\qquad 0{,}8 \cdot l < x < 1{,}0 \cdot l$: $\; M_{px} = +P_3 \cdot e_o + M'_{pB}\dfrac{x}{l_1}$

Biegemomente in Feld 2 entsprechend mit gegenläufiger Koordinate $\bar{x}$ (negativ).

Ebene y-y: Die Querbiegemomente müssen wie vor ebenfalls am statisch unbestimmten System ermittelt werden, wenn sie denn wirksam werden. Es ist nämlich möglich, bei diesem System durch konstruktive Maßnahmen die Wirkung dieses Momentes auszuschalten und die Vorspannkraft am Gesamtsystem einzutragen (siehe hierzu Abschnitt 5.4.2.2).

Spannkabel linear geführt, je eine Umlenkstelle in den Feldern, symmetrisch

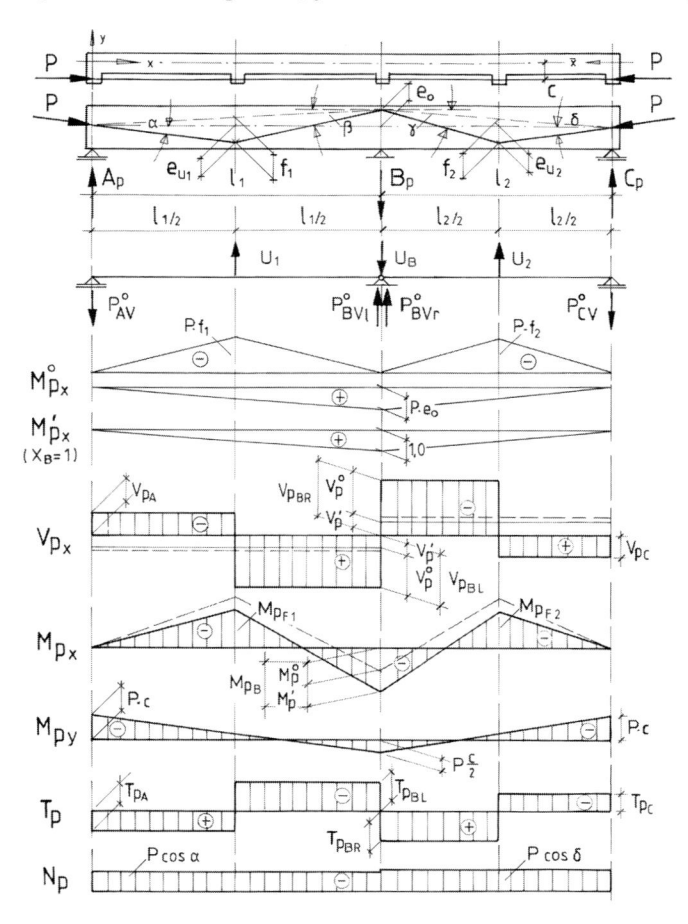

Bild 5.99 Schnittgrößen infolge linearer Spanngliedführung, eine Umlenkung pro Feld

5.2 Berechnungsgrundlagen für Überbauten

Die statisch Unbestimmte wird nach dem Kraftgrößenverfahren ermittelt:

$$E \cdot I \cdot \varphi_{11} = \frac{1}{3}(l_1 + l_2)$$

$$E \cdot I \cdot \varphi_{11} = \frac{1}{3} P \cdot e_o \cdot (l_1 + l_2) - \frac{1}{4} P \cdot (f_1 \cdot l_1 + f_2 \cdot l_2)$$

$$= \frac{1}{3} e_o \cdot (l_1 + l_2) - \frac{3}{4}(f_1 \cdot l_1 + f_2 \cdot l_2)$$

$$E \cdot I \cdot \varphi_{10} = E \cdot I \cdot \varphi_{11} = 0$$

$$X_1 = M'_{pB} = -P \frac{e_o \cdot (l_1 + l_2) - \frac{3}{4}(f_1 \cdot l_1 + f_2 \cdot l_2)}{l_1 + l_2}$$

$$M'_{pB} = P\left[\frac{3}{4}\frac{f_1 \cdot l_1 + f_2 \cdot l_2}{l_1 + l_2} - e_o\right] \qquad 5.2.4(11)$$

Sonderfall: $f_1 = f_2 = f$

$$M'_{pB} = P\left[\frac{3}{4}f - e_o\right] \qquad 5.2.4(12)$$

Querkräfte und Umlenkkräfte

Aus dem statisch bestimmten Lastanteil entstehen keine Auflagerkräfte, d. h. an den Auflagerpunkten A und C ist die Querkraft gleich der Vertikalkomponente der Verankerungskraft. An der Mittelstütze B bilden die anliegenden Querkraftordinaten die Größe der Umlenkkraft B.

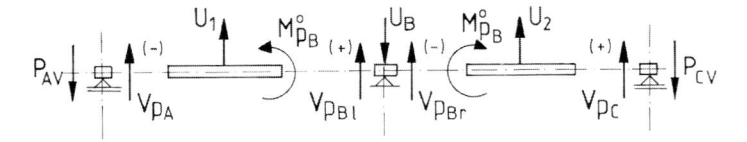

Bild 5.100
Querkräfte und Umlenkkräfte

Umlenkkraft in den Feldern (siehe statisch bestimmten Grundfall):

$$U_1 = \frac{4}{l_1} \cdot f_1 \cdot P \cdot \cos \alpha, \qquad U_2 = \frac{4}{l_2} \cdot f_2 \cdot P \cdot \cos \delta$$

mit: $\quad f_1 = e_{u_1} + \frac{e_o}{2} \qquad f_1 = e_{u_1} + \frac{e_o}{2}$

Querkraft am statisch bestimmten Grundsystem:
Zugehöriges Stützmoment $\quad M^0_{pB} = (P \cdot \cos \alpha) \cdot e_o$

$$V_{pA} = -\frac{2}{l_1}\left(e_{u_1} + \frac{e_o}{2}\right) P \cdot \cos \alpha + P \cdot \cos \frac{e_o}{l_1} = -\frac{2 e_{u_1}}{l_1} P \cdot \cos \alpha$$

$$= -P \cdot \sin \alpha = P_{VA}$$

$$V_{pB} = +\frac{2}{l_1}\left(e_{u_1} + \frac{e_o}{2}\right) P \cdot \cos \alpha + P \cdot \cos \frac{e_o}{l_1} = +\frac{2}{l_1}(e_{u_1} + e_o) P \cdot \cos \delta$$

Die Werte für Feld 2 ergeben sich entsprechend. Damit ergibt sich die Umlenkkraft über der Stütze zu:

$$U_B = +\frac{2}{l_1}(e_{u_1} + e_o)P \cdot \cos \alpha + \frac{2}{l_2}(e_{u_2} + e_o)P \cdot \cos \delta \qquad 5.2.4(13)$$

Sonderfall: $e_{u_1} = e_{u_2} = e_o$

$$U_B = 2(e_u + e_o)\left(\frac{P \cdot \cos \alpha}{l_1} + \frac{P \cdot \cos \delta}{l_2}\right) \qquad 5.2.4(14)$$

zusätzlich noch $l_1 = l_2 = l$, und $\alpha = \delta$

$$U_B = \frac{4}{l}(e_u + e_o)P \cdot \cos \alpha \qquad 5.2.4(15)$$

Querkraft am statisch unbestimmten System:

$$V_p = V_p^0 + V_p' \rightarrow V_p^0 = 0, \quad \text{somit} \quad V_p = V_p' = \frac{M'_{pB}}{l}$$

Damit ergeben sich die Auflagerkräfte:

$$A_p = +\frac{M'_{pB}}{l_1}, \quad B_p = +\frac{M'_{pB}}{l_1} + \left|-\frac{M'_{pB}}{l_2}\right|, \quad C_p = \left|-\frac{M'_{pB}}{l_2}\right|$$

Biegemomente am statisch unbestimmten System

Ebene *x-x*: Bereich $0 < x < \frac{l}{2}$

$$M_{px} = A_p \cdot x = \left(-P \cdot \sin \alpha + \frac{M'_{pB}}{l_1}\right) \cdot x \qquad \text{(Feld 1)}$$

$$M_{\overline{px}} = C_p \cdot \bar{x} = \left(-P \cdot \sin \delta + \frac{M'_{pB}}{l_2}\right) \cdot \bar{x} \qquad \text{(Feld 2)}$$

Ebene *x-x*: Bereich $\frac{l}{2} < x < l$

$$M_{px} = A_p \cdot x + U_1\left(x - \frac{l_1}{2}\right)$$

$$= \left(-P \cdot \sin \alpha + \frac{M'_{pB}}{l_1}\right) \cdot x + \frac{4}{l_1} \cdot f_1 \cdot P \cdot \cos \alpha \left(x - \frac{l_1}{2}\right) \qquad \text{(Feld 1)}$$

$$M_{\overline{px}} = \left(-P \cdot \sin \delta + \frac{M'_{pB}}{l_2}\right) \cdot \bar{x} + \frac{4}{l_2} \cdot f_2 \cdot P \cdot \cos \delta \left(\bar{x} - \frac{l_2}{2}\right) \qquad \text{(Feld 2)}$$

Ebene *y-y*: Versatzmoment $M = P \cdot c$ am statisch unbestimmten System

$$M_{pyA} = -P \cdot c, \quad M_{pyB} = +P \cdot \frac{c}{2}, \quad M_{pyC} = -P \cdot c$$

$$0 < x < l_1: \quad M_{p(y)} = \frac{3}{2l_1}(P \cdot c)x - P \cdot c = P \cdot c \frac{3x - 2l_1}{2l_1}$$

$$0 < \bar{x} < l_2: \quad M_{p(y)} = \frac{3}{2l_2}(P \cdot c)\bar{x} - P \cdot c = P \cdot c \frac{3x - 2l_2}{2l_2}$$

Torsionsmomente

Feld 1: $\quad 0 < x < \dfrac{l_1}{2}: \quad T_{pA} = +V_{pA}^0 \cdot c$

$\qquad \dfrac{l_1}{2} < x < l_1: \quad T_{pBl} = -V_{pBl} \cdot c$

Feld 2: $\quad l_1 < x < \dfrac{l_2}{2}: \quad T_{pBr} = +V_{pBr} \cdot c$

$\qquad \dfrac{l_2}{2} < x < l_2: \quad T_{pC} = -V_{pC} \cdot c$

5.2.5 Vorgespannte Tragwerke im Gebrauchszustand

5.2.5.1 Vorspannziele und Vorspanngrad

Mit der Spannbetonbauweise verbindet sich der Gedanke einer höheren Dauerhaftigkeit und kostengünstigeren Herstellung der Brückenbauwerke. Die Nutzung der Bauwerke hängt neben der Erfüllung der Tragsicherheitskriterien auch von der Einhaltung solcher des Gebrauchszustandes ab, die sich im äußeren Erscheinungsbild widerspiegeln. Die angestrebten Ziele liegen in der Vermeidung von Rissen, der Verringerung der Durchbiegung sowie einer kostengünstigeren Herstellung und Unterhaltung. Der letzte Zielpunkt hat sich nicht immer erfüllt; der Grund liegt auf der Hand! Auch diese Bauweise unterliegt herstellungsbedingten Ausführungsschwächen. Bei der Beseitigung dieser Schwächen hat es sich oft als nachteilig erwiesen, daß der Verbundzustand der Bewehrung im Nachhinein nicht beurteilt und schon gar nicht verändert werden kann. Aus diesem Grunde führt sich derzeit dort, wo es möglich ist, die verbundlose Vorspannung ein.

Die Verringerung der Durchbiegung wird erreicht, da sie eine direkte Folge der Bewehrungsführung ist. Die angestrebte Rissefreiheit hängt von der Betongüte und der Stärke der Vorspannung ab, denn streng genommen werden Risse nicht vermieden, sondern überdrückt, so daß sie nicht wirksam werden können. Die unterschiedliche Stärke der Vorspannung beurteilt man nach dem Begriff des „Vorspanngrades". Dieser Begriff ist im Eurocode nicht explizit definiert. Er wird aber dort über den Zusatzbegriff der Dekompression, d. h. Druckspannungszustand Null, eingeführt. Maßgebend für den zu wählenden Dekompressionszustand sind bestimmte festgelegte Nutzungskriterien des Gebrauchszustandes im Hinblick auf die *ständige*, *häufige* und *nichthäufige* Einwirkungskombination.

Für die Definition des Vorspanngrades in Abhängigkeit von der Dekompression gilt nach *Leonhardt* [33]:

$$k = \dfrac{M_{0d}}{M_{Ed}}$$

mit: M_{0d} Dekompressionsmoment
$\quad M_{Ed}$ Bemessungsmoment einer äußeren Belastung

Der Zustand der Dekompression in einem vorgespannten Tragwerk ist dann erreicht, wenn die Wirkung einer eingetragenen Vorspannung zum Zeitpunkt $t = t_\infty$ durch die Wirkung einer äußeren Belastung in bezug auf den Querschnittsrand der vorgedrückten Zugzone gerade aufgehoben ist. Wählt man als Bestimmungsgröße das Biegemoment, so steht dem der äußeren Belastung ein entsprechend großes aus der Vorspannung als Dekompressionsmoment gegenüber. Somit gilt:

$$M_{0d} = \sigma_{c1,p} \cdot W_{c1}$$

oder für den Vorspanngrad:

$$\frac{\sigma_{c1,p} \cdot W_{c1}}{\sigma_{c1,(g+q)} \cdot W_{c1}} = \frac{\sigma_{c1,p}}{\sigma_{c1,(g+q)}}$$

mit: $\sigma_{c1,p}$ Betonspannung aus Vorspannung zum Zeitpunkt $t = t_\infty$ am Querschnittsrand der vorgedrückten Zugzone

$\sigma_{c1,(g+q)}$ Betonspannung aus einer äußeren Belastung am Querschnittsrand der vorgedrückten Zugzone

Im Falle, daß sich am Querschnittsrand der vorgedrückten Zugzone die resultierende Spannung zu Null ergibt, beträgt der Vorspanngrad $k = 1{,}0$ und man spricht von voller Vorspannung.

Für die im Gebrauchszustand zu ermittelnden Spannungen muß man unterscheiden, ob Zustand I oder Zustand II vorliegt. Nach DIN FB 102, Abschnitt 4.4.1.2 ist dann der Zustand II anzunehmen, wenn die im Zustand I unter der charakteristischen Beanspruchungskombination ermittelten Betonzugspannung den Wert der mittleren Betonzugfestigkeit f_{ctm} überschreitet. Die Stahlspannungen sind entsprechend dem vorherrschenden Bemessungszustand zu ermitteln:

– im Zustand I als α-fache zugehörige Betonspannung
– im Zustand II durch direkte Ermittlung

$$\sigma_s = \frac{1}{A_p + A_s} \left[\frac{M_{Eds}}{z_r} + N_{Ed} \right]$$

mit: r Bezeichnung der gemeinsamen Bezugsachse des Stahlquerschnittes

5.2.5.2 Mittelwert der Vorspannkraft

Die Einwirkung einer Vorspannung auf ein Tragwerk wird durch den Mittelwert der Vorspannkraft beschrieben. Für vorgespannte Bauteile mit nachträglichem und ohne Verbund gilt:

$$P_{m,t} = P_0 - \Delta P_c - \Delta P_{sl} - \Delta P_{\mu(x)} - \Delta P_{t(t)}$$

Es bedeuten:

P_0 Spannkraft an der Spannstelle unmittelbar nach dem Vorspannvorgang
ΔP_c Spannkraft infolge elastischer Verformung des Bauteiles bei der Spannkraftübertragung
ΔP_{sl} Spannkraftverlust infolge Verankerungsschlupf

$$= 2 \frac{\Delta l_{sl}}{l} A_p \cdot E_p \quad \text{(siehe Abschnitt 5.2.4.5)}$$

mit: Δl_{sl} Schlupf in der Dimension einer Länge

$\Delta P_{\mu(x)}$ Spannkraftverlust infolge Reibung
$\Delta P_{t(t)}$ Spannkraftverlust infolge Kriechens, Schwindens und Relaxation zum Zeitpunkt t

Die Kriech-, Schwind- und Relaxationsverluste müssen in der Berechnung durch Iteration berücksichtigt werden, für den ersten Ansatz geht man von Erfahrungswerten aus. Der Reibungsverlust kann im Rahmen der hierfür zulässigen höheren Spannungen im Spannstahl durch Überspannen verringert werden. Die Verluste aus Schlupf und elastischer Verformung treten nicht explizit auf, sie werden überspannt. Somit ergibt sich der Mittelwert wie folgt:

– Zeitpunkt $t = 0$: $P_{m,0} = P_0$
– Zeitpunkt $t = \infty$: $P_{m,0} = P_0 - \Delta P_{\mu(x)} - \Delta P_{t(t)}$

5.2 Berechnungsgrundlagen für Überbauten

Der Mittelwert der Vorspannkraft zum Zeitpunkt $t = 0$, der unmittelbar nach dem Absetzen der Pressenkraft auf den Anker aufgebracht wird, darf den kleineren Wert der nachstehenden Werte nicht überschreiten:

mit:
$$P_0 \leqq A_p \cdot \sigma_{p,m0}$$

$$\sigma_{pm,0} = 0{,}75\, f_{pk} \quad \text{oder} \quad 0{,}85\, f_{p;0,1\,k}$$

wobei ist: f_{pk} charakteristischer Wert der Zugfestigkeit
$f_{p;0,1\,k}$ charakteristischer Wert der Streckfestigkeit

Für den Spannvorgang bei einer Überspannung gelten höhere Werte der zulässigen Spannung. Die im Spannanker während des Spannvorganges im Spannstahl aufgebrachte Höchstkraft darf den folgenden Wert nicht überschreiten:

$$\max P_0 \leqq A_p \cdot \sigma_{0,\max}$$

mit: $\sigma_{0,\max} = 0{,}80\, f_{pk} \quad \text{oder} \quad 0{,}90\, f_{p;0,1\,k}$

Hierbei ist der kleinere Wert maßgebend.

Diese Werte sind ca. 20 % größer als nach den bisherigen Vorschriften und liegen damit weit über dem deutschen Erfahrungsbereich. Da es im Spannvorgang durch ungewollte, tatsächlich höher auftretende Reibungsverluste oder Blockierungen sehr schnell zu höheren, als den planmäßigen Reibungsverlusten kommen kann, wird die Gefahr des Erreichens oder Überschreitens der Streckgrenze des Spannstahles jetzt real größer. Um dieses zu verhindern, werden für Spannglieder mit nachträglichem Verbund Höchstwerte der Spannkraft bei der Überspannung eingeführt. Hierdurch soll vermieden werden, daß der nachstehend skizzierte Spannungshorizont jemals erreicht oder überschritten wird:

$$1{,}0\, f_{p,0,1k} \quad \text{bzw.} \quad 0{,}90\, f_{pk}$$

Als Höchstwert gilt der kleinere Wert von:

$$\left.\begin{array}{l} P_{0,\max} = 0{,}80\, f_{pk} \cdot e^a \cdot A_p \\ \phantom{P_{0,\max}} = 0{,}90\, f_{p,0,1k} \cdot e^a \cdot A_p \end{array}\right\} \text{ mit } a = -\mu\gamma\,(\kappa - 1)$$

Hierin bedeuten:

μ, γ Kennwerte des Reibungsverlustes nach Abschnitt 5.2.5.4

$\gamma = \theta + k \cdot x$

wobei x bei einseitigem Spannen dem Abstand zwischen dem Spannanker und dem Festanker oder fester Kopplung, bei beidseitigem Spannen der Einflußlänge des jeweiligen Spannankers entspricht.

κ Vorhaltemaß zur Sicherung der Überspannungsreserve, weil der Spannstahl bis zum Auspressen ungeschützt im Hüllrohr liegt,
= 1,5 im Regelfall bei Korrosionsschutzmaßnahmen
= 2,0 im Sonderfall, wenn der Spannstahl länger als drei Wochen im Hüllrohr liegt

Ein Überspannen ist nur unter der Voraussetzung zulässig, wenn die Spannpresse eine Messungenauigkeit der aufgebrachten Spannkraft von höchstens $\pm 5\,\%$, bezogen auf den Endwert der Vorspannkraft, sicherstellt.

Dieser Höchstwert ist vom Reibungsverlust und damit von der Länge des zu spannenden Bauteiles abhängig, er wird mit wachsender Länge kleiner. Ab einer Länge von 25 bis 30 m des Bauteiles, je nach Größe des Reibungsverlustes, erreicht er bei einseitiger Krafteinleitung dem Wert der zulässigen Spannkraft, d.h. ab dieser Länge ist kein Überspannen mehr möglich.

5.2.5.3 Erforderliche Vorspannkraft

Die Vorspannkraft wird unter Gebrauchslastbedingungen ermittelt, da durch sie der Zustand der Dekompression beeinflußt wird, was wiederum Auswirkungen auf die Dauerhaftigkeit des Bauwerkes hat. Diese hängt weiterhin von den Umweltbedingungen ab. Daher werden die Bauwerke über die Umweltbedingungen, die als Expositionsklassen definiert sind (Tab. 1, DIN-FB 100 oder Tab. 3, DIN 1045-1), bestimmten Bemessungskategorien zugeordnet. Diese sind im Abschnitt 5.3.6.1 in der Tabelle 5.26 aufgeführt.

Die für die Bemessung der Vorspannkraft maßgebende Einwirkungskombination wird im Grenzzustand der Dekompression für nachträglichen Verbund nach den Kategorien A, B oder C ermittelt; für die externe Vorspannung ist die Kategorie C anzusetzen, wobei noch zusätzliche Regelungen zu berücksichtigen sind (siehe die Ergänzungen für Betonbrücken mit externen Spanngliedern des DIN FB 102).

Die Vorspannkraft ist so zu wählen, daß durch sie am Querschnittsrand der vorgedrückten Zugzone keine Zugspannungen unter der maßgebenden Einwirkungskombination entstehen, d. h. der Vorspanngrad $k \geq 1,0$ wirksam wird, die Vorspannung ist dabei mit ihren charakteristischen Werten in Ansatz zu bringen:

$$P_{k,sup} = r_{sup} \cdot P_{m,t}, \quad \text{oberer charakteristischer Wert der Vorspannkraft}$$

$$P_{k,inf} = r_{inf} \cdot P_{m,t}, \quad \text{unterer charakteristischer Wert der Vorspannkraft}$$

Die Beiwerte r sind wie folgt anzunehmen:
- bei Vorspannung mit sofortigem oder ohne Verbund:

$$r_{sup} = 1,05 \quad \text{und} \quad r_{inf} = 0,95$$

- bei Vorspannung mit nachträglichem Verbund:

$$r_{sup} = 1,10 \quad \text{und} \quad r_{inf} = 0,90$$

Die rechnerischen Untersuchungen sind um die Dekompressionsachse im Querschnitt zu führen. Für ein statisch bestimmt gelagertes Tragwerk gilt z. B. bei Ansatz der häufigen Lastkombination allgemein:

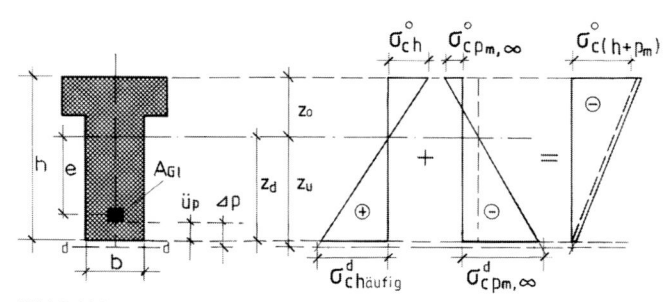

Bild 5.101
Spannungen im Dekompressionszustand

Abstand der Dekompressionsachse $d-d$ vom Schwerpunkt des Querschnittes:

$$z_d = z_u - \ddot{u}_{pl} + \Delta p$$

mit: $\Delta p \geq \ddot{u}_{pl}$ Betondeckung der Hüllrohre in der vorgedrückten Zugzone

5.2 Berechnungsgrundlagen für Überbauten

Randbedingung: $\sigma^d_{c,\text{häuf}} - \sigma^d_{cpm,\infty} = 0$

$$\frac{M_{\text{häuf}}}{W_{cd}} - r_{\inf} \cdot P_{m,\infty} \left[\frac{1}{A_c} + \frac{e}{W_{cd}} \right] = 0$$

$$P_{m,\infty} = \frac{1}{r_{\inf}} \left[\frac{\dfrac{M_{\text{häuf}}}{W_{cd}}}{\dfrac{1}{A_c} + \dfrac{e}{W_{cd}}} \right] \qquad 5.2.5(2)$$

Dieser Nachweis bestimmt die Größe der Vorspannung zum Zeitpunkt $t = \infty$. Zum Zeitpunkt $t = 0$ ergibt sich die Spannkraft zu:

$$P_{m,0} = \frac{P_{m,\infty}}{1 - \dfrac{u}{100}}$$

mit: u Verluste infolge Kriechens und Schwindens sowie Relaxation des Spannstahls in [%]

Bei statisch unbestimmt gelagerten Tragwerken können die erforderlichen Vorspannkräfte auch nach der vorher beschriebenen Rechenbeziehung ermittelt werden, wenn man an Stelle des geometrischen Hebelarmes e den entsprechenden Wert e^* der statisch unbestimmten Momentenlinie, die für die Vorspannkraft 1 [kN; MN] aufgestellt wurde, einsetzt. Dieser Wert stellt den durch die Wirkung der statischen Unbestimmten verzerrten Hebelarm an der Bemessungsstelle dar und berücksichtigt die statisch unbestimmte Systemwirkung. Somit gilt:

$$\text{erf } P_{m,\infty} = \frac{1}{r_{\inf}} \left[\frac{\dfrac{M_{\text{häuf}}}{W_{cd}}}{\dfrac{1}{A_c} + \dfrac{e^*}{W_{cd}}} \right] \qquad 5.2.5(3)$$

mit: e^* Ordinate der statisch unbestimmten Momentenlinie, aufgestellt für die Vorspannkraft 1 [kN, MN]

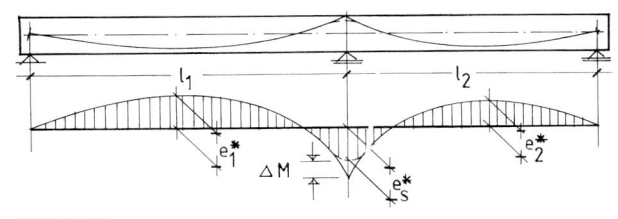

Bild 5.102
Momentenlinie im Durchlaufträger infolge einer Spannkraft von 1 kN [MN]

An den einzelnen Bemessungsstellen ergeben sich unterschiedlich große Vorspannkräfte. Ihre sinnvolle Einbindung in das System erfolgt bei Balken über eine Staffelung der Bewehrung, bei Platten hingegen müssen an den einzelnen Bemessungsstellen immer gleiche Spannkräfte vorhanden sein, da die Platten nur gleichmäßig von Spanngliedern durchsetzt sein können. Man erreicht dieses durch ein gezieltes Auspendeln der Exzentrizitäten.

5.2.5.4 Spannkraft und Spannweg

Einfluß der Reibung

Die an der Spannstelle eingetragene Spannkraft vermindert sich bis zum Verankerungsende durch die Reibung zwischen Spannstahl und Spannkanal. Die Größe des Reibungsverlustes ist abhängig von

- der Art der Umfangsausbildung des Spannstahles (Reibungskoeffizient),
- der Spanngliedführung im Hinblick auf die geometrische Umlenkung,
- dem Abstand der Unterstützungen im Hinblick auf sekundäre Reibungseinflüsse, die auch unter dem Begriff der ungewollten Umlenkung zusammengefaßt werden,
- der Wahl des Spannvorganges.

Der Spannkraftverlauf stellt sich entlang des Spanngliedes nach dem Coulombschen Seilreibungsgesetz ein. Für stetig gekrümmte Spannglieder gilt:

$$P_{0(x)} = P_0 \cdot e^{-\mu\gamma}$$

mit: μ Reibungsbeiwert nach dem Zulassungsbescheid des Spannverfahrens
$\gamma = \theta + k \cdot x$

    θ Summe der planmäßigen Umlenkwinkel bis zur Stelle x; bei räumlich gekrümmten Spanngliedern werden die Umlenkwinkel im Grund- und Aufriß vektoriell addiert

$$= \sqrt{\theta_v^2 + \theta_h^2}$$

    k ungewollter Umlenkwinkel je Längeneinheit nach dem Zulassungsbescheid des Spannverfahrens

$P_{0(x)}$ Spannkraft an der Stelle x
P_0 iniziierte Pressenkraft

Der Reibungsverlust beträgt somit:

$$P_{\mu(x)} = P_0 - P_{0(x)} = P_0 (1 - e^{-\mu\gamma})$$

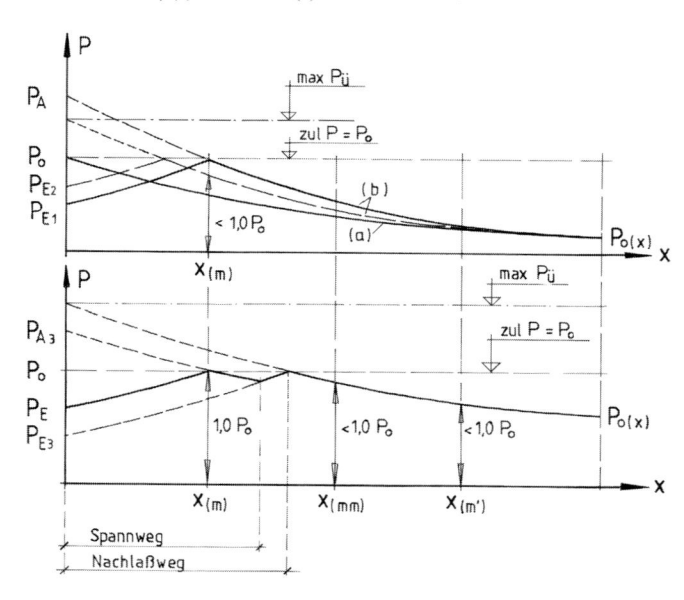

Bild 5.103
Verlauf der Spannkraft bei Reibungsbehinderung

Um diese Verluste an den Bemessungsstellen möglichst klein oder gar zu Null werden zu lassen, kann man sie im Rahmen der zulässigen höheren Spannstahlspannungen während des Spannvorganges durch kurzfristige Überspannung ausgleichen, bzw. verringern, wenn die Höchstwertbegrenzung des Spannvorganges maßgebend wird. Für einen Spannstrang in nachträglichem Verbund und stetiger Krümmung ergeben sich die nachstehend skizzierten Zusammenhänge.

Krafteinleitungsprinzip ohne Höchstwertbegrenzung ($P_A < \max P_{\ddot{u}}$)

Der Spannkraftverlauf bei einseitiger Krafteinleitung sei durch die Kurve (a) in Bild 5.103 beschrieben. Die Spannkraft fällt infolge Reibung vom Wert P_0 auf den Wert $P_{0(x)}$ ab. Der Verlust an Spannkraft an der Bemessungsstelle $x_{(m)}$ kann jetzt im Rahmen der hierfür zur Verfügung stehenden höheren zulässigen Spannungen herausgezogen werden. Man bringt zunächst eine Spannkraft P_A auf, deren Größe so errechnet wird, daß an der Bemessungsstelle der Verlust an Spannkraft zu Null und die Spannkraft $1{,}0\ P_0$ wirksam wird. Danach wird die Spannkraft wieder abgesenkt, um die Überspannung herauszunehmen. Beim Nachlassen der Spannkraft dreht sich die Wirkung der Reibung um, die Spannkraft wächst vom unteren Scheitelwert zu und schneidet die vorher aufgebrachte Spannkurve (b). Der untere Scheitelwert P_{E1} wird so errechnet, daß an der Bemessungsstelle der Wert $1{,}0\ P_0$ nicht verändert wird.

Variante bei Höchstwertbegrenzung ($P_A > \max P_{\ddot{u}}$)

Liegt jetzt der Höchstwert des Spannvorganges unter dem Wert P_A des Anspannvorganges, darf nur bis zu diesem Höchstwert gespannt werden. Als Folge entsteht an der Bemessungsstelle $x_{(m)}$ ein kleinerer Wert als $1{,}0\ P_0$, d.h. der Reibungsverlust kann nicht voll ausgeglichen werden bei Höchstwertbegrenzung. Der Absenkvorgang wird wieder auf den Wert $1{,}0\ P_0$ ausgerichtet (P_{E2}).

Sind jetzt mehrere Bemessungsstellen $x_{(m)}$, $x_{(mm)}$ und x' eines Durchlaufträgers vorhanden, werden die Bemessungsstellen durch *einen* Spannvorgang auf den nach der Höchstwertbegrenzung möglichen Wert gebracht; es entstehen Werte, die kleiner als $1{,}0\ P_0$ sind. Liegen aber eine oder mehrere Bemessungsstellen unter der auf $\max P_{\ddot{u}}$ ausgerichteten Spannkurve noch im Bereich der zulässigen Spannkraft, kann der Wert $1{,}0\ P_0$ durch Absenken (P_{E3}) und Wiederanspannen (P_{A3}) erzielt werden. Am Ende wird die Überspannung durch Absenken auf den Wert P_E wieder herausgenommen.

Zur Erzielung eines insgesamt symmetrischen Spannkraftabfalles werden solche Spannglieder im Querschnitt jeweils zur Hälfte von links und rechts gespannt.

Die bei den Anspann- und Nachlaßvorgängen auftretenden Wege werden nach einem Ansatz von *Kupfer* [56] in Abhängigkeit vom Reibungswinkel γ ermittelt. Gleichzeitig kann auch die sich dort einstellende Spannkraft errechnet werden:

$$\hat{\gamma}_m = \frac{1}{2 \cdot \mu} \log \text{nat} \left[\frac{P_A}{P_E} \right] \quad \text{mit } P_{\max,\min} = \sqrt{P_A \cdot P_E} \qquad 5.2.5(5)$$

mit: $\hat{\gamma}_m$ Reibungswinkel bis zur Schnittstelle im Bogenmaß

P_A, P_E Randwerte der Spannkräfte des betreffenden Anspann- oder Nachlaßvorganges

Bei der externen Vorspannung werden die Spannglieder geradlinig zwischen den Verankerungs- und Umlenkstellen geführt (Polygonzugführung). Daher sind die Einflüsse aus der ungewollten Umlenkung gering, in manchen Fällen sogar Null. DIN ENV 1992-1.5 läßt in bestimmten Fällen die Vernachlässigung des Faktors k zu. Reibung entsteht im wesentlichen an den Umlenksätteln. Man unterscheidet hier eine innere und eine äußere Reibung. Bei der inneren Reibung gleiten die Drähte oder Litzen gegenüber der Schutzhülle, bei der äußeren Reibung bewegt sich das ganze Spanngliedpaket relativ zum Umlenksattel. Die innere Reibung tritt immer dann auf, wenn Bündel einzeln gespannt werden. Werden die Bündel mit großen Spannpressen gleichzeitig gespannt, tritt eine Mischform beider Reibungstypen auf. Die effektive Spannkraft an der Stelle x beträgt:

$$P_{0(x)} = P_0 \cdot e^{-z}; \quad \text{mit} \quad z = \mu_i \cdot k \cdot x + n \cdot \mu_a \cdot \theta_n$$

mit: n Anzahl der vorhandenen Umlenksättel bis zur Stelle x

$\mu_i ; \mu_a$ Beiwerte der inneren und äußeren Reibung nach der Zulassung des Spannverfahrens oder ersatzweise der Norm (DIN V ENV 1992-1-5)

θ_n planmäßiger Umlenkwinkel im Umlenksattel

Der Reibungsverlust beträgt somit:

$$P_{\mu(x)} = P_0 - P_{0(x)} = P_0 (1 - e^{-z}) \qquad 5.2.5(6)$$

mit: $z = \mu_i \cdot k \cdot x + n \cdot \mu_a \cdot \theta_n$

Der Reibungsbeiwert hängt von der Anzahl der Lagen der Spannglieder und der Art der in der Schutzhülle befindlichen Korrosionsschutzmasse ab. Eine Überspannung zum Ausgleich der Reibungsverluste würde keinen Erfolg haben, da sich der durch Absenkung der Initialspannkraft erreichte Spannzustand durch die freie Beweglichkeit der Spanndrähte infolge fehlenden Verbundes nicht auf Dauer fixieren läßt. An den Bemessungsstellen würde der erreichte Initialwert von 1,0 P_0 absinken. Die Reibungsverluste müssen also an den Bemessungsstellen berücksichtigt werden.

Im folgenden Bild ist der Verlauf der Spannkraft in Abhängigkeit vom Verbundzustand für den Fall eines Balkens auf zwei Stützen dargestellt.

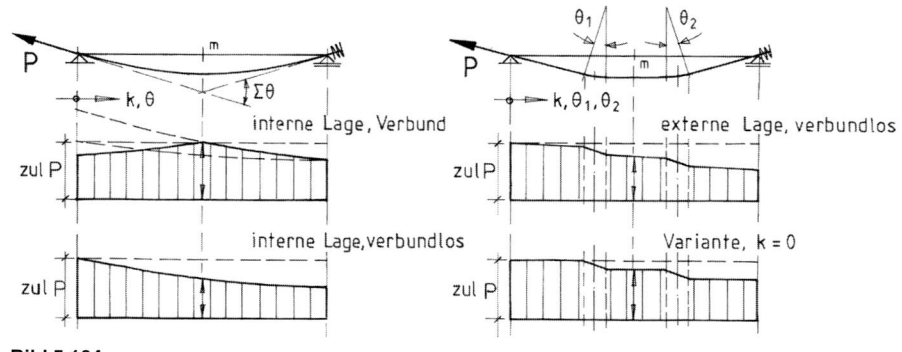

Bild 5.104
Vergleich der Spannkraftflächen

Ermittlung der Spannwege

Zur Überprüfung der Krafteinleitung während des Spannvorganges müssen neben den Spannkräften auch die Dehnwege bekannt sein. Der Dehn- oder Spannweg setzt sich zusammen aus den Einzeleinflüssen:

$$\Delta l = \Delta l_p + \Delta l_c + \Delta l_{sl}$$

mit: Δl_p Längenänderung des Spannstahles $= \Sigma (\varepsilon_p \cdot l_p)$

Δl_c elastische Verkürzung des Betons $= \Sigma (\varepsilon_c \cdot l_c)$

Δl_{sl} Längenänderung im Spannelement (Schlupf)

5.2 Berechnungsgrundlagen für Überbauten

Die Dehnwege können näherungsweise durch Integration der Dehnungen über die Trägerlänge x ermittelt werden:

$$\Delta l_p = \int \varepsilon_p \, dx = \int \frac{\sigma_{ps}}{E_p} \, dx = \int \frac{P_{0(x)}}{E_p \cdot A_p} \, dx$$

$$\Delta l_c = -\int \varepsilon_c \, dx = -\int \frac{\sigma_c}{E_c} \, dx = -\int \frac{P_{0(x)}}{E_c \cdot A_c} \, dx$$

Um eine Näherung handelt es sich deshalb, weil die Integration über die Veränderliche der Trägerlänge dx statt über die Veränderliche der Spannkraftlinie ds durchgeführt wird. Weiterhin müßten bei der Ermittlung der Betonspannungen die Biegeanteile mitberücksichtigt, d. h. die Spannung in Höhe der Bewehrung angesetzt werden.

In obiger Integralbeziehung stellt der Zähler die Fläche A_{sp} unter dem Spannkraftverlauf dar. Dieser ist wegen des Einflusses der Reibung nicht mehr konstant, sondern nach der e-Funktion, in Näherung linear, veränderlich. Für einen konstanten Querschnitt gilt somit:

$$\int P_{0(x)} \, dx = A_{sp} = \sum_{o}^{l} P_{0(x)} \cdot \Delta x \quad [\text{MNm}]$$

Damit wird:

$$\Delta l_p = \frac{A_{sp}}{E_p \cdot A_p} \, [\text{m}] \, ; \quad \Delta l_c = \frac{A_{sp}}{E_c \cdot A_c} \, [\text{m}]$$

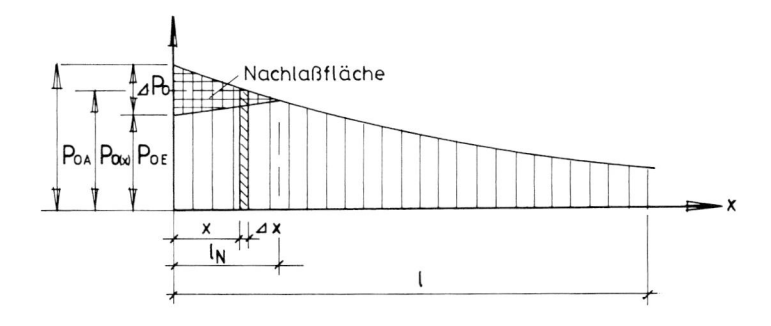

Bild 5.105 Spannkraftfläche

Sind jetzt im Querschnitt zwei oder mehrere Spannglieder vorhanden, beeinflussen sich dieselben im Spannvorgang. Die von einem Spannglied hervorgerufene Betonverkürzung wirkt auf andere, schon vorher gespannte, Glieder, in der Weise, daß in diesen die Spannkraft anteilig nachläßt. Um den damit verbundenen Spannkraftverlust wieder auszugleichen, werden die elastischen Betonverkürzungen, die sich durch *ein* Spannglied im Gesamtquerschnitt ergeben, ermittelt und in geeigneter Weise den zu spannenden Bündeln zugeschlagen. Dasjenige Spannglied, das in der Spannreihenfolge zuerst gespannt wird, muß um den Gesamtbetrag der elastischen Betonverkürzung zusätzlich gedehnt werden. Diese zusätzliche Dehnung wird bei den in der Spannreihenfolge dann anstehenden Bündeln jeweils um ein Maß verringert, daß sich aus der anteiligen Betonverkürzung *eines* Spanngliedes im Gesamtquerschnitt ergibt:

$\Delta\Delta l_c$ Betonverkürzung des Gesamtquerschnittes, hervorgerufen
    durch *ein* Spannglied
    $= \Delta l_c / \Sigma n$ mit: n Anzahl der Spannbündel

Der anfänglich höhere Dehnweg eines Spanngliedes erfordert auch höhere Pressenkräfte im Spannvorgang, die den zulässigen gegenüberzustellen sind. Hierfür ist der Spannkraftverlust ΔP aus elastischer Verkürzung des Betons zu ermitteln. Im Spannvorgang muß der erforderliche Dehnweg bei zulässigen Pressenkräften eingetragen werden.
Mit

$$\Delta l = \Delta l_p + |-\Delta l_c|$$

ergibt sich der Dehnweg der einzelnen Spannglieder in der Spannreihenfolge zu:

$$\Delta l_n = \Delta l + \Delta l_c - (n-1) \cdot \Delta\Delta l_c; \qquad \text{mit: } n = 1, 2, 3, \ldots$$

Entsprechend ergibt sich die Pressenkraft zu:

$$P_{pr,n} = P_{\text{soll}} + \Delta P - (n-1) \cdot \Delta\Delta P; \qquad \text{mit: } n = 1, 2, 3, \ldots$$

mit: $\Delta P = (\Delta\sigma_p / \text{zul } \sigma_p) P_{\text{zul}}$ (siehe Abschnitt 5.2.3.3)
$\Delta\Delta P = \Delta P/n$ mit: n Anzahl der Spannbündel

Die rechnerisch ermittelten Spannkräfte und Spannwege sind mit den tatsächlich erreichten Werten im Spannprotokoll festzuhalten. Treten hierbei Differenzen auf, ist der Spannvorgang bei Gleichstand der Kräfte zu beenden.

Der Schlupf ist beim Verankern und beim Nachlassen zu beachten. Da er entgegengesetzt zur Spannrichtung wirkt, verkürzt er den Dehnweg beim Verankern und verlängert ihn beim Nachlassen. Will man seine Wirkung eliminieren, muß man beim Verankern den Dehnweg verlängern, beim Nachlassen ihn entsprechend verkürzen. Man kann ihn aber auch als gewollte Wirkung beim Verankern berücksichtigen. Die Größe des Schlupfmaßes wird dem Dehnweg kurzfristig zugegeben, er hat keinen Einfluß auf die Größe der Relativverformung zwischen Stahl und Beton.

Im Nachlaßvorgang dreht sich die Wirkung der Reibung um und es wächst die Kraft vom unteren Nachlaßpunkt zu. Sie verschneidet sich unter der Annahme eines linearen Verlaufes mit der Kraftlinie des Anspannvorganges, wodurch eine dreieckförmige Verschneidungsfläche entsteht, die der Kraftfläche des Nachlaßvorganges entspricht. Ein Teil dieses Vorganges wird durch den Schlupf vollzogen, dieser wirkt sich somit auch auf die Länge des Nachlaßvorganges aus. Für die Längenänderung des Schlupfes gilt damit:

$$\Delta l_{sl} = \frac{A_{sp,sl}}{A_p \cdot E_p} = \frac{\Delta P_{sl} \cdot l_{sl}}{2 \cdot A_p \cdot E_p} \qquad\qquad 5.2.5(7)$$

Mit $l_{sl} = l_N$ ergibt sich dann die anteilige Kraft aus dem Schlupfvorgang:

$$\Delta P_{sl} = 2 \frac{\Delta l_{sl}}{l_N} A_p \cdot E_p \qquad\qquad 5.2.5(8)$$

Berechnungsbeispiel:

a) Aufgabenstellung

Für einen Durchlaufträger mit dem Querschnitt einer Vollplatte und Spanngliedern in nachträglichem Verbund sollen die möglichen Spannkräfte unter Beachtung der Reibungsverluste und Höchstwertbegrenzung im Spannvorgang ermittelt werden. Die Spannbündel liegen im Mittel im Abstand von 45 cm zueinander, die Platte hat eine Dicke von 60 cm, die Betongüte beträgt C 35/45.

5.2 Berechnungsgrundlagen für Überbauten

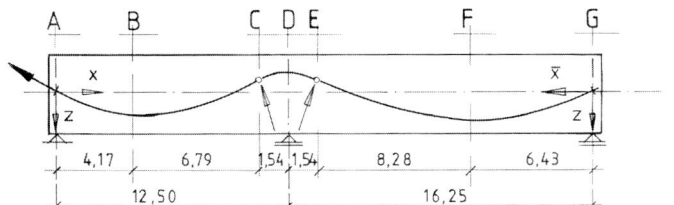

Bild 5.106
System und Spanngliedführung

Die Spanngliedführung ist durch folgende Funktionsgleichungen beschrieben:

A–C: Parabel $\quad z = -0{,}00639\, x^2 + 0{,}0533\, x$

C–E: Kreisbogen mit $R = 16{,}54$ m

E–G: Parabel $\quad \bar{z} = +0{,}00639\, \bar{x}^2 - 0{,}0822\, \bar{x}$

b) Vorwerte zum Spannvorgang

Spannverfahren SUSPA, Litze, EC-2, 140 mm² nach dem Zulassungsbescheid Z-13.1 vom 31.7.2001.

Spannstahl: $\quad$ St 1570/1770 ($f_{p,0,2k}/f_{pk}$)

Charakteristischer Wert
der Streckfestigkeit: $\quad f_{p,0,1k} = 1500$ N/mm²

Charakteristischer Wert
der Zugfestigkeit: $\quad f_{pk} = 1770$ N/mm²

Zulässige Spannstahlspannungen: zul $\sigma_{ps} \leq 0{,}75 \cdot 1770 = 1328$ N/mm²
$\qquad\qquad\qquad\qquad\qquad\qquad\quad \leq 0{,}85 \cdot 1500 = 1275$ N/mm² (maßgebend)

Spannbündel: gewählt Typ (6–9) $\quad$ mit $A_p = 12{,}6$ cm²
$\qquad\qquad\qquad\qquad\qquad$ zul $P = 12{,}6 \cdot 10^2 \cdot 1275 \cdot 10^{-3} = 1606$ kN

Reibungsbeiwert: $\mu = 0{,}20$, $k = 0{,}3°$/m $\triangleq 0{,}00524$/m

Hüllrohre 65/72 mm, $A_{Gl} = [(6{,}5+7{,}2)/2]^2 \cdot \pi/4 = 36{,}9$ cm²

Elastizitätsmodul: $E_p = 195\,000$ N/mm²

c) Ermittlung der Spannkräfte

Es liegt ein einseitiger Spannvorgang vor, der Spannanker wird wechselseitig links und rechts angeordnet.

Reibungsverluste für Spannanker im A

Die gewollten Reibungswinkel θ werden aus den Parabelgleichungen und aus der Kreisbeziehung errechnet.

Spannungen im Spannvorgang:

- Zulässige Überspannung:

$$\sigma_{p\ddot{u}} \leq 0{,}80 \cdot 1770 = 1416 \text{ N/mm}^2$$
$$\leq 0{,}90 \cdot 1500 = 1350 \text{ N/mm}^2 \text{ (maßgebend)}$$

Tabelle 5.16
Reibungsverluste für Spannstelle in Punkt A

1	2	3	4	5	6	7
Punkt	Δl [m]	$\hat{k}\cdot\Delta l$	$\hat{\not\subset\theta}$	$\hat{\gamma}=\theta+k\cdot\Delta l$	$\Sigma\hat{\gamma}$	$e^{-\mu\gamma}$
A					0	1,0000
	4,17	0,0219	0,0533	0,0752		
B					0,0752	0,985
	6,79	0,0356	0,0868	0,1224		
C					0,1976	0,961
	1,54	0,0081	0,0921	0,1002		
D					0,2978	0,942
	1,54	0,0081	0,0921	0,1002		
E					0,3980	0,923
	8,28	0,0433	0,1054	0,1487		
F					0,5467	0,896
	6,43	0,0337	0,0822	0,1159		
G					0,6626	0,876
					im Mittel	0,940

- Höchstwert der Überspannung:

Die Spannbündel liegen weniger als drei Wochen ungeschützt im Hüllrohr, folglich:

$$a = -0{,}20 \cdot 0{,}6626 \cdot 0{,}50 = -0{,}06663\,;\; e^a = 0{,}935$$

$$\sigma_{p,\max} = 0{,}935 \cdot 0{,}90 \cdot 1500 = 1262\ \text{N/mm}^2 < \text{zul}\ \sigma_o = 1275\ \text{N/mm}^2$$

Die Höchstwertbegrenzung geht unter die zulässige Spannung. Damit kann nur ein Spannvorgang mit der zulässigen Spannung vorgenommen werden, weitere Nachlaß- und Überspannvorgänge zur Erzielung örtlich höherer Werte der Spannkraft sind nicht mehr zulässig. Die erzielbaren Spannkräfte für die Spannseite A ergeben sich daher aus der Spalte 7 in der Tabelle 5.16, wenn man zul P mit dem dort aufgeführten Abminderungsbeiwert multipliziert.

Tabelle 5.17
Reibungsverluste für Spannstelle in Punkt G

1	2	3	4	5	6	7
Punkt	Δl [m]	$\hat{k}\cdot\Delta l$	$\hat{\not\subset\theta}$	$\hat{\gamma}=\theta+k\cdot\Delta l$	$\Sigma\hat{\gamma}$	$e^{-\mu\gamma}$
G					0	1,0000
	6,43	0,0337	0,0822	0,1159		
F					0,1159	0,977
	8,28	0,0433	0,1054	0,1487		
E					0,2646	0,948
	1,54	0,0081	0,0921	0,1002		
D					0,3648	0,930
	1,54	0,0081	0,0921	0,1002		
C					0,4650	0,911
	6,79	0,0356	0,0868	0,1224		
B					0,5874	0,889
	4,17	0,0219	0,0533	0,0752		
A					0,6626	0,876
					im Mittel	0,940

5.2 Berechnungsgrundlagen für Überbauten

Reibungsverluste für Spannanker im Punkt G

Zur Erzielung eines ausgewogenen Spannungszustandes infolge Vorspannung werden die Spannbündel jeweils zur Hälfte von links und rechts gespannt.

Die erzielbaren Spannkräfte werden wieder aus der Spalte 7 der Tabelle 5.17 erhalten. Nunmehr werden die Spannkräfte aus beiden Spannvorgängen gemittelt, es ergibt sich ein idealer Spannkräftezustand. Die erzielbaren Spannkräfte an den Bemessungsstellen von 0,937 zul P liegen weit über den Werten, die nach der nicht mehr gültigen DIN 4227 erzielt werden konnten, bei der durch Überspannen noch der Bemessungswert $1,0 \cdot$ zul P erreicht wurde.

Tabelle 5.18
Effektive Spannkräfte durch wechselseitiges Anspannen

Punkt	A	B	C	D	E	F	G
Spannen Punkt A	1,000	0,985	0,961	0,942	0,923	0,896	0,876
Spannen Punkt B	0,876	0,889	0,911	0,930	0,948	0,977	1,000
eff P_0	0,938	0,937		0,936		0,937	0,938

Ein Vergleich zeigt folgendes Zahlenspiel:

DIN-FB 102: zul $\sigma_p = 1275$ N/mm²
$$0,937 \cdot 1275 = 1195 \text{ N/mm}^2$$

DIN 4227: zul $\sigma_z = 0,55 \cdot 1770 = 974$ N/mm²

damit liegt eine Erhöhung von $\dfrac{1195 - 974}{974} = 0,226 \triangleq 22\%$ vor!

d) Ermittlung des Spannkraftverlustes aus elastischer Verformung des anteiligen Betonquerschnittes

Ermittlung über den Spannungsabfall im Spannstahl

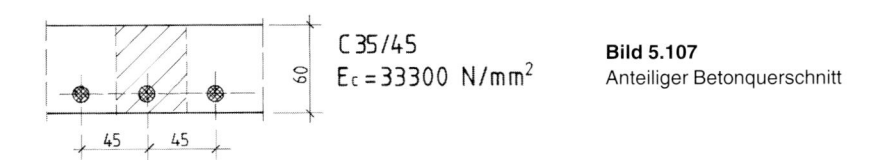

Bild 5.107 Anteiliger Betonquerschnitt

C 35/45
$E_c = 33300$ N/mm²

Spannungsabfall im Spannstahl bei Ansatz des Nettoquerschnittes (Gleichung 5.2.4(4))

$$\Delta\sigma_{ps} = \frac{\alpha_e A_p}{(A_c - A_{Gl}) + \alpha_e A_p} \text{ zul } \sigma_{ps}$$

mit: $\alpha_e = 195\,000/33\,000 = 5,86$, $A_p = 12,6$ cm², $A_{Gl} = 36,9$ cm²

$$\Delta\sigma_{ps} = \frac{5,86 \cdot 12,6}{(60 \cdot 45 - 36,9) + 5,86 \cdot 12,6} \text{ zul } \sigma_{ps} = 0,027 \text{ zul } \sigma_{ps} \triangleq 2,7\%$$

Ermittlung über die Dehnwege:

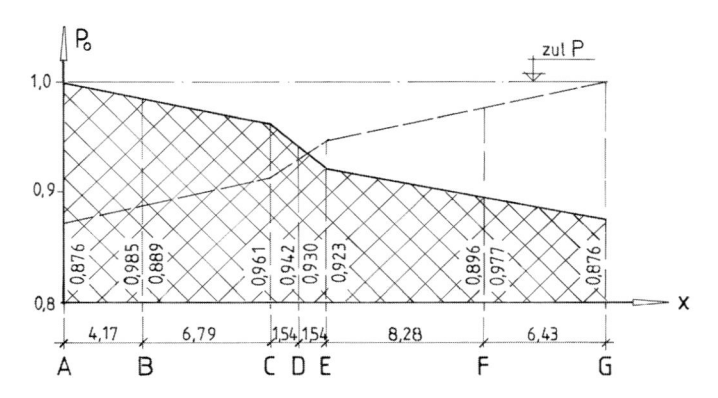

Bild 5.108 Spannkraftfläche

Zulässige Spannkraft eines Spannbündels: zul $P = 1606$ kN

Spannkraftfläche eines Spannbündels nach vorstehendem Bild:
$$A_{sp} = 0{,}940 \cdot 28{,}75 \cdot 1{,}606 = 43{,}4 \text{ MNm}$$

Dehnweg des Spannstahles:
$$\Delta l_p = \frac{43{,}4}{195\,000 \cdot 12{,}6 \cdot 10^{-4}} = 0{,}177 \text{ m} \triangleq 17{,}7 \text{ cm}$$

Stauchung des anteiligen Betonquerschnittes:
$$\Delta l_c = \frac{43{,}4}{33\,300 \cdot 0{,}6 \cdot 0{,}45} = 0{,}0048 \text{ m} \triangleq 0{,}48 \text{ cm}$$

Spannkraftverlust aus elastischer Verformung:
$$d(\Delta l) = 0{,}48/17{,}7 = 0{,}027 = 2{,}7\,\%$$

5.2.5.5 Spannkraftverluste aus Kriechen und Schwinden des Betons sowie Relaxation des Spannstahles

Problemstellung zum Kriechen und Schwinden

Die zeitabhängigen Verformungen des Betons in Form von Kriechen und Schwinden führen zu einer plastischen Verkürzung des Betons, welche ein Nachlassen der eingetragenen Spannkraft zur Folge hat. Während des Verkürzungsprozesses entstehen aktive und passive Spannungszustände. Während die aktiven Beanspruchungen durch die Kriech- und Schwindvorgänge selbst hervorgerufen werden, entstehen entgegengesetzt wirkende oder erholende Beanspruchungen aus der Verringerung der Spannkraft. Diese Vorgänge werden Relaxation genannt, sie beziehen sich auf den Beton und den Stahl. Für eine hinreichend genaue Abschätzung des Verhaltens eines Betonquerschnittes wird ein visko-elastisches Berechnungsmodell zugrunde gelegt. Hiernach dürfen, wenn die Spannungsgrenzen der üblichen Gebrauchszustände nicht überschritten sind, folgende Annahmen getroffen werden:

Die Bild-Nr. 5.109 entfällt.

5.2 Berechnungsgrundlagen für Überbauten

- Kriechen und Schwinden sind voneinander unabhängig,
- zwischen den Kriechverformungen und den kriecherzeugenden Spannungen wird eine lineare Beziehung angenommen,
- Einflüsse aus ungleichmäßigen Temperatur- und Feuchtigkeitsverläufen werden vernachlässigt,
- die Gültigkeit des Superpositionsprinzipes wird auch für solche Einflüsse angenommen, die bei verschiedenen Altersstufen des Betons auftreten.

Die Größe der für den Berechnungsvorgang benötigten Eingangswerte der Kriech- und Schwindeinwirkungen hängt von vielfältigen Einflüssen ab [29–32], im wesentlichen jedoch von den Abmessungen des Bauteiles, der Feuchtigkeit der Luft, die das Bauteil umgibt und der Betonzusammensetzung und seinem Reifegrad zum Zeitpunkt der Erstbelastung.

Der zeitliche Verlauf beider Einflüsse wird gleich angenommen. Er erstreckt sich auf einen großen Zeitraum, theoretisch dauert er unendlich lang. Die Endwerte werden jedoch, entsprechend dem hyperbolischen Verlauf des Kriechvorganges, asymptotisch erreicht, nach einem Zeitraum von 5 bis 6 Monaten sind ca. 50% derselben eingetreten.

Für die Berechnung werden in der Regel die Endwerte des zeitabhängigen Verlaufes der Verformungsgrößen angesetzt, nämlich:

- das Endschwindmaß $\varepsilon_{cs,\infty}$
- die Endkriechzahl $\varphi_{t(\infty,t_o)}$

Die Werte sind in Abhängigkeit von der wirksamen Bauteildicke h_0 aus den nachstehenden Bildtafeln zu ermitteln.

Wirksame Bauteildicke:

$$h_0 = \frac{2 A_c}{u}$$

mit: A_c Querschnittsfläche des Betons
u Querschnittsumfang

Zur Ermittlung der zeitabhängigen Werte können angesetzt werden:

- Für die Kriechdehnung des Betons ε_{cc} unter der Annahme einer konstanten kriecherzeugenden Spannung σ_c:

$$\varepsilon_{cc(\infty,t_o)} = \varphi_{t(\infty,t_o)} \frac{\sigma_c}{E_{co}} \qquad 5.2.5(9)$$

mit: $\varphi_{t(\infty,t_o)}$ Endkriechzahl nach Bild 5.110
E_{co} Elastizitätsmodul des Betons; er wird vereinfachend dem Sekantenmodul E_{cm} gleichgesetzt:
= $1{,}1\,E_{cm}$, mit E_{cm} nach Tabelle 5.22
σ_c kriecherzeugenden Spannung
= $\sigma_{c,G} + \sigma_{p,t} = 0$

In der Regel reicht für Brücken, als Bauwerk in der Außenluft, Bild 5.110 zur Ermittlung der Endkriechzahl aus. Sollten als Ausnahme Luftfeuchten zwischen 50% und 80% zu berücksichtigen sein, kann linear zwischen den Bildtafeln für 50% und 80% interpoliert werden (Bildtafel zu 50% Feuchte siehe DIN-FB 102).

Bild 5.110
Endkriechzahl (∞, t_0) für Normalbeton in der Außenluft (RH = 80 %)

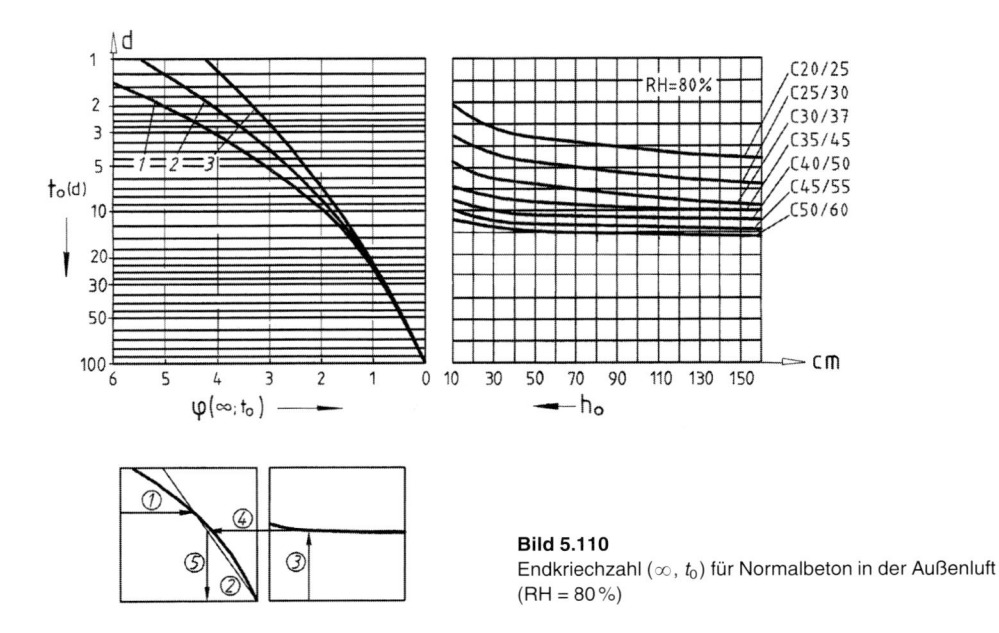

- Für die Schwinddehnung des Betons unter Berücksichtigung des Schrumpfens und Trocknens:

$$\varepsilon_{cs,\infty} = \varepsilon_{cas,\infty} + \varepsilon_{cds,\infty} \qquad 5.2.5(10)$$

$\varepsilon_{cs,\infty}$ Schwinddehnung des Betons zum Zeitpunkt $t = \infty$
$\varepsilon_{cas,\infty}$ Schrumpfdehnung des Betons zum Zeitpunkt $t = \infty$ (nach Bild 5.111)
$\varepsilon_{cds,\infty}$ Trocknungsschwinddehnung des Betons zum Zeitpunkt $t = \infty$ (nach Bild 5.112)

In den drei letzten Bildern bedeuten:

(1) Festigkeitsklasse des Zementes 32,5 N
(2) Festigkeitsklasse des Zementes 32,5 R, 42,5 N
(3) Festigkeitsklasse des Zementes 42,5 R, 52,5 N, 52,5 R

Die vorstehend erläuterten Werte sind als Mittelwerte zu betrachten, die erwartet werden können. Sie gelten für eine kriecherzeugende Druckspannung bei Belastungsbeginn von:

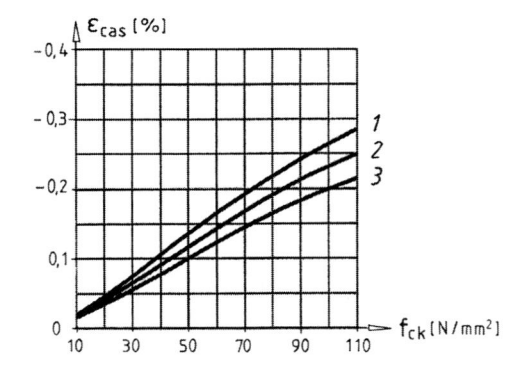

Bild 5.111
Schrumpfdehnung $\varepsilon_{cas,\infty}$ für Normalbeton ($t = \infty$)

5.2 Berechnungsgrundlagen für Überbauten

Bild 5.112
Trocknungsschwinddehnung $\varepsilon_{cds,\infty}$ für Normalbeton
($t = \infty$)

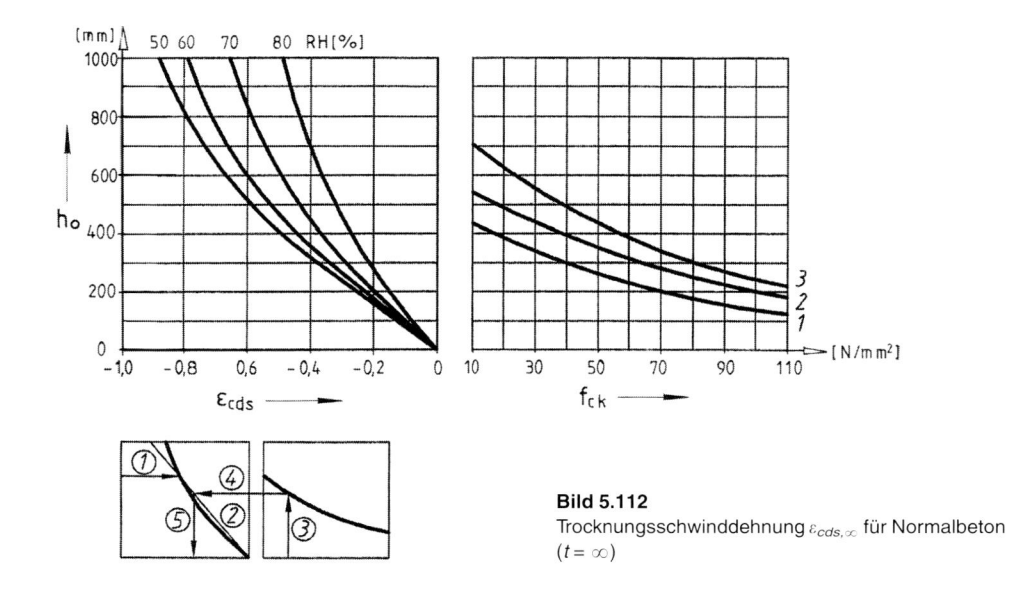

$$\sigma_c \leq 0{,}45\, f_{ck}$$

mit: f_{ck} Zylinderdruckfestigkeit des Betons zum Zeitpunkt des Aufbringens der kriecherzeugenden Spannung

Wird dieser Wert überschritten, muß die nichtlineare Abhängigkeit des Kriechens von der kriecherzeugenden Spannung berücksichtigt werden.

Die vorstehend ermittelten Werte der Endkriechzahl und der Schwinddehnungen gelten für Konstruktionsbetone, die nicht länger als 14 Tage feucht gehalten werden, für die üblichen Umgebungsbedingungen mit einer mittleren relativen Luftfeuchte zwischen 40 und 100% sowie für Bauwerkstemperaturen zwischen 10 und 30 °C.

Problemstellung zur Relaxation des Spannstahles

Das zeitabhängige Verformungsverhalten des Spannstahles ist in seinen technologischen Eigenschaften begründet. Nach [33] unterscheidet man ein *Kriechen* und eine *Relaxation* des Spannstahles. Ein Kriechen liegt dann vor, wenn die Dehnung des Spannstahles bei konstanter Spannung weiterhin zunimmt, also die elastische Dehnung durch einen plastischen Anteil ergänzt wird. Von Relaxation spricht man, wenn sich die anfängliche Stahlspannung bei konstanter Dehnung im Laufe der Zeit verringert. Die Ursachen für diese Erscheinung liegen in Bewegungen und Versetzungen des Kristallgitters des Stahles, wenn dieser dauernd beansprucht wird. Dabei sind das Herstellungsverfahren und die Stahlgüte von Einfluß, je höher die Streckgrenze (0,1%-Dehngrenze) des Stahles liegt, umso weniger kriecht der Stahl.

Die Kriechdehnung ist für den Spannbeton nicht maßgebend, da im vorgespannten Tragwerk nicht die Stahlspannung, sondern die Stahldehnung konstant ist. Die Relaxation ist dagegen von Bedeutung, da sie bei konstanter Dehnung eintritt. Ihre Rechenwerte wurden früher aus den Kriechwerten ermittelt, wobei die sogenannte *Kriechgrenze* als diejenige Spannung definiert war, bei der der Spannstahl in der Zeit von der 6. Minute nach dem Aufbringen der Belastung bis zur 1000. Stunde danach eine Zeitdehnung von 3% der auftretenden Dehnung erreichte. Heute ist es üblich, die Relaxationskennwerte durch direkte Versuche zu ermitteln. Entsprechend enthalten die Spannstahlzulassungen unmittelbar die Rechenwerte für die Relaxation für verschiedene Anfangsspannungen und Zeiten als Spannungsverlust.

Für den später in den Beispielen verwendeten Spannstahl 1570/1770, mit $f_{p,0,1} = 1500$ N/mm², des Drahtwerkes Köln GmbH, ergeben sich die Relaxationsverluste nach dem Zulassungsbescheid vom 18. 7. 1999 in Abhängigkeit vom Spannungsverhältnis

$$\frac{\sigma_p}{f_{pk}} \quad \frac{\text{Ausgangsspannung}}{\text{charakteristische Zugfestigkeit}}$$

nach Tabelle 5.19: Der Kennwert ist hierbei auf den Zeitraum von 5×10^5 Stunden oder 50 Jahre zu beziehen.

Tabelle 5.19
Relaxationsverlust (%) für St 1570/1770 der Fa. Drahtwerke Köln GmbH

	Spannstahllitzen St 1570/1770						
	Zeitspanne nach dem Vorspannen in Stunden						
σ_p / f_{pk}	1	10	200	1000	5000	$5 \cdot 10^5$	10^6
0,60					1,2	2,5	2,8
0,65		<1,0%		1,3	2,0	4,5	5,0
0,70			1,0	2,0	3,0	6,6	7,0
0,75		1,2	2,5	3,0	4,5	9,0	10,0
0,80	1,0	2,0	4,0	5,0	6,5	13,0	14,0

Die Spannungsänderung ergibt sich dann zu:

$$\Delta \sigma_{pr} = k \cdot \sigma_p \qquad 5.2.5(11)$$

mit: k Abminderungsbeiwert nach dem Zulassungsbescheid des betreffenden Spannstahles
σ_p zugehörige Ausgangsspannung
$= \sigma_{pg0} - 0,3 \cdot \Delta \sigma_{p,ksr}$ \qquad 5.2.5(12)

Hierin ist: σ_{pg0} anfängliche Spannung in den Spanngliedern aus Vorspannung und ständigen Einwirkungen
$\Delta \sigma_{p,ksr}$ Spannungsverlust aus Kriechen, Schwinden und Relaxation des Spannstahles

Die Rechenbeziehung ist nur iterativ zu lösen ist, da sie den noch unbekannten Spannungsverlust des Spannstahles infolge Kriechen und Schwinden enthält. Als Näherungsberechung kann der zweite Ausdruck vernachlässigt werden, der sich dann ergebende Wert der Ausgangsspannung liegt auf der sicheren Seite.

Kriechfunktion und Spannungsverlust

Für die Berechnung der Kriech- und Schwindverluste folgt man der Beziehung der Kriechfunktion. Diese läßt sich, wie vorher schon gesagt wurde, durch die Funktionsgleichung einer Hyperbelbeziehung darstellen. Hierfür gilt nach dem DIN-FB 102, Abschnitt 2.5.5.1(7):

5.2 Berechnungsgrundlagen für Überbauten

$$I_{(t,t_0)} = \frac{1}{E_{c(t_0)}} + \frac{\varphi_t}{E_{c(28)}}$$

$$= \frac{1}{E_c}(1+\varphi_t) \quad \text{für } E_{c0} = E_{c(28)} = E_c$$

Hieraus ergibt sich die Dehnung:

$$\varepsilon_{(t)} = \int_0^t I_{(t,t_0)} \frac{\partial \sigma_{(t)}}{\partial t} \, dt = \frac{\sigma_0}{E_c}(1+\varphi_t)$$

mit: $\sigma_0 = \sigma_{t_0}$ Spannung aus äußerer Belastung zum Zeitpunkt des Beginns des Kriechvorganges

Das Verformungsverhalten von Beton unter ständig wirkenden Lasten läßt sich unter Einbeziehung der Kriechfunktion durch die nachfolgend beschriebene Gleichung 5.2.5(13) darstellen, siehe auch *Trost* [31] und *Hilsdorf* [32]. In dieser Gleichung berücksichtigt die Spannungsgröße σ_0 den Einfluß aus der äußeren Belastung, für die Kriechverformung sind es die ständig wirkenden Lasten G und $P_{t=0}$. Die Integralbeziehung über die Kriechfunktion bezeichnet die Dehnungserholung infolge des Kriechvorganges selbst. Der Schwindeinfluß geht direkt durch das Schwindmaß ε_s ein

$$\sigma_{c(t)} = \frac{\sigma_0}{E_c}(1+\varphi_t) + \frac{1}{E_c}\int_{t_0}^{t} \frac{\partial \sigma_t}{\partial t}(1+\varphi_t)\, dt + \varepsilon_{s(t)} \qquad 5.2.5(13)$$

Eine geschlossene mathematische Lösung dieser Mischform einer Integralgleichung ist nicht möglich, man ist auf Näherungslösungen angewiesen. Mit dem Lösungsansatz von *Bažant* [28] wird ein Relaxationskennwert ϱ_t definiert und die Lösung selbst auf eine algebraische Gleichung zurückgeführt. Es gilt:

$$\varepsilon_{c(t)} = \frac{\sigma_0}{E_c}(1+\varphi_t) + \frac{\sigma_t - \sigma_0}{E_c}(1+\rho_t \cdot \varphi_t) + \varepsilon_{s(t)} \qquad 5.2.5(14)$$

mit:

$$\rho_t = \frac{\sum \Delta\sigma_{(t_i)} \cdot \varphi_{(t,t_i)}}{(\sigma_t - \sigma_0)\varphi_t} \qquad 5.2.5(15)$$

Hierin bedeuten:

$\Delta\sigma_{(t_i)}$ Spannungsstufe zum betrachteten Zeitpunkt
$\varphi_{(t,t_i)}$ Kriechfunktion
σ_0 Anfangsspannung durch G und $P_{t=0}$
σ_t Spannung zum betrachteten Zeitpunkt $t = t_i$

Der Relaxationskennwert läßt sich somit zahlenmäßig berechnen, nach der Vorschrift wird ein mittlerer Näherungswert von $\rho = 0{,}8$ vorgegeben.

Der Spannungsabfall im Spannstahl infolge Kriechen und Schwinden und Relaxation in Beton und Stahl ergibt sich dann unter Zugrundelegung der Vorbetrachtungen aus den nachstehend aufgeführten Zusammenhängen.

Es bedeuten:

$\varepsilon_{c(G+p_0)} = \varepsilon_{c0}$ Kriecherzeugende Dehnung zum Zeitpunkt $t = t_0$
$\varepsilon_{c,ks} = \varepsilon_{ct} - \varepsilon_{c0}$ Kriechdehnung zum Zeitpunkt $t = t_i$

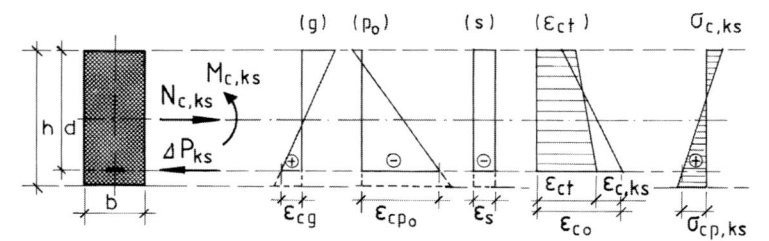

Bild 5.113
Spannungsfolge durch Kriechen und Schwinden

Als Berechnungsgrundlage dient die Verträglichkeitsbedingung

$$\varepsilon_{p,ks} = \varepsilon_{c,ks} \qquad 5.2.5(16)$$

Die zeitabhängigen Einflüsse auf die Betondehnung werden der Gleichung 5.2.5(14) entnommen:

$$\varepsilon_{c,ks} = (\sigma_{c,G} + \sigma_{c,p_0})\frac{\varphi_t}{E_c} + \sigma_{c,ks}\frac{1+\rho\varphi_t}{E_c} + \varepsilon_{cs}$$

Für die Spannstahldehnung gilt unter Berücksichtigung der Relaxation:

$$\varepsilon_{p,ks} = \frac{\sigma_{p,ks}}{E_p} + \frac{\Delta\sigma_{pr}}{E_p}$$

Eingesetzt in Gleichung 5.2.5(16) ergibt sich mit $\alpha = E_p/E_c$

$$\sigma_{p,ks} + \Delta\sigma_{pr} = \alpha \cdot \varphi_t (\sigma_{cG} + \sigma_{cp_0}) + \alpha\,\sigma_{c,ks}(1+\rho\cdot\varphi_t) + E_p \cdot \varepsilon_{cs}$$

$$\sigma_{p,ks} = \alpha \cdot \varphi_t (\sigma_{cG} + \sigma_{cp_0}) - \Delta\sigma_{pr} + \alpha\,\sigma_{c,ks}(1+\rho\cdot\varphi_t) + E_p \cdot \varepsilon_{cs}$$

Die Spannungsänderungen in Beton und Stahl sind den Ausgangsspannungen proportional, somit:

$$\frac{\sigma_{p,ks}}{\sigma_{c,ks}} = \frac{\sigma_{p,0}}{\sigma_{c,p_0}}; \quad \sigma_{c,ks} = \sigma_{p,ks}\frac{\sigma_{c,p_0}}{\sigma_{p,0}}$$

Eingesetzt in vorstehende Gleichung:

$$\sigma_{p,ks} = E_p \varepsilon_{cs} + \alpha\,\varphi_t(\sigma_{cG} + \sigma_{cp_0}) - \Delta\sigma_{pr} + \sigma_{p,ks}\frac{\sigma_{c,p_0}}{\sigma_{p,0}}\alpha(1+\rho\cdot\varphi_t)$$

$$\sigma_{p,ks}\left[1 - \frac{\sigma_{c,p_0}}{\sigma_{p,0}}\alpha(1+\rho\cdot\varphi_t)\right] = E_p \cdot \varepsilon_{cs} + \alpha\cdot\varphi_t(\sigma_{cG}+\sigma_{cp_0}) - \Delta\sigma_{pr}$$

ergibt die Spannungsänderung im Spannstahl:

$$\sigma_{p,ks} = \Delta\sigma_{p,ksr} = \frac{E_s\cdot\varepsilon_{cs} - \Delta\sigma_{pr} + \alpha\cdot\varphi_t(\sigma_{cG}+\sigma_{cp_0})}{1 - \alpha\dfrac{\sigma_{c,p_0}}{\sigma_{p,0}}(1+\rho\cdot\varphi_t)} \qquad 5.2.5(17)$$

Der Nenner wird weiter umgeformt. Man betrachte die Spannungsänderung im Stahl $\sigma_{p,ks}$ und im Beton in der Höhe der Bewehrung $\sigma_{cp,ks}$ (Bild 5.113):

$$\sigma_{p,ks} = \frac{\Delta P_{ks}}{A_p}$$

$$\sigma_{cp,ks} = \frac{N_{c,ks}}{A_c} + \frac{M_{c,ks}}{I_c}z_{cp}$$

5.2 Berechnungsgrundlagen für Überbauten

mit: $N_{c,ks} = -\Delta P_{ks}$ und $M_{c,ks} = -\Delta P_{ks} \cdot z_{cp}$

wird: $\sigma_{cp,ks} = -\dfrac{\Delta P_{ks}}{A_c}\left(1 + \dfrac{A_c}{I_c} z_{cp}^2\right)$

Die vorstehenden Spannungsänderungen sind wieder den Ausgangsspannungen proportional, somit wird:

$$\frac{\sigma_{cp,ks}}{\sigma_{p,ks}} = \frac{\sigma_{c,p_0}}{\sigma_{p,0}} = -\frac{A_p}{A_c}\left(1 + \frac{A_c}{I_c} \cdot z_{cp}^2\right)$$

Somit ergibt sich der Spannungsverlust im Spannstahl infolge Kriechens und Schwindens sowie Relaxation des Spannstahles zum Zeitpunkt $t = \infty$ und unter Berücksichtigung von $\varrho = 0{,}8$ für einen Beton mit Spanngliedern in (nachträglichem) Verbund:

$$\sigma_{p,ks} = \Delta\sigma_{p,ksr} = \frac{E_p \cdot \varepsilon_{cs,\infty} - \Delta\sigma_{pr} + \alpha_p \cdot \varphi_{\infty,t_0}(\sigma_{cg} + \sigma_{cp_0})}{1 + \alpha_p \dfrac{A_p}{A_c}\left(1 + \dfrac{A_c}{I_c} \cdot z_{cp}^2\right)(1 + 0{,}8 \cdot \varphi_{\infty,t_0})} \qquad 5.2.5(18)$$

Hierin bedeuten:

$E_p = E_s$ Elastizitätsmodul des Stahles
$\varepsilon_{cs,\infty}$ Endschwindmaß des Betons nach den Bildern 5.111 und 5.112
$\Delta\sigma_{pr,\infty}$ Endwert der Spannungsänderung im Spannstahl infolge Relaxation
α_p Verhältnis der Elastizitätsmoduln von Stahl zu Beton
φ_{∞,t_0} Endkriechzahl des Betons nach Bild 5.110
σ_{cg,p_0} Betonspannung infolge G und p_0 in Höhe des Schwerpunktes der Spannbewehrung
z_{cp} Abstand des Schwerpunktes der Spannbewehrung vom Schwerpunkt des Gesamtquerschnittes
$A_c; A_p$ Beton- und Spannstahlquerschnitt
I_c Trägheitsmoment des Gesamtquerschnittes

Für einen Beton mit Spanngliedern ohne Verbund sind an Stelle der querschnittsbezogenen Dehnungen die Mittelwerte der Betondehnungen in Spanngliedhöhe maßgebend und zwar:

– bei externen Spanngliedern im Bereich gerader Abschnitte zwischen den Umlenkpunkten,
– bei intern geführten Spanngliedern entlang ihrer Gesamtlänge.

Daher sind in den vorstehenden Rechenbeziehungen für die kriecherzeugenden Dehnungen aus den Dauerlasteinflüssen die entsprechenden zugehörigen Mittelwerte zu berücksichtigen:

$$\varepsilon_{c,pd\,\text{mittel}} = \frac{1}{L}\sum_L \varepsilon_{c,pd}$$

Die Dehnungen sind den Spannungen proportional, es können auch die zugehörigen Spannungen gemittelt werden. Damit ändert sich Gleichung 5.2.5(17) in:

$$\Delta\sigma_{p,ksr} = \frac{E_s \cdot \varepsilon_{cs,\infty} - \Delta\sigma_{pr} + \alpha_p \cdot \varphi_{\infty,t_0} + \dfrac{1}{L}\sum_L \sigma_{c,pd}}{1 - \dfrac{\alpha_p(1 + \varrho \cdot \varphi_{\infty,t_0})}{\sigma_{p,0}} \cdot \dfrac{1}{L}\sum_L \sigma_{c,p0}} \qquad 5.2.5(19)$$

mit den Bezeichnungen wie in Gleichung 5.2.5(18) angegeben, jedoch zusätzlich:

$\sigma_{c,pd}$ Betonspannungen infolge Dauerlast G und P_0 in Höhe der Spannbewehrung
ρ Relaxationskennwert, wie vor $= 0{,}8$
L Länge der zugehörigen Spanngliedabschnitte

5.3 Bemessung der Betonbauteile

5.3.1 Bemessungskonzept des DIN-Fachberichtes 102

5.3.1.1 Charakteristische Werte der Einwirkungsseite

a) Vorgaben zur Tragwerksplanung

Durch die Bemessung eines Betontragwerkes soll die Tragfähigkeit desselben hergestellt werden, wobei eine Versagenswahrscheinlichkeit von Null angestrebt wird. Um dieses zu erreichen, müssen die Grenzzustände der Tragfähigkeit und der Gebrauchstauglichkeit nachgewiesen und eingehalten sein (siehe Abschnitt 1.1.4.2).

Die an die Bemessung zu knüpfenden Sicherheitsanforderungen orientieren sich an den Herstellungskosten eines Bauwerkes im Vergleich zu den Folgekosten, die durch ein Versagen oder Nutzungseinschränkung desselben entstehen können. Formal werden die Sicherheitsbedürfnisse durch Teilsicherheitsbeiwerte berücksichtigt, die nach der Wahrscheinlichkeitstheorie ermittelt wurden, wobei sie den unterschiedlichen Streuungen der einzelnen Bemessungsmerkmale angepaßt wurden.

Diese Teilsicherheitsbeiwerte, die getrennt nach den einzelnen Sicherheitsbedürfnissen der Einwirkungs- und Widerstandsseite eingesetzt werden können, erzeugen ein Sicherheitsniveau, das zahlenmäßig unter dem eines globalen Horizontes liegt, aber keinen geringeren Sicherheitsgrad aufweist, da jedem typischen Sicherheitsbedürfnis getrennt und eigenbezogen Rechnung getragen wurde. Auf diese Weise kann man wirtschaftlicher konstruieren, als bei Bauwerken mit einem globalen Sicherheitshorizont, ohne daß das Sicherheitsniveau darunter leidet.

Im Grenzzustand der Tragfähigkeit sind folgende Nachweise zu führen:

1. Tritt der Grenzzustand durch den Bruch oder durch übermäßige Verformung eines Bauteilquerschnittes ein, muß sein:

$$E_d \leqq R_d \qquad \qquad 5.3.1(1)$$

Dabei sind:

E_d Bemessungswert der Beanspruchungen infolge Einwirkungen, wie z. B. Schnittkräfte und -momente

R_d entsprechender Bemessungswiderstand, dem alle Tragwerkseigenschaften in Hinblick auf die Bemessungswerte zugeordnet sind

Hier ist der Nachweis durch den Vergleich der Bemessungswerte der Schnittgrößen M, N, V, T aus den Einwirkungen mit den Bemessungswerten der aufnehmbaren Schnittgrößen aus den Bauteilwiderständen zu führen.

2. Bezieht sich der Nachweis auf die Untersuchung des statischen Gleichgewichtes, einer Lageverschiebung oder einer Tragwerksverformung, muß sein:

$$E_{d,dst} \leqq E_{d,stb} \qquad \qquad 5.3.1(2)$$

mit: $E_{d,dst}$ Bemessungswert der destabilisierenden Einwirkungen
$E_{d,stb}$ Bemessungswert der stabilisierenden Einwirkungen

Hier werden günstige und ungünstige Einwirkungen einander gegenübergestellt, Widerstände sind nicht nachzuweisen.

3. Tritt der Bruch des Bauteilquerschnittes bei einer Dauerschwingbeanspruchung durch Ermüdung der Materialien Beton oder Stahl ein, muß sein:

5.3 Bemessung der Betonbauteile

$$D_d \leqq 1 \qquad \qquad 5.3.1(3)$$

mit: D_d Bemessungswert des Schadensmerkmales, d.h. Schwingbreite des Stahles oder Druckspannung im Beton

Im Grenzzustand der Gebrauchstauglichkeit sind bestimmte Merkmale des Gebrauches oder der Nutzung nachzuweisen, hier muß sein:

$$E_d \leqq C_d \quad \text{oder} \quad E_d \leqq R_d \qquad \qquad 5.3.1(4)$$

Dabei sind:

E_d Bemessungswert der Einwirkungen, der auf der Grundlage einer der Kombinationen der nachfolgenden Gleichungen (10), (11), (12) oder (13) bestimmt wird

C_d für die Bemessung maßgebender Nennwert oder maßgebende Funktion bestimmter Baustoffeigenschaften, die auch den Bemessungsschnittgrößen zugrunde liegen

R_d Bemessungswert eines Verformungs- oder Bewegungswiderstandes

b) Bemessungswerte der Einwirkungen

Der Bemessungswert einer Einwirkung ergibt sich aus:

$$F_d = \gamma^* \cdot F_k \qquad \qquad 5.3.1(5)$$

mit: $\gamma^* = \gamma_F, \gamma_G, \gamma_Q, \gamma_A$ oder γ_P

Dabei sind:

F_k der charakteristische Wert einer Einwirkung

$\gamma_F, \gamma_G, \gamma_Q, \gamma_A$ und γ_P die Teilsicherheitsbeiwerte für die betrachtete Einwirkung, wobei z. B. die Möglichkeit ungünstiger Abweichungen der Einwirkungen, die Möglichkeit ungenauer Modellierung der Einwirkungen, Unsicherheiten in der Ermittlung ihrer Auswirkungen sowie Unsicherheiten bei der Annahme des betreffenden Grenzzustands berücksichtigt werden.

Bei den ständigen Einwirkungen sind obere und untere Bemessungswerte definiert worden:

$$G_{d,sup} = \gamma_{G,sup} \cdot G_k \qquad \qquad 5.3.1(6a)$$

$$G_{d,inf} = \gamma_{G,inf} \cdot G_k \qquad \qquad 5.3.1(6b)$$

mit: $\gamma_{sup} = 0{,}95$ als unterer Wert des Teilsicherheitsbeiwertes
$\gamma_{inf} = 1{,}05$ als oberer Wert des Teilsicherheitsbeiwertes

Wenn Ergebnisse eines Nachweises anfällig sind gegen die Schwankung der Größe einer ständigen Einwirkung, sind beide Anteile als eigenständige Einwirkungen anzusehen. Dieses gilt insbesondere für den Nachweis des statischen Gleichgewichtes.

Die Bemessungswerte der Einwirkungen werden in einer Kombination aus den charakteristischen Werten der einzelnen Lastgruppen und Lastmodelle, Vorspannungen und Zwangsbeanspruchungen in Verbindung mit den Teilsicherheitsbeiwerten γ zusammengesetzt. Da die Verkehrslasten hinsichtlich des gleichzeitigen Auftretens veränderlicher Einwirkungen unterschiedlich gewertet werden müssen, sind zusätzlich Kombinationsbeiwerte ψ vorhanden, mit denen die einzelnen Einwirkungen oder Lastgruppen zu vervielfachen sind. Hierbei ist jeweils *eine* der Einwirkungsgrößen zur Leiteinwirkung, die restlichen Einflüsse zu Folgeeinwirkungen zu erheben.

Im Grenzzustand der Tragfähigkeit ist der Bemessungswert der Einwirkungen aus folgenden Kombinationen zu ermitteln:

- Ständige und vorübergehende Bemessungssituationen für den Nachweis des Grenzzustandes der Tragfähigkeit, wenn sie sich nicht auf Materialermüdung bezieht:

$$\sum_{j\geq 1} \gamma_{Gj}\, G_{kj} + \gamma_P\, P_k + \gamma_{Q1}\, Q_{k1} + \sum_{i>1}(\gamma_{Qi}\, \Psi_{0i}\, Q_{ki}) \qquad 5.3.1(7)$$

- Kombinationen für außergewöhnliche Bemessungssituationen:

$$\sum_{j\geq 1} \gamma_{GAj}\, G_{kj} + \gamma_{PA}\, P_k + A_d + \Psi_{11}\, Q_{k1} + \sum_{i\geq 1}(\Psi_{2i}\, Q_{ki}) \qquad 5.3.1(8)$$

- Kombinationen für die Bemessungssituationen infolge Erdbebens:

$$\sum_{j\geq 1} G_{kj} + P_k + \gamma_1\, A_{Ed} + \sum_{i\geq 1}(\Psi_{2i}\, Q_{ki}) \qquad 5.3.1(9)$$

Für die Nachweise der Grenzzustände der Gebrauchstauglichkeit sind entsprechend der Anzahl der repräsentativen Werte (siehe Abschnitt 1.1.4) vier Bemessungssituationen definiert. Diese lassen sich symbolisch wie folgt darstellen:

- Charakteristische Kombination:

$$\sum_{j\geq 1} G_{kj} + P_k + Q_{k1} + \sum_{i>1}(\Psi_{0i}\, Q_{ki}) \qquad 5.3.1(10)$$

- Nicht häufige Kombination:

$$\sum_{j\geq 1} G_{kj} + P_k + \Psi_1'\, Q_{k1} + \sum_{i>1}(\Psi_{1i}\, Q_{ki}) \qquad 5.3.1(11)$$

- Häufige Kombination:

$$\sum_{j\geq 1} G_{kj} + P_k + \Psi_{11}\, Q_{k1} + \sum_{i>1}(\Psi_{2i}\, Q_{ki}) \qquad 5.3.1(12)$$

- Quasi-ständige Kombination:

$$\sum_{j\geq 1} G_{kj} + P_k + \sum_{i\geq 1}(\Psi_{2i}\, Q_{ki}) \qquad 5.3.1(13)$$

5.3.1.2 Charakteristische Werte der Widerstandsseite

a) Bemessungswert einer Baustoffeigenschaft

Eine Baustoffeigenschaft wird durch einen charakteristischen Wert X_k angegeben, der im allgemeinen einem Fraktilwert in einer angenommenen statistischen Verteilung der betrachteten Eigenschaft entspricht.

Eine Baustoffestigkeit kann zwei verschiedene charakteristische Werte haben, d.h., einen oberen und einen unteren Wert. In den meisten Fällen braucht nur der untere Wert berücksichtigt zu werden. Wenn eine Abschätzung des oberen Wertes der Festigkeit benötigt wird (z.B. für die Betonzugfestigkeit bei Beanspruchungen infolge Zwang), kann es erforderlich sein, einen oberen Nennwert der Festigkeit einzuführen.

Der Bemessungswert X_d einer Baustoffeigenschaft ergibt sich aus:

$$X_d = \frac{X_k}{\gamma_M} \qquad 5.3.1(14)$$

Dabei ist:

γ_M der Teilsicherheitsbeiwert für die Baustoffeigenschaft

Teilsicherheitsbeiwerte für Baustoffeigenschaften sind in Tabelle 5.20 enthalten.

5.3 Bemessung der Betonbauteile

Tabelle 5.20
Teilsicherheitsbeiwerte für Baustoffeigenschaften

Kombinationen	Beton γ_c	Betonstahl oder Spannstahl γ_s
Grundkombination	1,5	1,15
Außergewöhnliche Kombinationen (ausgenommen Erdbeben)	1,3	1,0

b) Kennwerte des Baustoffes Beton

Das Werkstoffverhalten des Baustoffes Beton ist im Beanspruchungsbereich oberhalb der Gebrauchslasten nicht mehr linear. Der Elastizitätsmodul ist somit nicht mehr konstant, sondern hängt von der Spannung ab. Um aber dennoch die Formänderungen näherungsweise durch eine lineare Berechnung ermitteln zu können, definiert man einen Sekantenmodul E_{cm} und verwendet diesen als Rechenwert des Elastizitätsmodules. Die Neigung der Sekante wird dabei so gewählt, daß sie die Spannungsdehnungslinie bei 40 % der Zylinderdruckfestigkeit schneidet. Es gilt:

$$E_{cm} = 9{,}5 \, (f_{ck} + 8)^{1/3} \qquad 5.3.1(15)$$

mit: f_{ck} charakteristischer Wert der Betondruckfestigkeit in [N/mm²]

Bei dieser Betondruckfestigkeit handelt es sich um die Zylinderdruckfestigkeit, diese ist als 5 %-Fraktile der Druckfestigkeit definiert und kann in Abhängigkeit von der Betongüte der Tabelle 5.21 entnommen werden. In dieser Tabelle findet man einen weiteren typischen Betonwert, den Mittelwert der Zugfestigkeit des Betons:

$$f_{ctm} = 0{,}30 \cdot f_{ck}^{2/3} \qquad 5.3.1(16)$$

Die zu verwendenden Betongüten werden durch ein vorangestelltes C gekennzeichnet und durch zwei Zahlen näher bestimmt, hierbei bedeutet:

- die erste Zahl die Druckfestigkeit eines Zylinders mit 15 cm Durchmesser und 30 cm Höhe,
- die zweite Zahl die Druckfestigkeit eines Würfels von 15 cm Kantenlänge.

Für die Bemessung ist die rechnerische Spannungsverteilung in der Biegedruckzone als Parabel-Rechteck-Diagramm abgeleitet worden. Aus dem idealisierten Bruchspannungsdiagramm wird das Bemessungsdiagramm abgeleitet, indem die Ordinaten des idealisierten Diagrammes mit dem Faktor α/γ_c multipliziert werden.

Tabelle 5.21
Elastizitätsmodul E_{cm}, charakteristischer Wert f_{ck} und Mittelwert f_{ctm} der Betonzugfestigkeit, sowie Fraktilwerte der Betonzugfestigkeit in Abhängigkeit von den Betonfestigkeitsklassen [N/mm²]

Betonfestigkeitsklasse	C 12/15	C 16/20	C 20/25	C 25/30	C 30/37	C 35/45	C 40/50	C 45/55	C 50/60
E_{cm}	25800	27400	28800	30500	31900	33300	34500	35700	36800
f_{ck}	12	16	20	25	30	35	40	45	50
f_{ctm}	1,6	1,9	2,2	2,6	2,9	3,2	3,5	3,8	4,1
$f_{ctk;0,05}$	1,1	1,3	1,5	1,8	2,0	2,2	2,5	2,7	2,9
$f_{ctk;0,95}$	2,0	2,5	2,9	3,3	3,8	4,2	4,6	4,9	5,3

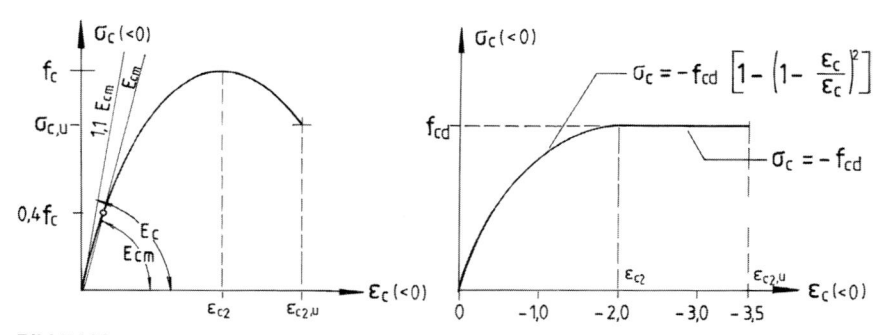

Bild 5.114
Spannungsdehnungslinie und Parabelrechteckdiagramm des Betons

Hierbei bedeuten:

γ_c Teilsicherheitsbeiwert für den Baustoff Beton
α Abminderungsbeiwert zur Berücksichtigung der Festigkeitsabnahme unter Dauerlast
 = 0,85 bei Druckbeanspruchung

Der Bemessungswert der Betondruckspannungen ergibt sich dann zu:

$$f_{cd} = \alpha \frac{f_{ck}}{\gamma_c} \qquad 5.3.1(17)$$

Ein vorzuspannender Beton muß beim Eintragen der Spannkraft eine Mindestdruckfestigkeit aufweisen, um sicherzustellen, daß er auch bei frühzeitiger Belastung den geforderten Anforderungen standhält. Die für das Spannverfahren erforderliche Mindestfestigkeitsklasse des Betons ist der allgemeinen Bauaufsichtlichen Zulassung zu entnehmen. In Tabelle 5.22 sind die unteren zulässigen Beanspruchungen für die Betongüten des Brückenbaues festgelegt. Die Mindestfestigkeit eines Betons für eine Vorspannung liegt demnach bei der Betongüte C 25/30.

Tabelle 5.22
Mindestbetondruckfestigkeiten f_c beim Vorspannen

	1	2
Festigkeitsklasse	**Festigkeiten f_{cm} in [N/mm²]**	
	Teilvorspannung	Endgültige Vorspannung
1 C 25/30	13	26
2 C 30/37	15	30
3 C 35/45	17	34
4 C 40/50	19	38
5 C 45/55	21	42
6 C 50/60	23	46

Die Festigkeiten beziehen sich auf die Mittelwerte der Zylinderdruckfestigkeiten.
Bei Verwendung von Probewürfeln ist entsprechend umzurechnen.

5.3 Bemessung der Betonbauteile

c) Kennwerte des Spannstahles

Zur Anwendung gelangen solche Stähle, die den Anforderungen hinsichtlich der mechanischen Eigenschaften, wie Festigkeit, Elastizität, Duktilität und Ermüdung, und den Anforderungen hinsichtlich der physikalischen und technologischen Eigenschaften nach DIN EN 10138 oder nach allgemeinen Bauaufsichtlichen Zulassungen genügen. Es werden Stäbe, Drähte oder Litzen verwendet. Bei den Spannstählen sind u. a. Angaben zu folgenden Einteilungen zu machen:

(I) Sorte, die die charakteristischen Werte der Streckfestigkeit ($f_{p0,1k}$) und der Zugfestigkeit (f_{pk}) festlegt.
(II) Klasse, die Angaben zum Relaxationsverhalten macht.
(III) Geometrische Abmessungen.

Der Elastizitätsmodul bewegt sich in folgenden Grenzen:

205 (kN/mm²)   für Drähte und Stäbe
195 (kN/mm²)   für Litzen

Es ist aber im speziellen Fall immer der bauaufsichtlichen Zulassung zu entnehmen.

Die Kennwerte eines Spannstahles sind:

f_{pk} charakteristischer Wert der Zugfestigkeit
$f_{p,0,1k}$ charakteristischer Wert der Streckfestigkeit (0,1%-Dehngrenze)
ε_{uk} charakteristischer Wert der Bruchdehnung (Gleichmaßdehnung)

Der Bemessungswert der Zugkraft im Spannstahl ergibt sich zu:

$$f_{pd} = \frac{f_{p0,1k}}{\gamma_s} \qquad \qquad 5.3.1(18)$$

mit: γ_s Teilsicherheitsbeiwert für den Baustoff Stahl

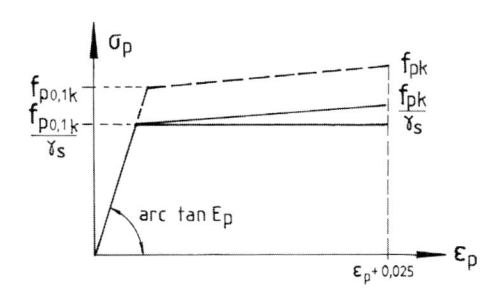

Bild 5.115
Rechnerische Spannungsdehnungslinie des Spannstahles

Für die Querschnittsbemessung wird eine vereinfachte bilineare Spannungsdehnungslinie angenommen, die zunächst ideal elastisch verläuft, danach im plastischen Bereich linear bis zum Bruch ansteigt. Dieser Ast darf zur Vereinfachung auch horizontal angenommen werden. Die rechnerische Bruchdehnung beträgt 25‰.

Für Spannbeton gilt für den Dehnungseinfluß nach Gleichung 5.2.4(1):

$$\varepsilon_p = \varepsilon_p^{(o)} + \Delta\varepsilon_p$$

mit: $\varepsilon_p^{(o)}$ Dehnung infolge Eintragung der Spannkraft (Vordehnung)
$\Delta\varepsilon_p$ Dehnung aus Biegeeinflüssen

Für die Querschnittsbemessung ist die Stahldehnung ε_p auf den charakteristischen Wert der Stahldehnung unter Höchstlast zu begrenzen:

$$\varepsilon_{uk} \leq \varepsilon_p^{(o)} + 0{,}025 \ (\permil)$$

d) Kennwerte des Betonstahles

Zur Anwendung gelangen solche Stähle, die den Anforderungen hinsichtlich der mechanischen und physikalischen Eigenschaften nach DIN 488 genügen. Beide Formen haben gerippte Oberflächen, um den Verbund zwischen Stahl und Beton zu fördern, glatte Stähle sind im Brückenbau nicht zugelassen. Bei den Stählen sind Angaben zu machen zu:

(I) Sorte, die den charakteristischen Wert der Streckfestigkeit festlegt.
(II) Klasse, die Angaben zur Duktilität macht.
(III) Geometrische Abmessungen.

Die Betonstähle werden nach ihrer plastischen Verformungsfähigkeit eingeteilt, hierfür gilt:

$\varepsilon_{uk} > 5{,}0\,\%$ und $f_{tk}/f_{yk} > 1{,}08$ hochduktiler Stahl

$\varepsilon_{uk} > 2{,}5\,\%$ und $f_{tk}/f_{yk} > 1{,}05$ normalduktiler Stahl

Im Brückenbau dürfen nur hochduktile Stähle verwendet werden. Der Elastizitätsmodul beträgt 200 [kN/mm²] als Mittelwert.

Die Kennwerte des Betonstahles sind:

f_{tk} charakteristischer Wert der Zugfestigkeit
f_{yk} charakteristischer Wert der Streckfestigkeit (0,2 % Dehngrenze)
ε_{uk} charakteristischer Wert der Dehnung bei Höchstlast

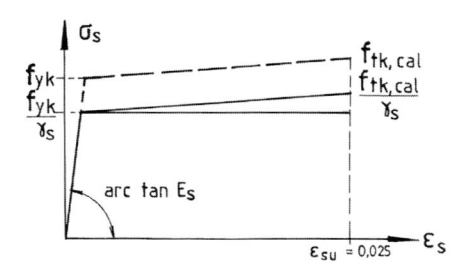

Bild 5.116 Rechnerische Spannungsdehnungslinie des Betonstahles

Der Bemessungwert der Stahlzugkraft ergibt sich zu:

$$f_{yd} = \frac{f_{yk}}{\gamma_s}$$

mit: γ_s Teilsicherheitsbeiwert für den Baustoff Stahl

Für die Querschnittsbemessung wird eine bilineare Spannungsdehnungslinie angenommen mit einem ideal elastischen Kurvenast bis zur Streckgrenze und einem plastischen Kurvenast bis zum Bruch. Im plastischen Bereich sind wieder zwei Berechnungsannahmen zugelassen:

– ideal plastisches Werkstoffverhalten (horizontaler Kurvenast)
– Ausnutzung der Nachverfestigung (linear ansteigender Kurvenast)

Die Stahldehnung ε_s ist in beiden Fällen auf den charakteristischen Wert der Stahldehnung unter Höchstlast $\varepsilon_{uk} = 0{,}025$ zu begrenzen.

5.3.2 Grenzzustand der Tragfähigkeit für Biegung und Längskraft

5.3.2.1 Nutzungsbereiche der Stahl- und Betondehnungen

Die Bemessung für Biegung oder Biegung mit Längskraft wird normalerweise als Querschnittsbemessung angesehen, obwohl die Querkraft und die Torsion, deren Einflüsse in getrennten Schritten untersucht werden, dabei beteiligt sind. Spätestens bei der Bewehrungswahl müssen aber alle Einflüsse gemeinsam berücksichtigt werden.

Das Bemessungsformat des Eurocodes sieht die Gegenüberstellung der einwirkenden und widerstehenden Schnittgrößen vor, die durch Anpassung der querschnittsbezogenen Größen bis zur Gleichheit zu führen sind. In der Praxis wird es aber bei der bekannten Methode der gebundenen Bemessung bleiben, weil diese den wirtschaftlichsten Stahlverbrauch garantiert. Die Voraussetzungen für diese Art der Querschnittsbemessung sind:

- Ebenbleiben der Querschnitte, d. h. Gültigkeit der *Bernoulli*-Hypothese mit einem linearen Dehnungsverhalten über dem Querschnitt.

- Vollkommener Verbund für das Zusammenwirken von Beton und der Bewehrung aus Beton- oder Spannstahl. Hiermit haben die Dehnungen der im Verbund liegenden Bewehrungen die gleiche Größe wie die parallel liegende Betonfaser. Damit gilt für die Dehnung aus den Biegeeinflüssen:

    $\varepsilon_{cs} = \varepsilon_s = \varepsilon_{ps}$ (auch $\Delta\varepsilon_p$ genannt)

- Vernachlässigung einer evtl. wirksamen Betonzugfestigkeit.

- Ansatz einer vereinfachten rechnerischen Spannungsdehnungsbeziehung von Beton, Spannstahl und Betonstahl, wie sie im einzelnen im Abschnitt 5.3.1.2 erläutert wurden. Hierdurch wird näherungsweise das elastoplastische Werkstoffverhalten der vorgenannten Materialien berücksichtigt.

- Berücksichtigung der Vordehnung in Spanngliedern bei der Ermittlung von Spannungen.

- Beschränkung der Betonstauchungen in Bereichen reinen Längsdruckes auf 2‰ und in Bereichen von Biegung und Längsdruck auf 3,5‰. In Zwischenbereichen wird für das Dehnungsdiagramm angenommen, daß die Stauchung im Abstand $3/7 \cdot h$ der Querschnittshöhe von der äußeren Druckfaser 2‰ beträgt.

- Bei geringen Ausmitten bis $e_d/h \leq 0{,}1$ ist die günstige Wirkung des Kriechens durch die Wahl von $\varepsilon_{c2} = 0{,}0022$ zu berücksichtigen.

- In vollständig überdrückten Platten von Plattenbalken, Kastenträgern oder ähnlichen gegliederten Querschnitten ist die Dehnung in Plattenmitte auf $\varepsilon_c = -2{,}0‰$ zu begrenzen.

Unter Bezugnahme auf Bild 5.117 ergeben sich für die Bemessungsfälle die folgenden Nutzungsbereiche:

- **Bereich 2** (reine Biegung):
  Die Stahldehnung ist ausgeschöpft (25‰) während der Betrag der maximalen Betondehnung kleiner als 3,5‰ bleibt, so daß die rechnerische Betondruckfestigkeit nicht ausgenutzt ist.

- **Bereich 3** (Biegung und Längsdruck):
  Bei Ausnutzung der Betonstauchung von 3,5‰ liegt die Stahldehnung zwischen dem Grenzwert und dem Wert ε_{yd}, der zur Rechenfestigkeit f_{yd} gehörenden Dehnung. Der Betonstahl wird noch voll ausgenutzt.

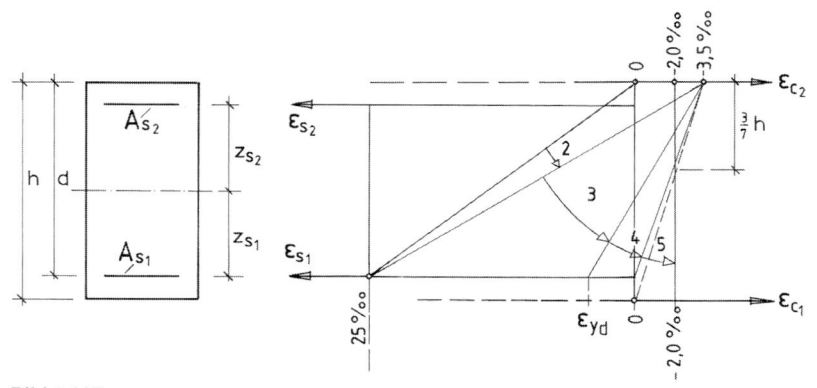

Bild 5.117
Bereiche der Dehnungsverteilungen im Biegevorgang

- **Bereich 4**:
  Der Betonstahl erreicht die rechnerisch zulässige Beanspruchung nicht mehr, da der Längsdruckanteil im Querschnitt steigt.
- **Bereich 5** (Längsdruck oder Längsdruck mit geringer Ausmitte):
  Der Querschnitt weist nur Druckspannungen auf (Spannbewehrung ausgenommen). Alle möglichen Dehnungslinien dieses Bereiches haben ihren Nullpunkt in einem Punkt, der 3/7 h vom gedrückten Rand entfernt liegt.

5.3.2.2 Dehnung in vorgespannten Querschnitten

Bei der Bemessung nach dem Eurocode wird grundsätzlich nicht mehr zwischen Stahlbeton- und Spannbetonbauteilen unterschieden, da bei den Nachweisen der Tragfähigkeit diesbezüglich keine Unterschiede bestehen. Da aber die durch die eingetragene Spannkraft erzeugte Vordehnung ein verändertes Dehnungsverhalten zur Folge hat, muß man bei vorgespannten Querschnitten einige Besonderheiten beachten. Einmal muß man hinsichtlich des Verbundzustandes unterscheiden zwischen:

- Bauwerken mit Vorspannung ohne Verbund oder Bauzuständen vor der Herstellung des Verbundes,
- Bauwerken mit Vorspannung in sofortigem Verbund oder Zuständen nach Herstellung des Verbundes bei Spannbeton mit nachträglichem Verbund.

Der Grund liegt darin, daß sich die Dehnung im verbundlosen Zustand auf die ganze Länge des Spannstahlstranges auswirkt, also systembezogen ist, während sie im Verbundzustand durch die Bemessungswerte des Querschnittes festgelegt ist, also querschnittsbezogen wirkt. Bei der Querschnittsbemessung müssen daher im ersten Fall *alle* Wirkungen der Vorspannung (statisch bestimmte und statisch unbestimmte) auf der Einwirkungsseite, im zweiten Fall *nur* die statisch unbestimmten Wirkungen angesetzt werden. Die der Bemessung zugrunde liegende Dehnung setzt sich aus der Vordehnung und der zusätzlichen Dehnung beim Erreichen der Traglast zusammen (Gleichung 5.2.4(1)):

$$\varepsilon_p = \varepsilon_p^{(o)} + \Delta\varepsilon_p$$

5.3 Bemessung der Betonbauteile

Für den Bemessungswert der Vordehnung zum Zeitpunkt $t = 0$ gilt:

$$\varepsilon_p^{(o)} = \gamma_p \cdot \varepsilon_{pm,0}^{(o)} = \gamma_p \cdot \frac{P_{m,0}}{E_p \cdot A_p} \qquad 5.3.2(1)$$

mit: $\gamma_p = 1{,}0$
$P_{m,0}$ Mittelwert der Vorspannkraft zum Zeitpunkt $t = 0$

Der Bemessungswert der Vordehnung zum Zeitpunkt $t = \infty$ ergibt sich zu:

- Bei der Vorspannung ohne Verbund:

$$\gamma_p \cdot \varepsilon_{pm,t}^{(o)} = \gamma_p \cdot \frac{P_{m,0}}{E_p \cdot A_p}\left(1 - \frac{\Delta P_{ks}}{P_{m,0}}\right) \qquad 5.3.2(2)$$

mit: ΔP_{ks} Spannkraftverlust infolge von Kriechen und Schwinden des Betons und Relaxation des Spannstahls

- Bei der Vorspannung mit (nachträglichem) Verbund ergibt er sich aus dem Unterschied der Dehnungen von Spannglied und umgebendem Beton:

$$\gamma_p \cdot \varepsilon_{pm,t}^{(o)} = \left[\frac{\sigma_{pm,0} - \Delta\sigma_{pm,t}}{E_p} - \frac{\sigma_{cpt}}{E_c}\right] \cdot \gamma_p = \left[\frac{\sigma_{p,mt}}{E_p} - \frac{\sigma_{cpt}}{E_c}\right] \cdot \gamma_p \qquad 5.3.2(3)$$

mit: $\sigma_{pm,0}$ Spannstahlspannung zum Zeitpunkt des Einleitens der Spannkräfte
$\Delta\sigma_{pm,t}$ Spannstahlspannungsverlust infolge von Kriechen und Schwinden und Spannstahlrelaxation
σ_{cpt} zugehörige Betonspannung in Höhe des Schwerpunktes der Spannstahlbewehrung

Die Zusatzdehnung $\Delta\varepsilon_p$ wird in Abhängigkeit von der Vorspannart und dem Bemessungszustand bewertet.

- Vorspannung mit Verbund:

Im Zustand der Gebrauchstauglichkeit ergibt sich die Zusatzdehnung aus der Betondehnung in Spanngliedhöhe:

$$\varepsilon_{p,G} = \varepsilon_{pm,t}^{(o)} + \varepsilon_{cp,G} \quad \text{entsprechend} \quad \sigma_{p,G} = \sigma_{pm,t} + \alpha \cdot \sigma_{cp,G}$$

Im Zustand der Tragfähigkeit ist die Zusatzdehnung unter Ansatz der querschnittsbezogenen Bemessungsgrößen zu ermitteln, somit:

$$\varepsilon_{p,u} = \varepsilon_{pm,t}^{(o)} + \Delta\varepsilon_{p,u} \quad \text{entsprechend} \quad \sigma_{p,u} = \varepsilon_{p,u} \cdot E_p$$

- Vorspannung ohne Verbund:

Die Zusatzdehnung $\Delta\varepsilon_p$ ergibt sich als Mittelwert der Dehnungen aller Betonquerschnitte entlang des Spanngliedes mit der Länge L. Für den Zustand der Gebrauchstauglichkeit ergibt sich:

$$\varepsilon_{p,G} = \varepsilon_{pm,t}^{(o)} + \Delta\varepsilon_{p,G} \quad \text{entsprechend} \quad \sigma_{p,G} = \sigma_{pm,t} + \sigma_{cp,G}^*$$

mit: $\varepsilon_{p,G} = \dfrac{1}{L}\displaystyle\int_L \varepsilon_{cp,G}\, dl$ als mittlere Betondehnung in Spanngliedhöhe, sie tritt näherungsweise an der Stelle des mittleren Momentenwertes auf
$\sigma_{cp,G}^*$ zur mittleren Dehnung zugehörige Spannung in Spanngliedhöhe, kann näherungsweise gleich max $\sigma_{cp,G}$ gesetzt werden

Für den Zustand der Tragfähigkeit ergibt sich:

$$\varepsilon_{p,u} = \varepsilon_{pm,t}^{(o)} + \Delta\varepsilon_{p,u} \quad \text{entsprechend} \quad \sigma_{p,u} = \sigma_{pm,t} + \Delta\sigma_{p,u}$$

mit: $\varepsilon_{p,u} = \dfrac{1}{L}\displaystyle\int_L \varepsilon_{cp,u}\,dl$

Wenn für diese Tragwerke die Schnittgrößenermittlung linear-elastisch erfolgt, kann der Spannungszuwachs im Spannstahl vernachlässigt werden, hiermit ergibt sich die auf der sicheren Seite liegende Vereinfachung:

$$\Delta\sigma_{p,u} = 0 \quad \text{damit wird:} \quad \sigma_{p,u} = \sigma_{pm,t}$$

5.3.2.3 Varianten der Bruchverformung

Mit der Erfüllung des Grenzzustandes der Tragfähigkeit wird der Bruch des Tragwerkes abgewendet. Der Bruch oder das Versagen der Tragfähigkeit kann sich durch Risse ankündigen, muß es aber nicht. Die Art des Bruches hängt davon ab, welche Materialkomponente sich zuerst erschöpft.

Ist die aufnehmbare Zugkraft der Stahleinlagen bei Dehnung bis zur kritischen Grenze größer als die Bruchfestigkeit des Betons, tritt der Bruch durch das Versagen der Betondruckfestigkeit ein. Dieser Bruch kündigt sich durch feine Haarrisse in der Zugzone an, der Bruch der Druckzone erfolgt dann meist schlagartig. Diese Bruchart tritt bei normal bis stark bewehrten Querschnitten auf, sie wird durch das nachstehend erläuterte Berechnungsverfahren verhindert. Erreicht dagegen der Stahl zuerst seine kritische Dehnung bevor die Grenzstauchung des Betons erreicht ist, tritt der Bruch durch das Versagen der Stahleinlagen ein. Diese Bruchart tritt bei schwach bewehrten Querschnitten auf und kündigt sich nicht vorher an. Zur Verhinde-

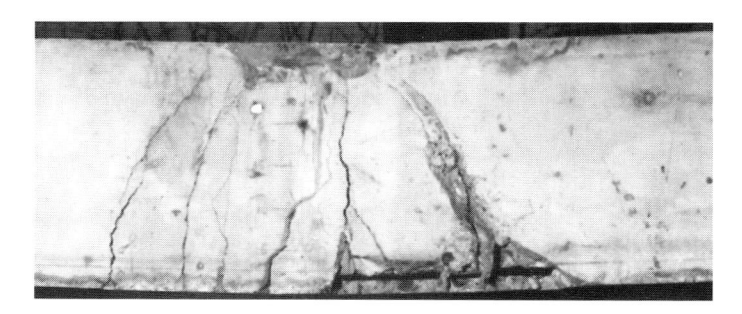

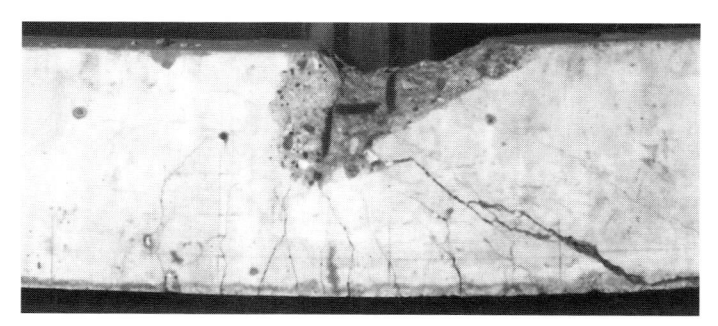

Bild 5.118
Brucharten

5.3 Bemessung der Betonbauteile

rung dieser Bruchart ist nach dem DIN-Fachbericht 102, Abschnitt 5.3.1.3 (105), eine Mindestbewehrung einzulegen mit:

$$A_s = \frac{M_{r,ep}}{f_{yk} \cdot z_s} \qquad 5.3.2(5)$$

mit: $M_{r,ep}$ Rißmoment unter der Annahme einer Zugspannung von $f_{ct;0,05}$ (siehe Tabelle 4.19) in der äußersten Zugfaser des Querschnittes

$$M_{r,ep} = f_{ctk;0,05} \cdot W_{cu} \qquad 5.3.2(6)$$

z_s = 0,9 d_s als innerer Hebelarm der schlaffen Bewehrung

Diese Mindestbewehrung soll in *den* Bereichen angeordnet werden, in denen unter der nicht häufigen Einwirkungskombination Zugspannungen im Beton auftreten. Für den Nachweis dieser Zugspannung sollte nur die statisch unbestimmte Wirkung der Vorspannung auf der Einwirkungsseite berücksichtigt werden.

Zur Abwendung des Bruches ohne Vorankündigung können auch andere Maßnahmen angewendet werden, diese sind:

- Rechnerische Reduzierung der Spannglieder auf eine Anzahl, daß vorstehend errechnetes Rißmoment kleiner oder gleich dem Moment aus der häufigen Einwirkungskombination wird, dabei muß der Biegetragwiderstand dieser reduzierten Anzahl von Spanngliedern größer sein, als das Biegemoment aus der häufigen Einwirkungskombination.
- Sicherstellung, daß Spannstahlschäden durch zerstörungsfreie Prüfverfahren festgestellt werden können.

5.3.2.4 Bemessung für Biegung mit Längskraft

a) Vorbetrachtungen

Im Grenzzustand der Tragfähigkeit für Biegung mit und ohne Längskraft ist nachzuweisen:

$$M_{Ed} \leqq M_{Rd} \qquad 5.3.2(7)$$

für reine Biegung, beziehungsweise

$$M_{Eds} \leqq M_{Rd} \qquad 5.3.2(8)$$

für Biegung mit Längskraft

Hierbei ist M_{Rd} der Bemessungswert des Momentenwiderstandes (inneres Moment), der sich aus der Biegebewehrung, dem inneren Hebelarm mit oder ohne Wirkung der Normalkraft ergibt. Es ermittelt sich aus:

- bei reiner Biegung:

$$M_{Rd} = \text{vorh } a_s \cdot f_{yd} \cdot z_s \qquad 5.3.2(9)$$

- bei Biegung mit Längskraft:

$$M_{Rd} = (\text{vorh } a_s \cdot f_{yd} - N_{Ed}) \, z_s \qquad 5.3.2(10)$$

mit: z_s innerer Hebelarm des Querschnittes
  f_{yd} Bemessungswert der Stahlspannung

Bei einer vorgespannten Bewehrung ist der Bemessungswert f_{pd} maßgebend.

Die Erfüllung der obigen Gleichungen 5.3.2(7) und 5.3.2(8) läuft auf eine Bemessung hinaus, da einmal das innere Moment (Momentenwiderstand) nicht kleiner sein darf, als das äußere

Moment und zum anderen der Einfluß der querschnittsabhängigen Größen, insbesondere bei Mischbewehrung, nur so genau genug erfaßt werden kann. Die obige Nachweisgleichung reduziert sich damit auf:

$$\text{erf } a_s \leqq \text{vorh } a_s \qquad 5.3.2(11)$$

Bei den beiden verschiedenen Vorspannarten „Nachträglicher Verbund" und „Verbundlos" besteht kein Unterschied im Bemessungsvorgang bezüglich der Abhängigkeiten zur Größe und Lage der Biegedruckkraft im Querschnitt, sowie des Hebelarmes der inneren Kräfte. Lediglich bei der Ermittlung der Stahldehnungen bestehen Unterschiede, auf die in den vorangegangenen Kapiteln ausführlich eingegangen wurde. Weiterhin sind die Einwirkungen aus dem statisch bestimmten Ansatz der Vorspannung unterschiedlich zu werten. Sie sind im verbundlosen Zustand auf der Einwirkungsseite, im Verbundzustand auf der Widerstandsseite anzusetzen. Eine Mischbewehrung von vorgespannter und schlaffer Bewehrung ist nur im Verbundzustand möglich. Im verbundlosen Zustand kann nur eine Spannbewehrung ermittelt werden, für eine zusätzliche schlaffe Bewehrung gelten dann die Bemessungsregeln der Rißbreitenbeschränkung.

Bei der Bemessung vorgespannter Betonquerschnitte durch nachträglichen Verbund müssen infolge des zeitlichen Ablaufes Vorspannung, Belastung, Kriechen und Schwinden und Spannstahlrelaxation verschiedene Bemessungszustände betrachtet werden. Hierfür können auch unterschiedliche Querschnittswerte maßgebend sein. Es handelt sich um den

- Bemessungszustand unmittelbar nach dem Aufbringen der Vorspannung vor der Herstellung des Verbundes. Zu betrachten ist hier die Minimalkombination:

$$\min M_{Ed} = M_{G,1} + M_{p,0}.$$

- Bemessungszustand nach Aufbringen der weiteren Belastung in Form von zusätzlichem Eigengewicht $G_{k,2}$ und Verkehrslast Q_k zum Zeitpunkt $t = t_i$, d.h. noch nicht abgeklungenem Kriechen und Schwinden (Ansatz von 50%). Hier sind minimale, in der Regel negative, Biegemomente min M_{Ed} zu betrachten.

- Bemessungszustand unter Berücksichtigung aller Lasteinflüsse zum Zeitpunkt $t = t_\infty$, d.h. voll eingetretenem Kriechen, Schwinden und Spannstahlrelaxation. Hier sind die maximalen Biegemomente max M_{Ed} zu betrachten.

Die im folgenden dargestellten Bemessungsansätze gelten vorrangig für Stabtragwerke. Sie können auch für Flächentragwerke übernommen werden, wenn für diese die Kirchhoffschen Voraussetzungen erfüllt sind. Andernfalls ist die Bemessung unter Berücksichtigung kombinierter Beanspruchungen durchzuführen. Bei schiefwinkligen Platten sind die Transformationsmomente der Bewehrungsrichtungen der Bemessung zugrunde zu legen. Über die Größe und die Grenzen der Transformationsmomente informiere man sich im Abschnitt 5.2.1.3.

b) Querschnitte mit rechteckiger Druckzone

Für einen Querschnitt ohne Druckbewehrung mit schlaffer und vorgespannter Bewehrung im Verbund gilt je nach Art der Bewehrung:

$$M_{Eds} = M_{Ed} - N_{Ed} \cdot z_{sr,(p),(s)}$$

Die entsprechende Bezugsachse wird man in Abhängigkeit von der vorhandenen Bewehrung wählen (gemischt, vorgespannt oder schlaff). Die Lage der Mischachse $r-r$ muß zunächst geschätzt und dann iterativ eingerechnet werden über die Beziehung:

$$d_r = \frac{A_s \cdot \sigma_s \cdot d_s + A_p \cdot \sigma_p \cdot d_p}{A_s \cdot \sigma_s + A_p \cdot \sigma_p}$$

5.3 Bemessung der Betonbauteile

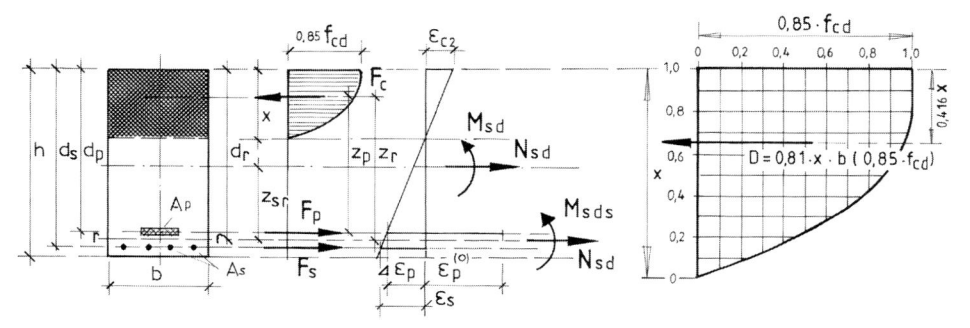

Bild 5.119
Querschnitte mit rechteckiger Druckzone, Bemessungsansätze

Über das bezogene Moment

$$\mu_{sds} = \frac{M_{sds}}{b \cdot d^2 \cdot f_{cd}}$$

erhält man über das allgemeine Bemessungsdiagramm die Hilfsgrößen

$\xi = x/d$; $\zeta = z/d$, die Stahldehnung ε_s bzw. Zusatzdehnung $\Delta\varepsilon_p$

Zur Bestimmung des erforderlichen Stahlquerschnittes muß die wirksame Stahlspannung ermittelt werden:

- Für Spannbeton allein gilt: $f_{pd} = \left(\varepsilon_{pm,t}^{(o)} + \Delta\varepsilon_p\right) \cdot E_p \leqq f_{p(0,1k)}/\gamma_s$

$$\text{mit: } \varepsilon_{pm,t}^{(o)} = \frac{\sigma_{pm,t}}{E_p} - \frac{\sigma_{cpt}}{E_c}$$

$$\sigma_{cpt} = \frac{\gamma_G \cdot M_{G,k}}{W_{cp}} - \left[\frac{\gamma_p \cdot P_{m,t}}{A_c} + \frac{\gamma_p \cdot M_{pm,t}}{W_{cp}}\right]$$

$$\text{erf } A_p = \frac{1}{f_{pd}}\left[\frac{M_{Edp}}{z_p} + N_{Edp}\right] \qquad 5.3.2(12)$$

- Für Stahlbeton allein gilt: $f_{yd} = \varepsilon_s \cdot E_s \leqq f_{yk}/\gamma_s$

$$\text{erf } A_s = \frac{1}{f_{yd}}\left[\frac{M_{Edp}}{z_s} + N_{Edp}\right] \qquad 5.3.2(13)$$

- Für eine gemischte Bewehrung bestimmt man zweckmäßigerweise zunächst den Spannstahlquerschnitt durch Vorgabe feststehender Spanngliedquerschnitte aus:

$$\text{erf } A_{(p+s)} = \frac{1}{f_{pd}}\left[\frac{M_{Edp}}{z_r} + N_{Edp}\right] \rightarrow \text{vorh } A_p \qquad 5.3.2(14)$$

Der Restquerschnitt aus schlaffer Bewehrung ergibt sich zu:

$$\text{erf } A_s = (\text{erf } A_{(p+s)} - \text{vorh } A_p)\frac{f_{pd} \cdot z_r}{f_{yd} \cdot z_s} \qquad 5.3.2(15)$$

Für einen Querschnitt ohne Druckbewehrung mit *vorgespannter Bewehrung* *ohne Verbund* gilt:

$$M_{Eds} = M_{Ed} - N_{Ed} \cdot z_p$$

Mit μ_{sds} wie vor und den Hilfsgrößen $\xi = \dfrac{x}{d}$ und $\zeta = \dfrac{z}{d}$. Die Stahldehnung über die Spannbettdehnung hinaus ist nicht bemessungsrelevant, da bei Ansatz des linear-elastischen Berechnungsverfahrens der Spannungszuwachs infolge Tragwerksverformung vernachlässigt werden darf.

Somit: $\Delta\varepsilon_p = 0$

Für diesen Fall gilt dann:

$$f_{pd} = \varepsilon_{pm,t}^{(o)} \cdot E_p \leqq f_{p(0,1k)}/\gamma_s$$

$$\text{erf } A_p = \frac{1}{f_{pd}}\left[\frac{M_{Edp}}{z_p} + N_{Edp}\right] \qquad 5.3.2(16)$$

Zusätzliche Nachweise

Bei beiden Bemessungsfällen ist der Zugkraftanteil in der Längsbewehrung infolge Querkraft zu berücksichtigen, da die Neigungswinkel der Druckstreben θ und der Zugstreben α in der Regel nicht mehr gleich sind. Nach Abschnitt 5.3.3.2 ergibt sich aus der Gleichung 5.3.3(5):

$$F_{Ed} = V_{Ed}\,\frac{1}{2}\,(\cot\theta - \cot\alpha) \qquad 5.3.2(17)$$

- Die Größe der Biegedruckkraft ist vom Beanspruchungsgrad der Druckzone abhängig. Für beide Vorspannarten gilt:

$$F_{cd} = \alpha_R \cdot x \cdot b_w \cdot (0{,}85\,f_{cd}) \qquad 5.3.2(18)$$

mit: α_R Völligkeitsbeiwert $= \sigma_m/f_{cd}$
  wobei σ_m die mittlere Betonspannung in der Biegedruckzone, abhängig vom Beanspruchungsgrad, darstellt
  $0 < \alpha_R \leqq 0{,}81$ für $0 < \varepsilon_{c_2} \leqq 3{,}5\,‰$

Für die praktische Berechnung wird der obige Ausdruck umgeformt:

$$F_{cd} = \alpha_R \cdot 0{,}85\,\xi \cdot d \cdot b \cdot f_{cd}$$
$$= v_{cd} \cdot d \cdot b \cdot f_{cd} \quad \text{mit } v_{cd} = \alpha_R \cdot 0{,}85\,\xi$$

Der Wert v_{cd} kann über das allgemeine Bemessungsdiagramm erhalten werden.

c) Plattenbalkenquerschnitte

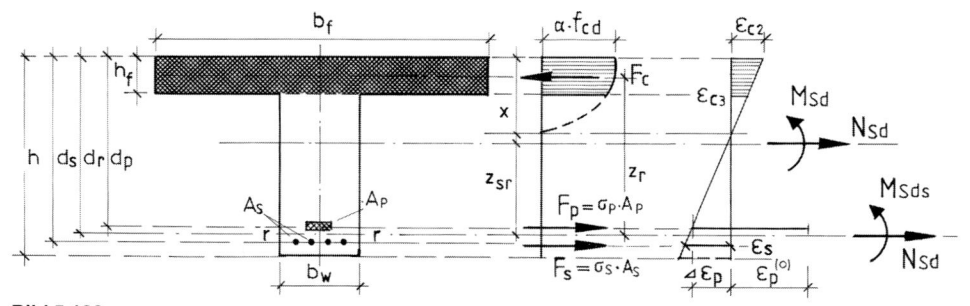

Bild 5.120
Plattenbalkenquerschnitte, Bemessungsansätze

Bei den Plattenbalkenquerschnitten kann, in den Fällen, in denen die Nullinie im Steg verläuft, nur ein Teil der Biegedruckkraft im Querschnitt aufgenommen werden. Die Folge ist ein geringerer Stahlquerschnitt, als der zur Erfüllung des inneren Gleichgewichtes notwendige Querschnitt. Zur Erfüllung der inneren Verträglichkeit muß daher in diesen Fällen die Breite der Biegedruckzone adäquat zum Rechteckquerschnitt verkleinert werden. Bei den üblichen Plattenbalkenquerschnitten des Brückenbaues aber liegen meist große Plattenbreiten im Verhältnis zu kleinen Stegbreiten vor. Die Nullinie liegt nahe am unteren Plattenrand, so daß die restlichen Druckspannungen im Steg vernachlässigt werden können. Damit ist der Hebelarm der inneren Kräfte geometrisch bestimmbar und es gilt:

$$z = d - h_f/2$$

für eine vorgespannte Bewehrung ergibt sich:

$$\text{erf } A_p = \frac{1}{f_{pd}} \left[\frac{M_{Eds}}{d_p - h_f/2} + N_{Ed} \right] \qquad 5.3.2(19)$$

mit entsprechenden Ansätzen für eine schlaffe oder eine gemischte Bewehrung. Es darf aber nur mit der ausgenutzten Stahlspannung f_{pd} gerechnet werden, wenn in der Platte die Festigkeit der Druckzone nicht überschritten wird, d.h. es muß die Tragfähigkeit der Biegedruckzone nachgewiesen werden. Hierfür gilt:

$$\sigma_c = \frac{M_{Eds}}{(d - h_f/2) \, b_f \cdot h_f \cdot \alpha_R^*} \leq 0{,}85 f_{cd} \qquad 5.3.2(20)$$

mit: α_R^* Völligkeitsgrad der anteiligen Fläche des Parabel-Rechteckdiagrammes.

Dieser Wert kann nach dem Rasterbild des Bildes 5.119 abgeschätzt oder einem Diagramm nach Bild 7.15 entnommen werden. Solange sich die Dicke h_f der Druckplatte im konstanten Bereich des Parabel-Rechteckdiagrammes bewegt, hat er den Wert 1,0. Dies ist der Fall, solange die Stauchung ε_{c_3} am unteren Plattenrand nicht unter den Betrag von 2‰ absinkt.

Bei Ansatz der größten zulässigen Randstauchung gilt:

a) $\dfrac{x - h_f}{x} = \dfrac{2{,}0}{3{,}5}$

b) $\dfrac{x}{d} = \dfrac{3{,}5}{3{,}5 + \varepsilon_{yd}}$

aus beiden Ansätzen folgt:

$$\frac{h_f}{d} = \frac{1{,}5}{3{,}5 + \varepsilon_{yd}}$$

d.h. für Bst 500 mit zul $\varepsilon_{yd} = 2{,}17$‰ wird $h_f = 0{,}264\, d$

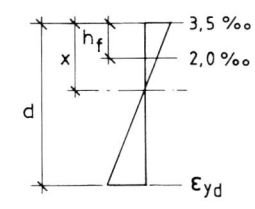

Bild 5.121 Dehnungsrelation

Solange sich die Dicke der Druckplatte im Bereich $h_f \leq 0{,}27\, d$ bewegt, hat der Völligkeitsbeiwert α_R^* den Wert 1,0 und obige Näherungsansätze haben die geringste Fehlerquote.

5.3.3 Grenzzustand der Tragfähigkeit für Querkraft

5.3.3.1 Problemstellung

Stahlbetontragwerke, die nur mit einer Biegebewehrung versehen sind, unterliegen beim Überschreiten ihrer Schubtragfähigkeit der Zerstörung durch den Schubbruch, besser Biegeschubbruch genannt. Durch den Ausfall der schiefen Hauptzugkraft entsteht ein flach verlau-

Bild 5.122
Biegeschubbruch, Einleitung eines Biegeschubrisses

fender Schubriß, der sich aus den Biegerissen entwickelt. Dieser Riß verkleinert die Höhe der Biegedruckzone, wodurch das Versagen dieser eintritt.

Das Schubtragverhalten orientiert sich dabei an der Vorstellung einer Rißverzahnung in geneigten Biegeschubrissen, bei der die Zähne in die Betondruckzone eingespannt und im Biegezugbereich durch die Längsbewehrung verdübelt sind. Die Schubtragfähigkeit beruht damit im wesentlichen auf der Betonzugfestigkeit des betreffenden Bauteiles.

Bei Tragwerken mit einer Schubbewehrung (Balken) werden die inneren Kräfte bei kombinierter Biege- und Schubbeanspruchung im Biegeschubrißzustand hinreichend genau durch das Fachwerkmodell beschrieben.

In diesem Modell werden die Zugkräfte im Steg aus der Querkraftwirkung der Schubbewehrung und die Druckkräfte dem Beton zugewiesen. Eine gewisse Problematik liegt dabei in der Neigung der simulierten Druckdiagonalen. Durch die Zusammenhänge der erweiterten Fachwerkanalogie weiß man, daß diese flacher verlaufen, als nach dem von *Mörsch* angegebenen Wert von $\theta = 45°$. Man kann aber ihre Neigungen nicht beliebig flach annehmen, da die Betondruckdiagonalen nur eine begrenzte Festigkeit haben und die Verträglichkeitsbedingungen in der Schubzone eingehalten werden müssen. Aus diesem Grunde wird dieser Problematik in den nachstehend beschriebenen Bemessungskonzepten eine besondere Aufmerksamkeit zuteil.

5.3.3.2 Bemessungsmodell und innere Kräfte

Bei entsprechender Schnittführung im Tragsystem ergeben sich die nachstehend aufgeführten Kräfte:

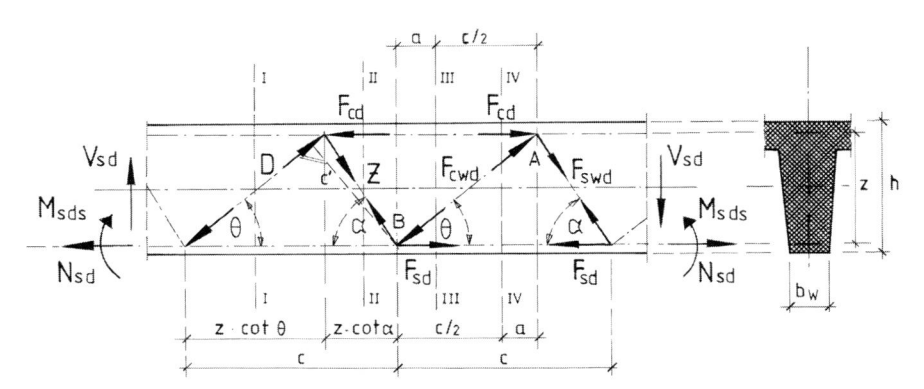

Bild 5.123
Einwirkende Kräfte am Schubfachwerkmodell

Erläuterung der verwendeten Bezeichnungen:

V_{Ed}	Bemessungswert der Querkraft
F_{cwd}	Bemessungswert der schiefen Druckkraft im Steg
F_{swd}	Bemessungswert der Zugkraft in der Schubbewehrung
F_{cd}	Bemessungswert der Betondruckkraft in Richtung der Bauteilachse
F_{Ed}	Bemessungswert der Zugkraft in Längsrichtung
f_{ywd}	Bemessungswert für die Streckgrenze der Querkraftbewehrung
θ	Winkel zwischen den Betondruckstreben und der Bauteilachse
α	Winkel zwischen der Schubbewehrung und der Bauteilachse

Geometrische Zusammenhänge:

Grundlänge: $\quad c = z\,(\cot\theta + \cot\alpha)\,;\quad z = 0{,}9\,d$

Einflußbreite der Druckstrebe: $\quad c' = c \cdot \sin\theta = z \cdot \sin\theta\,(\cot\theta + \cot\alpha)$

Versatzmaß: $\quad a = z \cdot \cot\theta - \dfrac{c}{2} = \dfrac{z}{2}\,(\cot\theta - \cot\alpha)$

Es ergeben sich die folgenden Beanspruchungen in der Druck- und Zugstrebe:

- Druckstrebe:

  Schnitt I-I: $\Sigma V = 0$; $D = F_{cwd} = V_{Ed}/\sin\theta$

$$\sigma_{c_2}^{II} = \frac{F_{cwd}}{b_w \cdot c'} = \frac{V_{Ed}}{\sin\theta}\,\frac{1}{b_w \cdot z \cdot \sin\theta\,(\cot\theta + \cot\alpha)}$$

$$\sigma_{c_2}^{II} = \frac{V_{Ed}}{b_w \cdot z \cdot \sin^2\theta\,(\cot\theta + \cot\alpha)} \quad \left[\frac{\text{kN}}{\text{cm}^2}\right] \qquad 5.3.3(1)$$

Für diese Spannung in der Betondruckstrebe ist der Bemessungswert wie folgt definiert:

$$\sigma_{c_2}^{II} = \alpha_c \cdot f_{cd} \quad \text{mit} \quad \alpha_c = 0{,}75 \qquad 5.3.3(2)$$

Der Abminderungsfaktor α_c berücksichtigt die verminderte Druckfestigkeit des Betons in der Schubzone, die aus dem unregelmäßigen Verlauf der Schubrisse und aus den Querzugspannungen der Rißverzahnungen und den Bewehrungsstäben herrühren.

- Zugstrebe:

Schnitt II-II: $\Sigma V = 0$; $Z = F_{swd} = V_{Ed}/\sin\alpha$

$$\sigma_s = \frac{F_{swd}}{c \cdot a_{sw}} = \frac{V_{Ed}}{z \cdot a_{sw}} \frac{1}{\sin\alpha(\cot\theta + \cot\alpha)} \quad \left[\frac{kN}{cm^2}\right] \quad 5.3.3(3)$$

hierin ist a_{sw} die Querschnittsfläche der Schubbewehrung, die auf die Einheit der Balkenlängsachse bezogen ist. Die Auflösung der Gleichung nach der Querschnittsfläche mit $\sigma_s = f_{ywd}$ ergibt:

$$a_{sw} = \frac{V_{Ed}}{z \cdot f_{ywd}} \frac{1}{\sin\alpha(\cot\theta + \cot\alpha)} \quad \left[\frac{kN}{m \frac{kN}{cm^2}}\right] = \left[\frac{cm^2}{m}\right] \quad 5.3.3(4)$$

Für die Bemessung der Querkraftbewehrung wird davon ausgegangen, daß die Spannungen im Grenzzustand der Tragfähigkeit immer die rechnerische Streckgrenze erreichen, also:

$$f_{ywd} = f_{yd}$$

Die Beanspruchungen der Gurte ergeben sich nach folgenden Überlegungen [35]:

Die Zugkräfte F_{Ed} und die Druckkräfte F_{cd} werden aus der Betrachtung der Kräfte in den Schnitten III und IV und der Momentensumme um die Punkte A und B erhalten. Die Schnitte III und IV in einer Entfernung von $c/2$ von den Bezugspunkten A und B ergeben sich aus der Überlegung, daß die Zug- und Druckkräfte des idealisierten Fachwerkes nur in der Mitte der angenommenen Grundlängen c mit den tatsächlich wirkenden Zuggurt- und Druckgurtkräften der schrägen Zug- und Druckfelder eines Schubwandmodelles übereinstimmen. Dadurch wird der Einfluß der Querkraft auf die jeweiligen Bezugspunkte mit einer Exzentrizität a wirksam.

Bezieht man die aus Biegung und Längskraft herrührenden Schnittkräfte auf die Schwerlinie der Biegebewehrung, so läßt sich anschreiben:

- Für die Kräfte im Zuggurt:

Bezugspunkt A; Schnitt IV; rechtes Schnittufer; $\Sigma M_A = 0$:

$$[M_{Eds} + N_{Ed}] \cdot z + V_{Ed} \cdot a - F_{sd} \cdot z = 0$$

$$F_{Ed} = \left[\frac{M_{Eds}}{z} + N_{Ed}\right] + V_{Ed} \frac{a}{z}$$

$$F_{Ed} = \frac{M_{Eds}}{z} + N_{Ed} + V_{Ed} \frac{1}{2}(\cot\theta - \cot\alpha) \quad [kN] \quad 5.3.3(5)$$

- Für die Kräfte im Druckgurt:

Bezugspunkt B; Schnitt III; rechtes Schnittufer; $\Sigma M_B = 0$:

$$[M_{Eds}] - V_{Ed} \cdot a - F_{cd} \cdot z = 0$$

$$F_{cd} = \left[\frac{M_{Eds}}{z}\right] - V_{Ed} \frac{1}{2}(\cot\theta - \cot\alpha) \quad [kN] \quad 5.3.3(6)$$

Die Klammerausdrücke obiger Gleichungen 5.3.3(5) und 5.3.3(6) stellen die Beanspruchungen aus der Wirkung von Biegung und Längskraft dar, der restliche Term enthält die Zusatzbeanspruchung infolge der Wirkung der Querkraft.

5.3.3.3 Nachweisverfahren

a) Grundlagen des Bemessungskonzeptes

Der Nachweis der Querkrafttragfähigkeit wird durch den formalen Vergleich des einwirkenden Bemessungswertes der Querkraft V_{Ed} mit der im Querschnitt aufnehmbaren Querkraft, dem Bauteilwiderstand V_{Rd}, vollzogen, es gilt:

$V_{Ed} \leq V_{Rd,ct}$ als Bemessungswert der aufnehmbaren Querkraft eines Bauteiles ohne Querkraftbewehrung

$\leq V_{Rd,syt}$ als Bemessungswert der durch die Tragfähigkeit der Querkraftbewehrung begrenzten aufnehmbaren Querkraft

$\leq V_{Rd,max}$ als Bemessungswert der durch die Druckstrebenfestigkeit begrenzten maximalen aufnehmbaren Querkraft

Im zuletzt genannten Fall wird meist auf die formale Gegenüberstellung verzichtet und eine gebundene Bemessung durchgeführt, d. h. unter Einbeziehung des Grenzwertes von $V_{Rd,sy}$ der erforderliche Stahlquerschnitt der Schubbewehrung ausgewiesen.

Im Eurocode werden zwei Wege der Querkraftbemessung definiert:

- Zum einen das Standardverfahren, bei dem die Druckstrebenneigung mit $\theta = 45°$ festgeschrieben ist und bei dem durch die Definition eines Abzugswertes von der Querkraft die flachere Druckstrebenneigung indirekt erfaßt wird,

$$V_{Rd,sy} = V_{wd} + V_{cd} \qquad 5.3.3(7)$$

mit: V_{wd} Komponente des Bauteilwiderstandes der Schubbewehrung unter der Annahme der Fachwerkanalogie nach *Mörsch* mit einer Neigung der Druckstreben von $\theta = 45°$ gegen die Horizontale

V_{cd} Komponente des Bauteilwiderstandes der Schubbewehrung infolge des Abzugwertes zur Kompensation einer flacheren Druckstrebenneigung als $\theta = 45°$

- Zum anderen das Verfahren mit veränderlicher Druckstrebenneigung, bei dem die Neigung θ innerhalb festgelegter Grenzen gewählt werden kann.

Dem DIN-FB 102 liegt ein modifiziertes Verfahren mit veränderlicher Druckstrebenneigung zugrunde, bei dem die Bestimmungsgleichungen für die Bauteilwiderstände für eine Druckstrebenneigung, die durch eine Rechenbeziehung vorgegeben wird, direkt aus den Zusammenhängen des Fachwerkmodelles ermittelt werden. Sie sind im nachfolgendem Unterabschnitt (c) dargestellt. Die Rechenbeziehung für die Neigung θ der Druckstreben stellt eine zum Abzugswert V_{wd}, infolge Abweichung von der 45°-Neigung, äquivalente Druckstrebenneigung dar.

Die Neigung θ der Druckstrebe ist nach folgender Beziehung zu ermitteln:

$$\cot \theta = \frac{1{,}2 - 1{,}4 \dfrac{\sigma_{cd}}{f_{cd}}}{1 - \dfrac{V_{Rd,c}}{V_{Ed}}} \qquad 5.3.3(8)$$

Hierin bedeutet:

$V_{Rd,c}$ Abzugswert, als Querkrafttraganteil des Betonquerschnittes mit Querkraftbewehrung

$$= \left[\beta_{ct} \cdot 0{,}10 \cdot f_{ck}^{1/3} \left(1 + 1{,}2 \frac{\sigma_{cd}}{f_{cd}} \right) \right] b_w \cdot z \qquad 5.3.3(9)$$

(siehe auch Heft 525 DAfStb Bild H 10.6)

$\beta_{ct} = 2{,}4$

σ_{cd} Bemessungswert der Betonlängsspannungen in Höhe des Schwerpunktes des Querschnittes mit:

$$\sigma_{cd} = \frac{N_{Ed}}{A_c}$$

N_{Ed} Bemessungswert der Längskraft im Querschnitt infolge äußerer Einwirkungen oder Vorspannung ($N_{Ed} < 0$ als Längsdruckkraft)

Die Druckstrebenneigungen θ sind in folgenden Grenzen zu halten:

$$0{,}58 \leq \cot\theta \leq 3{,}0 \quad (60° \geq \theta \geq 18{,}4°) \qquad 5.3.3(10)$$

Druckstrebenwinkel $>45°$ sollten nur in Ausnahmefällen verwendet werden.

b) Maßgebende Querkraft

Bei der Ermittlung des Bemessungswertes der Querkraft sind auch die Vertikalkomponenten geneigter Gurtkräfte und geneigter Spannglieder zu berücksichtigen:

$$V_{Ed} = V_{Ed,0} - V_{ccd} - V_{td} - V_{pd} \qquad 5.3.3(11)$$

mit den Komponenten:

$V_{Ed,0}$ Grundbemessungswert der auf den Querschnitt einwirkenden Querkraft aus der Belastung
V_{ccd} Bemessungswert der Querkraftkomponente in der Druckzone
V_{td} Bemessungswert der Querkraftkomponente der Stahlzugkraft
V_{pd} Querkraftkomponente der Spannstahlkraft im Grenzzustand der Tragfähigkeit

V_{ccd} und V_{td} sind positiv, wenn die statische Nutzhöhe d mit zunehmendem Biegemoment ebenfalls zunimmt. Für die Querkraftkomponente eines unter dem Winkel ψ_p gegen die Bauteilachse geneigten Spanngliedes gilt mit Rücksicht auf das negative Vorzeichen in Gleichung 5.3.3(11)

$V_{pd} = +P_{dt} \sin \psi_p \quad$ bei günstiger Neigung des Spanngliedes, z. B. am Auflager

$\phantom{V_{pd} =} -P_{dt} \sin \psi_p \quad$ bei ungünstiger Neigung des Spanngliedes, z. B. am Rande einer Mittelstütze

Der Bemessungswert der Vorspannkraft beträgt:

$$P_{dt} = \gamma_p \cdot P_{m,t} = \gamma_p \cdot \sigma_{p,mt} \cdot A_p$$

mit: $\gamma_p = 1{,}0$ und $P_{m,t} \leq A_p \cdot f_{p,0,1k}/\gamma_s$

Wird bei Spanngliedern ohne Verbund der Spannungszuwachs im Spannstahl berücksichtigt, ist der charakteristische Wert $\Delta\sigma_{pk}$ des Spannungszuwachses im Spannstahl mit den Mittelwerten der Baustoffeigenschaften zu bestimmen. Zur Ermittlung des Bemessungswertes $\Delta\sigma_{pd} = \gamma_p \cdot \Delta\sigma_{pk}$ gilt bei linear elastischer Schnittgrößenermittlung auch $\gamma_p = 1{,}0$.

c) Querkraftwiderstände

Bauteile ohne Querkraftbewehrung

Der Bemessungswert der Querkrafttragfähigkeit $V_{Rd,ct}$ biegebewehrter Bauteile ohne Querkraftbewehrung ergibt sich aus der nachstehend aufgeführten Gleichung 5.3.3(12). Diese Bemessungsgleichung wurde aus Versuchsergebnissen abgeleitet und begründet, sie ist nicht aus grundlegenden Annahmen ableitbar. Im wesentlichen handelt es sich um den Ansatz aus dem Model Code 1990:

$$V_{Rd,ct} = \left[0{,}10 \cdot \kappa \cdot (100\, \rho_l \cdot f_{ck})^{1/3} - 0{,}12\, \sigma_{cd}\right] b_w \cdot d \quad \text{[kN]} \qquad 5.3.3(12)$$

5.3 Bemessung der Betonbauteile

Hierin bedeuten:

$\kappa = 1 + \sqrt{\dfrac{200}{d}} \leq 2{,}0$ mit d in [mm]

$\rho_l = \dfrac{A_{sl}}{b_w \cdot d} \leq 0{,}02$ als geometrischer Bewehrungsgrad der Längsbewehrung

A_{sl} Fläche der Zugbewehrung, die mindestens um das Maß d (Nutzhöhe) über den betrachteten Querschnitt hinaus geführt und danach wirksam verankert wird
f_{ck} charakteristischer Wert der Betondruckfestigkeit in [N/mm²]
σ_{cd} Betonlängsspannung in Höhe des Schwerpunktes des Querschnittes mit

$$\sigma_{cd} = \dfrac{N_{Ed}}{A_c} \quad \text{in [N/mm}^2\text{]}$$

N_{Ed} Längskraft im Querschnitt infolge äußerer Einwirkung oder Vorspannung ($N_{Ed} < 0$ als Längsdruckkraft)
b_w kleinste Querschnittsbreite innerhalb der Zugzone

Bauteile mit einer Querkraftbewehrung

Bauteile mit einer unter dem Winkel α geneigten Schubbewehrung

Der Bauteilwiderstand $V_{Rd,\max}$ der Druckstrebe ergibt sich aus den Gleichungen 5.3.3(1) und 5.3.3(2):

$$V_{Rd,\max} = \alpha_c \cdot f_{cd} \cdot b_w \cdot z \cdot \sin^2\theta \, (\cot\theta + \cot\alpha)$$

$$= \alpha_c \cdot f_{cd} \cdot b_w \cdot z \, \dfrac{\cot\theta + \cot\alpha}{1 + \cot^2\theta} \quad \text{[kN]} \qquad 5.3.3(14)$$

Der Bauteilwiderstand $V_{Rd,sy}$ der Schubbewehrung ergibt sich aus dem Bemessungswert der aufnehmbaren Querkraft. Aus Gleichung 5.3.3(3) folgt mit $\sigma_s = f_{yd}$ und $V_{Ed} = V_{Rd,sy}$:

$$V_{Rd,sy} = a_{sw} \cdot z \cdot f_{yd} \cdot \sin\alpha \, (\cot\theta + \cot\alpha) \quad \text{[kN]} \qquad 5.3.3(15.1)$$

oder die Bewehrung aus Gleichung 5.3.3(4):

$$a_{sw} = \dfrac{V_{Ed}}{z \cdot f_{yd}} \dfrac{1}{\sin\alpha \, (\cot\theta + \cot\alpha)} \quad \left[\dfrac{\text{cm}^2}{\text{m}}\right] \qquad 5.3.3(15.2)$$

Bauteile mit einer Bügelbewehrung

Der Bauteilwiderstand $V_{Rd,\max}$ der Druckstrebe ergibt sich aus Gleichung 5.3.3(14) mit $\alpha = 90°$ und einer entsprechenden Umformung:

$$V_{Rd,\max} = \dfrac{\alpha_c \cdot f_{cd} \cdot b_w \cdot z}{\tan\theta + \cot\theta} \quad \text{[kN]} \qquad 5.3.3(16)$$

Der Bauteilwiderstand $V_{Rd,sy}$ der Schubbewehrung ergibt sich aus dem Bemessungswert der aufnehmbaren Querkraft. Aus Gleichung 5.3.3(3) folgt mit $V_{Ed} = V_{Rd,sy}$; $\sigma_s = f_{yd}$ und $\alpha = 90°$:

$$V_{Rd,sy} = a_{sw} \cdot z \cdot f_{yd} \cdot \cot\theta \quad \text{[kN]} \qquad 5.3.3(17.1)$$

oder die Bewehrung mit $V_{Rd,sy} = \text{vorh } V_{Ed}$:

$$a_{sw} = \dfrac{V_{Ed}}{z \cdot f_{yd}} \tan\theta \quad \left[\dfrac{\text{cm}^2}{\text{m}}\right] \qquad 5.3.3(17.2)$$

Stegbreite

In allen obigen Rechenbeziehungen ist b_w die kleinste Stegbreite. Enthält der Steg verpresste Spannglieder mit einer Durchmessersumme $\Sigma d_n > b_w/8$, muß der Bemessungswert der Querkrafttragfähigkeit $V_{Rd,max}$ auf der Grundlage des Nennwertes der Stegbreite $b_{w,nom}$ für die ungünstige Spanngliedlage berechnet werden:

$$b_{w,nom} = b_w - 0{,}5 \; \Sigma d_n \quad \text{für Beton bis C 50/60}$$

$$b_{w,nom} = b_w - 1{,}0 \; \Sigma d_n \quad \text{für Beton ab C 55/60}$$

Hierin ist d_n der äußere Hüllrohrdurchmesser. Für nebeneinanderliegende, nicht verpresste, Spannglieder oder solche ohne Verbund gilt:

$$b_{w,nom} = b_w - 1{,}2 \; \Sigma d_n$$

d) Bemessung von Druck- und Zuggurten profilierter Querschnitte

Berechnungsmodell

Bei Bauteilen mit profiliertem Querschnitt mit Druck- oder Zuggurten entstehen bei der Übertragung der anteiligen Biegedruck- und Zugkräfte aus den Gurten Schubbeanspruchungen, die in der Regel für die Anschnittsflächen nachzuweisen sind. Diese Beanspruchungen resultieren aus Schubkräften, die mit den anteiligen Druck- und Zugkräften aus den Biegemomentenänderungen im Gleichgewicht stehen. Zur rechnerischen Ermittlung der in den Anschnittsflächen hieraus resultierenden Zugkräften gibt es zwei Modellvorstellungen:

– Hauptzugspannungsmodell (Abschnitt 5.2.2.3) und
– Flanschfachwerkmodell nach *Bachmann* [72]

Während sich beim Hauptzugspannungsmodell die Querzugkräfte direkt aus den Hauptzugspannungen ergeben, stellt das Flanschfachwerkmodell die Fortsetzung der Schubbeanspruchung in die Querschnittsbereiche der Gurte dar. Den Rechenbeziehungen des Eurocodes bzw. DIN FB 102 liegt ein Flanschfachwerk zugrunde.

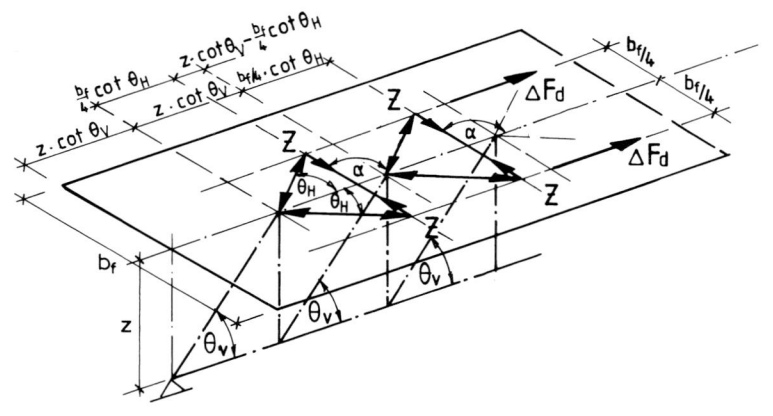

Bild 5.124
Kräfte im Flanschfachwerkmodell

Bemessungsansatz

Die Bemessung eines Gurtanschnittes für Schub aus Längsbiegung und Querbiegung wird auf eine Querkraftbemessung zurückgeführt. An Stelle des einzelnen Querkraftvektors treten die auf die Längeneinheit bezogenen Schubflüsse v_{Ed}, $v_{Rd,\max}$, $v_{Rd,sy}$. Für die Bemessungseinheit gilt:

$$v_{Ed} = \frac{\Delta F_d}{a_v} \quad v_{Rd,\max} \quad \text{bzw.} \quad v_{Rd,sy} \quad [\text{kN/m}] \qquad 5.3.3(19)$$

Es ist:

ΔF_d Längskraftdifferenz in einem einseitigen Gurtabschnitt der Länge a_v, in dem die Längsschubkraft als konstant angenommen werden darf

a_v Länge des Gurtabschnittes, sie darf höchstens dem halben Betrag des Abstandes zwischen Momentennullpunkt und Momentenhöchstwert entsprechen

Aufteilung der anteiligen Längskraftdifferenz

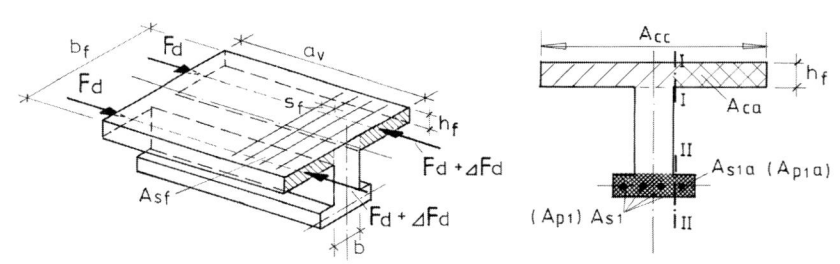

Bild 5.125
Längskraftanteile von Druck- und Zuggurten

- Für Druckgurte unter Vernachlässigung einer etwaigen Druckbewehrung (I-I):

$$\Delta F_d = \frac{A_{ca}}{A_{cc}} F_{cd} \max \qquad 5.3.3(20)$$

A_{ca} Fläche des Gurtabschnittes
A_{cc} Gesamtfläche der Druckzone
max F_{cd} gesamter Zuwachs an Betondruckkraft im betrachteten Bereich

$$= \frac{\max \Delta M_{Ed,s}}{z} - N_{Ed} \quad \text{(Druck negativ)}$$

- Für Zuggurte unter Ansatz einer etwaigen Vorspannbewehrung (II-II):

$$\Delta F_d = \frac{A_{s_1 a}}{A_{s_1}} F_{s_1 d,\max} + \frac{A_{p_1 a}}{A_{p_1}} F_{p_1 d,\max} \qquad 5.3.3(21)$$

$A_{s_1 a}$; $A_{p_1 a}$ Fläche der in den Gurt ausgelagerten Biegezugbewehrung, schlaff bzw. vorgespannt

A_{s_1}; A_{p_1} Fläche der gesamten Biegezugbewehrung aus schlaffem oder vorgespanntem Stahl

$F_{s_1 d,\max}$; $F_{p_1 d,\max}$ Gesamte Zugkraft in der Bewehrung

$$= \frac{\max M_{Eds}}{z} + N_{Ed}$$

Bauteilwiderstände

Die Bauteilwiderstände werden nach den Regelungen mit veränderlicher Druckstrebenneigung ermittelt, indem $b_w = h_f$ und $z = a_v$ gesetzt werden. Weiterhin darf in Zuggurten $\cot\theta = 1{,}0$ und in Druckgurten $\cot\theta = 1{,}2$ gesetzt werden, somit gilt:

- Druckgurt:

Der Widerstand der Druckstrebe ergibt sich nach Gleichung 5.3.3(16) mit $\alpha = 90°$, $b_w = h_f$, $z = a_v$, $\cot\theta = 1{,}2$; $\alpha_c = 0{,}75$ zu:

$$\frac{V_{Rd,\max}}{a_v} = v_{Rd,\max} = \alpha_c \cdot f_{cd} \cdot h_f \frac{1}{\tan\theta + \cot\theta} = 0{,}375 \cdot f_{cd} \cdot h_f \quad [\text{kN/m}] \qquad 5.3.3(22)$$

Der Widerstand der Zugstrebe ergibt sich nach Gleichung 5.3.3(17.1) mit $a_{sv} = a_{sf}$ zu:

$$\frac{V_{Rd,sy}}{a_v} = v_{Rd,sy} = a_{sf} \cdot f_{yd} \cdot \cot\theta \quad [\text{kN/m}] \qquad 5.3.3(23.1)$$

oder die Bewehrung mit $v_{Rd,sy} = v_{Ed}$:

$$a_{sf} = \frac{v_{Ed}}{f_{yd} \cdot \cot\theta} = \frac{v_{Ed}}{1{,}2 \cdot f_{yd}} \quad \left[\frac{\text{cm}^2}{\text{m}}\right] \qquad 5.3.3(23.2)$$

- Zuggurt:

Der Widerstand der Zugstrebe ergibt sich wie vor nach Gleichung 5.3.3(17.1), aber stets für die Neigung $\theta = \theta_H = 45°$, somit:

$$a_{sf} = \frac{v_{Ed}}{f_{yd}} \quad \left[\frac{\text{cm}^2}{\text{m}}\right] \qquad 5.3.3(24)$$

mit: v_{Ed} [kN/m] und f_{yd} [kN/cm^2]

Kombinierte Beanspruchungen

Bei kombinierten Beanspruchungen durch die Schubkräfte zwischen der Gurtscheibe und dem Balkensteg einerseits und der Querbiegung aus der Fahrbahntafel andererseits werden Längsspannungen aus dem Scheibenschub mit Querzug- und Querdruckspannungen aus der Querrichtung überlagert.

Wenn kein genauerer Nachweis gefordert wird, kann der größere erforderliche Stahlquerschnitt, der sich aus der Berechnung der beiden Einwirkungen ergibt, angeordnet werden, wobei der Anteil aus der Querkraftbewehrung je zur Hälfte auf die Druck- und Zugzone der Platte zu verteilen ist.

Für einen genaueren Nachweis ist ein geeignetes Stabmodell zu wählen, in dem die Scheibenkräfte in den Ebenen der Bewehrungslagen der Gurtplatten nach folgender Aufteilung anzusetzen sind:

– Die anteilige Längsdruckkraft ist proportional ihrem Verlauf über die Gurtplattenhöhe auf beide Lagen aufzuteilen.

– Das Biegemoment der Querrichtung ist als Kräftepaar im Abstand der Schwerpunkte beider Bewehrungslagen anzusetzen.

Im gewählten Stabwerkmodell soll der Winkel β zwischen den Druckstreben und der Bewehrungsrichtung ($\alpha = 90°$) innerhalb der nachstehend aufgeführten Grenzen bleiben:

$$0{,}5 \leq \cot\beta \leq 2{,}0$$

5.3.4 Grenzzustand der Tragfähigkeit für Torsion

5.3.4.1 Grundlagen der Torsionsbeanspruchung

Eine Torsionsbeanspruchung teilt sich einem Bauteil durch einen in Richtung der Bauteilachse drehenden Momentenvektor mit. Von der Einleitung dieses Torsionsmomentes her werden zwei Arten der Beanspruchungen unterschieden, einmal die *Lasttorsion* und zum anderen die *Systemtorsion*, auch *Verträglichkeitstorsion* genannt.

Bei der *Lasttorsion* werden die Fahrbahnlasten exzentrisch zum Schubmittelpunkt des Querschnittssystem eingetragen. Sie beeinflußt das statische Gleichgewicht und greift in die Gleichgewichtsbedingungen ein. Das klassische Beispiel dieser Beanspruchungsart stellt der einfeldrige Plattenbalken dar, der nur über ein Auflagertorsionsmoment im Gleichgewicht steht.

Bei der *Systemtorsion* werden durch den monolithischen Anschluß eines Traggliedes mit anderen Bauteilen Biegemomente des einen Trägers zu Torsionsmomenten des anderen und umgekehrt. Hier werden nur die Verträglichkeitsbedingungen an Knoten berührt. Diese Art der Torsion tritt in statisch unbestimmten Systemen auf. Die Standsicherheit hängt nicht von ihr ab. In diesen Systemen kann in der Regel auf den Nachweis der Torsionstragfähigkeit verzichtet werden, da die Torsionssteifigkeit beim Übergang in den Zustand II und bei Belastung bis zum Bruch infolge Bildung von Torsionsschubrissen viel stärker absinkt, als die Biegesteifigkeit.

Nach dem DIN FB 102 gilt die Regelung, daß bei einer Lasttorsion eine Torsionsbemessung im Grenzzustand der Tragfähigkeit erforderlich ist, bei einer Verträglichkeitstorsion kann darauf verzichtet werden, statt dessen sind die konstruktiven Regeln der Bewehrungsführung einzuhalten (siehe Abschnitt 5.4.1).

Die im folgenden aufgeführten Zusammenhänge beziehen sich auf den Fall der reinen Torsion, die im allgemeinen als *St. Venantsche Torsion* bekannt ist und im Querschnitt umlaufende Schubflüsse erzeugt. Der Einfluß der Wölbkrafttorsion, der zu Verschiebungen und damit zu zusätzlichen Biegeeinflüssen führt, kann im Grenzzustand der Tragfähigkeit vernachlässigt werden.

Das Torsionstragvermögen wird durch das Torsionsträgheitsmoment im Zustand I beschrieben. Bei zusammengesetzten Querschnitten (z. B. T-Querschnitte) ist eine Aufteilung des angreifenden Torsionsmomentes auf die einzelnen Teilquerschnitte so vorzunehmen, wie es sich bei einer linearen Berechnung für die *St. Venantsche Torsion* im Zustand I ergibt. Damit ergäbe sich für das Torsionsmoment im Querschnittsteil i

$$T_i = T \frac{I_{T_i}}{\Sigma I_{T_i}}$$

mit: ΣI_{T_i} nach Tabelle 5.23

Die Aufteilung in die Teilquerschnitte ist dabei so vorzunehmen, daß sich ein Größtwert für ΣI_{T_i} ergibt.

Die Torsionstragfähigkeit eines Querschnittes wird unter der Annahme eines dünnwandigen, geschlossenen Querschnittes berechnet, in dem ein umlaufender Schubfluß möglich ist. Vollquerschnitte werden durch gleichwertige dünnwandige Ersatzquerschnitte ersetzt.

Die Breite $t_{\textit{eff}}$ des Schubflußquerschnittes kann wie folgt angenommen werden:
- bei Hohlkastenquerschnitten durch die tatsächlichen Abmessungen
- bei Vollquerschnitten durch die Abmessungen der Randschale $2c$ in folgenden Grenzen:

Tabelle 5.23
Torsionsträgheitsmoment nach Zustand I

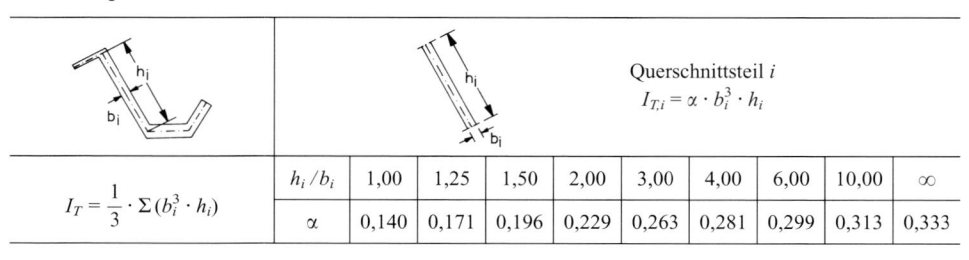

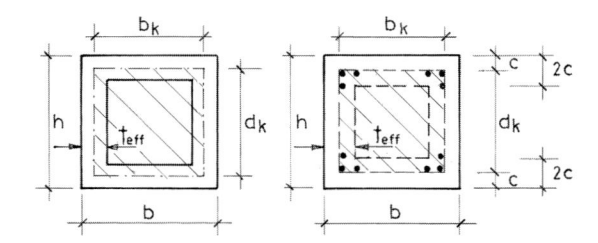

$I_T = \dfrac{1}{3} \cdot \Sigma(b_i^3 \cdot h_i)$	Querschnittsteil i $I_{T,i} = \alpha \cdot b_i^3 \cdot h_i$								
h_i/b_i	1,00	1,25	1,50	2,00	3,00	4,00	6,00	10,00	∞
α	0,140	0,171	0,196	0,229	0,263	0,281	0,299	0,313	0,333

Bild 5.126 Geometrische Bezeichnungen

$$2c \leqq t_{\mathit{eff}} \leqq \frac{A}{u}$$

mit: c Betondeckung der Längsbewehrung
A Gesamtfläche des Querschnittes einschließlich hohler Innenräume
u Äußerer Umfang des Querschnittes

Zwischen beiden Querschnittsarten besteht der Unterschied, daß zur Aufnahme des Schubflusses in den Seitenflächen beim Hohlkastenquerschnitt ein zweischnittiger Bügelquerschnitt, beim Vollquerschnitt aber nur ein einschnittiger Bügelquerschnitt zur Verfügung steht.

In diesen Querschnitten ergibt sich nach *Bredt* für den Bemessungswert des Schubflusses $v_{Ed} = \tau/t_{\mathit{eff}}$ unter Ansatz des Bemessungswertes des Torsionsmomentes T_{Ed}:

$$v_{Ed} = \frac{T_{Ed}}{2\,A_k} \qquad \text{5.3.4(1 a)}$$

Daraus folgt für den Bemessungswert der Schubkraft $V_{Ed,T}$ in einer Wandseite infolge des Bemessungswertes des Torsionsmomentes:

$$V_{Ed,T} = v_{Ed} \cdot d_k = \frac{T_{Ed} \cdot d_k}{2\,A_k} \qquad \text{5.3.4(1 b)}$$

mit: A_k Querschnittsfläche, die durch die Mittellinien der Wände eingeschlossen ist
d_k Länge der Mittellinie einer Wandfläche

5.3.4.2 Bemessungsmodell und innere Kräfte

Durch die Einwirkung eines Torsionsmomentes lagern sich im System beim Übergang zum Zustand II die inneren Kräfte in der Weise um, daß sich ein Tragwerk ausbildet, das hinrei-

5.3 Bemessung der Betonbauteile

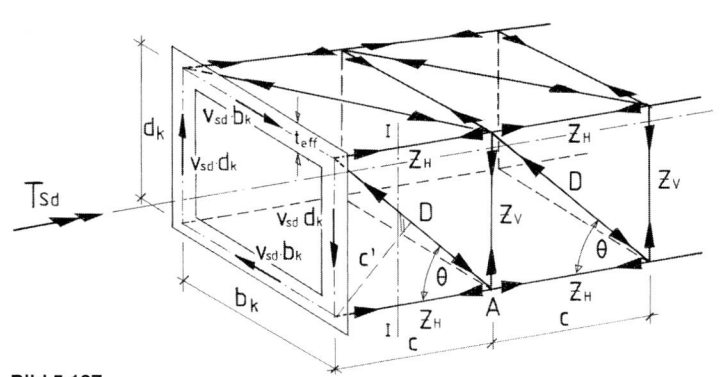

Bild 5.127
Einwirkende Kräfte am Torsionsfachwerkmodell

chend genau mit einem räumlichen Fachwerkmodell verglichen werden kann. Das Bemessungsmodell orientiert sich somit an einem umlaufenden orthogonalen Bewehrungsnetz, welches die Zugkräfte aufnimmt und in den Feldern durch Betondruckstreben ausgesteift ist. In jeder Umfangsseite bildet sich ein Strebenfachwerk aus, das durch die in der Fläche liegende anteilige Schubkraft beansprucht wird:

Geometrische Zusammenhänge:

Grundlänge: $\quad c = d_k \cdot \cot \theta$
Einflußbreite der Druckstrebe: $c' = d_k \cdot \sin \theta \cdot \cot \theta$

Für eine Wandseite ergeben sich die folgenden Beanspruchungen in der Druck- und Zugstrebe:

- Druckstrebe:

  Schnitt I-I: $\Sigma V = 0; \quad D = \dfrac{V_{Ed,T}}{\sin \theta} = \dfrac{T_{Ed} \cdot d_k}{\sin \theta \cdot 2 A_k}$

  $\sigma_{c_2}^{II} = \dfrac{D}{t_{eff} \cdot c'} = \dfrac{T_{Ed}}{2 A_k \cdot t_{eff}} \dfrac{1}{(\sin^2 \theta \cdot \cot \theta)}$

Nach Umformung ergibt sich:

$$\sigma_{c_2}^{II} = \dfrac{T_{Ed}}{2 A_k \cdot t_{eff}} (\tan \theta + \cot \theta) \quad \left[\dfrac{kN}{cm^2}\right] \qquad 5.3.4(2)$$

Der Bemessungswert der Spannung in der Betondruckstrebe ist wie folgt definiert:

- wenn der Schubfluß durch zweischnittige Bügel aufgenommen wird (Hohlkastenquerschnitt), wie bei der Querkraft nach Gleichung 5.3.3(2):

  $\sigma_{c_2}^{II} = \alpha_c \cdot f_{cd} \quad$ mit $\alpha_c = 0{,}75$

- wenn der Schubfluß durch einschnittige Bügel aufgenommen wird (Vollquerschnitt), wie folgt:

  $\sigma_{c_2}^{II} = \alpha_{c,red} \cdot f_{cd} \quad$ mit $\alpha_{c,red} = 0{,}7 \cdot 0{,}75 = 0{,}525 \qquad 5.3.4(3)$

- Zugstrebe in vertikaler und horizontaler Richtung:
- Vertikale Zugstrebe (Bügelzugkraft) mit $Z'_v = Z_v \cdot c$; am Knoten A ergibt sich mit $\Sigma V = 0$:

$$Z'_v - D \sin \theta = 0$$

$$Z_v \cdot c = \frac{T_{Ed} \cdot d_k}{2 A_k \cdot \sin \theta} \sin \theta$$

$$Z_v = \frac{T_{Ed}}{2 \cdot A_k} \frac{d_k}{c} = \frac{T_{Ed}}{2 \cdot A_k} \tan \theta \quad \left[\frac{\mathrm{kN}}{\mathrm{m}}\right] \tag{5.3.4(4)}$$

die Spannung mit $\sigma_{sw} = Z_v/a_{sw}$:

$$\sigma_{sw} = \frac{T_{Ed}}{2 A_k \cdot a_{sw}} \tan \theta \quad \left[\frac{\mathrm{kN/cm^2}}{\mathrm{m}}\right] \tag{5.3.4(5)}$$

mit: $a_{sw} = \dfrac{A_{s,Bü}}{s_{Bü}}$; $A_{s,Bü}$ Querschnitt eines Bügels; $s_{Bü}$ Bügelabstand

- Horizontale Zugstrebe (Längsbewehrungszugkraft) mit $Z'_H = Z_h \cdot d_k$, am Knoten A ergibt sich mit $\Sigma M_A = 0$:

$$Z'_H d_k - V_{Ed,T} \cdot c = 0$$

$$Z_H = \frac{T_{Ed}}{2 A_k} \frac{c}{d_k} = \frac{T_{Ed}}{2 A_k} \cot \theta \tag{5.3.4(6)}$$

die Spannung mit $\sigma_{sl} = Z_H/a_{sl}$:

$$\sigma_{sl} = \frac{T_{Ed}}{2 \cdot A_k \cdot a_{sl}} \cdot \cot \theta \quad \left[\frac{\mathrm{kN/cm^2}}{\mathrm{m}}\right] \tag{5.3.4(7)}$$

mit: $a_{sl} = \dfrac{A_{sl}}{u_k}$; a_{sl} Längsbewehrung je Einheit einer Umfangsseite
A_{sl} gesamte Längsbewehrung
u_k Umfang der Fläche A_k

5.3.4.3 Nachweisverfahren

a) Bemessungskonzept

Liegt eine nachweispflichtige Torsionsbeanspruchung vor, müssen die aufnehmbaren Torsionsmomente nachgewiesen werden. Für den Bemessungswert T_{Ed} des Torsionsmomentes gilt analog zur Querkraftbemessung:

$T_{Ed} \leqq T_{Rd,sy}$ als Bemessungswert des durch die Tragfähigkeit der Torsionsbewehrung begrenzten aufnehmbaren Torsionsmomentes

$T_{Rd,max}$ als Bemessungswert des durch die Druckstrebenfestigkeit begrenzten maximal aufnehmbaren Torsionsmomentes

Neigung der Druckstrebe

Grundsätzlich ist für die Torsionsbemessung der gleiche Druckstrebenwinkel θ anzunehmen, wie er für die Querkraftbemessung errechnet wurde. Da aber in der Regel Torsion nicht ohne Querkraft auftritt, ist der Winkel θ, der nach Gleichung 5.3.3(8) allein für Querkraft zu ermitteln war, zu modifizieren, indem der Bemessungswert V_{Ed} für Querkraft durch den Bemessungswert für Querkraft und Torsion $V_{Ed,T+V}$ nach folgender Gleichung ersetzt wird:

$$V_{Ed,T+V} = V_{Ed,T} + \frac{V_{Ed} \cdot t_{eff,i}}{b_w} \tag{5.3.4(8)}$$

5.3 Bemessung der Betonbauteile

Desgleichen ist in Gleichung 5.3.3(9) die Größe b_w durch $t_{eff,i}$ zu ersetzen.

b) Torsionswiderstände

Der Bauteilwiderstand $T_{Rd,max}$ der Betondruckstrebe ergibt sich aus Gleichung 5.3.4(2) mit:

$T_{Ed} = T_{Rd,max}$; $\sigma_{c_2}^{II}$ nach Gleichung 5.3.4(3) als Beispiel

$$T_{Rd,max} = \frac{\alpha_{c,red} \cdot f_{cd} \cdot 2 A_k \cdot t_{eff}}{\tan\theta + \cot\theta} \quad \left[\frac{kN}{cm^2} \cdot cm^2 \cdot m\right] = [kNm] \qquad 5.3.4(9\,a)$$

oder nach Umformung:

$$T_{Rd,max} = \alpha_{c,red} \cdot f_{cd} \cdot A_k \cdot t_{eff} \sin(2\theta) \quad [kNm] \qquad 5.3.4(9\,b)$$

Der Bauteilwiderstand $T_{Rd,sy}$ der Torsionsbewehrung wird getrennt nach den Anteilen der Bügelbewehrung $T_{Rd,syw}$ und der Längsbewehrung $T_{Rd,syl}$ ermittelt:

- Für die Bügelbewehrung ergibt sich nach Gleichung 5.3.4(5) mit den Größen $T_{Ed} = T_{Rd,syw}$ und $\sigma_{sw} = f_{yd}$:

$$T_{Rd,syw} = 2 A_k \cdot a_{sw} \cdot f_{yd} \cdot \cot\theta \quad \left[m^2 \cdot \frac{cm^2}{m} \cdot \frac{kN}{cm^2}\right] = [kNm] \qquad 5.3.4(10\,a)$$

- Für die Längsbewehrung ergibt sich nach Gleichung 5.3.4(7) mit den Größen $T_{Ed} = T_{Rd,syl}$ und $\sigma_{sl} = f_{yd}$:

$$T_{Rd,syl} = 2 A_k \cdot a_{sl} \cdot f_{yd} \cdot \tan\theta \quad \left[m^2 \cdot \frac{cm^2}{m} \cdot \frac{kN}{cm^2}\right] = [kNm] \qquad 5.3.4(10\,b)$$

- Insgesamt somit:

$$T_{Rd,sy} = 2 A_k \cdot f_{yd} \left[\frac{A_{s,Bü}}{s_{Bü}} \cot\theta + \frac{A_{sl}}{u_k} \tan\theta\right] \quad [kNm] \qquad 5.3.4(11)$$

c) Torsionsbewehrung

An Stelle des Nachweises der aufnehmbaren Torsionsmomente in den Zugstreben (Bügel und Längsbewehrung) können auch unter Ansatz der zulässigen Widerstände die erforderlichen Bewehrungsquerschnitte ermittelt werden. Nach den Zusammenhängen des räumlichen Fachwerkmodelles ergibt sich für die

- Bügelbewehrung nach Gleichung 5.3.4(5) mit $\sigma_{sw} = f_{yd}$:

$$a_{sw} = \frac{A_{sw}}{s_w} = \frac{T_{Edw}}{2 A_k \cdot f_{yd}} \tan\theta \quad \left[\frac{kNm}{m^2 \cdot \frac{kN}{cm^2}}\right] = \left[\frac{cm^2}{m}\right] \qquad 5.3.4(12)$$

- Längsbewehrung nach Gleichung 5.3.4(7) mit $\sigma_{sl} = f_{yd}$:

$$a_{sl} = \frac{A_{sl}}{u_k} = \frac{T_{Edl}}{2 A_k \cdot f_{yd}} \cot\theta \quad \left[\frac{kNm}{m^2 \cdot \frac{kN}{cm^2}}\right] = \left[\frac{cm^2}{m}\right] \qquad 5.3.4(13)$$

mit: T_{Edw} und T_{Edl} als anteilige Bemessungswerte des Torsionsmomentes:

$$T_{Edw} + T_{Edl} \geq T_{Ed} \qquad 5.3.4(14)$$

mit: $T_{Edw} \leq T_{Rd,syw}$ und $T_{Edl} \leq T_{Rd,syl}$

In obigen Rechenbeziehungen bedeuten:

A_{sw} Summe der Querschnittsflächen der Stäbe der Torsionsbügelbewehrung in einem Schnitt bei mehreren Schenkeln (mehrschnittig)
s_w Abstand der Bügel in Balkenlängsrichtung
A_{sl} Summe der Querschnittsflächen der Torsionslängsbewehrung über den Umfang u_k
u_k Umfangslinie in der Mittellinie der Querschnittsteile
A_k Durch die Mittellinie eingeschlossene Fläche

d) Kombinierte Beanspruchungen aus Einwirkungen

Torsion und Querkraft

Bei der Querkraft- und Torsionsbemessung ist die Bemessung mit der gleichen Druckstrebenneigung θ durchzuführen, da nur dadurch bei getrennter Bemessung gleiche innere Fachwerkmodelle vorliegen und das Superpositionsgesetz auf den Zustand II anwendbar ist. Für die Ermittlung des Winkels θ siehe die Gleichungen 5.3.3(8) und 5.3.4(8).

Hinsichtlich der Beanspruchung der Betondruckstrebe durch Querkraft und Torsion gelten folgende Interaktionsregeln:

- Für Kompaktquerschnitte:

$$\left[\frac{T_{Ed}}{T_{Rd,\max}}\right]^2 + \left[\frac{V_{Ed}}{V_{Rd,\max}}\right]^2 \leq 1 \qquad 5.3.4(15)$$

- Für Hohlkastenquerschnitte:

$$\frac{T_{Ed}}{T_{Rd,\max}} + \frac{V_{Ed}}{V_{Rd,\max}} \leq 1 \qquad 5.3.4(16)$$

Die Torsionslängsbewehrung ist konstruktiv nach den Gesichtspunkten des Abschnitts 5.4.1 anzuordnen. Die Bemessung der Bügel kann getrennt für Torsion und Querkraft erfolgen. Bei der Ermittlung der Bügelbewehrung ist zu beachten, daß für den erforderlichen Querschnitt a_{sw} unterschiedliche Schnittigkeiten gelten.

Für einen näherungsweise rechteckigen Vollquerschnitt ist außer der Mindestbewehrung keine Querkraft- und Torsionsbewehrung erforderlich, wenn beide folgenden Bedingungen eingehalten sind:

$$T_{Ed} \leq \frac{V_{Ed} \cdot b_w}{4,5} \qquad 5.3.4(17)$$

$$V_{Ed}\left[1 + \frac{4,5 \cdot T_{Ed}}{V_{Ed} \cdot b_w}\right] \leq V_{Rd,ct} \qquad 5.3.4(18)$$

Torsion und Biegung

Die Längsbewehrung, die für Biegung und Torsion erforderlich ist, kann getrennt ermittelt werden, dabei sind folgende konstruktive Regeln zu beachten:

- in der Biegezugzone soll die Torsionslängsbewehrung zusätzlich zu den Biegeerfordernissen verlegt werden,
- in der Biegedruckzone ist keine zusätzliche Torsionsbewehrung erforderlich, wenn die Zugspannungen infolge Torsion kleiner sind als diejenigen durch Biegung.

5.3.5 Grenzzustand der Tragfähigkeit für Ermüdung

5.3.5.1 Einzelheiten zur Nachweisführung der Ermüdungsfestigkeit

Nachweisformat

Bauwerke und Bauteile, die schwingend beansprucht werden und damit ständigen Spannungsänderungen unterworfen sind, müssen für Materialermüdung bemessen werden. Beim Verbundbaustoff Stahlbeton oder Spannbeton beziehen sich die Untersuchungen getrennt auf beide Materialanteile. Beim Stahl (Spannstahl oder Betonstahl) sind die festigkeitsmindernden Einflüsse nach der *Wöhlertheorie* zu ermitteln, nach der bei hohen Lastwechselzahlen Kerbbrüche eintreten. Beim Beton besteht die Möglichkeit, daß bei Lastwechselzahlen größer als $0{,}5 \cdot 10^6$ die Tragfähigkeit und ggf. auch die Gebrauchsfähigkeit im Druckbereich eingeschränkt wird. Der genaue Einfluß hängt vom Verhältnis der Lastanteile Verkehr zur Eigenlast ab. Hier müssen die Druckspannungen kontrolliert werden.

Die Ermüdungsfestigkeit ist bei Straßen- und Eisenbahnbrücken nachzuweisen. Im Beton sind die Druckbeanspruchungen nach noch näher zu erläuternden Kriterien zu kontrollieren, im Stahl muß die Schwingbreite der Stahlspannungen, die sich aus der Differenz der erreichten Ober- und Unterspannung ergibt, nachgewiesen werden, und zwar bei:

- Spannstahl und Betonstahl *mit* Schweißverbindungen bzw. Kopplungen bei Brücken, die nach den Kategorien A und B der Tabelle 5.27 für den Dekompressions- und Rißbreitennachweis bemessen wurden,

- Spannstahl und Betonstahl *ohne* Schweißverbindungen bzw. Kopplungen in solchen Bereichen des Tragwerkes, in denen unter der häufigen Einwirkungskombination, unter Berücksichtigung eines Abminderungsfaktors von 0,75 für den Mittelwert der Vorspannkraft P_m, am äußeren Rand nur Zugspannungen auftreten, also:

$$\sigma_{c,ou} = \frac{M_{\text{häuf}}}{W_{c,ou}} + 0{,}75 \left[\frac{P_{m,k}}{A_c} + \frac{M_{pm,k}}{W_{c,ou}} \right] \geqq 0 \qquad 5.3.5(1)$$

Wenn kein genauer Nachweis geführt wird, ist der statisch bestimmte Anteil der Vorspannung zusätzlich mit dem Faktor 0,85 abzumindern.

Einwirkungskombination und Teilsicherheitsbeiwerte

Der Ermüdungsnachweis für Stahl und Beton ist für die folgende Einwirkungskombination zu führen:

$$S_{d\,\substack{\text{max}\\\text{min}}} = \gamma_F \cdot \Sigma G_{k1,2} + \gamma_p \cdot P_{mk,\infty} + \gamma_F \begin{Bmatrix}\text{max}\\\text{min}\end{Bmatrix} Q_{k,fat} \pm \gamma_F \left[Q_{k,\Delta s} + Q_{kT,h} + F_{w,k} \right] \qquad 5.3.5(2)$$

mit: $\Sigma G_{k1,2}$ charakteristischer Wert der ständigen Einwirkungen
$P_{m,k}$ charakteristischer Wert der Vorspannung; er ist gleich dem 0,9-fachen Wert des Mittelwertes der statisch bestimmten Vorspannung, der statisch unbestimmte Anteil wird nicht abgemindert
$Q_{k,fat}$ charakteristischer Wert des maßgebenden Lastmodells für Ermüdung (fat ≙ fatigue ≙ Ermüdung)
$Q_{k,s}$ charakteristischer Wert einer wahrscheinlichen Baugrundbewegung
$Q_{kT,h}$ häufiger Wert einer Temperatureinwirkung
$F_{w,k}$ charakteristischer Wert einer Windeinwirkung bzw. Windboe

Die Teilsicherheitsbeiwerte für Ermüdung sind wie folgt festgelegt:

$\gamma_{F,fat}$ = 1,0 für Einwirkungen
$\gamma_{Ed,fat}$ = 1,0 für Modellunsicherheiten

Die Teilsicherheitsbeiwerte der Baustoffeigenschaften für Ermüdung werden angegeben zu:

$\gamma_{c,fat}$ = 1,5 für Beton
$\gamma_{s,fat}$ = 1,15 für Betonstahl bzw. Spannstahl

Ausnahmen von der Nachweispflicht

Für folgende Tragwerke und Tragwerksteile braucht kein Ermüdungsnachweis geführt werden:

- Geh- und Radwegbrücken,
- überschüttete Bogen- und Rahmentragwerke mit einer Mindestüberdeckung von 1,0 m bei Straßen- und 1,5 m bei Eisenbahnbrücken,
- Fundamente,
- Pfeiler und Stützen, die mit dem Überbau nicht biegesteif verbunden sind,
- Stützmauern bei Straßenbrücken (bei Eisenbahnbrücken nachweisen),
- Widerlager von Straßenbrücken (nicht Eisenbahnbrücken), die nicht biegesteif mit dem Überbau verbunden sind, außer bei Platten und Wänden von Hohlwiderlagern,
- Beton unter Druckbeanspruchung bei Straßenbrücken, wenn für die nichthäufige Einwirkungskombination die Bedingung erfüllt ist:

$$\max \sigma_c \leqq 0{,}6 f_{ck}$$

- Beton- und Spannstahl ohne Schweißverbindung oder Kopplungen bei Brücken, die nach Kategorie A oder B aus Tabelle 5.27 bemessen wurden,
- Spann- und Betonstahl mit Schweißverbindungen bzw. Kopplungen in den Bereichen, in denen unter der häufigen Einwirkungskombination, jedoch unter Berücksichtigung eines Abminderungsfaktors von 0,75 für den Mittelwert der Vorspannung am äußeren Rand nur Druckspannungen auftreten.
- Spannglieder der Vorspannung ohne Verbund.

Innere Kräfte und Spannungen für den Ermüdungsnachweis

Die Spannungsermittlung muß bei im Querschnitt vorhandener Zugbeanspruchung auf der Grundlage gerissener Querschnitte erfolgen, wobei die Verträglichkeit der Dehnungen einzuhalten ist. Das Verhältnis der Elastizitätsmoduli von Stahl und Beton ist bei Ermittlung der Schnittgrößen vereinfachend zu α_e = 10 anzunehmen.

Das unterschiedliche Verbundverhalten von Beton- und Spannstahl ist durch die Erhöhung der Betonstahlspannungen mit dem Faktor η zu berücksichtigen:

$$\eta = \frac{A_s + A_p}{A_s + A_p\,\xi\,(d_s/d_p)}$$

mit: ξ Verhältniswert der Verbundspannungen nach Tabelle 5.28

Bei Bauteilen mit einer Querkraftbewehrung sind die Kräfte auf der Grundlage eines Fachwerkmodelles zu ermitteln.

Für den Ermüdungsnachweis einer Querkraftbewehrung sind die Spannungsschwingbreiten mit nachstehender Druckstrebenneigung zu ermitteln:

$$\tan \theta_{fat} = \sqrt{\tan \theta} \leq 1{,}0$$

mit: θ Richtungswinkel der Betondruckstrebe bei der Bemessung für Querkraft im Grenzzustand der Tragfähigkeit

5.3.5.2 Zur Theorie der Ermüdungsfestigkeit von Stahl

Stahlkonstruktionen, die zeitlich veränderlichen Lasteinflüssen ausgesetzt sind, unterliegen dem Versagen durch Materialermüdung bei Überschreitung der Ermüdungsfestigkeit. Die grundsätzlich einwirkenden Beanspruchungen gliedern sind in:

(a)   statisch ruhend
(b) bis (d) zyklisch schwingend

gemäß Bild 5.128, die Zick-Zack-Linie symbolisiert einen harmonischen Schwingungsverlauf.

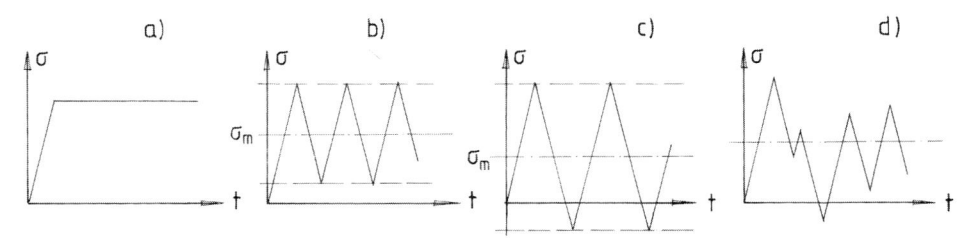

Bild 5.128
Beanspruchungsphasen des Stahles

Bei den schwingenden Beanspruchungen unterscheidet man zwischen schwellenden (b) oder wechselnden (c) zeitlichen Verläufen der Spannungen, in konstanten Amplituden um einen Mittelwert herum, und in regellos schwingende Vorgänge (d). Die Beanspruchungen der Praxis sind in der Regel dem Typ (d) zuzuordnen. Zur Vereinfachung werden die Vorgänge für die Beton- und Spannstähle in die Typen (b) und (c) eingeordnet, man spricht dann von *Dauerschwingfestigkeit*, oder kurz *Dauerfestigkeit*. Alle anderen Vorgänge, die dann dem Typ (d) zuzuordnen sind, führen zu dem Begriff der *Betriebsfestigkeit* (siehe hierzu [98]).

Die Ermüdungsfestigkeit des Stahles ist von den vorstehend geschilderten Beanspruchungsmodalitäten und von Kerbwirkungen im Stahl abhängig. Eine Kerbwirkung entsteht durch Mikrorisse, die durch plastische Gleitungen und durch Eigenspannungen im kristallinen Gefüge des Stahles infolge häufigen Lastwechsels hervorgerufen werden. Diese Mikrorisse entwickeln sich mit steigender Lastwechselzahl zu Makrorissen mit einer ausgeprägten Rißspitze. Infolge der Kerbwirkung an der Rißspitze schreitet die Rißgröße bei vorgenannter Beanspruchung rasch fort, wobei die statisch wirksame Restfläche immer kleiner wird. Bei einer kritischen Rißgröße tritt dann der Bruch ein. Die Entstehung eines Mikrorisses wird durch äußere Kerben, Korrosionsnarben, Schweißnähte und sonstige Änderungen der Steifigkeiten, vorzugsweise in einem Anschluß, begünstigt, weil durch diese Vorschädigungen oder Herstellungsvorgänge bereits erhebliche Eigenspannungszustände in das kristalline Gefüge des Stahles eingetragen worden sind. Die Wahrscheinlichkeit eines Dauerrisses ist umso größer, je größer das Werkstoffvolumen, z. B. durch eine Schweißnaht, angewachsen ist. Aus diesem Grunde wird bei den Stählen des Betonbaues die Dauerschwinguntersuchung vorzugsweise an den Stößen und Spanngliedkopplungen gefordert.

Die Bemessungsgrößen der Ermüdungsfestigkeit werden aus Dauerschwingversuchen gewonnen. Bei diesen Versuchen wird die Abhängigkeit der Bruchspannung σ_B von der Lastwechselzahl N untersucht. Bei der Durchführung der Versuche werden folgende Bezeichnungen unterschieden:

σ_o Oberspannung, d. h. die dem Betrage nach höhere Spannung
σ_u Unterspannung, d. h. die dem Betrage nach niedrigere Spannung
σ_m Mittelspannung, d. h. der Ausgangswert der Lastspiele

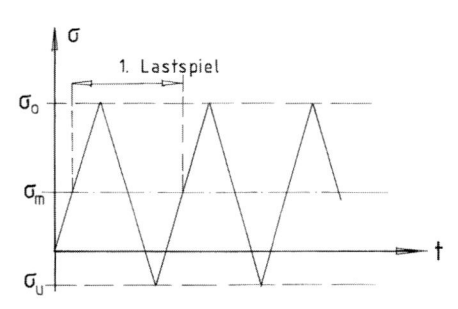

$\Delta\sigma = \sigma_o - \sigma_u$
Spannungsschwingbreite, oder
Schwingbreite der Stahlspannungen

$\dfrac{\sigma_u}{\sigma_o} = k$ Spannungsverhältnis

Bild 5.129
Spannungsgrenzen

Es werden folgende Grenzbeanspruchungen definiert:

$\sigma_m = 0$, $k = -1$ Wechselbeanspruchung
$\sigma_u = 0$, $k = 0$ Schwellbeanspruchung
$\sigma_u = \sigma_o$, $k = +1$ statische Beanspruchung

Die Versuche werden für verschiedene Spannungsverhältnisse mit fest eingestellter Ober- und Unterspannung durchgeführt. Die Versuchsergebnisse werden im Hinblick auf die erreichten Bruchlastwechselzahlen statistisch ausgewertet, woraus sich eine bestimmte Dichte und Häufigkeitsverteilung der erreichbaren Lastwechsel ableiten läßt. Ihre Darstellung im σ-N-Diagramm zeigt Bild 5.130. Die Mittelwertelinie aller Versuche – Verbindungslinie der 50%-Fraktilen der einzelnen Spannungsverhältnisse – bezeichnet man als mittlere Lebensdauerlinie oder *Wöhlerlinie*. Denjenigen Spannungswert der *Wöhlerlinie*, der zum Schnittpunkt einer vereinbarten Grenzlastwechselzahl N^* gehört, bezeichnet man als *Dauerfestigkeit*. Nach dem FB 102 gelten für die Grenzlastwechselzahlen die folgenden Werte:

- Spannstahl: $N^* = 10^6$
- Betonstahl: gerade und abgebogene Stäbe: $N^* = 10^6$
  geschweißte Stäbe: $N^* = 10^7$

Im *Wöhler*-Diagramm werden folgende Bereiche unterschieden:

- Zeitfestigkeitsbereich (Z):
  Bereich oberhalb des vereinbarten Dauerfestigkeitspunktes. In diesem Bereich verläuft die Wöhlerlinie mit stark fallender Tendenz.

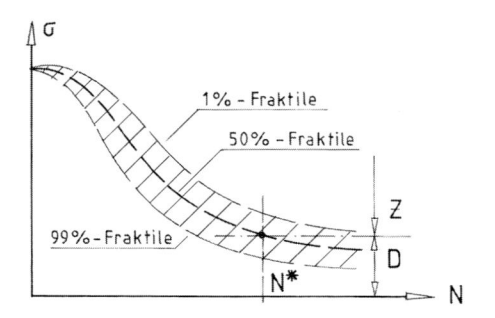

Bild 5.130
Streuungsbereich (Fraktilwerte)
der Dauerfestigkeitsversuche

5.3 Bemessung der Betonbauteile

- Dauerfestigkeitsbereich (D):
  Bereich unterhalb des vereinbarten Dauerfestigkeitspunktes. In diesem Bereich verläuft die *Wöhlerlinie* schwach geneigt bis horizontal.

Streuungsbedingt ergibt sich um den Dauerfestigkeitspunkt ein Übergangsbereich, der aber hier für die weitere Betrachtung vernachlässigt werden soll.

Für die Berechnung werden die Achsen des *Wöhler*-Diagramms logarithmisch eingeteilt, dann verläuft die *Wöhlerlinie* in beiden Bereichen in der Nähe des Dauerfestigkeitspunktes näherungsweise geradlinig, aber in beiden Bereichen mit unterschiedlich großer Neigung.

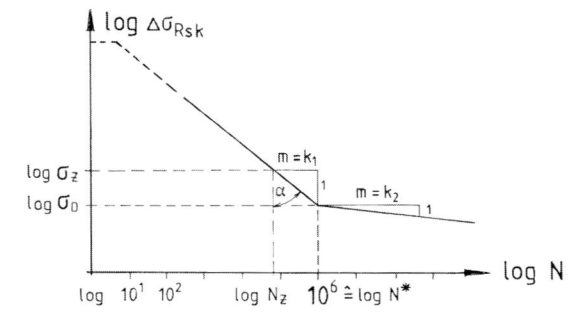

Bild 5.131
Charakteristische Kurven der *Wöhlerlinie* im Dauerfestigkeitsbereich

Für die Neigung im Zeitfestigkeitsbereich gilt z. B.:

$$\tan \alpha = \frac{k_1}{1} = k_1 = \frac{\log N^* - \log N_z}{\log \sigma_z - \log \sigma_D}$$

mit: N^* vereinbarte Grenzlastwechselzahl (z. B. 10^6)
σ_D zugehörige Dauerfestigkeitsspannung
N_z Lastwechselzahl im Abstand der Ordinate 1 vom Dauerfestigkeitspunkt im Zeitfestigkeitsbereich entfernt
σ_z zugehörige Spannung

Diese Zusammenhänge bilden die Grundlage der Regelungen des DIN Fachberichtes 102. Die Parameter k_1 und k_2 sind entsprechend der logarithmischen Darstellung der *Wöhlerlinie* als Spannungsexponenten definiert, ihre Werte entnehme man in Abhängigkeit von der Stahlart den nachstehenden Tabellen.

5.3.5.3 Nachweisführung im Stahl

a) Nachweis der Tragfähigkeit bei Ermüdungsbeanspruchung

Der Nachweis einer ausreichenden Ermüdungsfestigkeit der Betonstähle und Spannstähle in nachträglichem Verbund ist durch die Gegenüberstellung der Versagensschwingbreite mit der ertragbaren Schwingbreite zu führen. Hierfür gilt folgende Bedingung:

$$\gamma_{F,fat} \cdot \gamma_{Ed,fat} \cdot \Delta\sigma_{s,equ} \leqq \frac{\Delta\sigma_{Rsk}(N^*)}{\gamma_{s,fat}} \qquad 5.3.5(3)$$

Tabelle 5.24
Parameter der *Wöhlerlinien* für Spannstahl

Spannstahl		Spannungsexponent		$\Delta\sigma_{Rsk}$ in N/mm² bei N =
	N^*	k_1	k_2	N^*
Im sofortigen Verbund:	10^6	5	9	185
Im nachträglichen Verbund:				
• Einzellitzen in Kunststoffhüllrohren	10^6	5	9	185
• Gerade Spannglieder; gekrümmte Spannglieder in Kunststoffhüllrohren	10^6	5	10	150
• Gekrümmte Spannglieder in Stahlhüllrohren	10^6	3	7	120
• Kopplungen	10^6	3	5	80

Fußnotenergänzung siehe Tabelle 4.116/DIN FB 102.

Tabelle 5.25
Parameter der *Wöhlerlinien* für Betonstahl

Zeile	Spalte	1	2	3	4
	Betonstahl	N^*	Spannungsexponent		$\Delta\sigma_{Rsk}$ in N/mm² bei $N = N^*$
			k_1	k_2	
1	Gerade und gebogene Stäbe [a]	10^6	5	9 [d]	195
2	Geschweißte Stäbe einschließlich Heft- und Stumpfstoßverbindungen; Kopplungen [b], [c]	10^7	3	5	58

[a] Für $d_{br} < 25\, d_s$ ist $\Delta\sigma_{Rsk}$ mit dem Reduktionsfaktor $\xi = 0{,}35 + 0{,}026\, d_{br}/d_s$ zu multiplizieren.
Dabei ist
d_s der Stabdurchmesser
d_{br} der Biegerollendurchmesser
Weitere Fußnotenergänzungen siehe Tabelle 4.117/DIN FB 102.

mit:

$\Delta\sigma_{s,equ}$ Versagensschwingbreite; sie entspricht der Schwingbreite bei gleichbleibendem Spannungsspektrum für $N^* = 10^6$ Lastwechseln und verursacht die gleiche Schädigung wie ein Schwingbreitenspektrum des fließenden Verkehrs

$\Delta\sigma_{Rsk}(N^*)$ ertragbare Schwingbreite bei N^* Lastwechseln nach der Wöhlerlinie Bild 5.131. Die zugehörigen Werte der Schwingbreite entnehme man den Tabellen 5.25 und 5.26 in Abhängigkeit von der Art der eingebauten Stähle

Für Betonstahl allein ist eine vereinfachte Nachweisführung zugelassen. Für *ungeschweißte* Bewehrungsstähle liegt ein ausreichender Ermüdungswiderstand vor, wenn unter der häufigen Einwirkungskombination die Spannungsschwingbreite $\Delta\sigma_s$ folgende Bedingung erfüllt:

$$\Delta\sigma_s \leq 70\ \text{N/mm}^2$$

5.3 Bemessung der Betonbauteile

b) Ermittlung der Versagensschwingbreite

Nachweisformat

Die Versagensschwingbreite für Betonstahl und Spannstahl in nachträglichem Verbund ergibt sich nach folgender Beziehung:

$$\Delta\sigma_{s,equ} = \lambda_s \cdot \Delta\sigma_s \quad \text{für Straßenbrücken} \qquad 5.3.5(4)$$

$$= \lambda_s \cdot \Delta\sigma_{s,71} \quad \text{für Eisenbahnbrücken} \qquad 5.3.5(5)$$

mit:

$\Delta\sigma_s$ Spannungsschwingbreite im Stahl infolge der Einwirkungskombination für Ermüdung nach Abschnitt 5.3.5.1 auf der Grundlage des Ermüdungslastmodells 5.3.5(3) für Straßenbrücken gemäß Abschnitt 1.2.4. Hierbei sind die Achslasten mit den nachstehenden Faktoren zu vervielfachen:
$k = 1{,}75$ für den Nachweis an Zwischenstützen
$k = 1{,}40$ für den Nachweis in den übrigen Bereichen des Tragwerkes

$\Delta\sigma_{s,71}$ Spannungsschwingbreite im Stahl infolge der Einwirkungskombination für Ermüdung nach Abschnitt 5.3.5.1 auf der Grundlage eines Ermüdungslastmodelles für Eisenbahnbrücken gemäß Anhang F des DIN-Fachberichtes 101. Hierbei sind die Achslasten mit dem nicht häufigen Kombinationsbeiwert ψ'_1 und dem zugehörigen dynamischen Faktor nach Abschnitt 1.4.7 zu vervielfachen.

λ_s Korrekturbeiwert, getrennt nach Straßen- und Eisenbahnbrücken, gemäß den folgenden Ausführungen.

Spannungsschwingbreite $\Delta\sigma$

Die Ermittlung der Spannungsschwingbreite wird nachstehend für einen vorgespannten Querschnitt in der Feldmitte eines Balkensystems dargestellt:

Einwirkungskombinationen:

$$M_{Ed,\max} = \gamma_{F,fat} \cdot M_{G,k} + \gamma_p \cdot M_{pk,inf} + \gamma_{F,fat} \cdot k \cdot M_{Qk,fat}$$

$$M_{Ed,\min} = \gamma_{F,fat} \cdot M_{G,k} + \gamma_p \cdot M_{pk,inf} - \gamma_{F,fat} \cdot k \cdot M_{Qk,fat}$$

$$N_{Ed,\max} = N_{Ed,\min} = \gamma_p \cdot N_{pk,inf}$$

Hieraus ergeben sich die Betonrandspannungen im Zustand I:

$$\max \sigma_{c,ou} = -\frac{N_{Ed,\max}}{A_c} \mp \frac{M_{Ed,\max}}{I_c} \cdot z_{c,ou}$$

$$\min \sigma_{c,ou} = -\frac{N_{Ed,\min}}{A_c} \mp \frac{M_{Ed,\min}}{I_c} \cdot z_{c,ou}$$

gegebenenfalls unter Ansatz von Netto- und Ideellen Querschnittswerten

Schwingbreite der Betonrandspannungen:

$$\Delta\sigma_{c,o} = \max \sigma_{c,o} - \min \sigma_{c,o} \quad (\text{negativ})$$

$$\Delta\sigma_{c,u} = \max \sigma_{c,u} - \min \sigma_{c,u} \quad (\text{positiv})$$

Die Spannungsschwingbreiten ergeben sich dann mit den vorstehenden Ansätzen:

- Im Spannstahl als Schwingbreite des Spannungszuwachses:

$$\Delta\sigma_p = \alpha_p \left[\Delta\sigma_{c,u} + (\Delta\sigma_{c,o} - \Delta\sigma_{c,u}) \frac{\bar{z}_p}{h} \right]$$

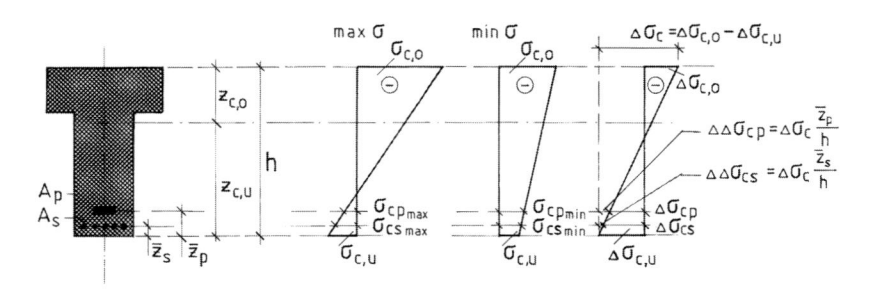

Bild 5.132
Betonspannungen und Spannungsschwingbreite

Für den Spannstahl ist nur die Schwingbreite des Spannungszuwachses $\Delta\sigma_p$ von Bedeutung, da der Spannungsanteil $\sigma_p^{(o)}$ der eingetragenen Spannkraft (Spannbettanteil) in beiden Beanspruchungsfällen gleich groß ist und somit keinen Beitrag zur Schwingbreite liefert.

- Im Betonstahl ergibt sich:

$$\Delta\sigma_s = \alpha_s \left[\Delta\sigma_{c,u} + (\Delta\sigma_{c,o} - \Delta\sigma_{c,u}) \frac{\bar{z}_s}{h} \right]$$

Liegt ein schlaff bewehrter Querschnitt im Zustand II vor, ist unter der Einwirkungskombination die Stahlspannung nach Zustand II zu errechnen:

$$\left.\begin{matrix}\max\\\min\end{matrix}\right\} \sigma_s = \left[\frac{M_{Ed,\max(\min)}}{z} + N_{Ed,\max(\min)} \right]$$

Die Schwingbreite der Stahlspannungen ergibt sich dann wie vor:

$$\Delta\sigma_{s,EC} = \max \sigma_s - \min \sigma_s$$

Korrekturfaktor λ

Der Korrekturfaktor λ hat die nachstehend aufgeführten einzelnen Inhalte. Er kann von der zuständigen Bauverwaltung angegeben werden, wenn nicht, gilt Anhang 106 des DIN-Fachberichtes 102. Er setzt sich wie folgt zusammen:

- Für Straßenbrücken gilt:

$$\lambda_s = \varphi_{fat} \cdot \lambda_{s,1} \cdot \lambda_{s,2} \cdot \lambda_{s,3} \cdot \lambda_{s,4} \qquad 5.3.5(6)$$

mit: φ_{fat} = Beiwert der Oberflächenrauhigkeit der Fahrbahn
$\lambda_{s,1}$ = Beiwert für die Stützweite
$\lambda_{s,2}$ = Beiwert des Verkehrsaufkommens und der Verkehrsart
$\lambda_{s,3}$ = Beiwert für die Nutzungsdauer
$\lambda_{s,4}$ = Beiwert für die Anzahl der Verkehrsstreifen

- Für Eisenbahnbrücken gilt:

$$\lambda_s = \lambda_{s,1} \cdot \lambda_{s,2} \cdot \lambda_{s,3} \cdot \lambda_{s,4} \qquad 5.3.5(7)$$

mit: $\lambda_{s,1}$ = Beiwert für die Stützweite
$\lambda_{s,2}$ = Beiwert für das jährliche Verkehrsaufkommen
$\lambda_{s,3}$ = Beiwert für die Nutzungsdauer
$\lambda_{s,4}$ = Beiwert für eine höhere Gleisanzahl

5.3.5.4 Zur Theorie der Ermüdungsfestigkeit von Beton

Stahlbeton unter Druckbeanspruchung ist bei schwellender oder schwingender dynamischer Beanspruchung in seiner Tragfähigkeit und gelegentlich auch in seiner Gebrauchstauglichkeit eingeschränkt, da etwa ab $0,5 \cdot 10^6$ Lastspielen im Dauerschwingversuch Minderungen in der Dauerfestigkeit beobachtet wurden. Diese Minderungen sinken nach *Leonhardt* [83] auch nach $2 \cdot 10^6$ Lastspielen noch weiter ab und kommen erst bei einer Spannung von ca. 40% der charakteristischen Festigkeit zur Ruhe. Ähnlich niedrig liegt die Dauerfestigkeit des Verbundes, er ist die schwächste Stelle in der Dauerfestigkeitsbetrachtung des Verbundbaustoffes Stahlbeton. Die Dauerfestigkeit des Verbundes beeinträchtigt auch die Gebrauchstauglichkeit, was sich immer durch eine zunehmend stärkere Rißbildung bemerkbar macht. Die Dauerschwingfestigkeit des Betons unter Druckbeanspruchungen ist also von der Zahl der Lastwechsel und damit von der Schwingbreite der Ober- und Unterspannung der Betondruckspannungen abhängig. Diese Dauerfestigkeit wird als Schwellfestigkeit β_F definiert, wobei der ertragbare Wert der 5%-Fraktile der bei $2 \cdot 10^6$ Lastwechseln erreichten Werte der *Wöhlerlinie* zugeordnet wird. Der Maximalwert dieser Schwellfestigkeit setzt sich zusammen aus den Beträgen der Unterspannung $\sigma_{c,u}$ und der doppelten Amplitude der Schwingbreite $2\,\sigma_{c,a}$, somit gilt:

$$\max \beta_F = \sigma_{c,u} + 2\,\sigma_{c,a}$$

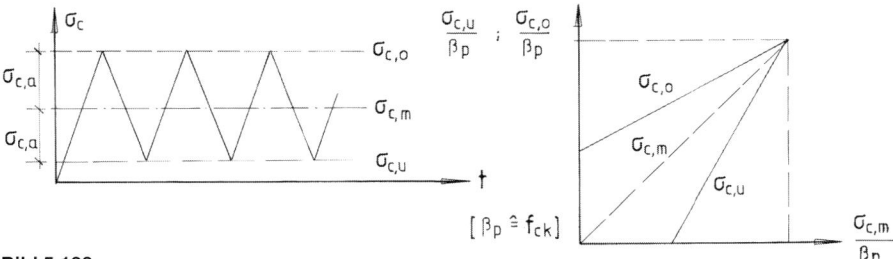

Bild 5.133
Schwellfestigkeit des Betons

Vorstehendes Diagramm (Smith-Diagramm) stellt die Grundlage der weiteren Betrachtungen dar, wenn an Stelle des veralteten Begriffes β_p (Prismendruckfestigkeit) die Zylinderdruckfestigkeit f_{ck} gewählt wird. Die bezogenen Werte der Ober- und Untergrenzen der Schwellfestigkeit $\sigma_{c,o}$ und $\sigma_{c,u}$ werden der bezogenen Mittelspannung zugeordnet. Hierdurch ergibt sich eine Aussage über einen möglichen Schwellfestigkeitsbereich.

Den zulässigen Schwellfestigkeitsbereich kann man darstellen, wenn die Mittelspannung $\sigma_{c,m}$ aus der Betrachtung ausgeschaltet wird und den Achsen des Diagrammes die maximalen Bezugsgrößen

$$\frac{\sigma_{c,\max}}{f_{ck}} \quad \text{und} \quad \frac{\sigma_{c,\min}}{f_{ck}}$$

zugewiesen werden. Diese Graphik findet man im DIN Fachbericht 102, wobei die funktionale Zuordnung auf die Quotienten der Bemessungswerte $\sigma_{cd,\max}$ und $f_{cde,fat}$ abgestellt wurde. Der obere Grenzwert wird angegeben mit:

$$\sigma_{cd,\max} = 0,9\,f_{cd,fat}$$

5.3.5.5 Nachweisführung im Beton

a) Vereinfachter Nachweis der Ermüdungsfestigkeit

Für Beton unter Druckbeanspruchung kann ein ausreichender Ermüdungswiderstand angenommen werden, wenn unter der Einwirkungskombination für Ermüdung die nachfolgende Bedingung eingehalten ist. Diesem Nachweis ist der häufige Wert der Einwirkungen des Ermüdungslastmodelles zugrunde zu legen:

$$\frac{|\sigma_{cd,max}|}{f_{cd,fat}} \leq 0{,}5 + 0{,}45 \frac{|\sigma_{cd,min}|}{f_{cd,fat}} \leq 0{,}90 \qquad 5.3.5(8)$$

mit:

$$f_{cd,fat} = \beta_{cc}(t_0) \cdot f_{cd} \cdot \left[1 - \frac{f_{ck}}{250}\right] \quad \text{mit } f_{ck} \text{ in N/mm}^2 \qquad 5.3.5(9)$$

Hierin ist:

$\sigma_{cd,max}$ Bemessungswert der maximalen Druckspannung

$\sigma_{cd,min}$ Bemessungswert der zugehörigen minimalen Druckspannung, bei Zugspannungen ist der Wert gleich Null zu setzen

$\beta_{cc}(t_0)$ Beiwert für die Nacherhärtung mit $\beta_{cc}(t_0) = e^{\exp}$, mit

$$\exp = 0{,}2\left[1 - \sqrt{\frac{28}{t_0}}\right], \text{ oder der Gleichung 5.3.6(34)}$$

t_0 Zeitpunkt der Erstbelastung des Betons in Tagen

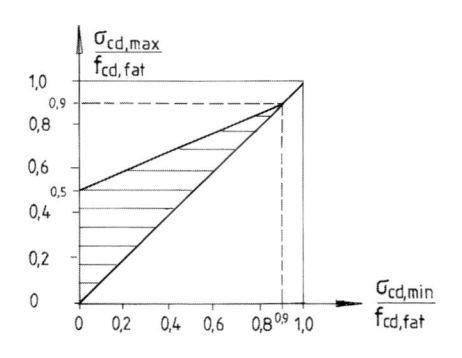

Bild 5.134
Zulässige Spannungsschwingbreite von Beton unter Druckbeanspruchung

Wenn $\sigma_{c,max} < 0$ (Zugspannungen) ist, vereinfacht sich der Nachweis auf:

$$\frac{\sigma_{c,max}}{f_{cd,fat}} \leq 0{,}50 \qquad 5.3.5(10)$$

Die Gleichung 5.3.5(8) gilt auch für die Druckstreben querkraftbeanspruchter oder querkraft- und torsionsbeanspruchter Bauteile, wenn die Betondruckfestigkeit entsprechend abgemindert wird:

- bei Querkraft: $\alpha_c \cdot f_{cd,fat}$
- bei Querkraft und Torsion: $\alpha_{c,red} \cdot f_{cd,fat}$

5.3 Bemessung der Betonbauteile

Bei der kombinierten Beanspruchung sind die Bemessungswerte der maximalen und minimalen Druckspannungen aus der Kombination der jeweiligen getrennten Einwirkungen zu ermitteln:

$$\sigma_{cd,max} = \begin{cases} \max \sigma_{cd,T} + \text{zug}\, \sigma_{cd,V} \\ \max \sigma_{cd,V} + \text{zug}\, \sigma_{cd,T} \end{cases} \quad 5.3.5(11)$$

$$\sigma_{cd,min} = \begin{cases} \min \sigma_{cd,T} + \text{zug}\, \sigma_{cd,V} \\ \min \sigma_{cd,V} + \text{zug}\, \sigma_{cd,T} \end{cases} \quad 5.3.5(12)$$

mit: $\sigma_{cd,V} = \dfrac{V_{Ed}}{b_w \cdot z} \dfrac{\tan\theta + \cot\theta}{1 + \tan\theta}$ nach Gleichung 5.3.3(1)

für $\alpha = 90°$ (Bügel) und entsprechender Umformung

$$\sigma_{cd,T} = \dfrac{T_{Ed}}{2 \cdot A_k \cdot t_{eff}} (\tan\theta + \cot\theta) \quad \text{nach Gleichung 5.3.4(2)}$$

Bei Bauteilen ohne eine Querkraftbewehrung ist ein ausreichender Widerstand gegen die Ermüdung des Betons infolge einer Querkraftbeanspruchung vorhanden, wenn *eine* der nachstehenden Gleichungen, wie auch graphisch im Bild 5.135 dargestellt, erfüllt ist:

a) $\quad \dfrac{V_{Ed,min}}{V_{Ed,max}} \geq 0 \,; \quad \dfrac{|V_{Ed,max}|}{|V_{Rd,ct}|} \leq 0{,}50 + 0{,}45\, \dfrac{|V_{Ed,min}|}{|V_{Rd,ct}|} \leq 0{,}90 \quad 5.3.5(13)$

b) $\quad \dfrac{V_{Ed,min}}{V_{Ed,max}} < 0 \,; \quad \dfrac{|V_{Ed,max}|}{|V_{Rd,ct}|} \leq 0{,}50 - \dfrac{|V_{Ed,min}|}{|V_{Rd,ct}|} \quad 5.3.5(14)$

Hierin bedeuten:

$V_{Ed,max}$ Bemessungswert der maximalen Querkraft unter der häufigen Einwirkungskombination

$V_{Ed,min}$ Bemessungswert der minimalen Querkraft unter der häufigen Einwirkungskombination in dem gleichen Querschnitt, in dem die maximale Querkraft auftritt

$V_{Rd,ct}$ Bemessungswert der aufnehmbaren Querkraft ohne Querkraftbewehrung nach Gleichung 5.3.3(12)

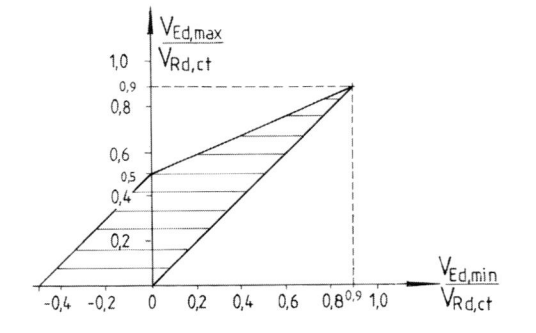

Bild 5.135 Zulässige Schubspannungsschwingbreite bei Bauteilen ohne Schubbewehrung

b) Ausführlicher Nachweis der Ermüdungsfestigkeit

Für Eisenbahnbrücken darf ein ausreichender Ermüdungswiderstand für Beton unter Druckbeanspruchung angenommen werden, wenn die nachfolgende Bedingung eingehalten ist:

$$14 \frac{1 - S_{cd,\max,equ}}{\sqrt{1 - R_{equ}}} \geq 6 \qquad 5.3.5(15)$$

In dieser Beziehung sind die aufgeführten Bezeichnungen Verhältniswerte. Sie haben die folgende Bedeutung:

$$R_{equ} = \frac{S_{cd,\min,equ}}{S_{cd,\max,equ}} \qquad 5.3.5(16)$$

Es ist:

$S_{cd,\max,equ}$ Verhältniswert der maximalen schadensäquivalenten Bemessungs-Spannungen

$$= \gamma_{sd} \frac{\sigma_{cd,\max,equ}}{f_{cd,fat}} \qquad 5.3.5(17)$$

$S_{cd,\min,equ}$ Verhältniswert der minimalen schadensäquivalenten Bemessungsspannungen

$$= \gamma_{sd} \frac{\sigma_{cd,\min,equ}}{f_{cd,fat}} \qquad 5.3.5(18)$$

mit: $\sigma_{cd,\max,equ \atop \min}$ maximale (minimale) Betondruckspannung der schadensäquivalenten Schwingbreite für ein Spannungskollektiv mit $N = 10^6$ Lastspielen

γ_{sd} Teilsicherheitsbeiwert für Modellunsicherheiten = 1,0

$$f_{cd,fat} = \frac{f_{ck}}{\gamma_{c,fat}} = \frac{f_{ck}}{1,5}$$

Die Betondruckspannungen ergeben sich aus folgenden Gleichungsbeziehungen:

$\sigma_{cd,\max,equ} = \sigma_{c,perm} + \lambda_c (\sigma_{c,\max,71} - \sigma_{c,perm})$

$\sigma_{cd,\min,equ} = \sigma_{c,perm} - \lambda_c (\sigma_{c,perm} - \sigma_{c,\min,71})$

mit: $\sigma_{c,perm}$ Betondruckspannung unter der nicht häufigen Einwirkungskombination ohne Lastmodell 71

$\sigma_{c,\max,71}$ maximale Betondruckspannung unter der nicht häufigen Einwirkungskombination einschließlich des dynamischen Faktors

λ_c Korrekturfaktor zur Berücksichtigung der Einflüsse aus der Dauerspannung, der Stützweite und Verkehrsmischung, dem jährlichen Verkehrsaufkommen, der Nutzungsdauer und der Anzahl der Gleise

$$= \lambda_{c,0} \cdot \lambda_{c,1} \cdot \lambda_{c,2} \cdot \lambda_{c,3} \cdot \lambda_{c,4} \qquad 5.3.5(19)$$

Die Ermittlung der einzelnen Teilfaktoren ist nach dem DIN-Fachbericht 102, Anhang 106.3.2 vorzunehmen.

5.3.6 Grenzzustände der Gebrauchstauglichkeit

5.3.6.1 Anforderungsprofil des Grenzzustandes

a) Anwendungsbereich

Im Gebrauchszustand soll das Bauwerk für die vereinbarten Nutzungsbedingungen bemessen sein, die vor allem ein einwandfreies Erscheinungsbild und eine Garantie der Dauerhaftigkeit der Bauteile zum Inhalt haben sollen. Für Brückenbauwerke beträgt die geplante Nutzungsdauer einhundert Jahre. Hieraus leiten sich Anforderungen an bestimmte Eigenschaften der

5.3 Bemessung der Betonbauteile

Bauteile ab, die auch schon mal, in Ergänzung zur Tragsicherheitsbemessung, für die Abmessungen des Bauteiles und für die Wahl der Bewehrung maßgebend sein können.

Die Gebrauchstauglichkeit der Betonbauwerke muß durch die Nachweise der folgenden Grenzzustände erbracht werden:

– Begrenzung der Betondruck- und der Stahlspannungen,
– Rißbreiten und Dekompressionsnachweis,
– Beschränkung der Verformungen,
– Beschränkung von Schwingungen.

Die Nachweise sind mit den Gebrauchsschnittgrößen zu führen, Teilsicherheitsbeiwerte sind jetzt nicht zu berücksichtigen, da die charakteristischen Werte dieser Beiwerte als 95%-Fraktilwerte der Belastungswahrscheinlichkeiten definiert werden, also der Wert $\gamma_G = 1{,}0$ angesetzt werden kann. Lediglich bei den Einwirkungen aus Vorspannungen geht es darum, günstige und ungünstige Wirkungen zu erfassen, so daß hier obere und untere Streuungswerte zu berücksichtigen sind. Hierbei handelt es sich um die oberen und unteren Bemessungswerte der Vorspannung:

$$P_{k,sup} = r_{sup} \cdot P_{m,t}, \text{ mit } r_{sup} = 1{,}10,\ (1{,}05)\ (1{,}00)$$

$$P_{k,inf} = r_{inf} \cdot P_{m,t}, \text{ mit } r_{inf} = 0{,}90,\ (0{,}95)\ (1{,}00)$$

Die erste Zahl bezieht sich auf die Vorspannung mit nachträglichen Verbund, der erste Klammerausdruck auf interne Vorspannung mit sofortigem oder ohne Verbund, die zweite Klammer schließlich auf die externe Vorspannung ohne Verbund. Mit dem Mittelwert der Vorspannung werden die Nachweise der Druckspannungen geführt.

b) Bemessungskombinationen

Im Zustand der Gebrauchstauglichkeit erfolgt die Bemessung für bestimmte Merkmale der Nutzung. Es sind daher die repräsentativen Werte der Einwirkungen im Hinblick auf ihre Auftretenswahrscheinlichkeit (Wiederkehrperiode) anzusetzen. Die Kombinationen wurden im Abschnitt 5.3.1.1(b) in Verbindung mit dem Abschnitt 1.1.4.2 definiert. Sie werden nachstehend aus Gründen der Vollständigkeit wiederholt:

- Die charakteristische (seltene) Einwirkungskombination nach Gleichung 5.3.1(10):

$$\sum_{j \geq 1} G_{k,j} + P_k + Q_{k_1} + \sum_{i \geq 1} \psi_{0,i} \cdot Q_{k,i}$$

- Die nicht-häufige Einwirkungskombination nach Gleichung 5.3.1(11):

$$\sum_{j \geq 1} G_{k,j} + P_k + \psi'_{1,i} \cdot Q_{k_1} + \sum_{i \geq 1} \psi_{1,i} \cdot Q_{k,i}$$

Diese Kombination hat eine Wiederkehrperiode von einem Jahr, sie tritt nicht häufig auf.

- Die häufige Einwirkungskombination nach Gleichung 5.3.1(12):

$$\sum_{j \geq 1} G_{k,j} + P_k + \psi_{1,i} \cdot Q_{k_1} + \sum_{i \geq 1} \psi_{2,i} \cdot Q_{k,i}$$

Diese Kombination hat eine Wiederkehrperiode von zwei Wochen, sie tritt häufig auf.

- Die quasi-ständige Einwirkungskombination nach Gleichung 5.3.1(13):

$$\sum_{j \geq 1} G_{k,j} + P_k + \sum_{i \geq 1} \psi_{2,i} \cdot Q_{k,i}$$

Diese Kombination hat eine Wiederkehrperiode von einem Tag bis zu drei Tagen, sie tritt quasi ständig auf.

c) Klassifizierung von Nachweisbedingungen

Zum Erreichen einer ausreichenden Dauerfestigkeit des Tragwerkes sind die folgenden Punkte im Zusammenhang zu beurteilen und im Ergebnis zu berücksichtigen:

- Nutzung des Tragwerkes,
- geforderte Tragwerkseigenschaften,
- voraussichtliche Umweltbedingungen,
- Zusammensetzung, Eigenschaften und Verhalten der Baustoffe,
- Form der Bauteile und deren bauliche Durchbildung,
- Qualität der Bauausführung und Überwachungsumfang,
- besondere Schutzmaßnahmen,
- voraussichtliche Instandhaltung während der vorgesehenen Nutzungsdauer.

Brückenbauwerke, oder einzelne Teile derselben, müssen einer Umweltklasse nach Tabelle F 1 der DIN EN 206 zugeordnet werden, um daraus einen Anhalt gewinnen zu können, welche Anforderungen zur Sicherstellung der Dauerhaftigkeit getroffen werden müssen.

Die Umweltklassen gliedern sich nach der Art der schädigenden Einflüsse in Form eines chemischen oder physikalischen Angriffes auf die Bewehrung oder den Beton.

Ein chemischer Angriff kann verursacht werden durch:

- aggressive Umweltbedingungen,
- Lösungen von Schwefelsalzen,
- in den Beton gelangende Chloride,
- Alkalireaktionen der Zuschläge.

Ein physikalischer Angriff kann erfolgen durch:

- Abnutzung der Oberfläche,
- Frost-Tausalz-Wechselwirkung,
- Eindringen von Wasser.

Es sind folgende Expositionsklassen definiert worden:
(Tab. 1, DIN FB 100; Tab. 3, DIN 1045-1)

XC Gefahr einer karbonatisierungsinduzierten Korrosionswirkung auf die Bewehrung
XD Gefahr einer chloridinduzierten Korrosionswirkung auf die Bewehrung
XS Gefahr einer chloridinduzierten Korrosionswirkung auf die Bewehrung, hervorgerufen durch Meerwasser
XA Gefahr eines Betonangriffes durch eine aggressive chemische Umgebung
XF Gefahr eines Betonangriffes durch Frost-Tausalz-Wechsel
XM Gefahr eines Betonangriffes durch eine nicht ausreichende Verschleißfestigkeit

Zur Sicherstellung der Dauerhaftigkeit sind für die Brückenbauwerke Anforderungsklassen A bis E definiert worden, die nach den Umweltbedingungen ausgerichtet sind. Sie legen die Einwirkungskombinationen für den Nachweis der Dekompression und der Rißbreitenbeschränkung fest. Für die Vorspannung mit nachträglichem Verbund ist die zu wählende Kategorie mit dem Bauherrn abzustimmen, für die externe Vorspannung ist die Klasse C und für schlaffe Bewehrung die Klasse E zu wählen.

5.3 Bemessung der Betonbauteile

Tabelle 5.26
Klassifizierung von Nachweisbedingungen zur Sicherstellung der Dauerhaftigkeit

	1	2	3	4
	Anforderungsklasse	Einwirkungskombination für den Nachweis der Dekompression	Einwirkungskombination für den Nachweis der Rißbreitenbegrenzung	Regelwert der Rißbreite w_k [mm]
1	A	nicht häufig	–	
2	B	häufig	nicht häufig	
3	C	quasi-ständig	häufig	0,2
4	D	–	häufig	
5	E	–	quasi-ständig	0,3

5.3.6.2 Spannungsbegrenzungen und Spannungsnachweise

a) Betonzugspannungen

Wenn ein Brückenüberbau in der Längsrichtung vorgespannt wird, in der Querrichtung aber nur schlaff bewehrt bleibt, sollen die in der Querrichtung am Querschnittsrand unter der charakteristischen (seltenen) Einwirkungskombination auftretenden Betonzugspannungen nach Zustand I die Werte der nachfolgend dargestellten Tabelle nicht überschreiten.

Tabelle 5.27
Zulässige Betonrandzugspannungen in Brückenquerrichtung bei fehlender Quervorspannung

Betonfestigkeitsklasse	C 30/37	C 35/45	C 40/50	C 45/55	C 50/60
zul $\sigma_{ct,\text{rand}}$ [MN/m²]	4,0	5,0	5,5	6,0	6,5

b) Betondruckspannungen

Hohe Betondruckspannungen unter Gebrauchslasten können die Bildung von Längsrissen fördern, zur Bildung von Mikrorissen im Beton oder zu Kriechverformungen führen, die durch nichtlineare Beziehungen und Zusammenhänge größer werden, als die, die nach den üblichen Rechenansätzen berücksichtigt werden. Eine derartige Rißbildung führt zu einer Verminderung der Dauerhaftigkeit der Betonbauteile. Die Spannungen müssen daher begrenzt werden.

- Die Betondruckspannungen unter der nicht-häufigen Einwirkungskombination und dem Mittelwert der Vorspannung sind zu beschränken auf:

$$\sigma_c \leq 0{,}6\, f_{ck}$$

Bei einer Umschnürung der Druckzone durch Querbewehrung von 1 % der Fläche der Druckzone ist eine Erhöhung obigen Wertes um 10 % möglich.

- Bei Spannbetonbauwerken soll die Betondruckspannung zum Zeitpunkt der Eintragung des Mittelwertes der Vorspannung beschränkt werden auf:

$$\sigma_c \leq 0{,}6\, f_{c(t)}$$

mit: $f_{c(t)}$ Mittelwert der Betondruckfestigkeit zum Zeitpunkt der Eintragung der Vorspannung. Diese Untersuchung ist in der Regel zum Zeitpunkt von 3–7 Tagen zu führen

- Übersteigt die Betondruckspannung zum Zeitpunkt des Eintragens der Vorspannung den Wert:

$$\sigma_c > 0{,}45 f_{c(t)}$$

muß die Nichtlinearität des Kriechvorganges berücksichtigt werden (z. B. nach den Ansätzen von *Zilch* [39]).

- Wenn die Gebrauchstauglichkeit, Tragfähigkeit oder Dauerhaftigkeit des Bauwerkes durch das Kriechen wesentlich beeinflußt werden, sind die Betondruckspannungen unter der quasi-ständigen Einwirkungskombination zur Vermeidung von überproportionalen Kriechverformungen zu beschränken auf:

$$\sigma_c \leqq 0{,}45 f_{ck}$$

c) Stahlspannungen

Stahlspannungen, die unter Gebrauchsbedingungen zu nichtelastischen Verformungen des Stahles führen können, begünstigen die Rißbildung im Beton. Es sind daher folgende Spannungsbegrenzungen vorgesehen:

- Die Zugspannung in der Betonstahlbewehrung soll unter der nicht-häufigen Einwirkungskombination den folgenden Wert nicht überschreiten:

$$\sigma_s \leqq 0{,}80 f_{yk}$$

- Die Spannung in Spanngliedern soll unter der quasi-ständigen Einwirkungskombination, und dem Mittelwert der Vorspannung zum Zeitpunkt $t = \infty$, den folgenden Wert nicht überschreiten:

$$\sigma_{ps} \leqq 0{,}65 f_{pk}$$

Diese Grenzen gelten nicht für die Vorspannung ohne Verbund.

d) Nachweis der Spannungen

Die Spannungsberechnung kann je nach Beanspruchung im gerissenen Zustand II oder ungerissenen Zustand I erfolgen. Für den Querschnitt im Zustand I wird ein linear-elastisches Materialverhalten angenommen. Der Zustand I kann angenommen werden, wenn die Biegezugspannung unter der charakteristischen Einwirkungskombination kleiner als die mittlere Betonzugfestigkeit ist, also

$$\sigma_c \leqq f_{ctm}$$

Bei Überschreitung von f_{ctm} ist vom Zustand II unter Vernachlässigung der Mitwirkung des Betons auf Zug zwischen den Rissen auszugehen, jedoch unter Ansatz linear-elastischen Materialverhaltens.

Die Stahlspannungen sind im gerissenen Querschnitt nach den Berechnungsansätzen des Zustandes II zu ermitteln:

$$\sigma_s \text{ bzw. } \Delta\sigma_p = \frac{1}{A_{(s+p)}} \left[\frac{M_{Edr}}{z_{II}} + N_{Ed} \right]$$

Im ungerissenen Querschnitt können die Stahlspannungen nach der Elastizitätslehre ermittelt werden. Der Langzeiteinfluß des Kriechens wird hierbei durch einen abgeminderten Elastizitätsmodul $E_{c,\text{eff}}$ erfaßt, mit:

5.3 Bemessung der Betonbauteile

$E_s/E_{c,\text{eff}}$ oder $E_p/E_{c,\text{eff}} = 10 \div 15$

dann gilt im schlaffen Stahl:

$$\sigma_s \text{ bzw. } \Delta\sigma_p = \left[\frac{V_{Ed}}{A_c} \pm \frac{M_{Ed} \cdot z}{I_c}\right] E_s/E_{c,\text{eff}}$$

Im Spannstahl gilt:

Zustand I: $\quad \sigma_{p\infty} = \sigma_{pm,\infty} + \alpha_e \dfrac{M_{q,s} \cdot z}{I_c}$

mit: $\alpha_e = \dfrac{E_p}{E_{cm}}$; $M_{q,s}$ Biegemoment der quasi-ständigen Kombination

Zustand II: $\sigma_p = \sigma_p^{(o)} + \Delta\sigma_p$

mit: $\Delta\sigma_p$ nach Zustand II im gerissenen Querschnitt

Für den Spannungsnachweis ist die mitwirkende Breite der Fahrbahnplatte nach Abschnitt 5.2.2.3 anzusetzen.

5.3.6.3 Zusammenhänge der Rißbildung

a) Problemstellung

Die in einem Betontragwerk auftretenden Risse kann man einteilen als Längs-, Verbund-, Biege-, Schub- und Oberflächenrisse. Sie entstehen neben der Lastbeanspruchung auch aus Zwangsbeanspruchungen. Eine Zwangsbeanspruchung kann über eine Lastbeanspruchung eingetragen werden, kann aber auch eine selbständige Belastungsart sein, wie z. B. durch Schwinden oder durch den Abfluß der Hydratationswärme bei behinderter Verformung. Diese Zwangsbeanspruchungen erzeugen nahezu zentrische über den Querschnitt wirkende Zugbeanspruchungen, die sich auf die Rißbildung ungünstig auswirken. Risse in Stahlbetontragwerken sind eine notwendige Folge der geringen Biegezugfestigkeit des Betons bei der Entfaltung der Tragwirkung. Sie bedeuten daher keinen Mangel im Hinblick auf die Tragfähigkeit, können aber die Dauerhaftigkeit des Bauteiles gefährden, wenn ihre Breiten und Tiefen nicht in solchen Grenzen gehalten werden, die den Verbund von Stahl und Beton sicherstellen und der Korrosionsschutz eingehalten wird. Es gilt folgendes Rißprinzip:

An Stelle *eines* breiten und tiefer gehenden Risses sollen mehrere kleinere Risse mit entsprechend geringerer Breite und Tiefe wirken, die sich über die Oberfläche verteilen.

b) Rißverhalten und Rißbreiten

Wird ein Stahlbetonbauteil im Bereich des Zustandes I auf Biegung oder reinen Zug beansprucht, gilt:

$$\varepsilon_s = \varepsilon_c \; ; \quad \sigma_{c,t} = F/A_i \; ; \quad \sigma_s = n \cdot \sigma_{c,t}$$

Wird die Zugfestigkeit des Betons dabei an einer Stelle erreicht oder überschritten, tritt ein erster Riß auf. Die wirkende Zugbeanspruchung wird zur Rißlast, die jetzt nur durch den Stahl übertragen werden kann:

$$F_{cr} = f_{ct,\text{eff}} \cdot A_i$$
$$\sigma_{s,cr} = F_{cr}/a_s = f_{ct,\text{eff}} \frac{A_i}{A_s} < f_{yk}$$

mit: F_{cr} Rißlast
       $f_{ct,\text{eff}}$ wirksame Betonzugfestigkeit zum Zeitpunkt der Erstrißbildung

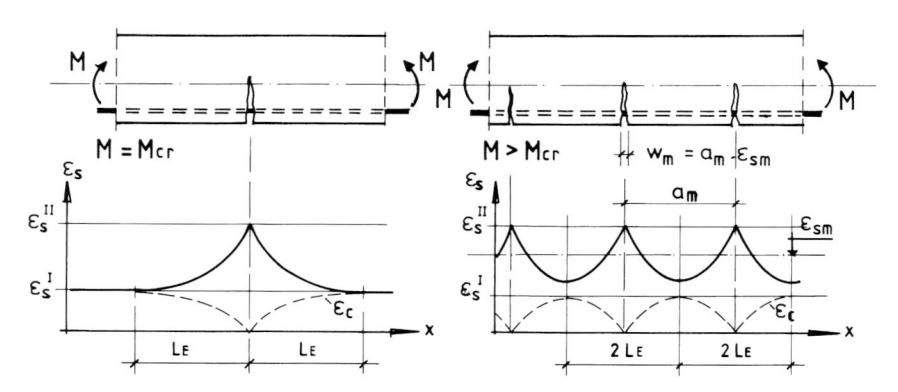

Bild 5.136
Erstrißbildung und abgeschlossenes Rißbild

An der Stelle des Risses werden die Betondehnungen zu Null. Zur Wahrung des Gleichgewichtes müssen sich die Spannungen im Stahl erhöhen, da mit der Dehnung auch die Spannungen im Beton auf Null gehen. Hierdurch werden Schubspannungen aktiviert und es entstehen Dehnungsunterschiede in den Rißschnitten. Die Rißlast selbst wird im beiderseits anschließenden Bereich wieder in den Beton eingeleitet und am Ende dieser Einleitungslänge l_E weisen Stahl und Beton wieder die gleiche Dehnung auf. Die Einleitungslänge l_E entspricht somit derjenigen Strecke, innerhalb derer die Rißschnittgröße F_{cr} wieder in den Beton eingeleitet ist.

Bei zunehmender Dehnung nimmt die Zahl der Risse zu. Solange zwischen den Enden der Einleitungslängen zweier Risse ein Bereich verbleibt, in dem der Verbund zwischen Stahl und Beton ungestört ist, also Zustand I vorherrscht, liegen lediglich Einzelrisse vor. Ab einem bestimmten Beanspruchungsniveau stellt sich der Rißvorgang so ein, daß am Ende der Einleitungslänge des einen Risses die Einleitungslänge des nächsten beginnt, damit wird der Zustand I zwischen den Rissen nicht mehr möglich. Die Stahldehnung wächst wieder über die Betondehnung hinaus, bis letztlich die Streckfestigkeit erreicht ist. Eine weitere Steigerung des Beanspruchungshorizontes würde nicht zu neuen Rissen führen, sondern eine Aufweitung der vorhandenen Risse zur Folge haben. Diesen Rißzustand nennt man ein abgeschlossenes Rißbild.

Um zu einer Rechenbeziehung für die Rißbreite zu gelangen, sei der vorher beschriebene Dehnungsunterschied bei der Rißeinleitung näher betrachtet:

Die Dehnungsdifferenz ds eines Elementes der Länge dx läßt sich als Formänderung desselben darstellen zu:

$$\mathrm{d}s = (\varepsilon_s - \varepsilon_c)\,\mathrm{d}x \qquad \text{5.3.6(1)}$$

Die Aufsummierung aller Einzeldifferenzen über den Rißabstand s_r liefert eine Aussage über die Rißbreite:

$$\sum_{s_r} \mathrm{d}s = (\varepsilon_s - \varepsilon_e) \sum_{s_r} \mathrm{d}x$$

$$w = (\varepsilon_s - \varepsilon_e)\, s_r \qquad \text{5.3.6(2)}$$

Da sich im Bereich der Eintragungslänge die Stahldehnung ständig ändert, ist es sinnvoller, von den mittleren Dehnungen auszugehen:

$$w_m = (\varepsilon_{sm} - \varepsilon_{cm})\, s_r \qquad \text{5.3.6(3)}$$

5.3 Bemessung der Betonbauteile

Die Berechnung einer Rißbreite läßt sich somit in eine solche der mittleren Dehnung und eine solche des Rißabstandes aufteilen. Für die Größe des Rißabstandes gilt die Überlegung, daß seine Länge mindestens gleich der Eintragungslänge l_E sein muß, weil sonst die Rißschnittgröße F_{cr} nicht eingeleitet werden kann. Die größtmögliche Länge ergibt sich beim abgeschlossenen Rißbild, dort kann sie höchstens gleich der doppelten Eintragungslänge $2l_E$ sein, wäre sie größer, würden die über Verbund eingeleiteten Betonzugspannungen zwischen den Rissen die Betonzugfestigkeit erreichen, sodaß ein neuer Riß entstehen würde. Es gilt somit:

$$l_E \leqq s_r \leqq 2\, l_E \qquad 5.3.6(4)$$

Unter Ansatz einer mittleren Verbundspannung τ_m ergibt sich für die Rißlast F_{cr}:

$$F_{cr} = \tau_m \cdot \pi \cdot d_s \cdot l_E$$

mit: $F_{cr} = A_{ct,eff} \cdot f_{ct,eff}$ und $d_s = \dfrac{4 \cdot A_s}{\pi \cdot d_s}$ ergibt sich für die Eintragungslänge l_E folgender Zusammenhang:

$$l_E = d_s \frac{f_{ct,eff}}{\tau_m \cdot 4 \cdot \rho} \qquad 5.3.6(5)$$

mit: $f_{ct,eff}$ wirksame Betonzugfestigkeit zum betrachteten Zeitpunkt, jedoch meist nach Gleichung 5.3.6(10) angesetzt

$A_{ct,eff} = b_w \cdot h_{eff}$
wirksame Betonzugzone mit $h_{eff} = 2{,}5\,(h-d)$

ρ = A_s/A_{ct} bzw. $A_s/A_{ct,eff}$ als geometrischer Bewehrungsgrad

τ_m mittlere Verbundspannung der Bewehrung, ihre Größe wird angegeben mit $1{,}8\,f_{ct,eff}$ (siehe Abschnitt 5.3.6.4)

d_s Stabdurchmesser der Bewehrung

Einen Lösungsansatz für die Dehnungsdifferenz $(\varepsilon_{sm} - \varepsilon_{cm})$ findet man, wenn der Dehnungsanteil des Betons als Schlupf aufgefaßt wird. Die hierdurch iniziierte Zugkraft läßt sich darstellen zu:

$$Z_c = \sigma_{cm} \cdot A_{ct,eff}$$

Damit ergibt sich dann:

$$(\varepsilon_{sm} - \varepsilon_{cm}) = \frac{\sigma_s}{E_s} - \frac{Z_c}{E_s \cdot A_s} = \frac{\sigma_s}{E_s} - \frac{\sigma_{cm} \cdot A_{ct,eff}}{E_s \cdot A_s}$$

$$= \frac{1}{E_s}\left[\sigma_s - \sigma_{cm} \frac{A_{ct,eff}}{A_s}\right] \qquad 5.3.6(6)$$

mit: σ_{cm} Betonzugspannung zum Zeitpunkt der Rißbildung

$A_{ct,eff}$ wirksame Betonzugzone, Erläuterungen hierzu nachstehend

σ_s Stahlspannung im Riß

Eine gesonderte Betrachtung sei dem Begriff der Betonzugzone gewidmet, da dieser wegen des unterschiedlichen Rißverhaltens keine feststehende Größe darstellt und von daher auch unterschiedlichen Interpretationen unterliegt. Grundsätzlich ist die Betonzugzone nach den Rißzuständen der Erstrißbildung und des abgeschlossenen Rißbildes zu unterscheiden. Bei der Erstrißbildung, also bei der Ermittlung einer Mindestbewehrung, ist diejenige Betonzugfläche A_{ct} wirksam, die bei Erreichen der Rißschnittgröße unter Zugspannungen steht. Beim abgeschlossenen Rißbild, welches bei einer Lastbeanspruchung entsteht, ist es dagegen ausreichend, von einer wirksamen Betonzugfläche $A_{ct,eff}$ auszugehen.

Zilch und *Rogge* erläutern an Hand von Versuchsergebnissen in [39] diese Problematik. Sie kommen zu dem Ergebnis, daß die jeweilige Höhe h_{eff} der Betonzugzone aus der Betonzugfestigkeit f_{ct} und der Rißlast F_{cr} nach folgender Beziehung ermittelt werden kann:

$$A_{ct,eff} = h_{eff} \cdot b_w = \frac{F_{cr}}{f_{ct}} \qquad 5.3.6(7)$$

Bezüglich der Ermittlung der Rißlast bestehen aber wegen der Bildung von Sekundärrissen Unsicherheiten. Es ist daher notwendig, einen Gültigkeitsbereich anzugeben, der dann im besonderen Fall entsprechend ausgelegt wird. Angegeben wurde der Bereich:

$$\frac{h}{2} \geq h_{eff} \geq 2(h-d) \qquad 5.3.6(8)$$

Unter diesen Gesichtspunkten sind dann die im Folgenden aufgeführten unterschiedlichen Ansätze für $A_{ct,eff}$ zu verstehen.

c) Dekompression

Einen nicht unerheblichen Einfluß auf die Rißbildung haben die Auswirkungen einer Vorspannung, insbesondere dann, wenn durch sie Zugspannungen in den Querschnitt eingetragen werden. Es ist daher wichtig, den Vorspanngrad auf seine Wirkung und Zuverlässigkeit zu überprüfen. Aus diesem Grunde wurde der Grenzzustand der Dekompression definiert.

Man spricht von einer Dekompression im Spannbeton, wenn die Wirkung der eingetragenen Vorspannung bei Ansatz der Verkehrslast zum Zeitpunkt $t = \infty$ um eine bestimmte Querschnittsachse gerade aufgehoben ist. Im Grenzzustand der Dekompression ist diejenige Einwirkungsgröße unter der maßgebenden Einwirkungskombination nachzuweisen, die gerade mit der Vorspannkraft und dem Vorspannmoment zum Zeitpunkt $t = \infty$ zusammen am Biegezugrand die resultierende Spannung von Null ergibt. Als Einwirkungsgröße wird in der Regel das Biegemoment gewählt und als Dekompressionsmoment ausgewiesen. Es muß sein:

$$M_{od} \geq M_{maßgebend}$$

mit: $\qquad M_{od} = |\sigma_{cpm,\infty}| \cdot W_c^d$

Hierin bedeuten:

$\sigma_{cpm,\infty}$ Druckspannung aus dem charakteristischen Wert der mittleren Vorspannkraft in der Dekompressionsachse zum Zeitpunkt $t = \infty$

W_c^d Widerstandsmoment um die Dekompressionsachse im Querschnitt

Der Nachweis ist für eine der in Tabelle 5.26 angegebenen Anforderungsklassen A bis E durchzuführen. Diese Anforderungsklassen ersetzen sinngemäß die bisher bekannten Klassen der vollen und beschränkten Vorspannung. Für die Kategorien A, B und C sind keine Betonzugspannungen zugelassen, für die Kategorien D und E wird keine Begrenzung der Biegezugspannungen gefordert, es ist nur die Rißbreite nachzuweisen.

Soweit Bauzustände bemessungsrelevant sind, muß auch die Dekompression nachgewiesen werden. Hierfür gelten geänderte Werte des charakteristischen Wertes der Vorspannung und der Dekompressionsbedingungen. Man entnehme sie dem DIN FB 102, Abschnitt 4.4.2.1(107) P.

5.3.6.4 Beschränkung der Rißbreite

a) Konzept der Rißbreitenbeschränkung

Das Konzept der Rißbreitenbeschränkung umfaßt folgende Maßnahmen:

- Beschränkung der Erstrißbildung durch Anordnung einer Mindestbewehrung,
- Begrenzung der Rißbildung im abgeschlossenen Rißbild durch Nachweis der Einhaltung bestimmter Konstruktionsregeln,
- Nachweis der auftretenden rechnerischen Rißbreiten in Abhängigkeit von der Stahlspannung nach Zustand II.

Für die Nachweise der Rißbreitenbeschränkung ist nach Last- und Zwangseinwirkungen zu unterscheiden. Zwangseinwirkungen werden durch die Rißbildung im Bauwerk günstig beeinflußt, zur Verteilung der entstehenden Dehnungsunterschiede auf mehrere kleine Risse genügt daher eine Mindestbewehrung, die so bemessen ist, daß die beim Aufreißen des Betons freiwerdende Zugkraft ohne Überschreitung der Streckgrenze des Stahls aufgenommen werden kann. Durch diese Mindestbewehrung sind die Erfordernisse für den Normalfall mit Rißbreiten von:

0,3 mm für Stahlbetonbauteile und
0,2 mm für Spannbetonbauteile

abgedeckt. Dieser Fall kann immer angenommen werden, wenn die inneren Zwangseinwirkungen gegenüber den äußeren Lasteinwirkungen überwiegen, d. h. die Größe der statischen Bewehrung hinter der Größe der Mindestbewehrung zurückbleibt. In diesen Fällen ist in der Regel $\sigma_c \leq f_{ctm}$. Desgleichen muß in vorgespannten Querschnitten mindestens eine Bewehrung vorhanden sein, die der Größe dieser Mindestbewehrung entspricht.

Wenn aber die Lasteinwirkungen gegenüber den Zwangseinwirkungen überwiegen, liegt ein abgeschlossenes Rißbild vor, in dem die Stahlspannungen die Größe und Anzahl der auftretenden Risse bestimmen. *Zilch* und *Rogge* weisen in [39] für die üblichen Bauteilabmessungen durch vereinfachende Annahmen nach, daß Gleichung 5.3.6(3) mit den Formelansätzen des Eurocodes 2, Teil 1, auf ein vereinfachtes Nachweisverfahren zurückgeführt werden kann, wenn bestimmte vorzuschreibende Maßnahmen hinsichtlich der Begrenzung des Stabdurchmessers und des Stababstandes eingehalten sind. Damit wird der Nachweis der Beschränkung der Rißbreite auf die Einhaltung bestimmter Konstruktionsregeln zurückgeführt.

Alternativ kann die Rißbreite auch direkt nach Gleichung 5.3.6(3) ermittelt werden. Entsprechend der Streuung der Werte für die Rißbreiten wird der Nachweis dabei für einen charakteristischen Wert w_k der Rißbreite geführt, der einer 90%-tigen Fraktile der zu erwartenden Rißbreite entspricht.

b) Mindestbewehrung

Mit der Mindestbewehrung soll ein Fließen der Bewehrung oberhalb der Rißlast vermieden werden. Die Rißlast wird durch die Rißschnittgrößen N_{cr} und M_{cr} beim Erreichen der wirksa-

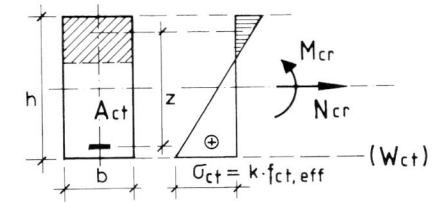

Bild 5.137 Betonzugfestigkeit bei Ansatz der Rißschnittgrößen

men Betonzugfestigkeit $f_{ct,eff}$ eingeleitet. Für den Sonderfall des Rechteckquerschnittes gilt somit bei reiner Biegung und mittigem Zug:

Für Biegezwang: $N_{cr} = 0$; $M_{cr} = k \cdot f_{ct,eff} \cdot W_{ct}$

$$A_s = \frac{M_{cr}}{z \cdot \sigma_s} = \frac{k \cdot f_{ct,eff}}{\sigma_s} \cdot \frac{W_{ct}}{z}$$

mit: $W_{ct} = A_{ct} \cdot \frac{h}{3}$ und $z \approx 0{,}9 \cdot d \approx 0{,}83 \cdot h$, $\frac{W_{ct}}{z} = A_{ct} \cdot \frac{h}{3} \cdot \frac{1}{0{,}83\,h} = 0{,}40\,A_{ct}$

wird: $A_s = 0{,}40 \dfrac{k \cdot f_{ct,eff} \cdot A_{ct}}{\sigma_s} = k_c \dfrac{k \cdot f_{ct,eff} \cdot A_{ct}}{\sigma_s}$

Für zentrischen Zwang: $M_{cr} = 0$; $N_{cr} = k \cdot f_{ct,eff} \cdot A_c$

$$A_s = \frac{N_{cr}}{\sigma_s} = \frac{k \cdot f_{ct,eff}}{\sigma_s} \cdot A_c \quad \text{mit: } A_c = 1{,}0\,A_{ct}$$

wird: $A_s = 1{,}0 \dfrac{k \cdot f_{ct,eff} \cdot A_{ct}}{\sigma_s} = k_c \dfrac{k \cdot f_{ct,eff} \cdot A_{ct}}{\sigma_s}$

In beiden Fällen ergibt sich die gleiche Rechenbeziehung für die erforderliche Bewehrung, aber mit unterschiedlichem Faktor k_c. Dieser Faktor muß für die verschiedenen Querschnittsarten und Beanspruchungsfälle definiert werden. Allgemein gilt somit:

$$\min A_s = k_c \cdot k \cdot f_{ct,eff} \cdot A_{ct}/\sigma_s \qquad 5.3.6(9)$$

Die einzelnen Faktoren haben folgende Bedeutung:

A_{ct} Querschnittsfläche der Betonzugzone nach Zustand I unmittelbar vor der Rißbildung im Querschnitt

  $= b_w (h - x)$ für $\sigma_{cs} > 0$
  $= b_w \cdot z_u$ für $\sigma_{cs} \leqq 0$

mit: σ_{cs} Betondruckspannung im Querschnittsschwerpunkt

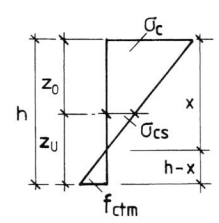

$$F_{cr} = f_{ctm} \cdot A_{ct}/2$$

$$(h - x) = z_u \frac{f_{ctm}}{f_{ctm} + \sigma_{cs}}$$

Bild 5.138
Spannungsbeziehung

$f_{ct,eff}$ wirksame Betonzugfestigkeit zum Zeitpunkt der Erstrißbildung
  $= f_{ctm}$,   wenn die Erstrißbildung in einem Betonalter < 28 Tage erwartet wird
  $= 3{,}0$ N/mm², wenn die Erstrißbildung nicht mit Sicherheit innerhalb der ersten 28 Tage festgelegt werden kann
  $= 0{,}5\,f_{ctm}$ wenn die Erstrißbildung durch den Abfluß der Hydratationswärme im Zeitraum der ersten 3–5 Tage entsteht

k Beiwert zur Berücksichtigung nicht-linear verteilter Betonzugspannungen (sekundäre Rißbildung):

5.3 Bemessung der Betonbauteile

- Bei Zugspannungen infolge Zwang, die im Bauteil selbst hervorgerufen worden sind (Abfluß der Hydratationswärme):

$$\left.\begin{array}{ll} k = 0{,}80 & \text{für } h \leq 0{,}30 \text{ m} \\ k = 0{,}80 - \dfrac{h - 0{,}30}{0{,}50}\, 0{,}30 & \text{für } 0{,}30 \text{ m} < h < 0{,}80 \\ k = 0{,}50 & \text{für } h \geq 0{,}80 \text{ m} \end{array}\right\} \quad 5.3.6(10)$$

- Bei Zugspannungen infolge Zwang, die außerhalb des Bauteiles hervorgerufen wurden:

$$k = 1{,}0$$

k_c Beiwert zur Berücksichtigung des Einflusses der Spannungsverteilung innerhalb der Zugzone A_{ct} vor der Erstrißbildung, sowie der Änderung des inneren Hebelarmes beim Übergang zum Zustand II:

$$= 0{,}4 \left[1 + \dfrac{\sigma_c}{k_1 \cdot f_{ct,\text{eff}}} \right] \leq 1 \qquad 5.3.6(11)$$

mit: σ_c Betonspannung in Höhe der Schwerachse des Gesamtquerschnittes oder eines Teilquerschnittes im ungerissenen Zustand unter der Einwirkungskombination, die am Gesamtquerschnitt zur Erstrißbildung führt

$$= \dfrac{N_{Ed}}{A_c} \qquad \text{(negativ bei Längsdruck)}$$

k_1 Beiwert zur Berücksichtigung des Einflusses von Längskräften auf die Spannungsverteilung

$$= 1{,}5\, \dfrac{h}{h'} \qquad \text{wenn } N_{Ed} \text{ negativ} \qquad 5.3.6(12)$$

$$= \dfrac{2}{3} \qquad \text{wenn } N_{Ed} \text{ positiv} \qquad 5.3.6(13)$$

hierbei ist: h Querschnittshöhe
$h' = h$ für $h < 1{,}0$ m
$h' = 1{,}0$ m   für $h \geq 1{,}0$ m

σ_s Zulässige Spannung in der Betonstahlbewehrung zur Begrenzung der Rißbreite in Abhängigkeit vom Grenzdurchmesser d_s^* nach Tabelle 5.29

Die Begrenzung der Rißbreite ist durch die Begrenzung des Durchmessers mit Hilfe nachstehender Rechenbeziehung nachzuweisen:

$$d_s = d_s^* \dfrac{k_c \cdot k \cdot h_t}{4(h-d)} \dfrac{f_{ct,\text{eff}}}{f_{ct,0}} \geq d_s^* \dfrac{f_{ct,\text{eff}}}{f_{ct,0}} \qquad 5.3.6(14)$$

mit: d_s^* Grenzdurchmesser der Bewehrung nach Tabelle 5.29
h_t Höhe der Betonzugzone vor Beginn der Erstrißbildung unter der maßgebenden Einwirkungskombination
h Querschnittshöhe
d statische Nutzhöhe in Bezug auf die Bewehrungslage der Mindestbewehrung
$f_{ct,0}$ Zugfestigkeit des Betons, die der Tabelle 5.29 zugrunde liegt
$= 3{,}0$ N/mm^2

Die Mindestbewehrung nach Gleichung 5.3.6(9) muß in diejenige Bereiche eines Bauteiles eingelegt werden, in denen Betondruckspannungen unter der nicht-häufigen Einwirkungskombinationen kleiner als 1,0 N/mm^2 oder Zugspannungen auftreten.

Die Mindestbewehrung nach Gleichung 5.3.6(9) darf bei allen Nachweisen in den Grenzzuständen der Tragfähigkeit oder Gebrauchstauglichkeit angerechnet werden.

Spannglieder im Verbund dürfen grundsätzlich auf die Mindestbewehrung angerechnet werden. Innerhalb eines Quadrates von 30 cm Seitenlänge um ein Spannglied herum darf die dort erforderliche Mindestbewehrung um den Betrag $\xi_1 \cdot A_p$ verringert werden. Hierbei ist:

ξ_1 Korrekturbeiwert der Verbundspannungen unter Berücksichtigung der unterschiedlichen Durchmesser von Betonstahl und Spannstahl

$$\xi_1 = \sqrt{\xi \frac{d_s}{d_p}} \qquad 5.3.6(15)$$

d_s größter vorhandener Durchmesser der Betonstahlbewehrung
d_p äquivalenter Durchmesser der Spannstahlbewehrung
  $= 1{,}6 \sqrt{A_p}$ für Bündelspannglieder
  $= 1{,}20\, d_{\text{Draht}}$ für Einzellitzen mit 3 Drähten
  $= 1{,}75\, d_{\text{Draht}}$ für Einzellitzen mit 7 Drähten
ξ Verhältniswert der Verbundspannungen nach Tabelle 5.28
  $= \tau_{pm}/\tau_{sm}$

Dann ergibt sich:

$$\min(A_s + \xi_1 A_p) = k_c \cdot k \cdot A_{ct} \cdot \frac{f_{ct,\text{eff}}}{\sigma_s} \qquad 5.3.6(16)$$

Tabelle 5.28
Verhältniswert ξ der Verbundspannungen von Spannstahl und Betonstahl

Zeile		Spannglieder im sofortigen Verbund	Spannglieder im nachträglichen Verbund
1	glatte Stäbe	–	0,3
2	Litzen	0,6	0,5
3	profilierte Drähte	0,7	0,6
4	gerippte Stäbe	0,8	0,7

c) Begrenzung der Rißbreite ohne direkte Berechnung

Wenn die Betonspannungen nach Zustand I am äußersten Querschnittsrand unter der maßgebenden Einwirkungskombination nach Tabelle 5.26 den Mittelwert der Betonzugfestigkeit überschreitet ($\sigma_c > f_{ctm}$) überwiegt die Stahlspannung aus einer Lastbeanspruchung beim Einfluß auf die Rißbildung (abgeschlossenes Rißbild). Für den Nachweis der Beschränkung der Rißbreite reicht es jetzt aus, den Nachweis der Einhaltung bestimmter konstruktiver Regel zu erbringen. Es ist nachzuweisen

– eine Begrenzung des Stabdurchmessers d_s der vorhandenen schlaffen Bewehrung nach Tabelle 5.29 oder
– eine Begrenzung des Stababstandes der vorhandenen Bewehrung bei Flächentragwerken nach Tabelle 5.30,

jeweils in beiden Fällen in Abhängigkeit von der Stahlspannung nach Zustand II.

5.3 Bemessung der Betonbauteile

Die Grenzwerte der Stabdurchmesser d_s^* können erhöht werden, wenn die tatsächliche Zugzonenhöhe größer ist als $h_{eff}/4$. Die tatsächliche Zugzonenhöhe wird aus den Beanspruchungsgrößen unter Ansatz der Gleichung 5.3.6(7) wie folgt ermittelt:

$$h_{eff} \cdot b_w = A_{ct,eff} = \frac{F_{cr}}{f_{ct}}$$

mit: $F_{cr} = \sigma_s \cdot A_s$ und $f_{ct} = f_{ct,0}$ wird dann

$$h_{eff} = \frac{\sigma_s \cdot A_s}{f_{ct,0} \cdot b_w}$$

Somit gilt:

$$d_s = d_s^* \frac{h_{eff}}{4(h-d)} = d_s^* \frac{\sigma_s \cdot A_s}{4(h-d) \cdot b_w \cdot f_{ct,0}} \geqq d_s^* \frac{f_{ct,eff}}{f_{ct,0}} \qquad 5.3.6(17)$$

Hierin bedeuten:
- d_s^* Grenzdurchmesser nach Tabelle 5.29
- A_s Querschnittsfläche der für den Rißbreitennachweis herangezogenen Zugbewehrung
- σ_s Stahlspannung im Zustand II in der Zugbewehrung. Wenn die Spannbewehrung bei Bauteilen mit Spanngliedern im Verbund mit zur Rißbreitenbeschränkung herangezogen wird, ist die Stahlspannung nach Gleichung 5.3.6(18) zu ermitteln
- $f_{ct,0}$ Zugfestigkeit des Betons, auf die die Werte des Grenzdurchmessers d_s^* bezogen sind
  $= 3{,}0$ N/mm^2

Bei Bauteilen mit in Verbund liegenden Spanngliedern ergibt sich die Spannung unter der maßgebenden Einwirkungskombination im Betonstahl und der Spannungszuwachs im Spannstahl unter Berücksichtigung des unterschiedlichen Verbundverhaltens von Betonstahl und Spannstahl nach folgenden Gleichungen:

- Für die mittlere Stahlspannung im Betonstahl:

$$\sigma_{sm} = \sigma_s^{II} + \alpha \cdot f_{ct,eff} \left[\frac{1}{\text{eff }\rho} - \frac{1}{\rho_{tot}} \right] \qquad 5.3.6(18)$$

- Für den mittleren Spannungszuwachs im Spannstahl:

$$\sigma_{pm} = \sigma_s^{II} + \alpha \cdot f_{ct,eff} \left[\frac{1}{\text{eff }\rho} - \frac{1}{\xi_1^2 \rho_{tot}} \right] \qquad 5.3.6(19)$$

Hierin bedeuten:

α Bezugswert aus dem Verhältnis der mittleren Dehnungen zu den Dehnungen im Riß unter der Rißschnittgröße
$$= \frac{\varepsilon_{sm}}{\varepsilon_{sr}} = \frac{\varepsilon_{pm}}{\Delta\varepsilon_{pr}} = 0{,}4$$

eff ρ effektiver Bewehrungsgrad unter Berücksichtigung der unterschiedlichen Verbundeigenschaften
$$= \frac{A_s + \xi_1^2 \cdot A_p}{A_{ct,eff}} \qquad 5.3.6(20)$$

ρ_{tot} geometrischer Bewehrungsgrad
$$= \frac{A_s + A_p}{A_{ct,eff}} \qquad 5.3.6(21)$$

$A_{ct,eff}$ wirksame Fläche der Betonzugzone (vgl. Bild 4.137, DIN FB 102):
$= b_w \cdot 2{,}5\, d_1$

mit: d_1 Abstand des Schwerpunktes der Bewehrung vom gezogenen Rand
σ_s^{II} Stahlspannung im Betonstahl bzw. Spannungszuwachs im Spannstahl nach Zustand II unter der maßgebenden Einwirkungskombination, unter der Annahme starren Verbundes

Wenn der Spannstahlquerschnitt nicht zur Rißbreitenbeschränkung herangezogen wird, wird der gesamte Spannungszuwachs rechnerisch vom Betonstahl aufgenommen, die Gleichung 5.3.6(18) vereinfacht sich dann zu:

$$\sigma_s = \sigma_s^{II} \qquad 5.3.6(18\,a)$$

Tabelle 5.29
Grenzdurchmesser d_s^* für Betonrippenstähle

Zeile	Stahlspannung σ_s	Grenzdurchmesser der Stäbe in mm in Abhängigkeit vom Rechenwert der Rißbreite w_k	
	N/mm²	$w_k = 0{,}3$ mm	$w_k = 0{,}2$ mm
1	160	42	28
2	200	28	18
3	240	19	13
4	280	14	9
5	320	11	7
6	360	8	6
7	400	7	5
8	450	5	4

Tabelle 5.30
Höchstwert der Stababstände von Betonrippenstählen

Zeile	Stahlspannung σ_s	Höchstwerte der Stababstände in mm in Abhängigkeit vom Rechenwert der Rißbreite w_k	
	N/mm²	$w_k = 0{,}3$ mm	$w_k = 0{,}2$ mm
1	160	300	200
2	200	250	150
3	240	200	100
4	280	150	50
5	320	100	–
6	360	50	–

d) Direkter Nachweis der Rißbreite

Nach Gleichung 5.3.6(3) ergibt sich die Rißbreite zu:

$$w_k = s_{r,\max} (\varepsilon_{sm} - \varepsilon_{cm})$$

Für die Dehnungsdifferenz gilt nach Gleichung 5.3.6(6):

$$(\varepsilon_{sm} - \varepsilon_{cm}) = \frac{1}{E_s} \left[\sigma_s - \sigma_{cm} \frac{A_{ct,\text{eff}}}{A_s} \right]$$

mit: $\sigma_{cm} = 0{,}4 \cdot f_{ct,\text{eff}}$ und $A_{ct,\text{eff}} = A_{ct} + \alpha_e \cdot A_s$

unter Berücksichtigung der in der Betonzugfläche liegenden Bewehrung A_s

Somit ergibt sich:

$$\begin{aligned}
(\varepsilon_{sm} - \varepsilon_{cm}) &= \frac{1}{E_s} \left[\sigma_s - \frac{0{,}4 f_{ct,\text{eff}}}{A_s} (A_{ct} + \alpha_e \cdot A_s) \right] \\
&= \frac{1}{E_s} \left[\sigma_s - \frac{0{,}4 f_{ct,\text{eff}} \cdot A_{ct}}{A_s} \frac{A_{ct} \cdot \alpha_e \cdot A_s}{A_{ct}} \right] \\
&= \frac{1}{E_s} \left[\sigma_s - \frac{0{,}4 f_{ct,\text{eff}}}{\rho} (1 + \alpha_e \cdot \rho) \right]
\end{aligned}$$

Für eine im Verbund liegende Spannbewehrung mit $\rho = \text{eff } \rho$:

$$(\varepsilon_{sm} - \varepsilon_{cm}) = \frac{1}{E_s} \left[\sigma_s - \frac{0{,}4 f_{ct,\text{eff}}}{\text{eff} \rho} (1 + \alpha_e \cdot \text{eff} \rho) \right] \qquad 5.3.6(22)$$

mit: $\alpha_e = E_s/E_{cm}$, Verhältnis der Elastizitätsmoduli
$f_{ct,\text{eff}}$ wirksame Betonzugfestigkeit
σ_s Stahlspannung nach Gleichung 5.3.6(18)

Für den maximalen Rißabstand gilt nach Gleichung 5.3.6(4) und 5.3.6(5):

$$s_{r,\max} = 2 l_E = d_s \frac{f_{ct,\text{eff}}}{\tau_m \cdot 2 \rho} = \frac{d_s}{\dfrac{\tau_m}{f_{ct,\text{eff}}} 2 \rho}$$

Für den charakteristischen Wert der Verbundspannung τ_m kurz vor dem Aufreißen des Querschnittes gilt nach dem DIN FB 102, Abschnitt 5.2.2.2:

$$(\tau_m)_k = f_{bk} = 2{,}25\, f_{ctk,0{,}05} = 2{,}25\, (0{,}7\, f_{ctm}) = 1{,}6\, f_{ctm} \qquad 5.3.6(23)$$

Die Relation zwischen f_{ctm} und $f_{ct,\text{eff}} = 3{,}0\ \text{N/mm}^2$ wird für die Betongüten C 12/15 bis C 50/60 durch den Mittelwert angegeben:

$$f_{ctm} = 1{,}125\, f_{ct,\text{eff}} \qquad 5.3.6(24)$$

Damit wird:

$$s_{r,\max} = \frac{d_s}{3{,}6 \cdot \rho} \qquad 5.3.6(25)$$

bzw. unter Berücksichtigung von Gleichung 5.3.6(20) für Bauteile mit im Verbund liegenden Spanngliedern:

$$s_{r,\max} = \frac{d_s}{3{,}6 \cdot \text{eff} \rho} \qquad 5.3.6(26)$$

Am Ende des Risses ist die Rißschnittgröße mit $Z_s = A_{ct} \cdot f_{ct,\text{eff}}$ wieder in den Beton eingeleitet, somit gilt als Grenzbedingung für den Rißabstand:

$$s_{r,\max} \leqq d_s \frac{1}{3{,}6 \frac{A_s}{A_{ct}}} \leqq \frac{1}{3{,}6 \frac{Z_s}{A_{ct} \cdot \sigma_s}} \leqq d_s \frac{\sigma_s}{3{,}6 \cdot f_{ct,\text{eff}}} \qquad 5.3.6(27)$$

Somit ergibt sich die Rißbreite:

$$w_k = d_s \left[\frac{\sigma_s - 0{,}4 \dfrac{f_{ct,\text{eff}}}{\text{eff}\,\rho} (1 + \alpha_e \cdot \text{eff}\,\rho)}{3{,}6 \cdot \text{eff}\,\rho \cdot E_s} \right] \qquad 5.3.6(28)$$

entsprechend kann man den Grenzdurchmesser d_s der Bewehrung in Abhängigkeit von der zulässigen Rißbreite angeben:

$$d_s = \text{zul } w \left[\frac{3{,}6 \cdot \text{eff}\,\rho \cdot E_s}{\sigma_s - 0{,}4 \dfrac{f_{ct,\text{eff}}}{\text{eff}\,\rho} (1 + \alpha_e \cdot \text{eff}\,\rho)} \right] \qquad 5.3.6(29)$$

In den beiden Rechenbeziehungen bedeuten:

$f_{ct,\text{eff}}$ wirksame Betonzugfestigkeit des Betons nach Gleichung 5.3.6(10)
eff ρ effektiver Bewehrungsgrad bei im Verbund liegender Spannbewehrung nach Gleichung 5.3.6(20)
α_e Verhältnis der Elastizitätsmoduli E_s/E_{cm}
σ_s Stahlspannung des Betonstahles nach Zustand II unter der maßgebenden Einwirkungskombination, bei im Verbund liegender Spannbewehrung nach Gleichung 5.3.6(18)
d_s Durchmesser der schlaffen Bewehrung, die zur Rißbreitenbeschränkung herangezogen wird

e) Stahlspannungen in Bauteilen mit in Verbund liegenden Spanngliedern im abgeschlossenen Rißbild

Die Spannungen im Betonstahl und der Spannungszuwachs im Spannstahl eines gemischt bewehrten Querschnittes im abgeschlossenen Rißbild wurden durch die Gleichungen 5.3.6(18) und 5.3.6(19) beschrieben. Die Herkunft dieser Formeln soll im folgenden aus den Zusammenhängen der Rißbildung dargestellt und nachvollzogen werden.

Man betrachte hierzu das Bild 5.136.

Folgende Begriffe und Formelzeichen werden in der nachfolgenden Herleitung verwendet:

ε_{sm}; $\Delta\varepsilon_{pm}$ mittlere Betonstahl- und Zusatzdehnung im Spannstahl
$\sigma_{sr,2}$; $\Delta\sigma_{pr,2}$ Stahl- und Zusatzspannung im Spannstahl bei der Erstrißbildung

Betonstahl und Spannstahlspannungen im abgeschlossenen Rißbild:

$\sigma_{s,2}$; $\Delta\sigma_{p,2}$ im Riß
$\sigma_{s,1}$; $\Delta\sigma_{p,1}$ in der Mitte zwischen zwei Rissen
s_r maximaler Rißabstand $= 2\,l_t$, mit l_t Eintragungslänge

Zustand der Erstrißbildung

Die Grundlage der nachfolgend dargestellten Zusammenhänge bildet Gleichung 5.3.6(22), in der Stabdehnungen bei der Erstrißbildung betrachtet werden, die über die jeweiligen Eintragungslängen gemittelt werden.

5.3 Bemessung der Betonbauteile

$$w_s = s_{r,s}(\varepsilon_{sm} - \varepsilon_{cm}) = 2 \cdot l_{t,s}(\varepsilon_{sm} - \varepsilon_{cm}) \quad \text{(e.1)}$$

$$w_p = s_{r,p}(\Delta\varepsilon_{pm} - \varepsilon_{cm}) = 2 \cdot l_{t,p}(\Delta\varepsilon_{pm} - \varepsilon_{cm}) \quad \text{(e.2)}$$

Hierin ist:

$$\varepsilon_{sm} = \frac{1}{l_{t,s}} \int_0^{l_t} \varepsilon_s \, dl \,; \quad \Delta\varepsilon_{pm} = \frac{1}{l_{p,s}} \int_0^{l_t} \Delta\varepsilon_p \, dl$$

Die Betondehnung ε_{cm} kann vernachlässigt werden. Mit $\varepsilon = \sigma/E$ werden obige Gleichungen durch die Spannungen dargestellt:

$$w_s = 2 \cdot l_{t,s} \frac{\varepsilon_{sm}}{\varepsilon_{sr,2}} \frac{\sigma_{sr,2}}{E_s} \quad \text{(e.3)}$$

$$w_p = 2 \cdot l_{t,p} \frac{\Delta\varepsilon_{pm}}{\varepsilon_{pr,2}} \frac{\Delta\sigma_{pr,2}}{E_p} \quad \text{(e.4)}$$

mit: $\dfrac{\varepsilon_{sm}}{\varepsilon_{sr,2}} = \alpha_s = \dfrac{\Delta\varepsilon_{pm}}{\varepsilon_{pr,2}} = \alpha_p = \alpha$

Der Bezugswert α, aus dem Verhältnis der mittleren Dehnungen zu den Dehnungen im Riß, ist für den Betonstahl und den Spannstahl gleich, da im jeweiligen Eintragungsbereich ein affiner Verlauf beider Arten der Dehnungen angenommen werden kann.

Mit $E_s = E_p$ und $w_s = w_p$ erhält man:

$$2 \cdot l_{t,s} \cdot \alpha \cdot \sigma_{sr,2} = 2 \cdot l_{t,p} \cdot \alpha \cdot \sigma_{pr,2}$$

$$\frac{\sigma_{sr,2}}{\Delta\sigma_{pr,2}} = \frac{l_{t,p}}{l_{t,s}} \quad \text{(e.5)}$$

d.h. im Zustand der Erstrißbildung verhält sich die Spannung im Betonstahl zur Zusatzspannung im Spannstahl wie die reziproken zugehörigen Eintragungslängen der Stahlzugkraft.

Zustand des abgeschlossenen Rißbildes

Beim abgeschlossenen Rißbild ist die Eintragungslänge durch den halben Rißabstand vorgegeben und für Betonstahl und Spannstahl gleich lang. Der Ableitung der Gleichung (e.5) entnimmt man, daß die mittlere Dehnung (Spannung) im Betonstahl gleich der mittleren Zusatzdehnung (Zusatzspannung) im Spannstahl ist.

$$\varepsilon_{sm} = \Delta\varepsilon_{pm} \leftrightarrow \sigma_{sm} = \Delta\sigma_{pm} \quad \text{(e.6)}$$

In der Mitte zwischen zwei Rissen liegt derjenige Punkt, in dem durch die Wiedereinleitung der Stahlzugkraft gerade die Zugfestigkeit des Betons erreicht wird. Die Wiedereinleitung erfolgt über Verbund entlang der Einleitungslänge l_t. Die Stahlzugkraft sinkt um den Wert der wieder aufgebauten Betonzugkraft zwischen den Rissen ab, entsprechend vermindert sich die Stahlspannung um eine Differenz der Spannungen im Riß zur Mitte des Rißabstandes. Sie läßt sich wie folgt anschreiben:

$$\sigma_{sm} = \sigma_{s,2} - \alpha(\sigma_{s,2} - \sigma_{s,1}) \quad \text{(e.7)}$$

$$\Delta\sigma_{pm} = \Delta\sigma_{p,2} - \alpha(\Delta\sigma_{p,2} - \Delta\sigma_{p,1}) \quad \text{(e.8)}$$

Der Faktor α beschreibt wieder den Wirksamkeitsgrad für die über Verbund eingeleiteten Betonzugspannungen. Bei der Dehnungsbetrachtung zur Erstrißbildung war

$\alpha = \dfrac{\varepsilon_{sm}}{\varepsilon_{sr}}$, für die Spannungsbetrachung muß man setzen $\alpha = \dfrac{\sigma_{cm}}{f_{ct}}$

Die vorstehenden Spannungsdifferenzen lassen sich aus der Verträglichkeitsbedingung für die Stahlzugkraft im Riß deuten:

$$Z_R^{II} = Z_s^{I} + Z^{u}$$

mit: Z_s^{I} vergleichbarer Zugkraftanteil nach Zustand I
Z^{u} Zugkraftanteil der Betonfläche zwischen den Rissen

Es ergibt sich für die Spannung im Betonstahl:

$$A_s \cdot \sigma_{s,2} = A_s \cdot \sigma_{s,1} + \frac{1}{2} s_r \cdot \tau_{sm} \cdot \pi \cdot d$$

$$(\sigma_{s,2} - \sigma_{s,1}) = 2 \cdot s_r \cdot \frac{\tau_{sm}}{d_s}$$

(e.9)

Für den Spannungszuwachs im Spannstahl ergibt sich entsprechend:

$$(\Delta\sigma_{p,2} - \Delta\sigma_{p,1}) = 2 \cdot s_r \frac{\tau_{pm}}{d_p}$$

(e.10)

Durch Einsetzen der vorstehenden Rechenbeziehungen in die entsprechenden Gleichungen (e.7) und (e.8) und Gleichsetzen derselben ergibt sich:

$$\sigma_{sm} - 2 \cdot \alpha \cdot s_r \frac{\tau_{sm}}{d_s} = \Delta\sigma_{pm} - 2 \cdot \alpha \cdot s_r \frac{\tau_{pm}}{d_p}$$

$$\sigma_{sm} - \Delta\sigma_{pm} = 2 \cdot \alpha \cdot s_r \left[\frac{\tau_{sm}}{d_s} - \frac{\tau_{pm}}{d_p}\right]$$

(e.11)

Umformung mit Hilfe des Faktors $\xi_1 = \sqrt{\dfrac{\tau_{pm}}{\tau_{sm}} \dfrac{d_s}{d_p}}$ nach Gleichung 5.3.6(15):

- Für die Ermittlung der mittleren Stahlspannung:

$$\sigma_{sm} - \Delta\sigma_{pm} = 2 \cdot \alpha \cdot s_r \frac{\tau_{sm}}{d_s} (1 - \xi_1^2)$$

(e.12)

- Für die Ermittlung des mittleren Spannungszuwachses im Spannstahl:

$$\sigma_{sm} - \Delta\sigma_{pm} = 2 \cdot \alpha \cdot s_r \frac{\tau_{pm}}{d_p} \left(\frac{1}{\xi_1^2} - 1\right)$$

(e.13)

Für den Rißabstand $s_r = s_{r,\max} = 2\, l_t$ gilt nach Gleichung 5.3.6(5)

$$s_r = 2 \cdot d_s \frac{f_{ct,eff}}{\tau_{sm} 4 \rho}$$

Hierin ist $\rho = \text{eff } \rho$ nach Gleichung 4.3.6(20), damit wird:

$$s_r = d_s \frac{f_{ct,eff}}{\tau_{sm} \cdot 2 \cdot \text{eff } \rho} \qquad \text{für den Betonstahl}$$

(e.14)

$$s_r = d_s \frac{f_{ct,eff}}{\tau \cdot 2 \cdot \text{eff } \rho} \qquad \text{für den Spannstahl}$$

(e.15)

Durch Einsetzen vorstehender Ausdrücke in die Gleichungen (e.12) und (e.13) gehen diese über in:

5.3 Bemessung der Betonbauteile

- Für die Ermittlung der mittleren Stahlspannung im Betonstahl:

$$\sigma_{sm} - \Delta\sigma_{pm} = \frac{\alpha \cdot f_{ct,eff}}{\text{eff } \rho} (1 - \xi_1^2) \qquad (e.16)$$

- Für die Ermittlung des mittleren Spannungszuwachses im Spannstahl:

$$\sigma_{sm} - \Delta\sigma_{pm} = \frac{\alpha \cdot f_{ct,eff}}{\text{eff } \rho} \left(\frac{1}{\xi_1^2} - 1\right) \qquad (e.17)$$

Für die Gesamtzugkraft in der Mitte zwischen zwei Rissen gilt

$$F_{cr} = A_s \cdot \sigma_{sm} - A_p \cdot \Delta\sigma_{pm} \qquad (e.18)$$

Es ergeben sich jeweils zwei Gleichungssysteme mit zwei Unbekannten:

- Für die Ermittlung der mittleren Stahlzugspannungen gelten die Gleichungen (e.16) und (e.18):

$$\sigma_{sm} - \Delta\sigma_{pm} = \frac{\alpha \cdot f_{ct,eff}}{\text{eff } \rho} (1 - \xi_1^2)$$

$$\underline{A_s \sigma_{sm} - A_p \Delta\sigma_{pm} = F_{cr}}$$

$$\sigma_{sm}(A_s + A_p) = F_{cr} + \frac{\alpha \cdot f_{ct,eff}}{\text{eff } \rho} A_p (1 - \xi_1^2)$$

$$\sigma_{sm} = \frac{F_{cr}}{A_s + A_p} + \frac{\alpha \cdot f_{ct,eff}}{\text{eff } \rho (A_s + A_p)} \left[A_p + A_s - (A_s + \xi_1^2 A_p)\right]$$

$$= \frac{F_{cr}}{A_s + A_p} + \frac{\alpha \cdot f_{ct,eff}(A_s + \xi_1^2 A_p)}{\underbrace{A_s + \xi_1^2 A_p}_{A_{ct}}} \left[\frac{1}{A_s + \xi_1^2 A_p} - \frac{1}{A_s + A_p}\right]$$

$$\sigma_{sm} = \frac{F_{cr}}{A_s + A_p} + \alpha \cdot f_{ct,eff} \left[\frac{1}{\dfrac{A_s + \xi_1^2 A_p}{A_{ct}}} - \frac{1}{\dfrac{A_s + A_p}{A_{ct}}}\right] \qquad (e.19)$$

- Für die Ermittlung des mittleren Spannungszuwachses im Spannstahl gelten die Gleichungen (e.17) und (e.18):

$$\sigma_{sm} - \Delta\sigma_{pm} = \frac{\sigma \cdot f_{ct,eff}}{\text{eff } \rho} \left(\frac{1}{\xi_1^2} - 1\right)$$

$$\underline{A_s \sigma_{sm} - A_p \Delta\sigma_{pm} = F_{cr}}$$

$$\Delta\sigma_{pm}(A_s + A_p) = F_{cr} + \frac{\alpha \cdot f_{ct,eff}}{\text{eff } \rho} A_s \left(1 - \frac{1}{\xi_1^2}\right)$$

$$\Delta\sigma_{pm} = \frac{F_{cr}}{A_s + A_p} + \frac{\alpha \cdot f_{ct,eff}}{\text{eff } \rho (A_s + A_p)} \left[A_s + A_p - \left(A_p + \frac{A_s}{\xi_1^2}\right)\right]$$

$$= \frac{F_{cr}}{A_s + A_p} + \frac{\alpha \cdot f_{ct,eff}(A_s + \xi_1^2 A_p)}{\underbrace{A_s + \xi_1^2 A_p}_{A_{ct}}} \left[\frac{1}{A_s + \xi_1^2 A_p} - \frac{1}{\xi_1^2(A_s + A_p)}\right]$$

$$\Delta\sigma_{pm} = \frac{F_{cr}}{A_s + A_p} + \alpha \cdot f_{ct,\text{eff}} \left[\frac{1}{\frac{A_s + \xi_1^2 A_p}{A_{ct}}} - \frac{1}{\frac{\xi_1^2 (A_s + A_p)}{A_{ct}}} \right] \quad \text{(e.20)}$$

In den Gleichungen (e.19) und (e.20) stellt der jeweils erste Ausdruck die Betonstahlspannung bzw. den Spannungszuwachs im Spannstahl im Zustand II dar. Nach dem DIN FB 102 wird $A_{ct} = A_{c,\text{eff}}$ gesetzt und entsprechend definiert. Der Faktor α ergibt sich unter der Annahme eines mittleren Rißabstandes von $s_r = 1{,}5 \, l_t$ für näherungsweise konstante Verbundspannungen zu α = 0,4. Unter Einbeziehung der Gleichungen 5.3.6(20) und 5.3.6(21) gilt dann:

- für die mittlere Stahlspannung im Betonstahl:

$$\sigma_{sm} = \sigma_s^{II} + 0{,}4 \cdot f_{ct,\text{eff}} \left[\frac{1}{\text{eff}\,\rho} - \frac{1}{\rho_{tot}} \right] \quad \text{(e.21)}$$

- für den mittleren Spannungszuwachs im Spannstahl:

$$\Delta\sigma_{pm} = \sigma_s^{II} + 0{,}4 \cdot f_{ct,\text{eff}} \left[\frac{1}{\text{eff}\,\rho} - \frac{1}{\xi_1^2 \cdot \rho_{tot}} \right] \quad \text{(e.22)}$$

5.3.6.5 Verformungen von Tragwerken

a) Anforderungsprofil

Im Grenzzustand der Verformungen sind Durchbiegungen, Verdrehungen und horizontale Verschiebungen nachzuweisen.

Die Durchbiegungen sind getrennt für Bauzustände aus der maßgebenden Einwirkungskombination und für den Gebrauchszustand aus der quasi-ständigen Einwirkungskombination zu errechnen. Die Baustoffeigenschaften und die Vorspannung sind dabei als Mittelwerte anzunehmen. Gleiches gilt für Verdrehungen und horizontale Verschiebungen. Kriech- und Schwindeinflüsse und der Bemessungszustand I oder II sind zu berücksichtigen.

Zulässige Grenzwerte

- Für Eisenbahnbrücken gelten die Grenzwerte der zulässigen Verformungen nach Abschnitt 5.3.7.
- Für Straßen- und Fußwegbrücken müssen geeignete Grenzwerte vom Bauherrn festgelegt werden.
- Für Brücken im Bauzustand soll zur Vermeidung der Rißbildung im jungen Beton die Durchbiegung der tragenden Teile des Lehrgerüstes oder der Schalung begrenzt werden auf:

$$v = \frac{L + 40}{2000} \quad \text{5.3.6(30)}$$

mit: L Spannweite in m

Dieser Wert kann auf $L/300$ verringert werden, wenn die Rißbildung während des Betoniervorganges beschränkt wird.

b) Berechnung von Durchbiegungen

Das Durchbiegungsverhalten von Betonbauwerken im gerissenen Zustand stellt sich anders ein, als bei solchen, die ungerissen sind, es muß daher bei den Durchbiegungsberechnungen zwischen diesen Zuständen unterschieden werden. Bei vorgespannten Bauwerken sind die

5.3 Bemessung der Betonbauteile

nach den Kategorien A, B oder C, gemäß Tabelle 5.26, bemessenen Tragwerke für die Durchbiegungsberechnungen als ungerissen, andere Tragwerke als gerissen zu betrachten. Bei nicht vorgespannten Bauwerken wird die Grenze beim Erreichen des unteren Fraktilwertes der Zugfestigkeit des Betons $f_{ctk;0,05}$ mit der charakteristischen Einwirkungskombination angesetzt.

Die Durchbiegungsberechnungen müssen mit einem Elastizitätsmodul durchgeführt werden, der dem tatsächlichen Alter des Betons entspricht. Für die üblichen Anforderungen kann dieser mit dem Ansatz des Sekantenmoduls nach Gleichung 5.3.1(9)

$$E_{cm} = E_{c(28)} = 9500\,(f_{ck}+8)^{1/3} \; [\text{N/mm}^2]$$

für $f_{ck} = f_{c(t)}$ ermittelt werden. Die Zeitfestigkeit des Betons über die 28-Tage-Festigkeit hinaus kann man dabei zweckmäßigerweise nach Erfahrungswerten abschätzen, wobei als oberer Grenzwert der zugehörige Tangentenmodul

$$E_{c(T)} = 1{,}1\, E_{cm} \qquad 5.3.6(31)$$

als Leitwert dienen kann. Für die Berechnung der Einflüsse aus dem Kriechen des Betons wird ein Elastizitätsmodul des jungen Betons benötigt, hierfür gilt:

$$E_c(t_0) = \beta_E(t_0) \cdot E_{c(28)} \qquad 5.3.6(32)$$

mit: $\beta_E(t_0) = \sqrt{\beta_{cc}(t_0)}$ \hfill 5.3.6(33)

$$\beta_{cc}(t_0) = e^{\exp}; \qquad 6.3.6(34)$$

mit: $\exp = \left\{ s\left[1 - \sqrt{\dfrac{28}{t_0/t_1}}\right]\right\}$ $s = 0{,}20$ für schnell erhärtende hochfeste Zemente
   $ = 0{,}25$ für schnell erhärtende normalfeste Zemente
   $ = 0{,}38$ für langsam erhärtende Zemente
   t_1 Bezugszeit: $t_1 = 1$ Tag
   t_0 Zeitpunkt der Erstbelastung des Betons in Tagen

Bauwerke im ungerissenen Zustand (I)

Die Ermittlung der Durchbiegung kann nach dem Arbeitssatz erfolgen:

$$v = \int M\bar{M}\,ds$$

mit: M Biegemoment des Tragwerksystems
   $\bar{M}$ Biegemoment des virtuellen Belastungssystems $\bar{X} = 1$

Bauwerke im gerissenen Zustand (II)

Die Durchbiegung kann aus der Krümmung der Biegelinie durch eine numerische Doppelintegration unter Beachtung der Randbedingungen ermittelt werden. Als Randbedingungen dienen ausgezeichnete Werte der Krümmung und der Durchbiegung an den Lagerpunkten

$$v = \iint \left(\dfrac{1}{r}\right) ds\,ds + c_1 s + c_2$$

Bauwerke, bei denen Risse zu erwarten sind, verhalten sich so, als ob sie zwischen dem ungerissenen und dem vollständig gerissenen Zustand liegen, für überwiegend auf Biegung beanspruchte Bauteile wird ein entsprechendes Verhalten für die Krümmung in einem Punkt des Tragwerkes als Mittelwert durch die folgende Gleichung beschrieben (DIN FB 102, Gleichung A 4.1).

$$\left(\dfrac{1}{r}\right)_m = \zeta\left(\dfrac{1}{r}\right)_{II} + (1-\zeta)\left(\dfrac{1}{r}\right)_I \qquad 5.3.6(35)$$

mit: $\left(\dfrac{1}{r}\right)_I$; $\left(\dfrac{1}{r}\right)_{II}$ entsprechende Werte der Krümmung im Zustand I bzw. II

Für den Verteilungswert ζ gilt:

– ungerissen: $\zeta = 0$

– gerissen: $\zeta = 1 - \beta_1 \beta_2 \left(\dfrac{\sigma_{sr}}{\sigma_s}\right)^2$ \hfill 5.3.6(36)

β_1 Beiwert zur Berücksichtigung der Verbundeigenschaften des Betonstahles
  = 1,0 für Rippenstahl
  = 0,5 für glatten Betonstahl

β_2 Beiwert zur Berücksichtigung der Belastungsdauer oder wiederholter Belastung
  = 1,0 für eine einzelne kurzzeitige Belastung
  = 0,5 für Dauerbelastung oder Lastwiederholungen

σ_s Spannung in der Zugbewehrung im Zustand II

$$\sigma_s = \dfrac{M_{\text{quasi-ständig}}}{A_s \cdot z}$$

$\sigma_{s,r}$ Spannung in der Zugbewehrung im gerissenen Querschnitt bei Erstrißbildung

$$\sigma_{s,r} = \dfrac{M_{cr}}{A_s \cdot z} \quad \text{mit } M_{cr} = f_{ctm} \cdot W_c$$

Die Krümmung im ungerissenen Zustand ergibt sich zu:

$$\left(\dfrac{1}{r}\right)_I = \dfrac{M_{\text{quasi-ständig}}}{E \cdot I_{(I)}} \quad \text{mit } I_{(I)} = b_w \cdot h^3/12 \hfill 5.3.6(37)$$

Die Krümmung im gerissenen Zustand ergibt als bezogene Winkeländerung:

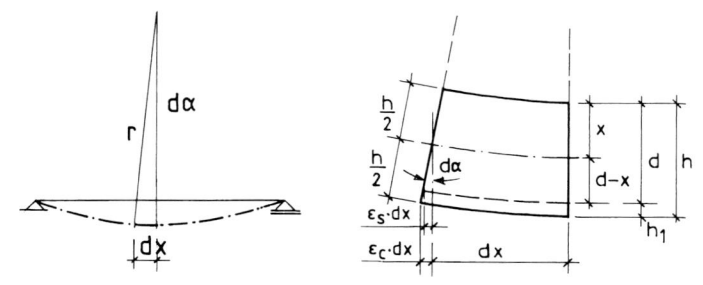

Bild 5.139
Verformung am Element dx infolge Durchbiegung

Winkeländerung: $d\alpha = \dfrac{\varepsilon_c \cdot d_x}{\dfrac{h}{2}} = \dfrac{\varepsilon_s \cdot d_x}{d - x}$

Krümmung: $\left(\dfrac{1}{r}\right)_{II} = \dfrac{d\alpha}{dx} = \dfrac{\varepsilon_s}{d - x}$ \hfill 5.3.6(38)

5.3 Bemessung der Betonbauteile

Bezüglich des Einflusses des Kriechens und Schwindens gelten folgende Regelungen:

- Einfluß des Kriechens:

Der Einfluß des Kriechens auf die Durchbiegung wird durch einen wirksamen Elastizitätsmodul sowohl im gerissenen als auch im ungerissenen Zustand berücksichtigt:

$$E_{c,\text{eff}} = \frac{E_{cm}}{(1 + \varphi(t, t_0))} \qquad 5.3.6(39)$$

mit: $\varphi_{(t,t0)}$ Kriechzahl nach Tabelle 5.19

- Einfluß des Schwindens:

Der Einfluß von Schwindkrümmungen auf die Durchbiegung ist nach folgender Gleichung abzuschätzen:

$$\left(\frac{1}{r}\right)_{cs} = \frac{\varepsilon_{cs} \cdot \alpha_e \cdot S}{I} \qquad 5.3.6(40)$$

Hierin bedeuten:

ε_{cs} freie Schwinddehnung nach Tabelle 5.18
S Statisches Moment der Bewehrung
   – im ungerissenen Zustand bezogen auf die Schwerachse des Querschnittes
   $S_{(I)} = A_s (h_u - d_1)$
   – im vollständig gerissenen Zustand bezogen auf die Dehnungsnullinie
   $S_{(II)} = A_s (d - x)$
I Trägheitsmoment des Querschnittes

$$I_{(I)} = \frac{b_w \cdot h^3}{12} \quad \text{bzw.} \quad I_{(II)} = k_{II} \frac{b_w \cdot d}{12}$$

wenn es sich um einen Rechteckquerschnitt handelt

$\alpha_e = E_s / E_{c,\text{eff}}$, Verhältnis der Elastizitätsmoduli

Der Verformungsbeiwert k_{II} kann als Reziprokwert dem Bild 11.1 des Heftes 425, DAfStb in Abhängigkeit vom modifizierten Bewehrungsgrad $\alpha_e \cdot \rho$ oder [93] entnommen werden.

Die gesamte mögliche Krümmung ergibt sich dann zu:

$$\left(\frac{1}{r}\right)_{tot} = \zeta \left(\frac{1}{r}\right)_{II} + (1 - \zeta) \left(\frac{1}{r}\right)_{I} + \left(\frac{1}{r}\right)_{cs} \qquad 5.3.6(41)$$

Mit Hilfe dieser, in mehreren Schnitten über die Bauteillänge ermittelten, Werte wird die Durchbiegung als Doppelintegration gewonnen, z. B. durch die Anwendung der *Simpsonregel*:

$$\left(\frac{1}{r}\right) = \frac{M}{E \cdot I}; \quad \text{mit } \Delta l = l/4 \triangleq \text{gerader Anzahl bis Balkenmitte}$$

$$\Delta s_m = \frac{\Delta l}{3} \left[1 \cdot \left(\frac{1}{r}\right)_0 + 4 \cdot \left(\frac{1}{r}\right)_v + 1 \cdot \left(\frac{1}{r}\right)_m \right]$$

$$v_m = \sum_0^{l/2} c_{1,n'} \cdot \Delta l = \frac{\Delta l}{3} \left[1 \cdot c_{1,0} + 4 \cdot c_{1,v} + 1 \cdot c_{1,m} \right] \qquad 5.3.6(42)$$

Man vergleiche die Bezeichnungen mit Bild 5.140.

Bild 5.140
Krümmung, Krümmungsteigung und Durchbiegung

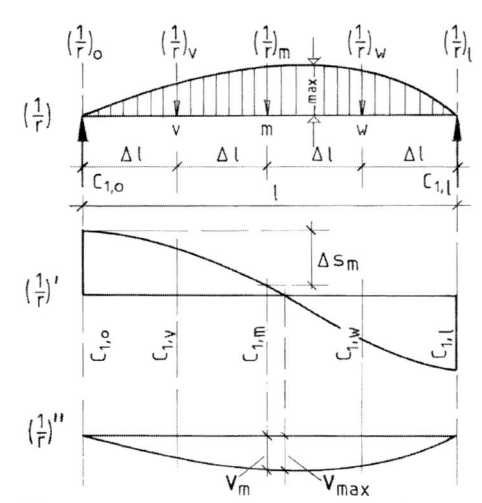

$$\text{es sei } c_{1,0} < c_{1,l}$$

$$c_{1,0} = \sum_{0}^{f'=0} \left(\frac{1}{r}\right) \Delta l$$

$$c_{1,v} = c_{1,0} - \sum_{0}^{v} \left(\frac{1}{r}\right) \Delta l$$

$$c_{1,m} = c_{1,0} - \sum_{0}^{m} \left(\frac{1}{r}\right) \Delta l$$

$$= c_{1,0} - \Delta s_m$$

$$c_{1,l} = c_{1,0} - \sum_{0}^{l} \left(\frac{1}{r}\right) \Delta l$$

Die Differenz zwischen den Werten v_m und max v ist von vernachlässigbarer Größenordnung.

Einfacher liegen die Verhältnisse bei Symmetrie von Krümmung (Moment) und System. Bei Lage der maximalen Krümmung in der Feldmitte gilt:

- Bei parabelförmigem Verlauf des Momentes:

$$c_{1,0} = c_{1,l} = \frac{1}{3} \cdot l \cdot \max\left(\frac{1}{r}\right)$$

$$v_m = v_{\max} = \frac{1}{3} \cdot l \cdot \max\left(\frac{1}{r}\right) \cdot \frac{2}{3} \cdot \frac{l}{2} = \frac{1}{9} \cdot l^2 \cdot \max\left(\frac{1}{r}\right)$$

- Bei sinusförmigem Verlauf des Momentes:

$$c_{1,0} = c_{1,l} = \frac{1}{\pi} \cdot l \cdot \max\left(\frac{1}{r}\right)$$

$$v_m = v_{\max} = \frac{1}{\pi} \cdot l \cdot \max\left(\frac{1}{r}\right) \cdot \frac{2}{\pi} \cdot \frac{l}{2} = \frac{1}{9{,}87} \cdot l^2 \cdot \max\left(\frac{1}{r}\right)$$

- Allgemein: $\quad v_{\max} = k \cdot l^2 \cdot \max\left(\frac{1}{r}\right)$ 　　　　　　　　　　　　　5.3.6(43)

    mit: $k = 0{,}106$ als Mittelwert

Weitere, im Brückenbau mögliche Fälle der Momentenverteilung sind in Tabelle 5.31 zusammengestellt, sie wurden der Tabelle 11.1 des Heftes 425 DAfStb entnommen. Bei dem trapezförmigen Verlauf handelt es sich um eine Momentengrenzlinie mit einem Anstieg von $\alpha \cdot l$ für:

$$\left.\begin{array}{l}\alpha = 0{,}25 \text{ bei Platten}\\ \alpha = 0{,}15 \text{ bei Balken}\end{array}\right\} \text{ mit } k = 0{,}125 - \frac{\alpha^2}{6} \quad \text{nach Heft 425 DAfStb}$$

5.3 Bemessung der Betonbauteile

Tabelle 5.31
Beiwert *k* in Abhängigkeit von der Momentenverteilung

	1	2	3	4	5	6
M	▭▭▭▭	◡◡◡	Platte ◟▭▭◞	Balken ◟▭▭◞	◢▽◣	◥▽
k	0,125	0,106	0,115	0,121	0,083	0,0625

5.3.6.6 Schwingungsbeanspruchung der Tragwerke

Im *Grenzzustand der Schwingung* sind die dynamischen Einwirkungen der Vertikallasten infolge Straßenverkehrs, Eisenbahnbetriebes und Fußgängerbelastung auf die Gebrauchstauglichkeit der Bauwerke zu untersuchen. Die Untersuchungen erstrecken sich auf das ganze Bauwerk oder auf einzelne schlanke Bauwerksteile.

Bei *Straßenbrücken* gelten die dynamischen Einwirkungen der Verkehrslasten durch den dynamischen Faktor als berücksichtigt. Dieser tritt nicht explizit auf, sondern ist in die Größe der charakteristischen Werte der Verkehrslasten mit eingearbeitet.

Für *Eisenbahnbrücken* sind die dynamischen Einwirkungen der Verkehrslasten durch den dynamischen Beiwert Φ (Schwingbeiwert) zu berücksichtigen. Dieser Wert deckt die Einflüsse aus der Erhöhung der statischen Lasten infolge von Biegeschwingungen ab, nicht aber die der Resonanzerscheinungen, die nur über eine dynamische Analyse ermittelt werden können. Die hierfür vorzusehenden Berechnungswege sind im Kapitel 1, Abschnitt 1.4.3 dargestellt, man betrachte auch den folgenden Abschnitt 5.3.7.

Fußgänger- und Radwegbrücken unterliegen ebenfalls Schwingungsbeanspruchungen, da sie meist schlank, gelegentlich auch sehr schlank konstruiert werden. Diese Einwirkung kann die Sicherheitsvorstellungen der Nutzer beeinträchtigen, sie muß daher in zulässigen Grenzen gehalten werden. Im folgenden werden die Regelungen des DIN Fachberichtes 102, Abschnitt 4.4.4, wiedergegeben.

Als Kriterium zur Begrenzung der Schwingungsbeanspruchungen wird die vertikale Beschleunigung des Schwingungsvorganges herangezogen und folgender Grenzwert definiert:

$$\text{vorh } b_v \leq b_{\text{Grenz}} = 0{,}5 \sqrt{f_0} \quad [\text{m/s}^2] \qquad 5.3.6(44)$$

mit: f_0 erste Eigenfrequenz des Überbaues aus den einwirkenden Eigengewichtslasten, die unter der Annahme eines ungerissenen Querschnittes und des dynamischen Kurzzeitelastizitätsmodules zu berechnen ist.

Für die erste Eigenfrequenz sollten Werte im Bereich von 1,6 Hz bis 2,4 Hz vermieden, im Bereich von 2,5 Hz bis 4,5 Hz vorsichtshalber vermieden werden. Liegt der Wert der Eigenfrequenz über 5 Hz, darf davon ausgegangen werden, daß der Grenzzustand der Schwingung grundsätzlich eingehalten ist.

Die vertikale Beschleunigung ist unter der Einwirkung eines Fußgängers zu ermitteln, der sich mit konstanter Geschwindigkeit über das System fortbewegt. Ein Verfahren zur Ermittlung der Beschleunigung wurde in [83] für den Fall des Balkens auf zwei Stützen entwickelt:

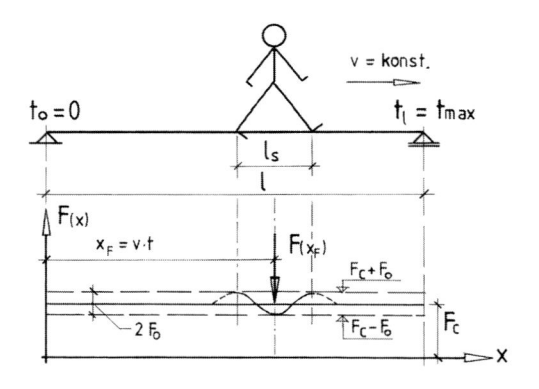

Bild 5.141 Einwirkung und Ersatzbelastung

Die schwingungserzeugende Einwirkung eines Fußgängers, der sich in einem gleichförmigen Bewegungszustand auf der Brücke befindet, wird durch eine bewegliche Einzellast simuliert, deren Größe sich aus einem konstanten und einem pulsierenden Anteil zusammensetzt. Es ist:

$$F(x_F) = F_c + F_0 \sin\left(\frac{2\pi}{l_s} \cdot x_F\right) \qquad 5.3.6(45)$$

mit: $x_F = v \cdot t$

Hierin ist:

F_c konstanter Lastanteil
F_0 Amplitude des pulsierenden Lastanteiles in [N]
l_s Schrittweite des Fußgängers in [m]
v Geschwindigkeit der Einzellast (Fußgänger) in [m/s]
t Zeit in [s]
  $t = 0$: Die Last steht am Anfang des Feldes
  $t = t_{max}$: Die Last erreicht das Ende des Feldes

Der konstante Lastanteil hat einen geringen Anteil an der Schwingungserzeugung, er wird vernachlässigt, somit verbleibt:

$$F_{(x_F)} = F_0 \sin\left(\frac{2\pi}{l_s} \cdot x_F\right)$$

Den zeitlichen Verlauf von F erhält man durch Einsetzen von $x_F = v \cdot t$

$$F_{(t)} = F_0 \sin\left(2 \cdot \pi \frac{v}{l_s} t\right)$$
$$= F_0 \sin(2 \cdot \pi \cdot f_F \cdot t)$$

mit: $f_F = \dfrac{v}{l_s}$ als Frequenz der Schwingungsanregung

Die stärkste Schwingungsanregung ergibt sich im Resonanzfall der ersten Eigenfrequenz f_0 des Systems, folglich:

$$f_F = f_0 \quad \text{bzw.} \quad \frac{v}{l_s} = f_0$$

Die endgültige Belastung lautet somit:

$$F_{(t)} = F_0 \, (l_s \cdot v) \sin(2 \cdot \pi \cdot f_0 \cdot t) \qquad 5.3.6(46)$$
$$v = l_s \cdot f_0 \qquad 5.3.6(47)$$

5.3 Bemessung der Betonbauteile

Die Geschwindigkeit v wird zur abhängigen Größe, der pulsierende Lastanteil F_0 wird in Abhängigkeit von l_s und v festgelegt, hierdurch kann die angenommene Belastung jeder Belastungsänderung angepaßt werden.

So gehen die Belastungsgleichungen für die Vorgaben des DIN FB 102 von

$$F_0 = 180 \text{ N} \quad \text{und} \quad l_s = 0,9 \text{ m}$$

über in die folgende Form:

$$F_{(t)} = 180 \sin(2 \cdot \pi \cdot f_0 \cdot t) \qquad 5.3.6(48)$$

$$v = 0,9 \cdot t \qquad 5.3.6(49)$$

Nach Ansätzen der FE-Methode wird über die Differentialgleichung der Biegelinie unter Berücksichtigung der Weg-Zeit-Funktion eine Näherungslösung für die auftretende maximale Beschleunigung hergeleitet:

Diese Lösung gilt unter folgenden Voraussetzungen:

- das System ist ungedämpft,
- das Tragwerk wird als schubstarrer Balken modelliert,
- die Rotationsträgheit der Querschnitte wird vernachlässigt,
- das Eigengewicht des Balkens wird vernachlässigt, da die hierdurch erzeugte statische Biegelinie zeitunabhängig ist und somit das Beschleunigungsverhalten des Balkens nicht beeinflußt.

Die Lösung ist nicht einheitenrein, es sind daher die nachstehend aufgeführten Einheiten zu verwenden:

$$[\text{N, m, s, Hz, kg}]$$

Die Näherungslösung lautet:

$$b_{\max} = 4 \frac{F_o}{\mu \cdot l_s} \quad [\text{m/s}^2] \qquad 5.3.6(50)$$

mit: F_0 Größe der Amplitude des pulsierenden Lastanteiles in [N]

$\mu = \int \rho \, dA$ als Massenbelegung des Querschnittes in [kg/m]

$$= \frac{G_k}{g} \left[\frac{\text{N}}{\text{m/s}^2} \right]$$

mit: G_k charakteristischer Wert des Eigengewichtes
 g Erdbeschleunigung

l_s Schrittweite des Fußgängers

Unter Ansatz der Vorgaben des DIN FB 102 mit $F_0 = 180$ N und $l_s = 0,90$ m geht die Formel über in den Ausdruck:

$$b_{\max} = \frac{800}{\mu} \quad [\text{m/s}^2] \qquad 5.3.6(51)$$

Zur Ermittlung des zulässigen Wertes der vertikalen Beschleunigung muß eine Rechenbeziehung für die erste Eigenfrequenz f_0 hergestellt werden:

Es ist: $$f_0 = \frac{\omega_0}{2\pi} \qquad 5.3.6(52)$$

$$\omega_0 = \sqrt{\frac{k}{m}} \quad \text{als Eigenkreisfrequenz} \qquad 5.3.6(53)$$

Hierin bedeutet:

$k = \dfrac{E \cdot I \cdot \pi^4}{2 \cdot l^3}$ der Steifigkeitsfaktor des Systems

$E\,[\text{N/m}^2]$, $I\,[\text{m}^4]$, $l\,[\text{m}]$

wenn erforderlich, kann das Geländer mit zur Ermittlung des Trägheitsmomentes herangezogen werden

m Für den Schwingungsvorgang maßgebende Masse

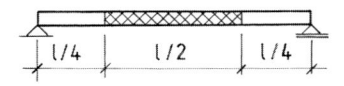

$= \dfrac{\mu \cdot l}{2}$ mit $\mu = \rho \int \mathrm{d}A\,[\text{kg/m}] = \dfrac{G_k}{g}$

Bild 5.142
Maßgebende Masse

Somit ergibt sich die erste Eigenfrequenz zu:

$$f_0 = \dfrac{1}{2\pi}\sqrt{\dfrac{E \cdot I \cdot \pi^4 \cdot 2}{2 \cdot l^3 \cdot \mu \cdot l}} = \dfrac{\pi}{2l^2}\sqrt{\dfrac{E \cdot I}{\mu}} \quad [\text{Hz}] \qquad 5.3.6(54)$$

Auch diese Beziehung ist nicht einheitenrein, es sind die vorstehend aufgeführten Einheiten zu verwenden, was im folgenden nachvollzogen wird:

$$1\,[\text{N}] \triangleq 1\left[\dfrac{\text{kg m}}{\text{s}^2}\right]$$

$$f_0\,[\text{Hz}] \triangleq \left[\dfrac{1}{\text{m}^2}\sqrt{\dfrac{\text{N} \cdot \text{m}^4 \cdot \text{m}}{\text{m}^2 \cdot \text{kg}}}\right] \triangleq \left[\dfrac{1}{\text{m}^2}\sqrt{\dfrac{\text{N} \cdot \text{m}^4 \cdot \text{m} \cdot \text{m}}{\text{m}^2 \cdot \text{N} \cdot \text{s}^2}}\right] \triangleq \left[\dfrac{1}{\text{s}}\right] \triangleq [\text{Hz}]$$

5.3.7 Grenzzustände der Verformungen und Schwingungen im Eisenbahnbrückenbau

Im Eisenbahnbrückenbau sind zusätzlich zum Grenzzustand der vertikalen Durchbiegung Grenzzustände der Verkehrssicherheit zu betrachten. Diese werden, da sie durch Verformungen verursacht werden, meist im Bereich der Gebrauchstauglichkeit angesiedelt, sie können aber ebenso Sicherheitskriterien sein, da sie die Einhaltung der Gleisstabilität und den Rad/Schiene-Kontakt sicherstellen. Übermäßige Verformungen können den Eisenbahnverkehr wegen der nicht hinnehmbaren Änderung der Gleisgeometrie und wegen übermäßiger Schwingungen des Tragwerkes gefährden. Dies kann die vorgesehenen Nutzlasten beeinflussen und zu Bedingungen führen, die in den Grenzzustand der Tragfähigkeit eingreifen.

Darüber hinaus führen übermäßige Verformungen in beiden Grenzzuständen zu einem Komfortverlust für die Reisenden. Hiermit wird die Gebrauchsfähigkeit angesprochen.

Die Grenzzustände der Verkehrssicherheit beurteilen die Auswirkungen durch:

– die vertikale Beschleunigung des Überbaues im Schwingungsprozeß,
– die Verwindung des Überbaues,

5.3 Bemessung der Betonbauteile

- den Endtangentenwinkel der Biegelinie des Überbaues,
- die Horizontalverformungen des Überbaues.

Im folgenden werden Grenzverformungen angegeben, die bei der Berechnung von neuen Brücken zu beachten sind. Die angegebenen Kriterien berücksichtigen, daß die Verformungen im elastischen Bereich des verwendeten Materiales bleiben und daß die Gleisunterhaltung einige Einwirkungen ausgleicht.

a) Grenzzustände der Verkehrssicherheit
Vertikale Beschleunigung des Überbaues

In der Weg-Zeit-Funktion $s = a(t)$ bildet die Beschleunigung $\ddot{a}(t)$ das hinreichende Kriterium für die Existenz eines Extremwertes, ihre Größe ergibt eine Aussage über die Krümmung der Ausgangsfunktion $s = a(t)$ und ist damit implizit ein Kriterium für die Größe der Auslenkung bzw. Amplitude im Schwingungsprozeß.

Aus diesem Grund wird beim Eisenbahnverkehr der Nachweis der vertikalen Beschleunigung des Überbaues im Schwingungsvorgang unter der Einwirkung von Betriebslastenzügen gefordert (entsprechend Anhang H des DIN FB 101).

Als zulässige Grenzwerte werden angesetzt:

0,35 g für Überbauten mit Schotterbett
0,50 g für Feste Fahrbahnen

jeweils für Schwingungen bis zu 20 Hz, mit $g = 9{,}81$ [m/s^2].

Wenn die Geschwindigkeit ≤ 220 km/h ist und die Biegeeigenfrequenz innerhalb der in Bild 1.20 angegebenen Grenzen liegt, besteht keine Gefahr einer übermäßigen Beschleunigung. Dennoch kann sie bei gewissen Werten der Durchbiegung auftreten. Es empfiehlt sich daher, die in Bild 5.145 angegebenen Grenzwerte der Durchbiegung einzuhalten.

Verwindung des Überbaues

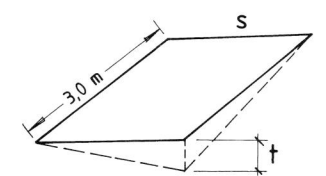

Bild 5.143
Verwindung des Überbaues

Die maximale, über eine Länge von 3,0 m gemessene, Verwindung des Überbaues darf die folgenden Werte nicht überschreiten:

$$V \leqq 120 \text{ km/h} \qquad t \leqq 4{,}5 \text{ mm}/3{,}0 \text{ m}$$
$$120 < V \leqq 220 \text{ km/h} \qquad t \leqq 3{,}0 \text{ mm}/3{,}0 \text{ m}$$
$$V > 220 \text{ km/h} \qquad t \leqq 1{,}5 \text{ mm}/3{,}0 \text{ m}$$

der Nachweis ist mit den charakteristischen Werten des Lastmodelles 71 zu führen, wenn diese mit dem dynamischen Faktor Φ multipliziert worden sind.

Endtangentenwinkel des Überbaues

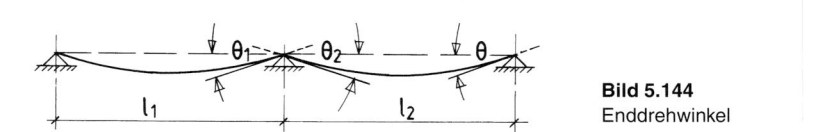

Bild 5.144 Enddrehwinkel

Der in Gleismitte gemessene Endtangentenwinkel θ der Biegelinie des Überbaues, ermittelt aus dem Lastfall

(Φ und α)-facher charakteristischer Wert des LM 71, ggf. SW/0, zuzüglich Temperaturunterschied

darf die folgenden Werte nicht überschreiten:

- Am Übergang zwischen Überbau und Bahndamm:

  $\theta = 6{,}5 \cdot 10^{-3}$ [rad]   eingleisige Brücke

  $\theta = 3{,}5 \cdot 10^{-3}$ [rad]   zweigleisige Brücke

- Zwischen zwei aufeinanderfolgenden Überbauten:

  $\theta_1 + \theta_2 = 10 \cdot 10^{-3}$ [rad]   eingleisige Brücke

  $\theta_1 + \theta_2 = 5 \cdot 10^{-3}$ [rad]   zweigleisige Brücke

Horizontalverformung des Überbaues

Es ist die ungünstige Horizontalverformung δ_H des Überbaues für die Summe der folgenden Einwirkungen zu bestimmen:

(Φ und α)-faches Lastmodell 71, ggf. SW/0, Wind, Seitenstoß, Zentrifugallasten und Temperaturunterschied zwischen den Außenseiten des Überbauquerschnittes.

Diese Horizontalverformung δ_H darf keine größere Winkeländerung und keinen kleineren Radius der horizontalen Biegelinie verursachen, als die angegebenen Richtwerte der Tabelle 5.32. Der Radius der horizontalen Biegelinie kann bestimmt werden zu:

$$R = \frac{L^2}{8 \cdot \delta_H}$$

Tabelle 5.32
Maximale Winkeländerung und minimaler Radius der horizontalen Biegelinie

Geschwindigkeits-bereich in km/m	Maximale Winkeländerung	Minimaler Radius der horizontalen Biegelinie	
		eingleisiger Überbau	mehrgleisiger Überbau
$V \leq 120$	0,0035 rad	1700 m	3500 m
$120 \leq V \leq 220$	0,0020 rad	6000 m	9500 m
$220 < V$	0,0015 rad	14000 m	17500 m

b) Grenzzustand der vertikalen Durchbiegung

Dieser Grenzzustand sichert den Fahrkomfort der Reisenden, er hängt von der vertikalen Beschleunigung b_v im fahrenden Zug und von der vertikalen Durchbiegung δ des Überbaues ab.

Fahrkomfort

Es werden drei verschiedene Fahrkomfortstufen klassifiziert:

Komfortstufe:	sehr gut	Vertikalbeschleunigung	$b_v = 1{,}0$ m/s²
	gut		$b_v = 1{,}3$ m/s²
	akzeptabel		$b_v = 2{,}0$ m/s²

Durchbiegungskriterien

Um die vertikale Beschleunigung b_v eines Zuges zu begrenzen, werden die zulässigen vertikalen Durchbiegungen δ angegeben in Abhängigkeit von:

- der Stützweite L [m],
- der Zuggeschwindigkeit V [km/h],
- der Anzahl der Felder der Brücke,
- vom System der Brücke (Einfeld- oder Durchlaufträger).

Die vertikalen Durchbiegungen δ sind in der Gleisachse mit dem Φ-fachen Lastmodell 71 zu ermitteln. Bei mehrgleisigen Brücken soll nur ein Gleis belastet werden.

Die Grenzwerte der Durchbiegungen sind als Verhältniswerte L/δ dem Diagramm im Bild 5.145 in Abhängigkeit von der Stützweite L und der Geschwindigkeit zu entnehmen.

Dieses Diagramm gilt:

- Für die Komfortstufe „sehr gut" mit $b_v = 1{,}0$ m/s².
  Liegen andere Komfortstufen vor, sind die Werte L/δ durch die zugehörige Beschleunigung b_v zu dividieren.

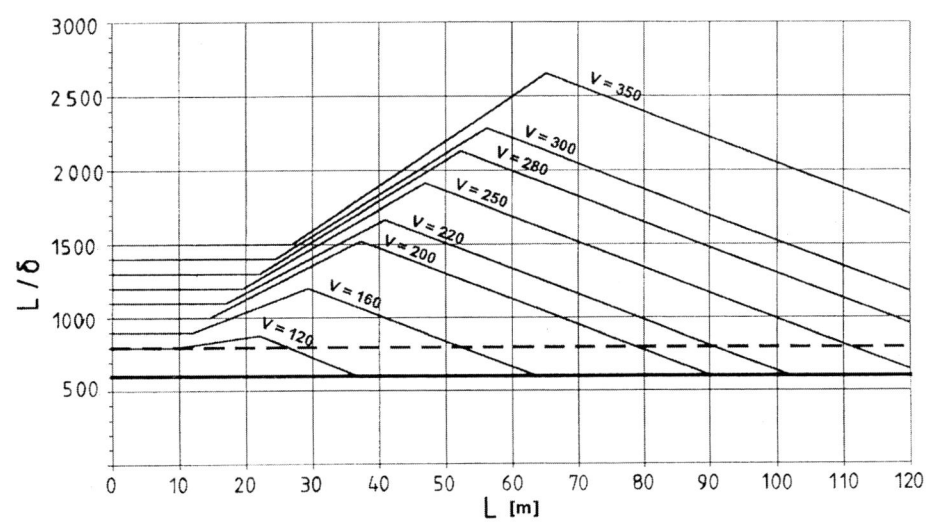

Bild 5.145
Maximal zulässige Durchbiegungen für Eisenbahnbrücken für Geschwindigkeiten V (km/h)

- Für Einfeldträgerketten mit drei oder mehr Feldern.
  Bei Systemen mit weniger Feldern sind die Werte L/δ mit dem Faktor 0,7 zu multiplizieren und zwar:
  – bei einem einzelnen Einfeldträger,
  – bei zwei hintereinanderliegenden Einfeldträgern,
  – bei einzelnen Durchlaufträgern über zwei Felder.

  Bei Durchlaufträgern über drei oder mehr Felder sind die Werte L/δ mit dem Faktor 0,9 zu multiplizieren.

Die unteren Grenzwerte des Diagrammes sind:

$L/600$ als minimal zulässiger Wert
$L/800$ für mehrgleisige Brücken mit Belastung auf nur einem Gleis.

Für Hilfsbrücken gilt im Eisenbahnbrückenbau als maximal zulässige Durchbiegung der Wert $\delta = L/500$.

5.3.8 Besondere Bemessungsprobleme

5.3.8.1 Einleitung der Vorspannkräfte

Vorspannung mit gleichzeitigem Verbund

Bei der Vorspannung mit gleichzeitigem Verbund sind folgende Begriffe zu unterscheiden:

- Übertragungslänge l_{bp}
  Bereich, in dem die Spannkraft (P_0) eines Spanngliedes voll auf den Beton übertragen wird.

- Eintragungslänge $l_{p,\text{eff}}$
  Bereich, in dem die Betonspannung allmählich in eine lineare Verteilung über den Querschnitt übergeht.

- Verankerungslänge l_{ba}
  Bereich, in dem die maximale Spanngliedkraft im Grenzzustand der Tragfähigkeit vollständig verankert ist.

Die Übertragungslänge l_{bp} ermittelt sich wie folgt:

$$l_{bp} = \alpha_1 \frac{A_p}{\pi d_p} \cdot \frac{\sigma_{pm0}}{f_{bp}} \qquad 5.3.8(1)$$

mit: α_1 = 1,0 bei stufenweiser Eintragung der Vorspannung
  = 1,2 bei schlagartigem Eintragen der Vorspannung

σ_{pm0} Spannung im Spannstahl nach der Spannkraftübertragung auf den Beton
f_{bp} konstante Verbundspannung vor dem Eintragen der Spannkraft

Die Eintragungslänge $l_{p,\text{eff}}$ ist für rechteckige Querschnitte festgelegt zu:

$$l_{p,\text{eff}} = \sqrt{l_{bpd}^2 + d^2} \qquad 5.3.8(2)$$

mit: l_{bpd} Bemessungswert der Eintragungslänge
  = $0{,}8 \cdot l_{pd}$ bzw. $1{,}2 \cdot l_{pd}$
  es gilt der ungünstige Wert für die betrachtete Wirkung

Die Verankerungslänge l_{ba} beträgt näherungsweise für die Spanngliedkraft von $F_{pd} = A_p \cdot f_{p;0,1k}$

$$l_{ba} = l_{bp} \frac{f_{p0,1k}}{\sigma_{pm,0}} \approx 1{,}2 \cdot l_{bp} \qquad 5.3.8(3)$$

Im Verankerungsbereich ist die aufnehmbare Kraft nachzuweisen, die an beliebiger Stelle x nach folgender Beziehung zu ermitteln ist:

$$F_{sd}(x) = \frac{M_{Ed}(x)}{z} + \frac{1}{2} V_{Ed}(x)(\cot\theta - \cot\alpha) \qquad 5.3.8(4)$$

mit: $M_{Ed}(x)$ Bemessungswert des aufzunehmenden Biegemomentes an der Stelle x
  $V_{Ed}(x)$ Bemessungswert der zugehörigen aufzunehmenden Querkraft an der Stelle x
  θ Druckstrebenneigungswinkel, für Bauteile ohne Querkraftbewehrung ist cot θ = 3,0 und cot α = 0
  α Neigungswinkel der Querkraftbewehrung

Vorspannung mit nachträglichem Verbund

Bei Spannbeton mit nachträglichem Verbund werden die Spannkräfte über eine kleine Teilfläche, die sogenannte Ankerplatte, in den Beton eingeleitet. Insofern entfällt hier die Übertragungslänge l_{bp}. Die aufnehmbaren Betondruckspannungen hinter der Auflagerplatte sind entsprechend der Zulassung des Spannverfahrens anzunehmen. Wie bei Teilflächenbelastungen üblich, entstehen hinter der Ankerplatte Querzug- oder Spaltzugkräfte und daraus resultierende Spaltzugspannungen σ_{sp}, die sich aus der Wirkung der Umlenkkräfte der Drucktrajektorien erklären. Die Zugspannungstrajektorien treten zentrisch an der Ankerplatte aus, fließen mit stetiger Krümmung auseinander, um dann nach einer bestimmten Länge wieder zentrisch in den Querschnitt einzufließen. Dadurch ergibt sich direkt hinter der Ankerplatte Querdruck, der aber bald in einen Querzug umschlägt. Dieser wächst auf einen Größtwert an und klingt im Einleitungsbereich wieder ab.

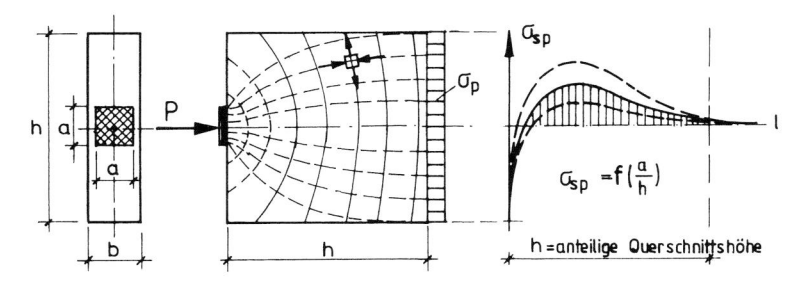

Bild 5.146
Spaltzugkräfte im Einleitungsbereich

Die Größe dieser Spaltzugspannungen bzw. Spaltzugkraft S_p ist vom Verhältnis a/d_0 der Teilflächenbelastung abhängig, in [20] findet man die Rechenbeziehung:

$$S_p = (0{,}25 - 0{,}33)\, P_0 \left(1 - \frac{a}{h}\right) \qquad 5.3.8(5)$$

mit: $P_0 = A_p \cdot f_{pk}$

da die charakteristische Zugfestigkeit des Spanngliedes bei Annahme der Vorspannwirkung im Verankerungsbereich anzusetzen ist.

Eine Bewehrung ergibt sich somit zu:

$$\text{erf } a_{s,sp} = S_p / f_{yd}$$

Die Spaltzugbewehrung kann aber auch dem Zulassungsbescheid des Spannverfahrens entnommen werden.

Wenn die Spannkraft über die Ankerplatte in den Beton eingeleitet ist, fließt sie im Einleitungsbereich $l_{p,\text{eff}}$ im Querschnitt auseinander, um sich gleichmäßig in ihm zu verteilen. Die Kräfte fließen zunächst in der vertikalen Ebene in den Steg ein, danach erfolgt ein Weiterfließen in horizontaler Ebene in die Gurte. Beim Auseinanderfließen der Kräfte treten aus Gleichgewichtsgründen quergerichtete Zug- oder Druckkräfte auf, die als Zug- oder Druckstreben in einem gedanklichen Stabwerkmodell wirken.

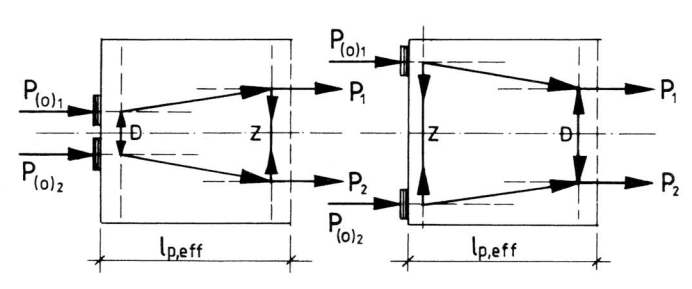

Bild 5.147
Stabwerkmodell der Krafteinleitung

Die Lage der sich aus der Spreizung ergebenden Zugkräfte, im folgenden Spreizkräfte genannt, ergibt sich an *der* Stelle des Stabwerkes, an der die Spreizung wieder zurückgeführt wird, d. h. beim Auseinanderfließen der Kräfte im letzten Drittel und beim Zusammenfließen im ersten Drittel der Eintragungslänge. Ihre Größe wird aus einem Krafteck ermittelt. Die Spreizkräfte werden um so größer, je steiler die Vorspannkräfte auseinanderfließen müssen, d. h. je kürzer der Einleitungsbereich gewählt wird. Sie müssen durch eine schlaffe Bewehrung gedeckt werden, mit:

$$\text{erf } a_{sz} = Z/f_{yd}$$

Die Bewehrung muß verankert sein, bei Bügelbewehrung sind geschlossene Bügelformen zu verwenden. Sie wird in dem betreffenden Drittel des Einleitungsbereiches verlegt, derart, daß ihr Schwerpunkt in etwa mit der Lage der Spreizkraft übereinstimmt.

Bei Brücken müssen die Spannkräfte an der Auflagerlinie voll eingeleitet sein, d. h. der Bereich der Eintragungslänge muß vom Auflager nach hinten in das Widerlager hinein entwickelt werden. Hierdurch können große Kammerbodenausladungen an der Widerlagerwand entstehen, die konstruktiv schwierig zu gestalten sind. Eine hinreichend große Eintragungslänge muß aber gewährleistet sein, sie ist vorhanden, wenn vom Ankerkörper ein Ausbreitwinkel oberhalb und unterhalb der resultierenden, im allgemeinen schräg verlaufenden, Spannlinie von jeweils

$$\beta = \text{arc tan } (2/3) \triangleq 33{,}7° \qquad 5.3.8(6)$$

angenommen wird. Vom Schnittpunkt dieser Ausbreitlinie mit der Schwerachse der Gurtscheibe beginnt dann die Ausbreitung in dieser. Bei Spannbeton mit nachträglichem Verbund hängt die Größe der Eintragungslänge von einem sinnvollen Kraftfluß beim Auseinanderfließen der Spannkräfte und von der ungehinderten Entfaltung der Spaltzugspannungen ab. Dieses ist gewährleistet bei einer Länge des Eintragungsbereiches von:

$$l_{p,\text{eff}} = (0{,}75 - 1{,}0)\, h \qquad 5.3.8(7)$$

5.3 Bemessung der Betonbauteile

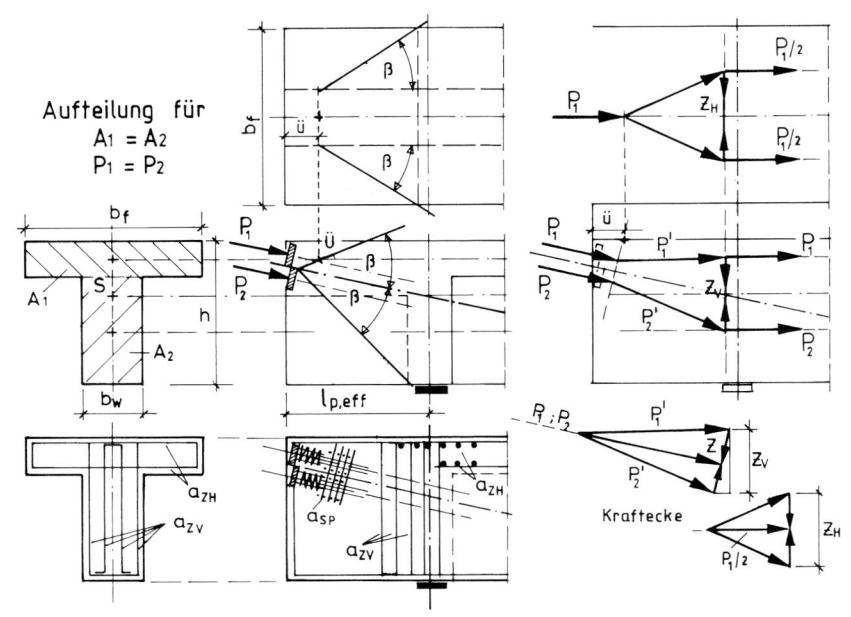

Bild 5.148
Kraftverlauf und Bemessungserfordernisse im Einleitungsbereich bei nachträglichem Verbund

Es empfiehlt sich, die Anordnung der Spannverankerungen so zu staffeln, daß eine eindeutige Aufteilung des Kraftflusses in den Steg und in die Gurtplatte möglich wird. Ein eindeutiger Kraftfluß ist immer dann vorhanden, wenn die für das betreffende Querschnittsteil vorgesehenen Kräfte auf dem kürzesten Weg in dieses einfließen können.

Im Einleitungsbereich der Spannkräfte ergeben sich folgende Bewehrungserfordernisse:

- Bewehrung zur Aufnahme der Spaltzugkräfte je Spannstrang.
- Bewehrung zur Aufnahme der Spreizkräfte, die beim Auseinanderfließen der Spannkräfte entstehen.
- Konstruktive Bewehrungserfordernisse:
  – Oberflächenbewehrung in zwei Richtungen als Mindestbewehrung,
  – Bügelbewehrung im Bereich außerhalb der Spreizzone,
  – Bewehrung zur Aufnahme der Spaltzugkräfte aus der Lagerkraft, als horizontale Bügelbewehrung, wenn eine Überschneidung mit einem Lagerbereich vorliegt.

Vorspannung ohne Verbund

Bei der Vorspannung ohne Verbund liegen die Verhältnisse ähnlich, wie beim nachträglichen Verbund, nur daß die Vorspannkraft jetzt eine äußere Kraft darstellt. Diese kann nur über die Ankerplatte eingetragen werden, die Verbundreserve fehlt. Die Spannkraft ist daher nur dann eingetragen, wenn sie mindestens gleich der aufnehmbaren Betondruckkraft für Teilflächenbelastung ist, also:

$$\text{vorh } P_0 \leq F_{Rd,u}$$

mit: $F_{Rd,u}$ aufnehmbare Betondruckkraft bei Teilflächenbelastung

Im Teilflächenbereich ist eine gegenüber der Bemessung erhöhte Betonbeanspruchung zulässig, sofern sich ein räumlicher Spannungszustand einstellen kann. Die aufnehmbare Teilflächenlast des Betons beträgt (Ansatz nach DIN 1045-1):

$$F_{Rd,u} = A_{c0} \cdot f_{cd} \sqrt{\frac{A_{c1}}{A_{c0}}} \leq 3{,}0 \cdot f_{cd} \cdot A_{c0} \qquad 5.3.8(8)$$

Hierin bedeuten:

A_{c0} die Lasteintragungsfläche (Ankerplatte)
A_{c1} eine rechnerische Verteilungsfläche am Ende der Einleitungszone

Für die Fläche A_{c1} gelten folgende Zusammenhänge:

- Der Schwerpunkt der Fläche A_{c1} muß in der Belastungsrichtung in der gleichen Ebene liegen, wie derjenige der Fläche A_{c0}.
- Die Abmessungen der Fläche A_{c1} können höchstens gleich dem dreifachen Betrag der zugehörigen Werte der Eintragungsfläche sein.
- Die Fläche A_{c1} muß innerhalb der übertragenen Fläche A_c liegen; das bedeutet, daß die Größe von A_{c1} bei exzentrischer Lage der Eintragungsfläche A_{c0} durch die maximal in das Bauteil einschreibbaren Fläche festgelegt ist. Bei zentrischer Lage von A_{c0} entspricht die Größe von A_{c1} der von A_c unter Berücksichtigung geometrischer Abweichungen.

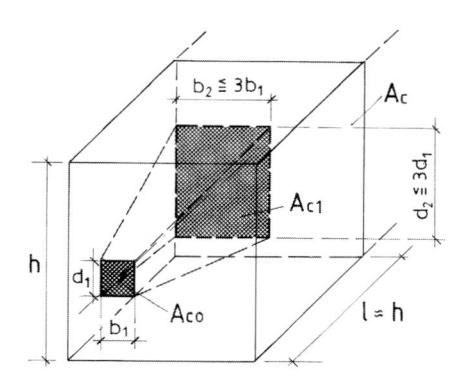

Bild 5.149
Teilflächenbelastung bei der Krafteinleitung

Das weitere „Procedere" ist wie bei nachträglichem Verbund durchzuführen, die Spreizkräfte sind über ein geeignetes Stabwerkmodell nachzuweisen. Bei der externen Vorspannung müssen die Spannkräfte „über Eck" eingeleitet werden, d.h. es wird ein räumliches Stabwerkmodell wirksam.

5.3.8.2 Koppelfugen

Ausbildung der Koppelfugen

Bei der Herstellung eines Hauptträgers als Durchlaufträger muß man sich bestimmter Bauverfahren bedienen, die im Kapitel 4 genauer erläutert wurden. Allen Bauverfahren gemeinsam ist die Herstellung des Überbaues in Teilabschnitten mit abschnittsweiser Einleitung der Spannkräfte, d.h. der jeweils neue Abschnitt wird gegen den alten vorangegangenen gespannt. An der Nahtstelle beider Abschnitte müssen die Spannglieder daher über eine geeignete Vor-

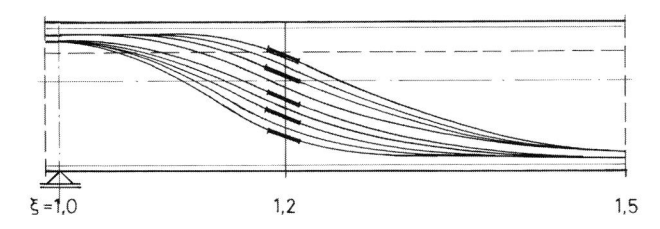

Bild 5.150
Koppelstoßausbildung

richtung miteinander verbunden sein, damit sie zur Erzielung einer kontinuierlichen Verbindung die Arbeitsfuge kreuzen können.

Die Vorrichtung nennt man den Koppelanker, er ist zur Hälfte im alten Bauabschnitt fest einbetoniert und dient bei der Herstellung dieses Abschnittes als Endverankerung. Die andere Hälfte liegt im neuen Abschnitt und überträgt die Spannkraft in diesen, wenn sie durch ein erneutes Anspannen aus dem Altteil wieder aktiviert wurde. Dieses ist der feste Koppelanker, daneben gibt es auch den beweglichen Anker, der in seiner Lage nicht an die Betonierfuge gebunden ist.

Die Koppelanker haben, wie auch die Endverankerungen, einen großen Platzbedarf, sie füllen daher oftmals nahezu die ganze Stegfläche aus. Das hat den Nachteil, daß eventuelle Zugkräfte im Querschnitt nicht mehr übertragen werden können. Aus diesem Grund mischt man heute den Kopplungsstoß derart, daß maximal 50 % der Spannglieder über feste Kopplungsanker und der Rest über bewegliche Anker gestoßen werden. Die beweglichen Anker liegen dann versetzt im neuen Abschnitt, die zugehörigen Spannglieder haben ihren Festpunkt meist an der vorangegangenen Koppelfuge. Hierbei sind für den Spannvorgang die unterschiedlichen Reibungsverluste zu beachten.

Diese Koppelfugen sind Arbeitsfugen, sie stellen daher eine Schwachstelle im Kontinuitätsverhalten des Hauptträgers dar. Schwachstellen im Betonbau zeichnen sich in der Regel durch eine Rißbildung aus, die das übliche Biegerißverhalten nach Zustand II übersteigt. Um diese Risse verhindern zu können, muß man Einblick nehmen in die besonderen Beanspruchungen dieser Fugen und ihrer Fähigkeiten, diesen zu widerstehen.

Rißverhalten an Koppelfugen

Sofern Risse an Koppelfugen aufgetreten sind, ergaben sich nach [88] typische Rißbildungen im Verlauf der Betonierfuge, also senkrecht zur Brückenachse. Bei Plattenbalken waren die Stege gerissen, bei Hohlkästen die Bodenplatte und die Stege bis zur Schwerachse. Neben dem Hauptriß zeigten sich in der Bodenplatte weitere Parallelrisse. Die Rißbreiten lagen dabei um Werte von 0,3 mm bis 2,0 mm. Für Stahlbeton im Zustand II bleiben Rißbreiten $\leq 0{,}3$ mm ungefährlich. Im Koppelfugenbereich ist aber zunächst vom Zustand I auszugehen, hier können Rißbreiten um 0,3 mm schon unzulässig hohe Schwingbreiten der Stahlspannungen verursachen, die wiederum die Ermüdungsfestigkeiten der Stähle herabsetzen.

Gelegentlich waren auch Schrägrisse im Steg im Verankerungsbereich des alten Bauabschnittes festgestellt worden, diese konnten aber im Wiederholungsfall durch eine stärkere Bügelbewehrung verhindert werden, somit waren sie auf nicht ausreichend gedeckte Spreizkräfte des Verankerungsbereiches des Altabschnittes zurückzuführen.

Grundsätzlich läßt sich feststellen, daß die Entwicklung der Risse von der Art der Bauverfahren abhängig ist. Das ausgeprägteste Rißbild zeigt sich in den Fällen, in denen der Überbau mit Hilfe eines Lehrgerüstes oder durch eine Vorschubrüstung hergestellt war. Die Koppelfuge liegt im Momentennullpunkt infolge Eigengewichtes, also theoretisch bei $0{,}2\,l$ am fertigen System. Bei der abschnittsweisen Herstellung des Überbaues stellt sich der endgültige Eigengewichtszustand aber erst allmählich ein, da die erforderlichen Verschiebungen und Verdrehungen der Lagerpunkte auch nur langsam der wachsenden Belastung folgen. So ergibt sich, daß die für den Koppelquerschnitt errechneten Momente ungenau sind und somit ein Mehr zur Rißbildung beitragen können. Auch kann das Lehrgerüst durch Rückfederung oder das Schalungsgerüst durch Dehnungsbehinderung an einer Rißbildung beteiligt sein.

Ganz anders liegen die Verhältnisse beim Taktschiebeverfahren, bei dem deutlich geringere Koppelfugenschäden beobachtet worden waren. Man vermutet die Gründe hierfür in der günstigeren Lage der Koppelfugen und in der für den Verschiebezustand erforderlichen zentrischen Anordnung der Spannbewehrung, als gerade Spannglieder in der Boden- und Fahrbahnplatte. Die zusätzlichen Biegespannglieder, die später eingezogen werden, laufen in der Koppelfuge durch. Von den zentrischen Spanngliedern wird etwa die Hälfte in der Fuge gekoppelt, somit sind die Fugenquerschnitte durch Ankerplatten nicht überlastet.

Bei der Freivorbauweise zeigten sich kaum Schäden. Hier handelt es sich aber um unechte Koppelfugen. Es sind Arbeitsfugen, in denen die Spannglieder endverankert werden. Lediglich die Arbeitsfugen im Bereich des Momentennullpunktes waren gefährdet.

Die Bemessung einer Koppelfuge muß so ausgelegt sein, daß die vorstehend geschilderten Risse verhindert werden können. Im folgenden werden die Einwirkungen erläutert, um erkunden zu können, welche Maßnahmen für eine solche Bemessung zu treffen sind. Hierzu folgen wir den Ausführungen von *Kordina* [89] und *König* und *Giegold* [90], die darüber berichtet haben.

Einwirkungen an Koppelfugen

a) Nichtlinearer Spannungsverlauf im Kopplungsbereich

Beim Spannen des alten Bauabschnittes wird die Spannkraft über die feste Seite des Kopplungsankers eingetragen. Es entsteht ein Krafteinleitungsbereich mit einer nichtlinearen Spannungsverteilung und einer Scheibenverformung (Phase I). Der neue Bauabschnitt wird an den verformten Endbereich des Altabschnittes anbetoniert (Phase II) und nach dem Erhärten gespannt (Phase III). Damit wird die Ankerkraft im alten Abschnitt örtlich aufgehoben. Da die Be- und Entlastung des Altabschnittes an unterschiedlichen statischen Systemen erfolgte, verbleibt eine Eigenspannung σ_E an der Fuge zurück, die sich im Innern der Scheibe als Druckspannung und am Scheibenrand als Zugspannung ergibt. Die Wirkung dieser Eigenspannung erklärt sich aus der Aufhebung des elastischen Teiles der Scheibenverformung im Altabschnitt. Durch die Wirkung der Zugspannungen am Scheibenrand kann sich die Fuge an der Balkenaußenseite öffnen.

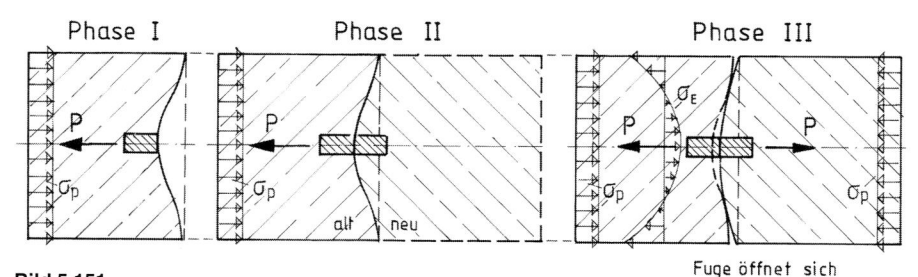

Bild 5.151
Spannungsverlauf im Koppelbereich

b) Temperaturbeanspruchungen

Temperaturbeanspruchungen führen zu Zusatzbeanspruchungen im Bereich von Koppelfugen, die ebenfalls zum Aufreißen des Fugenquerschnittes führen können. Die einwirkende Temperaturbeanspruchung läßt sich in zwei Anteile aufspalten, einen linearen und einen verbleibenden nicht linear begrenzten Anteil. Der lineare Anteil ruft in Kopplungssystemen (stat. unbest. Syst.) Zwangsbeanspruchungen hervor, der nicht lineare Anteil verursacht Eigenspannungen, die im Massivbrückenbau durch eine Mindestbewehrung abgedeckt werden.

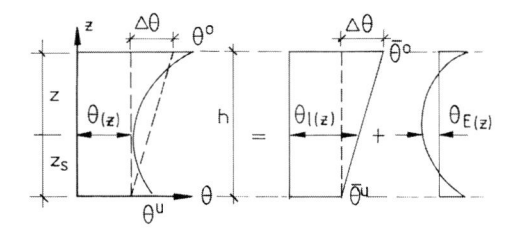

Bild 5.152
Temperaturverlauf über die Querschnittshöhe

Die Größe des Temperaturunterschiedes

$$\Delta \theta = \theta^o - \theta^u$$

ergibt sich nach dem Abschnitt 1.8 für ein Brückenbauwerk im Lastfall „Oberseite wärmer als Unterseite" im:

- Gebrauchs- oder Betriebszustand (R = 50 Jahre) für eine
  - Straßenbrücke mit einer Belagdicke von 8,0 cm

    Hohlkastenquerschnitt: $\Delta\theta = 8{,}2$ K
    Balken- oder Plattenquerschnitt: $\Delta\theta = 12{,}3$ K

  - Eisenbahnbrücke mit Schotterbett

    Hohlkastenquerschnitt: $\Delta\theta = 6{,}0$ K
    Balken- oder Plattenquerschnitt: $\Delta\theta = 9{,}0$ K

- Bauzustand (R = 2 Jahre) jeweils für beide Brückenarten

    Hohlkastenquerschnitt: $\Delta\theta = 12{,}0$ K
    Balken- oder Plattenquerschnitt: $\Delta\theta = 18{,}0$ K

Von den vorstehend aufgeführten Werten der Temperaturunterschiede ist der häufige Wert dem Koppelfugennachweis zugrunde zu legen.

c) Hydratationswärme

An der Koppelfuge entsteht ein weiteres Temperaturgefälle aus der Hydratationswärme, weil wegen der geringen Temperaturleitfähigkeit des Betons nur ein geringer Teil der Hydratationswärme von dem neuen Teil in den alten Teil abfließen kann. Außerdem kühlen die Stege und die Platte(n) wegen der unterschiedlichen Dicken verschieden ab. Durch die hierbei auftretenden Dehnungsbehinderungen entstehen Zwangsbeanspruchungen zum Zeitpunkt des Ausschalens. Die ungleich großen Elastizitätsmoduln beiderseits der Fuge – der E-Modul wächst mit dem Hydratisierungsvorgang – verhindern, daß diese Zwangsbeanspruchungen wieder auf Null zurückgehen.

d) Spannkraftverluste infolge von Kriechen, Schwinden und Relaxation

An Spanngliedkopplungen treten höhere Verluste an Spannkraft infolge von Kriechen und Schwinden auf als im Normalbereich. Die Ursache liegt im Querschnittswechsel vom Spannstahl zu den größeren Querschnitten der Kopplung, die in der Regel Schraubmuttern, Koppelbolzen oder sonstige zusätzliche Stahlteile enthalten. Im Übergang zur Kopplung entsteht ferner ein Steifigkeitssprung im Spannstrang. Am Querschnittssprung baut sich eine Differenzkraft auf, die sich auf den Beton absetzt und eine Scheibenbeanspruchung verursacht, ähnlich der eines Krafteinleitungsbereiches. Innerhalb der Störlage dieses Scheibenbereiches werden die Verluste ungünstig beeinflußt, es sollte daher darauf geachtet werden, daß

- die Länge der Kopplung minimiert wird,
- der Kopplungsquerschnitt so klein wie möglich gehalten wird.

Zur Fixierung der tatsächlichen Spannkraftverluste wurde ein Erhöhungsfaktor f festgelegt, der das Verhältnis der höheren Spannkraftverluste zum Verlust im ungestörten Spannglied darstellt. Dieser Faktor ist abhängig von der Kopplungsart: er kann für die bewegliche Kopplung (BK) und die feste Kopplung (FK) aus der Tabelle 5.33 entnommen werden. Außerdem muß er in jedem Zulassungsbescheid eines Kopplungsverfahrens enthalten sein.

Tabelle 5.33
Beiwert f für verschiedene Spannverfahren

Koppelart	Symbol	BK	FK
Koppelscheibe		1,5	2,0
Koppelspindel		2,0	2,5
Rohrmuffe		2,0	2,5
Mehrgliedrige Kopplung		3,5	4,0
Muffe kurz (≤ 25 cm)		1,5	2,0
Muffe lang		2,0	2,5
Klemmverankerung		2,5	3,0

e) Reibungsverhalten von Spanngliedern

Eine weitere Ursache der Abweichung des Istwertes der Vorspannkraft vom Sollwert in der Koppelfuge kann auch schon mal in der ungenauen Erfassung des ungewollten Teiles der Umlenkwinkel liegen. Flugrost, Maßtoleranzen der Verbindungsmittel der Stoßausbildungen und Lagerdauer der Einbauteile können schon Abweichungen von den Sollwerten der Zulassung verursachen. Es ist daher wichtig, daß beim Spannen Kontrollen eingebaut werden. Die wirksamste Kontrolle ist immer wieder der Vergleich der Sollwerte von Dehnweg und zugehöriger Pressenkraft.

5.3 Bemessung der Betonbauteile

Widerstände an Koppelfugen

a) Widerstand gegen Rißbildung

Betontechnologische Untersuchungen haben ergeben, daß die Biegezugfestigkeit $f_{ct,fl}$ des Betons eines Balkentragwerkes mit zunehmender Querschnittshöhe auf den Wert der mittleren Zugfestigkeit des Betons f_{ctm} abfällt. Nach dem Model Code 90 in der CEB-FIP Mustervorschrift gilt:

$$f_{ct,fl} = f_{ctm} \left[\frac{1 + \alpha_{fl} \left[\frac{h_b}{h_0}\right]^{0,7}}{\alpha_{fl} \left[\frac{h_b}{h_0}\right]^{0,7}} \right] \qquad 5.3.8(5)$$

mit: f_{ctm} Mittelwert der Betonzugfestigkeit
$\phantom{mit: f_{ctm}}\ = 0,30 \sqrt[3]{f_{ck}^2}$
$\alpha_{fl}\ = 1,50$
    ein Beiwert, der von der Bruchenergie des Betons abhängt. Die Bruchenergie ist ein bruchmechanischer Kennwert, der zur Beurteilung des Widerstandes von Beton gegen eine Zugbeanspruchung herangezogen wird [80]
h_b Höhe des Balkens in [mm]
$h_0\ = 100$ mm, ein Bezugswert

Damit hängt die Biegezugfestigkeit nicht nur von der Querschnittshöhe ab, sondern auch von den Parametern, die die Größe der Bruchenergie beeinflussen. Diese sind im wesentlichen die Betongüte und die Zuschlagkorngröße, im weitesten Sinne aber alle Faktoren, die die Herstellung eines Betones beeinflussen. *Hilsdorf* gibt in [80] das Verhältnis der Betondruckfestigkeit zur Biegezugfestigkeit in Abhängigkeit von der Druckfestigkeit an. Setzt man für die Druckfestigkeit den charakteristischen Wert der Zylinderdruckfestigkeit f_{ck} an, ergibt sich:

$$f_{ct,fl} = \frac{1}{k} \cdot f_{ck} \qquad 5.3.8(6)$$

mit: k Beiwert nach Bild 5.153

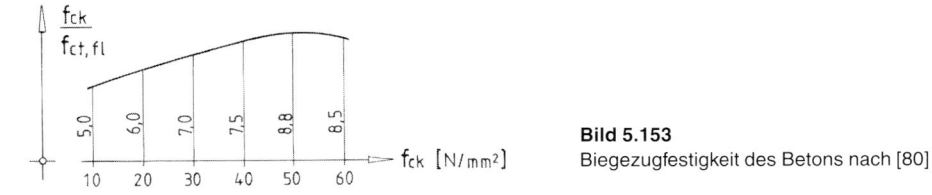

Bild 5.153 Biegezugfestigkeit des Betons nach [80]

Somit ergibt sich z. B. für einen Beton C 35/45 mit $f_{ctm} = 3,2$ N/mm²:

$$f_{ct,fl} = \frac{1}{7,25} \cdot 35 = 4,83 \text{ N/mm}^2 \quad \text{nach } \textit{Hilsdorf}$$

Nimmt man eine Balkenhöhe von $h = 1,50$ m an, so ergibt sich nach dem Model-Code MC 90:

$$f_{ct,fl} = 3,2 \frac{1 + 1,5\,(1,5)^{0,7}}{1,5\,(1,5)^{0,7}} = 3,2 \cdot 1,5 = 4,8 \text{ N/mm}^2$$

Im Vergleich zu diesen Werten besitzt eine Koppelfuge fast keine Festigkeit gegen Biegezug, der ermittelte Wert von 0,5 N/mm² ist so gering, daß er nicht in Ansatz gebracht werden kann. Die Ursache ist herstellungsbedingt zu sehen. Grobkornarme Fugenabschlüsse des Altteiles, die zudem oft nicht genügend rauh und verzahnt ausgebildet sind und unzureichend verdichtete Anschlußbereiche im neuen Teil, bedingt durch eine Anhäufung von Stahlteilen, lassen keine großen Biegezugfestigkeiten zu. Damit die evtl. hierdurch auftretenden Risse beschränkt bleiben, ist für eine ausreichende schlaffe Bewehrung zu sorgen.

b) Widerstand der Spanngliedkopplung gegen Dauerschwingbruch

Die Ermüdungsfestigkeit von Spanngliedkopplungen bzw. -verankerungen ist geringer als die der Spannstähle auf der freien Strecke. Die Ermüdungsfestigkeit wird als Dauerschwingfestigkeit ermittelt. Voraussetzung für den Nachweis ist die Kenntnis der Wöhlerlinie für den Spannstahl im Bereich der Kopplung im einbetonierten Zustand.

Die hierfür gültigen charakteristischen Werte sind im DIN FB 102 festgelegt (Tabelle 5.24). Für Spanngliedkopplungen im Dauerfestigkeitsbereich bei $N^* = 10^6$ Lastspielen ist ein Spannungsexponent von $k = 5$ anzunehmen. Die ertragbare Schwingbreite der Stahlspannungen beträgt 80 N/mm². Diese Werte gelten, solange nicht andere *Wöhlerlinien* durch Testergebnisse nachgewiesen werden können. Somit ist es Inhabern von zugelassenen Spannverfahren mit einem höheren Wert der ertragbaren Schwingbreite nur dann möglich, ihre Werte anzubringen, wenn sie den Nachweis der Spannungexponenten der zugehörigen *Wöhlerlinien* erbringen können.

Bemessung der Koppelfugen

a) Zusammenfassung der vorstehenden Ausführungen

König und *Giegold* [90] kommen in ihrem Bericht zu der Feststellung, daß Koppelfugen gefährdet sind, wenn

- wenig schlaffe Bewehrung vorhanden ist,
- die Fuge an empfindlicher Stelle liegt (Momentennullpunkt),
- die Spannglieder in Höhe der Querschnittsschwerpunkte konzentriert sind.

Sinn einer Bemessung muß es daher sein, für eine kräftige Mindestbewehrung in den Randbereichen der Koppelquerschnitte zu sorgen, die Spannglieder höchstens zur Hälfte ihrer Anzahl zu koppeln und sie möglichst gespreizt zu führen, wobei sie den Querschnitt aber nicht zudecken sollen. Um die Kopplungen möglichst unempfindlich gegen die Ermüdungsbeanspruchung unterzubringen, sind die äußeren Randlagen des Brückenquerschnittes frei zu halten.

Auf der Lastseite sind folgende Einwirkungen zu beachten:

- ständige Einwirkungen, wie Eigengewicht, Vorspannung nach Schwinden,
  Kriechen und Relaxation und wahrscheinliche Baugrundbewegungen,
- veränderliche Einwirkungen aus Verkehrslast.

Ferner die typischen Koppelfugenbeanspruchungen:

- Einwirkungen aus Temperaturunterschied und nichtlinearer Wirkung der
  Temperaturspannungen (Eigenspannungen aus Temperatur),
- nichtlinearer Spannungsverlauf im Verankerungsteil des Koppelbereiches,
- erhöhte Spannkraftverluste im Koppelanker,
- Hydratationswärme,
- Reibungsverhalten der Spannglieder,
- Streuung der Momentenwerte aus Eigenlast im Momentennullpunkt.

5.3 Bemessung der Betonbauteile

Dem steht auf der Materialseite gegenüber:
- Widerstand gegen Rißbildung im Koppelbereich,
- Widerstand gegen Dauerschwingbruch in Form von zulässigen ertragenen Schwingbreiten der Stahlspannungen und Begrenzung der Betondruckspannungen.

b) Bemessungskonzept nach dem DIN Fachbericht 102

Durch die angedeutete Neigung zur Rißbildung im Koppelfugenquerschnitt ist bei der Bemessung überwiegend von Zustand II auszugehen. Das Ziel der Bemessung liegt daher nicht im Spannungsnachweis, sondern in der Durchführung einer Rißbreitenbeschränkung, hierdurch sollen Korrosionsschäden vermieden werden. Daneben ist nachzuweisen, daß kein Dauerschwingbruch im Spannstahl und im Beton eintritt.

Hierfür sind neben den ständigen Einwirkungen, zu denen auch die Einflüsse aus Baugrundbewegungen zu zählen sind, die Einflüsse aus den Einwirkungen der Verkehrslasten zu unterscheiden nach dem:
- zugehörigen Lastmodell für die Rißbreitenbegrenzung in Abhängigkeit von der Anforderungsklasse nach Tabelle 5.2,
- zugehörigen Ermüdungslastmodell.

Ferner sind von den typischen Koppelfugenbeanspruchungen die Einflüsse infolge Einwirkung aus Temperatur, erhöhtes Kriechen und Schwinden und unplanmäßige Reibungsverluste mit ihren tatsächlichen Werten anzusetzen. Die noch verbleibenden Einflüsse der typischen Koppelfugenbeanspruchungen finden keine Berücksichtigung. Man sollte sie, ähnlich der früheren DIN-Regelung, durch ein Rißmoment berücksichtigen, das auf die charakteristische Zugfestigkeit der 0,5%-Fraktile $f_{ctk;0,05}$ abgestellt ist.

Der Nachweis der Ermüdungsfestigkeit muß erfolgen, wenn die Nebenbedingung nach der Gleichung 5.3.5(1) erfüllt ist:

$$\sigma_{c,ou} = \frac{M_\text{häuf}}{W_{c,ou}} + 0{,}85 \left[\frac{P_k}{A_c} + \frac{M_{p,k}}{W_{c,ou}} \right] \geq 0$$

Im Stahl ist die Spannungsschwingbreite nachzuweisen:

$$\lambda_s \cdot (\text{vorh } \Delta\sigma_s) \left[\gamma_p \cdot 0{,}90 \cdot (N^o_{v,ks} + M^o_{v,ks} + M'_{v,ks}) + \gamma_F \cdot M_{G,k(G_1+G_2)} \right.$$
$$\left. + \gamma_F \left\{ {\max \atop \min} \right\} Q_{k,fat} \pm \gamma_F (Q_{k,\Delta s} + Q_{k,Th} + F_{w,k}) \right]$$
$$\leq \frac{80}{\gamma_{s,fat}} \quad [\text{N/mm}^2] \qquad 5.3.8(7)$$

mit: λ_s Korrekturbeiwert gemäß den Gleichungen 5.3.5(5) und 5.3.5(6):
$\gamma_p = 1{,}0$
$\gamma_F = 1{,}0$
$\gamma_{s,fat} = 1{,}15$

Im Beton ist die auf den Bemessungswert der Betondruckfestigkeit f_{cd} bezogene Oberspannung einem Nachweiskriterium zu unterziehen (vereinfachte Nachweisführung nach Gleichung 5.3.5(8)):

$$\frac{\sigma_{cd,\max}}{f_{cd,fat}} \leq \left[0{,}5 + 0{,}45 \, \frac{\sigma_{cd,\min}}{f_{cd,fat}} \right] \leq 0{,}9$$

Für den Nachweis der Rißbreitenbegrenzung gelten die bekannten Ansätze, z. B. für die häufige Einwirkungskombination:

$$\sigma_{c,\text{Rand}} \left[\begin{pmatrix} 0,9 \\ 1,1 \end{pmatrix} (N^o_{v,ks} + M^o_{v,ks} + M'_{v,ks}) + M_{G,k(G_1+G_2)} \right.$$
$$\left. + \psi_1 \cdot M_{Q_1,\text{häuf}} + \psi_2 (M_{Q,\Delta\theta} + M_{Q,\Delta s}) \right] \lessgtr f_{ctm} \qquad 5.3.8(8)$$

- Nachweis der Mindestbewehrung mit Durchmesserbeschränkung nach Rißformel I (Gleichung 5.3.6(12)).

$$\sigma_{c,\text{Rand}} \leq f_{ctm}$$

- Begrenzung des Stabdurchmessers der vorhandenen schlaffen Bewehrung in Abhängigkeit von der Stahlspannung nach Zustand II in Tabelle 5.29.

$$\sigma_{c,\text{Rand}} \geq f_{ctm}$$

- Nachweis des zulässigen Grenzdurchmessers nach Rißformel II (Gleichung 5.3.6(29)) in Abhängigkeit von der Rißbreite w_{cal} = 0,2 mm.

5.4 Grundsätze der baulichen Durchbildung

5.4.1 Anordnung der schlaffen Bewehrung

a) Betondeckung und Unterbringung der Bewehrung

Um einen dauerhaften Beton herzustellen, muß unter anderem eine ausreichende, aber wiederum nicht übermäßig dicke, Betondeckung der Bewehrung ermöglicht werden. Die Betondeckung ist der Abstand zwischen der am weitesten nach außen liegenden Oberfläche der Bewehrung und der nächst gelegenen Betonoberfläche. Eine Mindestbetondeckung muß vorhanden sein, um sicherzustellen, daß

- eine sichere Übertragung von Verbundkräften gewährleistet ist,
- ein Abplatzen der äußeren Betonschale verhindert wird,
- der Bewehrungsstahl gegen Korrosion geschützt wird und
- ein angemessener Brandschutz vorhanden ist.

Der Schutz der Bewehrung gegen Korrosion hängt im hohen Maße davon ab, ob der ihn umgebende Beton eine dauerhafte Alkaliwirkung ausüben kann. Diese wird durch eine angemessen starke Überdeckung mit einem ausreichend nachbehandelten Beton von guter Qualität erreicht. Die erforderliche Betondeckung hängt somit von den Umweltbedingungen und von der Betongüte ab. Es werden folgende Begriffe unterschieden:

- Mindestbetondeckung: min c
- Nennwert der Betondeckung: nom c = min $c + \Delta h$

Für die Festlegungen der statischen Nutzhöhe ist das Nennmaß nom c zu verwenden.

Für Brückenbauwerke gelten die Überdeckungswerte der Tabelle 5.34.

Wenn der Beton gegen unebene oder strukturierte Oberflächen geschüttet wird, ist die Mindestbetondeckung zu erhöhen, im einzelnen wie folgt:

min $c \geq$ 75 mm, wenn gegen Erdreich geschüttet wird
min $c \geq$ 40 mm, wenn auf vorbereitetem Untergrund oder gegen eine Strukturschalung geschüttet wird

Wenn die Betonoberfläche aggressiven Wirkungen durch Meerwasser oder chemischen Einflüssen ausgesetzt ist, z. B. Taumittel im Spritz- oder Sprühbereich, gilt folgender Wert:

min $c \geq$ 50 mm

5.4 Grundsätze der baulichen Durchbildung

Tabelle 5.34
Betondeckung des Betonstahles

Bauteil	min c [mm]	nom c [mm]
Überbau	40	45
Kappen und dgl.		
• bei Straßenbrücken		
nicht betonberührte Flächen	40	45
betonberührte Flächen	20	25
• bei Eisenbahnbrücken		
nicht betonberührte Flächen	30	35
betonberührte Flächen	20	25
Unterbauten		
• nicht erdberührte Flächen	40	45
• erdberührte Flächen	50	55

Der Abstand der Bewehrungsstäbe muß so gewählt werden, daß der Beton ohne Zwang eingebracht werden kann. Bei mehrlagiger Anordnung der Bewehrung müssen die Einzelstäbe übereinander liegen. Der Abstand der Stähle in einer Lage und derjenige der Lagen untereinander muß betragen:

$$a \geqq \max d_s \geqq 2,0 \text{ cm}$$
bzw. $\geqq (\max d_s + 5 \text{ mm})$ bei einem Größtkorn $d_g > 16$ mm

Das Größtkorn des Zuschlages und der gegenseitige lichte Abstand der Bewehrungsstähle sind aufeinander abzustimmen.

b) Querkraftbewehrung (Schubbewehrung)

Als Schubbewehrung sind mindestens Bügel anzuordnen, die die Längszugbewehrung und die Druckzone umfassen. Weitere Formen können Schrägstäbe und Schubzulagen in Form von Körben und Leitern aus Rippenstählen sein.

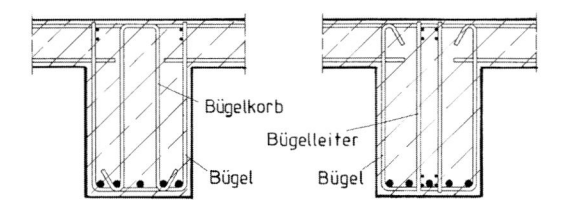

Bild 5.154 Bügel- und Schubzulagenbewehrung

In Balken dürfen Schrägstäbe nur gleichzeitig mit Bügeln verwendet werden, eine eventuelle Aufteilung verschiedener Bewehrungsanteile erfolgt über den Schubbewehrungsgrad ρ_w. Dieser ergibt sich zu:

$$\rho_w = \frac{A_{sw}}{s_w \cdot b_w \cdot \sin \alpha} = \frac{a_{sw}}{b_w \cdot \sin \alpha} \qquad 5.4.1(1)$$

mit: A_{sw} Querschnittsfläche der erforderlichen Schubbewehrung je Balkenlänge s in [cm²] (Bügel zweischnittig)

a_{sw} Querschnittsfläche der erforderlichen Schubbewehrung je Bemessungseinheit $s = 1,0$ m in [cm²/m]

b_w wirksame Balkenbreite im Schwerpunkt des Querschnittes

α Winkel zwischen Schub- und Hauptbewehrung (für Bügel α = 90°)

Der Mindestwert des Schubbewehrungsgrades ergibt sich für eine einschnittige Bügelbewehrung zu:

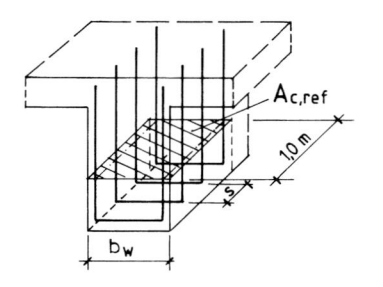

$$\min \rho_w = \rho_{s,min} \cdot A_{c,ref} \text{ in [cm}^2\text{/m]} \quad 5.4.1(2)$$

mit: $A_{c,ref} = b_w \cdot 100$

je Bemessungseinheit 1,0 m

$$\rho_{s,min} = 0,16 \frac{f_{ctm}}{f_{yk}} \text{ nach Tabelle 5.35}$$

als Mindestschubbewehrungsziffer

Bild 5.155
Mindestschubbewehrung

Tabelle 5.35
Grundwerte $\rho_{s,min}$ für die Ermittlung der Mindestbewehrung

	Charakteristische Betondruckfestigkeit f_{ck}								
	12	16	20	25	30	35	40	45	50
ρ [%]	0,51	0,61	0,70	0,83	0,93	1,02	1,12	1,21	1,31

Mindestens 50% der erforderlichen Schubbewehrung muß aus Bügeln bestehen, diese müssen wirksam im Druck- und Zugbereich verankert sein. Eine Schrägbewehrung kann einen Winkel von 45° bis 90° mit der Balkenachse bilden, der Längsabstand soll betragen:

$$\max s \leq 0,5 \, h \, (1 + \cot \alpha)$$

Für die maximalen Quer- und Längsabstände aufeinanderfolgender Bügel oder Schubzulagen gilt die Tabelle 5.36 mit dem Bezugswert $V_{Rd,max}$.

Tabelle 5.36
Größte Längs- und Querabstände s_{max} der Querkraftbewehrung

Querkraftausnutzung	Längsabstand		Querabstand	
$V_{Ed} \leq 0,30 \, V_{Rd,max}$	0,7 h	300 mm	h	800 mm
$0,30 \, V_{Rd,max} < V_{Ed} \leq 0,60 \, V_{Rd,max}$	0,5 h	300 mm	h	600 mm
$V_{Ed} > 0,60 \, V_{Rd,max}$	0,25 h	200 mm		

5.4 Grundsätze der baulichen Durchbildung

c) Torsionsbewehrung

Als Torsionsbewehrung ist ein rechtwinkliges Bewehrungsnetz aus Bügeln und Längsstäben zu verwenden. Die Bügel sind kraftschlüssig zu schließen.

Der Bügelabstand darf 1/8 der Länge einer Querschnittsseite (u_k) nicht überschreiten, die Angaben des Längsabstandes von Bügeln nach Tabelle 5.36 sind zu beachten.

Die Bewehrungsstäbe der Längsbewehrung sind gleichmäßig über den Umfang zu verteilen, ihr gegenseitiger Abstand darf das Maß von 350 mm nicht übersteigen.

d) Mindestbewehrung

Sofern sich aus der Bemessung keine größere schlaffe Bewehrung ergibt, ist eine Mindestbewehrung nach den im folgenden aufgeführten Erfordernissen anzuordnen. Es sind die jeweils weitergehenden Anforderungen zu berücksichtigen. Eine Mindestbewehrung kann auf die statisch erforderliche Bewehrung angerechnet werden, sie ist niemals zusätzlich zu verlegen. Daher ist in jedem Querschnitt nur der Größtwert einer Art der errechneten Mindestbewehrung anzuordnen, eine Addition verschiedener Arten ist nicht erforderlich.

Unterer Grenzwert

Der Mindeststabdurchmesser beträgt 10 mm, die Stababstände dürfen 200 mm nicht überschreiten.

Oberflächenbewehrung bei Flächen und Balkentragwerken

Bei vorgespannten Bauteilen ist stets eine Oberflächenbewehrung in Form einer sich rechtwinklig kreuzenden Netzbewehrung anzuordnen. Der erforderliche Stahlquerschnitt *einer* Bewehrungslage ergibt sich wie folgt:

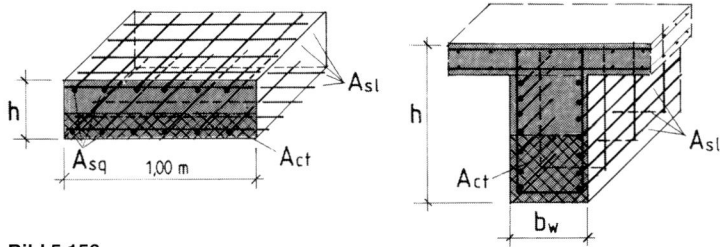

Bild 5.156
Oberflächenbewehrung von Platten und Balken

Nach Abschnitt 5.3.6.4(b) ergibt sich für die Mindestbewehrung infolge zentrischen Zwangs:

$$\min a_s = 1{,}0 \cdot k \cdot A_{ct} \cdot f_{ct,\mathrm{eff}} / \sigma_s$$

mit: $k \cdot f_{ct,\mathrm{eff}} = 0{,}4\, f_{ctm}$ bzw. $0{,}2\, f_{ctm}$ für eine Querschnittsseite, $\sigma_s = f_{yk}$ und $A_c = A_{c,ref}$

$$\min a_s = 0{,}20\, \frac{f_{ctm}}{f_{yk}} A_{c,ref} = \mu_{s,\min} \cdot A_{c,ref} \qquad 5.4.1(3)$$

Aus Gründen der Vereinfachung wird im DIN FB 102 die Mindestbewehrungsziffer μ gleich der Mindestschubbewehrungsziffer ρ nach Tabelle 5.35 gesetzt, somit gilt allgemein auch für jede Lage einer Oberflächenbewehrung:

$$\min a_s = \rho_{s,\min} \cdot A_{c,ref} \quad \text{nach Gleichung 5.4.1(2)}$$

Oberflächen- oder Hautbewehrung

Zur Vermeidung von Betonabplatzungen, zur Rißbreitenbeschränkung in besonderen Fällen oder generell als Mindestbewehrung kann eine Hautbewehrung $A_{s,\text{surf}}$ erforderlich werden.

Hierfür gilt:

erf $A_{s,\text{surf}} \geqq 0{,}02\, A_{ct,\text{ext}}$

mit: $A_{s,\text{surf}}$ erforderliche Bewehrung parallel zur Biegezugbewehrung
$A_{ct,\text{ext}}$ Biegezugfläche des Betons außerhalb der Bügel
c_B Betondeckung der Bügelbewehrung

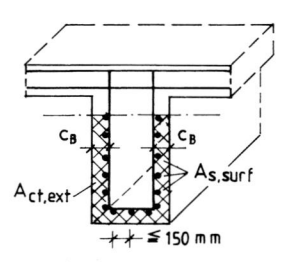

Bild 5.157
Hautbewehrung

Eine Hautbewehrung zur Vermeidung von Abplatzungen aus Brandeinwirkungen sollte aus Betonstahlmatten oder Rippenstählen mit kleinen Durchmessern $\leqq 10$ mm bestehen und, wie im Bild 5.157 angegeben, außerhalb der Bügel liegen.

Bewehrung von freien Rändern

An einem freien und ungestützten Rand einer Platte muß eine Einfassungsbewehrung in Form von Steckbügeln und Längseisen angeordnet werden. Befindet sich am freien Rand ein Kragarm, kann der Steckbügel in einen einseitigen Bügelschenkel aufgelöst werden.

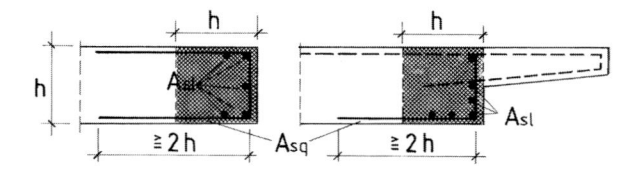

Bild 5.158
Plattenrandbewehrung

Einen Anhalt für die Größe der je in Längs- und Querrichtung einzulegenden Querschnitte ergibt der Ansatz

erf $a_s = \rho_{s,\min} \cdot A_{c,ref}$

mit: $A_{c,ref}$ quadratische Bezugsfläche $h \cdot h$ am Plattenende
$\rho_{s,\min}$ Mindestbewehrungsziffer nach Tabelle 5.35

Eine vorhandene statische Bewehrung kann angerechnet werden.

Endbereiche von Kragarmen

Am Außenrand eines Kragarmes ist in einem Streifen von einem Meter Breite eine Längsbewehrung von insgesamt 0,8 % des Betonquerschnittes dieses Randstreifens anzuordnen. Sie ist insgesamt am oberen und unteren Rand in Abständen $\leqq 10$ cm zu verlegen.

Für die Regelausführung eines Kragarmes mit einer Stärke von 25 cm am freien Ende ergibt sich folgender Bewehrungsbedarf:

5.4 Grundsätze der baulichen Durchbildung

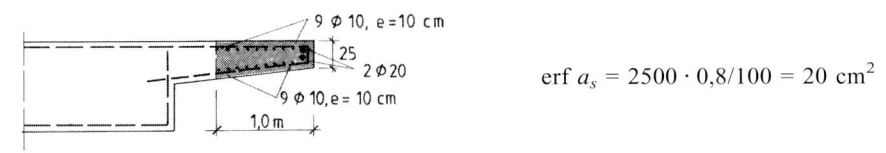

Bild 5.159
Bewehrung am Kragarmende

$$\text{erf } a_s = 2500 \cdot 0{,}8/100 = 20 \text{ cm}^2$$

Ordnet man am Kragarmende 2 ⌀ 20 mm an, benötigt man an der Ober- und Unterseite jeweils noch 9 ⌀ 10 mm, untereinander im Abstand von 10 cm verlegt.

Bewehrung von Konsolen

Konsolen dienen der Aufnahme und Weiterleitung von Lagerkräften, sie dürfen unter Verwendung einfacher Stabmodelle bemessen werden. Für die Ermittlung der Konsolhöhe h_c ist die Querkraftbeanspruchung maßgebend. Wenn keine Maßnahmen zur Begrenzung der Wirkung von Horizontalkräften auf das Lager getroffen worden sind, ist eine solche in folgender Größe anzusetzen:

$$H_c = 0{,}2 \cdot F_v$$

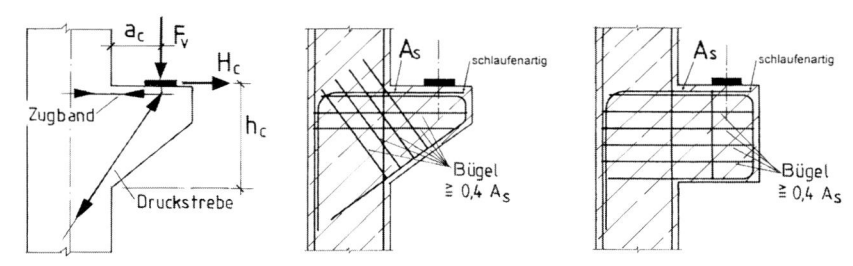

Bild 5.160
Ausbildung und Bewehrung von Konsolen

Die Hauptzugbewehrung der Konsolen, die den Zugstäben des Bemessungsmodelles zuzuordnen ist, ist mit horizontalen, u-förmig gebogenen Stäben auszuführen, die im angrenzenden Bauteil verankert werden. Die Querkraftaufnahme erfolgt über Bügel, die horizontel oder schräg angeordnet werden können.

Wenn die Hauptzugbewehrung A_s bei Konsolen mit $h_c \geqq 300$ mm größer ist, als in der nachfolgenden Bedingung beschrieben:

$$a_s = 0{,}4 \frac{f_{cd}}{f_{yd}}$$

sind die Bügel in geschlossener Form auszuführen, um Spaltzugspannungen in der Betondruckstrebe aufzunehmen. Die Bügel sind über die Nutzhöhe zu verteilen, ihr Querschnitt soll nicht unter dem Wert $0{,}4 A_s$ liegen.

5.4.2 Anordnung der Spannbewehrung

5.4.2.1 Vorspannung mit Verbund

Spannbündel und Spannverfahren

Bei Spannbeton mit nachträglichem Verbund wird die Spannbewehrung durch das Spannbündel gebildet. Dieses besteht aus den Verankerungsvorrichtungen – dem Spannanker und dem Blindanker – und dem Hüllrohr mit den innenliegenden Spanndrähten oder Spannlitzen. Alle bekannten Spannverfahren sind gleich ausgebildet, sie unterscheiden sich lediglich durch die Art der Kraftaufbringung im Spannanker. Die wesentlichen Unterscheidungen sind die Schraub-, Keil-, Klemmplatten- und die Schlaufenverankerung. Die Eignung der Verankerung für die Überleitung der Spannkräfte auf den Bauwerksbeton ist durch Versuche nachgewiesen, die Aufnahme der im Bauwerksbeton im Bereich der Verankerung außerhalb der Wendel auftretenden Kräfte ist nachzuweisen. Alle Spannverfahren sind so eingerichtet, daß sie durch Kopplungsstöße verlängert werden können. Hierbei handelt es sich um bauabschnittsabhängige feste Kopplungsstöße und hiervon unabhängige bewegliche Kopplungen. Als Hüllrohre werden runde profilierte Rohre nach DIN 18533 verwendet. Die speziellen Belange eines Spannverfahrens werden durch die Zulassungsbescheide geregelt, die zeitlich befristet vom Deutschen Institut für Bautechnik erteilt werden. Dieser Zulassungsbescheid ersetzt nicht die für die Durchführung des Bauvorhabens erforderlichen Genehmigungen.

Betondeckung und Unterbringung der Bewehrung

In vorgespannten Querschnitten dient die Betondeckung dem gleichen Zweck, wie bei schlaff bewehrten Querschnitten, nämlich:

- der sicheren Übertragung von Verbundkräften,
- der Verhinderung des Abplatzens der äußeren Betonschale,
- dem Schutz des Spannstahles und der Hüllrohre gegen Korrosion.

Die erforderliche Größe der Betondeckung ist von der Betongüte unabhängig, wird aber von Umweltbedingungen beeinflußt. Die Mindestbetondeckung ergibt sich bei Spannbeton mit gleichzeitigem Verbund zu:

$$\min c = n\, \varnothing$$

mit: $\varnothing$ Nenndurchmesser des Spanndrahtes
$n = 2{,}0$ bei Litzen
$n = 3{,}0$ bei gerippten Drähten

Für Spannbeton mit nachträglichem Verbund gilt:

$$\min c = \varnothing_A \geq 50 \text{ mm}$$

mit: $\varnothing_A$ Außendurchmesser des Hüllrohres

Bei Verwendung eines Zuschlagkornes $d_g > 32$ mm ist der Mindestbetondeckung wieder ein Vorhaltemaß von 5 mm hinzuzufügen.

Die Spannbewehrung bzw. ihre Hüllrohre, müssen so im Querschnitt angeordnet sein, daß der gegenseitige Abstand und die Betondeckung nach außen so groß ist, daß das Größtkorn des Zuschlages ohne Zwang eingebracht werden kann. Hierfür sind bei der Anlage der Bewehrung Rüttelgassen oder Rüttellücken vorzusehen, durch die eine ausreichende Verdichtung des die Hüllrohre umgebenden Betons erreicht wird. Mehr als drei Spannglieder dürfen nicht ohne Rüttelgasse nebeneinander verlegt werden. Die lichte Breite einer Rüttelgasse

5.4 Grundsätze der baulichen Durchbildung

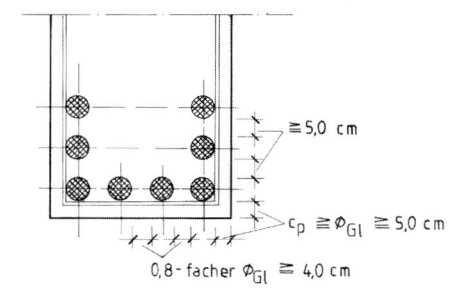

Bild 5.161
Anordnung der Spannbewehrung im Querschnitt

muß mindestens 10 cm betragen, ggf. dem Durchmesser des Fallrohres der Betonieranlage entsprechen.

Im einzelnen ergeben sich die folgenden Anforderungen:

- Die Betondeckung der Hüllrohre muß mindestens dem Außendurchmesser $\varnothing_A$ dieser entsprechen, soll nicht kleiner als 5 cm sein.
- Der lichte Abstand der Hüllrohre in einer Lage muß mindestens 4 cm, der der Lagen untereinander mindestens 5 cm betragen.
- Bei wasserundurchlässigem Beton der Festigkeitsklasse $\geq$ C 40/50 kann die Betondeckung bei sofortigem Verbund auf 4 cm gesenkt werden.
- Bei Spanngliedern unter der Oberfläche unmittelbar befahrener Fahrbahnplatten, auch bei Fuß- und Radwegbrücken, ist wegen der Wirkung der Tausalzmittel das Überdeckungsmaß auf mindestens 8 cm bei Querspanngliedern und mindestens 10 cm bei Längsspanngliedern zu erhöhen.
- Hüllrohre sind so zu befestigen, daß sie während des Betonierens sich nicht verschieben. Sie dürfen keine Beschädigungen aufweisen, die den Spannvorgang behindern.

Spanngliedführung

Die Spanngliedlage muß in der Höhe als auch im Grundriß fixiert sein. Diese Erfordernisse werden im Spannplan dargestellt. In regelmäßigen Abständen von ca. 1,0 m bis 1,50 m, je nach Gewicht der Spannbündel, werden Tragbügel angeordnet, bei denen ein Querstab so angebracht ist, daß die Hüllrohre in der Höhenlage festgelegt werden können. Bei mehrlagiger Spanngliedanordnung wird man den gegenseitigen Abstand zweckmäßigerweise durch ein entsprechend großes Hüllrohr erzielen, das durch Beton ausgefüllt ist. Der Spannplan muß Angaben über den Abstand der Mittellinie eines Bündels einer jeden Lage vom Schwerpunkt, sowie den Abstand der Bündelunterkante zur Querschnittsunterkante enthalten, damit die Tragbündel richtig hergestellt werden können. Für die Lage des Querstabes im Tragbügel ist wieder die Betondeckung der schlaffen Bewehrung zu berücksichtigen.

Die Spanngliedführung selbst folgt in der Regel der Form der Normalparabel

$$y = \frac{4f}{l^2}(lx - x^2) \quad \text{oder} \quad 4f \cdot \omega_R$$

Mit dieser Führung erreicht man eine Affinität zur Momentenlinie aus $(G + Q)$, wenn sich diese nach der gleichen Gesetzmäßigkeit einstellt. Das ist bei den Problemen des Brückenbaues aber nur bedingt der Fall. Bei den Balkentragwerken zeigt die Momentensummenlinie eine stärkere Ausbauchung zu den Auflagern hin, dennoch ist das Bildungsgesetz ähnlich und

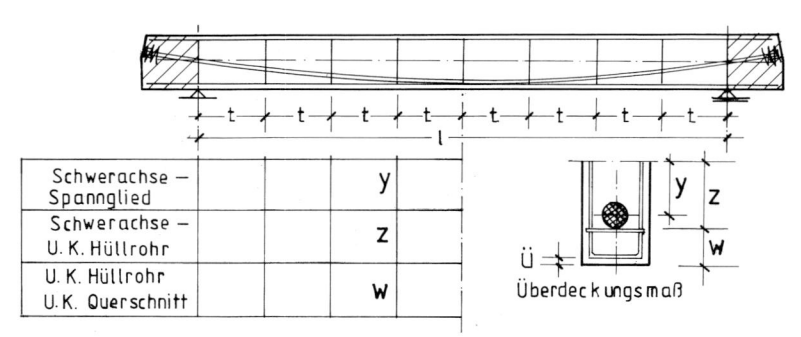

Bild 5.162
Spannplan einer einlagigen Spanngliedführung

man kann hier mit der Parabelführung den Bedingungen der Vorspannung nach den Anforderungsklassen A–C nach Tabelle 5.26 genügen. Bei den Plattentragwerken dagegen ergibt sich durch die Momentengrenzlinie im Bereich zwischen den Viertelspunkten ein nahezu konstanter Momentenbereich. Wählt man die erforderliche Vorspannkraft nach den Erfordernissen der Feldmitte, so genügt diese den Bedingungen der Anforderungsklasse C. Wählt man die Vorspannkraft nach den Erfordernissen des Viertelspunktes aus, ist in der Feldmitte eine zu große Vorspannkraft vorhanden. Will man dagegen für die Anforderungsklassen A und B spannen, muß das Spannkabel in den Viertelspunkten mehr ausgebaucht werden; die sich dann ergebende Spanngliedführung führt auf eine Kurve, die zu einer Funktion 4. Ordnung gehört.

Bei einem Durchlaufträger mit Balkenquerschnitt treten unterschiedlich große Spannkräfte in den maßgebenden Bemessungsquerschnitten auf. Diesen Belangen kann man durch eine entsprechende Längenabstufung der Spannbündel Rechnung tragen. Diese werden über die erforderliche Bemessungsstelle bis zur Querschnittsnullinie hinübergeführt und dort blind verankert. In Bild 5.163 sind verschiedene Möglichkeiten der Staffelung angeführt, die sich für die einzelnen Bemessungserfordernisse in Abhängigkeit vom Stützweitenverhältnis ergeben. Zu

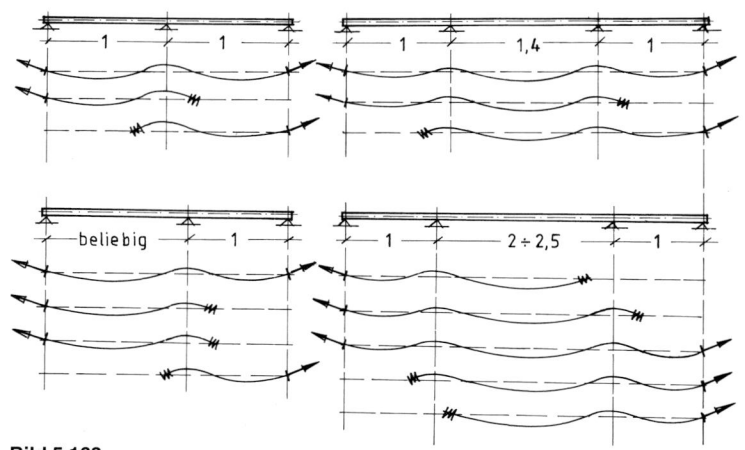

Bild 5.163
Anordnung der Spannbewehrung in Längsrichtung

5.4 Grundsätze der baulichen Durchbildung

kleine Bündellängen sollte man jedoch aus Gründen der Wirtschaftlichkeit vermeiden, da die Kosten des Spannstahles im wesentlichen durch die Spannverankerungen geprägt sind.

Bei einem Durchlaufträger mit Plattenquerschnitt kann nicht in der vorstehend beschriebenen Form vorgegangen werden, da die Platte immer gleichmäßig durch eine Bewehrung durchsetzt sein muß. Staffelungen oder Abstufungen sind daher hier nicht möglich. Die Spanngliedführung muß so eingerichtet werden, daß in allen Bemessungsquerschnitten die gleiche Spannkraft anfällt. Dieses erreicht man mit der exakten Parabelführung in den Fällen, in denen die Belastung den gleichen Aufbau wie die Umlenkkraft besitzt, dadurch, daß die Krümmung des Spannstranges überall gleich angesetzt wird und der folgenden Bedingung genügt:

$$\frac{d^2 w}{d x^2} = \text{const}$$

Dieses ist praktisch aber nur bei Fußgängerbrücken der Fall, bei allen anderen Belastungsproblemen korrespondieren die Bemessungsstellen nicht mehr miteinander, d.h. die Stellen der größten Biegemomente aus Belastung und Umlenkkraft weichen erheblich voneinander ab. Hinzu kommt, daß die Ausrundung des Parabelzuges über der Stütze eine Abweichung von der Stetigkeit des Parabelverlaufes zur Folge hat. In diesen Fällen muß man die obige Bedingung sinnvoll abwandeln und die veränderlichen Einflußgrößen aufeinander abstimmen. Diese sind:

e theoretische Exzentrität über der Stütze
u Differenz zur tatsächlichen Exzentrität über der Stütze
$f_1 ; f_2$ Scheitelwert der statisch bestimmten Grundparabeln in den Feldern

Man betrachte das folgende Bild 5.164:

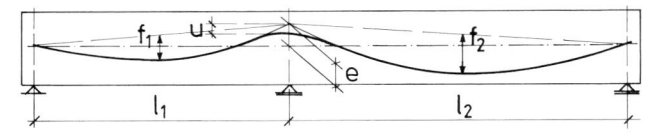

Bild 5.164
Veränderliche Einflußgrößen bei Plattenvorspannung

Diese Anpassung führt zu einer Absenkung der Exzentrizitäten in den kleineren Feldern und über den Stützen. Durch diese Nichtausnutzung des inneren Hebelarmes wird naturgemäß ein Mehr an Spannkraft benötigt. Diesen wirtschaftlichen Nachteil muß man aber in Kauf nehmen. Bei mehrfeldrigen Systemen sind die voneinander abhängigen Einflußgrößen gegeneinander zu iterieren. Insgesamt ist es sinnvoll, für diese iterativen Rechenvorgänge ein Programm aufzustellen und die Aufgabe mit Hilfe der EDV zu lösen.

Bei der Anwendung der allgemeinen Spanngliedführung ist letztlich jede stetige Führung des Spannstranges möglich, die die zu fordernden Randbedingungen einhält. Man ist aber nicht in der Lage, ohne Anpassungsrechnung gleich eine richtige Lage des Spannstranges im Hinblick auf eine optimale Größe der statischen Unbestimmten oder auf gleiche Spannkräfte in verschiedenen Bemessungsstellen zu finden. Bei dieser Rechnung sind dann zu viele Freiheitsgrade vorhanden und es ist zweckmäßig, der Spannlinie eine gewisse Führung zu geben. Hier hat es sich als zweckmäßig erwiesen, den Spannstrang aus Halbparabeln zusammenzusetzen und darauf zu achten, daß tangentiale Übergänge vorhanden sind. Ein weiterer Vorteil ist darin zu sehen, daß die Querkraft innerhalb dieser Parabelabschnitte stetig verläuft. Von Bedeutung ist die Lage der Wendepunkte der Spannlinie, da diese den Bereich eingrenzen, in dem die Umlenkkraft ihr Vorzeichen wechselt. Sie haben einen großen Einfluß auf die Belastung und damit auf die Größe der statischen Unbestimmten. In einem Feld ergeben sich somit jeweils drei Halbparabelabschnitte; mit den Bezeichnungen des Bildes 5.165 ergibt sich:

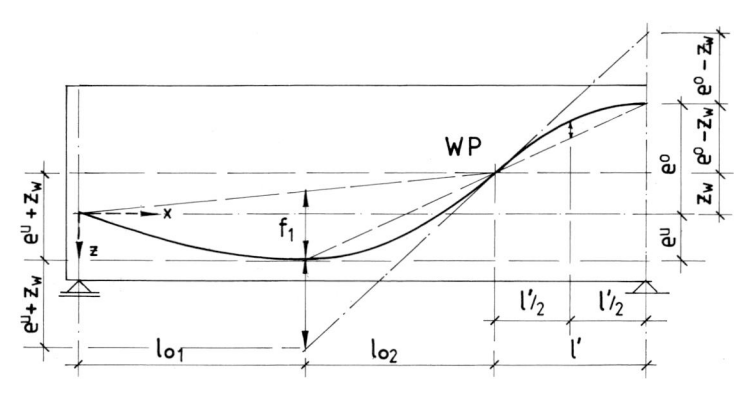

Bild 5.165
Parabelgeometrische Zusammenhänge

- Bereich im Grundmaß l_{01}:

$$z_{(x)} = \frac{4 \cdot e_u}{l_{01}^2} (l_{01} \cdot x - x^2) \quad \text{oder} \quad z_{(x)} = 4 \cdot e_u \cdot \omega_R$$

- Bereich im Grundmaß l_{02} mit tangentialem Übergang:

$$z_{(x)} = ax^2 + bx + c$$

$x = 0; \; z = +e_u \qquad c = +e_u$

$x = 0; \; z' = 0 \qquad b = 0$

$x = l_{02}; \; z = z_w \qquad a = -\dfrac{(e_u - z_w)}{l_{02}^2}$

somit

$$z_{(x)} = -\frac{(e_u - z_w)}{l_{02}^2} \cdot x^2 + e_u$$

- Bereich über der Stütze:

Wenn der Wendepunkt der Spannlinie auf die Verbindungslinie der jeweiligen Halbparabelscheitel gelegt wird, ist gewährleistet, daß die beiden Parabelzüge tangential ineinander übergehen, denn es ist:

$$\tan \alpha = \frac{2(e_u + z_w)}{l_{02}} = \frac{2(e_o - z_w)}{l'}$$

Die Parabelpunkte erhält man, vom Wendepunkt ausgehend, aus der Scheitelgleichung

$$z_{(x)} = \frac{(e_o - z_w)}{l'^2} (2 \, l' \cdot x - x^2)$$

(z_w ist mit seinem absoluten Betrag einzusetzen)

5.4 Grundsätze der baulichen Durchbildung

Ausrundung der theoretischen Spanngliedspitze über der Stütze

Wird bei einer durchlaufenden Balkenkonstruktion nach der exakten Parabelform gespannt, muß das Spannglied über der Stütze kreisförmig ausgerundet werden. Der Zusammenhang zwischen der sich dann ergebenden Momentendifferenz ΔM und dem Ausrundungsradius R ergibt sich analog zur Ausrundung einer Gradiente im Straßenbau.

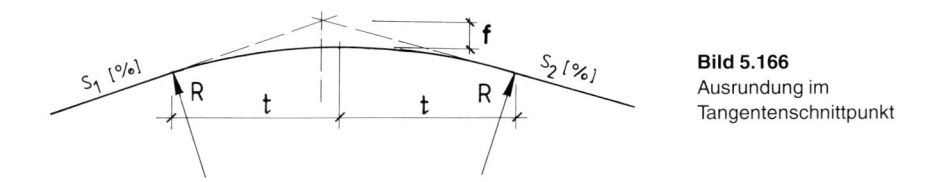

Bild 5.166
Ausrundung im Tangentenschnittpunkt

Die Momentendifferenz ΔM entspricht der Tangentenabrückung f, die Steigung der Tangente selbst ist gleich der Steigung der Parabel im Berührungspunkt, diese ist durch die Größe der zugehörigen Querkraft gegeben. Somit wird:

$$t = (|Q_{vl}| + |Q_{vr}|) \cdot \frac{R}{2}; \quad \Delta M = \frac{t^2}{2R}$$

Das geometrische Abrückmaß ist meist nach konstruktiven Gesichtspunkten vorgegeben, es braucht somit nur der zugehörige Ausrundungsradius ermittelt zu werden.

$$\Delta M = \frac{1}{2R}(|Q_{vl}| + |Q_{vr}|)^2 \cdot \frac{R^2}{4} = \frac{(|Q_{vl}| + |Q_{vr}|)^2 \cdot R}{8}$$

$$R = \frac{8 \cdot \Delta M}{(|Q_{vl}| + |Q_{vr}|)^2} \geqq \text{zul } R$$

hierin ist ΔM in m und Q_v als dimensionslose Zahl, ermittelt als Querkraft für die Vorspannkraft 1 kN, einzusetzen. Die Gleichung muß durch Iteration gelöst werden, da infolge der zunächst noch nicht bekannten Tangentenlänge die Querkraft nur als Näherungswert gefunden wird. Den für das Spannbündel zulässigen Ausrundungsradius entnehme man dem Zulassungsbescheid des Spannverfahrens.

Konstruktive Details

Mit den folgenden Abbildungen sollen Einzelheiten in der Unterbringung und Anordnung der Spannbewehrung gezeigt werden. Ein Dreifeldträger mit einem zweizelligen Hohlkastenquerschnitt erhält eine Quer- und Längsvorspannung. Bild 5.167 zeigt diese im Bauzustand. Die untere Druckplatte erhält eine zentrische Vorspannung, in den Längsträgern ist deutlich die Spanngliedführung zu erkennen. Da der Überbau durch eine Einpunktstützung gehalten wird, muß ein starker Querträger die Lasteintragung übernehmen. Man sieht seine Quervorspannung und die Einbindung in das Gesamtsystem. Die obere Quervorspannung des Überbaues liegt in der Fahrbahnplatte, diese ist in Bild 5.168 zu sehen. Weiterhin sieht man die Ankerköpfe der Quervorspannung, diese werden wechselseitig angeordnet, d.h. es liegt jeweils ein Spannkopf neben einem Blindkopf am Ende des Überbaukragarmes. Bild 5.169 zeigt die Endverankerung der Spannglieder des Hauptträgers des 1. Betonierabschnittes (Hohlkasten), der Überbau wurde im Zweiwegeverfahren hergestellt.

Bild 5.167
Spanngliedanordnung in einem Durchlaufträger

5.4 Grundsätze der baulichen Durchbildung 523

Bild 5.168
Quervorspannung der Fahrbahntafel

Bild 5.169
Endverankerung am Hauptträger

Bild 5.170
Anordnung der Spann- und Blindanker am Balkenende

Wenn am Überbauende keine ausreichende Eintragungslänge vorgesehen wird, gibt es Schwierigkeiten mit der Unterbringung der Verankerungsköpfe; Bild 5.170 zeigt diesen Fall. Während die Spannköpfe noch bis zum Ende des Endquerträgers geführt werden können, finden die Blindköpfe erst im Balken selbst Platz. Wenn auch die Verlegearbeit sauber durchgeführt wurde, so muß man wissen, daß an der Auflagerlinie – das ist die Mitte des Endquerträgers – kein vorgespannter Beton vorliegt, die Spannkraft kann erst ca. 0,5 m hinter dem Ende der Blindköpfe als wirksam eingetragen betrachtet werden.

5.4.2.2 Vorspannung ohne Verbund

Mit der Bauweise *Vorspannung ohne Verbund* soll mit der Variante der externen Anordnung der Spannglieder die Längsvorspannung von Hohlkastenträgern ausgeführt werden, wobei die Spannbewehrung im Innern des Hohlkastens aber exzentrisch zu den Hauptträgern angeordnet wird. Wenn erforderlich, soll die Quervorspannung auch in der Bauweise ausgeführt werden, allerdings nicht extern, sondern in der Fahrbahnplatte. Die zusätzlichen Anforderungen des Bauherrn an diese Bauweise werden durch die Ergänzungen für Betonbrücken mit externen Spanngliedern geregelt [103]. Die statischen Erfordernisse sind im Bemessungsteil, Abschnitt 5.3 eingearbeitet, die konstruktiven Regelungen werden in den nachfolgenden Ausführungen beschrieben.

5.4 Grundsätze der baulichen Durchbildung

Spannbündel und Spannverfahren

Für die externe Vorspannung wird die Spannbewehrung ebenfalls durch Spannbündel gebildet, mit den Einzelelementen Spannanker, Hüllrohr und Spanndrähte. An Stelle einzelner Drähte kommen überwiegend Monolitzen zur Ausführung. Die Spannbündel schließen beiderseits mit Spannankern ab, da die Anordnung eines Festankers die Austauschbarkeit der Drähte oder Litzen nicht ermöglichen würde. Da die entlastende Wirkung der Verbundreserve des Spannstranges bei nachträglichem Verbund fehlt, wirkt auf den Spannanker immer die volle Spannkraft, sie müssen daher auch entsprechend ausgebildet sein. Es werden aber im Normalfall die üblichen Ankerkörper verwendet, da die Ermüdungsbeanspruchung geringer als beim nachträglichen Verbund ist.

Die Hüllrohre sind kreis- oder kastenförmig, sie haben eine Wandungsstärke von 2,8 mm bis 5,0 mm. Es handelt sich um HDPE-Rohre nach DIN 8074/8075, sie bilden zusammen mit der Füllmasse das Korrosionsschutzsystem für den Spannstahl. Derzeit gibt es folgende Kombinationen in Verbindung mit den siebendrähtigen 0,6''-Spannstahllitzen, der sogenannten Monolitze, aus St 1570/1770 (Beispiele):

- HDPE-Rohr, Zementmörtel, Monolitze (z. B. Typ W des Spannsystems D & W).
- HDPE-Rohr, Fett, Monolitze (z. B. HT-LVO, Spannsystem Hochtief AG).
- Bandspannglieder aus Monolitzen, zweifach ummantelt mit einer HDPE-Schutzhülle in den Stärken 1,5 mm innen und 3,5 mm außen (Spannsystem der VT-Vorspann-Technik GmbH). Die Monolitzen werden zu einlagigen Bändern zusammengestellt, aus diesen Bändern erhält man durch Übereinanderlegen nach der Sandwichform rechteckförmige Spannglieder.

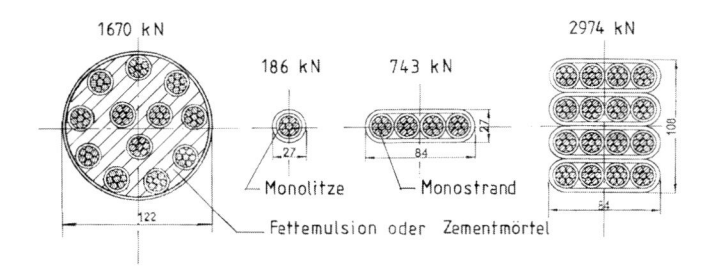

Bild 5.171
Querschnitte von Spannbündeln für die externe Vorspannung

Daneben gibt es im Spannsystem SUSPA-BBRV auch Spannglieder mit Spannstahldrähten, $d = 7$ mm, St 1470/1670, die von einem dauerplastischen Korrosionsschutzmittel umgeben und durch ein HDPE-Rohr ummantelt sind.

Die Korrosionsschutzsysteme sollen robust, temperatur- und UV-beständig sein und einen angemessenen Widerstand gegen Brand und Beschädigung aufweisen.

Die Länge der Spannglieder ist mit 200 m begrenzt, wobei Unterstützungen (Aufhängungen) im Abstand ≤ 35 m zur Vermeidung von indizierten Schwingungen anzuordnen sind. Die Größe der Spannkraft eines Bündels ist mit ca. 3 MN begrenzt.

Unterbringung der Bewehrung

Hinsichtlich der Anordnung der Spannglieder kann die Durchführung der Bauweise nach zwei Varianten erfolgen:

- Alle Spannglieder liegen extern zu den Hauptträgern im Innern des Hohlkastens.
- Die Spannglieder liegen sowohl im Verbund im Querschnittsteil der oberen und unteren Platte, als auch ohne Verbund extern im Innern des Hohlkastens (Mischbauweise). Hierbei muß der Anteil der extern angeordneten Spannbündel im Endzustand mindestens 20 % der gesamten Spannkraft betragen.

Zum Zweck der Verstärkung der Spanngliedlage oder der Instandsetzung einzelner Spannbündel ist die Möglichkeit vorzusehen, daß an jedem Steg ein Spannglied von jeweils 3,0 MN nachgerüstet werden kann. Bei der Mischbauweise sind zwei zusätzliche Spannglieder je Steg für die Nachrüstung vorzusehen. Die hierfür erforderlichen Öffnungen und Freiräume sind dauerhaft vorzusehen.

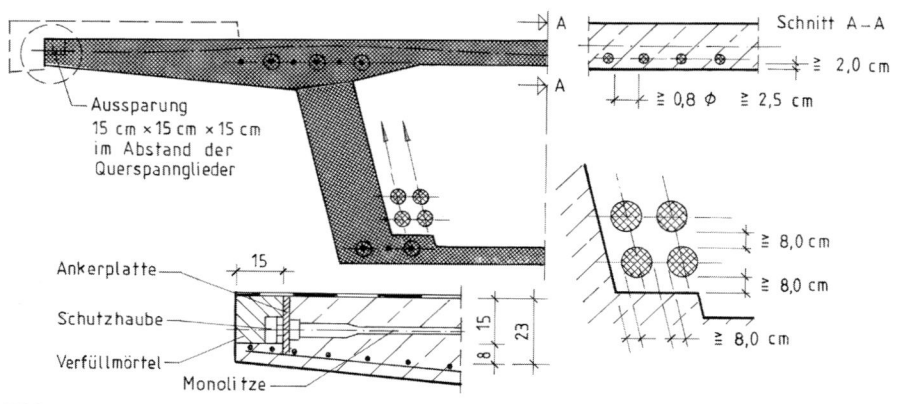

Bild 5.172
Anordnung von verbundlosen Spanngliedern im Hohlkastenquerschnitt

In der Brückenquerrichtung soll die Spannbewehrung, wenn sie denn erforderlich wird, auch verbundlos, aber intern angeordnet werden. Die Kragarmenden müssen dann so eingerichtet sein, daß man an die Spanndrähte wieder herankommen kann. Eine mögliche Ausbildung wird in [107] beschrieben:

Am Kragarmende werden Aussparungen 15/15/15 cm im Abstand der Querspannbündel vorgesehen, in die die außen liegenden Teile der Verankerung untergebracht werden. Der verbleibende Freiraum wird mit einem hohlraumarmen Füllbeton verschlossen, anschließend werden die Kappen aufbetoniert. Im Bedarfsfall muß die Kappe entfernt, der Füllbeton herausgenommen und der Spannanker freigelegt werden. Die Spanndrähte können dann seitlich über ein Transportrad tangential herausgezogen und auf das Brückendeck gefördert werden.

Der lichte Abstand der Spannbündel untereinander und der gegen Betonflächen soll aus Gründen der Unterhaltung 8,0 cm betragen. Für interne Spannglieder gelten die Überdeckungs- und Abstandmaße des nachträglichen Verbundes.

Die Spannkräfte der Längsvorspannung werden an Ankerelementen gespannt und eingeleitet. Ein Ankerelement wird durch einen Querträger, einen Querrahmen oder eine Konsole gebildet. Über dieses Konstruktionsteil fließen die Spannkräfte nach einem Stabwerksmodell in die anteiligen Betonquerschnitte ein. Die Zugkräfte dieses Modelles sind nachzuweisen.

Spanngliedführung

Die Führung der Spannglieder kann geradlinig oder umgelenkt erfolgen. Bei der geradlinigen Führung unterscheidet man:
- Spanngliedlage symmetrisch zum Schwerpunkt des Querschnittes (a),
- Spanngliedlage abgesetzt, über der Stütze oben und im Feld unten (b).

Die umgelenkte Führung erfolgt polygonzugartig im Innern des Hohlkastens. Diese kann nach der Anzahl der Umlenkpunkte variiert werden.

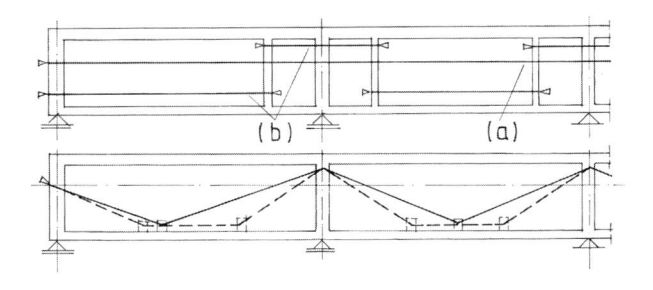

Bild 5.173
Spanngliedführung der extern angeordneten Spannbündel

Mit der geraden Spanngliedführung kann man den Einbau der Spannglieder und ihre Austauschbarkeit einfacher ausführen, sie erfordert aber mehr Spannstahl. Im Bereich der Momentensprünge entstehen Verwindungen im System. Zur Verbesserung der Tragwirkung an diesen Stellen werden folgende Anregungen in der Literatur gegeben:
- zum einen sollte ein Anteil der Spannbewehrung nicht verspringen, sondern geradlinig, symmetrisch zum Schwerpunkt über das ganze System durchlaufen [97],
- zum anderen sollten diese Stellen durch Längsscheiben konstruktiv ausgesteift werden, um die Querbiegemomente und damit die Verwindungen auszuschalten [104, 105].

Mit der umgelenkten Spanngliedführung läßt sich eine bessere Anpassung des Momentenverlaufes aus Vorspannung an denjenigen der äußeren Lasten erzielen. Die Umlenkung der Spannglieder erfolgt an sogenannten Umlenkelementen. An ihnen werden Reibungs- und Umlenkkräfte in die Konstruktion eingetragen. Sie werden an Querträgern, Querrahmen, Konsolen oder Lisenen in Form eines Sattels ausgebildet. Drei verschiedene Arten der Ausführung werden unterschieden:

- Das Spannbündel wird durch eine gerade, rohrförmige Durchdringung hindurchgeführt, die als Mantelrohr in den Querträger einbetoniert wird. Die erforderliche Krümmung aus der Umlenkung wird durch Umlenkformteile aus Kunststoff oder Metall hergestellt, sie werden in die Durchdringung am Bauwerk eingeschoben und befestigt.

- Das Umlenkelement wird als halbseitig offener Sattel durch entsprechend geformte Schalkörper ausgebildet, in die die Spannbündel seitlich eingeschoben werden (a).

- Die Umlenkung wird durch vorgekrümmte Hohlelemente (Kasten oder Rohr) als Durchdringung hergestellt. Die Vorkrümmung entspricht dem Umlenkradius. Die Spannglieder werden als vorgefertigte Litzenbündel oder als Einzellitzen durch die Rohre in den Sattel eingezogen (b).

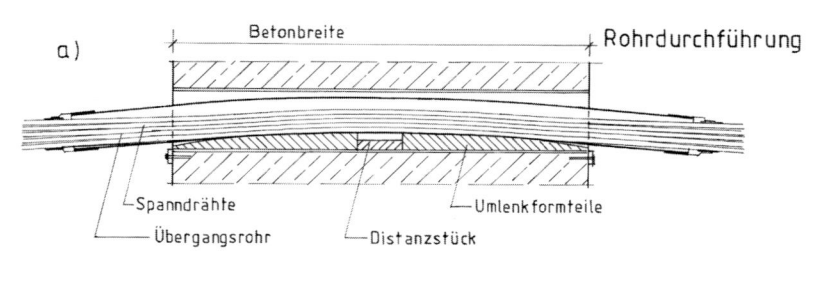

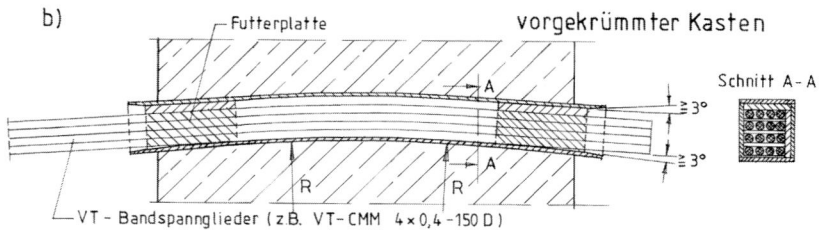

Bild 5.174
Sattelausbildung

Alle Umlenkungen müssen so ausgebildet sein, daß zusätzlich zum planmäßigen Umlenkwinkel θ allseitig eine zusätzliche Winkeltoleranz $\Delta\theta = \pm 3°$ aufgenommen werden kann. Dadurch können Winkelabweichungen, die durch Bautoleranzen entstehen können, von maximal $\pm 3°$ ausgeglichen werden, ohne daß das Spannglied in seiner Umlenkung einen Knick erhält.

Konstruktive Details

In den Bildern 5.175 und 5.176 sind Ausführungsbeispiele der externen Vorspannung abgebildet. Bild 5.175 zeigt die lineare Spanngliedführung mit Bandspanngliedern. Man erkennt die Umlenkstellen im Innern des Hohlkastens, an denen die Spannglieder durch vorgefertigte Krümmungselemente hindurchgeführt werden. Die obere Umlenkung erfolgt am Stützquerträger, der mit der Fahrbahnplatte nicht verbunden ist und in der Mitte für den Durchstieg abgesenkt ist. Die Umlenkung im Feld wird an einer eigens dafür eingerichteten Lisene vorgenommen.

Im Bild 5.176 ist die geradlinige Führung wiederum für Bandspannglieder zu sehen, teilweise mit Verankerungen am Querträger, teilweise mit Durchführungen. Die beiden dargestellten Fälle unterscheiden sich durch die konstruktive Gestaltung des Querträgers. Im kleinen Bild (*Berbke*) ist noch ein handfester Querträger zu sehen, im großen Bild dagegen ist dieser aufgelöst und als Querrahmen ausgebildet worden. Die Spannbewehrung selbst ist stark untergliedert und um den Querrahmen herum angeordnet, wodurch eine bessere Einleitung in die Konstruktion erfolgen kann.

5.4 Grundsätze der baulichen Durchbildung

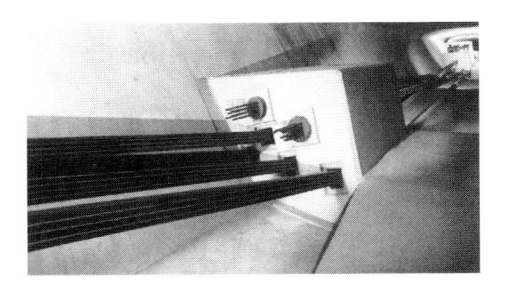

Bild 5.175
Externe Vorspannung, lineare Spanngliedführung am Beispiel der Talbrücke Rümmecke

Bild 5.176
Externe Vorspannung, geradlinige Spanngliedführung am Beispiel der Talbrücken Rumbeck (großes Bild) und Berbke (kleines Bild)

5.4.3 Querschnittsrandkappen

5.4.3.1 Kappen von Straßenbrücken

Regelausbildung mit Schutzeinrichtungen

In der Querschnittsaufteilung einer Straßenbrücke bilden die Kappen den Schrammbordbereich. Durch diesen soll die mechanische Sicherung des Verkehrsraumes erreicht werden. Diese besagt, daß ein von der Fahrbahn abirrendes Rad durch den Vorbord und die Leitplanken aufgefangen und auf die Fahrbahn wieder zurückgelenkt werden soll. Weiterhin erfüllen die Kappen Aufgaben im konstruktiven Bereich. Sie verdecken mögliche Maßungenauigkeiten im Kragarm des Überbaues, die aus fehlerhaften Schalmaßen oder Senkungen von Gerüststützen entstanden sind und decken die Spannköpfe der Quervorspannung ab. Nach der RAS-Q beträgt die lichte Breite des Schrammbordes bei Anordnung von Schutzplanken 1,75 m. Die Regelausbildung der Kappe im Seitenbereich ergibt sich nach Richtzeichnungen der Straßenbauverwaltung wie folgt:

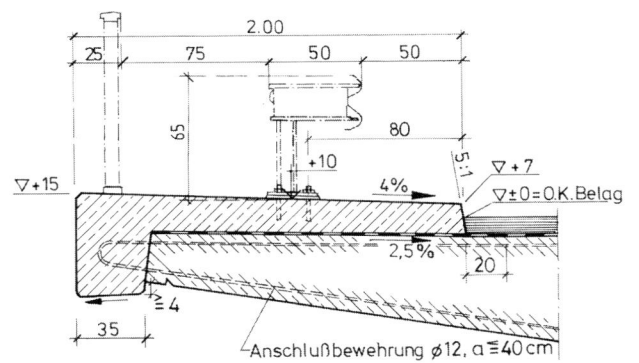

Bild 5.177**
Normalkappe mit Schutzeinrichtung

Mit der mechanischen Sicherung des Verkehrsraumes soll eine sichere Führung der Kraftfahrzeuge erreicht werden, insbesondere soll

- ein Abstürzen der Fahrzeuge von der Brücke (Sicherung des Seitenstreifens) und
- ein Ausbrechen der Fahrzeuge in die Gegenfahrbahn (Sicherung des Mittelstreifens)

vermieden werden.

Die Sicherung erfolgt durch stählerne Distanzschutzplanken. Die Schutzplanken geben die Beanspruchungen über die Pfostenfußpunkte an die Kappen weiter, die sie ihrerseits über eine Anschlußbewehrung in den Kragarm des Überbaues ableiten. Dort müssen die Beanspruchungen am Anschnitt des Kragarmes zum Hauptträger durch eine entsprechende Bewehrung aufgenommen werden. Ein direkter Nachweis der Konstruktionsteile der Schutzplanke ist nicht gefordert. Da diese die Energie aufprallender Fahrzeuge überwiegend durch plastische Verformung aufnehmen, wäre eine Berechnung für eine statisch ruhende Ersatzlast zudem nicht sinnvoll.

Die Berechnungsansätze zur Ermittlung der außergewöhnlichen Einwirkungen aus dem Schrammbordstoß sind in Abschnitt 1.2.6 beschrieben. Für die Regelausbildung mit stählernen Schutzplanken ist eine auf den Überbau übertragene Einzellast von 100 kN anzunehmen, ihr Angriffspunkt liegt

10 cm unter der Oberkante der Schutzplanke oder
1 m über der Fahrbahn.

Der kleinere Wert ist anzusetzen. Die Last verteilt sich an der Übertragungsstelle auf eine Breite von 0,50 m. Als Übertragungsstelle wird der Pfostenfußpunkt angenommen. Die Einzellast darf auf dem Wege ihres Kraftflusses unter 45° verteilt werden.

Für die Einwirkung aus dem Schrammbordstoß gilt im Abschnitt des Kragarmes:

Moment aus dem Schrammbordstoß

$$M_s = H \cdot h$$

mit: $h = a + c + d/2$

a Abstand der Einzellast von der Oberkante des Belages, im Regelfall gleich 0,65 m

c Dicke des Belages (in der Regel 8 cm)

Verteilungsbreite

$$b_I = b_0 + 2 \cdot b_1 + 2 \cdot b_2$$

mit: $b_0 = 0{,}50$ m

Die auf die Bemessungseinheit bezogenen Schnittgrößen betragen:

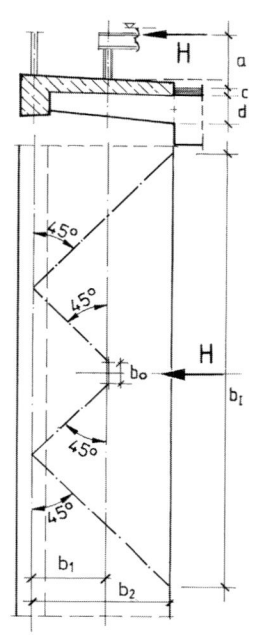

$$m_H = M_s / b_I$$
$$h_H = H / b_I$$

Bild 5.178
Schrammbordstoßverteilung

Die Fahrzeugachse wird hinter der Schutzplanke senkrecht zur Fahrtrichtung angeordnet. Für den Kraftfluß der Radlast ist es sinnvoll, wieder eine Lastausstrahlung unter 45° anzunehmen, wobei aber eine Überschneidung der Einflußbereiche beider Radlasten zu berücksichtigen ist.

Für die Kappe selbst ist kein Festigkeitsnachweis erforderlich, der Kragarm unter der Kappe ist für folgende Bemessungskombinationen getrennt nachzuweisen:

- Ständige Last und Verkehr als Einzeltragglied

$$M_{Ed} = 1{,}35 \, G_k + 1{,}50 \, Q_{r,k}$$

- Ständige Last und Einzelachse

$$M_{Ed} = 1{,}00 \, G_k + 1{,}0 \, Q_{E,k}$$

- Ständige Last und Anprallstoß

$$M_{Ed} = 1{,}00 \, G_k + 1{,}0 \, Q_{F,k}$$

Kappen ohne Schutzeinrichtungen

Bild 5.179 zeigt eine Kappenausbildung ohne Leitplanke, wie sie z. B. bei Brücken im innerstädtischen Bereich zur Ausführung gelangen können. Da dort Geh- und Radwege vorhanden

5.4 Grundsätze der baulichen Durchbildung

sind, treten größere Breiten auf als bei der freien Strecke. Die mechanische Sicherung des Verkehrsraumes, d. h. die Führung und Lenkung eines von der Fahrbahn abirrenden Rades, erreicht man durch einen Vorbord, der 15 cm über die Fahrbahn hinausragt. Die Fahrgeschwindigkeiten liegen im Stadtverkehr in der Regel weit unter denen der freien Strecke, ein Hochsteigen des Rades über 15 cm hinaus ist in der Regel nicht zu erwarten.

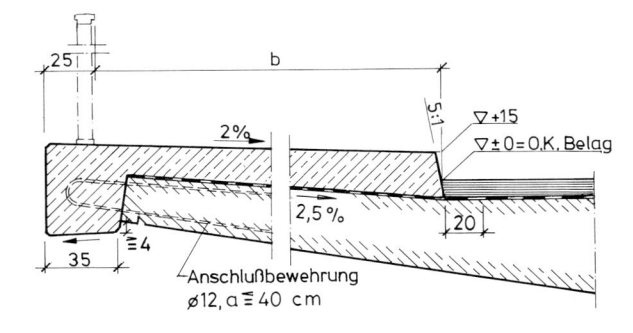

Bild 5.179*
Kappe ohne Schutzplanke mit Hochbord

Für den rechnerischen Nachweis des Schrammbordstoßes ist eine horizontale Ersatzlast von 100 kN, 5 cm unter Oberkante Kappe mit einer Eintragungsbreite von 0,50 m anzusetzen. Gleichzeitig ist eine Vertikallast in folgender Größe zu berücksichtigen:

$$Q_v = 0{,}75 \cdot \alpha_{Q1} \cdot Q_{1k}$$

mit: α_{Q1} Anpassungsfaktor der Achslasten in Fahrstreifen 1
Q_{1k} charakteristischer Wert einer Achslast in Fahrstreifen 1 nach Tabelle 1.1

Weiterhin ist der Nachweis der Einzelachse zu führen, so daß insgesamt wieder die Bemessungskombinationen wie bei Kappen mit Schutzeinrichtungen nachzuweisen sind.

Weitere Kappenausbildungen

Bild 5.180 zeigt die Kappenausbildung einer Wirtschaftswegbrücke, der Vorbord hat eine Höhe von 20 cm. In Bild 5.181 schließlich ist eine Ausbildung einer Mittelkappe dargestellt und zwar diejenige für einen 2,0 m breiten Mittelstreifen bei getrennten Überbauten mit Dachformquerschnitt. Weitere Ausbildungen findet man in den Richtzeichnungen des BMVBW, Abt. Straßenbau, in den jeweils gültigen Fassungen.

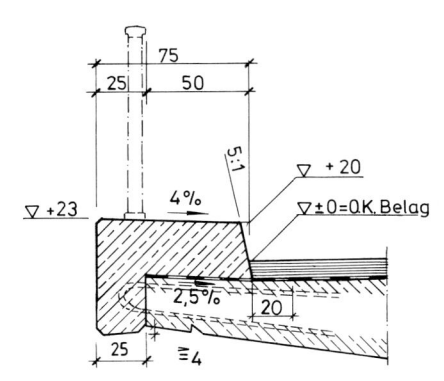

Bild 5.180*
Kappe für Wirtschaftswegbrücken

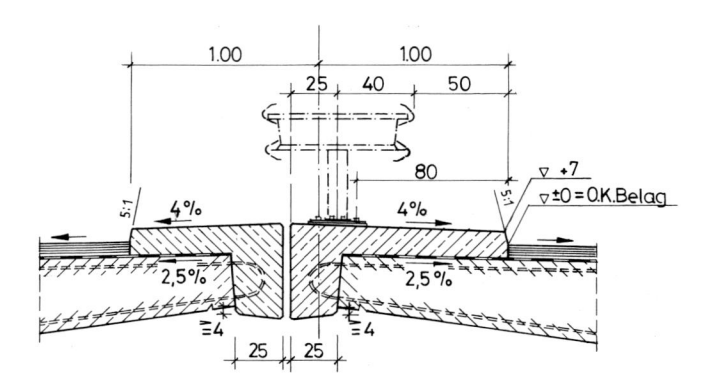

Bild 5.181*
Mittelkappe, schmale Breite

Bewehrung der Kappen

Die Kappen werden fugenlos über die ganze Bauwerkslänge durchgezogen, sie unterliegen daher in Längsrichtung einer starken Schwindbeanspruchung. Diese Beanspruchung führt, wenn durch sie die Betonzugfestigkeit überwunden wird, zu Rissen in der Querrichtung. Aus diesem Grunde beträgt der Bewehrungsprozentsatz der Längsbewehrung 1,3 % des Betonquerschnittes. Die Querbewehrung entspricht den Grundsätzen der Mindestbewehrung. Die Betonüberdeckung ist wegen der Tausalzbeanspruchung außen nach der Tabelle 5.34 mit dem Nennmaß von 4,5 cm anzunehmen, innen reichen 2,5 cm aus. Anzuordnen ist Betonstahl 500 S mit:

längs außen: $\varnothing 10$, $a = 6{,}5$ cm
längs innen: $\varnothing 10$, $a = 11{,}5$ cm
quer: $\varnothing 10$, $a = 20{,}0$ cm

Die Anordnung entnehme man den vorgenannten Richtzeichnungen.

5.4.3.2 Kappen von Eisenbahnbrücken

In der Querschnittsaufteilung einer Eisenbahnbrücke wird die Fahrbahn seitlich durch die Kappen begrenzt und das Schotterbett durch sie gestützt. Bei Brücken für den Normalbetrieb werden Ausbildungen mit versenktem und mit aufgesetztem Kabelkanal unterschieden. Diese sind in den Bildern 5.182 und 5.183 dargestellt. Bild 5.184 zeigt eine Weiterentwicklung der Randkappe, die bei den Querschnitten der Hochgeschwindigkeitsstrasse Hannover-Würzburg Anwendung gefunden hat. Die Weiterentwicklung liegt im wesentlichen in der Gestaltung eines Ausrüstungsbalkens. Hier werden die Oberleitungsmaste mit ihren Abspannungen, Signale, Schaltschränke und Telefonkästen verankert. Die Randkappen übernehmen vielfältige Aufgaben, im einzelnen folgende:

- Die Kappen entkoppeln die Gleisachse von der Bauwerksachse, d.h. sie können so angeordnet werden, daß die Gleisachse im stetigen Übergangsbogen liegt, wenn die Bauwerksachse aus herstellungsbedingten Gründen im Kreisbogen liegen muß.

- Die Kappen verdecken herstellungsbedingte Maßungenauigkeiten im Überbau und schützen die Spannköpfe der Quervorspannung.

- Der seitliche Begrenzungsbalken stützt das Schotterbett.

5.4 Grundsätze der baulichen Durchbildung

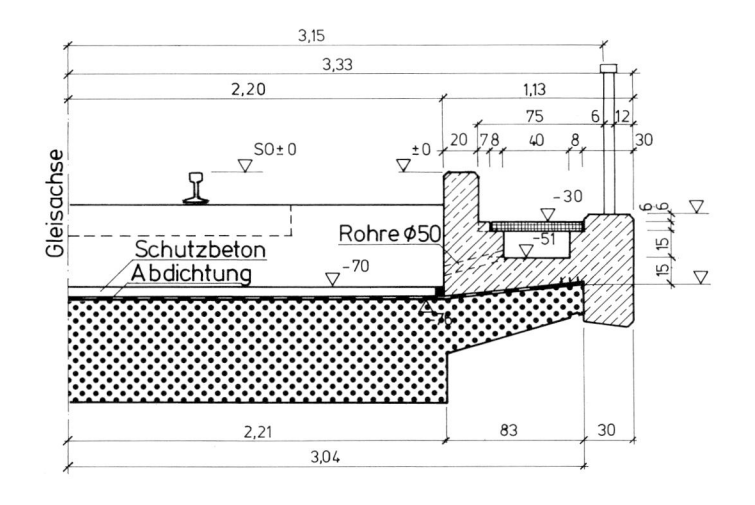

Bild 5.182**
Kappenausbildung
bei Querschnitten mit
versenktem Kabelkanal

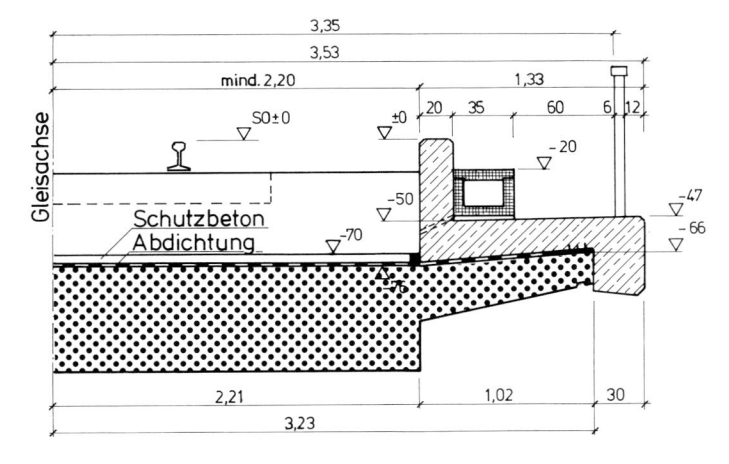

Bild 5.183**
Kappenausbildung
bei Querschnitten mit
aufgesetztem Kabelkanal

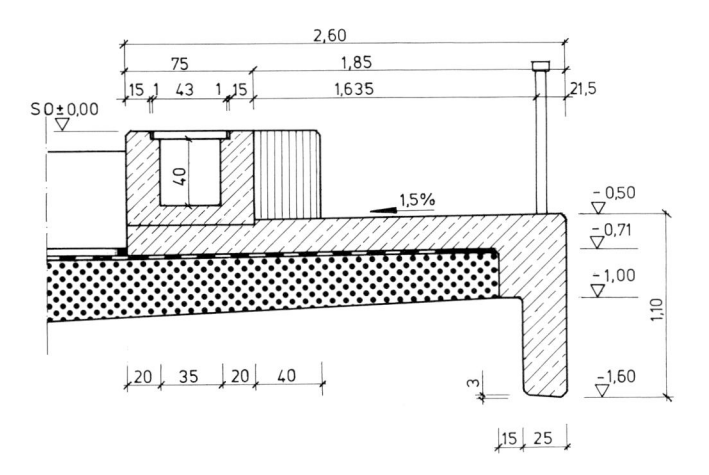

Bild 5.184
Sonderausführung einer
Kappe für ICE-Strecken

- Der Randweg auf der Kappe dient der Unterhaltung der freien Strecke und der Besichtigung des Bauwerkes. Bei den Kappenquerschnitten der Schnelltrasse können auf ihm Unterhaltungsmaschinen und Brückenbesichtigungswagen aufgestellt werden. Dadurch gelingt es, die Brücke ohne Beeinträchtigung des Schnellverkehrs regelmäßig zu inspizieren.

Bewehrung der Kappen

Die Bewehrungsprinzipien entsprechen denen der Kappen der Straßenbrücken. In der Längsrichtung beträgt der Bewehrungsprozentsatz 1,3% des Betonquerschnittes der Kappe, in der Querrichtung ist nach den Grundsätzen der Mindestbewehrung St 500 S, $\varnothing$ 10, $a = 20$ cm anzuordnen. Die Anschlußbewehrung, die die Kappen mit dem statischen Querschnitt verbindet, ist mindestens zu $\varnothing$ 12, $d = 40$ cm zu wählen. Für die Überdeckungsmaße gelten für die Außenseiten 4,5 cm. Über die Aufteilung und Anordnung der Bewehrung informiere man sich in den jeweils gültigen Richtzeichnungen der Deutschen Bahn AG (siehe Bildnachweis am Buchende).

5.5 Berechnungsbeispiele

5.5.1 Fußgängerbrücke, vorgespannt

5.5.1.1 System und Einwirkungen

Für eine Fußgänger- und Radwegbrücke, als Balken auf zwei Stützen konzipiert, soll für die Einwirkungen nach dem DIN-Fachbericht 101 die Bemessung nach dem DIN-Fachbericht 102 durchgeführt werden.

Das Bauwerk ist vorzuspannen durch ein Spannverfahren mit nachträglichem Verbund. Die Gebrauchstauglichkeitskriterien sind nach der Anforderungsklasse B der Nachweisbedingungen der Tabelle 4.118 des DIN-Fachberichtes auszurichten.

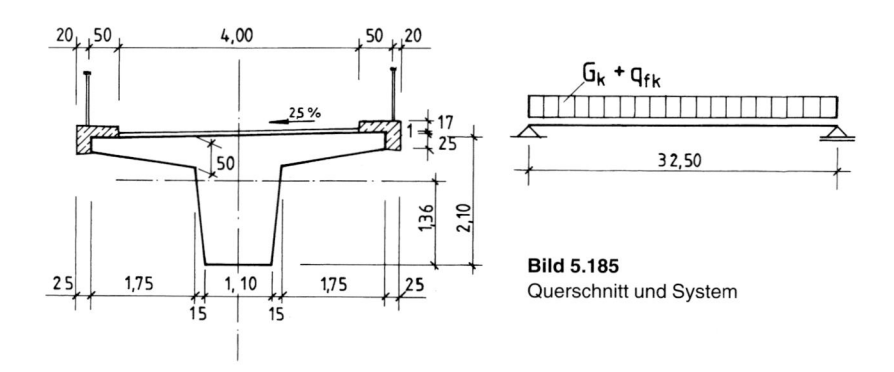

Bild 5.185
Querschnitt und System

Baustoffe

Beton C 35/45, $E_{cm} = 33300$ N/mm^2
Spannstahl St 1570/1770, Betonstahl St 500 (H), $E_p = 195000$ N/mm^2

Querschnittswerte

Aus getrennter Berechnung ergibt sich:

$$A_c = 3{,}97 \text{ m}^2, \quad I_{cy} = 1{,}562 \text{ m}^4, \quad z_u = 1{,}36 \text{ m}$$

$$W_{co} = \frac{1{,}562}{2{,}10 - 1{,}36} = 2{,}11 \text{ m}^3; \quad W_{cu} = \frac{1{,}562}{1{,}36} = 1{,}15 \text{ m}^3$$

Mitwirkende Plattenbreite für den Nachweis des Grenzzustandes der Tragfähigkeit und der Schwingung, sowie für die Berechnung der Durchbiegung:

$$b_{\text{eff}} = b_{\text{vorh}} = 1{,}75 \text{ m}$$

Mitwirkende Plattenbreite für den Spannungs- und Rißbreitennachweis im Grenzzustand der Gebrauchstauglichkeit:

$$b_{\text{eff},1} = 0{,}2 \cdot 1{,}75 + 0{,}1 \cdot 32{,}5 = 3{,}60 \text{ m} > 1{,}75 \text{ m}$$

somit $b_{\text{eff}} = b_{\text{vorh}} = 1{,}75$ m.

Einwirkungen

Ständige Last:		$G_{k1} = 3{,}97 \cdot 25{,}0$	$= 99{,}25$ kN/m
Ausbaulasten:	Kappen:	$2(0{,}7 \cdot 0{,}17 + 0{,}25 \cdot 0{,}25)25{,}0 =$	$9{,}08$ kN/m
	Belag:	$0{,}075 \cdot 4{,}0 \cdot 23{,}0$	$= 6{,}90$ kN/m
	Geländer:	$2 \cdot 0{,}44$	$= \underline{0{,}88 \text{ kN/m}}$
		$G_{k2} =$	$16{,}86$ kN/m
		$G_k =$	$116{,}10$ kN/m

Verkehrslast; Lastmodell Vertikallast:

$$q_{fk} = 2{,}0 + \frac{120}{32{,}5 + 30} = 3{,}92 \text{ kN/m}^2 < 5{,}0 \text{ kN/m}^2 > 2{,}5 \text{ kN/m}^2$$

$$= 3{,}92 \cdot 5{,}0 = 19{,}60 \text{ kN/m}$$

Schnittgrößen

$$\left. \begin{array}{l} \max M_{G,k1} = 99{,}25 \cdot 32{,}5^2/8 = 13104 \text{ kNm} \\ \max M_{G,k2} = 16{,}86 \cdot 32{,}5^2/8 = 2226 \text{ kNm} \end{array} \right\} M_{G,k} = 15330 \text{ kNm}$$

$$\max M_{Q1,k} = 19{,}60 \cdot 32{,}5^2/8 = 2588 \text{ kNm}$$

$$V_{AG,k} = 116{,}1 \cdot 32{,}5 /2 = 1887 \text{ kN}$$

$$V_{AQ,k} = 19{,}6 \cdot 32{,}5 /2 = 319 \text{ kN}$$

Querbiegemoment: $m_{Tk} = 3{,}92 \cdot 2{,}5^2/2 = 12{,}25$ kNm/m

$T_A = T_B = 12{,}25 \cdot 32{,}5/2 = 199{,}1$ kNm ≈ 200 kNm

5.5.1.2 Lastfall Vorspannung

a) Vorwerte zum Spannvorgang

Es wird eine Vorspannung mit nachträglichem Verbund mit Hilfe des Litzenspannverfahrens SUSPA-EC 2, 140 mm² gewählt.

Spannstahl: St 1570/1770 ($f_{p;0,2k}/f_{pk}$)

Charakteristischer Wert der Streckfestigkeit: $f_{p;0,1k} = 1500$ N/mm²
Charakteristischer Wert der Zugfestigkeit: $f_{pk} = 1770$ N/mm²
Zulässige Stahlspannungen: zul $\sigma_{ps} \leq 0{,}75 \cdot 1770 = 1328$ N/mm²
$\leq 0{,}85 \cdot 1500 = 1275$ N/mm²
(maßgebend)

Spannbündel: Gewählt Typ (6–9) mit $A_p = 12{,}6$ cm²
zul $P = 12{,}6 \cdot 10^2 \cdot 1275 \cdot 10^{-3} = 1606$ kN
nach dem Zulassungsbescheid Nr. Z 13.1-21 vom 31.7.2001 gilt:
Hüllrohr Typ I, $d_i/d_a = 65/72$ mm, $\mu = 0{,}21$, $k = 0{,}3°/$m

Spanngliedführung:

Gewählt wird die Parabelform. Für die Bestimmung des Hebelarmes wird zunächst von einer einlagigen Spannbewehrung ausgegangen mit:

Betonüberdeckung:	= 4,5 cm	
statischer Bügel:	= 1,4 cm	
schlaffe Bewehrung:	= 1,6 cm	$e'_z = 12{,}3$ cm
Tragbügel:	= 1,2 cm	
Spannbündel:	$\frac{1}{2} \cdot 7{,}2 = 3{,}6$ cm	

Damit wird $e_z = 1{,}36 - 0{,}123 = 1{,}24$ m. Nach einer Abschätzung der Spannkraft ergeben sich 9 Spannbündel; diese können nicht in einer Lage untergebracht werden, es wird daher von 10 Spannbündeln in der Aufteilung nach Bild 5.187 ausgegangen.

Schwerpunkt der Bewehrung zum Schwerpunkt der unteren Lage:

$$a = \frac{4}{10}(3{,}6 + 5{,}0 + 3{,}6) = 4{,}8 \text{ cm}$$

$$e'_z = 8{,}7 + 4{,}8 + 3{,}6 = 17{,}2 \text{ cm}, \quad e_z = 1{,}36 - 0{,}172 = 1{,}19 \text{ m}$$

$$z(x) = \frac{4 \cdot 1{,}19}{32{,}5^2}(32{,}0\,x - x^2) = -4{,}51 \cdot 10^{-3} \cdot x^2 + 0{,}146\,x$$

b) Mittelwert der Vorspannkraft

- Spannvorgang

  – Reibungsverluste in der Feldmitte: $x = 16{,}25$ m

  $$\tan \theta = \frac{4 \cdot 1{,}19}{32{,}5} = 0{,}1464, \quad \theta = 8{,}33°$$

  $$\gamma = 8{,}33° + 0{,}3° \cdot 32{,}5/2 = 13{,}2° \triangleq 0{,}2304 \text{ im Bogenmaß}$$

  somit: $P_{0(x)} = P_0\, e^{-0{,}21 \cdot 0{,}2304} = 0{,}952\, P_0$

  – Reibungsverluste am Auflager: $x = 32{,}50$ m

  $$\gamma = 2 \cdot 13{,}2° = 26{,}4° \triangleq 0{,}4610 \text{ im Bogenmaß}$$

  somit: $P_{0(x)} = P_0\, e^{-0{,}21 \cdot 0{,}4610} = 0{,}908\, P_0$

5.5 Berechnungsbeispiele

- Zulässige Überspannungen im Spannvorgang (allgemein)

$$\sigma_{p\ddot{u}} \leq 0{,}80 \cdot 1770 = 1416 \text{ N/mm}^2$$
$$\leq 0{,}90 \cdot 1500 = 1275 \text{ N/mm}^2$$

- Höchstwert der Überspannung

Die Spannbündel liegen weniger als drei Wochen ungeschützt im Hüllrohr, folglich:

$$a = -0{,}21 \cdot 0{,}4610 \cdot 0{,}5 = -0{,}048; \quad \text{somit } e^a = 0{,}953$$
$$\sigma_{p,\max} \leq 0{,}953 \cdot 0{,}80 \cdot 1770 = 1349 \text{ N/mm}^2$$
$$\leq 0{,}953 \cdot 0{,}90 \cdot 1500 = 1287 \text{ N/mm}^2$$

- Bezogene Überspannung

Allgemein: $\sigma_{p,s\ddot{u}} = (1350/1275) \text{ zul } \sigma_{ps} = 1{,}059 \text{ zul } \sigma_{ps}$

Höchstwert: $\max \sigma_{p,s\ddot{u}} = (1287/1275) \text{ zul } \sigma_{ps} = 1{,}009 \text{ zul } \sigma_{ps}$

- Anspannen

Für eff P = zul P in der Feldmitte gilt mit P_0 = zul P:

$$0{,}952 \, P_{A(0)} \stackrel{!}{=} 1{,}0 \, P_0$$
$$P_{A(0)} = \frac{1{,}0}{0{,}952} P_0 = 1{,}050 \, P_0 > 1{,}009 \, P_0$$

Es wird die Höchstwertbegrenzung maßgebend, somit gilt in der Feldmitte:

$$\text{eff } P = \frac{1{,}009}{1{,}050} P_0 = 0{,}961 \, P_0$$

- Nachlassen

$$1{,}0 \, P_{N(0)} \stackrel{!}{=} 1{,}0 \, P_0$$
$$P_{N(0)} = \frac{1{,}0}{1{,}009} P_0 = 0{,}991 \, P_0$$

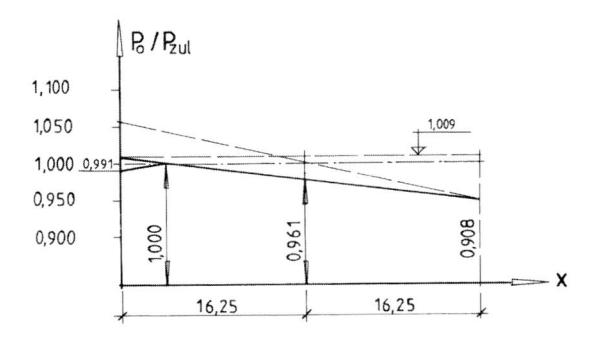

Bild 5.186 Bezogene Spannkräfte im Spannvorgang

- Mittelwerte der Vorspannkraft

Feldmitte: $P_{m,\infty} = 0{,}961 \text{ zul } P - P_{t,ksR}$

Auflager: $P_{m,\infty} = \frac{1}{2}(0{,}991 + 0{,}908) \text{ zul } P = 0{,}950 \text{ zul } P - P_{t,ksR}$

c) Vorläufige Wahl der Vorspannkraft

Die erforderliche Spannkraft wird nach den Bedingungen der Dekompression im Gebrauchszustand für die Anforderungsklasse B nach der Tabelle 5.26 bestimmt. Maßgebend ist die häufige Einwirkungskombination.

$$M_{\text{häufig}} = 15330 + 0{,}40 \cdot 2588 = 16365 \text{ kNm}$$

mit: $A_c = 3{,}97 \text{ m}^2$, $W_{cd} = W_{cu} = 1{,}15 \text{ m}^3$, $e_z = 1{,}19 \text{ m}$ ergibt sich:

$$\text{erf } P_{m,\infty} = \frac{1}{0{,}9} \frac{1}{0{,}961} \left[\frac{\frac{16365}{1{,}15}}{\frac{1}{3{,}97} + \frac{1{,}19}{1{,}15}} \right] = 12754 \text{ kN}$$

Die Kriech-, Schwind- und Spannstahlrelaxationsverluste werden zunächst mit 20 % angenommen:

$$\text{erf } P_{m,0} = \frac{12754}{1 - 0{,}20} = 15943 \text{ kN}$$

Erforderlich werden 10 Bündel SUSPA Typ (6–9) mit vorh $P_0 = 16060$ kN

d) Verluste aus Kriechen, Schwinden und Spannstahlrelaxation

Vorwerte

$$E_c = 33300 \text{ n/mm}^2, \quad E_p = 195000 \text{ N/mm}^2, \quad \alpha_p = \frac{E_p}{E_c} = 5{,}82$$

Wirksame Bauteildicke:

$$h_0 = \frac{2 \cdot A_c}{u} = \frac{2 \cdot 3{,}97}{13{,}0} = 0{,}61 \text{ m} \approx 0{,}60 \text{ m}$$

Der Betoniervorgang ist für eine Zeit geplant, in der die Außentemperatur vom Kalender her den Wert von 20°C nicht übersteigen wird. Als Zement kommt ein normal erhärtender Zement 42,5 N zur Anwendung. Damit ist keine Erhöhung des Betonalters zu berücksichtigen, das wirksame Betonalter entspricht dem wahren Alter des Betons.

Zeitpunkt des Aufbringens der Vorspannkraft:

Der Beton C 35/45 kann bei einer Festigkeit des jungen Betons von 34 N/mm² als Zylinderdruckfestigkeit belastet werden, jedoch soll er nicht früher als 5 Tage angespannt werden, somit:

$$t_0 = 5 \text{ Tage}$$

Hierfür ergibt sich das Endschwindmaß ($t = \infty$) nach den Bildern 5.111 und 5.112, für RH = 80 % und $h_0 = 0{,}60$ m zu:

$$\varepsilon_{cs,\infty} = (-0{,}07 - 0{,}26) \cdot 10^{-3} = -0{,}33 \cdot 10^{-3}$$

Die Endkriechzahl ergibt sich nach Bild 5.110 für RH = 80 % und $h_0 = 0{,}60$ m:

$$\varphi_{(\infty, t_0)} = 2{,}1$$

5.5 Berechnungsbeispiele

Verluste in der Feldmitte

- Spannstahlrelaxationsverlust

  1. Näherung mit angenommenen Gesamtverlust von 20 %:

  $$\sigma_{p,t=0} = 1275 \, (1 - 0{,}3 \cdot 0{,}20) = 1199 \, \text{N/mm}^2$$

  $$f_{pk} = 1770 \, \text{N/mm}^2$$

  $$\frac{\sigma_{p,t=0}}{f_{pk}} = \frac{1199}{1770} = 0{,}68$$

  Relaxationsverlust nach Tabelle 5.19 ≙ 5,7 %, somit:

  $$\Delta\sigma_{pr} = 0{,}057 \cdot 1275 = 73 \, \text{N/mm}^2$$

- Kriecherzeugende Spannung unter Dauerlast

  Ständige Last: $M_{G,k} = +13{,}104$ MNm

  $$\sigma_{cu} = + \frac{13{,}10}{1{,}15} = +11{,}4 \, \text{MN/m}^2$$

  $$\sigma_{cp} = +11{,}4 \, \frac{1{,}19}{1{,}36} = +10{,}0 \, \text{MN/m}^2$$

  Vorspannung: $P_0 = 16{,}06$ MN, $M_{p0} = 16{,}06 \cdot 1{,}19 = 19{,}11$ MNm

  $$\sigma_{co} = -\frac{16{,}06}{3{,}97} + \frac{19{,}11}{2{,}11} = +5{,}0 \, \text{MN/m}^2$$

  $$\sigma_{cu} = -\frac{16{,}06}{3{,}97} - \frac{19{,}11}{1{,}15} = -20{,}7 \, \text{MN/m}^2$$

  $$x = 2{,}10 \, \frac{20{,}7}{20{,}7 + 5{,}0} = 1{,}69 \, \text{m}, \quad e_z = 1{,}69 - 0{,}171 = 1{,}52 \, \text{cm}$$

  $$\sigma_{cp} = -20{,}7 \, \frac{1{,}52}{1{,}69} = -18{,}6 \, \text{MN/m}^2$$

- Gesamtverlust

  $$\Delta\sigma_{p,ksR} = \frac{-1{,}95 \cdot 10^5 \cdot 33 \cdot 10^{-5} - 73 + 5{,}82 \cdot 2{,}1 \, (+10{,}0 - 18{,}6)}{1 + \frac{0{,}0126}{3{,}97} \left[1 + \frac{3{,}97}{1{,}562} \, 1{,}19^2\right] [1 + 0{,}8 \cdot 2{,}1]} = -233 \, \text{MN/m}^2$$

  $$\text{Verlust} \triangleq -\frac{233}{1275} = 0{,}183 = 18{,}3 \, \%$$

  2. Näherung des Spannstahlrelaxationsverlustes mit 18,5 %

  $$\sigma_{p,t=\infty} = 1275 \, (1 - 0{,}3 \cdot 0{,}185) = 1204 \, \text{N/mm}^2 \rightarrow \Delta\sigma_{pr} = 75 \, \text{N/mm}^2$$

  Damit pendelt sich der Spannkraftverlust ein bei:

  $$\Delta\sigma_{p,ksR} = 235 \, \text{N/mm}^2 \triangleq 18{,}4 \, \% \text{ endgültig}$$

Verluste am Auflager

Der Verlust aus der Spannstahlrelaxation wird, wie vorstehend gezeigt, mit einem Gesamtverlust von 18,4% ermittelt zu:

$$\Delta \sigma_{pr} = 75 \text{ N/mm}^2$$

Mit den kriecherzeugenden Spannungen unter Dauerlast von:

Ständige Last: $\sigma_{cp} = 0$ und Vorspannung: $\sigma_{cp} = \dfrac{16,06}{3,97} = -4,0 \text{ MN/m}^2$

ergibt sich dann der Gesamtverlust zu:

$$\Delta \sigma_{p,ksR} = \frac{-1,95 \cdot 10^5 \cdot 33 \cdot 10^{-5} - 75 + 5,82 \cdot 2,1(-4,0)}{1 + \dfrac{0,0126}{3,97}\left[1 + \dfrac{3,97}{1,562}\,1,19^2\right][1 + 0,8 \cdot 2,1]} = -187 \text{ MN/m}^2$$

$$\text{Verlust} \triangleq -\frac{187}{1275} = 0,146 = 14,6\%$$

Mit einer 2. Näherung des Spannstahlrelaxationsverlustes von 15% pendelt sich der Spannkraftverlust ein bei:

$$\Delta \sigma_{p,ksR} = -191 \text{ N/mm}^2, \text{ d.h. es entsteht ein Verlust von } 14,9\% \text{ endgültig}$$

e) Endgültige Wahl der Vorspannkraft

Unter Ansatz des endgültigen Spannkraftverlustes ergibt sich die erforderliche Spannkraft zu:

$$\text{erf } P_{m,0} = \frac{12754}{1 - 0,184} = 15630 \text{ kN}$$

Es bleibt bei der vorläufigen Wahl, erforderlich werden 10 Bündel SUSPA Typ (6–9) mit vorh $P_0 = 10 \cdot 1606 = 16060$ kN

Die endgültigen Mittelwerte der Vorspannkraft lauten:

Feldmitte: $P_{m,0} = 0,961 \cdot 16060 = 15434$ kN
$P_{m,\infty} = (1 - 0,184)\,0,961 \cdot 16060 = 12594$ kN
Auflager: $P_{m,0} = 0,950 \cdot 16060 = 15257$ kN
$P_{m,\infty} = (1 - 0,149)\,0,950 \cdot 16060 = 12983$ kN

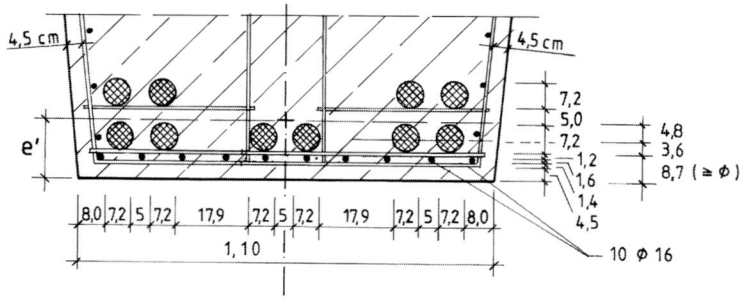

Bild 5.187
Bewehrungsanordnung

5.5.1.3 Grenzzustand der Tragfähigkeit

Vorwerte

Plattenbalken: $b_f = 4{,}80$ m, $h_f = 0{,}375$ m im Mittel, $b_w = 1{,}25$ m

mitwirkende Breite gleich geometrischer Breite (DIN-FB 102, 2.5.2.2(103))

Beton: C 35/45, $f_{ck} = 35$ N/mm², $f_{cd} = 35/1{,}5 = 23{,}3$ N/mm²

Spannstahl: 1570/1770; $f_{p,0,1k} = 1500$ N/mm², $f_{pd} = 1500/1{,}15 = 1304$ N/mm²

Betonstahl 500 (H), $f_{yk} = 500$ N/mm², $f_{yd} = 500/1{,}15 = 435$ N/mm²

$E_p = 195000$ N/mm², $E_s = 200000$ N/mm², $E_c = 33300$ N/mm²

Außermittigkeit der Spannbewehrung: $e_z = 1{,}19$ m, $e'_z = 0{,}171$ m

Nachweis der Biegetragfähigkeit im Schnitt $\xi = x/l = 0{,}5$

a) Betriebszustand, max M, Zeitpunkt $t = \infty$

Es liegt eine statisch bestimmte Vorspannung vor, deren Berücksichtigung auf der Widerstandsseite erfolgt. Als Bewehrung wird nur Spannstahl gewählt.

$z^u = 1{,}36$ m, $d_p = 2{,}10 - 0{,}171 = 1{,}93$ m, $A_p = 126$ cm²

$M_{G,k} = 15{,}33$ MNm, $M_{QI} = 2{,}59$ MNm, $P_{m,\infty} = -12{,}59$ MN

Bemessungskombination:

$M_{Ed} = 1{,}35 \cdot 15{,}33 + 1{,}50 \cdot 2{,}59 = 24{,}60$ MNm, $N_{Ed} = 0$

Ermittlung der Bewehrung über Näherungsansatz mit:

$z = 1{,}93 - 0{,}375/2 = 1{,}74$ m, $h_f = 0{,}375$ m $< 0{,}27 \cdot 1{,}93 = 0{,}52$ m

$$\text{erf } A_p = \frac{1}{10^{-4}} \left[\frac{24{,}60}{1{,}74 \cdot 1304} \right] = 108 \text{ cm}^2 < \text{vorh } A_p = 126 \text{ cm}^2$$

Die Bewehrung ist durch die Erfordernisse der Dekompression festgelegt, der Grenzzustand der Tragfähigkeit wird nicht maßgebend.

Betonspannungen in der Biegedruckzone:

$$\sigma_c = \frac{24{,}60}{1{,}74 \cdot 0{,}375 \cdot 4{,}8 \cdot 1{,}0} = 7{,}9 \text{ MN/m}^2 < 0{,}85 f_{cd} = 19{,}8 \text{ MN/m}^2$$

b) Bauzustand, min M, Zeitpunkt $t = 0$

Die Vorspannung wird jetzt auf der Einwirkungsseite angesetzt:

Randabstand der oberen Bewehrungslage ($\varnothing$ 12) $= 4{,}0 + 1{,}2 + 1{,}2/2 = 5{,}8$ cm

$z^o = 2{,}10 - 1{,}36 = 0{,}74$ m, $z_s^o = 0{,}74 - 0{,}058 = 0{,}682$ m

$d_s^o = 1{,}36 + 0{,}683 = 2{,}04$ m

$P_{m,0} = -15{,}43$ MN, $M_{pm,0} = -15{,}43 \cdot 1{,}19 = -18{,}36$ MNm, $M_{G,k} = 13{,}10$ MNm

Bemessungskombination:

$M_{Ed} = 1{,}0 \cdot 13{,}10 + 1{,}0 \, (-18{,}36) = -5{,}26$ MNm, $N_{Ed} = -15{,}43$ MN

$M_{Eds} = -5{,}26 - (-15{,}43)(-0{,}682) = -15{,}78$ MNm

Bezogenes Moment:

$$\mu_{sds} = \frac{15{,}78}{1{,}25 \cdot 2{,}04^2 \cdot 23{,}3} = 0{,}15, \quad \text{nach Heft 425 DAfStb}$$

mit $z = 0{,}899 \cdot 2{,}04 = 1{,}83$ m, $\varepsilon_{s1} = 11\,‰$

$$\sigma_z = 11 \cdot 10^{-3} \cdot 2 \cdot 10^5 = 2200 \text{ N/mm}^2 > f_{yd} \text{ (maßgebend)}$$

$$\text{erf } A_s = \frac{1}{435}\left[\frac{15{,}78}{1{,}83} - 15{,}43\right] 10^{-4} < 0$$

keine Bewehrung erforderlich, da der Querschnitt überdrückt ist. Es wird die Mindestbewehrung aus der Rißbreitenbeschränkung eingelegt.

Nachweis der Querkraft- und Torsionstragfähigkeit

a) **Einwirkungen zum Zeitpunkt** $t = \infty$

Bemessungswert der Querkraft

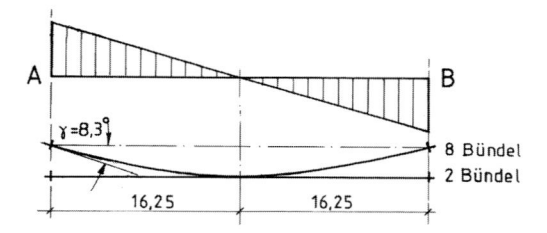

Bild 5.188
Querkraft und Spanngliedzuordnung

- Querkraft im Auflagerpunkt:

  Ständige Last und Verkehr nach Abschnitt 5.5.1.1:

  $$V_{AG,k} = 1887 \text{ kN}$$
  $$V_{AQ,k} = 319 \text{ kN}$$

- Aus dem Mittelwert der Vorspannung mit $\gamma = 8{,}33°$ nach Abschnitt 5.5.1.2:

  $$V_{pd,\infty} = -\frac{8}{10} \cdot 12983 \cdot \sin 8{,}33° = -1505 \text{ kN}$$

- Bemessungswert:

  $$V_{Ed} = 1{,}35 \cdot 1887 + 1{,}50 \cdot 319 - 1{,}0 \cdot 0{,}9 \cdot 1505 = +1671 \text{ kN}$$

Bemessungswert des Torsionsmomentes

- Torsion allein
  - Geometrie des Schubflußquerschnittes

    $$A = \frac{1{,}10 + 1{,}50}{2} \cdot 2{,}1 = 2{,}73 \text{ m}^2$$

    $$u = 2 \cdot 2{,}10 + (1{,}50 + 1{,}10) = 6{,}8 \text{ m}$$

  - Betondeckung der Längsbewehrung

    $$e = 4{,}0 + 1{,}2 = 5{,}2 \text{ cm}$$

5.5 Berechnungsbeispiele

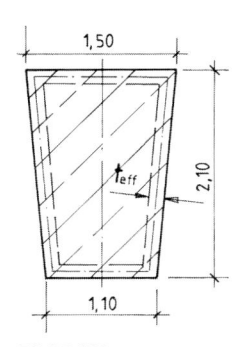

Bild 5.189 Torsionsquerschnitt

Achsabstand der Längsbewehrung vom Außenrand

$a = 5{,}2 + 0{,}6 = 5{,}8$ cm

gewählt $t_{\text{eff}} = 2 \cdot 5{,}8 = 11{,}6$ cm $\approx 12{,}0$ cm

$2\,c = 10{,}4$ cm $< t_{\text{eff}} < \dfrac{A}{u} = 40$ cm

$u_{kh} = \dfrac{1{,}10 + 1{,}50}{2} - 2 \cdot \dfrac{0{,}12}{2} = 1{,}18$ m

$u_{kv} = 2{,}10 - 2 \cdot \dfrac{0{,}12}{2} = 1{,}98$ m

$A_k = 1{,}18 \cdot 1{,}98 = 2{,}33$ m²

- Bemessungswert: $T_{Ed} = 0 + 1{,}50 \cdot 200 = 300$ kNm

- **Querkraft und Torsion**
  - Schubkraft: $V_{Ed,T} = \dfrac{300 \cdot 1{,}98}{2 \cdot 2{,}33} = 127$ kN
  - Querkraft und Torsion: $V_{Ed,T+V} = 127 + \dfrac{1671 \cdot 0{,}12}{1{,}30} = 281$ kN

- **Neigung der Betondruckstrebe**
  - Betonnormalspannung infolge Vorspannung ($t = \infty$):
    $\sigma_{cp,t} = 12{,}98/3{,}97 = 3{,}27$ MN/m²
  - Querkraftanteil des Betons für die Randschale mit $t_{\text{eff}} = 0{,}12$ m:

    $V_{Rd,c} = \left[2{,}4 \cdot 0{,}10 \cdot 35^{1/3} \left(1 + 1{,}2\,\dfrac{3{,}22}{23{,}3}\right)\right] 1{,}93 \cdot 0{,}12 = 0{,}22$ MN

  - Neigungswinkel, gemeinsam für Querkraft und Torsion:

    $\cot \theta = \dfrac{1{,}2 - 1{,}4\,\dfrac{3{,}37}{23{,}3}}{1{,}0 - \dfrac{0{,}220}{0{,}281}} = 4{,}6$; gewählt Grenzwert 3,0 mit $\theta = 18{,}5°$

b) Bauteilwiderstände

$\alpha_c = 0{,}75,\ \alpha_{c,red} = 0{,}525$

- **Querkraftwiderstand der Druckstrebe**

  $V_{Rd,\max} = \dfrac{0{,}75 \cdot 23{,}2 \cdot 1{,}30 \cdot 1{,}74}{\tan 18{,}5° + \cot 18{,}5°} = 11{,}9$ MN $> V_{Ed}$

- **Querkraftwiderstand der Zugstrebe**

  $V_{Rd,sy} = a_{sw} \cdot 1{,}74 \cdot 43{,}5\, \cot 18{,}5°$

  mit: $V_{Rd,sy} = V_{Ed}$ ergibt sich der erforderliche Bügelquerschnitt

  $\text{erf } a_{sw} = \dfrac{1671}{1{,}74 \cdot 43{,}5}\, \tan 18{,}5° = 7{,}3$ cm²/m

- Torsionswiderstand der Druckstrebe

$$T_{Rd,\max} = 0{,}525 \cdot 23{,}3 \cdot 2{,}33 \sin(2 \cdot 18{,}5°) = 17{,}1 \text{ MNm} > T_{Ed}$$

- Torsionswiderstand der Zugstrebe

$$T_{Rd,sy} = T_{Rd,syw} + T_{Rd,syl}$$

mit: $T_{Rd,syw} = 2 \cdot 2{,}33 \cdot 43{,}5 \cot 18{,}5° \cdot a_{sw} = 608{,}1\, a_{sw}$

$T_{Rd,syl} = 2 \cdot 2{,}33 \cdot 43{,}5 \tan 18{,}5° \cdot a_{sl} = 67{,}8\, a_{sl}$

Mindestanteil der Bewehrung unter der Annahme gleicher Teilwiderstände

$$T_{Rd,syw} = T_{Rd,syl} = T_{Ed}/2 = 300/2 = 150 \text{ kNm}$$

- Bügel: $a_{sw} = \dfrac{150}{608{,}1} = 0{,}25 \text{ cm}^2/\text{m Balkenlänge}$

- Längsbewehrung: $a_{sl} = \dfrac{150}{67{,}8} = 2{,}20 \text{ cm}^2/\text{m Umfangslänge}$

c) Interaktionskontrollen

- Beanspruchung in der Betondruckstrebe

$$\left[\dfrac{0{,}30}{17{,}1}\right]^2 + \left[\dfrac{1{,}67}{11{,}9}\right]^2 = 0{,}02 < 1{,}0, \text{ Bedingung erfüllt}$$

- Bewehrungskriterium

1) $T_{Ed} = 0{,}30 \text{ MNm} < 1{,}67 \cdot 1{,}3/4{,}5 = 0{,}48 \text{ MNm}$

2) $1{,}74 \left[1 + \dfrac{4{,}5 \cdot 0{,}30}{1{,}67 \cdot 1{,}30}\right] = 2{,}71 \text{ MN} \overset{!}{\leq} V_{Rd,ct}$

$V_{Rd,ct} = \left[0{,}10 \cdot 2{,}02\, (100 \cdot 0{,}006 \cdot 35)^{1/3} + 0{,}12 \cdot 3{,}27\right] \cdot 1{,}30 \cdot 1{,}93 = 2{,}34 \text{ MN}$

mit: $\kappa = 2{,}02$, $\rho_l = 0{,}006$, $f_{ck} = 35 \text{ N/mm}^2$, $\sigma_{cp,t} = -3{,}27 \text{ N/mm}^2$

Bedingung 2) nicht erfüllt, die Querkraft- und Torsionsbewehrung ist nachzuweisen.

d) Bemessung für Querkraft und Torsion

Bügelbewehrung

Maximaler Bügelabstand nach Tabelle 5.36:

$$V_{Ed} = 1{,}67 \text{ MN} < 0{,}30\, V_{Rd,\max} = 0{,}3 \cdot 11{,}9 = 3{,}57 \text{ MN}$$

erforderlich wird max $s = 0{,}30$ m

Maximaler Bügelabstand für die Torsionsbewehrung:

$$u_k = (1{,}18 + 1{,}98)/2 = 1{,}58 \text{ m}$$

erforderlich wird max $s = u_k/8 = 1{,}58/8 = 0{,}20$ m (maßgebend)

Maximaler Schenkelabstand in Querrichtung nach Tabelle 5.36:

$$\max s = 0{,}80 \text{ m}$$

Es wird ein vierschnittiger Bügel angeordnet, jeweils ein äußerer und ein innerer Bügel. Der äußere Bügel ist als Torsionsbügel kraftschlüssig zu schließen.

Mindestschubbewehrung: $\min \rho_w = 0{,}00102 \cdot 125 \cdot 100 = 12{,}75 \text{ cm}^2/\text{m}$

5.5 Berechnungsbeispiele

Außenbügel: erf a_{sw} = 7,3/4 + 0,25   = 2,1 cm²/m
      min a_s = 12,75/2   = 6,4 cm²/m
Gewählt: Bg. St 500(H), ∅ 14 mm, e = 20,0 cm mit 7,7 cm²/m

Torsionslängsbewehrung

– aus Mindestbewehrung: = 12,75 cm²/m
– aus konstruktiver Torsionsbewehrung: ∅ 12, e = 35 cm ≙ 3,1 cm²/m
– aus statisch erforderlicher Bewehrung: = 2,2 cm²/m

Der Stahlquerschnitt bezieht sich auf die Einheit der Umfangslänge.
Gewählt: ∅ 14, e = 12,0 cm mit a_s = 12,0 cm²/m Umfangslänge

5.5.1.4 Grenzzustand der Gebrauchstauglichkeit

a) Biegemomente und Einwirkungskombinationen im Schnitt $\xi = x/l = 0{,}5$

- Biegemomente
  - Statisch erforderlicher Querschnitt: $M_{G,k1}$ = 13,10 MNm
  - Ausbaulasten: $M_{G,k2}$ = 2,23 MNm
  - Verkehrslast: $M_{Q,k}$ = 2,59 MNm
- Einwirkungskombinationen unter Gebrauchslast
  - Charakteristische Kombination: M_0 = 15,33 + 1,0 · 2,59 = 17,92 MNm
  - Nicht häufige Kombination: M_1' = 15,33 + 0,8 · 2,59 = 17,40 MNm
  - Häufige Kombination: M_1 = 15,33 + 0,4 · 2,59 = 16,37 MNm
  - Quasi ständige Kombination: M_2 = 15,33 + 0,2 · 2,59 = 15,85 MNm
- Biegemomente unter Vorspannung
  - Einwirkungsseite: $P_{m0,sup}$ = −1,1 · 15,43 = −16,97 MN
  - (t = 0) $M_{pm0,sup}$ = −16,97 · 1,19 = −20,20 MNm
  - Widerstandsseite: $P_{m\infty,inf}$ = −0,9 · 12,59 = −11,33 MN
  - (t = ∞) $M_{pm\infty,inf}$ = −11,33 · 1,19 = −13,48 MNm

b) Spannungsnachweis im Schnitt $\xi = x/l = 0{,}5$

- Querschnittswerte

  A_c = 3,97 m², W_{cu} = 1,15 m³, W_{c0} = 2,10 m³, I_{cy} = 1,562 m⁴

- Baustoffe

  Beton: C 35/45, f_{ck} = 35 N/mm², f_{cd} = 23,3 N/mm², f_{ctm} = +3,2 N/mm²
  Stahl: St 1570/1770, f_{pk} = 1770, A_p = 126 cm²,
      BSt 500(H), f_{yk} = 500 N/mm², α_s = 195000/33300 = 5,9

- Bauzustand (t = 0)
  - Kombination ($G_{k1} + P_{m,0}$). Randzugspannung:

  $$\sigma_{c,0} = -\frac{16{,}97}{3{,}97} + \frac{20{,}20 - 13{,}10}{2{,}10} = -0{,}90 \text{ MN/m}^2 < f_{ctm}$$

Der Querschnitt liegt im Bemessungszustand I.
- Maximale Druckspannung unmittelbar nach dem Aufbringen der Vorspannkraft, Kombination wie vor:

$$\sigma_{c,u} = -\frac{16{,}97}{3{,}97} + \frac{-20{,}20 + 13{,}10}{1{,}15} = -10{,}5 \text{ MN/m}^2$$

Der vorhandene Wert der Betondruckfestigkeit zum Zeitpunkt des Aufbringens der Vorspannung muß örtlich durch Zylinderdruckfestigkeitsprüfungen festgestellt werden. Für den Mindestwert der Betondruckfestigkeit nach Tabelle 5.23 von 34 MN/m² würde folgender Ansatz gelten:

$$\sigma_{c,u} = -10{,}2 \text{ MN/m}^2 < 0{,}6 f_{c(t)} = 0{,}6 (-34{,}0) = -20{,}4 \text{ MN/m}^2$$

- Kontrolle der Linearität des Kriechvorganges:

Diese Untersuchung erfolgt ebenfalls für die gleiche Kombination, wie vor, folglich:

$$\sigma_{c,u} = -10{,}2 \text{ MN/m}^2 < 0{,}45 f_{c(t)} = 0{,}45(-34{,}0) = -15{,}3 \text{ MN/m}^2$$

- **Betriebszustand** ($t = \infty$)
  - Randzugspannung infolge der charakteristischen Einwirkungskombination:

$$\sigma_{c,u} = -\frac{11{,}33}{3{,}97} + \frac{-13{,}48 + 17{,}92}{1{,}15} = +1{,}1 \text{ MN/m}^2 < f_{ctm}$$

Der Querschnitt befindet sich im Bemessungszustand I.

- Maximale Betonspannungen unter nicht häufiger Einwirkungskombination:

$$\sigma_{c,0} = -\frac{11{,}33}{3{,}97} + \frac{+13{,}48 - 17{,}40}{2{,}10} = -4{,}8 \text{ MN/m}^2 < 0{,}6 f_{ck} = -21{,}0 \text{ MN/m}^2$$

$$\sigma_{c,u} = -\frac{11{,}33}{3{,}97} + \frac{-13{,}48 + 17{,}40}{1{,}15} = +0{,}5 \text{ MN/m}^2 < f_{ctm}$$

- Zugspannung in der Betonstahlbewehrung unter nicht häufiger Einwirkungskombination:

$$z_s = 1{,}36 - (0{,}04 + 0{,}012 + 0{,}010) = 1{,}30 \text{ m}$$

$$\max \sigma_s = -\frac{11{,}33}{3{,}97} + \frac{(-13{,}48 + 17{,}40) \, 1{,}3}{1{,}562} \, 15 = 6{,}2 \text{ N/mm}^2 < 0{,}8 f_{yk} = 400 \text{ MN/mm}^2$$

- Spannung im Spannstahl unter quasi ständiger Einwirkungskombination zum Zeitpunkt $t = \infty$:

$$\sigma_{p,\infty} = \frac{11{,}33}{126} 10^4 + 5{,}9 \cdot 15{,}85 \frac{1{,}19}{1{,}562} = 970 \text{ N/mm}^2 < 0{,}65 f_{pk} = 1150 \text{ N/mm}^2$$

c) Nachweis der Dekompression

Das Bauwerk ist in die Anforderungsklasse B nach Tabelle 5.26 eingestuft worden. Im Grenzzustand der Dekompression ist nachzuweisen, daß am unteren Querschnittsrand unter der häufigen Einwirkungskombination keine Betonzugspannungen auftreten.

(Da die erforderliche Vorspannkraft unter diesen Bedingungen ermittelt wurde, ist der Nachweis entbehrlich. Er soll aber aus Anschauungsgründen geführt werden.)

$$M_{\text{häuf}} = +16{,}37 \text{ MNm}$$

$$P_{m\infty,\text{inf}} = -11{,}33 \text{ MN}, \quad M_{pm\infty,\text{inf}} = -13{,}48 \text{ MNm}$$

$$\sigma_{cpm} = -\frac{11{,}33}{3{,}97} - \frac{13{,}48}{1{,}15} = -14{,}6 \text{ MN/m}^2$$

$$M_{od} = |-14{,}6| \cdot 1{,}15 = 16{,}79 \text{ MNm} < M_{\text{häuf}}$$

d) Beschränkung der Rißbreite

Für die Anforderungsklasse B ist nach Tabelle 5.26 die Rißbreitenbeschränkung für die nichthäufige Einwirkungskombination nachzuweisen. In einem vorgespannten Bauwerk, in dem noch keine schlaffe Bewehrung ausgewiesen wurde, ist die Mindestbewehrung zur Verhinderung unzulässig großer Erstrisse zu ermitteln.

Bereich der Mindestbewehrung:

Der Bereich, in dem die Randspannung unter der nichthäufigen Einwirkungskombination größer als $(-1{,}0)$ N/mm² ist, ist in Bild 5.190 dargestellt. In diesem Bereich ist die Mindestbewehrung anzuordnen.

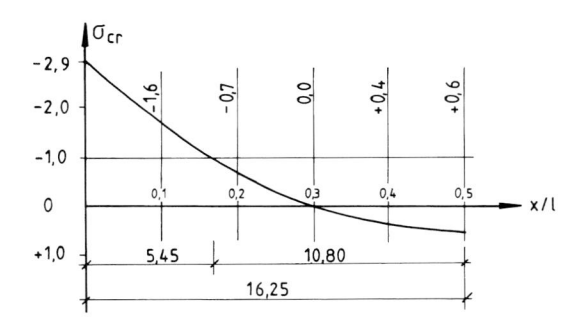

Bild 5.190 Bereich der maßgebenden Randspannung

Größe der Mindestbewehrung

$$A_{s,min} = k_c \cdot k \cdot A_{ct} \cdot f_{ct,eff}/\sigma_s$$

mit:

$f_{ct,eff} = 3{,}2$ N/mm²

$k_c = 0{,}4 \left[1 + \dfrac{-3{,}27}{1{,}5 \cdot 2{,}1 \cdot 3{,}2}\right] = 0{,}270$

$k = 0{,}50$

$A_{ct} = (1{,}10 + 2 \cdot 0{,}13/2) \cdot 1{,}36 \dfrac{3{,}2}{3{,}2 + 3{,}27} = 0{,}827$ m²

σ_s gewählt $d_s = 16$ mm, $w_k = 0{,}2$, zul $\sigma_s = 216$ N/mm² nach Tabelle 5.29

Eine Zwischenrechnung zeigt, daß die Beschränkung des Durchmessers mit dieser Spannung nicht geführt werden kann, die Spannung muß abgesenkt werden, gewählt $\sigma_s = 195$ N/mm²; zug. $d_s = 19{,}25$ mm.

$$A_{s,min} = 0{,}270 \cdot 0{,}50 \cdot 0{,}827 \cdot 10^4 \cdot 3{,}2/195 = 18{,}3 \text{ cm}^2$$

gewählt: 10 $\varnothing$ 16 mit 20,1 cm²

Beschränkung des Stabdurchmessers:

mit $k = 1{,}0$ nach Gleichung 5.3.6(10)

$$k_c = 0.4 \left[1 + \frac{3.2}{2/3 \cdot 3.2}\right] = 1.0$$

h_t Höhe der Betonzugzone nach Zustand I vor Beginn der Erstrißbildung für die nicht-häufige Einwirkungskombination

$$= \frac{0.6}{4.7 + 0.6} \cdot 2.10 = 0.24 \text{ m}$$

d Nutzhöhe im Querschnitt im Bezug auf die Rißbewehrung (Bild 5.187)
$$= 210 - (4.5 + 1.4 + 1.6/2) = 203.3 \text{ cm}$$

Somit:

$$\text{vorh } d_s = 19.25 \, \frac{1.0 \cdot 1.0 \cdot 0.24}{4(2.10 - 2.033)} \cdot \frac{3.2}{3.0} = 0.955 \cdot 19.25 = 18.4 \text{ mm}$$

$$\text{zul } d_s = 16 \cdot \frac{3.2}{3.0} = 17.1 \text{ mm}$$

vorh d_s > zul d_s, Durchmesserbeschränkung erfüllt

- Für eine eventuelle Anrechnung des Spannstahlquerschnittes wäre folgender Berechnungsgang durchzuführen:

Anrechenbarer Spannstahlquerschnitt im ungünstigen Schnitt:

$$x = 5{,}45 \text{ m gemäß Bild 5.190, vorh 2 Bündel mit zug } A_p = 2 \cdot 12{,}6 = 25{,}2 \text{ cm}^2$$

Somit: $A_s + \xi_1 \cdot A_p = 15{,}1 \text{ cm}^2$

mit: $\xi_1 = \sqrt{\xi \dfrac{d_s}{d_p}}$

$d_s = 2{,}0$ cm ; $d_p = 1{,}6 \sqrt{12{,}6} = 5{,}7$ cm ; $\xi = 0{,}7$ nach Tab. 4.26
$\xi = \sqrt{0{,}7 \cdot 2{,}0/5{,}7} = 0{,}5$
$A_s + 0{,}5 \cdot 25{,}2 = 15{,}1 \text{ cm}^2$
erf $A_s = 15{,}1 - 12{,}6 = 2{,}5 \text{ cm}^2$

e) Grenzzustand der Durchbiegung

Ermittlung der Durchbiegung in der Feldmitte

- Vorwerte

Das Tragwerk ist vorgespannt und befindet sich im Zustand I. Momentenverlauf und Krümmung verlaufen affin zueinander, die Durchbiegung unter quasi-ständiger Einwirkung wird nach der maximalen Krümmung in der Feldmitte berechnet.

$G_{k,1} = 0{,}099$ MN/m; $Q_{1,k} = 0{,}0196$ MN/m; $M_{q,st} = 15{,}33$ MN/m
$E_{c(28)} = 33300$ MN/m^2; $E_p \approx E_s = 195000$ MN/m^2; $I_{cy(I)} = 1{,}562$ m^4
$P_{m,0} = -15{,}43$ MN, $P_{m,\infty} = -12{,}59$ MN; $e = 1{,}19$ m ; $\theta = 8{,}33°$

Umlenkkraft aus der Vorspannung:

$$t = 0 \,;\ q_u = -\frac{8 \cdot 1{,}19}{32{,}5^2} \, 15{,}43 \cdot \cos 8{,}33° = -0{,}137 \text{ MN/m}$$

$$t = \infty \,;\ q_u = -\frac{8 \cdot 1{,}19}{32{,}5} \, 12{,}59 \cdot \cos 8{,}33° = -0{,}112 \text{ MN/m}$$

5.5 Berechnungsbeispiele

- Durchbiegung $(G_{k,1} + P_0)$, Zeitpunkt $t = t_0$

  Wirksamer Elastizitätsmodul zum Zeitpunkt der Vorspannung, $t_0 = 5$ Tage

  $$E_{c(t_0)} = \beta_E \cdot E_{c(28)}$$
  $$\beta_E = \sqrt{e^{\exp}} \qquad \exp = \left[0{,}38\left[1 - \sqrt{\frac{28}{\frac{5}{1}}}\right]\right] = -0{,}519$$

  $$= \sqrt{e^{-0{,}519}} = 0{,}771$$

  $E_{c(t_0)} = 0{,}771 \cdot 33300 = 25674$ MN/m²

  somit: $f = \dfrac{5(-0{,}137 + 0{,}099) \cdot 32{,}5^4}{384 \cdot 25674 \cdot 1{,}562} = -0{,}014$ m $\triangleq -1{,}4$ cm

- Durchbiegung $(M_{q,st} + P_\infty)$, Zeitpunkt $t = \infty$

  $M_{p,\infty} = 0{,}112 \cdot 32{,}5^2/8 = -14{,}8$ MN/m

  Wirksamer Elastizitätsmodul unter Berücksichtigung des Kriechens

  Nach Abschnitt 5.5.1.2 (d) beträgt die Kriechzahl $\varphi_\infty = 2{,}1$.

  $$E_{c,\text{eff}} = \frac{25674}{1 + 2{,}1} = 8282 \text{ MN/m}^2$$

  Krümmung infolge Einwirkung aus Lasten:

  $$\left(\frac{1}{r}\right)_I = \frac{(15{,}33 - 14{,}8) \cdot 10^{-3}}{8282 \cdot 1{,}562} = 0{,}041 \cdot 10^{-6} \left[\frac{1}{\text{mm}}\right]$$

  Krümmung infolge Schwindens

  Nach Abschnitt 5.5.1.2 (d) beträgt die Schwindzahl, als Endschwindmaß, $\varepsilon_{cs,\infty} = -0{,}33 \cdot 10^{-3}$:

  Bewehrung:

  $A_p = 126{,}0$ cm² mit $h_u - d_I = 1{,}36 - 0{,}171 = 1{,}19$ m
  $A_s = 18{,}3$ cm² mit $h_u - d_I = 1{,}36 - 0{,}062 = 1{,}30$ m

  somit: $S_{(I)} = (126{,}0 \cdot 1{,}19 + 18{,}3 \cdot 1{,}30) \cdot 10^{-4} = 0{,}017$ m²

  Verhältnis der Elastizitätsmoduli

  $$\alpha_e = E_{p,s}/E_{c,\text{eff}} = 195000/8282 = 23{,}5$$
  $$\left(\frac{1}{r}\right)_{cs} = \frac{330 \cdot 10^{-6} \cdot 23{,}5 \cdot 0{,}017 \cdot 10^{-3}}{1{,}562} = 0{,}084 \cdot 10^{-6} \left[\frac{1}{\text{mm}}\right]$$

  Gesamtkrümmung

  $$\left(\frac{1}{r}\right)_{tot} = (0{,}041 + 0{,}084) \cdot 10^{-6} = 0{,}125 \cdot 10^{-6} \left[\frac{1}{\text{mm}}\right]$$

  Durchbiegung in der Feldmitte

  $$f = 0{,}166 \cdot (32{,}5 \cdot 10^3)^2 \cdot 0{,}125 \cdot 10^{-6} = 14{,}0 \text{ mm} \triangleq 1{,}4 \text{ cm}$$

- Durchbiegung unter Verkehr, $t = \infty$

  $Q_{1,k} = 19{,}6$ kN/m

Wirksamer Elastizitätsmodul zum Zeitpunkt $t = \infty$:

Die Nachverfestigung der Normenzemente über die 28-Tage-Festigkeit hinaus liegt bei 10% bis 15% der 28-Tage-Festigkeit. Angesetzt wird mit Blick auf den Tangentenmodul:

$$E_{c(\infty)} = 1,1 \cdot E_{c(28)} = 1,1 \cdot 33300 = 36630 \text{ MN/m}^2$$

somit Durchbiegung

$$f = \frac{5 \cdot 0,0196 \cdot 32,5^4}{384 \cdot 36630 \cdot 1,562} = 0,005 \text{ m} \triangleq 0,5 \text{ cm}$$

- Maximale Werte der Durchbiegungen

$$t = 0: \quad \min f = -1,4 \text{ cm}$$
$$t = \infty: \quad \max f = 1,4 + 0,5 = 1,9 \text{ cm}$$

f) Grenzzustand der Schwingung

Im folgenden wird die maximale vertikale Beschleunigung des Überbaus infolge der Einwirkung einer wandernden pulsierenden Einzellast nachgewiesen.

Vorwerte: Einfeldträger mit $l = 32,5$ m; $I_c = 1,56$ m^4
Beton C 35/45; $E_c = E_{cm} = 33300$ MN/m$^2 \triangleq 33300 \cdot 10^6$ N/m^2

Die Eigengewichtermittlung ergibt:

$$G_k = 116000 \text{ N/m}$$

Damit ergibt sich die Massenbelegung μ zu:

$$\mu_k = G_{k/g} = 116000/10 = 11600 \text{ kg/m}$$

Die vertikale Beschleunigung für eine pulsierende Einzellast von 180 N, die sich mit einer Geschwindigkeit fortbewegt, die der 0,9-fachen ersten Eigenfrequenz entspricht, ergibt sich nach Gleichung 5.3.6(53) zu:

$$b_{max} = \frac{800}{11600} = 0,07 \text{ m/s}^2$$

Der Wert der zulässigen Beschleunigung ist im Abschnitt 5.3.6.6 erläutert, sie errechnet sich aus:

$$\text{zul } b = 0,5 \sqrt{f_0}$$

Die erste Eigenfrequenz ergibt sich nach Gleichung 5.3.6(54) zu:

$$f_0 = \frac{\omega_0}{2\pi} = \frac{1}{2\pi} \cdot \frac{\pi^2}{l^2} \sqrt{\frac{E \cdot I}{\mu}} = \frac{\pi}{2l^2} \sqrt{\frac{E \cdot I}{\mu}}$$

Durch Einsetzen unter Verwendung der Einheiten [N/m^2, m, m^4, kg/m] erhält man:

$$f_0 = \frac{\pi}{2 \cdot 32,5^2} \sqrt{\frac{33300 \cdot 10^6 \cdot 1,56}{11600}} = 3,16 \text{ Hz}$$

Somit gilt:

$$b_{zul} = 0,5 \sqrt{3,16} = 0,89 \text{ m/s}^2 > \text{vorh } b_{max}$$

5.5 Berechnungsbeispiele

5.5.2 Rechtwinklige Fahrbahnplatte, schlaff bewehrt

5.5.2.1 System und Abmessungen

Eine Stahlbetonvollplatte mit den nachstehend skizzierten Abmessungen soll für die Einwirkungen aus dem Straßenverkehr nach dem DIN FB 101 berechnet und nach dem DIN FB 102 zunächst für eine schlaffe Betonstabstahlbewehrung bemessen werden.

Die vorhandene Schiefwinkligkeit von 10° gegen den rechten Winkel kann vernachlässigt werden.

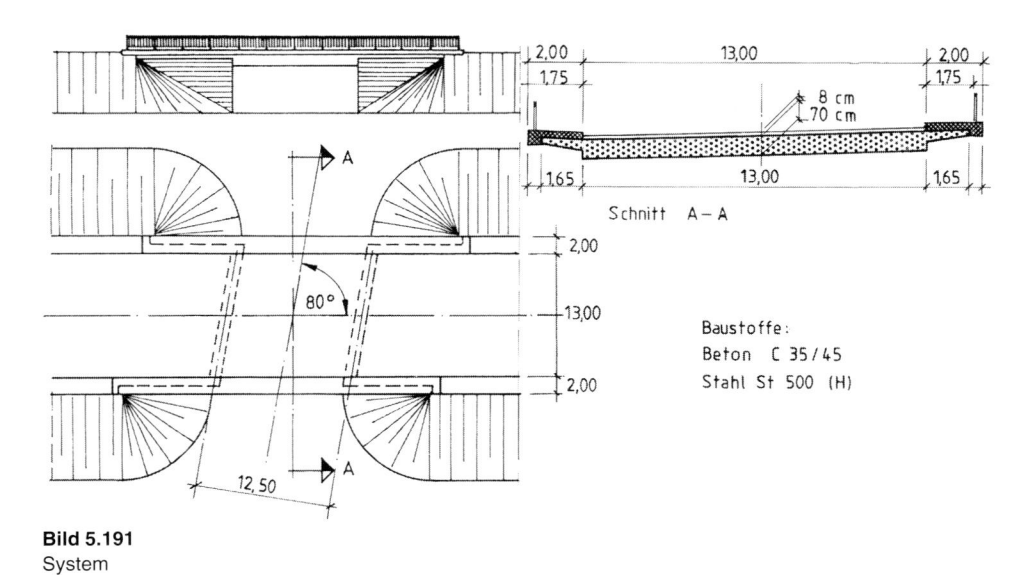

Bild 5.191
System

5.5.2.2 Einwirkungen, Biegemomente und Querkräfte

Der Ermittlung der Einwirkungen aus der Verkehrslast wird die Gruppe 1 gemäß Tabelle 1.3 zugrunde gelegt, hierbei gehört der Gehweg zur übrigen Fahrbahnfläche. Der Gehweg selbst wird als Einzeltragglied nach Gruppe 3 berechnet.

Position 1: Kragarm

a) Einwirkungen aus ständiger Last

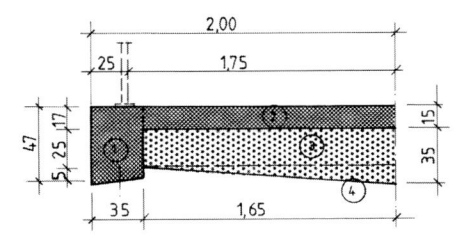

Bild 5.192
Kragarm

Tabelle 5.37
Kragarmbeanspruchung unter ständiger Last

Nr.	Fläche m²	V_{Gk} kN	e_1 m	M_{Gk} kNm
1	0,168	4,11	1,825	7,50
2	0,268	6,60	0,825	5,45
3	0,413	10,31	0,825	8,51
4	0,083	2,06	0,550	1,13
		23,08		22,59
Leitplanke und Abrundung		0,92		0,41
		24,00		23,00

b) Einwirkungen aus Verkehrslast

- Kragarm als Einzeltragglied: $q_k = 5,0$ kN/m²

  $V_{Qk} = 5,0 \cdot 1,75 = 8,75$ kN/m

  $M_{Qk} = 5,0 \cdot 1,75^2/2 = 7,65$ kNm/m

- Kragarm als restliche Fahrbahnfläche: $q_k = 2,5$ kN/m²

  $V_{Qk} = 2,5 \cdot 1,75 = 4,38$ kN/m

  $M_{Qk} = 2,5 \cdot 1,75^2/2 = 3,83$ kNm/m

- Außergewöhnliche Einwirkung aus Einzelrad hinter der Schutzeinrichtung

  Gewählt: Zwei Einzelräder in Längsanordnung

  $F_k = Q_{vk}/2 = 0,5 \cdot 0,8 \cdot 200 = 80$ kN

  Kraftfluß unter 45° mit Verteilungsbreite an der Kragarmeinspannung gemäß Bild 5.193

  $b = 0,40 + 2 \cdot 1,55 = 3,50$ m

  Moment am Kragarmanschnitt:

  $M_S = 80 \cdot 1,55/3,50 = 35,4$ kNm/m

  Lastüberschneidung im Mittelbereich von 1,50 m Länge, somit ungünstig maßgebend:

  $M_{S,k} = 2 \cdot 35,4 = 70,8$ kNm/m

- Außergewöhnliche Einwirkung aus Fahrzeuganprall auf der Brücke

  Beanspruchungsfall:

  Schrammbordstoß $F_s = 100$ kN, 10 cm unter der Oberkante einer nicht starren Schutzeinrichtung.

  Außermittigkeit bis OK Kappe: $e_1 = 0,65 - 0,10 = 0,55$ m

  Außermittigkeit bis zum Schwerpunkt des Bemessungsquerschnittes:

  $e_2 = 0,55 + 0,10 + 0,08 + 0,175 = 0,905$ m

  Moment aus dem Schrammbordstoß:

  $M_s = 100 \cdot 0,905 = 90,5$ kNm

5.5 Berechnungsbeispiele

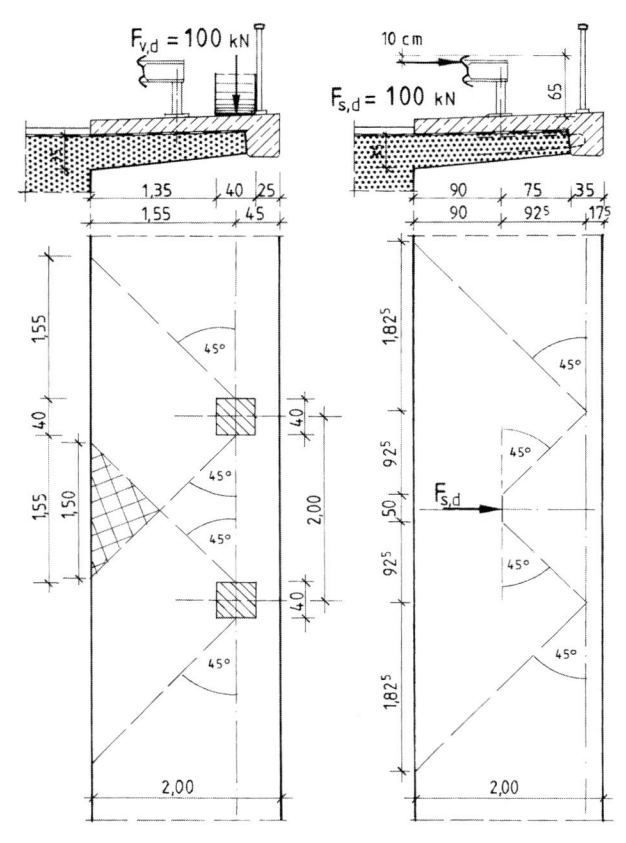

Bild 5.193
Außergewöhnliche Einwirkungen, Laststellung und Lastverteilung

Lastverteilung unter 45° in der Kappe gemäß Bild 5.193

Verteilungsbreite am Kragarmanschnitt:

$$b = 2\,(1{,}825 + 0{,}925) + 0{,}50 = 6{,}00 \text{ m}$$

Bezogene Einwirkungen:

$$M_{s,F} = 90{,}5 / 6{,}00 = 15{,}08 \text{ kNm/m}$$

$$h_{s,F} = 100 / 6{,}00 = 16{,}67 \text{ kNm/m}$$

Position 2: Fahrbahnplatte

a) Einwirkungen aus ständiger Last

Aus Platte:

Platte: $0{,}7 \cdot 25 = 17{,}4$ kN/m²
Belag: $0{,}08 \cdot 24 = 1{,}9$ kN/m²
Ausgleichsgradiente: $= 0{,}5$ kN/m²
$G_k = 19{,}8$ kN/m²

Aus Kragarm:

Randquerkraft: $V_{Gk} = 24{,}0$ kN/m
Randmoment: $M_{Gk} = 23{,}0$ kNm/m

b) Einwirkungen aus Verkehrslast

Für das LM 1 ergeben sich die charakteristischen Werte der Einwirkungen im Plattenfeld:

Spur 1: $\alpha_{Q,1} = 0,8$, $Q_1 = 300$ kN $\qquad Q_{1,k} = 0,8 \cdot 300 = 240$ kN
$\qquad\quad \alpha_{q,1} = 1,0$, $\;q_1 = 9,0$ kN/m² $\qquad q_{1,k} = 1,0 \cdot 9,0 = 9,0$ kN/m²

Spur 2: $\alpha_{Q,2} = 0,8$, $Q_2 = 200$ kN $\qquad Q_{2,k} = 0,8 \cdot 200 = 160$ kN
$\qquad\quad \alpha_{q,2} = 1,0$, $\;q_2 = 2,5$ kN/m² $\qquad q_{2,k} = 1,0 \cdot 2,5 = 2,5$ kN/m²

Spur 3 und restliche Fahrbahnfläche:
$\qquad\quad \alpha_{q,3} = \alpha_{q,r} = 1,0$ $\qquad\qquad\qquad q_{r,k} = 1,0 \cdot 2,5 = 2,5$ kN/m²

Die charakteristischen Werte der Kragarmeinwirkungen in der Gruppe 1 betragen:

Randquerkraft: $V_{Q,k} = 4,38$ kN/m
Randmoment: $M_{Q,k} = 3,83$ kNm/m

c) Ermittlung der Biegemomente

Die Biegemomente werden in den im Bild 5.194 bezeichneten Punkten nach dem DV-Programm *Infograph* unter Zugrundelegung der Laststellungen, wie sie in die Bilder 5.195 bis 5.198 eingetragen wurden, ermittelt.

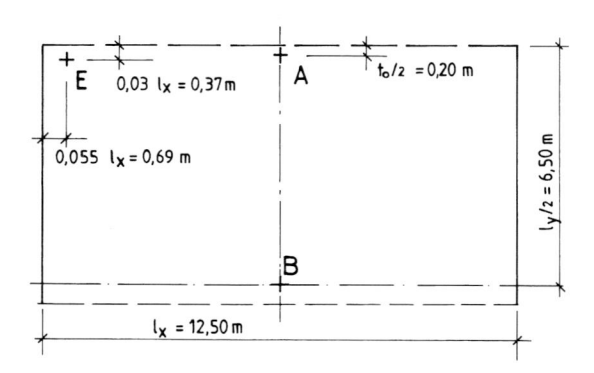

Bild 5.194
Aufpunkte für die Momentenermittlung

System: Einfeldplatte mit $l_y/l_x = 13,0/12,5 \approx 1,0$

Aufstandsfläche der Räder: $t_0/t_0 = 40 \times 40$ cm mit Lastverteilung unter 45° bis zur Verteilungsfläche in der Mittelfläche ($t \times t$), mit

$\qquad t = 0,40 + 2\,(0,70/2 + 0,08) = 1,26$ m

Unter Verzicht der Ausdrucke der einzelnen Knotenergebnisse wurden die maximalen Werte graphisch abgefragt und in der Tabelle 5.38 zusammengestellt.

5.5 Berechnungsbeispiele

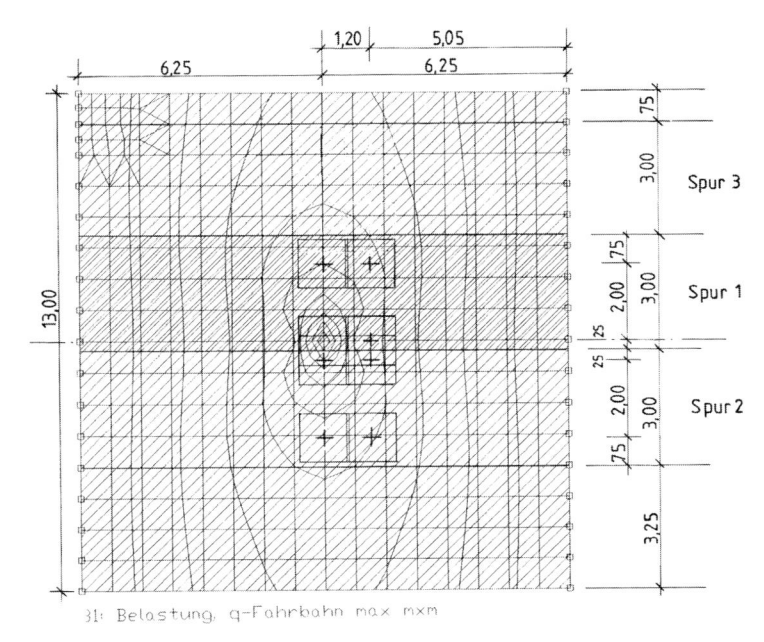

Bild 5.195
m_{xm}-Einflußfeld, maßgebende Laststellung für max M

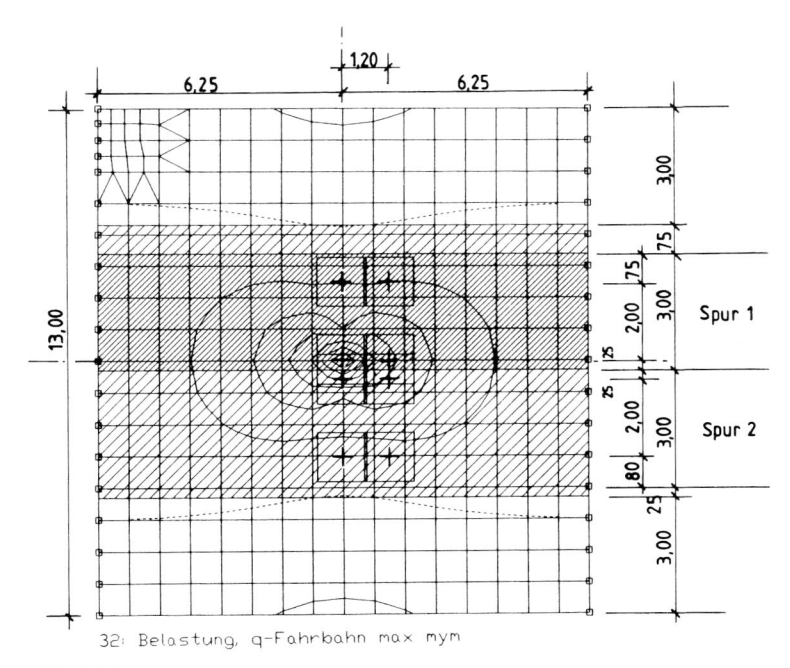

Bild 5.196
m_{ym}-Einflußfeld, maßgebende Laststellung für max M

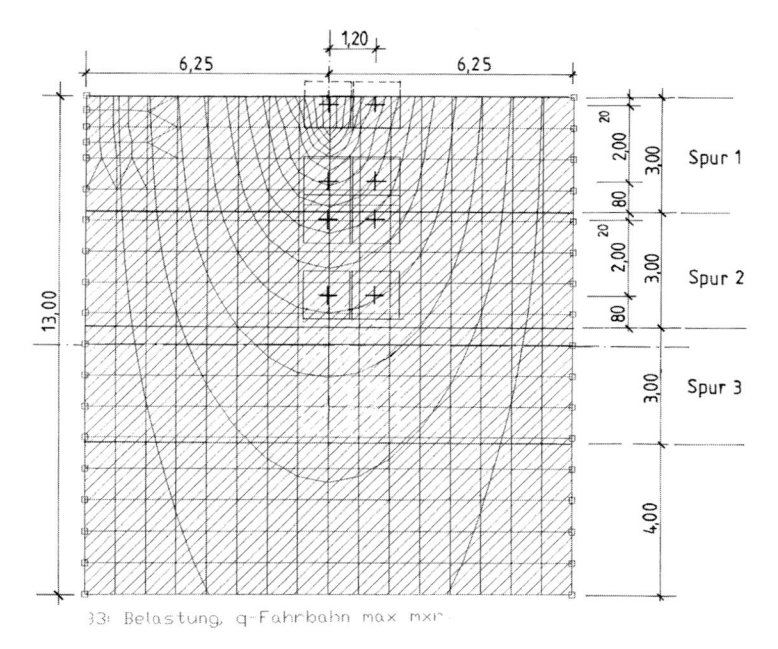

Bild 5.197
m_{xr}-Einflußfeld, maßgebende Laststellung für max M

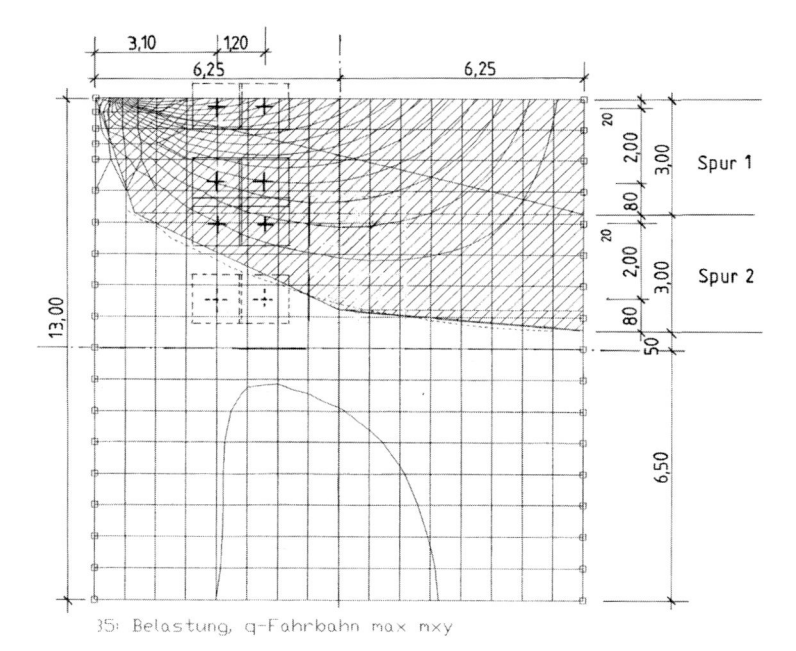

Bild 5.198
m_{xy}-Einflußfeld, maßgebende Laststellung für max M

5.5 Berechnungsbeispiele

Tabelle 5.38
Biegemomente nach DV-Programm

	$m_{G,k}$	Q_k-Kragarm		Q_k-Fahrbahn				max $m_{Q,k}$	min $m_{Q,k}$
		1[1]	2[2]	m_{xx}	m_{yy}	m_{xr}	m_{xy}		
$m_{xm,k}$	+438	+5	+5	+309	+126	+210	–	+319	–
$m_{ym,k}$	+24	−2,5	−2,5	+105	+129 / −56	−15	–	+129	−61
$m_{xr,k}$	+488	+15	+2	+160	+95	+420	–	+437	–
$m_{xy,k}$	±105	±13	∓1	–	–	–	±118	+131	−105
LF	11	12	13	21	23	23	24		

[1] Lastseitiger Kragarm.
[2] Lastferner Kragarm.

Unter Ansatz der Momentengrenzlinien ergibt sich folgende Momentenverteilung:

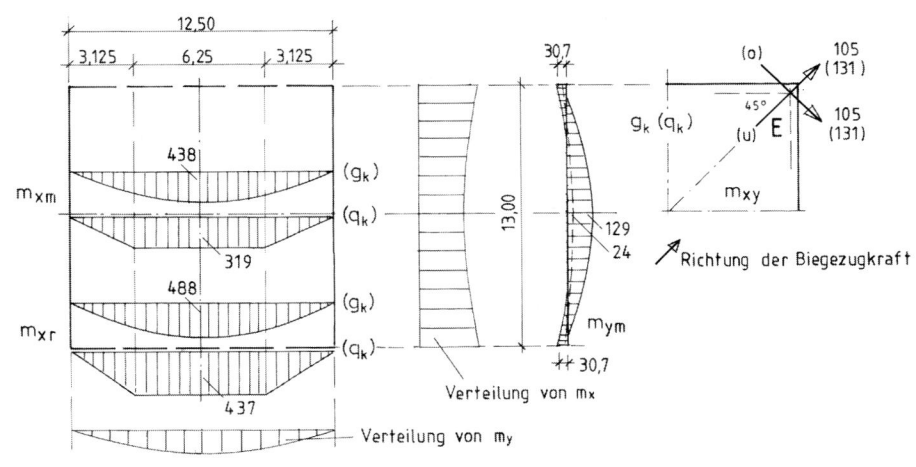

Bild 5.199
Momentengrenzlinien, Momentenwerte in [kNm/m]

d) Querkraft, charakteristische Werte

Die Ermittlung der größten Querkraft erfolgt ungünstig für einen Bemessungsschnitt $b_w = 1,0$ m in der Auflagerlinie im Bereich der Spur 1. Die zugehörige Laststellung ist im Bild 5.200 aufgetragen.

- Aus ständiger Last:

    Platte: $G_k = 19,8$ kN/m²

    Kragarm: $V_{Gk} = 24,0$ kN/m je Seite:

    somit: $= (19,8 + 2 \cdot 24,0/13,0) \cdot 12,5/2 = V_{A,Gk} = 146,8$ kN/m

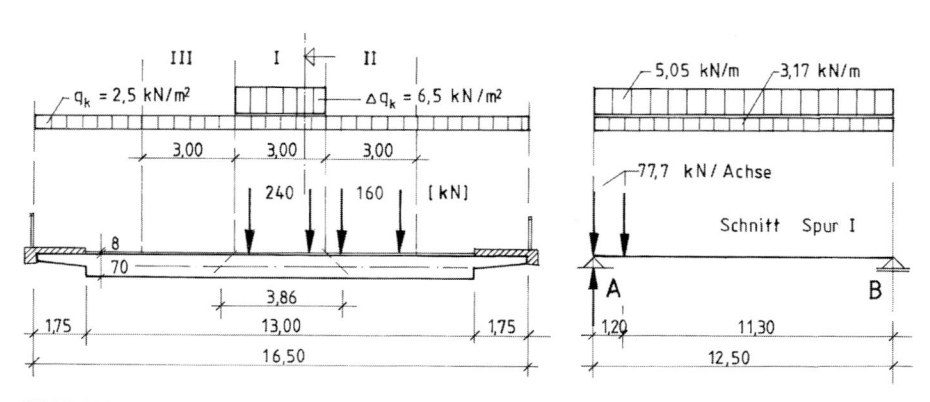

Bild 5.200
Verkehrslaststellung für die größte Querkraft

- Aus Verkehrslast mit: $\alpha_{Q,i} = 0{,}8$ und $\alpha_{q,i} = 1{,}0$

  Gleichlastanteil:
  $$q = 2{,}5 \cdot 16{,}5/13{,}0 = 3{,}17 \text{ kN/m}^2$$

  Überlast Spur 1 mit Lastverteilung unter 45°:
  $$q_1 = 6{,}5 \cdot 3{,}0/3{,}86 = 5{,}05 \text{ kN/m}^2$$
  $$V_{A,qk} = (3{,}17 + 5{,}05) \cdot 12{,}5/2 \qquad = 51{,}4 \text{ kN/m}$$

  Achslast Doppelachse mit Lastverteilung unter 45°:
  $$F = 240/3{,}86 = 52{,}2 \text{ kN/m}$$
  $$V_{A,F_k} = 62{,}2 \,(1 + 11{,}3/12{,}5) \qquad = 118{,}4 \text{ kN/m}$$

  $$\text{somit: } V_{A,Q_k} = 169{,}8 \text{ kN/m}$$

5.5.2.3 Bemessung

Vorwerte

Beton: C 35/45, $E_{cm} = 33300$ N/mm², $f_{ck} = 35$ N/mm², $f_{cd} = 35/1{,}5 = 23{,}3$ N/mm²

Betonstahl: St 500 (H) $E_s = 200\,000$ N/mm², $f_{yk} = 500$ N/mm², $f_{yd} = 500/1{,}5 = 435$ N/mm²

Position 1: Kragarm

Bemessungswerte im Grenzzustand der Tragfähigkeit

Lastfall $(G_k + Q_k)$:
$$m_{Ed} = 1{,}35 \cdot 23{,}0 + 1{,}50 \cdot 7{,}65 = 42{,}5 \text{ kNm/m}$$

Lastfall $(G_k + F_{S,k})$:
$$m_{Ed} = 1{,}0 \cdot 23{,}0 + 1{,}0 \cdot 70{,}8 = 93{,}8 \text{ kNm/m}$$

5.5 Berechnungsbeispiele

Lastfall $(G_k + F_{s,k})$:

$$m_{Ed} = 1,0 \cdot 23,0 + 1,0 \cdot 15,08 = 38,10 \text{ kNm/m}$$
$$n_{Ed} = +1,0 \cdot 16,7 = 16,70 \text{ kN/m}$$
$$m_{Eds} = 38,10 - 16,7 \cdot 0,124 = 36,0 \text{ kNm/m}$$

Bewehrung

$h = 35,0$ cm, $ü = 4,5$ cm, $d = 29,9$ cm $(\varnothing\ 12)$, $z = 29,9 - 17,5 = 12,4$ cm

$\qquad$ max $\mu_{sds} = 0,045$, min $z = 0,98 \cdot 29,9 = 29,3$ cm

$(G_k + Q_k)$: $a_s = 4250/29,3 \cdot 43,5 = 3,4$ cm^2/m

$(G_k + F_{s,k})$: $a_s = 9380/29,3 \cdot 43,5 = 7,4$ cm^2/m

$(G_k + F_{s,k})$: $a_s = \dfrac{3600}{29,3 \cdot 43,5} + \dfrac{16,7}{43,5} = 3,4$ cm^2/m

Gewählt: St 500(H) $\varnothing$ 12, $e = 15$ cm mit 7,5 cm^2/m

Mindestbewehrung: min $a_s = 0,0011 \cdot 35 \cdot 100 = 3,9$ cm^2/m

Längsrichtung: gewählt oben und unten: $\varnothing$ 10, $e = 15$ cm mit 5,2 cm^2/m

Position 2: Fahrbahnplatte

a) Grenzzustand der Tragfähigkeit

Biegebeanspruchung in der Feldmitte

$h = 0,70$ m, $nom\ c = 4,5$ cm

Haupttragrichtung x-x: $d = 70,0 - 4,5 - 2,8/2 = 64,1$ cm

Rand: $\quad M_{Ed} = M_{Eds} = 1,35 \cdot 488 + 1,50 \cdot 437 = 1314$ kNm/m

$\qquad$ max $\mu_{sds} = 0,137$, min $z = 0,91 \cdot 0,641 = 0,583$ m

$\qquad a_s = 1314/0,583 \cdot 43,5 = 51,8$ cm^2/m

Mitte: $\quad M_{Ed} = M_{Eds} = 1,35 \cdot 438 + 1,50 \cdot 319 = 1070$ kNm/m

$\qquad a_s = 1070/0,583 \cdot 43,5 = 42,1$ cm^2/m

Gewählt:

Rand: $\quad$ St 500(H), $\varnothing$ 28, $e = 11$ cm mit vorh $a_s = 56,0$ cm^2/m

Mitte: $\quad$ St 500(H), $\varnothing$ 28, $e = 14$ cm mit vorh $a_s = 44,0$ cm^2/m

Nebentragrichtung y-y: $d = 70,0 - 4,5 - 2,8 - 1,2/2 = 62,1$ cm

$\qquad M_{Ed} = M_{Eds} = 1,35 \cdot 24 + 1,50 \cdot 129 = 226$ kNm/m

$\qquad z = 0,98 \cdot 0,621 = 0,609$ m

$\qquad a_s = 226/0,609 \cdot 43,5 = 8,5$ cm^2/m

Gewählt: St 500(H), $\varnothing$ 12, $e = 10$ cm mit vorh $a_s = 11,3$ cm^2/m

Mindestbewehrung: min $a_s = 0,011 \cdot 70 \cdot 100 = 7,7$ cm^2/m je Lage

Ecke: $\quad d = 70,0 - 4,5 - 2,8 - 1,2 - 1,6/2 = 60,7$ cm

Die Drillbewehrung wird in der Diagonalrichtung unten und senkrecht dazu oben jeweils in der dritten Lage angeordnet.

$M_{Ed} = 1{,}35 \cdot 105 + 1{,}50 \cdot 131 = 338$ kNm/m $= M_{Eds}$

$z \quad = 0{,}98 \cdot 0{,}607 = 0{,}595$ m

$a_s \quad = 338/0{,}595 \cdot 43{,}5 = 13{,}1$ cm²/m

Gewählt: St 500(H), $\varnothing$ 16, $e = 15$ cm mit vorh $a_s = 13{,}4$ cm²/m

Nachweis der Querkrafttragfähigkeit

- Bemessungswert der Querkraft im Auflagerpunkt in einem Bemessungsschnitt in der Plattenmitte:

$$V_{Ed,A} = 1{,}35 \cdot 146{,}8 + 1{,}50 \cdot 169{,}8 = 452{,}9 \text{ kN/m}$$

Vorhandener Bauteilwiderstand ohne Querkraftbewehrung:

$$V_{Rd,ct} = [0{,}10 \cdot \kappa \, (100 \cdot \rho_l \cdot f_{ck})^{1/3} - 0{,}12 \, \sigma_{cd}] \, b_w \cdot d$$

mit: $f_{ck} = 35$ N/mm², $b_w = 1{,}0$ m, $d = 0{,}641$ m

$\kappa \quad = 1 + \sqrt{\dfrac{200}{641}} = 1{,}56 < 2{,}0$

$\rho_l \quad = 0{,}5 \cdot 44{,}0/100 \cdot 64{,}1 = 0{,}0034 < 0{,}02$
(jedes 2. Längseisen konstruktiv aufgebogen)

$\sigma_{cd} \quad = 0$, keine Vorspannung

$V_{Rd,ct} = [0{,}10 \cdot 1{,}56 \cdot (100 \cdot 0{,}034 \cdot 35)^{1/3}] \, 1{,}0 \cdot 0{,}641 = 0{,}23$ MN/m $< V_{Ed,A}$

Es wird eine Querkraftbewehrung erforderlich.

- Neigungswinkel der Druckstrebe:

Die Ermittlung erfolgt nur für Querkraft, Torsion tritt im Flächentragwerk explizit nicht auf. Querkrafttraganteil des Betons für 1,0 m Plattenbreite:

$$V_{Rd,c} = [2{,}4 \cdot 0{,}10 \cdot 35^{1/3}] \, 1{,}0 \cdot 0{,}641 = 0{,}503 \text{ MN/m}$$

$\tan \theta = \dfrac{1{,}2}{1 - \dfrac{0{,}503}{0{,}453}} =$ negativ, gewählt unterer Grenzwert: $\theta = 18{,}5°$

- Querkraftwiderstand der Druckstrebe:

$$V_{Rd,\max} = 0{,}7 \cdot 23{,}3 \cdot 1{,}0 \cdot 0{,}590 \left[\dfrac{\cot 18{,}5° + \tan 18{,}5°}{1 + \cot^2 18{,}5°}\right] = 3{,}2 \text{ MN/m} > V_{Ed,A}$$

- Querkraftbewehrung:

$$\text{erf } a_{sw} = \dfrac{453}{0{,}590 \cdot 43{,}5} \left[\dfrac{1}{\sin 45° \, (\cot 18{,}5° + \cot 45°)}\right] = 6{,}24 \text{ cm}^2/\text{m}$$

Vorhanden aus konstruktiver Bewehrungsführung durch Aufbiegung jedes zweiten Längseisens (Schwenkeisenform).

$\min \text{ vorh } a_s = \varnothing \, 28, \, e = 28$ cm mit $a_s = 22{,}0$ cm²/m

b) Grenzzustand der Gebrauchstauglichkeit

Spannungsnachweise

Die Nachweisführung erstreckt sich auf die Ermittlung der Beton- und Stahlspannungen unter der nicht häufigen Einwirkungskombination im Zustand II. Die Ermittlung erfolgt in der Feldmitte in der Bemessungseinheit am Plattenrand.

Für die Haupttragrichtung x-x gilt:

$$m_{\text{nicht häuf.}} = 488{,}0 + 0{,}8 \cdot 437{,}0 = 838{,}0 \text{ kNm/m}$$

mit: $\mu_{sds} = 0{,}088$, $z = 0{,}94 \cdot 0{,}641 = 0{,}603$ m, $\varepsilon_c = -3{,}21‰$ wird

$$Z = D = 0{,}838/0{,}603 = 1{,}39 \text{ MN}$$

Betonrandspannung:

$$\sigma_c = (0{,}85 \cdot 23{,}3) \, 3{,}21/3{,}50 = 18{,}2 \text{ MN/m}^2 < 0{,}6 \, f_{ck} = 0{,}6 \cdot 35 = 21{,}0 \text{ MN/m}^2$$

Stahlzugspannung:

$$\sigma_s = 1{,}39/56{,}0 \cdot 10^{-4} = 284 \text{ MN/m}^2 < 0{,}8 \, f_{yk} = 0{,}8 \cdot 500 = 400 \text{ MN/m}^2$$

Für die Nebentragrichtung y-y gilt:

$$m_{\text{nicht häuf.}} = 24{,}0 + 0{,}8 \cdot 129{,}0 = 127{,}0 \text{ kNm/m}$$

mit: $\mu_{sds} = 0{,}013$, $z = 0{,}988 \cdot 0{,}621 = 0{,}614$ m, $\varepsilon_c = 0{,}86‰$

$$Z = D = 0{,}127/0{,}614 = 0{,}207 \text{ MN}$$

Betonrandspannung:

$$\sigma_c = (0{,}85 \cdot 23{,}3) \, 0{,}86/3{,}50 = 4{,}9 \text{ MN/m}^2 < 0{,}6 \, f_{ck}$$

Stahlzugspannung:

$$\sigma_s = 0{,}207/11{,}3 \cdot 10^{-4} = 182 \text{ MN/m}^2 < 0{,}8 \, f_{yk}$$

Beschränkung der Rißbreite

Der Nachweis ist für die Anforderungsklasse E gemäß Tabelle 5.26 für die quasi-ständige Einwirkungskombination zu führen. Die Nachweisführung erfolgt durch den Nachweis der Begrenzung des Stabdurchmessers der vorhandenen statisch erforderlichen Bewehrung für die Stahlspannung nach Zustand II. Der zulässige Grenzdurchmesser wird nach Tabelle 5.29 für die Rißbreite $w_k = 0{,}3$ mm ermittelt:

Bemessungsschnitt Plattenrand in der Systemmitte, Richtung x-x:

$$m_{\text{qua-st.}} = 488 + 0{,}2 \cdot 437 = 575 \text{ kNm/m}$$

Stahlzugspannung nach Zustand II:

$$m_{\text{qua-st.}} = 0{,}575 \text{ MNm/m}, \; \mu_{sds} = 0{,}06, \; z = 0{,}96 \cdot 0{,}641 = 0{,}615 \text{ m}$$
$$Z \quad = 0{,}575/0{,}615 = 0{,}935 \text{ MN}$$
$$\sigma_s \quad = 0{,}935/56{,}0 \cdot 10^{-4} = 167 \text{ MN/m}^2$$
$$\text{vorh } a_s = \varnothing \, 28, \, e = 11 \text{ cm}$$

hierfür zulässiger Stabdurchmesser nach Tabelle 5.29, zul $d_s^* = 39{,}6$ mm

somit zul $d_s^* > d_s$, Kriterium erfüllt.

Bemessungsschnitt Plattenmitte in der Systemmitte, Richtung y-y:

$$m_{\text{qua-st}} = 24 + 0{,}2 \cdot 129 = 49{,}8 \text{ kNm/m}$$

vorh a_s: $\varnothing$ 12 mm, $e = 10$ cm ; max $\sigma_s < 182$ N/mm²

hierfür zulässiger Stabdurchmesser nach Tabelle 5.29, zul $d_s^* = 35{,}7$ mm

somit zul $d_s^* >$ vorh d_s, Kriterium erfüllt.

c) Bewehrungsskizze des Querschnittes

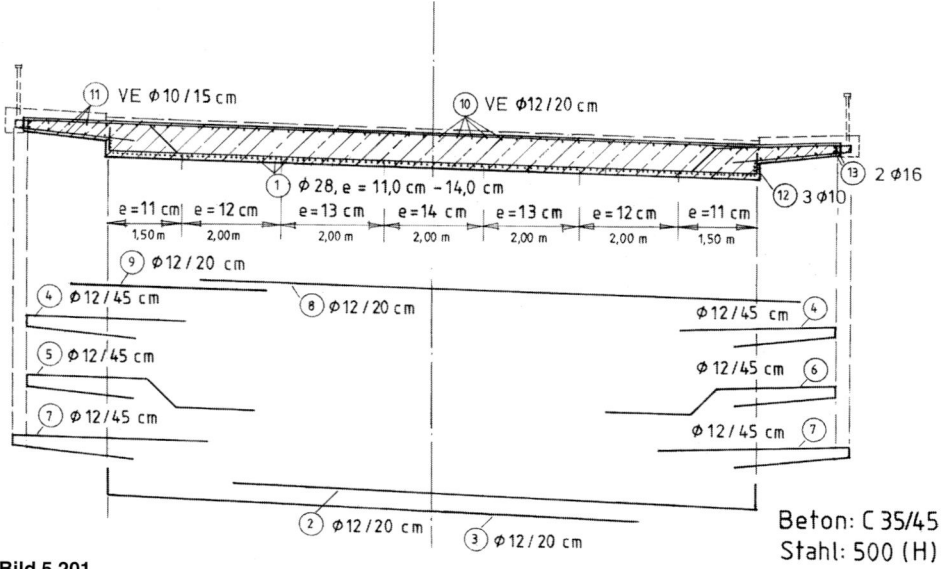

Bild 5.201
Bewehrungsskizze des Querschnittes

5.5.3 Rechtwinklige Fahrbahnplatte, vorgespannt

5.5.3.1 System und Querschnittswerte

Die Fahrbahnplatte des Berechnungsbeispieles 5.5.2 soll vorgespannt werden. Gegenüber der Ausführung in schlaffer Bewehrung kann die Konstruktionshöhe verringert werden:

$$\text{erf } h = 1/22 = 12{,}50/22 = 0{,}57 \text{ m, gewählt } h = 0{,}60 \text{ m}$$

Querschnittswerte

Bild 5.202 Statischer Querschnitt

Querschnitt insgesamt, Bruttowerte

Es wird ein Ersatzquerschnitt mit einer mittleren Kragarmstärke von 0,30 m angesetzt:

$$A_c = 13{,}0 \cdot 0{,}60 + 2 \cdot 0{,}30 \cdot 1{,}65 = 8{,}79 \text{ m}^2$$

$$z^o = \frac{13{,}0 \cdot 0{,}60 \cdot 0{,}30 + 2 \cdot 0{,}30 \cdot 1{,}65 \cdot 0{,}15}{8{,}79} = 0{,}283 \text{ m}$$

$$z^u = 0{,}600 - 0{,}283 = 0{,}317 \text{ m}$$

$$I_y = 13{,}0 \cdot 0{,}60^3/12 + 13{,}0 \cdot 0{,}6 \cdot 0{,}017^2 + 2 \cdot 1{,}65 \cdot 0{,}3^3/12 + 2 \cdot 0{,}30 \cdot 1{,}65 \cdot 0{,}133^2 =$$
$$= 0{,}261 \text{ m}^4$$

$$W_c^o = 0{,}261/0{,}283 = 0{,}92 \text{ m}^3$$

$$W_c^u = 0{,}261/0{,}317 = 0{,}82 \text{ m}^3$$

Plattenstreifen, 1,0 m breit, Bruttowerte

$$A_c = 0{,}60 \text{ m}^2 \text{ ; } I_y = 1{,}0 \cdot 0{,}60^3/12 + 0{,}60 \cdot 0{,}017^2 = 0{,}018 \text{ m}^4$$

$$W_c^o = 0{,}018/0{,}238 = 0{,}064 \text{ m}^3$$

$$W_c^u = 0{,}018/0{,}317 = 0{,}057 \text{ m}^3$$

5.5.3.2 Einwirkungen, Biegemomente und Querkräfte

Biegemomente

Die Biegemomente werden der Ermittlung im Beispiel 5.5.2 entnommen, mit der Einschränkung, daß die Werte aus ständiger Last infolge der minderen Dicke der Platte von 0,60 m umgerechnet werden müssen. Dabei werden sie aufgespalten in die beiden Anteile:

$m_{G1,k}$ Momentenanteil des statisch erforderlichen Querschnittes

$m_{G2,k}$ Momentenanteil der Restlasten

Die Momente infolge ständiger Lasten ergeben sich wie folgt:

$m_{xmG1,k} = +312$ kNm/m $\qquad m_{xmG2,k} = +74$ kNm/m

$m_{ymG1,k} = +26$ kNm/m $\qquad m_{ymG2,k} = -6$ kNm/m

$m_{xrG1,k} = +343$ kNm/m $\qquad m_{xrG2,k} = +90$ kNm/m

$m_{xyG1,k} = \pm 56$ kNm/m $\qquad m_{xyG2,k} = \pm 39$ kNm/m

Aus Verkehr werden die Momente direkt von Tabelle 5.38 übernommen:

Q auf Fahrbahn	Q auf Schrammbord
$m_{xm,Q} = +389$ kNm/m	$m_{xm,Q} = +10$ kNm/m
$m_{ym,Q} = +139$ kNm/m	$m_{ym,Q} = -5$ kNm/m
$m_{xr,Q} = +522$ kNm/m	$m_{xr,Q} = +17$ kNm/m
$m_{xy,Q} = \pm 123$ kNm/m	$m_{xy,Q} = \pm 13$ kNm/m

In Gruppe 1 ist der Schrammbord Teil der Fahrbahn, eine Kombination zwischen Fahrbahn und Gehweg ist nicht vorzunehmen, somit ergeben sich die Verkehrslastmomente ungünstig:

$m_{xmQ,k} = +309 + 10 = +319$ kNm/m

$m_{ymQ,k} = +129 + 0 = +129$ kNm/m, der Negativwert bleibt unberücksichtigt

$m_{xrQ,k} = +420 + 17 = +437$ kNm/m

$m_{xyQ,k} = \pm 118 \pm 13 = \pm 131$ kNm/m

Querkräfte

Die Ermittlung erfolgt wie im Beispiel 5.3.2, jedoch für eine Plattendicke von 0,60 m:

Ständige Last:

Platte: $G_k = 0{,}6 \cdot 25 \qquad = 15{,}0$ kN/m²
Belag und Ausgleichsschicht $= \underline{2{,}3\text{ kN/m}^2}$
$ 17{,}3$ kN/m²

Kragarm: 24,0 kN/m je Seite, folglich:

$V_{A,G_k} = (17{,}3 + 2 \cdot 24/13{,}0) \cdot 12{,}5/2 = 131{,}2$ kN/m

Verkehr: $V_{A,Q_k} =$ wie Abschnitt 5.5.2.2(d) $\qquad = 169{,}8$ kN/m

5.5.3.3 Lastfall Vorspannung

a) Vorwerte zum Spannvorgang

Es wird eine Vorspannung mit nachträglichem Verbund mit Hilfe des SUSPA-Litzenspannverfahrens EC 2-140 mm² gewählt.

Spannstahl: $\qquad$ St 1570/1770 ($f_{p;0,2k}/f_{pk}$)

Charakteristischer Wert der Streckfestigkeit: $f_{p;0,1k} = 1500$ N/mm² (angenommen)
Charakteristischer Wert der Zugfestigkeit: $ f_{pk} = 1770$ N/mm²

Zulässige Stahlspannungen: $\qquad$ zul $\sigma_{ps} \leq 0{,}75 \cdot 1770 = 1328$ N/mm²

$\qquad\qquad\qquad\qquad\qquad\qquad\qquad \leq 0{,}85 \cdot 1500 = 1275$ N/mm² (maßgebend)

Spannbündel: $\qquad$ Gewählt Typ (6-5) mit $A_p = 7{,}0$ cm²,
$\qquad\qquad\qquad$ zul $P = 7{,}0 \cdot 1275 \cdot 10^{-1} = 892$ kN

$\qquad\qquad\qquad$ Hüllrohr Typ II mit $d_i/d_a = 55/62$ mm

5.5 Berechnungsbeispiele

Nach dem Zulassungsbescheid Nr Z 13.1-81 vom 31.7.01 gilt:

$\mu = 0{,}20\,\%,\ k = 0{,}3°/\text{m}$

Spanngliedführung:

Gewählt wird die Parabelform mit $e_z = 31{,}7 - 10{,}0 = 21{,}7$ cm gemäß Bild 5.203:

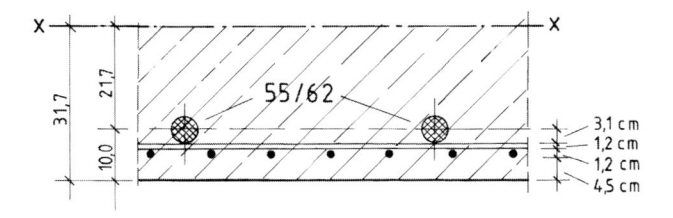

Bild 5.203 Bewehrungsanordnung

$$z(x) = \frac{4 \cdot 0{,}217}{12{,}5^2}(12{,}5\,x - x^2) = -5{,}55 \cdot 10^3 \cdot x^2 + 0{,}0694\,x$$

$$z'(x) = \frac{4 \cdot 0{,}217}{12{,}5^2}(12{,}5 - 2\,x);\ x = 0,\ \theta = 3{,}79°$$

b) Mittelwert der Vorspannkraft

Spannvorgang

Reibungsverluste

Tabelle 5.39
Reibungsverluste

	Δl (m)	$\bar{k} \cdot \Delta l$	$\measuredangle\ \theta$	$\hat{\gamma} = \theta + k \cdot \Delta l$	$\Sigma\ \hat{\gamma}$	$e^{-\mu\gamma}$
Auflagerpunkt					0	1,000
	3,125	0,0164	0,0347	0,0511		
Viertelspunkt					0,0511	0,990
	3,125	0,0164	0,0347	0,0511		
Feldmitte					0,1022	0,980

Zulässige Überspannung im Spannvorgang (allgemein)

$\sigma_{pü} \leq 0{,}80 \cdot 1770 = 1416\ \text{N/mm}^2$

$\phantom{\sigma_{pü}} \leq 0{,}90 \cdot 1500 = 1350\ \text{N/mm}^2$ (maßgebend)

Höchstwert der Überspannung

Die Spannbündel liegen weniger als drei Wochen ungeschützt im Hüllrohr, folglich:

$a = -0{,}20 \cdot 0{,}2044 \cdot 0{,}5 = -0{,}0204;$ somit $e^a = 0{,}980$

$\sigma_{p,\max} \leq 0{,}98 \cdot 0{,}80 \cdot 1770 = 1388\ \text{N/mm}^2$

$\phantom{\sigma_{p,\max}} \leq 0{,}98 \cdot 0{,}90 \cdot 1500 = 1323\ \text{N/mm}^2$ (maßgebend)

Bezogene Überspannung

Allgemein: $\sigma_{p,sü} = (1350/1275)$ zul $\sigma_{ps} = 1{,}059$ zul σ_{ps}

Höchstwert: max $\sigma_{p,sü} = (1323/1275)$ zul $\sigma_{ps} = 1{,}038$ zul σ_{ps}

Anspannen

Für eff P = zul P in der Feldmitte gilt mit P_0 = zul P

$$0{,}980\, P_{A(0)} \stackrel{!}{=} 1{,}0\, P_0$$

$$P_{A(0)} = \frac{1{,}0}{0{,}980}\, P_0 = 1{,}020\, P_0 < 1{,}049\, P_0$$

Die Höchstwertbegrenzung wird nicht maßgebend.

Nachlassen

$$1{,}020\, P_{N(0)} \stackrel{!}{=} 1{,}0\, P_0$$

$$P_{N(0)} = \frac{1{,}0}{1{,}020}\, P_0 = 0{,}980\, P_0$$

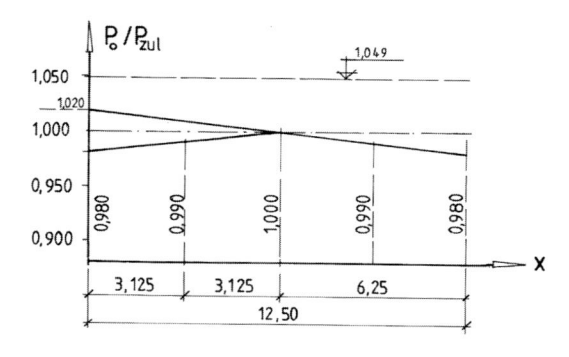

Bild 5.204 Bezogene Spannkräfte

Mittelwerte der Spannkräfte

Feldmitte: $P_{m,0} = 1{,}000$ zul $P - \Delta P_{t(s,kr,R)}$

Viertelspunkt: $P_{m,0} = 0{,}990$ zul $P - \Delta P_{t(s,kr,R)}$

Auflagerpunkt: $P_{m,0} = 0{,}980$ zul $P - \Delta P_{t(s,kr,R)}$

Bei einseitigem oder wechselseitigem Anspannen.

c) Wahl der Vorspannkraft

Für Platten liegt die wirtschaftliche Bemessung wegen der geringen erzielbaren Außermittigkeiten der Spannbewehrung bei einer Mischbewehrung. Es wird daher die Anforderungsklasse C angestrebt, nach der für die Dekompression die quasi-ständige Kombination maßgebend ist, also:

Das Biegemoment am Gesamtquerschnitt in der Feldmitte beträgt:

$$m_{G,k} = 386 \cdot 13{,}0 + (433 - 386) \cdot 2 \cdot 6{,}5 \cdot \frac{1}{3} = 5222 \text{ kNm}$$

5.5 Berechnungsbeispiele

$$m_{Q,k} = 319 \cdot 13{,}0 + (437 - 319) \cdot 2 \cdot 6{,}5 \cdot \frac{1}{3} = 4658 \text{ kNm}$$

somit: $M_{\text{qua-st}} = 5222 + 0{,}20 \cdot 4658 = 6154$ kNm

Mit den Querschnittswerten $A_c = 8{,}79$ m², $W_{cu} = 0{,}82$ m³, $e_z = 0{,}217$ m und der Lage der Dekompressionsachse am unteren Querschnittsrand mit $W_{cd} = W_{cu}$ ergibt sich:

$$\text{erf } P_{m,t=\infty} = \frac{1}{0{,}9}\left[\frac{\frac{6154}{0{,}82}}{\frac{1}{8{,}79}+\frac{0{,}217}{0{,}82}}\right] = 22060 \text{ kN}$$

Die Kriech-, Schwind- und Spannstahlrelaxationsverluste werden zunächst zu 11,5 % angenommen, somit:

$$\text{erf } P_{m,t=0} = \frac{22060}{1 - 0{,}115} = 24927 \text{ kN}$$

vorläufig gewählt:

28 Bündel (6-5) SUSPA EC 2-140 mm² mit vorh $P_0 = 28 \cdot 892 = 24976$ kN

d) Verluste aus Kriechen, Schwinden und Spannstahlrelaxation

Vorwerte

C 35/45, $E_c = 33300$ N/mm², $E_p = 195000$ N/mm², $\alpha_e = E_p/E_c = 5{,}82$

Wirksame Bauteildicke

$$h_0 = \frac{2 A_c}{u} = \frac{2 \cdot 8{,}79}{33{,}8} = 0{,}52 \approx 0{,}50 \text{ m}$$

Der Betoniervorgang ist für eine Zeit geplant, in der die Außentemperatur vom Kalender her den Wert 20 °C nicht übersteigen wird. Es kommt ein Zement 42.5 N zur Anwendung. Damit ist keine Erhöhung des Betonalters zu berücksichtigen und das wirksame Betonalter entspricht dem wahren Alter des Betons.

Zeitpunkt des Aufbringens der Vorspannkraft

Nach Tabelle 5.22 bei einer Festigkeit des jungen Betons von 34 N/mm² als Zylinderdruckfestigkeit, jedoch nicht früher als 5 Tage, somit:

$t_0 = 5$ Tage

Endschwindmaß ($t = \infty$) nach den Bildern 5.111 und 5.112 für RH = 80 % und $h_0 = 0{,}50$ m:

$$\varepsilon_{cs,\infty} = (-0{,}08 - 0{,}27) = -0{,}35 \cdot 10^{-3}$$

Endkriechzahl nach Bild 5.110 für RH = 80 % und $h_0 = 0{,}50$ m:

$$\varphi_{(\infty, t_o)} = 2{,}3$$

Verluste in Feldmitte (x = 6,25 m)

Spannstahlrelaxationsverlust

1. Näherung mit angenommenem Verlust von 11,5 %

$$\sigma_{p,t=0} = 1258 \,(1 - 0{,}3 \cdot 0{,}115) = 1231 \text{ N/mm}^2; \; f_{pk} = 1770 \text{ N/mm}^2$$

Relaxationsverlust nach Tabelle 5.19:

$$\sigma_{p,t=0}/f_{pk} = 1231/1770 = 0{,}69 \rightarrow k = 6{,}2\%$$

somit: $\Delta\sigma_{pr,\infty} = 0{,}062 \cdot 1231 = 76 \text{ N/mm}^2$

Kriecherzeugende Spannungen unter Dauerlast:

Ständige Last:

$$\Sigma m_{G,k} = +5222 \text{ kNm}$$

$$\sigma_{cu} = +\frac{5{,}22}{0{,}83} = +6{,}4 \text{ MN/m}^2$$

$$\sigma_{cp} = +6{,}4\frac{21{,}7}{31{,}7} = +4{,}4 \text{ MN/m}^2$$

Vorspannung:

$$P_0 = -25{,}0 \text{ MN}; \quad M_{p0} = -25{,}0 \cdot 0{,}217 = -5{,}42 \text{ MNm}$$

$$\sigma_{c0} = -\frac{25{,}0}{8{,}79} + \frac{5{,}42}{0{,}92} = +3{,}1 \text{ MN/m}^2$$

$$\sigma_{cu} = -\frac{25{,}0}{8{,}79} - \frac{5{,}42}{0{,}82} = -9{,}4 \text{ MN/m}^2$$

$$x = 60\frac{9{,}4}{9{,}4+3{,}1} = 45{,}1 \text{ cm}, \quad e_z = 45{,}1 - 10{,}0 = 35{,}1 \text{ cm}$$

$$\sigma_{cp} = -9{,}4 \cdot 35{,}1/45{,}1 = -7{,}3 \text{ MN/m}^2$$

Spannungsabfall:

$$\Delta\sigma_{p,KSR} = \frac{-1{,}95 \cdot 10^5 \cdot 35 \cdot 10^{-5} - 76{,}0 + 5{,}82 \cdot 2{,}3(+4{,}4-7{,}3)}{1 + 5{,}82\dfrac{0{,}0196}{8{,}79}\left[1 + \dfrac{8{,}79}{0{,}261}0{,}217^2\right][1+0{,}8\cdot 2{,}3]} = -167 \text{ MN/m}^2$$

Verlust ≙ 167/1275 = 13,0 %

Durch weitere Näherungsschritte des Relaxationsverlustes pendelt sich der Gesamtverlust ein bei $\Delta\sigma_{p,KSR} = -12{,}8\%$.

Verluste in anderen Bemessungsstellen

Aus gesonderter Berechnung ergibt sich:

Viertelspunkt: $\Delta\sigma_{p,KSR} = -13{,}1\%$
Auflagerpunkt: $\Delta\sigma_{p,KSR} = -13{,}6\%$

e) Endgültige Wahl der Vorspannkraft

Unter Ansatz der endgültigen Verluste ergibt sich folgende Vorspannkraft:

$$\text{erf } P_{m,o} = \frac{22060}{1-0{,}128} = 25298 \text{ kN}$$

erf n = 28,3 Bündel, es bleibt bei der vorläufigen Wahl, somit endgültig gewählt: 28 Bündel SUSPA EC 2-140 mm² mit $28 \cdot 892 = 24967$ kN.

5.5 Berechnungsbeispiele

Die am Gesamtquerschnitt ermittelte Vorspannkraft wird anteilig nach den Plattenmomenten auf den Querschnitt aufgeteilt.

Querschnittswerte: $A_c = 0{,}6$ m^2, $W_{cu} = 0{,}057$ m^3, $e_z = 0{,}217$ m

Feldmitte, Plattenrand:

$$m_{\text{qua-st.}} = 1{,}0 \cdot 0{,}433 + 0{,}2 \cdot 1{,}0 \cdot 0{,}437 = 0{,}520 \text{ MN/m}$$

$$\text{erf } P_{m,0} = \frac{1}{0{,}9} \frac{1}{0{,}872} \left[\frac{\frac{0{,}520}{0{,}057}}{\frac{1}{0{,}6} + \frac{0{,}217}{0{,}057}} \right] = 2{,}12 \text{ MN/m}$$

Gegenseitiger Abstand: $a = 0{,}892/2{,}12 = 0{,}42$ m

Feldmitte, Plattenmitte:

$$m_{\text{qua-st.}} = 1{,}0 \cdot 0{,}386 + 0{,}2 \cdot 1{,}0 \cdot 0{,}319 = 0{,}450 \text{ MN/m}$$

$$\text{erf } P_{m,0} = 2{,}12 \cdot 0{,}450/0{,}520 = 1{,}83 \text{ MN/m}$$

Gegenseitiger Abstand: $a = 0{,}892/1{,}83 = 0{,}49$ m

Mit Rücksicht auf eine kontinuierliche Verziehung wird nachstehende Unterbringung der Spannbündel gewählt:

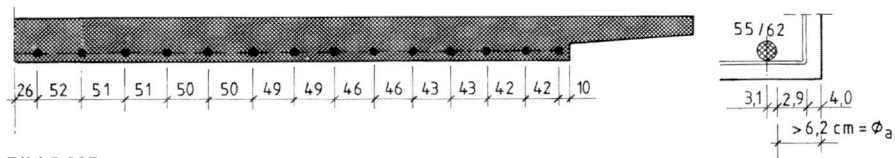

Bild 5.205
Anordnung der Spannbündel

f) Mittelwerte der Vorspannkraft

Für die Bemessungseinheit von 1,0 m ergeben sich folgende Werte:

Plattenrand

Feldmitte: $P_{m,0} = -1{,}000 \cdot 0{,}892/0{,}42 = -2{,}12$ MN/m, $P_{m,\infty} = -0{,}872 \cdot 2{,}12 = -1{,}85$ MN/m
Viertelsp.: $P_{m,0} = -0{,}990 \cdot 0{,}892/0{,}42 = -2{,}10$ MN/m, $P_{m,\infty} = -0{,}868 \cdot 2{,}10 = -1{,}82$ MN/m
Auflagerp.: $P_{m,0} = -0{,}980 \cdot 0{,}892/0{,}42 = -2{,}08$ MN/m, $P_{m,\infty} = -0{,}864 \cdot 2{,}08 = -1{,}80$ MN/m

Plattenmitte

Feldmitte: $P_{m,0} = -1{,}000 \cdot 0{,}892/0{,}52 = -1{,}72$ MN/m, $P_{m,\infty} = -0{,}872 \cdot 1{,}72 = -1{,}50$ MN/m
Viertelsp.: $P_{m,0} = -0{,}990 \cdot 0{,}892/0{,}52 = -1{,}70$ MN/m, $P_{m,\infty} = -0{,}868 \cdot 1{,}70 = -1{,}48$ MN/m
Auflagerp.: $P_{m,0} = -0{,}980 \cdot 0{,}892/0{,}52 = -1{,}68$ MN/m, $P_{m,\infty} = -0{,}864 \cdot 1{,}68 = -1{,}45$ MN/m

5.5.3.4 Grenzzustand der Tragfähigkeit

a) Nachweis der Biegetragfähigkeit

Beton: C 35/45; $f_{ck} = 35$ N/mm²; $f_{cd} = 35/1,5 = 23,3$ N/mm²
Spannstahl: St 1570/1770; $f_{pk} = 1770$ N/mm²; $f_{pd} = 1500/1,15 = 1304$ N/mm²
Betonstahl: St 500 H; $f_{yk} = 500$ N/mm²; $f_{yd} = 500/1,5 = 435$ N/mm²

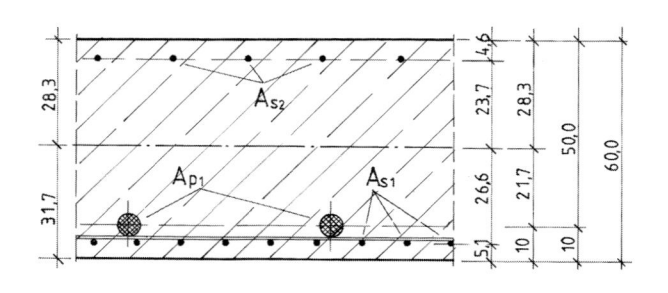

Bild 5.206 Bemessungsquerschnitt

$e_p = 0,217$ m, $d_p = 0,217 + 0,283 = 0,500$ m
$z_{s1} = 0,266$ m, $d_s = 0,266 + 0,283 = 0,549$ m
$z_{s2} = 0,237$ m, $d_s = 0,237 + 0,317 = 0,554$ m

Spannstahlquerschnitt: Plattenrand: $A_p = 7,0/0,42 = 16,7$ cm²/m
                      Plattenmitte: $A_p = 7,0/0,52 = 13,5$ cm²/m

Mindestbewehrung: min $a_s = 0,0011 \cdot 60 \cdot 100 = 6,6$ cm²/m
                      unterer Grenzwert: $\varnothing$ 10, $e = 20$ cm mit 3,9 cm²/m

Feldmitte, Plattenrand, max M, $t = t_\infty$

Gewählt: $d_r = 0,224 + 0,283 = 0,507$ m

$m_{Ed} = m_{Edr} = 1,35 \cdot 0,433 + 1,50 \cdot 0,437 = 1,240$ MNm, $n_{Ed} = 0$

$$\mu_{sdr} = \frac{1,24}{1,0 \cdot 0,507^2 \cdot 23,3} = 0,207 \quad \text{nach Heft 425 DAfStb}$$

$z_r = 0,84 \cdot 0,507 = 0,431$ m ; $z_s = 0,85 \cdot 0,549 = 0,468$ m
$\varepsilon_r = 6,3$ ‰ ; $\Delta\varepsilon_p = 6,3 \cdot 0,5/0,507 = 6,2$ ‰

Vorspannung:

$P_{m,t} = -1,85$ MN; $\sigma_{m,t} = -1,85/16,7 \cdot 10^{-4} = -1108$ MN/m²

Wirksame Spannstahlspannung:

$\sigma_p = (\varepsilon_{pm,t}^{(0)} + \Delta\varepsilon_p) E_p \leq f_{pd}$

Betonspannung in Spanngliedhöhe infolge $(G_k + P_{k,t=\infty})$

mit: $W_{cp} = 0,018/0,217 = 0,083$ m³, $A_c = 0,6$ m²

$$\sigma_{cpt} = \frac{1,35 \cdot 0,433}{0,083} - \frac{1,0 \cdot 1,85}{0,6} + \frac{1,0 \cdot 1,85 \cdot 0,217}{0,083} = -0,9 \text{ MN/m}^2$$

$$\varepsilon_{pm,t}^{(0)} = \frac{1108}{1{,}95 \cdot 10^5} - \frac{0{,}9}{33300} = 5{,}6 \cdot 10^{-3}$$

$\sigma_p = (6{,}2 + 5{,}6) \, 10^{-3} \cdot 1{,}95 \cdot 10^5 = 2301 \text{ N/mm}^2 > f_{pd}$ (maßgebend)

$\text{erf } A_{p+s} = \dfrac{1}{10^{-4}} \left[\dfrac{1{,}24}{1304 \cdot 0{,}431} \right] = 22{,}1 \text{ cm}^2 \rightarrow \text{vorh } A_p = 16{,}7 \text{ cm}^2$

$\text{erf } A_{s_1} = (22{,}1 - 16{,}7) \dfrac{1304 \cdot 0{,}431}{435 \cdot 0{,}468} = 14{,}9 \text{ cm}^2/\text{m}$

Gewählt: ⌀ 12, $e = 7{,}5$ cm mit 15,1 cm²/m

Überprüfung der angenommenen Mischnutzhöhe d_r:

$$d_r = \frac{12{,}6 \cdot 43{,}5 \cdot 0{,}55 + 16{,}7 \cdot 138{,}5 \cdot 0{,}50}{15{,}1 \cdot 43{,}5 + 16{,}7 \cdot 138{,}5} = 0{,}508 \text{ m}$$

Feldmitte, Plattenmitte, max M, $t = t_\infty$

$m_{Edr} = 1{,}35 \cdot 0{,}386 + 1{,}50 \cdot 0{,}319 = 1{,}000$ MNm, $n_{Ed} = 0$

$\mu_{sdr} = 0{,}17$, $z_r = 0{,}88 \cdot 0{,}507 = 0{,}446$ m, $z_s = 0{,}88 \cdot 0{,}549 = 0{,}484$ m

Vorspannung: $\sigma_p > f_{pd}$

$\text{erf } A_{p+s} = \dfrac{1}{10^{-4}} \left[\dfrac{1{,}00}{1304 \cdot 0{,}446} \right] = 17{,}2 \text{ cm}^2 \rightarrow \text{vorh } A_p = 13{,}5 \text{ cm}^2$

$\text{erf } A_{s_1} = (17{,}2 - 13{,}5) \dfrac{1304 \cdot 0{,}446}{435 \cdot 0{,}484} = 10{,}2 \text{ cm}^2/\text{m}$

Gewählt: ⌀ 12, $e = 11{,}0$ cm mit 10,3 cm²/m

Feldmitte, Plattenrand, min M, $t = t_\infty$

$m_{G,k} = +0{,}343$ MNm, $P_{m,o} = -2{,}12$ MN, $m_{po} = -2{,}12 \cdot 0{,}217 = -0{,}460$ MNm

$m_{Ed} = 1{,}0 \cdot 0{,}343 - 1{,}0 \cdot 0{,}460 = -0{,}117$ MNm

$n_{Ed} = -1{,}0 \cdot 2{,}12 = -2{,}12$ MN

$m_{Eds} = -0{,}117 - 2{,}12 \cdot 0{,}237 = -0{,}509$ MNm

$\mu_{sds} = 0{,}071$, $z = 0{,}954 \cdot 0{,}554 = 0{,}519$ m, $\varepsilon_s = 20$‰

$\sigma_s = 20 \cdot 10^{-3} \cdot 2{,}0 \cdot 10^5 = 4000$ N/mm² $> f_{yd}$ (maßgebend)

$\text{erf } A_{s_2} = \dfrac{1}{435 \cdot 10^{-4}} \left[\dfrac{0{,}509}{0{,}519} - 2{,}12 \right] < 0$

Der Querschnitt ist überdrückt, gewählt wird die Mindestbewehrung.

Gewählt: ⌀ 12, $e = 16{,}0$ mit 7,1 cm²/m (längs und quer)

Für die weiteren Bemessungsstellen ergeben sich die gleichen Erfordernisse der schlaffen Bewehrung, wie in der Feldmitte.

Plattenecke, Aufnahme der Drillmomente

Annnahme: $m_1 = m_2$; $\delta = 45°$ bzw. $135°$

Aufnahme der Drillmomente durch Transformation im rechtwinkligen ξ, η-System ($\psi = 90°$). Nach *Kuyt* sind bei $\delta = 45°$ die Bemessungsmomente gleich den Drillmomenten, folglich:

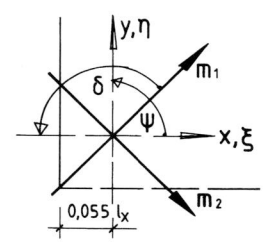

$m_{G\xi,\eta} = 56{,}0 + 39{,}0 = 95{,}0$ kNm/m

$m_{Q\xi,\eta} = 118{,}0 + 13{,}0 = 131{,}0$ kNm/m

Bild 5.207
Transformationsrichtungen

Plattenunterseite

Die Aufnahme erfolgt durch die Spannbewehrung

Bemessungsstelle: $0{,}055 \cdot 12{,}5 = 0{,}6875$ m vom Auflager,

Zugehöriger Hebelarm der Spannbewehrung aus Parabelgleichung: $z = 0{,}0503$ m

damit wird: $d_p = 0{,}050 + 0{,}283 = 0{,}333$ m

$m_{Edp} = 1{,}35 \cdot 0{,}095 + 1{,}50 \cdot 0{,}131 = 0{,}325$ MNm

$\mu_{sdp} = 0{,}13$, $z = 0{,}914 \cdot 0{,}333 = 0{,}304$ m, $\sigma_p < f_{pd}$

$\text{erf } A_p = \dfrac{1}{10^{-4}}\left[\dfrac{0{,}325}{0{,}304 \cdot 1304}\right] = 8{,}2$ cm^2/m $<$ vorh $A_p = 16{,}7$ cm^2/m

Plattenoberseite

Die Aufnahme erfolgt durch schlaffe Bewehrung

$m_{Ed} = 1{,}35 \cdot (-95) + 1{,}50 \, (-131) = -325$ kNm/m

$z \approx 0{,}97 \cdot 0{,}537 = 0{,}521$ m

$\text{erf } a_s = \dfrac{1}{10^{-4}}\left[\dfrac{0{,}325}{0{,}521 \cdot 435}\right] = 14{,}3$ cm^2/m

Vorhanden aus Mindestbewehrung: $\varnothing$ 12, $e = 16{,}0$ cm $= 7{,}1$ cm^2/m

Zulage: $\varnothing$ 12, $e = \underline{16{,}0 \text{ cm} = 7{,}1 \text{ cm}^2\text{/m}}$

vorh $a_s = 14{,}2$ cm^2/m

Die Zulage erstreckt sich auf den Bereich des Eckfeldes mit der Länge und der Breite von $l/4 = 3{,}125$ m.

b) Nachweis der Querkrafttragfähigkeit

Der Nachweis erfolgt im ungünstigen Bemessungsschnitt am Auflager in der Feldmitte der Platte zum Zeitpunkt $t = t_\infty$.

Bemessungswert der Querkraft

$V_{AG,k} = 131{,}2$ kN/m, $V_{AQ,k} = 169{,}8$ kN/m

Querkraftanteil aus der Vorspannung:

$$\tan \theta = \frac{4 \cdot 0{,}217}{12{,}5} = 0{,}0694, \quad \theta = 3{,}97°$$

$$V_{pd,\infty} = -1{,}45 \cdot \sin 3{,}97° = -0{,}10 \text{ MN/m}$$

somit: $V_{Ed} = 1{,}35 \cdot 0{,}131 + 1{,}50 \cdot 0{,}170 - 1{,}0 \cdot 0{,}100 = 0{,}332$ MN/m

Bauteilwiderstand ohne Querkraftbewehrung

$$V_{Rd,ct} = \left[0{,}10 \cdot \kappa \, (100 \, \rho_l \, f_{ck})^{1/3} - 0{,}12 \, \sigma_{cd}\right] b_w \cdot d$$

mit: $f_{ck} = 35$ N/mm², $\sigma_{cd} = -1{,}50/0{,}60 = -2{,}5$ MN/m²

$\kappa = 1 + \sqrt{\dfrac{200}{507}} = 1{,}62$, $b_w = 1{,}0$ m, $d = 0{,}507$ m

$A_{(p+s)} = 14{,}5 + 5{,}7 = 20{,}2$ cm²/m

$\rho_l = 20{,}2/100 \cdot 50{,}7 = 0{,}004 < 0{,}02$

$V_{Rd,ct} = \left[0{,}10 \cdot 1{,}62 \, (100 \cdot 0{,}004 \cdot 35)^{1/3} + 0{,}12 \cdot 2{,}5\right] 1{,}0 \cdot 0{,}507 = 0{,}355 > V_{Ed}$

Es ist keine Querkraftbewehrung erforderlich.

5.5.3.5 Grenzzustand der Gebrauchstauglichkeit

a) Spannungsnachweise

Vorwerte

Im Plattenstreifen am Rand gilt:

vorh $A_p = 16{,}7$ cm²/m $< 0{,}01 \cdot 31{,}7 \cdot 100 = 31{,}7$ cm²/m

Sofern die Spannungsermittlung nach Zustand I erfolgt, werden die Bruttoquerschnittswerte angesetzt, also

$A_c = 0{,}6$ m², $W_{cu} = 0{,}057$ m³, $W_{co} = 0{,}064$ m³

$E_p = 195000$ N/mm², $E_c = 33300$ N/mm², $\alpha = E_p/E_c = 5{,}9$

Einwirkungen

Feldmitte, Plattenrand

$m_{G_1,k} = +0{,}343$ MNm/m, $m_{G_2,k} = +0{,}090$ MNm/m, $m_{Q_1,k} = +0{,}437$ MNm/m

$P_{m0,sup} = -1{,}1 \cdot 2{,}12 = -2{,}33$ MN/m, $m_{p0,sup} = -2{,}33 \cdot 0{,}217 = -0{,}506$ MNm/m

$P_{m_\infty,inf} = -0{,}9 \cdot 1{,}85 = -1{,}67$ MN/m, $m_{p_\infty,inf} = -1{,}67 \cdot 0{,}217 = -0{,}362$ MNm/m

$A_p = 16{,}7$ cm²/m, $A_s = 12{,}6$ cm²/m

Feldmitte, Plattenmitte

$m_{G_1,k} = +0{,}312$ MNm/m, $m_{G_2,k} = +0{,}074$ MNm/m, $m_{Q_1,k} = +0{,}319$ MNm/m

$P_{m0,sup} = -1{,}1 \cdot 1{,}72 = -1{,}89$ MN/m, $m_{p0,sup} = -1{,}89 \cdot 0{,}217 = -0{,}410$ MNm/m

$P_{m_\infty,inf} = -0{,}9 \cdot 1{,}50 = -1{,}35$ MN/m, $m_{p_\infty,inf} = -1{,}35 \cdot 0{,}217 = -0{,}293$ MNm/m

$A_p = 13{,}5$ cm²/m, $A_s = 8{,}1$ cm²/m

Viertelspunkt, Plattenrand

$m_{G_1,k} = +0,75 \cdot 0,343 = +0,258$ MNm/m

$m_{G_2,k} = +0,75 \cdot 0,090 = +0,068$ MNm/m, $m_{Q_1,k} = +0,437$ MNm/m

$P_{m0,\text{sup}} = -1,1 \cdot 2,10 = -2,31$ MN/m, $m_{p0,\text{sup}} = -2,31 \cdot 0,163 = -0,377$ MNm/m

$P_{m_\infty,\text{inf}} = -0,9 \cdot 1,82 = -1,64$ MN/m, $m_{p_\infty,\text{inf}} = -1,64 \cdot 0,163 = -0,267$ MNm/m

$A_p = 16,7$ cm²/m, $A_s = 12,6$ cm²/m

Erläuterungen zur Spannungstabelle

Spannungsermittlung

Die Beton- und Stahlspannungen der einzelnen Einwirkungen nach Zustand I sind in die Zeilen 1 bis 11 eingetragen. Für die Stahlspannungen gilt:

- Im Zustand I:

  $\sigma_p = \sigma_p^{(0)} + \Delta\sigma_p$

  mit: $\Delta\sigma_p = \sigma_s = \alpha \cdot \sigma_{cz}$, $\alpha = E_p/E_c = \dfrac{195000}{33300} = 5,85$

  σ_{cz} Betonspannung in Höhe der Bewehrung

  $\sigma_p^{(0)} = $ zul σ_{ps}

- Im Zustand II:

  $\sigma_p = \sigma_p^{(0)} + \Delta\sigma$

  mit: $\Delta\sigma = Z_1/A_p + Z_2/A_s$ mit: $Z_1 = $ anteilige Zugkraft im Spannstahl
  $Z_2 = $ anteilige Zugkraft im Betonstahl

Die Aufteilung der Längszugkraft auf die beiden Bewehrungsanteile erfolgt nach den vorhandenen Querschnitten im Verhältnis der Wertigkeiten der Bemessungsspannungen:

$\beta_{\text{Spannstahl}} = 1385/435 = 3,0$, $\beta_{\text{Betonstahl}} = 435/435 = 1,0$

Plattenrand:

$\Sigma(\beta \cdot A) = 3,00 \cdot 16,7 + 1,0 \cdot 15,1 = 65,2$

Es entfallen 77% auf den Spannstahl und 23% auf den Betonstahl

Plattenmitte:

$\Sigma(\beta \cdot A) = 3,00 \cdot 13,5 + 1,0 \; 10,2 = 50,7$

Es entfallen 80% auf den Spannstahl und 20% auf den Betonstahl

Nachweise im Bauzustand (t = 0)

Im Bauzustand befindet sich das Bauwerk im Zustand I, die zu untersuchenden Einwirkungskombinationen sind hierfür zu ermitteln.

Zu untersuchen ist die charakteristische Kombination mit dem Mittelwert der Vorspannung ($G_{1,k} + P_{m,0}$) auf zulässige Druckspannungen

- beim Aufbringen der Vorspannung (Zeile 12),
- zur Beurteilung der Linearität des Kriechvorganges (Zeile 12).

Die zulässigen Spannungswerte ergeben sich mit dem Mindestwert der Zylinderdruckfestigkeit des Betons beim Vorspannen von 34,0 MN/m² nach Tabelle 5.23 wie folgt:

Tabelle 5.40
Spannungen zum Nachweis der Gebrauchstauglichkeit [MN/m²]

5.5 Berechnungsbeispiele

	Einwirkungen und Kombinationen		Zeile	$\xi = 0{,}50$						$\xi = 0{,}25$					zul σ_c $\sigma_p;\sigma_s$
				σ_{cu}	σ_{co}	σ_p	σ_s	σ_{cu}	σ_{co}	σ_p	σ_s	σ_{cu}	σ_{co}	σ_p	σ_s	
Ständige Last	$G_{k,1}$		1	+6,0	−5,4	+24	+30	+5,5	−4,9	+22	+27	+4,5	−4,0	+14	+22	
	$G_{k,2}$		2	+1,6	−1,4	+6	+8	+1,3	−1,2	+5	+6	+1,2	−1,1	+4	+6	
Verkehr	$Q_{1,k}$		3	+7,7	−6,8	+36	+38	+5,6	−5,0	+22	+28	+7,7	−6,8	+23	+38	
	$\psi_1' \cdot Q_{1,k}$		4	+6,2	−5,4	+25	+31	+4,5	−4,0	+18	+22	+6,2	−5,4	+19	+31	
	$\psi_2 \cdot Q_{1,k}$		5	+1,5	−1,4	+6	+7	+1,1	−1,0	+4	+5	+1,5	−1,4	+5	+7	
Vorspannung $t = 0$	$P_{m,0}$		6		−3,5	+1275			−2,9	+1275			−3,5	+1262		
	$m_{p,0}$	$P_{m,0}$	7	−8,1	+7,2			−5,7	+5,1			−6,0	+5,4			
	$P_{m,t}$		8		−3,1	+1112			−2,5	+1112			−3,0	+1095		
Vorspannung $t = \infty$	$m_{pm,t}$	$P_{m,t}$	9	−7,1	+6,3			−5,7	+5,1			−5,2	+4,9			
	$P_{mt,\inf}$		10		−2,8				−2,2				−2,7			
	$m_{pmt,\inf}$	$P_{mt,\inf}$	11	−6,4	+5,7			−5,1	+4,6			−4,7	+4,4			
Bauzustand	$G_{k,1} + P_{m,0}$		12	−5,6				−3,9				−5,0				−15,3
	$G_k + Q_{1,k} + P_{mt}$		13	−2,6	−3,6	+1142	+38	−1,4	−3,5	+1139	+33	−2,5	−3,2	+1113	+28	+3,2
Betriebs-zustand $t = \infty$	$G_k + \psi_1' Q_{1,k} + P_{mt,\inf}$		14	+6,1				+5,1				+6,0				−21,0
			15		−14,8				−12,7				−14,5			
			16				+134				+141				+145	+400
	$G_k + \psi_2 Q_{1,k} + P_{mt,\inf}$		17			+1148				+1192				+1145		+1150

- Aufbringen der Vorspannung: min zul $\sigma_c = 0{,}6\,f_{c(t)} = -20{,}4\ \text{MN/m}^2$
- Linearität des Kriechens: min zul $\sigma_c = 0{,}45\,f_{c(t)} = -15{,}3\ \text{MN/m}^2$

Nachweise im Betriebszustand

Den Betriebszustand ohne Verkehr zeigt Zeile 13.

Unter Verkehr sind folgende Kombinationen zu untersuchen:

- Die charakteristische Kombination $G_k + Q_{1,k} + P_{m_\infty,\text{inf}}$ auf Zugspannungen $\geq f_{ctm}$ zur Entscheidung über den Bemessungszustand (Zeile 14).

  Es wird der Mittelwert der Zugfestigkeit f_{ctm} überschritten, alle nachfolgenden Nachweise in den Zeilen 15–17 müssen nach Zustand II geführt werden.

- Die nicht häufige Kombination $G_k + \psi'_1 Q_{1,k} + P_{m_\infty,\text{inf}}$ mit dem Mittelwert der Vorspannung auf zulässige Druckspannungen (Zeile 15).

  zul $\sigma_c = 0{,}6\,f_{ck} = -21{,}0\ \text{MN/m}^2$

  ferner auf zulässige Betonstahlspannungen (Zeile 16),

  zul $\sigma_s = 0{,}8\,f_{yk} = 0{,}8 \cdot 500 = 400\ \text{N/mm}^2$

- Die quasi-ständige Kombination $G_k + \psi_2 Q_{1,k} + P_{m_\infty,\text{inf}}$ mit dem Mittelwert der Vorspannung auf zulässige Spannungen im Spannstahl (Zeile 17).

  zul $\sigma_p = 0{,}65\,f_{pk} = 0{,}65 \cdot 1770 = 1150\ \text{N/mm}^2$

  Hierzu ein Beispiel: Plattenrand, Zeile 17

  $m_{\text{Komb.}} = 0{,}433 + 0{,}2 \cdot 0{,}437 - 0{,}362 = 0{,}158\ \text{MNm/m}$

  zug $n = -1{,}67\ \text{MN/m}$ mit $z_r = 0{,}98 \cdot 0{,}50 = 0{,}490\ \text{m}$

  $Z = 0{,}158/0{,}490 = 0{,}322\ \text{MN/m}$

  Zugkraft im Spannstahl: $Z_p = 1{,}67 + 0{,}77 \cdot 0{,}322 = 1{,}917\ \text{MN/m}$

  Spannung im Spannstahl: $\sigma_p = 1{,}917/16{,}7 \cdot 10^{-4} = 1149\ \text{MN/m}^2$

Anmerkung: Der Nachweis in Zeile 17 zeigt in der Plattenmitte eine Überschreitung der zulässigen Spannung von ca. 4 %. Diese erklärt sich aus einer geringfügig zu kleinen Vorspannkraft in der Feldmitte. Das konnte man bei der Aufteilung der am Gesamtquerschnitt ermittelten Spannkraft auf die Plattenmomente schon vermuten (siehe Abschnitt 5.5.3.3 (e)). Es hätte die Vorspannkraft um *ein* Spannbündel gegenüber der am Gesamtquerschnitt ermittelten Kraft erhöht werden müssen.

b) Nachweis der Dekompression

Dieser Nachweis ist nach Tabelle 5.26 für die quasi-ständige Einwirkungskombination zu führen. Für die Ermittlung des Dekompressionsmomentes aus der Vorspannung wird die zugehörige Druckspannung der Tabelle 5.40 zum Zeitpunkt $t = \infty$ entnommen.

- Feldmitte, Bemessungsschnitt, Plattenrand:

  $m_{\text{qua-st.}} = 0{,}433 + 0{,}2 \cdot 0{,}437 = 0{,}520\ \text{MN/m}$

  $\sigma_{cpm,\infty,\text{inf}} = -2{,}8 - 6{,}4 = -9{,}2\ \text{MN/m}^2$

  $m_{od} = |-9{,}2| \cdot 0{,}057 = 0{,}524 > m_{\text{qua-st.}}$

- Feldmitte, Bemessungsschnitt Plattenmitte

  $m_{\text{qua-st.}} = 0{,}386 + 0{,}2 \cdot 0{,}319 = 0{,}450$ MNm/m

  $\sigma_{cpm,\infty,\text{inf}} = -2{,}2 - 5{,}1 = -7{,}3$ MN/m^2

  $m_{od} = |-7{,}3| \cdot 0{,}057 = 0{,}416$ MN/m$^2 < m_{\text{qua-st.}}$

  Wie schon bei der Spannungsermittlung festgestellt, liegt in der Plattenmitte eine geringfügig zu kleine Vorspannung.

c) Nachweis der Rißbreitenbeschränkung

Dieser Nachweis ist nach Tabelle 5.26 für die häufige Einwirkungskombination zu führen (Anforderungsklasse C). Eine Anrechnung des Spannstahlquerschnittes ist nicht zulässig, da der gegenseitige Abstand der Spannbündel größer als 30 cm ist.

- Feldmitte, Bemessungsschnitt Plattenrand ($\varnothing$ 12, $e = 7{,}5$ cm)

  $m_{\text{häuf}} = 0{,}433 + 0{,}75 \cdot 0{,}437 - 0{,}362 = 0{,}399$ MNm/m

  zug $n_{\text{inf}} = -1{,}67$ MN/m

  hierfür gilt: $m_{sds} = 0{,}761$ MNm/m, $z = 0{,}512$ m

  Zugkraft im Betonstahl: $Z = 0{,}23 \cdot 0{,}761/0{,}512 = 0{,}341$ MNm/m

  Spannung im Betonstahl: $\sigma_s = 0{,}341/15{,}1 \cdot 10^{-4} = 226$ MN/m^2

  hierfür nach Tabelle 5.29 zul $d_s = 13{,}7$ mm

  vorh $d_s <$ zul d_s

- Feldmitte, Bemessungsschnitt Plattenmitte ($\varnothing$ 12, $e = 11{,}0$ cm)

  $m_{\text{häuf}} = 0{,}386 + 0{,}75 \cdot 0{,}319 - 0{,}293 = 0{,}332$ MNm/m

  zug $n_{\text{inf}} = -1{,}35$ MN/m

  hierfür gilt: $m_{sds} = 0{,}624$ MNm/m, $z = 0{,}517$ m

  Zugkraft im Betonstahl: $Z = 0{,}23 \cdot 0{,}624/0{,}517 = 0{,}241$ MN/m

  Spannung im Betonstahl: $\sigma_s = 0{,}241/10{,}2 \cdot 10^{-4} = 237$ MN/m^2

  hierfür nach Tabelle 5.29 zul $d_s = 13{,}2$ mm

  vorh $d_s <$ zul d_s

  Die Erfordernisse der Rißbreitenbeschränkung sind erfüllt.

5.5.3.6 Grenzzustand der Ermüdungsfestigkeit

Einwirkungen

Das vorliegende Brückenbauwerk wurde in die Anforderungsklasse C nach Tabelle 5.27 für die Dekompressions- und Rißbreitenbegrenzung eingeordnet, es liegen Stähle ohne Schweißverbindungen und Kopplungen vor, ein Nachweis der Ermüdungsfestigkeit wäre nicht erforderlich. Er soll aber aus Anschauungsgründen geführt werden. Die Nachweisführung erfolgt im Bemessungsschnitt in der Feldmitte in der Bemessungseinheit am Plattenrand.

Zugehöriges Biegemoment

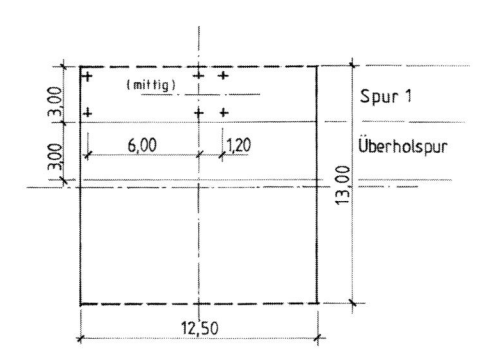

Bild 5.208
Laststellungen

Unter der Einwirkung des Ermüdungslastmodelles (3) in der Laststellung nach vorstehendem Bild ergibt sich folgendes Biegemoment (Ermittlung nach *Pucher*):

$$m_{xr,fat} = \frac{1}{8\pi} \cdot \frac{1}{2} \cdot Q_{k,fat} \sum_n (\eta_n)$$

$$= \frac{1}{8\pi} \cdot 60 \left[(17{,}0 + 10{,}5 + 9{,}3 + 8{,}25) + (0{,}8 + 0{,}8)\right] = 110 \text{ kNm/m}$$

zuzüglich 10 % für die Überholspur $\quad\quad\quad\quad = 11$ kNm/m

$\sum m_{xr,fat} = 121$ kNm/m

Ermittlung der Spannungsschwingbreite

- **Vorwerte**

$m_{G,k} = 0{,}433$ MNm/m, $\;m_{Qk1,fat} = +0{,}121$ MNm/m

$P_{m_\infty} = -0{,}9 \cdot 1{,}85 = -1{,}67$ MN/m, $\;m_{p_\infty} = -1{,}67 \cdot 0{,}217 = -0{,}362$ MNm/m

$A_c = 0{,}6$ m², $\;I_c = 0{,}0818$ m, $\;W_{cu} = 0{,}057$ m³, $\;W_{c0} = 0{,}064$ m³

$E_c = 33300$ N/mm², $\;f_{ck} = 35$ N/mm², $\;f_{cd} = 35/1{,}5 = 23{,}3$ N/mm²

$E_p = 195000$ N/mm², $\;E_s = 200000$ N/mm²

$\alpha_p = \dfrac{195000}{33300} = 5{,}86, \;\alpha_s = \dfrac{200000}{33300} = 6{,}00$

- **Einwirkungskombination**

$m_{d,fat,\max} = 1{,}0 \cdot 0{,}433 - 1{,}0 \cdot 0{,}362 + 1{,}0 \cdot 1{,}4 \cdot 0{,}121 = +0{,}240$ MNm/m

$m_{d,fat,\min} = 1{,}0 \cdot 0{,}433 - 1{,}0 \cdot 0{,}362 + 0 \quad\quad\quad\quad = +0{,}071$ MNm/m

$n_{d,fat} \quad\quad = -1{,}0 \cdot 1{,}67 = -1{,}67$ MN/m

- **Betonrandspannungen im Zustand I**

$$\max \sigma_{c,o} = -\frac{1{,}67}{0{,}60} - \frac{0{,}240}{0{,}064} = -6{,}6 \text{ MN/m}^2$$

$$\max \sigma_{c,u} = -\frac{1{,}67}{0{,}60} - \frac{0{,}240}{0{,}057} = +1{,}4 \text{ MN/m}^2$$

5.5 Berechnungsbeispiele

Bild 5.209
Betonspannungen unter der Einwirkungskombination für Ermüdung

$$\max \sigma_{c,o} = -\frac{1{,}67}{0{,}60} - \frac{0{,}071}{0{,}064} = -3{,}9 \text{ MN/m}^2$$

$$\max \sigma_{c,u} = -\frac{1{,}67}{0{,}60} - \frac{0{,}071}{0{,}057} = -1{,}6 \text{ MN/m}^2$$

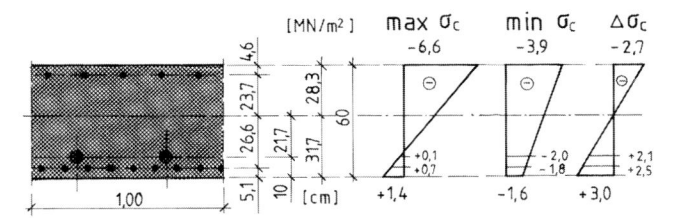

- Schwingbreite der Betonrandspannungen

$$\Delta\sigma_{c,o} = -6{,}6 - (-3{,}9) = -2{,}7 \text{ MN/m}^2$$
$$\Delta\sigma_{c,u} = +1{,}4 - (-1{,}6) = +3{,}0 \text{ MN/m}^2$$

- Schwingbreite der Spannstahlspannungen

$$\Delta\Delta\sigma_{p,EC} = 5{,}86 \left[+3{,}0 + (-2{,}7 - 3{,}0)\frac{0{,}10}{0{,}60} \right] = +12{,}0 \text{ MN/m}^2$$

- Schwingbreite der Betonstahlspannungen

$$\Delta\sigma_{s,EC} = 6{,}00 \left[+3{,}0 + (-2{,}7 - 3{,}0)\frac{0{,}051}{0{,}60} \right] = +15{,}1 \text{ MN/m}^2$$

Ermittlung der Versagensschwingbreite im Stahl

Die Versagensschwingbreite ergibt sich nach folgenden Rechenbeziehungen:

$\Delta\sigma_{s,equ} = \lambda_s \cdot \Delta\Delta\sigma_{p,EC}$ für den Spannstahl
$\qquad\quad = \lambda_s \cdot \Delta\sigma_{s,EC}$ für den Betonstahl

mit: $\lambda_s = \varphi_{fat} \cdot \lambda_{s,1} \cdot \lambda_{s,2} \cdot \lambda_{s,3} \cdot \lambda_{s,4}$

Die einzelnen Parameter werden nach den Formelansätzen des Anhangs 106 des DIN FB 102 ermittelt.

Es ist:

φ_{fat} = 1,2 für eine Fahrbahn mit guter Rauhigkeit
$\lambda_{s,1}$ = 1,3 für gekrümmte Spannglieder in stählernen Hüllrohren
$\qquad$ = 1,5 für Betonstahl, jeweils für eine Stützweite von 12,5 m
$\lambda_{s,2} = 0{,}9 \sqrt[7]{\dfrac{0{,}5}{2{,}0}} = 0{,}74\quad$ für Spannstahl

mit: $\bar{Q}$ = 0,9 für Verkehrsart „mittlere Entfernung"
$\quad\ N_{obs}$ = 0,5 · 10^6 für einen mittleren LKW-Anteil
$\quad\ k_2$ = 7

$$= 0{,}9 \sqrt[9]{\frac{0{,}5}{2{,}0}} = 0{,}77 \quad \text{für Betonstahl}$$

mit: $k_2 = 9$

$$\lambda_{s,3} = \sqrt[7]{\frac{100}{100}} = 1{,}0 \quad \text{für Spannstahl}$$

$$= \sqrt[9]{\frac{100}{100}} = 1{,}0 \quad \text{für Betonstahl}$$

mit: $N_{\text{years}} = 100$ Jahre

$$\lambda_{s,4} = \sqrt[7]{\frac{2 \cdot 0{,}5 \cdot 10^6}{0{,}5 \cdot 10^6}} = 1{,}10 \quad \text{für Spannstahl}$$

mit zwei LKW-Fahrstreifen in der Fahrbahntafel

somit: $N_{obs,i} = 0{,}5 \cdot 10^6$

$\quad\quad\quad \Sigma N_{obs,i} = 2 \cdot 0{,}5 \cdot 10^6$

$$= \sqrt[9]{2} = 1{,}08 \quad \text{für Betonstahl}$$

Der Korrekturfaktor beträgt somit:
- für den Spannstahl: $\lambda_s = 1{,}2 \cdot 1{,}3 \cdot 0{,}74 \cdot 1{,}0 \cdot 1{,}10 = 1{,}27$
- für den Betonstahl: $\lambda_s = 1{,}2 \cdot 1{,}15 \cdot 0{,}77 \cdot 1{,}0 \cdot 1{,}08 = 1{,}15$

Somit ergibt sich die Versagensschwingbreite zu:
- für den Spannstahl: $\Delta\sigma_{s,equ} = 1{,}27 \cdot 12{,}0 = 15{,}2 \text{ N/mm}^2$
- für den Betonstahl: $\Delta\sigma_{s,equ} = 1{,}15 \cdot 15{,}1 = 17{,}4 \text{ N/mm}^2$

Nachweis der Tragfähigkeit für Ermüdung im Stahl

Für den Spannstahl gilt:

$$\gamma_F \cdot \gamma_{sd} \cdot \Delta\sigma_{s,equ} = 1{,}0 \cdot 1{,}0 \cdot 15{,}2 = 15{,}2 \text{ N/mm}^2$$

$$\leq \frac{\Delta\sigma_{Rsk}(N^*)}{\gamma_{s,fat}} = \frac{120}{1{,}15} = 104{,}3 \text{ N/mm}^2$$

Für den Betonstahl gilt:

$$\gamma_F \cdot \gamma_{sd} \cdot \Delta\sigma_{s,equ} = 1{,}0 \cdot 1{,}0 \cdot 17{,}4 = 17{,}4 \text{ N/mm}^2 \leq \frac{195}{1{,}15} = 169{,}5 \text{ N/mm}^2$$

Nachweis in der Betondruckzone

Maximale Betondruckspannung unter nicht-häufiger Einwirkungskombination:

$m_{\text{nicht-häufig}} = 0{,}433 + 0{,}80 \cdot 0{,}437 - 1{,}0 \cdot 0{,}362 = 0{,}421 \text{ MN/m}$

zug $n \quad\quad = -1{,}67 \text{ MN/m}$

$\max \sigma_c \quad = -\dfrac{1{,}67}{0{,}60} - \dfrac{0{,}421}{0{,}064} = -9{,}4 \text{ MN/m}^2 < 0{,}6 f_{ck}$

$0{,}6 f_{ck} = 0{,}6 \, (-35) = -21{,}0 \text{ MN/m}^2$

5.5 Berechnungsbeispiele

Ein Ermüdungsnachweis für den Beton braucht nicht geführt zu werden, er soll aber – wiederum aus Anschauungsgründen – dargelegt werden. Der Nachweis wird am oberen Querschnittsrand zum Zeitpunkt $t = t_\infty$ geführt.

Einwirkungskombinationen für Ermüdung unter Ansatz der häufigen Werte:

$m_{d,fat,\max} = 1{,}0 \cdot 0{,}433 - 1{,}0 \cdot 0{,}362 + 1{,}0 \cdot 1{,}4 \cdot 0{,}75 \cdot 0{,}121 = 0{,}198$ MNm/m

$m_{d,fat,\min} = 1{,}0 \cdot 0{,}433 - 1{,}0 \cdot 0{,}362 + 0 \qquad\qquad\qquad = 0{,}071$ MNm/m

$n_{d,fat,\min} = -1{,}67$ MN/m

Druckspannungen unter den Einwirkungskombinationen am oberen Querschnittsrand:

$$\max \sigma_c = -\frac{1{,}67}{0{,}60} - \frac{0{,}198}{0{,}064} = -2{,}8 - 3{,}1 = -5{,}9 \text{ MN/m}^2$$

$$\min \sigma_c = -\frac{1{,}67}{0{,}60} - \frac{0{,}071}{0{,}064} = -2{,}8 - 1{,}1 = -3{,}9 \text{ MN/m}^2$$

$$f_{cd,fat} = e^{\exp} 23{,}3 \left[1 - \frac{35}{250}\right] \quad \text{mit} \quad \exp = 0{,}2\left[1 - \sqrt{\frac{28}{5}}\right] = -0{,}273$$

$\qquad\quad = 15{,}2$ MN/m^2

Entscheidungskriterium:

$$\frac{\sigma_{cd,\max}}{f_{cd,fat}} = \frac{5{,}9}{15{,}2} = 0{,}39 < 0{,}5 + 0{,}45 \frac{3{,}9}{15{,}2} = 0{,}62 < 0{,}9$$

Der Ermüdungswiderstand ist ausreichend.

5.5.3.7 Sonstige Bewehrungserfordernisse, Spannplan und Bewehrungsskizze des Querschnittes

a) Spannkrafteinleitung

Spaltzugbewehrung

Die Spannkraft fließt von einer kreisrunden Ankerplatte vom Durchmesser 20 cm in das Tragwerk ein.

Vertikale Spreizung: $\quad$ 20,0/60,0 = 0,333
Horizontale Spreizung: $\quad$ 20,0/53,0 = 0,377

Bemessungswert der Einleitungskraft (Ankerreibung 1,2 %):

$P_{0,\sup} = 1{,}1 \cdot 1{,}012 \cdot 892 = 993$ kN

Maximale Spaltzugkraft:

$S_{p,\sup} = 0{,}33 \cdot 993\,(1 - 0{,}333) = 220$ kN/Spannbündel

erf $s_s = 220/43{,}5 = 5{,}1$ cm^2 je vertikal und horizontal

gewählt: je Richtung 2 × 4 ⌀ 10

Spreizbewehrung

Die Spannkraft fließt vertikal und horizontal in der Einleitungszone in die Platte nach Bild 4.149 ein. Für einen mittleren Bündelabstand von 0,47 m ergeben sich aus dem Kraftfluß eines zugehörigen Stabwerkmodells die nachstehend aufgeführten Spreizkräfte je Spannbündel.

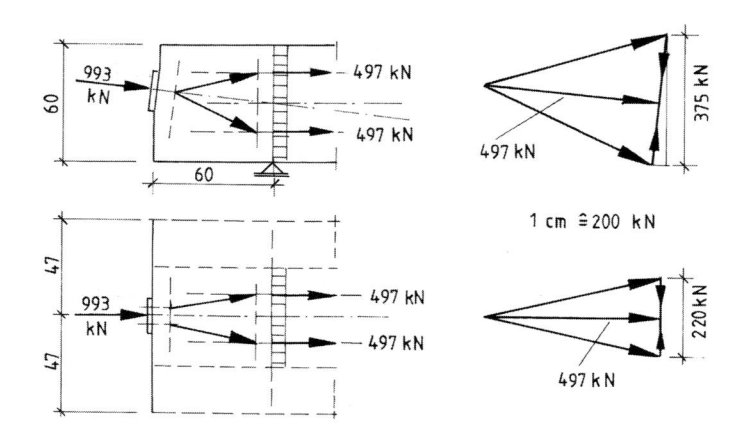

Bild 5.210 Spreizkräfte im Einleitungsbereich

Die graphische Ermittlung der Spreizkräfte nach vorstehendem Bild ergibt:

Vertikal: $S_z = 375$ kN, $a_s = 375/43,5 = 8,6$ cm^2,
   gewählt: 4 Bg. $\varnothing$ 12, $a_s = 2 \times 4,5 = 9,0$ cm^2, Breite 35 cm,
   Anordnung zentrisch zum Spannbündel über dem Auflager.

Horizontal: $S_z = 220$ kN, $a_s = 220/43,5 = 5,1$ cm^2,
   gewählt: 5 $\varnothing$ 12 mit 5,7 cm^2, Anordnung durchgehend im Bereich der
   Plattenmitte über dem Auflager.

b) Quertragrichtung

Statisch erforderlich, Plattenunterseite:

$m_{sds} = 1,35 \cdot 20 + 1,35 \cdot 139 = 215$ kNm/m; $n_{sd} = 0$

$d_{sl} = 0,60 - (0,043 + 0,014 + 0,006) = 0,537$ m

$\mu_{sds} = 0,04$; $z \approx 0,98 \cdot 0,537 = 0,526$ m

$$a_s = \frac{1}{10^{-4}} \left[\frac{0,215}{0,526 \cdot 435} \right] = 9,7 \text{ cm}^2/\text{m}$$

gewählt: $\varnothing$ 12, $e = 10,0$ cm, mit vorh $a_s = 11,3$ cm^2/m

Konstruktiv erforderlich:

– Plattenoberseite: Mindestbewehrung, $\varnothing$ 12, $e = 16,0$ cm
– Balkenende im Einleitungsbereich: längs und quer $\varnothing$ 12, $e = 16,0$ cm

c) Kragarm

– Querrichtung: $\varnothing$ 12, $e = 15,0$ cm
– Längsrichtung: $\varnothing$ 10, $e = 15,0$ cm, beides wie schlaff bewehrte Platte

d) Spannplan und Bewehrungsskizze Querrichtung

In den beiden folgenden Bildern ist der Spannplan, d.h. die Spanngliedanordnung und -fixierung in der Längsrichtung, und die Anordnung der vorgespannten und schlaffen Bewehrung in der Querrichtung dargestellt.

5.5 Berechnungsbeispiele

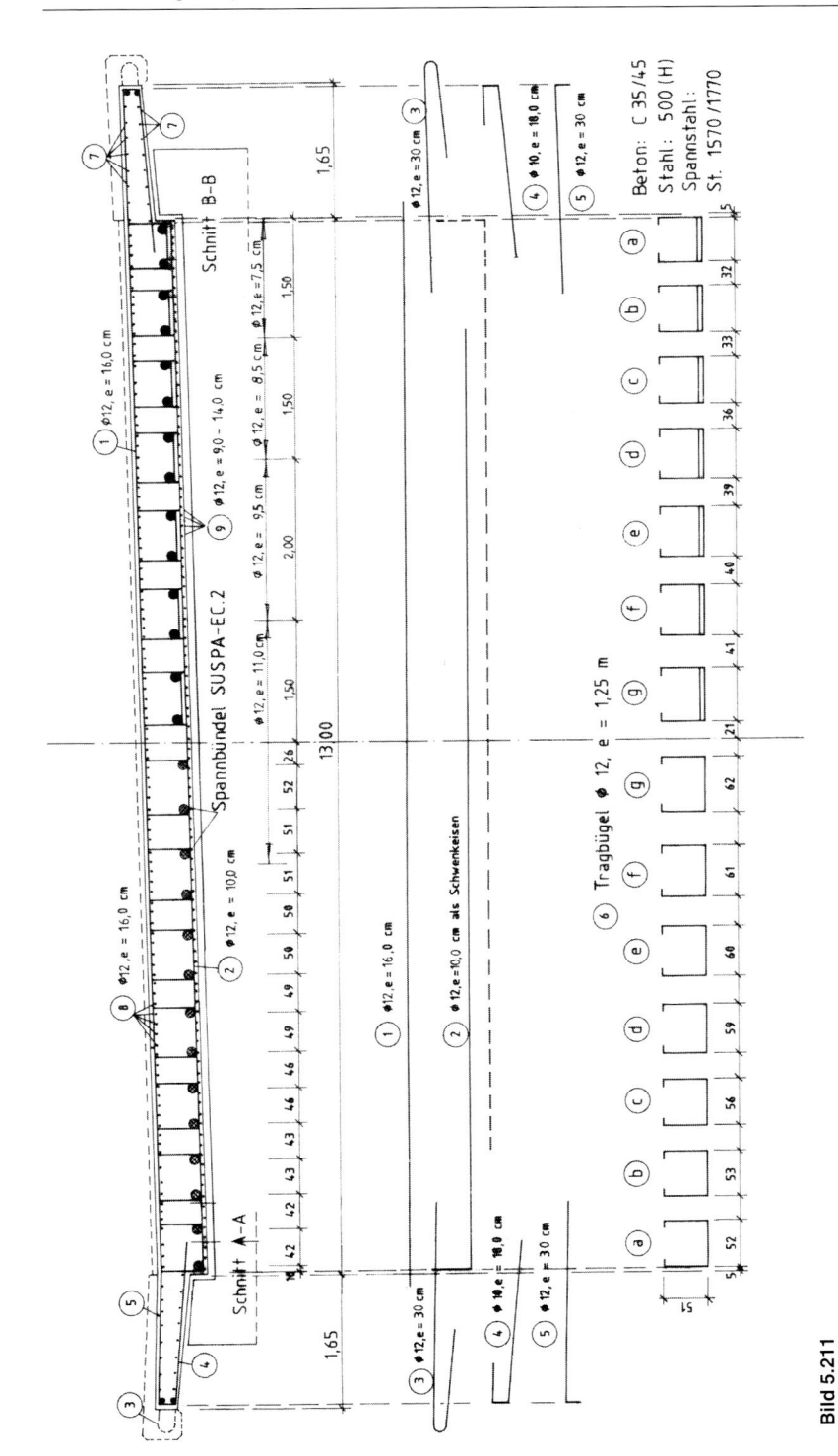

Bild 5.211
Bewehrungsskizze des Querschnittes

Bild 5.212
Bewehrungsskizze und Spannplan des Längsschnittes

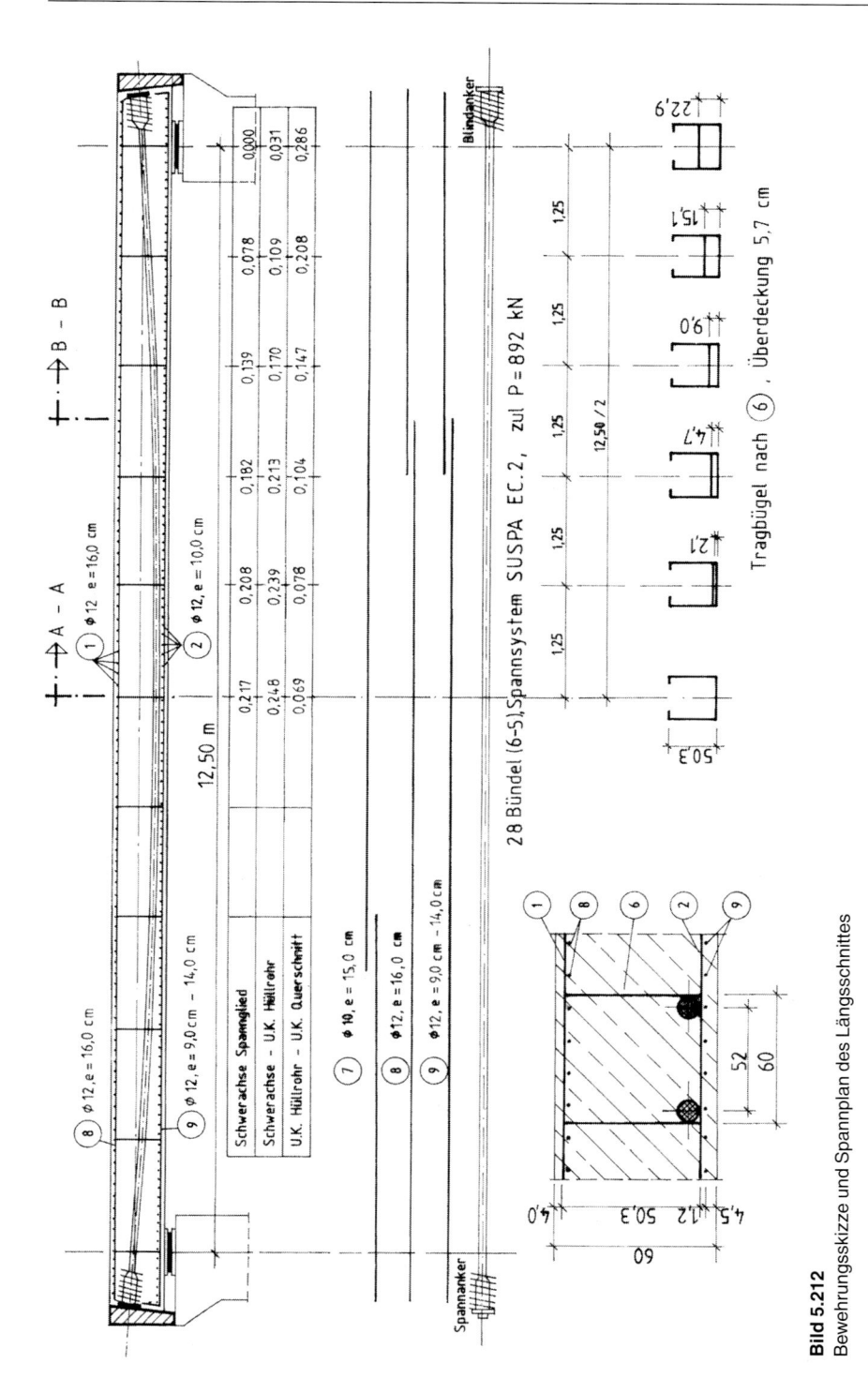

6 Widerlager von Brückenbauwerken

6.1 Form, Aufgabe und Zweckbestimmung der Widerlager

Die Widerlager bilden den konstruktiven Abschluß der Brückenbauwerke und leiten diese in den anschließenden Damm über. Sie müssen so ausgebildet sein, daß sie die folgenden Aufgaben übernehmen können:

- Aufnahme des Auflagerdruckes aus dem Überbau,
- Aufnahme des Erddruckes im Geländesprung,
- Sicherung des Straßendammes durch seitliche Flügelwände im Bereich des Böschungskegels,
- Fortsetzung des Schrammbordes im Bereich der Flügelwand.

Darüber hinaus muß die Konstruktion so beschaffen sein, daß die Anordnung einer Übergangskonstruktion zur Aufnahme der Längenänderung aus dem Überbau, getrennt in Fahrbahn- und Schrammbordbereiche, möglich ist.

Während die ersten beiden Aufgaben durch entsprechende Einwirkungen Berücksichtigung finden, müssen die restlichen Anforderungen durch entsprechende konstruktive Ausbildungen der Widerlager erreicht werden. Die Widerlager haben daher eine gleichermaßen statische wie konstruktive Bedeutung, die durch bestimmte Konstruktionsprinzipien, welche sich im

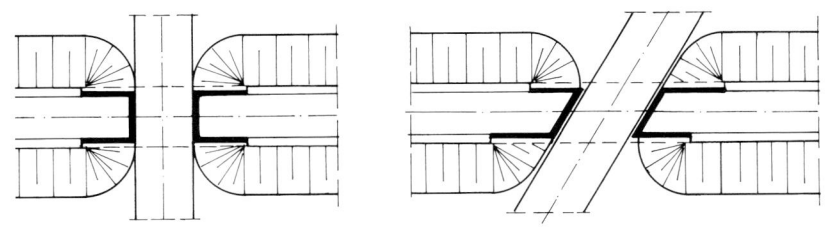

Bild 6.1
Rechtwinklige und schiefwinklige Kreuzung zweier Verkehrswege

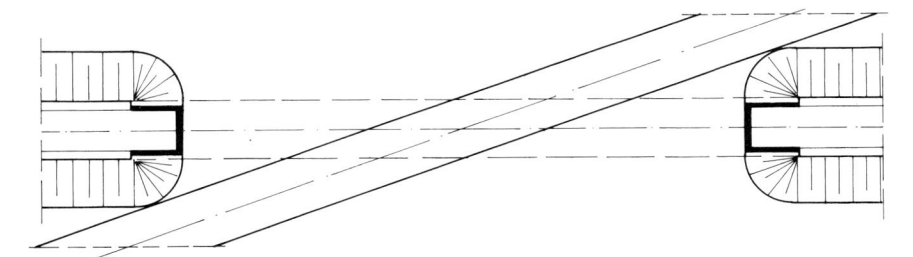

Bild 6.2
Spitzwinklige Kreuzung zweier Verkehrswege

Laufe der Zeit bewährt haben, dokumentiert werden. Ihre Form, d. h. die Lage im Grund- und im Aufriß, und die Längenentwicklung hängen von den verkehrsseitigen Gegebenheiten, wie sie im Kapitel 3 aufgezeigt wurden, und der Wahl des Überbausystems ab, wobei deren Längenentwicklung gerade bei der Gestaltung eine wesentliche Rolle spielt. Die äußeren Begrenzungen richten sich nach den Fluchten des Verkehrsweges. Man unterscheidet rechtwinklige und schiefwinklige Widerlager, wobei die Schiefwinkligkeit bei Winkeln um 40° konstruktiv ihre Grenze finden sollte. In solchen spitzwinkligen Kreuzungssituationen empfiehlt es sich, die Brückenschiefe von dieser abzutrennen und wieder eine rechtwinklige Brücke zu gestalten. Hierdurch vergrößert sich die gesamte Bauwerkslänge. Die dadurch möglicherweise entstehenden wirtschaftlichen Nachteile in bezug auf den längeren Überbau werden weitestgehend durch klare und einfache Konstruktionen im Widerlager und im Überbau aufgewogen. Für ein vergleichbares schiefwinkliges Widerlager in vorstehender Abbildung müssen erheblich mehr Schal-, Lohn- und Materialkosten aufgewendet werden, als sie je für das rechtwinklige Widerlager erforderlich werden könnten.

Die Betongüte der Widerlagerbauteile richtet sich nach dem Beanspruchungsgrad. Die auf dem Fundament aufgesetzten Konstruktionsteile sind in bestimmten Bereichen hoch beanspruchte Wandbauteile, da sie der zusätzlichen Anforderung der Wasserundurchlässigkeit unterworfen sind. Wenn für die Fundamente im allgemeinen die Betongüte C 25/30 ausreichen kann, so wird man bei den aufgehenden Wandteilen die Qualität C 30/37 oder gar C 35/45 benötigen. Bewehrungstechnisch gelten die allgemeinen Anforderungen für die Mindestbewehrung im Brückenbau, alle äußeren Begrenzungsflächen – auch die der Fundamente – müssen ein rechtwinkliges Netz einer entsprechenden Bewehrung enthalten.

Bezüglich der Hinterfüllung unterliegen die Widerlager den Anforderungen des „Merkblattes für die Hinterfüllung von Bauwerken", welches von der Arbeitsgruppe „Untergrund – Unterbau" der deutschen Forschungsgesellschaft für das Straßenwesen herausgegeben wurde. Hiernach werden die Einflüsse der Hinterfüllung auf das Bauwerk beschrieben, die je nach Art und Weise sehr verschieden sein können. Die Größe der Belastung aus der Hinterfüllung wird danach auch wesentlich von den Eigenschaften des Bauwerkes, wie Verformbarkeit der Einzelteile, konstruktiver Einzelausbildung und der Nachgiebigkeit des Baugrundes beeinflußt. Eine mangelhafte Verdichtung des Hinterfüllungsmaterials führt zu nachträglichen Setzungen im unmittelbaren Anschluß an die Brücke und verursacht eine Stufenbildung im Verkehrsweg hinter dem Widerlager. Diese Stufenbildung kann selbst bei Einhaltung des geforderten Verdichtungsgrades des Hinterfüllungsmaterials nicht vermieden werden, wenn ein ungeeignetes Hinterfüllungsmaterial verwendet wird oder eine ungünstige Konstruktion gewählt wurde. Ein ungeeignetes Hinterfüllungsmaterial liegt immer dann vor, wenn es nicht auf 100 % der einfachen Proktordichte verfestigt werden kann, eine ungünstige Konstruktion ergibt sich, wenn unzugängliche Ecken entstehen, in die das Hinterfüllungsmaterial nicht ordnungsgemäß eingebaut werden kann. Das Merkblatt regelt daher die Mindestanforderungen für die Ausführung der Hinterfüllungen, auf denen Verkehrsflächen angelegt werden sollen. Diese Aussagen betreffen die Abgrenzung des Hinterfüllungsbereiches zum Damm hin, die Auswahl, den Zeitpunkt des Einbaues und den Einbau des Hinterfüllungsmateriales mit der notwendigen Verdichtung, ferner die Anordnung der rückwärtigen Entwässerung und der zugehörigen Filterschichten. Darüber hinaus werden Vorschläge zur konstruktiven Detailausbildung der Widerlagerbauwerke gemacht.

Die nachfolgend behandelten Widerlager werden immer für flach gegründete Fundamente ausgewiesen. Die besonderen Belange einer Tiefgründung werden in diesem Buch nicht berücksichtigt, da diese zu umfassend sind und den Rahmen der Ausführungen dieses Buches sprengen würden. Diese Belange entnehme man der einschlägigen Fachliteratur des Grundbaues.

6.2 Konstruktion und Tragverhalten der Widerlager

6.2.1 Konstruktionsformen

6.2.1.1 Einfache Widerlagerstützwand

Diese Widerlagerform tritt bei Mehrfeldlösungen auf, wenn der Brückenlängsschnitt so gestaltet wird, daß die Nebenöffnungen die größtmögliche lichte Weite haben sollen. Die Widerlagerwand wird weit in die Böschung hineingesetzt. Hierbei darf die Auflagerbank jedoch nicht durch die Dammschüttung beeinträchtigt werden. Die sichtbare Vorderkante der Widerlagerwand soll in einer Höhe, die der Höhe des Überbaues entspricht, aus der Böschung herausragen. Unter Berücksichtigung einer Berme in der Böschungspflasterung soll unter dem Überbau mindestens eine Stehhöhe erreicht werden. Hierdurch ist die Grenzlage des Widerlagers in der Böschung beschrieben. Das Widerlager selbst besteht aus einer Winkelstützwand, an die seitlich kleine Kragflügel angehängt sind. Diese sollten mindestens 3,0 m lang sein und dienen der seitlichen Abschirmung der Hinterfüllung. Die Fundamentform ergibt sich aus der Grundrißkonstruktion der Brücke selbst. Liegt eine Schiefe vor, so ergibt sich eine Parallelogrammform. Für die Zuordnung des Fundaments zur Widerlagerwand ergeben sich die beiden in Bild 6.4 skizzierten Varianten. Beide Anordnungen sind möglich und gepflogene Praxis. Im Fall a) liegt eine höhere Auflast auf der Fundamentplatte, dieses Fundament erfüllt die Bedingungen der Gleitsicherheit besser. Der Fall b) schließlich bietet eine höhere Sicherheit gegen Kippen. In der Praxis findet man die Fundamentanordnung zu Fall a) am häufigsten. Eine schwache Gleitsicherheit kann nur durch eine höhere Auflast verbessert werden. Diese erreicht man, indem man das Fundament nach hinten verlängert.

Bild 6.3
Einfache Widerlagerwand

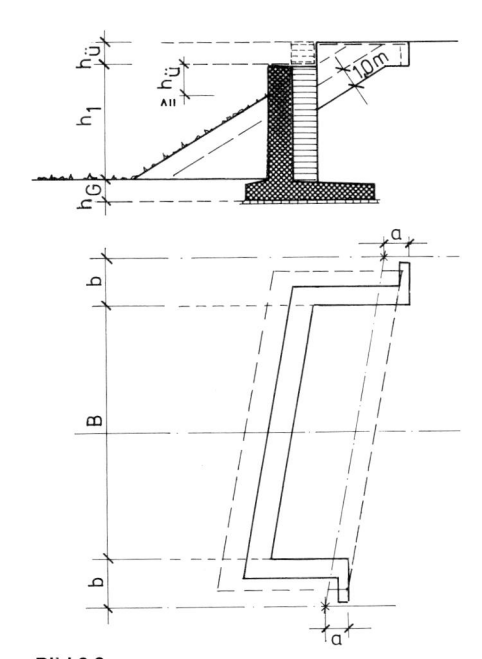

Bild 6.4
Varianten der Zuordnung des Fundamentes zur Wand

6.2.1.2 Kastenförmiges Widerlager

Wenn einer kurzen Überbaulänge der Vorzug gegeben werden soll, ergeben sich Widerlagerformen, die sich über den gesamten Böschungsbereich im Geländesprung ausdehnen. Da die Konstruktion an drei Seiten von Wänden eingeschlossen ist, spricht man vom kastenförmigen Widerlager. Diese Form beschreibt die andere Grenzlage eines Widerlagers im Vergleich zu den Ausführungen des vorigen Abschnittes. Sie hat grundsätzliche Bedeutung und soll daher eingehend beschrieben werden.

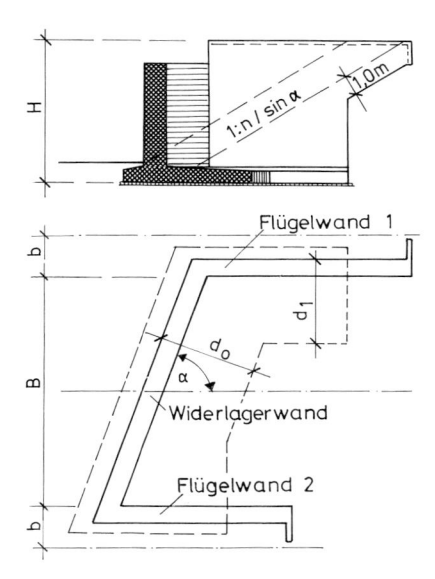

Bild 6.5
Kastenförmiges Widerlager

Das Widerlager besteht aus den Tragteilen Widerlagerwand (W) und Flügelwänden (F_1; F_2), die entsprechend der Grundrißkonstruktion des Brückenbauwerkes recht- oder schiefwinklig miteinander verbunden sind. Dieses Wandtragsystem wird durch die Fundamentplatte nach unten abgeschlossen und zu einem räumlichen Tragwerk verbunden. Die Form der Fundamentplatte, die beim rechtwinkligen Widerlager u-förmig beginnt, verändert sich mit wachsender Schiefe und geht in einen langgestreckten allgemeinen Querschnitt über. Die rückwärtige Fundamentbreite d_0 des Hauptfundamentes sollte etwa $2/3\,H$ betragen, wobei H die erddruckerzeugende Höhe bedeutet, um die Forderungen der Standsicherheit zu gewährleisten. Im Nebenfundament kann d_1 zu $0{,}85\,d_0$ gewählt werden. Die seitliche Lage der Flügelwand ist so festgelegt, daß sie nicht im Fahrbahnbereich liegen soll, um zu verhindern, daß durch unsachgemäße Verdichtungen im Hinterfüllungsbereich an der Flügelwand Setzungen im Fahrbahnbereich entstehen können. Sie liegt daher so im Bankettbereich, daß die Innenseite der Wand mit dem Fahrbahnrand abschließt.

Um die Zuordnung des Widerlagers zum straßenseitigen Querschnitt eindeutig festzulegen, wird nachfolgend die Konstruktion des kastenförmigen Widerlagers aus der straßenseitigen Situation heraus beschrieben. Als Voraussetzung hierfür muß die Geometrie des Längsschnittes und des Grundrisses bekannt sein. Für die Lage der Böschungskegel gilt die Anordnung, wie sie im Kapitel 3 als Grundfall gezeigt wurde, d. h. die Verbindungslinie beider Ansatzpunkte der Böschungskegel verläuft parallel zur Straßenflucht. Sind hiervon abweichende

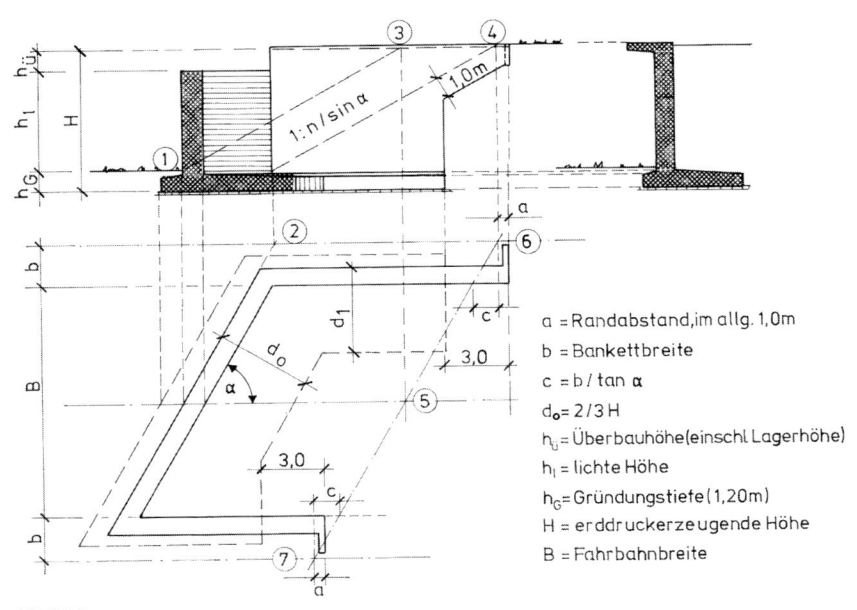

6.2 Konstruktion und Tragverhalten der Widerlager

Bild 6.6
Konstruktion des kastenförmigen Widerlagers

a = Randabstand, im allg. 1,0 m
b = Bankettbreite
c = b / tan α
$d_0 = 2/3\,H$
$h_ü$ = Überbauhöhe (einschl. Lagerhöhe)
h_l = lichte Höhe
h_G = Gründungstiefe (1,20 m)
H = erddruckerzeugende Höhe
B = Fahrbahnbreite

Widerlagerformen vorhanden – wie sie auch im Kapitel 3 gezeigt wurden – so können sie von dieser Grundkonstruktion abgeleitet werden.

Zunächst wird die im Längsschnitt verzerrte Böschungsneigung 1 : $n/\sin\alpha$ abgetragen ① und die hierzu parallele Fallinie an der Kronenkante gesucht und in den Längsschnitt übertragen ②. Die Schnittpunkte ③ und ④ der Böschungslinien ① und ② mit OK-Gelände werden auf die entsprechenden Wirkungslinien im Grundriß projiziert. Es entstehen die Punkte ⑤ und ⑥. Die Verlängerung von ⑥ über ⑤ ergibt den Punkt ⑦. Von den Böschungspunkten ⑥ und ⑦ wird jetzt der Randabstand a nach hinten abgetragen. Damit ist dann das Flügelwandende festgelegt und die Konstruktionskanten der Wände können im Grund- und Aufriß vervollständigt werden. Zur Festlegung der Fundamentfläche werden zunächst die Kragflügel mit maximaler Länge von 3,0 m abgesetzt, danach die rückwärtigen Fundamentbreiten d abgetragen und die Darstellung in Grund- und Aufriß vervollständigt.

Diese Konstruktion, die sich bei voller Wandhöhe ergibt – d. h. Wandaußenseite im Böschungsfußpunkt –, ist auch bei jeder Zwischenstellung der Widerlagerwand möglich. In diesen Fällen werden lediglich die gegründeten Teile der Flügelwände kleiner, bis sie schließlich bei entsprechender Stellung der Wand ganz verschwinden und nur noch die Kragflügel an der Widerlagerwand übrigbleiben, wie es bei der einfachen Stützwand gezeigt wurde. Beide Grenzlagen der Konstruktion gehen also nahtlos ineinander über. Schwieriger wird es bei den Zwischenstellungen der Wand mit der Zuordnung des Fundamentes. Die bei der Grenzlage des kastenförmigen Widerlagers mögliche klare Abgrenzung von Haupt- und Nebenfundament in Abhängigkeit vom Flügelwandende ist dann nicht mehr möglich. Man sollte in diesen Fällen, unter Beibehaltung eines sinnvollen Kragflügelteiles, einer möglichst einfachen Fundamentform den Vorzug geben, wobei das Ende des Wandteiles der Flügelwand nicht mehr mit einer Fundamentaußenkante übereinstimmen muß.

Die Konstruktion zeigt u. a., daß die Fügelwände eine unterschiedlich große Länge aufweisen, der Unterschiedsbetrag beträgt 2 c, wenn die Länge an der Innenkante der Flügelwand gemessen wird. Dieses Versatzmaß ergibt sich aus der Tatsache, daß das theoretische Flügelwandende an der stumpfen Seite des Widerlagers hinter, an der spitzen Seite vor der Flucht der Böschungspunkte liegt. Für das Versatzmaß c gilt:

$$c = b/\tan \alpha$$

mit: b Schrammbordbreite bis zum Böschungspunkt

Die Schiefe der Brückenkonstruktion und damit die Schiefe der Widerlagerkonstruktion beeinflußt die Form und die Größe der einzelnen Konstruktionsteile wesentlich. In der nachfolgenden Zusammenstellung, in der das kastenförmige Widerlager bei wachsender Schiefe dargestellt ist, wird ersichtlich, zu welcher Größenordnung das Widerlagerbauwerk anwächst, wenn die Kreuzungssituation spitzer wird (Bild 6.7).

Die Größe und Entwicklung einer Widerlagerkonstruktion wird durch die Höhe des Geländesprunges, d. h. durch die Höhe der Widerlagerwand und durch den Kreuzungswinkel der Verkehrswege bestimmt. Um die Vielfalt der Konstruktionsmöglichkeiten in Grenzen zu halten, werden für die meist vorkommenden Variationsmöglichkeiten Leitlinien angegeben, die es ermöglichen sollen, bei der Berechnung eines Widerlagers auch von der Anwendung typisierter Berechnungsverfahren Gebrauch zu machen. Diese Leitlinien werden, im Interesse einer allgemeinen Gültigkeit, durch die Seitenverhältnisse der Flächentragwerke angegeben. Ersetzt man ein Widerlager durch ein statisches Ersatzsystem gleich großer Wandhöhen, von der Höhe der Widerlagerwand, so sind zwei Längen noch frei wählbar, jeweils die Widerlagerwandlänge l_x und die Flügelwandlänge l_z. Diese können über den Verhältniswert der gewünschten Wandlänge zur Höhe des Ersatzsystems angegeben werden. Bezeichnet man die Widerlagerwandhöhe mit l_y, so erfolgt die Anpassung der Wandlängen an die Konstruktionserfordernisse über die Parameter $\varepsilon_x = l_x/l_y$ und $\varepsilon_z = l_z/l_y$. Der für die Flügelwände meist vorkommende Variationsbereich ist durch die Auswahl $\varepsilon_z = 0{,}50;\ 0{,}75;\ 1{,}00;\ 1{,}25$ abgedeckt [64]. Die Veränderung dieser Parameter ε_z für die stumpfe und spitze Ecke eines schiefwinkligen Widerlagers zeigt die Tabelle 6.1.

Tabelle 6.1
Seitenverhältnisse schiefwinkliger Widerlagerformen

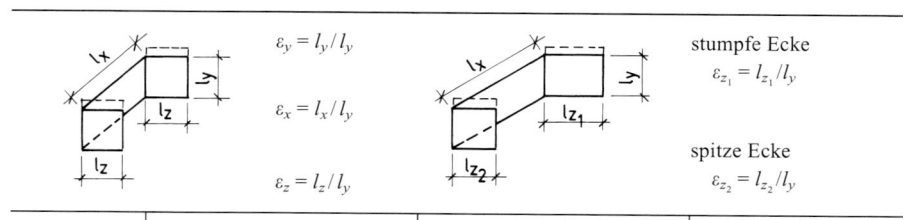

$\varepsilon_y = l_y/l_y$
$\varepsilon_x = l_x/l_y$
$\varepsilon_z = l_z/l_y$

stumpfe Ecke $\varepsilon_{z_1} = l_{z_1}/l_y$
spitze Ecke $\varepsilon_{z_2} = l_{z_2}/l_y$

90°	75°		60°		45°	
ε_z	ε_{z_1}	ε_{z_2}	ε_{z_1}	ε_{z_2}	ε_{z_1}	ε_{z_2}
0,50	0,60	0,40	0,75	0,25	0,90	0,10
0,75	0,85	0,65	1,00	0,50	1,15	0,35
1,00	1,10	0,90	1,25	0,75	1,40	0,60
1,25	1,35	1,15	1,50	1,00	1,65	0,85

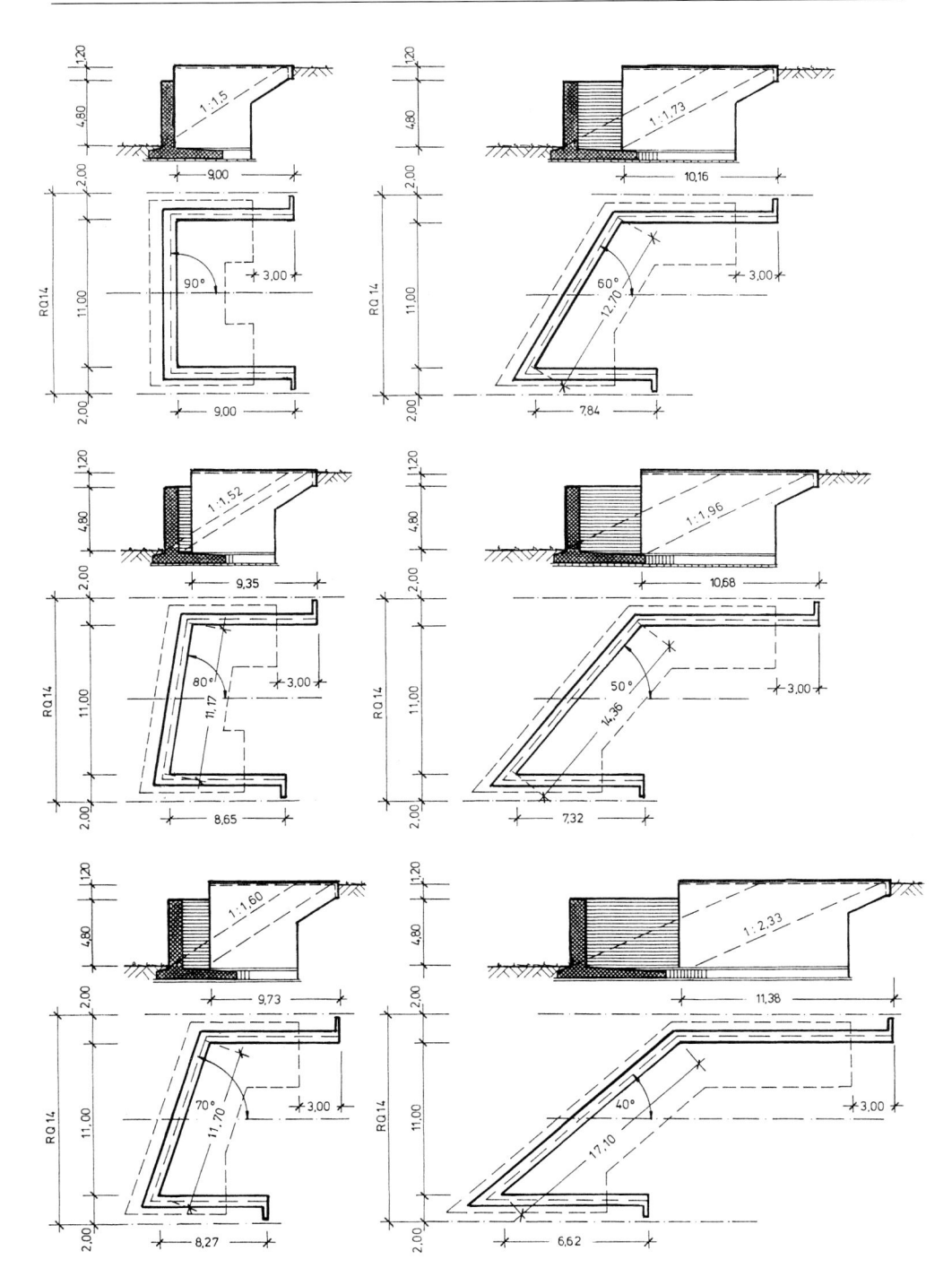

6.2 Konstruktion und Tragverhalten der Widerlager

Bild 6.7
Das kastenförmige Widerlager bei wachsender Schiefe

6.2.1.3 Einzelheiten der Konstruktion

Ausbildung des Widerlagerwandkopfes

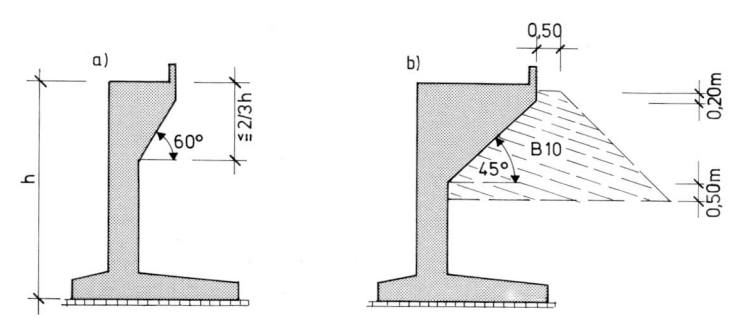

Bild 6.8
Varianten der Kammerbodenausladung

Die Ausbildung des Widerlagerwandkopfes erfordert eine genauere Kenntnis der Konstruktion, da diese von verschiedenen Möglichkeiten des Überbauabschlusses in Verbindung mit der Lagerung abhängt. Bei einem beweglichen Lager muß die Konstruktion so beschaffen sein, daß die erforderliche Längsbeweglichkeit des Überbaues nicht eingeschränkt wird. Es muß eine sogenannte Übergangskonstruktion vorhanden sein, durch die die Übertragung der Radlasten aus der Fahrbahn zu jeder Zeit sicher gestellt ist. Eine Kammerwand bildet den hinteren Abschluß, sie schirmt die Auflagerbank und die Lagerkörper gegen das Eindringen des Hinterfüllungsmateriales ab.

Damit die Spannkräfte am Überbauende statisch wirksam bis zur Auflagerlinie eingeleitet werden können, muß der Hauptträger eine entsprechende Rückentwicklung aufweisen, die in der Regel über die Breite des Endquerträgers hinausgeht. Üblicherweise wird hierfür der (0,75–1,0)-fache Betrag der Überbauhöhe angesetzt. Dieser Rückentwicklung des Überbaues muß die Widerlagerwand mit einer Kammerbodenausladung am Kopf folgen. Für den Fall des Normalbrückenbaues mit Überbauhöhen um 1,50 m zeigt Bild 6.8a die Regelausführung. Die Kammerbodenausladung wird unter 60° an die Widerlagerwand angeschlossen, um zu erreichen, daß das Hinterfüllungsmaterial sicher ohne Kavernen eingebaut werden kann. Wenn die Überbauhöhen größer werden, muß zwangsläufig auch die Kammerbodenausladung größer werden. Schließt man diese dann auch unter 60° an, ergibt sich eine Wandkonstruktion, die sich nach unten, also im Bereich wachsender Beanspruchung, verjüngt. Diese statisch widersinnige Konstruktion läßt sich vermeiden, wenn man die Kammerbodenausladung jetzt unter 45° an die Widerlagerwand anschließt (Bild 6.8b). Bei dieser Bauweise ist aber im unmittelbaren Ausladungsbereich eine Sicherung der Hinterfüllung durch einen Füllbeton erforderlich. Zu große Kammerbodenausladungen sollten vermieden werden, da sie infolge der großen Volumensentwicklung am Widerlagerwandkopf die Steifigkeitsverhältnisse für die Berechnung ungünstig verändern. Sie kann gelegentlich das statische System der Wand auch völlig auf den Kopf stellen, wenn sich die Wand an diesem Balken, der seitlich in den Flügelwänden lagert, aufhängt. Schäden oder Risse wird man aus diesem Grunde in der Wand sicher nicht beobachten können, da diese bei den üblichen Dicken um 0,80 bis 1,00 m steif genug ist, diese Kraftumlenkung aufzunehmen, aber es verbleibt ein statisch unbefriedigender Eindruck.

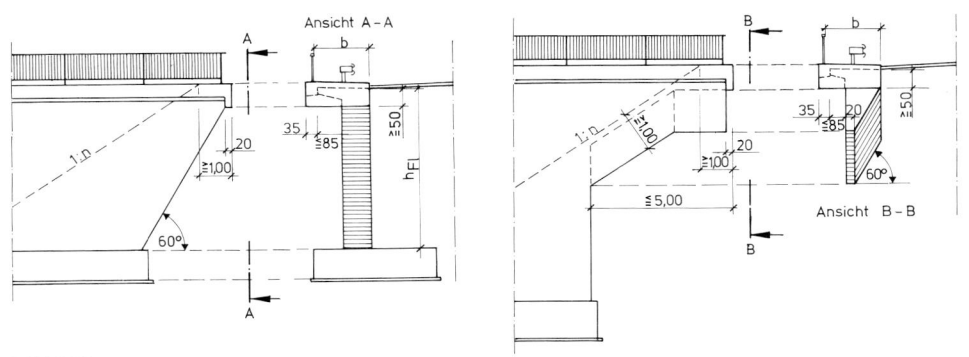

Bild 6.9*
Ausbildung des Flügelwandendes bei Straßenbrücken (RIZ Flü 1)

Ausbildung des Flügelwandendes

Die konstruktive Ausbildung des Endes einer Flügelwand regelt die Richtzeichnung BMV-Flü 1. Bei Flügelwandhöhen bis zu 4,0 m ist eine Wanduntergleichung auszubilden, bei darüber hinausgehenden Höhen sollte das Ende durch einen Kragarmteil, den sog. Kragflügel, konstruktiv abgeschlossen werden. Die Wandschräge an der Innenseite soll eine Kavernenbildung des Hinterfüllungsmaterials verhindern.

Überbauendausbildung und Abschlußfuge

Die Ausbildung des Überbauendes muß sich nach der Funktionsweise der Lager richten. Zwischen dem, der Längenänderung ausgesetzten, Überbau und dem ruhenden Widerlager liegt eine Fuge, die vertikal am Überbauende beginnt und horizontal über die Lagerfuge ausläuft. Nur durch die Funktionsfähigkeit dieser Fuge ist die Längsbeweglichkeit und die Verdrehungsfähigkeit des Überbaues garantiert. Jede Fuge hinterläßt aber Feuchtigkeitseinwirkungen, wenn sie nicht dagegen gesichert ist. Bei der konstruktiven Durchbildung des Überbaues muß man daher auch dieses Problem in hinreichendem Maße beachten.

Ausbildung am festen Lager

Am festen Lager treten nur Verdrehungen auf, die durch die vorstehend beschriebene umlaufende Fuge ermöglicht werden. Die Kammerwand wird bis zur Höhe der seitlichen Flügelwandwange hochgeführt, so daß die Abschlußfuge waagerecht durchlaufen kann. Die Sicherung der Fuge gegen Feuchtigkeitseinwirkungen wird durch entsprechend ausgebildete Fugenbänder vorgenommen. Diese werden auch an der Nahtstelle zur Flügelwand hochgeführt und im Bereich der Kappen angeordnet. Bild 6.11 zeigt die Ausführung für eine Straßenbrücke. Für eine Eisenbahnbrücke ergeben sich keine anderen Gesichtspunkte, allenfalls typenbezogenen Unterschiede. Die Ausbildung am festen Lager kann nach den gleichen Gesichtspunkten erfolgen.

Der Abschluß eines einfachen Plattenüberbaues ist in Bild 6.10 dargestellt. Die Bauwerksfuge läuft jetzt am hinteren unteren Rand des Überbaues entlang. Dieser Abschluß, in seiner Funktionsweise eine feste Lagerung, kann im Hinblick auf die auftretenden Zwängungen beidseitig bei Stützweiten bis zu 15,0 m bei Straßenbrücken angeordnet werden. Bei Eisenbahnbrücken ist diese Ausbildung nur möglich, wenn die längsgerichteten Kräfte durch die Schienen allein übertragen werden können.

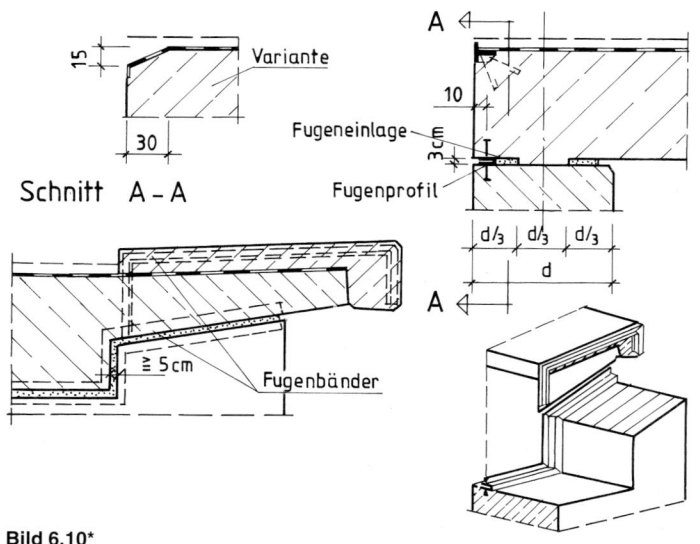

Bild 6.10*
Einfacher Überbauplattenabschluß

Ausbildung am beweglichen Lager

An der Seite des beweglichen Auflagers einer Brücke treten zusätzlich zu den Verdrehungen noch Verschiebungen des Überbaues auf. Eine einfache Sicherung der Bauwerksfuge durch Fugenbänder reicht jetzt nicht mehr aus, es muß eine Konstruktion angeordnet werden, die den Anforderungen der Längsbeweglichkeit des Überbaues und der Wasserdichtheit genügen kann. Diese Übergangskonstruktion überspannt den Fugenspalt zwischen dem Überbau und dem Widerlager in Höhe der Abdichtung der Fahrbahntafel und läuft in gleicher Höhe durch die Kappe. Zu diesem Zweck wird die Kammerwand bis zur Oberkante der Überbaukonstruktion hochgezogen, um die zweite Auflagerung zu schaffen. Die Ausführung unterscheidet sich jetzt, bedingt durch den Brückentyp, bei Straßen und Eisenbahnbrücken, sie soll daher getrennt erläutert werden:

Straßenbrücken

Bei den Straßenbrücken liegt die Übergangskonstruktion im Fahrbahnbereich in der Höhe des Fahrbahnbelages und schließt mit seiner Oberkante ab. Im Kappenbereich läuft sie in gleicher Höhe durch, die entstehende Vertiefung wird durch ein Blech abgedeckt (Bild 6.12).

Eisenbahnbrücken

Bei den Eisenbahnbrücken mit durchgehendem Schotterbett liegt die Übergangskonstruktion in Höhe des Schutzbetons zur Abdichtung und schließt mit diesem ab. Im Kappenbereich wird der Beton oberhalb des Übergangsprofiles und in anliegenden Schotterabschlußbalken ebenfalls ausgespart, um die Zugängigkeit zu gewährleisten. Die erforderliche Blechabdeckung wird geteilt angebracht, dadurch bleibt die Fuge sichtbar und es werden Dehnungsbehinderungen infolge einer Aufhängung der Bleche vermieden (Bild 6.13).

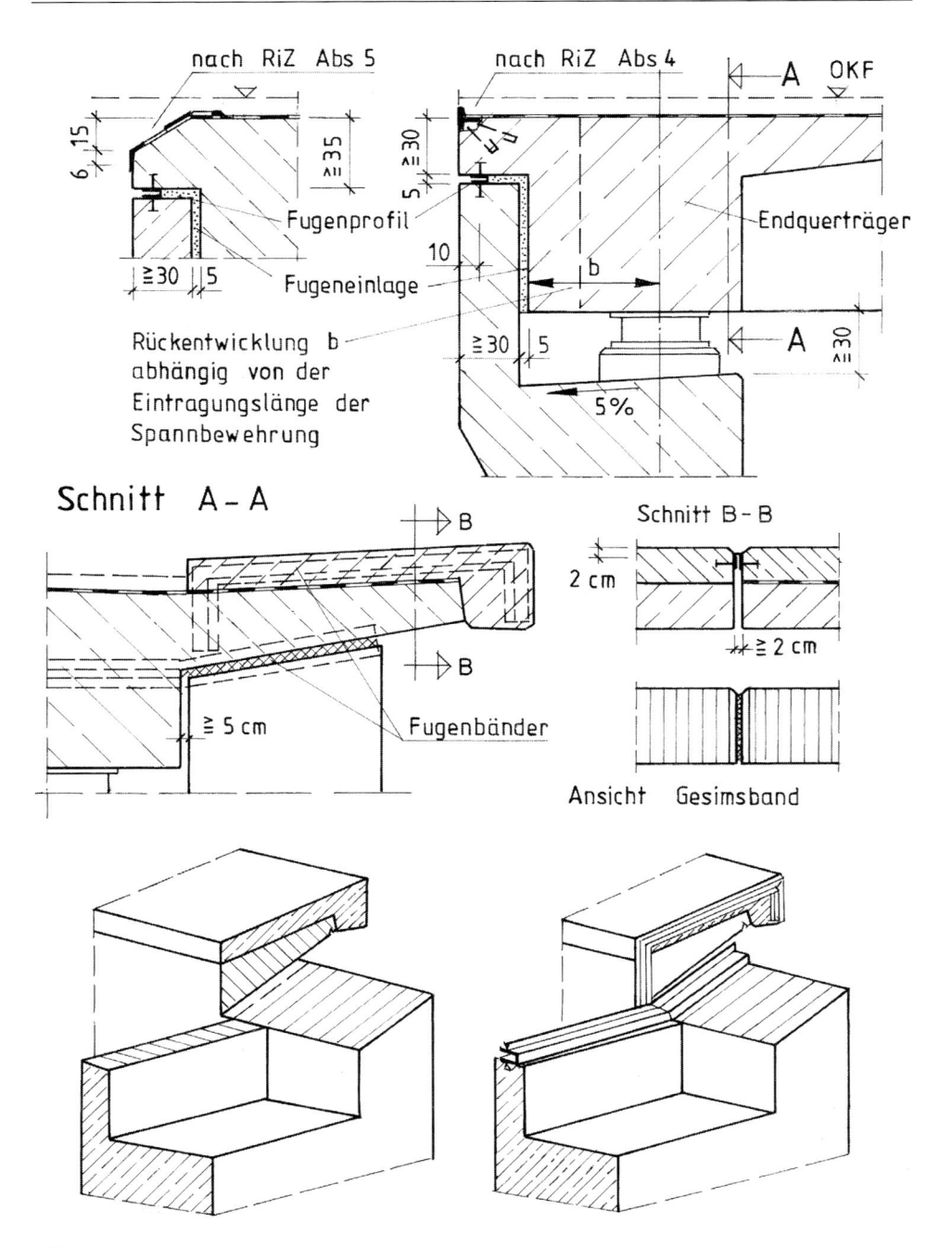

6.2 Konstruktion und Tragverhalten der Widerlager

nach RiZ Abs 5   nach RiZ Abs 4

Fugenprofil — Endquerträger

Fugeneinlage

Rückentwicklung b abhängig von der Eintragungslänge der Spannbewehrung

Schnitt A-A

Schnitt B-B

Fugenbänder

Ansicht Gesimsband

Bild 6.11*
Überbauendausbildung einer Straßenbrücke am festen Lager

Dehnfugenkonstruktion
Anordnung nach RiZ Übe 1

OKF

Kammerwand

Endquerträger

Rückentwicklung b abhängig
von der Eintragungslänge der
Spannbewehrung

$\geqq 30$ $\geqq 10$ b

$\geqq 30$

5%

Schnitt A – A

Übergangskonstruktion
Abdeckblech, d $\geqq$ 10 mm

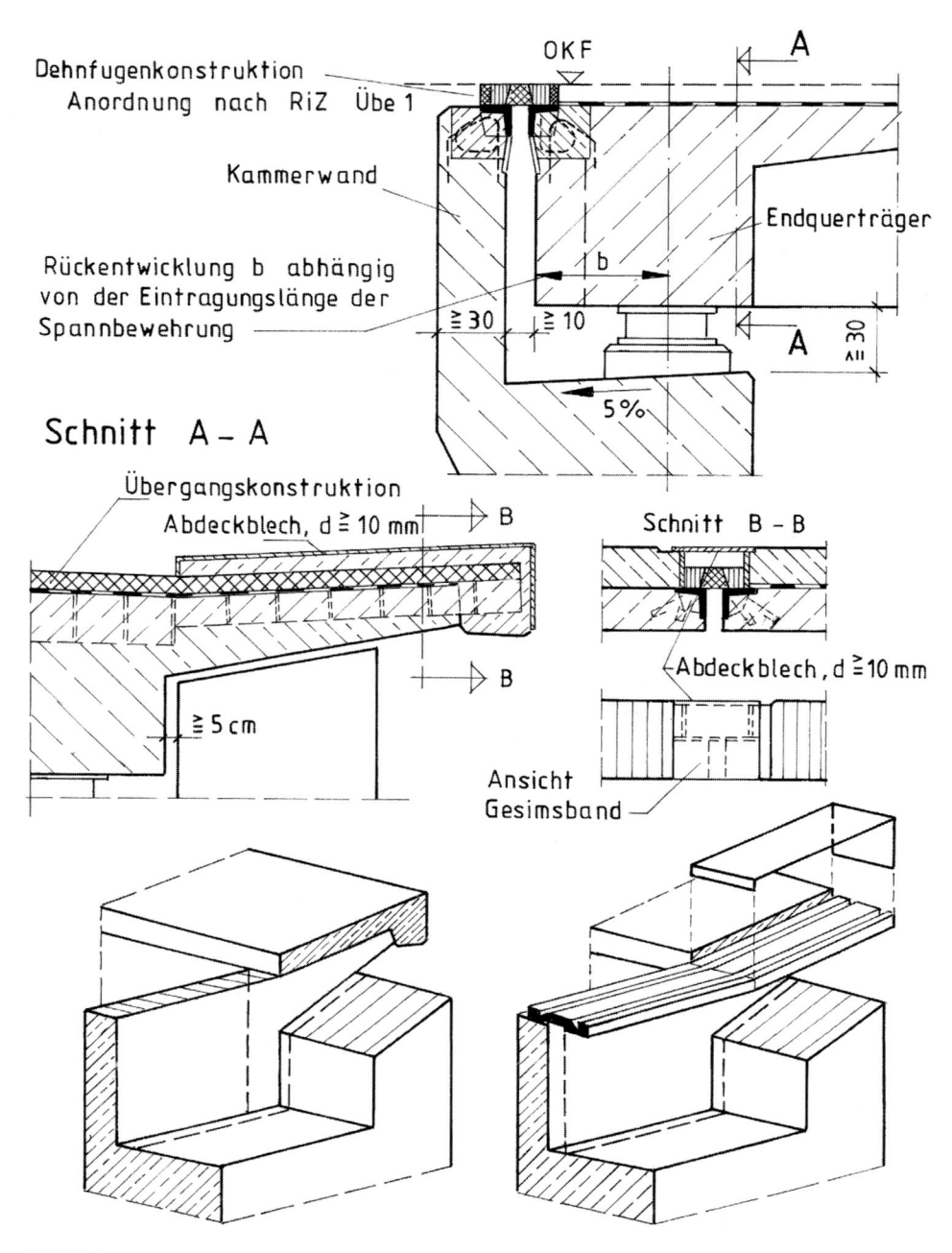

Schnitt B – B

$\geqq 5$ cm

Abdeckblech, d $\geqq$ 10 mm

Ansicht
Gesimsband

Bild 6.12*
Überbauendausbildung einer Straßenbrücke am beweglichen Lager

6.2 Konstruktion und Tragverhalten der Widerlager

Dehnfugenkonstruktion
Ausführung nach RiZ
z.B. MBR 1951; 1961;···
der Deutschen Bahn AG

Kammerwand

Schnitt A–A

Abdeckblech ≧ 5mm

Schnitt B–B

Verbunddübel

Übergangskonstruktion

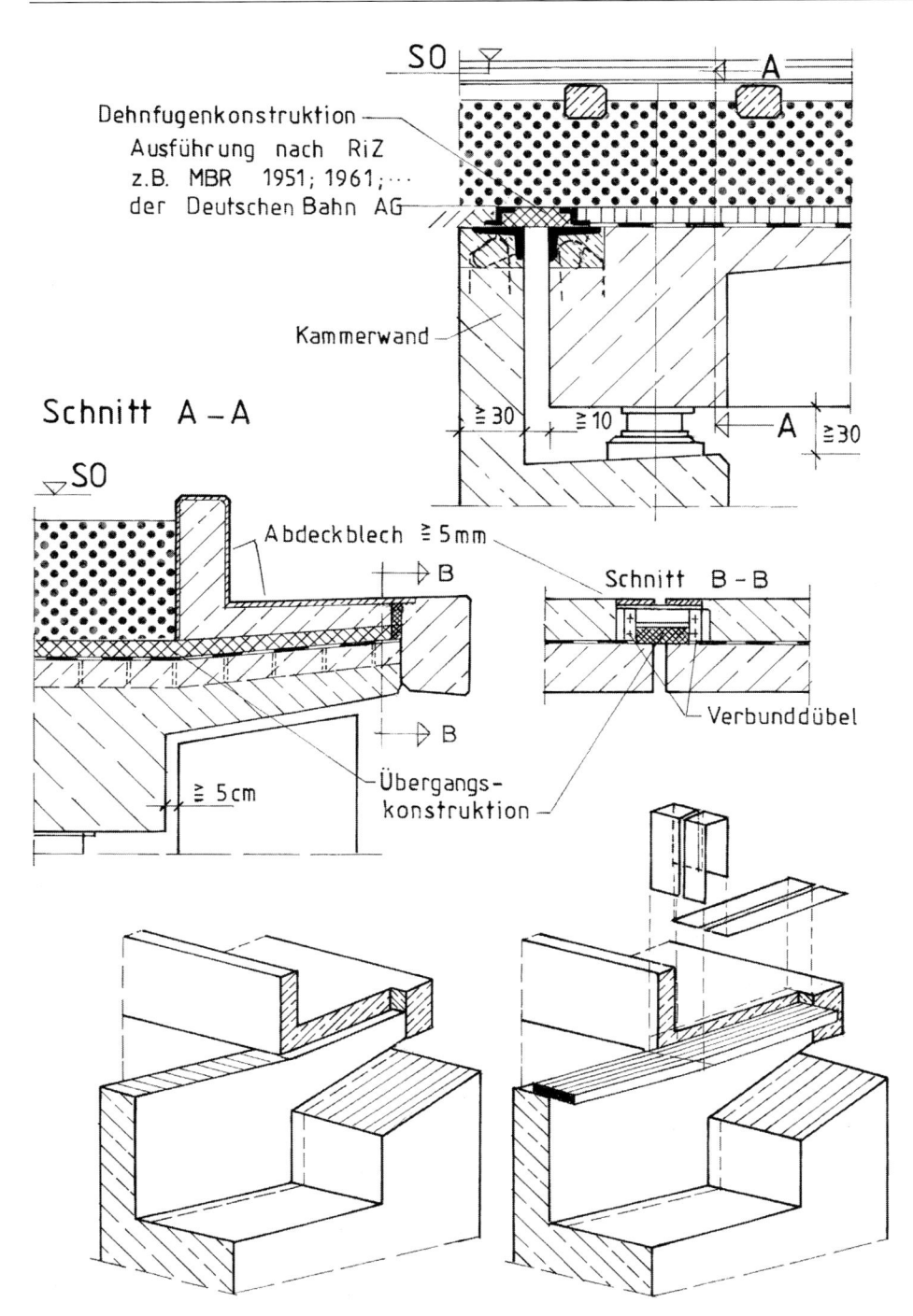

≧ 5cm

Bild 6.13*
Überbauendausbildung einer Eisenbahnbrücke am beweglichen Lager

6.2.2 Tragverhalten eines Widerlagers

6.2.2.1 Einfache Widerlagerstützwand

Das Tragverhalten einer einfachen Widerlagerwand entspricht dem einer einfachen Stützwand. Die Widerlagerwand spannt sich in eine Fundamentplatte ein, die Einspannnung wird über die Bedingung $\Sigma M = o$ um die Bodenfuge erzielt. Damit die volle Einspannung auch bleibend wirksam ist, muß sichergestellt sein, daß keine Verdrehungen des Fundamentes eintreten. Dieses ist dann der Fall, wenn die Kriterien der Standsicherheit eingehalten sind und kein setzungsgefährdeter Baugrund ansteht.

Die Widerlagerwand wird als Platten- und Scheibentragwerk beansprucht. Der Erddruck aus der Hinterfüllung des Widerlagers und der Auflast der Verkehrslast verursacht die Plattenbeanspruchung. Er teilt sich dem Bauteil entweder direkt oder über die Kragflügel durch Randbelastungsfälle mit. Bild 6.14 zeigt den Verlauf der Biegemomente in der Wand für die direkte Erddruckbeanspruchung für den Fall, daß der Einfluß des Formänderungsverhaltens der Quertragrichtung des Flächentragwerkes vernachlässigt wird, also die Querkontraktionszahl $\mu = 0$ angenommen ist. Die Biegemomente stellen sich dann nach der Balkentheorie ein, da das Flächentragwerk gleichmäßig vollbelastet ist.

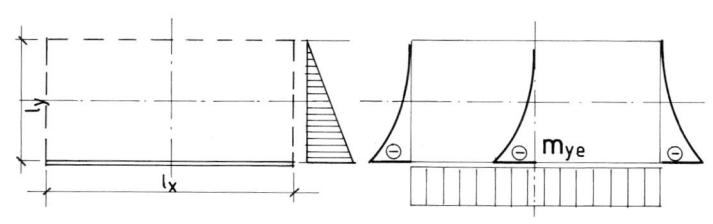

Bild 6.14
Biegemomente infolge einer Erddruckbeanspruchung

Zur Wirkung und dem Ansatz der Querdehnzahl μ in Flächentragwerken des Stahlbetons sei folgendes angemerkt:

Die Vorschriften gestatten den Ansatz zweier Werte von μ, entweder $\mu = 0$ oder $\mu = 0{,}2$. Die Wirkung einer Querdehnzahl hängt aber von der Homogenität des Werkstoffes ab. Flächentragwerke des Stahlbetonbaues sind dann isotrop, d.h. homogen im Sinne der Theorie, wenn sie nicht gerissen sind. Dieses ist z.B. bei vorgespannten Fahrbahnplatten im Gebrauchszustand der Fall. Für die Ermittlung der Zugspannungen muß man hierbei von den mit der Querdehnung ermittelten Biegemomenten ausgehen. Stahlbetonplatten, deren Zugzonen aufreißen können, sind anisotrop. In dem Augenblick, in dem sich die ersten Risse bilden, lagert sich das Biegemoment um, die Querdehnzahl verliert mit zunehmender Rißbildung an Bedeutung. Im vollen Zustand II ist im unmittelbaren Rißbereich in der Zugzone die Wirkung der Querdehnzahl auszuschließen, da die Zugkräfte von den Stahleinlagen aufgenommen werden [44]. Der Frage, inwieweit die nur in der Druckzone wirkende Querkontraktion die Größe der Biegemomente beeinflußt, ist *Bittner* nachgegangen [45]. Er fand heraus, daß sich die Zugkräfte in diesem Fall gegenüber dem Fall, daß die Querdehnung in der Zug- und Druckzone vernachlässigt wurde, nicht ändern. Auch wenn bei Widerlagerwandbauteilen die auftretenden Biegezugspannungen nach Zustand I wegen der großen Wanddicken etwa in den Grenzen der Biegezugfestigkeit des Betons gehalten werden können, zeigt die Praxis, daß Risse unvermeidbar sind. Man wird daher

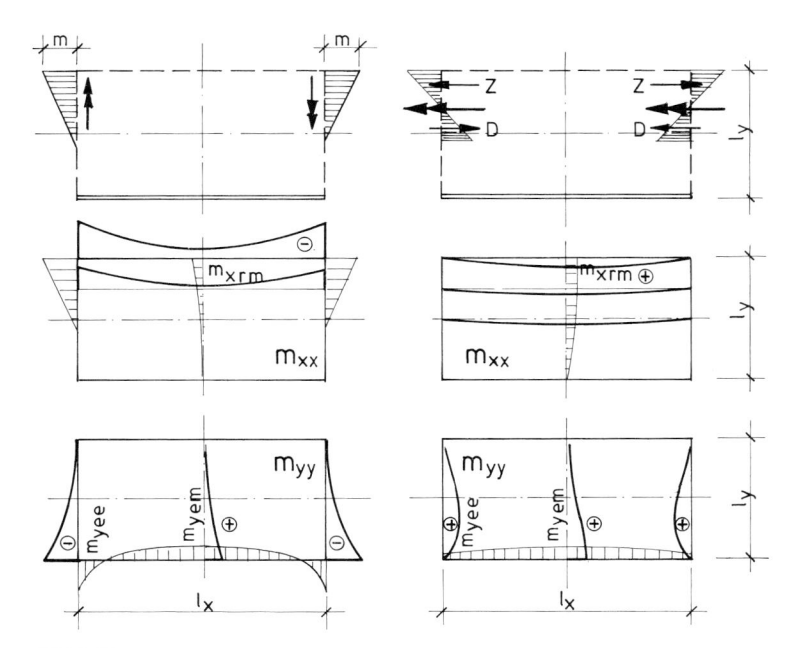

6.2 Konstruktion und Tragverhalten der Widerlager

Bild 6.15
Biegemomente infolge einer Kragflügelbeanspruchung

in der Bemessung die Rißbreitenbeschränkung genau zu verfolgen haben, denn man kann eine Rißbildung auch dann nicht ausschließen, wenn sie von der Berechnungstheorie her nicht eintreten sollte. Hiernach ist es aber dann folgerichtiger, die Biegemomente für eine Querkontraktionszahl $\mu = 0$ zu ermitteln. Im folgenden wird daher bei allen diesbezüglichen Betrachtungen so vorgegangen.

Die Schnittgrößen aus der Kragflügelbeanspruchung stellen sich immer nach der Plattentheorie ein, da das Flächentragwerk nur am Rand belastet wird. Biegemomente werden durch zwei verschiedene Beanspruchungen erzeugt, einmal durch die an der vertikalen Kante in horizontalen Schnitten wirkenden Einspannmomente der Kragflügel, zum anderen aus der Wirkung des Eigengewichtes der Kragflügel, den im folgenden so genannten Scheibenmomenten der Kragflügel. Bild 6.15 zeigt den Verlauf und die Verteilung dieser Biegemomente. Die Vorzeichen sind so festgesetzt, daß positive Momente an der Wandaußenseite Zug erzeugen. Da die Kragflügel nur zu einem Teil in die Wand eingespannt sind, tragen sich die Beanspruchungen dreieckförmig in dieselbe ein. Die Wirkung des Scheibenmomentes wird zweckmäßigerweise über die zugehörige linear veränderliche Streckenlast wechselnden Vorzeichens errechnet.

Die Scheibenbeanspruchung in der Widerlagerwand ergibt sich aus den in horizontalen Schnitten wirkenden Querkräften der Kragflügel. Sie verursachen ein in der Scheibenfläche wirkendes Biegemoment und beeinflussen den Bemessungszustand in horizontaler Richtung.

Schließen die Kragflügel schiefwinklig an die Widerlagerwand an, ergibt sich eine Veränderung im Belastungszustand. Während die in horizontalen Schnitten wirkenden Einspannmomente der Kragflügel weiterhin in unveränderter Größe in die Wand einfließen, teilen sich die Randquerkraft und das Scheibenmoment aus den Kragflügeln in entsprechende Komponenten

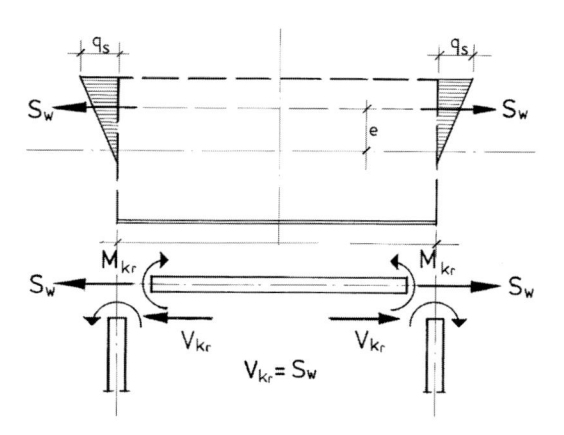

Bild 6.16
Einwirkungen durch einen rechtwinkligen Kragflügelanschluß

auf. Bild 6.17 zeigt den veränderten Kräftezustand. An der Widerlagerwand wirken die horizontalen Kraftanteile:

$S_w = V_{kr} \cdot \sin \alpha$ als Scheibenzugkraft und

$V_w = V_{kr} \cdot \cos \alpha$ als zusätzliche Randquerlast

Diese tritt in der Wand in antisymmetrischer Anordnung auf und erzeugt die Zusatzmomente m_{xx} und m_{yy}. Den Verlauf und die Verteilung dieser Zusatzmomente kann man ebenfalls Bild 6.17 entnehmen. In gleicher Weise spaltet sich das Scheibenmoment des Kragflügels in seiner Wirkung auf die Widerlagerwand auf. Bei vektorieller Betrachtung dieses Momentes M_{kr} ergeben sich die Komponenten:

$M_w = M_{kr} \cdot \sin \alpha$
$M_s = M_{kr} \cdot \cos \alpha$

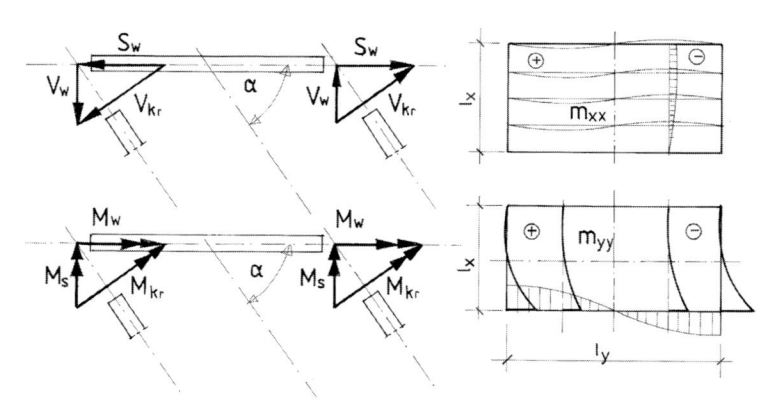

Bild 6.17
Einwirkungen durch einen schiefwinkligen Kragflügelanschluß

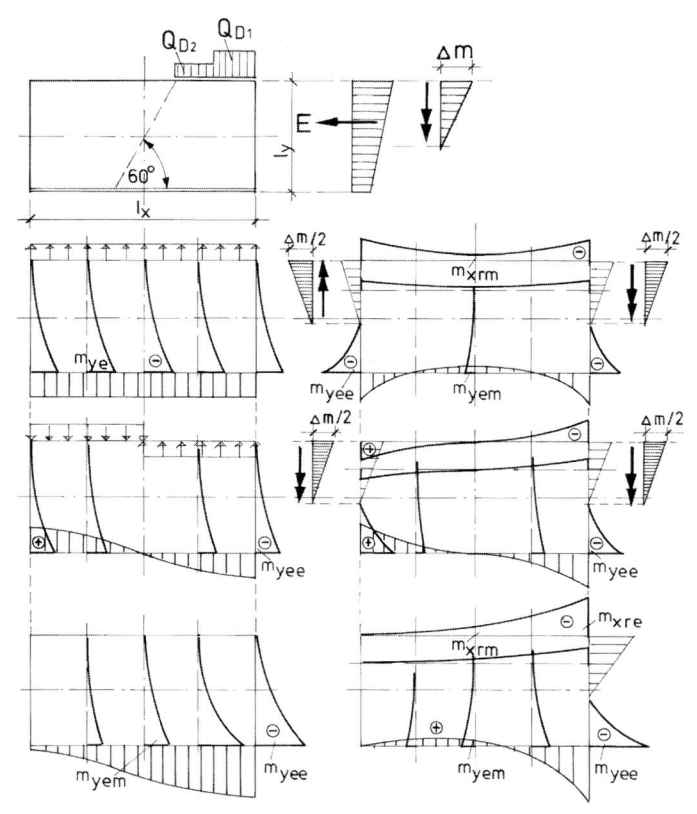

6.2 Konstruktion und Tragverhalten der Widerlager

Bild 6.18
Biegemomente infolge exzentrischer Laststellung der Doppelachsen

M_s verstärkt das in der Scheibenfläche der Widerlagerwand wirkende Biegemoment, M_w wirkt als reduziertes Scheibenmoment an der Widerlagerwand. Das Scheibenmoment wirkt grundsätzlich entlastend zu den Beanspruchungen aus der Hinterfüllung des Widerlagers. Diese Entlastung wird jetzt geringer.

Die vorstehend beschriebenen Trageigenschaften gelten immer nur für symmetrische Lastansätze. Für den Ansatz der Teilflächenbelastung aus der Verkehrslast muß man aber auch prüfen, ob bei breiten Widerlagerwänden eine einseitige bzw. exzentrische Anordnung der Belastungsfläche zu ungünstigeren Bemessungswerten führt. Diese einseitige Laststellung der Regelfahrzeuge verursacht größere Beanspruchungen in der Wandecke, da dort geringere Verteilungsbreiten für die lotrechten Lasten und somit größere Belastungsordinaten entstehen. Die Berechnung eines symmetrischen Systems für einen unsymmetrischen Belastungszustand gelingt grundsätzlich, wenn die Belastung in symmetrische und antisymmetrische Anteile aufgespalten wird, das System getrennt für beide Anteile berechnet wird und die einzelnen Ergebnisse überlagert werden. Bild 6.18 zeigt den Belastungszustand, die Aufspaltung und die endgültigen Momentenflächen für den exzentrischen Belastungszustand. Diese Überlegungen können auch in dem Fall angewendet werden, daß ungleich lange Kragflügelwände vorhanden sind. Diese ergeben sich bei einem schiefwinkligen System. Der überschießende Belastungs-

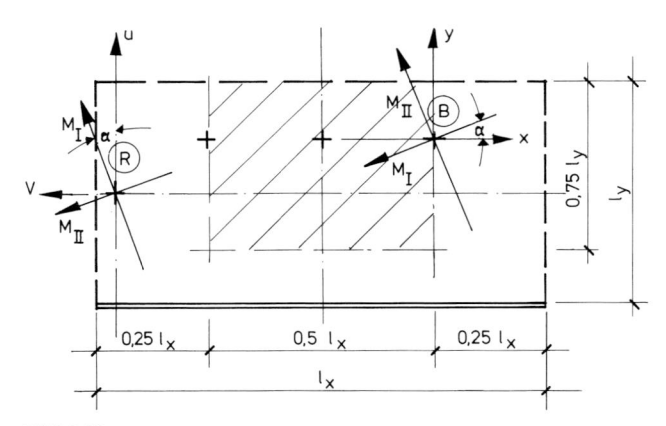

Bild 6.19
Hauptmomentenrichtung an der Wandvorderseite

einfluß der größeren Flügelwand kann wieder über einen symmetrischen und antisymmetrischen Anteil in seiner Wirkung auf die Widerlagerwand verfolgt werden.

Aus der rückdrehenden Wirkung der Scheibenmomente der Kragflügel und aus den einzelnen möglichen antisymmetrischen Belastungszuständen entstehen Drillmomente in der Wand, die bei der Bemessung ggf. zu berücksichtigen sind. Die Berücksichtigung erfolgt über die Hauptmomente, diese erzeugen eine Biegezugbeanspruchung an der Wandaußenseite am vertikalen Außenrand und im Viertelspunkt des oberen Wandfeldes. Hierfür gelten folgende Berechnungsansätze:

1. Am Plattenrand (Punkt R im Bezugssystem $u - v$) wirken aus der rückdrehenden Wirkung der Kragflügel ein positives m_{uu} mit einem negativen m_{uv} zusammen. Die Vorzeichen beziehen sich auf die grundsätzliche Definition, nach der negative Biegemomente an der Wandinnenseite Biegezugspannungen erzeugen. Somit gilt:

$$M_{I,II} = + \frac{m_{uu}}{2} \pm \sqrt{\left(\frac{m_{uu}}{2}\right)^2 + (-m_{uv})^2}$$

$$\tan(2\,\alpha_1) = -\frac{2(-m_{uv})}{m_{uu}}$$

2. Im Viertelspunkt des oberen Plattenfeldes (Punkt B im Bezugssystem $x - y$) wirken im wesentlichen aus der Erddruckbeanspruchung ein positives m_{xx} und ein negatives m_{yy} mit einem positiven Drillmoment m_{xy} zusammen. Hier gilt:

$$M_{I,II} = \frac{m_{xx} - m_{yy}}{2} \pm \sqrt{\left(\frac{m_{xx} + m_{yy}}{2}\right)^2 + m_{xy}^2}$$

$$\tan(2\,\alpha_2) = -\frac{2\,m_{xy}}{m_{xx} + m_{yy}}$$

Diese Hauptmomente werden dann als Bemessungsmomente in die rechtwinkligen Bewehrungsnetze u, v und x, y umgerechnet (siehe Abschnitt 6.3.3.3).

6.2.2.2 Kastenförmiges Widerlager

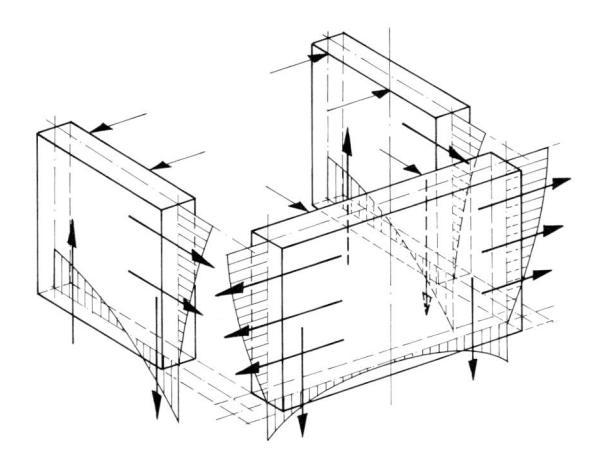

Bild 6.20
Scheibenkräfte im Wandsystem

Ein kastenförmiges Widerlager ist ein aus Flächentragwerken zusammengesetztes, räumlich wirkendes, Tragwerk, da die Tragwerkebenen durch die drei Ebenen im Raum gebildet werden und jeweils eine aus der Belastungsfläche resultierende Lastebene diese auf Platten- und Scheibenwirkung beansprucht. Platten sind Flächentragwerke, die senkrecht zur Mittelfläche, Scheiben solche, die in Richtung ihrer Mittelfläche beansprucht werden.

Die Tragfähigkeit dieses weichen, nach hinten und oben offenen, Kastens erfolgt demnach über die Platten- und Scheibenwirkung seiner Wandbauteile. Hieraus ergeben sich bei Belastung Biegemomente und Scheibenkräfte in vertikalen und horizontalen Schnitten. Die Scheibenkräfte werden durch die Schubspannungen verursacht, die in der Fläche der Wanddicken wirken. Von besonderer Bedeutung sind die Scheibenzugkräfte, da sie die Bewehrungserfordernisse erhöhen. Die in horizontalen Schnitten wirkenden Zugkräfte – im weitesten Sinne vergleichbar mit der Ringzugkraft eines Behältertragwerkes – können am Flügelwandende nicht aufgenommen werden, da dort freie Ränder vorhanden sind. In der Flügelwand muß daher eine Kraftumlagerung stattfinden, in der Weise, daß sich das resultierende Moment aus diesen Zugkräften wiederum resultierend in ein vertikal gerichtetes Kräftepaar auflöst und dadurch Scheibenkräfte in vertikalen Schnitten verursacht. So entsteht eine Scheibenzugkraft in vertikalen Schnitten am Flügelwandende und eine entsprechende Druckkraft im Bereich des inneren Flügelwandrandes.

Liegt jetzt ein spitzer Systemwinkel vor, ist also eine Brückenschiefe vorhanden, wird die Konstruktion des Widerlagers an der stumpfen Ecke weicher, weil sich der Wandwinkel dort streckt (siehe Bild 6.7). Die Folge sind höhere Scheibenzugkräfte in horizontalen Schnitten in der stumpfen Ecke und entsprechend kleinere an der spitzen Ecke. Mit dem Winkel der Schiefe verändern sich auch die Scheibenkräfte in vertikalen Schnitten im gleichen Sinne, sie werden aber zusätzlich im umgekehrten Sinne durch die sich ändernden Flügelwandlängen beeinflußt, so daß die effektive Veränderung oftmals anders ausfällt.

Die relativ großen Wanddicken von 0,80 bis 1,00 m zwingen die Überlegung auf, für die Berechnung die Gültigkeit der Kirchhoffschen Plattentheorie bezüglich der vorauszusetzenden Annahme dünner Bauteile zu überdenken (siehe Abschnitt 5.2.1.2). Hierzu hat *Barés* eine vom Spannungszustand abhängige Definition gegeben [46]. Danach sind dünne Platten solche, in denen kein räumlicher Spannungszustand entsteht. Ihre Dicken sollten nicht größer sein, als ein Fünftel der Abmessungen der kleineren Stützweite des Flächentragwerkes. Bei den üblichen Widerlagerformen liegt man mit Wanddicken von 0,90 m bis 1,00 m und der kleinsten Abmessung der Flächentragwerke um ca. 5,00 m mit den Dicken der Wandbauteile im Grenzbereich der Gültigkeit der Berechnungstheorie, wenn nicht schon darüber. Es liegt also nahe, sich solchen Theorien zuzuwenden, die die großen Wanddicken berücksichtigen können.

Aus Untersuchungen des Erstverfassers, der dieser Frage gemeinsam mit einem Fachkollegen nachging [61], ergab sich, daß die Scheibentragwerke nur eine geringe Steifigkeit besitzen, somit auf die Biegeverformung der angrenzenden Plattenbauteile durch Schubverformungen reagieren. Um diesem Tragverhalten gerecht zu werden, wurde von beiden ein Berechnungsverfahren entwickelt, das die Schubverformungen der Scheibentragwerke berücksichtigt [64]. Diesem Verfahren wurde die erweiterte Plattentheorie nach *Reissner* zugrunde gelegt [62, 63]. Die Erweiterung gegenüber der Kirchhofftheorie bezieht sich auf die Dicke der Platte, die *nicht* mehr als klein vorausgesetzt wird. Daraus folgt dann, daß Punkte, die vor der Verformung auf einer Normalen zur Mittelfläche liegen, nach der Verformung auf einer Geraden verbleiben, die nicht mehr senkrecht zur Mittelfläche steht.

Damit wird die Normalenhypothese der Kirchhofftheorie fallengelassen, die Annahme, daß die Querschnitte eben bleiben, bleibt erhalten. Nunmehr können die Verzerrungen der Elemente aus den Querschubspannungen in den Flächen der Wanddicken berücksichtigt und in die Berechnung eingeführt werden. Der Anschluß der Flächentragwerke in den Ecken erfolgt demnach über biegesteife Platten- und schubelastische Scheibenverbindungen. Mit Hilfe dieses Berechnungsverfahrens können alle maßgeblichen Bemessungsschnittgrößen ermittelt werden.

Im folgenden werden die einzelnen Einwirkungen an zwei unterschiedlichen Widerlagerformen dargestellt und erläutert, einmal am rechtwinklig symmetrischen Widerlager, zum anderen am allgemeinen, schiefwinkligen System. Hierfür wird die Belastung aus dem Erddruck der Hinterfüllung des Widerlagers zugrunde gelegt.

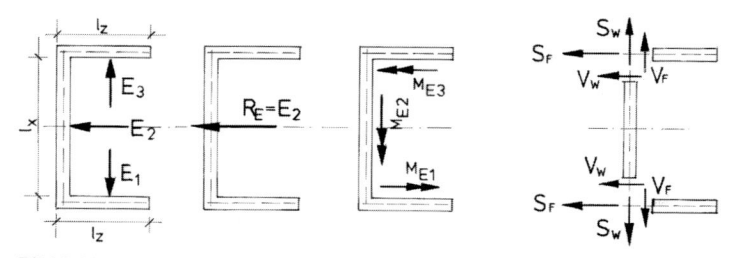

Bild 6.21
Einwirkungen am rechtwinkligen Widerlager

Bei dem rechtwinklig symmetrischen Widerlager nach Bild 6.21 ist der Ansatz und die Wirkung der Belastung einfach zu überschauen. Der Erddruck beansprucht alle Wandteile horizontal, die Lastanteile auf die Flügelwände liegen in einer Wirkungslinie und ergänzen sich in der Gesamtwirkung zu Null. Als resultierende Belastung verbleibt der in Richtung der Brückenachse wirkende Lastanteil auf die Widerlagerwand. Das hieraus verursachte Kippmoment teilt sich auf beide Flügelwandscheiben auf und löst sich in diesen als Kräftepaar auf. Hierdurch entstehen lotrechte Scheibenkräfte, am Flügelwandende eine Zugkraft, in der Wandecke eine Druckkraft. Die horizontalen Querkräfte der Plattensysteme fließen direkt als horizontale Scheibenkräfte in die entsprechenden Wandbauteile ein. Die Biegemomente ergeben sich aus

6.2 Konstruktion und Tragverhalten der Widerlager

den Verformungen der Plattenbauteile im Gesamtsystem, an den freien Ecken werden elastische Einspannungen wirksam.

Bei dem schiefwinkligen Widerlager ist wegen der Unsymmetrie von System und Belastung die Einwirkung der Belastung auf das System nicht so einfach zu überschauen. Die nachfolgenden Ausführungen sollen einen Einblick in den komplizierten Kraftfluß geben und dem Versuch dienen, die Problematik zu erläutern. Man betrachte das Bild 6.22; gibt man jetzt den angreifenden Kräften im Vergleich zur rechtwinkligen Form den Zeiger*, so wirken die folgenden Kräfte

E_2^* auf die Widerlagerwand und

E_1^*; E_3^* auf die Flügelwände, die jetzt von unterschiedlicher Größe sind.

Die Kräfte werden in folgende Anteile zerlegt:

$$E_3^* = E_1^* + \Delta E_3^* \quad \text{und}$$

$$E_{2V}^* = E_2^* \cdot \cos \alpha = \frac{E_2}{\sin \alpha} \cdot \cos \alpha = E_2 \cot \alpha$$

$$E_{2H}^* = E_2^* \cdot \sin \alpha = \frac{E_2}{\sin \alpha} \cdot \sin \alpha = E_2$$

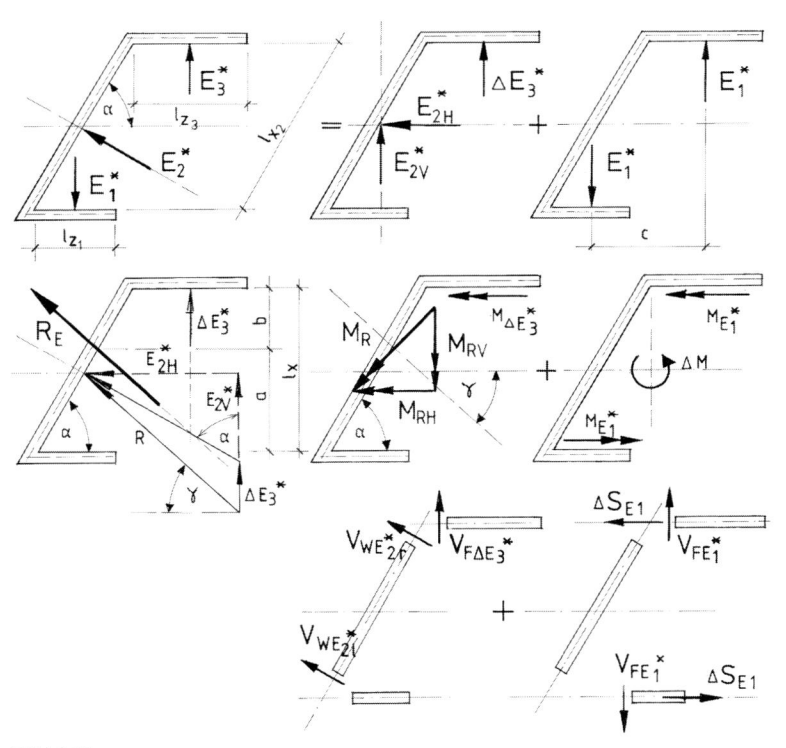

Bild 6.22
Einwirkungen am schiefwinkligen Widerlager

Die entgegengesetzt gerichteten Parallelkräfte E_1^* werden abgespalten, die restlichen Kräfte werden zur Resultierenden R_E zusammengefaßt. Diese tritt unter dem Winkel γ gegen die Horizontale auf und schneidet die Widerlagerwand im Teilungspunkt der lotrechten Streckenabschnitte a und b. Für die Richtung der Resultierenden gilt:

$$\tan \gamma = \frac{E_{2V}^* + \Delta E_3^*}{E_{2H}^*} = \frac{E_2 \cot \alpha + \Delta E_3^*}{E_2} = \cot \alpha + \frac{\Delta E_3^*}{E_2}$$

Nunmehr erkennt man folgendes:

1. Die resultierende Kraft R_E verursacht das senkrecht zur Lastebene drehende Kippmoment M_R mit seinen Vektorkomponenten:

    $$M_{RV} = M_R \cdot \cos \gamma \quad \text{und} \quad M_{RH} = M_R \cdot \sin \gamma$$

    Die senkrecht zur Brückenachse drehende Komponente M_{RV} teilt sich im Verhältnis der bezogenen Abstände a/l und b/l auf die Flügelwandscheiben auf und erzeugt dort die lotrechten Scheibenkräfte als zugehörige Zug- und Druckkräfte. Die in Richtung der Brückenachse drehende Komponente M_{RH} beansprucht die Flügelwände zusätzlich auf Biegung und zwar an der stumpfen Ecke im Beanspruchungssinn der Belastung und an der spitzen Ecke diesem entgegen.

2. Die abgespaltenen Parallelkräfte E_1^* liegen nicht in einer Wirkungslinie, sie erzeugen das in horizontaler Ebene drehende Versatzmoment.

    $$\Delta M = E_1^* \cdot c$$

    mit: c Abstand der Wirkungslinien

    Dieses Versatzmoment löst sich durch ein horizontales Kräftepaar ΔS_{E1} in den Flügelwandscheiben auf und erzeugt somit zusätzliche Scheibenkräfte in diesen. In seiner Biegewirkung auf das System verstärkt es die horizontalen Biegemomente m_{xx} und zwar an der stumpfen Ecke im Sinne der Belastungswirkung, an der spitzen Ecke dieser entgegen.

3. Die horizontalen Querkräfte aus den Plattentragwerken fließen nicht mehr direkt in die zugehörigen Wandbauteile als Scheibenkräfte ein, da die Richtungen nicht senkrecht zueinander stehen. Die resultierenden Scheibenkräfte erhält man aus einer entsprechenden Kraftzerlegung gemäß Bild 6.23. An der stumpfen Ecke werden die Scheibenkräfte größer als die zugehörigen Querkräfte, an der spitzen Ecke ist es umgekehrt.

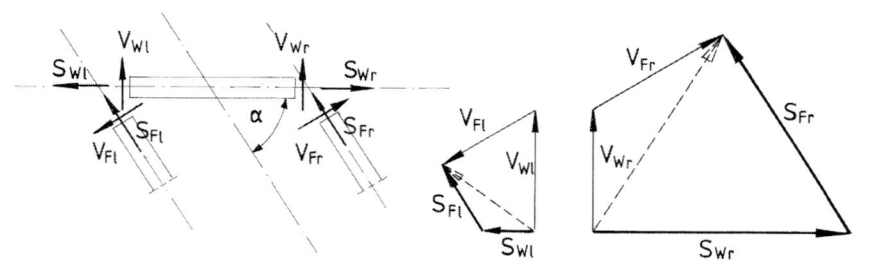

Bild 6.23
Plattenquer- und Scheibenzugkräfte in den Wandecken eines schiefwinkligen Widerlagers

6.2 Konstruktion und Tragverhalten der Widerlager

Diese Besonderheiten des Kraftflusses im schiefwinkligen Widerlager wirken zusätzlich auf die Größe und den Verlauf der Schnittgrößen ein. In erster Linie werden sie durch die geometrischen Abmessungen der Wände bestimmt, diese verändern sich bei wachsender Schiefe in der Weise, daß an der stumpfen Ecke die Flügelwandlänge wächst und dementsprechend kleiner an der spitzen Ecke (Bild 6.7) wird. Für häufig vorkommende Brückenschiefen sind in der Tabelle 6.1 die zugehörigen Seitenverhältnisse der Wände angegeben. Der Trend der Veränderung der Schnittgrößen sei im folgenden beschrieben:

Grundsätzlich vergrößern sich die Biegemomente an der stumpfen Ecke, da dort größere Belastungsflächen entstehen. An der spitzen Ecke ist der entgegengesetzte Trend vorhanden. In der Widerlagermitte ist keine Veränderung gegenüber der rechtwinkligen Form zu beobachten.

Die gleiche Feststellung gilt auch für die horizontal wirkenden Scheibenkräfte S_{xx}. Die Eckwerte resultieren nach der in Bild 6.23 angegebenen Kraftzerlegung. Mit steigendem Winkel der Schiefe bauen sich diese Werte an der stumpfen Ecke auf, entsprechend an der spitzen Ecke ab. Dieser Abbau kann bei kleinen Winkeln auch unter Vorzeichenwechsel vor sich gehen. In der Widerlagerwandmitte tritt keine Veränderung zur rechtwinkligen Form auf.

Für ein Beispiel mit nachstehend skizziertem Bezugssystem sind die Biegemomente und Scheibenkräfte für den Lastfall „Erddruck aus der Hinterfüllung" für die recht- und schiefwinklige Form in den nachfolgenden Bildern 6.25 und 6.26 dargestellt. Die Ermittlung erfolgt für die Einheitsbelastung 1,0 kN/m², für die schiefwinklige Form wurden drei Winkel 75°, 60° und 45° ausgewählt.

Die Abmessungen des rechtwinkligen Systems und die daraus abgeleiteten Werte der schiefwinkligen Formen ergeben sich wie folgt (Index 1 ≙ spitze Ecke, Index 2 ≙ stumpfe Ecke):

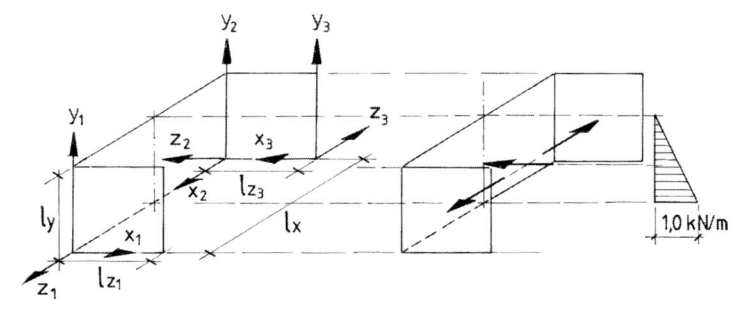

$90°: l_x = 9{,}60$ m, $\quad l_y = 4{,}80$ m, $\quad l_z = 4{,}80$ m

$75°: l_x = 9{,}95$ m, $\quad l_y = 4{,}80$ m, $\quad l_{z1} = 4{,}32$ m, $\quad l_{z2} = 5{,}28$ m

$60°: l_x = 11{,}10$ m, $\quad l_y = 4{,}80$ m, $\quad l_{z1} = 3{,}60$ m, $\quad l_{z2} = 6{,}00$ m

$45°: l_x = 13{,}60$ m, $\quad l_y = 4{,}80$ m, $\quad l_{z1} = 2{,}88$ m, $\quad l_{z2} = 6{,}72$ m

Bild 6.24
Bezugs- und Belastungssystem

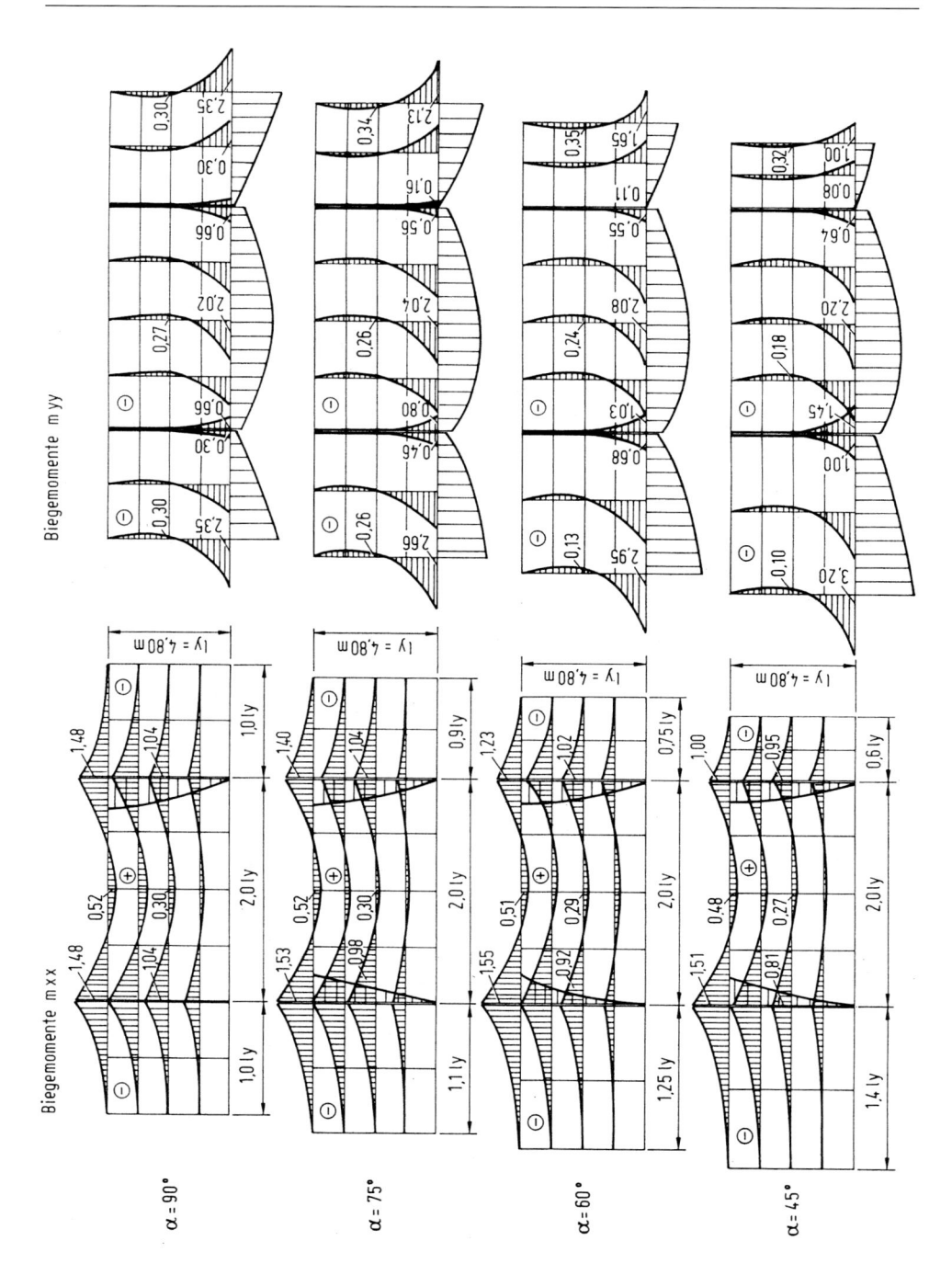

Bild 6.25
Biegemomente m_{xx} und m_{yy} eines kastenförmigen Widerlagers bei wachsender Schiefe

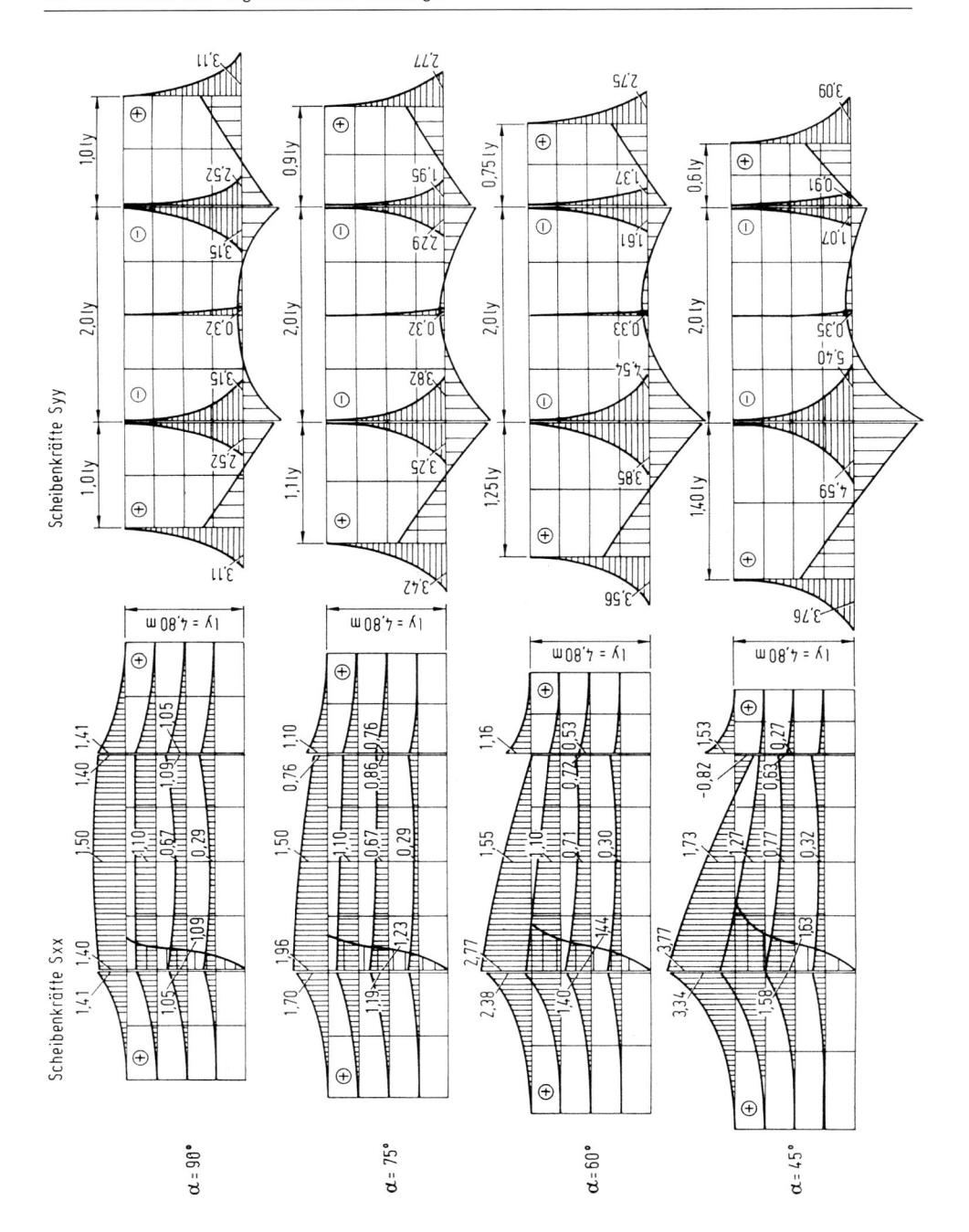

6.2 Konstruktion und Tragverhalten der Widerlager

Bild 6.26
Scheibenkräfte S_{xx} und S_{yy} eines kastenförmigen Widerlagers bei wachsender Schiefe

6.3 Berechnung eines Widerlagers

6.3.1 Einwirkungen auf das Widerlager

6.3.1.1 Belastungsannahmen

Auf ein Widerlagerbauwerk wirkt der Erddruck aus dem Geländesprung als ständige Lasteinwirkung und aus der Auflast der Verkehrslast als vorübergehende Einwirkung ein. Zusätzlich müssen die Auflagerreaktionen des Überbaues aufgenommen werden. Alle Einwirkungen werden nachstehend für die verschiedenen Brückentypen zusammengestellt und erläutert.

a) Lastbild eines Widerlagers einer Straßenbrücke

Die Belastungsfläche der Widerlagerhinterfüllung wird in Fahrspuren und die übrige Fahrbahnfläche eingeteilt. Den Fahrspuren, deren Lage in der Querrrichtung variabel ist, werden durchgehend die anteiligen Verkehrsflächenlasten zugeordnet, zusätzlich wird die Ersatzflächenlast der Doppelachsen auf eine Fläche von 3,0 m × 5,0 m in ungünstiger Stellung, aber immer in der Fahrspur und direkt nebeneinander, angeordnet. Diese letzte Belastung stellt eine Teilflächenlast dar, deren Größe in die Tiefe unter 60° verteilt werden kann. Die daraus resultierende Erddruckfigur nimmt zur Tiefe hin ab.

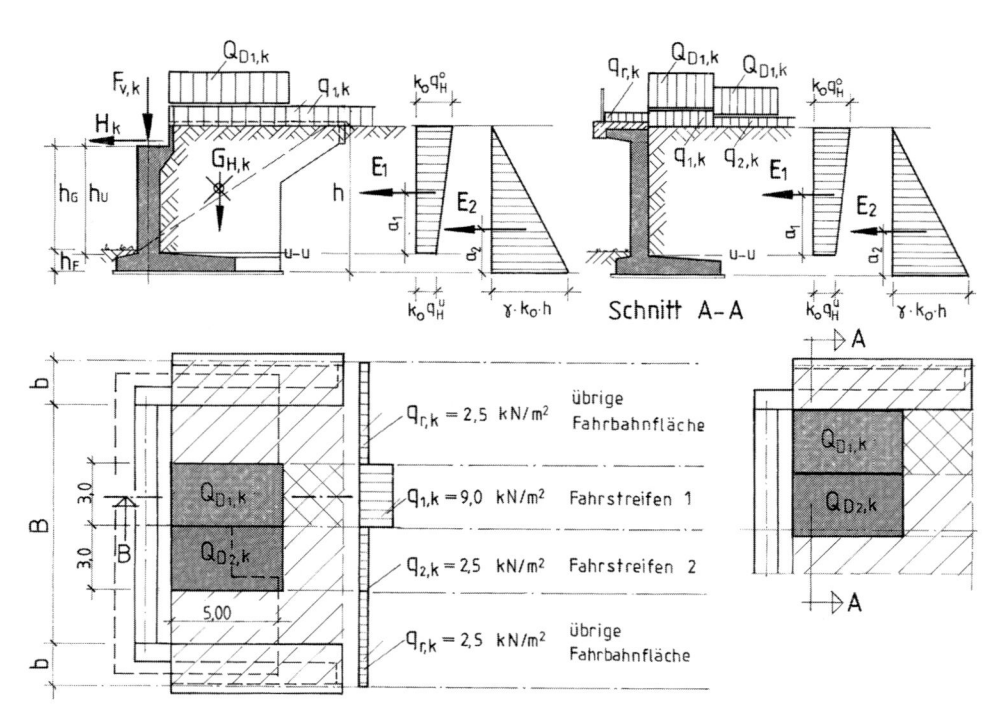

Bild 6.27
Belastungsschema eines Widerlagers einer Straßenbrücke

6.3 Berechnung eines Widerlagers

Die charakteristischen Werte der Einwirkungen sind:

$F_{v,k}, H_k$ Auflagerkräfte aus dem Überbau
$G_{H,k}$ Gewichtskraft der Hinterfüllung
$\left.\begin{array}{l}q_{1,k}\\ q_{2,k}\\ q_{r,k}\end{array}\right\}$ Verkehrsflächenlast der jeweiligen Fahrspuren bzw. übrigen Fahrbahnfläche
$\left.\begin{array}{l}Q_{D1,k}\\ Q_{D2,k}\end{array}\right\}$ Ersatzflächenlast der Doppelachsen in den jeweiligen Fahrspuren
q_H^o, q_H^u vertikaler Flächendruck aus den Flächenlasten des Straßenverkehrs in entsprechender Tiefenlage
$E_{1,k}$ Erddruck aus der Auflast der Verkehrslast
$E_{2,k}$ Erddruck aus der Hinterfüllung der Widerlager

Weiterhin bedeutet:

B Fahrbahnbreite
b Breite des Geh- und Schrammbordbereiches

b) Lastbild eines Widerlagers einer Eisenbahnbrücke

Innerhalb der Fahrbahnfläche liegen die Gleise geometrisch an ortsfester Stelle, in der Regel symmetrisch zur Brückenmitte. Je Gleis ist eine Ersatzlast von $q_{ik} = 80$ kN/m anzusetzen, die in 0,70 m unter SO auf eine Breite von 3,0 m zu verteilen ist.

Als Erddruck ist der Erdruhedruck oder erhöhter aktiver Erddruck nach DIN 4085 anzusetzen (DS 804 alt). Die Entscheidung darüber ist nach der geotechnischen Beurteilung des Bauwerkes zu fällen. Darüber hinaus kann auch der Ansatz eines Verdichtungserddruckes erforderlich werden, wenn die geforderte Verdichtung des Hinterfüllungsmaterials einen Erddruck

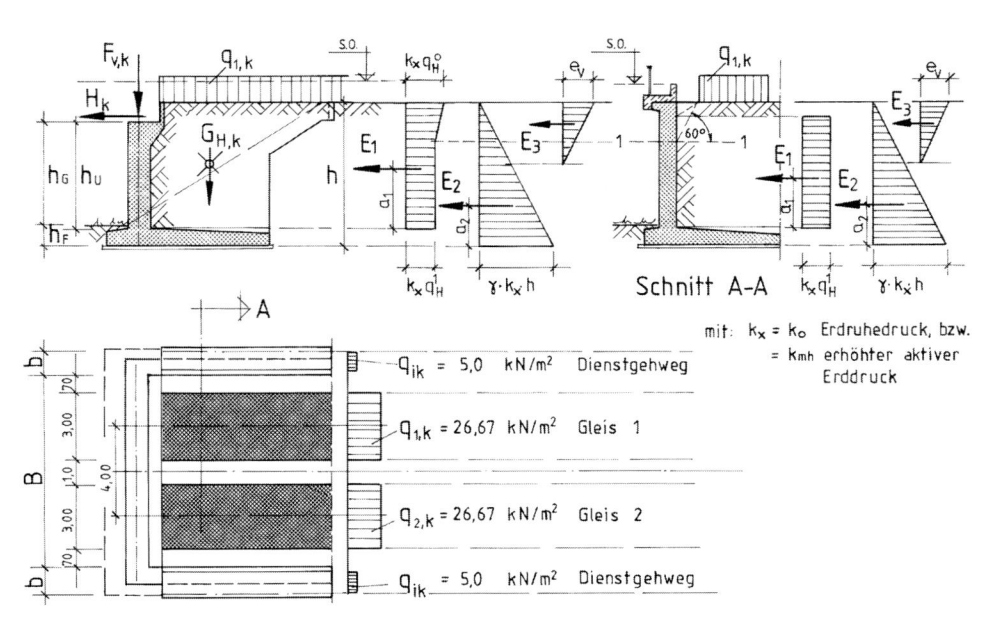

Bild 6.28
Belastungsschema eines Widerlagers einer Eisenbahnbrücke

erzeugt, der größer als der Erdruhedruck ist. Dieses ist in der Regel in den oberen Bodenschichten der Fall.

Die charakteristischen Werte der Einwirkungen sind:

$F_{v,k}$, H_k Auflagerkräfte aus dem Überbau
$G_{H,k}$ Gewichtskraft der Hinterfüllung
$\left.\begin{array}{l} q_{1,k} \\ q_{2,k} \end{array}\right\}$ Ersatzflächenlast aus dem Zugverkehr der jeweiligen Gleise
q_H^o, q_H vertikaler Flächendruck aus der Ersatzflächenlast des Zugverkehrs in entsprechender Tiefenlage
$E_{1,k}$ Erddruck aus der Ersatzlast der Verkehrslast
$E_{2,k}$ Erddruck aus der Hinterfüllung des Widerlagers
$E_{3,k}$ Verdichtungserddruck

Weiterhin bedeutet:

B Fahrbahnbreite
b Breite der Randkappen, inklusive Dienstgehweg

c) Lastbild eines Widerlagers einer Fußgänger- und Radwegbrücke

Für ein Widerlager einer Fußgänger- und Radwegbrücke sind die charakteristischen Werte der Einwirkungen aus der Verkehrslast durch eine über die ganze Fläche gleichmäßig verteilte Last von $q_{ik} = 5{,}0$ kN/m² zu bilden. Die zugehörige Belastungsfigur des Erddruckes ist konstant.

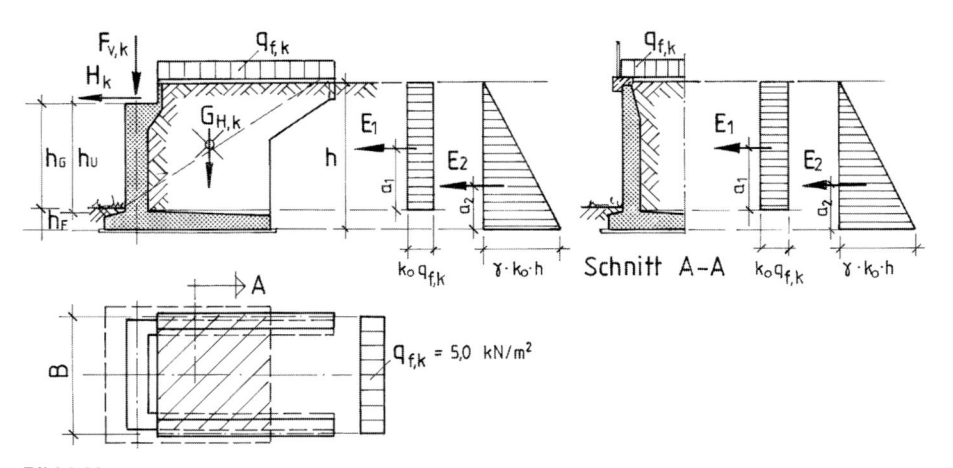

Bild 6.29
Belastungsschema eines Widerlagers einer Fußgänger- und Radwegbrücke

Die charakteristischen Werte der Einwirkungen sind:

$F_{v,k}$, H_k Auflagerkräfte aus dem Überbau
$G_{H,k}$ Gewichtskraft der Hinterfüllung
$q_{f,k}$ Ersatzflächenlast auf der Hinterfüllung
$E_{1,k}$ Erddruck aus der Auflast der Ersatzflächenlast
$E_{2,k}$ Erddruck aus der Hinterfüllung

6.3.1.2 Einwirkungen aus dem Überbau

Vertikallasten

Die Auflagerkräfte für die vertikalen und horizontalen Lasten auf den Überbau, sowie die Reaktionskräfte der in Längsrichtung einwirkenden Verschiebungen, bilden die Einwirkungen aus dem Überbau auf das Widerlager.

Da bei Straßenbrücken die Leiteinwirkungen der Verkehrslast, die Doppelachse, als Ersatzlast auf der Hinterfüllungsfläche des Widerlagers zu berücksichtigen ist, muß hier nach maximalen und zugehörigen Auflagerkräften unterschieden werden.

- Fall (a): Doppelachsen in ungünstiger Stellung auf dem Überbau

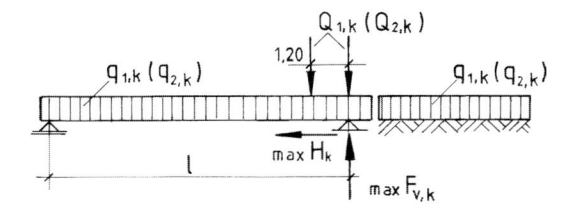

Bild 6.30
Laststellung für den maximalen Auflagerdruck einer Straßenbrücke

Diese Laststellung liefert den maximalen vertikalen Auflagerdruck infolge der Verkehrslast. Die zugehörige Horizontalkraft setzt sich aus der Bremskraft und der Reaktionskraft aus der Überbauverschiebung zusammen. Die Fläche der Widerlagerhinterfüllung wird mit der Verkehrsflächenlast q_{ik} belastet.

- Fall (b): Doppelachsen auf der Hinterfüllung des Widerlagers

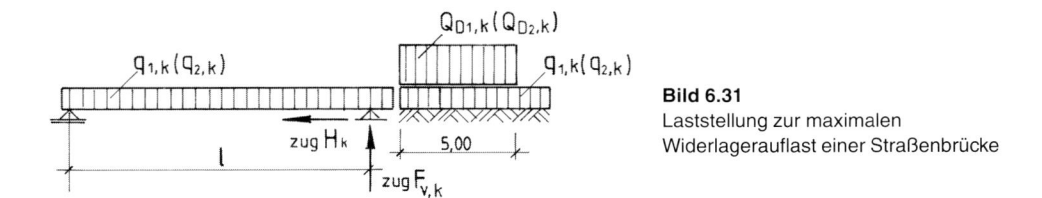

Bild 6.31
Laststellung zur maximalen Widerlagerauflast einer Straßenbrücke

Diese Laststellung ergibt die größte Auflast auf dem Widerlager, aus dem Überbau fließt ein zugehöriger Auflagerdruck ein. Die Horizontalkraft setzt sich jetzt aus der Reaktionskraft der Überbauverschiebung und einer anteiligen Bremskraft aus der zugehörigen Belastung der Spur 1 zusammen. Die restliche Bremskraft wird über den Erdkörper der Hinterfüllung auf die Kammerwand in einer verminderten Größe übertragen (siehe Abschnitt 1.2.6).

In beiden Lastfällen ist gegebenenfalls auch die exzentrische Stellung der Doppelachsen in der Querrichtung zu untersuchen.

Bei Eisenbahnbrücken wird nur die Verkehrsflächenlast der Reisezüge als Einwirkung der vertikalen Verkehrslast auf der Hinterfüllung angesetzt, die höhere Last der Lok, nicht. Hier ist der ungünstige Einwirkungszustand mit *einer* Laststellung zu beschreiben.

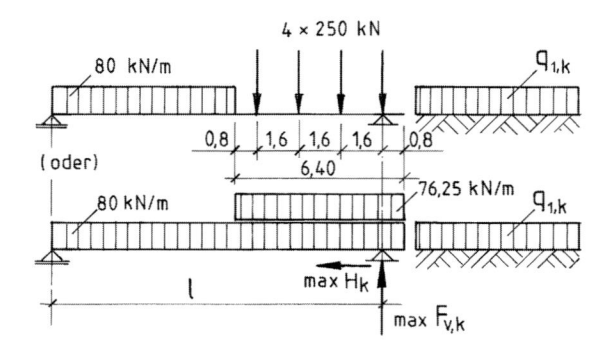

Bild 6.32 Laststellung zur maximalen Widerlagerauflast einer Eisenbahnbrücke

Für die alternative Laststellung mit einer gleichmäßig verteilten Belastung für den Antriebswagen ergibt sich die Überlast zu:

$$q_{ik} = \frac{4 \cdot 250}{6,40} - 80 = 76,25 \text{ kN je Länge von 6,40 m}$$

Die zugehörige Horizontalkraft ergibt sich aus der Bremskraft und der Reaktionskraft aus der Überbauverschiebung, die erste kann zu einem Teil in den Schienenoberbau abfließen, so daß nicht die volle Bremskraft am Widerlager wirken muß.

Bei Fußgänger- und Radwegbrücken ist der ungünstige Einwirkungszustand auch mit nur *einer* Laststellung zu beschreiben.

Horizontalkräfte

Für die Ermittlung der Horizontalkräfte sind die nachstehenden Einflüsse zu beachten. Die lagerspezifischen Zusammenhänge entnehme man dem Kapitel 8.

a) Reaktionskräfte aus der Überbaulängsverschiebung

- Lagerreibung (Rollenlager, Gleitlager):

    $H = \mu \cdot \text{Lagerkraft}$

    mit: μ aus Zulassungsbescheiden oder Normen der Reihe DIN 4141,
    $= 0,05$ für Rollenlager alter Bauart ohne Zulassung

    Diese Normenreihe wird mittelfristig durch die Reihe EN 1337 abgelöst werden.

- Verformungslager

    $H = G \cdot A \cdot \tan \gamma$

    mit: $G \cdot \tan \gamma$ Verschiebungssteifigkeit des Lagers
    A Lagerfläche

b) Brems- und Anfahrkraft

- Straßenbrücke (Gleichung 1.2.3(1))

    $Q_{Br,k} = 0,6 \cdot \alpha_{Q1} (2 \cdot Q_{1,k}) + 0,10 \cdot \alpha_{q1} \cdot q_{1,k} \cdot w_1 \cdot L$ [kN]

    $\triangleq$ der klassifizierten Belastung von 60% der Doppelachse und 10% der Spur 1 (siehe hierzu Abschnitt 1.2.3).

$$\left.\begin{array}{l}\min Q_{Br,k} = \alpha_{Q1} \cdot 360 \text{ [kN]} \\ \max Q_{Br,k} = \phantom{\alpha_{Q1} \cdot {}} 900 \text{ [kN]}\end{array}\right\} \text{ nach Gleichung 1.2.3(2)}$$

Die Anfahrkraft ist gleich der Bremskraft.

Für die Berechnung der Kammerwand ist eine verminderte Bremskraft anzusetzen mit dem charakteristischen Wert von

$$Q^*_{Br,k} = 0{,}6 \cdot \alpha_{Q1} \cdot Q_{1,k} \quad \text{nach Gleichung 1.2.6(5)}$$
$$\stackrel{\wedge}{=} 60\% \text{ der Achslast der Doppelachse}$$

- Eisenbahnbrücke

Anfahrkraft (Gleichung 1.4.4(3))

$$Q_{la,k} = 33{,}0 \cdot L \text{ [kN]} \quad \text{für LM 71 und LM SW}$$
$$\max Q_{la,k} = 1000 \text{ [kN]}$$

Bremskraft (Gleichungen 1.4.4(4) und (5))

$$Q_{lb,k} = 20{,}0 \cdot L \text{ [kN]} \quad \text{für LM 71 und LM SW/0}$$
$$\phantom{Q_{lb,k}} = 35{,}0 \cdot L \text{ [kN]} \quad \text{für LM SW/2}$$
$$\max Q_{lb,k} = 6000 \text{ [kN]}$$

mit: L Gesamtlänge des Bauwerkes

Bei durchgehend verschweißten Gleisen kann ein Teil der Brems- und Anfahrkräfte in den Schienenoberbau abgeleitet werden (siehe Abschnitt 1.3.5).

6.3.1.3 Einwirkungen aus dem Erddruck

a) Berechnungstheoretische Zusammenhänge

Bei der Beanspruchung eines Bauteiles durch Erddruck nach der *Coulomb*schen Erddrucktheorie entsteht durch eine entsprechende Wandbewegung ein Gleitkeil nachrutschenden Erdreiches. Hierdurch wird ein bestimmter Erddruck aktiviert, der sogenannte aktive Erddruck. Dieser ist der Mindestwert aller möglichen Erddrücke, die durch abgefangenes Bodenmaterial entstehen können. Widerlager – insbesondere die kastenförmigen Widerlager – sind Bauwerke, die von der Konstruktion her diese Wandbewegungen nicht ermöglichen und sie von ihrer Aufgabe und Bedeutung auch nicht ermöglichen dürfen. Auf sie wirkt durch die Hinterfüllung ein größerer als der aktive Erddruck. Eine Hinterfüllung verhält sich ähnlich wie ein Kugelhaufen, in dem in vertikaler Richtung z die Spannung

$$\sigma_z = \gamma \cdot z \qquad\qquad 6.3.1(1)$$

wirkt. Da die Kraftübertragung normal zur Berührungsebene der Kugel erfolgt, muß aus Gleichgewichtsgründen in jeder horizontalen Ebene in der Tiefe z in allen Richtungen die gleiche Spannung herrschen. Berücksichtigt man, daß sich die Kräfte im Kugelhaufen nicht reibungsfrei fortpflanzen können, gilt:

$$\sigma_x = \sigma_y = \sigma_r = k_0 \cdot \gamma \cdot z \qquad\qquad 6.3.1(2)$$

mit: r allgemeine Richtung
     k_0 ein Beiwert, der die Wirkung der inneren Reibung des Bodenmateriales auf die Größe der Spannung beschreibt, da die Hinterfüllung nicht aus einem Haufen ideal gleich großer und starrer Kugeln besteht.

Durch Bewegungen der Randstützungen des Kugelhaufens können die Ruhedruckspannungen je nach Bewegungsrichtung minimal auf die des aktiven Erddruckes abgebaut oder maximal auf die des passiven Erddruckes erhöht werden, da dann zusätzlich zu den Normalkräften in den Berührungsflächen der Einzelkörper Reibungskräfte wirksam werden. Ein Erdruhedruck entsteht somit nicht durch eine äußere Einwirkung (z. B. Wandbewegung), sondern als Gleichgewichtskraft zu den allseits wirkenden Volumenkräften an der Wandfläche [48]. Hieraus erkennt man, daß ein Erdruhedruck stetig mit wachsender Tiefe zunimmt, während der aktive Erddruck, begrenzt durch die Wandbewegung, einem Grenzwert zustrebt.

b) Berechnungsannahmen

Erddruckansätze

Bei den zu führenden Nachweisen der Standsicherheit und der Bemessung von Widerlagern wird in der Regel der Erdruhedruck angesetzt. Bei Widerlagern von Eisenbahnbrücken indessen sah die alte DS 804 auch den Ansatz eines erhöhten aktiven Erddruckes vor. Dieser Zwischenwert des Erddruckes kann erforderlich werden, wenn Wandbewegungen prognostiziert werden, die voraussichtlich nicht ausreichen werden, den Grenzzustand des aktiven Erddruckes auszulösen, dies kann z. B. bei den auskragenden Teilen der Flügelwände der Fall sein.

Bei starker Verdichtung des hinterfüllten Bodenmateriales kann sich ein Erddruck aufbauen, der Verdichtungserddruck genannt wird. Dieser Erddruck stellt sich vor allem bei der Verdichtung von Hinterfüllungen in schmalen Baugruben und zwischen eng benachbarten starren Bauwerksteilen ein. Er kann unmittelbar nach Abschluß des Verdichtungsvorganges die Größenordnung des Erdruhedruckes wesentlich übersteigen. Bei der Verdichtung der jeweils folgenden Lagen baut sich der Verdichtungserddruck in den tieferliegenden Lagen aber teilweise wieder ab. Ein weiterer Abbau erfolgt durch Setzungen des anstehenden Bodens in Richtung des Verdichtungserddruckes. Diese Überlegungen, wirtschaftliche Gesichtspunkte und die Erfahrung, daß die Nichtberücksichtigung des Verdichtungserddruckes bisher nicht zu Schäden geführt hat, hat die Straßenbauverwaltung dazu veranlaßt, diese Form des Erddruckes bei der Bemessung unberücksichtigt zu lassen. Bei Widerlagern von Eisenbahnbrücken kann er gefordert werden, insbesondere für die Flügelwände, da die Widerlagerbreiten gering und somit die Bauwerksteile eng benachbart sind. Größe und Ansatz richten sich nach der DIN 4085, für diese Norm ist z. Zt. noch keine europäische Fassung im Gespräch.

Generell wird der Ansatz des Erddruckes nach dem

Merkblatt für die Hinterfüllung von Bauwerken der Forschungsgesellschaft für das Straßen- und Verkehrswesen e.V.

für die Bemessung der Konstruktion (Nachweis A) und für die Ermittlung der Standsicherheit (Nachweis B) wie folgt geregelt.

1. Bei Baukörpern, deren Verbindung mit benachbarten Bauteilen so starr ist, daß eine Bewegung in Erddruckrichtung nicht möglich ist (U- oder L-förmige Grundrisse), ist für beide Nachweise der Erdruhedruck anzusetzen.

2. Bei Baukörpern, bei denen die Bewegungen in Erddruckrichtung möglichst klein gehalten werden müssen, z. B. um Setzungen klein zu halten, ist für beide Nachweise der Erdruhedruck anzusetzen.

3. Bei Baukörpern, bei denen Bewegungen in Erddruckrichtung nicht möglichst klein gehalten werden müssen und auch nicht durch andere Bauteile in ihrer Bewegungsmöglichkeit eingeschränkt sind, ist bei

6.3 Berechnung eines Widerlagers

a) einer nachgiebigen Flächengründung und einer Pfahlgründung der aktive Erddruck für beide Nachweise anzusetzen, sofern mit einer Erddruckumlagerung nicht zu rechnen ist. Eine Erddruckumlagerung kann im Bereich nachgiebiger Teile eines Gründungskörpers durch eine nachgiebige Schüttung eintreten;

b) einer unnachgiebigen Flächengründung und wenn Erddruckumlagerungen nicht in Betracht kommen, der Erdruhedruck für den Nachweis A und der aktive Erddruck für den Nachweis B anzusetzen.

Diese letzte, den Gleichgewichtsbedingungen an sich nicht entsprechende, Regel geht nach den Darlegungen des Merkblattes auf wirtschaftliche Überlegungen zurück. Ihre technische Berechtigung liegt darin, daß es in erster Linie darauf ankommt, die Bauteile so zu bemessen, daß sie durch Erdruhedruck nicht geschädigt werden. Dagegen kann eine Überlastung der Bodenfuge durch Erdruhedruck in Kauf genommen werden, weil sie entweder unschädlich ist, oder zu Wandbewegungen führt, die den Erddruck abmindern. Wenn der Baukörper für Erdruhedruck, die Gründungssohle aber für aktiven Erddruck berechnet wird, ist für die Bemessung des Fundamentes von einer fiktiven Bodenpressung unter Erdruhedruck auszugehen. Für die Beurteilung der Baugrundbeanspruchung ist diese fiktive Bodenpressung aber nicht maßgebend.

Erddruck aus der Widerlagerhinterfüllung

Der Erddruck aus der Hinterfüllung der Baukörper ermittelt sich nach der Beziehung:

$$E = \gamma \cdot k \cdot h^2 / 2 \qquad 6.3.1(3)$$

mit: h Tiefe unter Geländeoberkante (m)
  γ Eigengewicht des Hinterfüllungsmaterials (ca. 18,0 bis 22,0 kN/m^2)
  k Erddruckbeiwert
    k_a Beiwert des aktiven Erddruckes, zu bestimmen nach der einschlägigen Fachliteratur
    k_{mh} Beiwert des erhöhten aktiven Erddruckes nach DIN 4085
    k_0 Beiwert des Erdruhedruckes

$$= 1 - \sin \varphi_0 \qquad 6.3.1(4)$$

gültig für waagerechte Geländeoberfläche und senkrechte Wand

$$= 1 - \sin \varphi_0 + [\cos \varphi_0 - (1 - \sin \varphi_0)] \cdot \beta / \varphi_0 \qquad 6.3.1(5)$$

gültig für geneigte Geländeoberfläche mit dem Winkel β und senkrechte Wand

Die Ermittlung des Erdruhedruckes durch die vorstehend aufgeführten Rechenbeziehungen setzt die richtige Ermittlung der Scherfestigkeit voraus. Bei grobkörnigen und steifen bis weich plastischen feinkörnigen Böden kann der wirksame innere Reibungswinkel φ_0 in Ansatz gebracht werden. Bei bindigen Böden ist ein ideeller Reibungswinkel zu ermitteln:

$$\tan \varphi_i = \tan \varphi_u + \frac{c_u}{\gamma \cdot h} \qquad 6.3.1(6)$$

mit: φ_u, c_u undränierte Scherfestigkeit nach DIN 18137

Die Berechnung des Ruhedruckes in der angegebenen Weise ist mit der Annahme verbunden, daß der Wandreibungswinkel δ gleich dem Winkel β der Geländeoberkante ist. Die Verteilung des Erdruhedruckes in die Tiefe hin erfolgt dreieckförmig, nach allen Richtungen gleich groß. Damit entsteht in einem kastenförmigen Widerlager, auf alle Wandbauteile die gleiche Belastung.

Erddruck aus der Auflast der Verkehrslast

Die Verkehrslastansätze auf die Hinterfüllung werden durch gleichmäßig verteilte Ersatzlasten als Teilflächenlasten gebildet. Diese können in die Tiefe unter 60° gegen die Horizontale verteilt werden, wodurch ein geringerer lotrechter Druck und damit auch ein geringerer Erddruck entsteht. Bei Straßenbrücken sind die Fahrspuren in der Querrichtung variabel angeordnet, hier müssen gelegentlich zwei verschiedene Laststellungen der Ersatzlasten der Doppelachsen beachtet werden. Bei Eisenbahnbrücken sind die Lasteintragungsflächen ortsfest.

- Ansatz bei Straßenbrücken

Maßgebend wird die Kombination der Verkehrsflächenlast der Fahrspuren mit der Ersatzlast der Doppelachse

Fahrspur 1: $q_{H1,k} = q_{1,k} + Q_{D1,k}$ 6.3.1(7)

Fahrspur 2: $q_{H2,k} = q_{2,k} + Q_{D2,k}$ 6.3.1(8)

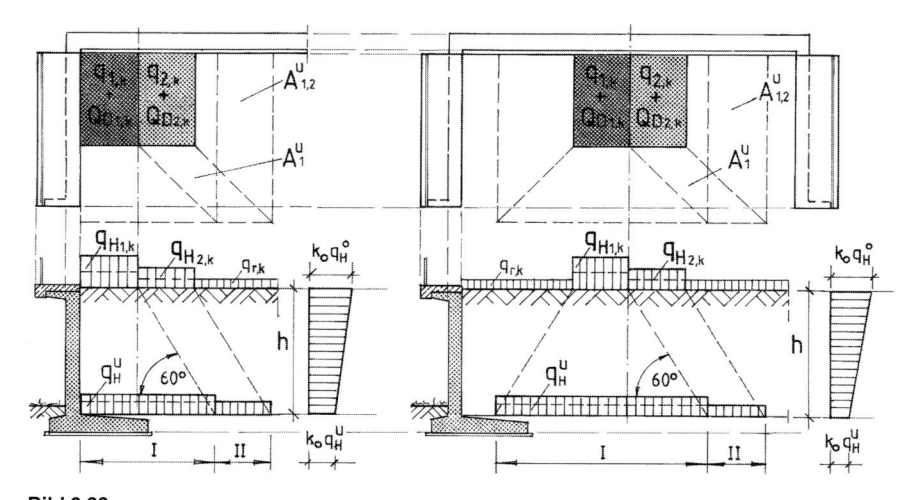

Bild 6.33
Erddruckverteilung aus der Auflast der Verkehrslast einer Straßenbrücke

Vertikaler Flächendruck aus der Auflast im Bereich I:

oben: $q_H^o = q_{H1,k}$ 6.3.1(9)

Tiefe h: $q_H^u = q_{H2,k} \dfrac{A_{1,2}^o}{A_{1,2}^u} + \Delta q_H \dfrac{A_1^o}{A_1^u}$ 6.3.1(10)

mit: $\Delta q_H = q_{H1,k} - q_{H2,k}$
     A_1^o Belastungsfläche im Fahrstreifen 1, oben
     A_1^u Belastungsfläche im Fahrstreifen 1, Tiefe h
     $A_{1,2}^o$ Belastungsfläche in den Fahrstreifen 1 und 2, oben
     $A_{1,2}^u$ Belastungsfläche in den Fahrstreifen 1 und 2, Tiefe h

Somit ergibt sich der Erddruck:

$$E = k_0 \cdot h \cdot \frac{1}{2} (q_H^o + q_H^u)$$ 6.3.1(11)

6.3 Berechnung eines Widerlagers

- Ansatz bei Eisenbahnbrücken

Maßgebend ist die Ersatzlast q_{ik} = 80 kN/Gleis, die in 0,70 m Tiefe unter SO auf 3,00 m Breite gleichmäßig verteilt anzunehmen ist.

Vertikaler Druck auf OK Verfüllung:

$$q_H^o = q_{ik}/3,00 = 80/3,00 = 26,67 \text{ kN/m}^2$$

Für diese Belastung ist nur noch in der Querrichtung eine Lastverteilung in die Tiefe h möglich, sie erreicht bei einer Lastausstrahlung unter 60° die Flügelwände im Schnitt 1–1.

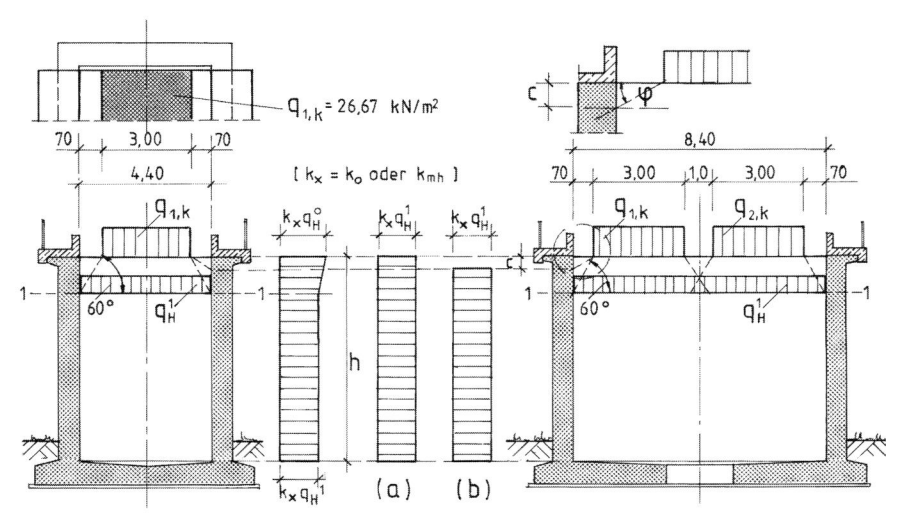

Bild 6.34
Erddruckverteilung aus der Auflast der Verkehrslast einer Eisenbahnbrücke

Vertikaler Flächendruck im Schnitt 1–1:

– Eingleisig:

$$q_H^1 = 26,67 \frac{3,00}{B}$$

– Zweigleisig:

$$q_H^1 = 26,67 \frac{3,00}{B/2}$$

mit: $B/2 = 8,40/2 = 4,20$ m

Die Erddruckfigur nimmt bis zum Schnitt 1–1 linear ab, danach bleibt sie konstant. Um für die Berechnung zu möglichst einfachen Ansätzen zu kommen, soll der obere dreieckförmige Teil vernachlässigt werden. Dann ergibt sich eine konstante Erddruckfigur:

Widerlagerwand nach Figur (a) in Bild 6.34:

$$E = k_x \cdot h \cdot q_H^1 \qquad 6.3.1(12)$$

Flügelwand nach Figur (b) in Bild 6.34:

$$E = k_x (h - c) \cdot q_H^1 \qquad 6.3.1(13)$$

Der Erddruck beginnt an der Stelle, an der die Flügelwand unter einer Lastausstrahlung unter dem Winkel der inneren Reibung getroffen wird.

Für den Erddruckbeiwert gilt:

$$k_x = k_0 \quad \text{oder} \quad k_{mh}$$

Verdichtungserddruck

Nach der DS 804 ist für alle unverschieblichen und verschieblichen Bauteile, die durch Verdichtung der späteren Hinterfüllung beansprucht werden, der Verdichtungserddruck nach DIN 4085, Abschnitt 5.3.4, zu berücksichtigen.

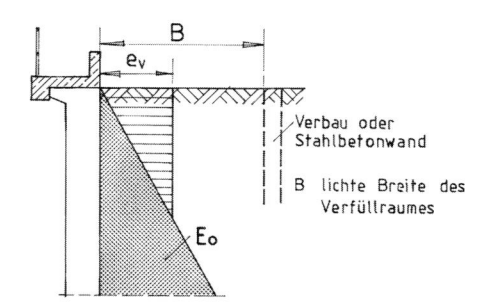

Bild 6.35
Verdichtungserddruck, Belastungsfigur

Die Größe der Erddruckordinate e_v beträgt:

– Unverschiebliche Wand:

$e_v = 40$ kN/m² für $B \leq 1{,}0$ m

$e_v = 25$ kN/m² für $B \leq 2{,}5$ m

– Verschiebliche Wand:

$e_v = 25$ kN/m²

Es bedeutet B die lichte Breite des Verfüllraumes, Zwischenwerte können linear eingerechnet werden.

6.3.1.4 Widerlagersystem und Belastung

Die Widerlagerbauwerke werden durch Auflagerkräfte aus den Überbauten und durch Erddruck beansprucht. Dieser wirkt durch die Hinterfüllung des Widerlagers und durch die Auflast der Verkehrslast. Der Erddruck beansprucht die Wandbauteile entweder direkt, oder teilt sich diesen über Randbelastungsfälle mit. Letztere entstehen aus der Belastung der Kragteile, die an den tragenden Wandbauteilen anhängen.

Bild 6.36 zeigt die Belastungseinflüsse auf die einfache Widerlagerwand. Aufgeführt sind die direkten Erddruckbeanspruchungsfälle (1), (2) und (3), sowie die Randbelastungsfälle aus den Kragflügeln, Randquerkraft (4), Randmoment (5) und das Scheibenmoment aus dem Eigengewicht der Kragflügel (6). Die Randbelastungsfälle sind in symmetrischer (a) und antisymmetrischer (b) Anordnung ausgewiesen. Hierdurch können unsymmetrische Lasteinflüsse erfaßt werden, die aus exzentrischen Verkehrslaststellungen oder einseitig überschießenden Eigengewichten der Bauteile herrühren können. Der Ansatz der exzentrischen Verkehrslaststellung wird bei einem Verhältnis der Wandabmessungen von $\varepsilon = l_x/l_y \geq 1{,}8$ erforderlich.

6.3 Berechnung eines Widerlagers

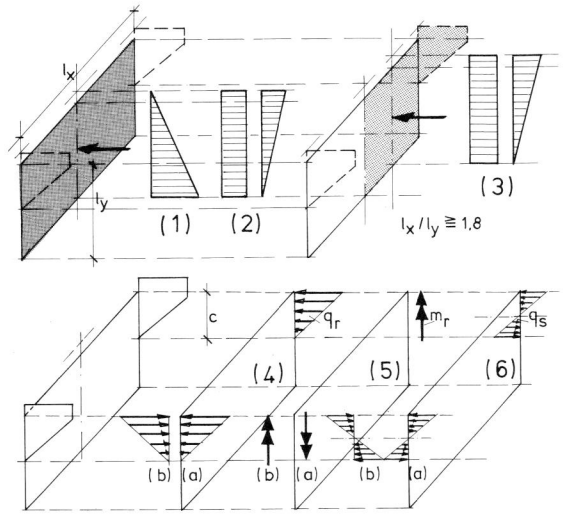

Bild 6.36
Einwirkungen auf die einfache Widerlagerwand

Das hängt damit zusammen, daß die dann mögliche mittige Laststellung der Regelfahrzeuge bei Lastausstrahlung in die Tiefe unter 60° die Flügelwände nicht mehr wirksam belastet. Für die Ermittlung der ungünstigen Bemessungswerte reicht es aus, die zentrische und die halbseitige Laststellung zu untersuchen. Ergeben sich Zwischenlastzustände aus den Querschnittsbreiten, sind diese zu Gunsten der vorher benannten abzuwandeln. Nähere Einzelheiten hierzu entnehme man den Berechnungstafeln des Erstverfassers [64].

Bild 6.37 zeigt die Belastungseinflüsse auf das kastenförmige Widerlager. Aufgeführt sind wieder die direkt belastenden Erddrucklastfälle aus der Wirkung der Hinterfüllung (1) und

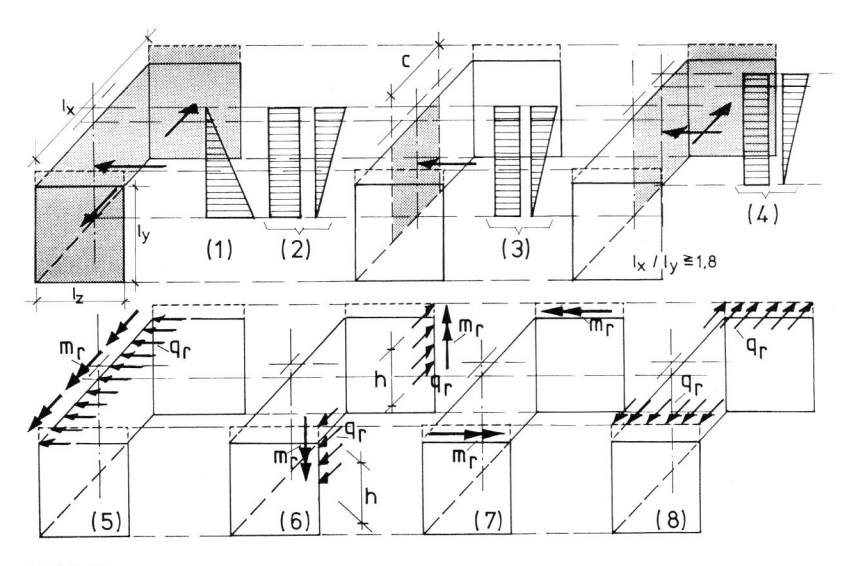

Bild 6.37
Einwirkungen auf das kastenförmige Widerlager

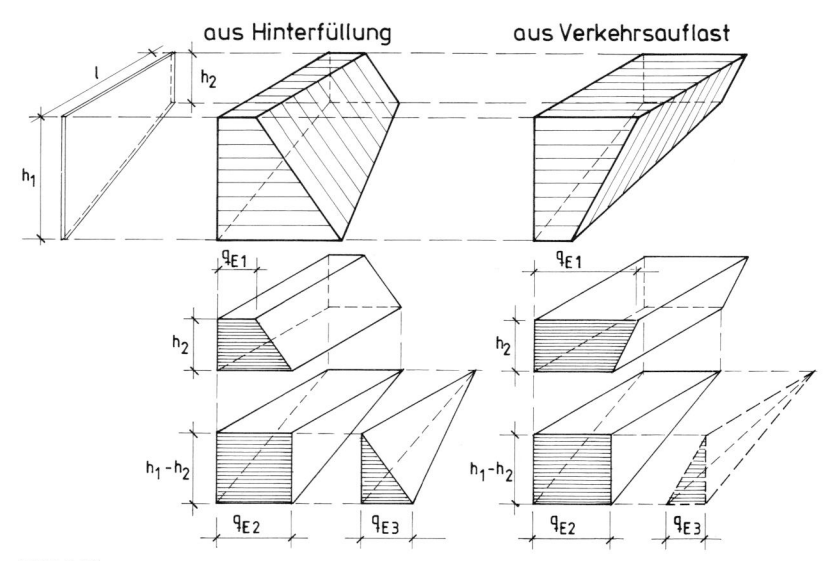

Bild 6.38
Horizontale Belastungseinflüsse auf den Kragflügelteil der Flügelwand

der Auflast der Verkehrslast. Dieser wirkt auf alle Wandteile bei schmalen Widerlagerbreiten mit $l_x/l_y \leq 1{,}8$ (2) oder muß in getrennten Lastfällen in mittiger (3) oder außermittiger (4) Anordnung Berücksichtigung finden. Bei den Randbelastungsfällen ergeben sich die Beanspruchungen aus der Kammerwand (5), aus den Kragflügeln (6) und aus den überschießenden Wandteilen der Flügelwände (7) und (8). Bei den Fällen (6), (7) und (8) müssen die Einflüsse auch für eine einseitige Belastung verfolgt werden. Für die praktische Berechnung stehen wieder die Berechnungstafeln des Erstverfassers zur Verfügung [64].

Die horizontalen Belastungseinflüsse auf den trapezförmigen Kragflügelteil sollen im folgenden genauer betrachtet werden. Sie entstehen aus dem Erddruck aus der Hinterfüllung und der Auflast der Verkehrslast und sind in Bild 6.38 dargestellt. Aus dem Erddruck infolge Hinterfüllung entsteht eine nach unten zuwachsende Belastungsfigur, bei dem Erddruck infolge Auflast nimmt diese nach unten hin ab. Zerlegt man die Belastungsfiguren in überschaubare Einzelanteile, kann man die Gesamtbeanspruchung ΣH und ΣM am Belastungsrand ermitteln, da für die Einzelfiguren die Schwerpunkte bekannt sind. Die Aufteilung der Belastung am Belastungsrand ergibt sich aus Bild 6.39. Beim kastenförmigen Widerlager spannt sich der Kragflügel in ganzer Höhe in die Flügelwand ein (a), die Belastung wird gleichmäßig abgegeben, hier gilt:

$$q_r = \Sigma H / c \quad \text{und} \quad m_r = \Sigma M_H / c \qquad 6.3.1(14)$$

mit: c Länge des Belastungsrandes

Bei der einfachen Widerlagerwand spannt sich der Kragflügel nur mit einer Teilhöhe in die Widerlagerwand ein. Ein großer Teil der Belastungsfläche liegt über der Widerlagerwand. Die Beanspruchungen aus dem Kragflügel tragen sich daher dreieckförmig ein (b), hier gilt:

$$q_r = \frac{2 \cdot H}{c} \quad \text{und} \quad m_r = \frac{2 \cdot M_H}{c}$$

mit: c Länge des Einspannrandes

6.3 Berechnung eines Widerlagers

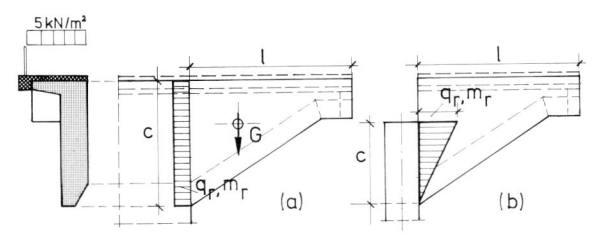

Bild 6.39
Aufteilung der Kragflügelbeanspruchung am Belastungsrand

Aus dem Eigengewicht des Kragflügels entsteht das Scheibenmoment desselben. Dieses wirkt bei der einfachen Widerlagerwand als Randbelastung der Platte, beim kastenförmigen Widerlager dagegen fließt es in die Flügelwand durch die entsprechende Scheibenbeanspruchung ein und verursacht keine Plattenbiegung.

6.3.1.5 Schrammbordstoß an der Flügelwand einer Straßenbrücke

Der Schrammbordstoß ist eine außergewöhnliche Einwirkung im Sinne der Einwirkungsnorm DIN FB 101. Er berührt weder den Grenzzustand der Tragfähigkeit noch den der Gebrauchstauglichkeit, sondern ist nach den einschlägigen Kombinationsregeln örtlich in der Bemessung zu berücksichtigen. In der Regel reicht es aus, seine Wirkung bis zu den Anschlüssen des unmittelbar unterstützenden Bauteiles zu verfolgen. Im Bereich des Überbaues ist dieses Bauteil der Kragarm der Fahrbahntafel, der Schrammbordstoß wird an der Einspannung desselben bemessungstechnisch berücksichtigt.

Anders verhält es sich mit den Flügelwandbauteilen eines Widerlagers. Diese sind die Flügelwand selbst und ihr Kragflügelteil. Die Flügelwand ist ein über Eck eingespanntes Flächentragwerk, an dessen freiem Rand oder freier Ecke der Schrammbordstoß angreift. Die daraus resultierenden Verformungen der Wandbauteile lassen keine feste Einspannung des betroffenen Kragarmes zu. Ähnliche gilt für den Kragflügelteil. Es ist daher erforderlich, die Wirkung des Schrammbordstoßes bis zu den Anschlüssen der Flügelwand selbst zu verfolgen, d.h. das unmittelbar unterstützende Bauteil ist das Fundament der Flügelwand. Die Wirkung des Schrammbordstoßes ist daher bei der Flügelwand eines Widerlagers wie nachstehend aufgeführt zu verfolgen:

– bei Kragflügeln bis zur Einspannung in die Flügelwand,
– bei der Flügelwand selbst bis zur Oberkante des Fundamentes.

Im Wandteil der Flügelwand entsteht durch die Beanspruchung eine horizontale Linienlast am oberen freien Rand, deren Einfluß im Flächentragwerk auf die Einspannränder zu verfolgen ist. Die Größe der Linienlast ergibt sich aus der Verteilungsbreite im Einleitungsbereich. Mit den Bezeichnungen des Bildes 6.40 ergibt sich für die Linienlast der nachstehend aufgeführte Ansatz:

$$h_s^{**} = H/c \qquad 6.3.1(16)$$

mit: $H = 100$ kN als Schrammbordstoß
 $c = b_o + 2\,b_1 + 2\,b_2 \leq l$ als Verteilungsbreite nach Abschnitt 5.4.3.1

Die nach der Einwirkungsnorm gleichzeitig anzusetzende Vertikallast Q_v erzeugt eine Scheibenkraft und ist für die Ermittlung der Biegemomente unerheblich.

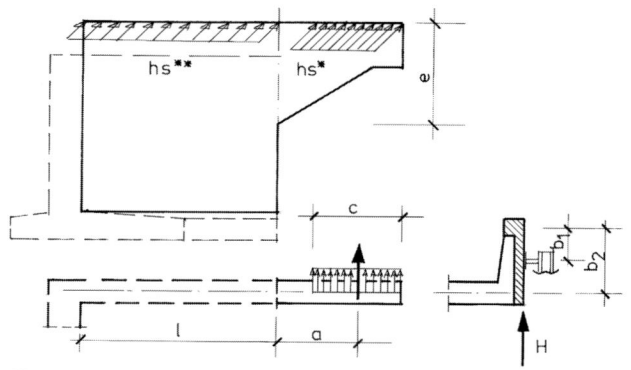

Bild 6.40
Einwirkung des Schrammbordstoßes auf die Flügelwand

Im Kragflügelteil der Flügelwand erzeugt der Schrammbordstoß zur Einspannstelle ein Biegemoment, das in einer horizontalen Ebene wirkt. Der ungünstige Ansatz ist in Bild 6.40 dargestellt. Er ergibt sich durch den Anprall auf den letzten Pfosten der Schutzeinrichtung, der 0,50 m vom Ende des Kragflügels entfernt steht. Die Ersatzlast ergibt sich jetzt zu:

$$h_s^* = H/c \qquad 6.3.1(17)$$

mit: $c = b_0 + b_1 + b_2 + 0{,}50$ (m) $\leq$ Kragflügellänge

Das Zusatzmoment im Horizontalschnitt:

$$M_{hs} = h_s^* \cdot c \cdot a \qquad 6.3.1(18)$$

mit: a Hebelarm zur Einspannstelle

Mit dem Bemessungsmoment in der Bemessungseinheit:

$$m_{hs} = M_{hs}/e \qquad 6.3.1(19)$$

mit: e Länge des Einspannrandes

Die Bemessungswerte aller vorstehend erläuterten Einwirkungen sind mit Teilsicherheitsbeiwerte von 1,0 nachzuweisen.

6.3.2 Nachweis der Standsicherheit bei Flachgründungen

6.3.2.1 Grundlagen der Nachweisführung

Die Standsicherheit eines Gründungskörpers hängt von der Tragfähigkeit des Baugrundes ab, wobei vorausgesetzt ist, daß durch die geometrischen Abmessungen der Fundamentfläche keine unzulässig hohen Vertikaleinwirkungen in den Baugrund eingetragen werden. Die Tragfähigkeit des Baugrundes wiederum hängt von der Scherfestigkeit des Bodenmateriales in ungünstigen Gleitfugen ab.

Im *Grenzzustand der Tragfähigkeit* sind die Widerstände gegen

– den Grund- bzw. Geländebruch (Böschungsbruch) und
– das Gleiten und Kippen

nachzuweisen.

6.3 Berechnung eines Widerlagers

Die Nachweisführung erfolgt nach dem Nachweisformat des Eurocodes:

$$\Sigma E_{d,i} \leq \Sigma R_{d,i} \qquad 6.3.2(1)$$

mit: $E_{d,i}$ Bemessungswert der Einwirkungen
$R_{d,i}$ Bemessungswiderstände

Zusätzlich sind die möglichen Baugrundbewegungen nachzuweisen (siehe Abschnitt 1.6).

Im *Grenzzustand der Gebrauchstauglichkeit* sind diejenigen Einwirkungen auf den Baugrund nachzuweisen, die nicht zu destabilisierenden Auswirkungen auf den Gründungskörper führen. Diese sind:

- Lage der Sohldruckresultierenden,
- Sohldruckspannungen,
- Wahrscheinliche Baugrundbewegungen (siehe Abschnitt 1.6).

Wie schon bei der Bemessung der Betonbauteile gesagt, haben die Teilsicherheitsbeiwerte der Einwirkungs- und Widerstandsseite nunmehr den Wert 1,0.

Die einzelnen Auswirkungen auf den Baugrund seien im folgenden beschrieben:

Setzungen entstehen durch die Zusammendrückung des Baugrundes infolge Auflast des Gründungskörpers. Weiterhin können sie entstehen durch die Volumenverringerung des Baugrundes infolge Austrocknung oder Grundwasserabsenkung, durch Frosteinwirkung und durch das Absinken überlasteter Bodenschichten infolge eines Grundbruches. Setzungen werden für ein Bauwerk gefährlich, wenn sie unterschiedlich auftreten und somit Verdrehungen oder Verkantungen des Gründungskörpers verursachen. Die Setzungsempfindlichkeit des Baugrundes wird in der Regel durch ein baugrundtechnisches Gutachten beurteilt.

Ein Grundbruch tritt auf, wenn der Baugrund unter dem Fundament infolge zu hoher Belastung seine maximale Verdichtung erreicht hat, zu keiner weiteren Lastaufnahme mehr fähig ist und die Beanspruchung seitlich an den neben dem Gründungskörper liegenden Baugrund abgibt. Dieser Baugrund wird ebenfalls durch die seitliche Druckausbreitung zusammengedrückt, aber, da ihm die Auflast fehlt, seitlich verdrängt. Der Gründungskörper sinkt ohne weitere Laststeigerung ein. Bei dieser Überbeanspruchung wird der Scherwiderstand des Baugrundes in einer Gleitfläche überwunden.

Für ein Widerlager ist die angewandte Form des Grundbruches, der *Gelände-* oder *Böschungsbruch*, von Bedeutung. Dieser tritt in einem Geländesprung auf, wenn der gesamte Baukörper mit der Hinterfüllung und einem Teil des umgebenden Erdreiches einen Gleitkörper bildet und auf einer Gleitfläche, auf welcher der Scherwiderstand des Baugrundes überwunden wird, abrutscht.

Eine *Kippgefahr* ist bei einem Widerlager oder einem Stützenfundament in der Regel nicht gegeben, wenn eine nicht klaffende Bodenfuge vorliegt und eine Grundbruchgefahr nicht besteht. Aus diesem Grund wird die Kippsicherheit bei Widerlagern in der Regel nicht nachgewiesen.

Eine *Gleitgefahr* kann immer vorliegen. Ein Gründungskörper gleitet, wenn die Bemessungswerte der Widerstandskräfte in der Gründungssohle kleiner sind, als die Bemessungswerte der Einwirkungen aus den Horizontallasten.

Schließlich ist die *Pressung in der Gründungssohle* zu beurteilen und zu beschränken, um zu verhindern, daß der Baugrund zu hoch belastet wird und es zu Setzungen kommen kann. Die zulässige Belastbarkeit des Baugrundes wird ebenfalls durch ein baugrundtechnisches Gutachten festgelegt. Für die Vorplanung findet man einen Anhalt über zulässige Pressungen in der DIN 1054.

6.3.2.2 Nachweise im Grenzzustand der Tragfähigkeit (GZ 1)

a) Grundzüge des Nachweiskonzeptes der DIN 1054

Es sind drei Arten der Grenzzustände definiert worden, dieses sind:

- Grenzzustand des Verlustes der Lagesicherheit (GZ 1A)

  Es ist der Nachweis gegen Aufschwimmen, der Nachweis der Sicherheit gegen Abheben und der Nachweis gegen hydraulischen Grundbruch zu führen. Dazu werden die Bemessungswerte von günstigen und ungünstigen Einwirkungen einander gegenübergestellt, Widerstände sind nicht zu ermitteln.

- Grenzzustand des Versagens von Bauwerken und Bauteilen (GZ 1B)

  Es ist der Nachweis ausreichender Abmessungen von Bauwerken und Bauteilen zu führen. Dazu werden die Bemessungswerte der Beanspruchungen denen der Widerstände gegenübergestellt.

- Grenzzustand des Verlustes der Gesamtstandsicherheit (GZ 1C)

  Es ist der Nachweis der Gesamtstandsicherheit zu führen. Dazu werden die Grenzzustandsbedingungen mit den Bemessungswerten der Einwirkungen, Bemessungswerten für die Scherfestigkeit und ggf. Bemessungswiderständen von mittragenden Bauteilen aufgestellt. Dieser Grenzzustand tritt immer im Baugrund auf.

Daraus folgt, daß der Nachweis gegen Gleiten im GZ 1B, der Nachweis gegen Grund- oder Geländebruch im GZ 1C zu führen ist.

Die nach Ursache, Richtung und Häufigkeit zeitlich gleich wirkenden Einwirkungen werden zu Kombinationen zusammengefaßt, man unterscheidet:

- Regel-Kombination EK 1:
  Ständige und veränderliche Einwirkungen, die während der Funktionszeit des Bauwerkes regelmäßig auftreten.

- Seltene Kombination EK 2:
  EK 1 zuzüglich seltener oder einmaliger Einwirkungen.

- Außergewöhnliche Kombination EK 3:
  EK 1 zuzüglich einer außergewöhnlichen Einwirkung.

Für den Nachweis sind sogenannte Lastfälle festgelegt worden, die aus den Einwirkungskombinationen in Verbindung mit einer Sicherheitsklasse (SK) gebildet wurden. Die Sicherheitsklassen berücksichtigen den unterschiedlichen Sicherheitsanspruch bei den Widerständen in Abhängigkeit von der Dauer und der Häufigkeit der maßgebenden Einwirkungen.

Folgende Lastfälle wurden definiert:

- Lastfall LF 1:
  Regel-Kombination EK 1 in Verbindung mit der Sicherheitsklasse SK 1. Dieser Lastfall entspricht einer „Ständigen Bemessungssituation".

- Lastfall LF 2:
  Seltene Kombination EK 2 in Verbindung mit SK 1 oder Regel-Kombination in Verbindung mit SK 2. Dieser Lastfall entspricht einer „vorübergehenden Bemessungssituation".

- Lastfall LF 3:
  Außergewöhnliche Kombination EK 3 in Verbindung mit SK 2 oder seltene Kombination EK 2 in Verbindung mit SK 3. Dieser Lastfall entspricht einer „außergewöhnlichen Bemessungssituation".

Bei Flachgründungen ist der LF 1 in der Berührungsfläche zwischen Bauwerk und Baugrund maßgebend für alle ständigen und vorübergehenden Bemessungssituationen des aufliegenden Tragwerkes.

Der LF 2 ist für Baugrubenkonstruktionen und für vorübergehende Beanspruchungen in der Gründung des aufliegenden Tragwerkes zu wählen.

Schließlich ist der LF 3 bei einer außergewöhnlichen Bemessungssituation anzuwenden, wenn diese sich ungünstig auf die Gründung auswirkt.

b) Nachweisgleichung des GZ 1 B

Der Bemessungswert der Gleiteinwirkungen ergibt sich zu:

$$E_d = \gamma_G \cdot G_k + \gamma_{E0g} \cdot E_{o,k} + \gamma_Q \cdot Q_k \qquad 6.3.2(2)$$

mit: G_k charakteristischer Wert der ständigen Einwirkung
 $E_{o,k}$ charakteristischer Wert des Erdruhedruckes
 Q_k charakteristischer Wert der veränderlichen Einwirkung

Die Teilsicherheitsbeiwerte γ ergeben sich für den LF 1 nach Tabelle 2 der DIN 1054 zu:

$$\gamma_G = 1{,}35\, ; \quad \gamma_{E0g} = 1{,}20\, ; \quad \gamma_Q = 1{,}50.$$

Der Bemessungswert des Gleitwiderstandes ergibt sich wie folgt:

$$R_{t,k} = \frac{R_{t,k}}{\gamma_{Gl}} \qquad 6.3.2(3)$$

mit: $R_{t,k}$ Bemessungswert des Gleitwiderstandes
 $= N_k \cdot \tan \delta_{s,k}$

Es ist: N_k charakteristischer Wert der Vertikalkraft senkrecht zur Sohle,
 δ_{sk} charakteristischer Wert des Sohlreibungswinkels
 $= \varphi$ für Ortbetonfundamente
 $= \frac{2}{3}\varphi$ für Fertigteilfundamente

 γ_{Gl} Teilsicherheitsbeiwert des Gleitwiderstandes
 $= 1{,}10$ für LF 1 nach Tabelle 3 der DIN 1054

Nachweis:

$$T_d \leq R_{t,d} + E_{p,d} \qquad 6.3.2(4)$$

mit: $E_{p,d}$ Bemessungwert eines evtl. wirkenden Erdwiderstandes an der Stirnseite des Fundamentes

Falls der Horizontalschub nach zwei Richtungen x und y wirkt, ist H als resultierende Kraftgröße einzusetzen.

$$H = \sqrt{H_x^2 + H_y^2}$$

c) Nachweisgleichung des GZ 1 C

Für die Grundbruchuntersuchung sind die Einwirkungen nur nach ständigen und ungünstigen veränderlichen Wirkungen zu unterteilen, der Bemessungswert der Einwirkungen ergibt sich daher wie folgt:

$$N_d = \gamma_G \cdot N_{G,k} + \gamma_Q \cdot N_{Q,k} \qquad 6.3.2(5)$$

mit: $\gamma_G = 1{,}0$ und $\gamma_Q = 1{,}3$ für den LF 1 nach Tabelle 2 der DIN 1054

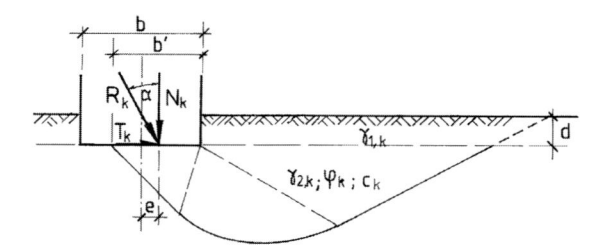

Bild 6.41 Lastbild zum Grundbruch

Der charakteristische Wert des Grundbruchwiderstandes ergibt sich aus der aufnehmbaren Grundbruchlast:

$$R_{n,k} = A' \cdot \sigma_{g,k} \qquad 6.3.2(6)$$

mit: $\sigma_{g,k}$ charakteristischer Wert der mittleren Grundbruchspannung
A' derjenige Teil der Sohlfläche, in der die Vertikalkomponente der Resultierenden zentrisch steht (Ersatzfläche)
$= b' \cdot a$

Die mittlere charakteristische Grundbruchspannung berechnet sich aus:

$$\sigma_{g,k} = b' \cdot \gamma_{2,k} \cdot N_b + d \cdot \gamma_{1,k} \cdot N_d + c_k \cdot N_c \qquad 6.3.2(7)$$

Hierin bedeuten:

N_b Tragfähigkeitseinflußglied der Fundamentbreite
N_d Tragfähigkeitseinflußglied der Fundamenttiefe
N_c Tragfähigkeitseinflußglied der Kohäsion
$\gamma_{2,k}$ charakteristischer Wert der Wichte des Bodens unterhalb der Sohle
$\gamma_{1,k}$ charakteristischer Wert der Wichte des Bodens oberhalb der Sohle
b' Ersatzbreite des Fundamentes
d Fundamenttiefe
c_k charakteristischer Wert des Scherfestigkeitsbeiwertes

Der Bemessungswert des Grundbruchwiderstandes normal zur Sohlfläche beträgt:

$$R_{n,d} = \frac{R_{n,k}}{\gamma_{Gr}} \qquad 6.3.2(8)$$

mit: $\gamma_{Gr} = 1{,}40$ für den Lastfall 1 nach Tabelle 3 der DIN 1054

Nachweis:

$$N_d \leqq R_{n,d} \qquad 6.3.2(9)$$

Für ein Widerlager ist die angewandte Form des Grundbruches, der Gelände- oder Böschungsbruch, wahrscheinlich die ungünstigere Untersuchung, es wird daher auf das Lamellenverfahren nach DIN 4084 (z. Zt. Entwurf) verwiesen.

Dieser Verweis wird aus dem Grunde eingezogen, da es für die Verfasser derzeit nicht absehbar ist, in welcher Form dieses Verfahren in eine dem Eurocode angepaßte Fassung der Norm aufgenommen wird.

6.3.2.3 Nachweise im Grenzzustand der Gebrauchstauglichkeit (GZ 2)

a) Lage der Sohldruckresultierenden

Die Lastexzentrizität der Sohldruckresultierenden ergibt sich aus der Beziehung:

$$E = \frac{M_{x,y}}{\Sigma V} \quad \text{bzw.} \quad \frac{M_{\xi,\eta}}{\Sigma V}$$

mit: x, y, ξ, η Richtungen der Hauptachsen

Hieraus ergibt sich nach dem Parallelogramm der Kräfte die Lage der Resultierenden im Feld. Diese ist zur Feststellung einer klaffenden Fuge mit dem Kernquerschnitt zu vergleichen. Die Kernweite κ ergibt sich für eine Hauptachse zu:

$$\kappa = \frac{W_{x_1,y_1}}{A} \quad \text{bzw.} \quad \frac{W_{\xi_1,\eta_1}}{A} \qquad 6.3.2(10)$$

mit: x_1, y_1 bzw. ξ_1, η_1 Ordinaten des zugehörigen Querschnittsrandpunktes auf der Hauptachse

Im Brückenbau sollen die Fundamentabmessungen so gewählt werden, daß unter ungünstiger Lastkombination $(G_k + Q_k)$ keine klaffende Bodenfuge entsteht, insofern ist obiger Nachweis entbehrlich.

b) Sohldruckspannungen

Die Fundamentfläche eines Widerlagers setzt sich aus mehreren Teilflächen zusammen. Beim rechteckigen Widerlager besteht eine einachsige Symmetrie, beim schiefwinkligen Widerlager handelt es sich um einen allgemeinen Querschnitt. Die Bodenpressungen werden auf der Basis einer starren Fundamentplatte ermittelt. Die Berechnung wird auf das statische Problem der Biegung mit Längskraft um das Hauptachsenpaar im Querschnitt zurückgeführt.

- Für den einachsig symmetrischen Querschnitt eines rechtwinkligen Widerlagers gilt:

$$I_z, W_\mathrm{I}, W_\mathrm{II} \text{ ermitteln}, \quad \sigma_\mathrm{I,II} = \frac{\Sigma V}{A} \pm \frac{M_z}{W_\mathrm{I,II}} \qquad 6.3.2(11)$$

- Für den allgemeinen Querschnitt eines schiefwinkligen Widerlagers gilt:

$$I_\xi, I_\eta, W_{\xi,\eta_1}, \ldots W_{\xi,\eta_5} \text{ ermitteln}, \quad \sigma_{1,2} = \frac{\Sigma V}{A} + \frac{M_\xi}{W_{\xi_{1,2}}} \mp \frac{M_\eta}{W_{\eta_{1,2}}} \qquad 6.3.2(12\,\text{a})$$

$$\sigma_{3,4} = \frac{\Sigma V}{A} - \frac{M_\xi}{W_{\xi_{3,4}}} + \frac{M_\eta}{W_{\eta_{3,4}}} \qquad 6.3.2(12\,\text{b})$$

$$\sigma_5 = \frac{\Sigma V}{A} - \frac{M_\xi}{W_{\xi_5}} - \frac{M_\eta}{W_{\eta_5}} \qquad 6.3.2(12\,\text{c})$$

- Für ein Rechteckfundament vereinfacht sich die Spannungsformel zu:

$$\sigma_{1,2} = \frac{\Sigma V}{A}\left(1 \pm \frac{6e}{d}\right) \quad \text{mit} \quad e \leqq \frac{d}{6} \qquad 6.3.2(13)$$

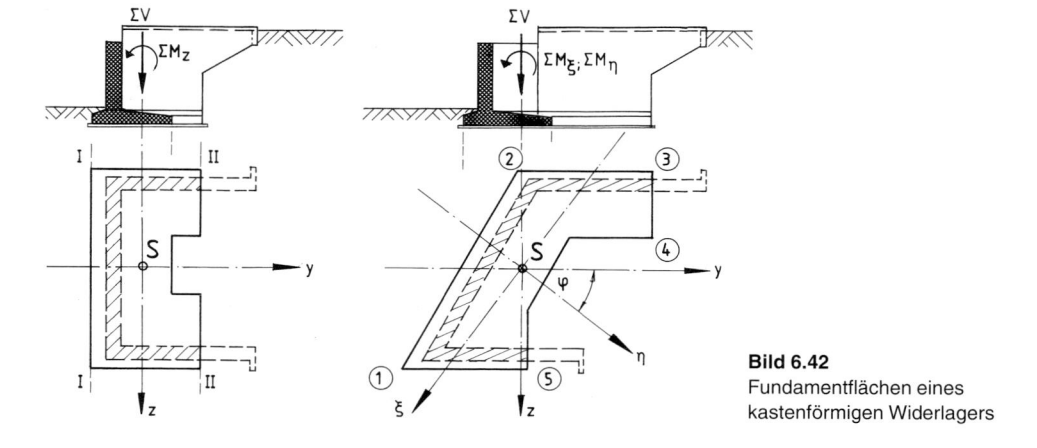

Bild 6.42 Fundamentflächen eines kastenförmigen Widerlagers

6.3.3 Bemessung und Bewehrungsführung

6.3.3.1 Bemessungsgrundsätze

Widerlagerbauteile sind Stahlbetonbauteile des Brückenbaues, für ihre Bemessung gilt der DIN-Fachbericht 102 „Betonbrücken" in der jeweils gültigen Ausgabe für alle Kategorien von Betonbrückenbauwerken.

Widerlagerwandbauteile werden auf Biegung mit Längskraft, Fundamentbauteile auf reine Biegung beansprucht. Für ihre Bemessung sind die Regeln der Grenzzustände der Tragfähigkeit und der Gebrauchstauglichkeit zu beachten (siehe Abschnitte 5.3.2 und 5.3.6).

Weiterhin ist auf eine Anordnung einer Mindestbewehrung zu achten. Einerseits ist eine Mindestbewehrung im Brückenbau schon aus konstruktiven Erfordernissen vorgeschrieben, andererseits ist sie in zwängungsbeanspruchten Bauteilen zur Vermeidung der Überschreitung der Streckgrenze in der Bewehrung erforderlich. Widerlagerbauwerke sind Zwangsbeanspruchungen im besonderen Maße ausgesetzt, da die dicken Wandbauteile Schwindverformungen unterliegen, die durch die steifen Eckverbindungen oder unterschiedliche Betonierabschnitte gegenseitig behindert werden. Darüber hinaus führt das Abfließen der Hydratationswärme zu einer Temperaturbelastung im frühen Betonalter. Diese bewirkt eine mittige Zwangsbeanspruchung, da die Formänderung der Wandteile durch die im Betonalter älteren Fundamente behindert wird.

6.3.3.2 Mindestbewehrung

a) Konstruktive Mindestbewehrung

- Unterer Grenzwert: $\varnothing$ 10 mm, $e = 20$ cm
- Als Oberflächenbewehrung:

  Lotrechte Bewehrung: $\min a_s = \frac{1}{2} \cdot 0{,}0015 \cdot A_c \geqq \varnothing\ 16, s = 15{,}0$ cm
  Waagerechte Bewehrung: $\min a_s = 0{,}06 \cdot A_c/100$

- Als Schwindbewehrung:

  Bei schwindbehinderten Bauteilen ist in jeder Richtung, in der die Schwindbehinderung auftreten kann, eine Mindestbewehrung nach folgenden Leitlinien einzulegen:

Vom Rand aus, an dem das schwindbehinderte Bauteil liegt, sind drei Bewehrungsbereiche von je 2,0 m Breite, soweit es möglich ist, mit folgender Bewehrung vorzusehen

1. Bereich $d \leq 50$ cm, $\varnothing$ 12, $e = 15$ cm
   $d > 50$ cm, $\varnothing$ 16, $e = 15$ cm
2. Bereich $d \leq 50$ cm, $\varnothing$ 10, $e = 15$ cm
   $d > 50$ cm, $\varnothing$ 12, $e = 15$ cm

evtl. Restbereich $\varnothing$ 10, $e = 20$ cm

Solche Bauteile sind z. B. die aufgehenden Teile von Widerlager- und Flügelwänden, das schwindbehindernde Bauteil ist das Fundament. Diese konstruktive Schwindbewehrung darf auf die statisch erforderliche Bewehrung angerechnet werden. Mit dieser Bewehrung sind alle Erfordernisse einer Schwindbeanspruchung, die rechnerisch nicht besonders nachgewiesen werden, abgedeckt.

- Fundamente von Eisenbahnbrücken:

  $\varnothing$ 16 mm, $e = 15$ cm
  bei aggressivem Wasser $e = 10$ cm

b) Statisch erforderliche Mindestbewehrung

Zur Vermeidung von Einzelrissen bei der Erstrißbildung ist eine Mindestbewehrung auszuweisen, die dann vorzusehen ist, wenn sie größer ausfällt, als die Erfordernisse der statisch erforderlichen Bewehrung.

Die Größe der Mindestbewehrung ergibt sich nach Gleichung 5.3.6(9):

$$A_{s,\min} = k_c \cdot k \cdot f_{ct,\text{eff}} \cdot A_{ct}/\sigma_s$$

mit: $f_{ct,\text{eff}} = 0{,}5\, f_{ctm}$, da die Erstrißbildung hier durch den Abfluß der Hydratationswärme entsteht

A_{ct} Querschnittsfläche der Betonzugzone nach Zustand I nach Gleichung 5.3.6(13)
σ_s Stahlspannung in Abhängigkeit vom gewählten Durchmesser nach Tabelle 5.29
k nach Gleichung 5.3.6(10)
k_c nach Gleichung 5.3.6(11)

Der Durchmesser d_s der Bewehrung ist nach Gleichung 5.3.6(12) zu beschränken.

6.3.3.3 Bewehrungsführung in der Widerlagerwand

Wenn die statisch erforderliche Bewehrung über die Ansätze der Mindestbewehrung nach dem vorangegangenen Abschnitt hinausgeht, liegt eine Lastbeanspruchung vor, bei der der Einfluß der Stahlspannung auf die Rißbildung überwiegt. Es ist daher der Abstand der Bewehrungsstäbe der erforderlichen Bewehrung nach Tabelle 5.30 in Abhängigkeit von der Stahlspannung nach Zustand II zu begrenzen (Flächentragwerk).

Die Bewehrungsführung sei nachfolgend für die beiden Möglichkeiten einer Widerlagerwandausbildung prinzipiell dargestellt:

Für die einfache Widerlagerwand ergeben sich die Biegemomente und das typische Bewehrungsbild für die Wandinnenseite nach Bild 6.43. Die Bewehrung sollte über die Wandhöhe einmal abgestuft werden, über die Wandbreite sollte ebenfalls in den Randbereichen eine Zulage erfolgen. An der Wandaußenseite können wegen der Drillmomente die Hauptmomente

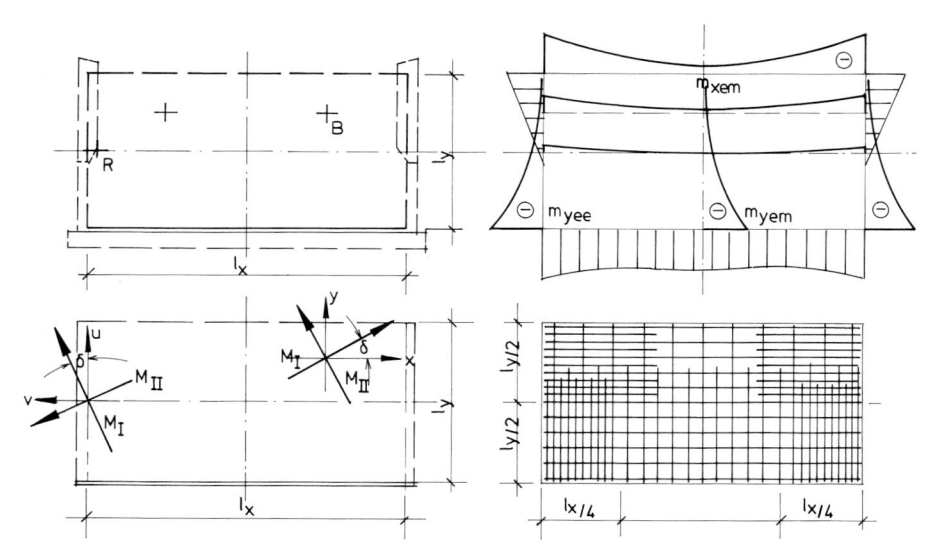

Bild 6.43
Biegemomente und Bewehrungsführung an der Innenseite der Wand eines einfachen Widerlagers

M_I und M_II in den Punkten R und B maßgebend werden. Für eine Bewehrung im rechtwinklig kantenparallelen Netz ergeben sich dann die Bemessungsmomente unter Ansatz der Transformationsgleichungen für $\psi = 90°$ nach den Gleichungen 5.2.1(11b) und (12b) wie folgt:

$$m_{\xi(u,x)} = M_\mathrm{I} \cos^2 \alpha + M_\mathrm{II} \sin^2 \alpha + k\,|(M_\mathrm{I} - M_\mathrm{II}) \sin \alpha \cos \alpha|$$

$$m_{\eta(v,y)} = M_\mathrm{I} \sin^2 \alpha + M_\mathrm{II} \cos^2 \alpha + \frac{1}{k}\,|(M_\mathrm{I} - M_\mathrm{II}) \sin \alpha \cos \alpha|$$

Für $k = 1$ somit:

Punkt R am Rand: $m_{\xi,u}$ und $m_{\eta,v}$

Punkt B im Feld: $m_{\xi,x}$ und $m_{\eta,y}$

Für die Widerlagerwand des kastenförmigen Widerlagers ergeben sich die Schnittgrößen und das typische Bewehrungsbild für die Wandinnenseite nach Bild 6.44. Über die Wandhöhe sollte die Bewehrung wieder einmal abgestuft werden, über die Wandbreite muß jetzt eine Zulage im Mittelbereich erfolgen, also umgekehrt, wie bei der einfachen Wand. Die Wandvorderseite erhält Mindestbewehrung. In den unteren Wandbereichen ist auf einen ausreichenden Querschnitt für die Schwindbewehrung zu achten.

Der obere Bereich der Widerlagerwand stellt die Auflagerbank dar. In diesem Bereich erfolgt die Krafteinleitung der Einzellasten aus den Auflagekräften, sowie deren gleichmäßige Verteilung auf die Wand. Bei der Einleitung hoher Einzellasten treten Querzugkräfte im Beton auf, die durch eine entsprechende Bewehrung aufgenommen werden müssen. Die Höhe dieses Einleitungsbereiches und damit die Höhe der Auflagerbank erstreckt sich auf einen Bereich, in dem die Querzugspannungen abgeklungen sind. Bei einer Widerlagerwand reicht eine Höhe von der Größe der Breite der Wand aus. Die Querzugspannungen treten in zwei zueinander senkrechten Richtungen auf, es wird daher eine Bügel- und Längsbewehrung erforderlich. Die Auflagerbank kann sich auch in der Betongüte vom übrigen Wandbeton unterscheiden,

6.3 Berechnung eines Widerlagers

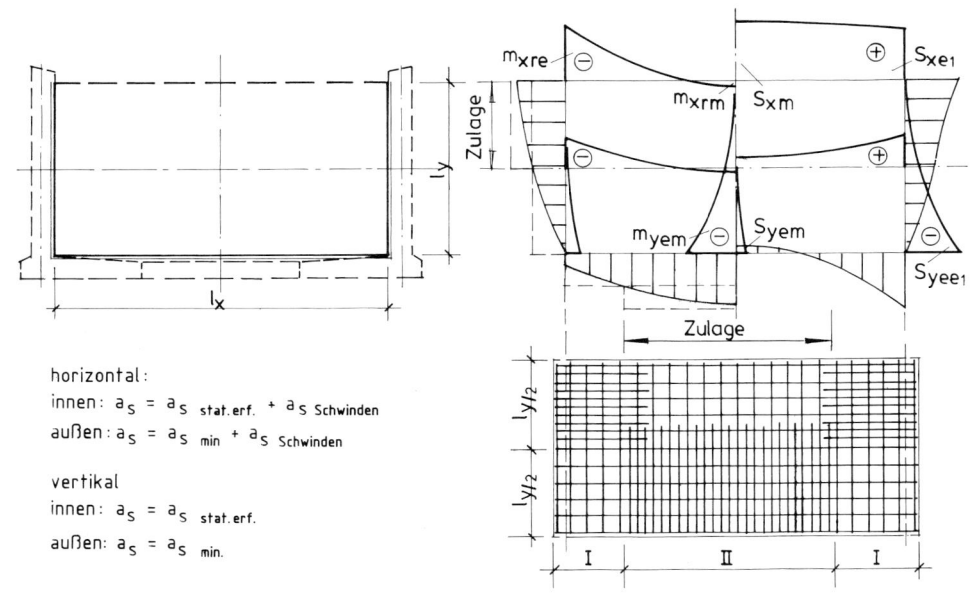

Bild 6.44
Schnittgrößen und Bewehrungsführung an der Innenseite der Stirnwand eines kastenförmigen Widerlagers

diese Entscheidung richtet sich nach der Größe der Auflagerpressung unter der Lagerplatte, gemäß Abschnitt 8.3.2.

Die Querzugspannung tritt mit folgendem Größtwert auf:

$$\sigma_z = 1{,}5 \cdot Z/b \cdot d$$

mit: Z Querzugkraft, sie beträgt etwa 25% der Vertikalkraft
 b Wandbreite
 d zug. Verteilungsbreite in Wandlängsrichtung, die sich durch Lastausstrahlung von 60° unter der Lagerplatte ergibt

Die Bemessung erfolgt nach Zustand I mit:

$$\text{erf } a_s = Z/\text{zul } \sigma_s$$

Der so errechnete Bewehrungssatz ist in beiden Richtungen einzulegen.

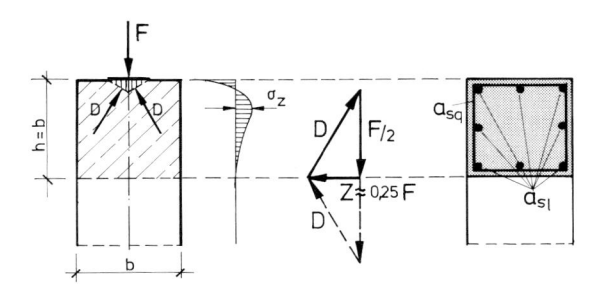

Bild 6.45
Kraftfluß und Bewehrung in der Auflagerbank

6.3.3.4 Bewehrungsführung in der Flügelwand

Kragflügelwand des einfachen Widerlagers

Dieser Kragflügel spannt sich nur zu einem Teil in die Widerlagerwand ein, das Einspannmoment verteilt sich dreieckförmig am Lagerungsrand. Die statisch erforderliche Horizontalbewehrung an der Wandinnenseite wird einmal abgestuft, der obere Teil wird horizontal, der untere Teil parallel zum Rand verlegt. Im überschießenden Kragteil wird aus konstruktiven Gründen auch der halbe statisch erforderliche Querschnitt verlegt [9]. In vertikaler Richtung und an der Wandaußenseite reicht in der Regel eine Bewehrung nach den Ansätzen der Mindestbewehrung aus. Die Aufnahme des Scheibenmomentes des Kragflügels erfordert eine starke Längsbewehrung am oberen Rand des Bemessungsquerschnittes. Diese muß wegen der teilweisen Einspannung einmal ausgewechselt werden.

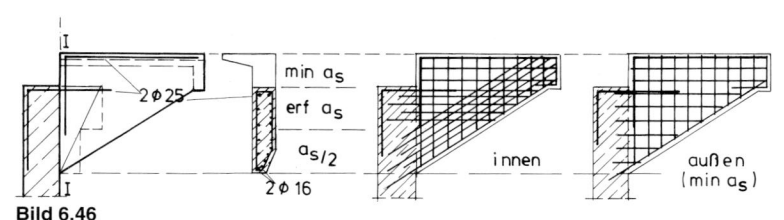

Bild 6.46
Bewehrungsanordnung im Kragflügel der einfachen Widerlagerwand

Flügelwand des kastenförmigen Widerlagers

Kragflügelteil

Dieser Kragflügel spannt sich in ganzer Höhe in den Wandteil der Flügelwand ein, die Beanspruchungen können sich gleichmäßig am Lagerrand verteilen. Die statisch erforderliche Hauptbewehrung an der Wandinnenseite kann gleichmäßig aufgeteilt werden, der untere Teil wird wieder parallel zum Rand verlegt. Die vertikale Richtung und die Wandvorderseite erhalten im Regelfall wieder Mindestbewehrung. Die Bewehrung aus der Scheibenwirkung des Kragflügels am oberen Querschnittsrand wird weitläufig in den Wandteil eingefädelt.

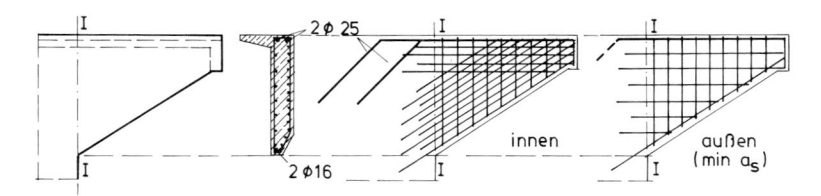

Bild 6.47
Bewehrungsanordnung im Kragflügel des kastenförmigen Widerlagers

Wandteil

Bild 6.48 zeigt die Biegemomente und die Scheibenkräfte sowie das typische Bewehrungsbild für die statisch erforderliche Bewehrung an der Wandinnenseite. Über die Wandhöhe sollte die Bewehrung dreimal abgestuft werden, wobei die letzte Abstufung auch durch eine Zulage gelöst

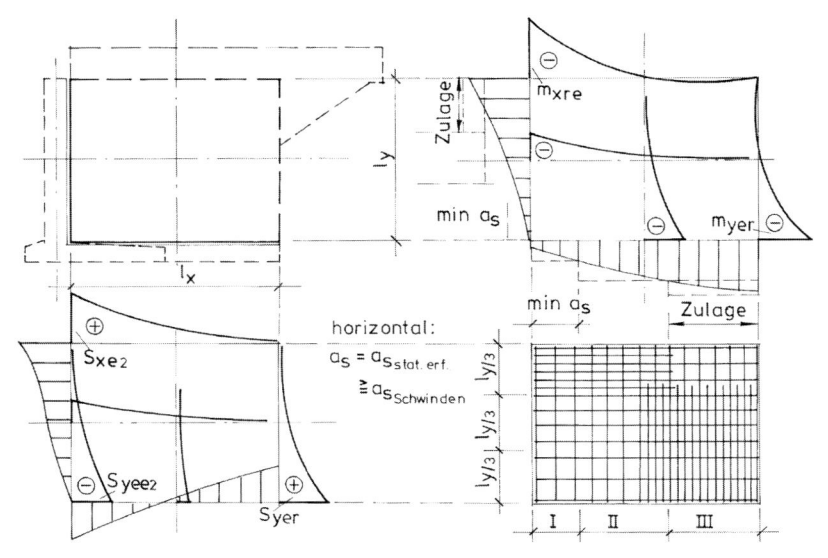

Bild 6.48
Schnittgrößen und Bewehrungsführung im Wandteil der Flügelwand eines kastenförmigen Widerlagers

werden kann. Über die Wandlänge erscheint auch eine dreimalige Abstufung sinnvoll, ebenfalls als Zulage im letzten Drittel. An der Wandaußenseite und im unteren Bereich der Innenseite reicht nach den statischen Erfordernissen die Mindestbewehrung aus, die Erfordernisse sind aber so einzurichten, daß die erforderliche Schwindbewehrung in den unteren Bereichen untergebracht ist. Der oberhalb der Wand hinausreichende Kragarmteil erhält die Kragarmbewehrung in vertikaler Richtung.

6.3.3.5 Bewehrungsführung im Fundament

Eine Beschränkung der Rißbreite mit einer evtl. Modifizierung des statisch erforderlichen Querschnittes braucht hier nicht vorgenommen zu werden. Es ist aber kleinen Stahldurchmessern und Stababständen der Vorzug zu geben.

Die Bewehrungserfordernisse ergeben sich aus Bild 6.49. Der Fundamentkörper wird durch die Bodenpressung von unten und durch die hintere Auflast von oben beansprucht. Hieraus ergibt sich im vorderen Sporn ein Bemessungsmoment, das im Bemessungsquerschnitt unten Biegezug erzeugt. Dagegen liegt im Bemessungsquerschnitt im inneren Teil die Biegezugzone am oberen Querschnittsrand, da der Belastungsanteil aus der Auflast gegenüber der Bodenpressung überwiegt. Das typische Bewehrungsbild der unteren und oberen Lage ergibt sich aus dem Bild 6.49, aus der unteren Lage wird ein Teil der Bewehrung in die Wand hineingeführt. Da das Fundament als getrenntes Bauteil vorweg hergestellt wird, muß für die vertikale Wandbewehrung eine entsprechende Anschlußbewehrung herausgelegt werden. Hierbei kommt man zu wirtschaftlichen Konstruktionen, wenn die Teilung der Wandbewehrung auf diejenige der Fundamentbewehrung abgestimmt wird. Die Wandbewehrung hat eine Abstufung in der Höhe, derjenige Teil der Bewehrung, der die kürzeste Länge hat, also zuerst aufhört, kann direkt aus dem Fundament herausgelegt werden, ohne noch besonders angeschlos-

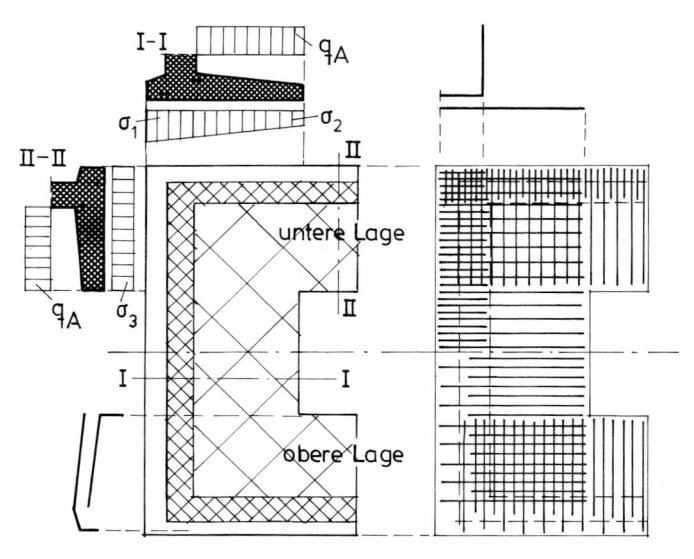

Bild 6.49
Fundament, Einwirkungen und Bewehrung

sen zu werden. Ansonsten ist jedes Bewehrungseisen der Wand durch eine entsprechende, aus dem Fundament herausführende Bewehrung anzuschließen. Alle Außenflächen eines Fundamentes müssen eine kreuzweise angeordnete Bewehrungslage erhalten. Soweit dieses nicht durch statisch erforderliche Bewehrung erzielt werden kann, ist auch hier eine Mindestbewehrung anzuordnen.

Bild 6.50
Baugrube mit Fundament- und Anschlußbewehrung

6.4 Berechnungsbeispiele

6.4.1 Ermittlung der Standsicherheit eines schiefwinkligen Widerlagers

6.4.1.1 System und Abmessungen

Für ein schiefwinkliges Widerlager mit einem Kreuzungswinkel von 65° soll im Rahmen der Standsicherheitsuntersuchung die Bodenpressung und die Gleitsicherheit ermittelt werden. Die konstruktiven Abmessungen und die Ausbildung der Konstruktionen entnehme man dem Schalplan in Bild 6.52.

Der zugehörige Überbau hat einen zweistegigen Plattenbalkenquerschnitt, der die Auflagerkräfte an zwei Punkten an die Widerlagerwand abgibt. Das Tragsystem wird durch einen Balken von 24,00 m Stützweite gebildet. Die Überbaubreite beträgt 11,50 m, die Fahrbahn ist 8,50 m breit.

Die Widerlagerwand hat eine Dicke von 1,0 m, die Flügelwände eine solche von 0,85 m, sie sind mit der Innenkante am Fahrbahnrand angeordnet und haben somit den lichten Abstand der Fahrbahnbreite. Die Flügelwände bestehen aus einem Wand- und Kragflügelteil, die Wandteile sind, entsprechend der Brückenschiefe, unterschiedlich lang. Das Fundament hat eine einfache abgeknickte Rechteckform, die an der spitzen Ecke fluchtgerecht angeschnitten ist. Zur Unterscheidung erhalten die Flügelwände an der stumpfen Ecke die Bezeichnung ①, an der spitzen Ecke ②.

Die Lager werden durch Punktkipplager gebildet, es wird im folgenden das feste Lager nachgewiesen. Die Berechnung erfolgt für die Lastgruppe 1 mit dem Lastmodell 1 ($\alpha_{Q1} = 0,8$) und der abgeminderten Gleichlast auf den Kappen.

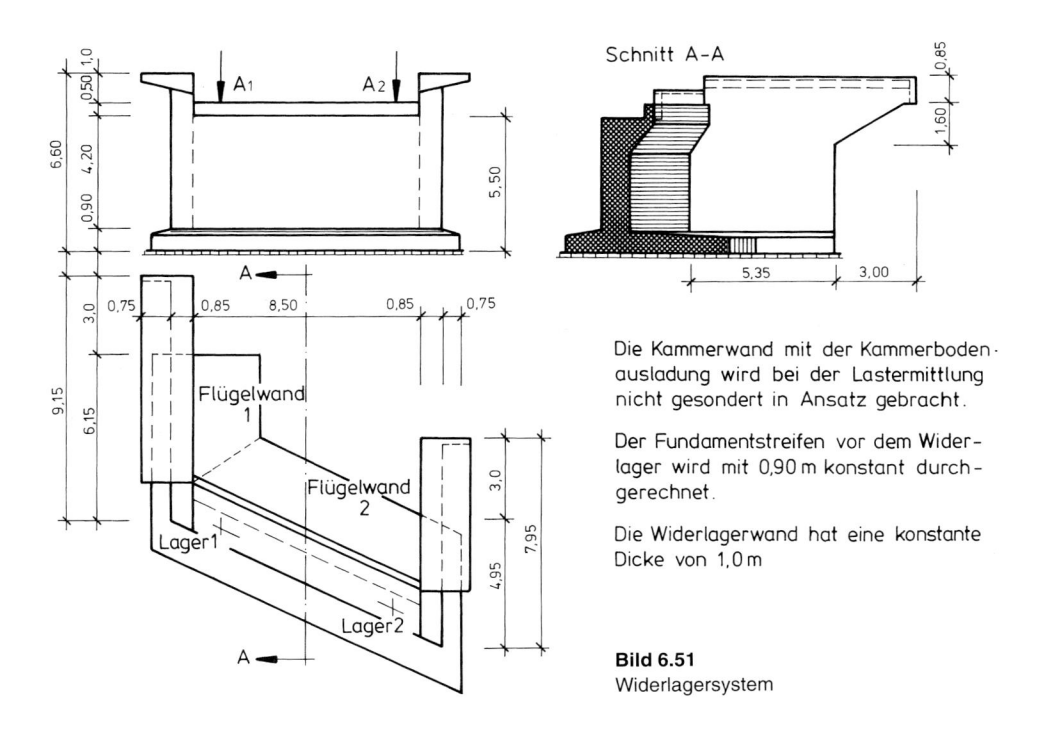

Die Kammerwand mit der Kammerbodenausladung wird bei der Lastermittlung nicht gesondert in Ansatz gebracht.

Der Fundamentstreifen vor dem Widerlager wird mit 0,90 m konstant durchgerechnet.

Die Widerlagerwand hat eine konstante Dicke von 1,0 m.

Bild 6.51
Widerlagersystem

Ansicht Widerlagerwand

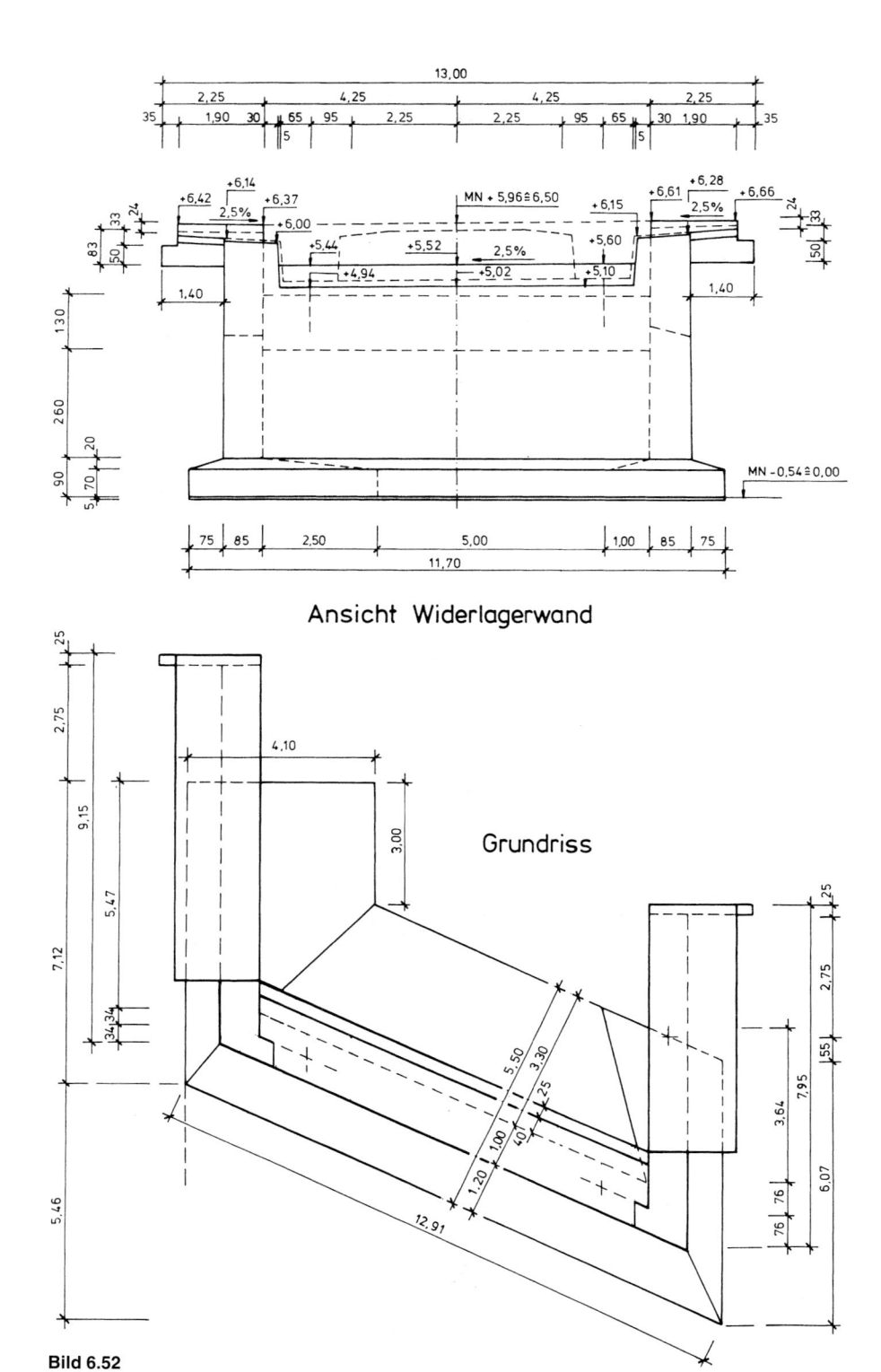

Grundriss

Bild 6.52
Schalplan des Widerlagers

6.4.1.2 Einwirkungen auf das Widerlager

Charakteristische Werte der Einwirkungen aus dem Überbau

Aus getrennter Berechnung ergeben sich die folgenden charakteristischen Werte der Auflagerreaktionen:

- Infolge ständiger Last:

  $A_{1G,k} = A_{2G,k} = 1271$ kN/Lager

  $H_{1,k} = H_{2,k} = 0{,}03 \cdot 1271 = 38{,}0$ kN/Lager

- Infolge Verkehrslast:

Für die Verkehrslast werden 2 Lastfälle untersucht:

– Hauptspur an der Flügelwand ① = stumpfe Ecke
– Hauptspur an der Flügelwand ② = spitze Ecke

In beiden Fällen muß unterschieden werden, daß die Doppelachsen jeweils auf dem Überbau oder auf der Hinterfüllung stehen können. Für die jeweils unsymmetrische Laststellung ergeben sich folgende Auflägerkräfte: (für Lastfall: Hauptspur an der Flügelwand 1). Die Ermittlung erfolgt für den Anpassungsfaktor $\alpha_{Q1} = 0{,}8$, die Klammerwerte gelten für $\alpha_{Q1} = 1{,}0$.

- Doppelachsen auf dem Überbau:

  $A_{1Q,k} = 996$ kN (1141 kN), $A_{2Q,k} = 411$ kN (461 kN)

  $H_{1Q,k} = 30$ kN $\qquad H_{2Q,k} = 12$ kN

  $H_{Br,k} = \pm 177$ kN/Lager (± 212 kN/Lager)

- Doppelachse auf der Hinterfüllung:

  $A_{1Q,k} = 421$ kN (421 kN), $A_{2Q,k} = 206$ kN (206 kN)

  $H_{1Q,k} = 13$ kN $\qquad H_{2Q,k} = 6$ kN

  $H_{Br,k} = \pm 32{,}5$ kN (32,5 kN)

Die Untersuchung der symmetrischen Laststellung wird nicht durchgeführt, da diese keine maximalen Eckpressungen liefert. Untersucht wird das Widerlager mit den festen Lagern. Die ausgewiesenen Horizontalkräfte aus der Lagerreibung sind die Reaktionskräfte der beweglichen Lager.

Charakteristische Werte der Einwirkungen aus dem Erddruck

- Aus der Auflast der Verkehrslast

  mit $\varphi = 30°$, $k_0 = 1 - \sin 30° = 0{,}50$ ergibt sich:

  Verkehrsflächenlast durchgehend: $e_0 = 0{,}50 \cdot 2{,}5 = 1{,}25$ kN/m²

  Überlast Spur 1: $\qquad\qquad e_0 = 0{,}50 \, (9{,}0 - 2{,}5) = 3{,}25$ kN/m²

  Überlast Doppelachse Spur 1: $\quad e_0 = 0{,}50 \cdot (41{,}0 - 2{,}5) = 19{,}25$ kN/m²

  Überlast Doppelachse Spur 2: $\quad e_0 = 0{,}50 \cdot (23{,}8 - 2{,}5) = 10{,}65$ kN/m²

  Von der Lastverteilung unter 60° wird für die Untersuchung der Standsicherheit kein Gebrauch gemacht, da lediglich ΣH maßgebend ist.

- Aus der Hinterfüllung des Widerlagers

  mit $\gamma = 18{,}0$ kN/m³ ergibt sich die Erddruckkoordinate in der Gründungstiefe von 6,60 m:

  $e_0 = 18{,}0 \cdot 0{,}50 \cdot 6{,}60 = 59{,}4$ kN/m²

Der Erddruck auf den Kragflügelteil wird nicht ermittelt, da er sich beidseitig zu Null ergänzt.

6.4.1.3 Ermittlung der charakteristischen Werte der Einwirkungen in der Sohlfuge

a) Querschnittswerte der Fundamentfläche

Ermittlung des Schwerpunktes und der Haupttägheitsmomente:

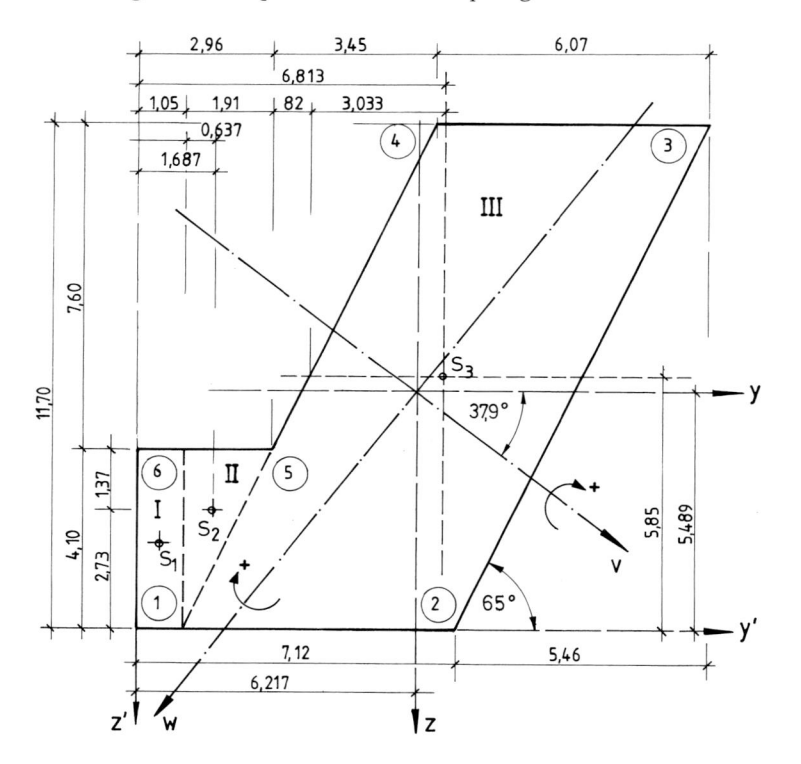

Bild 6.53 Fundamentfläche

Tabelle 6.2
Schwerpunktsberechnung

Nr.	A m^2	y_i m	$A \cdot y_i$ m^3	z_i m	$A \cdot z_i$ m^3
1	4,31	0,525	2,261	2,05	8,836
2	3,92	1,687	6,613	2,73	10,702
3	71,02	6,813	483,859	5,85	415,467
	79,25		492,733		435,005

$$y_s = \frac{492,733}{79,25} = 6,217 \text{ m} \qquad z_s = \frac{435,005}{79,25} = 5,489 \text{ m}$$

6.4 Berechnungsbeispiele 643

Tabelle 6.3
Achsenträgheitsmomente

	J_y^* m^4	$A\,\Delta z_i^2$ m^4	J_y m^4	J_z^* m^4	$A\,\Delta y_i^2$ m^4	J_z m^4	J_{yZ}^* m^4	$A\cdot\Delta z\cdot\Delta y$ m^4	J_{yZ} m^4
1	6,03	50,86	56,89	0,40	139,33	139,73	0	84,36	84,36
2	3,73	30,16	33,79	0,84	81,46	82,30	0,85	48,83	49,86
3	810,1	9,35	819,45	394,49	25,48	419,97	377,38	15,34	392,72
			910,13			642,0			526,76

$$\tan 2\varphi = 2\cdot 526{,}76/(642{,}0 - 910{,}13) = -3{,}929$$
$$\varphi = -37{,}9°$$
$$J_{v,w} = \frac{910{,}13 + 642{,}0}{2} \pm 1/2 \cdot \sqrt{(910{,}13 - 642{,}0)^2 + 4\cdot 526{,}76^2}$$
$$I_v = +1319{,}62 \text{ m}^4$$
$$I_w = +\;232{,}52 \text{ m}^4$$

Ermittlung der Widerstandsmomente:

$$v = y\cdot\cos\varphi + z\cdot\sin\cdot\varphi$$
$$w = z\cdot\cos\varphi - y\cdot\sin\cdot\varphi$$
$$W_v = I_v/w$$
$$W_w = I_w/v$$

Tabelle 6.4
Widerstandsmomente W_v und W_w

Nr.	y m	z m	v m	w m	W_v m^3	W_w m^3
1	+5,21	+5,49	−1,53	+8,16	+161,8	−151,5
2	−0,91	+5,49	+4,09	+3,78	+349,3	+ 56,6
3	−6,37	−6,21	+1,22	−8,81	−149,8	+190,0
4	−0,30	−6,21	−3,58	−5,09	−259,4	− 64,7
5	+3,21	+1,39	−1,65	+3,07	+430,1	−137,9
6	+6,21	+1,39	−4,05	+4,91	+268,9	− 57,2

b) Ermittlung der Vertikalkräfte und der Momente um das schiefe Hauptachsenpaar

Um die folgenden Berechnungen übersichtlich und praktikabel zu gestalten, werden die Hebelarme bei der Momentermittlung aus der Zeichnung (Bild 6.60) herausgemessen.

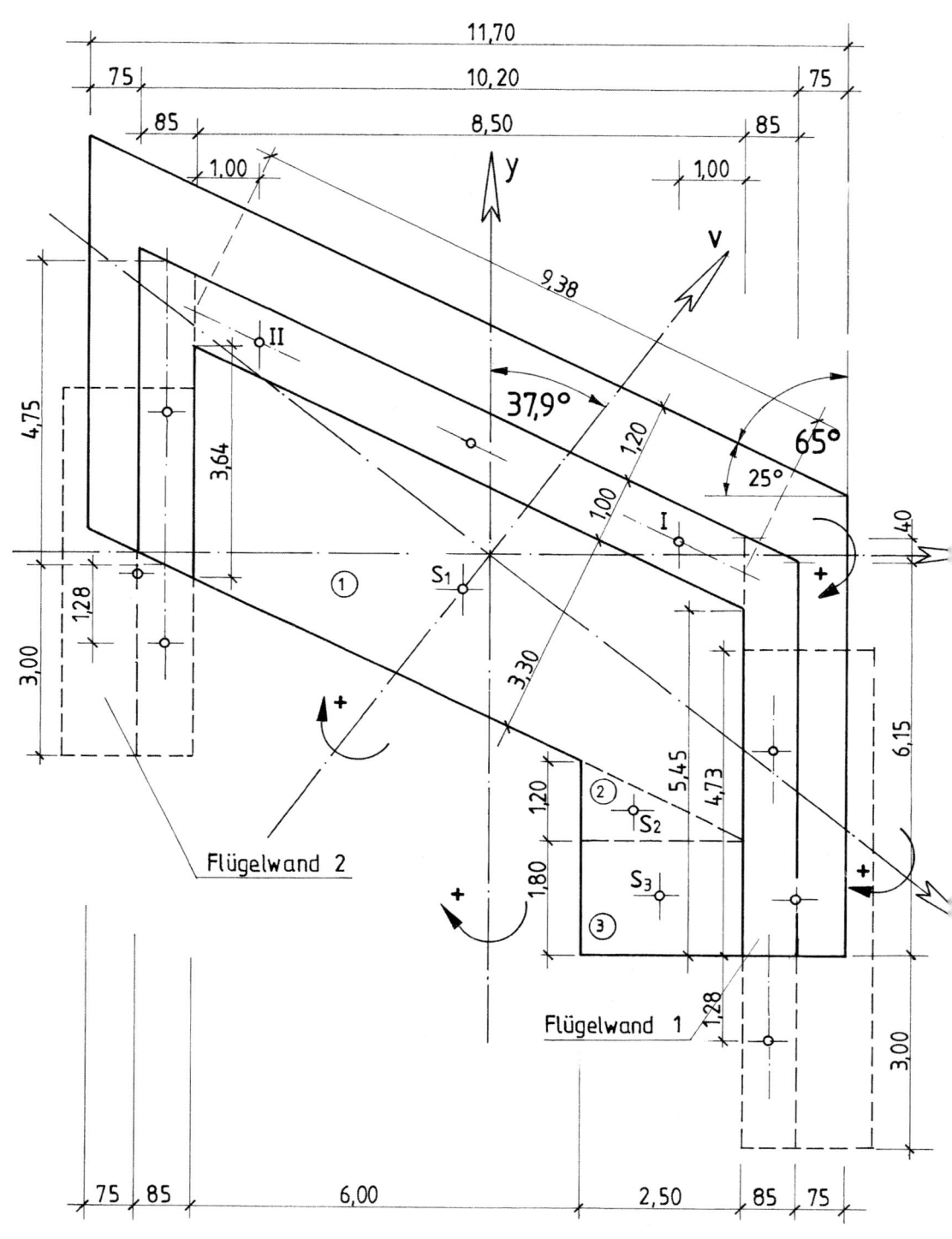

Bild 6.54
Fundamentfläche mit zugehöriger Wandkonstruktion (M = 1 : 100)

6.4 Berechnungsbeispiele

Berechnungsschema	F kN	M_v kNm	M_w kNm
1. Eigengewicht des Widerlagers			
1.1 Fundamentplatte:			
$A\ = 79{,}322\ \text{m}^2$			
$F\ = 79{,}322 \cdot 0{,}9 \cdot 25 =$	− 1784,6	0	0
1.2 Flügelwand 1:			
$F\ = (6{,}15 + 0{,}2) \cdot 0{,}85 \cdot 5{,}7 \cdot 25 =$	− 769,2		
$M_v = -769{,}2 \cdot 5{,}23 =$		−4022,6	
$M_w = -769{,}2 \cdot 0{,}22 =$			− 169,2
1.3 Flügelwand 2:			
$F\ = 4{,}75 \cdot 0{,}85 \cdot 5{,}7 \cdot 25 =$	− 575,4		
$M_v = +575{,}4 \cdot 5{,}33 =$		+3066,6	
$M_w = +575{,}4 \cdot 1{,}42 =$			+ 816,9
1.4 Widerlagerwand:			
$F\ = 9{,}38 \cdot 1{,}0 \cdot 4{,}2 \cdot 25 =$	− 984,9		
$M_v = +984{,}9 \cdot 1{,}35 =$		+1329,6	
$M_w = -984{,}9 \cdot 1{,}15 =$			−1132,6
Zwischensumme	− 4114,1	+ 373,6	− 484,9

1.5 Kragarm an der Flügelwand:

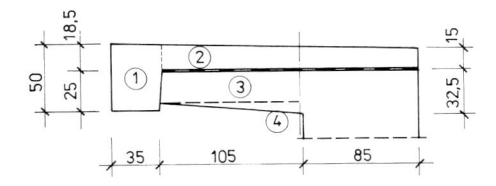

Bild 6.55
Kragarm

Tabelle 6.5
Kragarmbeanspruchung

Nr.	Fläche m^2	Q_I kN/m	e_I m	M_I kNm/m
1	0,175	4,38	1,230	5,39
2	0,176	4,40	0,525	2,31
3	0,263	6,58	0,525	3,45
4	0,041	1,03	0,350	0,36
Summe g		16,39		11,51
Geländer und Abrundung		0,41		0,49
		16,80 kN		12,00 kNm

Berechnungsschema (Fortsetzung)	F kN	M_v kNm	M_w kNm
Übertrag 1.1 bis 1.4	− 4114,1	+ 373,6	− 484,9
Flügelwand ①: $F = 16,80 \cdot 7,73 =$ $M_v = -130,0 \cdot 6,9 - 12,0 \cdot 7,73 \cdot \cos 37,9° =$ $M_w = +130,0 \cdot 1,2 + 12,0 \cdot 7,73 \cdot \sin 37,9° =$ Flügelwand ②: $F = 16,8 \cdot 5,73 =$ $M_v = +96,2 \cdot 4,15 + 12,0 \cdot 5,73 \cdot \cos 37,9° =$ $M_w = +96,2 \cdot 3,65 + 12,0 \cdot 5,73 \cdot \sin 37,9° =$	− 130,0 − 96,2	− 970,0 + 453,5	+ 99,0 + 393,3
Summe 1.1 bis 1.5	− 4340,3	− 142,9	+ 7,4

1.6 Vertikalanteil des Kragflügels:

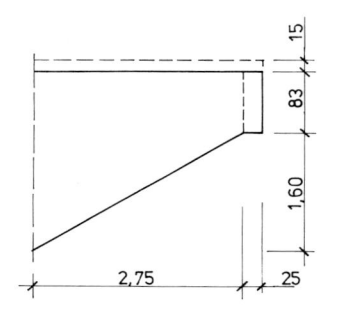

$A = 0,83 \cdot 3,0 + 1,6 \cdot 2,75/2$
$ = 4,69 \text{ m}^2$
$F_{KF} = 0,85 \cdot 4,69 \cdot 25,0$
$\phantom{F_{KF} =} + 0,15 \cdot 3,0 \cdot 0,85 \cdot 25,0$
$\phantom{F_{KF}} = 109,2 \text{ kN}$

Bild 6.56 Kragflügel

	F kN	M_v kNm	M_w kNm
Kragflügel 1: $M_v = -109,2 \cdot 8,0$ $M_w = +109,2 \cdot 3,32$	− 109,2	− 873,6	+ 362,5
Kragflügel 2: $M_v = +109,2 \cdot 3,10$ $M_w = +109,2 \cdot 4,32$	− 109,2	+ 338,5	+ 471,7
Summe 1.6	− 218,4	− 535,1	+ 834,2
Übertrag 1.1 bis 1.5	− 4340,3	− 142,9	+ 7,4
Summe Eigengewicht Widerlager	− 4558,7	− 678,0	+ 841,6

6.4 Berechnungsbeispiele

Berechnungsschema (Fortsetzung)	F kN	M_v kNm	M_w kNm
2. Hinterfüllung:			
2.1 Auflast der Fundamentplatte:			
– auf Teilfläche ①:			
$F\ = 3{,}64 \cdot 8{,}5 \cdot 5{,}7 \cdot 18{,}0 =$	$-\ 3174{,}4$		
$M_v = -3174{,}4 \cdot 0{,}1 =$		$-\ 317{,}4$	
$M_w = +3174{,}4 \cdot 0{,}7 =$			$+2222{,}1$
– auf Teilfläche ②:			
$F\ = 1{,}2 \cdot 2{,}5/2 \cdot 5{,}7 \cdot 18{,}0 =$	$-\ 153{,}9$		
$M_v = -153{,}9 \cdot 4{,}2 =$		$-\ 646{,}4$	
$M_w = +153{,}9 \cdot 1{,}82 =$			$+\ 280{,}1$
– auf Teilfläche ③:			
$F\ = 1{,}8 \cdot 2{,}5 \cdot 5{,}7 \cdot 18{,}0 =$	$-\ 461{,}7$		
$M_v = -461{,}7 \cdot 5{,}3 =$		$-2447{,}0$	
$M_w = +461{,}7 \cdot 2{,}6 =$			$+1200{,}4$
Summe Auflast	$-\ 3790{,}0$	$-3410{,}8$	$+3702{,}6$
2.2 Erddruck aus Hinterfüllung:			
2.2.1 Widerlagerwand:			
$E\ = 59{,}4 \cdot 6{,}6/2 \cdot 9{,}38 = 1839$ kN	–		
$M_E = 1839 \cdot 6{,}6/3 = 4045$ kNm			
Winkeldifferenz der Kraftrichtungen			
$\alpha\ = 37{,}9° - 25° = 12{,}9°$			
$M_v = +4045 \cdot \sin 12{,}9° =$		$+\ 903{,}0$	
$M_w = -4045 \cdot \cos 12{,}9° =$			$-3942{,}9$
2.2.2 Flügelwand 1:			
$E\ = 59{,}4 \cdot 6{,}6/2 \cdot 5{,}45 = 1068$ kN	–		
$M_y = 1068 \cdot 6{,}6/3 = -2350$ kNm ; $\alpha = 37{,}9°$			
$M_v = -2350 \cdot \cos 37{,}9° =$		$-1854{,}3$	
$M_w = -2350 \cdot \sin 37{,}9° =$			$-\ 1443{,}5$
2.2.3 Flügelwand 2:			
$E\ = 59{,}4 \cdot 6{,}6/2 \cdot 3{,}64 = 714$ kN	–		
$M_y = 714 \cdot 6{,}6/3 = +1570$ kNm ; $\alpha = 37{,}9°$			
$M_v = +1570 \cdot \cos 37{,}9° =$		$+1239{,}0$	
$M_w = +1570 \cdot \sin 37{,}9° =$			$+\ 964{,}4$
Summe Erddruck aus Hinterfüllung		$+\ 287{,}7$	$-4422{,}0$

Berechnungsschema (Fortsetzung)	F kN	M_v kNm	M_w kNm
3. Eigenlast des Überbaues $A_g = 1271$ kN/Lager $M_v = 1271 \cdot (-2{,}12 + 4{,}87) =$ $M_w = 1271 \cdot (-1{,}97 - 0{,}33) =$	− 2542,0	+3485,4	−2923,4
Lagerreibung: $H = 2 \cdot 38 = 76$ kN $M_y = 0$; $M_z = -76 \cdot 5{,}1 = -388{,}9$ kNm $M_v = +388{,}9 \cdot \sin 37{,}9° =$ $M_w = -388{,}9 \cdot \cos 37{,}9° =$	0	+ 238,4	− 307,3
Summe (G_k) Überbau	− 2542,0	+3723,8	−3230,7
Übertrag: Summe (G_k) Widerlager Summe (G_k) Auflast Summe (G_k) Erddruck	− 4558,7 − 3790,0	− 678,0 −3410,8 + 287,7	+ 841,6 +3702,6 −4422,0
Summe ständige Lasten	−10890,7	− 77,5	−3108,5

4. Verkehrslast

4.1 Spur 1 an der Seite der stumpfen Ecke des Widerlagers (Flügelwand ①)

4.1.1 **Lastfall 1**: Doppelachsen auf dem Überbau, restliche Verkehrslast auf der Hinterfüllung

4.1.1.1 Doppelachsen auf dem Überbau: $A_1 = 966{,}0$ kN $A_2 = 411{,}0$ kN $M_{v1} = -996{,}0 \cdot 2{,}12 = -2111{,}5$ kNm $M_{v2} = +411{,}0 \cdot 4{,}87 = +2001{,}6$ kNm $M_{w1} = -996{,}0 \cdot 1{,}97 = -1962{,}1$ kNm $M_{w2} = -411{,}0 \cdot 0{,}33 = - 135{,}6$ kNm	−1377,0	− 109,9	−2097,7
− aus Lagerreibung: $H = 30{,}0 + 12{,}0 = 42{,}0$ kN $M_v = +238{,}4 \cdot 42/76$ $M_w = -307{,}3 \cdot 42/76$		+ 131,7	− 170,0
Summe 4.1.1.1	− 1377,0	+ 21,8	−2267,7

6.4 Berechnungsbeispiele

Berechnungsschema (Fortsetzung)	F kN	M_v kNm	M_w kNm
4.1.1.2 Restliche Verkehrslast auf der Hinterfüllung			
Aus durchgehender Verkehrsflächenlast			
– Belastung auf der Hinterfüllung:			
(s. in Verbindung mit Nr. 2, Hinterfüllung)			
– auf ①: $F = 2{,}5 \cdot 3{,}64 \cdot 8{,}5 =$	– 77,3		
$M_v = -77{,}3 \cdot 0{,}10 =$		– 7,7	
$M_w = +77{,}3 \cdot 0{,}70 =$			+ 54,1
– auf ②: $F = 2{,}5 \cdot 1{,}1 \cdot 2{,}5/2 =$	– 3,4		
$M_v = -3{,}4 \cdot 4{,}2 =$		– 14,3	
$M_w = +3{,}4 \cdot 1{,}82 =$			+ 6,2
– auf ③: $F = 2{,}5 \cdot 1{,}9 \cdot 2{,}5 =$	– 11,9		
$M_v = -11{,}9 \cdot 5{,}3 =$		– 63,1	
$M_w = +11{,}9 \cdot 2{,}6 =$			+ 30,9
– Belastung der Kappe:			
– auf Flügelwand 1: $F = 2{,}5 \cdot 8{,}5 \cdot 2{,}0 =$	– 42,5		
$M_v = -42{,}5 \cdot 6{,}9 =$		– 293,3	
$M_w = +42{,}5 \cdot 0{,}95 =$			+ 40,4
– auf Flügelwand 2: $F = 2{,}5 \cdot 6{,}5 \cdot 2{,}0 =$	– 32,5		
$M_v = -32{,}5 \cdot 4{,}40 =$		+ 143,0	
$M_w = +32{,}5 \cdot 3{,}55 =$			+ 115,4
– Erddruck auf Flügelwand 1:			
$E = 1{,}25 \cdot 5{,}7 \cdot 5{,}45 = 38{,}8$ kN			
$M_y = -38{,}8 \cdot 3{,}75 = -145{,}5$ kNm			
$M_v = -145{,}5 \cdot \cos 37{,}8° =$		– 115,0	
$M_w = -145{,}5 \cdot \sin 37{,}8° =$			– 89,2
– Erddruck auf Flügelwand 2:			
$E = 1{,}25 \cdot 5{,}7 \cdot 3{,}64 = 25{,}9$ kN			
$M_y = -25{,}9 \cdot 3{,}75 = 97{,}1$ kNm			
$M_v = +97{,}1 \cdot \cos 37{,}8° =$		+ 76,7	
$M_w = +97{,}1 \cdot \sin 37{,}8° =$			+ 59,5
– Erddruck auf die Widerlagerwand:			
$E = 1{,}25 \cdot 5{,}7 \cdot 9{,}38 = 66{,}8$ kN			
$M_E = 66{,}8 \cdot 3{,}75 = 250{,}5$ kNm			
$\alpha = 37{,}9° - 25° = 12{,}9°$			
$M_v = +250{,}5 \cdot \sin 12{,}9°$		+ 55,9	
$M_w = -250{,}5 \cdot \cos 12{,}9°$			– 244,2
Summe durchgehende Verkehrsflächenlast	– 167,6	– 503,8	– 26,9

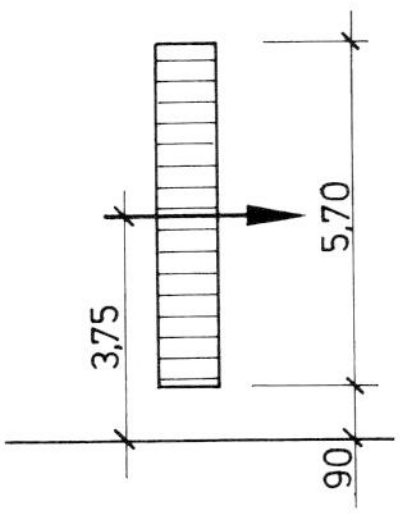

Bild 6.57 Lastanordnung

Berechnungsschema (Fortsetzung)	F kN	M_v kNm	M_w kNm
Übertrag	− 167,6	− 503,8	− 26,9
Aus Überlast Spur 1: $q = 9{,}0 - 2{,}5 = 6{,}5\ \text{kN/m}^2$ auf Fundamentplatte: $= \left((3{,}64 \cdot 3{,}0) + \left(\dfrac{1{,}2 \cdot 2{,}5}{2}\right) + (1{,}8 \cdot 2{,}5) \right) \cdot 6{,}5$ $M_v = -109{,}9 \cdot 3{,}85$ $M_w = +109{,}9 \cdot 0{,}80$ Bei der Erddruckbeanspruchung wird keine Lastverteilung angesetzt. Erddruck auf Flügelwand $M_y = -3{,}25 \cdot 5{,}7 \cdot 5{,}45 \cdot 3{,}75 = -378{,}6\ \text{kNm}$ $M_v = -378{,}6 \cdot \cos 37{,}8°$ $M_w = -378{,}6 \cdot \sin 37{,}8°$ Erddruck auf Widerlagerwand $M_E = 3{,}25 \cdot 5{,}7 \cdot 3{,}0 \cdot 3{,}75 = 208{,}4\ \text{kNm}$ $M_v = +208{,}4 \cdot \sin 12{,}8°$ $M_w = -208{,}4 \cdot \cos 12{,}8°$	− 109,9	− 423,1 − 298,7 + 46,2	+ 87,9 − 232,6 − 203,2
Summe 4.1.1.2	− 277,5	−1179,4	− 374,8
Übertrag 4.1.1.1	− 1377,0	+ 21,8	−2267,7
4.1.1 Summe Lastfall 1	− 1654,5	−1157,6	−2642,5

4.1.2 **Lastfall 2**: Doppelachsen auf der Hinterfüllung, restliche Verkehrslast auf dem Überbau

4.1.2.1 Restliche Verkehrslast auf Überbau $A_1 = 421\ \text{kN}$ $A_2 = 206\ \text{kN}$ $M_{v1} = -421{,}0 \cdot 2{,}12 = -\ 892{,}5\ \text{kNm}$ $M_{v2} = +206{,}0 \cdot 4{,}87 = +1003{,}2\ \text{kNm}$ $M_{w1} = -421{,}0 \cdot 1{,}97 = -\ 829{,}4\ \text{kNm}$ $M_{w2} = -206{,}0 \cdot 0{,}33 = -\ 68{,}0\ \text{kNm}$ aus Lagerreibung: $H = 13{,}0 + 6{,}0 = 19{,}0\ \text{kN}$	− 627,0	− 110,7	− 897,4
Zwischensumme	− 627,0	− 110,7	− 897,4

6.4 Berechnungsbeispiele

Berechnungsschema (Fortsetzung)	F kN	M_v kNm	M_w kNm
Übertrag	− 627,0	− 110,7	− 897,4
$M_v = +238,4 \cdot 19/76 =$		+ 59,6	
$M_w = -307,3 \cdot 19/76 =$			− 76,8
Summe 4.1.2.1	− 627,0	− 51,1	− 974,2
4.1.2.2 Doppelachsen auf der Hinterfüllung,			
Aus durchgehender Verkehrsflächenlast (4.1.1.2)	− 167,6	− 503,8	− 26,9
Aus Doppelachsen			
Spur 1: $q_{D1,k} = 41,0$ kN/m²			
$F_{D1} = +3,0 \cdot 5,0 = 15,0$ m²			
$\phantom{F_{D1} =} -0,5 \cdot 1,3 = \underline{0,7 \text{ m}^2}$			
$\phantom{F_{D1} = -0,5 \cdot 1,3 =} 14,3 \cdot 41,0 =$	− 588,4		
$M_v = -588,4 \cdot 3,10 =$		−1824,0	
$M_w = +588,4 \cdot 0,10 =$			+ 58,8
Spur 2: $q_{D2,k} = 23,8$ kN/m²			
$F_{D2} = 23,8 \cdot 3,0 \dfrac{3,50 + 2,20}{2} =$	− 203,5		
$M_v = -203,5 \cdot 0$		0	
$M_w = +203,5 \cdot 1,0$			+ 203,5
aus Erddruck auf Flügelwand:			
$E = 20,5 \cdot 3,60 \cdot 5,7 = 420,7$ kN			
$M_y = -420,7 \cdot 3,75 = -1578,0$ kNm			
$M_v = -1578,0 \cdot \cos 37,9°$		−1245,2	
$M_w = -1578,0 \cdot \sin 37,9°$			− 969,3
aus Erddruck auf Widerlagerwand:			
$e = (20,5 + 11,9)/2 = 16,2$ kN/m²			
$M_e = 16,2 \cdot 6,60 \cdot 5,70 \cdot 3,75 = 2285,4$ kN/m			
$M_v = +2285,4 \cdot \sin 12,8° =$		+ 510,2	
$M_w = -2285,4 \cdot \cos 12,8° =$			−2227,3
Summe 4.1.2.2	− 959,5	−3062,8	−2961,2
Übertrag 4.1.2.1	− 627,0	− 51,1	− 974,2
4.1.2 Summe Lastfall 2	− 1586,5	−3113,9	−3935,4

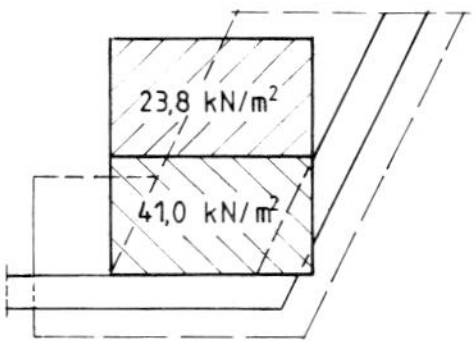

Bild 6.58 Laststellung

Berechnungsschema (Fortsetzung)	F kN	M_v kNm	M_w kNm
4.2 Spur 1 an der Seite der spitzen Ecke des Widerlagers (Flügelwand ②)			
4.2.1 Lastfall 3: Doppelachsen auf dem Überbau, restliche Verkehrslast auf der Hinterfüllung			
4.2.1.1 Doppelachsen auf dem Überbau			
$A_1 = 411$ kN			
$A_2 = 966$ kN	$-1377{,}0$		
$M_{v1} = -411{,}0 \cdot 1{,}97 = -809{,}7$ kNm			
$M_{v2} = +966{,}0 \cdot 4{,}87 = +4704{,}4$ kNm		$+3894{,}7$	
$M_{w1} = -411{,}0 \cdot 1{,}97 = -809{,}7$ kNm			
$M_{w2} = -966{,}0 \cdot 0{,}33 = -318{,}8$ kNm			$-1128{,}5$
– aus Lagerreibung siehe 4.1.1.1		$+131{,}7$	$-170{,}0$
Summe 4.2.1.1	$-1377{,}0$	$+4026{,}4$	$-1298{,}5$
4.2.1.2 Restliche Verkehrslast auf der Hinterfüllung			
Aus durchgehender Verkehrsflächenlast (4.1.1.2)	$-167{,}6$	$-503{,}8$	$-26{,}9$
aus Überlast Spur 1: $q = 9{,}0 - 2{,}5 = 6{,}5$ kN/m²			
auf Fundamentplatte:			
$F = 3{,}64 \cdot 3{,}0 \cdot 6{,}5$	$-71{,}0$		
$M_v = +71{,}0 \cdot 2{,}9$		$+205{,}9$	
$M_w = +71{,}0 \cdot 1{,}4$			$+99{,}4$
Erddruck auf Flügelwand			
$M_y = 3{,}25 \cdot 5{,}70 \cdot 3{,}64 \cdot 3{,}75 = +252{,}9$ kNm			
$M_v = +252{,}9 \cdot \cos 37{,}9°$		$+199{,}6$	
$M_w = +252{,}9 \cdot \sin 37{,}9°$			$+155{,}4$
Erddruck auf Widerlagerwand wie 4.1.1.2		$+46{,}2$	$-203{,}2$
Summe 4.2.1.2	$-238{,}6$	$+52{,}1$	$+24{,}7$
Übertrag 4.2.1.1	$-1377{,}0$	$+4026{,}4$	$-1298{,}5$
4.2.1 Summe Lastfall 3	$-1615{,}6$	$+3974{,}3$	$-1273{,}8$

6.4 Berechnungsbeispiele

Berechnungsschema (Fortsetzung)	F kN	M_v kNm	M_w kNm
4.2.2 Lastfall 4: Doppelachsen auf der Hinterfüllung, restliche Verkehrslast auf dem Überbau			
4.2.2.1 Restliche Verkehrslast auf dem Überbau			
Vertikalkraft wie 4.1.2.1	− 627,0		
$M_{v1} = -206,0 \cdot 2,12 = -\ 436,7$ kNm			
$M_{v2} = +421,0 \cdot 4,87 = +2050,3$ kNm		+1613,6	
$M_{w1} = -206,0 \cdot 1,97 = -\ 405,8$ kNm			
$M_{w2} = -421,0 \cdot 0,33 = -\ 138,9$ kNm			− 544,7
aus Lagerreibung wie 4.1.2.1		+ 59,6	− 76,8
Summe 4.2.2.1	− 627,0	+1673,2	− 621,5
4.2.2.2 Doppelachsen auf der Hinterfüllung,			
Aus durchgehender Verkehrsflächenlast (4.2.1.2)	− 238,6	− 52,1	− 24,7
Aus Doppelachsen:			
− Spur 1: $q_{D1,k} = 41,0$ kN/m²			
$F_{D1} = (3,64 + 4,80)/2 \cdot 3,0 \cdot 41,0 =$	− 519,6		
$M_v = +519,6 \cdot 2,80 =$		+1454,9	
$M_w = +519,6 \cdot 1,0 =$			+ 519,6
− Spur 2: $q_{D2,k} = 23,8$ kN/m²			
$F_{D2} = 5,0 \cdot 3,0 \cdot 23,8 =$	− 357,0		
$M_v = +357,0 \cdot 0,3 =$		+ 107,1	
$M_w = -357,0 \cdot 0,4 =$		− 142,8	+ 142,8
aus Erddruck auf Flügelwand			
$E = 20,5 \cdot 3,64 \cdot 5,7 = 425,3$ kN			
$M_y = 425,3 \cdot 3,75 = 1595$ kNm			
$M_v = +1595 \cdot \cos 37,9°$		+1258,6	
$M_w = +1595 \cdot \sin 37,9°$			+ 979,8
aus Erddruck auf Widerlagerwand wie 4.1.2.2		+ 510,2	−2227,3
Summe 4.2.2.2	− 1115,2	+3278,7	+ 846,0
Übertrag 4.2.2.1	− 627,0	+1673,2	− 621,5
4.2.2 Summe Lastfall 4	− 1742,2	+4951,9	−1467,5

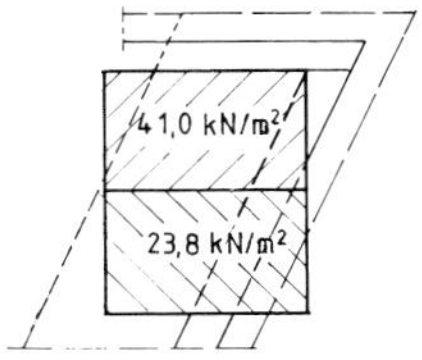

Bild 6.59 Laststellung

Berechnungsschema (Fortsetzung)	M_v kNm	M_w kNm
5. Horizontalkräfte aus Bremsen und Anfahren		
5.1 Doppelachsen auf dem Überbau		
$H = \pm 2 \cdot 177{,}0 = \pm 354{,}0$ kN		
$M_z = \pm 354{,}0 \cdot 5{,}1 = \pm 1805$ kNm		
$M_v = \mp 1805 \cdot \sin 37{,}8°$	∓ 1108	
$M_w = \pm 1805 \cdot \cos 37{,}8°$		± 1425
5.2 Doppelachsen auf der Hinterfüllung		
$H = \pm 2 \cdot 32{,}5 = \pm 65{,}0$ kN		
$M_v = \mp 1108 \cdot 65{,}0/354{,}0$	∓ 203	
$M_w = \pm 1425 \cdot 65{,}0/354{,}0$		± 262

6. Zusammenstellung der Ergebnisse

Lastfall	Bezeichnung	F kN	M_v kNm	M_w kNm
	Ständige Last			
1	Widerlager	− 4559	− 678	+ 842
2.1	Auflast Hinterfüllung	− 3790	−3411	+3703
2.2	Erddruck Hinterfüllung	−	+ 288	−4422
3	Überbau	− 2542	+3724	−3231
	Summe Ständige Last	−10891	− 77	−3108
4	Verkehr			
4.1	Hauptspur an der Seite der stumpfen Ecke des Widerlagers			
4.1.1	Doppelachsen auf Überbau	− 1655	−1158	−2643
4.1.2	Doppelachsen auf Hinterfüllung	− 1587	−3114	−3935
4.2	Hauptspur an der Seite der spitzen Ecke des Widerlagers			
4.2.1	Doppelachsen auf Überbau	− 1616	+3974	−1274
4.2.2	Doppelachsen auf Hinterfüllung	− 1742	+4955	−1468
5	Anfahr- und Bremskräfte			
5.1	Doppelachsen auf Überbau		∓ 1108	± 1425
5.2	Doppelachsen auf Hinterfüllung		∓ 203	± 262

6.4 Berechnungsbeispiele

6.4.1.4 Nachweis des Grenzzustandes der Tragfähigkeit

Widerstand gegen Gleiten

Der ungünstige Belastungsfall zur Bestimmung der Sicherheit gegen Gleiten liegt dann vor, wenn die Verkehrslast im Fahrbahnbereich den vollen Horizontalschub aus dem Erddruck ihrer Auflast erzeugt, ohne daß sie dabei die Fundamentplatte lotrecht belastet.

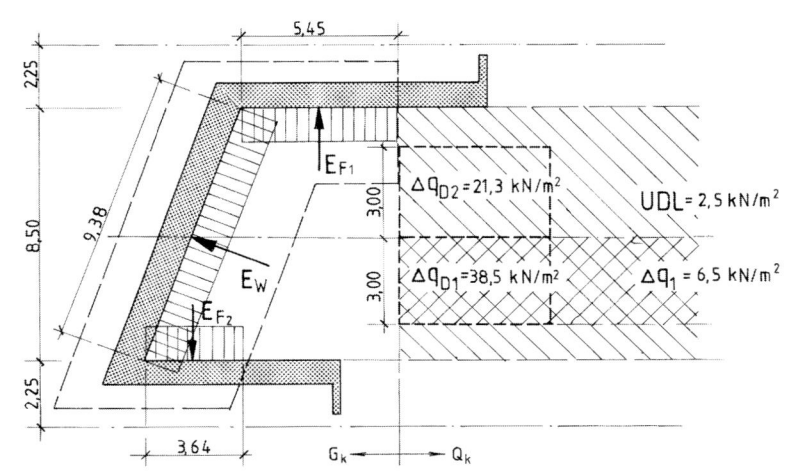

Bild 6.60
Lastbild

Einwirkungen aus ständiger Last:

- Vertikallasten (nach Abschnitt 6.4.1.3, Lastfall 1 bis 3):

$$G_k = 10891 \text{ kN}$$

- Horizontallasten (nach Abschnitt 6.4.1.3, Lastfall 2.2):

$$E_w = 1839 \text{ kN}; \quad \Delta E_{Fl} = 1068 - 714 = 354 \text{ kN}; \quad \text{Winkel der Schiefe } 65°$$

- Horizontalkraft aus Erddruck infolge Hinterfüllung:

$$E_{G,v} = E_{w,v} + \Delta E_{Fl} = 1839 \sin 25° + 354 = 1131 \text{ kN}$$
$$E_{G,h} = 1839 \cos 25° = 1666 \text{ kN}$$
$$E_G = \sqrt{1131^2 + 1666^2} = 2013 \text{ kN}; \quad \alpha = 34{,}2°$$

- Hotizontalkräfte aus Erddruck infolge Verkehrslast:

Verkehrsflächenlast (UDL):	$1{,}25 \cdot 8{,}50 \cdot 6{,}6 =$	70,1 kN
Überlast Spur 1:	$3{,}25 \cdot 3{,}0 \cdot 6{,}6 =$	64,4 kN
Überlast Doppelachse 1:	$19{,}25 \cdot 3{,}0 \cdot 6{,}6 =$	381,2 kN
Überlast Doppelachse 2:	$10{,}65 \cdot 3{,}0 \cdot 6{,}6 =$	210,9 kN
	$E_{Q,k} =$	726,6 kN
Bremskraft (Höchstwert)	max $H_{Br} =$	900,0 kN
	$\Sigma H_Q =$	1626,5 kN

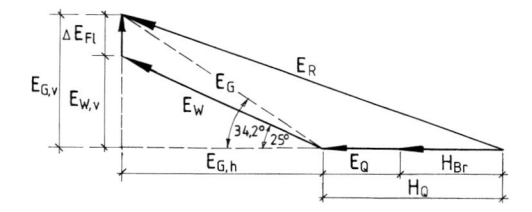

Bild 6.61 Resultierende Horizontalkraft

Bemessungswerte der Einwirkungen:
- Erdruhedruck:
$$E_0 = 1,2 \cdot 2013 = 2416 \text{ kN} \triangleq 2,4 \text{ MN}$$
- Horizontalkraft aus Verkehr:
$$H_Q = 1,5 \cdot 1627 = 2440 \text{ kN} \triangleq 2,4 \text{ MN}$$
- Resultierende Horizontalkraft:
$$H_d^2 = 2,4^2 + 2,4^2 + 2 \cdot 2,4 \cdot 2,4 \cos 34,3° = 21,2$$
$$H_d = 4,6 \text{ MN}$$

Bemessungswert des Widerstandes:
$$R_{d,Gl} = \frac{10,89 \cdot \tan 30°}{1,10} = 9,9 \text{ MN}$$

Nachweisbedingung:
$$4,6 \text{ MN} < 9,9 \text{ MN, Bedingung erfüllt}$$

Widerstand gegen Grundbruch

Der Grundbruchwiderstand muß als solcher gegen Böschungsbruch ermittelt werden. Da hierfür eine verbindliche Vorschrift bei Manuskriptabgabe nicht vorlag, wird dieser Nachweis nur angedeutet, er muß zu gegebener Zeit nachgeholt werden.

6.4.1.5 Nachweis des Grenzzustandes der Gebrauchstauglichkeit

Lage der Sohldruckresultierenden

Die Lage der Resultierenden wird für den Lastfall $G_k + Q_{k(4.1.2)}$ + Bremsen nachgewiesen:
$$\Sigma V = -10,89 - 1,59 = -12,5 \text{ MN}$$
$$\Sigma M_v = -0,08 - 3,11 - 0,20 = -3,4 \text{ MNm}$$
$$\Sigma M_w = -3,11 - 3,94 - 0,26 = -7,3 \text{ MNm}$$
$$e_w = \frac{\Sigma M_v}{\Sigma V} = \frac{-3,4}{-12,5} = +0,27 \text{ m}$$
$$e_v = \frac{\Sigma M_w}{\Sigma V} = \frac{-7,3}{-12,5} = +0,58 \text{ m}$$

Die Außermittigkeiten sind gering, die zugehörige Kernweite wird daher nicht nachgewiesen. Die Lage der Resultierenden wurde in Bild 6.62 eingetragen.

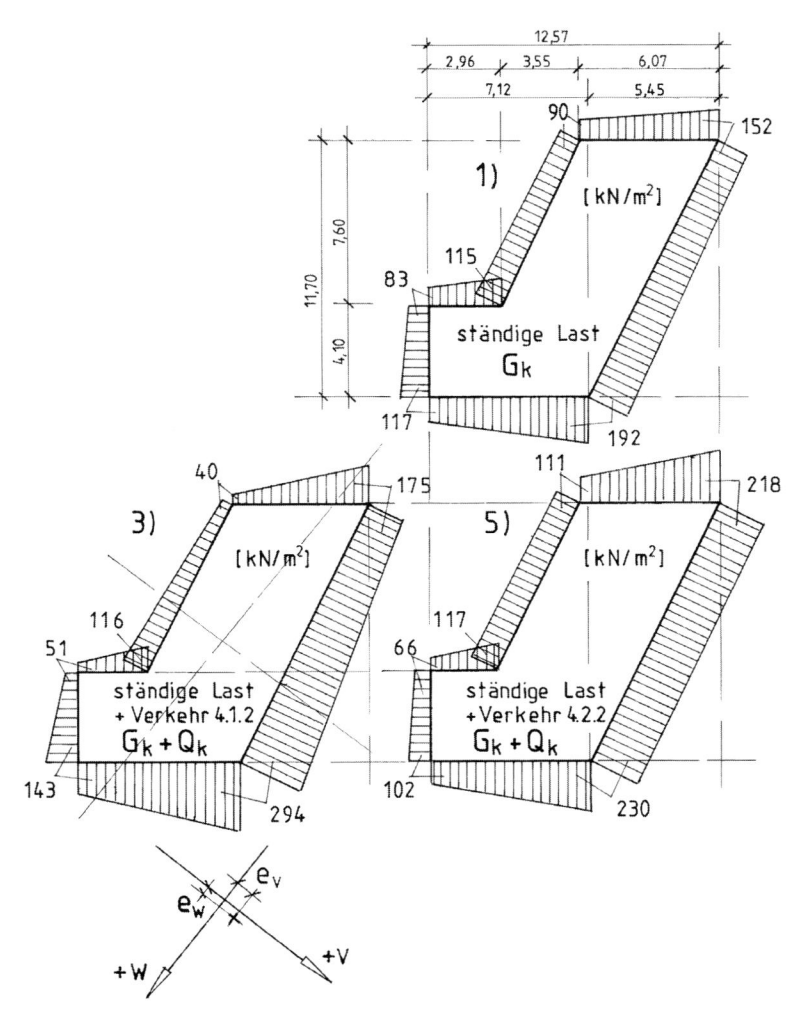

Bild 6.62
Verlauf der Sohlpressungen für einige Lastfälle

Nachweis der Sohldruckspannungen

Die Spannungen wurden mit Hilfe der nachstehenden Beziehung ermittelt:

$$\sigma = \frac{F}{A} + \frac{M_v}{W_v} + \frac{M_w}{W_w}$$

mit: $A = 79{,}3 \text{ m}^3$
W_v und W_w gemäß Tabelle 6.4

Die Sohldruckspannungen wurden in der Tabelle 6.6 getrennt nach den einzelnen Einwirkungen für die Punkte 1 bis 6 zusammengestellt. In der Tabelle 6.7 sind die Minimal- und Maximalkombinationen aufgeführt.

Tabelle 6.6
Zusammenstellung der Bodenpressungen in den einzelnen Eckpunkten, getrennt nach Lastfällen

Nr.	Kombination	Nr. im Berechnungsschema	1	2	3	4	5	6
1	G_k	(1, 2, 3)	−117	−192	−152	−90	−115	−83
2	$G_k + Q_{A1,1} + Q_{Br}$	(1, 2, 3) + (4.1.1) + 5.1	−144	−285	−194	−83	−132	−91
3	$G_k + Q_{A1,2} + Q_{Br}$	(1, 2, 3) + (4.1.2) + 5.2	−143	−294	−175	−40	−116	−51
4	$G_k + Q_{k2,1} + Q_{Br}$	(1, 2, 3) + (4.2.1) + 5.1	−120	−246	−221	−124	−130	−95
5	$G_k + Q_{k2,2} + Q_{Br}$	(1, 2, 3) + (4.2.2) + 5.2	−102	−230	−218	−111	−117	−66

Tabelle 6.7
Maximal- und Minimalwerte der Bodenpressungen (MN/m²)

Lastfall		Einwirkungen			Bezeichnung des Eckpunktes					
		(kN)	(kNm)	(kNm)	Bodenpressung in kN/m²					
		F	M_v	M_w	1	2	3	4	5	6
1 + 2 + 3	G_k	−10891	−77	−3108	−117	−192	−152	−90	−115	−83
4.1.1	Q_k	−1655	−1158	−2643	−11	−71	−27	+25	−4	+21
4.1.2	Q_k	−1587	−3114	−3935	−23	−98	−20	+53	+1	+37
4.2.1	Q_k	−1616	+3974	−1274	+13	−32	−54	−16	−2	+17
4.2.2	Q_k	−1742	+4955	−1468	+18	−34	−63	−18	0	+22
5	Q_{Br}	–	∓1108	±1425	∓16	±22	±15	∓18	∓13	∓29
5.2	Q_{Br}	–	∓203	±262	∓3	±4	±3	∓3	∓2	∓5

6.4 Berechnungsbeispiele

6.4.2 Bemessung einer einfachen Widerlagerstützwand

6.4.2.1 System und Abmessungen

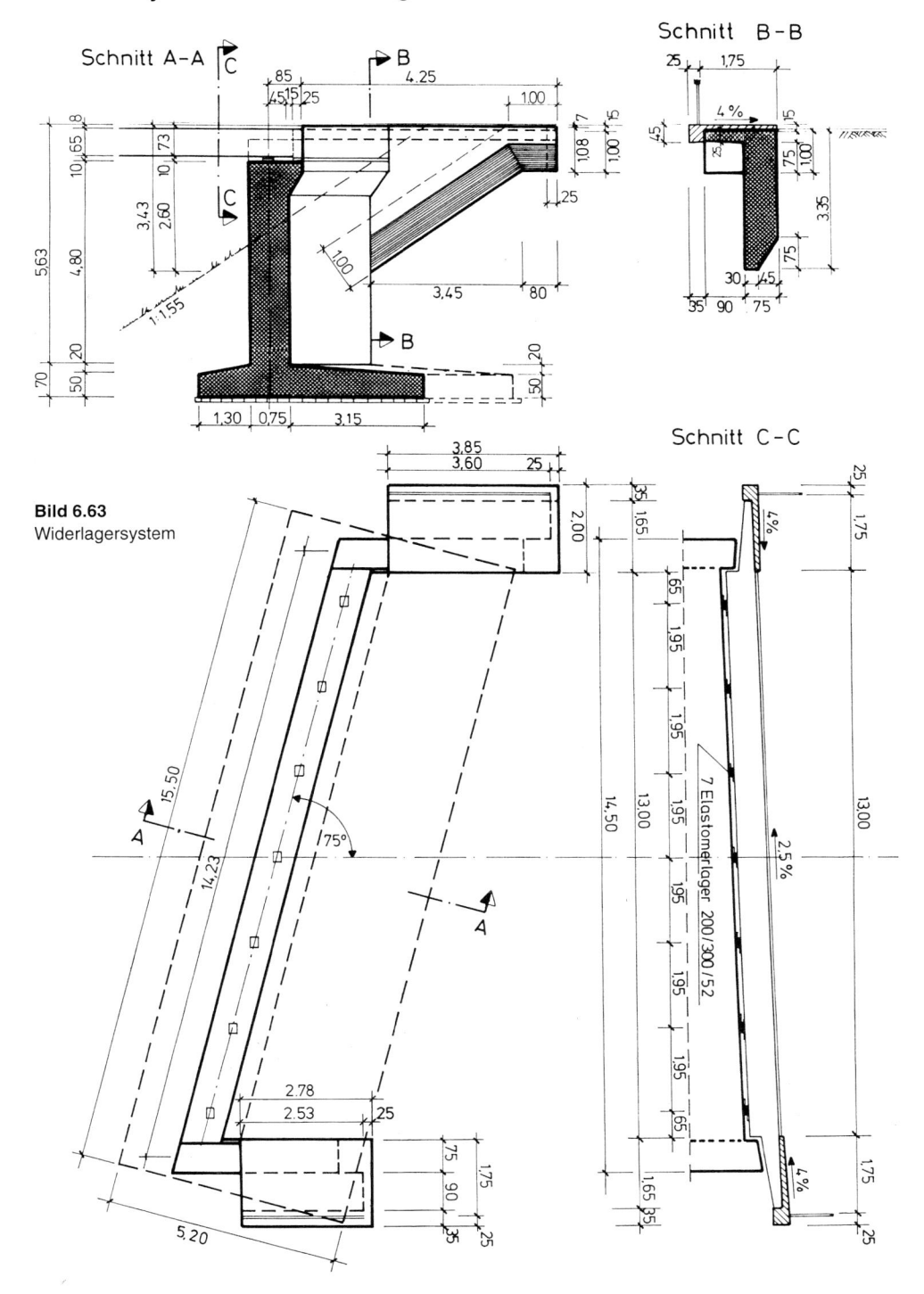

Bild 6.63
Widerlagersystem

6.4.2.2 Einwirkungen auf das Widerlager

a) Auflagerkräfte aus dem Überbau

Lastfall 1: Doppelachsen auf dem Überbau

Dieser Lastfall liefert die größten Auflagerkräfte, ist aber für die Bemessung des Widerlagers nicht maßgebend, er wird daher nicht vorgeführt.

Lastfall 2: Doppelachsen auf der Hinterfüllung

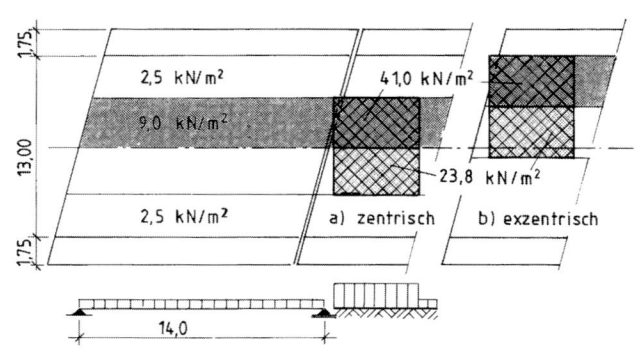

Bild 6.64
Laststellung für die maximale Auflast auf dem Widerlager

- Aus Eigengewicht:

    Überbau: Platte: $0{,}65 \cdot 25 = 16{,}25$ kN/m²
    Belag: $0{,}08 \cdot 25 = 2{,}00$ kN/m², Summe $= 18{,}25$ kN/m²

    Kragarm: siehe Berechnungsbeispiel Abschnitt 5.5.2.2

    je Seite $V_{G,k} = 24{,}0$ kN/m

    Somit: Platte: $(18{,}25 \cdot 13{,}0 + 2 \cdot 24{,}0) \cdot 14{,}0/2 = 1997$ kN
    Endquerträger $\quad 18{,}25 \cdot 0{,}85 \cdot 13{,}0 \quad\quad\quad\quad = \underline{202\ \text{kN}}$
    $\quad\quad\quad\quad\quad\quad\quad\quad\quad\quad\quad\quad\quad\quad\quad\quad\quad\quad A_{G,k} = 2199$ kN

- Aus Verkehr: Lastgruppe 1 gemäß Tabelle 1.3:

    Durchgehende Verkehrsflächenlast:

    $q_{2,k} = 2{,}5 \cdot 16{,}5 \cdot 14{,}0/2 \quad\quad\quad\quad\quad\quad\quad\quad = 289$ kN

    Überlast in der Spur 1:

    $q_{1,k} = (9{,}0 - 2{,}5) \cdot 3{,}0 \cdot 14{,}0/2 \quad\quad\quad\quad\quad = \underline{137\ \text{kN}}$
    $\quad\quad\quad\quad\quad\quad\quad\quad\quad\quad\quad\quad\quad\quad\quad A_{Q,k} = 426$ kN

Zugehörige Horizontalkräfte:

- Aus Überbauverkürzung:

    Infolge Vorspannung, Kriechen, Schwinden und Temperatur siehe Berechnungsbeispiel, Abschnitt 8.4.3(5):

    $\Sigma \varepsilon = (0{,}80 + 0{,}37) \cdot 10^{-3} = 1{,}17 \cdot 10^{-3}$

6.4 Berechnungsbeispiele

vorh. 7 Elastomerlager 200/300/52 mit h_N = 37 mm
$\Delta l = 1{,}17 \cdot 10^{-3} \cdot 14{,}0/2 = 8 \cdot 10^{-3}$ m, $\tan \gamma = 0{,}8/3{,}7 = 0{,}22$
$H^* = 7 \cdot 1{,}0 \cdot 0{,}2 \cdot 0{,}3 \cdot 0{,}22 = 0{,}092$ MN

- Aus Bremskraft:
  $Q_{Br,k}$ = $0{,}6 \cdot 0{,}8 \cdot 600 + 0{,}10 \cdot 1{,}0 \cdot 9{,}0 \cdot 3{,}0 \cdot 14{,}0$
          = $288{,}0 + 38{,}0 = 326{,}0$ kN
  min $Q_{Br} = 0{,}8 \cdot 360 = 288$ kN $< Q_{Br,k}$

  Anteilige Bremskraft im Lastfall 2 (ohne Doppelachsen):
  $Q_{Br}^* = 8{,}0$ kN, je Widerlager 19,0 kN

  Horizontalkraft insgesamt:
  $H_k = 92{,}0 + 19{,}0 = 111{,}0$ kN

b) Einwirkungen aus dem Erddruck

Erddruckordinaten aus der Widerlagerhinterfüllung

$\gamma = 18$ kN/m³, $\phi = 35°$, $\delta = 0$, $k_0 = 1 - \sin 35° = 0{,}426$

Widerlagerwand:
OK Wand: $e = 18{,}0 \cdot 0{,}426 \cdot 0{,}83 = $ 6,4 kN/m²
UK Wand: $e = 18{,}0 \cdot 0{,}426 \cdot 5{,}63 = 43{,}2$ kN/m²
UK Fundament: $e = 18{,}0 \cdot 0{,}426 \cdot 6{,}43 = 49{,}2$ kN/m²

Kragflügelwand:
OK Wand: $e = 18{,}0 \cdot 0{,}426 \cdot 0{,}83 = $ 0,6 kN/m²
UK Wandende: $e = 18{,}0 \cdot 0{,}426 \cdot 1{,}08 = $ 8,3 kN/m²
OK Wandanfang: $e = 18{,}0 \cdot 0{,}426 \cdot 3{,}43 = 26{,}3$ kN/m²

Erddruckordinaten aus der Auflast der Verkehrslast

$\gamma = 18{,}0$ kN/m², $\phi = 35°$, $\delta = 0$, $k_0 = 0{,}426$
$q_{H1,k} = 41{,}0$ kN/m², $q_{H2,k} = 23{,}8$ kN/m², $\Delta q_H = 17{,}2$ kN/m²

- Widerlagerwand, Lastfall 2, zentrische Stellung der Doppelachsen

  OK Wand: $t = 0{,}83$ m, $\Delta l = 0{,}83/\tan 60° = 0{,}48$ m
  $A_1^o = 3{,}0 \cdot 5{,}0 = 15{,}0$ m², $A_{1,2}^o = 30{,}0$ m²
  $A_1^u = (3{,}0 + 2 \cdot 0{,}48)(5{,}0 + 0{,}48) = 21{,}7$ m²
  $A_{1,2}^u = (6{,}0 + 2 \cdot 0{,}48)(5{,}0 + 0{,}48) = 38{,}1$ m²
  $q_H^u = 23{,}8 \dfrac{30{,}0}{38{,}1} + 17{,}2 \dfrac{15{,}0}{21{,}7} = 30{,}6$ kN/m²
  $e_u = 30{,}6 \cdot 0{,}426 = 13{,}0$ kN/m²

  UK Wand: $t = 5{,}63$ m, $\Delta l = 5{,}63/\tan 60° = 3{,}25$ m
  $A_1^o = 15{,}0$ m², $A_{1,2}^o = 30{,}0$ m²

$$A_1^u = (3{,}0 + 2 \cdot 3{,}25)(5{,}0 + 3{,}25) = 78{,}4 \text{ m}^2$$
$$A_{1,2}^u = (6{,}0 + 2 \cdot 3{,}25)(5{,}0 + 3{,}25) = 103{,}1 \text{ m}^2$$
$$q_H^u = 23{,}8 \, \frac{30{,}0}{103{,}1} + 17{,}2 \, \frac{15{,}0}{78{,}4} = 10{,}2 \text{ kN/m}^2$$
$$e^u = 10{,}2 \cdot 0{,}426 = 4{,}3 \text{ kN/m}^2$$

- Widerlagerwand, Lastfall 2, exzentrische Stellung der Doppelachsen
  OK Wand: Δl wie vor = 0,48 m
  $$A_1^o = 15{,}0 \text{ m}^2, \quad A_{1,2}^o = 30{,}0 \text{ m}^2$$
  $$A_1^u = (3{,}0 + 0{,}48)(5{,}0 + 0{,}48) = 19{,}1 \text{ m}^2$$
  $$A_{1,2}^u = (6{,}0 + 0{,}48)(5{,}0 + 0{,}48) = 35{,}5 \text{ m}^2$$
  $$q_H^u = 23{,}8 \, \frac{30{,}0}{35{,}5} + 17{,}2 \, \frac{15{,}0}{19{,}1} = 33{,}6 \text{ kN/m}^2$$
  $$e_u = 33{,}6 \cdot 0{,}426 = 14{,}3 \text{ kN/m}^2$$

  UK Wand: Δl wie vor = 3,25 m
  $$A_1^o = 15{,}0 \text{ m}^2, \quad A_{1,2}^o = 30{,}0 \text{ m}^2$$
  $$A_1^u = (3{,}0 + 3{,}25)(5{,}0 + 3{,}25) = 51{,}6 \text{ m}^2$$
  $$A_{1,2}^o = (6{,}0 + 3{,}25)(5{,}0 + 3{,}25) = 76{,}3 \text{ m}^2$$
  $$q_H^u = 23{,}8 \, \frac{30{,}0}{76{,}3} + 17{,}2 \, \frac{15{,}0}{51{,}6} = 14{,}4 \text{ kN/m}^2$$
  $$e^u = 14{,}4 \cdot 0{,}426 = 6{,}1 \text{ kN/m}^2$$

- Kragflügelwand: maßgebend Lastfall 2, exzentrische Stellung
  OK Wand: $\max e_0 = 41{,}0 \cdot 0{,}426 = 17{,}5 \text{ kN/m}^2$
  UK Wandende: $t = 1{,}08$ m, $\Delta l = 1{,}08/\tan 60° = 0{,}63$ m
  $$A_1^o = 15{,}0 \text{ m}^2, \quad A_{1,2}^o = 30{,}0 \text{ m}^2$$
  $$A_1^u = (3{,}0 + 0{,}63)(5{,}0 + 0{,}63) = 20{,}4 \text{ m}^2$$
  $$A_{1,2}^u = (5{,}0 + 0{,}63)(5{,}0 + 0{,}63) = 31{,}7 \text{ m}^2$$
  $$q_H^u = 23{,}8 \, \frac{30{,}0}{31{,}7} + 17{,}2 \, \frac{15{,}0}{20{,}4} = 35{,}1 \text{ kN/m}^2$$
  $$e^u = 35{,}1 \cdot 0{,}426 = 15{,}0 \text{ kN/m}^2$$

  UK Wandanfang: $t = 3{,}43$ m, $\Delta l = 3{,}43/\tan 60° = 1{,}98$ m
  $$A_1^o = 15{,}0 \text{ m}^2, \quad A_{1,2}^o = 30{,}0 \text{ m}^2$$
  $$A_1^u = (3{,}0 + 1{,}98)(5{,}0 + 1{,}98) = 34{,}8 \text{ m}^2$$
  $$A_{1,2}^u = (5{,}0 + 1{,}98)(5{,}0 + 1{,}98) = 48{,}7 \text{ m}^2$$
  $$q_H^u = 23{,}8 \, \frac{30{,}0}{48{,}7} + 17{,}2 \, \frac{15{,}0}{34{,}8} = 22{,}1 \text{ kN/m}^2$$
  $$e^u = 22{,}1 \cdot 0{,}426 = 9{,}4 \text{ kN/m}^2$$

6.4.2.3 Biegebeanspruchung und Bemessung

a) Kragflügelwand

Die Kragflügelwände sind infolge der Brückenschiefe unterschiedlich lang, sie sind aber konstruktiv so eingebunden, daß die Einspannränder gleich lang sind. Damit erhält die Wand beidseitig gleich lange Belastungsränder, aber mit unterschiedlicher Belastungsordinate. Da dieser Belastungsunterschied gering ausfällt, wird ungünstig mit der größeren Belastungsordinate symmetrisch gerechnet.

Einwirkungen aus der Plattenwirkung

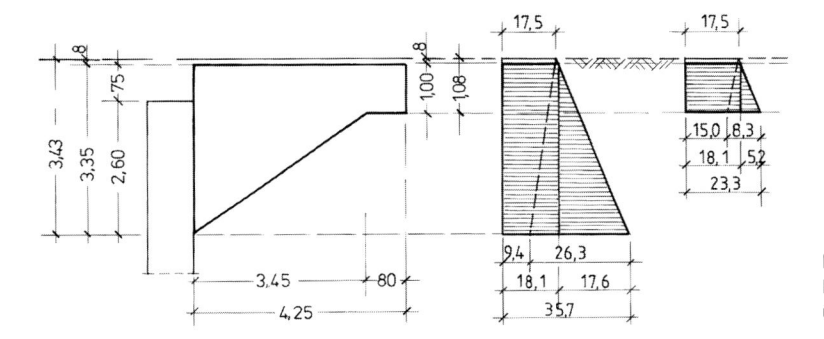

Bild 6.65 Kragflügel: System und Belastung

Aus Erddruck:

$$\Sigma H = \frac{18{,}1 + 23{,}3}{2} \cdot 1{,}0 \cdot 4{,}25 \quad = \quad 88{,}0 \text{ kN}$$

$$23{,}3 \cdot 2{,}35 \cdot 3{,}45/2 \quad = \quad 94{,}4 \text{ kN}$$

$$(35{,}7 - 23{,}1) \cdot 2{,}35/2 \cdot 3{,}45/3 = \quad 16{,}9 \text{ kN}$$

$$\Sigma H = 199{,}3 \text{ kN}$$

$$\Sigma M = 88{,}0 \cdot 4{,}25/2 \ = \ 187{,}0 \text{ kNm}$$

$$94{,}4 \cdot 3{,}45/3 \ = \ 108{,}6 \text{ kNm}$$

$$16{,}9 \cdot 3{,}45/4 \ = \ 14{,}6 \text{ kNm}$$

$$\Sigma M = 310{,}2 \text{ kNm}$$

Dreieckförmige Einleitung in die Widerlagerwand:

$$m_{\max} = 199{,}3 \cdot 2/2{,}60 = 238{,}0 \text{ kNm}$$

Einwirkungen aus der Scheibenwirkung

Die Wandunterschneidung wird bei der Ermittlung des Eigengewichtes nicht in Ansatz gebracht, die Fläche der Kappe wird mit $0{,}44 \text{ m}^2$ berücksichtigt.

- Ständige Last:

  Konstanter Anteil: $0{,}44 \cdot 25 \quad = 11{,}00 \text{ kN/m}$

  $0{,}275 \cdot 0{,}9 \cdot 25 = \ 6{,}20 \text{ kN/m}$

  $0{,}75 \cdot 1{,}0 \cdot 25 \ = 18{,}75 \text{ kN/m}$

  $G_{k,1} = 35{,}95 \text{ kN/m}$

Veränderlicher Anteil: $G_{k,2} = (3{,}35 - 1{,}0) \cdot 0{,}75 \cdot 25 = 44{,}1$ kN/m

$$M_{G,k} = 36{,}0 \cdot 4{,}25^2/2 + 44{,}1 \cdot 3{,}45^2/6 = 413 \text{ kNm}$$

- Verkehr, Lastgruppe 3 gemäß Tabelle 1.3:

$$M_{Q,k} = 5{,}0 \cdot 1{,}75 \cdot 4{,}25^2/2 = 79{,}0 \text{ kNm}$$

Einwirkungen aus dem Schrammbordstoß

vertikal: $\quad F_{s,v} = 0{,}75 \cdot 0{,}8 \cdot 300 = 180$ kN

$$M_{Fs,v} = 180 \cdot (4{,}25 - 0{,}50) = 675 \text{ kNm}$$

horizontal: $F_{s,h} = 100$ kN

Verteilungsbreite bei Anprall auf den letzten Pfosten (0,5 m vom Ende)

$\quad b \quad = 0{,}50 + (0{,}95 + 1{,}45 + 0{,}50) = 3{,}40$ m

$\quad m_{Fs,h} = 100/340 = 29{,}4$ kN/m

Somit ergibt sich das auf den Kragflügelrand bezogene Moment:

$$m^*_{Fs,h} = 29{,}4 \cdot 3{,}4\,(1{,}05 + 3{,}40/2) = 275 \text{ kNm}$$

Auf die Länge des Einspannrandes verteilt:

$$m_{Fs,h} = 275/2{,}60 = 106 \text{ kNm/m}$$

Bemessung

Beton: $\quad$ C 30/37, $\quad f_{ck} = 30$ N/mm^2, $\quad f_{cd} = 30/1{,}5 = 20$ N/mm^2

Betonstahl: St 500 H, $\quad f_{yk} = 500$ N/mm^2, $\quad f_{yd} = 500/1{,}15 = 435$ N/mm^2

Horizontal: $b/h/d = 100/75/68{,}8$ (cm) mit *nom c* $= 55$ mm

Grenzzustand der Tragfähigkeit:

$(G_k + Q_k)$: $m_{Ed} = 0 + 1{,}50 \cdot 238{,}0 = 357{,}0$ kNm

$\quad \mu_{sd} = 0{,}038$, $z = 0{,}97 \cdot 68{,}8 = 66{,}7$ cm

$\quad a_s \quad = 35700/66{,}7 \cdot 43{,}5 = 12{,}3$ cm^2/m

$(G_k + F_{s,k})$: $m_{Ed} = 0 + 1{,}0 \cdot 106 = 106$ kNm

$\quad a_s \quad = 12{,}3 \cdot 106/357 = 3{,}6$ cm^2/m

Mindestbewehrung:

min $a_s = 75 \cdot 100 \cdot 0{,}0011 = 8{,}25$ cm^2/m

unterer Grenzwert $\varnothing$ 10/20 $= 3{,}9$ cm^2/m

Vertikal: $b/h/d = 75/235/228$ (cm)

$(G_k + Q_k)$: $M_d = 1{,}35 \cdot 413 + 1{,}5 \cdot 79 = 676$ kNm

$(G_k + F_{s,k})$: $M_d = 1{,}35 \cdot 413 + 1{,}0 \cdot 675 = 1233$ kNm

$\quad \mu_{sd} = 0{,}016$, $z = 0{,}98 \cdot 2{,}28 = 2{,}23$ m

$\quad a_s \quad = 123300/223 \cdot 43{,}5 = 12{,}7$ cm^2

Bewehrung gewählt: 3 $\varnothing$ 25 mit 14,7 cm^2

6.4 Berechnungsbeispiele

Grenzzustand der Gebrauchstauglichkeit:

- *Spannungsnachweis*

  Auf die Spannungsermittlung wird wegen der geringen Beanspruchungen verzichtet.

- *Beschränkung der Rißbreite*

  Nachweisführung für die Anforderungsklasse E nach Tabelle 5.26 mit der quasi-ständigen Einwirkungskombination.

  Nachzuweisen ist die Mindestbewehrung zur Beschränkung der Erstrißbildung (siehe Abschnitt 5.3.6.4 (b)), mit:

  $$m_{\text{quasi-ständig}} = 0 + 0{,}2 \cdot 238 = 47{,}6 \text{ kNm/m}$$

  mit: $z = 0{,}99 \cdot 0{,}688 = 0{,}680$ m
  mit: $A_{ct} = 0{,}680 \cdot 1{,}0 = 0{,}68$ m², $k_c = 0{,}4$, $k = 0{,}56$

  σ_s: vorh $d_s = 14{,}0$ mm, $w_k = 0{,}3$ mm

  nach Tabelle 5.29, zul $\sigma_s = 280$ N/mm²

  $$A_{s,\text{min}} = 0{,}4 \cdot 0{,}56 \cdot 0{,}68 \cdot 10 \cdot 2{,}9/280 = 15{,}5 \text{ cm}^2/\text{m}$$

  Die Mindestbewehrung überwiegt gegenüber der statisch erforderlichen Bewehrung, sie muß eingelegt werden.

  Beschränkung des Stabdurchmessers

  $$k = 1{,}0, \quad k_c = 1{,}0, \quad h_t = 0{,}75/2 = 0{,}375 \text{ m}, \quad d = 0{,}688 \text{ m}$$

  $$\text{vorh } d_s = 14{,}0 \, \frac{1{,}0 \cdot 1{,}0 \cdot 0{,}375}{4(0{,}75 - 0{,}688)} \cdot \frac{2{,}9}{3{,}0} = 20{,}5 \text{ mm}$$

  $$\text{zul } d_s = 14{,}0 \, \frac{2{,}9}{3{,}0} = 13{,}5 \text{ mm}$$

  vorh $d_s >$ zul d_s

Bewehrung:

Innen: $\varnothing$ 14, $e = 10{,}0$ cm mit 15,1 cm²/m horizontal

Innen: aus Kragarmbemessung erf $a_s \geqq \varnothing$ 14/18 cm vertikal

Außen: $\varnothing$ 14, $e = 18$ cm, horizontal und vertikal

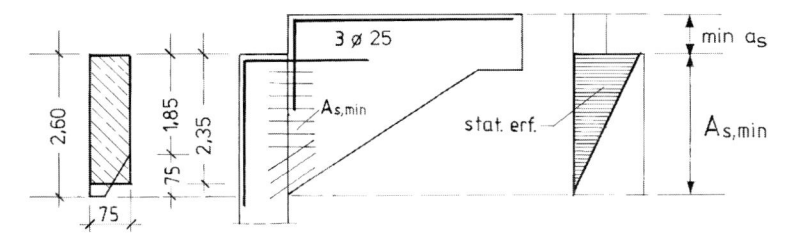

Bild 6.66
Bewehrungsanordnung

b) Widerlagerwand

1. Biegemomente infolge Erddruckes aus dem Plattenfeld

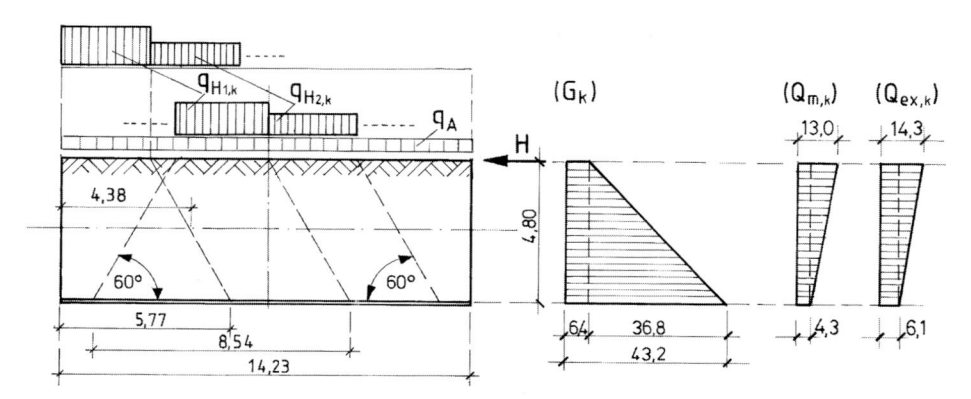

Bild 6.67
Widerlagerwand, Einwirkungen aus dem Plattenfeld

Einwirkungen aus den Auflagerkräften:

- Scheibenkraft:

$n_{ye,G} = 0{,}75 \cdot 4{,}8 \cdot 25 + 2199/14{,}23 = 244{,}5$ kN/m

$n_{ym,G} = 0{,}75 \cdot 2{,}4 \cdot 25 + 2199/13{,}23 = 199{,}5$ kN/m

$n_{y,Q} = 289{,}0/14{,}23 + 137{,}0/8{,}54 = 36{,}0$ kN/m

- Horizontalkraft:

$H_{G,e} = 92{,}0/14{,}23 = 6{,}5$ kN/m, $m_{HG,e} = 6{,}5 \cdot 4{,}8 = 31{,}2$ kNm/m

$m_{HG,m} = 6{,}5 \cdot 2{,}4 = 15{,}6$ kNm/m

$H_{Qm} = 19{,}0/8{,}54 = 2{,}2$ kN/m, $m_{HQ,m} = 2{,}2 \cdot 4{,}8 = 10{,}6$ kNm/m

$H_{Qex,e} = 19{,}0/5{,}77 = 3{,}3$ kN/m, $m_{HQ,exe} = 3{,}3 \cdot 4{,}8 = 15{,}8$ kNm/m

$H_{Qex,m} = 19{,}0/4{,}38 = 4{,}3$ kN/m, $m_{HQ,exm} = 4{,}3 \cdot 2{,}4 = 10{,}3$ kNm/m

Einwirkungen aus dem Plattenfeld:

Die Ermittlung der Biegemomente erfolgt nach den Momententafeln des Erstverfassers [64], für $\varepsilon = 14{,}23/4{,}80 = 2{,}96 \approx 3{,}0$.

- Ständige Last (G_k) nach Tafel E 7 und E 11:

$myee = -0{,}497 \cdot 6{,}4 \cdot 4{,}8^2 - 0{,}166 \cdot 36{,}8 \cdot 4{,}8^2 - 31{,}2 = -245{,}2$ kNm/m

$myem = $ wie vor $= -245{,}2$ kNm/m

$mym = -0{,}123 \cdot 6{,}4 \cdot 4{,}8^2 - 0{,}020 \cdot 36{,}8 \cdot 4{,}8^2 - 15{,}6 = -50{,}7$ kNm/m

$mxr_1 = +0{,}002 \cdot 6{,}4 \cdot 4{,}8^2 = +0{,}3$ kNm/m

$mxyrs = +0{,}002 \cdot 6{,}4 \cdot 4{,}8^2 + 0{,}001 \cdot 36{,}8 \cdot 4{,}8^2 = +1{,}1$ kNm/m

- Verkehrslast, mittige Laststellung ($Q_{k,m}$) nach Tafel E 7 und E 9:

    $myee$ = $-0{,}497 \cdot 4{,}3 \cdot 4{,}8^2 - 0{,}332 \cdot 8{,}7 \cdot 4{,}8^2$ = $-115{,}8$ kNm/m
    $myem$ = wie vor = $-115{,}8$ kNm/m
    mym = $-0{,}123 \cdot 4{,}3 \cdot 4{,}8^2 - 0{,}103 \cdot 8{,}7 \cdot 4{,}8^2$ = $-32{,}8$ kNm/m
    mxr_1 = $+0{,}002 \cdot 4{,}3 \cdot 4{,}8^2$ = $+0{,}2$ kNm/m
    $mxyrs$ = $+0{,}002 \cdot 4{,}3 \cdot 4{,}8^2 + 0{,}001 \cdot 8{,}7 \cdot 4{,}8^2$ = $+0{,}4$ kNm/m

Das Horizontalkraftmoment wirkt sich nur bei $myem$ aus, somit neuer Wert:

   $myem$ = $-115{,}8 - 10{,}6 = -126{,}4$ kNm/m

- Verkehrslast, außermittige Laststellung ($Q_{k,ex}$):

Jeweils als symmetrischer und antisymmetrischer Lastanteil für $\varepsilon = 3{,}0$ mit $\Delta q_1 = 6{,}1/2 = 3{,}1$ kN/m² nach Tafel E 7 und E 8 und $\Delta q_2 = (14{,}3-6{,}1)/2 = 4{,}1$ kN/m nach Tafel E 9 und E 10:

   $myee$ = $-(0{,}497 + 0{,}454) \cdot 3{,}1 \cdot 4{,}8^2 - (0{,}332+0{,}298) \cdot 4{,}1 \cdot 4{,}8^2$ = $-127{,}4$ kNm/m
   $myem$ = $-0{,}497 \cdot 3{,}1 \cdot 4{,}8^2 \quad - 0{,}332 \cdot 4{,}1 \cdot 4{,}8^2$ = $-66{,}9$ kNm/m
   mym = $-(0{,}123 + 0{,}042) \cdot 3{,}1 \cdot 4{,}8^2 - (0{,}123+0{,}042) \cdot 4{,}1 \cdot 4{,}8^2$ = $-27{,}4$ kNm/m
   mxr_1 = $+(0{,}002 + 0{,}070) \cdot 3{,}1 \cdot 4{,}8^2 + 0{,}051 \cdot 4{,}1 \cdot 4{,}8^2$ = $+9{,}9$ kNm/m
   $mxyrs$ = $+(0{,}002 + 0{,}026) \cdot 3{,}1 \cdot 4{,}8^2 + (0{,}001 + 0{,}019) \cdot 4{,}1 \cdot 4{,}8^2$ = $+3{,}9$ kNm/m
   $mxym$ = $+0{,}116 \cdot 3{,}1 \cdot 4{,}8^2 + 0{,}087 \cdot 4{,}1 \cdot 4{,}8^2$ = $+16{,}5$ kNm/m

Das Horizontalkraftmoment wirkt sich bei $myee$ und mym aus, somit neue Werte:

   $myee$ = $-127{,}4 - 15{,}8 = -143{,}2$ kNm/m
   mym = $-27{,}4 \ - 10{,}3 = -37{,}7$ kNm/m

2. Biegemomente aus den Einwirkungen des Kragflügels

2.1 Lastfall Ständige Lasten und Hinterfüllung

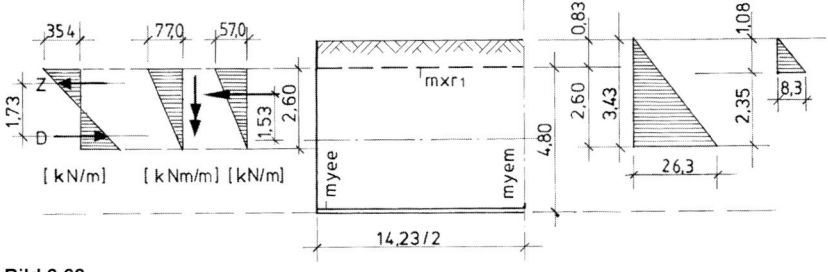

Bild 6.68
Widerlagerwand, Einwirkungen aus den Kragflügeln infolge ständiger Last

- Einwirkungen aus der Hinterfüllung

$\dfrac{8{,}3 \cdot 1{,}08}{2} \cdot 4{,}25$ = 19,0 kN $\cdot$ 4,25/2 = 40,4 kNm

$8{,}3 \cdot 2{,}35 \cdot 3{,}45/2$ = 34,0 kN $\cdot$ 3,45/3 = 39,1 kNm

$(26{,}3 - 8{,}3) \cdot 2{,}35/2 \cdot 3{,}45/3$ = 24,0 kN $\cdot$ 3,45/4 = 20,7 kNm

ΔH = 77,0 kN ΔM = 100,2 kNm

- Randordinaten der Belastungsfiguren:

  Kragflügelquerkraft: $\quad V_{kr} = 77{,}0 \cdot 2/2{,}60 \quad = 59{,}0$ kN/m

  Kragflügelmoment: $\quad M_{kr} = 100{,}2 \cdot 2/2{,}60 \quad = 77{,}0$ kNm/m

  Kragflügelscheibenmoment: $M_{skr,G} \quad\quad\quad\quad = 413{,}0$ kNm

  Schiefwinkliger Flügelwandanschluß unter 75°

  Randquerkraft: $\quad V_w = 59{,}0 \cdot \cos 75° \quad = 15{,}3$ kN/m

  Scheibenzugkraft: $\quad S_w = 59{,}0 \cdot \sin 75° \quad = 57{,}0$ kN/m

  Wandscheibenmoment: $M_w = 413{,}0 \cdot \sin 75° \quad = 400{,}0$ kNm

  $\quad\quad\quad\quad$ mit: $D = Z = 400{,}0/1{,}73 = 230{,}0$ kN

  $\quad\quad\quad\quad\quad q_s = 230 \cdot 2/1{,}30 \quad = 354{,}0$ kN/m

  Moment in Scheibenebene: $M_s = 413{,}0 \cos 75° \quad = 107{,}0$ kNm

- Biegemomente nach [64]:

  Aus Randquerkraft nach Tafel E 2 mit $\varepsilon = 3{,}0$, $\beta = 2{,}6/4{,}8 = 0{,}54 \approx 0{,}50$

  $myee \ = -0{,}38 \cdot 15{,}3 \cdot 4{,}8 = -27{,}9$ kNm/m

  $myem = \quad\quad\quad\quad\quad\quad\quad = 0$

  $mxr_1 \ = -0{,}03 \cdot 15{,}3 \cdot 4{,}8 = -2{,}2$ kNm/m

  $mxyrs = +0{,}08 \cdot 15{,}3 \cdot 4{,}8 = +5{,}9$ kNm/m

  $mxym = +0{,}04 \cdot 15{,}3 \cdot 4{,}8 = +2{,}9$ kNm/m

  Aus Randmoment nach Tafel E 3 mit $\varepsilon = 3{,}0$, $\beta = 0{,}5$

  $myee \ = -0{,}56 \cdot 77{,}0 = -43{,}1$ kNm/m

  $myem = +0{,}05 \cdot 77{,}0 = \ +3{,}9$ kNm/m

  $mxr_1 \ = -0{,}08 \cdot 77{,}0 = \ -6{,}2$ kNm/m

  $mxyrs = +0{,}37 \cdot 77{,}0 = +28{,}5$ kNm/m

  Aus Randbelastung infolge Scheibenmoment nach Tafel E 5 mit $\varepsilon = 3{,}0$, $\beta = 0{,}5$

  $myee \ = +0{,}03 \cdot 354 \cdot 4{,}8 = \ +50{,}1$ kNm/m

  $myem = +0{,}03 \cdot 354 \cdot 4{,}8 = \ +50{,}1$ kNm/m

  $myrm = +0{,}08 \cdot 354 \cdot 4{,}8 = +135{,}7$ kNm/m

  $mxr_1 \ = +0{,}01 \cdot 354 \cdot 4{,}8 = \ +16{,}9$ kNm/m

  $mxyrs = -0{,}05 \cdot 354 \cdot 4{,}8 = \ -84{,}9$ kNm/m

  Zusammenstellung ständige Lasten (G_k)

  $myee \ = -27{,}9 - 43{,}1 + \ 50{,}1 = \ -20{,}9$ kNm/m

  $myem = \quad 0 \ + \ 3{,}9 + \ 50{,}1 = \ +54{,}0$ kNm/m

  $my\,m \ = \quad 0 \ + \ 0 \ + 135{,}7 = +135{,}7$ kNm/m

  $mxr_1 \ = \ -2{,}2 - \ 6{,}2 + \ 8{,}5 = \ +8{,}5$ kNm/m

  $mxyrs = \ +5{,}9 + 28{,}9 - \ 64{,}2 = \ -64{,}2$ kNm/m

  $mxym = \ +2{,}9 \quad\quad\quad\quad\quad = \ +2{,}9$ kNm/m

2.2 Lastfall Verkehrslast zentrisch ($Q_{k,m}$)

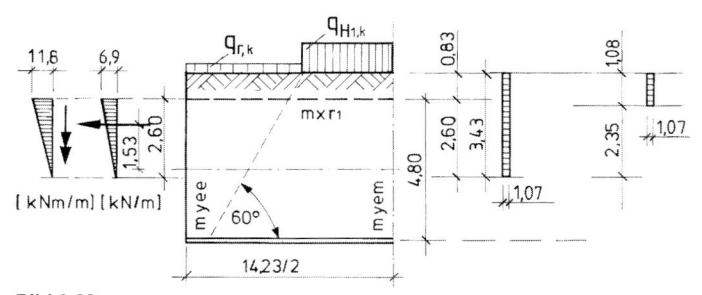

Bild 6.69
Widerlagerwand, Einwirkungen aus den Kragflügeln infolge zentrischer Verkehrslast

Bei dieser Laststellung erhalten die Flügelwände keine Einwirkungen aus der Ersatzflächenlast der Doppelachsen, sondern nur aus der Verkehrsflächenlast der übrigen Fahrbahnfläche.

$q_{r,k} = 2,5$ kN/m², $e = 2,5 \cdot 0,426 = 1,07$ kN/m²

- Einwirkungen auf die Flügelwand:

    $1,07 \cdot 1,08 \cdot 4,25 = 4,9$ kN $|\cdot 4,25/2 = 10,4$ kNm
    $1,07 \cdot 2,35 \cdot 3,45/2 = 4,3$ kN $|\cdot 3,45/3 = 4,9$ kNm
    $\Delta H = 9,2$ kN $|\Delta M = 15,3$ kNm

- Randordinaten der Belastungsfiguren:

    Kragflügelquerkraft: $V_{kr} = 9,2 \cdot 2/2,60 = 7,1$ kN/m
    Kragflügelmoment: $M_{kr} = 15,3 \cdot 2/2,60 = 11,8$ kNm/m
    Kragflügelscheibenmoment: $M_{Skr,Q} = 39,5$ kNm ($q = 2,5$ kN/m²)
    Schiefwinkliger Flügelwandanschluß unter 75°
    Randquerkraft: $V_w = 7,1 \cdot \cos 75° = 1,8$ kN/m
    Scheibenzugkraft: $S_w = 7,1 \cdot \sin 75° = 6,9$ kN/m
    Wandscheibenmoment: $M_w = 39,5 \cdot \sin 75° = 38,2$ kNm

    Die Einwirkung aus diesem Moment führt zur Entlastung der Biegemomente in der Wand, sie wird daher nicht weiter berücksichtigt.

    Moment in Scheibenebene: $M_s = 39,5 \cdot \cos 75° = 10,2$ kNm

- Biegemomente nach [64]:

    Aus Randquerkraft wie bei 2.1:

    $myee = -27,9 \cdot 1,8/15,3 = -3,3$ kNm/m
    $mxr_1 = -2,2 \cdot 1,8/15,3 = -0,3$ kNm/m
    $mxyrs = +5,9 \cdot 1,8/15,3 = +0,7$ kNm/m
    $mxym = +2,9 \cdot 1,8/15,3 = +0,3$ kNm/m

Aus Randmoment, wie bei 2.1:

$myee = -43,1 \cdot 11,8/77,0 = -6,6$ kNm/m
$myem = +3,9 \cdot 11,8/77,0 = +0,7$ kNm/m
$mxr_1 = -6,2 \cdot 11,8/77,0 = -0,9$ kNm/m
$mxyrs = +28,5 \cdot 11,7/77,0 = +4,3$ kNm/m

Zusammenstellung max $(Q_{k,m})$:

$myee = -3,3 - 6,6 = -9,9$ kNm/m
$myem = 0 \quad +0,7 = +0,7$ kNm/m
$mxr_1 = -0,3 - 0,9 = -1,2$ kNm/m
$mxyrs = +0,7 + 4,3 = +5,0$ kNm/m
$mxym = +0,3 + 0 \quad = +0,3$ kNm/m

2.3 Lastfall Verkehrslast exzentrisch $(Q_{k,ex})$

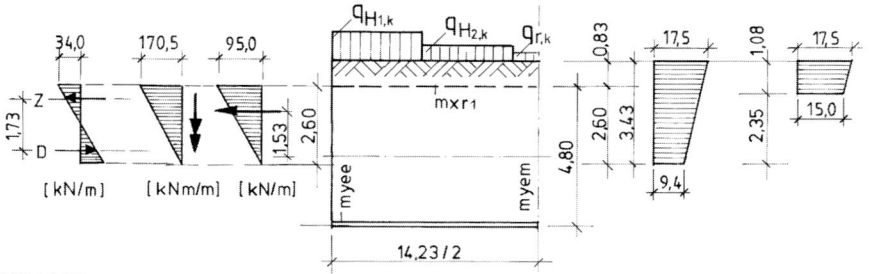

Bild 6.70
Widerlagerwand, Einwirkungen aus den Kragflügeln infolge exzentrischer Verkehrslast

- Einwirkungen aus einseitiger Auflast:

$\dfrac{17,5 + 15,0}{2} \cdot 1,08 \cdot 4,25 \quad = \quad 74,6$ kN $\;\; \cdot 4,25/2 = 158,4$ kNm
$15,0 \cdot 2,35 \cdot 3,45/2 \quad = \quad 60,8$ kN $\;\; \cdot 3,45/3 = \;\; 69,9$ kNm
$-(15,0 - 9,4) \cdot 2,35/2 \cdot 3,45/3 = \quad -7,6$ kN $\;\; \cdot 3,45/4 = \;\; -6,6$ kNm
$\Delta H = 127,8$ kN $\quad \Delta M = 221,7$ kNm

- Randordinaten der Belastungsfigur:

Kragflügelquerkraft: $\quad V_{kr} = 127,8 \cdot 2/2,60 \quad = 98,3$ kN/m
Kragflügelmoment: $\quad M_{kr} = 221,7 \cdot 2/2,60 \quad = 170,5$ kN/m
Kragflügelscheibenmoment, Gruppe 1: $M_{skr,Q} \quad = 39,5$ kNm
$\quad\quad\quad\quad\quad\quad\quad\quad\quad\quad$ Gruppe 3: $M_{skr,Q} \quad = 79,0$ kNm

Schiefwinkliger Wandanschluß unter 75°

Randquerkraft: $\quad V_w = 98,3 \cdot \cos 75° \quad = 25,4$ kN/m
Scheibenzugkraft: $\quad S_w = 98,3 \cdot \sin 75° \quad = 95,0$ kN/m

6.4 Berechnungsbeispiele

Wandscheibenmoment: $\quad M_w = 39{,}5 \cdot \sin d\ 75° \quad = \quad 38{,}1\ \text{kNm}$

$\quad\quad\quad\quad\quad\quad\quad\quad\quad$ mit: $D = Z = 38{,}1/1{,}73 = \quad 22{,}0\ \text{kN}$

$\quad\quad\quad\quad\quad\quad\quad\quad\quad q_s = 22{,}0 \cdot 2/1{,}30 \quad = \quad 34{,}0\ \text{kN/m}$

Moment in Scheibenebene: $\quad M_s = 39{,}5 \cdot \cos 75° \quad = \quad 10{,}2\ \text{kNm}$

Für die Gruppe 3 sind die Werte aus dem Wandscheibenmoment zu verdoppeln.

- Biegemomente nach [64]:

Für die Ermittlung der Biegemomente wird die einseitige Einwirkung am Rand der Widerlagerwand grundsätzlich in einen symmetrischen und einen antisymmetrischen Anteil von der halben Größe der Belastung aufgespalten.

Aus Randquerkraft für den Belastungsanteil von $V_w/2 = 25{,}4/2 = 12{,}7\ \text{kN/m}$ nach Tafel E 1 und E 2 für $\varepsilon = 3{,}0$ und $\beta = 0{,}5$:

$\quad myee \ = -(0{,}40 + 0{,}39) \cdot 12{,}7 \cdot 4{,}8 = -48{,}2\ \text{kNm/m}$

$\quad myem \ = \quad\quad\quad -0{,}06 \quad \cdot 12{,}7 \cdot 4{,}8 = \quad -3{,}7\ \text{kNm/m}$

$\quad mxr_1 \ = -(0{,}05 + 0{,}03) \cdot 12{,}7 \cdot 4{,}8 = \quad -4{,}9\ \text{kNm/m}$

$\quad mxyrs = +(0{,}07 + 0{,}08) \cdot 12{,}7 \cdot 4{,}8 = \quad +9{,}1\ \text{kNm/m}$

$\quad mxym \ = \quad\quad\quad +0{,}05 \quad \cdot 12{,}7 \cdot 4{,}8 = \quad +3{,}0\ \text{kNm/m}$

Aus Randmoment für den Belastungsanteil von $M_{kr}/2 = 170{,}5/2 = 85{,}3\ \text{kNm/m}$ nach Tafel E 3 und E 4 für $\varepsilon = 3{,}0$ und $\beta = 0{,}5$:

$\quad myee \ = -(0{,}56 + 0{,}56) \cdot 85{,}3 = -95{,}5\ \text{kNm/m}$

$\quad myem \ = \quad\quad\quad +0{,}07 \quad \cdot 85{,}3 = \quad +5{,}9\ \text{kNm/m}$

$\quad mxr_1 \ = -(0{,}08 + 0{,}08) \cdot 85{,}3 = -13{,}6\ \text{kNm/m}$

$\quad mxyrs = +(0{,}37 + 0{,}37) \cdot 85{,}3 = +63{,}1\ \text{kNm/m}$

$\quad mxym \ = \quad\quad\quad +0{,}02 \quad \cdot 85{,}3 = \quad +1{,}7\ \text{kNm/m}$

Aus Wandscheibenmoment für den Anteil $M_w/2 = 34{,}0/2 = 17{,}0\ \text{kN/m}$ nach Tafel E 5 und E 6 mit $\varepsilon = 3{,}0$ und $\beta = 0{,}5$:

$\quad myee \ = (+0{,}03 \ + 0{,}03) \quad\cdot 17{,}0 \cdot 4{,}8 = \quad +4{,}9\ \text{kNm/m}$

$\quad myem \ = +0{,}02 \quad\quad\quad\quad\quad \cdot 17{,}0 \cdot 4{,}8 = \quad +1{,}6\ \text{kNm/m}$

$\quad mym \ \ = (+0{,}075 + 0{,}075) \cdot 17{,}0 \cdot 4{,}8 = +12{,}2\ \text{kNm/m}$

$\quad mxr_1 \ = (-0{,}012 + 0{,}012) \cdot 17{,}0 \cdot 4{,}8 = \quad 0$

$\quad mxyrs = (-0{,}048 - 0{,}048) \cdot 17{,}0 \cdot 4{,}8 = \quad -7{,}8\ \text{kNm/m}$

Zusammenstellung max $(Q_{k,ex})$:

$\quad myee \ = -48{,}2 - 95{,}5 + \ 4{,}9 \ = -138{,}8\ \text{kNm/m}$

$\quad myem \ = \ -3{,}7 + \ 5{,}9 + \ 1{,}6 \ = \quad +3{,}8\ \text{kNm/m}$

$\quad mym \ \ = \quad 0 \ + \ \ 0 \ + 12{,}2 \ = +12{,}2\ \text{kNm/m}$

$\quad mxr_1 \ = \ -4{,}9 - 13{,}6 + 0 \quad\ = \ -18{,}5\ \text{kNm/m}$

$\quad mxyrs = \ +9{,}1 + 63{,}3 - 7{,}8 \ = \ +64{,}4\ \text{kNm/m}$

$\quad mxym \ = \ +3{,}0 + \ 1{,}7 \ +0 \quad\ = \quad +4{,}7\ \text{kNm/m}$

2.4 Zusammenstellung der Biege- und Drillmomente
(negatives Vorzeichen, Moment an der Innenseite)

- Verkehrslastgruppe 1:

Tabelle 6.8
Zusammenstellung der Biege- und Drillmomente

	Ständige Last			Verkehr					
				zentrisch			exzentrisch		
	Wand	Krag-flügel	ΣG_k	Wand	Krag-flügel	$\Sigma Q_{k,m}$	Wand	Krag-flügel	$\Sigma Q_{k,ex}$
$myee$	−245,2	−20,9	−266,1	−115,8	−9,9	−125,7	−143,2	−138,8	−282,0
$myem$	−245,2	+54,0	−191,6	−126,4	+0,7	−125,7	−66,9	+3,8	−63,1
mym	−50,7	+135,7	+85,0	−32,8	−	−32,8	−27,4	+12,2	−15,2
							−37,7	+12,2	−25,5
mxr_1	+0,3	+8,5	+8,8	+0,2	−1,2	−1,0	+9,9	−18,5	−8,6
$mxre$	0	−77,0	−77,0	0	−11,8	−11,8	0	−171,0	−171,0
$mxyrs$	+1,1	−50,1	−49,0	+0,4	+5,0	+5,4	+3,9	+64,4	+68,3
$mxym$	0	+2,9	+2,9	0	+0,3	+0,3	+16,5	+4,7	+21,1

- Verkehrslastgruppe 3, (5,0 kN/m² einseitig):

$$M_{k,G} \text{ wie Tabelle 6.8}; \quad M_{k,Q}: \quad myee = +2 \cdot 4{,}9 = +4{,}9 \text{ kNm/m}$$
$$myem = +2 \cdot 3{,}3 = +3{,}3 \text{ kNm/m}$$
$$mym = +2 \cdot 12{,}2 = +24{,}4 \text{ kNm/m}$$
$$mxyrs = -2 \cdot 7{,}8 = -15{,}6 \text{ kNm/m}$$

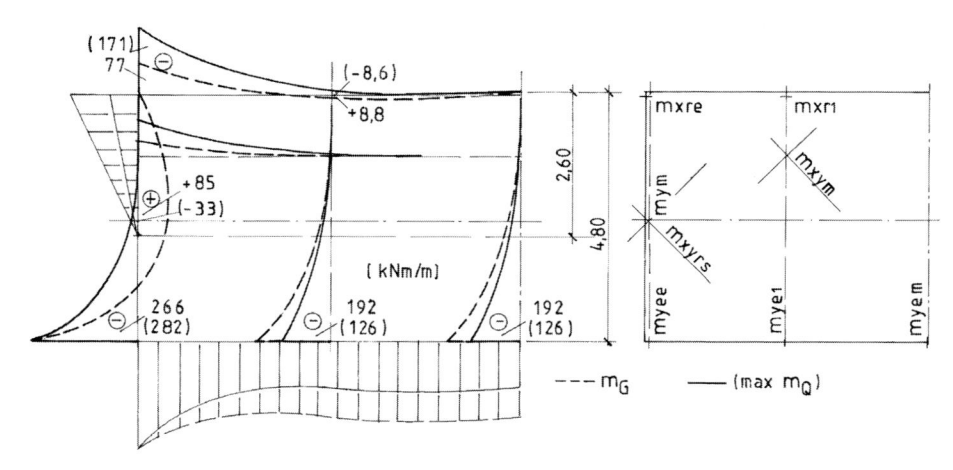

Bild 6.71
Momentenflächen, Wandinnenseite

6.4 Berechnungsbeispiele

2.5 Scheibenwirkung in der Widerlagerwand

- Horizontale Scheibenkraft:

  OK Wand: max $q_w = 57{,}0 + 95{,}0 = 152{,}0$ kN/m

  $0{,}75 \cdot$ Wandhöhe: $q_w = 28{,}5 + 47{,}5 = 76{,}0$ kN/m

  Mitte Wand: $q_w = 0$

  max $S_w = 152{,}0 \cdot 2{,}6/2 = 198{,}0$ kN

- Biegemoment in Scheibenebene:

  $$M_s = 198{,}0 \cdot 1{,}53 + 107{,}0 + 10{,}2 = 420{,}0 \text{ kNm}$$

Dieses Moment wird ohne Nachweis als aufgenommen betrachtet.

2.6 Hauptmomente unter Berücksichtigung der Drillmomente an der Wandvorderseite

- Plattenrand, Mitte, ständige Last:

$m_u = m_{ym} = +85{,}0$ kNm

$m_v = 0$

$m_{u,v} = m_{xyrs} = -49{,}0$ kNm

$M_{\text{I,II}} = +\dfrac{85{,}0}{2} \pm \sqrt{\left(\dfrac{85{,}0}{2}\right)^2 + (-49{,}0)^2}$

$M_{\text{I}} = +107{,}4$ kNm; $M_{\text{II}} = -22{,}5$ kNm

$\tan 2\alpha = -\dfrac{2(-49{,}0)}{85{,}0}$

$\alpha = 24{,}6$; $\delta = 180° - 24{,}6° = 155{,}4°$

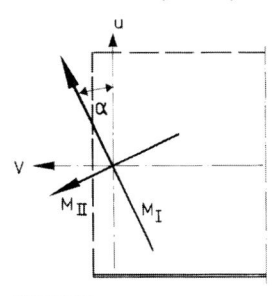

Bild 6.72
Hauptmomentenrichtung am Plattenrand

Bemessungsmomente, rechtwinkliges Bewehrungsnetz, $\psi = 90°$, $k = 1$:

$m_{\xi,u} = 107{,}4 \cos^2 155{,}4° - 22{,}5 \sin^2 155{,}4° + |(106{,}7 + 22{,}5) \sin 155{,}4° \cos 155{,}4°|$
$\phantom{m_{\xi,u}} = +134{,}1$ kNm/m

$m_{\eta,v} = 107{,}4 \sin^2 155{,}4° - 22{,}5 \cos^2 155{,}4° + |(106{,}7 + 22{,}5) \sin 155{,}5° \cos 155{,}4°|$
$\phantom{m_{\eta,v}} = +49{,}2$ kNm/m

- Plattenrand, Mitte Verkehr exzentrisch, Gruppe 1:

$m_u = -15{,}2$ kNm, $m_v = 0$, $m_{u,v} = +68{,}3$ kNm

Ein negatives Achsenmoment bewirkt eine Verkleinerung des zugehörigen Bemessungsmomentes $m_{\xi,v}$. Es wird daher der kleinere Wert von mym gewählt.

$M_{\text{I,II}} = -\dfrac{15{,}2}{2} \pm \sqrt{\left(\dfrac{-15{,}2}{2}\right)^2 + 68{,}3^2}$

$M_{\text{I}} = +61{,}1$ kNm, $M_{\text{II}} = -76{,}3$ kNm

$\tan 2\alpha = +9{,}0$, $\alpha = 41{,}8°$, $\delta = 180° - 41{,}8° = 138{,}2°$

Bemessungsmomente, rechtwinkliges Bewehrungsnetz, $\psi = 90°$, $k = 1$:

$m_{\xi,u} = 61{,}1 \cos^2 138{,}2° - 76{,}3 \sin^2 138{,}2° + |(61{,}1 + 76{,}3) \sin 138{,}2° \cos 138{,}2°|$
$\phantom{m_{\xi,u}} = +68{,}4$ kNm/m

$m_{\eta,v} = 61{,}1 \cos^2 138{,}2° - 76{,}3 \sin^2 138{,}2° + |(61{,}1 + 76{,}3) \sin 138{,}2 \cos 138{,}2°|$
$\phantom{m_{\eta,v}} = +53{,}0$ kNm/m

- Plattenrand, Mitte, Verkehr exzentrisch, Gruppe 3:

  Das Drillmoment ist mit dem Wert $mxyrs = -15{,}6$ kNm/m sehr viel kleiner, als jenes der Gruppe 1, ein Nachweis ist daher entbehrlich.

- Oberes Plattenfeld, Viertelspunkt:

  Es liegen folgende Größen der Drillmomente vor:
  $$mxym_G = +2{,}9 \text{ kNm/m}, \quad mxym_Q = +21{,}2 \text{ kNm/m}$$

  Die Werte sind ebenfalls sehr klein, ein Nachweis der Hauptmomente ist nicht erforderlich, die Erfordernisse sind durch die Mindestbewehrung abgedeckt.

- Zusammenfassung:

Für die Wandvorderseite ergeben sind am Rand folgende Bemessungswerte:

Vertikal: $m_{G,k} = +134{,}1$ kNm/m, $\quad m_{Q,k} = +68{,}4$ kNm/m

$\quad\quad\quad n_{G,k} = -200{,}0$ kNm/m, $\quad n_{Q,k} = -30{,}0$ kNm/m

Horizontal: $m_{G,k} = +49{,}2$ kNm/m, $\quad m_{Q,k} = +53{,}0$ kNm/m

$\quad\quad\quad n_{G,k} = +29{,}0$ kNm/m, $\quad n_{Q,k} = +48{,}0$ kNm/m

3. Bemessung

Beton: $\quad$ C 30/37, $\quad f_{ck} = 30$ N/mm², $\quad f_{cd} = 30/1{,}5 = 20$ N/mm², $\quad f_{ctm} = 2{,}9$ N/mm²

Betonstahl: St 500 H, $\quad f_{yk} = 500$ N/mm², $\quad f_{yd} = 500/1{,}15 = 435$ N/mm²

Die horizontale Bewehrung wird mit $\varnothing$ 16 mm in der 1. Lage von außen mit einer Überdeckung von 55 mm, die vertikale Bewehrung wird mit $\varnothing$ 16 mm in der 2. Lage von außen verlegt.

Mindestbewehrung

- Unterer Grenzwert: min $a_s = \varnothing$ 10/20 cm $\triangleq$ 3,9 cm²/m
- Horizontal:

  allgemein: min $a_s = 0{,}06 \cdot 100 \cdot 75/100 = 4{,}4$ cm²/m

  als Schwindbewehrung bei behinderter Verformung durch Abfluß der Hydratationswärme:

  untere Wandhälfte: $\varnothing$ 16, $e = 15$ cm $\triangleq$ 13,4 cm²/m Wandseite

  obere Wandhälfte: $\varnothing$ 12, $e = 15$ cm $\triangleq$ 7,5 cm²/m

- Vertikal:

  $$\min a_s = \frac{1}{2} \cdot 0{,}003 \cdot 100 \cdot 75 = 11{,}3 \text{ cm}^2/\text{m}$$

Grenzzustand der Tragfähigkeit

- Richtung y-y; $b_o/h/d = 100/75/67{,}1$ cm; $z_s = 67{,}1 - 37{,}5 = 29{,}6$ cm

Widerlagerwandrückseite, Einspannung im Fundament:

Rand: $\quad m_{Ed} = 1{,}35 \cdot 266{,}1 + 1{,}50 \cdot 282{,}0 = +782{,}2$ kNm/m

$\quad\quad\quad n_{Ed} = -1{,}35 \cdot 245{,}0 - 1{,}50 \cdot 30{,}0 = -376{,}0$ kN/m

$\quad\quad\quad m_{sds} = 782{,}2 + 276{,}0 \cdot 0{,}296 \quad\quad = +893{,}5$ kNm/m

Mitte: $m_{Ed} = 1{,}35 \cdot 191{,}6 + 1{,}50 \cdot 125{,}7 = +447{,}2$ kNm/m
n_{Ed} = wie vor $= -376{,}0$ kN/m
$m_{sds} = 447{,}2 + 376{,}0 \cdot 0{,}298 = +558{,}5$ kNm/m
max $\mu_{sds} = 0{,}147$, $z = 0{,}901 \cdot 0{,}673 = 0{,}606$ m

Rand: erf $a_s = \dfrac{89350}{43{,}5 \cdot 60{,}6} - \dfrac{376{,}0}{43{,}5} = 25{,}3$ cm²/m

Mitte: erf $a_s = \dfrac{55850}{43{,}5 \cdot 60{,}6} - \dfrac{376{,}0}{43{,}5} = 12{,}6$ cm²/m

Widerlagerwandvorderseite, Rand Mitte:
$m_{Ed} = 1{,}35 \cdot 134{,}1 + 1{,}50 \cdot 68{,}4 = +283{,}6$ kNm/m
$n_{Ed} = -1{,}35 \cdot 200{,}0 - 1{,}50 \cdot 30{,}0 = -315{,}0$ kN/m
$m_{sds} = 283{,}6 + 315 \cdot 0{,}296 = +376{,}8$ kNm/m

erf $a_s = \dfrac{37680}{43{,}5 \cdot 60{,}6} - \dfrac{315{,}0}{43{,}5} = 7{,}1$ cm²/m

- Richtung x-x; $b_o/h/d = 100/75/68{,}8$ cm, $z_s = 68{,}8 - 37{,}5 = 31{,}3$ cm

Widerlagerwandrückseite:
Rand: $m_{Ed} = 1{,}35 \cdot 77{,}0 + 1{,}50 \cdot 171{,}0 = +360{,}5$ kNm/m
$n_{Ed} = 1{,}35 \cdot 57{,}0 + 1{,}50 \cdot 95{,}0 = +219{,}5$ kN/m
$m_{sds} = 360{,}5 - 219{,}5 \cdot 0{,}313 = +291{,}8$ kNm/m
$\mu_{sds} = 0{,}031$, $z = 0{,}976 \cdot 0{,}688 = 0{,}671$ m

erf $a_s = \dfrac{29180}{43{,}5 \cdot 76{,}1} - \dfrac{291{,}8}{43{,}5} = 16{,}6$ cm²/m

Widerlagerwandvorderseite:
Rand, Mitte: $m_{Ed} = 1{,}35 \cdot 49{,}2 + 1{,}50 \cdot 53{,}0 = +145{,}9$ kNm/m
$n_{Ed} = 1{,}35 \cdot 29{,}0 + 1{,}50 \cdot 48{,}0 = +111{,}0$ Kn/m
$m_{sds} = 145{,}9 - 111{,}0 \cdot 0{,}313 = +111{,}2$ kNm/m

erf $a_s = \dfrac{11120}{43{,}5 \cdot 67{,}1} - \dfrac{111{,}0}{43{,}5} = 6{,}4$ cm²/m

- Wahl der Bewehrung

Vertikal (y-y):

Wandrückseite: erf $a_s = 12{,}6 (25{,}3)$ cm²/m, min $a_s = 15{,}0$ cm²/m
Gewählt durchgehend: $\varnothing$ 16, $e = 12{,}5$ cm mit 16,1 cm²/m
Zulage Rand, unten: $\varnothing$ 12, $e = 12{,}5$ cm mit $\underline{9{,}2 \text{ cm}^2/\text{m}}$
vorh max $a_s = 25{,}3$ cm²/m = erf a_s

Wandvorderseite: erf $a_s = 7{,}1$ cm²/m, min $a_s = 15{,}0$ cm²/m
Gewählt durchgehend: $\varnothing$ 16, $e = 12{,}5$ cm mit 16,1 cm²/m > min a_s

Horizontal (x-x):

Wandrückseite: erf $a_s = 16{,}6$ cm²/m
Gewählt:
untere Hälfte: $\varnothing$ 16, $e = 15$ cm mit 13,4 cm²/m = min a_s

obere Hälfte: ⌀ 12, $e = 15$ cm mit 7,5 cm^2/m = min a_s
Zulage oben: ⌀ 14, $e = 15$ cm mit 10,3 cm^2/m

vorh. Rand oben 17,8 cm^2/m > erf a_s

Wandvorderseite:

Gewählt:

untere Hälfte: ⌀ 16, $e = 15$ cm mit 13,4 cm^2/m

obere Hälfte: ⌀ 12, $e = 15$ cm mit 7,5 cm^2/m

Randbereich oben: erf a_s = 6,4 cm^2/m < vorh a_s

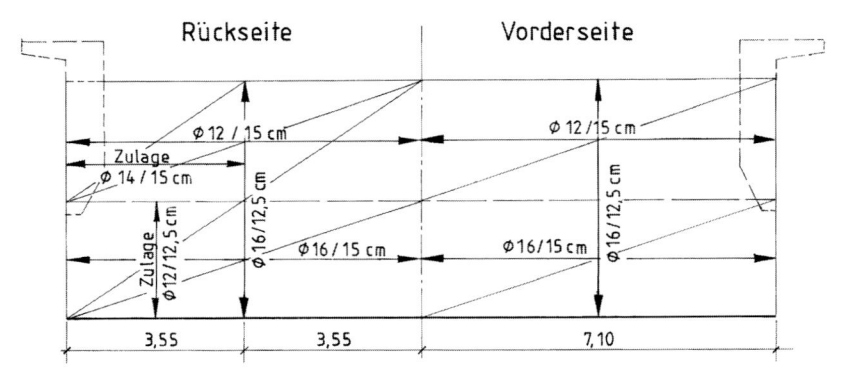

Bild 6.73
Bewehrungsübersicht in der Widerlagerwand

Grenzzustand der Gebrauchstauglichkeit

Spannungsnachweis

Es sind die Beton- und Stahlspannungen unter der nicht häufigen Einwirkungskombination nachzuweisen. Der Nachweis erfolgt für den Zustand II an der Stelle der größten Einwirkung.

- Widerlagerwand, Richtung y-y ($myee$):

$m_{\text{nicht häufig}} = 266 + 0,8 \cdot 282 = 492$ kNm/m

$\mu_{sds} = 0,096,\ z = 0,969 \cdot 0,671 = 0,650$ m, $\varepsilon_c = 1,89\,‰$

$Z = D = 0,492/0,650 = 0,757$ MN

- Betonrandspannung:

$\sigma_c = (0,85 \cdot 20)\ 1,80/3,50 = 8,7$ MN/m^2 $< 0,6\,f_{ck} = 18,0$ MN/m^2

- Stahlzugspannung:

$\sigma_s = 0,757/\ 25,2\ 10^{-4} = 300$ N/mm^2 $< 0,8\,f_{yk} = 400$ N/mm^2

Beschränkung der Rißbreite

Der Nachweis ist für die Anforderungsklasse E nach Tabelle 5.26 mit der quasi-ständigen Einwirkungskombination zu führen. Es wird die Mindestbewehrung ausgewiesen und der vorhandenen gegenübergestellt und die vorhandene statisch erforderliche Bewehrung auf Stababstandsbeschränkung nach Tabelle 5.30 überprüft.

- Mindestbewehrung:

Vertikal, Einspannung Rand:

$$m_{\text{quasi-ständig}} = 266 + 0{,}2 \cdot 282 = 322 \text{ kNm/m}$$

mit: $\mu_{sds} = 0{,}036$, $z = 0{,}974 \cdot 0{,}671 = 0{,}653$ m

Folglich: $f_{ct,\text{eff}} = 2{,}9$ N/mm², $k_c = 0{,}4$, $k = 0{,}56$, $A_{ct} = 0{,}653$ m

vorh max $d_s = 16$ mm, $w_k = 0{,}3$ mm

nach Tabelle 5.29   zul $\sigma_s = 264$ N/mm²

$A_{s,min} = 0{,}4 \cdot 0{,}56 \cdot 0{,}658 \; 10^4 \cdot 2{,}9/264 = 16{,}2$ cm²/m

Diese Mindestbewehrung ist an allen Bemessungsstellen durch die statisch erforderliche Bewehrung gedeckt. Die Bereiche konstruktiver Mindestbewehrung sind hiervon nicht berührt.

- Nachweis für die Lastbeanspruchung:

Widerlagerwand, Einspannrad, Ecke, Stahlspannung unter quasi-ständiger Einwirkungskombination:

$$m_{\text{quasi-ständig}} = 0{,}322 \text{ MN/m}, \mu_{sds} = 0{,}036, z = 0{,}974 \cdot 0{,}671 = 0{,}653 \text{ m}$$

Zugkraft im Betonstahl: $Z = 0{,}322/0{,}653 = 0{,}493$ MN/m

Spannung im Betonstahl: $\sigma_s = 0{,}493/25{,}3 \cdot 10^{-4} = 195$ MN/m² $\triangleq$ N/mm²

nach Tabelle 5.30 zulässiger Stababstand 250 mm für $w_k = 0{,}3$ mm

vorh $e = 62{,}5$ mm $<$ zul e; Kriterium erfüllt

c) Fundament

Aus der Standsicherheitsberechnung, die in diesem Nachweis nicht wiedergegeben ist, ergibt sich die ungünstige Einwirkung auf das Fundament durch den Lastfall 1 „Doppelachsen auf dem Überbau". Die Größe der Bodenpressungen, getrennt nach G_k und Q_k, entnehme man Bild 6.74.

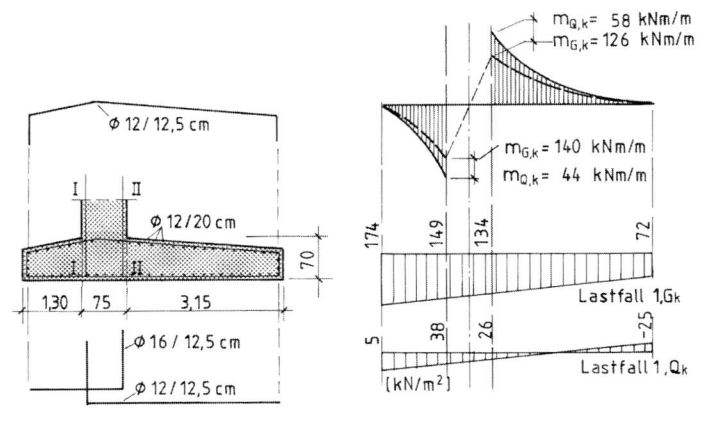

Bild 6.74
Fundament, Einwirkungen und Bewehrung

Biegemomente aus den Bodenpressungen:

- Ständige Last:
$$m_{I,G} = 149{,}0 \cdot 1{,}30^2/2 + 25 \cdot 1{,}30^2/3 = 140{,}0 \text{ kNm/m}$$
Auflast aus ständiger Last: $q = 18{,}0 \cdot 5{,}73 + 0{,}6 \cdot 25 = 118{,}0 \text{ kN/m}^2$
$$m_{II,G} = (118{,}0 - 72)\, 3{,}15^2/2 - (134 - 72) \cdot 3{,}15^2/6 = 125{,}7 \text{ kNm/m}$$

- Verkehrslast:
$$m_{I,Q} = 38 \cdot 1{,}30^2/2 + 21 \cdot 1{,}30^2/3 = 43{,}9 \text{ kNm/m}$$
Auflast aus Verkehrslast: $q = 2{,}5 + (9{,}0 - 2{,}5)\, 3{,}0/15{,}5 = 3{,}75 \text{ kN/m}^2$
$$m_{II,Q} = (3{,}75 + 25)\, 3{,}15^2/2 - (26 + 25)\, 3{,}15^2/6 = 58{,}3 \text{ kNm/m}$$

Bemessung:
$$b/h/d = 100/70/63{,}8 \text{ cm}, \ ü = 5{,}5 \text{ cm}$$

Bemessungskombinationen:

$m_{I,Ed}\ \ \ = 1{,}35 \cdot 140 + 1{,}50 \cdot 15{,}7 = 378{,}0 \text{ kNm/m}$

$m_{II,Ed}\ \ = 1{,}35 \cdot 43{,}9 + 1{,}50 \cdot 58{,}3 = 147 \text{ kNm/m}$

$\max \mu_{sds} = 0{,}046,\ z = 0{,}968 \cdot 0{,}638 = 0{,}618 \text{ m}$

$\text{erf } a_{s,I}\ \ = 37800/43{,}5 \cdot 61{,}8 = 14{,}1 \text{ cm}^2/\text{m}$

$\text{erf } a_{s,II}\ = 14700/43{,}5 \cdot 61{,}8 = 5{,}5 \text{ cm}^2/\text{m}$

Wahl der Bewehrung:

Schnitt I-I, unten: aus Wand $\varnothing$ 16/12,5 cm $\triangleq$ 16,1 cm²/m

Schnitt II-II, oben: gewählt $\varnothing$ 12/12,5 cm $\triangleq$ 9,1 cm²/m

Schnitt II-II, unten: gewählt $\varnothing$ 12/12,5 cm, mit Rücksicht auf die Teilung der Wandbewehrung

In Längsrichtung: $\varnothing$ 12, $e = 20$ cm.

7 Stützen und Pfeiler

7.1 Konstruktion und Gestaltung

7.1.1 Stützen

Die Ausbildung und Anordnung der Mittelunterstützungen, die bei Durchlaufkonstruktionen erforderlich werden, greift in hohem Maß in die Gestaltung des gesamten Bauwerkes ein. Brückenquerschnitte und Stützen bilden eine Gestaltungseinheit, die im Zusammenhang gesehen werden muß, wenn man eine optimale Abstimmung der Gestaltungseinflüsse innerhalb der Gesamtkonstruktion erreichen will.

Für die Lösung dieser Problemstellung können verschiedene Wege beschritten werden. Einmal kann man die Stütze selbst durchgehend als eine Wandscheibe ausbilden oder sie in einzelne Tragelemente auflösen, wobei Einzelstützen oder Wandteile entstehen können. Zum anderen kann man die Stützkonstruktion selbst in Form einer eigenständigen Konstruktionsform, z. B. Rahmen, ausbilden. Die durchgehende Wandscheibe gehört eigentlich in den Pfeilerbau, sie schränkt die Sichtverhältnisse unter der Brücke ein, die aufgelöste Form erweckt immer den Eindruck größerer Konstruktionsleichtigkeit, sie gibt den Gestaltungsmöglichkeiten den größeren Raum. Die Zwischenunterstützung dient in erster Linie der Abtragung der Lasten aus dem Überbau und soll darüber hinaus das Brückensystem gegen die zusätzlichen Horizontalbeanspruchungen wie Wind- und Bremskräfte aussteifen. Für diese Aufgabe sind eindeutige und einfache Systeme zu bevorzugen, die es gestatten, die Lasten auf dem kürzesten Weg abzuführen.

Bei einfachen Stützen wird die aussteifende Funktion durch die Einspannung dieser im Fundament erreicht, wobei ein in der Querrichtung durchlaufender Fundamentbalken die Quer-

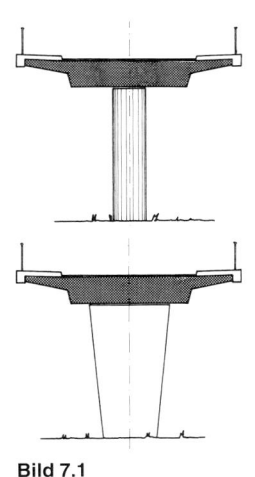

Bild 7.1
Stützenanordnung bei kleinen Überbaubreiten

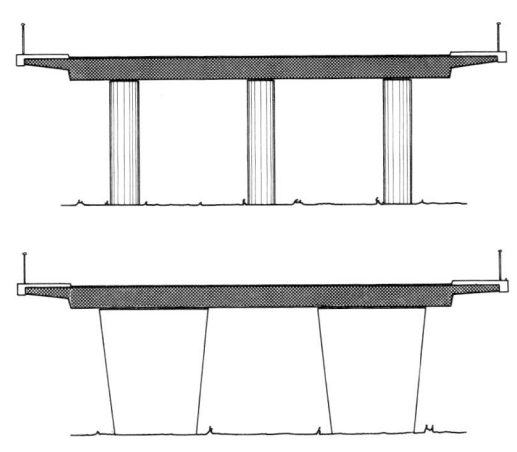

Bild 7.2
Stützenanordnung bei großen Überbaubreiten

steifigkeit des Stützsystems erhöht, wenn es darum geht, daß auch noch ungleichmäßige Baugrundbewegungen aufgenommen werden müssen. Bei selbständigen Stützsystemen, wie z. B. bei der Rahmenkonstruktion, wird die Quersteifigkeit des Brückensystems durch die Systemsteifigkeit des Stützsystems erreicht.

Die Bilder 7.1 und 7.2 zeigen die Möglichkeiten der Formgebung in den Standardfällen, in denen Stützenquerschnitte als Kreis-, Ellipsen- oder Rechteckquerschnitte zugrunde liegen. Bei Plattenüberbauten hat man meistens die Wahl zwischen der Einzelstütze und der Wandscheibe. Um den optischen Eindruck einer größeren Konstruktionsleichtigkeit zu erzielen, können die Wandscheiben konisch unterschnitten werden. Neben der Art der Unterstützung spielt die Anordnung der Stützen im Querschnitt eine große Rolle, da sie die Gestaltung beeinflußt. Während man beim Plattenbalken in dieser Hinsicht wenig Spielraum hat, die Stützen müssen schließlich unter den Hauptträgern stehen, kann man bei den größeren Breiten der Hohlkästen die Aufteilung variieren, wie es im Bild 7.3 gezeigt wird, wobei wiederum generell nach Einzelstützen oder Wandscheiben unterschieden werden muß. Im Überbau sind im Kontaktbereich mit den Stützen Querträger vorzusehen, um die Krafteinleitung zu ermöglichen. Dieser Querträger muß dann auch aus Gründen einer ausreichenden Quersteifigkeit

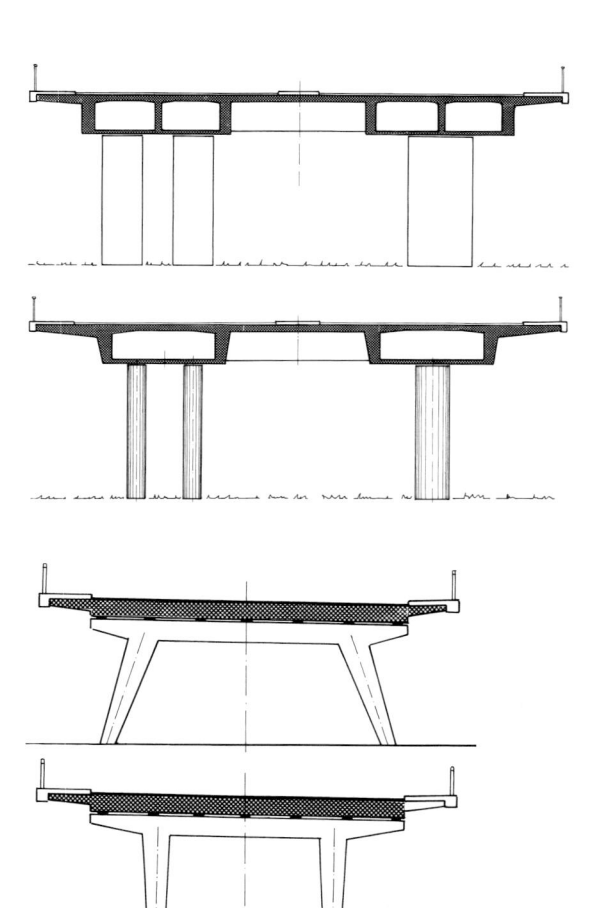

Bild 7.3
Stützenanordnung bei breiten Balkensystemen

Bild 7.4
Rahmenstützen

7.1 Konstruktion und Gestaltung

des Querschnittes im Bereich zwischen den Hauptträgern durchlaufen. Rahmenunterstützungen sind seltener, da sie aufwendiger in der Herstellung sind, sie stellen aber ein gutes Gestaltungselement dar. Bei breiten, nicht gegliederten, Querschnitten steht man häufig vor der Frage, ob man einer Stützenreihe oder einer Wandscheibe den Vorzug geben soll. Eine aufgelockerte Gestaltung durch eine Rahmenkonstruktion bringt auch hier einen guten Lösungsvorschlag, wie es im Bild 7.4 am Beispiel einer Hochstraße dargestellt ist. Bei großen Querspannweiten muß der Riegel vorgespannt werden, um seine Abmessungen in wirtschaftlichen Grenzen zu halten. Hierdurch entstehen in den Unterstützungen eigene Systeme, die ihren Formänderungsgesetzen – unabhängig vom Überbau – folgen müssen. Dieses kann dann ein Nachteil sein, wenn sich der Über- und Unterbau gegenseitig zwängen. Es ist daher notwendig, die Kontaktpunkte dieser beiden Systeme – die Lager – so zu wählen, daß möglichst geringe gegenseitige Beeinflussungen entstehen, d. h. es werden allseits bewegliche Lagerungen erforderlich. Die Rahmenstiele werden in der Regel gelenkig an das Fundament angeschlossen.

In ihrer weiteren Funktion als Gestaltungselement unterliegt die Konstruktion der Stütze Einflüssen, die auch einmal von der einfachen Formgebung wegführen können. Dieses bezieht sich auf die Form des Querschnitts und gelegentlich auch auf das System. Querschnitte mit unregelmäßiger Fläche und Vertiefungen zur Erzeugung von lichtbrechenden Schattenfugen, sowie V, Y- und X-Formen der Stütze können die Auswirkungen solcher Überlegungen sein.

Ausgeführte Beispiele mit einfacher und normaler Stützenausführung zeigt Bild 7.6. Rechteckstützen, Rundstützen mit kreisförmigem oder ovalem Querschnitt und Wandscheiben bilden das normale Potential, aus dem immer geschöpft und variantenreich gestaltet wird. Beim schiefwinkligen Brückensystem sind die Querschnittsabmessungen der Stütze so zu wählen, daß die Ecken nicht über die Seitenflächen der Hauptträger hinausragen. Die Vertiefung an der Stirnseite der Stütze soll eine optische Gliederung dieses Bauteiles bewirken.

Bild 7.5
Stützensonderformen bei Geh- und Radwegbrücken

Bild 7.6
Ausgeführte Beispiele

7.1.2 Pfeiler

Pfeiler im eigentlichen Sinne findet man im Großbrückenbau, durch den große Talhöhen oder breite Wasserläufe überwunden werden. Hier kann man zwischen Strom- und Talpfeilern unterscheiden. Strompfeiler haben im allgemeinen keine großen Höhen, wohl aber große Querschnitte, die sich strömungstechnisch günstig in den Flußquerschnitt einpassen müssen. Von diesem Zwangspunkt her ergeben sich keine großen Variationsmöglichkeiten in der Querschnittsgestaltung. Strompfeiler haben immer rechteckige Grundrisse mit kreisförmigen oder elliptisch angeschnittenen Abschlüssen in Flußlängsrichtung.

Will man den Begriff eines Pfeilers definieren, so gelingt es kaum im Vergleich zu einer Stütze, da beide gleichen Funktionen dienen und auch im Verhältnis gleiche Abmessungen aufweisen. Es ist jeder Pfeiler eine Stütze, aber nicht jede Stütze ist ein Pfeiler. Man muß in diesem Vergleich die Höhen- und Querschnittsverhältnisse mit einbeziehen, wenn man zu echten Unterscheidungen gelangen will. Im Bereich des Normalbrückenbaues spricht man immer dann vom Pfeiler, wenn folgende Abmessungen erreicht und überschritten werden:

– bei Rechteck- und Ellipsenquerschnitt: 1,20 m auf 1,60 m
– bei Kreisquerschnitt: 1,40 m
– bei wandartiger Ausbildung: 0,90 m auf 3,00 m

Für die Gestaltung und konstruktive Ausbildung solcher Pfeiler gelten ähnliche Gesichtspunkte, wie sie bei den Stützen aufgezeigt wurden, nur mit dem Unterschied, daß sich ein Pfeiler infolge seiner stärkeren Abmessungen nicht so einfach gliedern läßt. Er hat einfachere Querschnittsausbildungen, meist sind sie rechteckig, mit gerundeten oder gebrochenen Eckkanten. Solche Formen wirken dann oft sehr steif im Verhältnis zur Gesamtkonstruktion. Eine immer wieder die Regel bestätigende Ausnahme kann man auch hier finden, Bild 7.7 zeigt einen Pfeiler einer Hochstraße, bei dem durch eine entsprechende Gestaltung durch Unterschneidung der Konstruktion eine Leichtigkeit derselben erreicht wurde.

Bei den großquerschnittigen Strompfeilern ist die statische Beanspruchung mit der eines Druckgliedes mit geringer Außermittigkeit vergleichbar, da der Einfluß der Horizontalkräfte aus den Lagern im Verhältnis zum Gesamtquerschnitt gering ist. Stabilitätsprobleme liegen

Bild 7.7
Stütze einer Hochstraße in Pfeilerform

hier nicht vor. Bei Vollquerschnitten reicht daher meist – vom oberen krafteinleitenden Bereich abgesehen – unbewehrter Beton aus. Bei Brücken jüngeren Herstellungsdatums sind die Strompfeiler auch schon als Hohlpfeiler ausgebildet worden. Hierfür sprechen folgende Gründe:

- wirtschaftlicher Materialverbrauch,
- Vermeidung ungünstiger Zusatzbeanspruchungen durch das Schwindverhalten zu großer Betonierblöcke,
- Nutzung der Hohlräume für betriebstechnische Einrichtungen und Arbeitsgänge für die Brückenunterhaltung, z. B. Unterbringung der Antriebsmechanik bei beweglichen Brücken oder Unterbringung von Brückenbesichtigungswagen.

Bei den Hohlpfeilern werden die Wandungen durch Stahlbetonwandbauteile gebildet, die gelegentlich hoch beansprucht sind. Die Wandungsbereiche, die in der Wasserzone liegen, unterliegen Sonderbeanspruchungen aus Schiffsstoß und Eisgang.

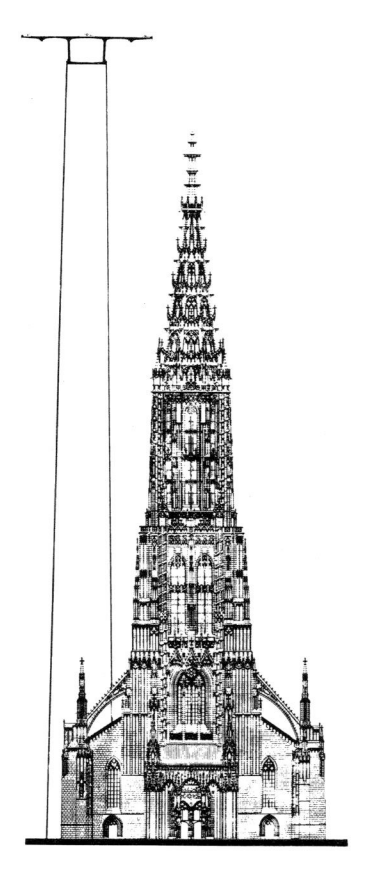

Bild 7.8
Höchster Pfeiler der Kochertalbrücke
im Vergleich zur Höhe des Ulmer Münsters

Bild 7.9
Pfeiler einer Eisenbahnbrücke
(ICE-Trasse Hannover–Würzburg)

7.1 Konstruktion und Gestaltung

Talbrückenpfeiler haben große Höhen und im Verhältnis kleine Querschnitte. Sie zeigen daher, insbesondere in der Talsohle, beachtliche Konstruktionsschlankheiten, wie es durch nachstehend aufgeführte Beispiele belegt sein soll:

- Europabrücke Innsbruck (1968), max. Pfeilerhöhe 146 m,
- Moseltalbrücke bei Dieblich Winningen (1972), im Zuge der Autobahn A 14, max. Pfeilerhöhe 125 m,
- Kochertalbrücke im Zuge der Autobahn A 6 (1976), max. Pfeilerhöhe 178 m.
  Hierzu findet man ein beeindruckendes Bild in den technischen Berichten der Fa. Dyckerhoff und Widmann (siehe Bild 7.8). Der größte Pfeiler dieser Brücke hat eine Höhe, die die Turmspitze des Ulmer Münsters (161 m), des größten Kirchturms Europas, überragen würde.

Talbrückenpfeiler haben in der Regel einfache rechteckige Querschnitte mit gerundeten oder gebrochenen Ecken und einen leichten Anzug in die Höhe hin. Die Pfeiler sind hohl und werden durch horizontale Querschotte ausgesteift. Hierdurch können im Innern eines Pfeilers Leitergänge oder Treppen für die betrieblichen Vorgänge der Brückenunterhaltung angebracht werden.

Die statische Beanspruchung solcher Talbrückenpfeiler ist der eines Druckgliedes mit großer Außermittigkeit gleichzusetzen. Durch Wind- und horizontale Lagerkräfte entstehen große Biegebeanspruchungen in zwei zueinander senkrechten Richtungen, zusätzlich können Stabilitätsgrundsätze wirksam werden.

In den Bildern 7.9 und 7.10 sind Darstellungen von Pfeilern der Brücken im Zuge der Hochgeschwindigkeitsstrasse Hannover–Würzburg zu sehen. Bild 7.9 zeigt einen Pfeiler im Zuge einer Durchlaufkonstruktion, man beachte seine, für Eisenbahnbrücken ungewöhnliche, große Schlankheit. Im Bild 7.10 ist der Quer- und Längsschnitt eines Brückenpfeilers dargestellt, durch den man in das Innere des Überbaues gelangen kann.

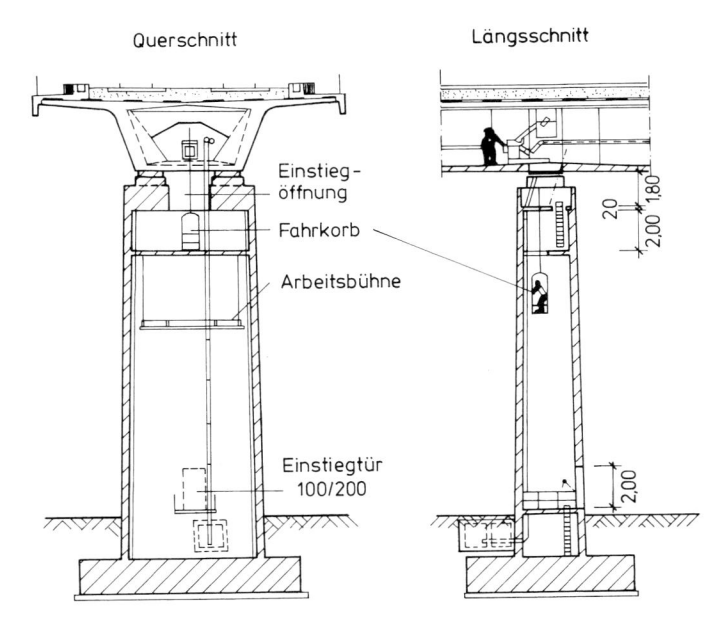

Bild 7.10
Brückenpfeiler, Quer- und Längsschnitt (Eisenbahnbrücke Gmünden)

7.2 Berechnung und Bemessung

7.2.1 Zum Tragverhalten von Stahlbetondruckgliedern

Das Verformungs- und Stabilitätsverhalten des homogenen Werkstoffes Stahl läßt sich nur mit Einschränkungen auf den Werkstoff Stahlbeton übertragen, weil dieser als Verbundbaustoff stark von typischen Verformungseigenschaften des Betons geprägt wird. Als wesentliche Einflüsse seien hierzu aufgeführt:

- Die Spannungsdehnungslinie des Betons verläuft im Beanspruchungsbereich oberhalb der Gebrauchslasten nicht mehr linear.
- Die Rißbildung im Beton führt zu sprunghaften Veränderungen der Biegesteifigkeit.
- Der Beton unterliegt einer langandauernden Belastung der zeitabhängigen Kriechverformung, die eine mögliche Knickverformung noch vergrößert.

Das Tragverhalten sei für die Beanspruchung „Biegung mit Achsdruck" am Interaktionsdiagramm der Regelbemessung erläutert, in dem die Grenzlinie das Versagen des Materiales durch das Erreichen der Bruchschnittgrößen bei definierten Dehnungen kennzeichnet [1, 47]. Drei Stützen unterschiedlicher Stabilität sind zu betrachten (Bild 7.11).

Der Stütze 1 sei die Schlankheit Null zugeordnet, der Verlauf der Interaktion ergibt sich als gerade Linie, die Bemessung entspricht der Regelbemessung und der Bruch tritt als Materialbruch durch Erreichen der Bruchschnittgrößen ein. Die Linie 2 entspricht einer Stütze mit geringer Schlankheit, bei der die Stabverformungen die Traglast zwar schon herabsetzen (gekrümmte Linie), der Bruch aber noch durch das Erreichen der Materialfestigkeit eintritt. Durch die Linie 3 wird das Tragverhalten einer sehr schlanken Stütze dargestellt, bei der die Stabverformungen die Traglast erheblich herabsetzen. Bei dieser Stütze kann die Materialfestigkeit nicht ausgenutzt werden, weil die Traglast schon vorher erreicht wird. Hier liegt ein Stabilitätsbruch vor. Das vorzeitige Versagen des Druckgliedes erklärt sich aus dem schnelleren Anwachsen des äußeren Momentes gegenüber dem aufnehmbaren inneren Moment. Solche Eigenschaften weisen auch Stäbe homogenen Materiales mit teilweise elastischem und teilweise plastischem Materialverhalten auf. Der Grund liegt hier in der beginnenden Plastifizierung des Materiales.

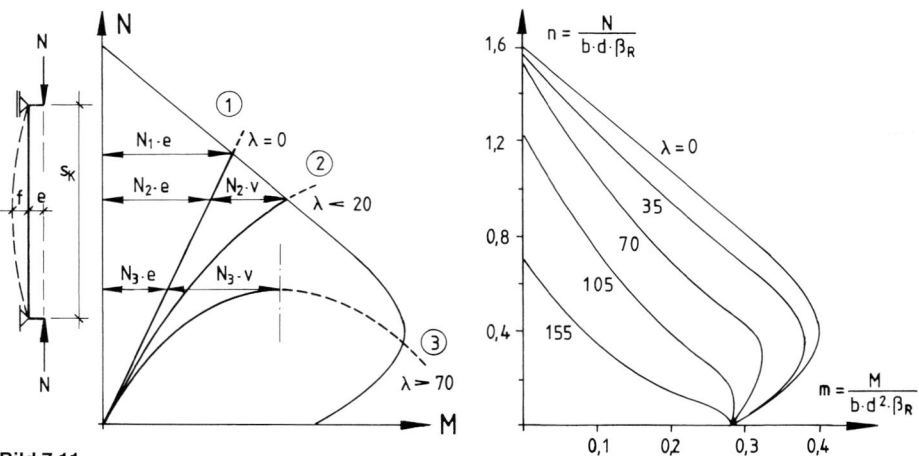

Bild 7.11
Standardfälle der Stabknickung und Traglastgrenzlinien

7.2 Berechnung und Bemessung

In Bezug auf die von der Schlankheit und den äußeren Lasten abhängige Lage der Scheitelwerte der Beanspruchungen lassen sich Traglastgrenzlinien aufstellen, die von der Schlankheit abhängig sind (Bild 7.11 b).

Neben diesen Stabilitätsauswirkungen ergeben sich weitere Einwirkungen auf die Größe der Traglast durch:

- Die Momentenverteilung über die Stablänge:
  Bei Stützen mit einem konstanten Momentenverlauf ergeben sich kleinere mögliche Traglasten als bei solchen mit dreieckförmigem Verlauf. Der Grund liegt in den größeren Stabauslenkungen.

- Die Betongüte:
  Mit der Steigerung der Betongüte erhöht sich auch die Traglast, allerdings nur bei kleiner werdender bezogener Ausmitte.

- Kriechen unter Dauerlast:
  Das Kriechen des Betons unter dem dauernd wirkenden Anteil der Gebrauchslast führt zu einer Verringerung der Traglast. Der Grund liegt in einer zusätzlichen Ausmitte, die mit einer größer werdenden Schlankheit anwächst.

Wenn nun die Stabverformungen bei dem auf Biegung beanspruchten Druckstab die Traglast herabsetzen, beeinflussen sie auch die äußeren Schnittgrößen, d. h. sie vergrößern die eingetragenen Biegemomente. Es muß daher nachgewiesen werden, daß sich das System im Grenzzustand der Tragfähigkeit nach dem Eintreten der stabilitätsbedingten Stabverformungen noch in einem stabilen Gleichgewichtszustand befindet und die Bruchschnittgrößen nicht überschritten werden. Dieser Nachweis wird „Tragfähigkeitsnachweis nach Theorie II. Ordnung" genannt. Im folgenden werden die erforderlichen Gedankengänge dieses Nachweises kurz skizziert:

Bei der Ermittlung der Tragfähigkeit eines Druckgliedes nach Theorie II. Ordnung geht es darum, die Stabilitätsauslenkung v zu bestimmen, bei der der Gleichgewichtszustand zwischen den äußeren und inneren Kräften eintritt. Diese läßt sich aus den bekannten Zusammenhängen zwischen der Krümmung und der Biegelinie

$$\kappa \approx f''(v)$$

durch eine zweimalige Integration aus der Krümmung der Knickverformungslinie errechnen. Die Krümmung entsteht aus dem Zusammenspiel von Normalkraft und Biegemoment in Abhängigkeit der Querschnittsspezifika wie Bewehrungsgrad, Bewehrungsanordnung und Materialgüte. Da man die letzteren Einflüsse konstant halten kann, ergibt sich nur noch eine Abhängigkeit nach den zwei Variablen N und M. Solche funktionalen Abhängigkeiten können als Kurvenscharen mit festgelegtem Parameter, z. B. für die Krümmung κ im M-N-Feld dargestellt werden (siehe *Leonhardt* [1], Abschn. 10).

Eine andere Möglichkeit der Darstellung ergibt sich, wenn man *eine* Veränderliche, z. B. die Normalkraft, konstant hält und die Veränderlichkeit der Krümmung nur in Abhängigkeit vom Moment beschreibt. Diese Darstellung ist für den praktischen Bemessungsfall insofern brauchbarer, als dieser in der Regel immer von einer konstanten Normalkraft ausgeht. Dieses Kurvenbild wird wegen seiner eindeutigen funktionalen Zugehörigkeit *Momentenkrümmungslinie* genannt. Demnach kann eine Momentenkrümmungslinie nur aufgestellt werden für *eine* bestimmte Größe einer Normalkraft und festgelegte Querschnittsspezifika wie Stahl- und Betonquerschnitt sowie Stahl- und Betongüte.

Der typische Verlauf einer Momentenkrümmungslinie ist im Bild 7.12 für eine kleine (a) und eine große (b) Normalkraft dargestellt. An dieser Kurve sind folgende Punkte signifikant:

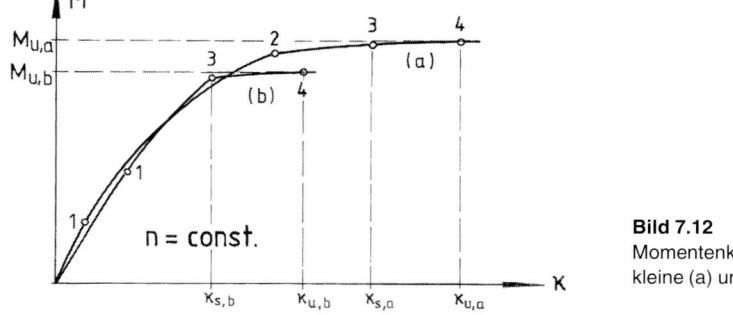

Bild 7.12
Momentenkrümmungslinien für kleine (a) und große (b) Normalkräfte

1. Aufreißen des Querschnittes
2. Fließen der Zugbewehrung
3. Fließen der Druckbewehrung
4. Erreichen der Traglast

Leonhardt [1] sagt hierzu, daß das Versagen des Querschnittes bei großer Längsdruckkraft schon bei geringen Krümmungen eintreten kann, während bei einer geringeren Normalkraft neben dem größeren aufnehmbaren Biegemoment auch die Krümmung größer werden kann. Für die Stabilität einer Stahlbetonstütze sind oftmals nicht der Punkt 4, sondern die Punkte 2 und 3 (Erreichen der Streckgrenze der Bewehrung) maßgebend.

Die rechnerischen Beziehungen für die Ermittlung einer Momentenkrümmungsbeziehung ergeben sich wie folgt:

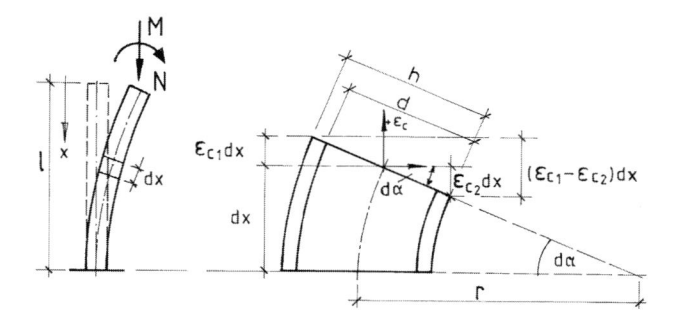

Bild 7.13
Dehnungen am gekrümmten Stabelement

Betrachtet wird die Winkeländerung des gekrümmten Stabes:

$$d\alpha = \frac{\varepsilon_{c_1} - \varepsilon_{c_2}}{h} dx = \frac{\varepsilon_{s_1} - \varepsilon_{c_2}}{d} dx \qquad 7.2.1(1)$$

Die Krümmung ergibt sich als die auf die Längeneinheit bezogene Winkeländerung:

$$\kappa = \frac{d\alpha}{dx} = \frac{\varepsilon_{s_1} - \varepsilon_{c_2}}{d} \qquad 7.2.1(2)$$

Hierbei sind ε_1 und ε_2 mit dem jeweiligen Vorzeichen einzusetzen. Die Indices 1 und 2 richten sich nach der jetzt eingeführten Bezeichnungsweise, 1 für den gezogenen, 2 für den gedrückten Rand.

7.2 Berechnung und Bemessung

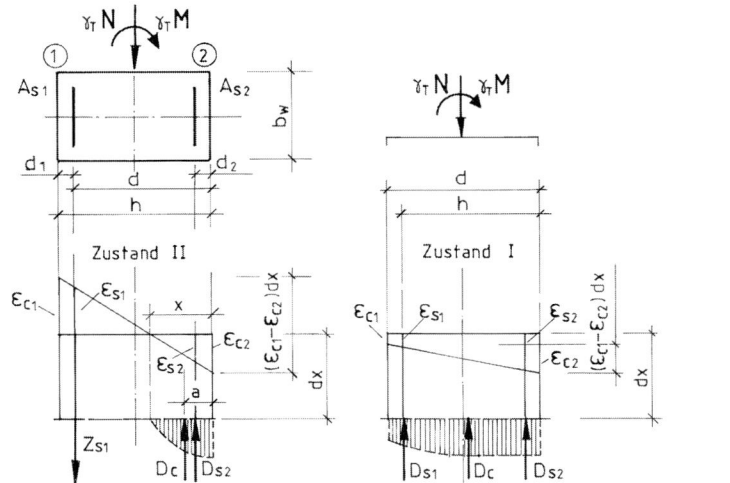

Bild 7.14 Innere Kräfte im Zustand I und II

Für den Gleichgewichtszustand am verformten System läßt sich bei gegebener Normalkraft eine Dehnungsdifferenz ($\varepsilon_{s_1} - \varepsilon_{c_2}$) ermitteln, für die sich ein Gleichgewicht zwischen den inneren und äußeren Kräften erzielen läßt.

- $\Sigma N = 0$

$$\gamma_T \cdot N = N_{Ed} = D_{c_2} + D_{s_1} + D_{s_2} \qquad 7.2.1(3)$$

mit: $D_{c_2} = \alpha_v \cdot b_w \cdot x \cdot (0{,}85\, f_{cd})$
  α_v Völligkeitsbeiwert in Abhängigkeit von der Betondehnung ε_c nach Bild 7.15
  $D_{s_1} = \varepsilon_{s_1} \cdot E_s \cdot A_{s_1} \leq f_{yk} \cdot A_{s_1}$
  $D_{s_2} = \varepsilon_{s_2} \cdot E_s \cdot A_{s_2} \leq f_{yk} \cdot A_{s_2}$

In Gleichung 7.2.1(3) sind die Kräfte mit Vorzeichen einzusetzen, man beachte, daß D_{s_1} im Zustand II eine Zugkraft ist.

- $\Sigma M = 0$: $\gamma_T \cdot M_a = M_i$

Im Zustand I:

$$\gamma_T \cdot M_a = D_{c_2}\left(\frac{h}{2} - a\right) + D_{s_1}\left(\frac{h}{2} - d\right) - D_{s_2}\left(\frac{h}{2} - d\right) \qquad 7.2.1(4)$$

Im Zustand II:

$$\gamma_T \cdot M_a = D_{c_2}\left(\frac{h}{2} - a\right) - D_{s_1}\left(\frac{h}{2} - d\right) + D_{s_2}\left(\frac{h}{2} - d\right) \qquad 7.2.1(5)$$

mit: a Abstand der Betondruckkraft vom Rand
  $= k_a \cdot x$; mit k_a nach Bild 7.15

In die obige Gleichung sind die Kräfte nur mit ihrem absoluten Betrag einzusetzen.

Mit Hilfe der vorstehenden Gleichungen werden weitere Wertepaare (κ, M) gesucht und somit die Momentenkrümmungslinie punktweise ermittelt.

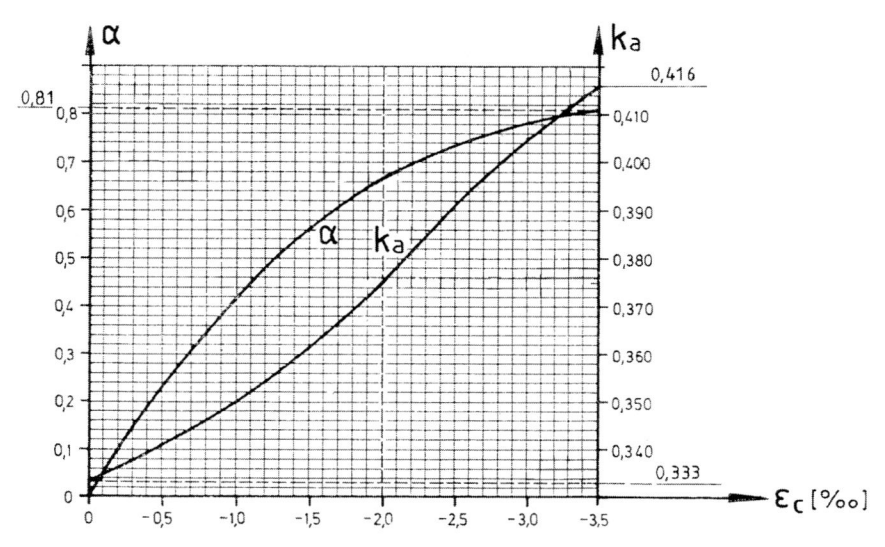

Bild 7.15
Völligkeitsbeiwert und Randabstand der Betondruckkraft nach *Leonhardt* [1]

Für die zu suchende Stabauslenkung wird der Momentenzuwachs nach Theorie II. Ordnung iterativ errechnet:

$$\gamma_T M^I = N_{Ed} \cdot e + H \cdot l \qquad 7.2.1(6)$$

mit: e geometrische Imperfektion aus ungenauer Lastzentrierung

Dieses Moment verursacht eine Krümmung des Stabes, wodurch der Kopf ausgelenkt wird. Für die Vertikalkraft entsteht ein Hebelarm $e(x)$, durch den ein Zusatzmoment wirksam wird:

$$\gamma_T \Delta M = N_{Ed} \cdot e(x) \qquad 7.2.1(7)$$

Die Größe der Auslenkung wird nach den Möglichkeiten der zugehörigen Momentenkrümmungslinie eingerichtet. Für das Gesamtmoment

$$\text{tot } M^{II} = M^I + \Delta M = N_{Ed}(e + e(x)) + H \cdot e(x) \qquad 7.2.1(8)$$

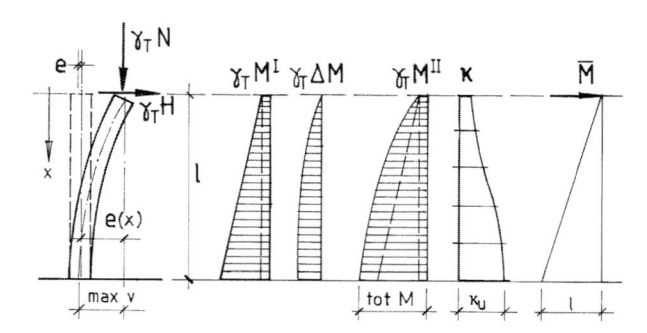

Bild 7.16
System, Momenten- und Krümmungsverlauf

wird aus der Momentenkrümmungslinie die zugehörige Krümmung entnommen. Die Auslenkung am Kopf der Stütze ergibt sich dann wegen

$$\kappa(x) = \frac{1}{EI} M(x) \quad \text{oder} \quad \kappa(x) \sim M(x)$$

mit Hilfe des Arbeitssatzes zu

$$v = \int \kappa(x) \cdot \bar{M} \cdot dx \qquad 7.2.1(9)$$

mit: $\bar{M}$ Biegemoment der virtuellen Belastung $\bar{H} = 1$

Der Rechenprozeß muß solange wiederholt werden, bis die tatsächliche Auslenkung gleich oder kleiner dem angenommenen Wert ist.

7.2.2 Nachweisverfahren

Bei schlanken Druckgliedern muß der Grenzzustand der Tragfähigkeit infolge Tragwerksverformungen nachgewiesen werden. Schlanke Druckglieder sind Stäbe, bei denen die Stabauslenkung infolge der Beanspruchung aus Biegung und Längsdruck einen nicht zu vernachlässigenden Einfluß auf die Traglast ausübt.

Zur Nachweisführung werden die Druckglieder als verschieblich oder unverschieblich eingeteilt, je nach ihrer Empfindlichkeit gegenüber Auswirkungen nach Theorie II. Ordnung infolge seitlichen Ausweichens von der Wirkungslinie der Druckkräfte. Bei den Brückenstützen oder -pfeilern handelt es sich um

– Einzeldruckglieder, oder
– Druckglieder als Teil des Gesamttragwerkes, die aber für die Bemessung als Einzeldruckglieder betrachtet werden.

Sie sind als unverschieblich zu betrachten, wenn der Einfluß von Knotenverschiebungen auf die Bemessungsmomente vernachlässigt werden kann. Druckglieder, als Teile einer Rahmenkonstruktion, können als unverschieblich betrachtet werden, wenn die Knotenverschiebungen nach Theorie I. Ordnung die Biegemomente nach Theorie I. Ordnung um nicht mehr als 10% erhöhen.

Treffen die vorgenannten Voraussetzungen nicht zu, ist der Tragsicherheitsnachweis nach Theorie II. Ordnung zu führen, wobei der Momentenzuwachs unter Ansatz einer ungewollten Lastausmitte e_a zusätzlich zur Stabilitätsauslenkung v zu ermitteln ist:

$$e_a = \alpha_{a_1} \cdot l_0/2 \qquad 7.2.2(1)$$

mit: α_{a_1} Schiefstellung gegen die Senkrechte

$$= \frac{1}{100\sqrt{l}} \cdot l \text{ geometrische Höhe der Stütze}$$

l_0 Ersatzlänge des Einzeldruckgliedes

Diese ungewollte Ausmitte berücksichtigt Unsicherheiten, die mit der Vorhersage von Auswirkungen nach Theorie II. Ordnung verbunden sind. Hierzu zählen nach [47]:

– geometrische Imperfektionen hinsichtlich der Größe, Richtung und des Angriffspunktes der Längskraft,
– Abweichungen zwischen dem elastoplastischen und geometrischen Schwerpunkt des Stabquerschnittes,
– näherungsweise Berücksichtigung des Kriecheinflusses.

Die Knicklänge l_0 – auch Ersatzlänge genannt – ergibt sich als Abstand der Wendepunkte der Knickfigur des Ersatzstabes unter Berücksichtigung der Interaktion zwischen Bauwerk, Baugrund und der Lagerungsbedingungen am Fuß und am Kopf der Stütze. Bei Rahmenstützen kann die Ersatzlänge nur aus dem Gesamtverformungsbild des Systems abgeleitet werden.

Die Schlankheit der Stütze ergibt sich nach der bekannten Formel:

$$\lambda = l_0 / i_i \text{; mit } i_i \text{ Trägheitsradius des Querschnittes in der Knickrichtung}$$

Für die Bemessung des durch die Tragwerksverformungen beeinflußten Grenzzustandes der Tragfähigkeit (Stabilitätsnachweis) müssen die Stützen hinsichtlich der Schlankheit eingeteilt werden.

Die Stützen gelten als schlank, wenn die folgenden Grenzwerte der Schlankheit überschritten werden:

$$v_{\max} = 25 \qquad \text{für } v_{Ed} \geqq 0{,}41 \qquad\qquad 7.2.2(2)$$

$$= \frac{16}{\sqrt{v_{Ed}}} \qquad \text{für } v_{Ed} < 0{,}41 \qquad\qquad 7.2.2(3)$$

mit:

$$v_{Ed} = \frac{N_{Ed}}{A_c \cdot f_{cd}} \qquad\qquad 7.2.2(4)$$

Dabei ist:

N_{Ed} Bemessungswert der mittleren Längskraft des Einzeldruckgliedes
A_c Querschnittsfläche des Druckgliedes
f_{cd} Bemessungswert der Betondruckfestigkeit nach Gleichung 5.3.1(17)

Kriechauswirkungen sind zu beachten, wenn sie die Tragwerksstabilität wesentlich vermindern können.

Der Kriecheinfluß darf zur Vereinfachung vernachlässigt werden, wenn durch ihn das Anwachsen der Biegemomente nach Theorie I. Ordnung 10% nicht übersteigt. Wenn es notwendig werden sollte, können Kriechauswirkungen durch Näherungsmethoden abgeschätzt werden, die auf Abschnitt 5.2.5.5 basieren.

Für schlanke Einzeldruckglieder dürfen die Auswirkungen nach Theorie II. Ordnung vereinfachend nach dem Modellstützenverfahren (siehe Abschnitt 7.2.3.3) ermittelt werden, wenn die Lastausmitte nach Theorie I. Ordnung die nachstehend angegebene Bedingung erfüllt:

$$e_o \geqq 0{,}1\, h$$

mit: h Querschnittshöhe in der betrachteten Knickrichtung

7.2.3 Bemessungserfordernisse

7.2.3.1 Stützen ohne Knickgefahr

N-M-Interaktionen des Druckstabes

Die grundlegenden Zusammenhänge der N-M-Beziehungen des Druckstabes wurden bereits mit den Erläuterungen zum Bild 7.11 dargestellt, sie müssen für die Erläuterung der Bemessungszusammenhänge noch fortgeschrieben werden. Bild 7.17 zeigt das N-M-Interaktionsdiagramm, das der Bemessung in den Bereichen Druckkraft mit geringer oder mäßiger Ausmitte zugrunde gelegt wird. Dieses Diagramm wird für alle Betonfestigkeitsklassen von C 25/30

7.2 Berechnung und Bemessung

Bild 7.17 N-M-Interaktionen

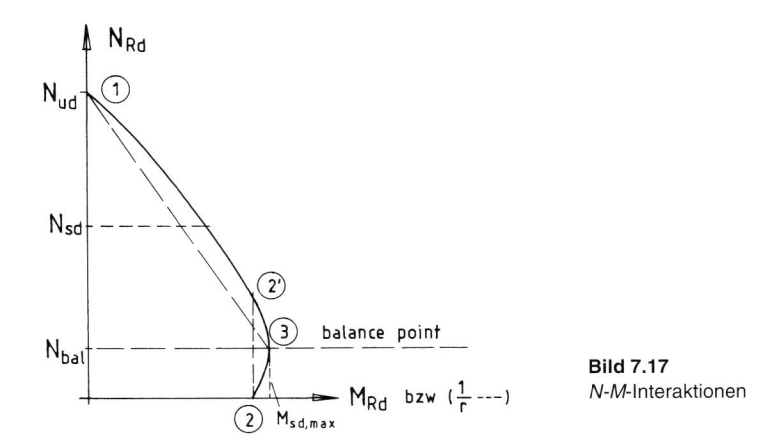

bis C 50/60 für den Brückenbau, *eine* Betonstahlgüte (BSt 500) und *einen* bestimmten Randabstand der Bewehrung aufgestellt. An ihm sind folgende Punkte signifikant:

- Punkt ① kennzeichnet die Größe des Bemessungswertes N_{ud} der aufnehmbaren Längsdruckkraft (Grenztragfähigkeit) für zentrischen Druck

$$N_{ud} = -A_c \cdot 0{,}85\, f_{cd} + f_{yd} \cdot A_{s,\text{tot}} \qquad 7.2.3(1)$$

- Punkt ② kennzeichnet die Größe des Bemessungswertes des Biegemomentes für reine Biegung
- Punkt ③ kennzeichnet den Bemessungswert des aufnehmbaren Biegemomentes M_{Rd} (größtmögliches Biegemoment max M_{Ed}). Das Anwachsen der Druckkraft im unteren Bereich wirkt sich günstig auf das Tragverhalten im Querschnitt aus, so daß ein leichtes Ansteigen des Biegemomentenanteiles zur Herstellung des Gleichgewichtes möglich wird (balance point). Die zugehörige Normalkraft beträgt bei symmetrischer Bewehrung

$$N_{\text{bal}} = -0{,}4 \cdot A_c \cdot f_{cd} \qquad 7.2.3(2)$$

Weiterhin werden bezeichnet:

N_{sd} Bemessungswert der aufzunehmenden Längskraft
N_{Rd} Bemessungswert der aufnehmbaren Längsdruckkraft (Bauteilwiderstand)
M_{Rd} Bemessungswert des aufnehmbaren Biegemomentes (Bauteilwiderstand)

Einfache Druckglieder

- $\lambda = 0$; Reines Druckglied

Der Bauteilwiderstand N_{ud} eines zentrisch belasteten Druckgliedes ergibt sich aus der Summe der Tragfähigkeiten von Beton und Stahl (Gleichung 7.2.3(1)).

$$N_{ud} = (\alpha \cdot f_{cd})\, A_c + \frac{\sigma_{s,u}}{\gamma_s} A_s$$

mit: $\alpha = 0{,}85$ für rechteckige und runde Querschnitte

$$\sigma_{s,u} = E_s \cdot \varepsilon_s = 2 \cdot 10^5 \cdot 2 \cdot 10^{-3} \leq 400 \text{ N/mm}^2$$

d.h. wegen der zulässigen Stauchung des Betons von 2,0‰ ist die zulässige Spannung des Betonstahles BSt 500 nicht ausnutzbar.

Für den Bewehrungsanteil gelten die nachfolgenden Unter- und Obergrenzen, die auch im Stoßbereich eingehalten sein müssen:

$$\min A_s \geqq 0{,}15 \frac{-N_{Ed}}{f_{yd}} \geqq 0{,}003\, A_c \geqq \varnothing 16\text{ mm},\ s = 150\text{ mm} \qquad 7.2.3(3)$$

$$\max A_s \leqq 0{,}09\, A_c \qquad 7.2.3(4)$$

Für die Bügelabstände gelten die nachfolgenden Grenzwerte; der kleinste Wert ist maßgebend.
- 12-facher Wert des kleinsten Längsdurchmessers,
- kleinste Seitenlänge des Querschnittes,
- 300 mm.

Der kleinste Stabdurchmesser der Längsbewehrung muß $\varnothing$ 12 mm, der der Bügel $\varnothing$ 10 mm betragen.

- $0 < \lambda \leqq 25$; Druckkraft mit geringer Ausmitte

Die Bemessung erfolgt für eine symmetrische Bewehrung $A_{s1} = A_{s2}$ nach Interaktionsdiagrammen über die bezogenen Schnittgrößen:

$$v_{sd} = \frac{N_{Ed}}{b \cdot h \cdot f_{cd}}\ ;\quad \mu_{sd} = \frac{M_{Ed}}{b \cdot h^2 \cdot f_{cd}}$$

Für den Ansatz des Bemessungswertes der Stahlzugspannung $f_{yd} = 435$ N/mm² muß die Betondehnung von

$$\varepsilon_b = -435/2 \cdot 10^5 = -2{,}175\,\text{‰}$$

vorhanden sein.

7.2.3.2 Stützen mit Stabilitätsgefährdung (Knicksicherheitsnachweis)

a) Modellstützenverfahren

Eine Modellstütze ist eine Kragstütze, die am Stützenfuß eingespannt und am Stützenkopf frei verschieblich ist. Unter der Wirkung von Längskräften und Momenten wird sie nach einer gekrümmten Verformungsfigur ausgelenkt, wobei am Stützenfuß das maximale Moment auftritt.

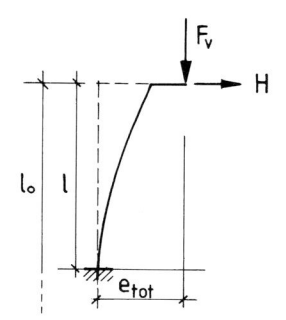

Bild 7.18
Modellstütze

7.2 Berechnung und Bemessung

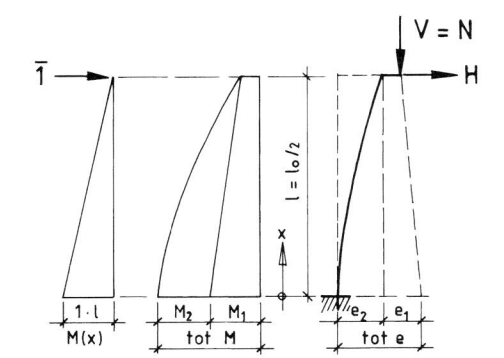

Bild 7.19 System und Momentenverlauf

Das, die Krümmung verursachende, Biegemoment setzt sich zusammen aus:

$$\text{tot } M = |N|(e_1 + e_2) = |N|\, e_{\text{tot}}$$

mit: $e_1 = e_0 + e_a$

$e_0 = \dfrac{M}{N}$, planmäßige Ausmitte, $\leq 0{,}1\, h$, nach Theorie I. Ordnung

$e_a = \alpha_{a_1} \cdot l_0/2$, ungewollte Ausmitte nach Gleichung 7.2.2(1)

e_2 Stabauslenkung infolge Theorie II. Ordnung

Die Auslenkung e_2 wird nach dem Kraftgrößenverfahren ermittelt. Für bewehrten Beton im ungerissenen Zustand gilt nach den Annahmen der Elastizitätstheorie für die Krümmung:

$$\kappa = \left(\frac{1}{r}\right) = \frac{M}{EI}\,; \quad \kappa(x) = \left(\frac{1}{r}\right)(x) = \frac{\text{tot } M(x)}{E \cdot I}$$

Bei Annahme eines parabelförmigen Krümmungsverlaufes ergibt sich (siehe auch Gleichung 7.2.1(9)):

$$e_2 = \int \frac{\bar{M}(x) \cdot M(x)}{EI}\, dx = \int \bar{M}(x)\left(\frac{1}{r}\right)(x)\, dx$$

$$e_2 = \frac{5}{12} \cdot l^2 \cdot \left(\frac{1}{r}\right) = \frac{5}{48} \cdot l_0^2 \cdot \left(\frac{1}{r}\right) \approx \frac{1}{10} \cdot l_0^2 \cdot \left(\frac{1}{r}\right)$$

Um einen kontinuierlichen Übergang zwischen der Querschnittstragfähigkeit mit $\lambda \leq 25$ einerseits und der geringeren Stützentragfähigkeit mit $\lambda > 25$ andererseits zu schaffen, wird ein Beiwert K_1 definiert, der diesen Übergang zwischen $\lambda = 25$ und $\lambda = 35$ herstellt. Somit:

$$e_2 = K_1 \cdot \frac{1}{10} \cdot l_0^2 \cdot \left(\frac{1}{r}\right) \qquad\qquad 7.2.3(5)$$

mit: $K_1 = \lambda/20 - 0{,}75$ für $25 \leq \lambda \leq 35$
$K_1 = 1$ für $\lambda > 35$

Die Krümmungsbeziehung, als bezogene Winkeländerung, wird durch die Dehnung substituiert. Mit Gleichung 7.2.1(2) ergibt sich:

$$\kappa = \left(\frac{1}{r}\right) = \frac{d\alpha}{dx} = \frac{\varepsilon_{s_2} - \varepsilon_{s_1}}{\bar{z}} \quad \text{mit } \bar{z} \approx 0{,}9 \cdot d$$

wobei die Werte der Dehnungen mit dem Vorzeichen einzusetzen sind.

Für $A_{s_1} = A_{s_2}$ wird $\varepsilon_{s_1} = -\varepsilon_{s_2}$; für $\varepsilon_{s_2} = \varepsilon_s$ gilt dann:

$$\kappa = \left(\frac{1}{r}\right) = \frac{2 \cdot \varepsilon_s}{0{,}9 \cdot d}$$

Berücksichtigt man, daß in der $N-M$-Interaktionsbeziehung mit zunehmender Ausnutzung des Stützenquerschnittes durch Normalkräfte das gleichzeitig aufnehmbare Moment, und damit die Krümmung, kleiner werden, muß man einen weiteren Beiwert definieren, der diese Abminderung der Krümmung beschreibt. Nimmt man den Krümmungsverlauf im Bereich ansteigender Normalkraft linear abfallend und im Bereich unterhalb des Maximalmomentes konstant an (siehe Bild 7.17), läßt sich die Krümmung wie folgt darstellen:

$$\kappa = \left(\frac{1}{r}\right) = K_2 \frac{2 \cdot \varepsilon_{yd}}{0{,}9 \cdot d} \qquad 7.2.3(6)$$

mit:

$$K_2 = \frac{N_{ud} - N_{sd}}{N_{sd} - N_{\text{bal}}} \leq 1 \qquad 7.2.3(7)$$

Dabei ist:
ε_{yd} Bemessungswert der Dehnung an der Streckgrenze $= f_{yd}/E_s$
N_{ud} Bemessungswert der aufnehmbaren Längsdruckkraft (Grenztragfähigkeit) nach Gleichung 7.2.3(1)
N_{Ed} Bemessungswert der aufzunehmenden Längskraft (Druck negativ)
N_{bal} aufnehmbare Längsdruckkraft bei größter Momententragfähigkeit des Querschnittes nach Gleichung 7.2.3(2)

Die Annahme $K_2 = 1$ liegt stets auf der sicheren Seite.

Damit ist dann das Biegemoment im verformten Zustand bekannt:

$$\text{tot } M = N(e_0 + e_a + e_2) \qquad 7.2.3(8)$$

b) Ausführlicher Nachweis nach Theorie II. Ordnung

Die praktische Durchführung des im Abschnitt 7.2.1 angedeuteten Berechnungsweges geht von einer bekannten Momentenkrümmungslinie aus. Diese wird aufgestellt für die festliegenden Größen

$$N_{Ed}, f_{cd}, f_{yk}, A_{s1}, A_{s2}$$

indem punktweise solche Wertepaare der Dehnungen des Betons am Druckrand und der Stahlzugbewehrung gesucht werden, deren daraus resultierende inneren Kräfte die Gleichgewichtsbedingung $\Sigma N = 0$ erfüllen, also der Gleichung 7.2.1(3) genügen. Aus der Größe des Bruchmomentes schätzt man die mögliche Kopfauslenkung ab. Sie ist so zu wählen, daß das durch sie verursachte Zusatzmoment

$$\gamma_T \cdot \Delta M = N_{Ed} \cdot e(x)$$

zusammen mit dem Moment nach Theorie I. Ordnung

$$\gamma_T \cdot M^I = N_{Ed} \cdot e + H \cdot x$$

nicht überschritten wird. Die durch das Gesamtmoment

$$\text{tot } M = \gamma_T \cdot M^{II} = \gamma_T (M^I + \Delta M)$$

verursachte Krümmung wird der Momentenkrümmungslinie entnommen und die zugehörige Auslenkung mit dem Arbeitssatz ermittelt. Das Formänderungsintegral wird zweckmäßigerweise abschnittsweise über die Stablänge ausgewertet. Die Kopfauslenkung beträgt dann für Trägheitsmoment = const.:

$$v^1 = \sum_0^m \kappa(x) \cdot \bar{M} \cdot dx > v^0$$

Der Rechenprozeß ist unter schrittweiser Verstärkung der Bewehrung solange zu wiederholen, bis erreicht ist:

$$v^n = \sum_0^m \kappa(x) \cdot \bar{M} \cdot dx \leqq v^{n-1}$$

mit: v^0 Betrag der ersten angenommenen möglichen Auslenkung

Das Bild 7.20 zeigt den Berechnungsansatz für eine Unterteilung des Stabes von $\Delta x = 0{,}2\ l$.

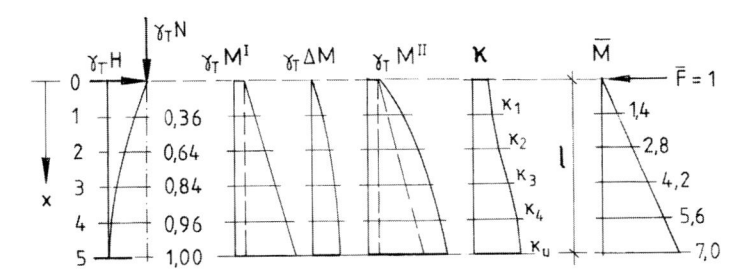

Bild 7.20
Berechnungsansatz für $\Delta x = 0{,}2\ l$

c) Stützen mit zweiachsiger Lastausmitte

Wenn das Tragverhalten einer Stütze in jeder der beiden Hauptachsenrichtungen zu betrachten ist, muß der kritische Querschnitt für beide Fälle nachgewiesen werden, da für beide Richtungen an den Enden der Stütze unterschiedliche Randbedingungen vorliegen können.

Ein getrennter Nachweis in Richtung der beiden Hauptachsen y und z ist dann zulässig, wenn das Verhältnis der bezogenen Lastausmitten

e_{0z}/h und e_{0y}/b

eine der folgenden Bedingungen erfüllt:

$$\frac{e_{0y}/b_w}{e_{0z}/h} \leqq 0{,}2 \qquad\qquad 7.2.3(9)$$

$$\frac{e_{0z}/h}{e_{0y}/b_w} \leqq 0{,}2 \qquad\qquad 7.2.3(10)$$

Dabei ist:
e_{0z}, e_{0y} die jeweilige Lastausmitte nach Theorie I. Ordnung in Richtung der Querschnittsseiten b oder h

7.2.3.3 Bemessungskombinationen

Einwirkungen in ständigen und vorübergehenden Bemessungssituationen

(abweichende Werte für Eisenbahnbrücken als Klammerwerte)

Eigengewicht: G_k $\quad\gamma_G = 1{,}35$, günstig 1,0
Vorspannung: P_k $\quad\gamma_P = 1{,}00$
Verkehr: $Q_{1,k}$ $\quad\gamma_Q = 1{,}50 \quad (1{,}45)$
Bremsen und Anfahren:* $Q_{Br,k}$ $\quad\gamma_{Br} = 1{,}50$
Zentrifugalkraft: * $Q_{z,k}$ $\quad\gamma_z = 1{,}50$
Seitenstoß:* $Q_{s,k}$ $\quad\gamma_s = 0 \quad (1{,}50)$

* Als Leiteinwirkung in der entsprechenden Verkehrslastgruppe, soweit nachweisrelevant:

– Bei Straßenbrücken in Kombination mit dem häufigen Wert $(0{,}75\ Q_{1,k})$ nach Gruppe 2 mit den horizontalen Einwirkungen zusammengefaßt zu $(Q_{Br,k} + Q_{z,k})$.

– Bei Eisenbahnbrücken in Kombination mit dem charakteristischen Wert $Q_{1,k}$ je nach Gleisanzahl nach den Gruppen 13, 14, 22 und 24 mit den horizontalen Einwirkungen, getrennt nach:

entweder: $1{,}0 \cdot Q_{br,k} + 0{,}5\,(Q_{z,k} + Q_{s,k})$
oder: $\quad\quad\ 0{,}5 \cdot Q_{br,k} + 1{,}0\,(Q_{z,k} + Q_{s,k})$

Bei Fußgänger- und Radwegbrücken entfällt diese Kombination, da die Horizontalkraft in Brückenlängsrichtung wirkt und nur innerhalb der Gruppe 1 anzusetzen ist.

– Windeinwirkung F_{wk}: $\quad\gamma_w = 1{,}50$

als Leiteinwirkung ohne Verkehrslast und Verkehrsband. In Kombination mit der Verkehrslast:
bei Straßenbrücken: $\quad F_{wk}$ mit $\psi = 0{,}30$
bei Eisenbahnbrücken: $\quad F_{wk}$ mit $\psi = 0{,}60$ bzw. $F_w{**}$ mit $= 1{,}0$

– Temperatur $F_{T,k}$: $\quad\gamma_T = 1{,}50$

– Änderungen der Stützungsbedingungen: $S_{st,k}$ $\quad\gamma_s = 1{,}50$

nur als Begleiteinwirkung.

Kombination der Einwirkungsgrößen für Stützen

- Vertikale Verkehrslast als Leiteinwirkung:

Gruppe 1 bei Straßen-, Fuß- und Radwegbrücken

$$E_d = 1{,}35\ G_k + 1{,}0\ P_k + 1{,}50\ Q_{1,k} + 1{,}50\,[\psi_{01} \cdot F_{wk} + \psi_{02}(Q_{br,k} + Q_{z,k})]$$

Gruppen 11, 21 für LM 71 und SW/0 bei Eisenbahnbrücken

$$E_d = 1{,}35\ G_k + 1{,}0\ P_k + 1{,}45\ Q_{1,k} + 1{,}50\,[\psi_{01}(1{,}0\ Q_{Br,k} + 0{,}5\ Q_{z,k}) + \psi_{02} \cdot 0{,}5\ Q_{s,k}]$$
$$+ 1{,}5\,(1{,}0\ F_w{**} \text{ bzw. } \psi_0\ F_{wk})$$

Gruppen 12, 22 für LM 71 und SW/0 bei Eisenbahnbrücken

$$E_d = 1{,}35\ G_k + 1{,}0\ P_k + 1{,}45\ Q_{1,k} + 1{,}50\,[\psi_{01}(0{,}5\ Q_{Br,k} + 1{,}0\ Q_{z,k}) + \psi_{02}\ 1{,}0\ Q_{s,k}]$$
$$+ 1{,}5\,(1{,}0\ F_w{**} \text{ bzw. } \psi_0\ F_{wk})$$

Gruppen 26, 27 für LM SW/2 bei Eisenbahnbrücken entsprechend.

- Horizontale Verkehrslast als Leiteinrichtung

  Gruppe 2 bei Straßenbrücken

  $$E_d = 1{,}35\ G_k + 1{,}0\ P_k + 1{,}50\ (Q_{Br,k} + Q_{z,k}) + \psi_{01}\ [\psi_{01}'\ (0{,}75\ Q_{1,k})] + 1{,}5\ \psi_0\ F_{wk}$$

  Gruppen 13, 23 für LM 71 und SW/0 bei Eisenbahnbrücken

  $$E_d = 1{,}35\ G_k + 1{,}0\ P_k + 1{,}50\ [1{,}0\ Q_{Br,k} + 0{,}5\ (Q_{z,k} + Q_{s,k})] + 1{,}45\ \psi_{01} Q_{1,k}$$
  $$+ 1{,}5\ (1{,}0\ F_w^{**}\ \text{bzw.}\ \psi_0\ F_{wk})$$

  Gruppen 14, 24 für LM 71 und SW/0 bei Eisenbahnbrücken

  $$E_d = 1{,}35\ G_k + 1{,}0\ P_k + 1{,}50\ [0{,}5\ Q_{Br,k} + 1{,}0\ (Q_{z,k} + Q_{s,k})] + 1{,}45\ \psi_{01} Q_{1,k}$$
  $$+ 1{,}5\ (1{,}0\ F_w^{**}\ \text{bzw.}\ \psi_0\ F_{wk})$$

  Gruppen 26, 27 für LM SW/2 bei Eisenbahnbrücken entsprechend.

- Windkraft als Leiteinwirkung, Verkehr als Folgeeinwirkung

  Straßen-, Fußgänger- und Radwegbrücke:

  $$E_d = 1{,}35\ G_k + 1{,}0\ P_k + 1{,}5\ F_{wk} + \psi_{01}\ Q_{1,k} + \psi_{02}\ (Q_{Br,k} + Q_{z,k})$$

  Eisenbahnbrücke:

  $$E_d = 1{,}35\ G_k + 1{,}0\ P_k + 1{,}5\ F_{wk} + \psi_{01}\ Q_{1,k} + \psi_{02}\ (Q_{Br,k} + Q_{z,k}) + \psi_{03}\ Q_{s,k}$$

- Windkraft als Leiteinwirkung (ohne Verkehr) bei allen Brückenarten

  $$E_d = 1{,}35\ G_k + 1{,}0 \cdot P_k + 1{,}50\ F_{w,k}$$

- Minimalkombination:

  $$E_d = 1{,}0 \cdot G_k + 1{,}0\ P_k + 1{,}50\ F_{w,k}$$

7.2.3.4 Stützen mit Anprallstoß

a) Problemstellung

Stützkonstruktionen von Brückenbauwerken, die neben einer Fahrbahn eines Straßenverkehrsweges oder den Gleisen eines Eisenbahnverkehrsweges stehen, sind der Gefahr einer Kollision mit einem von der Fahrbahn abirrendem Rad bzw. mit einem entgleisten Zugteil ausgesetzt. Um der Stütze einen maximal möglichen Schutz vor einer solchen Art der Beanspruchung zu geben, sind diese durch besondere konstruktive Maßnahmen vor einem zu großen Schadensrisiko zu schützen.

Diese konstruktiven Maßnahmen müssen so beschaffen sein, daß sie entweder durch einen hinreichend großen Widerstand oder durch eine Eigenelastizität der Bauteile in der Lage sind, die kinetische Energie der anprallenden Masse aufzunehmen, d. h. sie in potentielle Energie umzuwandeln oder sie durch Eigendeformation teilweise oder vollständig abzubauen, ohne daß die Stützen selbst tragsicherheitsgefährdende Verformungen erhalten. Nehmen die Stützen hierbei einen Teil der kinetischen Energie des Anpralles auf, kann dieses durch das elastische Tragvermögen bei vermindertem Querschnitt erfolgen. Der mögliche Anteil der Anprallenergie kann aber auch durch plastische Verformungen der Stütze selbst aufgenommen werden, in diesem Fall sind die Grenzdehnungen nachzuweisen.

Da es nicht vorhersehbar ist, welcher Anteil der freiwerdenden Anprallenergie von konstruktiven Schutzeinrichtungen aufgefangen werden kann und welcher Anteil auf die Stütze selbst entfällt, müssen solche Stützen durch besondere Maßnahmen geschützt *und* für statisch ruhende Ersatzlasten für den Anprall berechnet werden (siehe Abschnitte 1.2.5 und 1.4.8).

b) Besondere Maßnahmen zur Verringerung des Anprallrisikos

Stützen mit Anprallgefährdung aus dem Straßenverkehr

Als besondere Maßnahmen gelten abweisende Schutzeinrichtungen, die mit mindestens 1,0 m Abstand vor den zu schützenden Bauteilen aufzustellen sind. Sie dürfen mit keinem zugehörigen Konstruktionsteil der Stützkonstruktion verbunden sein oder in Berührung stehen, da sonst eine Übertragung der Deformation möglich wäre. Allerdings läßt es sich nicht vermeiden, daß im Bereich der Fundamente die Pfosten der Schutzeinrichtung Kontakt mit ihnen haben, da sie über ihnen stehen. Nach den Richtlinien für passive Schutzeinrichtungen (RPS) [48] müssen diese Pfosten durch Fußplatten oder Rohrhülsen im Fundament befestigt werden.

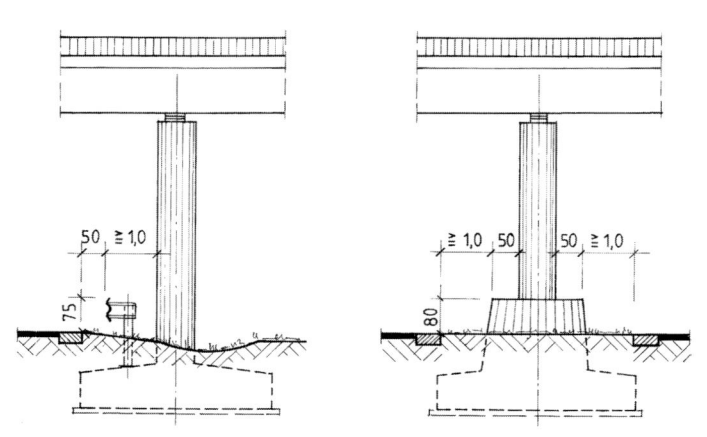

Bild 7.21
Anprallschutz bei Stützen im Straßenbereich

Bei einer anderen Lösung werden Betonsockel unter den zu schützenden Bauteilen angeordnet. Diese haben mindestens eine Höhe von 0,80 m über Geländeoberkante und ragen parallel zur Verkehrsrichtung mindestens 2,0 m und rechtwinklig dazu mindestens 0,50 m über die Außenkante der zu schützenden Bauteile hinaus. Dieser Sockel bildet mit der Stütze und dem Fundament eine monolithische Einheit, die dann durch ihre große Masse den erforderlichen Widerstand zum Abbau der freiwerdenden Energie beim Anprall erzeugen kann.

Diese Lösung eignet sich wegen ihrer symmetrischen Anordnung für Stützkonstruktionen, die von beiden Seiten der Anprallgefahr ausgesetzt sind, also für solche auf den Mittelstreifen zweibahniger Straßenfahrbahnen. Dort ist meist wenig Platz vorhanden, um Schutzplanken im geforderten Abstand von der Stütze anzuordnen.

Besondere Maßnahmen müssen nicht vorgesehen werden

- in bzw. neben Straßen innerhalb geschlossener Ortschaften mit einer Geschwindigkeitsbeschränkung $\leq$ 50 km/h,
- bei Stützen neben Gemeinde- und Hauptwirtschaftswegen,
- wenn die Stützen die Mindestabmessungen aufweisen, die als Voraussetzung für die Nichtberücksichtigung der Anprallasten gelten (siehe Abschnitt 1.2.5).

Stützen mit Anprallgefährdung aus dem Eisenbahnverkehr

Die beim Fahrzeuganprall im Eisenbahnverkehr freigesetzte kinetische Energie kann wesentlich größer ausfallen, als die vergleichbare Energie beim Anprall im Straßenverkehr. Die besonderen Maßnahmen sind daher vielfältiger, sie erstrecken sich auf:

- die Ausbildung der Stützkonstruktion in Abhängigkeit ihres Abstandes von der Gleisachse,
- die Ausbildung von Anprallblöcken,
- die Anordnung von Fangvorrichtungen,
- den Ausfall von Stützen.

Im einzelnen sind folgende Maßnahmen vorgesehen:

Stützenstellung und Stützungsart

In einem Bereich bis 3,0 m lichten Abstandes von der Gleisachse sollen grundsätzlich keine Stützkonstruktionen angeordnet werden. Ausnahmen hierzu bedürfen der Genehmigung des Eisenbahn-Bundesamtes als Zustimmung im Einzelfall. In diesem Ausnahmefall sind Führungen im Gleis und zugehörige Fangvorrichtungen einzubauen. Die Fangvorrichtungen müssen 30,0 m vor der Stütze beginnen.

Stützkonstruktionen im Bereich von 3,0 m bis 5,0 m lichten Abstandes von der Gleisachse sind grundsätzlich als durchgehende Wände oder Wandscheiben, ggf. auch mit Durchbrüchen, auszubilden. Die Durchbrüche sind nach Standard des EBA auszuführen. Die Mindestabmessungen der wandartigen Unterstützungen sind nach folgenden Grenzangaben einzurichten:

$$L:B \geqq 4:1 \text{ mit } L \geqq \frac{H}{2}$$
$$B \geqq 0{,}60 \text{ m bei üblichen Sicherheitsanforderungen}$$
$$\geqq 0{,}80 \text{ m bei erhöhten Sicherheitsanforderungen}$$

Es bedeuten:
L = Länge B = Breite H = Höhe der wandartigen Scheibe

Wenn in diesem Bereich die Stützkonstruktion nicht als Wandscheibe ausgebildet werden kann oder im besonderen Fall als Einzelstütze oder Stützenreihe ausgebildet werden soll, ist die Maßnahme nur zugelassen, wenn die Stützen auf massive Bahnsteige oder bahnsteigähnliche Fundamente gestellt werden, deren Höhe über Schienenoberkante mindestens 0,55 m betragen muß. Der Abstand zwischen der Außenkante der Stütze und der Außenkante des Fundamentes soll, rechtwinklig zur Gleisachse gemessen, mindestens 0,80 m betragen.

Diese erhöhten Fundamente müssen mindestens 5,0 m vor der Stütze beginnen und an ihrem Ende fahrzeugablenkend ausgebildet sein.

Für Stützkonstruktionen, die im Bereich > 5,0 m lichten Abstandes von der Gleisachse angeordnet werden, sind keine besonderen Maßnahmen vorzusehen. Der Bereich hinter einem Gleisabschluß muß stützungsfrei bleiben, weiterhin sollen Brückenstützen nicht als Pendelstützen ausgeführt werden.

Anprallblock

Wenn Stützen im Bereich 3,0 m bis 5,0 m lichten Abstandes von der Gleisachse unbedingt erforderlich werden und das erhöhte Schutzfundament nicht angeordnet werden kann oder soll, ist ein starrer Anprallblock oder eine energieverzehrende Anprallschutzkonstruktion vor Einzelstützen oder vor der ersten Stütze von Stützenreihen anzuordnen. Die Anprallschutzkonstruktionen sind so auszubilden, daß sie die Bewegungsrichtung entgleister Fahrzeuge von der

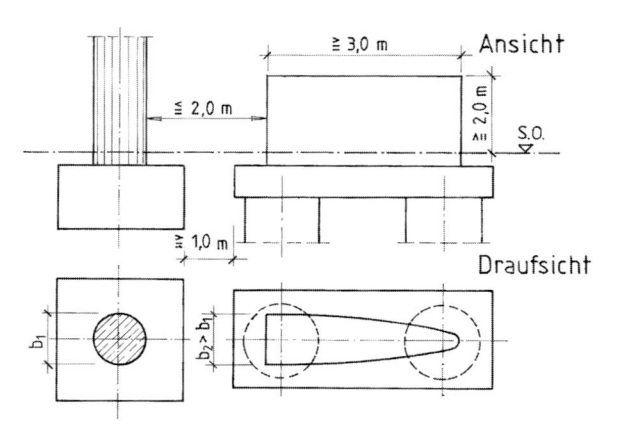

Bild 7.22
Anprallschutz für Stützen im Bereich von Bahnanlagen

Stütze ablenken können. Der starre Anprallblock ist keilförmig auszubilden, mit seinem Fundament monolithisch zu verbinden und so zu gründen, daß im Falle eines Anpralles die Tragfähigkeit der Stütze auch nicht über die Gründung beeinträchtigt werden kann. Die Ausbildung eines solchen Anprallblockes zeigt Bild 7.22.

Stützenausfall

Stützen in besonderer Lage, insbesondere aber in Bereichen mit erhöhten Sicherheitsanforderungen, sind einem höheren Anprallrisiko unterworfen, es ist daher die Tragfähigkeit des Überbaues bei Ausfall einzelner Stützen nachzuweisen, wenn folgende Randbedingungen vorliegen:

- Die Stützen stehen im Bereich erhöhter Sicherheitsanforderungen neben Gleisen ohne Weichen oder in Weichenbereichen mit gesicherten Weichen im Abstand $\leq 5{,}0$ m von der Gleisachse.
- Die Stützen stehen, unabhängig von den Sicherheitsanforderungen, in Weichenbereichen mit ungesicherten Weichenstraßen im Abstand $\leq 6{,}0$ m von der Gleisachse.

Der Weichenbereich ist im Bild 7.23 definiert.

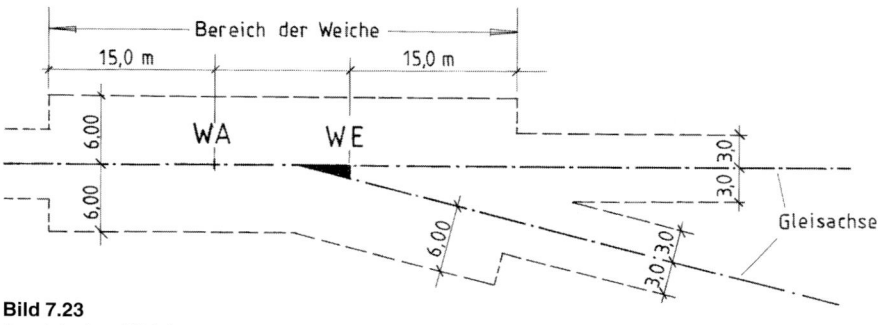

Bild 7.23
Bereich einer Weiche

7.2 Berechnung und Bemessung

Auf den Nachweis „Stützenausfall" kann verzichtet werden, wenn
- die Gleise mit einer Zuggeschwindigkeit $v \leq 20$ km/h befahren werden oder
- die Stützkonstruktion als Stahlbetonscheibe mit den Abmessungen $L \geq 3{,}0$ m und $B \geq 1{,}2$ m und mit einer Zerschellschicht ausgeführt wird.

c) Bemessung

Die Bemessung der Stützen erfolgt für die Schnittgrößen aus den Einwirkungen der statischen Ersatzlasten für Fahrzeuganprall nach Abschnitt 1.2.5 für die Einwirkungen aus dem Straßenverkehr und nach Abschnitt 1.4.8 für diejenigen aus dem Eisenbahnverkehr. Die Schnittgrößen sind unter Ansatz der abstützenden Wirkung des Überbaues zu ermitteln. Diese Systemannahme ergibt sich aus der Überlegung, daß es sich beim Fahrzeuganprall vordergründig um die Vernichtung der freiwerdenden Anprallenergie handelt, deren Wirksamkeit so rasch abklingt, daß der Überbau in der Regel keine Chance hat, zu reagieren, wodurch sein Trägheitsverhalten im Augenblick des Anpralles unverändert bleibt. Die Beanspruchungen sind am unmittelbar betroffenen Bauteil einschließlich der Anschlüsse und Lager zu verfolgen und nachzuweisen.

Da beim Anprall örtlich eine Zerstörung des Betons eintreten kann, ist die äußere Schale von 10 cm Stärke an der Anprallseite, als sogenannte Zerschellschicht, bei der Bemessung nicht in Ansatz zu bringen. Als Anprallbereich ergibt sich diejenige Fläche, die sich aus der jeweiligen Breite der Stütze und einer entsprechenden Höhe h über Gelände bzw. Schienenoberkante ergibt:

- für den Anprall von Straßenfahrzeugen: $h = 2{,}0$ m
- für den Anprall von Eisenbahnfahrzeugen: $h = 4{,}0$ m

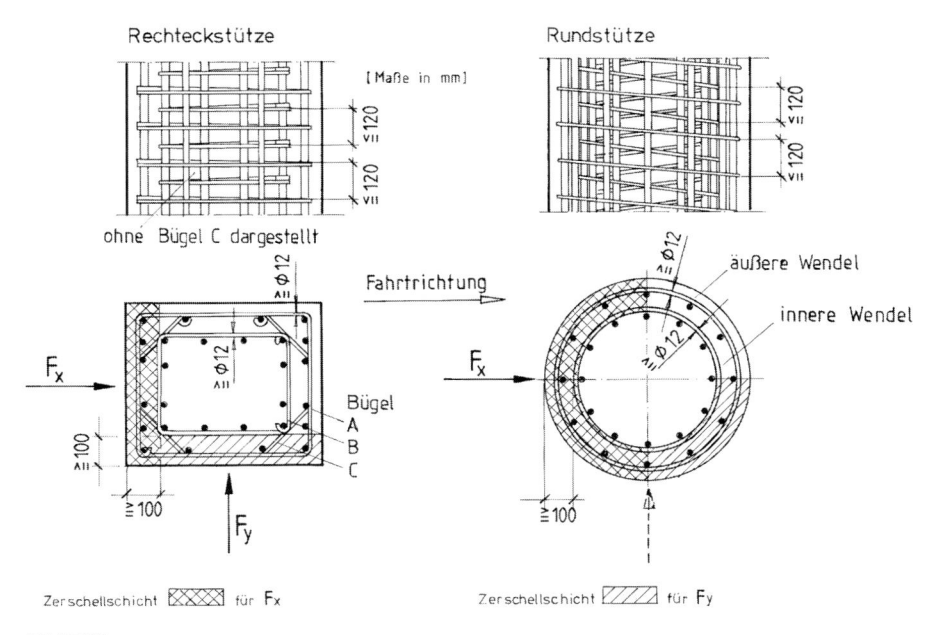

Bild 7.24
Zerschellschicht und Bewehrungsanordnung

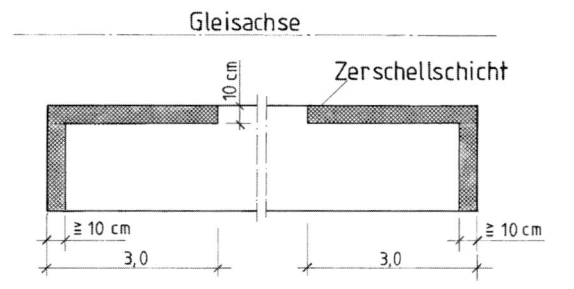

Bild 7.25 Zerschellschicht bei Stützwänden im Bereich von Bahnanlagen

Für die Wand- und Wandscheibenunterstützungen im Bereich von Bahnanlagen ist die Länge des Anprallbereiches wie folgt festgelegt:

- in Fahrtrichtung die ganze Länge der Stützkonstruktion bis zur Grenzlänge von $L = 3{,}0$ m,
- quer zur Fahrtrichtung die ganze Breite der Stützkonstruktion.

Bei erhöhten Sicherheitsanforderungen ist zusätzlich nachzuweisen, daß die Stütze die maßgebenden Vertikallasten ohne gleichzeitige Wirkung der horizontalen Anprallersatzlasten mit einem reduzierten Querschnitt aufnehmen kann:

- bei Wänden mit Breiten $b < 1{,}0$ m ist eine völlige Zerstörung des Wandkopfes auf $2{,}0$ m Länge anzunehmen,
- bei Stützen mit Zerstörung des halben Querschnittes.

Die Längsbewehrung ist zweilagig und ungestoßen im Anprallbereich zu verlegen, derart, daß die innere Lage nicht in der Zerschellschicht liegt. In diesem Bereich sind Bügel oder Spiralwendeln von mindestens 12 mm Durchmesser und 12 cm Abstand bzw. Ganghöhe vorzusehen. Die Bügelenden müssen sich um mindestens eine Seitenlänge übergreifen oder außerhalb der Zerschellschicht verankert werden. Druckbewehrung innerhalb der Zerschellschicht darf nicht, Zugbewehrung kann rechnerisch in Ansatz gebracht werden.

Die Schubdeckung ist nach dem Verfahren mit veränderlichen Druckstrebenneigungen für den Winkel $\theta = 45°$ nachzuweisen. Wenn die Längsbewehrung vom Anprallbereich bis zum Auflager bzw. Einspannung zweilagig in voller Stärke durchgeführt wird, braucht nur die Hälfte des erforderlichen Stahlquerschnittes eingelegt zu werden.

Für den rechnerischen Nachweis des Fahrzeuganpralles mit den statischen Ersatzlasten sind die hieraus resultierenden Einwirkungen als außergewöhnliche Einwirkungen zu betrachten, die mit den zugehörigen Lasten aus Verkehr auf der Brücke zu kombinieren sind. Für die Kombinationsfaktoren gelten die entsprechenden Werte der Tabellen 1.4 für Straßenbrücken, 1.19 für Eisenbahnbrücken und 1.22 für Fußgänger- und Radwegbrücken. Die Teilsicherheitsbeiwerte der Einwirkungen haben alle den Wert 1,0, die der Baustoffe den Wert:

$$\gamma_c = 1{,}3,\ \gamma_s = 1{,}0$$

Folgende Kombinationen sind zu berücksichtigen:

- bei Eisenbahnbrücken mit den häufigen Lasten aus Verkehr auf der Brücke, also:

$$\max S_d = 1{,}0\ G_k + 1{,}0\ P_k + 1{,}0\ A_d + 1{,}0(\psi_1 \cdot Q_{1,k})$$

- bei Straßenbrücken mit den quasi-ständigen Lasten aus Verkehr auf der Brücke, also:

$$\max S_d = 1{,}0\ G_k + 1{,}0\ P_k + 1{,}0\ A_d + 1{,}0(\psi_2 \cdot Q_{1,k})$$

Es bedeutet A_d die Einwirkung des Schadensmerkmales, d. h. in diesem Fall die Einwirkungen aus dem Fahrzeuganprall.

7.2.4 Stütze und Fundament

7.2.4.1 Nachweisverfahren zur Verhinderung des Durchstanzens

Die Stützenlasten werden in die Fundamentplatte eingeleitet und dort über Biegung in den Baugrund übertragen. Hierbei werden die Fundamente bei hohen Stützendrücken zusätzlich auf Durchstanzen beansprucht. Die erforderlichen Berechnungsansätze zur Absicherung dieser Beanspruchung sind im DIN-FB 102 durch den Grenzzustand der Tragfähigkeit für Durchstanzen geregelt.

Es ist der Nachweis zu erbringen, daß die im Grenzzustand der Tragfähigkeit rechnerisch aufzubringende Querkraft V_{Ed} in einem Schnitt um die Stütze, dem sog. kritischen Rundschnitt u_{crit}, den entsprechenden Bauteilwiderstand nicht überschreitet.

Der Bemessungswert der Querkraft ergibt sich aus dem Bemessungswert des Stützendruckes unter Abzug des entsprechenden Kraftanteiles, der sich durch die Bodenspannungen im Bereich der kritischen Fläche ergibt:

$$V_{Ed} = N_{Ed} - \sigma_{o,Ed} \cdot A_{crit} \qquad 7.2.4(1)$$

mit: $\sigma_{o,Ed}$ Bemessungswert der Bodenspannung

Der Tragfähigkeitsnachweis ist für den auf die Längeneinheit des kritischen Rundschnittes bezogenen Bemessungswert der Querkraft zu führen:

$$v_{Ed} = \frac{\beta \cdot V_{Ed}}{u_{crit}} \leq v_{Rd} \quad [kN/m]$$

mit: v_{Rd} Bauteilwiderstand je Längeneinheit des kritischen Rundschnittes gemäß nachfolgender Unterteilung
V_{Ed} Bemessungswert der gesamten aufzunehmenden Querkraft (Stützendruck)
u_{crit} Umfang des kritischen Rundschnittes
β Beiwert zur Berücksichtigung von Lastausmitten durch die Wirkung von Momenten in der Lasteinleitungsfläche:
= 1,0 wenn keine Biegemomente möglich sind
= 1,15 ÷ 1,50 je nach Stützenart, wenn Biegemomente möglich sind

Die Bauteilwiderstände sind wie folgt definiert:

$v_{Rd,ct}$ Bemessungswert der Querkrafttragfähigkeit je Einheit längs des kritischen Rundschnittes einer Platte ohne Durchstanzbewehrung.

$v_{Rd,max}$ Oberer Grenzwert der Querkrafttragfähigkeit einer Platte mit Durchstanzbewehrung je Einheit längs des kritischen Rundschnittes.

$v_{Rd,sy}$ Bemessungswert der Querkrafttragfähigkeit einer Platte mit Durchstanzbewehrung je Einheit längs des kritischen Rundschnittes, hervorgerufen durch das Tragvermögen des Betons und der Bewehrung.

Es wird eine Durchstanzbewehrung erforderlich, wenn $v_{Ed} > v_{Rd,ct}$ ist.

7.2.4.2 Kritischer Rundschnitt

Die Größe und Form des kritischen Rundschnittes ist von der Lasteintragungsfläche abhängig. Diese ist entweder gleich der Form des Stützenquerschnittes oder gleich einer affin vergrößerten Fläche, hervorgerufen durch eine Stützenfußverstärkung. Brückenstützen werden in der Regel ohne eine Verstärkung in das Fundament geführt, es ist aber in besonderen Fällen, z.B.

bei Schutzfundamenten für den Fahrzeuganprall oder bei hochbelasteten Querschnitten, notwendig, solche Verstärkungen anzubringen, so daß auch dieser Fall hier mit einbezogen werden muß.

Für den Regelfall ergibt sich der kritische Rundschnitt als diejenige Umfangslinie, die im Abstand von 1,5 d um die Lasteintragungsfläche herumgeführt wird, d bezeichnet den Mittelwert der statischen Nutzhöhen d_x und d_y um Fundamentanschnitt. Die Fläche innerhalb des kritischen Rundschnittes ist die kritische Fläche A_{crit}, die Lasteintragungsfläche wird A_{load} genannt.

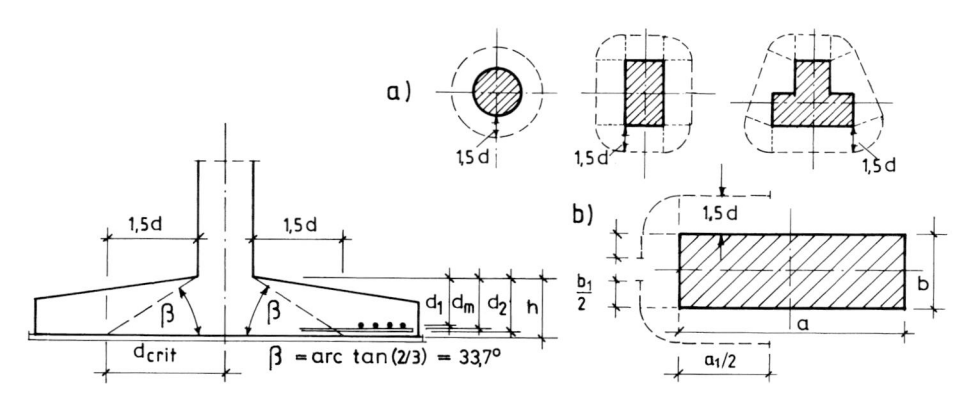

Bild 7.26
Stützenquerschnitt und zugehöriger kritischer Rundschnitt

Bezüglich der Lasteintragungsfläche gilt:

- Stützen nach Teil a) in Bild 7.26:
  - der Durchmesser einer kreisförmigen Fläche darf das Maß 3,5 d_m nicht überschreiten,
  - bei einer rechteckigen Fläche darf der Umfang nicht größer als das Maß 11 d_m, das Seitenverhältnis maximal 2,0 sein,
  - bei zusammengesetzten Querschnitten muß sinngemäß verfahren werden,
  - die kritischen Rundschnitte von Lasteintragungsflächen dürfen sich gegenseitig nicht überschneiden.

- Bei Pfeilern und Wänden kann angenommen werden, daß sich die Querkraft zu den Enden hin konzentriert, der Rundschnitt ist dann nach obigem Bild, Teil b), zu führen mit:

$$a_1 \leqq \begin{cases} a \\ 2b \\ 5,6d - b_1 \end{cases} \qquad b_1 \leqq \begin{cases} b \\ 2,8d \end{cases}$$

wobei der kleinere Wert maßgebend ist.

Die Größe des kritischen Rundschnittes ergibt sich unter Beachtung der Möglichkeiten einer Stützenfußverstärkung wie folgt:

- Stützen mit einer Fußverstärkung von $l_H < 1,5 \cdot h_H$:

Der Nachweis ist in einem kritischen Rundschnitt außerhalb der Stützenfußverstärkung erforderlich, somit:

7.2 Berechnung und Bemessung

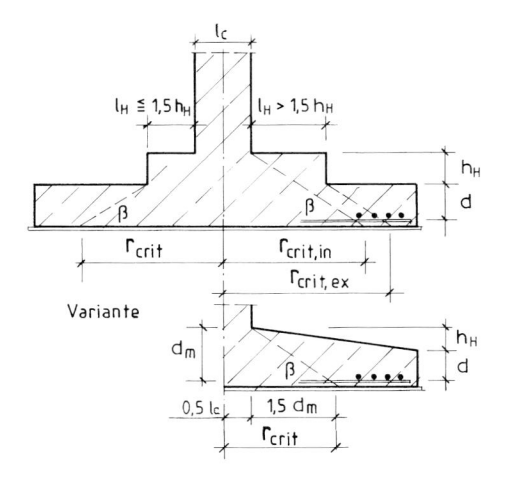

Bild 7.27 Stützenfußverstärkung und Fundament

Rundstütze: $r_{crit} = 1{,}5 \cdot d + l_H + 0{,}5 \cdot l_c$ 7.2.4(3 a)

Rechteckstütze: $r_{crit} = 1{,}5\, d + 0{,}56\, \sqrt{b_c \cdot hc}$ 7.2.4(4 a)

$\qquad\qquad\quad\; r_{crit} = 1{,}5\, d + 0{,}69 \cdot b_c$ 7.2.4(5 a)

mit: b Querschnittsabmessungen der Stütze ($b \leqq h$)
  b_c ; h_c die um $2\, l_H$ vergrößerten Querschnittsabmessungen

- Stützen mit einer Fußverstärkung von $l_H > 1{,}5\, h_H$:

Der Nachweis ist in zwei kritischen Rundschnitten zu führen, einem inneren in Bereich der Stützenfußverstärkung und einem äußeren im Bereich des Fundamentes:

Für die Rundstütze gilt:

$r_{crit,in} = 1{,}5\, (d + h_A) + 0{,}5\, l_c$ 7.2.4(3 b)

$r_{crit,ex} = 1{,}5\, d + l_H + 0{,}5\, l_c$ 7.2.4(3 c)

Für die Rechteckstütze gilt entsprechendes.

Wenn die Stützenfußverstärkung durch einen kontinuierlichen Anzug der Oberfläche erfolgt, liegt ebenfalls der vorstehende Fall vor. Eine Schnittführung außerhalb der Verstärkung ist nicht mehr möglich, es kann nur der innere Rundschnitt nachgewiesen werden. Hierdurch liegt der Regelfall der Interaktion Stütze-Fundament vor. Bezeichnet man $l_H + d = d_m$ am Anschnitt der Stütze, so ergibt sich der kritische Rundschnitt:

- bei Rundstützen direkt:

$d_{\text{crit}} = 1{,}5 \cdot d_m + 0{,}5 \cdot l_c$ 7.2.4(3 d)

mit: l_c Durchmesser der Rundstütze

- bei Rechteckstützen aus der flächengleichen Rundstütze:

$d_{\text{crit}} = 1{,}5 \cdot d_m + 0{,}56\, \sqrt{b \cdot h}$ 7.2.4(4 d)

$d_{\text{crit}} = 1{,}5 \cdot d_m + 0{,}69 \cdot b$ 7.2.4(5 d)

der kleinere Wert ist maßgebend

mit: l_1 ; l_2 Querschnittsabmessungen der Stütze ($b \leqq h$)

- Stützen mit einer Fußverstärkung von $1,5 \, h_H < l_H < 1,5 \,(h_H + d_m)$

$$r_{crit} = 1,5 \, l_H + 0,5 \, l_c \qquad\qquad 7.2.4(6)$$

7.2.4.3 Querkrafttragfähigkeit der Fundamentplatte

a) Fundamente ohne Durchstanzbewehrung

Die Querkrafttragfähigkeit je Längeneinheit des kritischen Rundschnittes einer Platte ohne Durchstanzbewehrung, in der keine Normalspannungen wirken (Fundamentplatte), ist festgelegt zu:

$$v_{Rd,ct} = [0,14 \cdot \kappa \,(100 \cdot \rho_l \cdot f_{ck})^{1/3}] \, d \; [\text{kN/m}] \qquad 7.2.4(7)$$

Hierin bedeuten:

$$\kappa = 1 + \sqrt{\frac{200}{d}} \leq 2,00 \qquad \text{mit } d \text{ in [mm]}$$

ρ_l mittlerer Längsbewehrungsgrad innerhalb des kritischen Rundschnittes mit:

$$\rho_l = \sqrt{\rho_{lx} \cdot \rho_{ly}} \quad \begin{cases} \leq 0,40 \dfrac{f_{cd}}{f_{yd}} \\ \leq 0,02 \end{cases}$$

ρ_{lx}, ρ_{ly} Bewehrungsgrad, bezogen jeweils auf die Zugbewehrung in x- bzw. y-Richtung, die innerhalb des betrachteten Rundschnittes im Verbund liegt und außerhalb des betrachteten Rundschnittes verankert ist.

$\rho_{lx} = a_{sx}/d_x \cdot 100 \triangleq a_{sx}/d_x$ [%/m]
$\rho_{ly} = a_{sy}/d_y \cdot 100 \triangleq a_{sy}/d_y$ [%/m]

d_x, d_y statische Nutzhöhe der Platte in x- bzw. y-Richtung

$d = (d_x + d_y)/2$

b) Fundamente mit Durchstanzbewehrung

In den Fällen, in denen $v_{sd} > v_{Rd,ct}$ ist, ist eine Bewehrung gegen Durchstanzen einzulegen. Die Grenztragfähigkeit solcher Fundamente ist durch die folgenden Widerstände festgelegt:

Oberer Grenzwert des Querkraftwiderstandes:

$$v_{Rd,max} = 1,5 \, v_{Rd,ct} \; [\text{kN/m}] \qquad\qquad 7.2.4(8)$$

Bemessungswert des Querkraftwiderstandes

$$v_{Rd,sy} = v_{Rd,c} + \frac{v_{Rd,s}}{u} \; [\text{kN/m}] \qquad\qquad 7.2.4(9)$$

mit: $v_{Rd,c}$ Betontraganteil, es darf $v_{Rd,c} = v_{Rd,ct}$ nach Gleichung 7.2.4(7) angenommen werden
$\quad\;\; v_{Rd,s}$ Bemessungskraft der Durchstanzbewehrung in Richtung der aufzunehmenden Querkraft
$\quad\;\; u$ Umfang des betrachteten Rundschnittes

Die Bemessungskraft aus der Bewehrung $v_{Rd,s}$ hängt von der Bauteildicke und ihrer Neigung von der Bauteilachse ab. Der DIN-FB 102 sieht bei Flachdecken grundsätzlich die Querkraftaufnahme durch Schrägaufbiegungen ($\alpha = 45°$) und bzw. oder Bügel ($\alpha = 90°$) vor. In Fundamentplatten kommen aber nur Schrägaufbiegungen zur Ausführung, insofern wird nur dieser Weg weiter verfolgt.

Die Bemessungskraft der Bewehrung bei Aufnahme durch Schrägaufbiegungen ergibt sich zu:

$$v_{Rd,s} = 1{,}3 \cdot A_{sw} \cdot f_{yd} \sin \alpha \quad [\text{kN}] \qquad 7.2.4(10)$$

mit: α Neigungswinkel gegen die Horizontale: $45° \leqq \alpha \leqq 60°$

Die erforderliche Bewehrung ergibt sich mit $v_{Rd,sy}$ = vorh v_{sd} aus Gleichung 7.2.4(8):

$$\frac{A_{sw}}{u} = a_{sw} = \frac{\text{vorh } v_{sd} - v_{Rd,ct}}{1{,}3 \cdot f_{yd} \cdot \sin \alpha} \left[\frac{\text{cm}^2}{\text{m}}\right] \qquad 7.2.4(11)$$

mit: a_{sw} Bewehrungsanteil je Bemessungseinheit des Rundschnittes

c) Zusammenfassung

Für die Ermittlung einer Durchstanzbewehrung als Schrägaufbiegung sind folgende Nachweisschritte durchzuführen:

– Ermittlung des Bemessungswertes der Querkraft nach Gleichung 7.2.4(1),
– Wahl des Rundschnittes,
– Ermittlung des bezogenen Bemessungswertes der Querkraft nach Gleichung 7.2.4(2),
– Entscheidung über eine Durchstanzbewehrung nach Gleichung 7.2.4(7),
– Überprüfung der gewählten Konstruktionsabmessungen nach Gleichung 7.2.4(8),
– Ermittlung der erforderlichen Bewehrung nach Gleichung 7.2.4(11).

7.3 Berechnungsbeispiele

7.3.1 Ermittlung der charakteristischen Werte der Einwirkungen auf die Mittelstütze einer Zweifeldstraßenbrücke

a) Querschnitt und System, Aufgabenstellung

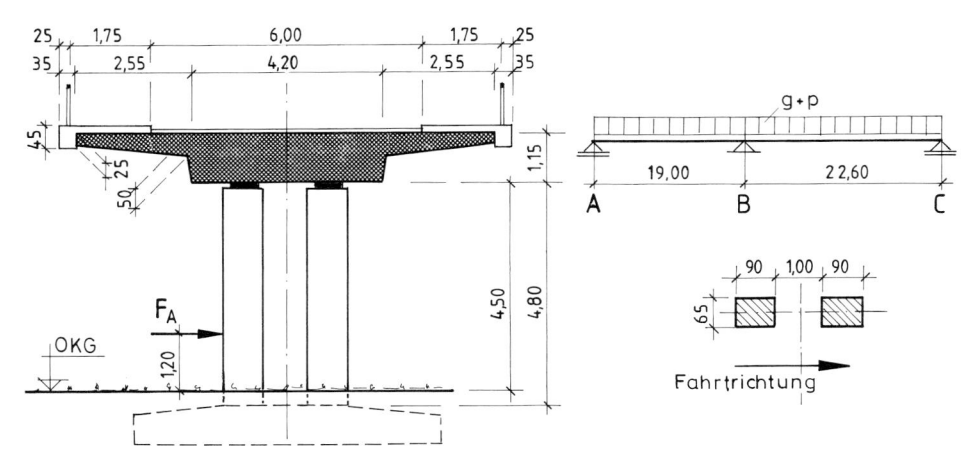

Bild 7.28
Querschnitt und System

Für eine Balkenbrücke als Zweifeldträger mit dem nachstehend skizzierten Querschnitt soll die Mittelstütze berechnet werden. Diese besteht aus zwei symmetrisch angeordneten rechteckigen Einzelstützen, der Nachweis beschränkt sich daher auf *einen* Stützenquerschnitt. Der Überbau wird auf Verformungslager gelagert, auf dem Widerlager liegen zwei Elastomerlager der Größe 300/400/96 mm, auf der Mittelstütze liegt je Einzelquerschnitt ein Lager der Größe 450/600/96 mm. Als Baustoffe sind Beton C 35/45 und Betonstahl BSt 500 in Ansatz zu bringen.

b) Stützendruck aus ständiger Last und Verkehr

Einwirkungen aus den ständigen Lasten

Überbau: $4{,}15 \cdot 1{,}15 \cdot 25$ = 119,3 kN/m

$2 \dfrac{0{,}25 + 0{,}50}{2} \, 2{,}55 \cdot 25$ = 47,8 kN/m

Kappe: $2 \cdot 0{,}41 \cdot 25$ = 20,5 kN/m
Geländer: $2 \cdot 0{,}44$ = 0,9 kN/m
Belag: $0{,}08 \cdot 6{,}0 \cdot 24$ = 11,5 kN/m

$\Sigma\, G_k$ = 200,0 kN/m

Einwirkungen aus Verkehr

Angesetzt wird die Lastgruppe 1. Die vorhandene Fahrbahnbreite von $w = 6{,}0$ m gestattet den Ansatz der Verkehrsbelastung in zwei Fahrspuren ohne Einschränkung.

Anpassungsfaktoren: $\alpha_Q = 0{,}8,\ \alpha_q = 1{,}0,\ \alpha_{qr} = 1{,}0$

Somit:
Spur 1:   Achslasten: $Q_{1,k} = 0{,}8 \cdot 300$ = 240 kN/Achse
          Gleichlast: $q_{1,k} = 1{,}0 \cdot 9{,}0 \cdot 3{,}0$ = 27,0 kN/m
Spur 2:   Achslasten: $Q_{2,k} = 0{,}8 \cdot 200$ = 160 kN/Achse
          Gleichlast: $q_{2,k} = 1{,}0 \cdot 2{,}5 \cdot 3{,}0$ = 7,5 kN/m
Restfläche: Gleichlast: $q_{r,k} = 1{,}0 \cdot 2{,}5 \cdot 2 \cdot 1{,}75 =$ 8,75 kN/m

- Lastfall Q_{ki} voll über die Brückenfläche:
  Gleichlast: $q_{k,i}$ = 27,0 + 7,5 + 8,75 = 43,25 kN/m
  Achslasten: $Q_{k1,2}$ = 240 + 160 = 400 kN/Achse

- Lastfall Q_{ki} nur halbseitig auf der Brückenfläche:
  Gleichlast: $q_{k,i}$ = 27,0 + 8,75/2 = 31,38 kN/m
  Achslasten: $Q_{k,1}$ = 240 kN/Achse

  Einwirkungen aus der Lasttorsion:
  – aus Gleichlast: $m_T = 27{,}0 \cdot 1{,}5 + 4{,}38 \cdot 3{,}88 = 57{,}5$ kNm/m
  – aus Achslasten, zusammengefaßt zu einer Einzellast:
     $T = 2 \cdot 240 \cdot 1{,}5 = 720$ kNm

  Auflagertorsionsmoment im Punkt B infolge Gleichlast:
  Einheitsbelastung 1,0 kNm/m; $T_{OA} = T_{OC} = 1{,}0\,(2 \cdot 20{,}8)/2 = 20{,}8$ kNm/m

7.3 Berechnungsbeispiele

Bild 7.29
Lasttorsionsmomente

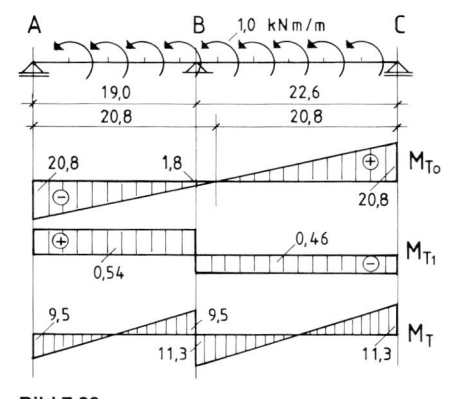

$$\varphi_{T10} = -22{,}6 \cdot \frac{1}{2} \cdot 0{,}46 \cdot (20{,}8 - 1{,}8)$$

$$\quad - 19{,}0 \cdot \frac{1}{2} \cdot 0{,}54 \cdot (20{,}8 + 1{,}8)$$

$$\quad = -214{,}7 \text{ kNm}$$

$$\varphi_{T11} = 19{,}0 \cdot 0{,}54 \cdot 0{,}54 + 22{,}6 \cdot 0{,}46 \cdot 0{,}46$$

$$\quad = +10{,}3 \text{ kNm}$$

$$X_1 = T_B = -\frac{-214{,}7}{10{,}3} = +20{,}8 \text{ kNm}$$

Somit vorhandenes Auflagertorsionsmoment T_B:
- aus Gleichlast $20{,}8 \cdot 57{,}5$ = 1196 kNm
- aus Achslasten wie vor = 720 kNm

$\quad\quad\quad\quad\quad\quad\quad\quad\quad\quad\quad\quad \Sigma\, T_B$ = 1916 kNm

Auflagerdruck:

- Lastfall $G_k + Q_{k,\text{voll}}$
  Zweifeldträger: $l_1 : l_2 = 1 : 22{,}6/19{,}0 \triangleq 1 : 1{,}2$
  $B_{G,k} = 200\,(0{,}655 + 0{,}729) \cdot 19{,}0$ = 5259 kN; Einzelstütze = 2630 kN
  $B_{Q,k} = 43{,}25\,(0{,}655 + 0{,}729) \cdot 19{,}0$ = 1137 kN
  aus Doppelachsen = 800 kN = 1937 kN; Einzelstütze = 969 kN

- Lastfall $G_k + Q_{k,\text{halbseitig}}$
  $B_{G,k}$ = wie vor = 5259 kN; Einzelstütze = 2630 kN
  $B_{Q,k} = 31{,}38\,(0{,}655 + 0{,}729) \cdot 19{,}0$ = 825 kN
  aus Doppelachse Spur 1 = 480 kN = 1305 kN; Einzelstütze = 653 kN
  aus Lastexzentrizität $1916/1{,}90$ = 1008 kN

  $\quad\quad\quad\quad\quad\quad\quad\quad\quad\quad\quad\quad \Sigma\, B_{Q,k}$ = 1661 kN

c) Stützendruck aus Vorspannung

- Querschnittswerte des Überbaues
  $A_c = 6{,}74 \text{ m}^2$, $z_u = 0{,}68$ m, $z_o = 0{,}47$ m, $I_c = 0{,}759 \text{ m}^4$
  $W_{cu} = 0{,}759/0{,}68 = 1{,}12 \text{ m}^3$, $W_{co} = 0{,}759/0{,}47 = 1{,}62 \text{ m}^3$

- Biegemomente im Überbau

  Es wird für den Lastfall $G_k + Q_{k,\text{voll}}$ gespannt, wobei die Achslasten der Doppelachse zu einer Einzellast zusammengefaßt werden.
  $G_k = 200$ kN/m, $q_k = 43{,}25$ kN/m, $Q_{k,E} = 2 \cdot 400 = 800$ kN

  Die Momentenermittlung am Zweifeldträger erfolgt nach *Zellerer* [14] mit $l_1 : l_2 = 1 : 1{,}2$

Bild 7.30
Lastbild max M_{F1}

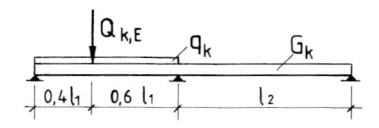

$$\max M_G = 0{,}058 \cdot 200 \cdot 19{,}0^2 = 4188 \text{ kNm/m}$$
$$\max M_Q = 0{,}2095 \cdot 800 \cdot 19{,}0 + 0{,}0973 \cdot 43{,}3 \cdot 19{,}0^2$$
$$= 4705 \text{ kNm/m}$$

Bild 7.31
Lastbild max M_{F2}

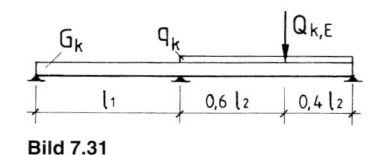

$$\max M_G = 0{,}1108 \cdot 200 \cdot 19{,}0^2 = 8000 \text{ kNm/m}$$
$$\max M_Q = 0{,}244 \cdot 800 \cdot 19{,}0 + 0{,}13 \cdot 43{,}3 \cdot 19{,}0^2$$
$$= 5796 \text{ kNm/m}$$

Bild 7.32
Lastbild min M_B

$$\min M_G = -0{,}155 \cdot 200 \cdot 19{,}0^2 = -11191 \text{ kNm/m}$$
$$\min M_Q = -0{,}125 \cdot 800 \cdot 19{,}0 - 0{,}155 \cdot 43{,}3 \cdot 19{,}0^2$$
$$= -4338 \text{ kNm/m}$$

- Geometrie der Spanngliedlage

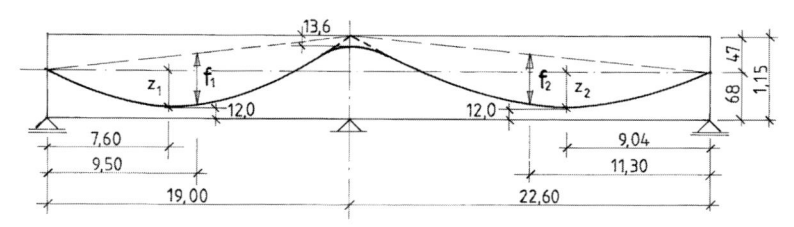

Bild 7.33
Geometrie der Spanngliedlage

Abrückmaße der Spanngliedachse für $\varnothing_{GI} = 7{,}2$ cm:

Unten: $d_u = 5{,}0 + 1{,}4 + 1{,}4 + 3{,}6 = 11{,}4$ cm, gewählt 12,0 cm

Oben: $d_o = 10{,}0 + 3{,}6 = 13{,}6$ cm für die Ausrundung

$z_1 = z_2 = 68{,}0 - 12{,}0 = 56{,}0$ cm

Abstand der Parabel der Spannlinie von der Schwerachse in der Feldmitte

(Dieser Wert müßte nach der Parabelgleichung eingerechnet werden, er wird jetzt hier nur geschätzt):

Feld 1: $z_m = 56{,}0 - 1{,}5 = 54{,}5$ cm
$\quad f_1 = 0{,}545 + 0{,}47/2 = 0{,}780$ m

Feld 2: $z_m = 56{,}0 - 1{,}8 = 54{,}2$ cm
$\quad f_2 = 0{,}542 + 0{,}47/2 = 0{,}777$ m

7.3 Berechnungsbeispiele

Statische Unbestimmte für $P = 1$ [kN]

$$M_{BP} = \frac{19{,}0 \cdot 0{,}780 + 22{,}6 \cdot 0{,}777}{19{,}0 + 22{,}6} - 0{,}47 = +0{,}306 \text{ kNm}$$

Somit zugehörige Biegemomente:

Felder: $M_{p0,4} = -0{,}56 + 0{,}4 \cdot 0{,}306 = -0{,}438$ kNm
Stütze: $M_{pB} = +(0{,}47 - 0{,}136) + 0{,}306 = +0{,}640$ kNm

- Vorspannkräfte $t = \infty$ (angenäherte Ermittlung)

  Maßgebend für den Nachweis de Dekompression sei in diesem Fall die häufige Einwirkungskombination. Der Verlust infolge Kriechen und Schwinden und Spannstahlrelaxation wird mit 15% angenommen.

  Die rechnerisch erforderlichen Spannkräfte werden durch SUSPA Spannbündel Typ (6–9) mit zul $P = 1585$ kN abgedeckt*.

Feld 1: $M_{\text{häuf}} = 4188 + 0{,}75 \cdot 4705 = 7717$ kNm

$$\text{erf } P_{m,\infty} = \frac{1}{0{,}85} \frac{1}{0{,}9} \left[\frac{\dfrac{7717}{1{,}12}}{\dfrac{1}{6{,}74} + \dfrac{0{,}438}{1{,}12}} \right] = 16\,710 \text{ kN}$$

gewählt 11 Bündel mit vorh $P = 17\,435$ kN

Feld 2: $M_{\text{häuf}} = 8000 + 0{,}75 \cdot 5796 = 12\,347$ kNm

$$\text{erf } P_{m,\infty} = 16\,710 \frac{12\,347}{7717} = 26\,736 \text{ kN}$$

gewählt 17 Bündel mit vorh $P = 26\,945$ kN

Stütze: $M_{\text{häuf}} = -11\,191 - 0{,}75 \cdot 4338 = -14\,445$ kNm

$$\text{erf } P_{m,\infty} = \frac{1}{0{,}85} \frac{1}{0{,}9} \left[\frac{\dfrac{14\,445}{1{,}62}}{\dfrac{1}{6{,}74} + \dfrac{0{,}640}{1{,}62}} \right] = 21\,466 \text{ kN}$$

gewählt 14 Bündel mit vorh $P = 22\,190$ kN

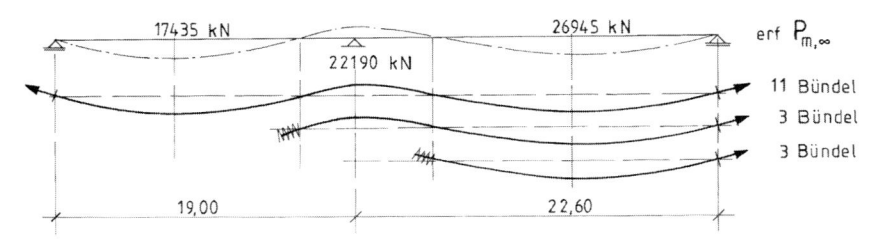

Bild 7.34
Spanngliedaufteilung

---

* Nach dem neuesten Zulassungsbescheid ist $P_{\text{zul}} = 1606$ kN.

Tatsächliche statische Unbestimmte:

$$M'_{BP} = \frac{P_1(l_1 \cdot f_1) + P_2(l_2 \cdot f_2) - P_{3e}(l_1 + l_2)}{l_1 + l_2}$$

$$= \frac{17{,}44\,(19{,}0 \cdot 0{,}780) + 26{,}95\,(22{,}6 \cdot 0{,}777) - 22{,}19 \cdot 0{,}47\,(19{,}0 + 22{,}6)}{19{,}0 + 22{,}6}$$

$$= 7{,}16 \text{ MNm} \triangleq 7160 \text{ kNm}$$

Damit zusätzlicher Stützendruck aus Querkraft der stat. Unbestimmten:

$$B_p = 7160/19{,}0 + 7160/22{,}6 = 694 \text{ kN, je Einzelstütze} = 694/2 = 347 \text{ kN}$$

d) Einwirkungen aus der Bremslast

Die Bremslast ergibt sich nach Abschnitt 1.2.3 zu:

$$Q_{br,k} = 0{,}6 \cdot \alpha_{Q1}\,(2\,Q_{1,k} + 0{,}10\,\alpha_{q1} \cdot q_{1,k} \cdot w \cdot L)$$

mit: $\alpha_{Q1} = 0{,}8;\ \alpha_{q1} = 1{,}0;\ Q_{1,k} = 300$ kN; $q_{1,k} = 9{,}0$ kN/m^2
$w_1 = 3{,}0$ m, $L = 19{,}0 + 22{,}6 = 41{,}6$ m

$$Q_{br,k} = 0{,}6 \cdot 0{,}8 \cdot 600 + 0{,}10 \cdot 1{,}0 \cdot 9{,}0 \cdot 3{,}0 \cdot 41{,}6 = 400 \text{ kN}$$

min $Q_{br,k} = 360$ kN
max $Q_{br,k} = 900$ kN

Die Bremslast wird anteilig nach den Verschiebungssteifigkeiten der Lager und Stützen auf den Unterbau aufgeteilt.

$\Sigma H = 0$: $\qquad Q_{br,k} = 2 \cdot Q_{br,w} + Q_{br,s}$

mit: $Q_{br,w}$ vom Widerlager aufgenommener Anteil der Bremslast
$\quad\ \ \ Q_{br,s}$ von der Mittelstütze aufgenommener Anteil der Bremslast

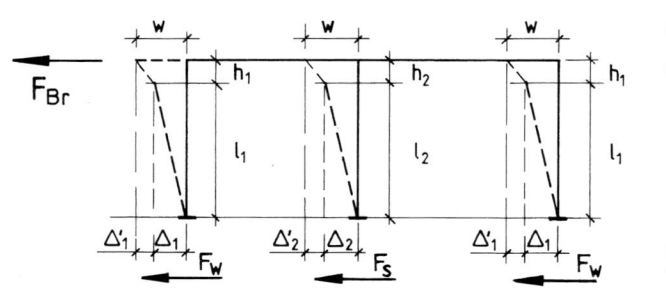

h Lagerhöhe
l Stützen- bzw. Widerlagerwandhöhe

Bild 7.35
Verschiebungszustand

Verschiebungsgleichung:

$$w_w = w_s$$

oder $\qquad \Delta'_1 + \Delta_1 = \Delta'_2 + \Delta_1$

mit: $\Delta' = \dfrac{F \cdot h}{A \cdot G}\quad$ als Horizontalverschiebung des Lagers

$\qquad \Delta = \dfrac{F \cdot l^3}{3EI}\quad$ als Horizontalverschiebung des Stützen- oder Widerlagerkopfes

7.3 Berechnungsbeispiele

Index 1: Widerlager, Index 2: Mittelstütze

$I_1 = \infty$ $I_2 = 2 \cdot 0.9 \cdot 0.65^3/12 = 0.0412 \text{ m}^4$

$h_1 = 6.9 \cdot 10^{-2}$ m $h_2 = 7.1 \cdot 10^{-2}$ m

$l_1 = 4.50$ m $l_2 = 4.80$ m

$A_1 = 2 \cdot 0.12 = 0.24 \text{ m}^2$ $A_2 = 2 \cdot 0.27 = 0.54 \text{ m}^2$

$G = 10^3 \text{ kN/m}^2$ $E = 0.34 \cdot 10^8 \text{ kN/m}^2$

eingesetzt in obige Verschiebungsgleichung

$$\frac{Q_{br,w} \cdot 6.9 \cdot 10^{-2}}{0.24 \cdot 10^3} + \frac{Q_{br,w} \cdot 4.5^3}{3 \cdot 0.34 \cdot 10^8 \cdot \infty} = \frac{Q_{br,s} \cdot 7.1 \cdot 10^{-2}}{0.54 \cdot 10^3} + \frac{Q_{br,s} \cdot 4.8^3}{3 \cdot 0.34 \cdot 10^8 \cdot 0.0412}$$

$Q_{br,w} \cdot 28.8 \cdot 10^{-5} + 0 = Q_{br,s} \cdot 13.1 \cdot 10^{-5} + Q_{br,s} \cdot 2.63 \cdot 10^{-5}$

$28.8 \, Q_{br,w} \quad = 15.7 \, Q_{br,s}$

$\quad\quad\quad\quad\quad\quad = 15.7 \, (Q_{br,k} - 2 \, Q_{br,w})$

$60.2 \, Q_{br,w} \quad = 15.7 \, Q_{br,k}$

$Q_{br,w} \quad\quad\quad = 0.26 \, Q_{br,k} = 0.26 \cdot 400 = 104$ kN

$Q_{br,s} \quad\quad\quad = 400 - 2 \cdot 104 = 192$ kN

Somit anteilige Bremslast je Einzelstütze der Mittelstütze $Q_{br,k1} = 192/2 = 96.0$ kN

e) Einwirkungen aus der Windlast

Es wird die Windeinwirkung auf den Überbau horizontal zur Brückenachse untersucht. Nach Abschnitt 1.7.2.2 gilt:

Gesamtbreite des Bauwerkes: $b = 10.0$ m

Maßgebende Höhe der Windresultierenden:
- unbelastete Brücke: $h_w = 1.15 + 3.0 \cdot 0.025 + 0.08 = 1.30$ m; $z_e = 4.50 + 1.3/2 \approx 5.0$ m
- belastete Brücke: $h_w = 1.15 + 2.00 = 3.15$ m; $z_e = 4.50 + 3.15/2 \approx 6.0$ m

Charakteristischer Wert der Windkraft nach Tabelle 1.25:
- unbelastete Brücke: $b/h_w = 10.0/1.3 \approx 8 > 5$; z_e = wie vor $\leqq 20$ m; $F_{wk} = 1.90$ kN/m²
- belastete Brücke: $b/h_w = 10.0/3.15 = 3.2 < 5$; z_e = wie vor $\leqq 20$ m; $F_{wk} = 1.85$ kN/m²

Windangriffsfläche:
- unbelastete Brücke: $A_{ref,x} = 1.30 + 2 \cdot 0.30 + 2 \cdot 0.30 = 2.5$ m²/m
- belastete Brücke: $A_{ref,x} = 1.30 + 2.00 = 3.30$ m²/m

Charakteristische Werte der Windkraft:
- unbelastete Brücke: $F_{wk} = 1.90 \cdot 2.5 = 4.75$ kN/m
- belastete Brücke: $F_{wk} = 1.85 \cdot 3.30 = 6.11$ kN/m

Windkraftanteil auf die Mittelstütze

- aus Überbau:
  - unbelastet: $F_{wk,B} = 4{,}75 \cdot \dfrac{1}{2}\,(19{,}0 + 22{,}6) = 98{,}8$ kN
  - belastet: $F_{wk,B} = 6{,}11 \cdot \dfrac{1}{2}\,(19{,}0 + 22{,}6) = 127{,}0$ kN

- aus Windanströmung auf die Stütze:
  - unbelastet: $q_{wk} = 1{,}90 \cdot 0{,}65 = 1{,}24$ kN/m
  - belastet: $q_{wk} = 1{,}85 \cdot 0{,}65 = 1{,}20$ kN/m

Quertragsystem der Mittelstütze

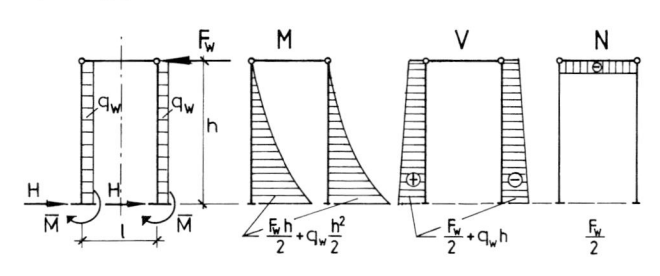

Bild 7.36 Mittelstütze, Quertragsystem

$$M = \frac{Fh}{2} + q_w \frac{h^2}{2} = 2{,}4\,F + 11{,}5\,q_w$$

Anteilige Biegemomente je Einzelstütze:
- unbelastete Brücke: $M = 2{,}4 \cdot 98{,}8 + 11{,}52 \cdot 1{,}24 = 251$ kNm
- belastete Brücke: $M = 2{,}4 \cdot 27{,}0 + 11{,}52 \cdot 1{,}20 = 320$ kNm

7.3.2 Rechteckstütze mit Knicksicherheitsnachweis nach dem Modellstützenverfahren

a) Aufgabenstellung, Einwirkungen, Querschnitt

Für die Einzelstütze der zweiteiligen Mittelstütze des vorstehenden Beispieles soll eine Bemessung mit den erforderlichen Nachweisen durchgeführt werden. Die Einwirkungen ergeben sich aus Abschnitt 7.3.1.

Stützendruck:
Ständige Last: $G_k = 2630$ kN
Verkehr, voll: $Q_k = 969$ kN
Verkehr, halbseitig: $Q_k = 1661$ kN
Vorspannung: $P_k = 347$ kN

Bremslast: $Q_{Br,k1} = 96{,}0$ kN, $M_{QBr} = 96{,}0 \cdot 4{,}8 = 461$ kNm
Windlast:
- unbelastete Brücke: $M_{w,k} = 251{,}0$ kNm
- belastete Brücke: $M_{w,k} = 320{,}0$ kNm

b) Einwirkungskombinationen

I. Verkehrslast (gr 1) als Leiteinwirkung; Wind, Bremsen als Folgeeinwirkungen
$N_{Ed} = -1{,}35 \cdot 2630 - 1{,}0 \cdot 347 - 1{,}5 \cdot 1661 = -6389$ kN
$M_{Edx} = 1{,}5 \cdot 0{,}30 \cdot 320 = 145$ kNm
$M_{Edy} = 1{,}5 \cdot 0 \cdot 461 = 0$

II. Verkehrslast (gr 2) als Leiteinwirkung; Wind, Vertikallasten als Folgeeinwirkung
$N_{Ed} = 1{,}35 \cdot 2630 - 1{,}0 \cdot 347 - 1{,}5 \cdot 0{,}75(0{,}75 \cdot 1661) = 5299$ kN
$M_{Edx} = 1{,}5 \cdot 0{,}30 \cdot 320 = 145$ kNm
$M_{Edy} = 1{,}5 \cdot 461 = 692$ kNm

III. Windkraft als Leiteinwirkung, Verkehrslast als Folgeeinwirkung
$N_{Ed} = -1{,}35 \cdot 2630 - 1{,}0 \cdot 347 - 1{,}5 \cdot 0{,}75 \cdot 1661 = 5767$ kN
$M_{Edx} = 1{,}5 \cdot 320 = 480$ kNm
$M_{Edy} = 1{,}5 \cdot 0 \cdot 461 = 0$

IV. Windkraft als Leiteinwirkung, Brücke unbelastet
$N_{Ed} = -1{,}35 \cdot 2630 - 1{,}0 \cdot 347 = -3898$ kN
$M_{Edx} = 1{,}5 \cdot 251 = 378$ kNm

V. Minimalkombination
$N_{Ed} = -1{,}0 \cdot 2630 - 1{,}0 \cdot 347 = 2977$ kN
$M_{Edx} = 1{,}5 \cdot 251 = 378$ kNm

c) Querschnitt, Bewehrung, Geometrie

Baustoffe:
Beton C 35/45 ; $f_{ck} = 35$ N/mm² ; $f_{cd} = 35/1{,}5 = 23{,}3$ N/mm²
Betonstahl 500 (H) ; $f_{yk} = 500$ N/mm² ; $f_{yd} = 500/1{,}15 = 435$ N/mm²
$E_c = 33\,500$ n/mm² ; $E_s = 2 \cdot 10^5$ N/mm²

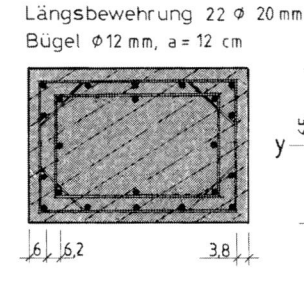

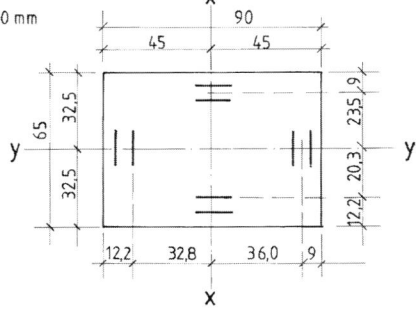

Bild 7.37 Bewehrung und Geometrie des Querschnittes

d) Querschnittsbemessung Druckstab

min $N_{Ed} = -1{,}35 \cdot 2630 - 1{,}0 \cdot 407 - 1{,}50 \cdot 1661 = -6389$ kN

$\varepsilon_c = -6389/0{,}65 \cdot 0{,}90 \cdot 33\,300 = -0{,}33 \cdot 10^{-3} <$ zul $\varepsilon_c = -2 \cdot 10^{-3}$
$\varepsilon_c = \varepsilon_s$; $\sigma_s = \varepsilon_s \cdot E_s = 0{,}33 \cdot 10^{-3} \cdot 2 \cdot 10^5 = 66$ N/mm²

vorh σ_s < zul $\sigma_s = 2 \cdot 10^{-3} \cdot 2 \cdot 10^5 = 400$ N/mm²
vorh $A_s = 30 \oslash 20$ mm mit 94,2 cm²

Bauteilwiderstand:

$$N_{Rd} = (\alpha \cdot f_{cd}) \cdot A_c + \frac{\sigma_s}{\gamma_s} \cdot A_s$$

$$= (0{,}85 \cdot 2{,}33) \cdot 65 \cdot 90 + \frac{6{,}6}{1{,}15} \cdot 68{,}2 = 11\,977 \text{ kN}$$

vorh $N_{Ed} < N_{Rd}$

Bewehrungsgehalt:

- obere Grenze: max $A_s = 0{,}08 \cdot 65 \cdot 90 = 468$ cm² ;   vorh A_s < max A_s

- untere Grenze: min $A_s = 0{,}15 \cdot 6408/43{,}5 = 22{,}1$ cm²
  oder   min $A_s = 0{,}3 \cdot 65 \cdot 90/100 = 18{,}0$ cm² ;   vorh A_s > min A_s

e) Knicksicherheitsnachweis

Stabilitätsuntersuchung

- Knicken um die x-Achse
  Knicklänge: $l_0 = 2{,}0 \cdot 4{,}80 = 9{,}60$ m
  Trägheitsradius: $i = 90 \sqrt{12} = 26$ cm
  Schlankheit: $\lambda = 960/26 = 37 > \lim \lambda = 25$
  Stabilitätsnachweis erforderlich

- Knicken um die y-Achse
  Knicklänge: $l_0 = 2{,}0 \cdot 4{,}80 = 9{,}60$ m
  Trägheitsradius: $i = 65 \sqrt{12} = 18{,}8$ cm
  Schlankheit: $\lambda = 960/18{,}8 = 51 > \lim \lambda = 25$
  Stabilitätsnachweis erforderlich

- Knicken in beiden Richtungen (nach Kombination II)
  Bezogene Lastausmitten:
  – Knicken um die x-Achse: $\dfrac{e_{0y}}{d} = \dfrac{145}{5299} \dfrac{1}{0{,}90} = 0{,}03$
  – Knicken um die y-Achse: $\dfrac{e_{0x}}{b} = \dfrac{692}{5299} \dfrac{1}{0{,}65} = 0{,}20$

  Kriterium für getrennten Nachweis:

  $$\frac{0{,}03}{0{,}20} = 0{,}15 < 0{,}20 \;;\quad \frac{0{,}20}{0{,}03} = 6{,}7 > 0{,}20$$

  Ein Kriterium ist erfüllt, der Nachweis ist getrennt um jede Achse zu führen.

Knicksicherheitsnachweis um die y-Achse (Kombination II)

- Ausmitte nach Theorie I. Ordnung:
  $e_o = 692/5299 = 0{,}131$ m

7.3 Berechnungsbeispiele

- Ungewollte Ausmitte:

$$e_a = \frac{1}{100} \frac{1}{\sqrt{9,6}} \cdot \frac{9,6}{2} = 0,015 \text{ m}$$

- Ausmitte nach Theorie II. Ordnung:

  mit $K_1 = 1,0$ für $\lambda > 35$ und $K_2 = 1,0$ und dem Bemessungswert der Stahldehnung $\varepsilon_{yd} = 435/2 \cdot 10^5 = 2,17 \cdot 10^{-3}$

  um die y-Achse: $e_2 = 1,0 \cdot \dfrac{9,6^2}{10} \cdot 1,0 \cdot \dfrac{2 \cdot 2,17 \cdot 10^{-3}}{0,9\,(0,65 - 0,09)} = 0,079$ m

- Biegemomente am verformten System:

  $e_{tot} = 0,131 + 0,015 + 0,079 = 0,225$ m
  $M_{Edy} = 5299 \cdot 0,225 = 1192$ kNm

- Bemessung:
  Heft 425, DAfStb.; $\dfrac{d_1}{b} = \dfrac{9}{65} \approx 0,1$, Tafel 6.4b

  $v_{sd} = -\dfrac{5,299}{0,90 \cdot 0,65 \cdot 23,3} = -0,40$ ⎫

  $\mu_{sdy} = \dfrac{1,19}{0,90 \cdot 0,65^2 \cdot 23,3} = 0,134$ ⎬ $\omega_{tot} = 0,15$

  $f_y/f_{cd} = 435/23,3 = 18,7$, $\mu = 0,15/18,7 = 0,008$
  erf $A_s = 0,008 \cdot 65 \cdot 90 = 46,8$ cm²
  $A_{s1} = A_{s2} = 46,8/2 = 23,4$ cm² je Seite
  vorhanden: 8 ⌀ 20 mit 25,1 cm² je Seite

Knicksicherheitsnachweis um die x-Achse (Kombination III)

Die Ermittlung ergibt:

$e_{tot} = 0,083 + 0,015 + 0,055 = 0,153$ m
$M_{Edx} = 5767 \cdot 0,153 = 882$ kNm

Die Momenteneinwirkung ist sehr klein, daher führt dieser Nachweis auf $\omega_{tot} = 0$, erforderlich ist nur die Mindestbewehrung.

min $A_s = \dfrac{1}{2}\, 0,003 \cdot 65 \cdot 90 = 7,6$ cm²/Seite

vorh A_s : 7 ⌀ 20 mit 22,0 cm²

Überprüfung der übrigen Kombinationen

- Ausmitte nach Theorie I. Ordnung
  Kombination I: $e_0 = 145/6389 = 0,023$ m
  Kombination IV: $e_0 = 378/3898 = 0,097$ m
  Kombination V: $e_0 = 378/2977 = 0,127$ m
  Momentenausschlag gering, überprüft wird Kombination V

Kombination V, Regelbemessung

$M_{sds} = 378 + 2977 \cdot 0{,}36 = 1450$ kNm

$$\mu_{sds} = \frac{1{,}45}{0{,}65 \cdot 0{,}81^2 \cdot 23{,}3} = 0{,}14$$

Heft 425, Tafel 6,2 a , $\xi = 0{,}224 < 0{,}250$, keine Druckbewehrung erforderlich, $\omega = 0{,}154$:

$$A_{s1} = \frac{1}{435 \cdot 10^{-4}} (0{,}154 \cdot 0{,}65 \cdot 0{,}81 \cdot 23{,}3 - 2{,}98) < 0$$

Der Querschnitt ist überdrückt, maßgebend ist die Mindestbewehrung.

7.3.3 Rechteckstütze mit Knicksicherheitsnachweis nach Theorie II. Ordnung

a) Aufgabenstellung, Querschnitt und System

Die Brücke vom Querschnitt und System nach Abschnitt 7.3.1 überspannt ein kleines Tal; hierbei ändert sich die Höhe der Mittelstütze auf 7,00 m. Die Stütze hat einen zweigeteilten Querschnitt, der folgende Nachweis bezieht sich daher wieder auf den Einzelquerschnitt.

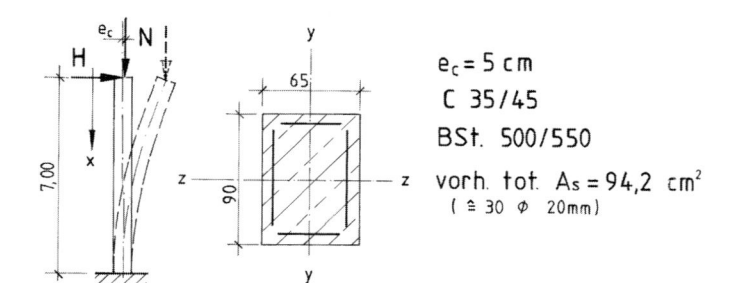

Bild 7.38 Querschnitt und System

$e_c = 5$ cm
C 35/45
BSt. 500/550
vorh. tot. $A_s = 94{,}2$ cm² ($\hat{=} 30 \, \varnothing \, 20$mm)

Normalkraft nach Kombination II des Beispieles im Abschnitt 7.3.2:

$\gamma_T \cdot N = N_{Ed}$
$N_G = 2630 + 0{,}65 \cdot 0{,}90 \cdot 7{,}0 \cdot 25 = 2733$ kN
$N_p = 347$ kN
$n_Q = 1661$ kN
$N_{Ed} = -1{,}35 \cdot 2733 - 1{,}0 \cdot 347 - 1{,}5 \cdot 0{,}75 (0{,}75 \cdot 1661) = -5438$ kN $= 5{,}44$ MN
$H_y = Q_{Br,k} = 96{,}0$ kN
  (wird von Abschnitt 7.3.1 übernommen; ist etwas ungünstiger, als es sich nach einer neuen Steifigkeitsberechnung ergeben würde)
$\gamma_T \cdot M^I = N_{Ed} \cdot e_c + \gamma_T \cdot Q_{Br,k} \cdot e(x)$
$ = 5440 \cdot 0{,}05 + 1{,}5 \cdot 96{,}0 \cdot e(x) = 272 + 144 \cdot e(x)$

b) Stabilitätsuntersuchung

Knicklänge: $s_k = 2 \cdot 7{,}00 = 14{,}00$ m

7.3 Berechnungsbeispiele

Schlankheit: $\lambda_x = 1400/90 \sqrt{12} = 54 < 140$
$\lambda_y = 1400/65 \sqrt{12} = 74 < 140$

Die Schlankheit bleibt in beiden Richtungen unter dem Wert $\lambda = 140$; ein Knicksicherheitsnachweis nach Theorie II. Ordnung muß daher von der Vorschrift her nicht geführt werden. Er soll aber aus Anschauungsgründen für die Knickrichtung $\perp$ y-Achse geführt werden (gleiches Beispiel wie in der 4. Auflage).

Um den Nachweis führen zu können, müssen die Momentenkrümmungslinien für den jeweiligen Bewehrungsanteil bei feststehender Normalkraft ermittelt werden. Hierfür kann aber nur die für die Biegerichtung vorhandene Druck- und Zugbewehrung in Ansatz gebracht werden. Es wird daher folgender Querschnitt der Berechnung zugrunde gelegt:

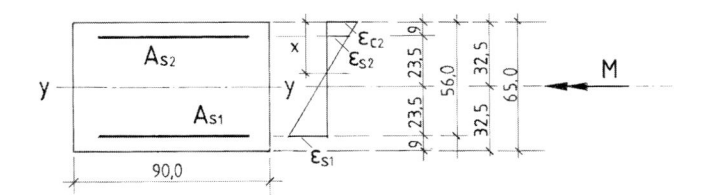

Bild 7.39 Berechnungsquerschnitt

c) Momentenkrümmungslinie, 1. Näherungsstufe

Die erste Momentenkrümmungslinie wird für die vorhandene Bewehrung aufgestellt. Aus dem Bewehrungsbild 7.38 ergibt sich:

$$A_{s1} = A_{s2} = 10 \, \varnothing 20 = 31{,}4 \text{ cm}^2$$

Es werden Wertepaare ε_{s1}, ε_{c2} gesucht, für die die Summe der zugehörigen inneren Kräfte gleich der Normalkraft $N = 5{,}44$ MN ist. Diese Ermittlung wird an einem Wertepaar beispielhaft gezeigt:

angenommen: $\varepsilon_{c2} = -3{,}33\,‰$
durch Näherungsrechnung ermittelt: $\varepsilon_{s1} = +1{,}83\,‰$

Nullinie: $x = \dfrac{3{,}33}{3{,}33 + 1{,}83} \cdot 0{,}56 \quad = 0{,}361\,\text{m}$

$$\varepsilon_{s2} = -3{,}33 \, \frac{0{,}271}{0{,}361} = -2{,}50\,‰$$

(Fließgrenze der Druckbewehrung)

$D_{c2} = -0{,}78 \cdot 0{,}90 \cdot 0{,}361 \cdot (0{,}85 \cdot 23{,}3) \cdot 10^3 = -5019$ kN
$D_{s2} = -2{,}5 \cdot 10^{-3} \cdot 2{,}0 \cdot 10^8 \cdot 31{,}4 \cdot 10^{-4} \quad = -1570$ kN
$Z_{s1} = +1{,}83 \cdot 10^{-3} \cdot 2{,}0 \cdot 10^8 \cdot 31{,}4 \cdot 10^{-4} \quad = +1149$ kN
$\Sigma N = -5440$ kN

Krümmung: $\kappa = \dfrac{0{,}00183 + 0{,}0025}{0{,}56} = 9{,}2 \cdot 10^{-3} \left[\dfrac{1}{\text{m}}\right]$

Zugehöriges inneres Moment:
Randabstand der Biegedruckkraft: $a = 0{,}412 \cdot 0{,}361 = 0{,}149$ m

$$M_i = 5019(0{,}325 - 0{,}149) + 1570(0{,}325 - 0{,}09) + 1149(0{,}325 - 0{,}09)$$
$$= 883 + 369 + 270 = 1522 \text{ kNm}$$

Es wurden folgende Wertepaare der Momentenkrümmungslinie ermittelt:

Tabelle 7.1
Wertepaare M-κ-Linie (a)

$\kappa \cdot 10^{-3}$	$\frac{1}{m}$	4,1	5,5	7,3	8,2	9,2	9,82
M	kNm	1033	1246	1348	1468	1522	1574

Die zugehörige Kurve ist in Bild 7.40 als Linie (a) eingetragen.

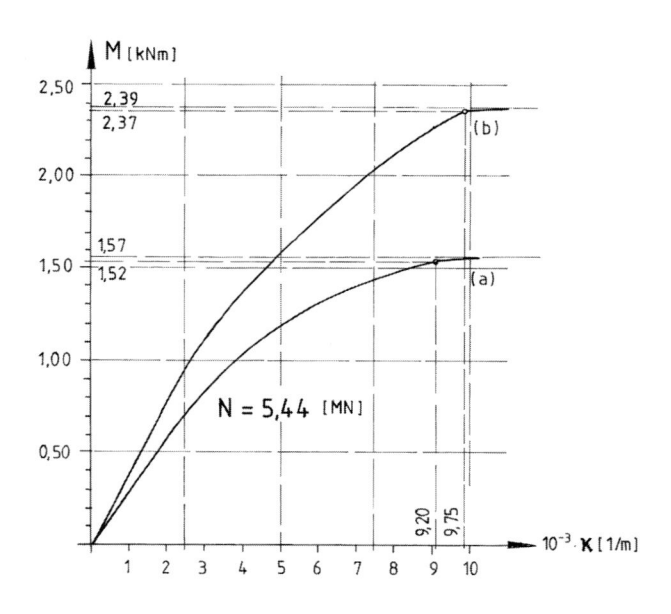

Bild 7.40
Momentenkrümmungslinien

d) Stabauslenkung, 1. Näherungsstufe

Das Bruchmoment ergibt sich aus der M-κ-Linie zu:

$$M_u = 1570 \text{ kNm}$$

Hierfür mögliche Gesamtauslenkung:

$$v = \frac{\gamma_T \cdot \Delta M}{N_{sd}}; \quad \text{mit } M = M_u - \gamma_T \cdot M^I$$

$\gamma_T \cdot M^I = 272 + 144 \cdot 7{,}0 = 180 \text{ kNm}$
$\gamma_T \cdot \Delta M = 1570 - 1280 = 290 \text{ kNm}$

$$v = \frac{290}{5440} = 0{,}053 \text{ m}$$

7.3 Berechnungsbeispiele

Gewählte Gesamtauslenkung:

Ungewollte Ausmitte: $\dfrac{1}{100\sqrt{7{,}0}} \cdot \dfrac{14{,}0}{2} = 0{,}026$ m

Mögliche Kopfauslenkung: $ = 0{,}027$ m

$ = 0{,}053$ m

Die Kriechausmitte darf vernachlässigt werden.

Die Ermittlung der vorhandenen Kopfauslenkung erfolgt tabellarisch in folgendem Berechnungsschema:

Tabelle 7.2
Berechnungsschema zur Ermittlung der Kopfauslenkung v mit Hilfe der M-κ-Linie (a)

	$\gamma_T M^I$	$e_{(x)}$	$\gamma_T \Delta M$	$\gamma_T M^{II}$	κ	$\bar{M}$
	kNm	m	kNm	kNm	1/m	m
0	272	0	0	272	1,0	0
1	474	0,019	103	577	1,85	1,4
2	675	0,034	185	860	3,15	2,8
3	877	0,045	245	1122	4,50	4,2
4	1078	0,051	277	1355	6,45	5,6
5	1280	0,053	288	1569	9,2	7,0

vorh $v = \dfrac{1{,}4}{4} \cdot 10^{-3} [2{,}85 \cdot 1{,}4 + 5{,}0 \cdot 4{,}2 + 7{,}65 \cdot 7{,}0 + 10{,}95 \cdot 9{,}8 + 15{,}65 \cdot 12{,}6]$

$= 0{,}134$ m $> 0{,}027$ m

Wie erwartet, ist das aufnehmbare Bruchmoment kleiner als das durch die Auslenkung wirksam werdende innere Moment, d. h. es ist $\Sigma M \neq 0$. Die Bewehrung muß verstärkt werden.

e) Momentenkrümmungslinie, n-te Näherungsstufe

Nach mehreren Näherungsschritten pendelt sich das Gleichgewicht $\Sigma M = 0$ ein bei:

$A_{s1} = A_{s2} = 14 \, \varnothing \, 25 = 68{,}7$ cm^2

Wenn man jetzt kein Iterationsprogramm zur Verfügung hat, gestaltet sich der Rechenvorgang außerordentlich mühevoll. Man kann ihn aber gut abkürzen, wenn man am Rechenvorgang der 1. Auslenkung die Größe des Bruchmomentes, mit dem das Gleichgewicht erzielt werden kann, abschätzt. Hierfür kann man als zugehörige Krümmung zunächst den Wert der 1. Auslenkung einsetzen, die Werte der Krümmungen an den Unterteilungsstellen entnimmt man einem geradlinigen Verlauf der M-κ-Linie.

Diesen Schätzwert des Bruchmomentes iteriert man solange im vorgegebenen Rechenschema bis vorh v sicher unter dem angenommenen Wert der Auslenkung liegt. Danach ermittelt man die M-κ-Linie mit dem gewünschten Bruchmoment und führt den endgültigen Berechnungsgang durch. Im ungünstigen Fall wird *eine* Korrekturrechnung erforderlich.

Im vorliegenden Fall wird die endgültige Momentenkrümmungslinie für folgende Wertepaare ermittelt:

Tabelle 7.3
Wertepaare M-κ-Linie (b)

$\kappa \cdot 10^{-3}$	$\frac{1}{m}$	4,14	5,89	7,1	9,75	10,1
M	kNm	1329	1746	1984	2370	2398

Die zugehörige Kurve ist in Bild 7.40, jetzt als Linie (b) eingetragen.

Mit dem Krümmungswert $\kappa = 9{,}75 \cdot 10^{-3}$ wurde wieder die Fließgrenze der Druckbewehrung erreicht.

f) Stabauslenkung n-te Näherungsstufe

Das innere Moment an der Fließgrenze der Druckbewehrung ergibt sich aus der M-κ-Linie zu:

$$M_u = 2370 \text{ kNm}$$

Mögliche Gesamtauslenkung:

$$\gamma_T \cdot \Delta M = 2370 - 1280 = 1090 \text{ kNm}$$

$$v = \frac{1090}{5440} = 0{,}200 \text{ m}$$

Gewählte Gesamtauslenkung:

Ungewollte Ausmitte $= 0{,}026$ m
Mögliche Kopfauslenkung $= 0{,}174$ m
                         $= 0{,}200$ m

Tabelle 7.4
Berechnungsschema zur Ermittlung der Kopfauslenkung v mit Hilfe der M-κ-Linie (b)

	$\gamma_T M^{\text{I}}$	$e_{(x)}$	$\gamma_T \Delta M$	$\gamma_T M^{\text{II}}$	κ	$\bar{M}$
	kNm	m	kNm	kNm	1/m	m
0	272	0	0	272	0,8	0
1	474	0,072	392	866	2,20	1,4
2	675	0,128	696	1371	4,20	2,8
3	877	0,168	914	1791	6,20	4,2
4	1078	0,192	1044	2122	8,00	5,6
5	1280	0,200	1089	2369	9,75	7,0

$$\text{vorh } v = \frac{1{,}4}{4} \, 10^{-3} \, [3{,}0 \cdot 1{,}4 + 6{,}4 \cdot 4{,}2 + 10{,}4 \cdot 7{,}0 + 14{,}2 \cdot 9{,}8 + 17{,}75 \cdot 12{,}6]$$

$$= 0{,}163 \text{ m} < 0{,}174 \text{ m}$$

Damit ist der Gleichgewichtszustand $\Sigma M = 0$ erreicht.

7.3.4 Rechteckstütze mit Fahrzeuganprall

a) Aufgabenstellung und Einwirkungen

Die Einzelstütze der zweiteiligen Mittelstütze des vorangestellten Beispieles soll für die Einwirkungen aus dem Fahrzeuganprall des Straßenverkehrs bemessen werden.

Einwirkungen aus Fahrzeuganprall:
- in Fahrtrichtung: Einzellast von 1,0 MN
- senkrecht zur Fahrtrichtung: Einzellast von 0,5 MN

Jeweils in 1,25 m Höhe über Gelände angreifend. Die Schnittkräfte aus diesen Einwirkungen sind im nachfolgenden Bild dargestellt, sie wurden unter der Annahme der abstützenden Wirkung des Überbaues ermittelt. Die Klammerwerte gelten für die Einwirkungen senkrecht zur Fahrtrichtung.

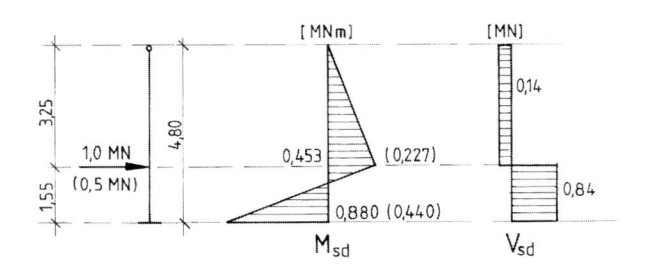

Bild 7.41 Schnittgrößen unter Anprallast

Einspannmoment: $M_s = \dfrac{1{,}0 \cdot 1{,}55 \cdot 3{,}25}{2 \cdot 4{,}8^2}(4{,}8 + 3{,}25) = 0{,}880$ MNm (0,440 MNm)

Feldmoment: $M_F = \dfrac{1{,}0 \cdot 3{,}25 \cdot 1{,}55^2}{2 \cdot 4{,}8^3}(2 \cdot 4{,}8 + 3{,}25) = 0{,}453$ MNm (0,227 MNm)

Zugehöriger Stützendruck aus dem Überbau:
$$G_k = 2630 \text{ kN}, \quad P_k = 347 \text{ kN}, \quad Q_k = 1661 \text{ kN}$$

b) Einwirkungskombinationen

Stützenfeld:
- min N_{Ed} = $-1{,}0(2{,}63 + 0{,}59 \cdot 0{,}025 \cdot 3{,}25) - 1{,}0 \cdot 0{,}347 - 1{,}0(0{,}75 \cdot 1{,}661) = -4{,}26$ MN
  $M_{Edx} = 1{,}0 \cdot 0{,}453 = 0{,}453$ MNm
- min N_{Ed} = wie vor = $-4{,}26$ MN
  $M_{Edy} = 1{,}0 \cdot 0{,}227 = 0{,}227$ MNm

Stützeneinspannung:
- min N_{Ed} = $-1{,}0(2{,}63 + 0{,}59 \cdot 0{,}025 \cdot 4{,}8) - 1{,}0 \cdot 0{,}347 - 1{,}0(0{,}75 \cdot 1{,}661) = -4{,}29$ MN
  $M_{Edx} = 1{,}0 \cdot 0{,}88 = 0{,}880$ MNm
- min N_{Ed} = wie vor = $-4{,}29$ MN
  $M_{Edy} = 1{,}0 \cdot 0{,}440 = 0{,}440$ MNm

c) Bemessung

Knicklänge:

$l_0 = 0{,}7 \cdot 4{,}80 = 3{,}36$ m
$\left. \begin{array}{l} \lambda_x = 3{,}36/26 = 12{,}9 \\ \lambda_y = 3{,}36/18{,}8 = 17{,}9 \end{array} \right\} < 25$

Der Nachweis erfolgt für die Beanspruchung *Biegung mit Längskraft ohne Knickgefahr*. Für die Bemessung ist ein Querschnitt anzunehmen, der um die Breite der Zerschellschicht an der Biegezugseite zu verringern ist. Die in dieser Schicht liegende Bewehrung darf statisch nicht in Ansatz gebracht werden, damit liegt ein Querschnitt mit verschieden großen Bewehrungsanteilen in der Zug- und Druckzone vor. Eine hierauf anwendbare Bemessungshilfe ist im Heft 425 DAfStb nicht enthalten, es wird daher die Regelbemessung nur im Feldbereich der Stütze nachgewiesen.

Baustoffkennwerte:

Beton C 35/45, $f_{ck} = 35$ N/mm², $f_{cd} = 35/1{,}3 = 26{,}9$ N/mm²

Betonstahl 500 (h), $f_{yk} = 500$ N/mm², $f_{yd} = 500/1{,}0 = 500$ N/mm²

Stützenfeld, Biegung um die *x*-Achse

$$M_{sds} = 0{,}453 + 4{,}26 \cdot 0{,}328 = 1{,}85 \text{ MNm}$$

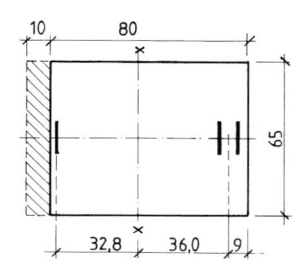

$d = 45 + 32{,}8 = 77{,}8$ cm

$\dfrac{d'}{d} = \dfrac{9}{77{,}8} = 0{,}12$

Bild 7.42
Wirksamer Querschnitt, *x*-Achse

$$\mu_{sds} = \frac{1{,}85}{0{,}65 \cdot 0{,}778^2 \cdot 26{,}9} = 0{,}74$$

Heft 425; Tafel 6.2 a und b; $\xi = 0{,}288$, Druckbewehrung mit $\omega_1 = 0{,}194$ und $\omega_2 = 0{,}023$

$$A_{s_1} = \frac{1}{500 \cdot 10^{-4}} \, (0{,}194 \cdot 0{,}65 \cdot 0{,}778 \cdot 26{,}9 - 4{,}22) < 0$$

Der Querschnitt ist überdrückt, maßgebend Mindestbewehrung

$$A_{s_2} = \frac{1}{500 \cdot 10^{-4}} \, (0{,}023 \cdot 0{,}65 \cdot 0{,}778 \cdot 26{,}9) = 6{,}3 \text{ cm}^2$$

vorhanden 3 $\varnothing$ 20 mit 9,4 cm²

7.3 Berechnungsbeispiele

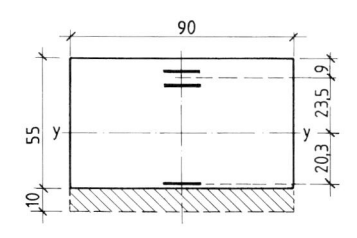

Bild 7.43
Wirksamer Querschnitt, y-Achse

$d = 32{,}5 + 20{,}3 = 52{,}8$ cm

$\dfrac{d'}{d} = \dfrac{9}{52{,}8} = 0{,}17$

Stützenfeld, Biegung um die y-Achse

$M_{sds} = 0{,}227 + 4{,}26 \cdot 0{,}203 = 1{,}092$ MNm

$u_{sds} = \dfrac{1{,}092}{0{,}9 \cdot 0{,}528^2 \cdot 26{,}9} = 0{,}162$

Heft 425; Tafel 6.2 a und b; $\xi = 0{,}265$, Druckbewehrung mit $\omega_1 = 0{,}181$ und $\omega_2 = 0{,}009$

$$A_{s_1} = \dfrac{1}{500 \cdot 10^{-4}} (0{,}181 \cdot 0{,}9 \cdot 0{,}528 \cdot 26{,}9) - 4{,}26 < 0$$

Der Querschnitt ist überdrückt, maßgebend Mindestbewehrung

$$A_{s_2} = \dfrac{1}{500 \cdot 10^{-4}} (0{,}009 \cdot 0{,}9 \cdot 0{,}528 \cdot 26{,}9) = 2{,}3 \text{ cm}^2$$

vorhanden 3 $\varnothing$ 20 mit 9,4 cm²

(Anmerkung: Die obige Nachweisform ist unbefriedigend und untypisch für Druckglieder mit hoher Normalkraft, es wird daher auf weitere Nachweise verzichtet.)

Schubdeckung:

Querschnitt mit $d = 0{,}81$ m, $z = 0{,}9 \cdot 0{,}81 = 0{,}73$ m, $\alpha_c = 0{,}75$
Bemessungswert der Querkraft: max $V_{Ed} = 0{,}84$ MN

Bauteilwiderstand:

Die Ermittlung erfolgt nach dem Verfahren mit veränderlicher Druckstrebenneigung für $\theta = 45°$ und $\alpha = 90°$

Druckstrebe:

$$V_{Rd,\max} = \dfrac{0{,}75 \cdot 26{,}9 \cdot 0{,}65 \cdot 0{,}73}{\tan 45° + \cot 45°} = 4{,}8 \text{ MN} > V_{Ed}$$

Zugstrebe:

$$\text{erf } a_{sw} = \dfrac{840}{0{,}73 \cdot 50} \tan 45° = 23{,}0 \text{ cm}^2/\text{m}$$

Mindestens erforderlich: $\varnothing 10$, $e = 12$ cm mit $a_s = 4 \cdot 6{,}5 = 26{,}0$ cm²/m

7.3.5 Rechteckstütze und Fundament

a) Aufgabenstellung

Für die Stütze nach Beispiel 7.3.1 soll im Fundament die Durchstanzbeanspruchung nachgewiesen werden. Die Geometrie des Fundamentes und die zugehörige Biegebewehrung ist im Bild 7.44 dargestellt. Es handelt sich um ein Fundament der Größe 6,80 m × 4,65 m für beide Stützen. Der Nachweis wird für *eine* Stütze mit der halben zugehörigen Fundamentfläche geführt.

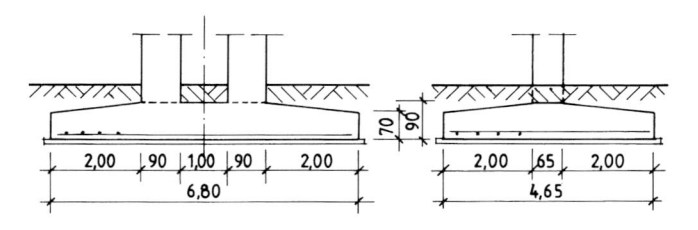

Bild 7.44
Geometrie des Fundamentes

Bewehrung: längs: $\varnothing$ 20/10 cm; a_{sl} = 31,6 cm²/m
quer: $\varnothing$ 20/10 cm; a_{sq} = 31,6 cm²/m

Nutzhöhen: d_1 = 87 cm; d_2 = 85 cm; d_m = 86 cm

Zugehöriger Stützendruck aus dem Überbau:

$$G_k = 2630 \text{ kN}; \quad P_k = 347 \text{ kN}; \quad Q_k = 1661 \text{ kN}$$

b) Kritischer Rundschnitt

Lasteintragungsfläche: 0,65 m × 0,90 m

Kontrolle der Eintragungsbedingungen:

a) 2 (0,65 + 0,90) = 3,10 m < 11 · 0,86 = 9,46 m
b) 0,90/0,65 = 1,38 < 2,0

Da sich die Durchstanzbereiche zwischen den Einzelstützen überschneiden, darf der kritische Rundschnitt der Einzelstützen nicht durch diesen Bereich, sondern nur außen geführt werden. Das Stützenpaar ist als Fall b) nach Bild 7.26 aufzufassen:

Länge der Rundschnittführung

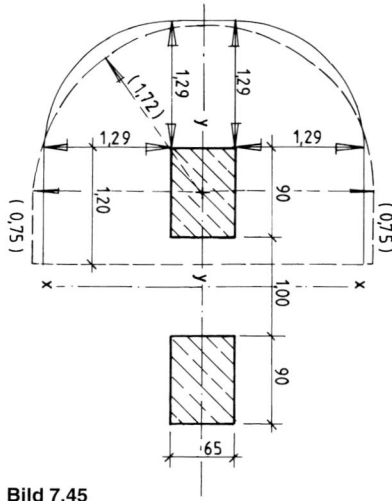

b_1 = 2,8 · 0,86 = 2,41 m; $b_1/2$ = 1,20 m jedoch nur möglich 0,65/2 = 0,325 m
a_1 = 5,6 · 0,86 − 2,41 = 2,40 m; $a_1/2$ = 1,20 m

Kritischer Rundschnitt als zusammengesetzter Linienzug:

d^*_{crit} = 1,5 · 0,86 = 1,29 m
u_{crit} = π · 1,29 + (0,65 + 2 · 1,20) = 7,10 m
A_{crit} = π · 1,29²/2 + 0,65 · 1,29 + (2 · 1,29 + 0,65) · 1,20 = 7,32 m²

Kritischer Rundschnitt über den Vergleichsdurchmesser bei Rechteckstützen:

d_{crit} = 1,5 · 0,86 + 0,56 $\sqrt{0,65 \cdot 0,90}$ = 1,72 m
u_{crit} = π · 1,72 + 2 · 0,75 = 6,90 m
$A_{crit} = \dfrac{1}{2} \cdot \pi \cdot 1{,}72^2 + 2 \cdot 1{,}72 \cdot 0{,}75 = 7{,}23$ m²

Bild 7.45
Kritischer Rundschnitt

Bemessung

Baustoffe: Beton C 30/37; BSt 500 (H) f_{ck} = 35 N/mm², f_{cd} 23,3 N/mm², f_y = 435 N/mm²
Bemessungswert der aufzunehmenden Querkraft:

$$N_{Ed} = 1{,}35 \cdot 2630 + 1{,}0 \cdot 347 + 1{,}50 \cdot 1661 = 6390 \text{ kN}$$
$$\sigma_{osd} = 6390/3{,}40 \cdot 4{,}65 = 404 \text{ kN/m}^2$$
$$V_{Ed} = 6390 - 404 \cdot 7{,}32 = 3433 \text{ kN}$$

Bemessungswert der aufzunehmenden Querkraft je Längeneinheit des Rundschnittes:

$$v_{Ed} = 3433 \cdot 1{,}28/7{,}10 = 618 \text{ kN/m}$$

mit: $\beta = \dfrac{1{,}15 + 1{,}40}{2} = 1{,}28$

als Mittelwert einer Innenstütze und Randstütze in Bezug auf das Fundament.

Querkraftwiderstände

$$v_{Rd,ct} = [\eta_1 \cdot 0{,}12 \cdot \kappa (100 \cdot \rho_l \cdot f_{ck})^{1/3}] \cdot d_m$$

mit: $f_{ck} = 35$ N/mm², $d_m = 0{,}86$ m, $\kappa = 1 + \sqrt{\dfrac{200}{86}} = 2{,}52$, maßgebend 2,0

$\eta_1 = 1{,}0$, $\rho_l = \sqrt{\dfrac{31{,}6}{87 \cdot 100} \cdot \dfrac{31{,}6}{85 \cdot 100}} = 0{,}0037 < 0{,}02$

$$< 0{,}40 \dfrac{23{,}3}{435} = 0{,}02$$

$v_{Rd,ct} = 1{,}0 \cdot 0{,}12 \cdot 2{,}0 \, (100 \cdot 0{,}0037 \cdot 35)^{1/3} \cdot 0{,}86 = 0{,}48$ MN/m $\triangleq$ 480 kN/m
$v_{Rd,max} = 1{,}7 \cdot 480 = 816$ kN/m $> v_{Ed} = 618$ kN/m

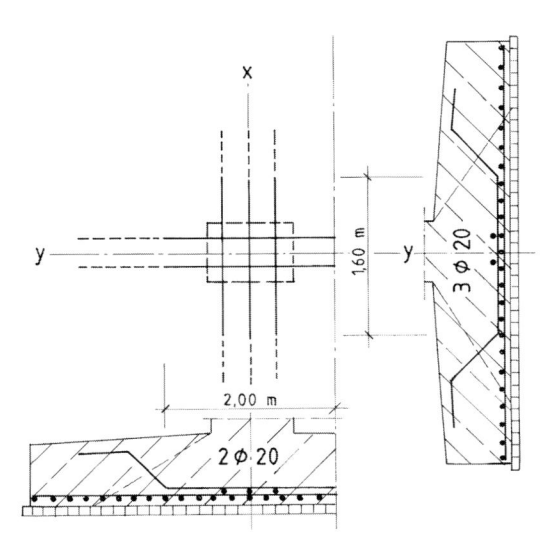

Bild 7.46
Bewehrung gegen Durchstanzen

Die Ausbildung der angenommenen Fundamentplatte ist möglich, es muß aber eine Durchstanzbewehrung angeordnet werden. Mit $v_{Rd,sy}$ = vorh v_{Ed} = 618 kN/m, $\alpha = 45°$ ergibt sich:

$$\frac{\Sigma A_{sw}}{u} = a_{sw} = \frac{618 - 480}{1,3 \cdot 43,5 \cdot \sin 45°} = 3,5 \text{ cm}^2/\text{m}$$

$$\Sigma A_{sw} = 3,5 \cdot 7,1 = 24,9 \text{ cm}^2$$

Gewählt: 8 Aufbiegungen $\varnothing$ 20 mm je Stütze mit 25,1 cm^2

8 Brückenlager

Vorbemerkungen

Auf dem Gebiet der Lager ist die europäische Normung noch nicht abgeschlossen. Mittelfristig wird aber die Normenreihe DIN 4141 durch die europäische Fassung der Reihe EN 1337 abgelöst werden. Mit Stand vom 31.1.01 sind folgende Teile der Normenreihe erschienen:

EN-1337, Lager im Bauwesen:

- Teil 1: Allgemeine Regelungen
  (eingeführt als DIN EN 1337–1 (8/01))
- Teil 2: Gleitteile
- Teil 7: Kalotten- und Zylinderlager mit PTFE
- Teil 9: Schutz
- Teil 11: Transport, Zwischenlagerung und Einbau
  (eingeführt als DIN EN 1337–11)

Die weiteren Teile dieser Normenreihe betreffen: Elastomerlager (T.3), Rollenlager (T.4), Topflager (T.5), Kipplager (T.6), Festhaltekonstruktionen und Führungslager (T.8) und Inspektion und Instandhaltung (T.10).

Die in dieser Normenreihe enthaltenen Regeln und Bemessungsansätze basieren auf dem semiprobabilistischen Konzept mit Teilsicherheitsbeiwerten, während die Reihe DIN 4141 auf dem Konzept mit zulässigen Spannungen beruht.

Bis zu einer Einführung der Normenreihe EN 1337 werden noch einige Jahre verstreichen. Bis dahin werden die Lagernachweise auf der Basis von Spannungsnachweisen durchzuführen sein. Dieses Kapitel kann daher nur im Bezug auf die Einwirkungsnorm DIN FB 101 angepasst werden.

8.1 Begriffe, Einteilungen, Symbole

Die Brückenlager sind die Kontaktpunkte zwischen dem Über- und Unterbau einer Brücke. Sie übertragen die Auflagerkräfte des statischen Systems und müssen so beschaffen sein, daß sie die erforderlichen Dreh- und Kippbewegungen sowie die Verschiebungen des statischen Systems ermöglichen.

Lager dienen also der Übertragung bestimmter Schnittgrößen. Durch die Verwendung einer bestimmten Lagerart kann das Verformungsverhalten einer Brücke beeinflußt werden, d.h. die Lager dienen dem Verformungsausgleich. So können Verformungsunterschiede, die zwischen den durch Lager verbundenen Bauteilen auftreten, ausgeschaltet werden. Auch kann man die Verformungen, die im System Bauwerk – Baugrund auftreten (Bergsenkungsgebiet), durch geeignete Lagerformen auffangen. Weiterhin können Lager zur Dämpfung eines dynamischen Bauwerksverhaltens eingesetzt werden.

Lager sind hochbeanspruchte Verschleißteile, die der laufenden Überwachung und Wartung bedürfen. Sie müssen daher so eingebaut werden, daß sie ohne Schwierigkeiten zugänglich sind und daß Reparaturen, Auswechslungen und Lagekorrekturen möglich werden. Sie dürfen bestimmten Schadstoffen nicht ausgesetzt sein, die zu irreparablen Schäden führen können (Korrosion, Zerstörung des Elastomers). Weiterhin muß sichergestellt sein, daß keine unzulässigen Verschmutzungen der Lager eintreten.

Es dürfen nur Lager nach bauaufsichtlich eingeführten Normen oder mit allgemeiner bauaufsichtlicher Zulassung eingebaut werden. Zur ersten Gruppe gehören Lager der Normenreihe DIN 4141, zur zweiten solche mit Lagerbauteilen aus neuen Stoffen, z.B. Kunststoffe wie Elastomer oder Polytetrafluorethylen (PTFE). Es werden Stahllager und Lager mit Stahl- und Kunststoffbauteilen unterschieden. Bei den Stahllagern erfolgt die Kraftübertragung über eine kleine punkt- oder linienförmige Berührungsfläche. Als Materialgüten der Lagerplatten und Wälzkörper dürfen nur Stähle mit gewährleisteter Schweißarbeit, Kerbschlagzähigkeit und einer Mindestzugfestigkeit von 500 N/mm^2 verwendet werden. Hierfür kommen die Stahlgüten St. 52-3 nach DIN 17100 und GS 52-3 nach DIN 1681 in Betracht, sofern es sich um Lager der Normenreihe DIN 4141 handelt. Für Lager der Normenreihe DIN EN 1337 gelten die in diesen Normen aufgeführten Stahlgüten. Bei den Kunststofflagern erfolgt ein großflächiges Übertragen der Kräfte, die erforderlichen Lagerbewegungen erfolgen über die Kompressibilität und Verformungswilligkeit des Kunststoffmaterials, welches aus einem synthetischen Kautschuk (Chloroprene Kautschuk) besteht. Das verwendete Material muß in seinen Werkstoffeigenschaften den in den Zulassungsversuchen geprüften Materialien entsprechen. Hiervon sind Vergleichsmuster mit Angabe der Werkstoffeigenschaften bei der Bundesanstalt für Materialprüfung hinterlegt.

Nach DIN 4141, T.1, ist ein Lager ein Bauteil, das die Aufgabe hat, von den an einer Verbindungsstelle wirkenden Schnittgrößen bestimmte, ausgewählte Schnittgrößen (Hauptschnittgrößen des Lagers) ohne oder mit begrenzten Relativbewegungen der Bauteile zu übertragen. Hierbei müssen sie im Wirkungssinn der übrigen Schnittgrößen Freiheitsgrade für Relativbewegungen der Bauteile bieten, d.h. sie müssen Verschiebungen bzw. Verdrehungen ermöglichen. Diesen Relativbewegungen wirken Lagerwiderstände entgegen (Nebenschnittgrößen).

Nach der Art der Widerstände ist zu unterscheiden nach:
- Roll- und Gleitwiderständen von Bewegungselementen,
- Verformungswiderständen von Verformungselementen.

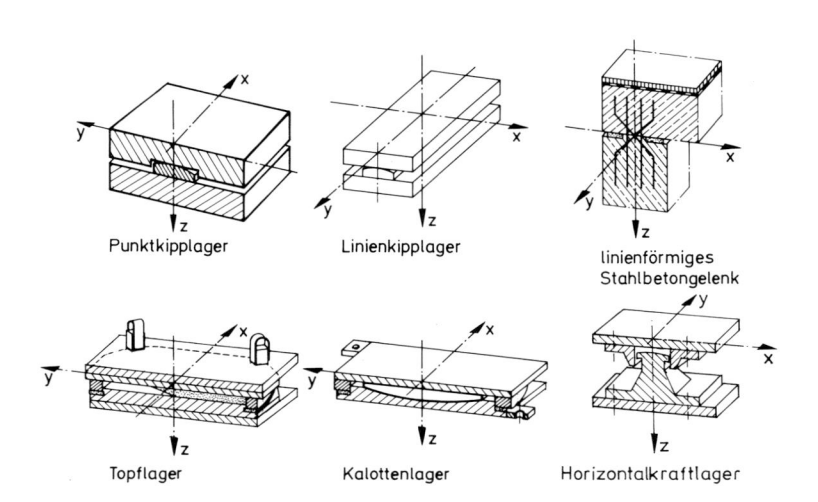

Bild 8.1 Feste Lager

8.1 Begriffe, Einteilungen, Symbole

Tabelle 8.1
Lagersymbole und Kurzzeichen der üblichen Lagerformen

Lager Nr.	Symbol	Kurzzeichen	Lagertyp	Verschiebung	Lagerarten (Beispiele)
1	□	V 2	Verformungslager	zweiachsig	Elastomerlager (EL)
2	⊟	V 1		einachsig	EL mit Festhaltekonstruktion für eine Achse
3	⊩□⊣	V		keine	EL mit Festhaltekonstruktion für zwei Achsen
4	→□←	VG 1	Verformungsgleitlager	einachsig	EL mit einachsig beweglichem Gleitteil und Festhaltekonstruktion für die andere Achse
5	⊕	VG 2		zweiachsig	EL mit zweiachsig beweglichem Gleitteil
6	→□←	VGE 2			EL mit einachsig beweglichem Gleitteil
7	○	P	Punktkipplager	keine	a) Stählernes Punktkipplager, b) Kalottenlager, c) Topflager
8	→○←	P 1		einachsig	Einachsig bewegliches Lager wie Lager Nr. 7, Punkt a) bis c)
9	⊕○	P 2		zweiachsig	Zweiachsig bewegliches Lager wie Lager Nr. 7, Punkt a) bis c)
10	▮	L	Linienkipplager	keine	a) Stählernes Linienkipplager, b) Betongelenk (kein definiertes Lager)
11	→▮←	L 1		einachsig	a) Einrollenlager, b) einseitig bewegliches Linienkippgleitlager (Bewegung senkrecht zur Kippachse)
12	▮	L 1q			Quer zur Bewegungsrichtung kippbares Gleitlager (Bewegung in Richtung der Kippachse)
13	→▮←	L 2		zweiachsig	Zweiachsig bewegliches Linienkipp-, Gleit- oder Einrollenlager
14	→●←	H 1	Horizontalkraftlager	einachsig	Einachsig festes Führungslager (keine Aufnahme von Vertikallasten und Momenten)
15	⊙	H		keine	Festpunkt- oder Horizontalkraftlager, zweiachsig fest (keine Aufnahme von Vertikallasten oder Momenten)

Die zur Ermittlung dieser Widerstände anzusetzenden Beiwerte sind für die einzelnen Lagerarten in der Norm festgelegt. Diese Werte berücksichtigen neben den physikalischen Schwankungsbreiten der Lagereigenschaften auch die erforderlichen Sicherheitsbeiwerte der Normen und die Einflüsse von baupraktisch unvermeidbaren Einbauungenauigkeiten, die sich als Veränderung im Bewegungs- oder Verformungswiderstand auswirken können.

Topflager,
einseitig beweglich

Punktkipplager,
allseitig beweglich

Rollenlager

Topflager,
allseitig beweglich

Kalottenlager,
allseitig beweglich

Verformungslager

Bild 8.2 Bewegliche Lager

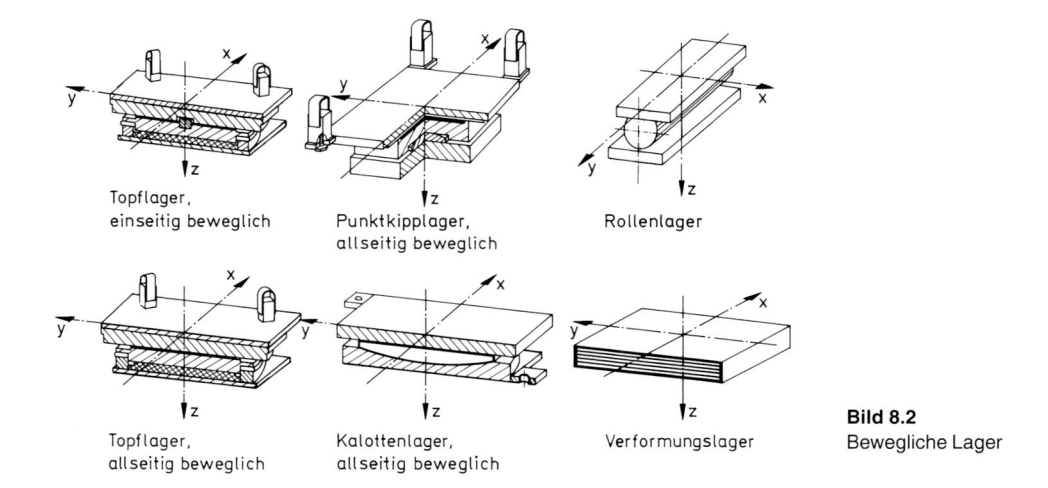

Es werden folgende Lagerarten unterschieden:
- *feste Lager*, das sind Kipplager, Topflager, Kalottenlager, Horizontalkraftlager und die einfache Gelenkausbildung,
- *bewegliche Lager*, das sind Gleitlager, Rollenlager und Verformungslager.

Die Gleitlager werden durch entsprechende Aufsätze auf die festen Lager gebildet. Die Rollenlager stellen die klassische Form der beweglichen Lager dar. Die große Verschleißanfälligkeit dieser Lager, bedingt durch hohe Beanspruchungen aus den Hertzschen Pressungen und geringen Materialgüten, hat einen hohen Reparaturaufwand zur Folge gehabt. Sie werden daher für Neubauten wegen technischer Mängel und schwindender Wirtschaftlichkeit nicht mehr vorgesehen. Ausgenommen sind hiervon Lagerformen aus vergütetem Stahl oder Edelstahl.

Zur eindeutigen Unterscheidung der Lager im Lagerungsplan sind die Symbole und Kurzzeichen gemäß Tabelle 8.1 (Auszug aus Tab. 1, DIN 4141, T.1) zu verwenden.

8.2 Statische und kinematische Einwirkungen am Lager

8.2.1 Haupt- und Nebenschnittgrößen

An einem Lager treten die den Gleichgewichtsbedingungen des Raumes zugeordneten Schnittgrößen auf, die Kräfte des Raumes F_x, F_y, F_z, die Momente M_x, M_y in der Lagerebene und das Moment M_z um die Vertikalachse, das in der Regel gleich Null zu setzen ist. Diesen Schnittgrößen sind immer die Verschiebungen v_x, v_y und die Verdrehungen ϑ_x, ϑ_y in der Lagerebene zugeordnet. In Sonderfällen, in denen räumlich gelagert wird, z. B. auf schlanken Stützpfeilern, treten die Bewegungen v_z und ϑ_z der dritten Ebene hinzu. Ein Lagertyp ist durch seine Schnittgrößen, die er überträgt und durch seine Freiheitsgrade, d.h. die Relativbewegungen, die er zuläßt, gekennzeichnet. Ein Lager überträgt bestimmte Schnittgrößen ohne Bewegungsvorgänge und schaltet die anderen durch zugehörige Verschiebungen aus. Das letztere gelingt durch die Widerstände in den Bewegungsvorrichtungen nicht vollständig, daher spricht man von Hauptschnittgrößen als voll übertragbare Lagerbeanspruchungen und Nebenschnittgrößen als die durch die Wirkung der Widerstände verbleibenden Restwerte dieser Beanspruchungen.

8.2 Statische und kinematische Einwirkungen am Lager

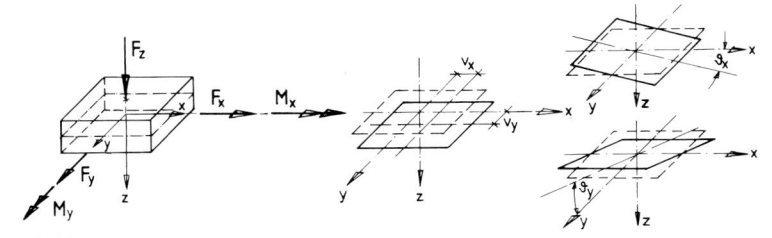

Bild 8.3
Lagerschnittgrößen und Lagerbewegungen

Die Nebenschnittgrößen ergeben sich als Roll-, Gleit- oder Verdrehungswiderstände aus dem entgegengesetzten Kräftespiel am verformten Lager, den sog. Rückstellkräften oder Rückstellmomenten. Diese werden nach [22] durch zusätzliche Widerstände aus Abplattungen infolge Hertzscher Pressungen und Wandungsadhäsion bei Stahl und Kunststoff erhöht. Bei den Stahllagern ergeben sich die Rückstellkräfte bzw. -momente aus der Geometrie, bei Gleitlagern ist die Rückstellkraft abhängig vom Reibungsverhalten der Gleitpartner und beim Topflager hängt die Verdrehungssteifigkeit vom Schubmodul des Kautschuks ab (siehe Zulassungsbescheid).

Ganz anders liegen die Verhältnisse bei den Verformungslagern, z.B. bewehrte Elastomerlager. Dies sind verformbare Bauteile, die Schnittgrößen übertragen und keine solchen ausschalten. Die Rückstellkraft bei einer Verschiebung oder das Rückstellmoment bei einer Verdrehung ist somit eine Funktion der Schubsteifigkeit GA. Aus den Ansätzen der DIN 4141, T.14, läßt sich darstellen:

Rückstellkraft: $\quad H = c_v \cdot A \cdot G \cdot v, \quad \text{mit} \quad c_v = \dfrac{1}{T}$ \hfill 8.2(1)

Rückstellmoment: $\quad M = c_\vartheta \cdot A \cdot G \cdot \vartheta, \quad \text{mit} \quad c_\vartheta = \dfrac{a^4}{50 \cdot t^3}$ \hfill 8.2(2)

mit: t Dicke der einzelnen Elastomerschicht
$T = \Sigma t$, Gesamtdicke des Elastomers
a größere Rechteckseite

Die Rückstellkräfte bzw. -momente müssen im Brückensystem aufgenommen werden. Während die Rückstellmomente im allgemeinen zu Verdrehungen $\leq 0{,}01$ (rad) führen und vernachlässigt werden können, sind die Rückstellkräfte zusätzlich im System am festen Lager aufzu-

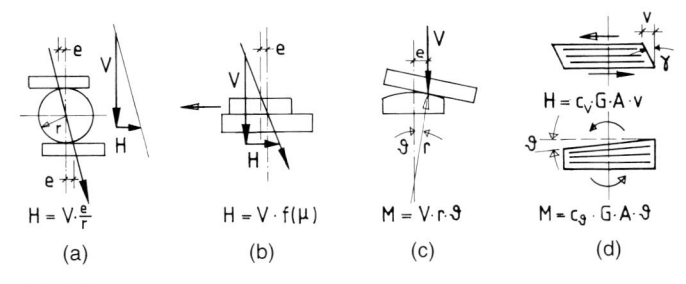

Bild 8.4
Rückstellkräfte und -momente (aktives Kräftespiel) einiger Lagerformen:
a) Rollwiderstand, b) Gleitwiderstand, c) Verdrehungswiderstand, d) Verformungswiderstand

nehmen. Sie dürfen nicht gegen wirkende Horizontalkräfte aus der Belastung aufgerechnet werden. Bei Verformungslagern gehen die Rückstellkräfte direkt in den jeweiligen Unterbau über. Die maximal auftretenden Rückstellkräfte lassen sich nach [49] wie folgt abschätzen:

a) Lager mit Roll- und Gleitwiderständen

- vergütete Rollenlager $\quad \mu = 1,5\%$

- Gleitlager, nach Zulassung $\quad \mu = \dfrac{1,2}{10 + \sigma_m} \geqq 0,03$; gewählt 4%

Nimmt man an, daß sich die Lagerkraft zu 65% aus Eigengewicht und zu 35% aus Verkehrslast zusammensetzt, gilt:

$$\text{maßg. } F_V = (0,65 + 0,35/2)\, \Sigma F_V = 0,825\, \Sigma F_V$$

Mögliche Rückstellkraft für vergütete Rollenlager:

$$H_{\text{mögl.}} = 0,015 \cdot 0,825 \cdot \Sigma F_V = 0,012\, \Sigma F_V$$

Mögliche Rückstellkraft für Gleitlager:

$$H_{\text{mögl.}} = 0,04 \cdot 0,825 \cdot \Sigma F_V = 0,033\, \Sigma F_V$$

b) Verformungslager

Der Verformungswiderstand eines Elastomerlagers führt zu folgender Horizontalkraft:

$$H = A \cdot G \cdot \frac{v}{T} = A \cdot G \cdot \tan \gamma \qquad \qquad 8.2(3)$$

mit: $\tan \gamma = \text{zul} \tan \gamma = 0,7$, $G = 1,0 \text{ N/mm}^2$; $A = \Sigma V/v \text{ zul } \sigma$ gilt:

$$H_{\text{mögl.}} = \frac{0,7}{1,75 \cdot \text{zul}\, \sigma}\, \Sigma V$$

mit: zul $\sigma = 10,0$; $12,5$; $15,0$ (N/mm^2) ergibt sich:

$$H_{\text{mögl.}} = (0,040 ;\ 0,032 ;\ 0,027)\, \Sigma V$$

8.2.2 Einwirkungen auf die Lager

Bei der Betrachtung der Einwirkungen auf ein Lager muß man zwischen direkten Krafteinwirkungen und iniziierten Kräften, die aus Bewegungen des beweglichen Lagers entstehen, unterscheiden. Direkte Krafteinwirkungen sind die Brems- und Anfahrkräfte sowie die Windkräfte, sie werden vom festen Lager aufgenommen. Iniziierte Lagerkräfte entstehen durch die Längenänderungen der Überbauten am beweglichen Lager aus den Roll- oder Gleitwiderständen. Sie müssen aus Gründen des Gleichgewichtes ebenfalls am festen Lager aufgenommen werden (Rückstellkräfte, Nebenschnittgrößen). Das bewegliche Lager muß die auftretenden Längenänderungen in seinem Funktionsbereich aufnehmen können, dabei ist der verkürzende Einfluß aus der Durchbiegung des Überbaues von vernachlässigbarer Größenordnung. Liegen diese Lager auf nicht starren Unterstützungen, sind die Verschiebungen und Verdrehungen dieser Bauteile mit zu berücksichtigen.

Eine Ausnahme bildet die Lagerung durch Verformungslager. Hier werden die Horizontalkräfte anteilig nach der Verschiebungssteifigkeit der Lager auf sie aufgeteilt. Die Horizontal-

8.2 Statische und kinematische Einwirkungen am Lager

verschiebungen verursachen Lagergleitungen, diese müssen im Rahmen der zulässigen Materialfestigkeit aufgenommen werden.

Alle vorstehend aufgeführten Einwirkungen sind im Grenzzustand der Gebrauchstauglichkeit nachzuweisen.

Einwirkungen am festen Lager

Brems- und Anfahrkräfte

Für Straßenbrücken nach Gleichung 1.2.3(1), für Eisenbahnbrücken nach den Gleichungen 1.4.4(3), 1.4.4(4) und 1.4.4(5).

Windkräfte

Nach den Ansätzen des Abschnitts 1.7 für die Windrichtung senkrecht zur Brückenachse.

Reaktionskräfte der Nebenschnittgrößen

$$F^* = F_L \cdot \mu$$

mit: F_L vertikale Lagerkraft des beweglichen Lagers
μ Roll- oder Gleitwiderstand in [%]

Einwirkungen am beweglichen Lager

Aus Vorspannung und Kriechen, Schwinden und Relaxation:

Es tritt eine Überbauverkürzung ein, die Dehnungsgrößen sind mit den Werten der Überbauberechnung anzusetzen. Im Falle einer Entwurfsplanung, zu der noch keine Überbauwerte vorliegen, kann mit folgenden Werten gerechnet werden.

Vorspannung: $\varepsilon_v = \sigma_v/E$; mit $\sigma_v = 5{,}0$ N/mm^2

Kriechen und Schwinden: $\varepsilon_{s,k,R} = 0{,}65$‰

Bei einem schlaff bewehrten Überbau wäre nur ein Schwindeinfluß zu berücksichtigen. Dieser liegt für Bauteile im Freien nach dem DIN-Fachbericht 102, Abschnitt 3, Bilder 3.120 und 3.121 bei ca. 30‰.

Aus Temperaturschwankungen

a) Nach der Regelung des DIN-Fachberichtes 101

- Wenn die mittlere Bauwerkstemperatur beim Herstellen der endgültigen Verbindungen mit dem Lager durch Messung bekannt ist, ist ein Temperaturschwankungsbereich von

$$\Delta T_N = 74 \text{ K} \qquad \qquad 8.2(4)$$

anzusetzen. Zur Bestimmung einer definitiven Längenänderung muß eine Aufstelltemperatur angenommen werden.

- Ist die mittlere Bauwerkstemperatur zum Zeitpunkt der Lageraufstellung nicht bekannt, ist ein Zuschlag von $\pm$ 10 K vorzunehmen. Der Schwankungsbereich beträgt dann:

$$\Delta T_N = 94 \text{ K} \qquad \qquad 8.2(5)$$

Eine Aufstelltemperatur wird nicht vorgegeben, sie ist jeweils im Rahmen der Annahmen möglichst realistisch zu schätzen.

b) Nach künftiger DIN EN 1337

Ein Blick in die DIN EN 1337-1 soll die mögliche künftige Regelung aufzeigen.

- Temperaturschwankung im Überbau:

$$\Delta t = t_{max} - t_{min}$$

Für die Lagerbemessung ist der realistische Schwankungsbereich anzusetzen:

$$\Delta t_l = t_{l,max} - t_{l,min}$$

mit: $\left.\begin{array}{l} t_{l,max} \\ t_{l,min} \end{array}\right\}$ realistische Grenztemperaturen

- Die mittlere Bauwerkstemperatur bei Herstellung der endgültigen Verbindungen mit den Lagern ist durch Messung bekannt:

$$\left.\begin{array}{l} \Delta t_{l,max} = 1{,}35\, t_{max} \\ \Delta t_{l,min} = 1{,}35\, t_{min} \end{array}\right\} \quad \Delta t_l = 1{,}35\, \Delta t$$

- Die mittlere Bauwerkstemperatur beim Aufstellen der Lager muß im voraus geschätzt werden. An Stelle der realistischen Temperaturen sind die hypothetischen Grenztemperaturen t_l^* zu berücksichtigen. Diese erhält man aus den realistischen Temperaturen durch einen Zuschlag Δt^*:

$$\Delta t_{l,max}^* = t_{l,max} - \Delta t^*$$

$$\Delta t_{l,min}^* = t_{l,min} - \Delta t^*$$

mit: $\Delta t^* = 10$ K für Betonbrücken

Einwirkungen auf Verformungslager

Verformungslager sind Lagerkörper, die die auf sie entfallende Horizontalkraft über ihre eigene Verformung auf den Unterbau übertragen. Die Größe ihrer Temperaturverformung ist an die des Überbaues gebunden, sie kann nicht größer werden. Es würde keinen Sinn machen, die größeren Werte des realistischen Bereiches, die der Sicherheit in der Erfassung der tatsächlichen Temperatur dienen, anzusetzen.

Für die Verformungslager ist der Temperaturschwankungsbereich des Überbaues maßgebend, wobei dann aber eine Aufstelltemperatur definiert sein müßte. Diese Regelung ist in DIN 1072 enthalten, es wäre sinnvoll, sie zu übernehmen. Bezogen auf die Ansätze des Fachberichts 101, Kapitel V, würde für Betonbrücken bei Verformungslagern dann folgender Temperaturschwankungsbereich anzusetzen sein:

$$-27 \text{ K} < t < +27 \text{ K} \text{ mit Aufstelltemperatur von } +10 \text{ K}$$

Die weiteren rechnerischen Ansätze für den Lagernachweis eines Verformungslagers entnehme man dem Abschnitt 8.4.3.2.

Mindestwerte der Lagerbewegungen

Als Mindestwerte der Bewegungsvorgänge sind die folgenden Werte einzuhalten (DIN 4141, T.1):

- bei Lagern mit Roll- und Gleitwiderständen:
  min $\vartheta = \pm 0{,}003$ (rad); min $v = \pm 2$ cm
- bei Verformungslagern: der kleinste Verformungswiderstand ist mit einer Verschiebung von 1,0 cm in Ansatz zu bringen.

KÖCO-Kopfbolzen

- Perfekter Verbund zwischen Stahl und Beton
- Hohe Wirtschaftlichkeit in Konstruktion und Ausführung durch Gewichtsersparnis, schlanke Bauweise, hohen Vorfertigungsgrad
- Erhebliche Verringerung von Bauzeit und Baukosten
- Hohe Tragfähigkeit in beliebigen Richtungen bei Stahleinbauteilen durch formschlüssige Verankerung
- Erhebliche Traglaststeigerung durch zusätzliche Bewehrung

KÖCO-Gewindebolzen

- Vollflächige Verschweißung des Befestigungsmittels mit dem Stahleinbauteil
- Keine Bohr- oder Stanzarbeit
- Kraftübertragung in beliebigen Richtungen

- Sicherheit durch internationale Normung und bauaufsichtliche Zulassung
- Übereinstimmung mit den Anforderungen der Bauregelliste (BRL)
- Perfektes Bolzenschweißen mit innovativen KÖCO-Bolzenschweißgeräten

Fordern Sie weitere Informationen an !

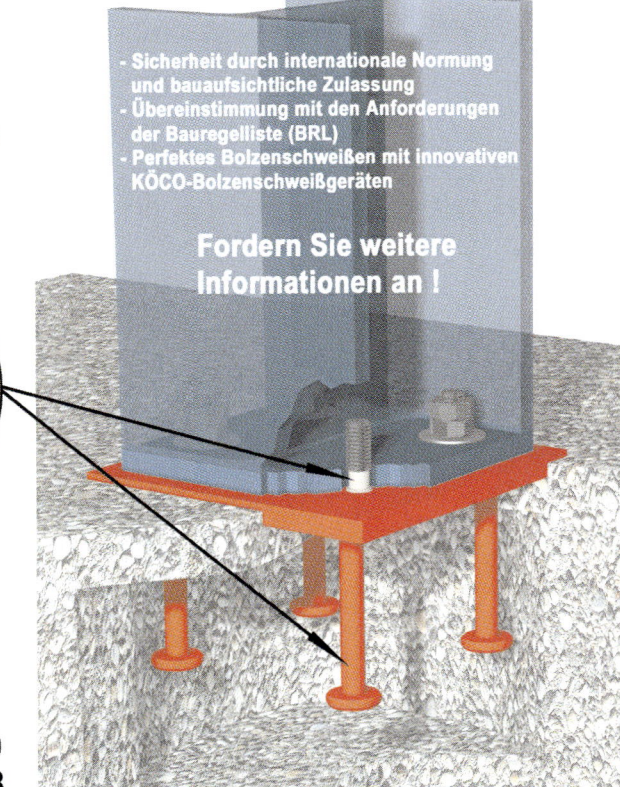

**Köster & Co. GmbH
Spreeler Weg 32
D-58256 Ennepetal
Tel +49 2333 8306-0
Fax +49 2333 830638**
koeco@bolzenschweisstechnik.de

Verformungslager
DIN 4141 - EN 1337
und Lagerkonstruktionen

GUMBA LAST

GUMBA LAST

Fugenbänder
DIN 7865 - DIN 18541
und Abdichtungssysteme

GUMBA-LAST GmbH   Postfach 13 07   85627 Grasbrunn
Telefon 089 / 46 146 - 0   Telefax 089 / 46 146 - 111

Bauingenieur-Praxis

Meister, J.
Nachweispraxis Biegeknicken und Biegedrillknicken
Einführung, Bemessungshilfen,
42 Beispiele für Studium und Praxis
Reihe: Bauingenieur-Praxis
2002. XV, 420 Seiten,
203 Abbildungen, 40 Tabellen.
Broschur. € 55,-* / sFr 81,-
ISBN 3-433-02494-4

Biegeknicken und Biegedrillknicken sind in vielen Fällen die maßgebenden Versagensformen bei der Bemessung von Stäben, Stabzügen und Stabwerken aus dünnwandigen offenen Profilen. Das Buch erklärt die Möglichkeiten und die Art und Weise der Nachweisführung. Mit vollständig durchgerechneten Beispielen!

Kindmann, R. / Stracke, M.
Verbindungen im Stahl- und Verbundbau
Reihe: Bauingenieur-Praxis
2003. XII, 438 Seiten,
325 Abbildungen, 70 Tabellen.
Broschur. € 55,-* / sFr 81,-
ISBN 3-433-01596-1

Ernst & Sohn
Verlag für Architektur und
technische Wissenschaften GmbH & Co. KG

Für Bestellungen und Kundenservice:
Verlag Wiley-VCH
Boschstraße 12
69469 Weinheim
Telefon: (06201) 606-400
Telefax: (06201) 606-184
Email: service@wiley-vch.de

Ernst & Sohn
A Wiley Company

www.ernst-und-sohn.de

Für die Planungspraxis von Ingenieuren faßt das vorliegende Buch die wichtigsten Verbindungstechniken für den Stahl- und Verbundbau sowie weitere Verbindungsarten des Bauwesens zusammen. Ein einzigartiges, bisher vergeblich gesuchtes Buch in der Baufachliteratur.

* Der €-Preis gilt ausschließlich für Deutschland

8.3 Konstruktion und Lagerungsplan

8.3.1 Bauliche Durchbildung der Lager

Die Lager werden horizontal, in der Regel zwischen planparallel geschliffenen Ankerplatten, eingebaut; soweit erforderlich, müssen Lagersockel angeordnet werden. Die Ankerplatten haben eine Mindestdicke von 20 mm, sie tragen die evtl. erforderliche Verankerung, am zweckmäßigsten Kopfbolzen, da diese in der Lage sind, auch Horizontalkräfte zu übertragen. Eine Verankerung ist nach den Kriterien der Gleitsicherheit in der Lagerfuge vorzusehen, sie ist erforderlich, wenn die nachstehende Nachweisgleichung nach DIN 4141, T.1, Abs. 6, erfüllt ist. Für die Lagerfuge Stahl/Beton gilt:

$$1{,}5\, F_{xy} \leqq 0{,}5\, F_z + D$$

mit: F_{xy} resultierende Horizontalkraft in der Lagerebene
F_z Vertikalkraft
D Traglast (Schubkraft) der Verankerung

mit: $\left(1{,}5 - 0{,}5\, \dfrac{F_z}{F_{xy}}\right) F_{xy} \leqq D$ wird $\dfrac{F_z}{F_{xy}} = 3{,}0$ als Grenzfall,

d. h., läßt man den Grenzfall noch für den Reibungskontakt zu, ist eine Verankerung vorzusehen für:

$$\dfrac{F_z}{F_{xy}} < 3{,}0 \qquad\qquad 8.3(1)$$

Die an die Ankerplatten anschließenden Lagerplatten, als oberer bzw. unterer Abschluß der Lagerkonstruktion, werden mit diesen verschraubt (HV-Verbindung). In den Fällen, in denen keine ausgesprochenen Lagerplatten vorhanden sind, werden seitlich an die Lagerköpfe kopf- und fußbündig Kontaktlaschen angeschweißt, die dann mit der Ankerplatte verschraubt werden (Variante A in Bild 8.5). Die auf der Betonseite sitzenden Schraubmuttern sind durch Buchsen gegen das Eindringen des Betons geschützt.

Zwischen der Anker- und der Lagerplatte können Futterplatten angeordnet sein oder im Laufe der Zeit erforderlich werden. Um diese ein- oder ausbauen zu können, wird der Überbau durch Pressen um 1 cm angehoben (wahrscheinliche Baugrundbewegung als Hauptlast). Die Lage und der Einsatzort der Pressen muß aus den Bauwerksakten ersichtlich und am Bauwerk selbst markiert sein (Richtzeichnung, BMV, Lag 6). Die Lagerfugen am Widerlager und an den Stützköpfen müssen daher eine freie Höhe von 30 cm besitzen. Die Stahlplatten, die zum

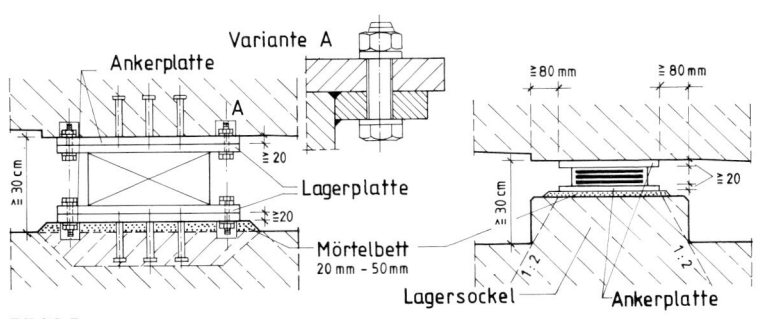

Bild 8.5
Anordnung der Lager auf der Auflagerbank

Höhenausgleich verwendet werden, sind, wie auch generell die Anker- und Lagerplatten, planparallel zu bearbeiten und gegen Korrosion zu schützen. Als Korrosionsschutzsysteme gelangen zur Anwendung:

- Beschichtungen durch Spritzverzinkung mit anschließendem Anstrich aus Eisenglimmerfarbe,
- gleitfeste Anstriche durch Zinkstaubfarbe,

jeweils nach DIN 55928.

Die Lagerkörper müssen so hergestellt werden, daß zusätzlich zu den statisch erforderlichen Verschiebungswegen und Drehvorgängen ein Sicherheitsabstand bis zum Rand des beweglichen Teiles eingeschaltet wird. Dieser beträgt:

- bei Verschiebungen: $\Delta v = \pm 2{,}0$ cm
- bei Verdrehungen: $\Delta = \pm 0{,}005$ rad $\geq 1/a$

mit: a Radius des die Verdrehung verursachenden Bauteiles, z.B. Krümmungsradius oder Radius der Ausdrehung

Die Mindestlänge der Verschiebungswege, die insgesamt vorhanden sein müssen, beträgt:

- in der Hauptverschiebungsrichtung: $\pm 5{,}0$ cm
- senkrecht dazu: $\pm 2{,}0$ cm

Das Lagerspiel zur Herstellung der Beweglichkeit der Führungseinrichtungen und sonstigen Bewegungsvorrichtungen in den Lagern muß mindestens

$$2\Delta = 2{,}0 \text{ mm} \qquad\qquad 8.3(2)$$

betragen, d.h., in der Grundstellung zu jeder Seite jeweils 1,0 mm.

Zur Feststellung der im Laufe der Benutzungszeit auftretenden Längsbewegungen sind bei beweglichen Lagern Meßeinrichtungen anzubringen, an denen abgelesen werden kann, ob das Lager im richtigen Verschiebungsbereich arbeitet. Im Bild 8.6 ist ein Lagerstellungsanzeiger abgebildet, der über eine Meßleiste die tatsächlichen Dehnwege angibt.

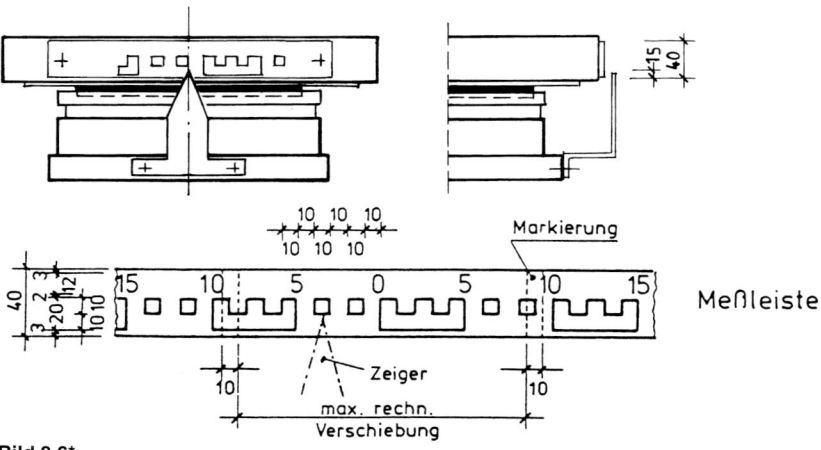

Bild 8.6*
Lagerstellungsanzeiger

8.3.2 Auflagerbank

Die Anordnung der Lager auf der Auflagerbank eines Widerlagers oder Stützen bzw. Pfeilerkopf ist so vorzunehmen, daß eine Lastausstrahlung nach dem Übertragungsprisma des Bildes 8.7 möglich wird. Für die Höhe des Prismas wähle man als Richtwert das Maß der Dicke des unterstützenden Bauteiles.

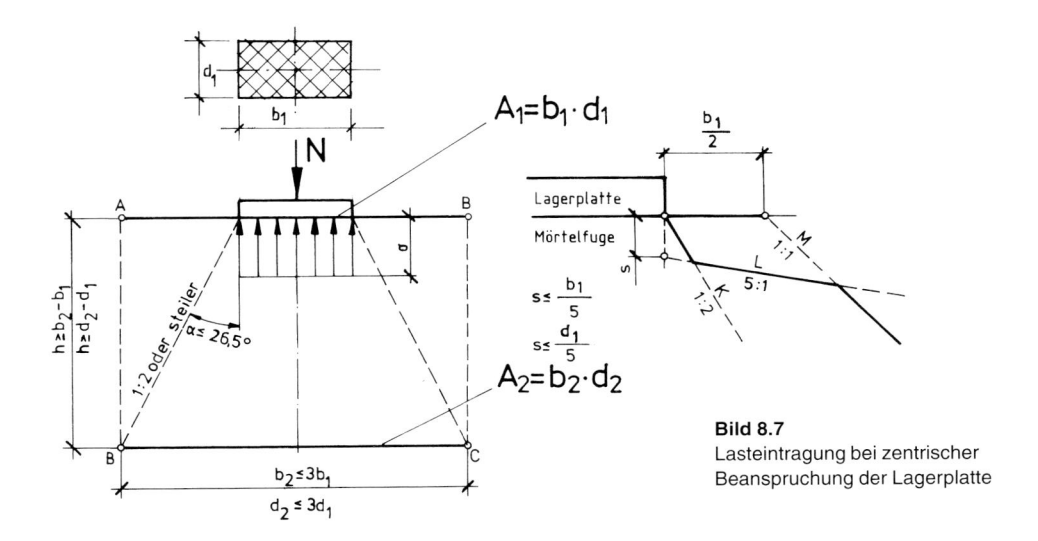

Bild 8.7 Lasteintragung bei zentrischer Beanspruchung der Lagerplatte

Für die zulässige Pressung unter der Lagerplatte gilt:

- Die Spaltzugkräfte im Beton werden durch eine Bewehrung aufgenommen:

$$\sigma = \frac{N}{b_1 \cdot d_1} \leqq \frac{\beta}{2,1} \sqrt{\frac{A}{A_1}} < 1,4\,\beta_R \qquad 8.3(3)$$

- Die Spaltzugkräfte sind gering, es wird keine Bewehrung angeordnet:

$$\sigma = \frac{N}{b_1 \cdot d_1} \leqq \frac{\beta}{2,1} \qquad 8.3(4)$$

Die der Lastausstrahlung zugehörige untere Fläche A_1 ergibt sich aus dem Übertragungsprisma ABCD. Dieses muß ganz im Beton liegen, lediglich am Kopf dürfen die durch die verschiedenen Möglichkeiten in der Anordnung des Mörtelbettes entstehenden fehlenden Ecken in Kauf genommen werden. Die Stufe unter der Lagerplatte, einschließlich der Mörtelfuge, darf hierbei nicht größer sein als $b_{1/5}$ oder $d_{1/5}$. Der kleinste Wert ist maßgebend.

Wird eine Lagerplatte außermittig beansprucht, ist eine Ersatzplatte innerhalb der Lagerplatte anzunehmen

$$A_1^* = b_1^* \cdot d_1^*$$

mit: $b_1^* = 2\,c_x = b_1 - 2\,e_x$
$d_1^* = 2\,c_y = d_1 - 2\,e_y$

Die untere Fläche A^* des Übertragungsprismas ergibt sich entsprechend wie bei der zentrischen Krafteinleitung.

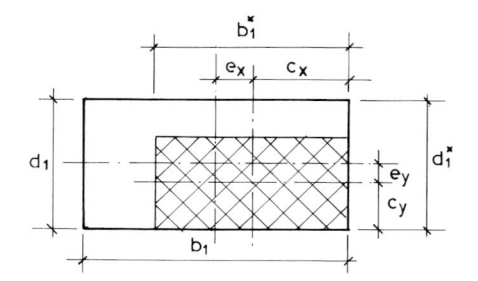

Bild 8.8
Ersatzfläche bei exzentrischer Beanspruchung der Lagerplatte

Bei Bauwerken von Eisenbahnbrücken ist der Randabstand eines Lagers nach Gleichung 8.3(3) so zu wählen, daß die Ausstrahlung, von der Unterkante der Lagerplatte ausgehend, die Bewehrung schneidet. Liegt die Ausstrahlung außerhalb der Bewehrung, darf die zulässige Pressung nur nach Gleichung 8.3(4) errechnet werden.

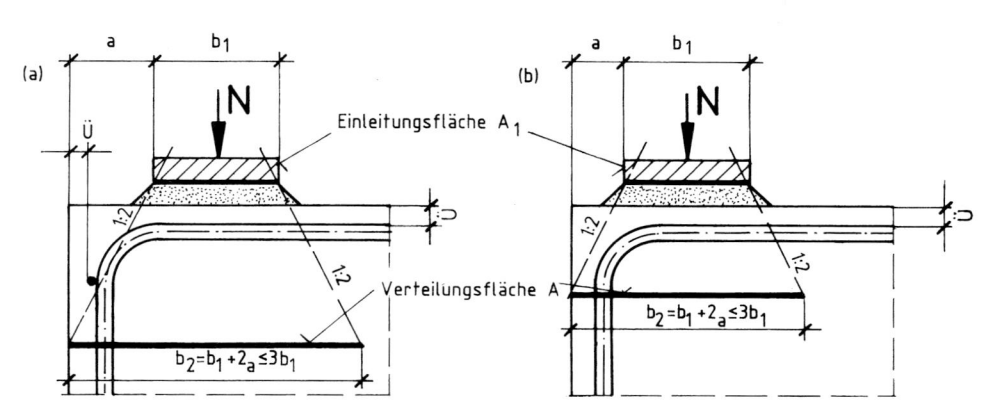

Bild 8.9
Randabstände der Lagerplatten

8.3.3 Lagerungsplan

Für die Anordnung der Lager im Grundriß ist eine möglichst zwängungsarme Lagerung anzustreben, bei der die Auswirkungen der Bauteilverformungen reduziert werden. Nach *Rahlwes* und *Maurer* [49] besteht dieses Prinzip darin, das Bauteil im Grundriß durch ein festes und ein bewegliches Lager statisch bestimmt zu lagern und die Bewegungsrichtungen aller anderen einseitig beweglichen Lager auf die zur statisch bestimmten Lagerung gehörende Bauteilverschiebung auszurichten. Dieses Prinzip ist insbesondere dann von Bedeutung, wenn die Lagerung aus der Fläche heraus zu beurteilen ist, z. B. bei stark schiefwinkligen Platten oder im Grundriß gekrümmten Systemen. Diese Gedanken finden bei der sogenannten Polstrahllagerung direkt ihre Anwendung. Bei der Tangentiallagerung geht man davon aus, daß die Bewegungsrichtung des Tragwerkes durch die tangentiale Führung der Lager in der Brückenachse erfolgt, wobei die jeweils auftretenden Zwängungskräfte erfaßt werden müssen und zu den anderen Kräften aus Bremsen, Wind und Fliehkraft vektoriell zu addieren sind. Näheres hierzu findet man in [22].

8.3 Konstruktion und Lagerungsplan

Es reicht also nicht aus, dem System einen Festpunkt zuzuweisen und alle anderen Stützungspunkte mit allseitig beweglichen Lagern auszustatten, es muß schon eine Hauptbewegungsrichtung erkennbar sein. Bei der Lagerung eines Überbaues durch Verformungslager ist ein ausgesprochener Festpunkt nicht mehr vorhanden. Dieser Überbau ist elastisch gelagert, da die Lager als verformbare Baukörper eine Federwirkung besitzen. Der Bewegungsruhepunkt wird nicht durch ein festes Lager vorgegeben, sondern ergibt sich als Schwerpunkt der Überbaufläche. Bei der rechnerischen Erfassung der Bewegungsvorgänge sind allenfalls unterschiedliche Verschiebungssteifigkeiten der einzelnen Lager zu berücksichtigen.

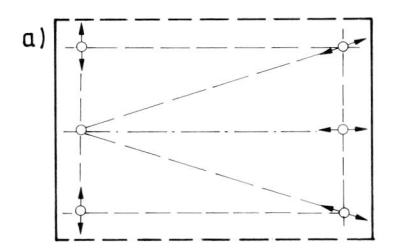

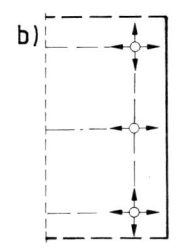

Bild 8.10
Lagerungsplan mit drei Stützpunkten je Achse

Die Anwendung der Grundsätze zwängungsarmer Lagerung für einfache Stützungsfälle des Balkens auf zwei Stützen zeigt Bild 8.10a). In der Brückenachse wird die statisch bestimmte Lagerung angeordnet, in der Breite der Konstruktion werden einseitig bewegliche Lager auf den Festpunkt ausgerichtet. In der Stützachse des festen Lagers stellen alle Lager gleichrangig die Führung des Überbaues bei der Verformung in Längsrichtung sicher. Die Aufnahme der Horizontalkräfte aus der Längsrichtung und ihre Verteilung auf die Lager ist jedoch problematisch. Da querbewegliche Lager senkrecht zu ihrer Bewegungsrichtung erst dann Kräfte aufnehmen können, wenn das Lagerspiel überwunden ist, kann durch diese tote Bewegung bereits die gesamte Kraft in das feste Lager eingeflossen sein, bevor es bei den querbeweglichen Lagern zur H-Kraftaufnahme kommt. Es ist daher wichtig, daß das feste Lager immer für die volle mögliche Horizontalkraft bemessen wird. Von der Lagerfunktion her könnten dann aber die querbeweglichen Lager auch durch allseits bewegliche ersetzt werden, wie es auch in [22] vorgeschlagen wird. Die sich dann ergebende Frage, ob es richtig ist, die Führung des Überbaues seitlich des Festpunktes wegzunehmen, sei im Interesse einer eindeutigen Zuordnung der Bewegungsvorgänge negativ beantwortet. An der Seite des beweglichen Lagers sind die allseits beweglichen Lager aber immer die bessere Lösung (Bild 8.10b), es kommt hinzu, daß diese Lagerform auch noch kostengünstiger ausfällt als einseitig bewegliche Lager.

Bei schiefwinkligen Lagerungsproblemen ($\alpha < 75°$) sollte der vorher erläuterte Führungsbereich der festen Lager auf den Bereich zwischen der stumpfen Ecke und der Brückenachse reduziert werden. Da sich die Bewegungsrichtung in etwa senkrecht zu den Auflagerachsen einstellen und von der massenbetonten stumpfen Ecke geleitet wird, würde eine Führung an der spitzen Ecke den freien Bewegungsvorgang behindern.

Bei schmalen Überbaubreiten, bei denen nur zwei Lagerpunkte in der Stützachse vorhanden sind, wird die vorstehend geschilderte Problematik noch durch die Zusatzbeanspruchung aus der exzentrisch eingeleiteten Horizontalkraft erhöht (Bild 8.11 a). Diese verursacht ein um die z-Achse drehendes Versatzmoment M_z, das nur durch ein entsprechendes Kräftepaar, d.h. zwei Lager, die H-Kräfte in der Lagerebene aufnehmen können, aufgelöst werden kann. Dies besagt, daß eine Lösung b) in Bild 8.11 nicht gewählt werden kann. Ein weitergehender Vor-

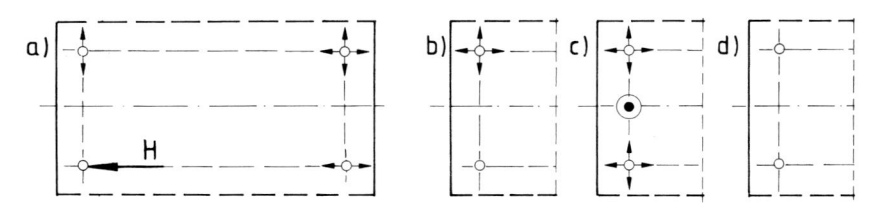

Bild 8.11
Lagerungsplan mit zwei Stützpunkten je Achse

schlag aus [22] sieht die Anordnung eines Horizontalkraftlagers bei gleichzeitiger Wirkung zweier allseits beweglicher Lager vor (Bild 8.11 c). Ob dieser Aufwand im Normalbrückenbau wirtschaftlich vertretbar sein wird, muß aus der Praxis heraus beantwortet werden.

Wenn bestimmte Voraussetzungen erfüllt sind, wäre auch die Anordnung zweier fester Lager denkbar (Bild 8.11 d), die Voraussetzungen wären:

– die Brückenbreite ist klein, der Lagerabstand bleibt kleiner 2,0–3,0 m,
– der Überbau wird als Balkentragwerk mit maximal zwei Stegen gebildet,
– die Lager liegen auf Einzelstützen auf, die in der Querrichtung durch Verformung nachgeben können.

Nach DIN 4141, T.2, muß jedem Ausführungsentwurf ein Lagerungsplan beigefügt sein. Dieser muß Angaben über folgende Inhalte enthalten:

– Grundriß, Längsschnitt und Querschnitt des Bauwerkes im Bereich der Lagerachsen. Der Querschnitt muß Höhenkoten und Querneigungen enthalten,
– Anordnung und Kennzeichnung der Lager nach DIN 4141, T.1, Tab. 1,

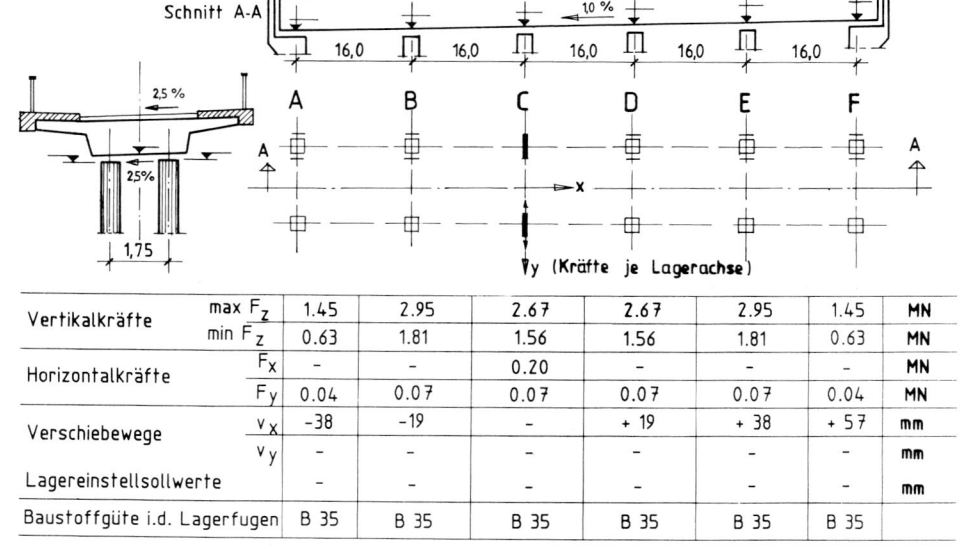

		A	B	C	D	E	F	
Vertikalkräfte	max F_z	1.45	2.95	2.67	2.67	2.95	1.45	MN
	min F_z	0.63	1.81	1.56	1.56	1.81	0.63	MN
Horizontalkräfte	F_x	–	–	0.20	–	–	–	MN
	F_y	0.04	0.07	0.07	0.07	0.07	0.04	MN
Verschiebewege	v_x	–38	–19	–	+19	+38	+57	mm
	v_y	–	–	–	–	–	–	mm
Lagereinstellsollwerte		–	–	–	–	–	–	mm
Baustoffgüte i.d. Lagerfugen		B 35	B 35	B 35	B 35	B 35	B 35	

Bild 8.12
Beispiel eines Lagerungsplanes als Lagerübersicht

8.4 Lagerarten

- Vertikale und horizontale Lagerkräfte,
- Richtung und Größtwerte der Lagerverschiebungen und -verdrehungen,
- Lagereinstellsollwerte nach Größe und Richtung,
- Baustoffgüten in der Lagerfuge.

8.4 Lagerarten

8.4.1 Feste Lager

8.4.1.1 Kipplager

Punktkipplager: Lagertyp P; Lagersymbol

Linienkipplager: Lagertyp L; Lagersymbol

Lager nach Stahlbaunormen

Die Kennwerte für Regelausführungen sind:

Auflastbereich: 500–50000 kN; H_{res}: 0,05 ΣF_V – 0,10 ΣF_V

Bauhöhe: 10–60 cm; Auflagerdrehwinkel $\tan \alpha = 0{,}002 - 0{,}005$

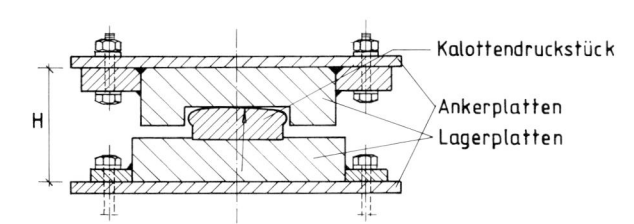

Bild 8.13 Punktkipplager, fest

Die Kipplager stellen die älteste Form des festen Lagers dar, die Linienkipplager sind die ältere, die Punktkipplager die jüngere Form. Punktkipplager sind bei jeder Konstruktionsschiefe verwendbar. Die Dreh- und Kippbewegung erfolgt über das kalottenförmig ausgearbeitete Druckstück, das entweder auf die untere Lagerplatte geschweißt oder aus ihr herausgearbeitet ist. Die Übertragung der Horizontalkräfte erfolgt durch Kontakt zwischen dem Druckstück und der oberen Lagerplatte. Bei den Linienkipplagern erfolgt die H-Kraftübertragung durch Reibung zwischen dem Kalottenstück oder der Kippleiste und der oberen Lagerplatte oder Anlagefläche oder Dollen. Ihre Verwendung ist eingeschränkt, sie werden bevorzugt in Verbindung mit Rollenlagern bei rechtwinkligen Konstruktionen eingesetzt.

8.4.1.2 Topflager

Lagertyp: P; Lagersymbol

Lager nach allgemeiner bauaufsichtlicher Zulassung

Die Kennwerte sind (z. B. Maurer Söhne, Schwäbische Hüttenwerke GmbH):

Auflastbereich: 1000–50000 kN (max. 120000 kN)

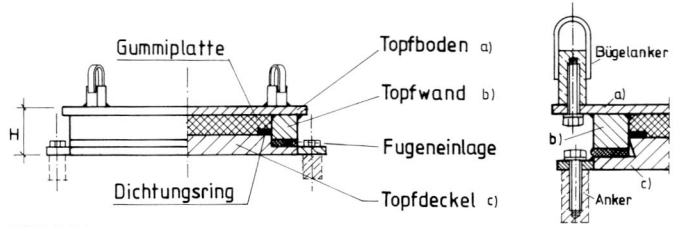

Bild 8.14
Festes Topflager, Neotopflager® der Fa. SHW

Bauhöhe: 17–26 cm; Auflagerdrehwinkel: $\tan \alpha = 0{,}010$;
$H_{res} = 0{,}10\ \Sigma F_V$ (bei $F_V \leq 5000$ kN) oder $0{,}05\ \Sigma F_V$ (bei $F_V \geq 10\,000$ kN);
i. M. $= 0{,}07\ \Sigma F_V$

Die Topflager sind, wie die Punktkipplager, bei erwarteten allseitigen Kippbewegungen zu verwenden. Eine in einem Stahltopf eingeschlossene Kautschukmasse wird über den oberen Lagerdeckel unter hohen Druck versetzt. Die Querdehnung der Gummiplatte wird durch die Topfwand verhindert. Bei einer Drehung des Deckels um die Kippachse des Lagers wandert der Gummi von den höher belasteten zu den nieder belasteten Bereichen, wobei im Gummi ein Druckausgleich wie bei einem Flüssigkeitslager eintritt. Hierdurch werden die erforderlichen Kippbewegungen in jeder Richtung ermöglicht und das Lager wirkt wie ein Punktkipplager. Bei sehr tiefen Temperaturen versteift sich die Kautschukeinlage und der Verformungswiderstand gegen die Kippbewegungen steigt an. Die heraus resultierenden Lastexzentrizitäten sind aber noch kleiner als diejenigen, die beim Punktkipplager durch das Abwälzen auf der Kugelkalotte entstehen. Topflager eignen sich besser für höhere Lasten.

8.4.1.3 Kalottenlager

Lagertyp: P; Lagersymbol

Lager nach allgemeiner bauaufsichtlicher Zulassung

Die Kennwerte für Regelausführungen sind (z. B. Maurer Söhne):

Auflastbereich: 1000–50 000 kN (max. 120 000 kN)

Bauhöhe: 10,6–23,7 cm; Auflagerdrehwinkel $\tan \alpha = 0{,}01$

Durchmesser: 42–132 cm; $H_{Res} = 0{,}1\ \Sigma F_V$ (bei $F_V \leq 6000$ kN) oder $0{,}05\ \Sigma F_V$ (bei $F_V > 6000$ kN)

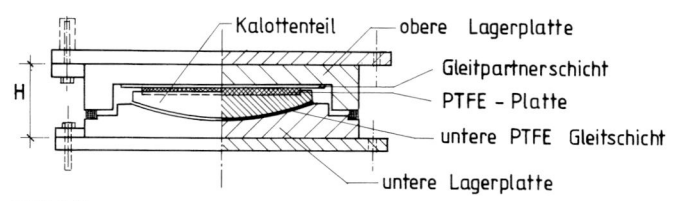

Bild 8.15
Festes Kalottenlager der Fa. Maurer, Söhne

Ein Kalottenlager stellt die technische Lösung eines Kugelgelenkes dar. Es besteht aus dem Kalottenteil mit einer aufgesetzten oberen Lagerplatte und der konkav ausgenommenen unteren Lagerplatte. Die Kippbewegung entsteht durch die Bewegung des konvex geformten Kalottenteiles in der angepaßten unteren Lagerplatte, in der die Kalotte mit ihrer hart verchromten Unterseite in der mit PTFE belegten Gegenfläche gleitet. Das Lager wird rund ausgebildet, es wirkt daher wie ein Kugelgelenk mit allseitig möglichen Kippbewegungen. Die Ableitung der Horizontalkräfte erfolgt direkt von der oberen Lagerplatte in die untere Lagerplatte über einen hervorstehenden Außenring, der in eine entsprechende Ausnehmung der unteren Lagerplatte hineinragt. Die Horizontalkraft wird bei Verschiebung der oberen Kopfplatte über Kontakt übertragen. Um Zwängungen in der gekrümmten Kalottenfläche zu vermeiden, wird auf der Oberseite des Kalottenteiles ebenfalls eine Gleitschicht (PTFE mit Gleitpartner) angeordnet. Damit kann die obere Lagerplatte auf der Kalotte widerstandsfrei gleiten.

8.4.1.4 Horizontalkraftlager

Lagertyp: H; Lagersymbol

Lagertyp: H 1, Lagersymbol

Lager nach Norm DIN V 4141-13

Auflagerdrehwinkel: $\alpha_{x,y,z} \leq 0{,}10$

Lagerspiel: $\quad 0 < 2\,s < 0{,}3$

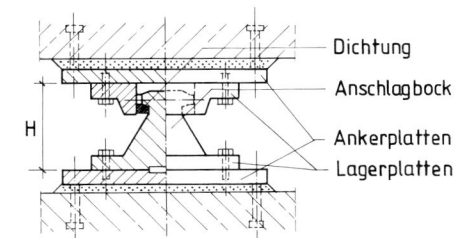

Bild 8.16
Festes Horizontalkraftlager

Diese Lagerart wird beim Auftreten großer Horizontalkräfte in Verbindung mit niederen Vertikalkräften eingesetzt. Neben dem gezeigten festen Lager gibt es noch das einseitig bewegliche Horizontalkraftlager, ein sogenanntes Führungslager (Typ H 1). Bei der Ausführung ist ein Höhenausgleich möglich, eine Dichtung ist erforderlich, die Verschleißteile sind austauschbar. Ansonsten besteht das Lager aus wartungsfreiem Material.

8.4.1.5 Stahlbetongelenk

Kein definiertes Lager im Sinne der DIN 4141, T.1.

Diese einfache und wohl älteste Form der Gelenkausbildung findet im Brückenbau bei kleinen Spannweiten (meist bei Durchlässen) Anwendung. Die erforderlichen Dreh- und Kippbewegungen werden dadurch ermöglicht, daß der druckübertragende Querschnitt auf ein Drittel der Breite der lastaufnehmenden Unterbaukonstruktion eingeengt wird. Bild 8.17 zeigt ein

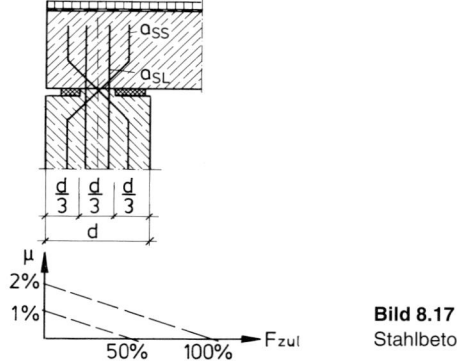

Bild 8.17 Stahlbetongelenk

linienförmiges Stahlbetongelenk, wie es im Durchlaßbau Anwendung findet. Da es hierzu kein passendes bewegliches Lager gibt, werden beide Seiten der zu lagernden Platte in dieser Form ausgeführt. Hierdurch entstehen Zwängungen in Form von Normalkräften in der Platte, die ihrerseits zu zusätzlichen Biegemomenten in den Wänden führen.

Für die lotrechte Lastaufnahme gilt:

$$F_{\text{vorh}} \leqq F_{\text{zul}} = \frac{f_{cd} \cdot A_c}{2,5}$$

Die Horizontalkräfte werden durch Bewehrung aufgenommen, hierfür gilt nach *Kammüller*

$$\text{erf } a_s^* = \mu \cdot A_b / 100$$

mit: μ = Bewehrungsziffer in Abhängigkeit vom Beanspruchungsgrad aus lotrechter Belastung

mit: max $\mu = 2\%$

Schrägbewehrung $a_{ss} = 0{,}40 \cdot a_s^*$
Längsbewehrung $a_{sl} = 0{,}60 \cdot a_s^* + \Sigma H / \text{zul } \sigma_s$

8.4.2 Bewegliche Lager

8.4.2.1 Rollenlager

Lagertyp: L 1; Lagersymbol

Lager nach allgemeiner bauaufsichtlicher Zulassung ($f = 0{,}015$)
Lager nach Stahlbaunormen und DIN 4141 ($f = 0{,}05$)

Die Rollenlager stellen die klassische Form des beweglichen Lagers dar. Die Lagerbewegungen und die erforderlichen Dreh- und Kippbewegungen entstehen durch das Abrollen der Walze zwischen planparallelen Lagerplatten. Es werden einfache und vergütete Rollenlager unterschieden. Eine Vergütung dient dem Zweck, höhere Lasten übertragen und eine Beständigkeit gegen Korrosion erzielen zu können. Bild 8.18 zeigt ein vergütetes Lager, ein sog. Edelstahllager als Einrollenlager, mit einer Stahlseilführung zur Erzielung eines planparallelen Abrollvorganges und zur Abrollsicherung.

8.4 Lagerarten

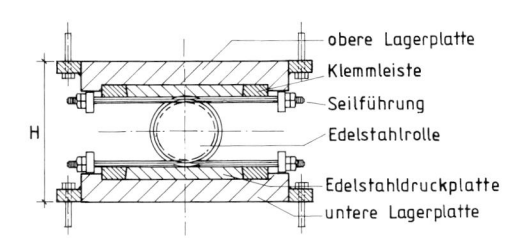

Bild 8.18
Edelstahlrollenlager der Fa. Maurer, Söhne

Kennwerte zugelassener vergüteter Lager:

- Edelstahllager, Fa. Maurer Söhne
  Auflastbereich: 500–12 000 kN bei Bauhöhen von 21,0–55,0 cm
- Corroweldlager®, Fa. Schwäbische Hüttenwerke GmbH
  Auflastbereich: 1000–12 500 kN bei Bauhöhen von 25,0–42,0 cm

Vergütete Rollenlager können derzeit bei Neubauten noch Anwendung finden. Sie sind zusammen mit Linienkipplagern nur bei rechtwinkligen und nicht zu breiten Konstruktionen vorzusehen. Wegen der geringen Rollreibungszahl sind diese Lager auf hohen und schlanken Pfeilern vorteilhaft. Einfache Rollenlager werden bei Neubauten infolge ihrer hohen Verschleißanfälligkeit nicht mehr vorgesehen. Sie sind aber in vielen tausend Brücken eingebaut worden und bedürfen der Unterhaltung. Hierbei muß auch immer der Funktionsbereich kontrolliert werden. Damit die Rollenlager im richtigen Funktionsbereich abrollen können, müssen sie bei ihrer Aufstellung im Hinblick auf die zu erwartenden Überbaubewegungen voreingestellt werden. Für den Abwälzvorgang ist von Bedeutung, daß eine Überbauverschiebung „e" ein Abwälzmaß von „$e/2$" an der Walze zur Folge hat. Die Voreinstellung erfolgt für die Dehnwege aus Vorspannung und dem halben Wert aus Schwinden und Kriechen, die dann abrollenden Phasen der Lagerstellung zeigt Bild 8.19.

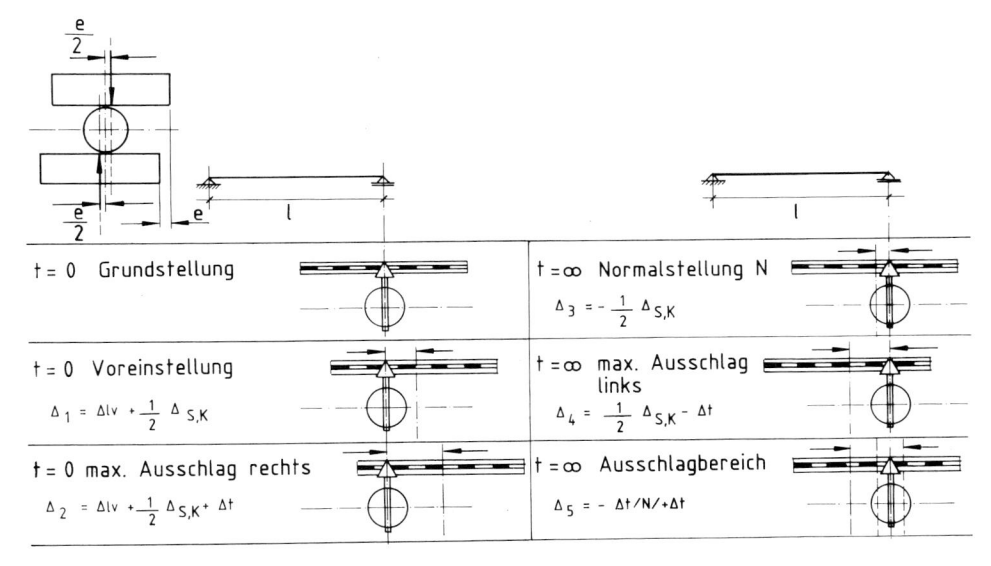

$t=0$ Grundstellung	$t=\infty$ Normalstellung N $\Delta_3 = -\frac{1}{2}\Delta_{S,K}$
$t=0$ Voreinstellung $\Delta_1 = \Delta l_V + \frac{1}{2}\Delta_{S,K}$	$t=\infty$ max. Ausschlag links $\Delta_4 = \frac{1}{2}\Delta_{S,K} - \Delta t$
$t=0$ max. Ausschlag rechts $\Delta_2 = \Delta l_V + \frac{1}{2}\Delta_{S,K} + \Delta t$	$t=\infty$ Ausschlagbereich $\Delta_5 = -\Delta t/N/+\Delta t$

Bild 8.19
Zeitbedingte Stellungen des Rollenlagers

8.4.2.2 Gleitlager

Ein Gleitlager wird aus einem festen Lager gebildet, indem diesem ein Gleitteil aufgesetzt wird. Der Gleitteil besteht aus einer Trägerplatte, die an der Unterseite mit einem austenitischen Stahlblech versehen ist, an dem eine an der oberen Deckplatte befindliche Gleitpartnerschicht aus dem Material PTFE (Polytetrafluorethylen) gleitet. Bild 8.20 zeigt den prinzipiellen Aufbau eines solchen Lagers.

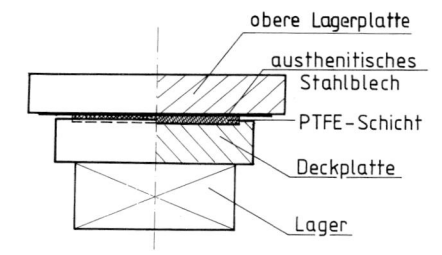

Bild 8.20 Prinzipieller Aufbau des Gleitteiles eines Gleitlagers

Die PTFE-Masse neigt zum Kaltfluß, sie wird daher in die obere Stahlplatte eingelassen, wobei die Einlaßtiefe der halben Dicke der Schicht entspricht. Die Gleitfugen werden geschmiert, um ein niedriges Reibungsniveau zu erreichen. Der Gleitteil wird oberhalb des eigentlichen Lagers angebracht, dadurch erreicht man eine gute Zentrierung der Lasten nach unten, wenn man die geringe Exzentrizität aus den Kippbewegungen vernachlässigt. Überbauverschiebungen gehen nicht als Exzentrizität in den Unterbau ein. Da der Kunststoff PTFE unter lang andauernder Belastung zum Kaltfluß neigt, kurzfristig wirkende Lasten dagegen besser aufnehmen kann, werden die zulässigen Beanspruchungen nach folgenden Lastfällen festgelegt:

Lastfall I: Vollbelastung
$p_{zul} = 45$ N/mm^2 zentrisch; $p_{zul} = 60$ N/mm^2 exzentrisch

Lastfall II: ständig wirkende Lasten: $g; v; s; k; t; s$
$p_{zul} = 30$ N/mm^2 zentrisch; $p_{zul} = 40$ N/mm^2 exzentrisch

Für die Ausbildung der Gleitpartnerschicht ergeben sich folgende Möglichkeiten:

- Hartverchromte Gleitplatten:
  Sie verhalten sich ungünstig in Industrie- oder Seenähe.

- Austenitische Edelstahlbleche:
  Sie sind korrosionssicher und werden am häufigsten verwendet.

- Azetalharzplatten:
  Sie haben günstige Reibungswerte, sind auch in stark aggressiver Luft korrosionssicher, müssen aber vor Ozon und UV-Strahlen geschützt werden, sie sind teuer.

Das Reibungsverhalten wird durch die Temperatur und die Flächenpressung beeinflußt, d.h. bei tiefer Temperatur entstehen große, bei großer Flächenpressung kleine Reibungswerte. Es gelten folgende Werte:

8.4 Lagerarten

$p = 10 \text{ N/mm}^2$; $\mu = 0{,}060$

$p = 20 \text{ N/mm}^2$; $\mu = 0{,}040$

$p = 30 \text{ N/mm}^2$; $\mu = 0{,}030$

Bild 8.21 zeigt die gängigen Formen der Gleitlager, die durch den Umbau mit einem Gleitteil aus den zugehörigen festen Lagern entstanden sind.

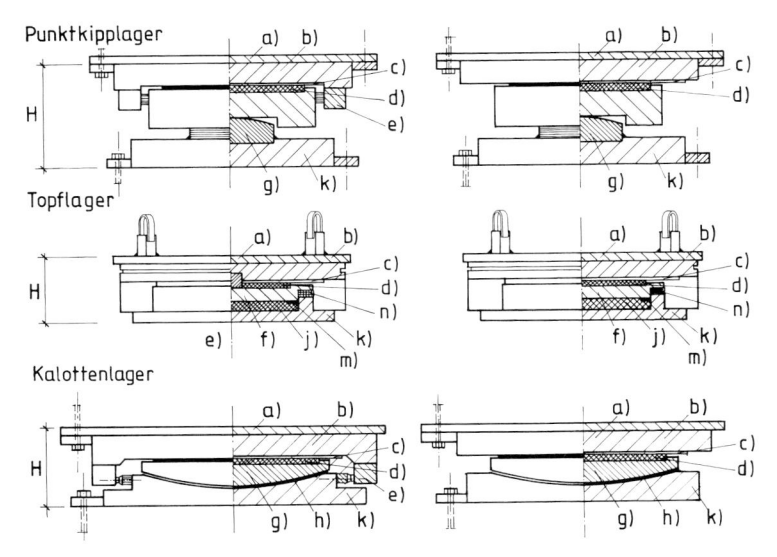

Bild 8.21
Gleitlagerformen von Punktkipp-, Topf- und Kalottenlagern

Für Bild 8.21 gelten die folgenden Bezeichnungen:

- a) obere Ankerplatte
- b) obere Lagerplatte
- c) Gleitpartner, z. B. austenitisches Stahlblech
- d) PTFE-Schicht
- e) Führungsleiste
- f) Deckplatte bzw. Topfdeckel
- g) Kalottendruckstück
- h) PTFE-Schicht mit Gleitpartner
- j) Chlorophene Kautschuk-Füllung
- k) untere Lagerplatte
- m) Dichtring
- n) dauerelastisches Fugenband
- o) untere Ankerplatte

Bei diesen Lagertypen werden unterschieden:

− einseitig bewegliche Lager; Lagertyp P 1, Lagersymbol

− allseitig bewegliche Lager; Lagertyp P 2, Lagersymbol

Die Kennwerte für Regelausführungen hinsichtlich des Auflastbereiches, der Bauhöhe, des Auflagerdrehwinkels und der aufnehmbaren H-Kraft bei einseitig beweglichen Lagerformen sind die gleichen, wie bei den festen Lagerformen. Bezüglich der Möglichkeiten der Überbauverschiebungen im Gleitteil gelten folgende Werte:

- Lager der Fa. Maurer Söhne: $(e_L) \pm 50$; ± 100; ± 150 (mm); $(e_Q) \pm 10$ (mm)
- Lager der Fa. SHW: $(e_L) = (e_Q) = \pm 50$ mm

8.4.3 Elastomerverformungslager

Begriff und Lageraufbau

Elastomerlager sind Verformungslager, d. h. sie übertragen die Kräfte über die Verformung des Bauteiles Lager. Ein Elastomer ist ein Kunststoff auf der Basis eines Chlorophen-Kautschuks, der eine gute Widerstandsfähigkeit gegen Witterungseinflüsse besitzt und alterungsbeständig ist. Die Lager entstehen durch den Verbund des Kunststoffes mit Stahlplatten der Güte St 50-2, St 52-3, St 60-2 nach DIN 17100. Die Dicke der Elastomerschichten beträgt 5–11 mm (bzw. 11–18 mm), die der Stahlplatten 2–4 mm (bzw. 4–5 mm). Durch die Verwendung der Stahlplatten wird die Druckfestigkeit des Lagerkörpers erhöht, d. h. die an sich im Material Elastomer schon nahezu vorhandene Inkompressibilität stabilisiert. Auf die Verschiebungssteifigkeit des Lagerkörpers haben die Stahlplatten keinen Einfluß, denn es verschiebt sich natürlich nur das reine Elastomer. Die vom Elastomer zu übertragenden Kräfte und Spannungen und ihre Verteilung hängen davon ab, daß in den Kontaktflächen Stahl/Elastomer kein Gleiten auftritt. Die Tragfähigkeit eines Lagers richtet sich nach der zulässigen Pressung des Elastomers, die wiederum von der Dicke der Elastomerschicht abhängt und 10–15 N/mm² betragen kann (DIN 4141, T.14, Tab. 5). Die bei der Aufnahme der Horizontalkräfte auftretende bezogene Verschiebung darf den Wert $\tan \gamma = 0{,}7$ nicht überschreiten. Dieser Wert steht in Verbindung mit der Beschränkung der reinen Elastomerdicke auf ein Fünftel der kleinsten Lagerbreite. Er soll verhindern, daß das Lager „umkippt", d. h. bei der Verformung von der Parallelogrammform abweicht. Bei Lagern mit einer größeren Elastomerdicke sinkt die zulässige Schubverformung auf den Wert $\tan \gamma = 0{,}6$ ab. Die Lager sind für den Temperaturbereich $-25\,°C$ und $+50\,°C$ zugelassen.

Es gibt rechteckige und runde Lagerformen. DIN 4141, T.14, unterscheidet die Regellagergrößen nach dem Mindestwert der lotrechten Flächenpressung:

- Lagergröße $\leq 300/400$ mm, ≤ 350 mm²   min $\sigma \geq 3{,}0$ N/mm²
- Lagergröße $> 300/400$ mm $\leq 900/900$ mm $\Big\}$ min $\sigma \geq 5{,}0$ N/mm²
              > 350 mm² ≤ 900 mm²

Allseits verschiebliche Elastomerlager

Lagertyp: V 2; Lagersymbol

Lager nach DIN 4141, T.14, oder allgemeinen bauaufsichtlichen Zulassungen.

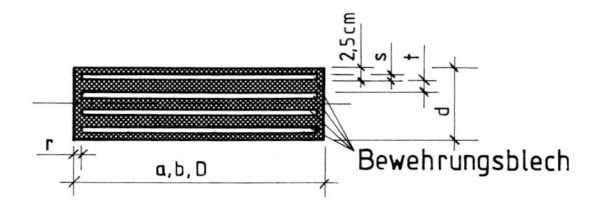

Bild 8.22 Bewehrtes Elastomerlager ohne Verankerung

8.4 Lagerarten

Das Lager stellt die Urform des Verformungslagers dar. Es gelten folgende Bezeichnungen:

- A   Grundfläche des Lagers
- a, b, D   Seitenabmessungen, bzw. Durchmesser eines Lagers (a kleinere Seite)
- d   Lagerdicke
- r   seitliche Elastomerüberdeckung
- s   Dicke der inneren Bewehrungsbleche
- x   Dicke der äußeren Bewehrungsbleche
- t   Elastomerdicke zwischen zwei Bewehrungsblechen
- T   = Σt Elastomerdicke als Summe aller Einzelschichtdicken
- α   Drehwinkel je Elastomerschicht

Die Kennwerte sind:

- Lager bis zur Größe 300/400 mm ($\varnothing$ 355 mm):
  Auflastbereich: 100–1800 kN, Bauhöhe: 2,1–14,4 cm
- Lager ab der Größe 300/400 mm bis zur Größe 900/900 mm ($\varnothing$ 900 mm):
  Auflastbereich: 1800–12150 kN, Bauhöhe: 14,4–33,2 cm

Hersteller: z. B. Schwäbische Hüttenwerke, Gumba, Speba Bauelemente GmbH.

Diese unverankerten Lagerformen können dann verwendet werden, wenn der Mindestwert der Lagerpressung eingehalten ist. Wenn dieses nicht erzielbar ist, müssen verankerte Lagerformen nach Bild 8.23 gewählt werden.

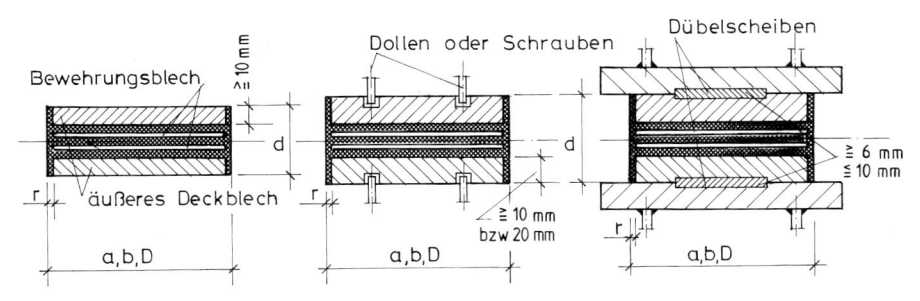

Bild 8.23
Bewehrte Elastomerlager mit Verankerung

Berechnungsansätze

(Basis: DIN 4141, als Bemessungszustand ist der Grenzzustand der Gebrauchstauglichkeit maßgebend)

Für den statischen Lagernachweis sind folgende Einzeluntersuchungen durchzuführen:

a) Nachweis senkrecht zur Lagerebene

$$\max \sigma = \frac{\max F_{(G+Q)}}{A} \leq \text{zul } \sigma = 10{,}0\,;\ 12{,}5\,;\ 15{,}0\ \text{N/mm}^2$$

$$\min \sigma = \frac{F_G}{A} \ \text{bzw.}\ \frac{\min F_{(G+Q)}}{A} \geq \text{zul } \sigma = 3{,}0\,;\ 5{,}0\ \text{N/mm}^2$$

b) Nachweis parallel zur Lagerebene

Maßgebend für die Größe der Verschiebung ist die Dicke T des reinen Elastomers. Bei einer Parallelverschiebung v zwischen dem Über- und Unterbau ergibt sich die Schubverformung zu:

$$\tan \gamma = \frac{v}{T} \leq \text{zul } \tan \gamma = 0{,}7 \qquad \text{bei Lagern mit } T \leq \frac{a}{5} \text{ bzw. } \frac{D}{3}$$

$$= 0{,}7 - \left[\frac{T}{a} - 0{,}2\right] \qquad \text{bei Lagern mit } T \leq \frac{a}{3} \text{ bzw. } \frac{D}{3}$$

(bzw. D für a)

Die zugehörige Kraft in der Lagerebenen ergibt sich zu:

$$F_{xy} = A \cdot G \cdot \tan \gamma \quad \text{mit} \quad G = 1 \text{ N/mm}^2$$

Somit ergibt sich:

Die Verschiebungseinflüsse ergeben sich aus den Längenänderungen des Überbaues (v; s, k_r, R; t)

$$\text{mit } \Delta l = \Sigma \varepsilon \cdot l \rightarrow \tan \gamma_1 = \frac{\Delta l}{T}$$

und der anteiligen Bremskraft F^*_{Br}

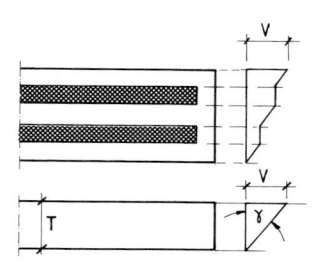

$$\text{mit} \rightarrow \quad \tan \gamma_2 = \frac{F^*_{Br}}{A \cdot G}$$

Bild 8.24 Verschiebungszustand des Lagers

Kriterium:

$$\tan \gamma = \tan \gamma_1 + \tan \gamma_2 \leq \text{zul } \tan \gamma$$

Ergeben sich Schubverformungen in mehreren Richtungen, sind sie vektoriell zu addieren:

$$\tan \gamma = \sqrt{\tan^2 \gamma_L + \tan^2 \gamma_Q} \leq \text{zul } \tan \gamma$$

c) Nachweis der Verdrehung

Die Bestimmung des Auflagerverdrehungswinkels kann durch eine exakte Verformungsberechnung erfolgen. Das nachstehend geschilderte Näherungsverfahren ist aber für die Untersuchung hinreichend genau:

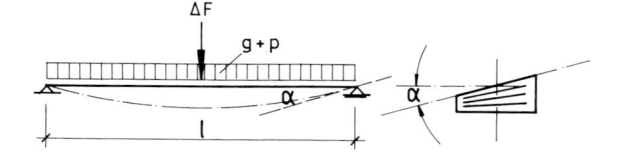

Bild 8.25 Lagerverdrehung

Die Belastung wird nach dem Überlastverfahren, die beiden Doppelachsen als *eine* Einzellast angesetzt, der Endtangentenwinkel der Biegelinie ergibt sich dann für einen Balken auf zwei Stützen zu:

$$\alpha = \frac{(G_k + Q_k) \cdot l^3}{24\, EI} + \frac{\Delta F \cdot l^2}{16\, EI}$$

8.4 Lagerarten

Bei vorgespannten Konstruktionen kann die Belastung aus Eigengewicht durch die Umlenkkraft aus der Spanngliedführung abgemindert werden.

Der Verdrehungswinkel je Elastomerschicht ergibt sich zu:

$\alpha_n = \alpha/n$ mit: n Anzahl der Elastomerschichten

$\leq$ zul α_n nach Tab. 5, DIN 4141, T. 14

Bei durchlaufenden Balkenkonstruktionen kann für die Verdrehung der Endauflager das oben beschriebene Näherungsverfahren auch Anwendung finden, da der tatsächliche Auflagerdrehwinkel in der Regel kleiner sein wird, als am vergleichbaren Balken auf zwei Stützen. An den Innenstützen müssen die Auflagerdrehwinkel aber – wenn erforderlich – getrennt nach den hierfür ungünstigen Lastfällen ermittelt werden. Dieser verhältnismäßig hohe Rechenaufwand mag heute durch den Einsatz von Rechenprogrammen erträglich gehalten werden können. Es sei aber festgehalten, daß die größeren Drehwinkel immer an den Endauflagern auftreten werden, so daß man für den Regelfall auf den Nachweis an den Innenstützen verzichten kann.

Elastomerlager mit Haltevorrichtungen

Lagertyp: V 1 (einachsig verschiebbar); Lagersymbol

Lagertyp: V 2 (fest); Lagersymbol

Festhaltekonstruktionen der Gruppe I nach DIN V 4141–13; siehe auch Richtzeichnungen BMV, Lag. 10 und Lag. 11.

Ein Überbau kann ausschließlich auf allseits beweglichen Elastomerlagern aufliegen, ohne daß ein – im herkömmlichen Sinn – festes Lager erforderlich wird. Der Überbau ist dann elastisch gelagert. In Sonderfällen, in denen im Vergleich zu den aufnehmbaren Vertikalkräften große Horizontalkräfte auftreten, können Elastomerlager durch einfache Stahlkonstruktionen zu festen Lagern umgebaut werden. Diese Lager haben einfache Stahlfesthaltekonstruktionen,

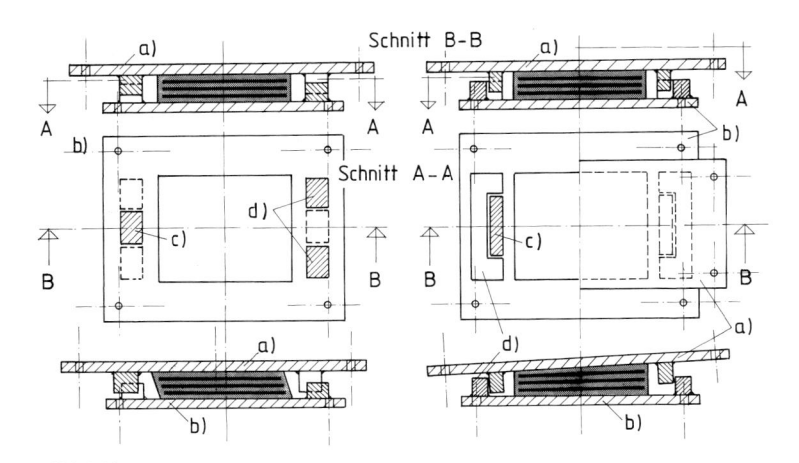

Bild 8.26
Elastomerlager mit Haltevorrichtungen, fest und einseitig verschieblich, mit den Teilen:
a) obere Lagerplatte, b) untere Lagerplatte, c) oberer Anschlag, d) unterer Anschlag

die nach den einschlägigen technischen Baubestimmungen bemessen werden und die gewünschten Freiheitsgrade in Form von Verschiebung oder Verdrehung zulassen. Die Paßgenauigkeit entspricht nicht *der* üblicher Lagerkonstruktionen, es muß hier mit einem größeren Lagerspiel gerechnet werden.

Verformungsgleitlager

Lagertyp: VG 1 (einseitig verschieblich), Lagersymbol

Lagertyp: VG 2 (allseitig verschieblich), Lagersymbol

Lagertyp: VGE 2 (einseitig verschieblich – querelastisch), Lagersymbol

Verformungsgleitlager sind Kombinationen eines bauaufsichtlich zugelassenen Gleitteiles mit bewehrten Elastomerlagern nach DIN 4141, T.14, oder bauaufsichtlich zugelassenen Elastomerlagern. Sie werden benötigt, wenn die zu tätigenden Verschiebungen größer sein müssen, als diejenigen, die ein Elastomerlager zulassen würde. Das ist z. B. im Verschiebevorgang der Taktschiebebauweise der Fall, bei der die Gleitlager nach Beendigung des Montagevorganges auf normale Lagerformen umgebaut werden. Der Gleitteil kann auch dazu verwendet werden, eine Nachstellbarkeit bzw. Korrektur der Verformungen des Elastomerlagers zu ermöglichen. In diesem Fall muß aber der Gleitteil des Lagers im Gebrauchszustand arretiert werden.

Die Lager werden einseitig und allseitig beweglich und einseitig beweglich-querelastisch geliefert. Der letzten Lagerform kommt die größere Bedeutung zu, wegen ihrer Unempfindlichkeit gegen Einbaurichtungsfehler im Grundriß, die durch die Querverformungen des bewehrten Elastomerlagers ausgeglichen werden können.

Der Anteil der aufnehmbaren Schubverformung des Elastomers, ohne daß der Gleitteil in Anspruch genommen wird, liegt nach [49] in Abhängigkeit von der zulässigen Elastomerpressung bei:

$$\text{zul } \sigma = 10{,}0/12{,}5/15{,}0 \text{ N/mm}^2 \rightarrow \tan \gamma \leqq 0{,}070;\ 0{,}088;\ 0{,}105$$

Bild 8.27 zeigt ein Verformungsgleitlager VG 1 bzw. VG 2 im Prinzip.

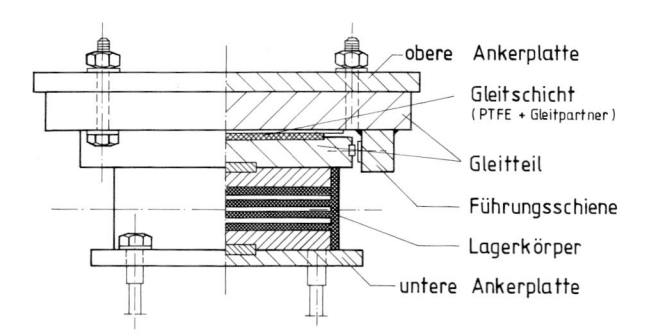

Bild 8.27 Elastomergleitlager

Berechnungsbeispiel

Ein vorgespannter Überbau mit dem Querschnitt und System des Beispieles 7.3.1 (Bild 7.29) wird über Verformungslager auf dem Unterbau gelagert. Auf den Widerlagern liegen jeweils drei Elastomerlager 300/400/85. Die Aufnahme der Lagereinwirkungen ist nachzuweisen.

8.4 Lagerarten

Lagerdaten nach DIN 4141, T.14, Tab. 1:

Lager 300/400/85; Nettohöhe des Elastomers $h_N = 61$ mm; 8 Elastomerschichten mit je 8 mm Dicke; zulässiger Gleitwinkel: zul tan $\kappa = 0{,}70$; zulässiger Verdrehungswinkel der Einzelschicht: zul $\alpha = 0{,}0020$.

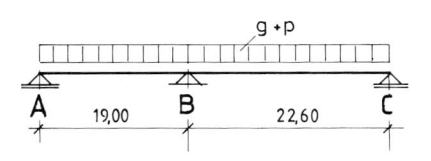

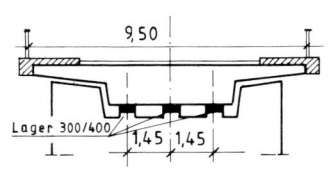

Bild 8.28 System

Nach den Berechnungsansätzen zum Beispiel 7.3.1(b) ergibt sich der Auflagerdruck für den Lastfall $G_k + Q_{k,halbseitig}$ im Punkt C wie folgt:

$C_{G,k} = 200 \cdot 0{,}471 \cdot 19{,}0 \quad = 1790$ kN,   je Lager 597 kN
$C_{Q,k} = 31{,}4 \cdot 0{,}518 \cdot 19{,}0 \quad = 309$ kN
aus Doppelachse: $2 \cdot 240{,}0 = 480$ kN
$\phantom{C_{Q,k} = 31{,}4 \cdot 0{,}518 \cdot 19{,}0 \quad = }789$ kN   je Lager 263 kN

Auflagertorsionsmoment im Punkt C:

aus Gleichlast: $11{,}3 \cdot 57{,}5 = 650$ kNm
aus Doppelachse: $\phantom{11{,}3 \cdot 57{,}5} = 720$ kNm
$\phantom{aus Doppelachse: 11{,}3 \cdot 57{,}5 = }1370$ kNm

Zusätzliche Auflagerkraft für Randlager: $1370/2{,}90 = 427$ kN
Randlager ungünstig $C_{Q,k} = 690$ kN

Nachweis der vertikalen Einwirkungen

Bemessungswert der Lagerkraft (ungünstig):

max $F_{sd} = 1{,}0 \cdot 597 + 1{,}0 \cdot 690 = 1287$ kN
min $F_{sd} = 1{,}0 \cdot 597 \phantom{+ 1{,}0 \cdot 690} = 597$ kN

Nachweisführung über die zulässigen Spannungen:

max $\sigma = 1{,}287/0{,}30 \cdot 0{,}40 = 10{,}7$ MN/m^2 < 12,5 MN/m^2
min $\sigma = 0{,}597/0{,}30 \cdot 0{,}40 = 5{,}0$ MN/m^2 > $3{,}0$ MN/m^2

Nachweis der horizontalen Einwirkungen

$-27\,°C < t < +27\,°C$ mit Aufstelltemperatur von $+10\,°C$ nach Abschnitt 1.8
somit: min $\Delta t = -37\,°C$

- Lagerverschiebung aus ständigen Einwirkungen:

$\varepsilon_v = 5{,}0/33300 = 0{,}00015$
$\varepsilon_{s,k} = 0{,}65\text{‰} = 0{,}00065$
$\phantom{\varepsilon_{s,k} = 0{,}65}\Sigma \varepsilon = 0{,}00080 \triangleq 0{,}80 \cdot 10^{-3}$

$\Delta l_G = 0{,}80 \cdot 10^{-3} \cdot \dfrac{1}{2} (19{,}0 + 22{,}6) = 0{,}017$ m $\triangleq 1{,}7$ cm

- Lagerverschiebung aus veränderlichen Einwirkungen:

Bremskraft nach Abschnitt 7.3.1(d): $Q_{Br,w}$ = 104 kN, je Lager: $\frac{104}{3}$ = 35,0 kN

$\tan \gamma_{Br}$ = 35/0,30 · 0,40 · 10^3 = 0,292, h_N = 6,1 cm

Δl_{Br} = 6,1 · 0,292 = 1,8 cm

Temperatur: ε_T = 37 · 10^{-5}

Δl_T = 0,37 · 10^{-3} · $\frac{1}{2}$ (19,0 + 22,6) = 0,0077 m ≙ 0,77 cm

$\Sigma \Delta l_Q$ = 1,8 + 0,77 = 2,57 cm

Bemessungswert der Lagerverschiebung:

min $(\Delta l)_{sd}$ = 1,0 · 1,7 + 1,0 · 2,57 = 4,27 cm

Zulässige Lagerverschiebung:

$(\Delta l)_{Rd}$ = 6,1 · 0,70 = 4,27 cm

min $(\Delta l)_{sd}$ ≦ $(\Delta l)_{Rd}$

Nachweis der Lagerverdrehung

Vorwerte:

Trägheitsmoment des Überbaues: I = 0,782 m^4
Eigengewicht des Überbaues: G_k = 200,0 kN/m
Betongüte des Überbaues: C 35/45 mit E_c = 33300 N/mm²

Der Nachweis erfolgt nach dem Näherungsverfahren des voranstehenden Abschnittes 2) für einen Einfeldträger mit der Stützweite von 22,6 m.

Einwirkungen aus dem Überbau:

Ständige Last:		= 200,00 kN/m
Verkehrsflächenlast:	2,5 · 9,50	= 23,75 kN/m
Überlast Spur 1:	6,5 · 3,0	= 19,50 kN/m
		243,25 kN/m

Doppelachsen: 0,8 (600 + 400) = 800 kN

Endtangentenwinkel:

$$\alpha = \frac{0,243 \cdot 22,6^3}{24 \cdot 33\,300 \cdot 0,782} + \frac{0,800 \cdot 22,6^2}{16 \cdot 33\,300 \cdot 0,782}$$
$$= 0,0045 + 0,0010 = 0,0055 ≙ 5,5‰$$

Bemessungswert des Verdrehungswinkels einer Elastomerschicht:

α_{sd} = 5,5/8 = 0,69‰

Zulässiger Verdrehungswinkel nach DIN 4141, T. 14, Tab. 5:

α_{Rd} = 2,0‰

α_{sd} < α_{Rd}

9 Fahrbahnübergänge und Brückengeländer

9.1 Fahrbahnübergänge

9.1.1 Problemstellung und Berechnungsansätze

Der Überbau einer Brücke muß sich in seiner Längsrichtung frei verformen können. Dieses, auch schon bei der Ausbildung und Anordnung von Lagern zu beachtende, Prinzip erfordert an der Nahtstelle zwischen dem Überbau und dem Widerlager im Fahrbahn- und Schrammbordbereich einen besonderen Abschluß. Die Abschlußkonstruktion muß den vorhandenen Spalt abdecken und sich der veränderlichen Spaltbreite im Grundriß sowie der Änderung des Endtangentenwinkels zwängungsfrei anpassen können. Bei größtmöglicher Spaltbreite muß die Übertragung der vollen Verkehrslast gewährleistet sein. Solche Abschlüsse werden Übergangskonstruktionen genannt, das Anpassen an das Bewegungsspiel erfolgt über die Elastizität oder geometrische Verformung von Kunststoffprofilen, oder die Verschiebefähigkeit von Gleitblechkonstruktionen. An die Fahrbahnübergänge werden folgende Anforderungen gestellt:

- Überbrückung der Bewegungsfuge bei sicherer Übertragung der Verkehrslast.
- Hohe Lebensdauer der Konstruktion und der angrenzenden Bauteile durch:
  – wasserdichten Tragwerksabschluß,
  – hohe Ermüdungsfestigkeit,
  – eine elastische und zwängungsfreie Lagerung aller beweglichen Bauteile,
  – Verwendung alterungs-, korrosions- und verschleißbeständiger Werkstoffe.

Die Konstruktionsteile eines Fahrbahnüberganges werden durch die Verkehrslasten in hohem Maße dynamisch beansprucht. Dabei wirken in vertikaler und auch in horizontaler Richtung stoßartige Kräfte auf die unmittelbar von den Rädern berührten Teile des Überganges. Da diese Kräfte während der Nutzungsdauer einer Brücke ständig auftreten und hierbei eine wechselnde Intensität aufweisen, kommt bei der Bemessung der Übergangskonstruktion dem Nachweis der Betriebsfestigkeit eine besondere Bedeutung zu. Die gepflogene Praxis, Bemessungen für statisch ruhende Lasten mit erhöhter Sicherheit durchzuführen, muß durch eingehendere Betriebsfestigkeitsbetrachtungen ergänzt werden. Zur sicheren Bemessung ist die genaue Kenntnis des Beanspruchungskollektivs, d. h. des Tragverhaltens einerseits und der Bauteilwiderstände andererseits, erforderlich.

Ein statischer Tragsicherheitsnachweis erlaubt die qualitative Aussage über die Eignung einer Fahrbahnübergangskonstruktion, ein Betriebsfestigkeitsnachweis schafft eine Aussage über die Ermüdungsfestigkeit und damit über die Lebensdauer der Konstruktion.

Berechnungsansätze

Grundsätzlich werden zwei verschiedene Arten der Übergangskonstruktionen unterschieden, einmal die Asphaltübergänge, die vor Ort hergestellt und eingebaut werden und zum anderen die Übergangskonstruktionen aus Stahl und Elastomer, die fremd hergestellt und vor Ort eingebaut werden.

Für beide Arten sind die charakteristischen Werte der Dehn- und Stauchwege zu ermitteln, die im Regelfall aus den Einwirkungen von Temperatur sowie Kriechen und Schwinden herrühren. Liegen zum Zeitpunkt der Aufstellung der Berechnung noch keine Überbauwerte vor, kann für S, K_r wieder mit dem Wert $\varepsilon_{s,k} = 0{,}65\%$ gerechnet werden. Da die Übergangskonstruktion nach dem Aufbringen der Vorspannung eingebaut wird, können die diesbezüglichen Werte kleiner angesetzt werden.

Für die Stahl- und Elastomerübergänge ist zusätzlich ein Statischer- bzw. Betriebsfestigkeitsnachweis zu erbringen. Dieser wird meist vom Hersteller geliefert.

Der statische Nachweis umfaßt den Nachweis der Achslasten des LM 1 für Straßenbrücken oder ϕ LM 71 für Eisenbahnbrücken bei größtmöglicher Dilettation. Ein Betriebsfestigkeitsnachweis wäre unter Ansatz der Achslasten des Ermüdungslastmodelles 3 für Straßenbrücken unter Berücksichtigung eines Erhöhungsfaktors von $\Delta\phi_{fat} = 1{,}3$ zu führen. Bei Eisenbahnbrücken sind die Achslasten der Betriebslastenzüge mit dem zugehörigen Schwingbeiwert ϕ_{fat} maßgebend.

Für beide Nachweise sind die Regeln des DIN-FB. 103 (Stahlbrücken) maßgebend.

Die Größe der Längenänderung des Überbaues wird vom Bewegungsruhepunkt aus ermittelt, seine Lage hängt von der Art der Überbaulagerung ab. Wird ein festes Lager angeordnet, so liegt der Bewegungsruhepunkt an dieser Stelle, bei symmetrischer Anordnung von Verformungslagern liegt er in der Überbaumitte. Liegen dagegen stark unterschiedliche Steifigkeitsverhältnisse in der Stützung und wesentlich verschiedene Verschiebungssteifigkeiten der Lager vor, muß die Lage des Bewegungsruhepunktes rechnerisch ermittelt werden.

Für die Temperaturverformung ist der realistische Schwankungsbereich anzusetzen, ungünstig in den Grenzen:

$$-47\,°C < t < +47\,°C$$

Hierzu ein Beispiel:

Für einen 30 m langen Überbau, der durch ein festes und bewegliches Lager gestützt ist, sollen die Dehnwege für die Einstellung der Übergangskonstruktion zum Zeitpunkt $t = \infty$ ermittelt werden. Diese wird nach der Planung der Arbeitsvorbereitung bei ca. $+15\,°C$ ca. 3 Monate nach dem Aufbringen der Vorspannung eingebaut werden.

Annahme: Zum Zeitpunkt des Einbaues sind 40% der Schwind- und Kriechverluste abgeklungen.

Restverkürzung durch S. u Kr.: $\Delta l = -0{,}6 \cdot 0{,}65 \cdot 10^{-3}\, 30 \cdot 10^2 \quad = -1{,}2\ \text{cm}$
Temperaturverlängerung: $\Delta t_l = (+47 +15) \cdot 10^{-5} \cdot 30 \cdot 10^2 \quad = +1{,}86\ \text{cm}$
Temperaturverkürzung: $\Delta t_k = (-47 +15) \cdot 10^{-5} \cdot 30 \cdot 10^2 \quad = -0{,}96\ \text{cm}$
Dehnwege: $\max \Delta l_1 = -1{,}2 + 1{,}86 = +0{,}66\ \text{cm} \approx +7\ \text{mm}$
$\min \Delta l_2 = -1{,}2 - 0{,}96 = -2{,}16\ \text{cm} \approx -22\ \text{mm}$

Damit ergibt sich die Dehnungsdifferenz zu: $9{,}6 + 18{,}6 = 28{,}2$ mm, darin ist enthalten das Temperaturspiel von ± 14 mm.

9.1.2 Einfacher Überbauabschluß für kleine Dehnwege

Bei Dehnwegen um 10 bis 15 mm werden keine besonderen Übergangskonstruktionen vorgesehen, sondern ein einfacher Überbauabschluß zur Sicherung des Belages angeordnet. Die auftretenden Längenänderungen werden durch die Elastizität des anschließenden bituminösen Deckenmaterials aufgefangen. Dieser Längenänderungsbereich ist bei Plattenkonstruktionen

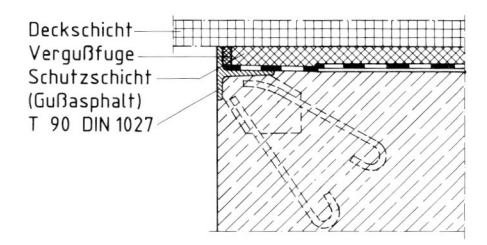

Bild 9.1*
Einfacher Überbauabschluß nach Ri.Z. Abs. 4

bis ca. 20 m Stützweite gegeben, wenn diese durch Verformungslager gestützt sind, da sich dann nur die halbe Brückenlänge auf die Größe der Überbauverformung auswirkt.

9.1.3 Fahrbahnübergänge aus Asphalt

Anwendungsbereich

Fahrbahnübergänge aus Asphalt werden bei kleinen Überbaulängen mit kurzen Dehnwegen angeordnet, im einzelnen bei
– einfachen Überbauabschlüssen; hierbei wird vorausgesetzt, daß eine tragfähige Hinterfüllung vorhanden ist,
– Überbaufugen im Brückenbelag, z. B. bei doppelter Überbauauflagerung auf einem Pfeiler (Bergsenkungsgebiet),
– Fugen zwischen vollflächig gelagerten Platten, z. B. auf Gewölbebrücken.

Die zulässigen Verschiebungswege für den Einsatz dieser Übergangsausbildung sind in der ZTV-ING, Teil 8, festgelegt, sie betragen
– horizontal: 25 mm als Dehnweg und 12,5 mm als Stauchweg
– vertikal: 5 mm

Bei diesen Werten wird vorausgesetzt, daß es sich um langsam ablaufende Einwirkungen handelt, wie es bei den Einflüssen aus Temperatur, Schwinden, Kriechen und Setzungen der Fall ist.

Aufbau der Fahrbahnübergangssysteme

Die Fahrbahnübergänge werden in der Dicke des Fahrbahnbelages hergestellt. In diesem wird eine entsprechende Ausnehmung, die sogenannte Mulde, hergestellt. Über dem Fugenspalt wird ein Abdeckstreifen angeordnet, seine Dicke und Breite ist der maximalen Öffnung des Fugenspaltes anzupassen.

Die Eignung der zu wählenden Baustoffe und Baustoffgemische der Muldenfüllung sind nach den Technischen Liefer- und Prüfbedingungen (TL/TP-BEL-FÜ) nachzuweisen. Sie müssen so gewählt sein, daß keine Verformungen infolge Verkehrslast eintreten und daß sie wasserundurchlässig sind. Die Oberfläche muß den angrenzenden Fahrbahnflächen angepaßt sein.

Bild 9.2 zeigt die Ausbildung eines Fahrbahnüberganges über einer Überbaufuge. Die Grundfläche der Fugenmulde wird mit einer Tränkmasse zur Verbesserung des Verbundes ausgekleidet. Die Zentrierung des Abdeckstreifens erfolgt über einen Fixierstift. Die Fuge selbst wird mit einer Fugenmasse verschlossen.

Die Ausbildung am Ende eines Überbaues mit einfachem Abschluß ist in Bild 9.3 dargestellt, hier entfallen Fixierstift und Fugenmasse.

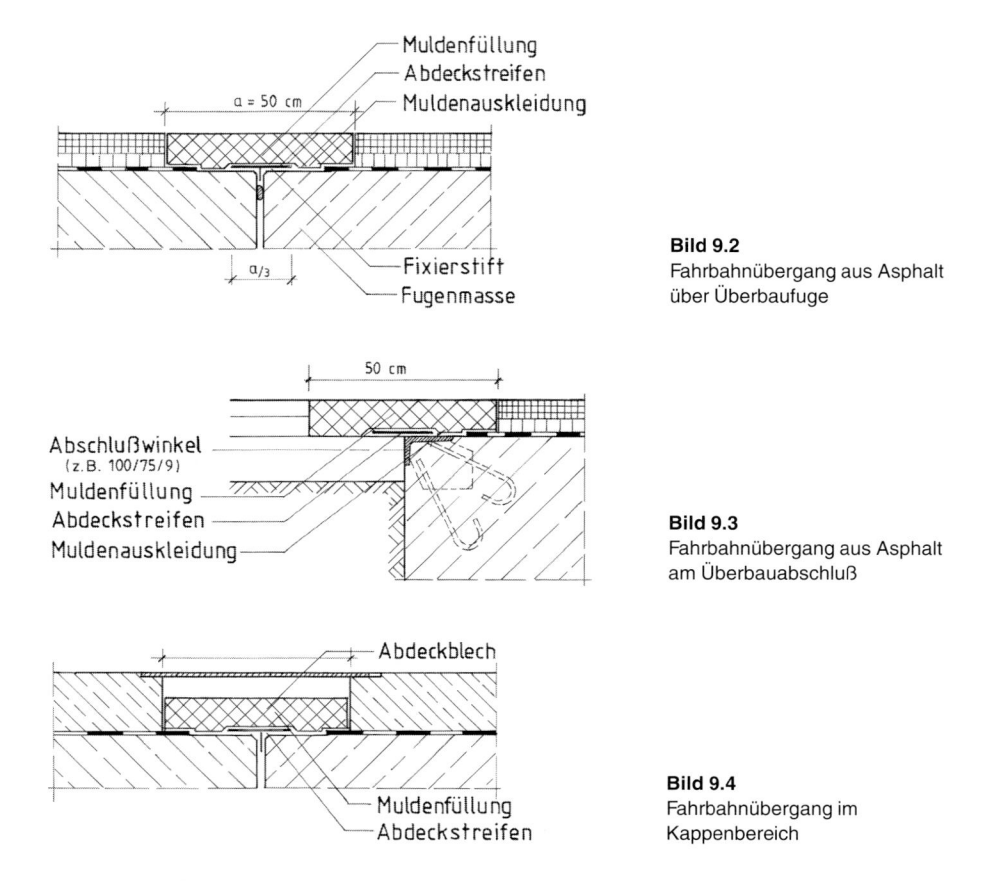

Bild 9.2
Fahrbahnübergang aus Asphalt über Überbaufuge

Bild 9.3
Fahrbahnübergang aus Asphalt am Überbauabschluß

Bild 9.4
Fahrbahnübergang im Kappenbereich

Im Bereich der Kappen wird das Übergangssystem mit der gleichen Dicke aus dem Fahrbahnbereich durchgezogen und der verbleibende Hohlraum mit begehbaren und verformungsstabilen Abdeckblechen versehen. Der Vorbord und die anteilige Gesimsfläche wird ebenfalls durch entsprechende Bleche abgedeckt.

Für den Einsatz eines Fahrbahnüberganges aus Asphalt ist eine Verformungsberechnung aufzustellen. Der obere und untere Grenzwert der mittleren Bauwerkstemperatur für den Zeitpunkt des Einbaues des Überganges sind zu berechnen.

Beim Auswechseln von Lagern sind die Hebevorgänge in der Höhe beschränkt, im Bedarfsfall informiere man sich in der ZTV-ING, Teil 8, Abschn. 2.

9.1.4 Fahrbahnübergänge aus Stahl und Elastomer

Diese Formen der Übergangskonstruktionen bestehen entweder aus einem Vollprofil aus Gummi oder aus *einem* bzw. *mehreren* Faltprofilen aus Kunstgummi, die seitlich in entsprechend geformte Randträger (Verschlußelemente) eingeknüpft sind. Hierdurch werden die Konstruktionen wasserdicht, ein Ablaufen des Oberflächenwassers von der Fahrbahn in die rückwärtigen Teile der Auflagerbank wird verhindert. Dadurch wird sichergestellt, daß keine schädlichen Tausalzeinwirkungen auftreten. Bei Dehnwegen, die größer als 65 mm werden, müssen mehrere Einzelprofile nebeneinander geschaltet werden, wobei die in der Mitte liegenden Verschlußelemente statisch durch Quertraversen zu sichern sind.

Die konstruktiven Erfordernisse beim Einbau der Fahrbahnübergänge sind für einteilige Profile in der Richtzeichnung ÜBE 1 der Straßenbauverwaltung festgelegt.

An diese Übergangskonstruktionen werden folgende Anforderungen gestellt:

- wasserdichte und dauerhafte Verbindung aller Einzelteile,
- Schutz gegen Blockierung durch Fremdkörper, Schmutz oder Vereisung,
- bewegungsgesteuerte Auflagerung, d. h. kein Zwang infolge Bauwerksbewegung,
- Möglichkeit einfacher Auswechslung der verschleißanfälligen Bauteile.

Fahrbahnübergänge mit *einem* Dichtprofil

Das Dichtprofil muß in der Lage sein, den rechnerisch ermittelten horizontalen Bewegungen zu folgen; das gleiche gilt für die vertikalen Verschiebungen beim Lageraustausch, das erforderliche Anhebemaß muß auch unter Verkehr erzielbar sein.

Bild 9.5 zeigt eine Ausführung der Fa. Maurer Söhne. Zwischen zwei im Beton verankerten Schienen ist ein V-förmiges Chlorophene-Dichtprofil formschlüssig eingeknöpft, das die Fugenbewegung durch einen Faltmechanismus aufnimmt. Der maximal mögliche Dehnweg beträgt 80 mm. Die lichte Fugenspaltweite soll zwischen 5 und 70 mm liegen, damit ergibt sich der erzielbare Dehnweg zu 65 mm. Im Gehwegbereich werden andere Ankerausbildungen als im Fahrbahnbereich verwendet, hierdurch verringern sich die Bauhöhen. Die Fuge wird, zum Schutz der Fußgänger, durch ein Blech abgedeckt.

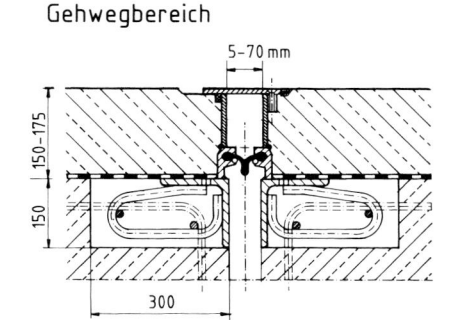

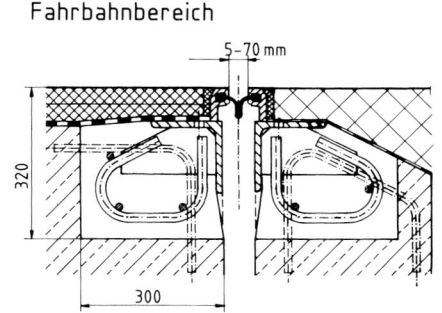

Bild 9.5
Fahrbahnübergang aus einfachen Dichtprofilen, Fa. Maurer Söhne

Fahrbahnübergänge mit *mehr als einem* Dichtprofil

Die Übergangskonstruktion wird durch Aneinanderreihung einzelner Dichtprofile, die über Stahllamellen miteinander verbunden sind, hergestellt. Die Gleitflächen der beweglichen Stahlteile erhalten einen geräuschdämpfenden und verschleißarmen Kunststoffbelag.

Bild 9.6 zeigt eine Übergangskonstruktion der Fa. Maurer Söhne, die sich aus mehreren, vorher erwähnten, Einzelprofilen zusammensetzt. Der zu überbrückende Fugenspalt wird durch Stahllamellen, die in Fugenlängsrichtung angeordnet sind, in Einzelbereiche von 65 mm Dehnweg eingeteilt. Zwischen den Lamellen werden die Dichtungsprofile eingeknöpft. Die Lamellen sind in Abständen von ca. 1,50 m auf Traversen (Querträger) aufgelagert, wobei je-

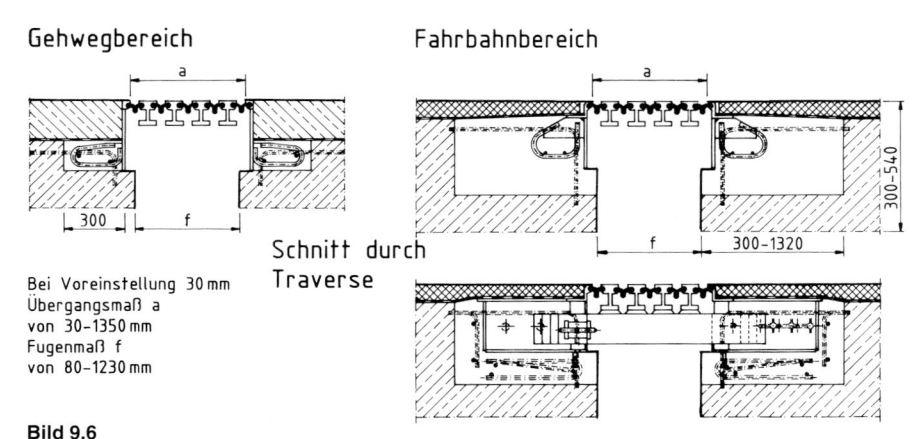

Bild 9.6
Fahrbahnübergang aus zusammengesetzten Dichtprofilen, Fa. Maurer Söhne

der Lamelle eine eigene Traverse zugeordnet ist. Die Traversen sind an beiden Fugenrändern auf elastisch nachgiebigen PTFE-Gleitlagern verschieblich gelagert und durch Gleitfedern mit Vorspannung auf die Gleitlager gepreßt. Durch eine veränderliche Anzahl von Lamellen kann der Dehnweg um ein Vielfaches der Grundeinheit von 65 mm vergrößert werden. Erzielbar sind Dehnwege bis 2000 mm.

Fahrbahnübergänge aus einem Vollprofil aus Gummi

Bild 9.7 zeigt eine Übergangskonstruktion von der Form eines einfachen Rechteckes, bei der Bewegungsmöglichkeiten nach dem „Ziehharmonikaprinzip" möglich sind. Bei dieser Dehnungsmatten-Konstruktion wird die Bewegung durch eine Schubverformung des Gummikörpers ermöglicht. In dem alterungsbeständigen Gummi sind Stahlteile zur Stabilisierung des

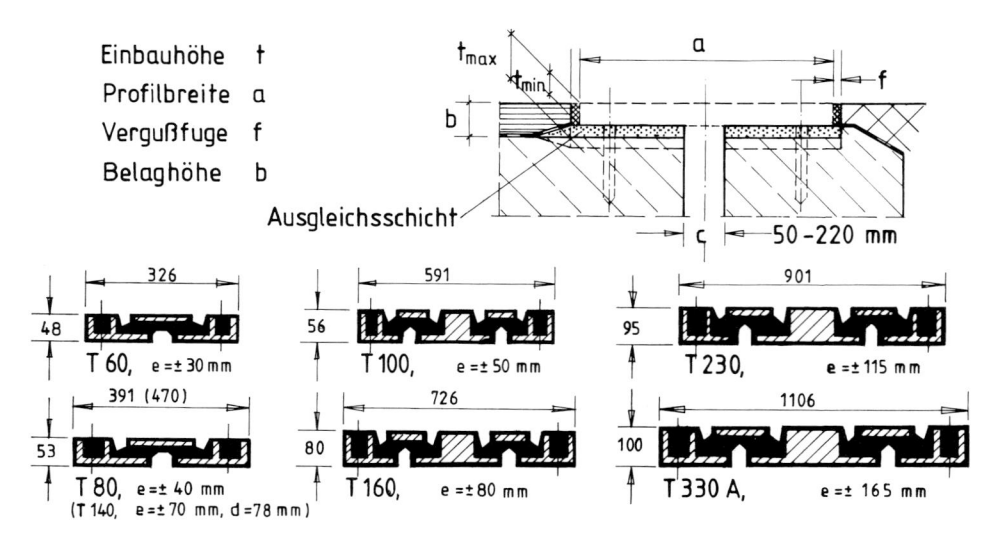

Bild 9.7
Multiflex®-Fahrbahnübergänge der Fa. SHW

Gummimateriales und zur Befestigung im Unterbau sowie zur Überbrückung des Fugenspaltes einvulkanisiert. Diese Übergangskonstruktionen können Fugenspalten von 50 bis 220 mm überspannen, ihre Dickenabmessungen sind gering. Bei einer Dilatation bis zu ± 80 mm kann der Übergang in der Bauhöhe des Belages untergebracht werden, erst darüber hinaus werden geringfügige Vertiefungen erforderlich. Die Breitenabmessungen reichen von 326 bis 1106 mm.

Diese Übergangskonstruktion wird von der Fa. SHW hergestellt und trägt den Namen Multiflex®-Übergangskonstruktion.

9.2 Brückengeländer

Das Brückengeländer dient der seitlichen Sicherung des Gehweges oder Notgehweges im Schrammbordbereich gegen das Abstürzen der Menschen von der Brücke. Die Konstruktion muß so beschaffen sein, daß über eine ausreichende Höhe und einen entsprechenden Füllstababstand eine Kindersicherung erzielt wird. Darüber hinaus sind an den Stellen der Dehnungsfugen des Bauwerkes Bewegungsfugen im Geländer anzuordnen. Es kommen Geländerformen aus Stahl und aus Aluminium zur Ausführung. Bezüglich der Geländerhöhe gilt:

- bei Absturzhöhen < 12,00 m $h \geq 1,00$ m
- bei Absturzhöhen $\geq$ 12,00 m $h \geq 1,10$ m
- neben Radwegen $h \geq 1,20$ m

Die Geländerholme haben einen nach Richtzeichnung der Straßenbauverwaltung (Gel 10) festgelegten Querschnitt.

Bei Straßenbrücken mit einer Länge $\geq$ 20 m ist im Handlauf ein Seil anzuordnen, der Handlauf selbst ist dann zweiteilig auszuführen. Die Seilbefestigung erfolgt an jedem Pfosten durch Seilschikanen oder als Endverankerung durch mindestens zwei Seilklemmen.

Diese Ausbildung zeigt Bild 9.8. Die Seilführung mit Seilklemmen endet und beginnt an jedem Pfosten, die Seilschikanen werden jeweils an den Pfosten angebracht. Alle sonstigen konstruktiven Erfordernisse sind auf den Richtzeichnungen Gel 3 bis Gel 17 der Straßenbauverwaltung festgelegt.

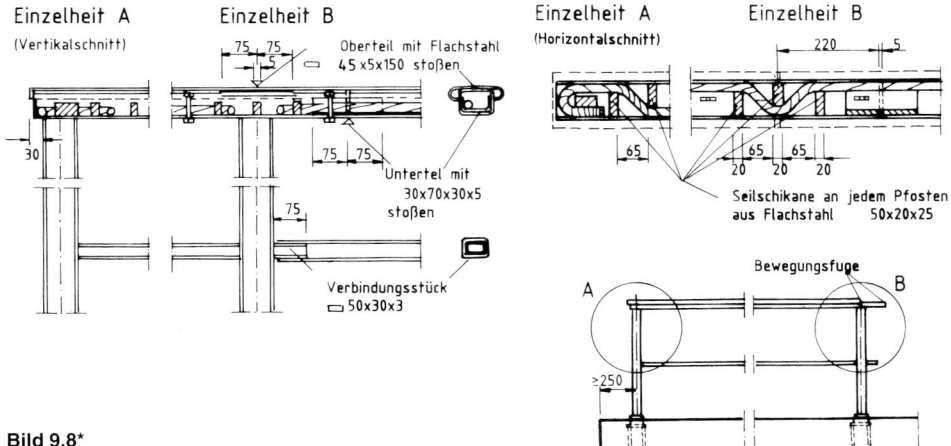

Bild 9.8*
Seilführung im Handlaufprofil

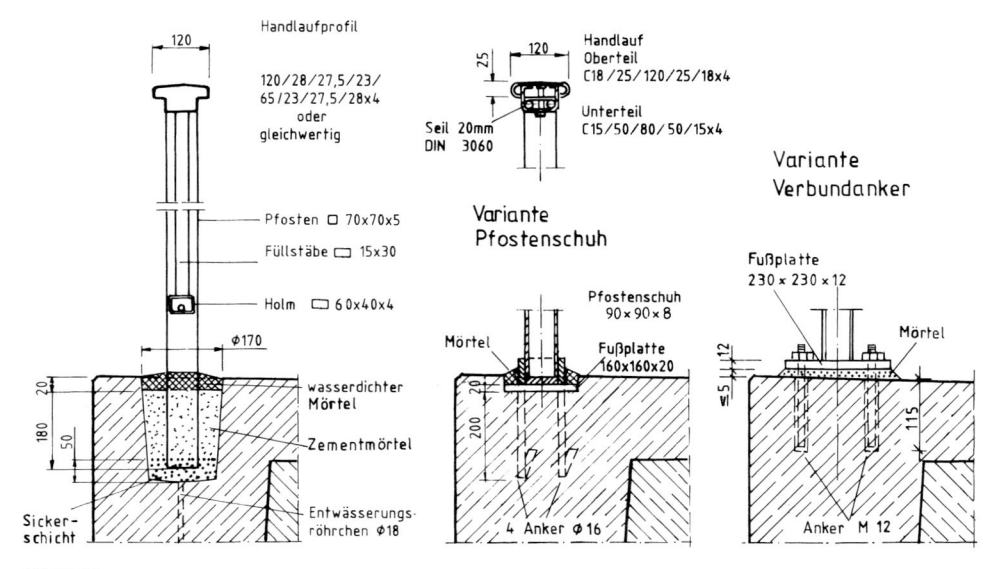

Bild 9.9*
Pfostenverankerungen im Kappenbeton

Bild 9.9 zeigt die Möglichkeiten der Pfostenanschlüsse. Die Verankerung der Pfosten im Kappenbereich erfolgt durch:

- Einbetonieren des Pfostens,
- Verankerung mit Pfostenschuh,
- Verankerung mit Fußplatte und Verbundankern.

Die Geländerformen sind in Bild 9.10 dargestellt; es werden im einzelnen unterschieden:

- Füllstabgeländer
- Kurzpfostenfüllstabgeländer } alle drei werden neben Geh- und Radwegen angeordnet,
- Geländer mit Drahtgitterfüllung
- Holmgeländer, kann neben Betriebs- und Notgehwegen eingebaut werden,
- Rohrgeländer, wird neben Betriebswegen außerhalb des Bauwerkes und in Böschungen aufgestellt,
- Aufsatzgeländer, wird auf Distanzschutzplanken neben Radwegen eingesetzt.

Für die Berechnung gilt Abschnitt 4.8 der Einwirkungsnorm DIN FB 101 mit einer horizontal wirkenden Ersatzlast am Handlauf von 0,80 kN/m, nach außen oder nach innen wirkend, wenn das Geländer hinreichend gegen Fahrzeuganprall geschützt ist. Die Bemessung ist nach Stahlbaunormen bzw. nach DIN 4113-1 für Aluminiumgeländer durchzuführen.

9.2 Brückengeländer

Füllstabgeländer

≥250 | 2000–2500 | a ≤ 120

H ≥ 1000, 120

Kurzpfostenfüllstabgeländer

≥250 | ≤2000 | a ≤ 120

H ≥ 1000, 80

Holmgeländer

2 Holme bei H > 1000

≥250 | 2000–2500

H ≥ 1000

Geländer mit Drahtgittergeflecht

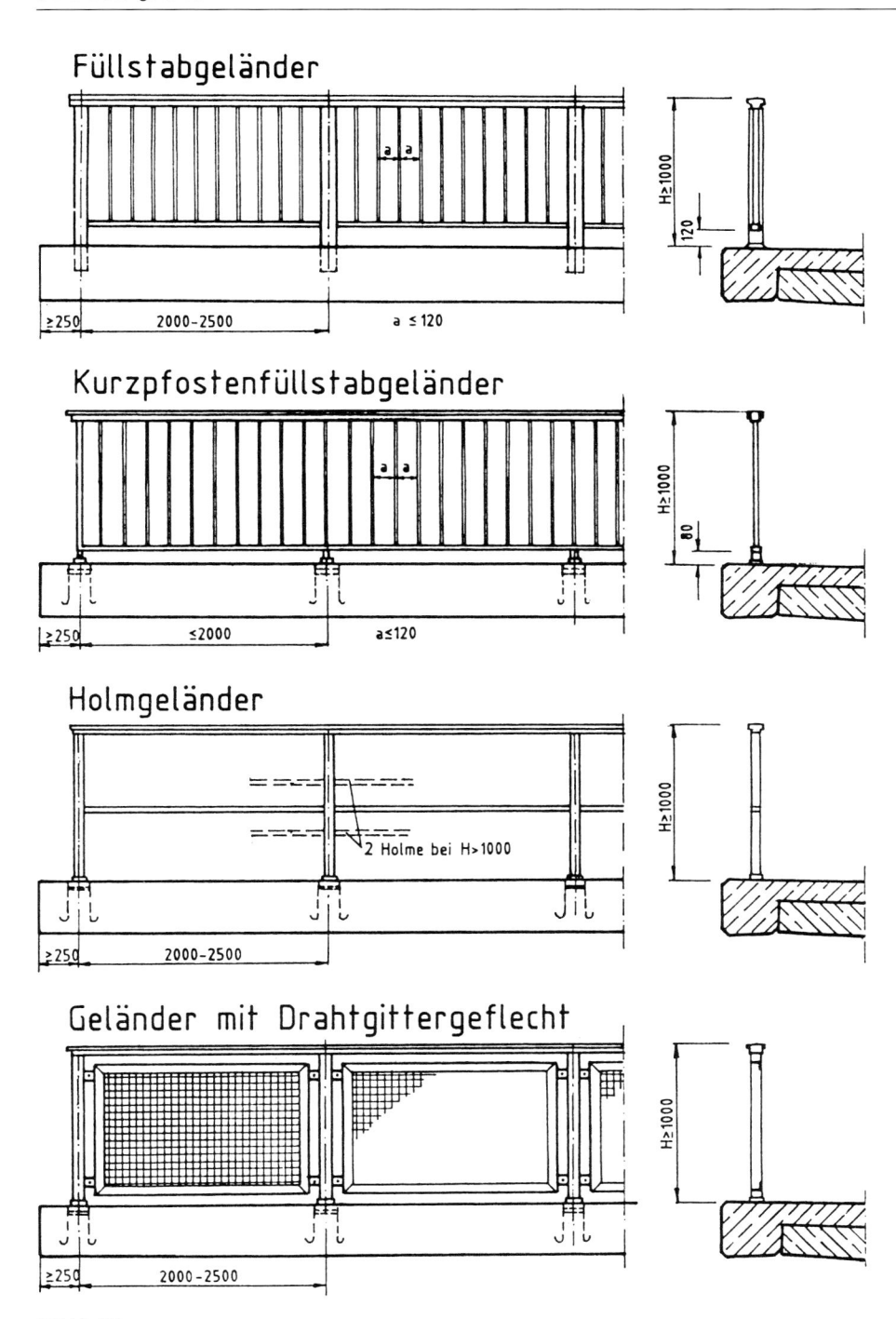

≥250 | 2000–2500

H ≥ 1000

Bild 9.10*
Regelausführung der Brückengeländer

Stahlbau aktuell

Kuhlmann U. (Hrsg.)
Stahlbau-Kalender 2004
Reihe: Stahlbau-Kalender (Band 2004)
2004. Ca. 700 Seiten, ca. 450 Abbildungen, Gebunden.
Ca. € 129,-* / sFr 190,-
Subskriptionspreis bis 30. Juni 2004:
Ca. € 109,-*/ sFr 161,-
ISBN 3-433-01703-4
Erscheint: April 2004

Der Stahlbau-Kalender ist ein Wegweiser für die richtige Berechnung und Konstruktion im gesamten Stahlbau mit neuen Themen in jeder Ausgabe. Er dokumentiert und kommentiert verläßlich den aktuellen Stand des deutschen Stahlbau-Regelwerkes. Neben DIN 18800-1 und -2 gibt es in diesem Jahrgang die DASt-Richtlinie 019 "Brandsicherheit von Stahl- und Verbundbauteilen in Büro- und Verwaltungsgebäuden". Schwerpunkt der neuen Ausgabe sind schlanke Tragwerke. Herausragende Autoren vermitteln Grundlagen und geben praktische Hinweise für Konstruktion und Berechnung von schlanken Stabtragwerken, Antennen und Masten, Traggerüsten, Radioteleskopen und Trägern mit profilierten Stegen. Zusammen mit aktuellen Beiträgen über Schweißen und Membrantragwerke komplettiert der neue Jahrgang des Stahlbau-Kalenders die Stahlbau-Handbuchsammlung für jedes Ingenieurbüro. Das aktuelle Rechtsthema: Sicherheitsleistung durch Bürgschaften und Ihre Kosten.

Schwerpunkt: Schlanke Tragwerke

Stahlbau
Chefredakteur: Dr.-Ing. Karl-Eugen Kurrer
Erscheint monatlich.
Jahresabonnement 2004:
€ 308,-* / sFr 608,-
Studentenabonnement 2004:
€ 108,-* / sFr 214,-
Abopreise zzgl. MwSt., inkl. Versandkosten

Alles über Stahl-, Verbund- und Leichtmetallkonstruktionen - gebündelt in einer Fachzeitschrift, die seit über 75 Jahren den gesamten Stahlbau begleitet. In der Zeitschrift "Stahlbau" finden sich praxisorientierte Berichte über sämtliche Themen des Stahlbaus wieder.
Von der Planung und Ausführung von Bauten, bis hin zu Forschungsvorhaben und Ergebnissen.
Außerdem erhalten Sie aktuelle Informationen zu: Normung und Rechtsfragen, Entwicklungen in Sanierungs-, Montage- und Rückbautechnologien, Buchbesprechungen, Seminare, Messen, Tagungen und Persönlichkeiten.

* Der €-Preis gilt ausschließlich für Deutschland

Ernst & Sohn
Verlag für Architektur und
technische Wissenschaften GmbH & Co. KG

Für Bestellungen und Kundenservice:
Verlag Wiley-VCH
Boschstraße 12
69469 Weinheim
Telefon: (06201) 606-400
Telefax: (06201) 606-184
Email: service@wiley-vch.de

Ernst & Sohn
A Wiley Company
www.ernst-und-sohn.de

10 Brückenentwässerung

10.1 Anforderungen

Durch die Entwässerung der Fahrbahntafel soll die Funktionsfähigkeit der Brücke auch bei extremen Witterungsverhältnissen aufrecht erhalten werden. Die rasche und wirkungsvolle Abführung des Oberflächenwassers dient der Sicherung des fließenden Verkehrs auf der Brücke. Das auf die Brücke zufließende Wasser ist vor dem Überbau durch Straßenabläufe abzufangen, das auf dem Überbau anfallende Wasser ist durch Brückenabläufe, die spätestens vor dem Überbauende angeordnet sein müssen, abzuleiten. Bei kurzen Brücken, Wirtschaftsweg- und Fußgängerbrücken, Brücken mit geringer Verkehrsbelastung sowie bei Bauwerken mit ausreichendem Längs- und Quergefälle kann auf die Anordnung von Brückenabläufen verzichtet werden. In diesem Fall muß ein Straßeneinlauf im Flügelwandbereich und am Ende der Verziehungsstrecke hinter der Flügelwand angeordnet sein (siehe Abschnitt 6.2.1.3). Dieser letzte Einlaufschacht sollte auch immer dann gesetzt werden, wenn keine Rinnenentwässerung vorhanden ist. Auf die Oberfläche der Abdichtung gelangendes Sickerwasser ist an den Tiefpunkten durch Tropftüllen abzuführen, jedoch nicht über Verkehrsflächen.

PASSAVANT
Ablauf mit Sickerhaube

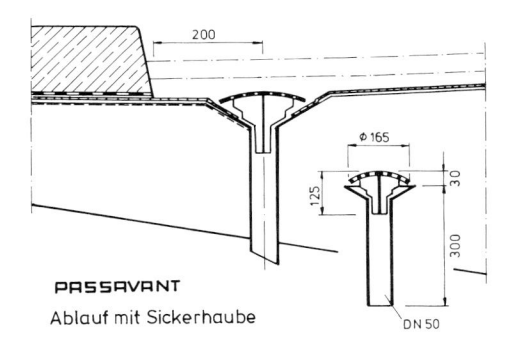

Bild 10.1*
Tropftülle in Anlehnung an Ri.Z. Was 11

Zur Vermeidung eines hydrostatischen Wasserdruckes aus Schichtwasser hinter Widerlager- und Flügelwänden und zur Aufnahme evtl. eindringenden Oberflächenwassers sind Sickerschichten in Gestalt von mindestens 1,0 m dicken Kiesschüttungen oder sonstigem geeignetem Hinterfüllmaterial vorzusehen, die von der Fundamentoberkante bis zur Höhe des Erdplanums reichen müssen. Das anfallende Sickerwasser ist am Fuß der Sickerschicht durch eine Sickerrohrleitung abzuführen (Ri.Z. Was 7).

Bei Auflagerbänken ist das anfallende Wasser, das entweder bei wasserdichten Übergängen durch Schadstellen eingedrungen oder bei nicht wasserdichten Konstruktionen direkt angefallen ist, an der Sohle der Auflagerbank aufzufangen und seitlich durch die Flügelwand abzuführen. Auflagerbänke dürfen nicht in die Hinterfüllung des Widerlagers entwässert werden.

10.2 Anordnung der Brückenabläufe

Brückenabläufe müssen höhen- und neigungsverstellbar und mit einem umlaufenden Flansch von 80 mm Breite zum Anschluß der Abdichtung versehen sein. Der Einlaufrost soll 10 mm tiefer liegen als die Fahrbahnebene. Die Einlaufschlitze sind quer zur Fahrtrichtung anzuordnen. Brückenabläufe müssen grundsätzlich einen Schlammeimer enthalten. Der Einlaufquerschnitt soll mindestens 500 cm² betragen. Für die Bemessung der Einlauffläche gilt die Analogie, daß einer Entwässerungsfläche von 1 m² ein Einlaufquerschnitt von 2 cm² entspricht.

Die Brückenabläufe sind nach den folgenden Gesichtspunkten anzuordnen:

- Das Längsgefälle der Fahrbahn beträgt $s \leq 0,5\%$

Die Entwässerung erfolgt vorwiegend über das Quergefälle, die Abstände sollen 10 m nicht überschreiten. In Scheitellagen von Kuppen und Wannen ist der Abstand maximal auf 5 m zu verkleinern.

- Das Längsgefälle der Fahrbahn beträgt $0,5\% < s \leq 5,0\%$

Die Abstände sind nach folgenden Formeln zu wählen:

für Abmessungen 300 × 500 mm

$$L = (155 \cdot q_f \cdot 132) \cdot s^{0,40} \cdot \frac{1}{B}$$

für Abmessungen 500 × 500 mm

$$L = (185 \cdot q_f \cdot 170) \cdot s^{0,48} \cdot \frac{1}{B}$$

mit: L Abstand der Abläufe m mit 5,0 m $\leq L \leq$ 50,0 m
     q_f Fahrbahnquerneigung [%] $\leq 5,0\%$
     B Entwässerungsbreite [m] (Fahrbahnbreite + Kappenbreite)

PASSAVANT Brückenablauf HSD-2 Klasse D, 300 ×400

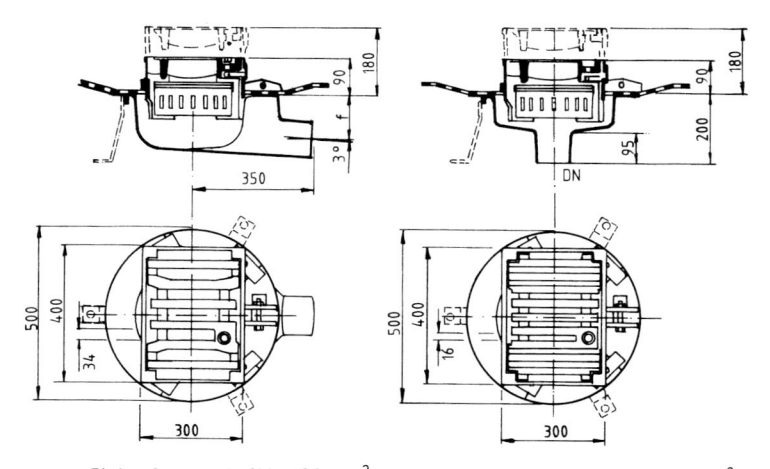

DN	f
100	135
125	120
150	110

Einlaufquerschnitt 600 cm²   Einlaufquerschnitt 460 cm²

Bild 10.2
Brückenablauf, Bauart Passavant

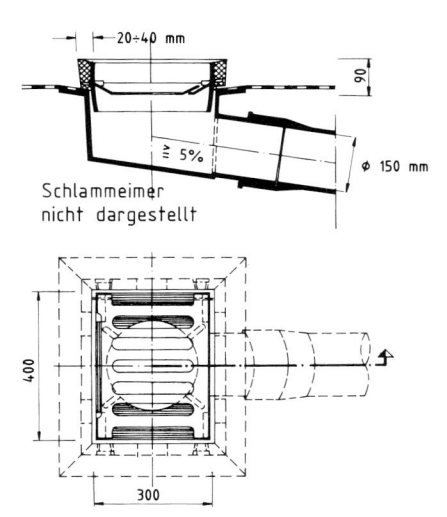

10.3 Abführung des Oberflächenwassers

Einlaufquerschnitt 580 cm²

Bild 10.3
Brückenablauf, Bauart Höllein

- Das Längsgefälle der Fahrbahn beträgt $s > 5{,}0\,\%$

Der Abstand der Abläufe ist nach den Richtlinien für die Anlage von Straßen, Teil Entwässerung (RAS-Ew) zu bemessen.

Nachstehende Bilder zeigen Beispiele für Brückenabläufe.

10.3 Abführung des Oberflächenwassers

Das Oberflächenwasser muß so abgeführt werden, daß das Bauwerk weder verunreinigt wird noch tausalzhaltiges Wasser auf ungeschützte Konstruktionsteile einwirken kann. Die Abführung erfolgt daher in Rohrleitungen, der lichte Durchmesser der Querleitungen muß 150 mm, der der Längsleitungen mindestens 200 mm betragen. Sind nicht mehr als 3 Einläufe anzuschließen, so kann der lichte Durchmesser auf 150 mm gesenkt werden.

Die Berechnung des Rohrleitungssystems kann nach *Prandtl-Colebrook* erfolgen, mit der Wassermenge

$$Q = A \cdot \gamma_{15} \cdot \psi$$

wobei: A Einzugsgebiet in [ha]

γ_{15} Regenspende in $\dfrac{l}{\text{sek} \cdot \text{ha}}$ und 15 min Dauer

= 115 $l/_{\text{sek} \cdot \text{ha}}$ nach ZTV-ING

ψ Abflußbeiwert der Fahrbahn = 0,9

erhält man aus Diagrammen für die Wandrauhigkeit $K = 0{,}4$ die zugehörige Fließgeschwindigkeit, die zwischen den Grenzwerten 1 m/s $\leq V \leq$ 3 m/s liegen soll. Bei geringeren Regenspenden mit dem unteren Grenzwert von 15 l/sek · ha darf die Fließgeschwindigkeit den Wert $V = 0{,}5$ m/s nicht unterschreiten.

Die Brückenentwässerung muß in den Entwurfsplänen in den wesentlichen Bestandteilen erkennbar sein. In den Ausführungsplänen müssen alle Einzelheiten der Entwässerung wie Rohrgefälle, Rohraufhängung, Reinigungsöffnungen und Werkstoffe enthalten sein. Querleitungen sind im Grundriß senkrecht zur Brückenachse anzuordnen, um Schwierigkeiten in der Bewehrungsführung zu vermeiden. Für die Längsleitungen ist das im Rahmen der Steghöhe verfügbare günstige Gefälle zu nutzen.

Bild 10.4 zeigt die Einführung des Rohrleitungssystems in das Widerlager und die damit verbundene Ableitung des Wassers. Fallleitungen sind geradlinig zu führen, sie werden zweckmäßigerweise in eine Vertiefung eingelassen. Am unteren Fallrohrende ist ein Prüfschacht mit Durchlaufgerinne anzuordnen, am oberen Fallrohranfang kann bei einer Höhe größer als 10 m eine Belüftung zweckmäßig sein.

Das Bild 10.5 zeigt dagegen mögliche Varianten bei nicht wasserdichtem Fahrbahnübergang und an Widerlagern im Gefällehochpunkt, bei denen das anlaufende Wasser durch einen Straßeneinlauf abgefangen wird.

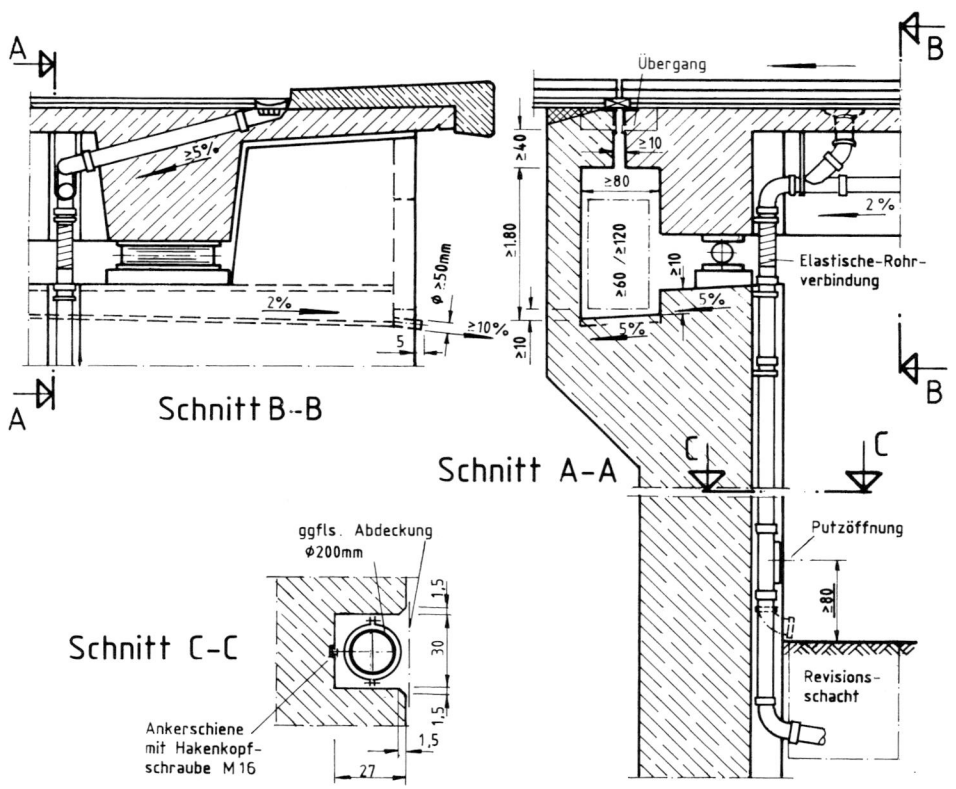

Bild 10.4*
Rohrabführung im Widerlagerbereich nach Ri.Z. Was 6

10.3 Abführung des Oberflächenwassers

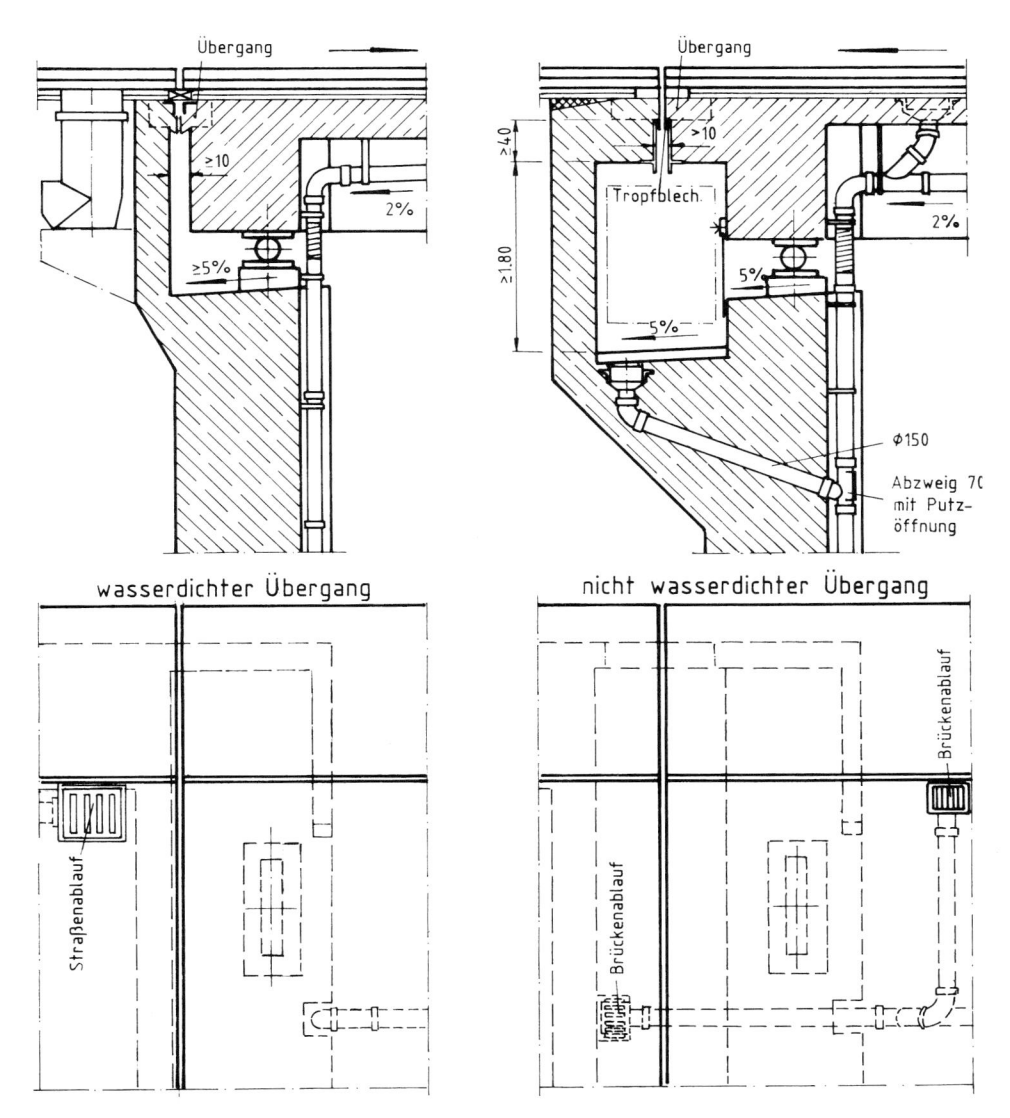

Bild 10.5*
Entwässerungsvarianten des tiefer liegenden Widerlagers nach Ri.Z Was 5 und Was 6

Fachliteratur auf hohem Niveau

© Foto: Fried. Krupp AG/Hoesch-Krupp.

Ernst & Sohn
A Wiley Company

www.ernst-und-sohn.de

Ausklang

Betonbrücken werden heute für eine Zeitspanne von hundert Jahren gebaut, sie halten aber bei einer guten Bausubstanz auch wesentlich länger. Entscheidend für die Nutzungszeit ist die bauliche Beschaffenheit des Bauwerkes und der verkehrsseitige Nutzungsgrad des Brückenquerschnittes. Brückenbauwerke bedürfen also der ständigen Unterhaltung. Nach den Ablöserichtlinien des Bundesministers für Verkehr ergeben sich bei einer Nutzungsdauer von siebzig Jahren für Stahlbetonbrücken 0,8% und für Spannbetonbrücken 1,1% jährliche Unterhaltungskosten. Die vergleichbaren Kosten für Stahlbrücken liegen bei 1,2% im Jahr, ein Nutzungsvorteil der Betonbrücke gegenüber der Stahlbrücke liegt demnach bei ca. 0,25% jährlicher Unterhaltungskosten.

Sanierungen und Erneuerungen werden bei schadhafter Bausubstanz und in den Fällen, in denen die Zwänge aus den verkehrlichen und betrieblichen Anforderungen größere Nutzungsquerschnitte verlangen, erforderlich, denn die Entwicklung der Verkehre bleibt nicht stehen. Es kommt zu Um- oder Neubauten, auch zu Paralellbauten, wenn die Querschnittsverbreiterung am Altbauwerk nicht mehr möglich ist. Die Frage, wie man „Alt" mit „Neu" paart, findet ihre Antwort in der Gestaltung. Wenn nicht die gleiche Brückenform gewählt wird, muß die neue Brücke im Stützweitentakt der alten gegliedert sein. Sie soll die Konstruktion der alten Brücke nicht verdecken.

Drei Beispiele seien hierzu angezogen:

1. Bei der Rohrbachtalbrücke im Zuge der A8, Karlsruhe–München, wurde der filigranen Bogenkonstruktion eine klar gegliederte Hohlkastenbalkenbrücke gegenübergestellt. Die Konstruktion der alten Brücke ist nicht verdeckt, ihre Gliederung wird durch die neue Form betont.
2. Anders verhält es sich bei der Talbrücke Exter im Zuge der A2 im Weserbergland. Hier wurde einer sandsteinverblendeten Gewölbereihe ein leichtes und stützenkopfeingespanntes Rahmentragwerk, materialverschieden, gegenübergestellt. Es entsteht ein Kontrastbauwerk, in der Architektur ein beliebtes Gestaltungsmerkmal.
3. Beim Wiederaufbau der Oderbrücke im Zuge der A12 bei Frankfurt/Oder ergab sich als wirtschaftlichste Lösung die Sanierung der bestehenden Brücke der Südfahrbahn unter Beibehaltung der Bogenkonstruktion mit einem Neubau der Nordbrücke im gleichen Gestaltungsrhytmus.

Eine große Aufgabe des Betonbaues liegt in der Qualitätssicherung seiner Bauwerke. Man erreicht dieses durch eine sorgfältige Ausführungsplanung, besonders im Hinblick auf die Einhaltung der Kriterien des Grenzzustandes der Gebrauchstauglichkeit. Eine sorgfältige Baudurchführung und Bauüberwachung ist eine weitere Garantie dafür, daß die Rißbildung an den Bauwerken minimiert werden kann. Eine Rißbildung im Beton muß nicht in jedem Fall ein Mangel sein, kann aber einen solchen einleiten. Es ist daher wichtig, die schädliche Rißbildung auszuschalten.

Rohrbachtalbrücke, Wiederaufbauzustand 1958 (oben), Erweiterungszustand 1977 (unten)

Ausklang

Talbrücke Exter, Erweiterungszustand 1999

Autobahnbrücke Frankfurt/Oder, Erweiterungszustand 1993

Brückenbauwerke im Überblick

Sven Ewert
Brücken
Die Entwicklung
der Spannweiten und
Systeme
2002. 249 Seiten,
259 Abbildungen.
Gb., € 49,90* / sFr 75,-
ISBN 3-433-01612-7

Das Werk beschreibt die Entwicklung der wichtigsten Tragstrukturen, zeigt Unterschiede hinsichtlich System, Konstruktion und Montage, geht auf richtungsweisende Schadensfälle ein, verweist auf beteiligte Personen und beschreibt die jeweils am weitesten gespannten Bauwerke mit vielen Bildern, tabellarischen Zusammenstellungen und grafischen Größenvergleichen.

Eine wertvolle, aktuelle Zusammenstellung aller möglichen Brückensysteme, interessant sowohl für Fachleute und für an Brücken interessierte Laien, da das Buch einen aktuellen Überblick über den gesamten Brückenbau gibt.

Ernst & Sohn
Verlag für Architektur und
technische Wissenschaften GmbH & Co. KG

Für Bestellungen und Kundenservice:
Verlag Wiley-VCH
Boschstraße 12
69469 Weinheim
Telefon: (06201) 606-400
Telefax: (06201) 606-184
Email: service@wiley-vch.de

Ernst & Sohn
A Wiley Company
www.ernst-und-sohn.de

* Der €-Preis gilt ausschließlich für Deutschland

Ein Spiegel der Arbeit zwischen Architekten und Ingenieuren

Stefan Polónyi,
Wolfgang Walochnik
**Architektur und
Tragwerk**
Mit einem Vorwort von
Fritz Neumeyer
2003. VII, 354 Seiten,
ca. 400 Abbildungen.
Gebunden.
€ 119,-* / sFr 176,-
ISBN 3-433-01769-7

Das Buch behandelt den Tragwerksentwurf von Hochbauten. Es ist ein Arbeitsbuch für Architekten, Ingenieure sowie Studenten beider Fachrichtungen, in dem der Entwurfs- und Planungsprozess von ausgeführten Bauten dargestellt wird. Es werden Bauaufgaben der unterschiedlichsten Nutzungen mit ihren Tragkonstruktionen und den jeweiligen Randbedingungen erörtert und erläutert; aus den Lösungen werden allgemeingültige Prinzipien formuliert. Unter den zahlreichen deutschen und ausländischen Architekten, mit denen gemeinsam entworfen oder deren Entwurf konstruktiv umgesetzt wurde, finden sich viele bekannte Namen. Gleichzeitig wird ein Einblick in die Arbeitsweise des Ingenieurs Stefan Polónyi und seines Teams gegeben.

Ernst & Sohn
Verlag für Architektur und
technische Wissenschaften GmbH & Co. KG

Für Bestellungen und Kundenservice:
Verlag Wiley-VCH
Boschstraße 12
69469 Weinheim
Telefon: (06201) 606-400
Telefax: (06201) 606-184
Email: service@wiley-vch.de

Ernst & Sohn
A Wiley Company
www.ernst-und-sohn.de

* Der €-Preis gilt ausschließlich für Deutschland

Literaturverzeichnis

[1] *Leonhardt, F.:* Vorlesungen über Massivbau, Teil 1: Grundlagen zur Bemessung im Stahlbeton, 3. Aufl., Springer-Verlag, Berlin, Heidelberg, New York, 1984

[2] *Rüsch, H.:* Berechnungstafeln für rechtwinklige Fahrbahnplatten von Straßenbrücken, 7. Aufl., Ernst & Sohn, Berlin, 1981

[3] *Rüsch, H.:* Berechnungstafeln für schiefwinklige Fahrbahnplatten von Straßenbrücken, 1. Aufl., Ernst & Sohn, Berlin, 1967

[4] *Mattheiß, J.:* Berechnungsverfahren für die Längsmomente von rechtwinkligen, durchlaufenden Plattenbrücken, Beton- und Stahlbetonbau 1979, H. 1

[5] *Mattheiß, J.:* Brückenklassen SLW 60/30 und SLW 30/30, Ergänzungen zu den Berechnungen nach Heft 106; DAfStb, Beton- und Stahlbetonbau 1983, H. 4

[6] *Pucher, A.:* Einflußfelder elastischer Platten; 3. Aufl., Springer-Verlag, Wien, New York, 1964

[7] *Rüsch, H.; Hergenröder, A.:* Einflußfelder der Momente schiefwinkliger Platten, 3. Aufl., Werner Verlag, Düsseldorf, 1969

[8] *Olsen, H.; Reinitzhuber, F.:* Die zweiseitig gestützte Platte, Ernst & Sohn, Berlin, 1950/51

[9] *Eibl, J.; Iványi, G.; Schambeck, H.:* Berechnung kastenförmiger Widerlager, 2. Aufl., Werner Verlag, Düsseldorf, 1979

[10] *Gaillard, H.:* Brücke über den Rohrbachtobel, Beton 32 (1982), 181–188

[11] *Czerny, F.:* Weitgespannte Stahlbetonbogenbrücken, Zement und Beton, 25. Jahrgang, H. 4 (1980), 117–119

[12] *Wössner, K.; Gebhardt, H.; Schnabel, R.; Wörner, H.:* Die Talbrücke Rottweil-Neckarburg, Beton- und Stahlbetonbau 74 (1979), 237–243, 278–281

[13] DBV-Merkblatt, Begrenzung der Rißbildung im Stahlbeton- und Spannbetonbau, Fassung 4.86, Deutscher Beton-Verein e.V.

[14] *Zellerer, E.:* Durchlaufträger-Einflußlinien, Momentenlinien, Schnittgrößen, 2. Aufl., Ernst & Sohn, Berlin, 1975

[15] *Hünlein, W.; Ruse, P.:* Ein neues Verfahren für den Bau von Bogenbrücken, dargestellt am Bau der Argentobelbrücke, Bauingenieur 60 (1985), 487–493

[16] *Kleinlogel, A.; Haselbach, W.:* Rahmenformeln, 16. Aufl., Ernst & Sohn, Berlin, München, Düsseldorf, 1979

[17] *Mörsch, E.; Bay, H.; Deininger, K.:* Brücken aus Stahlbeton und Spannbeton, Bd. 2, 6. Aufl., Verlag Konrad Wittwer, Stuttgart, 1968

[18] *Otto, J.:* Sichtbeton – Bearbeitete Betonoberflächen, Bau- und Bauindustrie, 16/1966

[19] *Ehlbeck, J.; Wenz, J.:* Bauholz, Holzwerkstoffe und Holzbauteile für Schalungen, Beton-Kalender 1995, Teil 1, S. 181 ff, Ernst & Sohn, Berlin

[20] *Leonhardt, F.:* Spannbeton für die Praxis, 3. Aufl., Verlag Ernst & Sohn, Berlin, München, Düsseldorf, 1973

[21] *Schmitt, O.M.:* Schaltechnik im Ortbetonbau, Schalungsverfahren und Schalungskosten, 2. Aufl., Werner Verlag, Düsseldorf, 1993

[22] *Eggert, H.; Kauschke, W.:* Lager im Bauwesen, 2. Aufl., Ernst & Sohn, Berlin, 1995

[23] „Das komplette Gerüstbauprogramm", Produkt-Dokumentation der Thyssen-Röro Gerüstbau GmbH, Stand 3/95

[24] *Wagenbreth, O.; Wächtler, E.:* Technische Denkmale in der Deutschen Demokratischen Republik, 2. Aufl., VEB Deutscher Verlag für Grundstoffindustrie, Leipzig, 1983

[25] *Homberg, H.:* Die Berechnung von Brücken unter Militärlasten, Bd. 1, STANAG 2021, 2. Aufl., Werner Verlag, Düsseldorf, 1970

[26] *Gerold, W.:* Zur Frage der Beanspruchung von stabilisierenden Verbänden und Trägern, Der Stahlbau, H. 9, 1963, S. 278 ff.

[27] *Mattheiß, J.:* Platten und Scheiben, Werner Verlag, Düsseldorf, 1982

[28] *Bažant, Z.P.:* Prediction of Concrete Creep Effects using age adjustet effective modulus method, journal of American concrete Institute 69 (1972), p. 212–217

[29] *Trost, H.:* Auswirkungen des Superpositionsprinzipes auf Kriech- und Relaxationsprobleme bei Beton und Spannbeton, Beton- und Stahlbetonbau 10, 1967

[30] *Trost, H.:* Zur Auswirkung des zeitabhängigen Betonverhaltens unter Berücksichtigung der neuen Spannbetonrichtlinien. Konstruktiver Ingenieurbau in Forschung und Praxis (Festschrift W. Zerna und Institut KIB), S. 169–173, Werner Verlag, Düsseldorf, 1976

[31] *Trost, H.:* Dischingers grundlegende Arbeiten und neuere Erkenntnisse über die Auswirkungen des zeitabhängigen Werkstoffverhaltens in vorgespannten und nicht vorgespannten Stahlbetonkonstruktionen, Festschrift zur 100. Wiederkehr des Geburtstages von Franz Dischinger, S. 213–226, Springer-Verlag, Berlin, Heidelberg, New York, 1987

[32] *Hilsdorf, H.K.; Müller, H.S.:* Stoffgesetze für das Kriechen und Schwinden von Dischinger bis heute, Festschrift zur 100. Wiederkehr des Geburtstages von Franz Dischinger, S. 195–212, Springer-Verlag, Berlin, Heidelberg, New York, 1987

[33] *Leonhardt, F.:* Vorlesungen über Massivbau, Teil 5: Spannbeton, Springer-Verlag, Berlin, Heidelberg, New York, 1980

[34] *Kupfer, H.:* Kriterien der Rißbreitenbeschränkung, Vortrag auf dem Deutschen Betontag 1985, Deutscher Beton Verein e.V.

[35] *Kupfer, H.; Grasser, E.; Pratsch, G.; Feix, J.:* Bemessung von Stahlbeton- und Spannbetonbauteilen nach EC 2 für Biegung, Längskraft, Querkraft und Torsion, Beton-Kalender 1993, S. 313–458, Ernst & Sohn, Berlin

[36] *Leonhardt, F.:* Schub bei Stahlbeton und Spannbeton, Grundlagen der neueren Schubbemessung, Beton- und Stahlbetonbau 11 (1977), S. 270–277; 12 (1977), S. 295–302

[37] Bemessungshilfsmittel zu EC 2 Teil 1 (DIN V ENV 1992 Teil1-1, Ausgabe 06.92), Planung von Stahlbeton- und Spannbetontragwerken, H. 425 d.A.f.Stb., Beuth Verlag, Berlin 1992

[38] *Leonhardt, F.:* Vorlesungen über Massivbau, Teil 6, Grundlagen des Massivbrückenbaues, Springer-Verlag, Berlin, Heidelberg, New York, 1979

[39] *Zilch, K.; Rogge, A.:* Bemessung von Beton-, Stahlbeton- und Spannbetonbauteilen nach EC 2 für die Grenzzustände der Gebrauchstauglichkeit und Tragfähigkeit, Beton-Kalender 1998, S. 455–568, Ernst & Sohn, Berlin

[40] *Kuyt, B.:* Zur Frage der Netzbewehrung von Flächentragwerken, Beton- und Stahlbetonbau 59, H. 7, 1964

[41] *Czerny, F.; Böck, H.; Mayer, J.:* Empfehlungen zur Berechnung und Konstruktion schiefwinkliger Stahlbetonplattenbrücken, Straßenforschung, H. 220, Bundesministerium für Bauten und Technik, Republik Österreich, Wien 1984

[42] *Baumann, Th.:* Zur Frage der Netzbewehrung von Flächentragwerken, Der Bauingenieur 47, H. 10, 1972

[43] *Mehmel, A.; Weise, H.:* Modellstatische Untersuchungen punktförmig gestützter schiefwinkliger Platten unter besonderer Berücksichtigung der elastischen Auflagernachgiebigkeit, DAfStb, H. 161, Ernst & Sohn, Berlin, 1964

[44] *Stiglat, K.; Wippel, H.:* Massive Platten, ausgewählte Kapitel der Schnittkraftermittlung und Bemessung, Beton-Kalender, Teil 1, 1986, Ernst & Sohn, Berlin

[45] *Bittner, E.:* Platten und Behälter, Springer-Verlag, Wien, New York, 1965

[46] *Bareš, R.:* Berechnungstafeln für Platten und Wandscheiben, Bauverlag, Wiesbaden und Berlin, 1979

[47] *Kordina, E.; Quast, U.:* Bemessung von schlanken Bauteilen – Knicksicherheitsnachweis, Beton-Kalender 1986, Ernst & Sohn, Berlin

[48] RPS 1989, Richtlinien für passive Schutzeinrichtungen an Straßen, Forschungsgesellschaft für Straßen- und Verkehrswesen, einschl. der Ergänzungen des BMVBW, 06/1996

[49] *Rahlwes, K.; Maurer, R.:* Lagerung und Lager von Bauwerken, Beton-Kalender 1995, Ernst & Sohn, Berlin

[50] Bedingungen für die Anwendung von Wellstahlrohren, BMVBW Abteilung Straßenbau, ARS 20/97, Sachgebiet 05.4 Brücken- und Ingenieurbau, Bonn 1997

[51] Richtlinien für biegeweiche stählerne, im Boden eingebettete Wellstahlrohre, DS 899/16, Deutsche Bahn AG

[52] Spannbetonbrücken, DYWIDAG-Berichte, H. 7

[53] *Wilms, J.:* Räumlich gekrümmte Spannbetonbrücke im Taktschiebeverfahren für den Eisenbahnverkehr, Vortrag Deutscher Betontag 1985, Köln

[54] *Maak, H.:* Gestaltung und landschaftliche Eingliederung von Kunstbauten der DB-Neubaustrecken, Vortrag Deutscher Betontag 1985, Köln

[55] *Leonhardt, F.:* Mainbrücke Gmünden – Eisenbahnbrücke aus Spannbeton mit 135 m Spannweite, Vortrag Deutscher Betontag 1985, Köln

[56] *Kupfer, H.:* Bemessung von Spannbetonbauteilen, einschließlich teilweiser Vorspannung, Beton-Kalender 1986, S. 523–595, Ernst & Sohn, Berlin

[57] Die NUN-River-Brücke in Nigeria, Segmentbauweise für Brücken, Philipp Holzmann AG, Technischer Bericht, April 1985

[58] *Rossner, W.:* Brücken aus Spannbeton-Fertigteilen, Ernst & Sohn, Berlin, 1988

[59] *Molin, G.:* Verteilung der Querkräfte in schiefwinkligen Stahlbetonplattenbrücken, Beton- und Stahlbetonbau 78 (1983), H. 4, S. 91 ff.

[60] *Molin, G.:* Schnittgrößen in einer schiefwinkligen Durchlaufplatte, Beton- und Stahlbetonbau 83 (1988), H. 6, S. 157 ff.

[61] *Holst, K.H.; Paßvogel, M.:* Berücksichtigung der Schubverformung in den Wänden kastenförmiger Brückenwiderlager, Bautechnik 66 (1989), H. 5, S. 169–175

[62] *Reissner, E.:* J. Math. Phys. 23A 84 (1944) – J. Appl. Mech. 12.A 68 (1945)

[63] *Reissner, E.:* On bending of elastic plates, Quart. Appl. Math. 5.55 (1947)

[64] *Holst, K.H.:* Berechnungstafeln für die Schnittgrößen in Brückenwiderlagern unter Berücksichtigung der Schubverformungen in den Wandbauteilen; Bd. I: Rechtwinklige Widerlager; Bd. II: Schiefwinklige Widerlager. Vieweg Verlag, Wiesbaden, 1989

[65] *Schießl, P.:* Mindestbewehrung zur Vermeidung klaffender Risse, Bericht des Institutes für Betonstahl und Stahlbetonbau e.V., 2. Fassung, München, 1985

[66] *Ruge, T.:* Momentenumlagerung nach Eurocode 2, Beton- und Stahlbetonbau 88 (1993), H. 9, S. 241–246

[67] *König, G.; Fehling, E.:* Zur Rißbreitenbeschränkung im Stahlbetonbau, Beton- und Stahlbetonbau 83 (1988), H. 6, S. 161–167 und H. 7, Seiten 199–204

[68] *König, G.; Fehling, E.:* Grundlagen zur Rißbreitenbeschränkung im Spannbetonbau, Beton- und Stahlbetonbau 83 (1988), H. 12, S. 317–323

[69] *Hennlich, H.H.; Meißner, U.; Heller, M.:* Zur Bearbeitung baustatischer Probleme mit Methoden der Ingenieur-Informatik, Der Bauingenieur 60 (1985), S. 351–257

[70] *Ziekiewicz, O.C.:* Methoden der Finiten Elemente, 2. Aufl., C. Hanser, München, 1984

[71] Finite Elemente, Anwendungen in der Baupraxis, Vorträge einer Tagung an der Ruhr-Universität Bochum, herausgegeben von W. Wunderlich und E. Stein, Ernst & Sohn, Berlin, 1985

[72] *Bachmann, H.:* Längsschub und Querbiegung in Druckplatten von Betonträgern, Beton- und Stahlbetonbau, 1978, S. 57

[73] *Leonhardt, F.; Koch, R.; Rostásy, F.S.:* Schubversuche an Spannbetonträgern, D.A.F.Stb., H. 227

[74] *Thürlimann, B.:* Schubbemessung bei Querbiegung, Schweizerische Bauzeitung, 1977, H. 26

[75] *Steinle, A.:* Torsion und Profilverformung beim einzelligen Kastenträger, Beton- und Stahlbetonbau, H. 6 (1972), S. 143 und H. 8 (1970), S. 215

[76] *Rossner, W.; Graubner, C.A.:* Spannbetonbauwerke, Teil 2: Bemessungsbeispiele nach Eurocode 2, Ernst & Sohn, Berlin 1997

[77] *Trost, H.:* Lastverteilung bei Plattenbalkenbrücken, Werner Verlag, Düsseldorf, 1961

[78] *Krämer, J.A.:* Rüstungs- und Taktschiebeverfahren beim Bau von Balkenbrücken – Ausführung und Wirtschaftlichkeitsvergleich, Bauverlag, Wiesbaden, Berlin, 1973

[79] RFT-Brücken; Vorläufige Richtlinien für Straßen und Wegebrücken aus Spann- und Stahlbetonfertigteilen, Ausgabe 1979, Forschungsgesellschaft für das Straßenwesen, Köln

[80] *Hilsdorf, H.K.:* Beton, Beton-Kalender 1995, S. 1–142, Ernst & Sohn, Berlin

[81] *Ertingshausen, H.:* Über den Schalungsdruck von Frischbeton, H. 5 der Schriftenreihe des Institutes für Baustoffkunde und Stahlbetonbau der TH Braunschweig

[82] *Specht, M.:* Die Belastung von Schalung und Rüstung durch Frischbeton, Werner Verlag, Düsseldorf, 1973

[83] *Leonhardt, F.:* Vorlesungen über Massivbau, Teil 2: Sonderfälle der Bemessung im Stahlbetonbau, 3. Aufl., Springer-Verlag, Berlin, Heidelberg, New York, 1986

[84] *Schlaich, J.; Scheef, H.:* Betonhohlkastenbrücken, Internationale Vereinigung für Brückenbau und Hochbau, IVBH, ETH, Hönggerberg, Zürich, 1982

[85] *Rothert, H.; Gensichen, V.:* Nichtlineare Stabstatik, Springer-Verlag, Berlin, Heidelberg, New York, 1987

[86] *Leonhardt, F.:* Brücken, Ästhetik und Gestaltung, Deutsche Verlags Anstalt GmbH, Stuttgart, 1982

[87] *Standfuß, F.:* Gestaltung von Brücken an Bundesfernstraßen, Beton- und Stahlbetonbau 90 (1995), S. 91 ff.

[88] *Pfohl, H.:* Risse an Koppelfugen von Spannbetonbrücken – Schadensbeobachtungen, mögliche Ursachen, vorläufige Folgerungen, Mitt. Inst. für Bautechnik, H. 6, 1973

[89] *Kordina, K.:* Schäden an Koppelfugen, Beton- und Stahlbetonbau 74 (1984), H. 6, S. 95–100

[90] *König, G.; Giegold, J.:* Zur Bemessung von Koppelfugen bei Massivbrücken, Beton- und Stahlbetonbau 79 (1984), H. 6, S. 141–147; H. 7, S. 191–197

[91] *Freistein, H.:* Aufgaben des Eisenbahn-Bundesamtes für Ingenieurbauwerke, Bauingenieur 71 (1996), S. 511–518, Springer-Verlag, Berlin

[92] *König, G., Gerhardt, H. Chr.:* Beurteilung der Betriebsfestigkeit von Spannbetonbrücken im Koppelfugenbereich unter besonderer Berücksichtigung einer möglichen Rißbildung, H. 370 DAfStb, Ernst & Sohn, Berlin 1986

[93] *Trost, H., Main, B.:* Zweckmäßige Ermittlung der Durchbiegungen von Stahlbetonträgern, Beton- und Stahlbetonbau 64 (1996), S. 511–518, Springer-Verlag, Berlin

[94] *Freystein, H., Köppel, M.:* Europäische Normung im Eisenbahnbau Einwirkungen auf Eisenbahnbrücken, Eisenbahningenieurkalender 2001, S. 97–125

[95] *Girkmann, K.:* Flächentragwerke, 4. Aufl., Springer-Verlag, Wien 1956

[96] *Eibl, J.:* Externe Vorspannung und Segmentbauweise, Tagung an der Universität Fridericiana, Karlsruhe (TH) vom 5.–7.10.1998, Ernst & Sohn, Berlin 1998

[97] *Zilch, K., Jähring A.:* Externe Vorspannung für im Grundriß gekrümmte Hohlkastenbrücken, Vortrag zur Tagung [96]

[98] *Petersen, Ch.:* Stahlbau; Grundlagen der Berechnung und baulichen Ausbildung von Stahlbauten, 3. Aufl., Vieweg Verlag, 1997

[99] *Eibl, J., Buschmeier, G., Kobler, G.:* Vorspannung ohne Verbund, Technik und Anwendung, Beton-Kalender 1995, Teil 2, S. 739–803, Ernst & Sohn, Berlin

[100] *Eibl, J., Häußler, U., Retzepis, J.:* Zur numerischen Ermittlung der Spanngliedkräfte bei Vorspannung ohne Verbund, Bauingenieur 65 (1990), S. 22–235, Springer-Verlag, Berlin

[101] *Zerna, W., Köpper, H. D.:* Spannstahlspannungen im Grenzzustand der Tragfähigkeit bei Trägern mit Vorspannung ohne Verbund, Beton und Stahlbetonbau 84 (1989), H. 1, S. 11–17, Ernst & Sohn, Berlin

[102] Eurocode 2, Planung von Stahlbeton- und Spannbetontragwerken, Teil 1.5: Allgemeine Regeln – Tragwerke mit Spanngliedern ohne Verbund (ENV 1992–1.5. 1994)

[103] Ergänzungen für Betonbrücken mit externen Spanngliedern, Kap. III des DIN FB. 102

[104] *Jungwirth, D., Nützel, O.:* Anforderungen an Lösungen für Spannsysteme der externen Vorspannung am Beispiel der DYWIDAG-Systeme, Vortrag zur Tagung [96]

[105] *Sparber, J.:* Die Hölltalbrücke, Planung, konstruktive Details, Bauzustände, Vortrag zur Tagung [96]

[106] Brücken und Tunnel der Bundesfernstraßen 2000, BMVBW, Abteilung Straßenbau, Referat S 25, Verkehrsblatt-Verlag

[107] *Gusia, P., Glitsch, W.:* Fest- und Spannanker im Bereich von Kragarmen quer vorgespannter Fahrbahnplatten, Beton- und Stahlbeton 95, H. 11, S. 657–661, Ernst & Sohn, Berlin

[108] *v. Wilcken, A., Fleischer, W., Lieschke, H.:* Die Herstellung von Festen Fahrbahnen auf langen Brücken, Beton 51 (2001), S. 422–428, Beton-Verlag, Düsseldorf

[109] *Eisenmann, J., Leykauf, G.:* Feste Fahrbahnen für Schienenbahnen, Beton-Kalender 2000, Teil II, S. 291–326, Ernst & Sohn, Berlin 2000

[110] Anforderungskatalog zum Bau der Festen Fahrbahn, 3. überarb. Aufl., Deutsche Bahn AG, 1995

[111] Hinweise zum Einbau einer Festen Fahrbahn auf Brücken (Hinweise FF BRÜ), 3. Aufl., Deutsche Bahn AG, 1995

[112] Feste Fahrbahn auf kurzen Brücken, Bauart *Rheda*, vereinfachte DB-Studie: Feste Fahrbahn auf Brücken, 1994

[113] *Brux, G.:* Brückenbauwerke für die Eisenbahnneubaustrecke Köln-Rhein/Main tis 41 (1999), H. 7, S. 28–31

Nachweis der verwendeten Bilder

Bilder 2.15, 3.24, 4.81, 4.82: Projektgruppe NBS der Bahnbauzentrale Frankfurt

Bilder 2.20, 3.25: Projektgruppe NBS der Bahnbauzentrale Nürnberg

Bilder 2.22, 2.26: entnommen aus [24]

Bild 2.23: Stuttgarter Luftbild Elsäßer, freigg. Reg.Präs. Stgrt. 9/2002

Bild 2.24: Straßenbauamt Kempten

Bild 2.25: entnommen aus [106]

Bilder 2.28b, 4.85: Dyckerhoff und Widmann AG, München

Bild 2.33: entnommen aus Armco-Fibel 1984

Bilder 3.49, 4.80, 4.91, 4.93: Phillipp Holzmann AG, Frankfurt a.M.

Bilder 4.37, 4.90: DOKA-Schalungstechnik GmbH, Maisach

Bild 4.62: entnommen aus [17]

Bild 4.64: Ingenieurbüro Krebs und Kiefer, Erfurt

Bild 4.65: Reproduktion Bildpostkarte

Bild 4.67: Ingenieurbüro Bung und Hünlein, Memmingen

Bilder 4.68, 4.69, 4.71: Phillipp Holzmann AG, Frankfurt a.M.

Bilder 5.175, 5.176: Fa. Karl Schäfer u. Co, GmbH, Ibbenbühren

Bild 7.8: Projektgruppe N.B.S. Nürnberg der Bahnbauzentrale

Bild 7.7: entnommen aus [52]

S. 1 entnommen aus [17]
S. 2 entnommen aus [106]
S. 3 Werkfoto Phillipp Holzmann AG, Frankfurt a.M.

Alle mit * versehenen Abbildungen sind Richtzeichnungen der Straßenbauverwaltung oder aus solchen entnommen. Diese sind vom Bund/Länder-Fachausschuß Brücken- und Ingenieurbau erarbeitet und vom Bundesverkehrsministerium eingeführt. Sie können durch den Verkehrsblatt-Verlag, Hohe Straße 39, 44139 Dortmund, bezogen werden.

Alle mit ** versehenen Abbildungen sind Richtzeichnungen oder Drucksachen der Deutschen Bundesbahn oder aus solchen entnommen. Die Originalfassungen können bei der Drucksachenzentrale der Deutschen Bahn A.G., Stuttgarter Straße 61a, 76137 Karlsruhe, bezogen werden.

Alle anderen, nicht besonders aufgeführten Bilder sind Eigenproduktionen.

Konkurrenzlos! - Handbuch und Konstruktionsatlas für das Bauen mit dünnwandigen Profilen aus Stahl und Aluminium

Das Bauen mit dünnwandigen Profilen aus Stahl und Aluminium ist aus dem Wirtschaftshochbau nicht mehr wegzudenken. Entwurf, Konstruktion, Berechnung sowie Montage dieser Bauteile setzen eine genaue Kenntnis der Funktionsweise und der Tragfähigkeit voraus.

Ralf Möller, Hans Pöter, Knut Schwarze
Planen und Bauen mit Trapezprofilen und Sandwichelementen
Band 1: Grundlagen, Bauweisen, Bemessung mit Beispielen
2004. Ca. 350 Seiten, ca. 240 Abbildungen. Gebunden.
Ca. € 89,-* / sFr 131,-
ISBN 3-433-01595-3
Erscheint: März 2004

Ralf Möller, Hans Pöter, Knut Schwarze
Planen und Bauen mit Trapezprofilen und Sandwichelementen
Band 2: Konstruktionsatlas
2004. Ca. 250 Seiten, ca. 250 Abbildungen. Gebunden.
Ca. € 79,-* / sFr 116,-
ISBN 3-433-02843-5
Erscheint: Juni 2004

* Der €-Preis gilt ausschließlich für Deutschland

Ernst & Sohn
Verlag für Architektur und technische Wissenschaften GmbH & Co. KG

Für Bestellungen und Kundenservice:
Verlag Wiley-VCH
Boschstraße 12
69469 Weinheim
Telefon: (06201) 606-400
Telefax: (06201) 606-184
Email: service@wiley-vch.de

Ernst & Sohn
A Wiley Company
www.ernst-und-sohn.de

Der Band 1 erläutert die Herstellung und den Aufbau der Bauelemente, die verwendeten Baustoffe und die erforderlichen Berechnungen und Bemessungen. Mit zahlreichen Abbildungen und Beispielen werden die Grundlagen der Bauweise und das für die Planungs- und Ausführungspraxis erforderliche Know-how vermittelt.

Beim Entwurf und der Ausführungsplanung sind die Besonderheiten von Trapezprofilen und Sandwichelementen hinsichtlich Montage, bauphysikalischem Verhalten sowie Tragverhalten zu berücksichtigen. Dieser einmalige Konstruktionsatlas gibt mit zahlreichen Detaildarstellungen Planungs- und Qualitätssicherheit, insbesondere hinsichtlich des Wärme- und Feuchteschutzes.

Da fehlen Ihnen *nicht* die Worte!
Ergänzt um 7000 neue Fachbegriffe!

Ernst & Sohn
Terms for Civil Engineers
Deutsch-Englisch/English-German
CD-ROM Version 3.0, 2003.
€ 179,-* / sFr 264,-
Update gegen Nachweis von Version 2.0 auf 3.0
€ 60,-* / sFr 88,-
ISBN 3-433-01714-X

"Concrete" heißt Beton, aber was heißt Ortbeton auf Englisch? Auch mit guten englischen Sprachkenntnissen stößt man schnell an Grenzen, wenn es um fachsprachliche Ausdrücke geht. Hier hilft "Terms for civil engineers" weiter.

Der Wortschatz des Konstruktiven Ingenieurbaus auf CD-ROM wurde aktualisiert und ergänzt - insbesondere Begriffe aus dem Brückenbau, Tunnelbau, Stahlbau, Stahlwasserbau, Leitungsbau, der Befestigungstechnik sowie der Baudynamik kamen hinzu. Auf der CD-ROM stehen nun 36 000 Begriffe zur Verfügung, die aufgrund der leicht zugängigen Anwendersoftware leicht zu finden sind.

Ernst & Sohn
Verlag für Architektur und technische Wissenschaften GmbH & Co. KG

Für Bestellungen und Kundenservice:
Verlag Wiley-VCH
Boschstraße 12
69469 Weinheim
Telefon: (06201) 606-400
Telefax: (06201) 606-184
Email: service@wiley-vch.de

Ernst & Sohn
A Wiley Company
www.ernst-und-sohn.de

Systemvoraussetzungen:
Windows 95 / 98 / ME / XP, Windows NT / 2000

Interessenten:
Ingenieure für Bauwesen, Ingenieurbüros, Technische Hochschulen, Fachhochschulen, Universitätsbibliotheken.

* Der €-Preis gilt ausschließlich für Deutschland

Stichwortverzeichnis

A
aerodynamische Einwirkungen   53
anerkannte Regeln der Technik   3
Anfahrlasten   17, 45
Anpassungsfaktor
– Eisenbahnbrücken   33
– Straßenbrücken   15
Anwendung neuer Baustoffe   4, 204, 206
Auflagerbank   635
Auflagerkraft
– Platten   319, 560
– Vorspannung   391, 399
außergewöhnliche Einwirkungen
– Eisenbahnbrücken   58, 60, 115
– Fußgänger- und Radwegbrücken   69
– Straßenbrücken   20, 555
Aussteifungselemente, Lehrg.   206, 213
Aussteifungsverband, Lehrg.   219, 222

B
Balkenbrücke   132
Bauelemente, Lehrg.   204, 206, 213
Bauhöhe   160, 165
Baustoffeigenschaft
– Bemessungswert   426, 467
– charakteristischer Wert   427, 429, 430
– Teilsicherheitsbeiwert   427
Bauteilwiderstand   224
Belastung
– Eisenbahnbrücken   33, 104
– Fuß- und Radwegbrücken   68
– Lehrgerüste   225
– MLC   28
– Straßenbrücken   15
Bemessung, Biegung mit
– Längskraft   435
– Querkraft   441, 446
– Stützen   694, 697, 703
– Torsion   450
Bemessungskombinationen   426, 698
Berechnungsbeispiele
– Bemessung eines Widerlagers   660
– Durchlaufplatte   339
– Einfeldplatte, schlaff   325, 553
– Einfeldplatte, vorgespannt   565
– Einflußfeld   98
– Einflußlinie   97

– Einwirkungen auf eine Eisenbahnbrücke   101
– Elastomerlager   757
– Lastturmgerüst   256
– Querverteilungslinie   362, 363
– Rüstträgergerüst   244
– schiefwinklige Platte   327
– Spannkraft und Spannweg   412
– Standsicherheit, schiefwinkliges Widerlager   639
– Stütze
– – Anprall   725
– – Auflagerdrücke   710
– – Durchstanzen   727
– – Knicksicherheit   716, 720
– Windkraft   95
Betondeckung   510, 516
Bewehrung
– Flügelwand   636, 637
– Fundament   638
– rechtwinklige Platte   301
– schiefwinklige Platte   309, 311, 316
– Widerlagerwand   634, 635
Bogenbrücke   138
Böschungskegel   151, 168, 194, 199
Bremslast
– Eisenbahnbrücke   45
– Straßenbrücke   17
Brückenabläufe   770
Brückenentwässerung   769
Brückenentwurf   196, 198

D
Dekompression   403, 474
Drillmomente   299
Durchbiegung   486
Durchfahrthöhe, lichte Höhe   165, 178, 180
Durchlässe   143
dynamischer Faktor   13, 19, 36, 40, 56

E
Einfeldplatte
– rechtwinklig   294
– schiefwinklig   305
Einflußfeld   91, 98
Einflußlinie   89, 97

Einleitungsbereich, Balken 371
- Spannkräfte 498, 584
Einspanngrad 347
Eisenbahnbrücken
- Feste Fahrbahn 186, 187
- Gestaltungsgrundsätze 170
- Konstruktionshöhen 177
- Querschnitt, eisenbahnseitig 174
Einwirkungen
- aerodynamische 53
- Anfahr- und Bremskräfte 17, 45
- außergewöhnliche 20, 58
- dynamische 35
- Ermüdung 18
- Fliehkräfte 18, 44
- repräsentative Werte 8, 10
- Seitenstoß 45
- ständig 14, 31, 68
- Stützensenkung 72
- Temperatur 82
- Vertikallasten 15, 32, 69
- Wind 74
Einwirkungskombinationen 9, 25, 65, 71
- Grenzzustand der Ermüdung 455, 580
- Grenzzustand der Gebrauchstauglichkeit 9, 426, 467, 547, 575
- Grenzzustand der Tragfähigkeit 9, 426, 543, 572
Elastomerlager 752
Endkriechzahl 417, 540, 569
Endschwindmaß 418, 540, 569
Entgleisung, Eisenbahn 58
Erddruck
- allgemein 617
- aus Hinterfüllung 619
- aus Verkehrslast 620

F
Fachwerkbrücke 143
Fachwerkmodell 373, 441, 451
Fahrbahn, Eisenbahnbrücke
- als Feste Fahrbahn 186, 187
- mit Schotterbett 174
Fahrbahnbelag, Straßenbrücke 161
Fahrbahnplatte
- Biegemomente 346
- Querverteilung 350, 353, 362
Fahrbahnübergänge 762, 763
Fahrzeuganprall 20, 58
Flügelwände, Widerlager 637
Freivorbauweise, Lehrg. 286

G
Geländer 767
Gelenkausbildung, Lager 747
Gerüstrohre 206

Gleitlager 750
Grenzzustand der
- Biegung 9, 431, 543, 561, 572
- Ermüdung 455, 494
- Gebrauchstauglichkeit 9, 466, 547, 575
- Querkraft 9, 439, 544, 562, 574
- Schwingung 491
- Torsion 9, 449
- Verformung 486, 494
Grenzzustand infolge Tragwerksverformung 691

H
Hauptmomente, Platten 295, 306
Hauptspannung 370, 372
Hauptträger 368
Hinterfüllungslastmodelle 23, 61, 70
Hohlkastenquerschnitt 128
Horizontalverband, Lehrg. 218

I
Infrastrukturforderungen, militärische 28

K
Kappen
- bei Eisenbahnbrücken 535
- bei Straßenbrücken 531
Klassifikationsfaktoren 15, 33
Kombinationsbeiwerte Ψ 26, 66, 72
Konstruktionshöhe
- Eisenbahnbrücken 177
- Straßenbrücken 164
Koppelfugen 502
Kragflügel 636

L
Längskraftkopplung, Eisenbahnbrücken 181
Lager, allgemein
- Betongelenk 747
- Gleitlager 750
- Horizontalkraftlager 747
- Kalottenlager 751
- Kipplager 745
- Rollenlager 748
- Topflager 745
- Verformungslager 752
Lastgruppen 24, 64, 71
Lasttorsion 374
Lehrgerüst, allgemein 201
- Bauelemente 204, 206, 213
- Bogenbrücken 265
- Einwirkungen 225
- Konstruktion 217
- Rahmenstützen 213

Stichwortverzeichnis 787

- Rüststützen 209, 211
- Rüstträger 208, 210
- Traggerüstgruppen 216
- Verbände 218, 221
Lichtraumprofil
- Eisenbahn 178, 180
- Straße 159

M
maßgebende Querkraft 444
Mindestbewehrung 512 ff., 632
Mittelwert der Vorspannkraft 404, 542, 571
mitwirkende Plattenbreite 369
Modellstützenverfahren 694
Momentenkrümmungslinie 687

O
Oberflächenwasserabführung 771

P
Pfeiler 683
Plattenbalkenquerschnitte 126
Plattenbreite, mitwirkende 369
Plattenquerschnitt 123

Q
Querbiegung 104 ff., 374
Querdehnzahl 93, 296, 321, 600
Querkraftsummenlinie 380
Querkrafttragfähigkeit 444, 445, 448
Querschnitte
- eisenbahnseitig 174
- Hohlkasten 128
- Platte 123
- Plattenbalken 126
- straßenseitig 158
Querträger 352
Quertragsystem 291
Querverteilung, Plattenbalken 350
Querverteilungslinien 362, 367, 368

R
Rahmenbrücken 135
Rahmenstützen, Lehrg. 213
Regellichtraum, freie Strecke
- eisenbahnseitig 173, 174
- straßenseitig 157, 159
Regelquerschnitt auf Brücken
- eisenbahnseitig 174
- straßenseitig 157
Reibungsverlust, Spannbeton 408
Relaxation Spannstahl 419
Rißbreitenbeschränkung 475
Rißlast 472
Rüststütze 209, 211
Rüstträger 208, 210

S
Schalhaut und Schalung 202
Schalungsdruck 241
Schalungsgerüst 237
Scheibenzugkraft 601, 608
schiefwinklige Platten 305
Schnittkraftsummenlinien 380
Schrammbordstoß 21, 532, 625
Schubfluß 376
Schubsteifigkeit, Lehrg. 228
Sichtbeton 203
Spaltzugbewehrung 499
Spanngliedführung 518, 538, 567
Spannkraft
- Einleitung 498
- Größe 406, 542, 571
- Mittelwert 404
- Überspannung 405
Spannkraftverlust
- elastische Verformung 410
- Kriechen und Schwinden 416
- Relaxation Spannstahl 419
- Schlupf 412
Spannplan 518
Stützen
- Berechnung 692, 694, 696
- Bewehrung 694, 703
- Konstruktion 679
- Lehrgerüst 209, 211, 214, 248, 261
Stützenfundament 705

T
Teilsicherheitsbeiwert γ 27, 67
Temperatureinwirkungen 82
Torsionsbeanspruchung 449
Torsionstragfähigkeit 453
Traggerüstbauweisen
- Freier Vorbau 286
- stationäre Gerüste 273
- Taktschiebebauweise 282
- Vorschubgerüst 279
Transformationsmomente, Platte 313

U
Überbauabschlüsse 596 ff.

V
Verbände, Lehrg.
- Aussteifungsverband 220
- Berechnung 231, 250, 253
- Schubsteifigkeit 228
- stehender Verband 221
- Windverband 219
Verschiebe- und Vorschubgerüste 275, 279
Vorspannarten 383
- nachträglicher Verbund 423, 433, 516

– verbundlos   423, 433, 524
Vorspannkraft, *siehe* Spannkraft
Vorspannung
– Auflagerkräfte   391, 399
– Schnittgrößen   386, 394
– Zwängungsmomente   393, 399, 401

W
Widerlager
– Belastungsannahmen   612 ff.
– Bewehrungsführung   633, 636
– einfaches
– – Biegemomente   589
– – Konstruktion   589
– – Scheibenkräfte   602
– – Tragverhalten   600
– Flügelwände   636, 637
– Fundament   638
– Hinterfüllung   588
– kastenförmiges
– – Biegemomente   610
– – Konstruktion   591, 593
– – Scheibenkräfte   606, 608, 611
– – Tragverhalten   605
– Kragflügelwand   625
– Mindestbewehrung   632
– rechtwinklige Form   606
– schiefwinklige Form   607
– Standsicherheit   626, 629
Windangriffsfläche   77
Windeinwirkungen   74, 76

Z
Zentrifugallast   18, 44
Zweigelenkrahmen   136